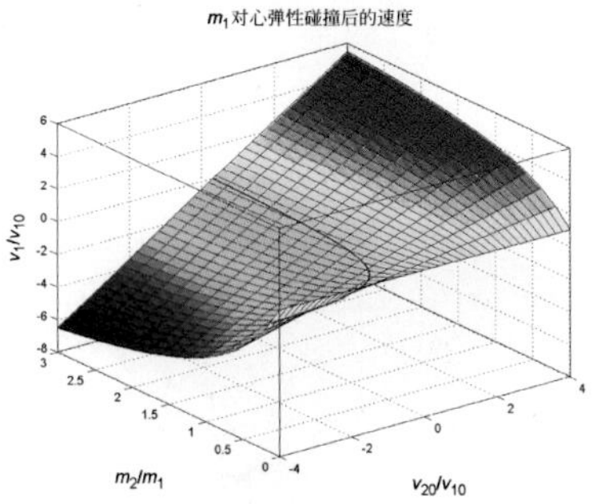


P3_3a 图

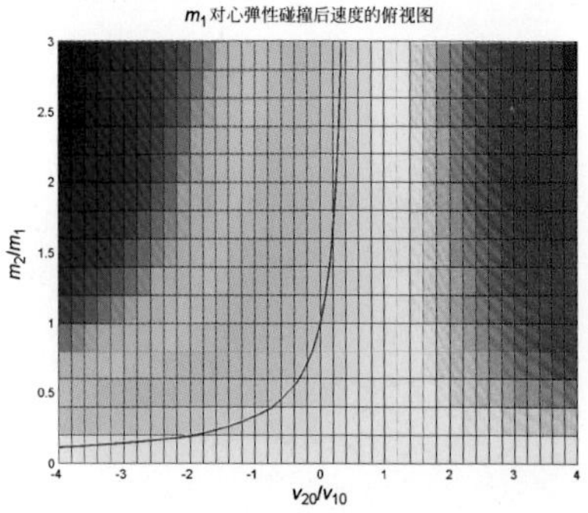


P3_3b 图

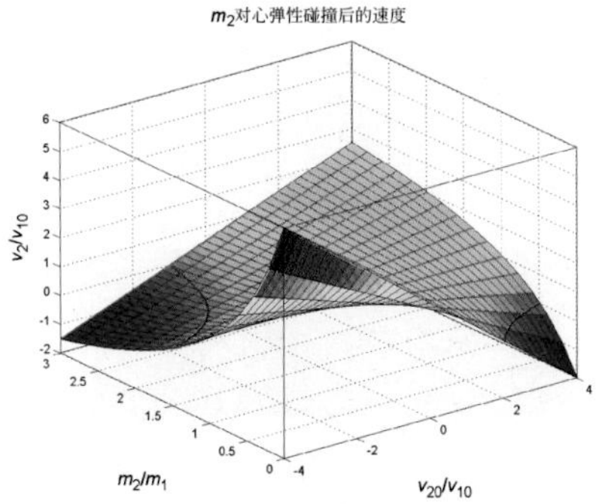


P3_3c 图

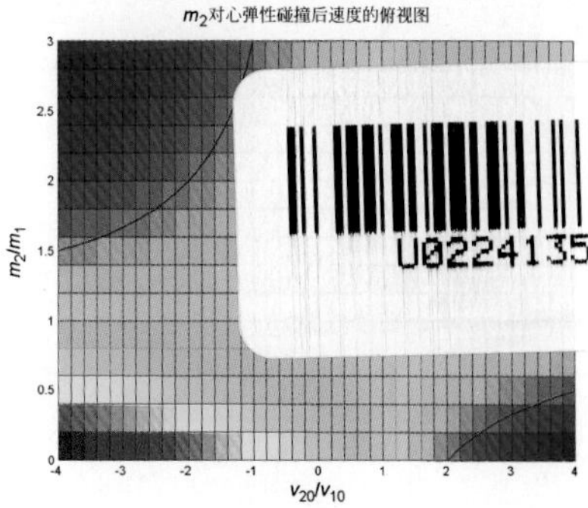




P3_3d 图

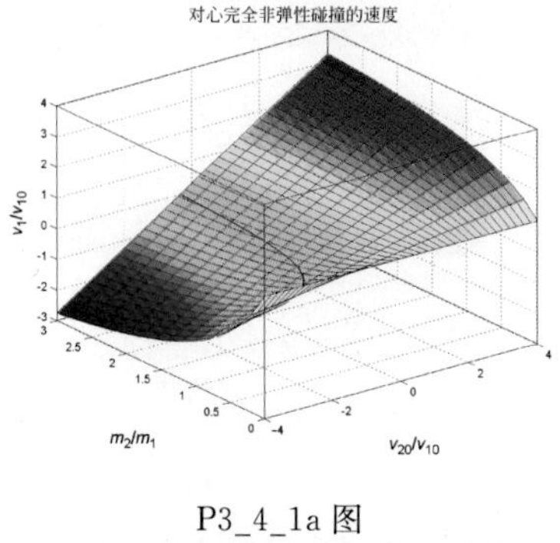


P3_4_1a 图

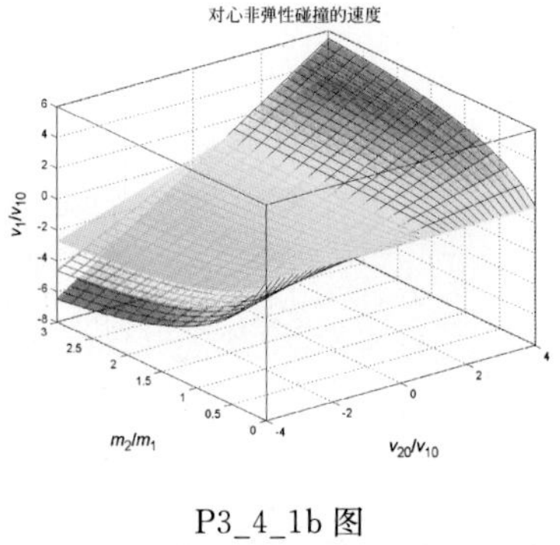


P3_4_1b 图

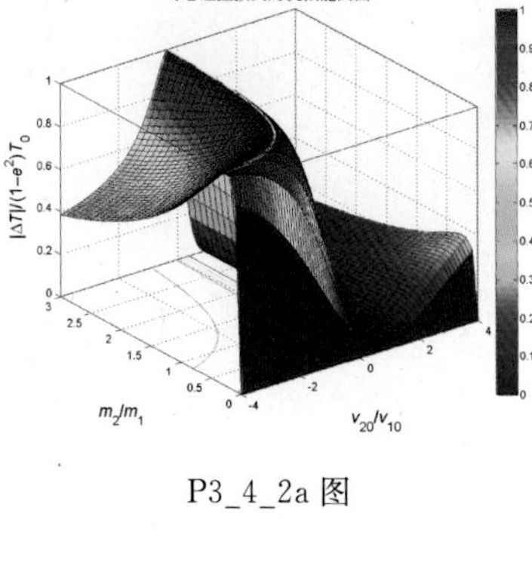


P3_4_2a 图

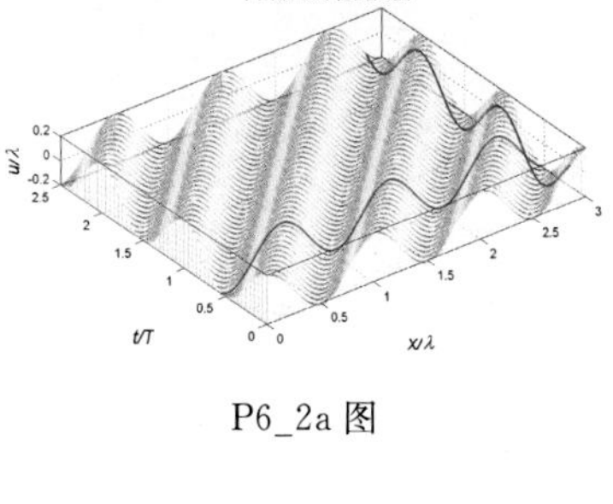


P6_2a 图

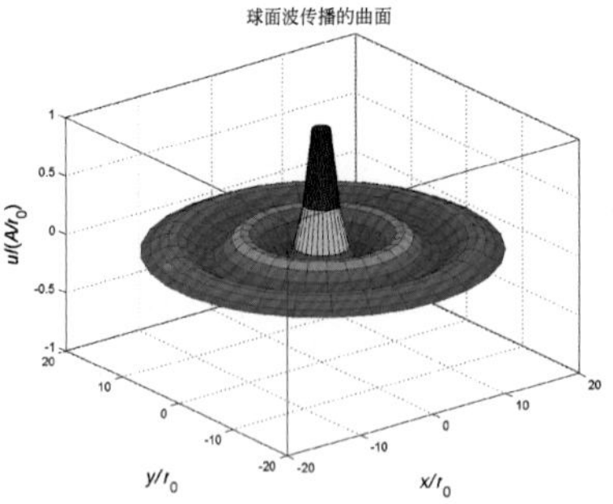


P6_3b 图

P6_7_3a 图

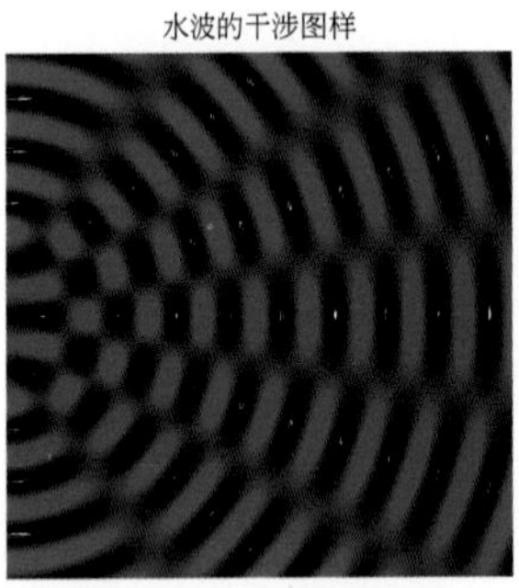


P6_7_3b 图

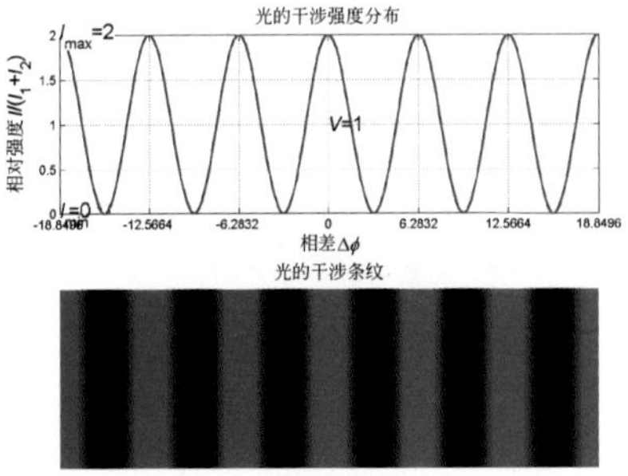


P7_1a 图

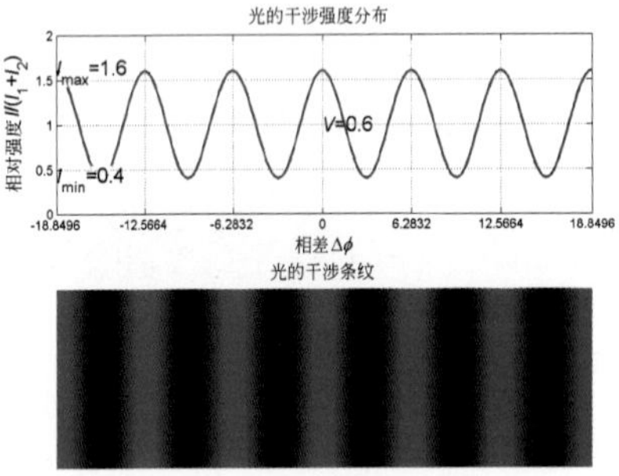


P7_1b 图

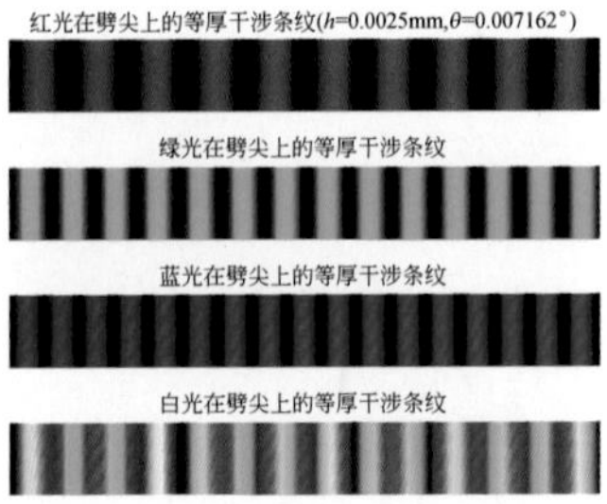


P7_2 图

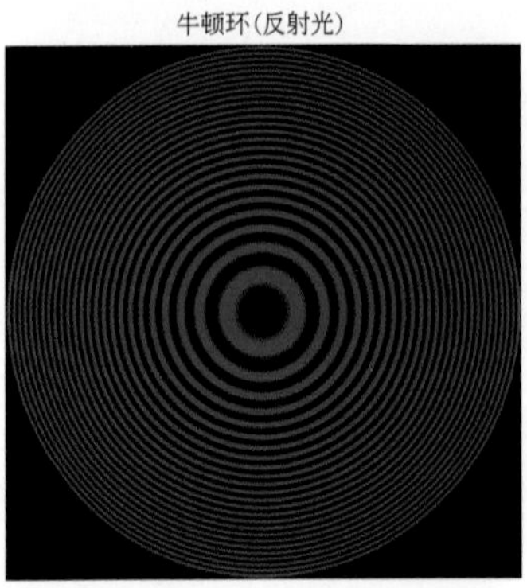


P7_3a 图

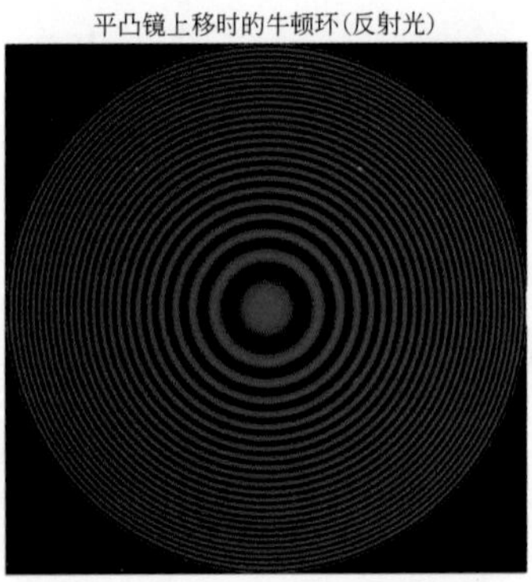


P7_3b 图

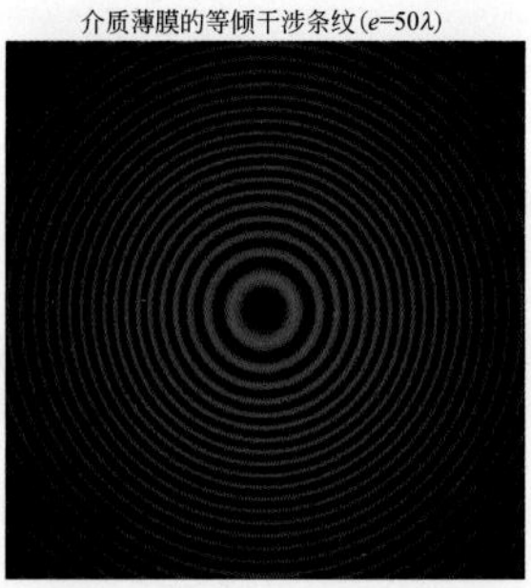


P7_4a 图

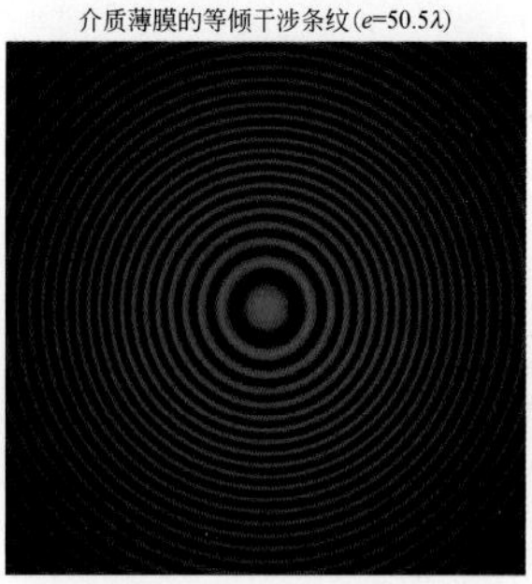


P7_4c 图

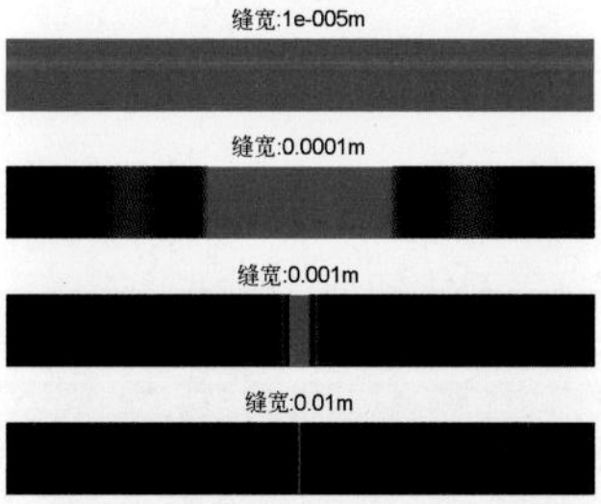


P7_5_2b 图

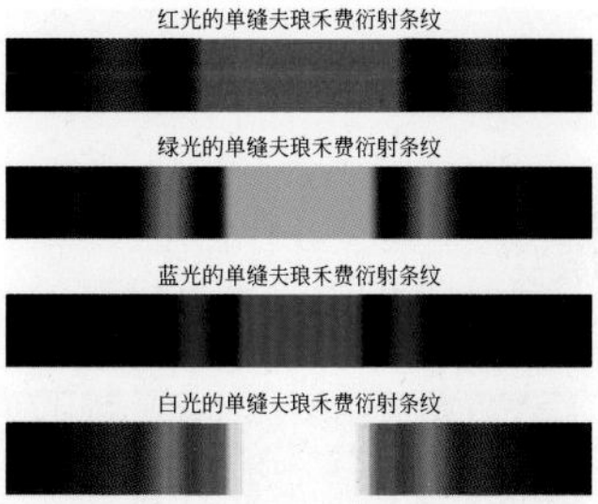


P7_5_3b 图

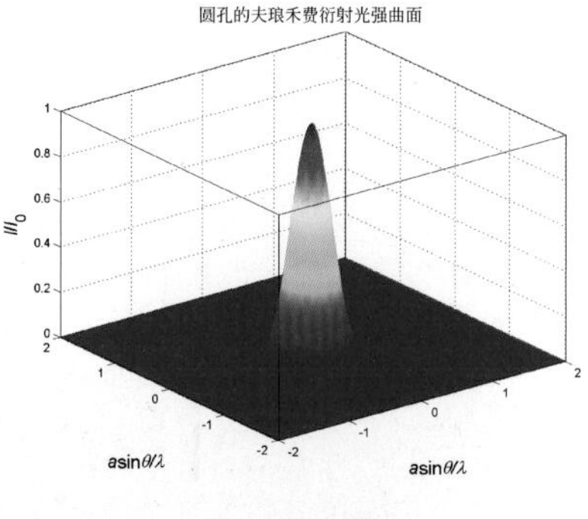


P7_6_1d 图

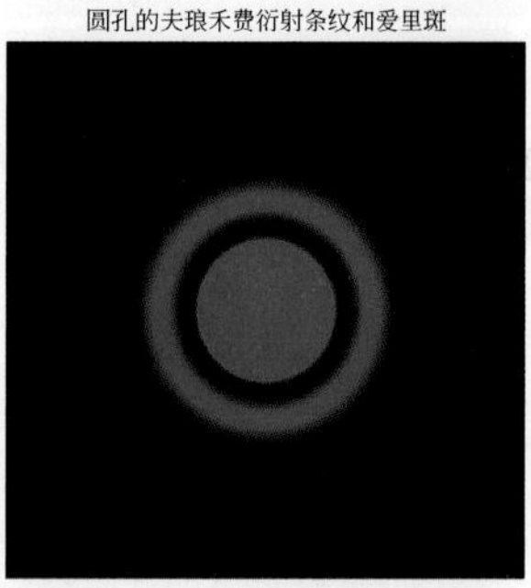


P7_6_1e 图

P7_6_2 图

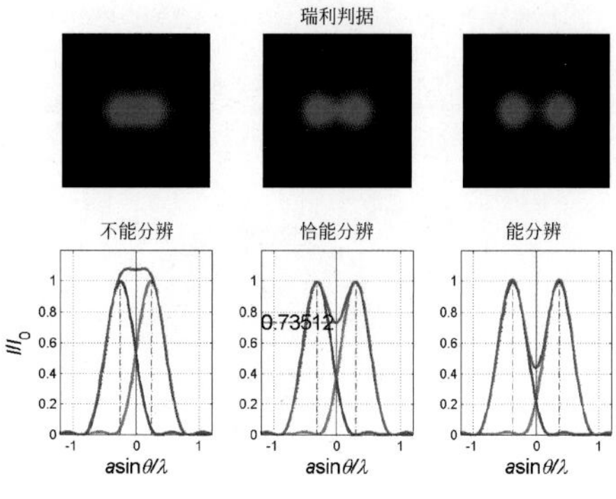


P7_6_3a 图

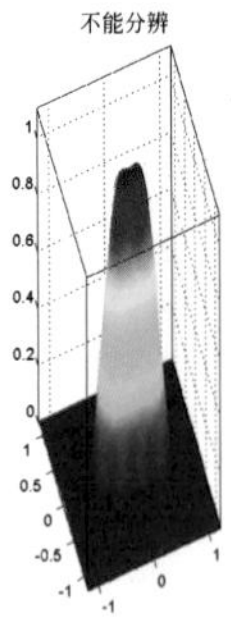


P7_6_3b 图

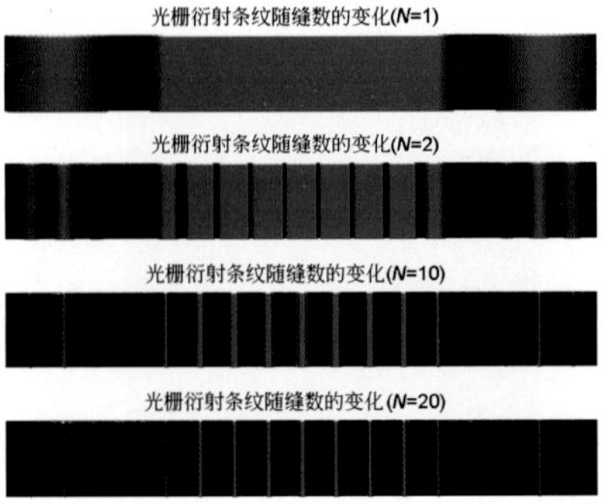


P7_7_1 图

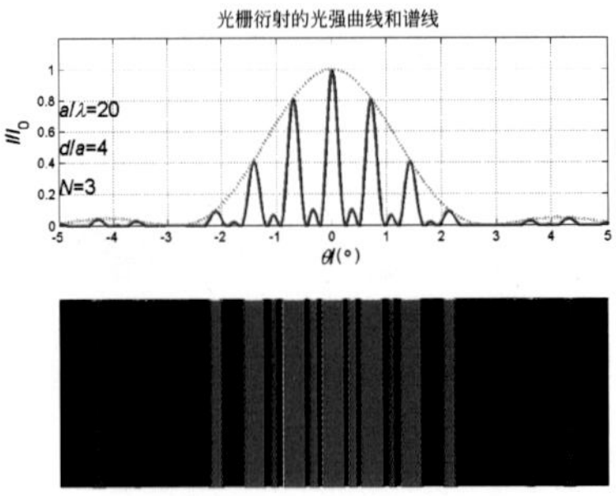


P7_7_3a 图

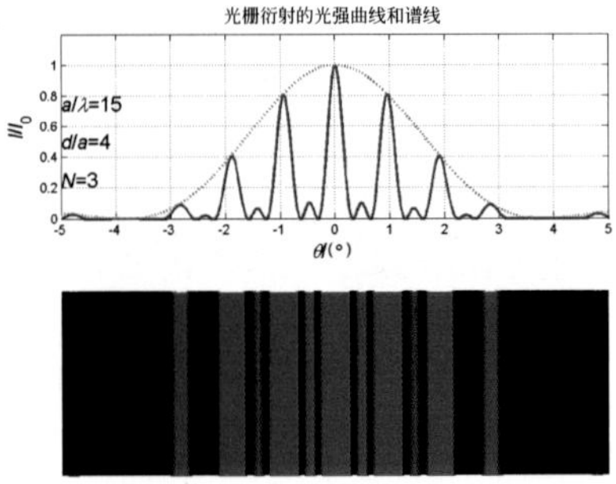


P7_7_3b 图

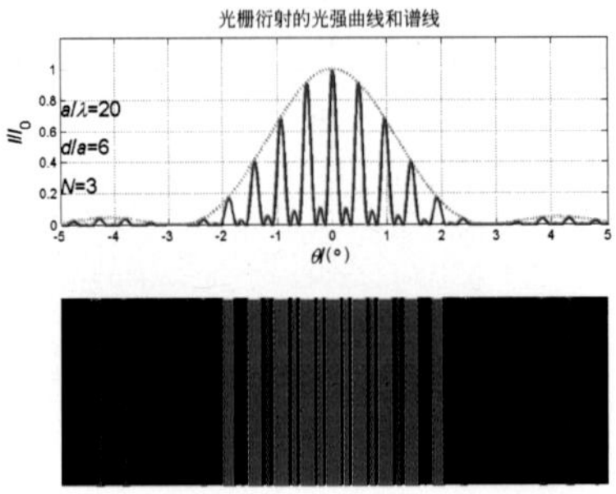


P7_7_3c 图

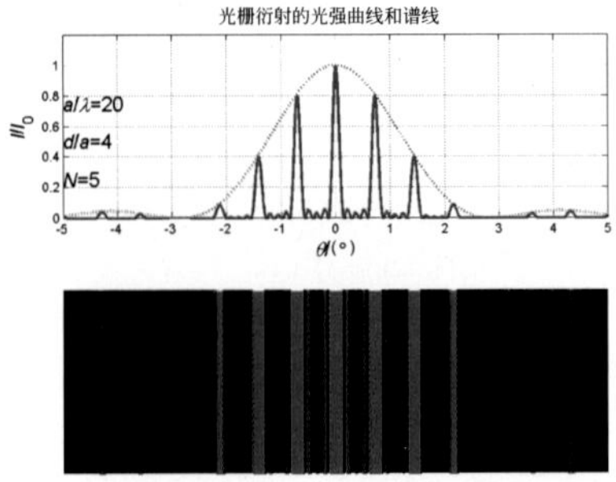


P7_7_3d 图

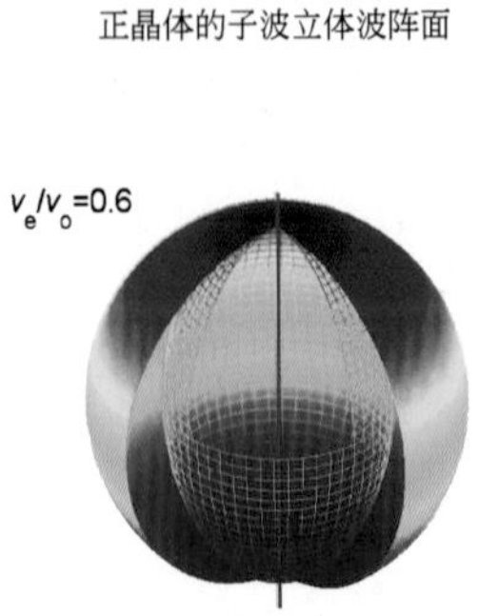


P7_8a 图

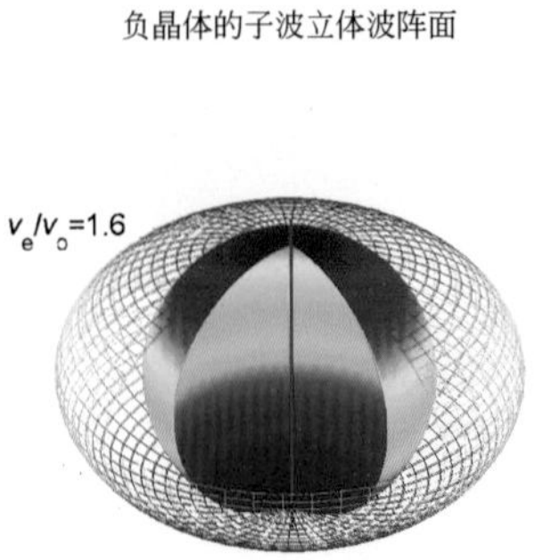


P7_8c 图

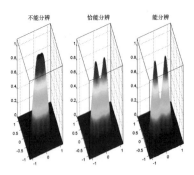

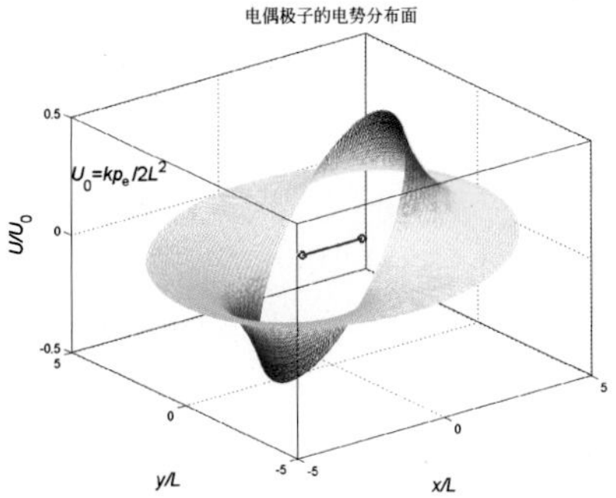


P9_2_2a 图

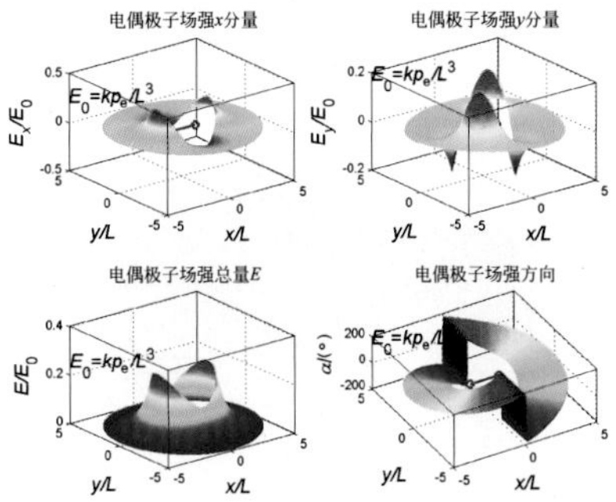


P9_2_2b 图

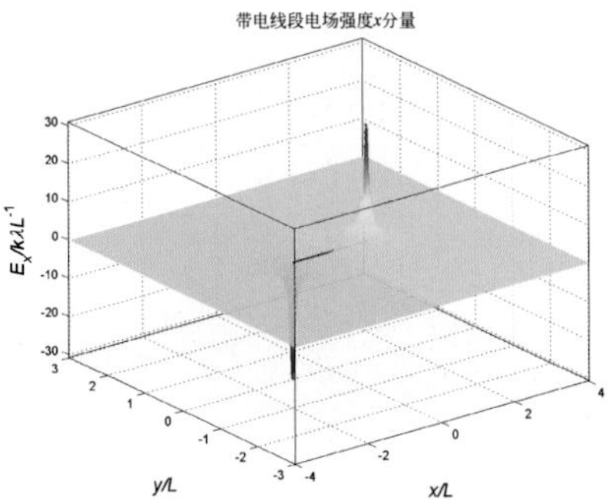


P9_3_1a 图

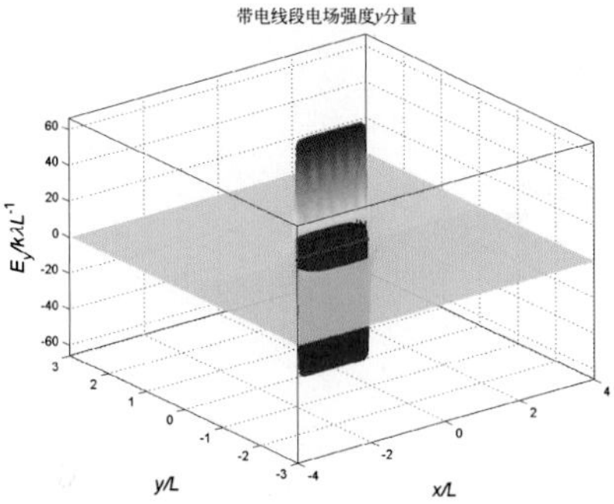


P9_3_1b 图

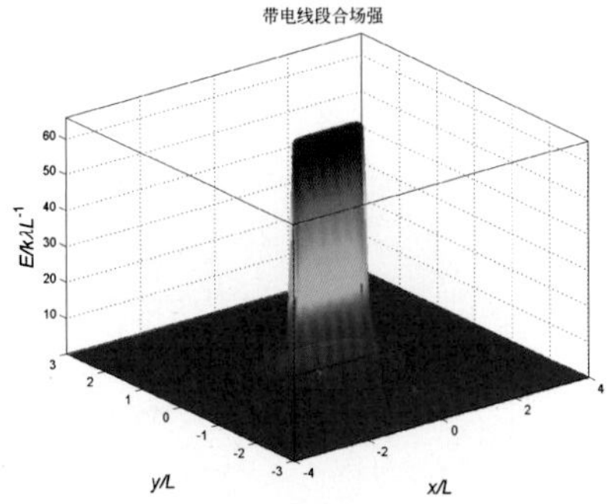


P9_3_1c 图

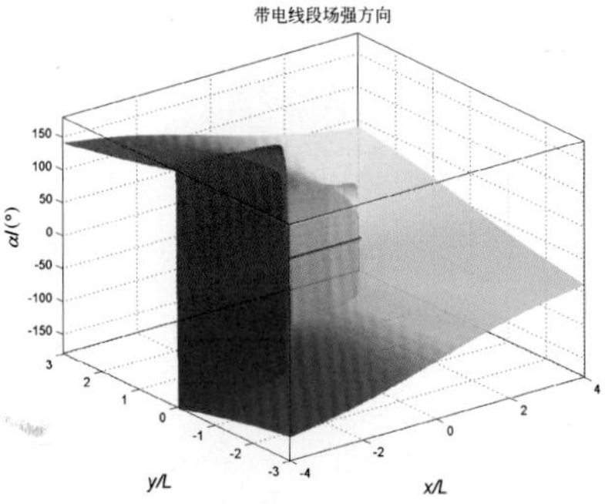


P9_3_1d 图

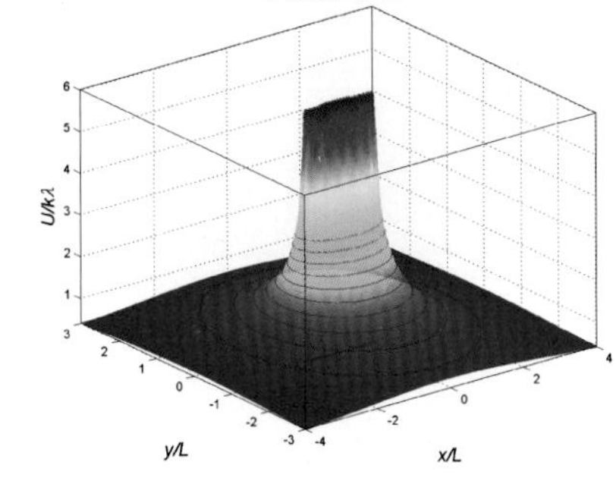


P9_3_2a 图

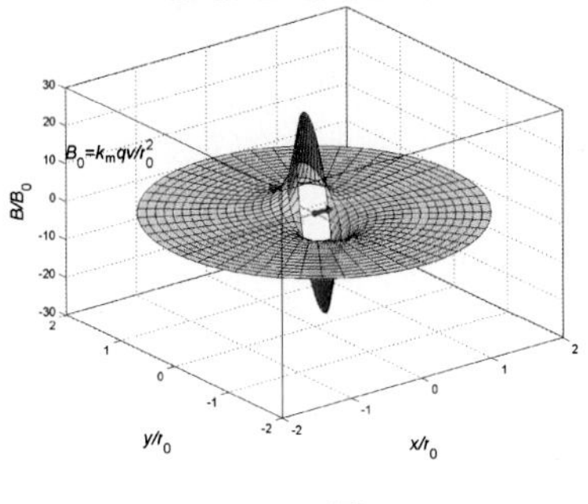


P10_1 图

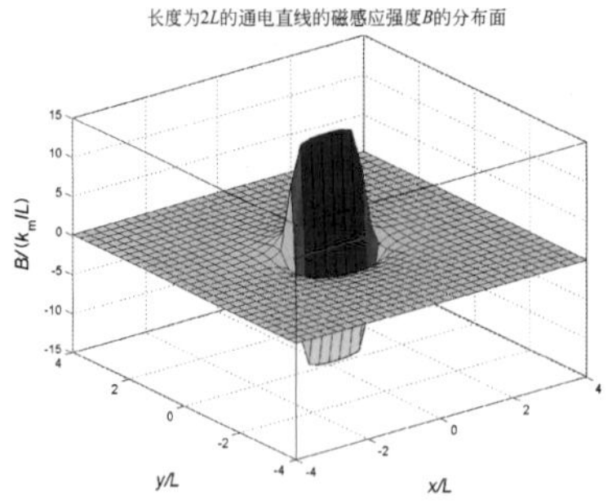


P10_2 图

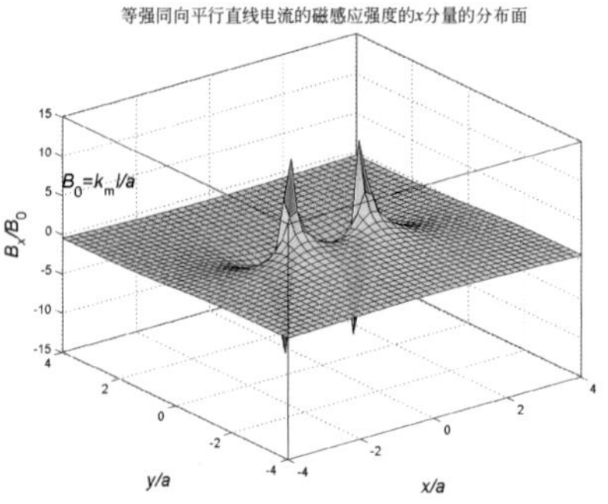


P10_4_2a 图

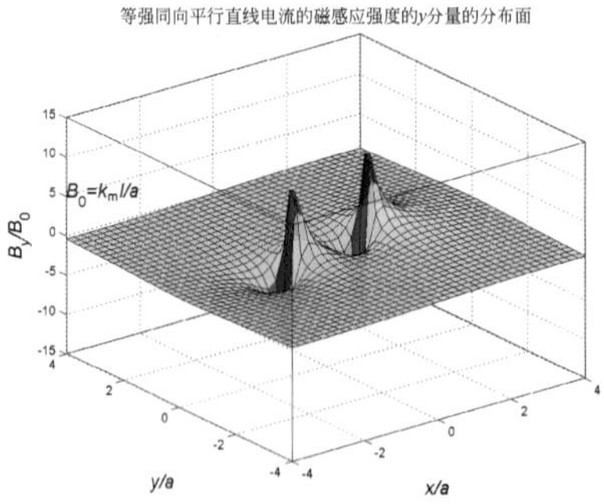


P10_4_2b 图

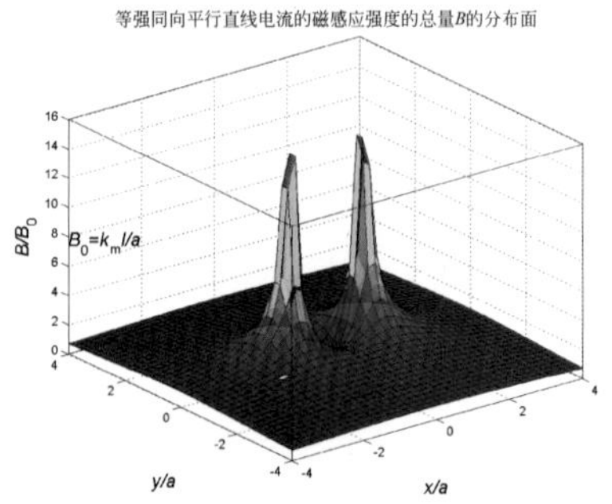


P10_4_2c 图

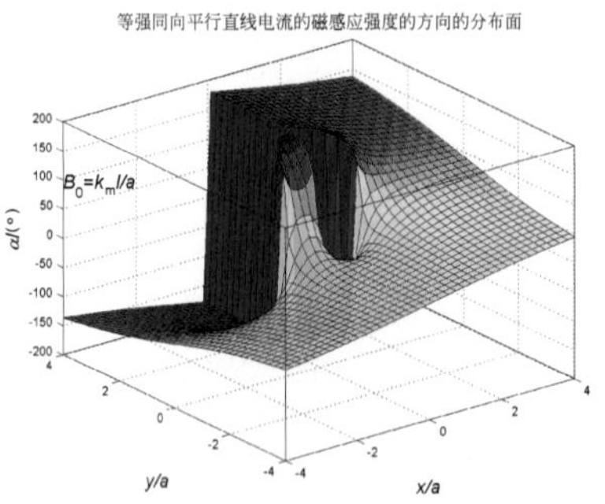


P10_4_2d 图

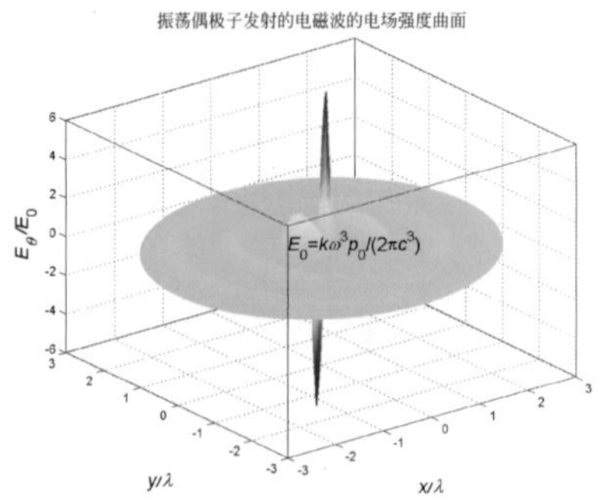


P12_9b 图

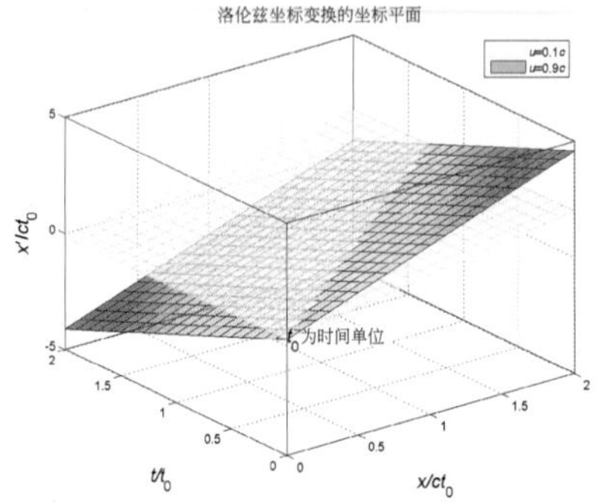


P13_2a 图

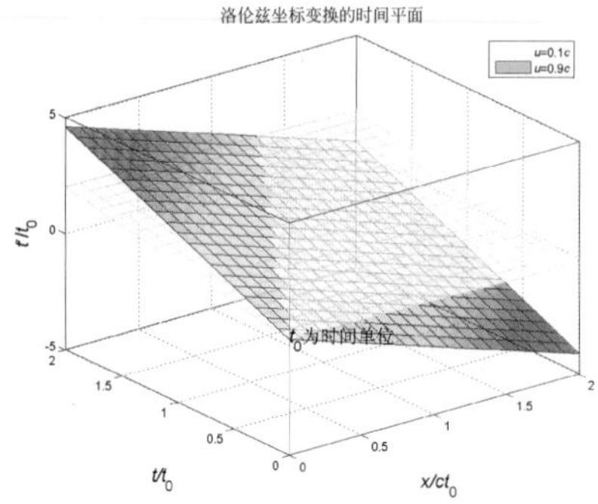


P13_2b 图

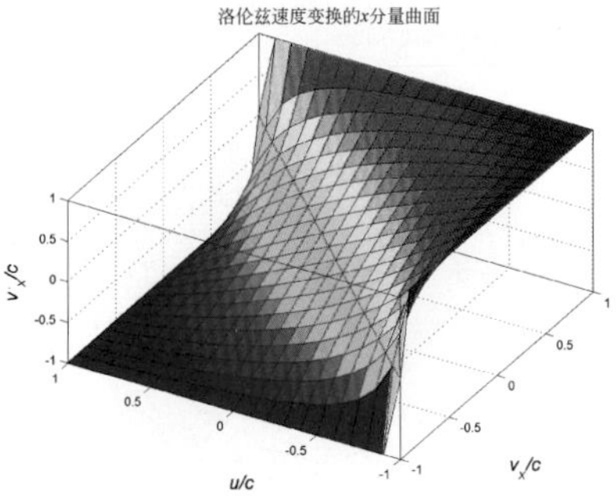


P13_3_1 图

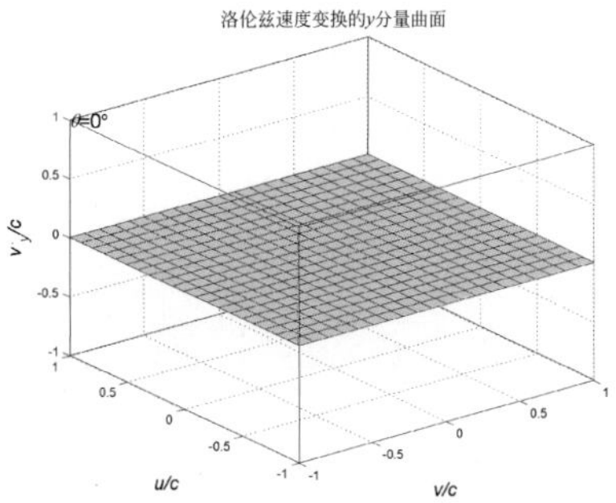


P13_3_2a 图

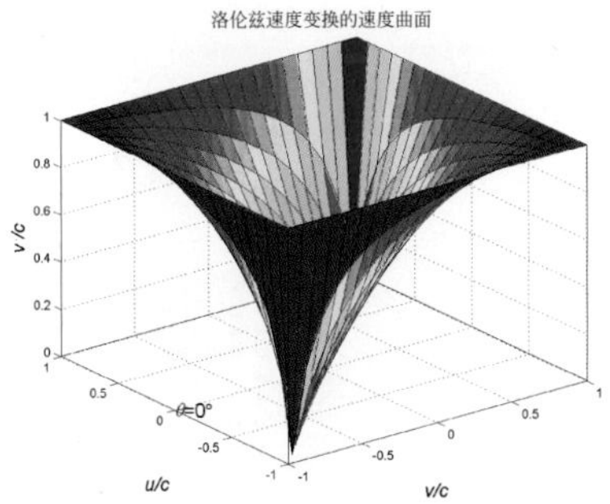


P13_3_2b 图

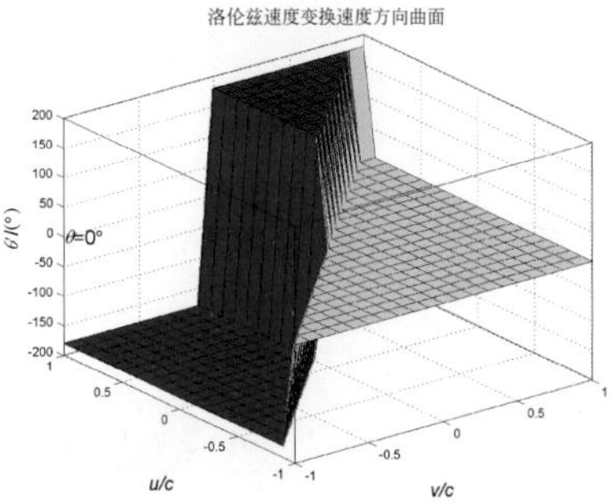


P13_3_2c 图

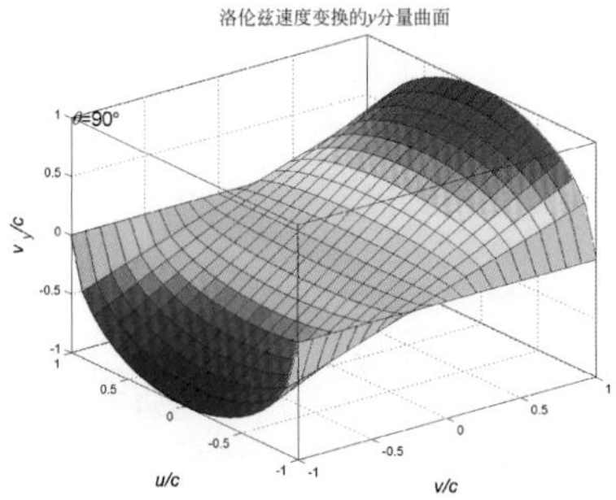


P13_3_2d 图

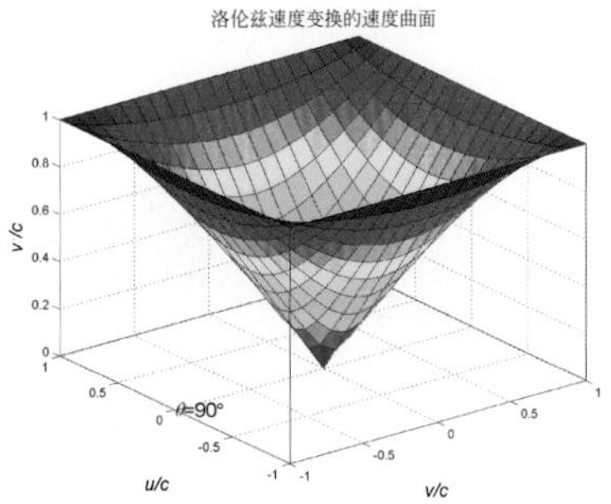


P13_3_2e 图

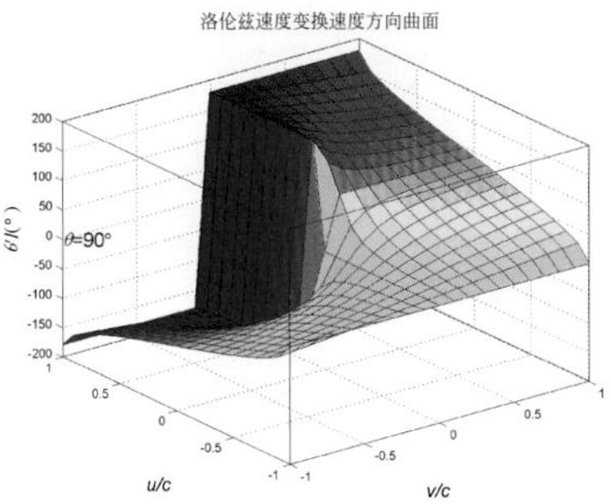


P13_3_2f 图

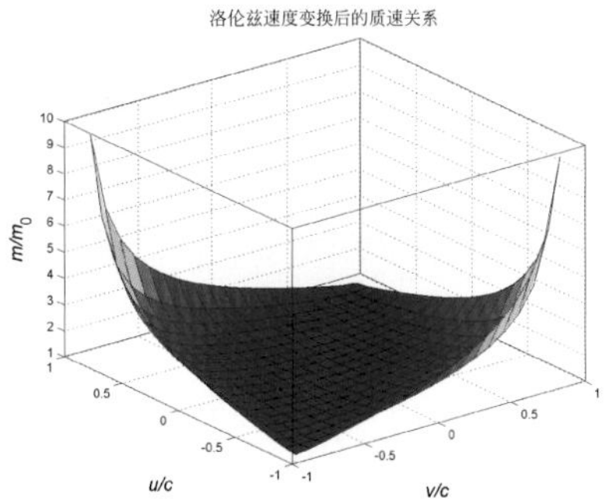


P13_4_2 图

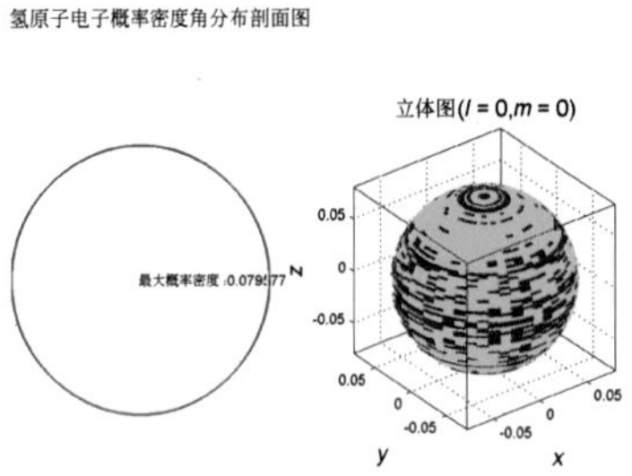


P14_9_1a 图

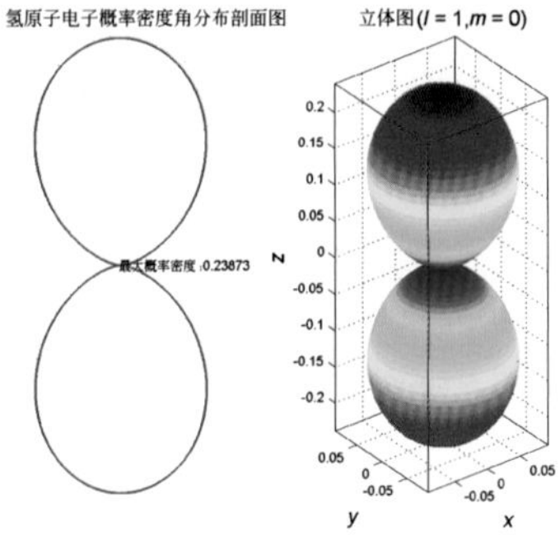


P14_9_1b 图

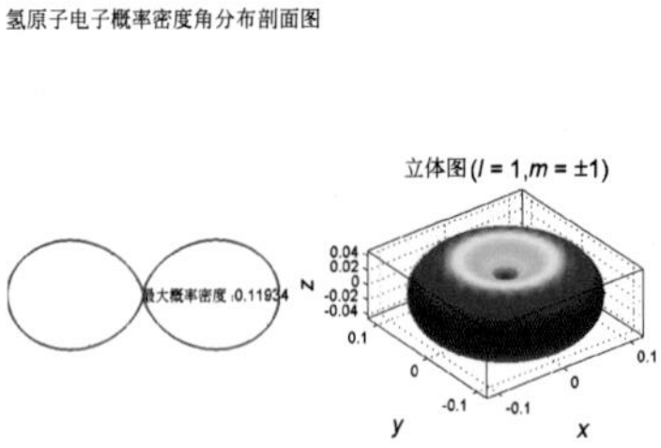


P14_9_1c 图

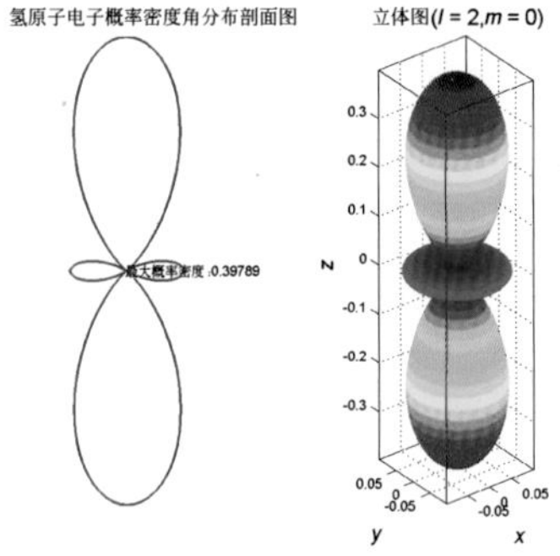


P14_9_1d 图

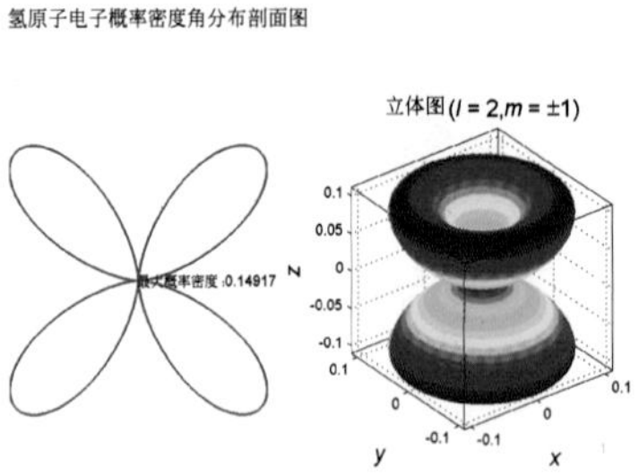


P14_9_1e 图

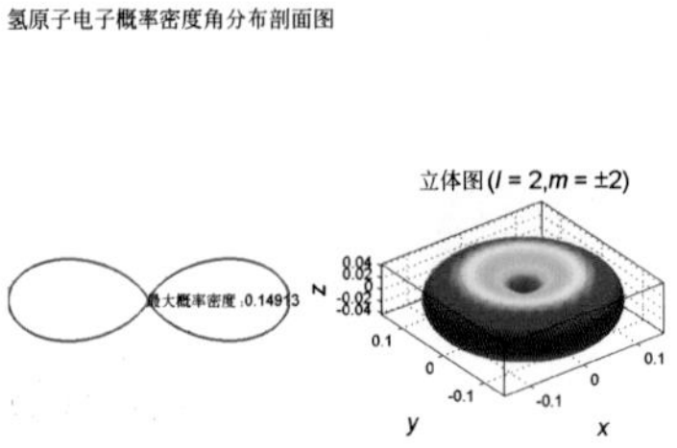


P14_9_1f 图

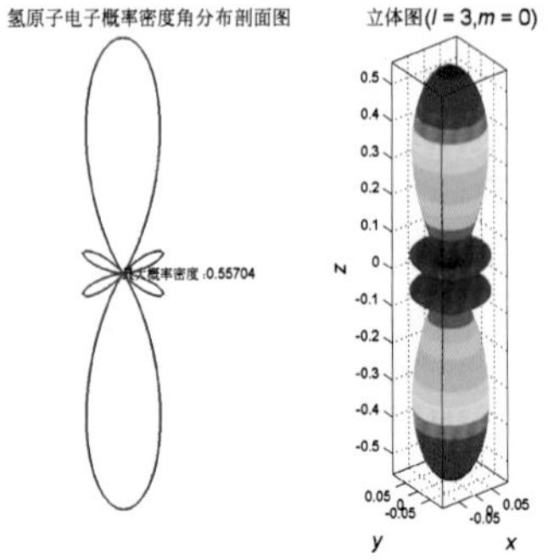


P14_9_1g 图

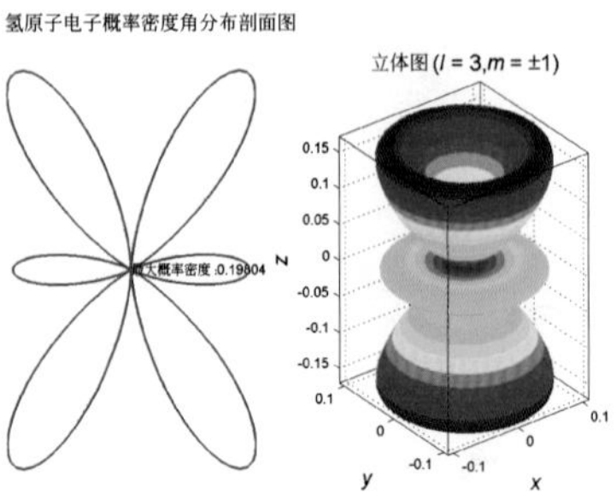


P14_9_1h 图

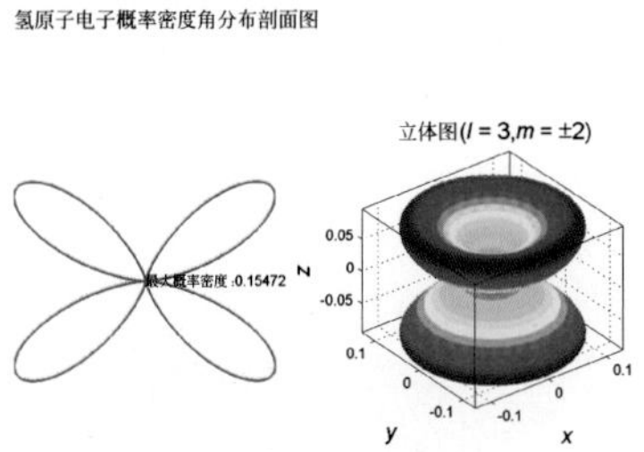


P14_9_1i 图

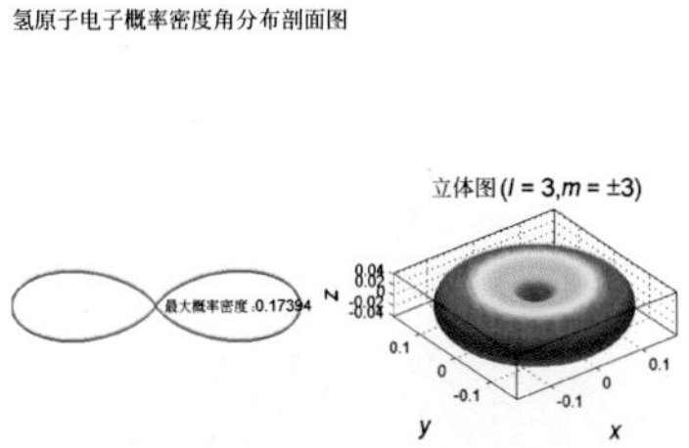


P14_9_1j 图

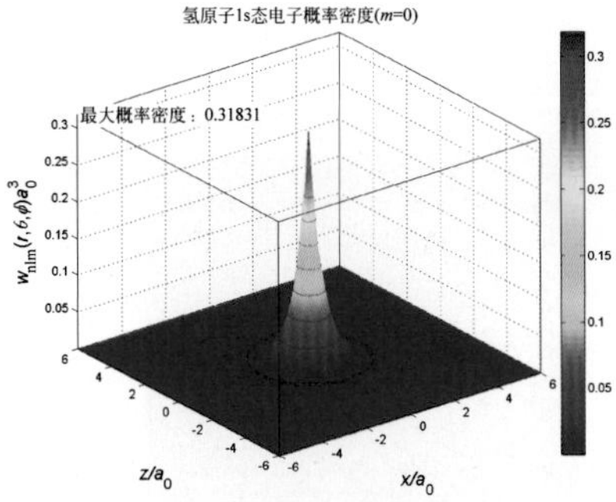


P14_10_2a100 图

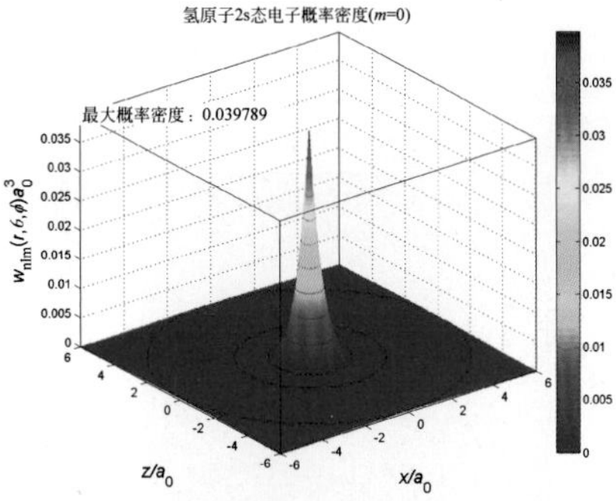


P14_10_2a200 图

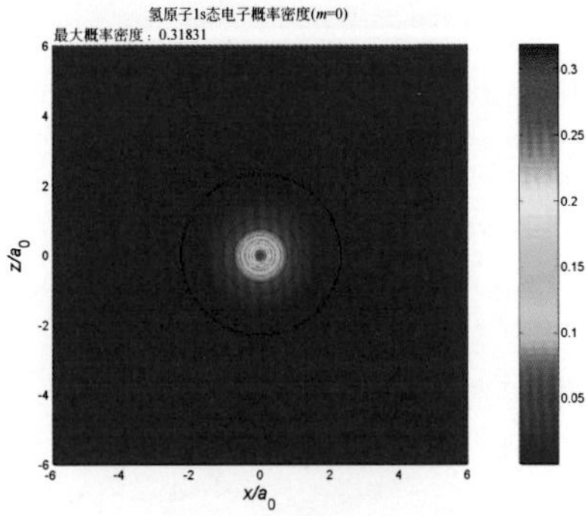


P14_10_2b100 图

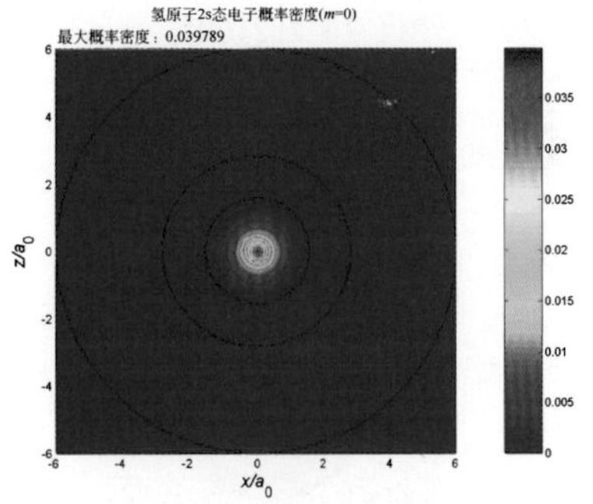


P14_10_2b200 图

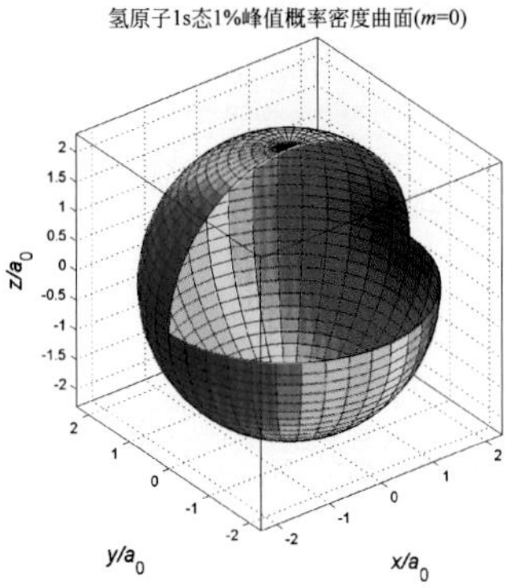


P14_10_2c100 图

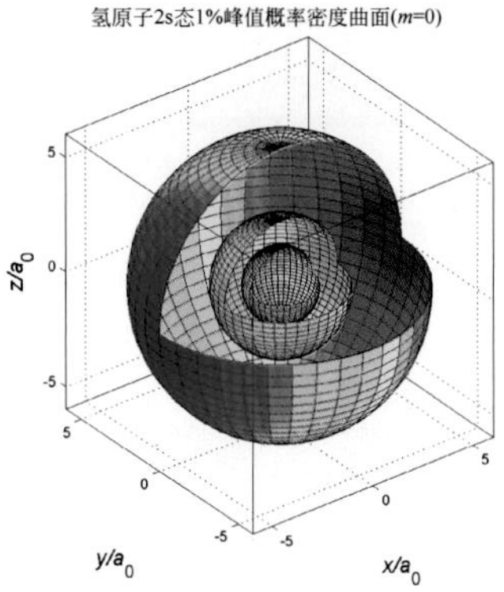


P14_10_2c200 图

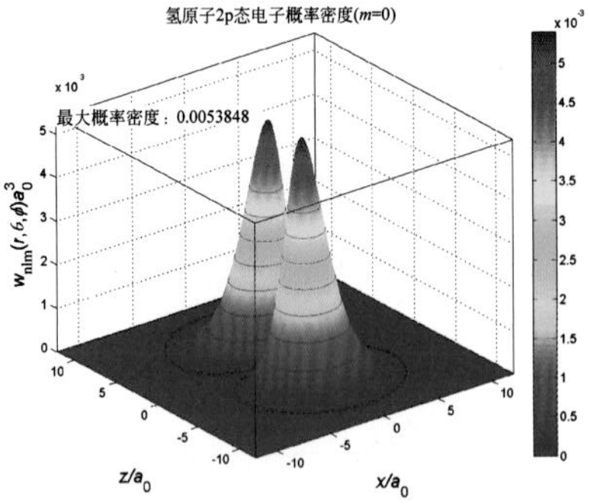


P14_10_2a210 图

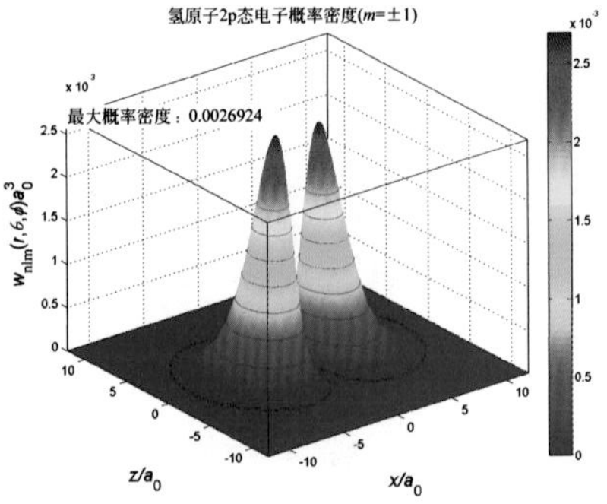


P14_10_2a211 图

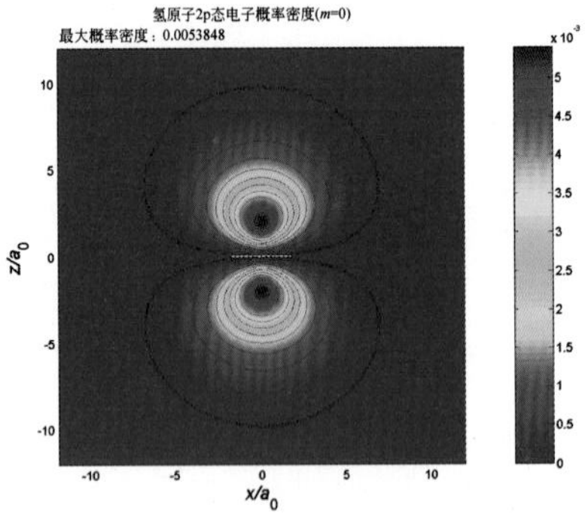


P14_10_2b210 图

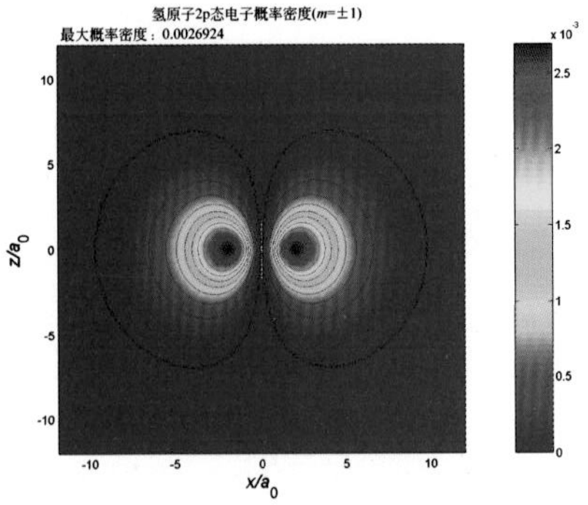


P14_10_2b211 图

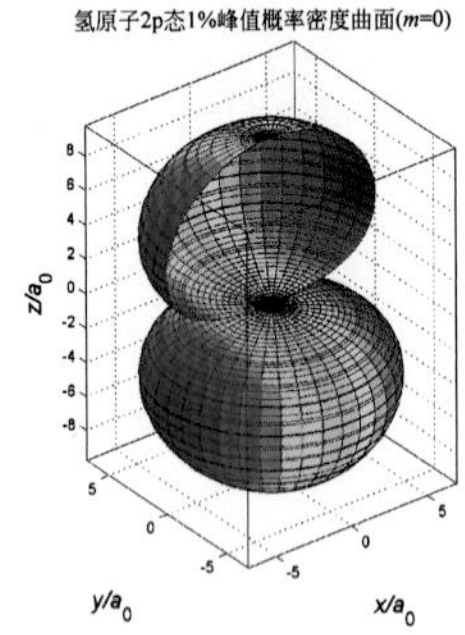


P14_10_2c210 图

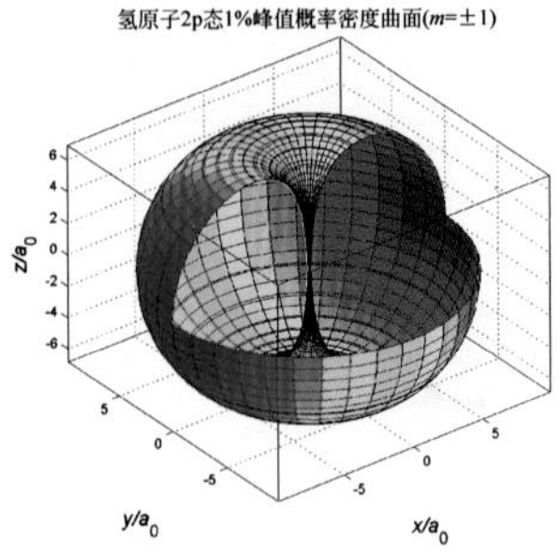


P14_10_2c211 图

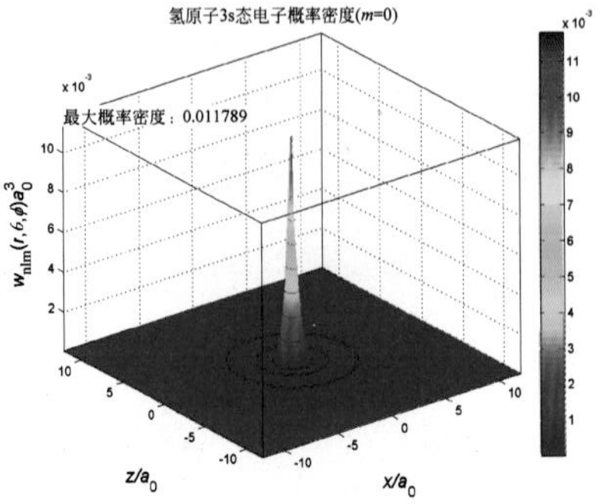


P14_10_2a300 图

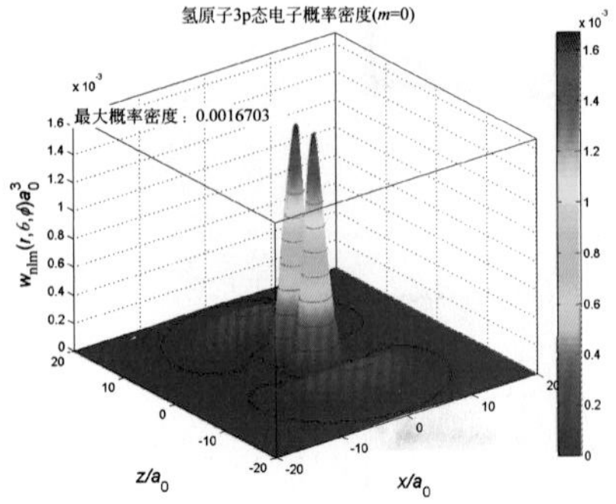


P14_10_2a310 图

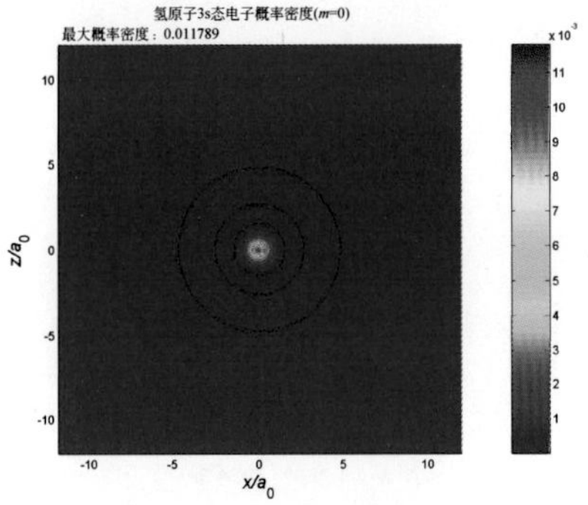


P14_10_2b300 图

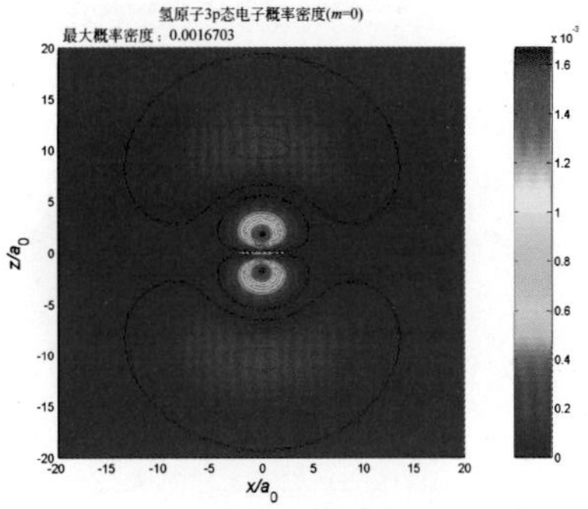


P14_10_2b310 图

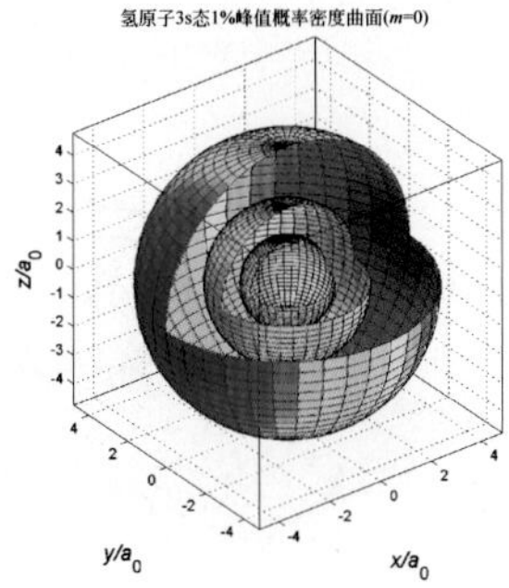


P14_10_2c300 图

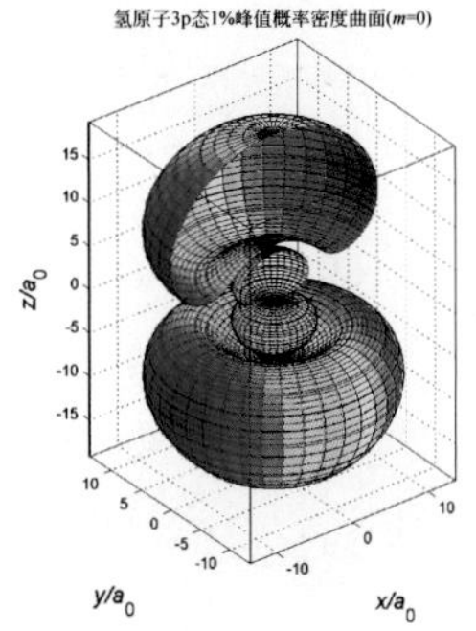


P14_10_2c310 图

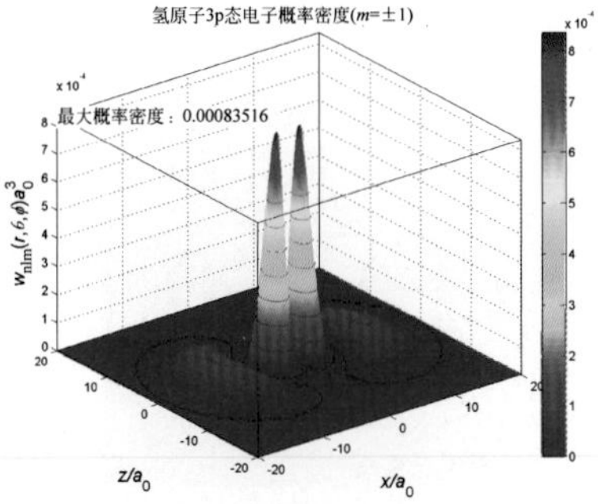


P14_10_2a311 图

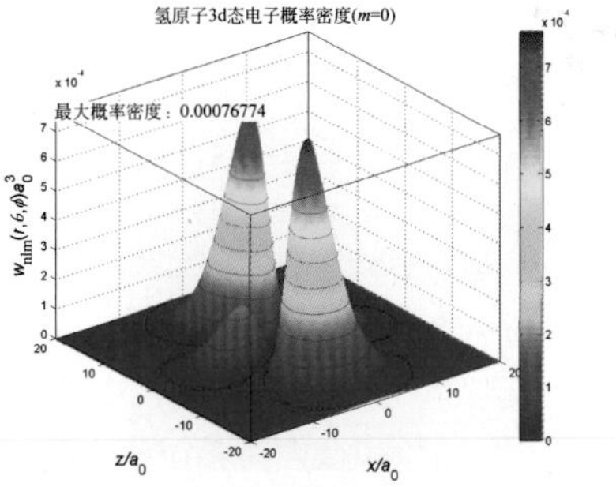


P14_10_2a320 图

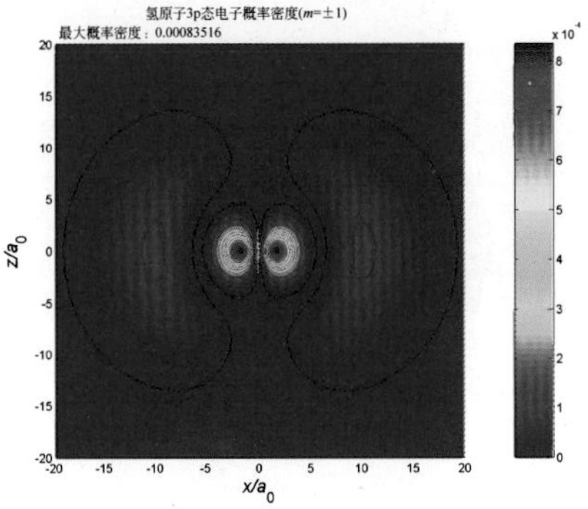


P14_10_2b311 图

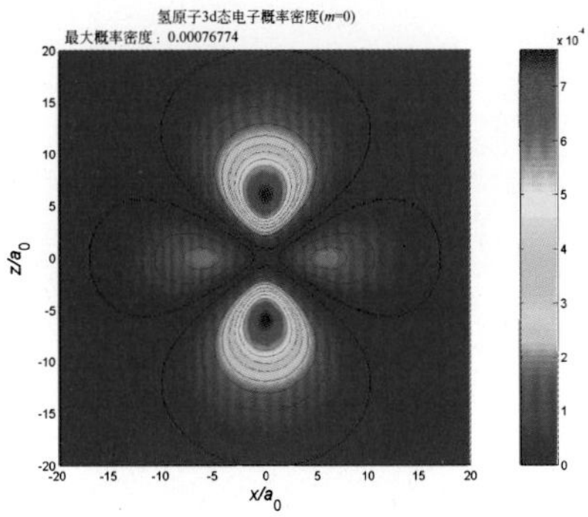


P14_10_2b320 图

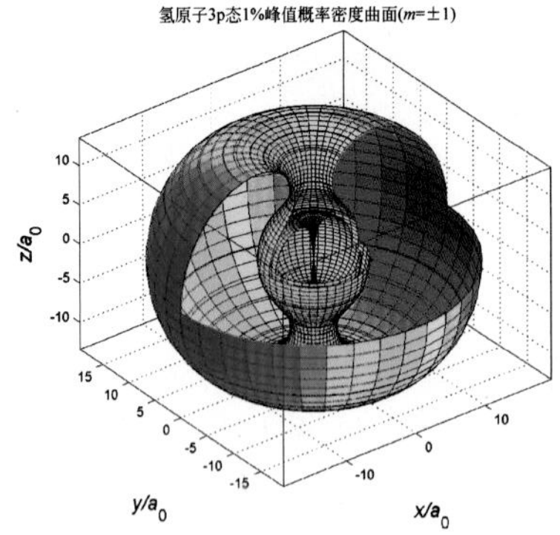


P14_10_2c311 图

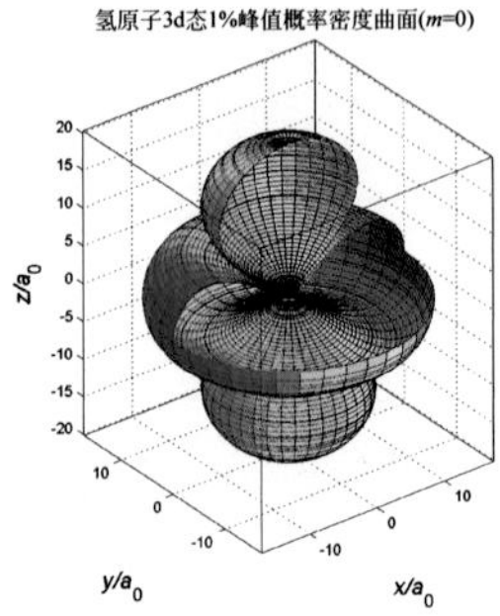


P14_10_2c320 图

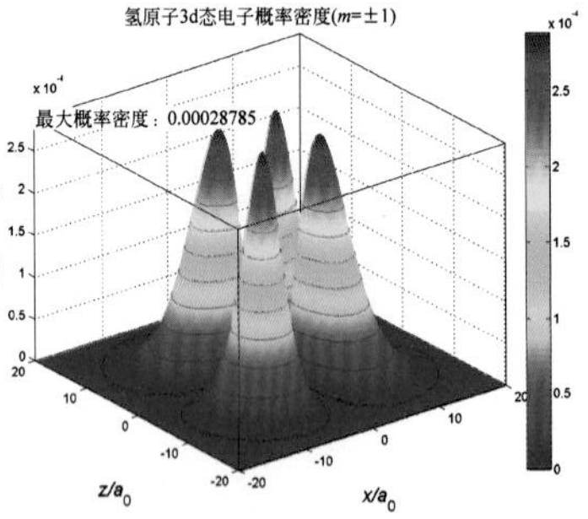


P14_10_2a321 图

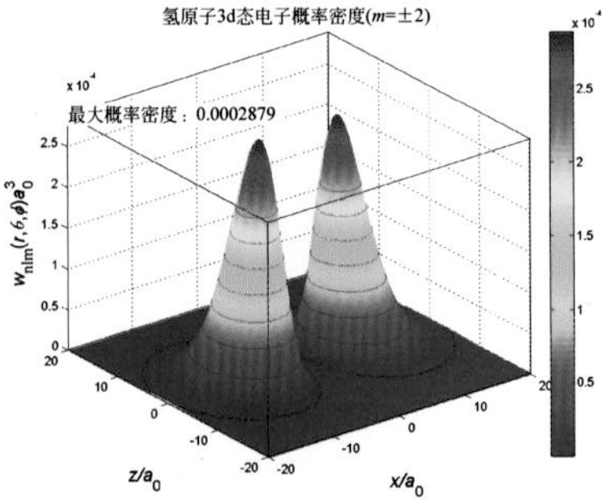


P14_10_2a322 图

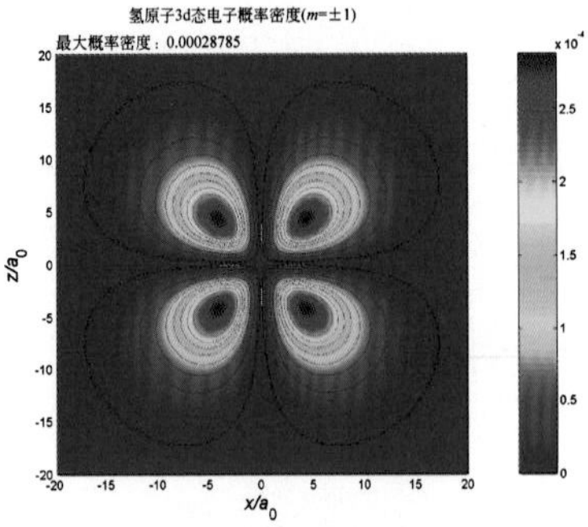


P14_10_2b321 图

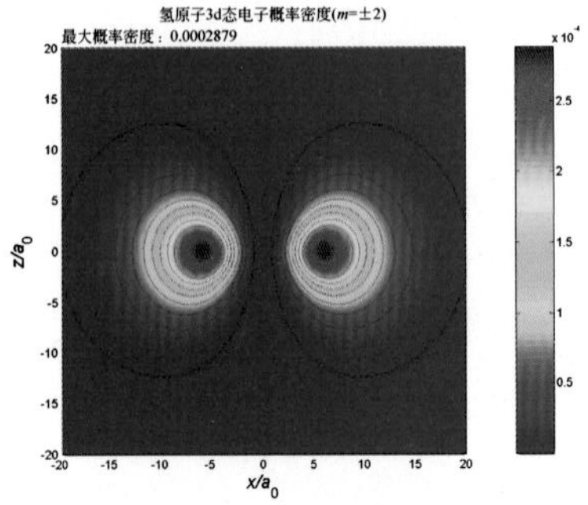


P14_10_2b322 图

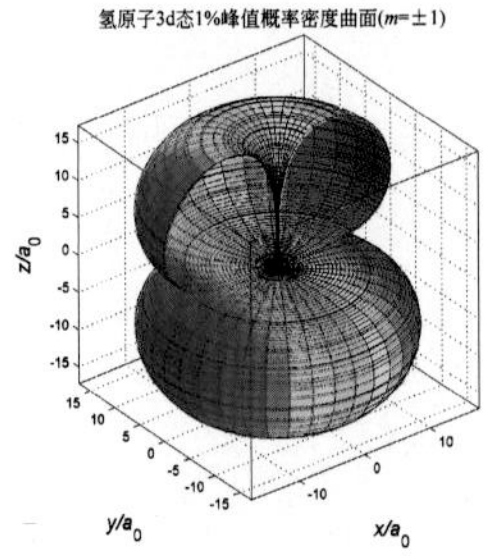


P14_10_2c321 图

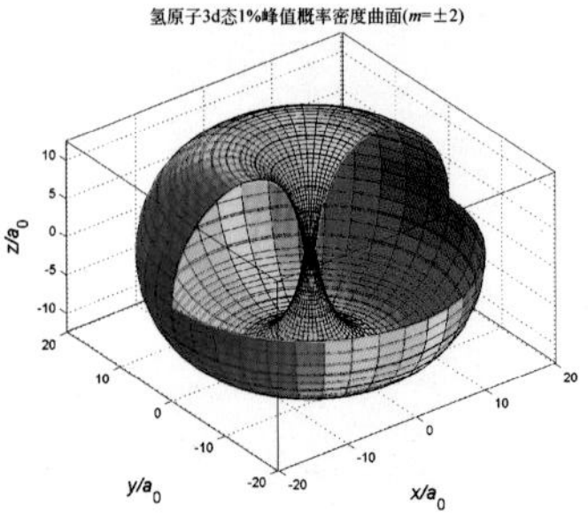


P14_10_2c322 图

"十二五"普通高等教育本科国家级规划教材

# MATLAB可视化大学物理学

## （第2版）

周群益　侯兆阳　刘让苏　编著

清华大学出版社
北　京

## 内 容 简 介

本书是一本以MATLAB为工具的大学基础物理教材，全书共15章。

本书的内容之一是大学基础物理知识。第1～14章，每章先列出大学物理的基本内容，然后将物理内容和例题以范例的形式提出来，进行解析和图示。每一章都精心选取和编制了10个范例，每个范例都按传统物理学的方法，用高等数学进行解析，进而结合图片对物理内容作出详细的说明。本书图片丰富多彩，既包括曲线和曲线族，还有曲面、图像和动画的截图。本书共有1000多张物理内容的PPT，读者可在清华大学出版社网站本书页面下载，自己编辑使用。

本书的内容之二是MATLAB的程序设计知识。本书专门安排了第0章，通过24个范例介绍MATLAB在大学物理中的应用方法。在其他各章中，对于每一个物理范例，根据解析的结果，提出算法，利用MATLAB设计程序、计算数据并绘制图片。本书有200多个程序，每条指令都有简要的说明，使读者易学易懂，为读者提供了许多解决问题的方法和技巧。为了减少篇幅，本书只列出了部分纸质版的程序，方便读者阅读和理解。本书的程序都可在清华大学出版社网站本书页面下载，读者不需要手工录入，很容易复制、调用和执行。

本书可作为大学基础物理学的教材，适合大学一、二年级学生使用。本书的程序可作为大学理工科各年级学生学习MATLAB程序设计的应用教材，也可作为数学建模的参考资料。书中的电子教案可供大学教师采用和参考，动画可在教学中演示。本书也可作为科研工作者设计MATLAB程序的参考书。



**图书在版编目(CIP)数据**

MATLAB可视化大学物理学/周群益，侯兆阳，刘让苏编著. —2版. —北京：清华大学出版社，2015(2024.2重印)

ISBN 978-7-302-38510-3

Ⅰ. ①M… Ⅱ. ①周… ②侯… ③刘… Ⅲ. ①MATLAB软件—应用—物理学—高等学校—教材 Ⅳ. ①O4

中国版本图书馆CIP数据核字(2014)第269581号

**责任编辑**：朱红莲
**封面设计**：傅瑞学
**责任校对**：刘玉霞
**责任印制**：刘海龙

**出版发行**：清华大学出版社
　　**网　　址**：https://www.tup.com.cn，https://www.wqxuetang.com
　　**地　　址**：北京清华大学学研大厦A座　　**邮　　编**：100084
　　**社 总 机**：010-83470000　　**邮　　购**：010-62786544
　　**投稿与读者服务**：010-62776969，c-service@tup.tsinghua.edu.cn
　　**质量反馈**：010-62772015，zhiliang@tup.tsinghua.edu.cn
　　**课件下载**：https://www.tup.com.cn，010-83470236
**印 装 者**：三河市龙大印装有限公司
**经　　销**：全国新华书店
**开　　本**：185mm×260mm　　**印　张**：34.25　　**插　页**：6　　**字　　数**：847千字
**版　　次**：2011年3月第1版　2015年1月第2版　　**印　　次**：2024年2月第11次印刷
**定　　价**：94.00元

产品编号：061626-05

# 前　言

这是一本将大学基础物理和 MATLAB 相结合的教材。

**一、物理部分的构思**

物理部分分为 14 章，完全按照大学基础物理的内容顺序编排。与一般的大学物理教材相比，物理部分的构思有以下创意。

1. 各章先列出大学基础物理的基本内容，将其作为主要线索，以便于读者全面掌握物理知识的脉络。

2. 将物理教学内容和例题通过范例的形式提出来，再进行解析。本书在每一章中精选了 10 个典型范例，涵盖了大学基础物理的基本内容。与传统物理教材一样，本书根据物理概念，应用高等数学方法，对范例进行解析，求出基本公式或最终公式。本书对范例的解析力求做到详细和全面，并将一些相关的物理问题归纳统一起来。

(1) 详细。本书介绍了大学基础物理的基本知识，对物理公式做了详细推导，说明公式的来龙去脉。例如，弹簧振子的受迫振动，本书详细推导了振幅和初相位与驱动力圆频率的关系(见{范例 5.8 })。有些解析解还与数值解和符号解进行比较，从而检验解析解的正确性。

(2) 全面。本书力求全面考虑问题的解决方法。例如，降落伞下降时，对初速度小于和大于极限速度的情况分别推导出不同的位移公式，由于 MATLAB 能够进行复数运算，两个公式的实部是相同的(见{范例 2.8})。

(3) 统一。有些问题属于同一类问题，本书加以统一解决。例如，船的运动规律，船所受的阻力与速度的 $n$ 次幂成正比时，不论指数是多少，其速度和路程都采用统一的公式表示(见{范例 2.9})。又例如，均匀带电球面、球体和球壳的电场强度和电势也用统一的公式表示(见{范例 9.6})。

(4) 独到。本书方法新颖，公式简明，图片精准。例如，本书推导出对心弹性碰撞的最简公式，便于记忆(见{范例 3.3})。又例如，对于直线电流磁感应线，本书证明了其距离按等比级数排列，从而画出准确的磁感应线(见{范例 10.3})。还例如，氢原子概率密度曲面和彩色电子云图以及等值面图充分反映了氢原子中电子分布的三维结构(见{范例 14.10})。

3. 本书对一些问题从多方面进行了深入讨论。例如，斜抛物体在斜坡上的射程，对于各种斜坡，包括向上的斜坡和向下斜坡，甚至峭壁和悬崖，都做了深入讨论(见{范例 1.7})。又例如，直线电荷与共面带电线段之间的作用力，当线段跨在直线电荷两边时(两者绝缘)，对力的大小和方向进行了深入讨论(见{范例 9.8})。

4. 本书的突出特点就是通过计算机所作的图形来说明物理规律，许多问题的细节都能用图形展现出来。图形种类有曲线和曲线族、曲面、图像以及动画的截图。

(1) 有些问题用单曲线就能反映其规律，如质点的匀速和变速圆周运动(见{范例 1.2}和{范例 1.3})。有些没有解析解的问题也能通过曲线显示其规律，如小球在空气中竖直上抛后落回原点的时间(见{范例 2.6})。

(2) 有些问题则用曲线族反映其规律，由参数反映曲线的特征，这类曲线族往往还有极值点和极值线。例如,麦克斯韦速率分布律曲线族,不论取温度为参数还是取质量为参数,分布函数随速率变化都有峰值,峰值线表示了分布函数随最概然速率的分布规律(见{范例 8.4})。又例如,黑体辐射规律的曲线族,峰值线的分布遵守维恩定律(见{范例 14.1})。

(3) 有些问题用曲面表示结果,旋转曲面可从不同角度展示物理规律,例如,电偶极子的电势曲面和电场强度曲面(见{范例 9.2})。

(4) 有些光学问题,如光的双缝干涉条纹等,用图像表示(见{范例 7.1})。将波长和颜色联系起来,彩色图像十分精美,如白光的单缝衍射条纹等(见{范例 7.5})。

(5) 有些问题用动画表示,如单摆和圆环复摆的运动(见{范例 5.5}和{范例 5.6}),波的形成和传播等(见{范例 6.1}等)。

5. 每一章列出一些习题,供读者做练习。

**二、程序部分的构思**

MATLAB 的内容十分丰富,第 0 章精选了一些与解决大学物理知识密切相关的基本内容,通过 24 个范例说明 MATLAB 指令和函数的功能以及程序设计方法。第 0 章将 MATLAB 中常用的指令和函数制成表格,以便于查阅。第 0 章分为四节,分别说明窗口命令的操作、程序的结构、常用作图方法和常用计算方法。有些范例采用了多种编程方法,为读者编程提供多种解决问题的手段。例如,求导问题分别采用了数值求导和符号求导,并与其解析解进行比较(见{范例 0.21})。又例如,积分问题分别采用了梯形法积分、数值积分和符号积分,也与其解析解进行比较(见{范例 0.22})。

有关物理内容的每个范例都有算法和程序,程序后面还有说明。本书的算法就是将物理部分中的公式改造成适合计算的形式,说明解决问题的思路和使用的指令以及函数。算法与程序密切结合,使程序部分具有一些独特之处。

1. 公式无量纲化。一些范例可直接通过数值计算,不存在无量纲化问题,但是许多物理公式都需要进行无量纲化处理,才便于计算和作图。例如,点电荷对的电场和电势,取距离的一半为长度单位,这就决定了电场强度和电势的单位,形成无量纲的公式(见{范例 0.24})。利用无量纲化公式就能做纯数值计算,充分反映物理规律。

2. 充分利用 MATLAB 的图形功能。本书中所有范例都有图示,一些没有想到的问题,在图片中一目了然。一些问题用多种方法画曲线,验证方法和结果的正确性。例如,竖直上抛运动速度与高度的关系,既可直接用公式画曲线,也可通过参数方程画曲线(见{范例 1.5})。有些问题需要画曲线族,如斜抛运动的射程和射高(见{范例 1.6}),用 MATLAB 编程就大大减少了程序长度(用其他计算机语言往往要用多重循环)。有些问题需要画曲面和等值线以及流线,如带电线段的电场,既画出电场和电势的分布曲面,还画出了电场线和等势线(见{范例 9.3})。有些问题通过动画演示,可形象表示系统的运动过程,如波的干涉的动画(见{范例 6.7})。

3. 充分利用 MATLAB 的数值计算功能。一些复杂的公式,利用 MATLAB 都很容易计算,如黑体辐射的问题(见{范例 14.1})。有些问题需要求数值导数,如求速度和加速度等问题(见{范例 1.1})。有些问题需要求数值积分,如小球在水中的沉降(见{范例 2.5})。有些问题需要求函数的极值和零点,有些问题需要求解线性方程组。在求动力学方程时往往需要解微分方程,有些问题没有精确的解析解,或者只有复杂的解析解,利用 MATLAB 的函数可求数值解。例如,对于直杆自然滑倒的规律,只有通过数值解才能显示出来(见{范例 4.8})。又例如,对于单摆在大幅振动时的运动规律,虽然可用特殊函数表示,而通过数值解反映出来最为简单(见{范例 5.5})。

4. 充分利用 MATLAB 的符号运算功能。一些复杂的公式可用 MATLAB 帮助推导或验证,如对心弹性碰撞公式(见{范例 3.3}),相对论完全非弹性碰撞公式(见{范例 13.9}),等等。符号导数和符号积分可完成特殊的计算,如黑体辐射中斯特藩常数和维恩常数的计算(见{范例 14.1})。符号积分还能用于检验数值积分的结果,例如,计算直线电荷对共面带电圆弧产生的电场力,积分中要进行变量替换,推导步骤较多,结果可能出错,当符号运算所得出的结果与手工推导的结果相同时,就说明手工推导的正确性(见{范例 9.8})。微分方程的符号解不但可求一般的微分方程(组),更重要的是检验微分方程(组)是否有解析解。

5. 尽量发掘 MATLAB 的系统资源。例如,在计算单摆和圆环复摆的周期中涉及第一类完全椭圆积分,而利用 MATLAB 的完全椭圆积分函数能够简单地计算结果(见{范例 5.5}和{范例 5.6})。又例如,在圆孔衍射和瑞利判据中要计算贝塞尔函数,还要计算函数的零点和极值点,利用 MATLAB 的贝塞尔函数很容易完成计算(见{范例 7.6})。还例如,在氢原子的角向概率密度中有勒让德函数(包括连带勒让德函数),在 MATLAB 中可直接调用勒让德函数(见{范例 14.9})。

本书选择的范例主要是与大学基础物理学密切相关的内容。一些大学基础物理中比较难的问题,在本书中用星号 * 标记。有些问题的数学公式的推导过程涉及较深的物理知识,例如,求飞船的轨迹方程一般要用毕耐方程,本书则采用微分方程的数值解(见{范例 3.10})。有些问题的计算虽然超过了大学基础物理的内容,但是与基本内容有紧密的联系,本书还是选取了,例如,圆孔衍射光强和瑞利判据都要用到贝塞尔函数,用 MATLAB 却能够简单地计算。又例如,氢原子的电子云图,虽然量子力学的公式比较复杂,而用 MATLAB 也能够简单地解决。为了减少篇幅,本书每章只选 10 个范例,有些很好的范例只有忍痛割爱,如卫星的变轨、有限深势阱中粒子的波函数,等等。为了减少篇幅,本书只列出了部分纸质程序,并且将多行指令合并为一行,许多范例只介绍算法,而将程序放在网站中,请读者自行下载,在自己的计算机上执行和解读。

物理学的发展离开计算机是很难想象的,如混沌问题没有计算机的帮助就很难研究下去。我国需要大量同时精通物理学和计算机编程的人才,本书可望为培养这类人才提供一套有效的方法。

利用 MATLAB 编写可视化大学基础物理教材是教学改进的一种尝试,本书力求填补大学基础物理和 MATLAB 交叉学科的空白,为提高我国物理教学现代化的水平做出贡献。由于多种因素的影响,本书的缺点和错误很难避免;另外,对范例的选取、对内容的解析和算法还应该有更多、更好的方法,希望读者不吝指教,提出建设性的意见。

本书由湖南大学周群益、刘让苏和长安大学侯兆阳共同编写完成。周群益和刘让苏负责第 1 章到 12 章的编写,侯兆阳负责第 0 章、第 13 章和第 14 章的编写。全书由周群益负责策划和统稿,侯兆阳对全书进行了审阅和校对。感谢周期博士,他高超的编程技巧富有启发性;感谢周丽丽博士,她提出了许多具体有益的建议;感谢所有选课的学生,他们为作者的教学实践积累了丰富的经验。特别感谢沈辉奇教授,他的热情推荐为本书的出版创造了条件。还要感谢朱红莲编辑,她的悉心指导使本书的出版成为现实。最后,衷心感谢所有关心和帮助过作者的师生。

作 者

2014 年 8 月

# 致教师

**教师们好!**

本书采用范例教学法，各个范例相对独立，电子教案在网站中，教师可下载到硬盘中，根据需要(例如不同的课时和不同的对象)进行编辑和选讲。如果只需要教物理，本书的算法和程序部分可跳过去。有些公式推导过程比较详细，建议教师介绍思路，让学生自己通过思维训练理解其过程。其实，推导公式的过程本身就是一种素质训练的过程。

将教学内容用图片表示出来，往往会有一些新发现。

(1) 通过作图可发现有些教材的曲线并不准确。例如，当单摆大角振动时，有的教材仍用余弦曲线表示单摆的角位置，实际上单摆角振幅越大，角位置的曲线与余弦曲线相差越大(见{范例 5.5})。又例如，在李萨如图形中，当互相垂直的分振动的周期之比为 1∶2 时，与初相位之差对应的质点的轨迹曲线很容易弄错(见{范例 5.10})。还例如，薄膜等倾干涉的级次，不一定从 0 或 1 开始，而需要根据具体条件确定(见{范例 7.4})。

(2) 通过作图可发现一些问题。例如，根据有些教材的说法，我们往往认为当高速行驶的火车(匀速)鸣笛而来时，人听到的汽笛音调变高。通过分析和作图可发现当火车鸣笛而来时，由于人与火车运动的直线有一定的距离，虽然人听到汽笛的频率比汽笛静止时发出的频率高，听到的频率却是持续降低的，升高的是响度。即使人站在铁轨上，当火车匀速鸣笛迎面而来时，人听到的频率虽然比汽笛静止时发出的频率高，频率却是不变的；当火车匀速鸣笛而去时，人听到的频率虽然比汽笛静止时发出的频率低，频率也是不变的；只有当汽笛穿过人耳时(不考虑碰撞)，人听到的频率才发生从高到低的跃变(见{范例 6.9}和{范例 6.10})。

(3) 有些不引人注意的问题也是通过图片发现的。例如，振荡电偶极子发射的电磁波，有些教材用电场线的拉伸和合拢说明电磁波的发射过程。通过动画发现，那些"电场线"实际上是电场强度的等值线，电磁波的发射过程就是电场强度等值线向外扩张的过程(见{范例 12.9})。

本书的程序也在网站中，教师可以下载，利用已有的程序，也可以根据需要修改程序或者重新设计程序，提高自身的教学实力。

MATLAB 功能强大，使一些问题可用多种方法解决。例如，对于单摆振动的周期，本书同时应用了数值积分函数计算、符号积分函数计算和第一类完全椭圆积分函数计算(见{范例 5.5})。有些问题有多种算法，不同算法可相互检验，比较优劣。例如，物体在水中沉降的问题就应用了三种算法：解析解、微分方程的数值解和微分方程的符号解，而微分方程的数值解又用了两种形式(见{范例 2.5})。

也是因为 MATLAB 功能强大，使一些问题能够巧妙解决，使一些难题变得容易解决。例如，物体在空气中竖直上抛后，落回原处的时间是一个超越方程，巧妙地利用等值线指令就能求超越方程的数值解(见{范例 2.6})。又例如，氢原子概率密度等值面，其绘制方法简单而巧妙(见{范例 14.10})。

MATLAB 为大学物理教学的数值化和可视化提供了强有力的手段。例如,非线性振动的相轨迹可用流线指令绘制,奇点坐标可通过代数方程求得,奇点的稳定性可通过雅可比矩阵计算。物理学中的许多内容和例题(包括习题),都能用 MATLAB 直观地表现出来。

设想一种教学改进方案:将 MATLAB 像高等数学一样,从大学一年级就开设起来,让学生掌握设计程序解决问题的方法,以此促进各学科的教学,可望提高学生的素质。

作 者

2014 年 12 月

# 致 学 生

**同学们好!**

作者认为：现代大学生除了会运用高等数学解决大学物理中的问题之外，还应该学会应用计算机程序——特别是 MATLAB——解决问题。

MATLAB 可帮助学生学习物理知识。例如，麦克斯韦速率分布率看起来很复杂，但是，画出以质量为参数和以温度为参数的速率分布率曲线，就能帮助学生理解曲线的变化规律(见{范例 8.4})。又例如，康普顿散射公式(包括反冲电子的速度)的推导比较复杂，这些公式都能通过符号计算推导出来(见{范例 14.3})。许多积分和求导的问题都能用 MATLAB 简单地解决。例如，黑体辐射的斯特藩常数和维恩常数都能通过符号积分和符号导数简单地求出来(见{范例 14.1})。可以说，解决了计算问题，物理学习就没有什么困难了。

通过 MATLAB 可提高学生的学习兴趣。例如，当学生看到导弹拦截的动画(见{范例 1.9})，往往会问到导弹拦截的原理是什么。于是就想解读程序，学习程序设计方法。

通过 MATLAB 的计算可帮助学生检查作业。例如，带电圆弧受到共面带电直线的作用力，所推导的公式可能出错，利用符号计算，结合曲线，可检查公式正确与否(见{范例 9.9})。类似的问题还有：通电半圆环与共面直线电流之间的安培力(见{范例 10.8})，直线与共面圆环的互感系数(见{范例 12.6})。实际上，许多公式推导过程都可用 MATLAB 帮助完成。

为了画出 MATLAB 的图片，往往需要提出问题和解决问题。例如，为了画出直线电流的磁感应线，就需要确定磁感应线的分布规律。根据磁通量与磁感应强度的关系进行分析，可知：磁感应线到直线的距离形成等比数列。通过 MATLAB 的图片也可发现问题，并设法解决问题。例如，在直线电流磁场中匀速旋转线圈的电动势，在一定的条件下，在一个周期内有两个对称的"犄角"和一个"凹点"，深入思考就提出：消除"犄角"和"凹点"的临界条件是什么？原来，"犄角"区域和"凹点"区域的交点是拐点，拐点处的二阶导数为零，由此可获取临界条件(见{范例 12.2})。亥姆霍兹线圈在轴线上的磁感应强度最平稳的条件也可用同样的方法分析和计算(见{范例 10.6})。

由于 MATLAB 提供了强有力的解决问题手段，学生完全可以改变作业方式。第 0 章附有一些练习题，可供学生模仿编程；各章中的程序可供学生参考。学生对物理习题通常采用传统方法做纸质版的作业，作者建议学生将纸质版的作业当做建立数学模型的过程，通过设计程序计算结果，绘制图片，做出合理的解答。

应用 MATLAB 解决大学物理的问题，其最大困难就是程序设计。程序设计中包含许多方法和技巧，掌握这些方法和技巧的捷径就是解读已有的程序，特别是在执行中解读程序。仿效程序，修改程序，移植程序，这些都是学习编程和提高程序设计能力的有效方法。本书有 200 多个程序，程序简练而完整，规范并通用。每个程序都经过反复调试，不但保证了程序准确无误，还简洁易懂。为此，在程序前面介绍算法，在程序每一行指令右边附加简要的注释，在有些程序后面追加说明，包括操作和指令的说明。有些程序设计的技巧比较高超，读者需要通过反复解读才能掌握其中的奥妙。

设计程序解决问题的能力是一种通用的能力，学生从学习编程到熟练编程通常要经过较长时间的训练，本书提供大量程序设计的范例，目的是提高读者训练编程的效率。本书中的许多方法可移植到专业课程的学习之中，例如理论力学和电磁学等。通过计算和作图，可进行开创性的学习，比较容易解决疑难问题，收到较好的学习效果。当学生学会了设计程序进行学习和探索时，这种学习和探索将充满乐趣。

作　者

2014 年 12 月

# 主要符号表

| | |
|---|---|
| $a$ | 半径，椭圆半长轴 |
| $\boldsymbol{a}$ | 加速度 |
| $A$ | 振幅，功 |
| $b$ | 椭圆半短轴，维恩常数 |
| $\boldsymbol{B}$ | 磁感应强度 |
| $c$ | 光速，椭圆焦距，常量 |
| $C$ | 质心，热容，电容，常量 |
| $C_V$ | 等容摩尔热容 |
| $C_p$ | 等压摩尔热容 |
| $\boldsymbol{C}$ | 常矢量 |
| $d$ | 距离，直径 |
| $\boldsymbol{D}$ | 电位移 |
| $e$ | 恢复系数，薄膜厚度，电荷基本单元 |
| $\mathrm{e}$ | 非常光 |
| $\boldsymbol{e}_n$ | 曲线法向单位矢量 |
| $\boldsymbol{e}_r$ | 曲线径向单位矢量 |
| $\boldsymbol{e}_\tau$ | 曲线切向单位矢量 |
| $\boldsymbol{e}_\theta$ | 曲线角向单位矢量 |
| $E$ | 机械能 |
| $\boldsymbol{E}$ | 电场强度 |
| $f$ | 频率，分布函数 |
| $\boldsymbol{f}, \boldsymbol{F}$ | 力 |
| $g$ | 重力加速度 |
| $G$ | 万有引力常数 |
| $\boldsymbol{G}$ | 重力 |
| $h$ | 高度，普朗克常数 |
| $\hbar$ | 约化普朗克常数 |
| $\boldsymbol{H}$ | 磁场强度 |
| $i$ | 入射角，自由度 |
| $\boldsymbol{i}$ | $x$ 轴单位矢量 |
| $i_0$ | 布儒斯特角 |
| $I$ | 波的强度，光的强度，电流强度 |
| $\boldsymbol{I}$ | 冲量 |
| $j$ | 转动惯量系数 |
| $J$ | 转动惯量 |
| $\boldsymbol{j}$ | $y$ 轴单位矢量 |
| $k$ | 劲度系数，静电力常量，圆波数，干涉级次，玻耳兹曼常数 |
| $\boldsymbol{k}$ | $z$ 轴单位矢量 |
| $k_{\mathrm{m}}$ | 恒磁力常量 |
| $l$ | 长度，角(副)量子数 |
| $L$ | 自感系数 |
| $\boldsymbol{L}$ | 角动量 |
| $m$ | 质量，磁量子数 |
| $m_{\mathrm{e}}$ | 电子质量 |
| $m_l$ | 磁量子数 |
| $m_s$ | 自旋磁量子数 |
| $M$ | 质量，互感系数，单色辐射本领 |
| $M_{\mathrm{E}}$ | 地球质量 |
| $\boldsymbol{M}$ | 力矩，磁化强度 |
| $n$ | 折射率，粒子数密度，主量子数 |
| $\boldsymbol{n}$ | 曲面法向单位矢量 |
| $N$ | 粒子数 |
| $N_{\mathrm{A}}$ | 阿伏伽德罗常数 |
| $\boldsymbol{N}$ | 支持力 |
| $\mathrm{o}$ | 寻常光 |
| $O$ | 原点 |
| $p$ | 压强 |
| $\boldsymbol{p}$ | 动量 |
| $\boldsymbol{p}_{\mathrm{e}}$ | 电偶极矩 |
| $\boldsymbol{p}_{\mathrm{m}}$ | 磁矩 |
| $P$ | 功率，能流密度，辐射本领 |
| $\boldsymbol{P}$ | 电极化强度 |
| $q$ | 电量 |
| $Q$ | 热量，电量 |
| $r$ | 距离，折射角 |
| $\boldsymbol{r}$ | 位矢 |
| $R$ | 半径，电阻，气体普适常量，径向分布函数 |

| | |
|---|---|
| $R_H$ | 氢原子的里德伯常数 |
| $R_E$ | 地球半径 |
| $s$ | 弧长，自旋量子数 |
| $\boldsymbol{s}$ | 位移 |
| $S$ | 面积，玻耳兹曼熵 |
| $\boldsymbol{S}$ | 面积矢量，坡印廷矢量 |
| $t$ | 时间，摄氏温度 |
| $T$ | 张力，动能，周期，热力学温度 |
| $u$ | 速率，波函数 |
| $\boldsymbol{u}$ | 速度 |
| $U$ | 电势，电压 |
| $v$ | 速率，体积 |
| $v_I$ | 第一宇宙速度 |
| $v_{II}$ | 第二宇宙速度 |
| $v_{III}$ | 第三宇宙速度 |
| $\boldsymbol{v}$ | 速度 |
| $V$ | 体积，速度，势能，可见度 |
| $w$ | 能量密度 |
| $W$ | 电场和磁场能量 |
| $x$ | 横坐标 |
| $X$ | 水平射程 |
| $y$ | 纵坐标 |
| $Y$ | 竖直射高 |
| $z$ | 高坐标 |
| $Z$ | 电荷数 |
| $\alpha$ | 角度，马赫角，燃料燃烧的速度 |
| $\boldsymbol{\alpha}$ | 角加速度 |
| $\beta$ | 角度，阻尼因子 |
| $\gamma$ | 角度，阻尼系数，比热容比 |
| $\delta$ | 波程差，光程差，体电流的面密度 |
| $\varepsilon$ | 分子能量，介电常数，电动势，光子能量 |
| $\varepsilon_0$ | 真空介电常数或真空电容率 |
| $\varepsilon_k$ | 分子动能 |
| $\varepsilon_p$ | 分子势能 |
| $\varepsilon_r$ | 相对介电常数 |
| $\eta$ | 热机效率 |
| $\theta$ | 角度 |
| $\Theta$ | 纬度分布函数 |
| $\lambda$ | 波长，质量线密度，电荷线密度 |
| $\lambda_C$ | 康普顿波长 |
| $\tilde{\lambda}$ | 波数 |
| $\nu$ | 光的频率 |
| $\mu$ | 摩擦系数，摩尔质量，磁导率 |
| $\mu_0$ | 真空磁导率 |
| $\mu_r$ | 相对磁导率 |
| $\rho$ | 质量体密度，电荷体密度，电阻率 |
| $\sigma$ | 质量面密度，电荷面密度，斯特藩常数 |
| $\tau$ | 特征时间 |
| $\varphi$ | 角度，初相 |
| $\Phi$ | 初相，磁通量，经度分布函数 |
| $\Phi_E$ | 电通量 |
| $\Phi_D$ | 电位移通量 |
| $\chi_e$ | 电介质的极化率 |
| $\chi_m$ | 磁介质的磁化率 |
| $\psi$ | 定态波函数 |
| $\Psi$ | 波函数 |
| $\omega$ | 角速度，圆(角)频率，致冷系数 |
| $\Omega$ | 角速度 |

注：(1) 本书矢量的大小用非黑体字表示，不单独列出。

(2) 带星号的物理量表示约化物理量。

# 目 录
CONTENTS

# 第0章

# MATLAB在大学物理中的应用基础

## 0.1　MATLAB 命令窗口的操作

MATLAB 是由 MATrix(矩阵)和 LABoratory(实验室)两个单词的前三个字母组成的,是一门功能强大的高级计算机语言。MATLAB 有多种版本,这里主要介绍学生版,许多大学物理问题都能用学生版顺利解决。购回一套 MATLAB 学生版之后,根据提示就能安装在计算机上。在桌面上用鼠标双击图标,就能顺利启动 MATLAB 系统。如 P0_0 图所示,这是 MATLAB 某次启动后的界面,界面最上面一行是版本说明,第二行是命令菜单,第三行是工具行,包括当前子目录(文件夹)。右边是命令窗口,“EDU≫”是学生版的提示符。左下角是命令历史窗口,从这个窗口可浏览和选取使用过的指令。左上角窗口是当前文件夹,显示文件名。当前文件夹可与工作空间切换,工作空间显示正在使用的变量。

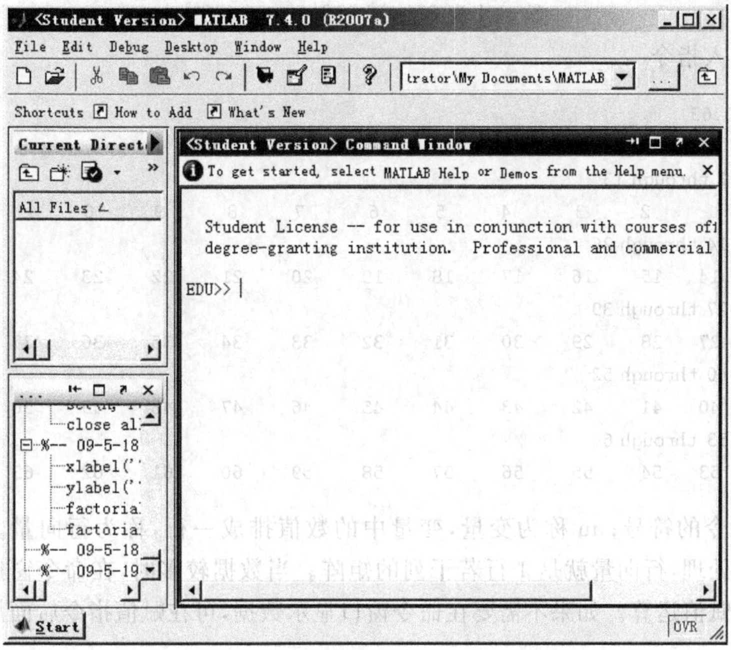


P0_0 图

通过单击“×”图标即可退出 MATLAB。File 菜单中最后有一项功能 Exit MATLAB，单击此项也可退出 MATLAB,按 Ctrl+Q 键也能达到退出的目的。

在 MATLAB 的众多功能中,计算和图形功能在高等数学和大学物理中应用最为广泛。

## {范例 0.1} 数值和变量

(1) 大数学家高斯在小的时候曾经很快算出 1 到 100 的自然数之和。他想：1+100=2+99=…=50+51=101,由于有 50 个 101,因此 1 到 100 之和为 5050。用 MATLAB 如何计算自然数之和?

(2) 传说古印度术士为国王发明了国际象棋,国王问术士想要什么报酬? 术士拿着棋盘说：在第 1 个格子放 1 粒米,在第 2 个格子放 2 粒米,在第 3 个格子放 4 粒米,…,把 64 个格子放满就行了。国王满口答应了术士的要求。问：国王需要给术士多少粒米? 如果一粒米的长宽高都是 1mm,这些米需要多大的仓库才能容纳? 国王有足够多的米赏给术士吗?

[操作] (1) 在命令窗口输入函数

```
EDU>> sum(1:100)
```

回车后立即可得

```
ans =
      5050
```

1：100 是从 1 到 100 的自然数,sum 是求和函数。ans 是系统预定义(默认)的变量,如果计算结果不赋给变量,系统就赋给预定义变量 ans。用函数求和而不用设计程序通过循环求和,可见应用 MATLAB 多么方便。

[操作] (2) 这些米粒数为

$$S = 1 + 2 + 2^2 + 2^3 + \cdots + 2^{63}$$

在命令窗口输入指令

```
EDU>> m = 0:63
m =
  Columns 1 through 13
    0    1    2    3    4    5    6    7    8    9   10   11   12
  Columns 14 through 26
   13   14   15   16   17   18   19   20   21   22   23   24   25
  Columns 27 through 39
   26   27   28   29   30   31   32   33   34   35   36   37   38
  Columns 40 through 52
   39   40   41   42   43   44   45   46   47   48   49   50   51
  Columns 53 through 64
   52   53   54   55   56   57   58   59   60   61   62   63
```

“=”是赋值指令的符号；m 称为变量,变量中的数值排成一行,称为行向量。MATLAB 将数值当做矩阵处理,行向量就是 1 行若干列的矩阵。当数据较多时,在命令窗口将分行显示。这种运算称为赋值运算。如果不需要在命令窗口显示数据,可在赋值指令后面加上分号。

```
EDU>> m = 0:63;
```

用求和函数

```
EDU>> n = sum(2.^m)
n =
  1.8447e + 019
```

这是米粒数。2.^m 称为表达式,^是乘方号。乘方号前面的点是不可少的,表示对向量中的元素逐个进行指数运算。2.^m 表示依次求 $2^0, 2^1, 2^2, \cdots$ 之值,也就是求每个格子中的米粒数,形成与 m 同样大小的行向量。再用表达式

```
EDU>> (n*1e-9)^(1/3)
ans =
  2.6422e + 003
```

可知:仓库的长、宽、高均达到 2.6km。国王不可能有这么多米赏给术士。

[**说明**] (1) 数值的显示。MATLAB 在运算中使用的数值类型是双精度数型,整数用数字显示,小数用数字和小数点显示,浮点数用数值、小数点和 e 显示,e 表示底数 10。虚数和复数都当做双精度数处理。在一般情况下,一个数值用短格式输出,例如,在命令窗口直接输入 pi(回车),可得 3.1416。如果使用格式指令

```
EDU>> format long
```

再输入 pi 则得 3.141592653589793。在命令窗口输入帮助指令

```
EDU>> help format
```

可获取格式指令的各种用法。数值截断的函数如表 1 所示,例如,输入

```
EDU>> round(pi)
ans =
     3
```

再输入

```
EDU>> round(pi*10)/10
ans =
   3.1000
```

**表 1 MATLAB 数值截断函数**

| 名　称 | 功　能 | 名　称 | 功　能 |
|---|---|---|---|
| ceil | 向+∞取整 | floor | 向-∞取整 |
| fix | 向 0 取整 | round | 向最近整数取整(四舍五入) |

(2) 变量的命名和使用。变量名由字母、数字和下画线组成,而且开头必须是字母,同一字母的大小写表示不同的变量。一个变量可以表示一个数值(称为标量)、一个向量或一个矩阵。通常用小写字母表示标量和向量,用大写字母表示矩阵。一个变量一旦赋值就被定义,从而能够访问其中的元素。如果一个变量未定义而使用,则会出错。MATLAB 还有一些默认的或预定义的变量,如表 2 所示。

**表 2 MATLAB 默认变量**

| 变 量 | 功 能 | 变 量 | 功 能 |
|---|---|---|---|
| ans | 计算结果的默认变量名 | eps | 浮点数间隔($2^{-52}$) |
| pi | 圆周率 $\pi$ | i 或 j | 虚数单元 $\sqrt{-1}$ |
| Inf 或 inf | 无穷大,如 1/0 | NaN 或 nan | 不是数(Not a Number),如 0/0,∞/∞ |
| realmax | 最大正实数 | realmin | 最小正实数 |
| varargin | 函数文件输入变量 | varargout | 函数文件输出变量 |
| nargin | 函数文件输入变量个数 | nargout | 函数文件输出变量个数 |

虚数单位用于复数运算。例如,在命令窗口输入

```
EDU>> i*i
```

可得−1。如果对默认变量赋值,例如

```
EDU>> i = 1
```

则变量 i 的值就是新值,不能当做虚数单位。用清除变量指令可恢复默认值

```
EDU>> clear i
```

则 i 的值恢复为 $\sqrt{-1}$。如果直接使用 clear,则删除所有变量,恢复所有默认变量的值。

变量 eps 常用于计算数值极限。例如,在命令窗口输入

```
EDU>> sin(0)/0
```

得非数 NaN。而输入

```
EDU>> sin(eps)/eps
```

可得 1,这正是 $\sin x/x$ 当 $x$ 趋于零时的极限。又例如,输入

```
EDU>> (1 + eps)^(1/eps)
```

可得 2.718281828459045,这就是自然对数的底数,也就是$(1+x)^{1/x}$当 $x$ 趋于零时的极限。

非数与其他数进行运算后仍然是非数,非数常用于截断曲线和剪裁曲面。

(3) 数值表达式。数值表达式是由数学运算符号和括号等将数值、数值变量和数值函数连接起来的式子。MATLAB 的数学运算符和表达式如表 3 所示。

**表 3 MATLAB 的数学运算符和表达式**

| 运算类型 | 加 | 减 | 乘 | 除 | 幂 |
|---|---|---|---|---|---|
| 数学表达式 | a+b | a−b | a×b | a÷b | $a^b$ |
| MATLAB 运算符 | + | − | * | /或\ | ^ |
| MATLAB 标量运算表达式 | a+b | a-b | a*b | a/b | a^b |
| MATLAB 矩阵运算表达式 | A+B | A−B | A*B | A/B 或 A\B | A^B |
| MATLAB 数组运算表达式 | A+B | A−B | A.*B | A./B | A.^B |

注意：MATLAB 的数值可构成一个包含若干行和列的表格，称为数组，每个数都是数组元素。数组可直接作为矩阵运算，因此常将数组称为矩阵。矩阵的数组运算是指数组中对应元素的运算，要求两个数组的大小相等，除非一个变量代表标量。

(4) 标点符号。MATLAB 的标点符号具有一定的功能，如表 4 所示。例如，单引号用于形成字符串，输入

```
EDU>> 'I love MATLAB.'
ans =
I love MATLAB.
```

**表 4 MATLAB 标点符号的功能**

| 名称 | 标点 | 功能 |
|---|---|---|
| 空格 | | 输入量与输入量之间的分隔符或数组元素分隔符 |
| 逗号 | , | 要显示计算结果的指令与其后面的指令之间的分隔；输入量与输入量之间的分隔号；数组元素分隔符号 |
| 点 | . | 形成小数；矩阵元素运算 |
| 分号 | ; | 不显示计算结果标志；不显示计算结果指令与其后面指令的分隔；数组元素的行间分隔符 |
| 冒号 | : | 生成一维数值数组；将全部元素化为列向量；表示某维上的全部数值 |
| 单引号 | ' | 旋转矩阵；字符串的分界符 |
| 圆括号 | () | 数组访问；形成函数输入变量表 |
| 方括号 | [] | 形成数组；形成函数输出变量表 |
| 花括号 | {} | 元胞数组符号 |
| 下连字符 | _ | 形成变量、函数或文件名中的连字符 |
| 续行号 | … | 由 3 个以上连续点组成，连接上下两条物理行 |
| 注释号 | % | 分隔非执行部分，例如注释功能、调试程序等 |

## {范例 0.2} 曲线的绘制

MATLAB 的三角函数和双曲线函数如表 5 所示，试画正弦线和余弦线。

**表 5 MATLAB 的三角函数和双曲线函数**

| 函数 | 名称 | 函数 | 名称 | 函数 | 名称 | 函数 | 名称 |
|---|---|---|---|---|---|---|---|
| sin | 正弦 | asin | 反正弦 | sinh | 双曲正弦 | asinh | 反双曲正弦 |
| cos | 余弦 | acos | 反余弦 | cosh | 双曲余弦 | acosh | 反双曲余弦 |
| tan | 正切 | atan | 反正切 | tanh | 双曲正切 | atanh | 反双曲正切 |
| cot | 余切 | acot | 反余切 | coth | 双曲余切 | acoth | 反双曲余切 |
| sec | 正割 | asec | 反正割 | sech | 双曲正割 | asech | 反双曲正割 |
| csc | 余割 | acsc | 反余割 | csch | 双曲余割 | acsch | 反双曲余割 |

注：反正切函数的用法是 atan(x)，其值在 $-\pi/2$ 到 $\pi/2$ 之间；第二反正切函数的用法是 atan2(y,x)，函数值在 $-\pi$ 到 $\pi$ 之间，常用于求极角。

[操作] 在命令窗口形成角度向量

```
EDU>> a = 0:10:360
a =
```

```
  Columns 1 through 13
       0    10    20    30    40    50    60    70    80    90   100   110   120
  Columns 14 through 26
     130   140   150   160   170   180   190   200   210   220   230   240   250
  Columns 27 through 37
     260   270   280   290   300   310   320   330   340   350   360
```

变量 a 中有 37 个元素,这些元素形成一个向量。整数向量常用冒号形成,第一个数是初值,第二个数是间隔值或步长值,第三个数是终值。当间隔为 1 时,第二个数可以省略。步长值不得等于零,否则将形成空矩阵。当步长大于零时,终值不得小于初值;当步长小于零时,终值不得大于初值,否则也将形成空矩阵。根据初值和步长值可形成一个等差数列,步长就是公差。注意:终值不一定出现,例如,用指令 a=0:10:369 形成向量时,最后一个元素是 360,而不是 369。

度数化为弧度数的指令为

```
EDU>> x = a * pi/180
x =
  Columns 1 through 7
          0    0.1745    0.3491    0.5236    0.6981    0.8727    1.0472
  Columns 8 through 14
     1.2217    1.3963    1.5708    1.7453    1.9199    2.0944    2.2689
  Columns 15 through 21
     2.4435    2.6180    2.7925    2.9671    3.1416    3.3161    3.4907
  Columns 22 through 28
     3.6652    3.8397    4.0143    4.1888    4.3633    4.5379    4.7124
  Columns 29 through 35
     4.8869    5.0615    5.2360    5.4105    5.5851    5.7596    5.9341
  Columns 36 through 37
     6.1087    6.2832
```

赋值指令将变量 a 中每一个角度数都换算成弧度数。

在作图之前通常要先开创一个新的图形窗口

```
EDU>> figure
```

如果没有开创新的图形窗口,系统在画图之前也会自动开创一个图形窗口,或者利用已经开创的当前(激活)图形窗口。为了不擦除以前绘制的图形,或者不与以前绘制的图形混合,最好在画图形之前开创一个新的图形窗口。单击图形窗口右上角的图标“×”可关闭图形窗口,用如下指令可关闭所有图形窗口。

```
EDU>> close all
```

在命令窗口输入画线指令

```
EDU>> plot(x,sin(x),x,cos(x))
```

就在窗口中画出一条正弦曲线和一条余弦曲线,如 P0_2a 图所示。注意:plot 指令画的是折线,当折线很短时,整个折线就如同光滑的曲线。plot 指令中第一个参数是第一条曲线横坐标向量,第二个参数是第一条曲线纵坐标向量;第三个参数是第二条曲线横坐标向量,第

四个参数是第二条曲线纵坐标向量。横坐标的数值表示弧度数，如果要将横坐标的数值改为度数，画线指令就要改为

```
EDU>> plot(a,sin(x),a,cos(x))
```

注意：三角函数中自变量的单位是弧度，因此用如下指令不能画出正确的曲线

```
EDU>> plot(a,sin(a),a,cos(a))
```

这是因为正弦函数和余弦函数都将变量 a 中的度数值当做弧度值计算，读者不妨试一试。

如果 P0_2a 图是当前激活的窗口，按 Alt＋PrtSc 键即可复制图片。打开 Word 文件，按 Shift＋Insert 键即可将图片粘贴到文本中。

图形窗口中第一行表示版本和窗口编号，第二行是命令菜单，第三行是功能菜单。通过下拉菜单，可执行其中的功能。要存储图片，就单击第 3 行第 3 个图标。系统默认的图片类型是 fig，这是系统特有的图形文件。在文本文件中采用的图片格式是 jpg，因此可用文件名 P0_2b.jpg 存储图片到文件夹中。在 Word 文件的上方，单击“插入”，再单击“图片”，在文件夹中单击图形文件，即可将图片插入文本中，如 P0_2b 图所示。

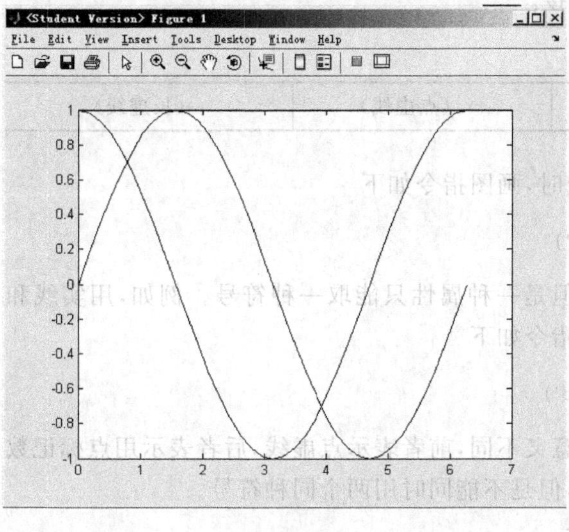


P0_2a 图

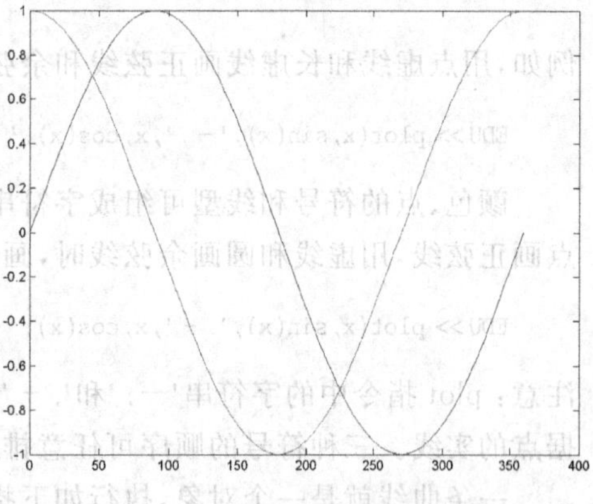


P0_2b 图

在命令窗口中除了能够直接进行计算和作图之外，最重要的作用就是获取帮助。输入帮助指令

```
EDU>> help plot
```

在命令窗口用英文显示 plot 指令的功能、格式和范例以及相关的指令。

曲线有颜色、点的符号和线型等属性。

(1) 颜色。曲线的颜色符号有 8 个(6.5 版只有前面 7 个)：

| 符号 | b(蓝) | g(绿) | r(红) | c(青) | m(品红) | y(黄) | k(黑) | w(白) |
|---|---|---|---|---|---|---|---|---|
| [r g b] | [0,0,1] | [0,1,0] | [1,0,0] | [0,1,1] | [1,0,1] | [1,1,0] | [0,0,0] | [1,1,1] |

[r g b]表示曲线的颜色向量。背景是什么颜色,相同颜色的曲线就不能显现。例如,当背景是白色时(默认情况),白色的曲线就无法显现。在画多条曲线时,系统会自动给曲线从蓝到黑分配颜色。当曲线很多时,系统将 7 种颜色用完之后又重新分配这些颜色。对于不同参数的曲线族常用不同的颜色表示,因此曲线族一般选在 7 条之内。例如,用红色表示正弦线,用黑色表示余弦线,画线指令改写如下

```
EDU>> plot(x,sin(x),'r',x,cos(x),'k')
```

(2) 点的符号。数据点的符号有 13 个:

| . | o | x | + | * | s | d | v | ^ | < | > | p | h |
|---|---|---|---|---|---|---|---|---|---|---|---|---|
| 点 | 圈 | 叉 | 加号 | 星号 | 方形 | 菱形 | 下三角 | 上三角 | 左三角 | 右三角 | 五角星 | 六角星 |

例如,用点和圈表示正弦线和余弦线的数据点时,画图指令如下

```
EDU>> plot(x,sin(x),'.',x,cos(x),'o')
```

注意:各数据点是分立的,没有线条连接。

(3) 线型。线型有 4 种:

| | | | |
|---|---|---|---|
| -(实线) | :(短虚线) | -.(点虚线) | --(长虚线) |

例如,用点虚线和长虚线画正弦线和余弦线时,画图指令如下

```
EDU>> plot(x,sin(x),'-.',x,cos(x),'--')
```

颜色、点的符号和线型可组成字符串,但是一种属性只能取一种符号。例如,用实线和点画正弦线,用虚线和圆画余弦线时,画图指令如下

```
EDU>> plot(x,sin(x),'.-',x,cos(x),'--o')
```

注意:plot 指令中的字符串'-.'和'.-'的意义不同,前者表示点虚线,后者表示用点标记数据点的实线。三种符号的顺序可任意排列,但是不能同时用两个同种符号。

一条曲线就是一个对象,执行如下指令

```
EDU>> h = plot(x,sin(x),x,cos(x))
h =
  159.0022
  160.0012
```

指令除了画正弦线和余弦线之外,还可获取曲线的句柄。句柄变量的值如同对象的"身份证",通过指令

```
EDU>> get(h(1))
```

可获取第一条曲线的属性,其中部分属性如下

```
      Color: [0 0 1]
  LineStyle: '-'
  LineWidth: 0.5000
```

```
MarkerSize: 6
     XData: [1x37 double]
     YData: [1x37 double]
     ZData: [1x0 double]
```

左边是属性名，右边是属性值。例如，颜色的属性名是 Color，第一条曲线颜色的属性值是[0 0 1]，表示蓝色。曲线类型的属性名是 LineStyle，属性值是'—'，表示实线。曲线宽度的属性名是 LineWidth，属性值是 0.5(磅)。符号大小的默认值为 6(磅)。横坐标和纵坐标的属性名分别是 XData 和 YData，属性值都是 1 行 37 列的双精度数。高坐标的属性名是 ZData，没有数据。注意：属性名单词(包括第二个单词)的第一个字母用大写。通过指令

```
EDU>> get(h(2))
```

可获取第二条曲线的属性。

颜色用三个元素的向量[r g b]表示，每个元素的值在 0～1 之间。根据 r,g,b 的值可调制各种颜色。[0 0 1]表示不取红色，也不取绿色，只取蓝色，因此第一条曲线是蓝色的。曲线的属性可以改变，通过设置指令

```
EDU>> set(h(1),'Color',[1,0,0],'LineWidth',2)
```

可将第一曲线改为红色的宽度为 2(磅)的粗线。注意：在设置属性值时，属性名放在一对单引号之中，单词可全部小写或全部大写。曲线的属性也可在 plot 指令中设置，用如下指令

```
EDU>> plot(x,sin(x),x,cos(x),'Color',[1,0,0],'LineWidth',2)
```

可用红色的粗线画正弦线和余弦线。

plot 指令有许多用法。如果要画反正弦函数曲线和反余弦函数曲线则用如下指令

```
EDU>> plot(sin(x),x,cos(x),x)
```

如果要用矩阵画曲线，则用如下指令

```
EDU>> plot(a,[sin(x);cos(x)])
```

方括号中是 37 行 2 列(37×2)的矩阵，用矩阵很容易画出曲线族。如果用复数画曲线则用如下指令

```
EDU>> plot(x,imag(exp(i*x)),x,exp(i*x))
```

变量 i 表示虚数单位。第二个参数是复数的虚部，即正弦函数；第四个参数是复数，在画曲线时只取其中的实部，不计虚部，这就是余弦函数。

MATLAB 指数和对数函数如表 6 所示，有关复数运算的函数如表 7 所示。

**表 6 MATLAB 的指数和对数函数**

| 函数 | 功能 | 函数 | 功能 | 函数 | 功能 |
|---|---|---|---|---|---|
| exp | 指数 | log10 | 常用对数 | pow2 | 2 的幂 |
| log | 自然对数 | log2 | 以 2 为底的对数 | sqrt | 平方根 |

**表 7 MATLAB 关于复数的函数**

| 函数 | 功能 | 函数 | 功能 | 函数 | 功能 |
|---|---|---|---|---|---|
| abs | 模和绝对值 | angle | 相角弧度 | conj | 复数共轭 |
| real | 复数实部 | imag | 复数虚部 | | |

如果要画一个圆则用如下指令

```
EDU>> plot(exp(i*x))
```

此指令等效于如下指令

```
EDU>> plot(real(exp(i*x)),imag(exp(i*x)))
```

不过,显示的曲线是椭圆,这是因为横坐标和纵坐标的间隔不相等。用如下指令

```
EDU>> axis equal
```

可使坐标间隔相等,从而显示圆。轴指令也有许多格式,不妨借助帮助指令来了解其功能

```
EDU>> help axis
```

注意:当我们学到一个新指令时,最好在命令窗口借助帮助系统查询其格式和功能。

## {范例 0.3} 矩阵的操作

MATLAB 将数值都当做矩阵处理,常用的矩阵函数如表 8 所示。向量可当做 1 行或 1 列的矩阵,标量可当做 1 行 1 列的矩阵。通过魔方矩阵说明矩阵的操作。

**表 8 MATLAB 矩阵形成函数**

| 函数 | 功 能 | 函数 | 功 能 |
|---|---|---|---|
| diag | 产生对角形数组(对高维不适用) | eye | 产生单位数组(对高维不适用) |
| rand | 产生均匀分布的随机数数组 | randn | 产生正态分布的随机数数组 |
| ones | 产生全 1 数组 | zeros | 产生全 0 数组 |
| magic | 产生魔方数组(对高维不适用) | pascal | 产生帕斯卡数组(对高维不适用) |

[操作] (1) 魔方的"魔力"。在命令窗口输入

```
EDU>> M = magic(3)
M =
     8     1     6
     3     5     7
     4     9     2
```

这是由 $1\sim3^2$ 的自然数所组成的 3 阶魔方(幻方)矩阵。用更大的整数可得高阶魔方矩阵。用求和函数

```
EDU>> sum(M)
ans =
    15    15    15
```

可知每列的和相等。再用求和函数

```
EDU>> sum(M,2)
ans =
    15
    15
    15
```

可知每行的和相等。用对角线函数

```
EDU>> diag(M)
ans =
     8
     5
     2
```

可知：对角线函数可将矩阵的对角线排成列向量。将求和函数和对角线函数结合使用

```
EDU>> sum(diag(M))
ans =
    15
```

可知：对角线元素的和与各行(列)的和相等。用求迹函数

```
EDU>> trace(M)
ans =
    15
```

也能计算出同一结果。将矩阵旋转 90°

```
EDU>> rot90(M)
ans =
     6     7     2
     1     5     9
     8     3     4
```

结合求迹函数

```
EDU>> trace(rot90(M))
ans =
    15
```

可知：副对角线元素的和也与各行(列)的和相等。这就是魔方的"魔力"。

[**操作**]　(2) 魔方的极值。对矩阵用最大值函数

```
EDU>> max(M)
ans =
     8     9     7
```

可求各列的最大值,形成行向量。用两个最大值函数可求矩阵的最大值

```
EDU>> max(max(M))
ans =
     9
```

这就是在求出各行的最大值后,再求行向量的最大值。有时还需要求出各列最大值的行数

```
EDU>> [mi,i] = max(M)
mi =
     8     9     7
i =
     1     3     2
```

据此可求最大值的列标

```
EDU>> [m,j] = max(mi)
m =
     9
j =
     2
```

根据下标求矩阵中最大值的操作是

```
EDU>> M(i(j),j)
ans =
     9
```

其中 i(j)是最大值的行标。同理,用 max(M,[],2)可求各行最大值,而用[mj,j]=max(M,[],2)可求各行最大值以及所在的列标,用[m,i]=max(mj)可求最大值和行标,用 M(i,j(i))可求矩阵最大值。

[操作] (3) 魔方元素的访问。取出第 2 行第 3 列元素的操作是

```
EDU>> M(2,3)
ans =
     7
```

这是元素的双下标访问方法,用双标可访问矩阵中指定元素。取出第 1 行所有元素的操作是

```
EDU>> M(1,:)
ans =
     8     1     6
```

逗号后面的冒号表示所有列。取出最后一行所有元素的操作是

```
EDU>> M(end,:)
ans =
     4     9     2
```

取出倒数第 2 行所有元素的操作是

```
EDU>> M(end-1,:)
ans =
     3     5     7
```

取出第 1 列所有元素的操作是

```
EDU>> M(:,1)
ans =
     8
     3
     4
```

逗号前面的冒号表示所有行。同理可取最后一列的所有元素。

取出矩阵中所有元素排成行向量的操作是

```
EDU>> m = M(:)'
m =
     8     3     4     1     5     9     6     7     2
```

M(:)将各列依次连接成列向量,加上单引号'就旋转成行向量(为了节省行数)。从矩阵中取出第 8 个元素的操作是

```
EDU>> M(8)
ans =
     7
```

这是元素的单下标访问方法。将向量整理成矩阵的函数的操作是

```
EDU>> reshape(m,3,3)
ans =
     8     1     6
     3     5     7
     4     9     2
```

求矩阵最大值的最简单的操作是

```
EDU>> max(M(:))
ans =
     9
```

这种方法对于多维矩阵也适用。

求最小值的函数是 min,其用法与 max 函数完全相同。

常用矩阵操作的函数如表 9 所示,常用矩阵计算的函数如表 10 所示。窗口操作常用于检验一些指令和函数的用法。

**表 9 常用矩阵操作的函数**

| 函 数 | 功 能 |
|---|---|
| fliplr | 以数组"垂直中线"为对称轴交换左右对称位置上的数组元素 |
| flipud | 以数组"水平中线"为对称轴交换上下对称位置上的数组元素 |
| reshape | 在总元素数不变的前提下改变各维的大小(适用于任何维数组) |
| rot90 | 逆时针旋转二维数组 90° |
| tril | 获取数组下三角部分生成下三角矩阵 |
| triu | 获取数组上三角部分生成上三角矩阵 |

**表 10 常用矩阵计算的函数**

| 函 数 | 功 能 | 函 数 | 功 能 | 函 数 | 功 能 |
|---|---|---|---|---|---|
| max | 求最大值 | min | 求最小值 | | |
| sum | 求和 | prod | 求积 | | |
| cumsum | 累积求和 | cumprod | 累积求积 | factorial | 求阶乘 |

## 0.2 程序的结构

在命令窗口执行的指令会保留在命令历史(Command History)窗口中,为了方便地执行这些指令,需要用程序文件将指令存储在磁盘中。

[操作] (1) 单击界面第三行第1个图标,即可打开一个文件窗口。如果要将{范例0.1}的操作指令汇集起来,可在命令窗口中输入指令,也可在命令历史窗口中选取命令

```
sum(1:100)
m = 0:63
n = sum(2.^m)
(n * 1e - 9)^(1/3)
```

复制之后在文件窗口中粘贴,形成程序。

(2) 在存储文件时,文件名由字母、数字和下画线组成,开头必须是字母。文件名不能用 MATLAB 系统已有的函数名和指令名,否则,系统的函数和指令就会失效。文件的扩展名是 m,在文件存盘时系统会自动加上。在本书中,程序文件的第一个符号是字母 P,其他符号是文件编号,文件编号与范例的编号一致。在文件名中往往加一些其他字符,以便从文件名反映文件内容。例如,{范例0.1}的文件名可取为 P0_1sum。将{范例0.2}的指令汇集起来之后,文件名可取为 P0_2plot。将{范例0.3}的指令汇集起来之后,文件名可取为 P0_3magic。

(3) 按 F5 键可存储和执行程序。如果程序还没有用文件名存盘,则需要输入文件名之后才能执行程序。将指令汇集在程序文件中,可反复执行程序。

(4) 在文件的最左端用鼠标加上断点,在执行程序时,就有一个箭头指向断点,在命令窗口出现符号"K≫",表示键盘操作,用户可观察变量的值,也可进行检查和计算等窗口操作。在程序窗口按 F10 键就分步执行指令,可观察程序的流向。如果按 F5 键,系统就会自动执行剩下的指令,直到结束为止。

直接在文件窗口输入指令,使之完成一定的功能,这个过程称为程序设计。设计程序常用三种结构:顺序结构、分支结构和循环结构。对于具有一定功能的程序段,往往设计成函数文件。

### {范例 0.4} 程序的顺序结构

在图形窗口中建立子窗口,画正切曲线和余切曲线。

[程序] P0_4subplot.m 如下。

```
%程序的顺序结构(请设置断点执行指令)(1)
clear                                   %清除变量(2)
a = 0:10:360;                           %角度向量的度数(3)
x = a * pi/180;                         %角度向量的弧度数
figure                                  %创建图形窗口
subplot(1,2,1)                          %建立子窗口或建立坐标系(4)
plot(a,tan(x),'LineWidth',2)            %画正切线(5)
axis([0,360, - 5,5])                    %设定坐标范围(6)
```

```
subplot(1,2,2)                              %建立子窗口或建立坐标系
plot(a,cot(x),'LineWidth',2)                %画余切线(5)
axis([0,360,-5,5])                          %设定坐标范围(6)
```

[**说明**] (1) 一个文件的第一行最好加上注释,说明文件的功能等。%是注释符号。

(2) 为了避免内存中的其他变量对本程序变量的干扰,文件中第一个可执行指令常常是清除变量的指令 clear。通常一行设置一条指令,在指令后面加上注释,说明指令的作用。在调试程序时,往往将某一指令和某一段指令注释起来,观察下面程序段执行的结果。

(3) 对于要在多处使用的数据,常用变量表示。在调试程序时,只要修改一个变量的值就行了。

(4) 一个子窗口代表一个坐标系。用指令 help subplot 可了解该指令的多种用法。

(5) 正切曲线和余切曲线分在左右两个子窗口中,如 P0_4 图所示。曲线加粗后更加清楚。

(6) 对于平面图形,常用包含 4 个元素的轴指令设置坐标范围。第一双数表示横坐标的下限和上限,第二双数表示纵坐标的下限和上限。下限不得大于上限。

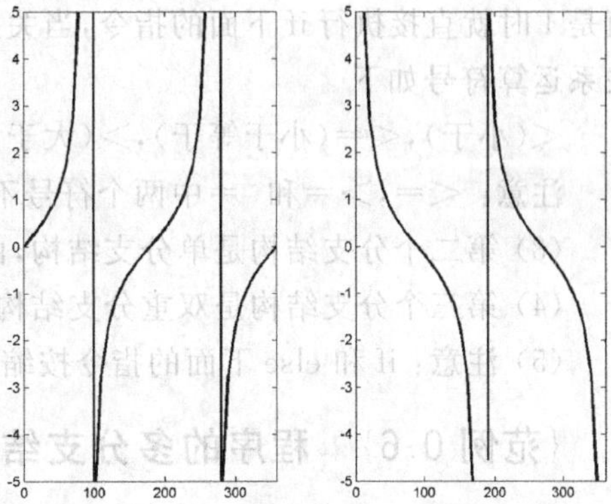

P0_4 图

## {范例 0.5} 程序的单分支和双分支结构

根据选择画正弦曲线或正切曲线,横坐标的数值(度数或弧度数)也根据选择决定。

[**程序**] P0_5if.m 如下。

```
%程序单分支结构和双分支结构(请设置断点执行指令)
clear                                       %清除变量
c1 = input('画正弦线选 1,其他数值画正切线:');   %键盘选择(1)
x = (0:5:360) * pi/180;                     %角度向量的弧度数
if c1 = = 1                                 %如果选 1(双分支结构)(2)
    y = sin(x);                             %计算正弦值
else                                        %否则
    y = tan(x);                             %计算正切值
end                                         %结束条件
c2 = input('横坐标取度数选 1,其他数值取弧度数:');  %键盘选择
if c2 = = 1                                 %如果选 1(单分支结构)(3)
    x = x * 180/pi;                         %角度改为度数
end                                         %结束条件
figure                                      %创建图形窗口
plot(x,y,'LineWidth',2)                     %画曲线
if c1~ = 1                                  %对于正切线(双重分支结构)(4)
    if c2 = = 1                             %当正切线的横坐标取度数时
        axis([0,360,-5,5])                  %设定坐标范围
    else                                    %否则
        axis([0,2 * pi,-5,5])               %设定坐标范围
```

```
    end                                            %结束条件
end                                                %结束条件(5)
```

[说明] (1) 程序执行时,两次根据提示在命令窗口从键盘输入 1 或其他数,然后回车。第 1 次输入 1,表示画正弦线;第 2 次输入 1,表示横坐标的数值是度数。再执行程序,第 1 次输入 2,表示画正切线;第 2 次输入 2,表示横坐标的数值是弧度数。

(2) 第一个分支结构是双分支结构,由 if-else-end 指令组成,if 和 end 要成对出现。if 指令中关系表达式只有两个值 0 和 1,0 表示逻辑"假",1 表示逻辑"真"。当关系表达式的值是 1 时就直接执行 if 下面的指令,当关系表示式的值是 0 时就直接执行 else 下面的指令。关系运算符号如下

<(小于),<=(小于等于),>(大于),>=(大于等于),==(等于),~=(不等于)

注意:<=,>=和~=中两个符号不能写反。

(3) 第二个分支结构是单分支结构,由 if-end 指令组成,常用于修改数据。

(4) 第三个分支结构是双重分支结构,只有外层逻辑值为"真"时才执行内部的程序块。

(5) 注意:if 和 else 下面的指令按缩进格式排列,这主要是为了突出程序块。

### {范例 0.6} 程序的多分支结构

用多分支条件指令和开关指令控制选择绘制正弦、余弦、正切和余切函数曲线。

[程序] P0_6_1if_elseif.m 如下。

```
%程序的多分支结构(请设置断点执行指令)
clear                                              %清除变量
c = input('请选择(1 正弦线,2 余弦线,3 正切线,4 余切线):'); %键盘选择
x = (0:5:360) * pi/180;                            %角度向量的弧度数
figure                                             %创建图形窗口
% ------------------------------------------------------------
if c = = 1                                         %如果选择 1(1)
    plot(x,sin(x),'LineWidth',2)                   %画正弦线
elseif c = = 2                                     %如果选择 2
    plot(x,cos(x),'LineWidth',2)                   %画余弦线
elseif c = = 3                                     %如果选择 3
    plot(x,tan(x),'LineWidth',2)                   %画正切线
elseif c = = 4                                     %如果选择 4
    plot(x,cot(x),'LineWidth',2)                   %画余切线
else                                               %否则
    close                                          %关闭当前窗口(2)
    return                                         %返回(3)
end                                                %结束开关
% ------------------------------------------------------------
if c = = 3|c = = 4                                 %如果选 3 或 4(4)
    axis([0,2 * pi,-5,5])                          %设定坐标范围
end                                                %结束条件
```

[说明] (1) 多分支条件指令 if-elseif-…-end 依次判断关系式,执行逻辑"真"下面的指令,然后执行 end 下面的指令;如果所有条件都不成立,就执行 else 下面的指令。如果没

有 else 部分，程序就直接执行 end 下面的指令。

(2) close 指令关闭当前激活的窗口。

(3) return 指令退出所执行的程序。

(4) 符号“|”表示逻辑“或”运算，两个逻辑值只要有一个为逻辑“真”，逻辑表达式的值就为“真”。逻辑运算符如表 11 所示。符号“&”表示逻辑“与”运算，两个逻辑值都为逻辑“真”，逻辑表达式的值才为“真”，否则为逻辑“假”。波浪号“~”表示逻辑“非”运算，“假”变“真”来，“真”变“假”。异或运算 xor 对相异的逻辑值返回 1，相同的逻辑值返回 0。

**表 11　逻辑运算符号**

| 符号 | 运算 | a=[0,1,1,0,1],b=[1,1,0,0,1] |
|---|---|---|
| & | 与(和) | a&b→[0,1,0,0,1] |
| \| | 或 | a\|b→[1,1,1,0,1] |
| ~ | 非(否) | ~a→[1,0,0,1,0] |
| xor | 异或 | xor(a,b)→[1,0,1,0,0] |

[**程序**]　P0_6_2switch.m 程序段如下，其他部分与上一程序的相同。

```
%-----------------------------------------------------------
switch c                                      %开关选择(1)
    case 1                                    %情况 1(2)
        plot(x,sin(x),'LineWidth',2)          %画正弦线
    case 2                                    %情况 2
        plot(x,cos(x),'LineWidth',2)          %画余弦线
    case 3                                    %情况 3
        plot(x,tan(x),'LineWidth',2)          %画正切线
    case 4                                    %情况 4
        plot(x,cot(x),'LineWidth',2)          %画余切线
    otherwise                                 %其他情况(3)
        close                                 %关闭当前窗口
        return                                %返回
end                                           %结束开关(4)
%-----------------------------------------------------------
```

[**说明**]　(1) 开关指令由 switch-case-…-end 组成，switch 和 end 要成对出现。

(2) 开关指令 switch 中变量或表达式的值与某情况 case 的值或变量和表达式的值相匹配时就执行该情况下面的指令，如果与所有情况都不匹配，就执行 otherwise 下面的指令。

(3) 如果没有 otherwise 部分，当所有情况都不匹配时，程序就执行 end 下面的指令。

(4) 注意：case 和 otherwise 是按缩进格式排列的，下面的指令也是按缩进格式排列的。

[**程序**]　P0_6_3matrix.m 程序段如下，其他部分与上一程序的相同。

```
%-----------------------------------------------------------
if c<1|c>4 close,return,end                   %错误选择则关闭窗口并退出程序的执行
Y = [sin(x);cos(x);tan(x);cot(x)];            %三角函数矩阵(1)
plot(x,Y(c,:),'LineWidth',2)                  %画曲线(2)
%-----------------------------------------------------------
```

[说明] (1) 将三角函数排列成 4 行若干列的矩阵,分隔符号用分号。

(2) 矩阵的行号与三角函数对应,在矩阵中选取所在行的三角函数值画曲线就行了。这种方法可将多分支结构化为顺序结构。

## {范例 0.7} 逻辑运算

正弦交流电为 $y=\sin x$,画半波整流和全波整流曲线。

[程序] P0_7logic.m 如下。

```
%逻辑运算(请设置断点执行指令)
clear,x = (0:10:720) * pi/180;y = sin(x);  %清除变量,角度向量的弧度数,正弦函数(1)
i = y<0                                    %小于零者为逻辑真 1,否则为逻辑假 0(2)
y(i)                                       %显示小于零的数(3)
y(i) = 0;                                  %小于零者改为零(4)
figure                                     %创建图形窗口
subplot(2,1,1),plot(x,y,x,sin(x),'--','LineWidth',2)  %选子图,画半波整流曲线(5)
title('半波整流')                           %标题(6)
y = sin(x);                                %重新计算正弦函数
y(y<0) = - y(y<0);                         %将逻辑真者反号(7)
subplot(2,1,2),plot(x,y,x,sin(x),'--','LineWidth',2)  %选子图,画全波整流曲线
title('全波整流')                           %标题
```

[说明] (1) 多条指令可写在同一行,各指令之间用分号或逗号分隔。

(2) y<0 是关系式,就是对变量 y 中的每个元素都进行逻辑运算,形成一个逻辑向量,赋给变量 i。逻辑"真"者为 1,逻辑"假"者为 0,1 和 0 称为逻辑值。

```
i =
  Columns 1 through 13
    0    0    0    0    0    0    0    0    0    0    0    0    0
  Columns 14 through 26
    0    0    0    0    0    0    1    1    1    1    1    1    1
  Columns 27 through 39
    1    1    1    1    1    1    1    1    1    1    1    0    0
  Columns 40 through 52
    0    0    0    0    0    0    0    0    0    0    0    0    0
  Columns 53 through 65
    0    0    0    1    1    1    1    1    1    1    1    1    1
  Columns 66 through 73
    1    1    1    1    1    1    1    1
```

如果用下一指令,则找出小于 0 的数值的下标。

```
i = find(y<0)
i =
  Columns 1 through 13
   20   21   22   23   24   25   26   27   28   29   30   31   32
  Columns 14 through 26
   33   34   35   36   37   56   57   58   59   60   61   62   63
  Columns 27 through 36
   64   65   66   67   68   69   70   71   72   73
```

这些下标也是逻辑真的下标。用逻辑运算就不需要用 find 函数。

(3) 逻辑值为真的数或指定下标的数才会显示,共有 36 个,前几个如下:

```
ans =
  Columns 1 through 7
   - 0.1736   - 0.3420   - 0.5000   - 0.6428   - 0.7660  - 0.8660  - 0.9397
```

(4) 将正弦函数中所有小于零的数值改为零,就实现了半波整流。此句可改为

```
y(y<0) = 0;
```

意义和结果不变。此句也可改为

```
y = (y>0). * y;
```

这就是两个向量对应元素相乘,大于零的数保留不变,小于零的数改为 0,从而实现半波整流。逻辑运算常用于数据的批量处理,将分支结构改为顺序结构。

(5) 半波和全波整流如 P0_7 图所示。

(6) 标题在 title 指令中,要用字符串表示。

(7) 对逻辑“假”的元素不变,对逻辑“真”的元素取相反的值,从而达到全波整流的目的。全波整流也可用绝对值(求模)函数实现

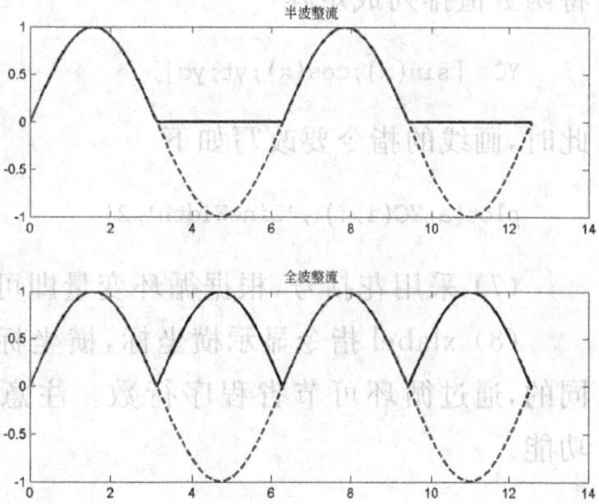

P0_7 图

```
y = abs(y);
```

## {范例 0.8} 程序的固定循环结构

在 4 个子图中分别画出正弦、余弦、正切和余切曲线。

[**程序**] P0_8for.m 如下。

```
%程序的固定循环结构
clear,a = 0:360;x = a * pi/180;          %清除变量,角度向量的度数,化为弧度数
yt = tan(x);                             %正切函数值
yt(abs(yt)> 10) = nan;                   %绝对值太大的数值改为非数(1)
yc = cot(x);yc(abs(yc)> 10) = nan;       %余切函数值,绝对值太大的数值改为非数
YC = {sin(x),cos(x),yt,yc};              %连接成元胞(2)
tc = {'sin','cos','tan','cot'};          %标题元胞(3)
figure                                   %创建图形窗口
for i = 1:4                              %循环 4 轮(4)
    subplot(2,2,i)                       %建立子窗口(5)
    plot(a,YC{i},'LineWidth',2)          %画线(6)
    title(tc{i})                         %显示标题(7)
    xlabel('\itx')                       %显示横坐标(8)
end                                      %结束循环
```

[**说明**] (1) 当正切函数的数值太大时,改为非数,就不会画出来。

(2) 用花括号将 4 种三角函数以元胞的形式放在变量中,以便调用。

(3) 标题元胞是字符串。

(4) 固定循环结构的指令是 for-end，for 指令中的变量 i 称为循环变量，向量是循环值。两指令之间的指令称为循环块。注意：循环块是用缩进格式排列的。

(5) 根据循环变量可依次打开子窗口。子窗口的编号是先左后右，再从上到下。

(6) 采用花括号，根据循环变量即可按顺序从元胞中取出三角函数值，画出曲线。4 条三角函数曲线如 P0_8 图所示。

由于每种三角函数都有相同的大小，因此可将函数值排列成矩阵

```
YC = [sin(x);cos(x);yt;yc];
```

此时，画线的指令要改写如下

```
plot(a,YC(i,:) ,'LineWidth',2)
```

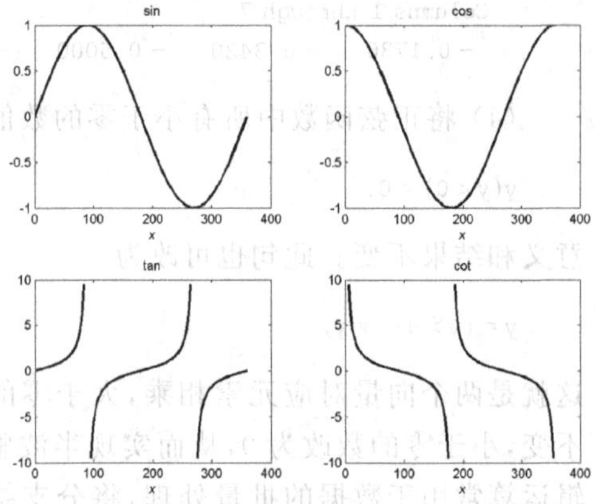

P0_8 图

(7) 采用花括号，根据循环变量即可显示标题。

(8) xlabel 指令显示横坐标，横坐标的内容是字符串。由于每个子图的横坐标都是相同的，通过循环可节省程序行数。注意：横坐标符号是斜体，“\it”执行“翻译成斜体”的功能。

## {范例 0.9} 程序的双重循环结构

画堆叠的圆(柱)，第 1 层 1 个，第 2 层 2 个，……

[**程序**] P0_9forfor.m 如下。

```
%程序的双重循环结构
clear,n = input('请输入圆(柱)的层数:');          %清除变量,键盘输入层数(1)
phi = linspace(0,2 * pi);x = cos(phi);y = sin(phi);  %角度向量,圆的坐标(2)
figure,title('堆叠的圆(柱)','FontSize',16)       %创建图形窗口,显示标题
axis equal,hold on                              %使坐标间隔相等,保持图像(3)
for i = 1:n                                     %按层循环(4)
    for j = 1:i                                 %按列循环(4)
        plot(x + 2 * j,y - 2 * i)               %画圆(直接堆叠)(5)(6)(7)(8)
    end                                         %结束循环
end                                             %结束循环
```

[**说明**] (1) 圆(柱)的层数是可调节的参数。

(2) 用 linspace 函数在 0 到 $2\pi$ 之间形成 100 个元素的向量，100 是默认值。圆(柱)的半径不妨都取 1。

(3) 如果不保持图像，画新曲线时就会删除原来的曲线，为了把曲线画在同一窗口中，就需要用 hold on 指令。用 hold off 指令后，在同一窗口可画新的图像。一个图形窗口创立之后，系统默认状态是 hold off。

(4) 双重和多重循环称为循环嵌套，i 和 j 称为循环变量。i 循环称为外循环，表示行数，其初值为 1，终值表示总层数，步长值为 1。j 循环称为内循环，表示列数，第 1 行有 1 个

圆，第2行有2个圆，所以j循环的终值为i。当i值取1时，变量j在循环中只取1个值；当i值取2时，变量j在循环中只取1和2两个值；……对于每一个外循环值，都要进行内循环，内循环结束之后再进行外循环。

(5) 2*j是圆(柱)心的横坐标，同一层中不同圆(柱)的横坐标不同，同行两个圆(柱)心相距都为2。−2*i是圆(柱)心的纵坐标，同一层中不同圆(柱)的纵坐标是相同的，同列两个圆(柱)心相距也为2。每做一次内循环，就画一个圆；每做一次外循环，就画下一层的圆。当层数取10时，圆(柱)堆积图如P0_9a图所示。

(6) 如果将画线指令改写如下：

```
plot(x-2*i,y+2*j)
```

圆(柱)堆积的效果是相同的，但是圆(柱)心的坐标不同，也就是堆积的顺序不同。最右边第1层，最左边是最后1层(图略)。

(7) 如果将画线指令改写如下：

```
plot(x+2*j-i,y-sqrt(3)*i)                    %画圆(交错堆叠)
```

圆(柱)就是交错堆积的金字塔，如P0_9b图所示。下一层比上一层左移一个单位，高度只下降sqrt(3)个单位，而不是2个单位，这样，一个圆与周围的圆都是相切的。

(8) 如果将画线指令改写如下：

```
plot(x+2*j-i,y+sqrt(3)*i)
```

就形成倒立的金字塔(图略)。适当地修改画线指令，就能形成不同的堆积形状。

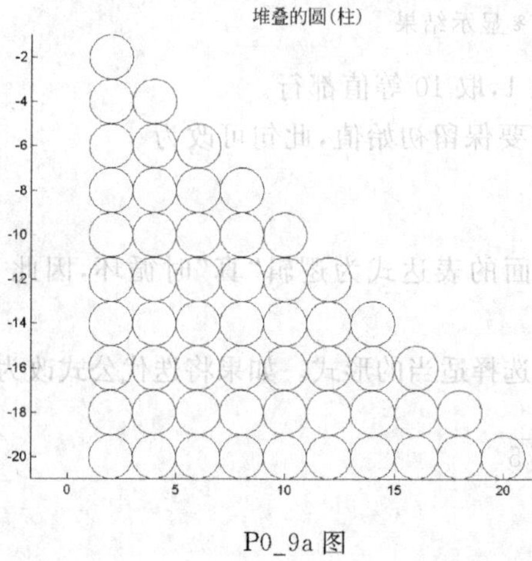


P0_9a 图

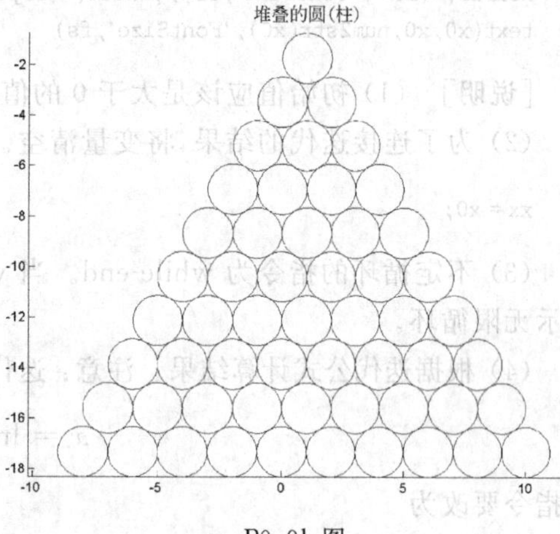


P0_9b 图

## {范例 0.10}　程序的不定循环结构

在黑体辐射中，峰值波长与温度成反比，比例系数为维恩常数。根据普朗克公式求维恩常数时，产生如下超越方程，求超越方程的解。

$$x+5(e^{-x}-1)=0$$

［算法］ $x=0$是超越方程的一个解，除此之外方程还有一个解。将方程改为

$$x=5[1-\exp(-x_0)]$$

其中 $x_0$ 是一个初始值，由此计算终值 $x$。取最大误差为 $\varepsilon=10^{-4}$，当 $|x-x_0|>\varepsilon$ 时，就用 $x$ 的值换成 $x_0$ 的值，重新计算，直到 $|x-x_0|<\varepsilon$ 为止。这种算法称为迭代算法。

超越方程的解也应该是下面直线和指数函数曲线的交点

$$y=x,\quad y=5[1-\exp(-x)]$$

［**程序**］ P0_10while.m 如下。

```
%超越方程的迭代算法
clear,x0 = 1;                                          %清除变量,初始值(1)
xx = [];                                               %空向量(2)
while 1                                                %无限循环(3)
    x = 5 * (1 - exp( - x0));                          %迭代运算(4)
    xx = [xx,x];                                       %连接结果(5)
    if length(xx)> 1000,return,end                     %如果项数太多则退出程序的执行(6)
    if abs(x0 - x)< 1e - 4,break,end                   %当精度足够高时退出循环(7)
    x0 = x;                                            %替换初值(8)
end,x0 = x;                                            %结束循环,保存结果
figure,subplot(1,2,1),plot(xx,'x - ','LineWidth',2)   %创建图形窗口,选子图,画迭代线(9)
grid on,fs = 16;title('超越方程的迭代折线','FontSize',fs)  %加网格,标题(10)(11)
xlabel('\itn','FontSize',fs),ylabel('\itx','FontSize',fs)   %标签
text(length(xx),x0,num2str(x0),'FontSize',fs)   %显示结果(12)
x = 0:0.01:8;subplot(1,2,2)                            %自变量向量,选子图
plot(x,x,x,5 * (1 - exp( - x)),' -- ','LineWidth',2)  %画直线和指数函数曲线
hold on,plot(x0,x0,'o'),grid on         %保持图像,画直线和指数函数的交点,加网格(13)
title('直线与指数函数的交点','FontSize',fs)         %标题
xlabel('\itx','FontSize',fs),ylabel('\ity','FontSize',fs)   %x 标签,y 标签
text(x0,x0,num2str(x0),'FontSize',fs)                  %显示结果
```

［**说明**］ (1) 初始值应该是大于 0 的值，不妨取 1，取 10 等值都行。

(2) 为了连接迭代的结果，将变量清空。如果需要保留初始值，此句可改为

```
xx = x0;
```

(3) 不定循环的指令为 while-end。当 while 后面的表达式为逻辑“真”时循环，因此 1 表示无限循环。

(4) 根据迭代公式计算结果。注意：迭代公式要选择适当的形式。如果将迭代公式改为

$$x=\ln\frac{1}{1-x_0/5}$$

则指令要改为

```
x = log(1/(1 - x0/5));
```

不论初值如何，只能求出方程的第一个解。

(5) 连接结果，形成向量。这是 MATLAB 特有的运算。

(6) length 函数求向量 xx 的长度，也就是数值的个数。万一迭代结果不收敛，就会形成无休止的迭代，因此，当迭代结果太多时就退出执行程序，以免形成死循环。在调试完程序之后，此句可删除。

(7) if 指令中的表达式叫做容差表达式。当条件满足时通过 break 指令退出循环。在多重循环的情况下，一个 break 指令只能退出一重循环。

(8) 在循环之中替换新值，以便重新进行迭代计算。

(9) 用下标作为自变量画迭代的折线。如 P0_10 图之左图所示，在初始值为 1 的情况下，当最大误差为 $10^{-4}$ 时，只要迭代 6 次就能达到精度，超越方程的解为 4.9651。

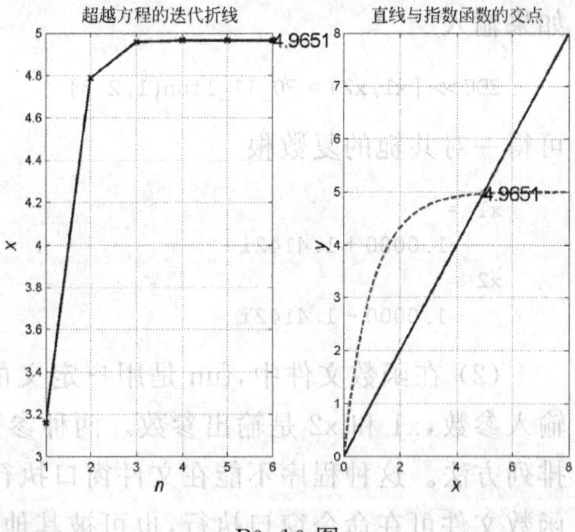

P0_10 图

(10) 网格指令 grid 给图片加网格，其用法可通过在命令窗口输入 help grid 指令查询。

(11) 标题的内容是字符串，要放在单引号之中。标题等指令显示的字体比较小，默认值是 10 磅，为了便于观察，利用字体大小属性，可将字体放大。将字体大小用一个变量表示，可统一改变字体的大小。

(12) 文本指令 text 常用来说明结果，结果要用字符串表示。数值要通过函数 num2str 转换成数字字符串，多个字符串要通过方括号连接在一起。

(13) 如 P0_10 图之右图所示，直线与指数函数曲线的交点除了 0 之外就是 4.9651。

## {范例 0.11}　函数文件

(1) 对于一元二次方程

$$ax^2 + bx + c = 0$$

其根为

$$x = \frac{1}{2a}(-b \pm \sqrt{b^2 - 4ac})$$

根据三个参数求方程的根。

(2) 如果不存在二次项($a=0$)，则方程退化为一次方程，其解为

$$x = -\frac{c}{b}$$

根据三个或两个参数求方程的根。

[**程序**]　P0_11_1fun.m 如下。

```
%求一元二次方程的函数文件(1)
function [x1,x2] = fun(a,b,c)                               %定义函数文件(2)
d = b^2 - 4 * a * c;                                        %根的判别式(3)
x1 = ( - b + sqrt(d))/2/a;x2 = ( - b - sqrt(d))/2/a;        %求两个根(4)
```

[**说明**]　(1) 在命令窗口输入

```
EDU>> [x1,x2] = P0_11_1fun(1,2, - 3)
```

可得两个不同的实数根

```
x1 =
     1
x2 =
    - 3
```

如果输入

```
EDU>> [x1,x2] = P0_11_1fun(1,2,3)
```

可得一对共轭的复数根

```
x1 =
   - 1.0000 + 1.4142i
x2 =
   - 1.0000 - 1.4142i
```

(2) 在函数文件中,fun 是用户定义的函数名,不一定与存储的文件名相同。a,b,c 是输入参数,x1 和 x2 是输出参数。两种参数都称为形式参数,说明输入和输出变量的个数和排列方法。这种程序不能在文件窗口执行,因为变量 a,b 和 c 没有定义,否则会出错。这种函数文件可在命令窗口执行,也可被其他程序所调用。在调用时,输入的三个数据是实际输入参数,可以是数值、变量和表达式。输出的两个变量是实际接受参数,不能是数值和表达式。如果没有输出参数,例如

```
EDU>> P0_11_1fun(1,2,3)
```

则输出第一个根

```
ans =
   - 1.0000 + 1.4142i
```

(3) 函数文件中的变量只在程序执行过程中存在,一旦函数文件执行完毕,这些变量也就在工作空间删除,这种变量称为局部变量。为观察局部变量,可在函数文件中设置断点。

(4) 开方函数 sqrt 专用于开平方。

[**程序**] P0_11_2fun.m 如下。

```
%求一元二次方程和一次方程的函数文件(1)
function varargout = fun(varargin)              %定义函数文件(2)
switch nargin                                   %开关选择(3)
    case 3                                      %如果有3个输入参数(4)
        a = varargin{1};                        %取二次项系数
        b = varargin{2};                        %取一次项系数
        c = varargin{3};                        %取常数项
        d = b^2 - 4 * a * c;                    %计算根的判别式
        varargout{1} = ( - b + sqrt(d))/2/a;    %求第一个根
        varargout{2} = ( - b - sqrt(d))/2/a;    %求第二个根
    case 2                                      %如果有2个输入参数(5)
        b = varargin{1};                        %取一次项系数
        c = varargin{2};                        %取常数项
        varargout{1} = - b/c;                   %求一次方程的解
    otherwise                                   %其他情况(6)
        varargout{1} = nan;                     %输出非数表示无解
end                                             %退出开关
```

[**说明**] (1) 在命令窗口输入

```
EDU>> [x1,x2] = P0_11_2fun(1,2, - 3)
```

结果与上一程序的执行结果相同。如果输入

```
EDU>> x = P0_11_2fun(1,2)
```

结果为

```
x =
  - 0.5000
```

这是一次方程的解。如果输入

```
EDU>> x = P0_11_2fun(1,2, - 3,4)
```

结果为

```
x =
   NaN
```

表示没有解。如果输入

```
[x1,x2] = p0_11_2fun(1,2)
```

或者输入

```
[x1,x2,x3] = p0_11_2fun(1,2, - 3)
```

就会出现"太多输出参数"的错误。

(2) varargin 是 MATLAB 的输入变量,varargout 是输出变量。

(3) nargin 是输入变量的个数。

(4) 当输入变量是 3 的时候,varargin 中的三个元素表示变量 a,b,c 的值,取出三个常数可求二次方程的根,由变量 varargout 输出。

(5) 当输入变量是 2 的时候,varargin 中的两个元素表示变量 b,c 的值,从而求一次方程的解,也由变量 varargout 输出。

(6) 输入变量个数是其他情况就无解,仍然由变量 varargout 输出。

## 0.3　常用绘图方法

MATLAB 常用绘图指令如表 12 所示,二维作图指令只能用于二维作图,三维作图指令只能用于三维作图,许多二维画线指令还有对应的三维画线指令。指令的用法可用 help 指令查询。MATLAB 常用绘图辅助指令如表 13 所示。

**表 12　MATLAB 常用绘图指令**

| 指　令 | 功　能 | 指　令 | 功　能 |
|---|---|---|---|
| plot | 画二维线段 | plot3 | 画三维线段 |
| comet | 画二维彗星式轨迹 | comet3 | 画三维彗星式轨迹 |
| stem | 画二维杆线 | stem3 | 画三维杆线 |
| fill | 画二维填色多边形 | fill3 | 画三维填色多边形 |
| quiver | 画二维矢量线 | quiver3 | 画三维矢量线 |
| contour | 画二维等值线 | contour3 | 画三维等值线 |
| streamline | 画二维流线 | streamline3 | 画三维流线 |
| stairs | 画二维阶梯线 | waterfall | 画三维瀑布线 |
| polar | 画二维极坐标线 | surf | 画三维曲面 |
| plotyy | 画二维双轴线 | mesh | 画三维网格 |

表 13 MATLAB 常用绘图辅助指令

| 指 令 | 功 能 | 指 令 | 功 能 |
|---|---|---|---|
| grid | 网格 | box | 框架 |
| axis | 坐标轴 | legend | 图例 |
| text | 文本 | hold | 图像保持 |
| xlabel | 横轴的标签 | ylabel | 纵轴的标签 |
| zlabel | 高轴的标签 | title | 标题 |

## {范例 0.12} 曲线和曲线族的绘制

指数函数和正弦函数的乘积形成新的函数

$$y = \mathrm{e}^{ax}\sin bx$$

(1) 当 $a=-0.5,b=2$ 时,画出函数曲线,在曲线上标记极大值。

(2) 当 $b=0.5$ 时,如果 $a=-0.6$ 到 0 的 7 个值,间隔为 0.1,画函数曲线族,画极大值的杆线,画出极大值的分布曲线。

[**解析**] (1) 可直接利用公式画图。

[**程序**] P0_12_1stem.m 如下。

```
%函数曲线的绘制和极值的标记
clear,a = - 0.5;b = 2;                              %清除变量,指数的系数,正弦项的系数
x = 0:0.01:10;                                      %自变量向量(1)
y = exp(a * x). * sin(b * x);                       %函数向量(2)
figure,plot(x,y,'LineWidth',2)                      %开创图形窗口,画曲线(3)
grid on                                             %加网格
title('函数曲线','FontSize',16)                      %加标题(4)
xlabel('横坐标\itx','FontSize',16)                   %加横坐标标签(5)
ylabel('纵坐标\ity','FontSize',16)                   %加纵坐标标签(5)
text(5,0.8,'\ity\rm = e^{\itax}\rmsin\itbx','FontSize',16)  %显示公式(6)
txt = ['\ita\rm = ',num2str(a),',\itb\rm = ',num2str(b)];   %参数文本
text(5,0.6,txt,'FontSize',16)                       %显示参数
[ym,im] = max(y);xm = x(im);            %求函数的最大值和下标,求最大值的横坐标(7)
hold on,stem(xm,ym,'--','fill')                     %保持图像,画极值杆线(8)
txt = ['(',num2str(xm),',',num2str(ym),')'];        %极值坐标文本
text(xm,ym,txt,'FontSize',16)                       %显示极值文本
```

[**说明**] (1) 自变量向量根据经验确定,只要能够反映曲线的特征就行了。如果间隔比较大,所画的曲线就不光滑。

(2) 标量与向量相乘时,乘号前面不需要加点号,但是加点号也不会出错。当向量与向量进行元素乘法、除法和乘方运算时,运算符号前面必须加点号,称为数组运算。

(3) 如 P0_12_1 图所示,函数曲线从零开始增加,达到极大值后再减小,然后反方向增加。整个曲线波浪形地减小,最后趋于零。

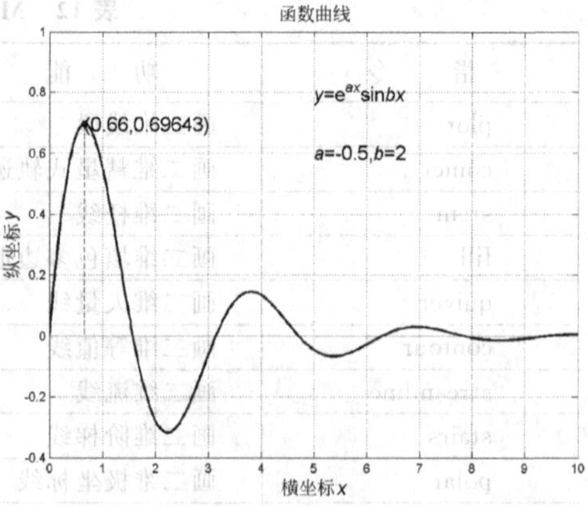


P0_12_1 图

(4) 为了显示和说明图像,还要用到一些辅

助指令，例如标题指令 title、标签指令 xlabel 和 ylabel 等。这些指令都能通过 help 指令查询其功能。

(5) 数学中的变量(包括物理量)要用斜体，斜体符号是“\it”，“it”表示斜体，右斜线“\”表示翻译之意，即执行斜体功能。数学中的专用符号和物理量的单位要用正体，其符号是“\rm”。

(6) 在文本指令 text 中，“^”表示上标，花括号表示里面的符号都是上标。下标的符号是下划线“_”。

(7) 在数学中常用导数求极值，在 MATLAB 中常在数据中求极值，这种极值往往有一点偏差。曲线在 $x_m=0.66$ 处达到极大值 $y_m=0.69643$。注意：横坐标的间隔是 0.01，因此 0.66 只是极大值的近似横坐标，0.69643 也只是极大值的近似值。如果将横坐标的间隔取为 0.001，则极大值的近似横坐标为 0.663，极大值的近似值为 0.69644。横坐标的间隔越小，极大值的横坐标和纵坐标就越精确。

(8) 对于某些特殊的点，例如极大值等，常用杆图指令 stem 画出。参数 fill 表示充实最上面的“圈”。如果不用这个参数，上面就是空心的“圈”。如果不指定虚线，则用实线画杆图。利用极值公式，可用如下指令画多个极值的杆线

```
n = 0:5;xm = (n * pi - atan(b/a))/b;ym = exp(a * xm). * sin(b * xm); % 整数向量,极值的横,纵坐标
stem(xm,ym,'-- o')                                                  % 画极值杆线
```

[解析] (2) 函数的导数为

$$y' = a\mathrm{e}^{ax}\sin bx + b\mathrm{e}^{ax}\cos bx$$

令 $y'=0$ 则得

$$\tan bx_{\mathrm{m}} + \frac{b}{a} = 0$$

即

$$x_{\mathrm{m}} = \frac{1}{b}\left(n\pi - \arctan\frac{b}{a}\right),\quad n = 0,1,2,\cdots$$

对于第一个极值，$n$ 取 0。

[程序] P0_12_2meshgrid.m 如下。

```
%函数曲线族的绘制
clear,b = 0.5;                                              %清除变量,正弦项的系数
a = - 0.6:0.1:0;x = 0:0.2:20;                              %指数的系数(参数),自变量向量
[A,X] = meshgrid(a,x);                                      %化为自变量和参数矩阵(1)
Y = exp(A. * X). * sin(b * X);                              %函数矩阵(2)
figure,plot(x,Y,'LineWidth',2)                              %开创图形窗口,画曲线(3)
grid on,tit = '(\ity\rm = e^{\itax}\rmsin\itbx\rm)';        %加网格,公式字符串
title(['函数曲线族',tit],'FontSize',16)                      %加标题
xlabel('\itx','FontSize',16),ylabel('\ity','FontSize',16)   %加坐标标签
legend(num2str(a'),4)                                       %图例(4)
text(0, - 0.5,['\itb\rm = ',num2str(b)],'FontSize',16);     %显示正弦项的系数
[ym,im] = max(Y);                                           %求函数的最大值和下标(5)
xm = x(im);                                                 %最大值的横坐标(6)
hold on,stem(xm,ym,'-- ')                                   %保持图像,画最大值的杆图(7)
a = - 1:0.001: - 0.001;                                     %较密的参数(8)
```

```
xm = - atan(b./a)/b;                                 %最大值横坐标(9)
ym = exp(a.*xm).*sin(b*xm);                          %最大值(10)
plot(xm,ym,'LineWidth',2)                            %画峰值曲线(11)
```

［说明］ (1) 取指数的系数为参数向量,取横坐标为自变量向量,利用 meshgrid 函数可将向量转化为参数和坐标自变量两个矩阵,两个矩阵的大小相同,由两个向量的大小决定。向量常用小写字母,矩阵常用大写字母表示。通过简单的数值试验可说明 meshgrid 函数的作用。在命令窗口建立一个自然数和奇数向量

```
EDU>> a = 1 : 5
a =
     1     2     3     4     5
EDU>> b = 1 : 2 : 7
b =
     1     3     5     7
```

利用网格函数

```
EDU>> [A,B] = meshgrid(a,b)
A =
     1     2     3     4     5
     1     2     3     4     5
     1     2     3     4     5
     1     2     3     4     5
B =
     1     1     1     1     1
     3     3     3     3     3
     5     5     5     5     5
     7     7     7     7     7
```

可见：A 矩阵是 a 向量多次复制的结果,其行数与 b 的列数相同；B 矩阵是 b 向量旋转后多次复制的结果,其列数与 a 的列数相同。两个矩阵可根据向量的矩阵乘法形成

```
A = ones(size(b'))*a
B = b'*ones(size(a))
```

网格函数 meshgrid 的功能就是按上式形成两个大小相同的矩阵。利用网格指令时

```
[A,X] = meshgrid(a,x);
```

右边用圆括号,左边用方括号。第一个矩阵 A 称为参数矩阵,第二个矩阵 X 是坐标自变量矩阵。这是第一种形成网格矩阵的方法,也是常用的方法。当参数和自变量向量交换位置时,参数矩阵和坐标自变量矩阵也要交换位置,例如

```
[X,A] = meshgrid(x,a);
```

这就是第二种形成网格矩阵的方法。用第二种方法时,用 plot(x,Y)指令所画曲线族的效果相同,但是求极值的指令需要修改。

(2) 由于参数和自变量矩阵的大小相同,可直接用公式计算函数 Y 矩阵。注意：乘号前面要加点,表示矩阵的对应元素相乘。矩阵 Y 的同一列对应同一个参数而按自变量变化。

(3) 利用矩阵,用一个画线指令 plot(x,Y)就能将同类曲线同时画出来,这些曲线称为曲线族,如 P0_12_2a 图所示。当指数的系数为零时,函数曲线是正弦曲线。当指数的系数不为零时,函数曲线是波浪形减小。利用矩阵画曲线族的方法称为矩阵画线法,这是 MATLAB 中特有的曲线画法。plot 指令自动用 7 种颜色画线,如果曲线超过 7 条,就会有相同颜色的曲线,因此最好不要超过 7 条曲线。在黑白文档中,不同的颜色只能用不同的灰度表示。如果将画线指令改为

```
plot(X,Y,'LineWidth',2)
```

就只能用第一种方法形成参数和坐标矩阵。这是因为 MATLAB 根据 X 矩阵的每一列和 Y 矩阵的对应列画曲线。如果用第二种方法形成参数和坐标矩阵,就需要将矩阵进行旋转

```
plot(X',Y','LineWidth',2)
```

如果要用符号标记曲线,画线指令可改写如下

```
plot(x,Y(:,1),'o-',x,Y(:,2),'s-',x,Y(:,3),'d-',x,Y(:,4),'p-',...
    x,Y(:,5),'h-',x,Y(:,6),'v-',x,Y(:,7),'^-','LineWidth',2)   %画曲线族
```

3 个点是续行符号。这也是矩阵画线法,绘制的曲线族如 P0_12_2b 图所示,各条曲线的颜色保持不变。

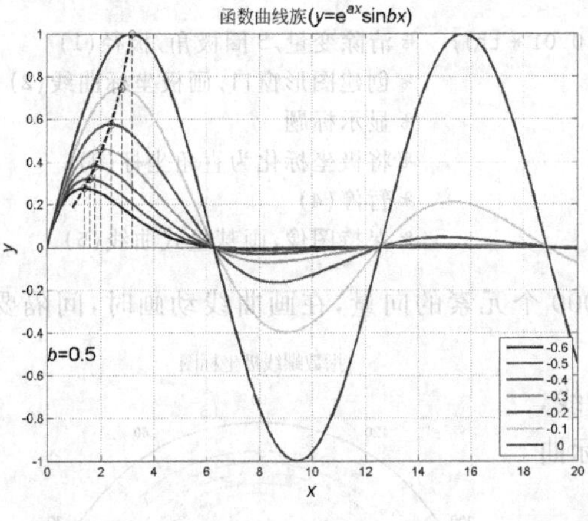


P0_12_2a 图

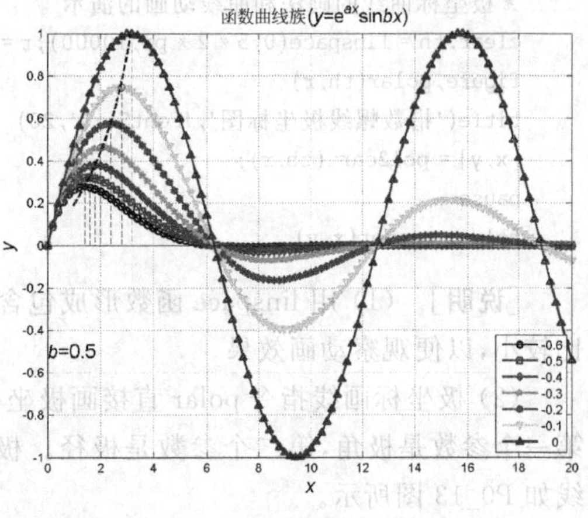


P0_12_2b 图

(4) 指令 legend 用于在图片中设置图例,图例表示指数的系数,最后一个数值 4 表示图例的位置在右下角。通过指令 help legend 可查询图例指令功能,数值 1,2,3,4 分别表示右上角,左上角,左下角,右下角。如果要在图例中显示系数的符号,则将图例指令改为

```
legend([repmat('\ita\rm=',length(a),1),num2str(a')],4)
```

其中,重复矩阵函数 repmat 中第一个参数是重复对象,第二个参数表示行数,第三个参数表示列数。将字符串和数值字符串连接起来,就形成信息更多的图例。

(5) max 函数求出每一列的极大值和下标,形成极大值向量和下标向量。如果用第二种方法形成参数和坐标矩阵,则指令要改写如下,以便于画杆图。

```
[ym,im] = max(Y,[],2);
```

(6) 根据下标可求每个极大值的横坐标。

(7) 杆图指令 stem 可画出一族杆线。

(8) 为了画出极大值的分布线,先设置较密的参数向量。

(9) 根据极大值公式利用参数先计算横坐标。如果不用公式,也可通过矩阵和最大值函数来计算极大值。反之,利用公式也可计算和绘制各条曲线峰值的杆图。

(10) 根据函数表达式,利用横坐标和参数可计算极大值。

(11) 函数的极大值随参数的增加而增加,极大值的横坐标也随参数的增加而增加。当参数为零时,极大值的横坐标和纵坐标最大。

## {范例 0.13} 极坐标曲线的画法和曲线动画的演示

极坐标系中的指数函数为

$$r = e^{a\theta}$$

其中,$\theta$ 是极角,$r$ 是极径,$a$ 是系数,可取为 0.01。画出极坐标曲线,演示曲线动画。

**[程序]** P0_13polar.m 如下。

```
%极坐标曲线的画法和曲线动画的演示
clear,th = linspace(0,5 * 2 * pi,10000);r = exp(0.01 * th);   %清除变量,5 圈极角,极径(1)
figure,polar(th,r)                                            %创建图形窗口,画极坐标曲线(2)
title('指数螺线极坐标图','FontSize',20)                        %显示标题
[x,y] = pol2cart(th,r);                                       %将极坐标化为直角坐标(3)
pause                                                         %暂停(4)
hold on,comet(x,y)                                            %保持图像,画彗星式曲线(5)
```

**[说明]** (1) 用 linspace 函数形成包含 10000 个元素的向量,在画曲线动画时,间隔要比较小,以便观察动画效果。

(2) 极坐标画线指令 polar 直接画极坐标曲线,第一个参数是极角,第二个参数是极径。极坐标曲线如 P0_13 图所示。

(3) 极坐标与直角坐标(笛卡儿坐标)之间的转化公式是

$$x = r\cos\theta, \quad y = r\sin\theta$$

转化的函数则是 pol2cart,第一个输入参数是极角,第二个输入参数是极径,极角和极径的个数要求相同,除非一个是标量;第一个输出参数是横坐标,第二个输出参数是纵坐标,两个输出参数用方括号括起来,它们的大小相同。

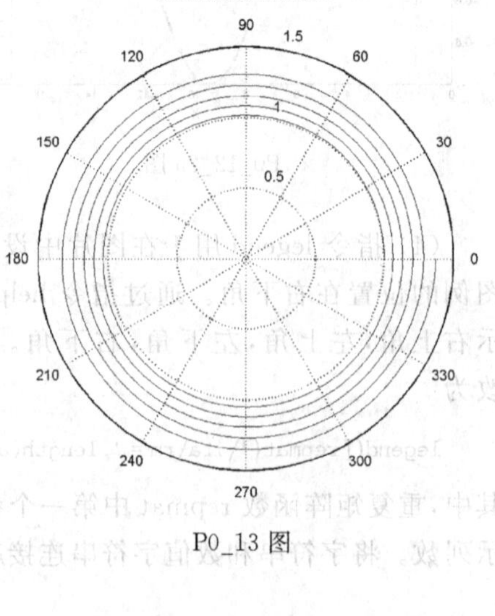

P0_13 图

MATLAB 坐标变换函数如表 14 所示。

**表 14　MATLAB 坐标变换函数**

| 函数 | 功　能 | 函数 | 功　能 |
|---|---|---|---|
| cart2pol | 直角坐标变为柱(或极)坐标 | pol2cart | 柱(或极)坐标变为直角坐标 |
| cart2sph | 直角坐标变为球坐标 | sph2cart | 球坐标变为直角坐标 |

(4) 暂停是为了观察图片,按任意键(通常按回车键)继续执行下面的指令。

(5) comet 指令画彗星式曲线,形成曲线动画。comet 指令只能用直角坐标值为参数,不能用极坐标值为参数,所以需要进行坐标变换。由于曲线已经画出,所以"彗头"沿着曲线运动,"彗尾"的颜色随着"彗头"的运动发生变化。注意: comet 指令是在当前激活的窗口中画彗星式曲线,在按任意键之前如果单击其他窗口,按任意键之后就会在其他窗口演示动画。另外,彗星式曲线是不能保留的,为了获取图片,还需要使用 plot 等指令画曲线。

## {范例 0.14}　箭杆的画法和两力的合成

求两个力的合力,画出力的合成图。

[解析]　如 B0.14 图所示,两个力 $\boldsymbol{F}_1$ 和 $\boldsymbol{F}_2$ 的合力大小为

$$F = \sqrt{F_1^2 + F_2^2 + 2F_1F_2\cos\theta}$$

夹角为

$$\varphi = \arctan\frac{F_2\sin\theta}{F_1 + F_2\cos\theta}$$

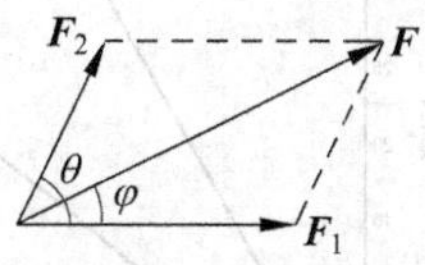

B0.14 图

[程序]　P0_14main.m 如下。

```
%两力的合成的主程序
clear,f1 = 30;f2 = 50;theta = 60;                %清除变量,第 1 个力,第 2 个力,两力之间的夹角(1)
P0_14fun(f1,f2,theta)                            %调用函数文件画力的合成图(2)
P0_14fun(f1,60,120)                              %调用函数文件画力的合成图
```

P0_14fun.m 如下。

```
%两力的合成的函数文件(3)
function fun(f1,f2,theta)
th = theta * pi/180;                                          %角度化为弧度
f = sqrt(f1^2 + f2^2 + 2 * f1 * f2 * cos(th));                %合力的大小(4)
phi = atan2(f2 * sin(th),f1 + f2 * cos(th));                  %合力的方向(5)
fx = [f1,f2 * cos(th),f * cos(phi)];                          %力的 x 分量
fy = [0,f2 * sin(th),f * sin(phi)];                           %力的 y 分量
figure,quiver([0,0,0],[0,0,0],fx,fy,0,'LineWidth',2)          %创建图形窗口,力矢量(6)
hold on,plot([f1,fx(3)],[0,fy(3)],'--','LineWidth',2)         %保持图像,画斜虚线(7)
plot([fx(2),fx(3)],[fy(2),fy(3)],'--','LineWidth',2)          %画横虚线(7)
axis equal,grid on                                            %使坐标间隔相等,加网格
fs = 16;title('两力的合成','FontSize',fs)                      %标题
xlabel('\itF_x\rm/N','FontSize',fs),ylabel('\itF_y\rm/N','FontSize',fs)  %标记坐标
txt{1} = ['\itF\rm_1 = ',num2str(f1),'N'];                    %第一个分力元胞(8)
txt{2} = ['\itF\rm_2 = ',num2str(f2),'N,\it\theta\rm = ',...
   num2str(theta),'\circ'];                                   %第二个分力元胞(8)
txt{3} = ['\itF\rm = ',num2str(f),'N'];                       %合力元胞(8)
text(fx,fy,txt,'FontSize',fs)                                 %标记力(8)
phi(abs(phi)< 1e - 5) = 0;                                    %角度太小则作零处理
text(0,0,['\it\phi\rm = ',num2str(phi * 180/pi),'\circ'],'FontSize',fs)  %标记角度(9)
phi = linspace(0,phi);plot(f/10 * cos(phi),f/10 * sin(phi))  %角度向量,画角度圆弧(10)
```

［说明］（1）当一个问题有多个参数时，往往将参数放在主程序中。

（2）主程序调用函数文件时，参数要对应，个数要相同。

（3）通常将具有一定功能的程序段设计为函数文件，以便于反复调用。

（4）根据公式计算合力。

（5）计算合力的角度时要用第 2 反正切函数，其值在 $-\pi$ 到 $\pi$ 之间。

（6）箭杆指令 quiver 中第一个和第二个参数（三个零）分别表示三个箭杆的起点横坐标和纵坐标，第三个和第四个参数分别表示箭杆水平长度和竖直长度，第五个参数 0 表示不用自动刻度而用箭杆的规定长度。

（7）画虚线形成平行四边形。当 $F_1=30\text{N}$，$F_2=50\text{N}$，$\theta=60°$时，力的合成如 P0_14a 图所示。当 $F_1=30\text{N}$，$F_2=60\text{N}$，$\theta=120°$时，力的合成如 P0_14b 图所示。

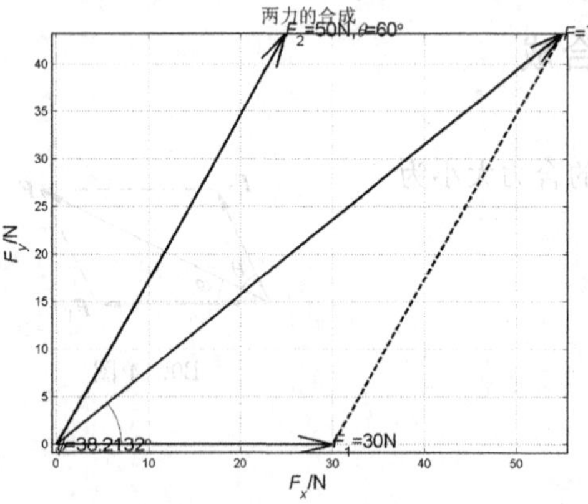


P0_14a 图

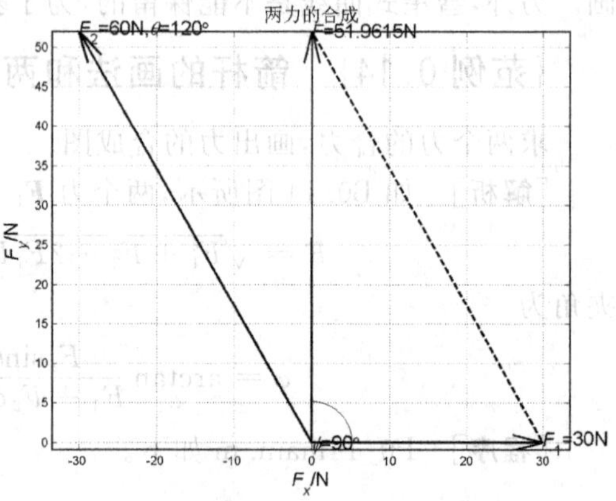


P0_14b 图

（8）将文本放在元胞中，用文本指令标记力的大小。

（9）在图形窗口中往往要显示希腊字母或特殊字符。MATLAB 作图所用的希腊字母如表 15 所示，MATLAB 作图常用的字符如表 16 所示。

（10）当初值或（和）终值是无理数时，常用 linspace 函数形成向量，以免漏掉初值或终值。

**表 15　MATLAB 作图所用的希腊字母**

| 指令 | 字母 | 指令 | 字母 | 指令 | 字母 | 指令 | 字母 |
|---|---|---|---|---|---|---|---|
| \alpha | α | | A | \nu | ν | | N |
| \beta | β | | B | \xi | ξ | \Xi | Ξ |
| \gamma | γ | \Gamma | Γ | | o | | O |
| \delta | δ | \Delta | Δ | \pi | π | \Pi | Π |
| \epsilon | ε | | Z | \rho | ρ | | P |
| \zeta | ζ | | E | \sigma | σ | \Sigma | Σ |
| \eta | η | | H | \tau | τ | | T |
| \theta | θ | \Theta | Θ | \upsilon | υ | \Upsilon | Υ |
| \iota | ι | | I | \phi | φ | \Phi | Φ |
| \kappa | κ | | K | \chi | χ | \Chi | X |
| \lambda | λ | \Lambda | Λ | \psi | ψ | \Psi | Ψ |
| \mu | μ | | M | \omega | ω | \Omega | Ω |

表16 MATLAB作图常用的字符

| 指令 | 字符 | 指令 | 字符 | 指令 | 字符 | 指令 | 字符 |
|---|---|---|---|---|---|---|---|
| \approx | ≈ | \neq | ≠ | \partial | ∂ | \downarrow | ↓ |
| \cong | ≌ | \pm | ± | \infty | ∞ | \leftarrow | ← |
| \div | ÷ | \propto | ∝ | \perp | ⊥ | \leftrightarrow | ↔ |
| \equiv | ≡ | \sim | ∼ | \prime | ′ | \rightarrow | → |
| \geq | ⩾ | \times | × | \cdot | · | \uparrow | ↑ |
| \leq | ⩽ | \int | ∫ | \ldots | … | \circ | ° |

## {范例 0.15} 图形数据的获取和黑体辐射实验结果的模拟

在黑体辐射的研究中,瑞利-金斯提出的公式是

$$M(\lambda,T)=C\lambda^{-4}T$$

其中,$\lambda$ 是波长,$T$ 是热力学温度,$C$ 是常量,$M$ 称为单色辐射本领或单色辐出度。此式在波长很长的区域与实验曲线比较接近。维恩提出的公式是

$$M(\lambda,T)=C_1\lambda^{-5}\exp\left(-\frac{C_2}{\lambda T}\right)$$

其中,$C_1$ 和 $C_2$ 是常量。此式在波长很短的区域与实验曲线符合得很好。普朗克提出的公式是

$$M(\lambda,T)=\frac{2\pi hc^2}{\lambda^5\left[\exp\left(\frac{hc}{kT\lambda}\right)-1\right]}$$

其中,$h=6.626\times10^{-34}$ J·s 为普朗克常数;$c=2.998\times10^8$ m/s 为真空中的光速,$k=1.38\times10^{-23}$ J/K 为玻耳兹曼常数。画出 $T=2000$K 时的三种理论曲线,模拟实验数据。

[**解析**] 在波长很长的情况下,由于 $e^x\approx1+x$,根据普朗克公式可得

$$M(\lambda,T)\approx\frac{2\pi hc^2}{\lambda^5\left[1+\frac{hc}{kT\lambda}-1\right]}=\frac{2\pi ckT}{\lambda^4}$$

这就是瑞利-金斯公式,$C=2\pi ck$。在波长很短的情况下,根据普朗克公式可得

$$M(\lambda,T)=\frac{2\pi hc^2}{\lambda^5}\exp\left(-\frac{hc}{kT\lambda}\right)$$

这就是维恩公式,$C_1=2\pi hc^2$,$C_2=hc/k$。

当理论值与实验值吻合得很好时,可在理论值附近取一些点,模拟实验值。

[**程序**] P0_15ginput.m 如下。

```
%温度不同的普朗克黑体单色辐射本领与波长的曲线
clear,t = 2000;                                       %清除变量,热力学温度
k = 1.38054E-23;h = 6.626e-34;c = 2.997925e8;         %玻耳兹曼常数,普朗克常数,光速
lm = 12;lambda = 0.01:0.01:lm;l = lambda*1e-6;  %最大波长,波长向量(分别以微米和米为单位)
m1 = 2*pi*c*k*t./l.^4;                                %瑞利-金斯公式(1)
m2 = 2*pi*h*c^2./exp(h*c./(k*t*l))./l.^5;             %维恩公式(1)
m = 2*pi*h*c^2./(exp(h*c./(k*t*l))-1)./l.^5;          %普朗克公式(1)
figure,plot(lambda,m1,lambda,m2,lambda,m),grid on     %创建图形窗口,画曲线,加网格
fs = 16;title('黑体单色辐射实验曲线与理论的比较','FontSize',fs)   %标题
xlabel('波长\it\lambda\rm/\mum','FontSize',fs)        %横坐标
ylabel('单色辐射本领','FontSize',fs)                   %纵坐标
```

```
m = max(m);axis([0,lm,0,m])                                    % 最大值,曲线范围
[x,y] = ginput(20);                                            % 从键盘输入数据(2)
hold on,plot(x,y,'ko')                                         % 保持图像,画"实验"点(3)
hl = legend('瑞利-金斯线','维恩线','普朗克线','实验数据');      % 标记图例(4)
set(hl,'FontSize',fs)                                          % 设置图例大小(5)
```

［**说明**］ (1) 不论多么复杂的公式,用 MATLAB 很容易计算公式的值。

(2) ginput 指令从图形窗口中获取直角坐标。执行指令时,图形窗口如 P0_15a 图所示,有一"十"字交叉线,其中心点随鼠标移动。单击鼠标时,虽然屏幕没有什么反应,但是却在获取点的坐标。如果有 20 个点,就要在普朗克曲线附近单击鼠标 20 次。

(3) 根据坐标可画"实验"点,如 P0_15b 图所示。

(4) 如果需要放大图例,则取图例的句柄。

(5) 利用 set 指令可放大图例。

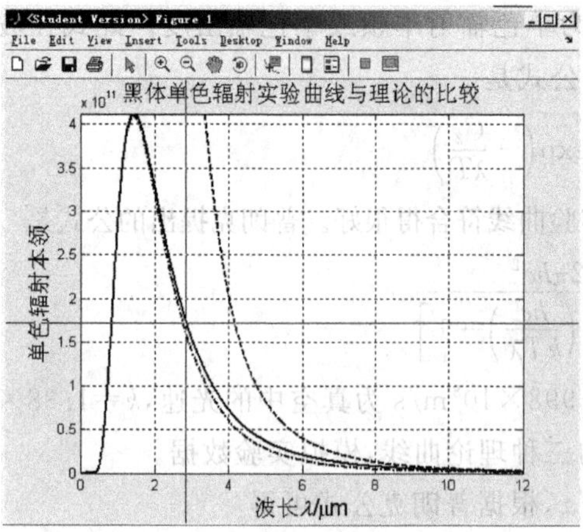


P0_15a 图

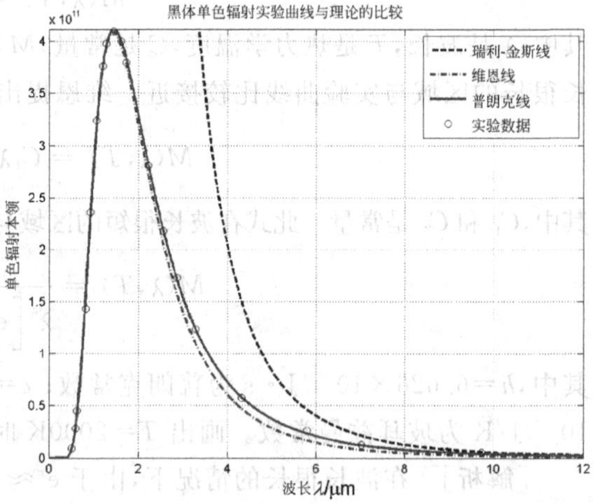


P0_15b 图

## {范例 0.16} 曲面的画法

设 $r=\sqrt{x^2+y^2}$,画如下函数的曲面

$$z = e^{ar}\cos r$$

其中 $a=-0.1$。

［**程序**］ P0_16_1surf.m 如下。

```
% 曲面的画法(用直角坐标)
clear,a = - 0.1;rm = 20;                         % 清除变量,系数,最大极径(1)
r = - rm:0.5:rm;                                 % 坐标向量
[X,Y] = meshgrid(r);                             % 坐标矩阵(2)
R = sqrt(X.^2 + Y.^2);                           % 极径矩阵(3)
% -------------------------------------------------------------------
Z = exp(a * R). * cos(R);                        % 函数矩阵
Z(X < 0&Y < 0) = nan;                  % 横坐标和纵坐标小于零的函数值改为非数(4)
figure,surf(X,Y,Z)                               % 创建图形窗口,画曲面(5)
box on                                           % 加框(6)
fs = 16;title('二元自变量的曲面','FontSize',fs)   % 字体大小,标题(7)
xlabel('\itx','FontSize',fs)                     % 横坐标标签
```

```
ylabel('\ity','FontSize',fs)                          %纵坐标标签
zlabel('\itz','FontSize',fs)                          %高坐标标签(7)
axis([-rm,rm,-rm,rm,-0.5,1])                          %设置坐标范围(8)
```

［**说明**］ (1) 最大极径根据具体情况设置。

(2) 这种格式的网格函数与下面格式的网格函数等效,用于形成直角坐标网格矩阵。

```
[X,Y]=meshgrid(r,r);
```

(3) 根据直角坐标矩阵计算极坐标矩阵。

(4) 将部分函数值改为非数,可剪裁曲面。

(5) surf 指令画曲面,第 1 个参数表示横坐标,第 2 个参数表示纵坐标,第 3 个参数表示高坐标。如 P0_16_1 图所示,曲面是轴对称的,在直角坐标系中,网格线分别向 $x$ 方向和 $y$ 方向延伸。曲面由方格组成,方格线是黑色。一个方格用一种颜色,当函数值较大时,方格的颜色偏红;当函数值较小时,颜色偏蓝。此指令等效于指令

```
surf(X,Y,Z,Z)
```

其中第四个参数表示颜色变化的规律。没有第四个参数时,就将第三个参数当做第四个参数。颜色成为三个坐标之外的第四维,如果要使颜色按 Z 值相反的规律变化,则将指令改为

```
surf(X,Y,Z,-Z)
```

如果要使颜色按 X 值变化,则将指令改为

```
surf(X,Y,Z,X)
```

(6) box 指令加框,增加图形立体感。

(7) 三维图像需要加高坐标标签。

(8) 轴指令中的第三对数值表示高坐标范围。

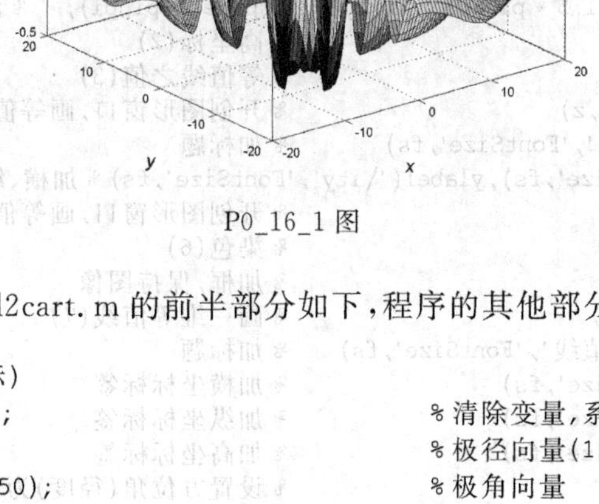


P0_16_1 图

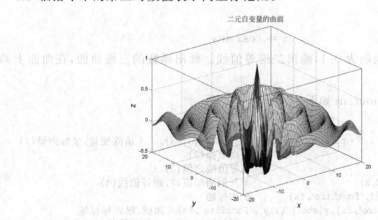

［**程序**］ P0_16_2pol2cart.m 的前半部分如下,程序的其他部分与上一程序相同。

```
%曲面的画法(用极坐标)
clear,a=-0.1;rm=20;                                   %清除变量,系数,最大极径
r=0:0.5:rm;                                           %极径向量(1)
th=linspace(0,2*pi,50);                               %极角向量
```

```
[TH,R] = meshgrid(th,r);                                  %极角和极径矩阵(2)
[X,Y] = pol2cart(TH,R);                                   %极坐标化为直角坐标(3)
% -----------------------------------------------------------------------
(其他指令与上一程序的相同)(4)
```

[**说明**] (1) 当极角从0取到 $2\pi$ 时,极径应该不小于零。

(2) 类似直角坐标的情况,利用网格函数可将极坐标向量化为极坐标矩阵。

(3) 极坐标矩阵与直角坐标矩阵之间也能通过 pol2cart 函数转化。

(4) 如 P0_16_2 图所示,用极坐标所画的曲面与用直角坐标所画的曲面是相同的,但是没有边角,网格线分别向极径 $r$ 方向和极角 $\theta$ 方向延伸。

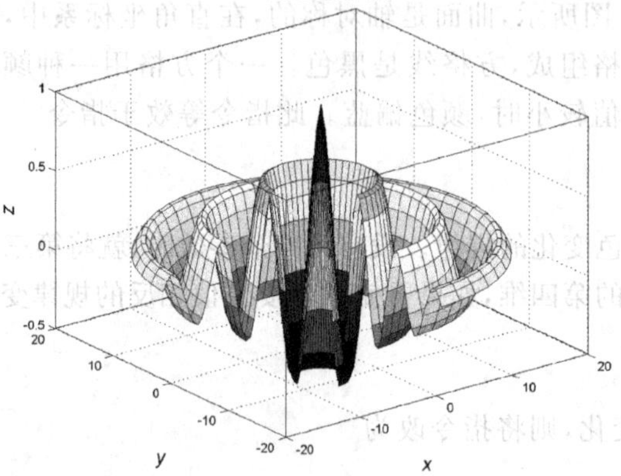


P0_16_2 图

## {范例 0.17} 等值线的画法

一曲面方程为

$$z = \cos x \sin y$$

$z$ 取$-0.9\sim0.9$的值,间隔为 0.1,画出二维等值线。画出函数的三维曲面,在曲面上画三维等值线。

[**程序**] P0_17contour.m 如下。

```
%等值线的画法
clear,x = linspace( - 1.5 * pi,1.5 * pi);y = linspace( - pi,pi);   %清除变量,坐标向量(1)
Z = sin(y') * cos(x);                                  %高坐标(2)
z = - 0.9:0.1:0.9;                                     %等值线之值(3)
figure,contour(x,y,Z,z)                                %开创图形窗口,画等值线(4)
fs = 16;title('等值线','FontSize',fs)                  %加标题
xlabel('\itx','FontSize',fs),ylabel('\ity','FontSize',fs) %加横、纵坐标标签
figure,surfc(x,y,Z)                                    %开创图形窗口,画等值线投影的曲面(5)
shading interp                                         %染色(6)
box on,hold on                                         %加框,保持图像
contour3(x,y,Z,z,'k')                                  %画三维等值线(7)
title('曲面的三维等值线','FontSize',fs)                %加标题
xlabel('\itx','FontSize',fs)                           %加横坐标标签
ylabel('\ity','FontSize',fs)                           %加纵坐标标签
zlabel('\itz','FontSize',fs)                           %加高坐标标签
view( - 30,60)                                         %设置方位角(径度)为 - 30°,仰角(纬度)为 60°(8)
```

```
pause,view(0,0)                          % 暂停,设置正视角(9)
title('曲面的正视图','FontSize',fs)       % 修改标题(10)
pause,view(90,0)                         % 暂停,设置右视角(11)
title('曲面的右视图','FontSize',fs)       % 修改标题
pause,view(0,90)                         % 暂停,设置俯视角(12)
title('曲面的俯视图','FontSize',fs)       % 修改标题
```

[**说明**] (1) 坐标范围可适当选择。

(2) 根据矩阵乘法形成函数值。当函数是两个坐标变量的函数的乘积时,常用矩阵乘法计算函数值。注意:横坐标要用行向量,纵坐标要用列向量。

(3) 等值线的值用向量表示。

(4) 用等值线指令 contour 画等值线或等高线,第 1 个参数是横坐标,第 2 个参数是纵坐标,第 3 个参数是高坐标,第 4 个参数是等值线向量。如 P0_17a 图所示,函数的正的等值线和负的等值线是相同的,都是闭合曲线;0 值线是直线。注意:单一等值线的画法也要用向量,例如,画单一零值的指令是

```
contour(x,y,Z,[0,0])
```

这种方法常用于绘制二元隐函数曲线。

(5) surfc 指令在画曲面时还画出二维等值线。如 P0_17b 图所示,函数有三个峰和三个谷,峰和谷分为 2 行 3 列。

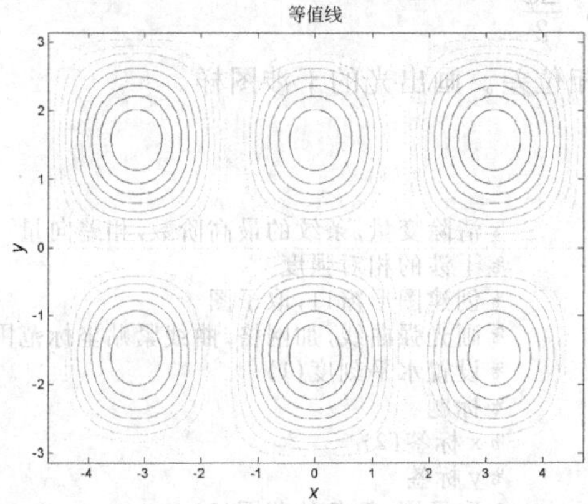

P0_17a 图

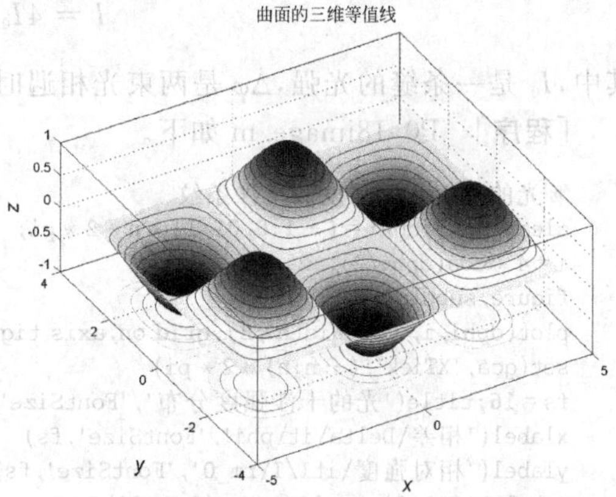

P0_17b 图

(6) shading 指令用于染色。当参数取 interp 时,表示插值法染色,颜色是连续变化的。指令的参数还可用 faceted,这是默认方式。

(7) contour3 指令画三维等值线或等高线。在曲面上画三维等值线时,线的默认颜色与曲面的颜色相同,因而无法显现,这里将线的颜色取为黑色。

(8) 用 view 指令可设置视角,第一个参数是方位角(经度),第二个参数是仰角(纬度)。方位角和仰角的默认值分别是 $-37.5°$ 和 $30°$,可用 view(3)设置。

(9) 当方位角和仰角的度数为 0°时,就从正面观察曲面,三个峰和三个谷的投影和等值线如 P0_17c 图所示。

(10) 修改标题之后,新标题将代替旧标题。如果修改标签,新标签也将代替旧标签。

(11) 当方位角度数为 90°,仰角的度数为 0°时,就从右向左观察曲面,两个峰和两个谷的投影和等值线如 P0_17d 图所示。

(12) 当方位角度数为0°,仰角的度数为90°时,就从上向下观察曲面,view(0,90)可用view(2)代替。从上向下观察,曲面铺成平面,等值线与P0_17a图相同。

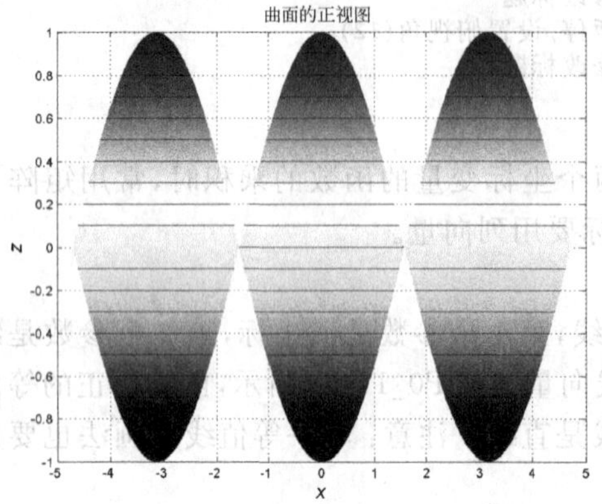


P0_17c图

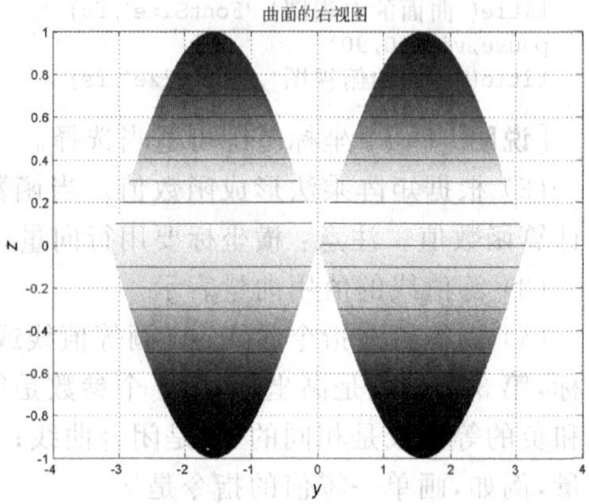


P0_17d图

## {范例0.18} 图像的画法和光的双缝干涉图样

在杨氏双缝干涉实验中,光强的分布公式为

$$I = 4I_0 \cos^2 \frac{\Delta\varphi}{2}$$

其中,$I_0$是一条缝的光强,$\Delta\varphi$是两束光相遇时的相位差。画出光的干涉图样。

[**程序**] P0_18image.m 如下。

```
%光的双缝干涉强度和干涉条纹
clear,n=3;dphi=(-1:0.01:1)*n*2*pi;              %清除变量,条纹的最高阶数,相差向量
i=4*cos(dphi/2).^2;                              %干涉的相对强度
figure,subplot(2,1,1)                            %创建图形窗口,取子图
plot(dphi,i,'LineWidth',2),grid on,axis tight    %画光强曲线,加网格,曲线紧贴坐标范围
set(gca,'XTick',(-n:n)*2*pi)                     %设置水平刻度(1)
fs=16;title('光的干涉强度分布','FontSize',fs)       %标题
xlabel('相差\Delta\it\phi','FontSize',fs)          %x标签(2)
ylabel('相对强度\itI/I\rm_0','FontSize',fs)        %y标签
subplot(2,1,2),c=linspace(0,1,64)';              %取子图,颜色的范围(3)
colormap([c,0*c,0*c]);                           %形成红色色图(4)
image(i*16)                                      %画条纹(5)
axis off,title('光的双缝干涉条纹','FontSize',fs)    %隐轴,标题
```

[**说明**] (1) gca表示当前的坐标系,set指令设置当前坐标系的横坐标线,就是每隔2π设置一条网格纵线。

(2) 在图形窗口中往往要显示希腊字母或特殊字符。

(3) 颜色值的范围从0～1,将颜色范围分为64个点,可使条纹颜色的明暗连续变化。64也表示最大光强值。

(4) colormap指令形成色图。红色向量不取零,绿色和蓝色向量取0时,就是使用红色。如果将颜色向量改为[0*c,c,0*c],就使用绿色。

(5) 图像指令image专门画图像,光的双缝干涉的强度和条纹如P0_18图所示。由于最大强度值是64,所以光强要乘以系数16。如果系数较小,则光强较暗;如果系数较大,则光强较强的范围比较大。

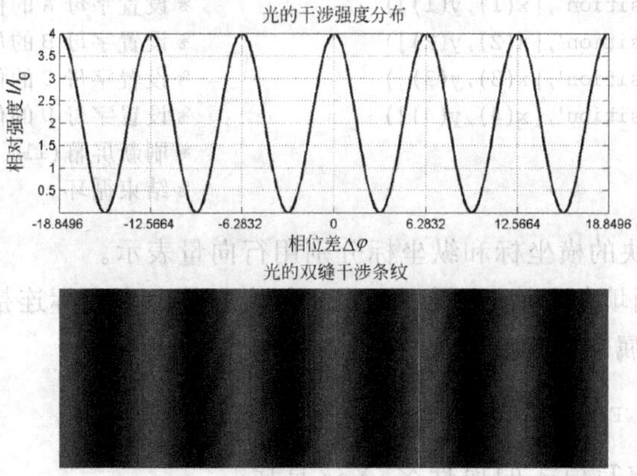


P0_18 图

## {范例 0.19} 图形动画的制作

一个方块的四个顶点为 $A,B,C$ 和 $D$，坐标分别为(1,1)，(−1,1)，(−1,−1)，(1,−1)，演示方块和字母逆时针旋转的动画。

**[解析]** 如 B0.19 图所示，点 $P$ 的初始坐标为($x_0$，$y_0$)，初始角度为 $\theta_0$。在旋转角度 $\theta$ 后，$P$ 点坐标为

$$x = r\cos(\theta+\theta_0) = r\cos\theta\cos\theta_0 - r\sin\theta\sin\theta_0 = x_0\cos\theta - y_0\sin\theta \quad (0.19.1a)$$

$$y = r\sin(\theta+\theta_0) = r\sin\theta\cos\theta_0 + r\cos\theta\sin\theta_0 = x_0\sin\theta + y_0\cos\theta \quad (0.19.1b)$$

用矩阵的乘积表示为

$$\begin{pmatrix} x \\ y \end{pmatrix} = \begin{pmatrix} \cos\theta & -\sin\theta \\ \sin\theta & \cos\theta \end{pmatrix}\begin{pmatrix} x_0 \\ y_0 \end{pmatrix} \quad (0.19.2)$$

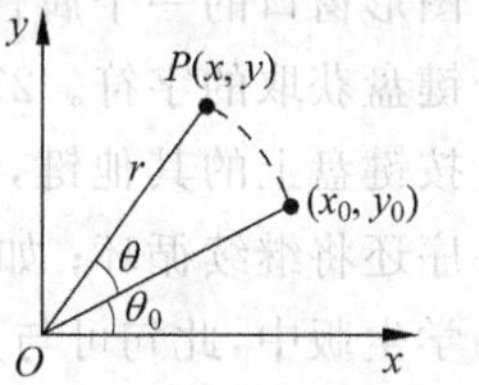


B0.19 图

这个矩阵称为旋转矩阵。用矩阵表示方块四个点的横坐标和纵坐标，每当方块旋转一定角度，利用矩阵乘法计算四个点的坐标，设置方块坐标即可演示方块的旋转运动，设置字母的坐标还可演示字母的旋转。

**[程序]** P0_19set.m 如下。

```
%方块的旋转
clear,x0 = [1, - 1, - 1,1];y0 = [1,1, - 1, - 1];                  %清除变量,方块的坐标(1)
figure,h = fill(x0,y0,'y');                                       %创建图形窗口,画黄色方块并取句柄(2)
grid on,axis equal,axis([ - 2,2, - 2,2])                           %加网格,使间隔相等,坐标范围
fs = 16; title('方块的旋转','FontSize',fs)                          %加标题
xlabel('\itx','FontSize',fs),ylabel('\ity','FontSize',fs)   %加坐标标签
ht = text(x0,y0,['A';'B';'C';'D'],'FontSize',fs);                 %标记字母并取句柄(3)
pause,th = 0;hold on                                              %暂停,初始角度,保持图像
while 1                                                           %无限循环(4)
    if get(gcf,'CurrentCharacter') = = char(27),break,end   %按 Esc 键退出循环(5)
    th = th + pi/180;                                             %加一个度数
    R = [cos(th), - sin(th);sin(th),cos(th)];                     %旋转矩阵(6)
    XY = R * [x0;y0];                                             %旋转后的坐标矩阵(7)
    x = XY(1,:);y = XY(2,:);                                      %取坐标(8)
    set(h,'XData',x,'YData',y)                                    %设置坐标(9)
```

```
    set(ht(1),'Position',[x(1),y(1)])                    %设置字母A的位置(10)
    set(ht(2),'Position',[x(2),y(2)])                    %设置字母B的位置
    set(ht(3),'Position',[x(3),y(3)])                    %设置字母C的位置
    set(ht(4),'Position',[x(4),y(4)])                    %设置字母D的位置
    drawnow                                              %刷新屏幕(11)
end                                                      %结束循环
```

[**说明**] (1) 方块的横坐标和纵坐标分别用行向量表示。

(2) 用fill指令画填色方块时,最后一个坐标会与第一个坐标连接起来。通过get(h)可观察方块的属性名和属性值。此句可改为

```
h = fill(x0,y0,'y','EraseMode','Xor');
```

其中,EraseMode是擦写模式的属性名,Xor是属性值。这是异或模式,可使方块运动得快一些。

(3) 在方块的四个顶点显示字母,同时取出字母的句柄,这是四个元素的向量,观察B的属性名和属性值的指令是get(ht(2))。方块和字母开始的位置如P0_19图所示。

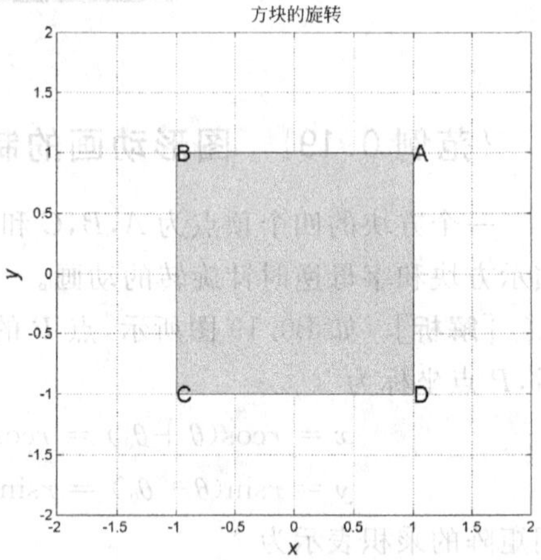


P0_19 图

(4) 方块的旋转不受限制,所以做无限循环。

(5) 图形窗口具有一些属性,gcf表示当前图形窗口的句柄,可在命令窗口通过get(gcf)观察图形窗口的属性名和属性值。CurrentCharacter是图形窗口的一个属性,意思是"当前字符",表示从键盘获取的字符。27是Esc键的ASCII码。如果按键盘上的其他键,if中的关系式是逻辑"假",程序还将继续循环;如果按Esc键,if中的关系式是逻辑"真",程序退出循环。在MATLAB学生版中,此句可与上面的while指令合并

```
while get(gcf,'CurrentCharacter')~ = char(27)
```

功能是不按Esc键循环,因为不按Esc键时,while中的关系式是逻辑"真"。在有些版本中(例如6.5版),两句不能合并。

(6) 角度不同,旋转矩阵的值就不同。

(7) 在方括号中,x0向量和y0向量之间用分号分隔,表示y0向量排列在x0向量下面,形成初始坐标矩阵。根据矩阵乘法形成旋转后的矩阵。

(8) 旋转后的矩阵有2行4列,第1行是四个点的横坐标,第2行是四个点的纵坐标。如果不用矩阵,四个旋转后的坐标也可直接用公式(0.19.1)计算

```
x = x0 * cos(th) - y0 * sin(th);
y = x0 * sin(th) + y0 * cos(th);
```

(9) 设置方块的坐标就演示旋转的方块。

(10) 依次设置字母的位置就演示字母的旋转。

(11) 刷新屏幕,才能演示动画。

## 0.4　常用计算方法

在大学物理中经常需要求函数的零点、函数的导数和积分，还需要求解微分方程。

### {范例 0.20}　超越方程的求解

在黑体辐射中，峰值频率与温度成正比，比例系数也称为维恩常数。根据普朗克公式求维恩常数时，产生如下超越方程。不用循环求下面超越方程的解。

$$x+3(e^{-x}-1)=0$$

［算法］　设

$$f(x)=x+3(e^{-x}-1)$$

函数的零解就是超越方程的解。MATLAB 求零函数为 fzero，fzero 函数的格式之一是

```
x = fzero(f,x0)
```

其中，f 表示求解的函数或函数文件，x0 是零点的估计值。fzero 函数的格式之二是

```
x = fzero(f,[x1,x2])
```

其中，x1 和 x2 表示函数零解的范围。

另外，MATLAB 还有求解函数 solve，计算非线性方程和方程组的符号解。

［程序］　P0_20fzero.m 如下。

```
%超越方程的求法
clear,x = 0:0.01:4;                                          %清除变量,自变量向量
f = inline('x + 3 * (exp( - x) - 1)')                        %定义内线函数(1)
figure,plot(x,f(x),'LineWidth',2),grid on                    %创建图形窗口,画曲线(2),加网格
x0 = fzero(f,[2,4]);                                         %求函数的零解(3)
hold on,plot(x0,f(x0),'*')                                   %保持图像,画零解
title('超越方程的解','FontSize',16)                           %标题
xlabel('\itx','FontSize',16),ylabel('\itf','FontSize',16)    %标签
text(x0,0,num2str(x0),'FontSize',16)                         %标记零解
x0 = solve('x + 3 * (exp( - x) - 1)')                        %求超越方程的符号解(4)
plot(double(x0),0,'o')                                       %再画零解(5)
```

［说明］　(1) 当一个函数要反复利用时，最好定义为函数。这个定义的结果是

```
f =
     Inline function:
     f(x) = x + 3 * (exp( - x) - 1)
```

结果说明 x 是自变量。

(2) 利用内线函数可直接画曲线。如 P0_20 图所示，曲线先降后升，接着几乎直线增加。由于 $e^{-x}$ 项趋于零，所以曲线趋于直线 $y=x-3$，函数的零点在 $x=3$ 附近。

(3) 曲线有两个零解，第二个零点在 2～4 之间，所以用范围格式，结果为 2.8214。如果用求零函数的点格式

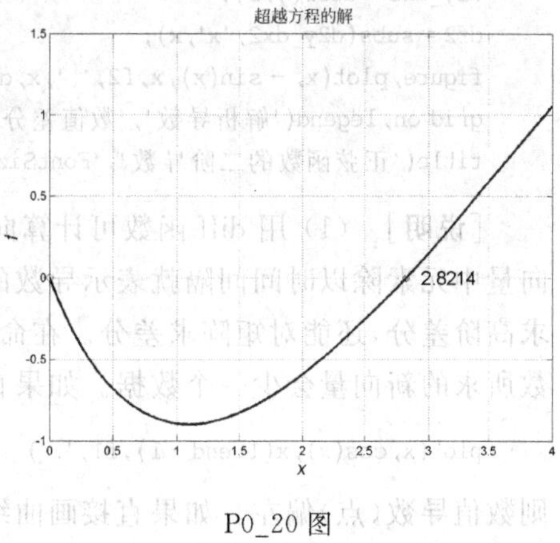


P0_20 图

```
x0 = fzero(f,3)
```

结果也相同。但是,如果用点格式

```
x0 = fzero(f,1)
```

就只能求出超越方程的第一个零解,这是因为估计值在极小值的左边。当超越方程有多个零解时,用求零函数的范围格式比较好。

(4) 用求解函数 solve 求符号解,利用分类指令即可测出类型

```
EDU>> class(x0)
ans =
sym
```

(5) 符号类型的数据需要转换成双精度类型才能参加运算,转换函数是 double。用求解函数 solve 计算的结果与用求零函数计算的结果是完全相同的。

## {范例 0.21} 导数的计算

正弦函数 $y=\sin x$ 的导数是余弦函数 $y'=\cos x$,余弦函数的导数是负的正弦函数,用 MATLAB 的数值导数和符号导数求正弦函数的一阶和二阶导数,并与其解析解进行比较。

[程序] P0_21diff.m 如下。

```
%正弦函数导数的计算方法
clear,dx = 0.01 * 2 * pi;x = 0:dx:2 * pi;y = sin(x); %清除变量,间隔,自变量向量,原函数
f1 = diff(y)/dx;                                    %通过差分求导数(1)
f1 = [f1(1),(f1(1:end-1) + f1(2:end))/2,f1(end)];   %求平均值(2)
figure,plot(x,cos(x),x,f1,'.')                      %创建图形窗口,画一阶导数和数值差分曲线(3)
y = sym('sin(x)');                                  %建立符号函数(4)
dy_dx = diff(y);                                    %求符号导数(5)
df1 = subs(dy_dx,'x',x);                            %符号替换数值(6)
hold on,plot(x,df1,'ro'),grid on                    %保持图像,画符号导数曲线,加网格(7)
legend('解析导数','数值差分','符号导数',4)            %图例
title('正弦函数的一阶导数','FontSize',16)             %加标题
f2 = diff(f1)/dx;                                   %通过差分求导数
f2 = [f2(1),(f2(1:end-1) + f2(2:end))/2,f2(end)];   %求平均值(8)
d2y_dx2 = diff(y,2);                                %求二阶符号导数(9)
df2 = subs(d2y_dx2,'x',x);                          %符号替换数值
figure,plot(x,-sin(x),x,f2,'.',x,df2,'o')           %窗口,画二阶导数,差分和符号导数曲线(10)
grid on,legend('解析导数','数值差分','符号导数',4)   %加网格,图例
title('正弦函数的二阶导数','FontSize',16)             %加标题
```

[说明] (1) 用 diff 函数可计算向量中后面一个数与前面一个数之差,形成新的向量,向量中元素除以时间间隔就表示导数的近似值。diff 函数的功能很多,可求一阶差分,也可求高阶差分,还能对矩阵求差分。在命令窗口输入 help diff 可了解 diff 的用法。用 diff 函数所求的新向量会少一个数据。如果直接画曲线

```
plot(x,cos(x),x(1:end-1),f1,'.')
```

则数值导数(点)偏左。如果直接画曲线

```
plot(x,cos(x),x(2:end),f1,'.')
```

则数值导数(点)偏右。

(2) 将向量前后两个数值保留不变,中间的数求前后两个数的平均值,形成新的向量,新向量个数与自变量个数相同。

(3) 如 P0_21a 图所示,正弦函数的一阶导数的数值解(点)与解析解(线)符合得很好。

(4) 用 sym 函数定义符号函数,函数要用字符串表示,函数中的符号自变量也是 x。

(5) diff 函数既能求数值差分,也能求符号导数。

(6) 用替换函数 subs 将符号变量替换成向量就能求出导数的值,符号变量 x 要用单引号括起来。

(7) 正弦函数的一阶导数的符号解(圈)与解析解符合得很好。

(8) 根据一阶数值导数同样求二阶数值导数。

(9) 直接根据符号函数求二阶符号导数。

(10) 如 P0_21b 图所示,正弦函数的二阶导数的数值解(点)和符号解(圈)与解析解(线)符合得很好,不过二阶数值导数在端点与精确值有一点儿偏离。

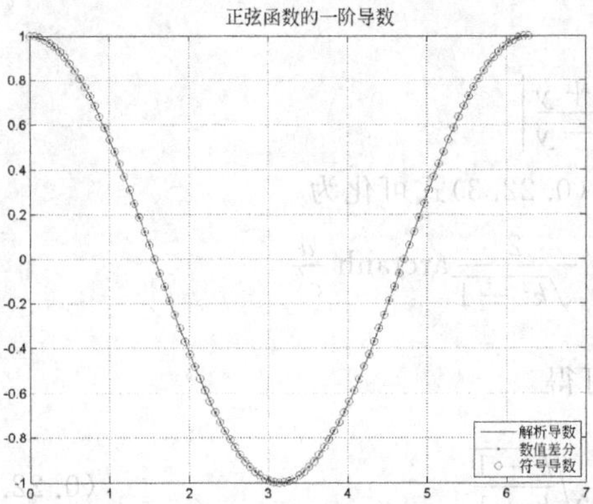


P0_21a 图

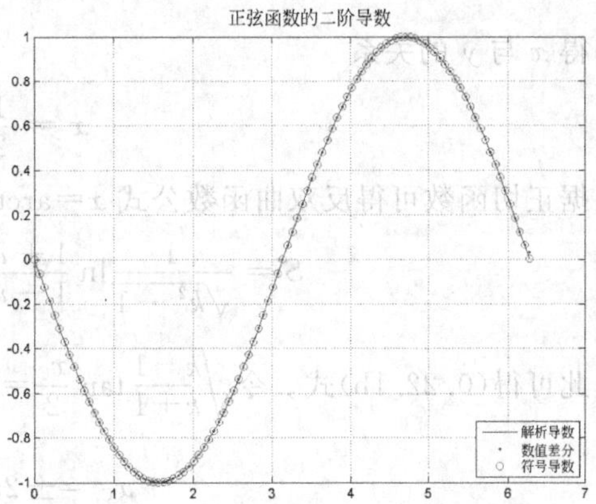


P0_21b 图

## {范例 0.22}　积分的计算

在计算圆电荷与直线电荷之间的作用力等问题时,常用到如下积分(不计积分常量)

$$S=\int\frac{1}{1+k\cos x}\mathrm{d}x=\frac{2}{\sqrt{1-k^2}}\arctan\left(\sqrt{\frac{1-k}{1+k}}\tan\frac{x}{2}\right)\quad(|k|<1)\quad(0.22.1a)$$

或

$$S=\int\frac{1}{1+k\cos x}\mathrm{d}x=\frac{2}{\sqrt{k^2-1}}\mathrm{arctanh}\left(\sqrt{\frac{k-1}{k+1}}\tan\frac{x}{2}\right)\quad(|k|>1)\quad(0.22.1b)$$

其中,$k$ 是参数。求证如上积分。当 $x=0$ 时,积分为零。根据参数画出积分的函数曲线。

[证明]　设 $u=\tan(\theta/2)$,则

$$\sin\theta=2\sin\frac{\theta}{2}\cos\frac{\theta}{2}=2\tan\frac{\theta}{2}\cos^2\frac{\theta}{2}=\frac{2\tan(\theta/2)}{1+\tan^2(\theta/2)}=\frac{2u}{1+u^2}$$

$$\cos\theta=\sqrt{1-\sin^2\theta}=\frac{1-u^2}{1+u^2},\quad \mathrm{d}u=\frac{\mathrm{d}\theta}{2\cos^2(\theta/2)}=\frac{1+u^2}{2}\mathrm{d}\theta$$

因此,积分化为

$$S=\int\frac{2\mathrm{d}u}{1+u^2+k(1-u^2)}=\int\frac{2\mathrm{d}u}{1+k+(1-k)u^2} \tag{0.22.2}$$

当$|k|<1$时,可设$c=\sqrt{(1-k)/(1+k)}$,上式可化为

$$S=\frac{2}{(1+k)c}\int\frac{\mathrm{d}(cu)}{1+(cu)^2}=\frac{2}{\sqrt{1-k^2}}\arctan(cu)$$

由此可得(0.22.1a)式。如果$k=0$,则由(0.22.1a)式可得$S=x$。

当$|k|>1$时,可设$c'=\sqrt{(k+1)/(k-1)}$,由(0.22.2)式可得

$$S=\frac{2}{k-1}\int\frac{\mathrm{d}u}{c'^2-u^2}=\frac{1}{(k-1)c'}\int\left(\frac{1}{c'-u}+\frac{1}{c'+u}\right)\mathrm{d}u$$

$$=\frac{1}{\sqrt{k^2-1}}\ln\left|\frac{c'+u}{c'-u}\right| \tag{0.22.3}$$

根据双曲正切函数的定义可得

$$y=\tanh x=\frac{\mathrm{e}^x-\mathrm{e}^{-x}}{\mathrm{e}^x+\mathrm{e}^{-x}}=\frac{\mathrm{e}^{2x}-1}{\mathrm{e}^{2x}+1}$$

解得$x$与$y$的关系

$$x=\frac{1}{2}\ln\left|\frac{1+y}{1-y}\right|$$

根据正切函数可得反双曲函数公式$x=\mathrm{arctanh}y$,(0.22.3)式可化为

$$S=\frac{1}{\sqrt{k^2-1}}\ln\frac{1+u/c'}{1-u/c'}=\frac{2}{\sqrt{k^2-1}}\mathrm{arctanh}\,\frac{u}{c'}$$

由此可得(0.22.1b)式。令$\sqrt{\frac{k-1}{k+1}}\tan\frac{x_C}{2}=\pm1$,可得

$$x_C=\pm2\arctan\sqrt{\frac{k+1}{k-1}} \tag{0.22.4}$$

此时积分$S$为无穷大,$x_C$是奇点。

由于(i表示虚数单位)

$$\tanh\mathrm{i}x=\frac{\mathrm{e}^{\mathrm{i}x}-\mathrm{e}^{-\mathrm{i}x}}{\mathrm{e}^{\mathrm{i}x}+\mathrm{e}^{-\mathrm{i}x}}=\mathrm{i}\frac{(\mathrm{e}^{\mathrm{i}x}-\mathrm{e}^{-\mathrm{i}x})/2\mathrm{i}}{(\mathrm{e}^{\mathrm{i}x}+\mathrm{e}^{-\mathrm{i}x})/2}=\mathrm{i}\tan x$$

所以(0.22.1b)式和(0.22.1a)式是等价的。

当$k\to1$时,由(0.22.1a)式可得

$$S=\int\frac{1}{1+k\cos x}\mathrm{d}x\to\frac{2}{\sqrt{1-k^2}}\sqrt{\frac{1-k}{1+k}}\tan\frac{x}{2}\to\frac{2}{1+k}\tan\frac{x}{2}\to\tan\frac{x}{2} \tag{0.22.5a}$$

直接积分也可得出同一结果。当$k\to-1$时,积分变为

$$S=\int\frac{1}{1-\cos x}\mathrm{d}x$$

将$x$换为$\pi-x$,可得

$$S=-\int\frac{1}{1+\cos x}\mathrm{d}x=-\tan\frac{x}{2} \tag{0.22.5b}$$

**[算法]** MATLAB常用的数值积分的函数为quad,符号积分的函数为int。设被积函

数为 $y=f(x)$，取间隔为 $\Delta x$，则 $x_i=i\Delta x$，取上限为 $x_n=n\Delta x$，则积分可用求和公式近似表示

$$S \approx \sum_{i=1}^{n} f(x_i)\Delta x$$

这是矩形法积分公式。MATLAB 的矩形法累积求和函数为 cumsum。

梯形法积分公式为

$$S\approx \frac{1}{2}[f(x_0)+f(x_1)]\Delta x+\frac{1}{2}[f(x_1)+f(x_2)]\Delta x+\cdots+\frac{1}{2}[f(x_{n-1})+f(x_n)]\Delta x$$

$$=\sum_{i=1}^{n}\frac{1}{2}[f(x_{i-1})+f(x_i)]\Delta x$$

梯形法比矩形法更精确。MATLAB 的梯形法累积求和函数为 cumtrapz。

各种方法的积分结果可相互验证。

［**程序**］　P0_22quad.m 如下。

```
%数值积分和符号积分方法
clear,k = input('请输入参数 k:');                              %清除变量,键盘输入参数(1)
if k = = 1|k = = -1,return,end                                 %参数不得为正负 1
dx = pi/18;x = 0:dx:pi;                                        %弧度数间隔,自变量向量
s1 = 2/sqrt(1 - k^2) * atan(sqrt((1 - k)/(1 + k)) * tan(x/2));  %积分的解析解(2)
y = 1./(1 + k * cos(x));s2 = cumtrapz(y) * dx;                 %被积函数,梯形法积分(3)
f = inline(['1./(1 + ',num2str(k),' * cos(x))']);s3 = 0;       %内线函数,第 1 个积分值
for i = 2:length(x),s3 = [s3,quad(f,0,x(i))];end              %按自变量循环,连接积分,结束循环(4)
s = sym('1/(1 + k * cos(x))');                                 %定义被积符号函数(5)
s = int(s)                                                     %对 x 进行符号积分(6)
s4 = subs(s,{'k','x'},{k,x});                                  %替换常数和向量(7)
figure,plot(x,s1,x,s2,'.',x,s3,'o',x,s4,'s')                   %创建图形窗口,画积分曲线
title('\ity\rm = 1/(1 + \itk\rmcos\itx\rm)的积分','FontSize',16)   %标题
legend('公式法','梯形法','数值法','符号法',2),grid on           %加图例,加网格
text(0,0,['\itk\rm = ',num2str(k)],'FontSize',16)              %参数
hold on,plot( - x, - s1, - x, - s2,'.', - x, - s3,'ro', - x, - s4,'ks') %保持图像,画对称的积分曲线
```

［**说明**］　(1) 参数由键盘输入，但是不能取正负1，符号计算会出错，这是因为公式计算的分母为零，符号积分之后无法替换数值。

(2) 根据解析式求积分，用下面的指令效果完全相同，这是因为 MATLAB 可做复数运算，在画曲线时只取实数部分。

```
s1 = 2/sqrt(1 - k^2) * atan(sqrt((1 - k)/(1 + k)) * tan(x/2));
```

(3) 利用梯形法累积求和函数 cumtrapz 求和，乘以间隔 dx 就是积分的近似值。如果用矩形法累积求和函数 cumsum 求和，积分的误差要大一些。

(4) 根据内线函数，通过数值积分函数 quad 求数值积分。quad 函数的第一个参数是函数名，第二个参数是初值，第三个参数是终值。

(5) 用 sym 函数定义符号函数，被积函数要用字符串表示。

(6) 通过符号积分函数 int 求符号积分，积分结果为

```
s =
2/((1 + k) * ( - 1 + k))^(1/2) * atanh(( - 1 + k) * tan(1/2 * x)/((1 + k) * ( - 1 + k))^(1/2))
```

这与手工推导的公式(0.22.1b)是相同的。

(7) 用 subs 函数将符号变量替换为标量和向量，符号变量要用单引号括起来，多个变量或多个数值要用大括号括起来。注意：对于有些版本的 MATLAB，标量和向量要分开替换

```
s = subs(s,'k',k);                                    %替换常数
s4 = subs(s,'x',x);                                   %替换向量
```

否则会出错。

[图示] (1) 当参数为 0.5 时，如 P0_22a 图所示，公式法(线)、梯形积分法(点)、数值积分法(圈)和符号积分法(方形)所得的结果相同。

(2) 当参数为 4 时，如 P0_22b 图所示，公式法和符号积分法的计算结果相同，梯形积分法和数值积分法在两个奇点之间的计算结果与前两种方法的结果相同，在两个奇点之外计算结果与前两种方法的结果不同，其实只是分别相差一个积分常数。在没有积分解析式的情况下，如果要计算一系列的积分值，用梯形法积分比较快捷；如果只要计算几个积分值，用符号积分比较精确。如果无法计算符号积分，就只能计算数值积分。

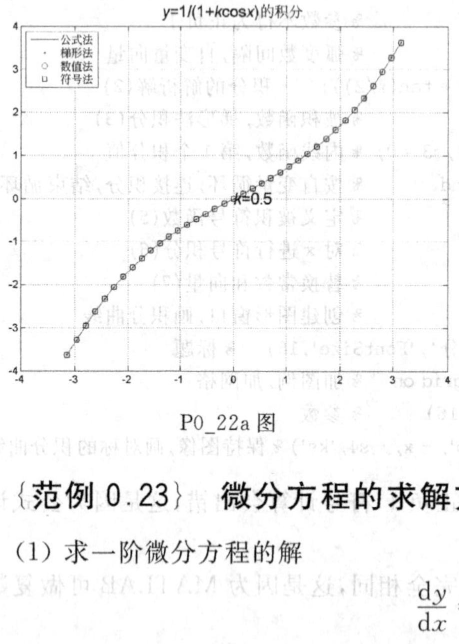

P0_22a 图

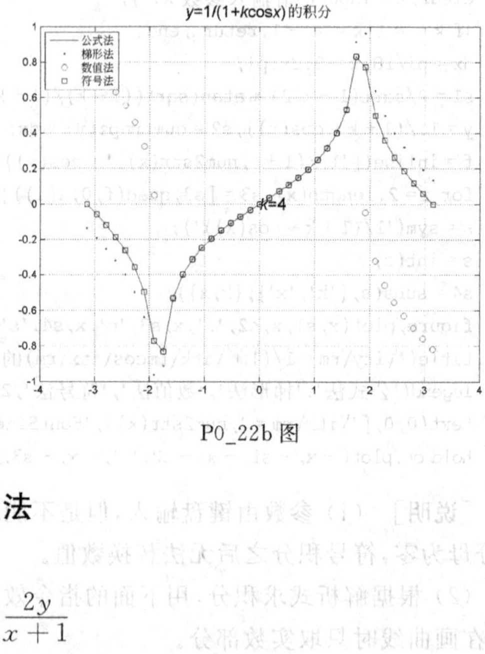

P0_22b 图

## {范例 0.23} 微分方程的求解方法

(1) 求一阶微分方程的解

$$\frac{\mathrm{d}y}{\mathrm{d}x}=\frac{2y}{x+1}$$

当 $x=0$ 时，$y=2$，这是初始条件。用微分方程的数值解和符号解画出函数曲线，并与解析解进行比较。

(2) 求二阶微分方程的解

$$\frac{\mathrm{d}^2y}{\mathrm{d}x^2}-\frac{2x}{x^2+1}\cdot\frac{\mathrm{d}y}{\mathrm{d}x}=0$$

初始条件为 $y(0)=1$，$y'(0)=2$。用微分方程的数值解和符号解画出函数曲线和导数的曲线，并与解析解进行比较。

[解析] (1) 分离变量得

$$\frac{\mathrm{d}y}{y}=\frac{2\mathrm{d}x}{x+1}$$

积分得

$$\ln y = 2\ln(x+1) + C$$

利用初始条件可得 $C=\ln 2$,因此

$$y = 2(x+1)^2$$

[**程序**] P0_23_1ode.m 如下。

```
%一阶常微分方程的解析解、数值解和符号解
clear,x = 0:0.1:4;y1 = 2 * (x + 1).^2;                    %清除变量,自变量向量,解析解
f = inline('2 * y/(x + 1)');                              %微分方程右边化为内线函数(1)
[x2,y2] = ode45(f,x,2);                                   %求微分方程的数值解(2)
ys = dsolve('Dy - 2 * y/(x + 1)','y(0) = 2','x')          %求微分方程的符号特解(3)
y3 = subs(ys,'x',x);                                      %将符号改为向量求数值解(4)
figure,plot(x,y1,'r.',x,y2,'ko',x,y3,'b')                 %创建图形窗口,画曲线(5)(6)
legend('解析解','数值解','符号解',4),grid on              %加图例,加网格
xlabel('\itx','FontSize',16),ylabel('\ity','FontSize',16)  %横坐标和纵坐标
title('一阶常微分方程的解','FontSize',16)                  %标题
```

[**说明**] (1) 将一阶导数右边的表达式定义为内线函数。

(2) ode45 函数用 4 阶和 5 阶龙格-库塔解法求微分方程的数值解。函数的第一个输入参数是函数名,第二个参数是自变量,第三个参数是初始条件。函数的第一个输出参数是自变量,在这个问题中,x2 的元素与 x 的元素相同,但是 x2 是列向量。函数的第二个输出参数是微分方程的函数值,也是与 x2 大小相同的列向量。

(3) dsolve 函数求微分方程的符号解,函数的第一个参数是微分方程,第二个参数是初始条件,第三个参数是自变量。函数的输出参数就是符号解。

(4) 通过替换数值来求公式的值。

(5) 如 P0_23_1a 图所示,一阶微分方程的数值解(点)和符号解(圈)与解析解(线)符合得很好。

(6) 对于微分方程的符号解,可用"容易画线"指令 ezplot 画曲线。用指令

```
hold on,ezplot(ys)
```

所画的曲线如 P0_23_1b 图所示,横坐标的范围在 $-2\pi\sim2\pi$ 之间,用轴指令可获取所需要的曲线部分;图形窗口的标题变成了公式,字体较小。ezplot 指令常用于画符号表达式的简易曲线。

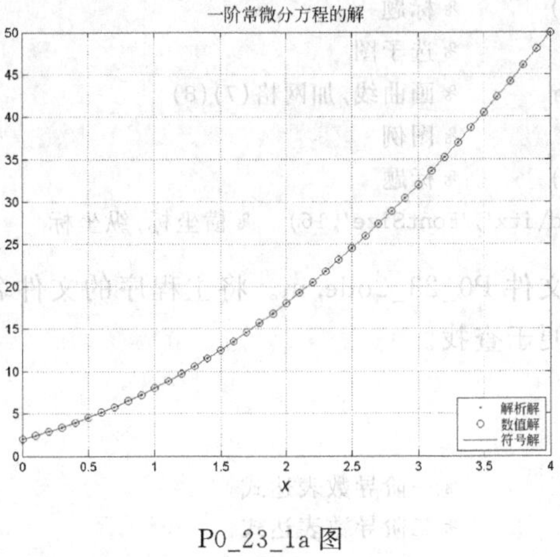

P0_23_1a 图

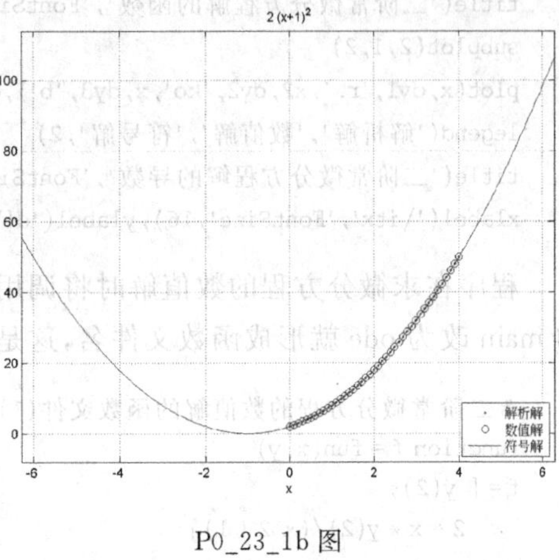

P0_23_1b 图

[解析] (2) 由于 $y'=\mathrm{d}y/\mathrm{d}x$，分离变量得

$$\frac{\mathrm{d}y'}{y'}-\frac{2x\mathrm{d}x}{x^2+1}=0$$

积分得

$$\ln y'-\ln(x^2+1)=C_1$$

当 $x=0$ 时，$y'=2$，所以 $C_1=\ln 2$，因此

$$y'=2(x^2+1)$$

再积分

$$y=\int(2x^2+2)\mathrm{d}x=\frac{2}{3}x^3+2x+C_2$$

当 $x=0$ 时，$y=1$，所以 $C_2=1$，因此

$$y=\frac{2}{3}x^3+2x+1$$

设 $y(1)=y$，$y(2)=\mathrm{d}y/\mathrm{d}x$，可得两个一阶微分方程

$$\frac{\mathrm{d}y(1)}{\mathrm{d}x}=y(2),\quad \frac{\mathrm{d}y(2)}{\mathrm{d}x}=\frac{2xy(2)}{x^2+1}$$

将两个一阶微分方程设计成函数文件，以便求数值解。

[程序] P0_23_2main.m 如下。

```
%二阶常微分方程的解析解,数值解和符号解
clear, x = 0:0.1:4;                                      %清除变量,自变量向量
y1 = 1 + 2 * x + 2 * x.^3/3;dy1 = 2 * x.^2 + 2;          %解析解,解析解的导数
[x2,Y] = ode45('P0_23_2ode',x,[1,2]);                    %求微分方程的数值解(2)
y2 = Y(:,1);dy2 = Y(:,2);                                %取出函数,取出导数(3)
ys = dsolve('D2y - 2 * x * Dy/(x^2 + 1)','y(0) = 1','Dy(0) = 2','x')  %求微分方程的符号特解(4)
dy = diff(ys);                                           %符号导数(5)
y3 = subs(ys,'x',x);dy3 = subs(dy,'x',x);                %将符号改为向量求函数和导数的数值解(6)
figure,subplot(2,1,1)                                    %创建图形窗口,选子图
plot(x,y1,'r.',x2,y2,'ko',x,y3,'b'),grid on              %画曲线,加网格(7)(8)
legend('解析解','数值解','符号解',2)                        %图例
xlabel('\itx','FontSize',16),ylabel('\ity','FontSize',16) %横坐标,纵坐标
title('二阶常微分方程解的函数','FontSize',16)                %标题
subplot(2,1,2)                                           %选子图
plot(x,dy1,'r.',x2,dy2,'ko',x,dy3,'b'),grid on           %画曲线,加网格(7)(8)
legend('解析解','数值解','符号解',2)                        %图例
title('二阶常微分方程解的导数','FontSize',16)                %标题
xlabel('\itx','FontSize',16),ylabel('d{\ity}/d\itx','FontSize',16)  %横坐标,纵坐标
```

程序在求微分方程的数值解时将调用函数文件 P0_23_2ode.m。将主程序的文件名中的 main 改为 ode 就形成函数文件名，这是为了便于查找。

```
%二阶常微分方程的数值解的函数文件(1)
function f = fun(x,y)
f = [ y(2);                                              %一阶导数表达式
    2 * x * y(2)/(x^2 + 1)];                             %二阶导数表达式
```

［说明］（1）将两个一阶导数右边的表达式定义为函数文件，第一个形式参数是自变量，第二个形式参数是初始条件向量。函数有两行（写在一行也可以），第一行是一阶导数的表达式，第二行是二阶导数的表达式。

（2）ode45 函数求微分方程的数值解应用的是 4,5 阶龙格-库塔解法。函数第一个输入参数是函数文件名，第二个输入参数是自变量，第三个输入参数是初始条件，第一个元素是函数的初始值，第二个元素是导数的初始值。函数的第一个输出参数是自变量，第二个参数是函数和导数组成的矩阵。

（3）矩阵由若干行、两列组成，第一列是函数，第二列是导数。

（4）dsolve 函数求微分方程的符号解。函数的第一个参数是微分方程表达式，第二个和第三个参数是初始条件，第四个参数是自变量。

（5）对微分方程的符号解可直接求导数。

（6）替换数值即可求得函数和导数值。

（7）如 P0_23_2a 图所示，二阶微分方程的数值解（包括函数和导数）和符号解与解析解都符合得很好。

（8）对于微分方程的符号解，用两行指令

```
hold on,ezplot(dy)
subplot(2,1,1),hold on,ezplot(ys)
```

所画的函数和导数曲线如 P0_23_2b 图所示。

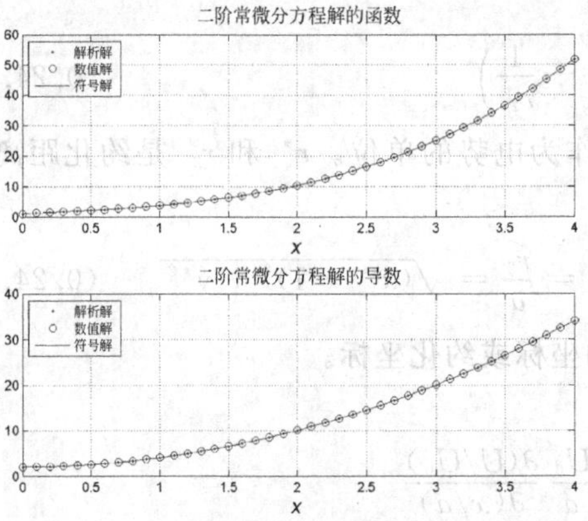


P0_23_2a 图

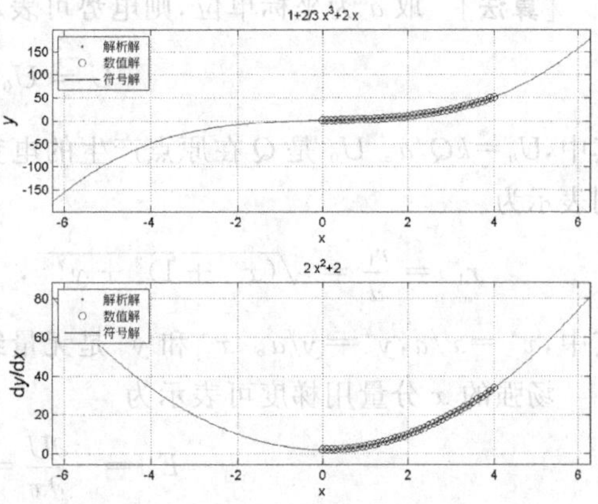


P0_23_2b 图

## ｛范例 0.24｝　偏导数的计算和等量异号点电荷的电场

两个等量异号点电荷带电量为 $\pm Q(Q>0)$，相距为 $2a$，画出电场线和等势线。

［解析］　如 B0.24 图所示，等量异号点电荷在场点 $P(x,y)$ 产生的电势为

$$U=\frac{kQ}{r_1}-\frac{kQ}{r_2} \tag{0.24.1}$$

其中，$k$ 为静电力常量，$r_1$ 和 $r_2$ 是场点 $P$ 到电荷的距离

$$\begin{cases} r_1=\sqrt{(x+a)^2+y^2} \\ r_2=\sqrt{(x-a)^2+y^2} \end{cases} \tag{0.24.2}$$

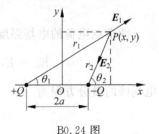

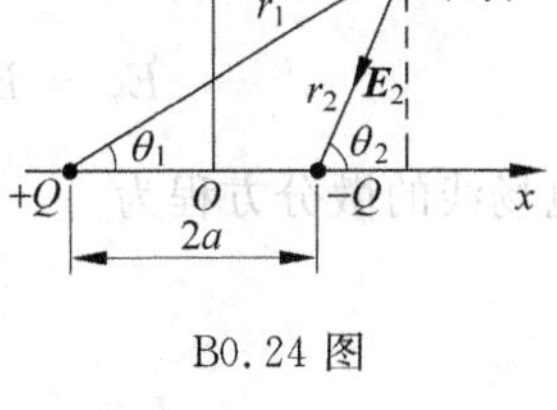


B0.24 图

电场强度可根据电势梯度计算

$$\boldsymbol{E} = -\nabla U \tag{0.24.3}$$

在直角坐标系中，劈形算符为

$$\nabla = \frac{\partial}{\partial x}\boldsymbol{i} + \frac{\partial}{\partial y}\boldsymbol{j} + \frac{\partial}{\partial z}\boldsymbol{k} \tag{0.24.4}$$

在 $O\text{-}xy$ 平面上，场强只有两个分量

$$E_x = -\frac{\partial U}{\partial x},\quad E_y = -\frac{\partial U}{\partial y} \tag{0.24.5}$$

两个点电荷在 $P$ 点产生的电场强度的大小分别为

$$E_1 = \frac{kQ}{r_1^2},\quad E_2 = \frac{kQ}{r_2^2} \tag{0.24.6}$$

场强的两个分量也能根据公式计算：

$$E_x = E_1\cos\theta_1 - E_2\cos\theta_2 = \frac{kQ(x+a)}{r_1^3} - \frac{kQ(x-a)}{r_2^3} \tag{0.24.7a}$$

$$E_y = E_1\sin\theta_1 - E_2\sin\theta_2 = \frac{kQy}{r_1^3} - \frac{kQy}{r_2^3} \tag{0.24.7b}$$

电场线的微分方程为

$$\frac{\mathrm{d}y}{\mathrm{d}x} = \frac{E_y}{E_x} \tag{0.24.8}$$

［**算法**］ 取 $a$ 为坐标单位，则电势可表示为

$$U = U_0\left(\frac{1}{r_1^*} - \frac{1}{r_2^*}\right) \tag{0.24.1*}$$

其中，$U_0 = kQ/a$。$U_0$ 是 $Q$ 在原点产生的电势，作为电势的单位。$r_1^*$ 和 $r_2^*$ 是约化距离，分别表示为

$$r_1^* = \frac{r_1}{a} = \sqrt{(x^*+1)^2 + y^{*2}},\quad r_2^* = \frac{r_2}{a} = \sqrt{(x^*-1)^2 + y^{*2}} \tag{0.24.2*}$$

其中，$x^* = x/a$，$y^* = y/a$。$x^*$ 和 $y^*$ 是无量纲的坐标或约化坐标。

场强的 $x$ 分量用梯度可表示为

$$E_x = -\frac{\partial U}{\partial x} = -\frac{U_0}{a}\frac{\partial(U/U_0)}{\partial(x/a)}$$

即

$$E_x = -E_0\frac{\partial U^*}{\partial x^*} \tag{0.24.5a*}$$

其中，$E_0 = U_0/a = kQ/a^2$，$U^* = U/U_0$。$E_0$ 是场强的单位，$U^*$ 是无量纲的电势。同理可得

$$E_y = -E_0\frac{\partial U^*}{\partial y^*} \tag{0.24.5b*}$$

两个点电荷的电场强度的两个分量用公式可表示为

$$E_x = E_0\left(\frac{x^*+1}{r_1^{*3}} - \frac{x^*-1}{r_2^{*3}}\right),\quad E_y = E_0\left(\frac{y^*}{r_1^{*3}} - \frac{y^*}{r_2^{*3}}\right) \tag{0.24.7*}$$

电场线的微分方程为

$$\frac{\mathrm{d}y^*}{\mathrm{d}x^*} = \frac{E_y^*}{E_x^*} \tag{0.24.8*}$$

其中 $E_x^*=E_x/E_0, E_y^*=E_y/E_0$。将物理量无量纲化之后，只要做纯数值计算就行了。

MATLAB 的梯度函数 gradient 可直接计算场强的数值分量，场强的数值解和解析解可相互比较。根据电势公式，等势线可用等值线指令 contour 绘制；根据电场线的微分方程，电场线可用流线指令 streamline 绘制。

**[程序]** P0_24gradient.m 如下。

```
%等量异号点电荷的电场线和等势线(请在"创建图形窗口"处设置断点,以观察画图过程)
clear,xm=2.5;ym=2;                                    %清除变量,横坐标范围,纵坐标范围
x=linspace(-xm,xm,400);y=linspace(-ym,ym,400);        %横坐标向量,纵坐标向量(1)
[X,Y]=meshgrid(x,y);                                  %坐标网点(矩阵)
R1=sqrt((X+1).^2+Y.^2);R2=sqrt((X-1).^2+Y.^2);        %左边正电荷和右边负电荷到场点的距离
U=1./R1-1./R2;u=-4:0.5:4;                             %计算电势,等势线的电势向量(2)
figure,C=contour(X,Y,U,u,'LineWidth',2);              %创建图形窗口,画等势线并取坐标(3)
clabel(C,'FontSize',16)                               %标记等势线的值(4)
hold on,plot([-xm;xm],[0;0],[0;0],[-ym;ym])           %保持图像,画水平线和画竖直线
plot(-1,0,'o',1,0,'o','MarkerSize',12)                %画电荷
[Ex,Ey]=gradient(-U,x(2)-x(1),y(2)-y(1));             %用电势梯度求场强的两个分量(5)
axis equal tight,dth=20;      %使坐标间隔相等并紧贴曲线,电场线角度间隔(6)
th=(dth:dth:360-dth)*pi/180;                          %电场线的起始角度
r0=0.1;x0=r0*cos(th);y0=r0*sin(th);                   %电场线起点半径和起点坐标(7)
streamline(X,Y,Ex,Ey,x0-1,y0)                         %画左边电场线(中间部分达到右边)(8)
streamline(X,Y,-Ex,-Ey,x0+1,y0)                       %画右边电场线(中间部分达到左边)(9)
grid on,title('等量异号点电荷的电场线和等势线','FontSize',20)    %加网格,显示标题
xlabel('\itx/a','FontSize',16),ylabel('\ity/a','FontSize',16)   %显示坐标
text(-xm,ym-0.5,'电势单位:\itkQ/a','FontSize',16)     %显示电势单位
Ex=(X+1)./R1.^3-(X-1)./R2.^3;Ey=Y./R1.^3-Y./R2.^3;    %用公式求场强的分量(10)
h=streamline(X,Y,Ex,Ey,x0-1,y0);set(h,'LineWidth',2)  %重画左边电场线,加粗曲线(11)
h=streamline(X,Y,-Ex,-Ey,x0+1,y0);set(h,'LineWidth',2)   %重画右边电场线,加粗曲线
```

**[说明]** (1) 当 $x/a=\pm1$ 时，电场和电场强度为无穷大，这两点称为奇点。用 linspace 形成对称的变量可绕过奇点。坐标间隔越小，用梯度计算场强的分量就越精确。但是，如果矩阵太大，则内存可能不够。

(2) 根据公式计算无量纲的电势。等势线向量在调试程序后选取，最高电势取 $4U_0$，最低电势取 $-4U_0$。

(3) 用 contour 指令画等势线的同时取出等势线的坐标。不过，6.5 版不能在指令中直接使用线宽属性，此指令可改写为两条

```
[C,h]=contour(X,Y,U,u);
set(h,'LineWidth',2)
```

(4) 等值线标签指令 clabel 可对等势线标记数值。

(5) 梯度函数 gradient 根据电势求电场强度的两个分量，第一个参数要用负的电势，第二个参数表示横坐标的间隔，第三个参数表示纵坐标的间隔。如果只需要计算两个差分，后面两个参数就能省去。gradient 函数还能求三维数值梯度，也能求一维数值梯度，这就是数值导数。

(6) 电场线的角度间隔可自由选取，但是应该能被 180 整除。

(7) 以电荷为中心，以 r0 为半径，求电场线的相对端点坐标，由此决定左边和右边电场

线的起点或终点坐标。

(8) 流线指令 streamline 专门画流线，包括电场线，指令的第一对参数是坐标分量，第二对参数是场强分量，第三对参数是电场线的起点坐标。注意：电场线从电势高的方向指向电势低的方向，左边是正电荷，左边电场线的起点坐标是 x0－1 和 y0，中间部分的电场线可以直接延续到负电荷。

(9) 右边负电荷还要补画一些电场线。由于电场线总是从电势高的地方指向电势低的地方，所以要将电场强度的方向反向，也就是将正负电荷当相反的电荷处理。右边电场线的起点坐标是 x0＋1 和 y0。左右电荷的电场线在中间部分正好重叠。

(10) 再用电场强度的公式计算分量。

(11) 取句柄后可加粗电场线。用解析解画出的电场线与数值解画出的电场线基本重叠，说明用梯度函数计算偏导数是正确的。注意：如果坐标间隔取得较稀，两种方法画出的电场线就不一定重合，所以横坐标和纵坐标都取 400 个点。

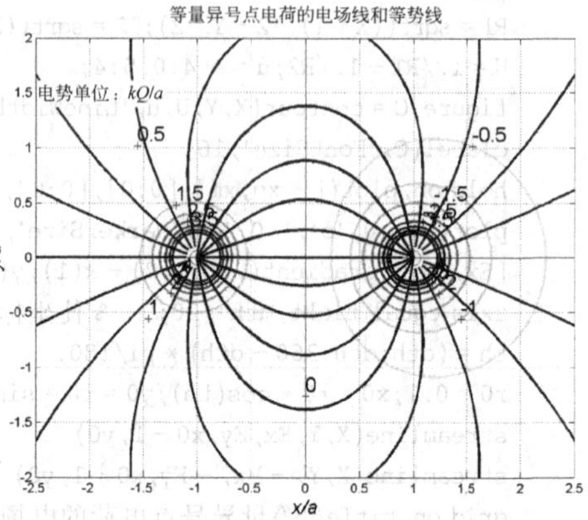

P0_24 图

[图示] 如 P0_24 图所示，左边表示正电荷，右边表示负电荷，等量异号点电荷的电场线和等势线关于原点是对称分布的。电场线从正电荷出发，终止于负电荷。电场线与等势线垂直，任何两条电场线都不相交。除了电势为零的直线外，等势线分别包围着各自的电荷。电场强度大的地方，电场线较密，等势线也较密。

MATLAB 的指令和函数十分丰富，本章通过范例说明了其中的一部分，许多指令和函数的使用方法将在大学物理的应用中体现出来。

## 练 习 题

0.1 窗口操作

建立更大的魔方矩阵，对矩阵的各行和各列进行求和等操作。

0.2 削顶全波整流

正弦波为 $y=\sin x$，画一削顶全波整流曲线，顶部的值为 3/4。

0.3 无穷级数的渐近线

下面无穷级数右边需要取多少项才与左边值的误差小于 $10^{-3}$？画出级数的渐近线。

$$\frac{\pi^2}{6}=\frac{1}{1^2}+\frac{1}{2^2}+\frac{1}{3^2}+\cdots$$

0.4 方格中的魔方

根据魔方的阶数画方格，将魔方填入方格中。

0.5 正多边形的画法

从键盘输入正多边形的边数，画正多边形，再加外接圆。

0.6　堆叠圆(柱)的新画法

修改程序 P0_9.m,用单循环画堆叠的圆(柱)。(提示：用 meshgrid 函数建立矩阵。)

0.7　椭圆族的画法

椭圆的直角坐标方程为

$$\frac{x^2}{a^2}+\frac{y^2}{b^2}=1$$

椭圆的参数方程为

$$x=a\cos\theta,\quad y=b\sin\theta$$

取 $a$ 为长度单位,取 $b/a=0.4\sim1.6$,间隔为 0.2,用两种公式画出椭圆曲线族。

0.8　指数余弦曲线族的绘制

指数函数和余弦函数的乘积形成新的函数

$$y=e^{ax}\cos bx$$

当 $b=0.5$ 时,如果 $a=-0.6\sim0$ 的 7 个值,间隔为 0.1,画函数曲线族,画极小值的杆线和极小值的分布曲线。

0.9 画曲线和曲面

比正弦函数为 $z=\frac{\sin r}{r}$,画出以 $r$ 为自变量的函数曲线。如果 $r=\sqrt{x^2+y^2}$,画出以 $x$ 和 $y$ 为自变量的函数曲面。

0.10　动画的制作

(1) 设计程序,演示方块作圆周运动的动画。

(2) 设计程序,演示正多边形和顶点数字或字母的旋转。

0.11　函数的零点

求下一非线性方程的零解并与解析解进行比较

$$f(x)=x-\frac{4}{x}+4$$

0.12　求导数

求函数 $y=e^{ax}\sin bx$ 的导数,其中 $a=-0.5,b=2$。画数值导数和符号导数曲线并与解析解进行比较。

0.13　求积分

(1) 求证：函数 $y=\sqrt{1+x^2}$ 的积分为

$$I=\frac{1}{2}\left[x\sqrt{1+x^2}+\ln\left(x+\sqrt{1+x^2}\right)\right]+C$$

当 $x=0$ 时,$I=0$。设计程序,用多种方法画出积分的函数曲线。如果函数为 $y=\sqrt{1-x^2}\,(x\leqslant1)$,应该如何修改程序,才能画出正确的积分曲线?

(2) 求证：函数 $y=1/\sin x\,(0<x\leqslant\pi/2)$ 的积分为

$$I=\ln\left|\tan\frac{x}{2}\right|+C$$

当 $x=\pi/2$ 时,$I=0$。设计程序,用多种方法画出从 $-\pi/2$ 到 $\pi/2$ 的积分曲线(零点例外)。如果函数为 $y=1/\cos x\,(0\leqslant x<\pi/2)$,当 $x=0$ 时,$I=0$,应该如何修改程序,才能画出积分曲线?

0.14 求解微分方程

(1) 一阶常数微分方程为

$$\frac{\mathrm{d}y}{\mathrm{d}x}=\frac{\arctan x}{x^2+1}$$

当 $x=0$ 时，$y=1$。用微分方程的数值解和符号解画出函数曲线，并与解析解进行比较。

(2) 下面二阶常数微分方程没有精确的解析解，当 $x=0$ 时，$y'(0)=0$，$y(0)$由键盘输入(例如 $\pi/3$ 等)，求方程的数值解，画出函数和函数导数的曲线。

$$\frac{\mathrm{d}^2y}{\mathrm{d}x^2}=\cos y$$

0.15 电场的方向

两个等量异号的点电荷带电量为$\pm Q$，标记各点场强的方向。(提示：用 quiver 指令。)

0.16 求偏导数

两个同号点电荷带电量都为 $Q(Q>0)$，相距为 $2a$，画出电场线和等势线。(提示：修改程序 P0_24. m。)

# 第1章

# 质点运动学

## 1.1 基本内容

**1. 质点和参考系**

(1) 质点。只计质量不计大小的点称为质点。质点是理想化的模型。

(2) 参考系。描述质点运动所参考的物体和物体系统称为参考系。坐标系是参考系的数学抽象。常用的坐标系是直角坐标系,如A1.1图所示。其他坐标系有极坐标系、柱坐标系和球坐标系。

**2. 位矢和位移**

(1) 位矢:描述质点空间位置的物理量称为位置矢量,简称位矢。

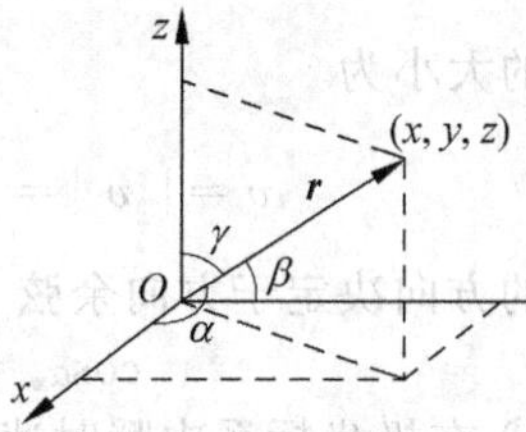

A1.1图

① 在直角坐标系中,位矢为

$$\boldsymbol{r}=x\boldsymbol{i}+y\boldsymbol{j}+z\boldsymbol{k}$$

其中 $\boldsymbol{i},\boldsymbol{j}$ 和 $\boldsymbol{k}$ 分别为 $x$, $y$ 和 $z$ 轴的单位矢量,是常矢量。在书本中,矢量用粗体字表示;在手写时,矢量用箭头表示:

$$\vec{r}=x\vec{i}+y\vec{j}+z\vec{k}$$

位矢的大小为

$$r=|\boldsymbol{r}|=\sqrt{x^2+y^2+z^2}$$

方向决定于角度

$$\alpha=\arccos\frac{x}{r},\quad \beta=\arccos\frac{y}{r},\quad \gamma=\arccos\frac{z}{r}$$

三个角度之间的关系为

$$\cos^2\alpha+\cos^2\beta+\cos^2\gamma=1$$

只有两个角度是独立的。$\cos\alpha$, $\cos\beta$ 和 $\cos\gamma$ 称为方向余弦,方向余弦也决定了位矢的方向。

② 在极坐标系中,位矢为

$$\boldsymbol{r}=r\boldsymbol{e}_r$$

其中,$\boldsymbol{e}_r$ 是径向单位矢量,是变矢量。位矢的大小就是 $r$,方向由极角决定。

(2) 位移：描述质点空间位置变化的物理量称为位移。

① 在直角坐标系中，当质点从位矢 $\boldsymbol{r}_1$ 运动到 $\boldsymbol{r}_2$ 时，其位移为

$$\Delta\boldsymbol{r} = \boldsymbol{r}_2 - \boldsymbol{r}_1 = (x_2 - x_1)\boldsymbol{i} + (y_2 - y_1)\boldsymbol{j} + (z_2 - z_1)\boldsymbol{k} = \Delta x\boldsymbol{i} + \Delta y\boldsymbol{j} + \Delta z\boldsymbol{k}$$

② 如 A1.2 图所示，在极坐标系中，位移可表示为

$$\Delta\boldsymbol{r} = \Delta r\boldsymbol{e}_r + r\Delta\boldsymbol{e}_r = \Delta r\boldsymbol{e}_r + r\Delta\theta\boldsymbol{e}_\theta$$

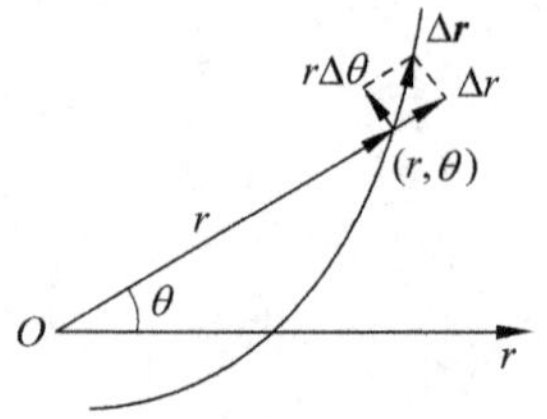

A1.2 图

其中，$\boldsymbol{e}_\theta$ 是角向单位矢量或横向单位矢量，也是变矢量；$\Delta r$ 是位移的径向分量；$r\Delta\theta$ 是角向分量。$|\Delta\boldsymbol{r}|$ 是位移量，

$$|\Delta\boldsymbol{r}| = \sqrt{\Delta r^2 + (r\Delta\theta)^2}$$

在曲线运动中，位移量 $|\Delta\boldsymbol{r}|$ 一般不等于其径向分量 $\Delta r$；在圆周运动中，位移的径向分量为零，位移量 $|\Delta\boldsymbol{r}|$ 就等于它的角向分量 $r\Delta\theta$。

**3. 速度**

描述质点位置矢量大小和方向变化快慢的物理量称为速度。

(1) 在时间 $\Delta t = t_2 - t_1$ 内质点发生的位移为 $\Delta\boldsymbol{r} = \boldsymbol{r}_2 - \boldsymbol{r}_1$，则平均速度为

$$\bar{\boldsymbol{v}} = \frac{\Delta\boldsymbol{r}}{\Delta t}$$

(2) 瞬时速度(简称速度)为

$$\boldsymbol{v} = \lim_{\Delta t\to 0}\frac{\Delta\boldsymbol{r}}{\Delta t} = \frac{\mathrm{d}\boldsymbol{r}}{\mathrm{d}t}$$

① 在直角坐标系中瞬时速度为

$$\boldsymbol{v} = v_x\boldsymbol{i} + v_y\boldsymbol{j} + v_z\boldsymbol{k} = \frac{\mathrm{d}x}{\mathrm{d}t}\boldsymbol{i} + \frac{\mathrm{d}y}{\mathrm{d}t}\boldsymbol{j} + \frac{\mathrm{d}z}{\mathrm{d}t}\boldsymbol{k}$$

速度的大小为

$$v = |\boldsymbol{v}| = \sqrt{v_x^2 + v_y^2 + v_z^2} = \sqrt{\left(\frac{\mathrm{d}x}{\mathrm{d}t}\right)^2 + \left(\frac{\mathrm{d}y}{\mathrm{d}t}\right)^2 + \left(\frac{\mathrm{d}z}{\mathrm{d}t}\right)^2}$$

速度的方向决定于方向余弦

$$\cos\alpha_v = v_x/v,\quad \cos\beta_v = v_y/v,\quad \cos\gamma_v = v_z/v$$

② 在极坐标系中瞬时速度为

$$\boldsymbol{v} = \frac{\mathrm{d}\boldsymbol{r}}{\mathrm{d}t} = \frac{\mathrm{d}(r\boldsymbol{e}_r)}{\mathrm{d}t} = \frac{\mathrm{d}r}{\mathrm{d}t}\boldsymbol{e}_r + r\frac{\mathrm{d}\theta}{\mathrm{d}t}\boldsymbol{e}_\theta = v_r\boldsymbol{e}_r + r\omega\boldsymbol{e}_\theta$$

其中利用了关系 $\frac{\mathrm{d}\boldsymbol{e}_r}{\mathrm{d}t} = \frac{\mathrm{d}\theta}{\mathrm{d}t}\boldsymbol{e}_\theta = \omega\boldsymbol{e}_\theta$。速度的大小为

$$v = |\boldsymbol{v}| = \sqrt{\left(\frac{\mathrm{d}r}{\mathrm{d}t}\right)^2 + \left(r\frac{\mathrm{d}\theta}{\mathrm{d}t}\right)^2} = \sqrt{v_r^2 + (r\omega)^2}$$

③ 在平面自然坐标系中的速度为

$$\boldsymbol{v} = v\boldsymbol{e}_\tau$$

其中 $\boldsymbol{e}_\tau$ 是切向单位矢量，是变矢量。

**4. 加速度**

描述质点速度大小和方向变化快慢的物理量称为加速度。

(1) 在时间 $\Delta t = t_2 - t_1$ 内质点速度的变化量为 $\Delta\boldsymbol{v} = \boldsymbol{v}_2 - \boldsymbol{v}_1$，则平均加速度为

$$\bar{\boldsymbol{a}} = \frac{\Delta\boldsymbol{v}}{\Delta t}$$

(2) 瞬时加速度(简称加速度)为

$$\boldsymbol{a} = \lim_{\Delta t\to 0}\frac{\Delta\boldsymbol{v}}{\Delta t} = \frac{\mathrm{d}\boldsymbol{v}}{\mathrm{d}t} = \frac{\mathrm{d}^2\boldsymbol{r}}{\mathrm{d}t^2}$$

① 在直角坐标系中瞬时加速度为

$$\boldsymbol{a}=a_x\boldsymbol{i}+a_y\boldsymbol{j}+a_z\boldsymbol{k}=\frac{\mathrm{d}v_x}{\mathrm{d}t}\boldsymbol{i}+\frac{\mathrm{d}v_y}{\mathrm{d}t}\boldsymbol{j}+\frac{\mathrm{d}v_z}{\mathrm{d}t}\boldsymbol{k}=\frac{\mathrm{d}^2x}{\mathrm{d}t^2}\boldsymbol{i}+\frac{\mathrm{d}^2y}{\mathrm{d}t^2}\boldsymbol{j}+\frac{\mathrm{d}^2z}{\mathrm{d}t^2}\boldsymbol{k}$$

加速度的大小为

$$a=|\boldsymbol{a}|=\sqrt{a_x^2+a_y^2+a_z^2}=\sqrt{\left(\frac{\mathrm{d}^2x}{\mathrm{d}t^2}\right)^2+\left(\frac{\mathrm{d}^2y}{\mathrm{d}t^2}\right)^2+\left(\frac{\mathrm{d}^2z}{\mathrm{d}t^2}\right)^2}$$

加速度的方向决定于方向余弦

$$\cos\alpha_a=a_x/a,\quad \cos\beta_a=a_y/a,\quad \cos\gamma_a=a_z/a$$

在任何方向，速度符号与加速度的符号相同时质点作加速运动，相反时作减速运动。

② 在极坐标系中瞬时加速度为

$$\boldsymbol{a}=\frac{\mathrm{d}\boldsymbol{v}}{\mathrm{d}t}=\left[\frac{\mathrm{d}^2r}{\mathrm{d}t^2}-r\left(\frac{\mathrm{d}\theta}{\mathrm{d}t}\right)^2\right]\boldsymbol{e}_r+\left(2\frac{\mathrm{d}r}{\mathrm{d}t}\frac{\mathrm{d}\theta}{\mathrm{d}t}+r\frac{\mathrm{d}^2\theta}{\mathrm{d}t^2}\right)\boldsymbol{e}_\theta=a_r\boldsymbol{e}_r+a_\theta\boldsymbol{e}_\theta$$

其中利用了关系$\frac{\mathrm{d}\boldsymbol{e}_\theta}{\mathrm{d}t}=-\frac{\mathrm{d}\theta}{\mathrm{d}t}\boldsymbol{e}_r=-\omega\boldsymbol{e}_r$。加速度的分量为

$$a_r=\frac{\mathrm{d}^2r}{\mathrm{d}t^2}-r\left(\frac{\mathrm{d}\theta}{\mathrm{d}t}\right)^2,\quad a_\theta=r\frac{\mathrm{d}^2\theta}{\mathrm{d}t^2}+2\frac{\mathrm{d}r}{\mathrm{d}t}\frac{\mathrm{d}\theta}{\mathrm{d}t}$$

加速度的大小为

$$a=|\boldsymbol{a}|=\sqrt{a_r^2+a_\theta^2}$$

③ 如 A1.3 图所示，在平面自然坐标系中，加速度为

$$\boldsymbol{a}=\frac{\mathrm{d}(v\boldsymbol{e}_\tau)}{\mathrm{d}t}=\frac{\mathrm{d}v}{\mathrm{d}t}\boldsymbol{e}_\tau+\frac{v^2}{R}\boldsymbol{e}_n=a_\tau\boldsymbol{e}_\tau+a_n\boldsymbol{e}_n$$

其中，$\boldsymbol{e}_\tau$ 是切向单位矢量，第一项是切向加速度；$\boldsymbol{e}_n$ 是法向单位矢量，$\frac{\mathrm{d}\boldsymbol{e}_\tau}{\mathrm{d}t}=\frac{\mathrm{d}\theta}{\mathrm{d}t}\boldsymbol{e}_n=\frac{v}{R}\boldsymbol{e}_n$，第二项是法向加速度；$R$ 为曲率半径。切向单位矢量和法向单位矢量都是变矢量。加速度的大小为

$$a=|\boldsymbol{a}|=\sqrt{a_\tau^2+a_n^2}$$

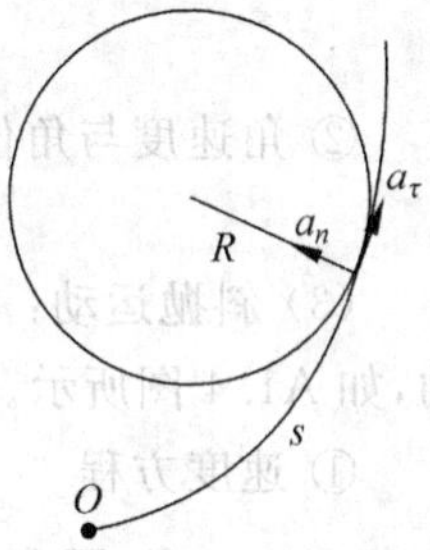

A1.3 图

**5. 角量与线量的关系**

(1) 角量：描述质点作圆周运动的角度和角度变化的物理量称为角量。

① 角位置用 $\theta$ 表示，角位移则为

$$\Delta\theta=\theta_2-\theta_1$$

② 角速度为

$$\omega=\lim_{\Delta t\to 0}\frac{\Delta\theta}{\Delta t}=\frac{\mathrm{d}\theta}{\mathrm{d}t}$$

③ 角加速度为

$$\alpha=\lim_{\Delta t\to 0}\frac{\Delta\omega}{\Delta t}=\frac{\mathrm{d}\omega}{\mathrm{d}t}=\frac{\mathrm{d}^2\theta}{\mathrm{d}t^2}$$

(2) 线量：弧长、线速度、切向加速度和法向加速度称为线量。

① 弧长和角度的关系

$$\Delta s=R\Delta\theta$$

② 线速度与角速度的关系

$$v=R\omega$$

③ 切向加速度与角加速度的关系

$$a_\tau = \frac{\mathrm{d}v}{\mathrm{d}t} = R\alpha$$

④ 法向加速度与角速度的关系

$$a_n = \frac{v^2}{R} = R\omega^2$$

**6. 三种典型的运动**

(1) 匀变速直线运动：轨迹在一条直线上，加速度是常数的运动。自由落体运动和竖直上抛运动是两种常见的匀变速直线运动。

① 速度和位移(相对原点)

$$v = v_0 + at, \quad s = v_0 t + \frac{1}{2}at^2$$

② 速度与位移的关系

$$v^2 - v_0^2 = 2as$$

(2) 匀变速圆周运动：轨迹是圆，切向加速度是常数的运动。匀速圆周运动是变速圆周运动的特例。

① 角速度和角位移(初始角位移为零)

$$\omega = \omega_0 + \alpha t, \quad \theta = \omega_0 t + \frac{1}{2}\alpha t^2$$

② 角速度与角位移的关系

$$\omega^2 - \omega_0^2 = 2\alpha\theta$$

(3) 斜抛运动：在地球表面附近重力作用下的曲线运动，如A1.4图所示。平抛运动是斜抛运动的特例($\theta=0$)。

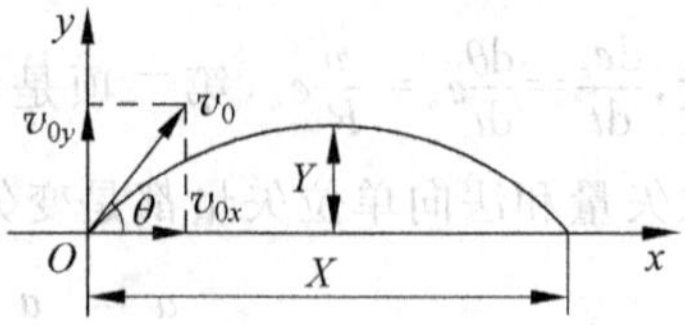

A1.4图

① 速度方程

$$v_x = v_0\cos\theta, \quad v_y = v_0\sin\theta - gt$$

② 位置方程

$$x = v_0\cos\theta \cdot t$$

$$y = v_0\sin\theta \cdot t - \frac{1}{2}gt^2$$

③ 轨迹方程

$$y = x\tan\theta - \frac{g}{2v_0^2\cos^2\theta}x^2$$

④ 水平射程和最大水平射程

$$X = \frac{v_0^2\sin 2\theta}{g}, \quad X_{\mathrm{M}} = \frac{v_0^2}{g}$$

当$\theta=\pi/4$时，水平射程最大。

⑤ 竖直射高和最大射高

$$Y = \frac{v_0^2\sin^2\theta}{2g}, \quad Y_{\mathrm{M}} = \frac{v_0^2}{2g}$$

当$\theta=\pi/2$时，竖直射高最大。

**7. 相对运动**

(1) 位矢关系

如 A1.5 图所示，设质点 $P$ 在坐标系 $Oxyz$（简称 $O$ 系）中的位矢为 $\boldsymbol{r}$，在坐标系 $O'x'y'z'$（简称 $O'$ 系）中的位矢为 $\boldsymbol{r}'$，$O'$ 在 $O$ 系中的位矢为 $\boldsymbol{r}_0$，则三个矢量之间的关系为

$$\boldsymbol{r}=\boldsymbol{r}_0+\boldsymbol{r}'$$

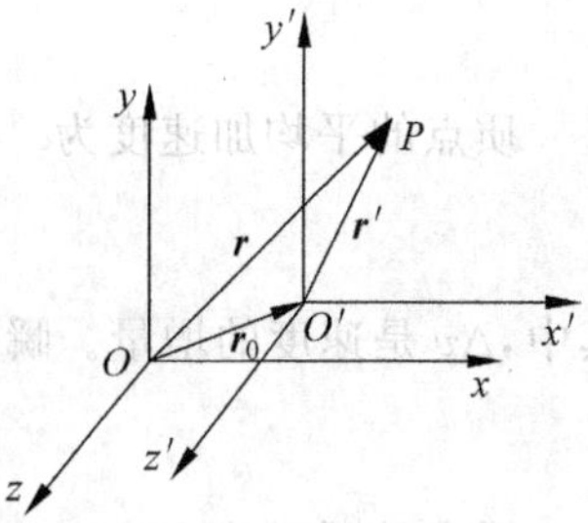

A1.5 图

(2) 速度关系

① 牵连速度：$O'$ 系原点相对于 $O$ 系的速度

$$\boldsymbol{v}_0=\frac{\mathrm{d}\boldsymbol{r}_0}{\mathrm{d}t}=\frac{\mathrm{d}x_0}{\mathrm{d}t}\boldsymbol{i}+\frac{\mathrm{d}y_0}{\mathrm{d}t}\boldsymbol{j}+\frac{\mathrm{d}z_0}{\mathrm{d}t}\boldsymbol{k}$$

② 相对速度：质点 $P$ 在 $O'$ 系中的速度

$$\boldsymbol{v}'=\frac{\mathrm{d}\boldsymbol{r}'}{\mathrm{d}t}=\frac{\mathrm{d}x'}{\mathrm{d}t}\boldsymbol{i}+\frac{\mathrm{d}y'}{\mathrm{d}t}\boldsymbol{j}+\frac{\mathrm{d}z'}{\mathrm{d}t}\boldsymbol{k}$$

③ 绝对速度：质点 $P$ 在 $O$ 系中的速度

$$\boldsymbol{v}=\frac{\mathrm{d}\boldsymbol{r}}{\mathrm{d}t}=\frac{\mathrm{d}x}{\mathrm{d}t}\boldsymbol{i}+\frac{\mathrm{d}y}{\mathrm{d}t}\boldsymbol{j}+\frac{\mathrm{d}z}{\mathrm{d}t}\boldsymbol{k}$$

④ 绝对速度等于牵连速度与相对速度的矢量和

$$\boldsymbol{v}=\boldsymbol{v}_0+\boldsymbol{v}'$$

注意：绝对和相对的意义都是相对的。在 $O$ 系中观察，$P$ 点相对于 $O$ 系的速度是绝对速度，相对于 $O'$ 系的速度是相对速度；在 $O'$ 系中观察，$P$ 点相对于 $O'$ 系的速度是绝对速度，相对于 $O$ 系的速度是相对速度。

(3) 加速度关系

① 牵连加速度：$O'$ 系原点相对于 $O$ 系的加速度

$$\boldsymbol{a}_0=\frac{\mathrm{d}\boldsymbol{v}_0}{\mathrm{d}t}=\frac{\mathrm{d}^2\boldsymbol{r}_0}{\mathrm{d}t^2}$$

② 相对加速度：质点 $P$ 在 $O'$ 系中的加速度

$$\boldsymbol{a}'=\frac{\mathrm{d}\boldsymbol{v}'}{\mathrm{d}t}=\frac{\mathrm{d}^2\boldsymbol{r}'}{\mathrm{d}t^2}$$

③ 绝对加速度：质点 $P$ 在 $O$ 系中的加速度

$$\boldsymbol{a}=\frac{\mathrm{d}\boldsymbol{v}}{\mathrm{d}t}=\frac{\mathrm{d}^2\boldsymbol{r}}{\mathrm{d}t^2}$$

④ 绝对加速度等于牵连加速度与相对加速度的矢量和

$$\boldsymbol{a}=\boldsymbol{a}_0+\boldsymbol{a}'$$

## 1.2 范例的解析、图示、算法和程序

### {范例 1.1} 质点直线运动的位置、速度和加速度

一质点沿 $x$ 轴运动，坐标与时间的关系是 $x=5t-t^3$，式中 $x$ 和 $t$ 分别以 m 和 s 为单位。在 3s 之内，取 1s，0.1s 和 0.01s 为时间间隔，求质点的位置和在各个时间间隔内的平均速度及平均加速度，通过图形与瞬时速度和加速度进行比较。

[解析] 质点沿直线运动时，平均速度为

$$\bar{v}=\frac{\Delta x}{\Delta t} \tag{1.1.1}$$

其中，$\Delta x$ 是坐标的增量，称为位移；$\Delta t$ 是时间的增量，也是时间间隔。瞬时速度为

$$v = \lim_{\Delta t \to 0} \frac{\Delta x}{\Delta t} = \frac{\mathrm{d}x}{\mathrm{d}t} \tag{1.1.2}$$

质点的平均加速度为

$$\bar{a} = \frac{\Delta v}{\Delta t} \tag{1.1.3}$$

其中，$\Delta v$ 是速度的增量。瞬时加速度为

$$a = \lim_{\Delta t \to 0} \frac{\Delta v}{\Delta t} = \frac{\mathrm{d}v}{\mathrm{d}t} \tag{1.1.4}$$

质点的瞬时速度为

$$v = 5 - 3t^2 \tag{1.1.5}$$

瞬时加速度为

$$a = -6t \tag{1.1.6}$$

［图示］(1) 如 P1_1a 图所示，图例的瞬时值是根据位置公式计算和绘制的圈。当时间间隔为 1s 时，质点的位置坐标明显是一条折线，只有折线两端的纵坐标准确地表示了质点的位置，折线中间的坐标与质点的位置相差很大。当时间差为 0.1s 和 0.01s 时，折线十分短，连起来就成了两条曲线，两条曲线基本重合，而且与位置的精确值基本重合。可见：只要时间间隔取得足够短，曲线上任何一点的坐标都可以表示质点的位置。

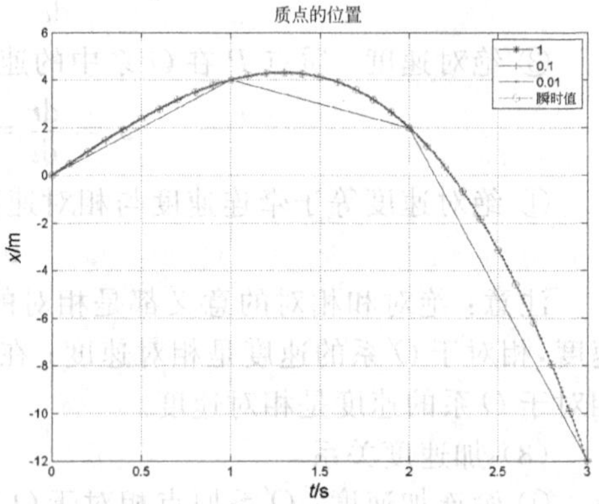


P1_1a 图

(2) 如 P1_1b 图所示，图例的瞬时值是根据瞬时速度公式计算和绘制的圈。当时间间隔取 1s 时，平均速度是折线。当时间间隔取 0.1s 时，平均速度曲线基本上是光滑的，但是与瞬时值有点偏差。当时间间隔取 0.01s 时，速度的平均值与瞬时值曲线基本重合。可见，在计算速度的瞬时值时可用很短时间内的平均值代替。

(3) 如 P1_1c 图所示，图例的瞬时值是根据瞬时加速度公式计算和绘制的圈。当时间间隔取 1s 时，平均加速度是折线。当时间间隔取 0.1s 时，平均加速度是一条直线。当时间间隔取 0.01s 时，加速度的平均值与瞬时值直线基本重合。由此可见，在计算加速度的瞬时值时也可用很短时间内的平均值代替。

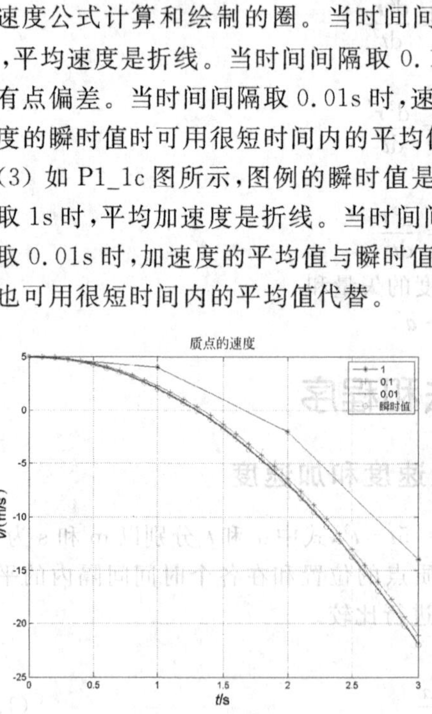


P1_1b 图

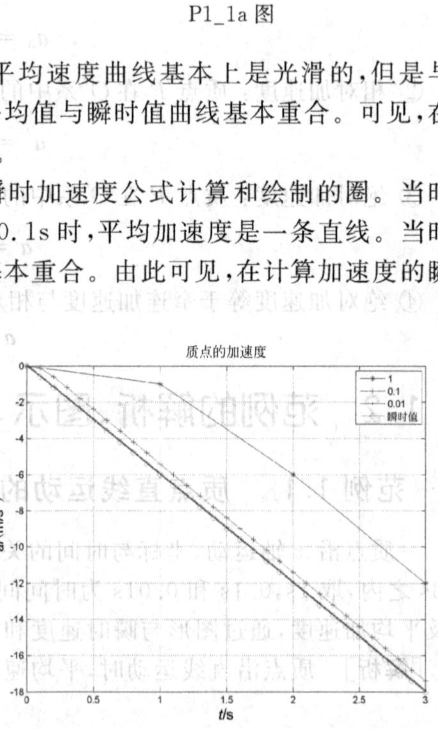


P1_1c 图

［算法］ 取一定的时间间隔，从而将质点运动时间分为若干等份。计算质点在每个时刻的位置，用 diff 函数计算各个时间段内的位移，从而计算平均速度。用同样的方法计算平均加速度。质点的（瞬时）速度和（瞬时）加速度则根据公式计算，从而比较速度与平均速度和加速度与平均加速度的差别和相近程度。

［程序］ P1_1.m 如下。（程序名用 P 开头，其编号与范例的编号相同，分隔线用下画线。）

```
%质点直线运动的位置、速度和加速度
clear,tm = 3;                                   %清除变量,最大时间
dt = 1;t1 = 0:tm;                               %时间间隔,以 1 秒为间隔的时间向量(1)
x1 = 5 * t1 - t1.^3;                            %位置坐标
v1 = diff(x1)/dt;v1 = [5,v1];                   %速度的平均值,补充初速度
a1 = diff(v1)/dt;a1 = [0,a1];                   %加速度的平均值,补充初加速度
dt = 0.1;t2 = 0:dt:tm;                          %时间间隔,以 0.1 秒为间隔的时间向量(2)
x2 = 5 * t2 - t2.^3;                            %位移
v2 = diff(x2)/dt;v2 = [5,v2];                   %速度的平均值,补充初速度
a2 = diff(v2)/dt;a2 = [0,a2];                   %加速度的平均值,补充初加速度
dt = 0.01;t3 = 0:dt:tm;                         %时间间隔,以 0.01 秒为间隔的时间向量(3)
x3 = 5 * t3 - t3.^3;                            %位移
v3 = diff(x3)/dt;v3 = [5,v3];                   %速度的平均值,补充初速度
a3 = diff(v3)/dt;a3 = [0,a3];                   %加速度的平均值,补充初加速度
x = 5 * t2 - t2.^3;v = 5 - 3 * t2.^2;a = - 6 * t2;  %坐标,速度和加速度的瞬时值
figure,plot(t1,x1,'- * ',t2,x2,'- + ',t3,x3,'. - ',t2,x,'- o')  %创建图形窗口,画坐标曲线族
legend('1','0.1','0.01','瞬时值'),grid on       %插入时间差图例,加网格
title('质点的位置','FontSize',16)                %标题
xlabel('\itt\rm/s','FontSize',16),ylabel('\itx\rm/m','FontSize',16)  %坐标标签
figure,plot(t1,v1,'- * ',t2,v2,'- + ',t3,v3,'. - ',t2,v,'- o')  %创建图形窗口,画速度曲线族
legend('1','0.1','0.01','瞬时值'),grid on       %图例,加网格
title('质点的速度','FontSize',16),xlabel('\itt\rm/s','FontSize',16)  %标题,横坐标标签
ylabel('\itv\rm/m\cdots^ - ^1','Fontsize',16)   %纵坐标标签
figure,plot(t1,a1,'- * ',t2,a2,'- + ',t3,a3,'. - ',t2,a,'- o')  %创建图形窗口,画加速度曲线族
legend('1','0.1','0.01','瞬时值'),grid on       %图例,加网格
title('质点的加速度','FontSize',16),xlabel('\itt\rm/s','FontSize',16)  %标题,横坐标
ylabel('\ita\rm/m\cdots^ - ^2','FontSize',16)   %纵坐标标签
```

［说明］ (1) 取较大的时间间隔，以便直接计算位置坐标，再计算平均速度和平均加速度。(2) 取较小的时间间隔，再计算位置坐标、平均速度和平均加速度。(3) 取更小的时间间隔，再计算位置坐标、平均速度和平均加速度。

## ｛范例 1.2｝ 质点的匀速圆周运动（曲线动画）

一质点的运动方程为

$$x = 0.3\sin 2t, \quad y = 0.3\cos 2t \tag{1.2.1}$$

式中，$t$ 的单位为 s；$x$ 和 $y$ 的单位是 m。质点运动的轨迹是什么？质点的位矢、速度和加速度随时间变化的规律是什么？

［解析］ 根据质点的运动方程可得轨迹方程

$$x^2 + y^2 = 0.3^2 \tag{1.2.2}$$

质点的运动轨迹是圆。不过，轨迹方程不能说明质点是作顺时针运动还是作逆时针运动。

当 $t=0$ 时，$x=0$，$y=0.3$；当 $t=\pi/4$ 时，$x=0.3$，$y=0$。可知：质点作顺时针运动。

质点位矢的大小为

$$r=\sqrt{x^2+y^2}=0.3 \tag{1.2.3a}$$

这是圆的半径。位矢与 $x$ 轴夹角为

$$\alpha=\arctan\frac{y}{x} \tag{1.2.3b}$$

质点的速度分量为

$$v_x=\frac{\mathrm{d}x}{\mathrm{d}t}=0.6\cos2t,\quad v_y=\frac{\mathrm{d}y}{\mathrm{d}t}=-0.6\sin2t \tag{1.2.4}$$

合速度大小为

$$v=\sqrt{v_x^2+v_y^2}=0.6 \tag{1.2.5a}$$

合速度的方向，即合速度与速度的 $x$ 分量的夹角为

$$\theta=\arctan\frac{v_y}{v_x} \tag{1.2.5b}$$

质点的加速度分量为

$$a_x=\frac{\mathrm{d}v_x}{\mathrm{d}t}=-1.2\sin2t,\quad a_y=\frac{\mathrm{d}v_y}{\mathrm{d}t}=-1.2\cos2t \tag{1.2.6}$$

合加速度大小为

$$a=\sqrt{a_x^2+a_y^2}=1.2 \tag{1.2.7a}$$

合加速度的方向为

$$\varphi=\arctan(a_y/a_x) \tag{1.2.7b}$$

［**图示**］ (1) 如 P1_2a 图所示，质点的运动轨迹是圆。运动方程可说明质点的初始位置和运动方向，运动方程就是以时间为参数的轨迹方程。质点从圆的最高点开始沿顺时针方向运动。

(2) 质点的位矢如 P1_2b 图所示，位矢的横坐标按正弦规律变化，纵坐标按余弦规律变化，位矢的大小不变。当质点运动到最左边时，位矢方向的角度值从 $-180°$ 跃变到 $180°$，质点从第三象限运动到第二象限。由于质点是周期性运动的，因此位矢方向的角度值随时间呈"锯齿"形变化。

(3) 质点的速度和加速度分量也按正弦和余弦规律变化(图略)。

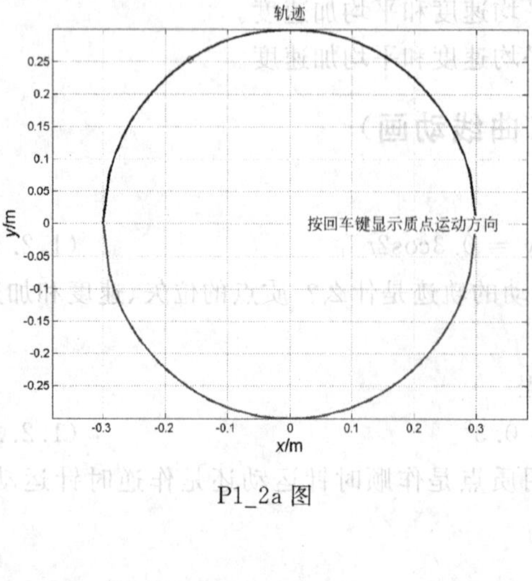


P1_2a 图

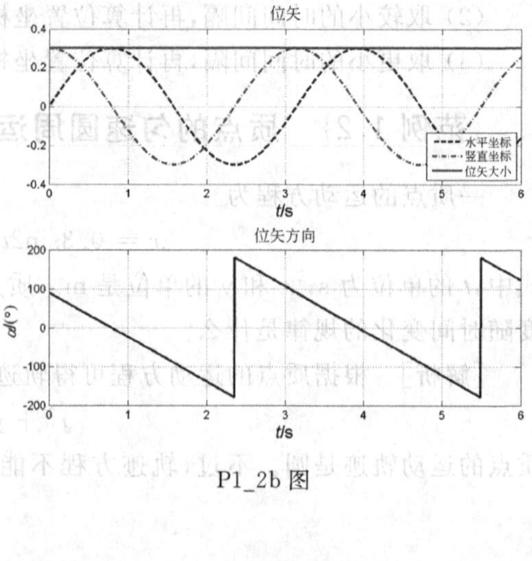


P1_2b 图

［算法］ 根据轨迹方程计算和绘制轨迹。通过坐标与时间的关系，利用彗星指令 comet 演示动画，指示质点运动的方向。

［程序］ P1_2.m 见网站。

## {范例 1.3} 质点的变速圆周运动

一质点沿半径为 $R=0.5\text{m}$ 的圆周运动，运动方程为 $\theta=3+2t^2$ (SI)，在 2s 内质点运动的加速度和方向随时间变化的规律是什么？当切向加速度的大小为合加速度的大小的一半时，经过了多长时间？此时 $\theta$ 的值为多少？

［解析］ 如 B1.3a 图所示，在 $t$ 时刻，质点经过 $A$ 点，速度为 $\boldsymbol{v}_A=\boldsymbol{v}$，方向沿轨道在 $A$ 点的切向；在 $t+\Delta t$ 时刻，质点经过 $B$ 点，速度为 $\boldsymbol{v}_B=\boldsymbol{v}+\Delta\boldsymbol{v}$，方向沿轨道在 $B$ 点的切向。

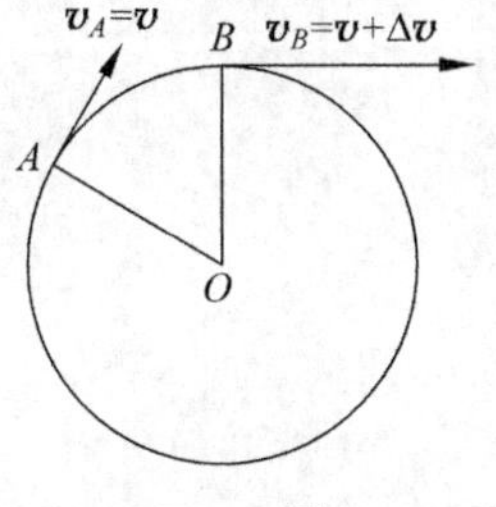

B1.3a 图

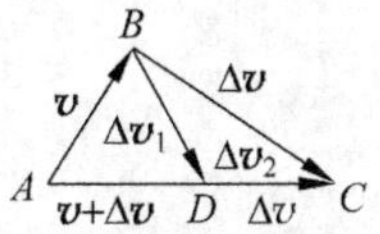

B1.3b 图

如 B1.3b 图所示，取有向线段 $AB$ 和 $AC$ 分别表示 $\boldsymbol{v}$ 和 $\boldsymbol{v}+\Delta\boldsymbol{v}$，$BC$ 就表示 $\Delta\boldsymbol{v}$，$\Delta\boldsymbol{v}$ 同时包含速度大小和方向的变化。在 $AC$ 上取一点 $D$，使长度 $AD=AB=v$。因此，有向线段 $BD=\Delta\boldsymbol{v}_1$ 是速度方向变化的矢量，有向线段 $DC=\Delta\boldsymbol{v}_2$ 是速度大小变化的矢量。可得

$$\Delta\boldsymbol{v}=\Delta\boldsymbol{v}_1+\Delta\boldsymbol{v}_2 \tag{1.3.1}$$

注意：$|\Delta\boldsymbol{v}|\neq\Delta v$，前者表示速度增量的大小，后者表示速度大小的增量。

加速度为

$$\boldsymbol{a}=\lim_{\Delta t\to 0}\frac{\Delta\boldsymbol{v}}{\Delta t}=\lim_{\Delta t\to 0}\frac{\Delta\boldsymbol{v}_1}{\Delta t}+\lim_{\Delta t\to 0}\frac{\Delta\boldsymbol{v}_2}{\Delta t} \tag{1.3.2}$$

令

$$\boldsymbol{a}_\tau=\lim_{\Delta t\to 0}\frac{\Delta\boldsymbol{v}_2}{\Delta t} \tag{1.3.3}$$

当 $\Delta t\to 0$ 时，有向线段 $DC$ 的极限方向就是 $\boldsymbol{v}$ 的方向，所以 $\boldsymbol{a}_\tau$ 称为切向加速度。速度大小的增量为 $\Delta v=v_B-v_A=\Delta v_2$，因此切向加速度的大小为

$$a_\tau=\lim_{\Delta t\to 0}\frac{\Delta v_2}{\Delta t}=\lim_{\Delta t\to 0}\frac{\Delta v}{\Delta t}=\frac{\mathrm{d}v}{\mathrm{d}t} \tag{1.3.4}$$

可见：切向加速度的大小等于速率的时间变化率。再令

$$\boldsymbol{a}_n=\lim_{\Delta t\to 0}\frac{\Delta\boldsymbol{v}_1}{\Delta t} \tag{1.3.5}$$

当 $\Delta t\to 0$ 时，有向线段 $BD$ 的极限方向就是垂直于 $\boldsymbol{v}$ 的方向，并指向轨道凹侧的方向，所以 $\boldsymbol{a}_n$ 称为法向加速度，其大小为

$$a_n=\lim_{\Delta t\to 0}\frac{\Delta v_1}{\Delta t}=\lim_{\Delta t\to 0}\frac{v\Delta\theta}{\Delta t}=v\frac{\mathrm{d}\theta}{\mathrm{d}t} \tag{1.3.6}$$

其中，$\Delta\theta$ 是相邻切线间的夹角，$\mathrm{d}\theta/\mathrm{d}t$ 是切线方向的时间变化率。由于 $\mathrm{d}s/\mathrm{d}\theta=R$ 为圆周运动的半径，所以

$$a_n = v\frac{d\theta}{dt} = v\frac{ds}{dt}\frac{d\theta}{ds} = \frac{v^2}{R} \quad (1.3.7)$$

在一般的曲线运动中，$ds/d\theta$ 为轨道的曲率半径 $R$，$d\theta/ds$ 是曲率 $1/R$。

直线可以当作半径为无穷大的"圆"，当质点在作直线运动时，法向加速度大小 $a_n=0$，只有切向加速度 $a=dv/dt$。当质点作匀速圆周运动时，切向加速度大小 $a_\tau=0$，只有法向加速度 $a=v^2/R$。

根据题意，质点作圆周运动的角速度为

$$\omega = \frac{d\theta}{dt} = 4t \quad (1.3.8)$$

角加速度为

$$\alpha = \frac{d\omega}{dt} = 4 \quad (1.3.9)$$

质点的法向加速度为

$$a_n = R\omega^2 \quad (1.3.10)$$

切向加速度为

$$a_\tau = R\alpha \quad (1.3.11)$$

合加速度为

$$a = \sqrt{a_n^2 + a_\tau^2} \quad (1.3.12)$$

合加速度与切向加速度之间的夹角为

$$\varphi = \arctan(a_n/a_\tau) \quad (1.3.13)$$

当切向加速度的大小为合加速度的大小的一半时，可得方程

$$\sqrt{a_n^2 + a_\tau^2}/2 = a_\tau$$

解得法向加速度与切向加速度之间的关系为

$$a_n = \sqrt{3}\,a_\tau \quad (1.3.14)$$

将(1.3.10)式和(1.3.11)式代入上式得

$$R\omega^2 = \sqrt{3}R\alpha$$

利用(1.3.8)式和(1.3.9)式解得时间为

$$t = 3^{1/4}/2 = 0.658(\mathrm{s}) \quad (1.3.15)$$

将上式代入运动方程可得质点转过的角度为

$$\theta = 3 + \sqrt{3}/2 = 3.866(\mathrm{rad}) \quad (1.3.16)$$

［图示］ 如 P1_3 图所示，切向加速度是一个常数，因而是一条水平线。法向加速度在开始时比切向加速度小，随时间延续，法向加速度迅速增加。经过 0.658s，切向加速度是合加速度的一半，此时质点的角位置是 3.866rad。随着法向加速度的增加，合加速度与切向加速度之间的夹角越来越大，趋近于 90°。

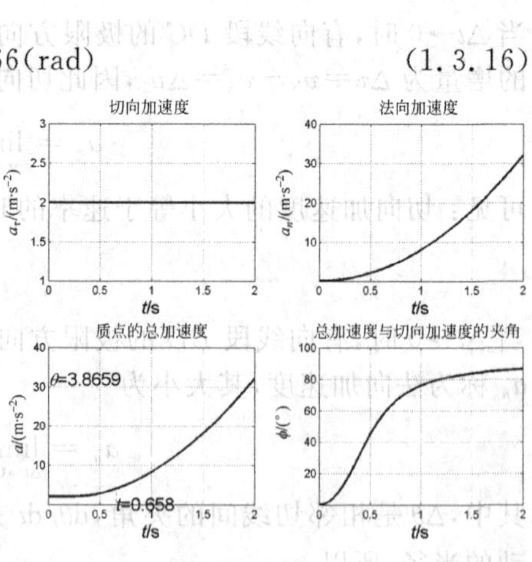


P1_3 图

［算法］ 根据加速度的公式计算加速度的大小，画出曲线。根据时间向量形成法向加速度向量，当切向加速度的大小为合加速度的大小的一半

时，就在法向加速度向量中寻找下标，从而找出时间，并计算角度，在图中标记结果。

［程序］　P1_3.m 见网站。

## ｛范例 1.4｝　质点的螺旋运动（曲线动画）

一质点的运动方程为

$$r = r_0 + v_0 t \tag{1.4.1a}$$

$$\theta = \omega t \tag{1.4.1b}$$

式中 $r_0$，$v_0$ 和 $\omega$ 是正常数。质点的运动轨迹是什么？质点的速度随时间如何变化？

［解析］　将(1.4.1b)式变形为 $t=\theta/\omega$，代入(1.4.1a)式得

$$r = r_0 + \frac{v_0}{\omega}\theta \tag{1.4.2}$$

这是极坐标方程，质点轨迹是螺旋线。极坐标与直角坐标的转化公式是

$$x = r\cos\theta, \quad y = r\sin\theta \tag{1.4.3}$$

质点的径向速度为

$$v_r = \frac{\mathrm{d}r}{\mathrm{d}t} = v_0 \tag{1.4.4a}$$

可知：质点速度的径向分量为常数，$v_0$ 是极径增加的速率。质点的角向速度为

$$v_\theta = r\frac{\mathrm{d}\theta}{\mathrm{d}t} = r\omega = \omega(r_0 + v_0 t) \tag{1.4.4b}$$

可见：速度的角向分量随时间线性增加。质点的合速度的大小为

$$v = \sqrt{v_r^2 + v_\theta^2} = \sqrt{v_0^2 + [\omega(r_0 + v_0 t)]^2} \tag{1.4.4c}$$

可知：质点的合速度大小将随时间增加。

［图示］　(1) 取角度系数为 $k=v_0/\omega r_0=0.5$，质点在直角坐标中的运动轨迹如 P1_4a 图所示，这是阿基米德螺线。角度系数越大，极径增加得越快。

(2) 如 P1_4b 图所示，径向速度是一个常量，角向速度随时间直线增加，合速度也随时间增加。质点运动时间越长，合速度就越大，这是由于角向速度不断增加的结果。时间越长，质点的角向速度就越大，合速度与角向速度就越接近。

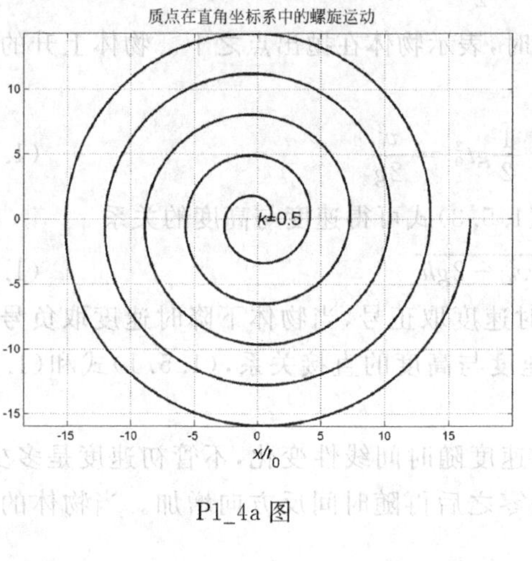


P1_4a 图

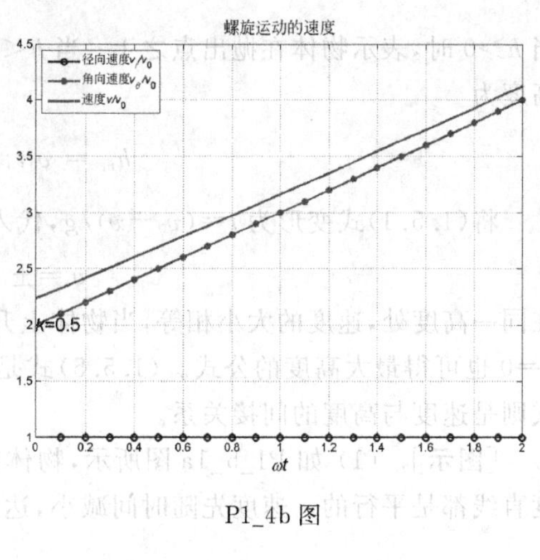


P1_4b 图

［算法］ 当 $t=0$ 时，$r=r_0$，$r_0$ 是初始极径。取 $r_0$ 为长度单位，质点的轨迹方程可表示为

$$r^* = \frac{r}{r_0} = 1 + \frac{v_0}{\omega r_0}\theta = 1 + k\theta \tag{1.4.2*}$$

其中，$k=v_0/\omega r_0$，称为角度系数；$r/r_0$ 就是无量纲极径或简约极径。角度系数 $k$ 是参数，决定螺旋线的形状。

以 $v_0$ 为速度单位，则径向速度和角向速度以及合速度可表示为

$$\frac{v_r}{v_0} = 1, \quad \frac{v_\theta}{v_0} = \frac{\omega r_0}{v_0} + \omega t = \frac{1}{k} + \omega t$$

$$\frac{v}{v_0} = \sqrt{\left(\frac{v_r}{v_0}\right)^2 + \left(\frac{v_\theta}{v_0}\right)^2} = \sqrt{1 + \left(\frac{1}{k} + \omega t\right)^2} \tag{1.4.4*}$$

由于 $\theta=\omega t$，所以极角 $\theta$ 就代表时间 $t$。角度系数是可调节的参数。

［程序］ P1_4.m 见网站。

## {范例 1.5} 竖直上抛运动

(1) 不计空气阻力，物体竖直上抛的初速度从 10m/s 变化到 40m/s，间隔是 5m/s，物体的速度和高度随时间如何变化？物体的速度随高度如何变化？物体到达最高点的时间和高度是多少？（$g=10\text{m/s}^2$）

(2) 取初速度作为速度单位，取物体运动到最高点的时间作为时间单位，其高度作为高度单位，物体的速度和高度随时间如何变化？物体的速度随高度如何变化？

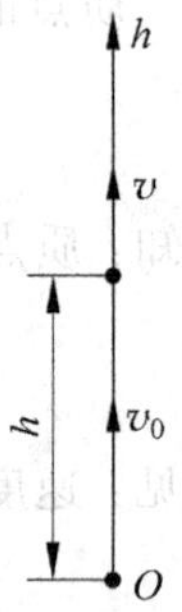

B1.5 图

［解析］ (1) 物体竖直上抛运动是匀变速直线运动，如 B1.5 图所示。取向上的方向为正，取抛出点为坐标原点，速度与时间的关系为

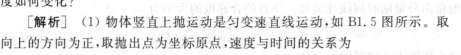

$$v = v_0 - gt \tag{1.5.1}$$

当 $v>0$ 时，表示速度方向向上；当 $v<0$ 时，表示速度方向向下。当 $v=0$ 时，物体达到最高点，所需要的时间为

$$t_0 = v_0/g \tag{1.5.2}$$

高度与时间的关系为

$$h = v_0 t - \frac{1}{2}gt^2 \tag{1.5.3}$$

当 $h>0$ 时，表示物体在抛出点之上；当 $h<0$ 时，表示物体在抛出点之下。物体上升的最大高度为

$$h_m = v_0 t_0 - \frac{1}{2}gt_0^2 = \frac{v_0^2}{2g} \tag{1.5.4}$$

将(1.5.1)式变形为 $t=(v_0-v)/g$，代入(1.5.3)式可得速度与高度的关系

$$v = \pm\sqrt{v_0^2 - 2gh} \tag{1.5.5}$$

在同一高度处，速度的大小相等，当物体上升时速度取正号，当物体下降时速度取负号。令 $v=0$ 也可得最大高度的公式。(1.5.5)式是速度与高度的直接关系，(1.5.1)式和(1.5.3)式则是速度与高度的间接关系。

［图示］ (1) 如 P1_5_1a 图所示，物体的速度随时间线性变化，不管初速度是多少，速度直线都是平行的。速度先随时间减小，达到零之后再随时间反方向增加。当物体的速度

为零时，表示物体达到最高点。如果初速度为 10m/s，物体只需要 1s 即可到达最高点；如果初速度为 40m/s，物体则需要 4s 才能到达最高点。

（2）如 P1_5_1b 图所示，物体的高度随时间按 2 次幂的规律变化，先增加后减小。当初速度为 10m/s 时，物体最多只能达到 5m 的高度；当初速度为 40m/s 时，物体则能达到 80m 的高度。物体回到抛出点的时间是达到最高点时间的 2 倍。对于不同的初速度，最大高度分布在一条曲线上。

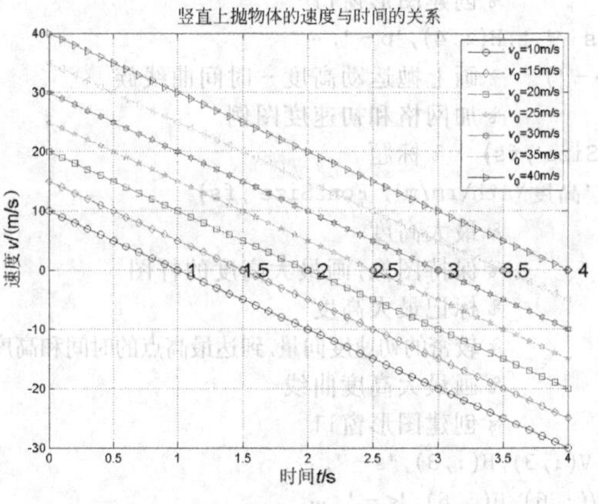


P1_5_1a 图

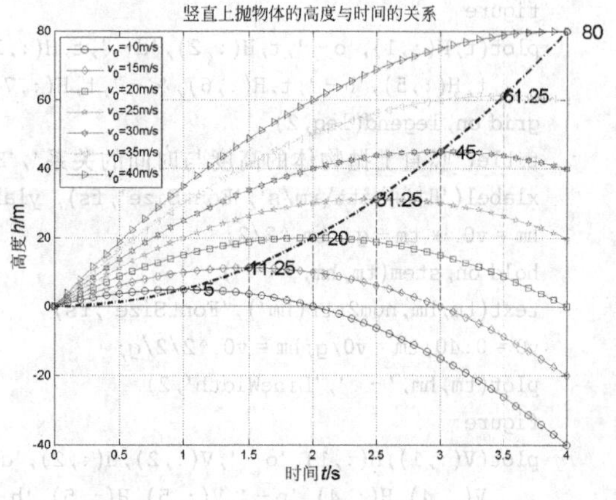


P1_5_1b 图

（3）如 P1_5_1c 图所示，如果不考虑方向，速度值随时间持续减小，物体的高度随着速度值的减小先增后减。不论是利用速度与高度的直接关系（带空心字符的曲线），还是利用速度的高度的间接关系（点），同一初速度的两条曲线完全重合。

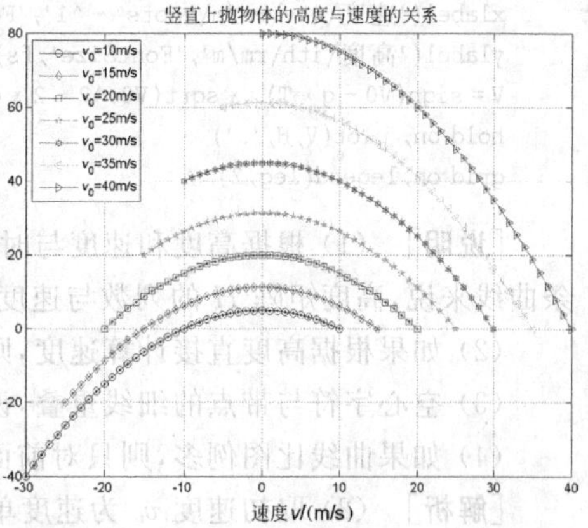


P1_5_1c 图

［算法］（1）根据速度与时间的关系和高度与时间的关系，就能计算函数关系。为了计算和作图的方便，常常取初速度为参数向量，取时间为自变量向量，形成参数和自变量两个矩阵，计算速度和高度矩阵，以便用矩阵画线法画曲线族。

［程序］ P1_5_1.m 如下。（对于有多个小题的范例，在程序名后面加数码，用下画线分隔。）

```
%竖直上抛物体的运动的速度和高度
clear,g = 10;v0 = 10:5:40;t = 0:0.1:4;    %清除变量，重力加速度，上抛初速度和时间向量
[V0,T] = meshgrid(v0,t);                   %初速度和时间矩阵
V = V0 - g * T;H = V0. * T - g * T.^2/2;   %速度矩阵和高度矩阵
figure                                     %创建图形窗口
plot(t,V(:,1),'o-',t,V(:,2),'d-',t,V(:,3),'s-',t,V(:,4),'p-',…
    t,V(:,5),'h-',t,V(:,6),'<-',t,V(:,7),'>-')   %画上抛运动速度-时间曲线族
grid on,n = length(v0);                    %加网格，初速度的个数
```

```
leg=[repmat('\itv\rm_0=',n,1),num2str(v0'),repmat('m/s',n,1)];  %初速度字符串
legend(leg)                                                      %插入初速度图例
fs=16;title('竖直上抛物体的速度与时间的关系','FontSize',fs)       %标题
xlabel('时间\itt\rm/s','FontSize',fs)                            %横坐标标签
ylabel('速度\itv\rm/m\cdots^-^1','FontSize',fs)                  %纵坐标标签
[vm,im]=min(abs(V));tm=t(im);                                    %最小速度的下标和速度为零的时间
hold on,plot(tm,zeros(n,1),'o')                                  %保持图像画速度为零的时间点
text(tm,zeros(n,1),num2str(tm'),'FontSize',fs)                   %标记时间
figure                                                           %创建图形窗口
plot(t,H(:,1),'o-',t,H(:,2),'d-',t,H(:,3),'s-',t,H(:,4),'p-',…
    t,H(:,5),'h-',t,H(:,6),'<-',t,H(:,7),'>-')                  %画上抛运动高度-时间曲线族
grid on,legend(leg,2)                                            %加网格和初速度图例
title('竖直上抛物体的高度与时间的关系','FontSize',fs)   %标题
xlabel('时间\itt\rm/s','FontSize',fs), ylabel('高度\ith\rm/m','FontSize',fs)
hm=v0.*tm-g*tm.^2/2;                                             %最大高度
hold on,stem(tm,hm,'--')                                         %保持图像,画最大高度的杆图
text(tm,hm,num2str(hm'),'FontSize',fs)                           %标记最大高度
v0=0:40;tm=v0/g;hm=v0.^2/2/g;                                    %较密的初速度向量,到达最高点的时间和高度
plot(tm,hm,'-.','LineWidth',2)                                   %画最大高度曲线
figure                                                           %创建图形窗口
plot(V(:,1),H(:,1),'o-',V(:,2),H(:,2),'d-',V(:,3),H(:,3),'s-',…
    V(:,4),H(:,4),'p-',V(:,5),H(:,5),'h-',V(:,6),H(:,6),'<-',…
    V(:,7),H(:,7),'>-')                                          %画上抛运动速度-高度曲线族(1)
title('竖直上抛物体的高度与速度的关系','FontSize',fs)   %标题
xlabel('速度\itv\rm/m\cdots^-^1','FontSize',fs)                  %横坐标标签
ylabel('高度\ith\rm/m','FontSize',fs)                            %纵坐标标签
V=sign(V0-g*T).*sqrt(V0.^2-2*g*H);                               %根据高度计算速度(2)
hold on, plot(V,H,'.')                                           %保持图像,重画速度-高度曲线族(点)(3)
grid on,legend(leg,2)                                            %加网格,插入初速度图例(4)
```

［**说明**］ (1) 根据高度和速度与时间的关系可直接画速度与高度的曲线族。对于每一条曲线来说,高度矩阵 $H$ 的列数与速度矩阵 $V$ 的列数要对应。

(2) 如果根据高度直接计算速度,则需要考虑速度的方向,这可用符号函数 sign 决定。

(3) 空心字符与带点的细线重叠,说明根据高度计算速度的方法是正确的。

(4) 如果曲线比图例多,则只对前面的曲线加图例,因此,需要加图例的曲线应该先画。

［**解析**］ (2) 取初速度 $v_0$ 为速度单位,取 $t_0=v_0/g$ 为时间单位,根据(1.5.1)式可得约化速度

$$v^*=\frac{v}{v_0}=1-\frac{t}{v_0/g}=1-\frac{t}{t_0}=1-t^* \tag{1.5.1*}$$

其中 $t^*=t/t_0$ 为无量纲的时间或约化时间。

根据(1.5.3)式,物体的高度可化为

$$h=v_0t_0\frac{t}{t_0}-\frac{1}{2}gt_0^2\left(\frac{t}{t_0}\right)^2=\frac{v_0^2}{2g}\left[2\frac{t}{t_0}-\left(\frac{t}{t_0}\right)^2\right]$$

取 $h_m=v_0^2/2g$ 为高度单位,则约化高度为

$$h^*=\frac{h}{h_m}=2t^*-t^{*2} \tag{1.5.3*}$$

约化速度与约化高度的关系为

$$v^* = \pm\sqrt{1-h^*} \tag{1.5.5*}$$

采用无量纲的物理量是一种很重要的计算方法。许多复杂的问题都能找到时间单位和长度单位等物理量的基本单位，形成无量纲的时间和长度等，使物理量的计算结果不受初始条件等具体数值限制，同时能反映物理规律。

［图示］ (1) 如 P1_5_2 图之左上图所示，取 $t_0$ 为时间单位，取 $v_0$ 为速度单位，物体的速度随时间变化的直线只有一条。显然，速度随时间先线性减小，然后反方向线性增加。当 $v_0=10\text{m/s}$ 时，可得 $t_0=v_0/g=1\text{s}$，说明横坐标一个单位刻度表示 1s，纵坐标的一个单位刻度表示 10m/s。当 $v_0=40\text{m/s}$ 时，则 $t_0=4\text{s}$，说明横坐标一个单位刻度表示 4s，纵坐标的一个单位刻度表示 40m/s。利用时间单位和速度单位来表示单位刻度，只要进行纯数值计算，就能反映物理规律，这就是使用无量纲时间和速度的好处。无量纲的曲线代表了同类的曲线。

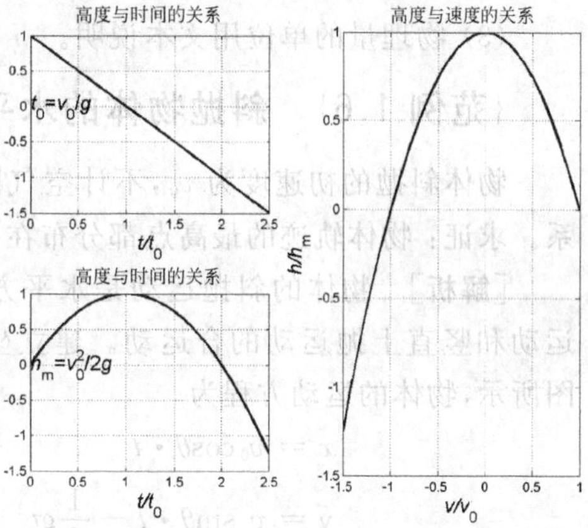


P1_5_2 图

(2) 如 P1_5_2 图之左下图所示，取 $t_0$ 为时间单位，取 $h_m=v_0^2/2g$ 为高度单位，物体的高度随时间变化的曲线只有一条。当 $v_0=40\text{m/s}$ 时，$h_m=80\text{m}$，说明纵坐标的一个单位刻度表示 80m。

(3) 如 P1_5_2 图之右图所示，取 $v_0$ 为速度单位，取 $h_m=v_0^2/2g$ 为高度单位，物体的速度随高度变化的曲线只有一条。由于速度与时间是线性关系，所以高度随速度的变化关系也是抛物线。

［算法］ (2) 将无量纲的公式化为 MATLAB 的表达式，即可进行无量纲的计算和作图。

［程序］ P1_5_2.m 如下。

```
%竖直上抛物体的运动规律
clear,t = 0:0.1:2.5;                              %清除变量,以 v0/g 为单位的时间向量
v = 1 - t;h = 2 * t - t.^2;          %以 v0 为单位的速度向量,以 v0²/2g 为单位的高度向量(1)
figure,subplot(2,2,1)                             %创建图形窗口,选子图
plot(t,v,'LineWidth',2),grid on                   %画上抛运动速度与时间曲线,加网格
fs = 16;title('速度与时间的关系','FontSize',fs)     %标题
xlabel('\itt/t\rm_0','FontSize',fs)               %横坐标标签(2)
ylabel('\itv/v\rm_0','FontSize',fs)               %纵坐标标签(2)
text(0,0,'\itt\rm_0 = \itv\rm_0/\itg','FontSize',fs) %标记时间单位文本(3)
subplot(2,2,3),plot(t,h,'LineWidth',2)            %选子图,画上抛运动高度与时间曲线
grid on,title('高度与时间的关系','FontSize',fs)     %加网格,标题
xlabel('\itt/t\rm_0','FontSize',fs)               %横坐标标签
ylabel('\ith/h\rm_m','FontSize',fs)               %纵坐标标签
text(0,0,'\ith\rm_m = \itv\rm_0^2/2\itg','FontSize',fs)  %标记高度单位
subplot(1,2,2),plot(v,h)                          %选子图,画上抛运动高度-速度曲线(较细)
grid on,title('高度与速度的关系','FontSize',fs)     %加网格,标题
xlabel('\itv/v\rm_0','FontSize',fs)               %横坐标标签
```

```
ylabel('\ith/h\rm_m','FontSize',fs)                    %纵坐标标签
v = sign(1 - t). * sqrt(1 - h);                         %根据高度计算速度
hold on,plot(v,h,'LineWidth',2)                         %保持图像,重画速度 - 高度曲线(较粗)
```

[**说明**] (1) 根据无量纲的时间可计算无量纲的速度和高度。

(2) 横坐标标签和纵坐标标签标记无量纲的物理量。

(3) 物理量的单位用文本说明。

## {范例 1.6} 斜抛物体的水平射程和竖直射高

物体斜抛的初速度为 $v_0$,不计空气阻力,求物体的水平射程和竖直射高与射角 $\theta$ 的关系。求证:物体轨迹的最高点都分布在一个椭圆上。

[**解析**] 物体的斜抛运动是水平方向的匀速直线运动和竖直上抛运动的合运动。建立坐标系,如 B1.6 图所示,物体的运动方程为

$$x = v_0\cos\theta \cdot t \tag{1.6.1a}$$

$$y = v_0\sin\theta \cdot t - \frac{1}{2}gt^2 \tag{1.6.1b}$$

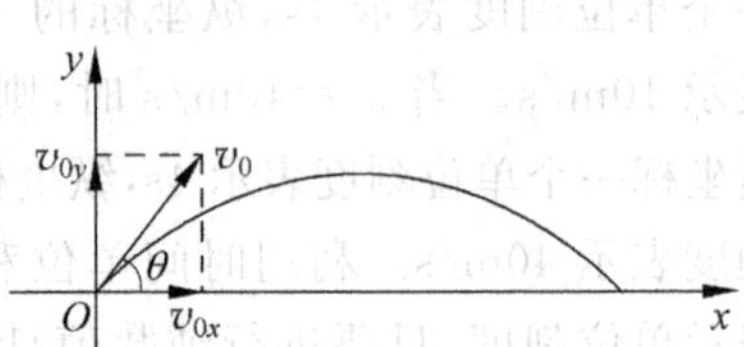

B1.6 图

消除时间 $t$ 可得轨迹方程

$$y = x\tan\theta - \frac{gx^2}{2v_0^2\cos^2\theta} \tag{1.6.2}$$

令 $y=0$,可得水平射程

$$X = v_0^2\sin2\theta/g \tag{1.6.3}$$

当 $\theta=45°$时可得水平最大射程

$$X_M = v_0^2/g \tag{1.6.4}$$

当 $\theta_1+\theta_2=90°$时,可得

$$X_1 = \frac{v_0^2\sin2\theta_1}{g} = \frac{v_0^2\sin(180° - 2\theta_2)}{g} = \frac{v_0^2\sin2\theta_2}{g} = X_2$$

可见:当两个射角互余时,物体的水平射程相同。

射高的横坐标是射程的一半,将 $x=X/2$ 代入(1.6.2)式可得射高

$$Y = \frac{v_0^2\sin^2\theta}{2g} \tag{1.6.5}$$

由(1.6.3)式和(1.6.5)式可得射程与射高的坐标关系

$$\tan\theta = \frac{4Y}{X}$$

上式代入(1.6.5)式得

$$Y = \frac{v_0^2}{2g}\frac{\tan^2\theta}{1+\tan^2\theta} = \frac{X_M}{2}\frac{(4Y/X)^2}{1+(4Y/X)^2}$$

化简可得

$$X^2 + (4Y)^2 - 2X_M(4Y) = 0$$

配方得

$$X^2 + (4Y - X_M)^2 = X_M^2$$

由此可得

$$\frac{(X/2)^2}{(X_M/2)^2}+\frac{(Y-X_M/4)^2}{(X_M/4)^2}=1 \tag{1.6.6}$$

其中，$X/2$ 是射高的横坐标。可见：最高点分布在半长轴为 $X_M/2$、半短轴为 $X_M/4$、中心为 $(0,X_M/4)$ 的椭圆上。

［图示］ (1) 如 P1_6a 图所示，射程随射角的增加先增后减，射高随射角的增加而增加。当射角为零时，射程为零；当射角为 90°时，物体还会落在抛出点，射程仍然为零；当射角为 45°时射程最远。当射角为零时，射高为零；当射角为 90°时，射高最大。

(2) 如 P1_6b 图所示，图例表示射角，当两个射角互余时，物体的两个射高不同，但射程相同。不论射角如何，轨道的最高点都分布在椭圆上。物体竖直上抛时，最高点是最大射程的一半；物体平抛时，抛出点就是最高点。

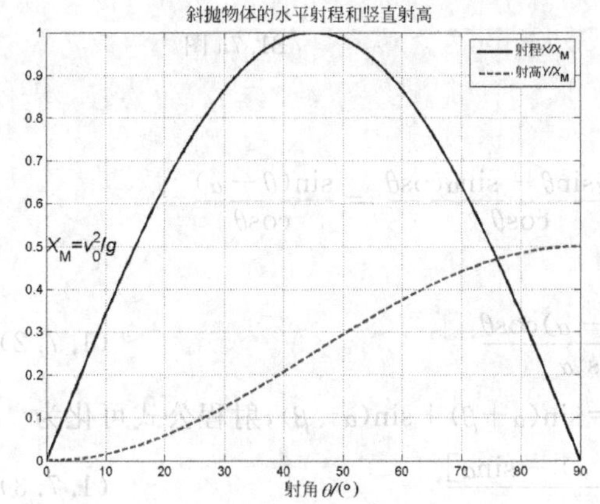

P1_6a 图

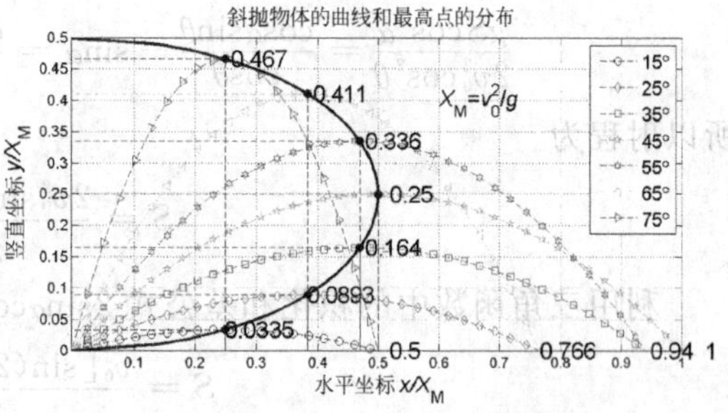

P1_6b 图

［算法］ 取最大射程 $X_M$ 作为长度单位，设 $x^*=x/X_M$，$y^*=y/X_M$，$x^*$ 就是无量纲的横坐标或约化横坐标，$y^*$ 就是无量纲的纵坐标或约化纵坐标，由(1.6.2)式得物体的无量纲的轨迹方程

$$y^*=x^*\tan\theta-\frac{x^{*2}}{2\cos^2\theta} \tag{1.6.2*}$$

当射角为 $\theta$ 时，水平射程为

$$X^*=\frac{X}{X_M}=\sin 2\theta \tag{1.6.3*}$$

竖直射高为

$$Y^*=\frac{Y}{Y_M}=\frac{1}{2}\sin^2\theta \tag{1.6.5*}$$

设 $X^*=X/2X_M$，$Y^*=Y/X_M$，根据(1.6.6)式可得最高点分布的无量纲曲线方程为

$$\frac{X^{*2}}{0.5^2}+\frac{(Y^*-0.25)^2}{0.25^2}=1 \tag{1.6.6*}$$

在无量纲的坐标系中，最高点分布在半长轴为 0.5、半短轴为 0.25、中心为(0,0.25)的椭圆上。

取角度为参数向量，取横坐标为自变量向量，形成参数和横坐标矩阵，计算高度矩阵，用矩阵画线法画抛物线曲线族。再画椭圆曲线，形成抛物线与椭圆的交点。

［程序］ P1_6.m 见网站。

## {范例 1.7} 斜抛物体在斜坡上的射程

一山坡与水平面所成的仰角为 $\alpha$，一物体以初速度 $v_0$ 抛向山坡，$v_0$ 与水平面所成的仰角为 $\theta(\theta\geqslant\alpha)$。不计空气阻力，试讨论射程与射角和坡度之间的关系，最大射程与坡度之间的关系。

［解析］ 如 B1.7a 图所示，当物体射向山坡时，设物体的射程为 $S$，落点 $P$ 的坐标为

$$x = S\cos\alpha,\quad y = S\sin\alpha \tag{1.7.1}$$

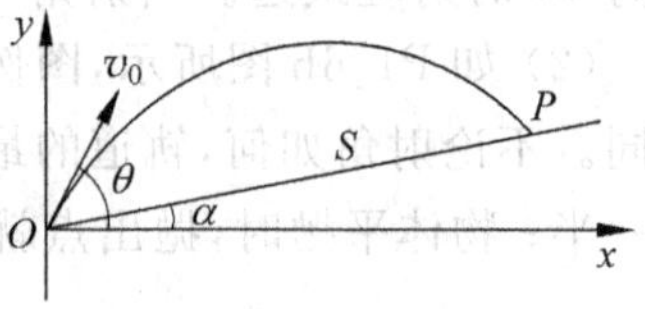


B1.7a 图

将两式代入(1.6.2)式可得

$$S\sin\alpha = \frac{S\cos\alpha\sin\theta}{\cos\theta} - \frac{1}{2}g\frac{S^2\cos^2\alpha}{v_0^2\cos^2\theta}$$

移项得

$$\frac{gS\cos^2\alpha}{2v_0^2\cos^2\theta} = \frac{\cos\alpha\sin\theta}{\cos\theta} - \sin\alpha = \frac{\cos\alpha\sin\theta - \sin\alpha\cos\theta}{\cos\theta} = \frac{\sin(\theta-\alpha)}{\cos\theta}$$

所以射程为

$$S = \frac{2v_0^2\sin(\theta-\alpha)\cos\theta}{g\cos^2\alpha} \tag{1.7.2}$$

利用三角函数中的积化和差公式 $2\sin\alpha\cos\beta=\sin(\alpha+\beta)+\sin(\alpha-\beta)$，射程公式可化为

$$S = \frac{v_0^2[\sin(2\theta-\alpha)-\sin\alpha]}{g\cos^2\alpha} \tag{1.7.3}$$

当 $2\theta-\alpha=\pi/2$ 时，即

$$\theta = \frac{\pi}{4}+\frac{\alpha}{2} \tag{1.7.4}$$

时射程最大。射程的最大值为

$$S_{\mathrm{M}} = \frac{v_0^2(1-\sin\alpha)}{g\cos^2\alpha} = \frac{v_0^2}{g(1+\sin\alpha)} \tag{1.7.5}$$

当 $\theta_1+\theta_2=90^\circ+\alpha$ 时，可得

$$S_1 = \frac{v_0^2[\sin(2\theta_1-\alpha)]}{g\cos^2\alpha} = \frac{v_0^2\{\sin[180^\circ-(2\theta_2-\alpha)]\}}{g\cos^2\alpha} = \frac{v_0^2[\sin(2\theta_2-\alpha)]}{g\cos^2\alpha} = S_2$$

可见：当两个射角满足关系 $\theta_1+\theta_2=90^\circ+\alpha$ 时，物体的射程相同。

［讨论］ (1) 在平地上斜抛物体时，$\alpha=0$，可得水平射程

$$S = v_0^2\sin2\theta/g$$

最大射程为

$$S_{\mathrm{M}} = v_0^2/g$$

此时的射角为 $\theta=\pi/4$。

(2) 当 $\alpha=\pi/2$ 时，山坡就变成峭壁，物体只能竖直上抛，沿峭壁运动。不计摩擦，物体与峭壁的接触点都是射程。最大射程为

$$S_{\mathrm{M}} = v_0^2/2g$$

这正是竖直上抛的最大高度。

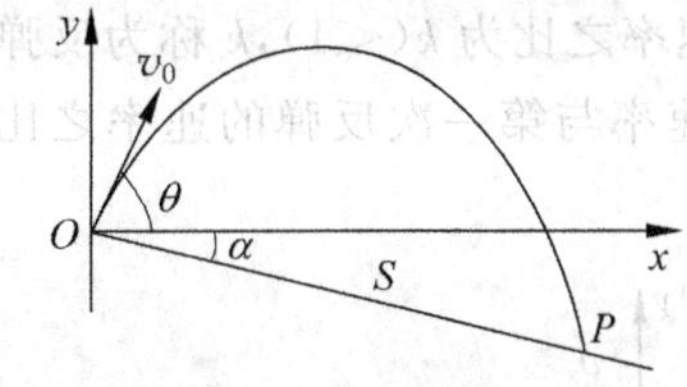

B1.7b 图

(3) 如果山坡不是上坡而是下坡，如B1.7b图所示，$\alpha$ 就是负值。如果 $\alpha$ 取正值，就要将公式中的 $\alpha$ 换成 $-\alpha$，这时射程为

$$S' = \frac{2v_0^2\sin(\theta+\alpha)\cos\theta}{g\cos^2\alpha} \tag{1.7.6}$$

或

$$S' = \frac{v_0^2[\sin(2\theta+\alpha)+\sin\alpha]}{g\cos^2\alpha} \tag{1.7.7}$$

最大射程为

$$S'_{\mathrm{M}} = \frac{v_0^2}{g(1-\sin\alpha)} \tag{1.7.8}$$

以同一速度和相同抛射角在同一山坡扔物体，从上往下扔与从下往上扔的射程差为

$$\Delta S = S' - S = \frac{4v_0^2\sin\alpha\cos^2\theta}{g\cos^2\alpha} > 0 \tag{1.7.9}$$

可知：从上往下扔比从下往上扔的射程要远一些，最大射程也要远一些。

(4) 当向下的山坡变成悬崖时，(1.7.6)式和(1.7.7)式中的 $\alpha$ 趋于 $\pi/2$。如果物体不竖直下抛，$S'$ 趋于无穷大，表示物体无法落在悬崖侧面上。如果物体竖直向下抛，物体就沿着悬崖的侧面向下运动。不计摩擦，物体与悬崖的接触点都是射程，但不存在最大射程。

[图示] 如P1_7图所示，图例表示斜坡的仰角，仰角越大，射角取值范围就越小。斜坡的仰角不同，物体的射程随射角变化的曲线就不同，但是所有曲线都先增后减，每条曲线都有一个极大值，表示最大射程。最大射程随仰角的增加而减小。当斜坡变成峭壁之后，最大射程就是最大射高，这是所有最大射程的最小值。所有射程曲线最后都交于一点(90,0)，说明不管坡度为多少，物体竖直上抛时，最后都落在原处，射程当然为零。

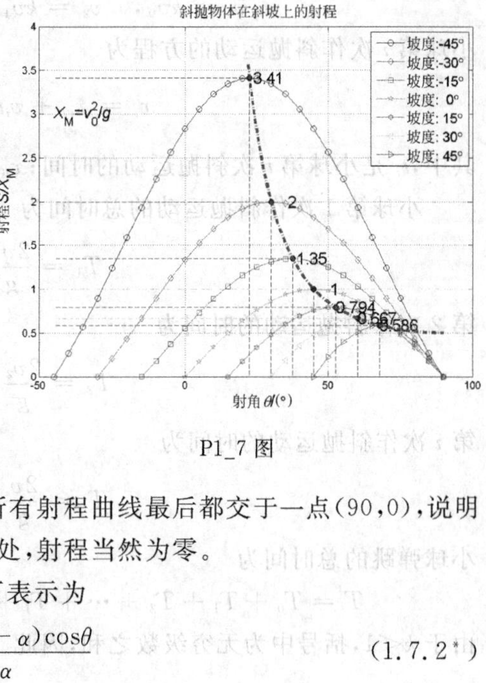

P1_7 图

[算法] 取 $X_{\mathrm{M}} = v_0^2/g$ 为射程单位，则射程可表示为

$$S = \frac{2X_{\mathrm{M}}\sin(\theta-\alpha)\cos\theta}{\cos^2\alpha} \tag{1.7.2*}$$

最大射程可表示为

$$S_{\mathrm{M}} = \frac{X_{\mathrm{M}}}{1+\sin\alpha} \tag{1.7.5*}$$

取坡度为参数向量，取射角为自变量向量，形成参数和自变量矩阵，计算射程矩阵，用矩阵画线法画射程曲线族。

[程序] P1_7.m 见网站。

## {范例 1.8} 平抛小球在地面上跳跃的轨迹(曲线动画)

一个小球以水平速度 $v_x$ 从高为 $h$ 处抛出，与地面发生碰撞后继续向前跳跃。假设小球在水平方向没有摩擦,在竖直方向碰撞后的速率与碰撞前的速率之比为 $k(<1)$,$k$ 称为反弹系数,求小球到静止时运动的时间和水平距离。小球的水平速率与第一次反弹的速率之比为一常数,对于不同的反弹系数,小球的运动轨迹是什么?

[**解析**] 如 B1.8 图所示,小球首先作平抛运动,其运动方程为

$$x = v_x t, \quad y = h - \frac{1}{2}gt^2 \tag{1.8.1}$$

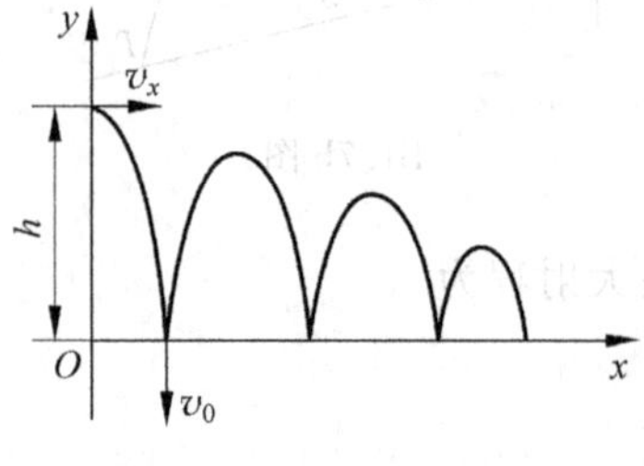

B1.8 图

小球与地面碰撞前的竖直速率为

$$v_0 = \sqrt{2gh} \tag{1.8.2}$$

下落的时间为

$$T_0 = \sqrt{2h/g} \tag{1.8.3}$$

小球与地面碰撞后作斜抛运动,在水平方向是匀速直线运动,在竖直方向是上抛运动。小球每次与地面碰撞后的速率为

$$v_1 = kv_0, \quad v_2 = kv_1 = k^2 v_0, \quad \cdots, \quad v_i = k^i v_0, \cdots$$

小球第 $i$ 次作斜抛运动的方程为

$$x_i = x_{i0} + v_i t_i, \quad y_i = v_i t_i - \frac{1}{2}gt_i^2 \tag{1.8.4}$$

其中,$t_i$ 是小球第 $i$ 次斜抛运动的时间;$x_{i0}$ 是水平初始位置。

小球第 1 次作斜抛运动的总时间为

$$T_1 = \frac{2v_1}{g} = \frac{2kv_0}{g} = 2kT_0$$

第 2 次作斜抛运动的时间为

$$T_2 = \frac{2v_2}{g} = \frac{2k^2 v_0}{g} = 2k^2 T_0$$

第 $i$ 次作斜抛运动的时间为

$$T_i = \frac{2v_i}{g} = \frac{2k^i v_0}{g} = 2k^i T_0 \tag{1.8.5}$$

小球弹跳的总时间为

$$T = T_0 + T_1 + T_2 + \cdots + T_i + \cdots = T_0 + 2T_0(k + k^2 + \cdots + k^i + \cdots)$$

由于 $k<1$,括号中为无穷级数之和,因此

$$T = T_0 + 2T_0\frac{k}{1-k}$$

即

$$T = \frac{1+k}{1-k}T_0 \tag{1.8.6}$$

反弹系数决定小球弹跳时间。利用(1.8.3)式和(1.8.6)式,小球弹跳的水平距离为

$$X = v_x T = v_x\frac{1+k}{1-k}T_0 = v_x\frac{1+k}{1-k}\sqrt{\frac{2h}{g}} \tag{1.8.7}$$

[**图示**] (1) 如 P1_8a 图所示,小球水平速率与平抛落地速率之比取为 0.1,当反弹系数取为 0.9 时,小球运动时间为 $19T_0$,水平运动的距离为 $3.8h$。

(2) 如 P1_8b 图所示，小球水平速率与平抛落地速率之比仍取为 0.1，当反弹系数为 0.8 时，小球运动时间为 $9T_0$，水平运动的距离为 $1.8h$。在水平速率与平抛落地速率之比一定时，反弹系数越小，小球运动时间越短，水平运动的距离也越短。

(3) 在反弹系数一定时，小球运动时间不变，水平速率与平抛落地速率之比越大，水平运动的距离也越长(图略)。

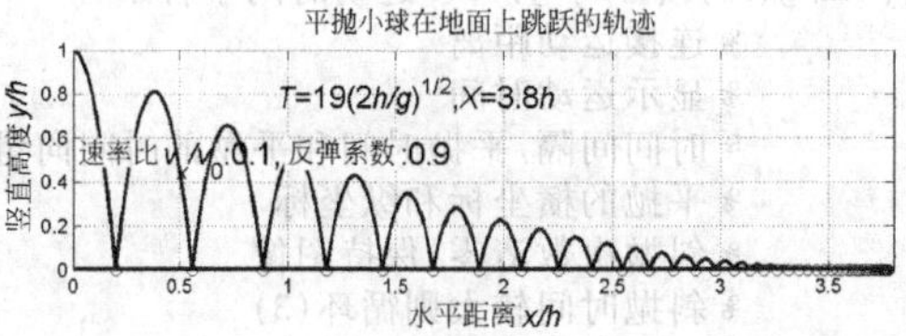


P1_8a 图

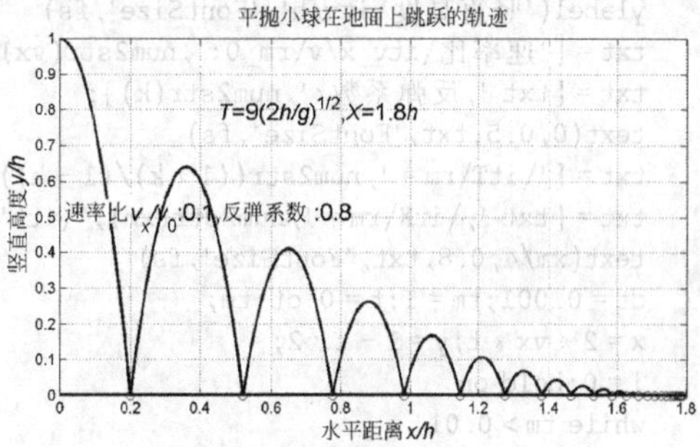


P1_8b 图

［算法］　取平抛高度 $h$ 为距离单位，取平抛时间 $T_0$ 为时间单位，取 $v_0$ 为速度单位，则小球作平抛运动的无量纲方程为

$$x^* = \frac{x}{h} = \frac{v_x T_0}{h}\frac{t}{T_0} = \frac{2v_x}{\sqrt{2gh}}\frac{t}{T_0} = 2v_x^* t^*,\quad y^* = \frac{y}{h} = 1 - \frac{gT_0^2}{2h}\left(\frac{t}{T_0}\right)^2 = 1 - t^{*2} \tag{1.8.1*}$$

其中，$t^* = t/T_0$；$v_x^* = v_x/v_0$。$t^*$ 的取值范围在 0 到 1 之间，$v_x^*$ 是速率比。

小球第 $i$ 次作斜抛运动的无量纲方程为

$$x_i^* = \frac{x_i}{h} = \frac{x_{i0}}{h} + \frac{v_x T_0}{h}\frac{t_i}{T_0} = x_{i0}^* + 2v_x^* t_i^* \tag{1.8.4a*}$$

$$y_i^* = \frac{y_i}{h} = \frac{v_i T_0}{h}\frac{t_i}{T_0} - \frac{gT_0^2}{2h}\left(\frac{t_i}{T_0}\right)^2 = 2k^i t_i^* - t_i^{*2} \tag{1.8.4b*}$$

其中 $t_i^* = t_i/T_0$。小球第 $i$ 次作斜抛运动的无量纲时间为

$$T_i^* = \frac{T_i}{T_0} = 2k^i \tag{1.8.5*}$$

因此，$t_i^*$ 的取值范围在 0 到 $2k^i$ 之间。小球作弹跳运动的总时间可用(1.8.6)式表示，小球弹跳的水平距离可表示为

$$X = \frac{1+k}{1-k}2h\frac{v_x}{\sqrt{2gh}} = \frac{1+k}{1-k}2v_x^* h \tag{1.8.7*}$$

小球弹跳的水平距离由反弹系数和速率比决定，反弹系数和速率比是可调节的参数。

［程序］　P1_8main.m 如下。

```
%平抛小球在地面上跳跃的轨迹的主程序
clear,vx = 0.1;k = 0.9;                          %清除变量,速率比,反弹系数(1)
P1_8fun(vx,k)                                    %调用函数文件画轨迹
P1_8fun(vx,0.8)                                  %调用函数文件画轨迹
```

P1_8fun.m 如下。

```
%平抛小球在地面上跳跃的轨迹的函数文件
```

```
function fun(vx,k)
if k>=1 return,end                                    %如果速率比大于1则返回(2)
tm=(1+k)/(1-k);xm=2*vx*tm;                            %运动时间和最远距离
figure;plot([0,xm],[0,0],'LineWidth',3),grid on      %创建图形窗口,画地平线,加网格
axis equal,axis([0,xm,0,1])                           %使坐标间隔相等,坐标范围
fs=16;title('平抛小球在地面上跳跃的轨迹','FontSize',fs)   %标题
xlabel('水平距离\itx/h','FontSize',fs)                 %横坐标标签
ylabel('竖直高度\ity/h','FontSize',fs)                 %纵坐标标签
txt=['速率比\itv_x/v\rm_0:',num2str(vx)];             %水平速率与平抛落地速率比文本
txt=[txt ',反弹系数:',num2str(k)];                     %反弹系数文本
text(0,0.5,txt,'FontSize',fs)                         %显示速率比文本
txt=['\itT\rm=',num2str((1+k)/(1-k)),'(2\ith/g\rm)^{1/2}'];   %运动时间字符串
txt=[txt ',\itX\rm=',num2str(xm),'\ith'];             %连接运动距离
text(xm/4,0.8,txt,'FontSize',fs)                      %显示运动时间
dt=0.001;tm=1;t=0:dt:tm;                              %时间间隔,平抛时间和平抛的时间向量
x=2*vx*t;y=1-t.^2;                                    %平抛的横坐标和纵坐标
i=0;hold on                                           %斜抛次数清零,保持图像
while tm>0.01                                         %斜抛时间较大则循环(3)
    comet(x,y),plot(x,y,'LineWidth',2)                %画彗星式轨迹,补画轨迹
    i=i+1;tm=2*k.^i;t=0:0.001:tm;                     %斜抛次数、斜抛运动时间和时间向量
    x=x(end)+2*vx*t;y=2*k^i*t-t.^2;                   %横坐标和纵坐标
end                                                   %结束循环
```

[**说明**]　(1) 将速率比和反弹系数通过主程序传递到函数文件中,可减少手工操作。

(2) 如果反弹系数不合理,则不需要向下执行程序。return 指令从程序返回命令窗口。

(3) 在不知道小球要弹跳多少次的情况下,用 while 循环中的关系式来控制是否退出循环,决定小球跳动的次数。

## {范例 1.9}　导弹拦截(曲线动画)

设对方导弹在平地上作斜抛运动向己方袭来(不计空气阻力),模拟己方导弹拦截对方导弹的过程。

[**解析**]　如 B1.9 图所示,设对方导弹的初速度为 $v_0$,发射角为 $\theta$,不计空气阻力时,对方导弹的轨道的参数方程为

$$x_1 = v_0\cos\theta\cdot t,\quad y_1 = v_0\sin\theta\cdot t - \frac{1}{2}gt^2 \tag{1.9.1}$$

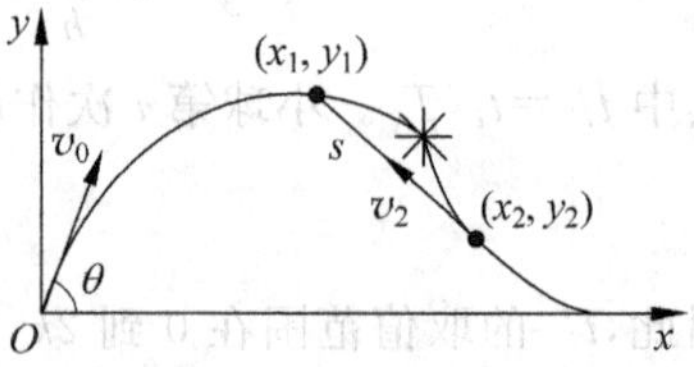

B1.9 图

其中时间 $t$ 是参数。令 $y_1=0$,可得抛射时间

$$T = 2v_0\sin\theta/g \tag{1.9.2}$$

设己方导弹的速率 $v_2$ 为一常数,某时刻己方导弹的坐标为$(x_2,y_2)$,与对方导弹之间的距离为

$$s = \sqrt{(x_2-x_1)^2+(y_2-y_1)^2} \tag{1.9.3}$$

己方导弹瞄准对方导弹运动,速度的方向指向对方导弹,速度的分量为

$$v_{2x} = v_2\frac{x_1-x_2}{s},\quad v_{2y} = v_2\frac{y_1-y_2}{s} \tag{1.9.4}$$

经过时间 $\Delta t$,己方导弹位移的分量为

$$\Delta x_2 = v_{2x}\Delta t = v_2\frac{x_1-x_2}{s}\Delta t,\quad \Delta y_2 = v_{2y}\Delta t = v_2\frac{y_1-y_2}{s}\Delta t \tag{1.9.5}$$

当对方导弹移动时，己方导弹的速度始终指向对方导弹，当己方导弹与对方导弹的距离很近的时候，即可引爆己方导弹，摧毁对方导弹。

对方导弹的轨迹是抛物线，己方拦截导弹的轨迹没有解析式表达，只有数值解。

［图示］（1）如 P1_9a 图所示，己方导弹成功拦截对方导弹。

（2）如 P1_9b 图所示，己方导弹拦截对方导弹失败。

（3）对于不同发射角的来袭导弹，或者在不同的时刻发射拦截导弹，拦截效果不同（图略）。

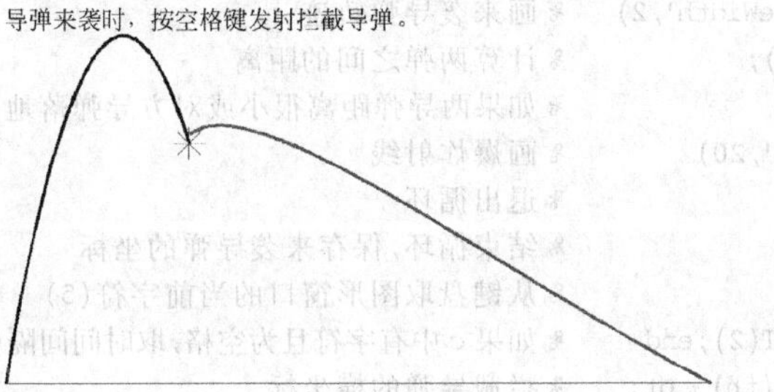


P1_9a 图

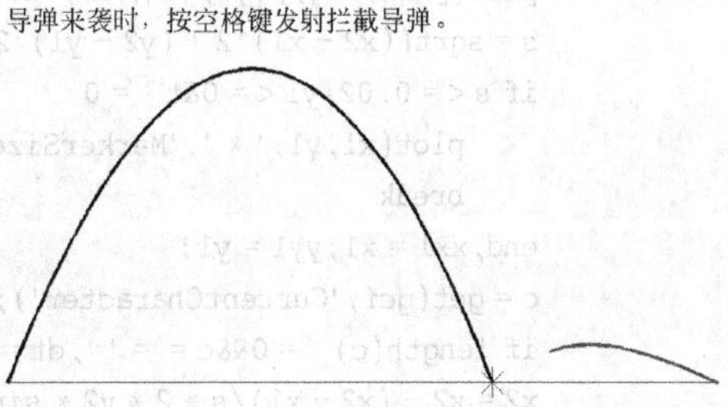


P1_9b 图

［算法］　取对方导弹最大射程 $X_{\mathrm{M}}=v_0^2/g$ 为长度单位，则约化横坐标为 $x_1^*=x_1/X_{\mathrm{M}}$，约化纵坐标为 $y_1^*=y_1/X_{\mathrm{M}}$；以抛射时间为时间单位，则约化时间为 $t^*=t/T$，$t^*$ 的取值范围在 0 到 1 之间。对方导弹轨道的参数方程可简化为

$$x_1^*=\frac{x_1}{X_{\mathrm{M}}}=\sin2\theta\cdot t^*,\quad y_1^*=\frac{y_1}{X_{\mathrm{M}}}=2\sin^2\theta(t^*-t^{*2})\qquad(1.9.1^*)$$

对方导弹的发射角不同，其轨道就会不同。

取约化时间间隔为 $\Delta t^*=\Delta t/T$，取对方导弹的初速度 $v_0$ 为速度单位，己方导弹的约化横坐标为 $x_2^*=x_2/X_{\mathrm{M}}$，约化纵坐标为 $y_2^*=y_2/X_{\mathrm{M}}$，则得

$$x_2^*=x_{20}^*+\Delta x_2^*=x_{20}^*+\frac{x_1^*-x_2^*}{s^*}2v_2^*\sin\theta\cdot\Delta t^*\qquad(1.9.5\mathrm{a}^*)$$

$$y_2^*=y_{20}^*+\Delta y_2^*=y_{20}^*+\frac{y_1^*-y_2^*}{s^*}2v_2^*\sin\theta\cdot\Delta t^*\qquad(1.9.5\mathrm{b}^*)$$

其中 $v_2^*=v_2/v_0$ 是己方导弹速度与对方导弹的初速度之比，而

$$s^*=\frac{s}{X_{\mathrm{M}}}=\sqrt{(x_2^*-x_1^*)^2+(y_2^*-y_1^*)^2}\qquad(1.9.3^*)$$

己方导弹的初始无量纲坐标可取为(1,0)。如果己方导弹与对方导弹之间的无量纲距离很小(例如小于 0.02)，就可认为拦截了对方导弹；如果达不到很小的距离，则认为拦截失败。

［程序］　P1_9.m 如下。

```
%导弹拦截
clear,v2 = 1.1;                  %清除变量,拦截导弹速率与来袭导弹初速度之比(1)
T = linspace(0,1);                                          %飞行时间
while 1                                                     %做无限循环
    figure                                                  %创建图形窗口
    axis([0 1 - 0.2 0.6]),axis equal off                    %坐标范围,隐藏坐标
    title('导弹拦截','FontSize',20)                          %标题
    text(0,0.5,'导弹来袭时,按空格键发射拦截导弹','FontSize',16)   %显示操作方法
```

```
    hold on,plot([0,1],[0,0])                                %保持图像,画地平线
    th = 90 * rand;th = th * pi/180;                         %0到90度之间的随机角度,化为弧度(2)
    xx1 = 0;yy1 = 0;                                         %来袭导弹的初坐标
    xx2 = 1;yy2 = 0;                                         %拦截导弹的初坐标
    x2 = 1;y2 = 0;                                           %拦截导弹的终坐标的初值
    c = '';dt = 0;                                           %字符变量置空,时间间隔取0(3)
    for t = T                                                %按来袭导弹的时间循环
        x1 = t * sin(2 * th);y1 = 2 * sin(th)^2 * (t - t^2);    %计算来袭导弹的坐标
        plot([xx1,x1],[yy1,y1],'k','LineWidth',2)            %画来袭导弹轨迹
        s = sqrt((x2 - x1)^2 + (y2 - y1)^2);                 %计算两弹之间的距离
        if s <= 0.02|y1 <= 0&t~ = 0                          %如果两导弹距离很小或对方导弹落地(4)
            plot(x1,y1,' * ','MarkerSize',20)                %画爆炸射线
            break                                            %退出循环
        end,xx1 = x1;yy1 = y1;                               %结束循环,保存来袭导弹的坐标
        c = get(gcf,'CurrentCharacter');                     %从键盘取图形窗口的当前字符(5)
        if length(c)~ = 0&&c = = ' ',dt = T(2);end           %如果c中有字符且为空格,取时间间隔(6)
        x2 = x2 - (x2 - x1)/s * 2 * v2 * sin(th) * dt;       %拦截导弹的横坐标
        y2 = y2 - (y2 - y1)/s * 2 * v2 * sin(th) * dt;       %拦截导弹的纵坐标
        plot([xx2,x2],[yy2,y2],'r','LineWidth',2)            %画拦截导弹的轨迹
        xx2 = x2;yy2 = y2;                                   %保存拦截导弹的坐标
        pause(0.05)                                          %延时(7)
    end,c = input('还玩吗?(y/n)','s');                        %结束循环,提示键盘输入选择
    if c~ = 'y' break,end                                    %不是y则退出游戏(8)
end                                                          %结束循环
```

**[说明]** (1) 己方导弹与对方导弹的速率比可取0.9,1和1.1等值,通过操作表明:己方导弹速率越大,拦截的成功率就越高。

(2) 来袭导弹的发射角是随机选取的。

(3) 己方导弹发出前,时间间隔取零。

(4) 如果对方导弹发射角太小或太大,则发射失败,己方导弹不需要拦截。如果己方导弹发射太晚,则可能拦截不到而失败。

(5) 从键盘获取输入的字符,可达到适时控制的目的。

(6) 己方导弹可按空格键发射。如果从键盘获取了字符,并且字符是空格时,程序在执行过程中就修改时间间隔的值。当时间间隔的值不为零时,己方导弹就发射了。键盘在中文输入状态下可能按空格键无法发射导弹,这时需要按Ctrl+空格键进入英文输入状态。

(7) 对于不同的电脑,延迟时间需要调整才能产生较好的效果。

(8) 拦截完成或失败之后,如果继续"玩"则按Y键回车或直接回车;如果不"玩"了,则按N键回车。

## {范例1.10} 飞机在风中往返的时间

南北两地$A$和$B$之间的距离为$l$,一架飞机在$A$和$B$两地之间往返,相对于空气的飞行速率为$v$。空气相对于地面的速率为$u(u<v)$,方向与南北方向的夹角为$\theta$。试求飞机往返一次的时间。在什么情况下往返时间最长或最短?

**[解析]** 如果没有风,则飞机在两地之间往返一次的时间为

$$t_0 = 2l/v \tag{1.10.1}$$

飞机相对于地面的速度 $\boldsymbol{V}$ 等于飞机相对于空气的速度 $\boldsymbol{v}$ 与空气相对于地面的速度 $\boldsymbol{u}$ 的矢量和

$$\boldsymbol{V}=\boldsymbol{v}+\boldsymbol{u} \tag{1.10.2}$$

如 B1.10a 图所示，假设风向与正北方的夹角为 $\theta$，当飞机从 $A$ 地飞到 $B$ 地时，速度方向要北偏西才能保持向北的直线飞行。设飞机与正北方的偏角为 $\alpha$，则飞机相对地面速度的分量为

$$V_x=u\sin\theta-v\sin\alpha=0 \tag{1.10.3a}$$

$$V_y=u\cos\theta+v\cos\alpha \tag{1.10.3b}$$

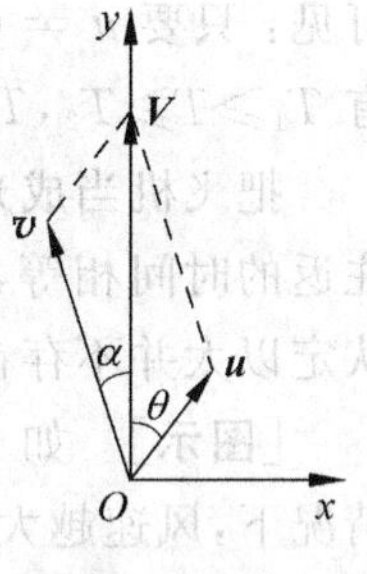

B1.10a 图

由(1.10.3a)式得

$$\sin\alpha=\frac{u}{v}\sin\theta \tag{1.10.4}$$

将(1.10.4)式代入(1.10.3b)式得

$$V_y=u\cos\theta+\sqrt{v^2-(u\sin\theta)^2} \tag{1.10.5}$$

飞机从 $A$ 地飞到 $B$ 地所需要的时间为

$$t=\frac{l}{V_y}=\frac{l}{\sqrt{v^2-u^2\sin^2\theta}+u\cos\theta} \tag{1.10.6}$$

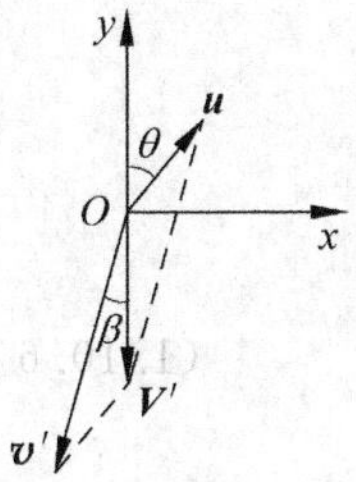

B1.10b 图

如 B1.10b 图所示，当飞机从 $B$ 地飞回到 $A$ 地时，速度方向要南偏西才能保持向南的直线飞行。设飞机的偏角为 $\beta$，则飞机相对地面速度的分量为

$$V'_x=u\sin\theta-v\sin\beta=0 \tag{1.10.7a}$$

$$V'_y=u\cos\theta-v\cos\beta \tag{1.10.7b}$$

由(1.10.7a)式得

$$\sin\beta=\frac{u}{v}\sin\theta \tag{1.10.8}$$

可见：在飞机速度和风速及风向相同的情况下，飞机往返的偏角相同，即 $\alpha=\beta$。将上式代入(1.10.7b)式得

$$V'_y=u\cos\theta-\sqrt{v^2-(u\sin\theta)^2} \tag{1.10.9}$$

飞机从 $B$ 地飞到 $A$ 地所需要的时间为

$$t'=\frac{l}{|V'_y|}=\frac{l}{\sqrt{v^2-u^2\sin^2\theta}-u\cos\theta} \tag{1.10.10}$$

飞机往返的时间为

$$T=t+t'=\frac{2l\sqrt{v^2-u^2\sin^2\theta}}{v^2-u^2} \tag{1.10.11}$$

飞机往返的时间由风速和飞机速率以及风向决定。

［讨论］ (1) 如果风速为零，则飞机往返的时间就是 $t_0$。

(2) 如果 $\theta=0°$，飞机就顺风或逆风飞行，往返的时间最长

$$T_1=\frac{t_0}{1-(u/v)^2} \tag{1.10.12}$$

(3) 如果 $\theta=90°$，则风向总是与飞行方向垂直，飞机往和返的时间相等，往返的时间最短

$$T_2=\frac{t_0\sqrt{1-(u/v)^2}}{1-(u/v)^2}=\frac{t_0}{\sqrt{1-(u/v)^2}} \tag{1.10.13}$$

由(1.10.12)式和(1.10.13)式得

$$T_2/T_1 = \sqrt{1-(u/v)^2} \tag{1.10.14}$$

可见：只要 $u \neq 0$，就有 $T_2 < T_1$，飞机顺风和逆风往返需要的时间长一些。在一般情况下有 $T_1 \geqslant T \geqslant T_2$，$T_1$ 与 $T_2$ 的差值最大。

把飞机当成光，把空气想象成传播光的媒质——以太，如果测得光在任何两个垂直方向往返的时间相等，即 $T_2 = T_1$，就有 $u=0$，即可认定以太并不存在，光的传播不需要媒质。

［**图示**］ 如 P1_10 图所示，在风向一定的情况下，风速越大，飞机往返一次所需要的时间越长。这时风速在飞机飞行方向上的分量越大，虽然飞机顺风时需要的时间短，但是逆风时需要的时间要长得多，超过顺风节省的时间。在风速一定的情况下，风向偏角越大，飞机往返一次所需要的时间越短。这是因为风速在飞机飞行方向上的分量较小，所以飞机往返需要的时间较短。

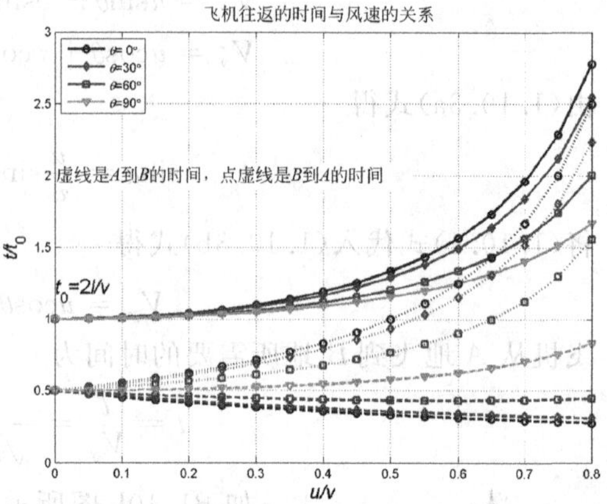

P1_10 图

［**算法**］ 取飞机的速率 $v$ 为风速的单位，取 $t_0 = 2l/v$ 为时间单位，则飞机从 $A$ 地飞到 $B$ 地所需要的时间可表示为

$$t = \frac{t_0}{2\sqrt{1-u^{*2}\sin^2\theta} + u^*\cos\theta} \tag{1.10.6*}$$

其中 $u^* = u/v$。飞机从 $B$ 地飞到 $A$ 地所需要的时间可表示为

$$t' = \frac{t_0}{2\sqrt{1-u^{*2}\sin^2\theta} - u^*\cos\theta} \tag{1.10.10*}$$

飞机往返的时间可表示为

$$T = \frac{t_0\sqrt{1-u^{*2}\sin^2\theta}}{1-u^{*2}} \tag{1.10.11*}$$

取风的角度为参数向量，取风的速度为自变量向量，形成矩阵，计算往返的时间，用矩阵画线法画曲线族。

［**程序**］ P1_10.m 见网站。

## 练 习 题

1.1 质点运动的图解

一质点沿直线运动，速度-时间关系如 C1.1 图所示。画出质点的速度、加速度和坐标随时间变化的曲线，并说明质点在各个时间段作什么运动。

1.2 旋转杆上质点的水平运动

如 C1.2 图所示，水平杆上的点 $M$ 同时也在旋转长杆 $AB$ 上，水平杆到旋转杆 $A$ 点的距离为 $h$。当旋转杆从竖直位置以角速度 $\omega$ 匀速转动时，求 $M$ 点的运动方程和水平速度以及水平加速度，画出位置和水平速度以及加速度曲线。（提示：取 $\theta=\omega t$ 为无量纲的时间，取 $h$ 为位置单位，取 $\omega h$ 为速度单位，取 $\omega h^2$ 为加速度单位。）

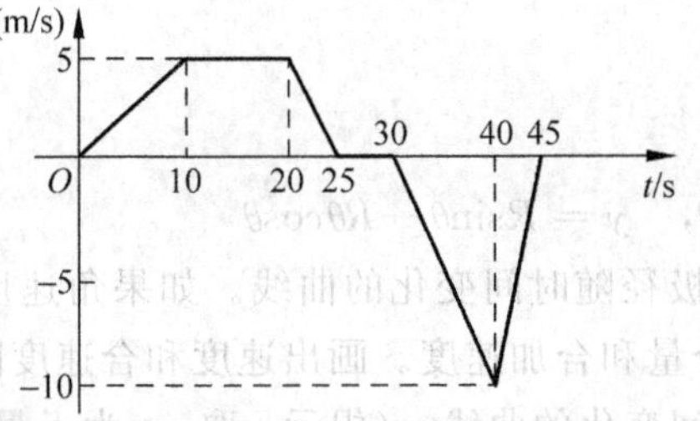


C1.1 图

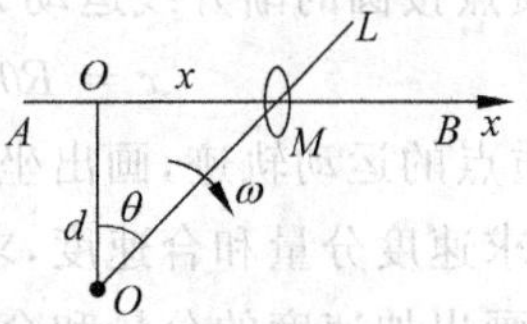


C1.2 图

1.3　质点运动的速率与距离成正比的运动规律

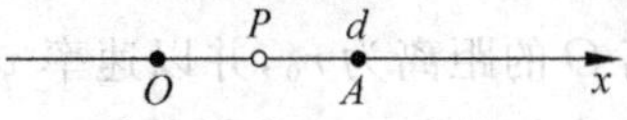


C1.3 图

如 C1.3 图所示，$A$ 点与原点 $O$ 之间的距离为 $d$，质点 $P$ 沿 $x$ 轴正向向 $A$ 点运动。在 $t=0$ 时，质点 $P$ 在原点 $O$，其速率正比于到 $O$ 点的距离，比例系数为 $k$。求证：质点的位置坐标随时间变化的规律为

$$x = d(1-\mathrm{e}^{-kt})$$

质点的速度和加速度是多少？画出位置、速度和加速度随时间变化的曲线。（提示：取 $kt$ 为无量纲时间，取 $d$ 为位置单位，取 $kd$ 为速度单位，取 $k^2d$ 为加速度单位。）

1.4　质点平面运动的轨迹

一质点的运动方程为 $x=3t+5$，$y=t^2/2+3t-4$。式中，$t$ 的单位为 s，$x$ 和 $y$ 的单位是 m。试画出质点在 4s 内的位置随时间的变化曲线和质点的轨迹；求质点的速度分量和合速度及其方向。

1.5　质点三维螺旋运动的轨迹

一质点在任意时刻的位置在直角坐标系中可表示为

$$x = A\cos\omega t,\quad y = A\sin\omega t,\quad z = Bt$$

其中 $A=0.05\mathrm{m}$，$\omega=20\pi$，$B=0.1$，画出质点在 1s 内的运动轨迹以及位矢、速度和加速度随时间变化的曲线。

1.6　匀速下滑的梯子底端的水平运动

（1）如 C1.6 图所示，一长为 $s=10\mathrm{m}$ 的梯子，顶端斜靠在竖直的墙上。设 $t=0$ 时，顶端离地面 $h=8\mathrm{m}$，当顶端以 $v_0=2\mathrm{m/s}$ 的速度沿墙面匀速下滑时，求底端的位置、速度和加速度。

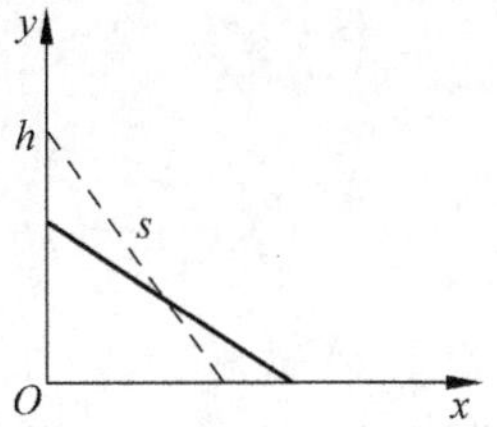


C1.6 图

（2）如何无量纲地计算底端的位置、速度和加速度随时间变化的规律？（提示：取 $s$ 为高度单位和位置单位，取 $v_0$ 为速度单位，取 $v_0^2/s$ 为加速度单位，取 $v_0/s$ 为时间单位，相对高度 $h/s$ 可在 0～1 之间任取。）

1.7　质点的匀速圆周运动的无量纲计算

一质点的运动方程为

$$x = r\cos\omega t,\quad y = r\sin\omega t$$

画出质点运动的轨迹，说明质点运动的方向。画出质点的位矢、速度和加速度随时间变化的曲线。（提示：参考{范例 1.2}，取 $\omega t$ 为无量纲的时间，取 $r$ 为坐标单位，取 $\omega r$ 为速度单位，取 $\omega^2 r$ 为加速度单位。）

1.8 质点沿圆的渐开线运动

一质点按圆的渐开线运动方程为

$$x = R\theta\sin\theta + R\cos\theta, \quad y = R\sin\theta - R\theta\cos\theta$$

试画出质点的运动轨迹，画出坐标的分量和极径随时间变化的曲线。如果角速度 $\omega = \mathrm{d}\theta/\mathrm{d}t$ 是常量，求速度分量和合速度，求加速度的分量和合加速度。画出速度和合速度随时间变化的曲线，画出加速度的分量和合加速度随时间变化的曲线。（提示：取 $\omega t$ 为无量纲时间，取 $R$ 为坐标的单位，取 $\omega R$ 为速度的单位，取 $\omega^2 R$ 为加速度的单位。）

1.9 质点沿双曲螺线运动

如 C1.9 图所示，一物体用绳子牵引在水平面上运动，绳子可通过小孔 $O$ 向下拉。物体离 $O$ 的距离为 $r_0$，并以速率 $v_0$ 垂直于矢径运动，当绳子以速率 $v$ 向下拉动时，求证：物体的运动方程为一双曲螺线，

$$\frac{r}{r_0}\left(1 + \frac{v}{v_0}\theta\right) = 1$$

当 $v/v_0$ 分别取 0.8 到 1.2(间隔为 0.2)的值时，画出物体的运动轨迹。

1.10 斜抛物体的目标

(1) 一个人扔石子的出手速率为 $v_0 = 20\mathrm{m/s}$，一个目标与他的手的水平距离为 $x = 30\mathrm{m}$，高为 $y = 10\mathrm{m}$，不计空气阻力，他能击中目标吗？如果目标高为 $y = 8\mathrm{m}$，结果如何？他能击中的目标的最大高度是多少？($g = 10\mathrm{m/s^2}$)

(2) 如何用无量纲的方法解决石子投掷问题？（提示：取 $v_0^2/g$ 为坐标的单位。）

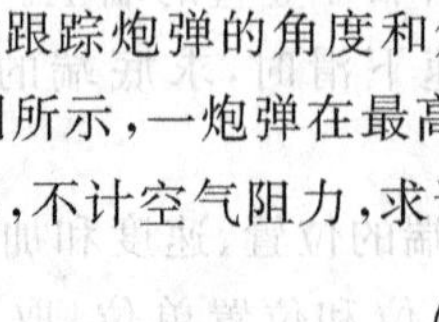

C1.9 图

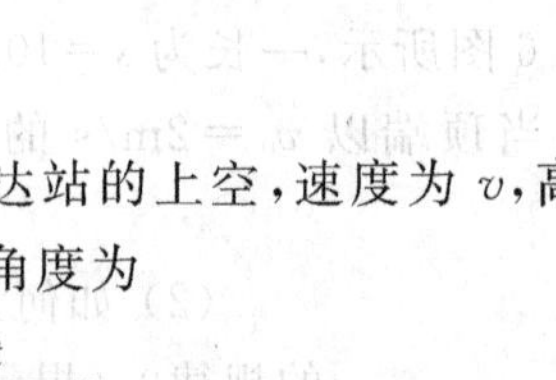

C1.11 图

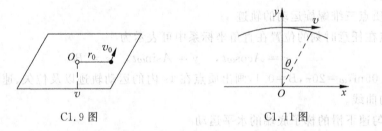

1.11 雷达跟踪炮弹的角度和角速度

如 C1.11 图所示，一炮弹在最高点时越过一雷达站的上空，速度为 $v$，高度为 $h$。为了跟踪炮弹的轨迹，不计空气阻力，求证：雷达旋转的角度为

$$\theta = \arctan\frac{vt}{h - gt^2/2}$$

角速度为

$$\omega = \frac{v(h + gt^2/2)}{(h - gt^2/2)^2 + (vt)^2}$$

对于一定高度和不同速度的炮弹，画出角度和角速度随时间变化的曲线族。角速度在什么情况下最大？（提示：取 $t_0 = \sqrt{2h/g}$ 为时间单位，取 $v_0 = \sqrt{2gh}$ 为速度单位，取 $t_0$ 的倒数为

角速度的单位，不同的速度可取 $v/v_0=0.1\sim1.3$，间隔为 0.3。）

1.12　导弹追击飞机的模拟

飞机在空中水平匀速飞行，地面上的导弹与飞机在同一竖直平面之内，模拟导弹打飞机的过程。

1.13　速率不变的火箭斜射的轨迹

一火箭以速率 $v_0$ 与地面成 $\theta$ 角发射，在驱动力、阻力和重力三者共同作用下，火箭作速率不变的曲线运动，求火箭的运动方程。取发射角分别为 10°，30°，50°和 70°，画出火箭发射的轨迹。

1.14　小船在河流中的运动轨迹

如 C1.14 图所示，一宽度为 $a$ 的河流，其流速与到河岸的距离成正比。在河岸处的水流速度为零，在河流中心处的速度为 $v_m$。一小船以相对速度 $u$ 沿垂直于水流的方向行驶。在岸上看，船的轨迹是什么？

1.15　飞机的相对运动

如 C1.15 图所示，西风的速率为 $v_1=10\text{m/s}$，飞机在风中飞行的速率为 $v_2=30\text{m/s}$。在地面上看，飞机在风中可向各方向飞行，在地面上看飞机的速度大小和方向如何？

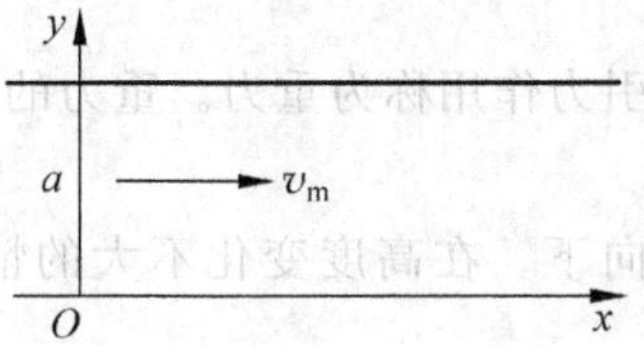


C1.14 图

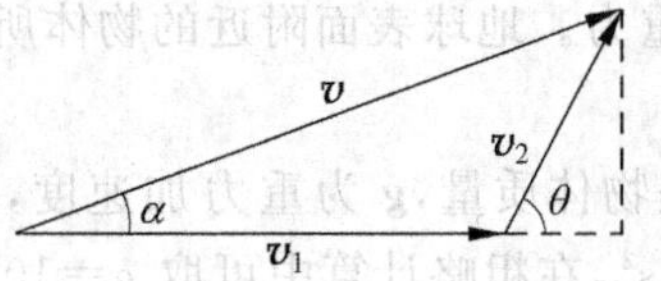


C1.15 图

1.16　礼花绽放

从地面向天空放花炮，在高空爆炸，不计空气阻力，求证：烟花颗粒分布在一个球面上。模拟花炮发射和爆炸的过程。

1.17　追逐问题

如 C1.17 图所示，靶舰在距离鱼雷舰正东 $a$ 处，以速度 $v_0$ 向正北运动，鱼雷舰发射制导鱼雷，使鱼雷始终对准靶舰。设鱼雷的速度为 $V_0(V_0>v_0)$，求证：鱼雷的航迹方程为

$$y=\frac{1}{2}a\left[\frac{1}{1+v_0/V_0}\left(\frac{-x}{a}\right)^{1+v_0/V_0}-\frac{1}{1-v_0/V_0}\left(\frac{-x}{a}\right)^{1-v_0/V_0}\right]+a\frac{v_0/V_0}{1-v_0^2/V_0^2}$$

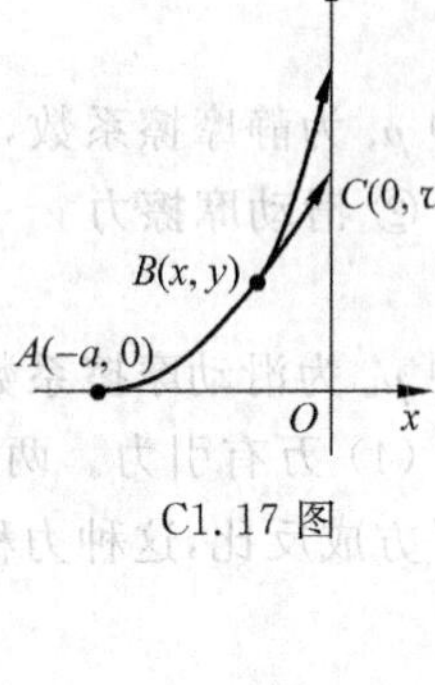


C1.17 图

靶舰被鱼雷击中的位置为

$$y_m=a\frac{v_0/V_0}{1-v_0^2/V_0^2}$$

时间为

$$T=\frac{a/V_0}{1-v_0^2/V_0^2}$$

对于靶舰一定的速度（例如 $v_0=0.1V_0$ 或 $v_0=0.9V_0$），试画出鱼雷的航迹曲线，标记击中点的纵坐标和时间。（提示：取 $a$ 为坐标单位，取 $V_0$ 为速度单位，取 $a/V_0$ 为时间单位。）

# 第2章

# 牛顿运动定律

## 2.1 基本内容

**1. 常见的力**

(1) 重力。地球表面附近的物体所受到地球的引力作用称为重力。重力的矢量式为

$$\boldsymbol{G} = m\boldsymbol{g}$$

其中，$m$ 是物体质量，$\boldsymbol{g}$ 为重力加速度，其方向竖直向下。在高度变化不大的情况下，可取 $g=9.8\mathrm{m/s^2}$，在粗略计算中可取 $g=10\mathrm{m/s^2}$。

(2) 弹力。物体发生形变时对与其接触的物体所产生的力称为弹力。弹簧的弹力为

$$F = -kx$$

其中 $k$ 为劲度系数或倔强系数，$x$ 是形变量。

(3) 摩擦力。两个相互接触的物体在沿接触面发生相对运动时，或者有相对运动的趋势时，在接触面之间产生一对阻止相对运动或相对运动趋势的力称为摩擦力。

① 最大静摩擦力

$$f = \mu_s N$$

其中 $\mu_s$ 为静摩擦系数，$N$ 为正压力。

② 滑动摩擦力

$$f = \mu_k N$$

其中 $\mu_k$ 为滑动摩擦系数。通常 $\mu_k<\mu_s<1$，但在一般问题中可取 $\mu_k=\mu_s$。

(4) 万有引力。两个质点之间的引力与它们的质量 $m_1$ 和 $m_2$ 的乘积成正比，与距离 $r$ 的平方成反比，这种力称为万有引力。引力大小的公式为

$$F = G\frac{m_1 m_2}{r^2}$$

其中 $G$ 为万有引力常量，$G=6.67\times10^{-11}\mathrm{N\cdot m^2/kg^2}$。

**2. 牛顿运动三定律**

(1) 牛顿第一定律：任何物体都保持静止状态或匀速直线运动状态，直到外力迫使它改变这种状态为止。

(2) 牛顿第二定律：物体受到外力作用时，它所获得的加速度 $\boldsymbol{a}$ 的大小与外力 $\boldsymbol{F}$ 的大

小成正比，并与物体的质量 $m$ 成反比，加速度的方向与外力的方向相同。定律的矢量式为

$$\boldsymbol{F}=m\boldsymbol{a}$$

不过，这是质量不变的特例。在一般情况下，牛顿第二定律为

$$\boldsymbol{F}=\frac{\mathrm{d}\boldsymbol{p}}{\mathrm{d}t}$$

其中 $\boldsymbol{p}$ 为物体的动量，$\boldsymbol{p}=m\boldsymbol{v}$。

(3) 牛顿第三定律：两个物体之间的作用力和反作用力在同一直线上，大小相等而方向相反。可表示为

$$\boldsymbol{F}=-\boldsymbol{F}'$$

**3. 牛顿第二定律的分量形式**

(1) 在直角坐标系中，牛顿第二定律的分量形式为

$$F_x=m\frac{\mathrm{d}v_x}{\mathrm{d}t}=m\frac{\mathrm{d}^2x}{\mathrm{d}t^2},\quad F_y=m\frac{\mathrm{d}v_y}{\mathrm{d}t}=m\frac{\mathrm{d}^2y}{\mathrm{d}t^2},\quad F_z=m\frac{\mathrm{d}v_z}{\mathrm{d}t}=m\frac{\mathrm{d}^2z}{\mathrm{d}t^2}$$

(2) 在极坐标系中，牛顿第二定律的分量形式为

$$F_r=m\left[\frac{\mathrm{d}^2r}{\mathrm{d}t^2}-r\left(\frac{\mathrm{d}\theta}{\mathrm{d}t}\right)^2\right],\quad F_\theta=m\left(r\frac{\mathrm{d}^2\theta}{\mathrm{d}t^2}+2\frac{\mathrm{d}r}{\mathrm{d}t}\frac{\mathrm{d}\theta}{\mathrm{d}t}\right)=m\frac{1}{r}\frac{\mathrm{d}}{\mathrm{d}t}\left(r^2\frac{\mathrm{d}\theta}{\mathrm{d}t}\right)$$

(3) 在平面自然坐标系中，分量形式为

$$F_\tau=m\frac{\mathrm{d}v}{\mathrm{d}t},\quad F_n=m\frac{v^2}{R}=mR\omega^2$$

**4. 分离变量法求解牛顿第二定律的微分方程**

(1) 力是时间的函数：$F=F(t)$，则

$$m\mathrm{d}v=F(t)\mathrm{d}t$$

积分得

$$v(t)=\frac{1}{m}\int F(t)\mathrm{d}t+C$$

由于 $\mathrm{d}x=v\mathrm{d}t$，再积分得

$$x=\int v(t)\mathrm{d}t+C'$$

(2) 力是位置坐标的函数：$F=F(x)$，则

$$F(x)=m\frac{\mathrm{d}v}{\mathrm{d}t}=m\frac{\mathrm{d}x}{\mathrm{d}t}\frac{\mathrm{d}v}{\mathrm{d}x}=mv\frac{\mathrm{d}v}{\mathrm{d}x}$$

分离变量积分得

$$\frac{1}{2}mv^2=\int F(x)\mathrm{d}x+C$$

(3) 力是速度的函数：$F=F(v)$，则

$$\mathrm{d}t=m\frac{\mathrm{d}v}{F(v)}$$

积分得

$$t=m\int\frac{1}{F(v)}\mathrm{d}v+C$$

**5. 惯性参照系**

在一个参照系中，如果物体不受外力作用或者所受外力为零时，物体就处于静止状态或匀速直线运动状态，这类参照系称为惯性系。

相对于惯性参照系作匀速直线运动的参照系也是惯性参照系。

牛顿运动定律只适用于惯性系中低速运动的宏观物体,低速是相对于光速而言的。在非惯性系,或者对高速运动的物体,或者在微观领域,牛顿运动定律不适用。

## 2.2 范例的解析、图示、算法和程序

### {范例 2.1} 力的正交分解与合成

在平面上有若干个力作用在物体上,已知它们的大小和方向,求它们的合力。

[**解析**] 力是矢量,合力是分力的矢量和

$$\boldsymbol{F}=\sum\boldsymbol{F}_i \tag{2.1.1}$$

由于力的方向不一定相同,所以不能直接用代数和的方法计算。

将分力正交分解,各分力的方向就是相同的,可用代数的方法求和。设第 $i$ 个分力 $\boldsymbol{F}_i$ 的大小为 $F_i$,与 $x$ 方向的夹角为 $\theta_i$,则可将 $\boldsymbol{F}_i$ 分解为两个正交分量

$$F_{ix}=F_i\cos\theta_i,\quad F_{iy}=F_i\sin\theta_i \tag{2.1.2}$$

由于所有分力的 $x$ 或 $y$ 分量在同一直线上,其矢量和就可用代数和计算

$$F_x=\sum_{i=1}^{n}F_{ix}=\sum_{i=1}^{n}F_i\cos\theta_i,\quad F_y=\sum_{i=1}^{n}F_{iy}=\sum_{i=1}^{n}F_i\sin\theta_i \tag{2.1.3}$$

合力大小为

$$F=\sqrt{F_x^2+F_y^2} \tag{2.1.4}$$

合力的方向为

$$\theta=\arctan\frac{F_y}{F_x} \tag{2.1.5}$$

[**图示**] 如果求 3 个力的合力,第 1 个力的大小和方向是 30N 和 0°,第 2 个力的大小和方向是 50N 和 30°,第 3 个力的大小和方向是 40N 和 50°,力的合成如 P2_1 图所示。三个分力和合力构成一个力多边形,合力的大小是 110.7N,方向是 32.6°。

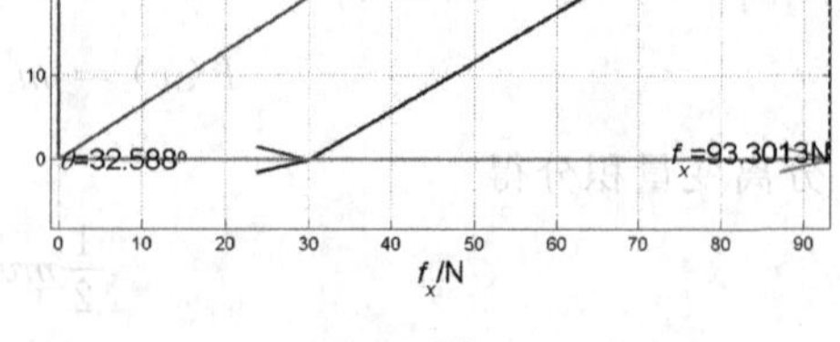


P2_1 图

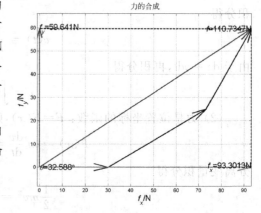

[**算法**] 建立函数文件,根据力的大小和角度进行正交分解,再求合力的大小和方向。在命令窗口和主程序中调用函数文件,即可计算结果。

[**程序**] P2_1main.m 如下。

```
%力的合成
clear                                   %清除变量
f=[30,50,40];theta=[0,30,60];           %两个分力的大小和角度(1)
P2_1fun(f,theta)                        %调用函数计算合力(2)
```

求合力的程序段设计成函数文件 P2_1fun.m。

```
%力的合成的函数
function fun(f,theta)                   %定义函数(3)
th=theta*pi/180;                        %度数化为弧度数
fx=f.*cos(th);fy=f.*sin(th);            %求力的x分量和y分量(4)
```

```
fxc = cumsum(fx);fyc = cumsum(fy);                        % 力的 x 分量和 y 分量累积求和(5)
fxm = fxc(end);fym = fyc(end);                            % 取出 x 分量和 y 分量的最终的和(6)
fxc = [0,fxc(1:end - 1)];fyc = [0,fyc(1:end - 1)];        % 箭杆起点的坐标
f = sqrt(fxm^2 + fym^2);                                  % 合力的大小
th = atan2(fym,fxm);theta = th * 180/pi;                  % 合力的方向,化为度数
figure                                                    % 创建图形窗口
quiver(fxc,fyc,fx,fy,0 ,'LineWidth',2)                    % 画力矢量多边形(0 表示不用自动刻度)(7)
grid on,axis equal                                        % 加网格,两轴间隔相等
hold on,quiver(0,0,fxm,fym,0,'LineWidth',2)               % 保持图像,画合力箭杆
quiver(0,0,0,fym,0,'LineWidth',2)                         % 画合力 x 分量箭杆
quiver(0,0,fxm,0,0,'LineWidth',2)                         % 画合力 y 分量箭杆
plot([0,fxm,fxm],[fym,fym,0],'--')                        % 画虚线
fs = 16;title('力的合成','FontSize',fs)                    % 显示标题
xlabel('\itf_x\rm/N','FontSize',fs)                       % 标记横坐标
ylabel('\itf_y\rm/N','FontSize',fs)                       % 标记纵坐标
text(fxm,0,['\itf_x\rm = ',num2str(fxm),'N'],'FontSize',fs,...
    'HorizontalAlignment','Right')                        % 标记分力 fx(8)
text(0,fym,['\itf_y\rm = ',num2str(fym),'N'],'FontSize',fs)  % 标记分力 fy
text(fxm,fym,['\itf\rm = ',num2str(f),'N'],'FontSize',fs,...
    'HorizontalAlignment','Right')                        % 标记合力大小(8)
text(0,0,['\it\theta\rm = ',num2str(theta),'\circ'],'FontSize',fs)  % 标记合力方向
```

［说明］（1）主程序准备数据，一个向量是力的大小，一个向量是力的方向。

（2）调用函数文件计算合力。

（3）function 定义函数文件，定义方法见{范例 0.11}。

（4）根据各个力的大小和方向可以求各个力的分量。

（5）利用 cumsum 函数可对分量累积求和，从而计算了力多边形箭头的坐标。

（6）累积求和的终值就是合力的两个分量。

（7）根据力的起点和终点坐标，用箭杆指令 quiver 画出分力和合力。

（8）文本的水平位置默认为向左对齐，也可设置为向右对齐。

## {范例 2.2}　斜面上物体在水平力作用下的平衡

把一个质量为 $m$ 的木块放在与水平面成 $\theta$ 角的固定斜面上，两者间的静摩擦系数为 $\mu$，一水平外力 $F$ 作用在物体上。当物体平衡时求 $F$ 的范围。

［解析］　木块在斜面上时受到向下的重力 $\boldsymbol{G}=m\boldsymbol{g}$、斜面的支持力 $\boldsymbol{N}$ 和静摩擦力 $\boldsymbol{f}$ 以及水平外力 $\boldsymbol{F}$ 作用。如 B2.2a 图所示，如果 $\boldsymbol{F}$ 比较小，物体有沿着斜面向下滑动的趋势，则静摩擦力 $\boldsymbol{f}$ 的方向沿着斜面向上。取沿着斜面向下的方向和垂直斜面向上的方向为正方向建立坐标系，当物体平衡时，可得方程

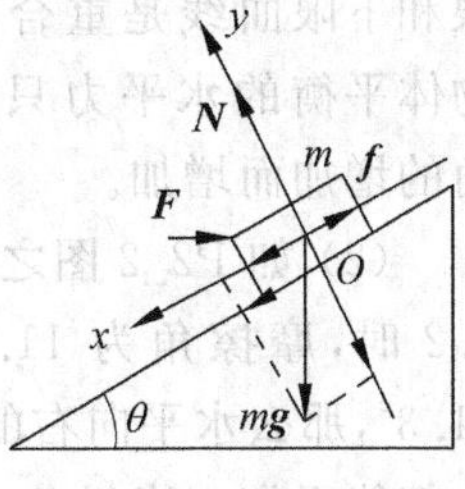

B2.2a 图

$$mg\sin\theta - f - F\cos\theta = 0 \tag{2.2.1a}$$

$$N - mg\cos\theta - F\sin\theta = 0 \tag{2.2.1b}$$

当摩擦力达到最大静摩擦力时，

$$f = f_s = \mu N \tag{2.2.2}$$

平衡需要的水平外力用 $F_1$ 表示，其大小为

$$F_1 = \frac{\sin\theta - \mu\cos\theta}{\cos\theta + \mu\sin\theta}mg \tag{2.2.3a}$$

取 $\tan\alpha = \mu$，即 $\alpha = \arctan\mu$，$\alpha$ 称为摩擦角，可得

$$F_1 = \frac{\sin\theta - \tan\alpha\cos\theta}{\cos\theta + \tan\alpha\sin\theta}mg = \frac{\sin\theta\cos\alpha - \sin\alpha\cos\theta}{\cos\theta\cos\alpha + \sin\alpha\sin\theta}mg$$

即

$$F_1 = mg\tan(\theta - \alpha) \tag{2.2.3b}$$

设 $\mu$ 一定，斜面角 $\theta$ 可变化。当 $\theta = \alpha$ 时，$F_1 = 0$，即使没有水平外力，物体也会平衡；只有加上一个水平向左的外力时，物体才会下滑。当 $\theta < \alpha$ 时，$F_1 < 0$，哪怕水平外力向左，物体仍然会平衡，除非水平外力 $F > |F_1|$ 并且方向向左时，物体才会下滑。当 $\theta = 0$ 时，$|F_1| = \mu mg$，即：在水平面上，水平向左的力要大于 $\mu mg$，物体才会滑动。

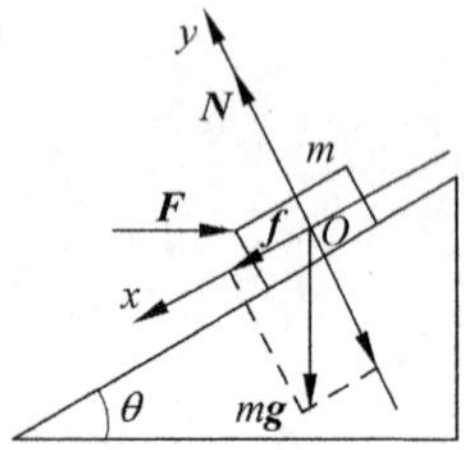


B2.2b 图

如 B2.2b 图所示，如果 $F$ 比较大，物体有沿着斜面向上滑动的趋势，则静摩擦力 $f$ 的方向沿着斜面向下。物体平衡的方程为

$$mg\sin\theta + f - F\cos\theta = 0 \tag{2.2.4a}$$

$$N - mg\cos\theta - F\sin\theta = 0 \tag{2.2.4b}$$

当摩擦力达到最大静摩擦力时，平衡需要的水平外力用 $F_2$ 表示，其大小为

$$F_2 = \frac{\sin\theta + \mu\cos\theta}{\cos\theta - \mu\sin\theta}mg = mg\tan(\theta + \alpha) \tag{2.2.5}$$

$F_2$ 可由 $F_1$ 将 $\mu$ 改为 $-\mu$ 或将 $\alpha$ 改为 $-\alpha$ 得出。当 $\theta = \alpha$ 时，平衡的水平外力为

$$F_2 = mg\tan2\alpha \tag{2.2.6}$$

当 $F > F_2$ 时物体才会沿着斜面上滑。但是，当 $\cos\theta \leqslant \mu\sin\theta$ 时，即 $\theta \geqslant \arctan(1/\mu) = \pi/2 - \alpha$ 时，不论 $F$ 多么大都无法使物体沿着斜面上滑。$\theta_C = \pi/2 - \alpha$ 是临界角，临界角与摩擦角是互余的关系。

如果把 $F_1$ 称为水平力的下限，$F_2$ 就是水平力的上限，不计摩擦时，即 $\mu = 0$ 时，上限和下限才相等。在一般情况下，物体平衡时，水平外力范围为 $0 \leqslant F \leqslant |F_1|$，$\theta \leqslant \alpha$，$F$ 方向向左；或者 $F_1 \leqslant F \leqslant F_2$，$\alpha \leqslant \theta \leqslant \pi/2 - \alpha$，$F$ 方向向右。

［图示］ (1) 如 P2_2 图之左上图所示，当摩擦系数为零时，表示斜面是光滑的，力的上限和下限曲线是重合的，表示对于一个斜角，使物体平衡的水平力只有一个值。水平力随着斜角的增加而增加。

(2) 如 P2_2 图之右上图所示，当摩擦系数为 0.2 时，摩擦角为 11.3°，如果斜面的夹角也是 11.3°，那么水平向右的力在 0～0.42$mg$ 之间，物体都能平衡。当斜角小于摩擦角时，水平向左的力只要不小于下限(大于下限的绝对值)，物体都会平衡。当斜角大于摩擦角时，水平向右力的下限和上限都增加，由于上限增加得更快一些，所以力的范围更广一些。临界角是 78.7°，当斜角达到

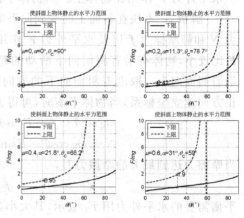

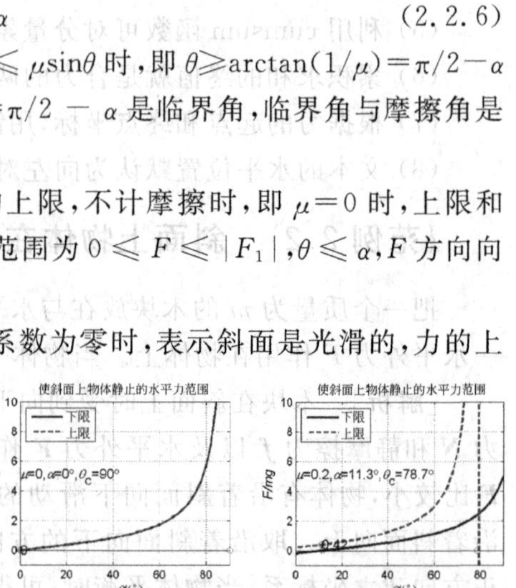


P2_2 图

和超过 78.7°时，水平向右的力无论多大都不能使物体沿斜面向上运动。

(3) 如 P2_2 图之左下图和右下图所示，摩擦系数越大，摩擦角越大，临界角越小，对于同一斜角，上限和下限的范围 $F_1 \sim F_2$ 越大。

［算法］ 取重力为力的单位，取角度为自变量向量，取 4 个静摩擦系数，对于每个静摩擦系数，求力的上限和下限，在子图中画上限和下限曲线，标记摩擦角和临界角。

［程序］ P2_2.m 见网站。

## {范例 2.3} 轻线单摆冲击运动的角速度和张力

长 $l$ 的轻线，一端固定，另一端系一质量为 $m$ 的小球，形成单摆。将小球悬挂在铅直位置，然后用外力冲击小球，使其以水平初速度 $v_0$ 开始运动。求小球转过 $\theta$ 角时角速度和线中张力的大小。

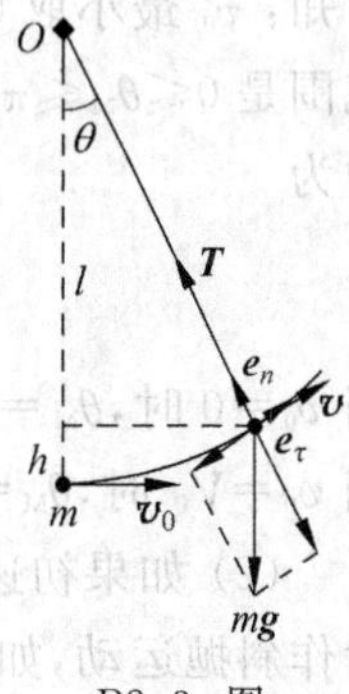


B2.3a 图

［解析］ 如 B2.3a 图所示，小球受到重力 $m\boldsymbol{g}$ 和轻线对小球的拉力 $\boldsymbol{T}$ 的作用，当小球转过 $\theta$ 角时，切向运动方程为

$$F_\tau = -mg\sin\theta = ma_\tau = m\frac{\mathrm{d}v}{\mathrm{d}t} \tag{2.3.1a}$$

法向运动方程为

$$F_n = T - mg\cos\theta = ma_n = m\frac{v^2}{l} \tag{2.3.1b}$$

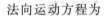

(2.3.1a)式可化为

$$-g\sin\theta\mathrm{d}\theta = \frac{\mathrm{d}v}{\mathrm{d}t}\mathrm{d}\theta = \frac{\mathrm{d}\theta}{\mathrm{d}t}\mathrm{d}v$$

由于 $\mathrm{d}\theta/\mathrm{d}t=\omega$，而 $v=l\omega$，所以 $\mathrm{d}v=l\mathrm{d}\omega$，上式可化为

$$-g\sin\theta\mathrm{d}\theta = l\omega\mathrm{d}\omega$$

积分

$$-\int_0^\theta g\sin\theta\mathrm{d}\theta = \int_{v_0/l}^{\omega} l\omega\mathrm{d}\omega$$

可得

$$g(\cos\theta-1) = l\frac{1}{2}\left[\omega^2 - \left(\frac{v_0}{l}\right)^2\right]$$

小球角速度为

$$\omega = \frac{1}{l}\sqrt{v_0^2 - 2gl(1-\cos\theta)} \tag{2.3.2}$$

小球的速度为

$$v = l\omega = \sqrt{v_0^2 - 2gl(1-\cos\theta)} \tag{2.3.3}$$

由(2.3.1b)式可得轻线的张力为

$$T = mg\cos\theta + m\frac{v^2}{l} = mg\left(\frac{v_0^2}{gl} + 3\cos\theta - 2\right) \tag{2.3.4}$$

当小球自由下落 $l$ 高度时，速率为 $V_0 = \sqrt{2gl}$，则(2.3.2)式中的角速度可改写为

$$\omega = \frac{V_0}{l}\sqrt{\left(\frac{v_0}{V_0}\right)^2 + \cos\theta - 1} \tag{2.3.5}$$

张力可改为

$$T = mg\left[2\left(\frac{v_0}{V_0}\right)^2 + 3\cos\theta - 2\right] \quad (2.3.6)$$

角速度和张力是角度$\theta$的函数,初速度$v_0$是函数中的参数。

**[讨论]** (1) 如果初速度$v_0$比较小,小球运动到一定的角度就会停止,然后往回运动。当$\omega=0$时,由(2.3.5)式得小球运动的最大角度为

$$\cos\theta_M = 1 - \left(\frac{v_0}{V_0}\right)^2 \quad (2.3.7)$$

可知:$v_0$最小取0,最大取$V_0$,即$0 \leqslant v_0/V_0 \leqslant 1$;小球运动最大角度的范围是$0 \leqslant \theta_M \leqslant \pi/2$。将(2.3.7)式代入(2.3.6)式可得轻线的最小张力为

$$T_M = mg\left[1 - \left(\frac{v_0}{V_0}\right)^2\right] = mg\cos\theta_M \quad (2.3.8)$$

当$v_0=0$时,$\theta_M=0$,轻线静止在竖直方向,最小张力$T_M$有最大值$mg$;当$v_0=V_0$时,$\theta_M=\pi/2$,轻线达到水平位置,最小张力$T_M$为最小值0。

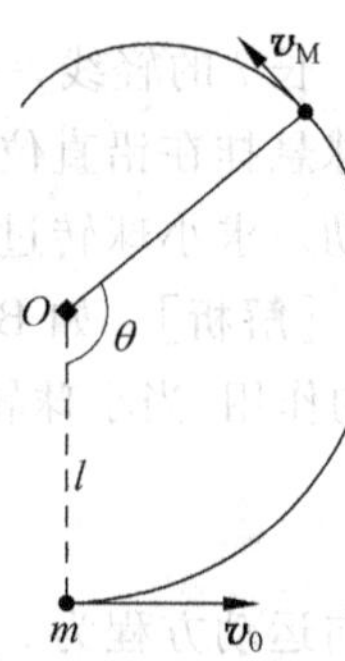

B2.3b 图

(2) 如果初速度$v_0$比较大,但不是很大,小球的$\theta$角会超过$\pi/2$,然后作斜抛运动,如B2.3b图所示。小球刚好作斜抛运动时,轻线的张力为零。令$T=0$,由(2.3.6)式可得小球运动的角度与速度之间的关系为

$$\cos\theta_M = \frac{2}{3}\left[1 - \left(\frac{v_0}{V_0}\right)^2\right] \quad (2.3.9)$$

在极限情况下,小球刚好达到最高点,令$\theta_M=\pi$,则初速度为$v_C = V_0\sqrt{5/2} = 1.5811V_0$,$v_C$是临界初速度。当$1 < v_0/V_0 < 1.5811$时,小球将脱离轻线的束缚作斜抛运动,斜抛角由(2.3.9)式决定。将(2.3.9)式代入(2.3.5)式可得轻线张力刚好为零的角速度为

$$\omega_M = \frac{V_0}{l}\sqrt{\frac{1}{3}\left[\left(\frac{v_0}{V_0}\right)^2 - 1\right]} = \frac{V_0}{l}\sqrt{-\frac{1}{2}\cos\theta_M} \quad (2.3.10)$$

小球斜抛的初速度为

$$v_M = \omega_M l = V_0\sqrt{\frac{1}{3}\left[\left(\frac{v_0}{V_0}\right)^2 - 1\right]} = V_0\sqrt{-\frac{1}{2}\cos\theta_M} \quad (2.3.11)$$

(3) 如果初速度$v_0$很大,即$v_0/V_0 \geqslant 1.5811$时,小球可越过最高点继续作圆周运动。当$v_0$取临界速度$v_C$时,由(2.3.5)式可得临界角速度与角度之间的关系

$$\omega_C = \frac{V_0}{l}\sqrt{\frac{3}{2} + \cos\theta} \quad (2.3.12)$$

由(2.3.6)式可得临界张力为与角度之间的关系

$$T_C = 3mg(1 + \cos\theta) \quad (2.3.13)$$

**[图示]** (1) 如P2_3a图所示,因为临界值为1.5811,在图例中,初速度与自由落体速率的比值,最小取为0.4,最大取1.6,间隔为0.2。单摆圆周运动的角速度都随角度的增加而减小。只有当初速度与自由落体的速率比值不大于1时,角速度才能减小到零。当比值在1到临界值之间时,物体达到最小角速度后就会作斜抛运动,最小角速度曲线(点虚线)是这些角速度曲线的终点。当比值超过临界值时,物体将越过最高点作圆周运动。临界角速

度用虚线表示，以示区别。

(2) 如 P2_3b 图所示，单摆轻线内部的张力随角度的增加而减小，当初始速度与自由落体速率的比值小于1时，最小张力不等于零。只有比值不小于1，也不大于临界值时，张力才会减小到零。临界张力最大为 $6mg$，最小为零。当比值超过临界值时，物体将跃过最高点作圆周运动，张力在最高点也不为零。

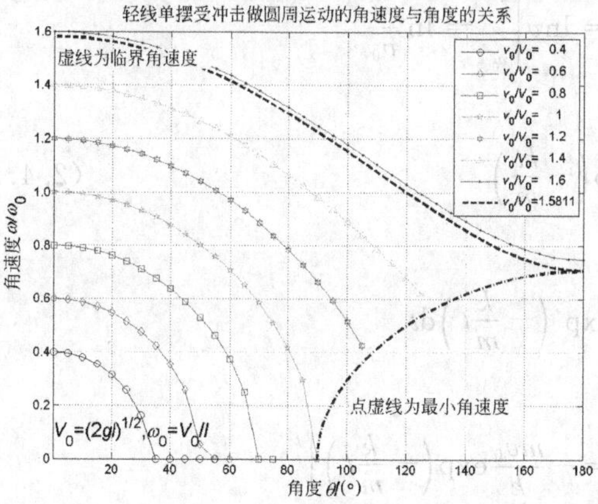


P2_3a 图

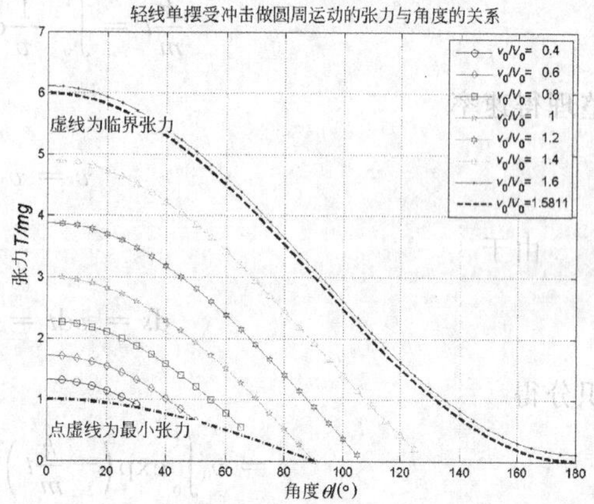


P2_3b 图

**[算法]** 取 $\omega_0 = V_0/l = \sqrt{2g/l}$ 作为角速度单位，则单摆角速度可表示为

$$\omega = \omega_0\sqrt{v_0^{*2} + \cos\theta - 1} \tag{2.3.5*}$$

其中，$v_0/V_0$ 是约化初速度。线中张力可表示为

$$T = mg(2v_0^{*2} + 3\cos\theta - 2) \tag{2.3.6*}$$

取约化初速度为参数向量，取角度为自变量向量，形成矩阵，计算角速度和张力，用矩阵画线法画角速度和张力的曲线族。

**[程序]** P2_3.m 见网站。

## {范例 2.4} 摩擦力与速率成正比的圆周运动

一质量为 $m$ 的小球以速率 $v_0$ 从固定于光滑水平桌面上、半径为 $R$ 的圆周轨道内侧某点开始沿轨道内侧作圆周运动，小球运动时受轨道摩擦力大小与其速率 $v$ 成正比，比例系数为 $k$。速度和路程随时间变化的曲线有什么规律？法向加速度大小和切向加速度大小随时间变化的曲线有什么规律？法向加速度大小与切向加速度大小在什么时刻相等？

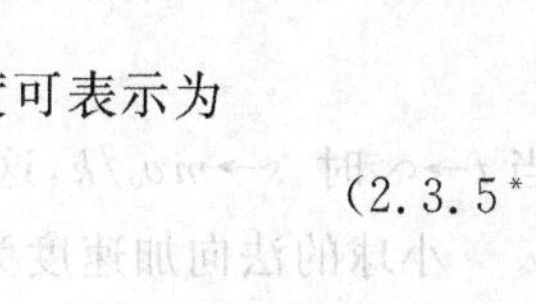


B2.4 图

**[解析]** 如 B2.4 图所示，小球受到重力 $m\boldsymbol{g}$，桌面的支持力 $\boldsymbol{N}_1$，轨道内侧的压力 $\boldsymbol{N}_2$，轨道内侧摩擦力 $\boldsymbol{f}$ 4个力的作用。$\boldsymbol{N}_1$ 与 $m\boldsymbol{g}$ 相互平衡，小球所受的合外力为 $\boldsymbol{N}_2+\boldsymbol{f}$，$\boldsymbol{N}_2$ 沿法线方向，$\boldsymbol{f}$ 沿切线方向且与速度方向相反。

小球沿切线的运动方程为

$$-f = F_\tau = m\mathrm{d}v/\mathrm{d}t$$

由题意 $f=kv$，得微分方程

$$-kv = m\mathrm{d}v/\mathrm{d}t \tag{2.4.1}$$

分离变量得

$$-\frac{k}{m}\mathrm{d}t = \frac{\mathrm{d}v}{v}$$

积分得

$$-\frac{k}{m}t = \int_{v_0}^{v} \frac{1}{v}\mathrm{d}v = \ln v\bigg|_{v_0}^{v} = \ln\frac{v}{v_0}$$

整理得速率

$$v = v_0\exp\left(-\frac{kt}{m}\right) \tag{2.4.2}$$

由于

$$\mathrm{d}s = v\mathrm{d}t = v_0\exp\left(-\frac{k}{m}t\right)\mathrm{d}t$$

积分得

$$s = v_0\int_0^t \exp\left(-\frac{k}{m}t\right)\mathrm{d}t = -\frac{mv_0}{k}\exp\left(-\frac{k}{m}t\right)\bigg|_0^t$$

小球在 $t$ 时间内走过的路程为

$$s = \frac{mv_0}{k}\left[1-\exp\left(-\frac{k}{m}t\right)\right] \tag{2.4.3}$$

当 $t\to\infty$ 时，$s\to mv_0/k$，这是小球运动的全部路程。

小球的法向加速度为

$$a_n = \frac{v^2}{R} = \frac{v_0^2}{R}\exp\left(-\frac{2k}{m}t\right) \tag{2.4.4}$$

当 $t=0$ 时，法向加速度为 $v_0^2/R$，这是初始向心加速度，用 $a_0$ 表示。切向加速度的大小为

$$a_\tau = \left|\frac{\mathrm{d}v}{\mathrm{d}t}\right| = \frac{kv_0}{m}\exp\left(-\frac{k}{m}t\right) \tag{2.4.5}$$

当 $t=0$ 时，切向加速度的大小为 $kv_0/m$，初始摩擦力的大小为 $kv_0$。令 $a_n=a_\tau$，可得

$$\frac{v_0}{R}\exp\left(-\frac{k}{m}t_e\right) = \frac{k}{m}$$

解得时刻为

$$t_e = \frac{m}{k}\ln\frac{mv_0}{kR} \tag{2.4.6}$$

这里要求 $mv_0>kR$，否则法向加速度的大小就总是小于切向加速度。小球的初速度越大，两个加速度大小相等的时刻就越大。将上式代入(2.4.4)式可得

$$a_e = \frac{v_0^2}{R}\left(\frac{kR}{mv_0}\right)^2 = \frac{k^2R}{m^2} \tag{2.4.7}$$

可见：切向和法向加速度大小相等的值与初速度无关。

［图示］ (1) 如 P2_4a 图所示，速率随时间单调减少，最后趋于零；路程随时间单调增加，最后趋于总路程。

(2) 如 P2_4b 图所示，初始摩擦力与初始向心力之比越大，切向加速度大小的初始值就

越大，切向加速度都随时间减小。法向加速度也随时间减小，法向加速度的初值比较大而减小得比较快。法向加速度与切向加速度交点的横坐标，就是法向加速度和切向加速度的大小相等的时刻。例如，当 $kR/mv_0=0.2$ 时，法向加速度和切向加速度的大小相等的时刻是 $1.61\tau$，加速度的值是 $0.04a_0$。初始摩擦力与初始向心力的比值越大，切向加速度与法向加速度大小达到相等所需要的时间就越短，两个加速度相等的值则越大。

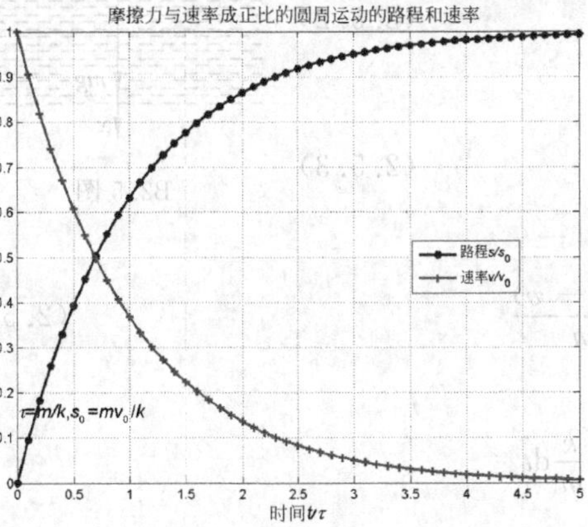


P2_4a 图

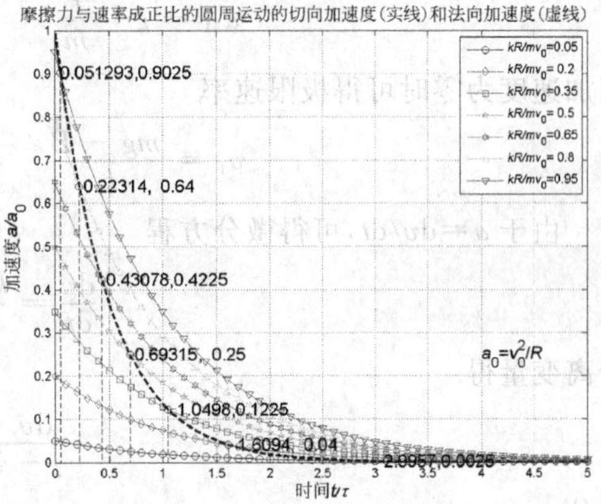


P2_4b 图

［**算法**］ 设时间单位为 $\tau=m/k$，路程单位为 $s_0=v_0\tau=mv_0/k$，加速度单位为 $a_0=v_0^2/R$，则速度和路程分别为

$$v=v_0\exp(-t^*) \tag{2.4.2*}$$

$$s=s_0[1-\exp(-t^*)] \tag{2.4.3*}$$

其中，$t^*=t/\tau$ 是无量纲的时间，称为约化时间。法向加速度为

$$a_n=a_0\exp(-2t^*) \tag{2.4.4*}$$

$mv_0^2/R$ 是小球的初始向心力，$kv_0$ 是初始摩擦力。设初始摩擦力与初始向心力之比为 $f^*=kR/mv_0$，切向加速度可表示为

$$a_\tau=a_0f^*\exp(-t^*) \tag{2.4.5*}$$

取两个初始力之比为参数向量，取时间为自变量向量，形成矩阵，计算切向加速度，用矩阵画线法画切向加速度的曲线族。

当 $f^*<1$ 时，法向加速度与切向加速度的大小相等的时刻为

$$t^*=-\ln f^* \tag{2.4.6*}$$

法向加速度与切向加速度的大小相等的值可表示为

$$a_e=a_0f^{*2} \tag{2.4.7*}$$

在图中标记法向加速度与切向加速度的大小相等的大小和时刻。

［**程序**］ P2_4.m 见网站。

## {范例 2.5} 小球在水中沉降的规律

小球的质量为 $m$，受到水的浮力为 $B$，受水的粘滞力为 $f=-kv$，式中 $k$ 是与水的粘度和小球的半径有关的常量，求小球在水中竖直沉降过程中速度和深度随时间的变化规律。

［解析］ 如B2.5图所示，小球受到重力 $mg$，方向向下；浮力 $B$，方向向上；粘滞力 $kv$，方向向上。取竖直向下的方向为正方向，根据牛顿第二定律可得小球的运动方程

$$mg - B - kv = ma \tag{2.5.1}$$

显然重力要大于浮力，$mg > B$。当速率为零时可得最大加速度

$$a_M = g - \frac{B}{m} \tag{2.5.2}$$

当加速度为零时可得极限速率

$$v_T = \frac{mg - B}{k} \tag{2.5.3}$$

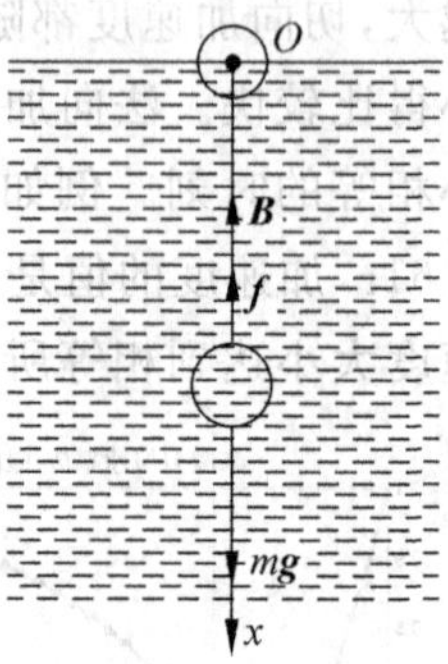


B2.5 图

由于 $a = \mathrm{d}v/\mathrm{d}t$，可得微分方程

$$\frac{\mathrm{d}v}{\mathrm{d}t} = \frac{k(v_T - v)}{m} \tag{2.5.4}$$

分离变量得

$$\frac{\mathrm{d}v}{v_T - v} = \frac{k}{m}\mathrm{d}t$$

积分

$$\frac{k}{m}\int_0^t \mathrm{d}t = \int_0^v \frac{\mathrm{d}v}{v_T - v} = \int_0^v \frac{-\mathrm{d}(v_T - v)}{v_T - v} = -\ln(v_T - v)\Big|_0^v = -[\ln(v_T - v) - \ln v_T]$$

可得

$$\frac{k}{m}t = -\ln\frac{v_T - v}{v_T}$$

速度为

$$v = v_T\left[1 - \exp\left(-\frac{k}{m}t\right)\right] \tag{2.5.5}$$

当 $t \to \infty$ 时 $v \to v_T$，这就是极限速度。

当 $t = m/k$ 时，小球的速率为 $v = v_T(1 - \mathrm{e}^{-1}) = 0.6321v_T$。$m/k$ 称为特征时间，用 $\tau$ 表示；$0.6321v_T$ 是特征速度。在 $t \gg \tau$ 时，小球将以极限速度 $v_T$ 匀速下降。

在求小球沉降的深度时，利用关系 $v = \mathrm{d}x/\mathrm{d}t$，可得

$$\mathrm{d}x = v\mathrm{d}t = v_T\left[1 - \exp\left(-\frac{t}{\tau}\right)\right]\mathrm{d}t$$

积分得

$$x = \int_0^t v_T\left[1 - \exp\left(-\frac{t}{\tau}\right)\right]\mathrm{d}t = v_T\int_0^t\left[\mathrm{d}t + \tau\exp\left(-\frac{t}{\tau}\right)\mathrm{d}\left(-\frac{t}{\tau}\right)\right]$$

$$= v_T\left[t + \tau\exp\left(-\frac{t}{\tau}\right)\right]\Big|_0^t$$

即

$$x = v_T\left\{t + \tau\left[\exp\left(-\frac{t}{\tau}\right) - 1\right]\right\} \tag{2.5.6}$$

当时间 $t$ 足够长时，小球下沉的深度随时间线性增加：

$$x = v_T(t - \tau) \tag{2.5.7}$$

这是一条直线，也是深度曲线的渐近线。

［图示］ (1) 如 P2_5 图之上图所示，速度随时间减速增加，趋于极限速度。

(2) 如 P2_5 图之下图所示，深度开始时随时间加速增加，最后随时间直线增加。

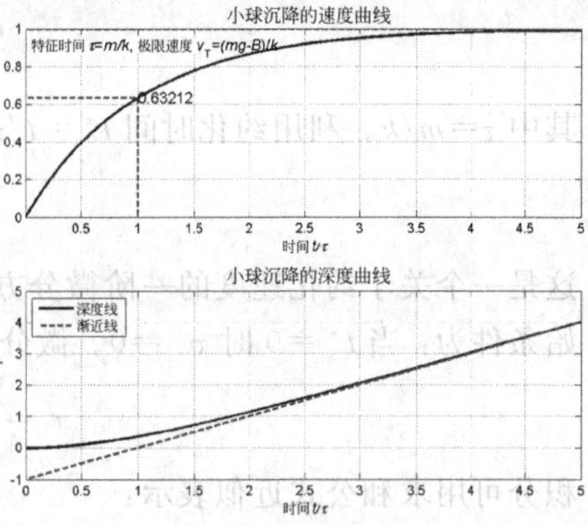


P2_5 图

［算法］ 方法一：用解析式。令 $t^*=t/\tau$，$t^*$ 就是无量纲的时间，也称为约化时间；令 $v^*=v/v_{\mathrm{T}}$，$v^*$ 是无量纲的速度，称为约化速度。约化速度为

$$v^*=1-\exp(-t^*) \qquad (2.5.5^*)$$

极限速度与特征时间的乘积是特征长度 $v_{\mathrm{T}}\tau$，取无量纲深度或约化深度 $x^*=x/v_{\mathrm{T}}\tau$，则得

$$x^*=t^*+\exp(-t^*)-1 \qquad (2.5.6^*)$$

渐近线方程为

$$x^*=t^*-1 \qquad (2.5.7^*)$$

牛顿运动方程是关于时间的二阶微分方程，当微分方程有解析解时，可深入讨论物体的运动规律，也很容易画出运动曲线。

［程序］ P2_5__1.m 如下。(当一个问题有多种程序计算时，在程序名后面加上解法的数码，用双下画线分隔。)

```
%小球在水中沉降的运动规律(用解析公式)
clear,tm = 5;t = 0:0.01:tm;                              %清除变量,最大无量纲时间和时间向量
v = 1 - exp( - t);v1 = 1 - exp( - 1);x = t + exp( - t) - 1; %求速度、特征速度和深度
%-------------------------------------------------------
figure                                                    %创建图形窗口
subplot(2,1,1),plot(t,v,'LineWidth',2),grid on            %选子图,画速度曲线,加网格
hold on,plot([0,tm],[1,1],'r--','LineWidth',2)            %保持图像,画极限速度线
plot([0,1,1],[v1,v1,0],'r--','LineWidth',2)               %画特征速度的坐标线
fs = 12;title('小球沉降的速度曲线','FontSize',fs)          %标题
xlabel('时间\itt/\tau','FontSize',fs)                      %横坐标标签
ylabel('速度\itv/v\rm_T','FontSize',fs)                    %纵坐标标签
txt = '特征时间\it\tau\rm = \itm/k';                        %特征时间文本
txt = [txt '\rm,极限速度\itv\rm_T\it = (\itmg - B\rm)/\itk'];   %极限速度文本
text(0,0.9,txt,'FontSize',fs)                             %显示文本
text(1,v1,num2str(v1),'FontSize',fs)                      %显示特征速度
xx = t - 1;                                               %渐近线
subplot(2,1,2),plot(t,x,t,xx,'--','LineWidth',2)          %选子图,画深度曲线和渐近线
title('小球沉降的深度曲线','FontSize',fs)                  %标题
xlabel('时间\itt/\tau','FontSize',fs)                      %横坐标标签
ylabel('深度\itx/v\rm_T\it\tau','FontSize',fs)             %纵坐标标签
legend('深度线','渐近线',2),grid on                         %加图例,加网格
```

方法二：用一个一阶微分方程的数值解。直接用约化物理量，由(2.5.4)式得

$$\frac{\mathrm{d}v}{\mathrm{d}t}=\frac{k(v_{\mathrm{T}}-v)}{m}$$

此式可化为

$$\frac{\mathrm{d}(v/v_\mathrm{T})}{\mathrm{d}(t/\tau)} = 1 - \frac{v}{v_\mathrm{T}}$$

其中 $\tau = m/k$。利用约化时间 $t^* = t/\tau$ 和约化速度 $v^* = v/v_\mathrm{T}$,可得

$$\frac{\mathrm{d}v^*}{\mathrm{d}t^*} = 1 - v^* \qquad (2.5.4^*)$$

这是一个关于约化速度的一阶微分方程,左边是导数,右边是导数的表达式。微分方程的初始条件为:当 $t^*=0$ 时 $v^*=0$。微分方程的数值解就是速度与时间的关系,深度为

$$x = \int_0^t v\mathrm{d}t = v_\mathrm{T}\tau\int_0^{t^*} v^*\,\mathrm{d}t^*$$

积分可用求和公式近似表示:

$$x^* = \sum_{i=1}^{n} v^*(t_i^*)\Delta t^*$$

其中 $x^* = x/v_\mathrm{T}\tau$,$\Delta t^* = \Delta t/\tau$。

**[程序]** P2_5__2.m 计算部分如下。

```
% 小球在水中沉降的运动规律(求一阶微分方程的数值解)
clear,tm = 5;dt = 0.01;t = 0:dt:tm;           % 清除变量,最大时间、时间间隔和时间向量
f = inline('1 - v','t','v');                   % 一阶微分方程的内线函数表达式(1)
v0 = 0;                                        % 初始条件
[tt,v] = ode23(f,t,v0);                        % 求一阶微分方程的数值解(2)
[t0,i] = min(abs(t - 1));v1 = v(i);            % 特征时间在时间向量中的下标,特征速度
x = cumtrapz(v) * dt;                          % 用梯形法求深度(3)
% ------------------------------------------------------
```

(绘图部分与上一程序的相同。)

**[说明]** (1) 在求一阶常微分方程的数值解时,由于函数特别简单,用内线函数定义就行了。在定义内线函数时,需要指出自变量和函数的符号。

(2) 常微分方程数值解的常用函数是 ode23,就是 2,3 阶龙格-库塔解法,虽然精度不是很高,但是求解这类问题时精度已经足够了。

(3) 利用累积梯形函数 cumtrapz 求深度比用累积求和函数 cumsum 求深度要精确,后者实际上是矩形法。

方法三:用两个一阶微分方程的数值解。根据速度定义 $v=\mathrm{d}x/\mathrm{d}t$ 可得

$$\frac{\mathrm{d}(x/v_\mathrm{T}\tau)}{\mathrm{d}(t/\tau)} = \frac{v}{v_\mathrm{T}}$$

利用约化深度 $x^* = x/v_\mathrm{T}\tau$,方程可化为

$$\frac{\mathrm{d}x^*}{\mathrm{d}t^*} = v^*$$

设 $x(1)=x^*$,$x(2)=\mathrm{d}x^*/\mathrm{d}t^*$,由上式可得

$$\frac{\mathrm{d}x(1)}{\mathrm{d}t^*} = x(2)$$

由(2.5.4)式可得

$$\frac{\mathrm{d}x(2)}{\mathrm{d}t^*} = 1 - x(2)$$

将一个二阶微分方程化成两个一阶微分方程,即可求数值解。

[程序] P2_5__3.m 计算部分如下。

```
% 小球在水中沉降的运动规律(求二阶微分方程的数值解)
clear,tm = 5;x0 = [0,0];                           % 清除变量,最大时间,初始条件
[t,X] = ode45('P2_5__3ode',[0,tm],x0);             % 求二阶微分方程的数值解(2)
x = X(:,1);v = X(:,2);                             % 取深度和速度
[t0,i] = min(abs(t - 1));v1 = v(i);                % 特征时间在时间向量中的下标,特征速度
% ------------------------------------------------------------
```

(绘图部分与上面两个程序的相同。)

程序在执行时将调用函数文件 P2_5__3ode.m。

```
% 小球的约化速度和加速度函数(1)
function f = fun(t,x)                              % 函数过程
f = [x(2);                                         % 约化速度表达式
   1 - x(2)];                                      % 约化加速度表达式
```

[说明] (1) 求二阶常微分方程的数值解时,需要将速度和加速度的表达式用文件表示。函数文件的建立方法见{范例 0.23},第一个输入参数是时间向量,第二个输入参数是初始条件。两个初始条件中,第一个是初始深度,第二个是初始速度。

(2) 求常微分方程数值解的最常用的函数是 ode45,其精度比 ode23 函数要高。ode45 函数输入参数的排列与 ode23 函数的相同,时间向量也可用时间范围代替。第一个输出参数是时间列向量,第二个输出参数是深度和速度矩阵,矩阵的第一列表示深度,第二列表示速度。

方法四:用微分方程的符号解。由(2.5.4*)式可得二阶微分方程

$$\frac{\mathrm{d}^2 x^*}{\mathrm{d}t^{*2}}+\frac{\mathrm{d}x^*}{\mathrm{d}t^*}-1=0 \tag{2.5.4**}$$

当 $t=0$ 时,$x=0,\mathrm{d}x/\mathrm{d}t=0$,即 $x^*=0,\mathrm{d}x^*/\mathrm{d}t^*=0$,根据初始条件可求微分方程的符号解。

[程序] P2_5__4.m 的计算部分如下。

```
% 小球在水中沉降的运动规律(用微分方程的符号解)
clear,tm = 5;t = 0:0.01:tm;                        % 清除变量,最大时间和时间向量
sx = dsolve('D2x + Dx - 1','x(0) = 0','Dx(0) = 0');  % 微分方程的符号解(1)
sv = diff(sx);                                     % 求速度的符号解(2)
x = subs(sx,'t',t);v = subs(sv,'t',t);             % 深度和速度(3)
[t0 i] = min(abs(t - 1));v1 = v(i);                % 1 约化时间单位在时间向量中的下标和特征速度
% ------------------------------------------------------------
```

(程序的绘图部分与前面三个程序相同。)

[说明] (1) 求微分方程符号解的函数是 dsolve,第一个参数是二阶常微分方程字符串,第二个和第三个参数是初始条件。注意:求微分方程的符号解时,微分方程必须有解才能求得,这种方法可验证微分方程是否有解。符号解比数值解运行要慢,因此求微分方程的数值解的方法用得更多。

(2) 用符号差分函数(与数值差分函数在形式上相同)diff 求速度。

(3) 在求深度和速度的数值时,只要用 subs 函数将时间符号用时间向量替换就可以了。

## {范例 2.6} 小球在空气中竖直上抛运动的规律

一质量为 $m$ 的小球以速率 $v_0$ 从地面开始竖直上抛。在运动过程中，小球所受空气阻力的大小与速率成正比，比例系数为 $k$。

(1) 求小球上抛过程的速度和高度与时间的关系。速度和高度有什么关系？小球上升的最大高度和到达最大高度的时间是多少？

(2) 求小球落回原处的时间和速度。

［解析］ (1) 小球竖直上升时受到重力和空气阻力，两者方向竖直向下。取竖直向上的方向为正，根据牛顿第二定律得方程

$$f = -mg - kv = m\frac{\mathrm{d}v}{\mathrm{d}t} \tag{2.6.1}$$

分离变量得

$$\mathrm{d}t = -m\frac{\mathrm{d}v}{mg+kv} = -\frac{m}{k}\frac{\mathrm{d}(mg+kv)}{mg+kv}$$

积分得

$$t = -\frac{m}{k}\ln(mg+kv)\bigg|_{v_0}^{v} = -\frac{m}{k}\ln\frac{mg+kv}{mg+kv_0} = -\frac{m}{k}\ln\frac{mg/k+v}{mg/k+v_0}$$

小球速度随时间的变化关系为

$$v = \left(v_0 + \frac{mg}{k}\right)\exp\left(-\frac{k}{m}t\right) - \frac{mg}{k} \tag{2.6.2}$$

由于 $v=\mathrm{d}h/\mathrm{d}t$，所以

$$\mathrm{d}h = \left[\left(v_0 + \frac{mg}{k}\right)\exp\left(-\frac{k}{m}t\right) - \frac{mg}{k}\right]\mathrm{d}t$$

$$= -\frac{m(v_0 + mg/k)}{k}\mathrm{d}\left[\exp\left(-\frac{k}{m}t\right)\right] - \frac{mg}{k}\mathrm{d}t$$

积分得

$$h = -\frac{m(v_0 + mg/k)}{k}\exp\left(-\frac{k}{m}t\right) - \frac{mg}{k}t\bigg|_0^t$$

小球高度随时间的变化关系为

$$h = \frac{m(v_0 + mg/k)}{k}\left[1 - \exp\left(-\frac{k}{m}t\right)\right] - \frac{mg}{k}t \tag{2.6.3}$$

根据高度与时间的关系和速度与时间的关系，可得高度与速度的关系。

当小球上升到最高点时，其速度为零。根据(2.6.2)式，小球到最高点所需要的时间为

$$T = \frac{m}{k}\ln\frac{mg/k + v_0}{mg/k} = \frac{m}{k}\ln\left(1 + \frac{kv_0}{mg}\right) \tag{2.6.4}$$

根据(2.6.3)式，小球上升的最大高度为

$$H = \frac{mv_0}{k} - \frac{m^2 g}{k^2}\ln\left(1 + \frac{kv_0}{mg}\right) \tag{2.6.5}$$

可见：小球上升到最高点的时间和高度由比例系数和初速度决定。在小球质量和空气阻力系数一定的情况下，初速度决定了小球的运动规律。

［讨论］ 当 $k\to 0$ 时，利用公式 $\mathrm{e}^x \to 1+x$，(2.6.2)式可化为

$$v \to \left(v_0 + \frac{mg}{k}\right)\left(1 - \frac{k}{m}t\right) - \frac{mg}{k} = v_0\left(1 - \frac{k}{m}t\right) - gt \to v_0 - gt$$

这正是不计空气阻力时竖直上抛运动的速度公式。再利用公式 $e^x \to 1 + x + x^2/2$，(2.6.3)式可化为

$$h \to \frac{m(v_0 + mg/k)}{k}\left[\frac{kt}{m} - \frac{1}{2}\left(\frac{kt}{m}\right)^2\right] - \frac{mg}{k}t = v_0 t - \frac{kv_0}{2m}t^2 - \frac{1}{2}gt^2 \to v_0 t - \frac{1}{2}gt^2$$

这正是不计空气阻力时竖直上抛运动的高度公式。

利用公式 $\ln(1+x) \to x$，由(2.6.4)式可得

$$T \to \frac{m}{k}\frac{kv_0}{mg} \to \frac{v_0}{g}$$

这是不计空气阻力时小球竖直上升最大高度的时间。再利用公式 $\ln(1+x) \to x - x^2/2$，由(2.6.5)式可得

$$H \to \frac{mv_0}{k} - \frac{m^2 g}{k^2}\left[\frac{kv_0}{mg} - \frac{1}{2}\left(\frac{kv_0}{mg}\right)^2\right] \to \frac{v_0^2}{2g}$$

这是不计空气阻力时小球竖直上抛运动的最大高度。

［图示］ (1) 如 P2_6_1a 图所示，不论初速度为多少，小球的速度随时间逐渐减小，直到零为止。初速度越大，小球到达最高点所需要的时间越长。

(2) 如 P2_6_1b 图所示，不论初速度为多少，小球的高度都随时间增加，开始的时候几乎直线增加，在最高点附近缓慢增加，直到最大高度为止。初速度越大，小球达到的最大高度越高。

(3) 如 P2_6_1c 图所示，不论初速度为多少，小球的速度随高度都减小，在最高点速度为零。

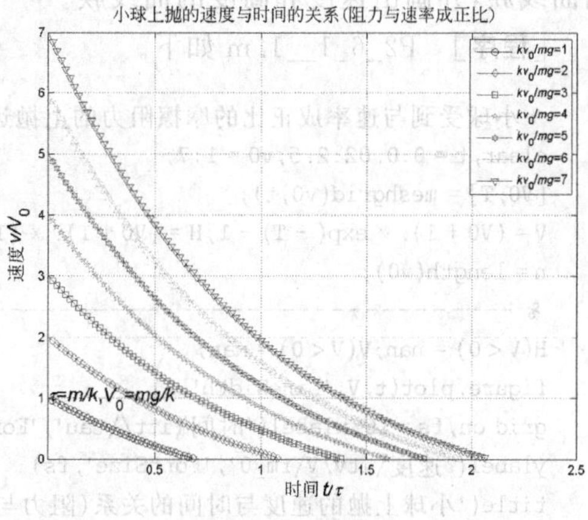


P2_6_1a 图

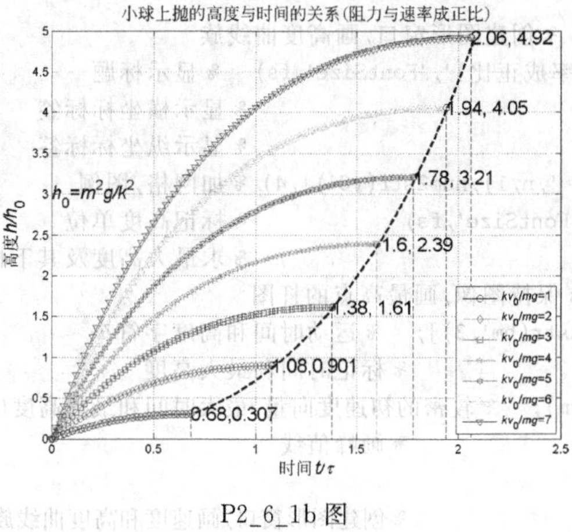


P2_6_1b 图

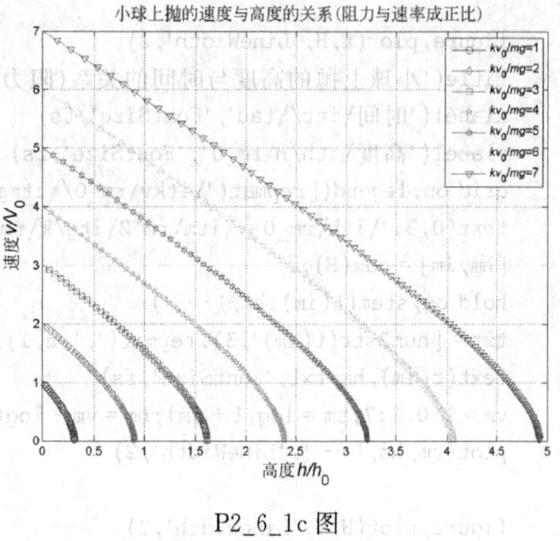


P2_6_1c 图

［算法］ (1) 方法一：用解析式。取特征时间 $\tau=m/k$ 为时间单位，取速度单位为 $V_0=mg/k$，则速度可表示为

$$v^* = (v_0^* + 1)\exp(-t^*) - 1 \tag{2.6.2*}$$

其中，$t^*=t/\tau$，$v_0^*=v_0/V_0=kv_0/mg$，$v^*=v/V_0$。$v_0^*$ 是无量纲的初速度，在小球质量和空气阻力系数一定的情况下，无量纲的初速度就代表了初速度。$kv_0$ 是初始阻力，无量纲的初速度还是初始阻力与小球重力 $mg$ 的比值。

取高度单位为 $h_0=V_0\tau=m^2g/k^2$，高度公式可化为

$$h^* = (v_0^* + 1)[1 - \exp(-t^*)] - t^* \tag{2.6.3*}$$

其中 $h^*=h/h_0$。小球上升到最高点所需要的时间可表示为

$$T^* = \ln(1 + v_0^*) \tag{2.6.4*}$$

其中 $T^*=T/\tau$。小球上升的最大高度可表示为

$$H^* = v_0^* - \ln(1 + v_0^*) \tag{2.6.5*}$$

其中 $H^*=H/h_0$。取约化初速度为参数向量，取时间为自变量向量，形成矩阵，计算速度和高度与时间的关系，也就确定了速度与高度的关系。用矩阵画线法画出速度和高度与时间的曲线族，并画出速度和高度的曲线族。

［程序］ P2_6_1__1.m 如下。

```
%小球受到与速率成正比的摩擦阻力的上抛运动(用解析式)
clear,t=0:0.02:2.5;v0=1:7;                          %清除变量,无量纲时间向量和初速度向量
[V0,T]=meshgrid(v0,t);                              %初速度和时间矩阵
V=(V0+1).*exp(-T)-1;H=(V0+1).*(1-exp(-T))-T;       %速度和高度
n=length(v0);                                       %初速度个数
%-----------------------------------------------------------------
H(V<0)=nan;V(V<0)=nan;                              %速度小于零的高度和速度改为非数(1)
figure,plot(t,V,'LineWidth',2)                      %创建图形窗口,画速度曲线族
grid on,fs=16;xlabel('时间\itt/\tau','FontSize',fs)  %加网格,显示横坐标标签
ylabel('速度\itv/V\rm_0','FontSize',fs)              %显示纵坐标标签
title('小球上抛的速度与时间的关系(阻力与速率成正比)','FontSize',fs)  %显示标题
legend([repmat('\itkv\rm_0/\itmg\rm=',n,1),num2str(v0')])            %图例
text(0,1,'\it\tau\rm=\itm/k\rm,\itV\rm_0=\itmg/k','FontSize',fs)    %时间和速度单位文本

figure,plot(t,H,'LineWidth',2)                      %创建图形窗口,画高度曲线族
title('小球上抛的高度与时间的关系(阻力与速率成正比)','FontSize',fs)  %显示标题
xlabel('时间\itt/\tau','FontSize',fs)                                %显示横坐标标签
ylabel('高度\ith/h\rm_0','FontSize',fs)                              %显示纵坐标标签
grid on,legend([repmat('\itkv\rm_0/\itmg\rm=',n,1),num2str(v0')],4)  %加网格,图例
text(0,3,'\ith\rm_0=\itm\rm^2\itg/k\rm^2','FontSize',fs)            %标记高度单位
[hm,im]=max(H);                                                      %求最大高度及其下标
hold on,stem(t(im),hm,'--')                         %保持图像,画最高点的杆图
txt=[num2str(t(im)',3),repmat(',',n,1),num2str(hm',3)];  %运动时间和高度字符串
text(t(im),hm,txt,'FontSize',fs)                    %标记时间和最大高度
vm=1:0.1:7;tm=log(1+vm);hm=vm-log(1+vm);  %较密的初速度向量,最大时间和最大高度(2)
plot(tm,hm,'--','LineWidth',2)                      %画峰值线

figure,plot(H,V,'LineWidth',2)                      %创建图形窗口,画速度和高度曲线族
title('小球上抛的速度与高度的关系(阻力与速率成正比)','FontSize',fs)  %显示标题
```

```
xlabel('高度\ith/h\rm_0','FontSize',fs)                    %显示横坐标标签
ylabel('速度\itv/V\rm_0','FontSize',fs)                    %显示纵坐标标签
grid on,legend([repmat('\itkv\rm_0/\itmg\rm=',n,1) num2str(v0')])  %加网格,图例
```

［说明］ (1) 当小球运动到最高点之后,其运动方程发生了改变,只考虑小球上升的过程,其他运动时间的速度和高度就改为非数。

(2) 为了画出最高点的连续曲线,需要设置较密的初速度向量。

方法二:用一阶微分方程的数值解。运动方程可化为

$$\frac{dv}{dt}=-g-\frac{k}{m}v$$

此式可化为

$$\frac{d(v/V_0)}{d(t/\tau)}=-g\frac{\tau}{V_0}-\frac{k\tau}{mV_0}v=-1-\frac{v}{V_0}$$

利用约化时间 $t^*=t/\tau$ 和约化速度 $v^*=v/V_0$,可得无量纲的微分方程

$$\frac{dv^*}{dt^*}=-1-v^* \tag{2.6.1*}$$

微分方程的初始条件为:当 $t^*=0$ 时 $v^*=v_0/V_0$。高度为

$$h=\int_0^t v dt=V_0\tau\int_0^{t^*}v^* dt^*=h_0\int_0^{t^*}v^* dt^*$$

通过无量纲速度对无量纲时间的数值积分可求得高度与时间的关系。

［程序］ P2_6_1__2.m 计算部分如下。

```
%小球受到与速率成正比的摩擦阻力的上抛运动(用微分方程的数值解)
clear,dt=0.02;t=0:dt:2.5;                    %清除变量,时间间隔和时间向量
v0=1:7;n=length(v0);                         %初速度向量和初速度个数
f=inline('-1-v','t','v');                    %内线函数表达式
H=[];V=[];                                   %高度矩阵和速度矩阵置空
for i=1:n                                    %按初速度循环(1)
    [tt,v]=ode45(f,t,v0(i));                 %求速度的数值解
    V=[V,v];H=[H,cumtrapz(v)*dt];            %连接速度,用梯形法求高度并连接(2)
end                                          %结束循环
%-----------------------------------------------------------------
```

(绘图部分与上一程序的相同。)

［说明］ (1) 常微分方程函数只能逐个求常微分方程的数值解,因此程序设置了循环。

(2) 每取一个初速度,就求得一个数值解,然后将速度和高度连接在不同的矩阵中。

方法三:用两个一阶微分方程的数值解。由于速度 $v=dh/dt$,运动方程可化为

$$\frac{d^2h}{dt^2}=-g-\frac{k}{m}\frac{dh}{dt}$$

由此可得

$$\frac{d^2(h/h_0)}{d(t/\tau)^2}=-g\frac{\tau^2}{h_0}-\frac{k}{m}\tau\frac{d(h/h_0)}{d(t/\tau)}=-1-\frac{d(h/h_0)}{d(t/\tau)}$$

即

$$\frac{d^2h^*}{dt^{*2}}=-1-\frac{dh^*}{dt^*} \tag{2.6.1**}$$

设 $h(1)=h^*$,$h(2)=\mathrm{d}h^*/\mathrm{d}t^*$,由上式可得

$$\frac{\mathrm{d}h(1)}{\mathrm{d}t^*}=h(2),\quad \frac{\mathrm{d}h(2)}{\mathrm{d}t^*}=-1-h(2)$$

当 $t=0$ 时,$h=0$,因此初始条件 $h(1)=0$,而

$$h(2)=\frac{\mathrm{d}h^*}{\mathrm{d}t^*}=\frac{\mathrm{d}(h/h_0)}{\mathrm{d}(t/\tau)}=\frac{\tau \mathrm{d}h}{h_0\mathrm{d}t}=\frac{\mathrm{d}h}{V_0\mathrm{d}t}=\frac{v_0}{V_0}$$

根据初始条件可求得常微分方程的数值解。

**[程序]** P2_6_1__3.m 计算部分如下。

```
%小球受到与速率成正比的摩擦阻力的上抛运动(用两阶微分方程的数值解)
clear,t = 0:0.02:2.5;v0 = 1:7;n = length(v0);       %清除变量,时间向量和初速度向量、初速度个数
H = [];V = [];                                      %高度矩阵和速度矩阵置空
for i = 1:n                                         %按初速度循环
    [tt,HV] = ode45('P2_6_1__3ode',t,[0,v0(i)]);    %求高度和速度的数值解
    V = [V,HV(:,2)];H = [H,HV(:,1)];                %连接速度,连接高度
end                                                 %结束循环
%-------------------------------------------------------------
```

(绘图部分与上面两个程序的相同。)

程序在执行时将调用函数文件 P2_6_1__3ode.m。

```
%小球的约化速度和加速度函数
function f = fun(t,h)                               %函数过程
f = [h(2); -1 - h(2)];                              %约化速度表达式和约化加速度表达式
```

方法四:用微分方程的符号解。利用(2.6.1**)式可得二阶微分方程

$$\frac{\mathrm{d}^2h^*}{\mathrm{d}t^{*2}}+\frac{\mathrm{d}h^*}{\mathrm{d}t^*}+1=0 \tag{2.6.1***}$$

当 $t=0$ 时,$h^*=0$,$\mathrm{d}h^*/\mathrm{d}t^*=v_0/V_0$,根据初始条件可求微分方程的符号解。

**[程序]** P2_6_1__4.m 计算部分如下。

```
%小球受到与速率成正比的摩擦阻力的上抛运动(用微分方程的符号解)
clear,dt = 0.02;t = 0:dt:2.5;                                  %清除变量,时间间隔和时间向量
v0 = 1:7;n = length(v0);                                       %初速度向量,初速度个数
[V0,T] = meshgrid(v0,t);                                       %初速度和时间矩阵(1)
sh = dsolve('D2x + Dx + 1','x(0) = 0','Dx(0) = v0')            %微分方程的符号解
sv = diff(sh,'t')                                              %求速度的符号解
H = subs(sh,{'t','v0'},{T,V0});V = subs(sv,{'t','v0'},{T,V0}); %高度和速度(2)
%-------------------------------------------------------------
```

(程序的绘图部分与前面三个程序的相同。)

**[说明]** (1) 通过微分方程的符号解,可求得

```
sh =
- exp( - t) * (1 + v0) - t + 1 + v0
sv =
exp( - t) * (1 + v0) - 1
```

可见:微分方程的符号解与手工推导的结果相同。

（2）由于矩阵 T 和 V0 的大小是相同的，所以可以同时用矩阵替换符号变量。

［解析］ （2）当小球从最高点竖直下落时，速度方向向下，空气阻力的方向向下，取向下的方向为正，根据牛顿第二定律得方程

$$f = mg - kv = m\frac{\mathrm{d}v}{\mathrm{d}t} \tag{2.6.6}$$

分离变量得

$$\mathrm{d}t = m\frac{\mathrm{d}v}{mg - kv} = -\frac{m}{k}\frac{\mathrm{d}(mg - kv)}{mg - kv}$$

积分得

$$t = -\frac{m}{k}\ln(mg - kv)\Big|_0^v = -\frac{m}{k}\ln\frac{mg - kv}{mg} = -\frac{m}{k}\ln\left(1 - \frac{kv}{mg}\right)$$

小球速度随时间的变化关系为

$$v = \frac{mg}{k}\left[1 - \exp\left(-\frac{k}{m}t\right)\right] \tag{2.6.7}$$

由于 $v = \mathrm{d}h/\mathrm{d}t$，所以

$$\mathrm{d}h = \frac{mg}{k}\left[1 - \exp\left(-\frac{k}{m}t\right)\right]\mathrm{d}t = \frac{mg}{k}\mathrm{d}t + \frac{m^2 g}{k^2}\mathrm{d}\left[\exp\left(-\frac{k}{m}t\right)\right]$$

积分得

$$h = \frac{mg}{k}t - \frac{m^2 g}{k^2}\left[1 - \exp\left(-\frac{k}{m}t\right)\right] \tag{2.6.8}$$

这是小球下落的高度与时间的关系。

当小球落回原处时，$h = H$，由(2.6.8)式和(2.6.5)式可得

$$\frac{k}{m}T' - 1 + \exp\left(-\frac{k}{m}T'\right) = \frac{kv_0}{mg} - \ln\left(1 + \frac{kv_0}{mg}\right) \tag{2.6.9}$$

这是关于时间的超越方程。如果求得时间 $T'$，代入(2.6.7)式即可求得小球落回原处的速度。

［讨论］ 当 $k \to 0$ 时，利用公式 $e^x \to 1 + x$，由(2.6.7)式得

$$v \to \frac{mg}{k}\frac{k}{m}t = gt$$

这是不计空气阻力时小球自由下落的速度。利用公式 $e^x \to 1 + x + x^2/2$，由(2.6.8)式得

$$h = \frac{mg}{k}t - \frac{m^2 g}{k^2}\left\{1 - \left[1 - \frac{k}{m}t + \frac{1}{2}\left(\frac{k}{m}t\right)^2\right]\right\} \to \frac{1}{2}gt^2$$

这正是自由落体下落的高度公式。再利用公式 $\ln(1+x) \to x - x^2/2$，由(2.6.9)式得

$$\frac{k}{m}T' - 1 + \left[1 - \frac{k}{m}T' + \frac{1}{2}\left(\frac{k}{m}T'\right)^2 + \cdots\right] = \frac{kv_0}{mg} - \left[\frac{kv_0}{mg} - \frac{1}{2}\left(\frac{kv_0}{mg}\right)^2 + \cdots\right]$$

化简得

$$T' \to v_0/g$$

这是不计空气阻力时小球自由下落到原处的时间。

［图示］ （1）如 P2_6_2a 图所示，上升的初速度越大，小球上升的高度就越大。当初速度比较大时，小球上升的高度随初速度几乎呈直线增加。

（2）如 P2_6_2b 图所示，上升的初速度越大，小球达到最大高度所需要的时间越长，但是小于小球从最高点下落到原处的时间。小球在空气中上升和下落到原处的总时间比不计阻力的总时间要短。

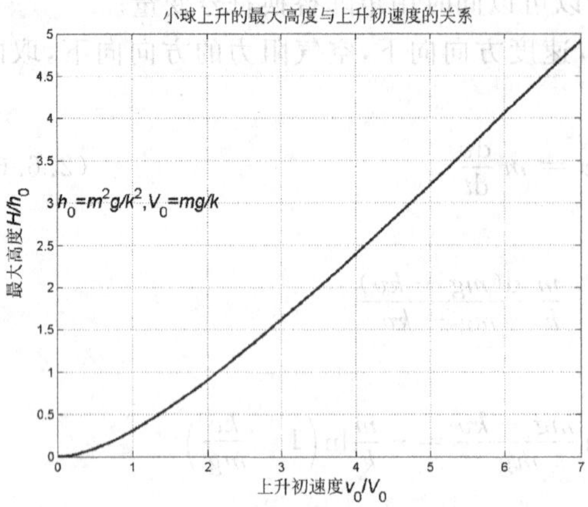


P2_6_2a 图

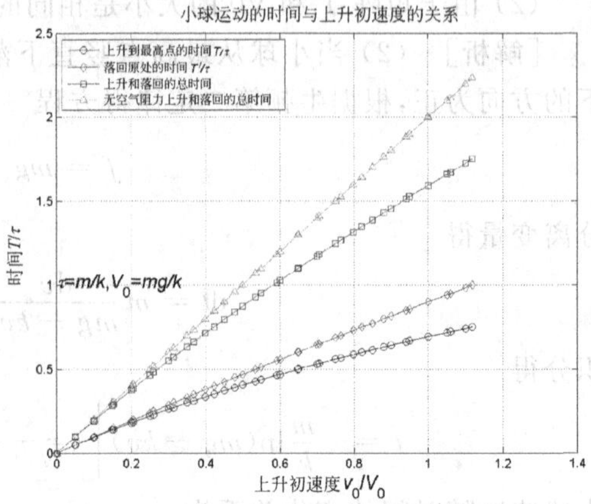


P2_6_2b 图

(3) 如 P2_6_2c 图所示，上升的初速度越大，小球回到原处的速度越大，与小球上升的初速度相差也越大。

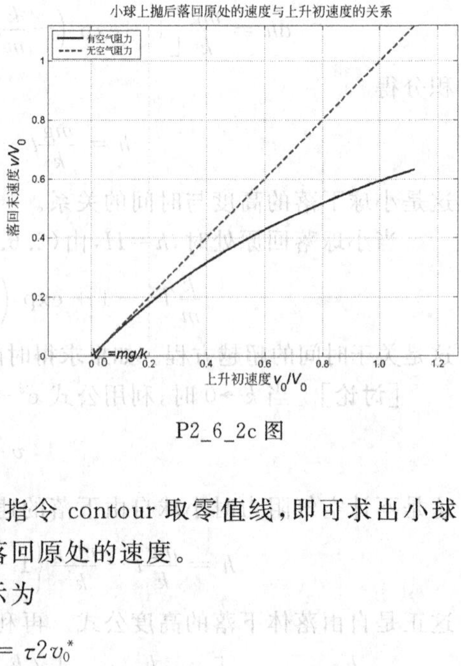


P2_6_2c 图

**[算法]** (2) 取 $\tau=m/k$ 为时间单位，取速度单位为 $V_0=mg/k$，小球下落的速度可表示为

$$v=V_0[1-\exp(-t^*)] \qquad (2.6.7^*)$$

其中 $t^*=t/\tau$。当小球落回原处时关于时间的超越方程可表示为

$$t^*+\exp(-t^*)-(1+v_0^*)+\ln(1+v_0^*)=0 \qquad (2.6.9^*)$$

其中 $v_0^*=v/V_0$。此方程有一个解

$$t^*=-\ln(1+v_0^*)$$

由于 $t^*<0$，此解是没有意义的。(2.6.9*)式是下落和上升的高度差为零的方程(约去公因子)，将初速度和时间形成矩阵，计算高度差，利用等值线指令 contour 取零值线，即可求出小球落回原处的时间与初速度的数值解，进而求出小球落回原处的速度。

如果不计空气阻力，小球来回运动的时间可表示为

$$t=2\frac{v_0}{g}=\tau 2\frac{v_0\tau}{g}=\tau 2v_0^*$$

小球在空气中来回运动的时间可与无空气阻力的情况相比较。

**[程序]** P2_6_2.m 如下。

```
% 小球受到与速率成正比的摩擦阻力作用时上升的高度和落回原处的时间以及速度
clear,v0 = 0:0.05:7;h = v0 - log(1 + v0);          % 清除变量,较密的初速度向量,最大高度
figure,plot(v0,h,'LineWidth',2),grid on             % 创建图形窗口,画最大高度曲线,加网格
fs = 16;title('小球上升的最大高度与上升初速度的关系','FontSize',fs)  % 显示标题
xlabel('上升初速度\itv\rm_0/\itV\rm_0','FontSize',fs)  % 显示横坐标标签
ylabel('最大高度\itH/h\rm_0','FontSize',fs)          % 显示纵坐标标签
txt1 = '\ith\rm_0 = \itm\rm^2\itg/k\rm^2';           % 高度单位文本
txt2 = '\itV\rm_0 = \itmg/k';                        % 速度单位文本
```

```
txt3 = '\it\tau\rm = \itm/k\rm';                    % 时间单位文本
text(0,3,[txt1,',',txt2],'FontSize',fs)             % 标记高度单位和速度单位
t = 0:0.05:1;                                       % 落回时间向量
[V0,T] = meshgrid(v0,t);                            % 初速度和时间矩阵
H = T + exp( - T) - 1 - V0 + log(1 + V0);          % 下落的高度差函数
figure                                              % 创建图形窗口
h = contour(V0,T,H,[0,0]);                          % 高度差为零的落回时间与初速度等值线(1)
v0 = h(1,2:end);t2 = h(2,2:end);                    % 取初速度和落回时间(2)
t1 = log(1 + v0);                                   % 上升时间
plot(v0,t1,'o - ',v0,t2,'s - ',v0,t1 + t2,'d - ',v0,2 * v0,'^ - ') % 画时间曲线(3)
legend('上升到最高点的时间\itT/\tau','落回原处的时间\itT\prime/\tau',…
      '上升和落回的总时间','无空气阻力上升和落回的总时间',2)  % 图例
title('小球运动的时间与上升初速度的关系','FontSize',fs)  % 显示标题
xlabel('上升初速度\itv\rm_0/\itV\rm_0','FontSize',fs)  % 显示横坐标标签
text(0,1,[txt3,',',txt2],'FontSize',fs),grid on     % 标记时间单位和速度单位,加网格

v2 = 1 - exp( - t2);                                % 落回的速度
figure,plot(v0,v2,'LineWidth',2)                    % 创建图形窗口,画曲线
grid on,axis equal                                  % 加网格,坐标间隔相等
title('小球上抛后落回原处的速度与上升初速度的关系','FontSize',fs)  % 显示标题
xlabel('上升初速度\itv\rm_0/\itV\rm_0','FontSize',fs)  % 显示横坐标标签
ylabel('落回末速度\itv/V\rm_0','FontSize',fs)         % 显示纵坐标标签
text(0,0,txt2,'FontSize',fs)                        % 标记速度单位
hold on,plot(v0,v0,'-- r','LineWidth',2)            % 保持图像,画无空气阻力的速度曲线
legend('有空气阻力','无空气阻力',2)                  % 图例
```

［说明］ (1) 画等值线主要是为了取句柄。

(2) 句柄有两行若干列,第一行的第一个数值表示等值线数据对的数目,第二行的第一个数值表示等值线的值(0);第一行的其他数值表示速度,第二行的其他数值表示时间。

(3) 画时间曲线时就抹去了等值线。

## {范例 2.7} 小球在空气中平抛运动的规律

一小球在空气中作平抛运动,初速度为 $v_0$,所受的阻力与速率成正比:$f=-kv$,$k$ 称为阻力系数。小球运动的规律是什么?其轨迹是什么?与不计空气阻力的平抛运动相比有什么区别?

［解析］ 如 B2.7 图所示,小球受到重力 $\boldsymbol{mg}$,方向竖直向下;空气阻力 $\boldsymbol{f}$,方向与速度方向相反。根据牛顿第二定律可列出直角坐标方程

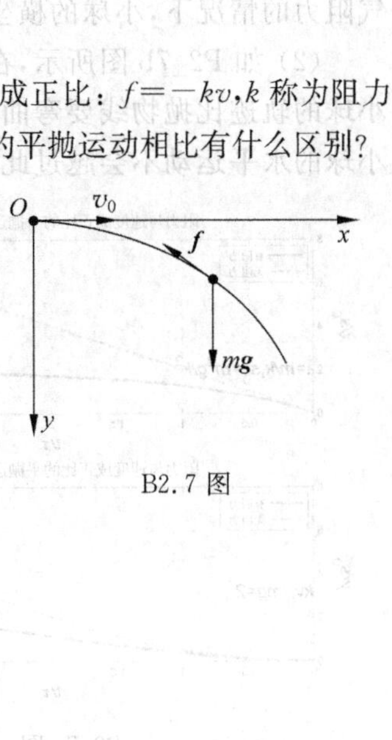

B2.7 图

$$m\frac{\mathrm{d}^2x}{\mathrm{d}t^2}=-k\frac{\mathrm{d}x}{\mathrm{d}t},\quad m\frac{\mathrm{d}^2y}{\mathrm{d}t^2}=mg-k\frac{\mathrm{d}y}{\mathrm{d}t}\qquad(2.7.1)$$

由于 $v_x=\mathrm{d}x/\mathrm{d}t$,$v_y=\mathrm{d}y/\mathrm{d}t$,上式可化为

$$\frac{\mathrm{d}v_x}{\mathrm{d}t}=-\frac{k}{m}v_x,\quad \frac{\mathrm{d}v_y}{\mathrm{d}t}=g-\frac{k}{m}v_y\qquad(2.7.2)$$

分离变量得

$$\frac{\mathrm{d}v_x}{v_x}=-\frac{k}{m}\mathrm{d}t,\quad \frac{\mathrm{d}v_y}{g-kv_y/m}=\mathrm{d}t$$

积分得

$$\ln v_x + \ln C_x = -\frac{k}{m}t, \quad -\frac{m}{k}\left[\ln\left(g - \frac{kv_y}{m}\right) + \ln C_y\right] = t$$

当 $t=0$ 时，$v_x = v_0$，$v_y = 0$，可得 $C_x = -v_0$，$C_y = -g$，因此

$$v_x = v_0\exp\left(-\frac{k}{m}t\right), \quad v_y = \frac{mg}{k}\left[1 - \exp\left(-\frac{k}{m}t\right)\right] \tag{2.7.3}$$

当 $t=0$ 时，$x=0$，$y=0$，积分上式可得

$$x = \frac{mv_0}{k}\left[1 - \exp\left(-\frac{k}{m}t\right)\right], \quad y = \frac{mg}{k}t + \frac{m^2 g}{k^2}\left[\exp\left(-\frac{k}{m}t\right) - 1\right] \tag{2.7.4}$$

这是小球的运动方程，也是以时间 $t$ 为参数的轨迹方程。

［讨论］ (1) 当 $k \to 0$ 时，由(2.7.3)式可得

$$v_x \to v_0, \quad v_y \to \frac{mg}{k}\left[1 - \left(1 - \frac{k}{m}t\right)\right] = gt \tag{2.7.5}$$

这是无阻力平抛运动的速度。由(2.7.4)式可得

$$x \to \frac{mv_0}{k}\left[1 - \left(1 - \frac{k}{m}t\right)\right] = v_0 t \tag{2.7.6a}$$

$$y = \frac{mg}{k}t + \frac{m^2 g}{k^2}\left\{\left[1 - \frac{k}{m}t + \frac{1}{2}\left(\frac{k}{m}t\right)^2\right] - 1\right\} = \frac{1}{2}gt^2 \tag{2.7.6b}$$

这是无阻力平抛运动的坐标。

(2) 当 $t \to \infty$ 时，由(2.7.3)式可得

$$v_x \to 0, \quad v_y \to \frac{mg}{k} \tag{2.7.7}$$

可见：在有阻力的情况下，水平方向的速度趋于零，竖直方向的速度趋于一个常量。由(2.7.4)式可得

$$x \to \frac{mv_0}{k}, \quad y = \frac{mg}{k}t - \frac{m^2 g}{k^2} \tag{2.7.8}$$

可见：在有阻力的情况下，水平方向有一个极限距离，小球最后将向下做匀速直线运动。

［图示］ (1) 如 P2_7a 图所示，约化速度 $kv_0/mg$ 取为 2，与无阻力的情况相比，在有空气阻力的情况下，小球的横坐标和纵坐标都小一些。

(2) 如 P2_7b 图所示，在无阻力的情况下，小球的轨迹是抛物线；在有阻力的情况下，小球的轨迹比抛物线要弯曲，水平运动和竖直运动的距离都比较短。水平运动有一极限线，小球的水平运动不会越过此极限线。

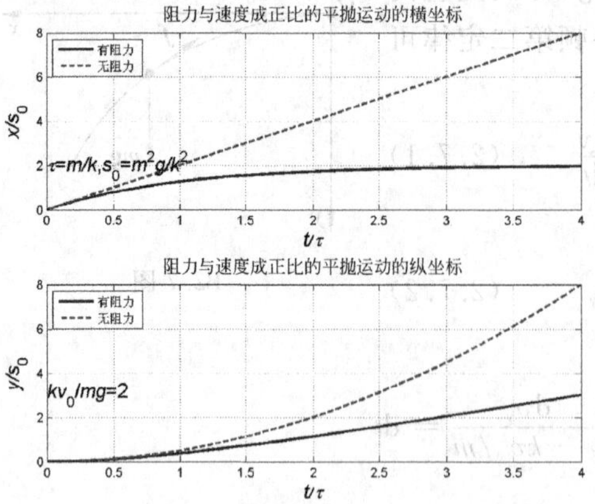


P2_7a 图

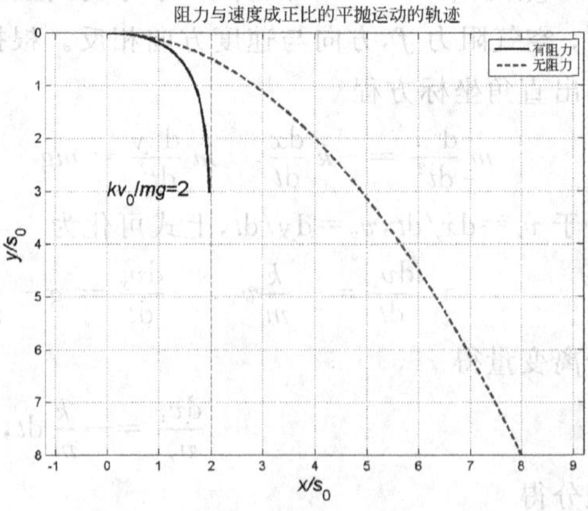


P2_7b 图

(3) 如果约化速度取其他值,也有类似的坐标曲线和轨迹(图略)。

**[算法]** 方法一:用解析式。取 $\tau=m/k$ 为时间单位,取 $s_0=m^2g/k^2$ 为坐标单位,坐标方程可表示为

$$x=s_0v_0^*[1-\exp(-t^*)],\quad y=s_0[t^*+\exp(-t^*)-1] \tag{2.7.4*}$$

其中,$t^*=t/\tau$ 为约化时间;$v_0^*=kv_0/mg$ 是小球的约化初速度。小球的水平极限坐标可表示为

$$x\to s_0v_0^* \tag{2.7.8*}$$

如果不计空气阻力,小球的运动方程可表示为

$$x=v_0t=v_0\tau\frac{t}{\tau}=s_0v_0^*t^*,\quad y=\frac{1}{2}gt^2=\frac{1}{2}g\tau^2\left(\frac{t}{\tau}\right)^2=s_0\frac{1}{2}t^{*2} \tag{2.7.6*}$$

小球的有阻力平抛运动与无阻力的平抛运动可进行比较。小球的初速度是可调节的参数。

**[程序]** P2_7__1.m 如下。

```
%阻力与速度成正比的平抛运动的轨迹(用解析解)
clear,t=0:0.01:4;                                              %清除变量,时间向量
v0=input('请输入水平初速度 kv0/mg:');                           %键盘输入水平初速度
%------------------------------------------------------------
x=v0*(1-exp(-t));y=t+exp(-t)-1;                                %有空气阻力的横坐标和纵坐标
%------------------------------------------------------------
xx=v0*t;yy=t.^2/2;                                             %无阻力的横坐标和纵坐标
figure                                                         %开创图形窗口
subplot(2,1,1),plot(t,x,t,xx,'--','LineWidth',2),grid on       %选子图,画坐标曲线,加网格
fs=16;title('阻力与速度成正比的平抛运动的横坐标','FontSize',fs)  %标题
xlabel('\itt/\tau','FontSize',fs)                              %标记横坐标标签
ylabel('\itx/s\rm_0','FontSize',fs)                            %标记纵坐标标签
legend('有阻力','无阻力',2)                                     %图例
txt='\it\tau\rm=\itm/k\rm,\its\rm_0=\itm\rm^2\itg/k\rm^2';     %单位文本
text(0,max(x),txt,'FontSize',fs)                               %说明单位
subplot(2,1,2),plot(t,y,t,yy,'--','LineWidth',2),grid on       %选子图,画坐标曲线,加网格
xlabel('\itt/\tau','FontSize',fs)                              %标记横坐标标签
ylabel('\ity/s\rm_0','FontSize',fs)                            %标记纵坐标标签
title('阻力与速度成正比的平抛运动的纵坐标','FontSize',fs)         %标题
legend('有阻力','无阻力',2)                                     %图例
text(0,max(y),['\itkv\rm_0/\itmg\rm=',num2str(v0)],'FontSize',fs)  %约化初速度

figure,plot(x,y,xx,yy,'--','LineWidth',2),grid on              %开创图形窗口,画轨迹,加网格
xlabel('\itx/s\rm_0','FontSize',fs)                            %标记横坐标标签
ylabel('\ity/s\rm_0','FontSize',fs)                            %标记纵坐标标签
title('阻力与速度成正比的平抛运动的轨迹','FontSize',fs)           %标题
legend('有阻力','无阻力')                                       %图例
text(0,max(y),['\itkv\rm_0/\itmg\rm=',num2str(v0)],'FontSize',fs)  %约化初速度
hold on,plot([v0,v0],[0,max(yy)],'--r')                        %保持图像,画极限线
axis ij equal                                                  %原点设在左上角并使坐标间隔相等
```

**[说明]** 程序执行时,从键盘输入约化初速度,例如 1。

方法二:用两个一阶微分方程的数值解。微分方程组(2.7.1)式可化为

$$\frac{\mathrm{d}(v_x/V_0)}{\mathrm{d}(t/\tau)}=-\frac{k\tau}{m}\frac{v_x}{V_0},\quad \frac{\mathrm{d}(v_y/V_0)}{\mathrm{d}(t/\tau)}=\frac{g\tau}{V_0}-\frac{k\tau}{m}\frac{v_y}{V_0}$$

其中，$\tau=m/k, V_0=g\tau=mg/k$。取 $t^*=t/\tau, v_x^*=v_x/V_0, v_y^*=v_y/V_0$，可得

$$\frac{dv_x^*}{dt^*}=-v_x^*,\quad \frac{dv_y^*}{dt^*}=1-v_y^* \tag{2.7.1*}$$

取 $v(1)=v_x^*, v(2)=v_y^*$，可得两个一阶方程组

$$\frac{dv(1)}{dt^*}=-v(1),\quad \frac{dv(2)}{dt^*}=1-v(2)$$

在初始时刻，小球的约化初速度为

$$v(1)=\frac{v_x}{V_0}=\frac{kv_0}{mg}=v_0^*$$

而 $v(2)=0$。在任意时刻，$v(1)$和$v(2)$表示约化速度。根据速度值，利用函数 cumtrapz 可求坐标。

［**程序**］ P2_7__2.m 的计算部分如下。

```
% ----------------------------------------------------------------
[t0,V] = ode45('P2_7__2ode',t,[v0,0]);                     %求微分方程的数值解
x = cumtrapz(V(:,1)) * t(2);y = cumtrapz(V(:,2)) * t(2);  %横坐标和纵坐标
% ----------------------------------------------------------------
```

(程序其他部分与上一程序的相同。)

程序在执行时将调用函数文件 P2_7__2ode.m。

```
%阻力与速度成正比的平抛运动的加速度函数
function f = fun(t,v)
f = [ - v(1);1 - v(2)];                                  %水平加速度表达式和竖直加速度表达式
```

［**说明**］ 用两个常微分方程的数值解可求出速度，还需要求出位置坐标才能画小球的运动轨迹。

方法三：用四个一阶微分方程的数值解。微分方程组(2.7.1)式可化为

$$\frac{d^2(x/s_0)}{d(t/\tau)^2}=-\frac{k\tau}{m}\frac{d(x/s_0)}{d(t/\tau)},\quad \frac{d^2(y/s_0)}{d(t/\tau)^2}=\frac{g\tau^2}{s_0}-\frac{k\tau}{m}\frac{d(y/s_0)}{d(t/\tau)}$$

取 $t^*=t/\tau, x^*=x/s_0, y^*=y/s_0$，由于 $\tau=m/k, s_0=m^2g/k^2$，可得

$$\frac{d^2x^*}{dt^{*2}}=-\frac{dx^*}{dt^*},\quad \frac{d^2y^*}{dt^{*2}}=1-\frac{dy^*}{dt^*} \tag{2.7.1**}$$

取 $r(1)=x^*, r(2)=y^*, r(3)=dx^*/dt^*, r(4)=dy^*/dt^*$，可得四个一阶方程组

$$\frac{dr(1)}{dt^*}=r(3),\quad \frac{dr(2)}{dt^*}=r(4),\quad \frac{dr(3)}{dt^*}=-r(3),\quad \frac{dr(4)}{dt^*}=1-r(4)$$

在初始时刻，小球约化位移为 $r(1)=r(2)=0$，初始约化速度为

$$r(3)=\frac{dx^*}{dt^*}=\frac{\tau}{s_0}\frac{dx}{dt}=\frac{1}{mg/k}\frac{dx}{dt}=\frac{v_0}{V_0}=v_0^*$$
$$r(4)=0$$

在任意时刻，$r(1)$和$r(2)$表示约化坐标，$r(3)$和$r(4)$表示约化速度。

［**程序**］ P2_7__3.m 的计算部分如下。

```
% ----------------------------------------------------------------
[t0,R] = ode45('P2_7__3ode',t,[0,0,v0,0]);                %求微分方程的数值解
```

```
x = R(:,1);y = R(:,2);                              %横坐标和纵坐标
% ---------------------------------------------------------------
```

(程序其他部分与上一程序的相同。)

程序在执行时将调用函数文件 P2_7__3ode.m。

```
%阻力与速度成正比的平抛运动的函数
function f = fun(t,r)
f = [r(3);r(4); - r(3);1 - r(4)];   %水平速度,竖直速度,水平加速度,竖直加速度表达式
```

[说明] 物体在平面上运动时,运动的微分方程组一般可化为四个一阶常微分方程,要注意速度和加速度的排列顺序。

方法四:用微分方程的符号解。(2.7.1**)式可化为二阶微分方程

$$\frac{d^2x^*}{dt^{*2}}+\frac{dx^*}{dt^*}=0,\quad \frac{d^2y^*}{dt^{*2}}-1+\frac{dy^*}{dt^*}=0 \tag{2.7.1***}$$

据此可求解微分方程的符号解。

[程序] P2_7__4.m 的计算部分如下。

```
% ---------------------------------------------------------------
[sx,sy] = dsolve('D2x + Dx,D2y - 1 + Dy,Dx(0) = v0,Dy(0) = 0,x(0) = 0,y(0) = 0')  %求符号解(1)
x = subs(sx,'v0',v0);x = subs(x,'t',t);                    %替换初速度,替换时间形成横坐标(2)
y = subs(sy,'v0',v0);y = subs(y,'t',t);                    %替换初速度,替换时间形成纵坐标(2)
% ---------------------------------------------------------------
```

(程序的其他部分与前面两个程序的指令相同。)

[说明] (1) 符号解有两个结果

```
sx =
v0 - v0 * exp( - t)
sy =
exp( - t) + t - 1
```

这与手工推导的公式相同。

(2) 在求坐标数值时,有些版本的初速度和时间要分别替换。初速度是标量,而时间是向量,相同大小的数据才能同时替换。

## {范例 2.8} 降落伞下降的规律

物体在空气中运动时,阻力的大小可以表示为 $f=C\rho Av^2/2$。其中 $\rho$ 是空气的密度,$A$ 是物体的有效横截面积,$C$ 为阻力系数。一降落伞和人组成系统的极限速度为 $v_T=5\text{m/s}$,当系统从静止开始下落时,求它的速度和下落的高度随时间的变化关系。如果该降落伞开始没有打开,当速度达到 $v_0=10\text{m/s}$ 时才打开,系统的运动规律是什么?

[解析] 伞和人受到重力 $m\boldsymbol{g}$,方向竖直向下;空气阻力 $\boldsymbol{f}$,方向竖直向上。取向下为正方向,根据牛顿第二定律可列人和伞系统的运动方程

$$mg-kv^2=ma$$

其中 $k=C\rho A/2$,$k$ 是比例系数。由于 $a=dv/dt$,可得微分方程

$$\frac{dv}{dt}=g(1-K^2v^2) \tag{2.8.1}$$

其中 $K^2=k/mg$。当 $\mathrm{d}v/\mathrm{d}t\to0$ 时，$v\to v_\mathrm{T}$，$v_\mathrm{T}$ 是极限速度，因此 $K=1/v_\mathrm{T}$。分离变量得

$$g\mathrm{d}t=\frac{\mathrm{d}v}{1-K^2v^2}=\frac{1}{2}\left(\frac{\mathrm{d}v}{1+Kv}+\frac{\mathrm{d}v}{1-Kv}\right)=\frac{1}{2K}\left[\frac{\mathrm{d}(1+Kv)}{1+Kv}-\frac{\mathrm{d}(1-Kv)}{1-Kv}\right] \tag{2.8.2}$$

当 $Kv<1$ 时，即 $v<v_\mathrm{T}$，例如初速度为 0 的情况，上式积分得

$$gt+C_1=\frac{1}{2K}\ln\frac{1+Kv}{1-Kv}$$

设当 $t=0$ 时，$v=v_0$，可得常数为

$$C_1=\frac{1}{2K}\ln\frac{1+Kv_0}{1-Kv_0}$$

利用反双曲正切函数 $\frac{1}{2}\ln\frac{1+x}{1-x}=\operatorname{arctanh}x$ 可得

$$Kgt+KC_1=\operatorname{arctanh}Kv$$

速度为

$$v=\frac{1}{K}\tanh(Kgt+KC_1)=v_\mathrm{T}\tanh\left(\frac{g}{v_\mathrm{T}}t+\alpha\right) \tag{2.8.3}$$

其中

$$\alpha=KC_1=\operatorname{arctanh}\left(\frac{v_0}{v_\mathrm{T}}\right) \tag{2.8.4}$$

当 $Kv>1$ 时，即 $v>v_\mathrm{T}$，初速度大于极限速度的情况，对(2.8.2)式积分得

$$gt+C_1'=\frac{1}{2K}\ln\frac{Kv+1}{Kv-1}$$

设当 $t=0$ 时，$v=v_0$，可得常数为

$$C_1'=\frac{1}{2K}\ln\frac{Kv_0+1}{Kv_0-1}$$

利用反双曲正切函数可得

$$Kgt+KC_1'=\operatorname{arctanh}\frac{1}{Kv}$$

速度为

$$v=\frac{1}{K}\coth(Kgt+KC_1')=v_\mathrm{T}\coth\left(\frac{g}{v_\mathrm{T}}t+\alpha'\right) \tag{2.8.5}$$

其中

$$\alpha'=KC_1'=\operatorname{arccoth}\left(\frac{v_0}{v_\mathrm{T}}\right) \tag{2.8.6}$$

根据速度可求下落的高度。当 $Kv<1$ 时，利用关系 $v=\mathrm{d}x/\mathrm{d}t$，由(2.8.3)式可得

$$\mathrm{d}x=v\mathrm{d}t=v_\mathrm{T}\tanh\left(\frac{g}{v_\mathrm{T}}t+\alpha\right)\mathrm{d}t$$

积分得

$$x=v_\mathrm{T}\int\tanh\left(\frac{g}{v_\mathrm{T}}t+\alpha\right)\mathrm{d}t=\frac{v_\mathrm{T}^2}{g}\int\frac{\sinh(gt/v_\mathrm{T}+\alpha)}{\cosh(gt/v_\mathrm{T}+\alpha)}\mathrm{d}\left(\frac{g}{v_\mathrm{T}}t+\alpha\right)$$

即

$$x=\frac{v_\mathrm{T}^2}{g}\ln\left[\cosh\left(\frac{gt}{v_\mathrm{T}}+\alpha\right)\right]+C_2$$

当 $t=0$ 时，$x=0$，可得常数

$$C_2=-\frac{v_T^2}{g}\ln\cosh\alpha$$

降落伞下落的高度为

$$x=\frac{v_T^2}{g}\ln\frac{\cosh(gt/v_T+\alpha)}{\cosh\alpha} \tag{2.8.7}$$

当初速度比较小时，就用上式计算高度。

当 $Kv>1$ 时，则由(2.8.5)式可得

$$\mathrm{d}x=v\mathrm{d}t=v_T\coth\left(\frac{g}{v_T}t+\alpha'\right)\mathrm{d}t$$

积分得

$$x=v_T\int\coth\left(\frac{g}{v_T}t+\alpha'\right)\mathrm{d}t=\frac{v_T^2}{g}\int\frac{\cosh\ (gt/v_T+\alpha')}{\sinh\ (gt/v_T+\alpha')}\mathrm{d}\left(\frac{g}{v_T}t+\alpha'\right)$$

即

$$x=\frac{v_T^2}{g}\ln\left[\sinh\left(\frac{gt}{v_T}+\alpha'\right)\right]+C_2'$$

当 $t=0$ 时，$x=0$，可得常数

$$C_2'=-\frac{v_T^2}{g}\ln\sinh\alpha'$$

降落伞下落的高度为

$$x=\frac{v_T^2}{g}\ln\frac{\sinh\ (gt/v_T+\alpha')}{\sinh\alpha'} \tag{2.8.8}$$

当初速度比较大时，就用上式计算高度。

[图示] (1) 如 P2_8 图之上图所示，不论降落伞的初速度小于极限速度还是大于极限速度，最后的速度都趋近于极限速度。

(2) 如 P2_8 图之中图所示，在初速度较大的情况下，在相同的时间内，降落伞下落的高度要大些，所以速度较大的高度曲线在速度较小的高度曲线上面。

(3) 如 P2_8 图之下图所示，初速度较小时，其加速度的方向与速度方向相同，并随着速度的增加而减少；初速度较大时，其加速度的方向与速度的方向相反，大小也随着速度的增加而减少。不论初速度是大还是小，加速度最后都趋于 0。

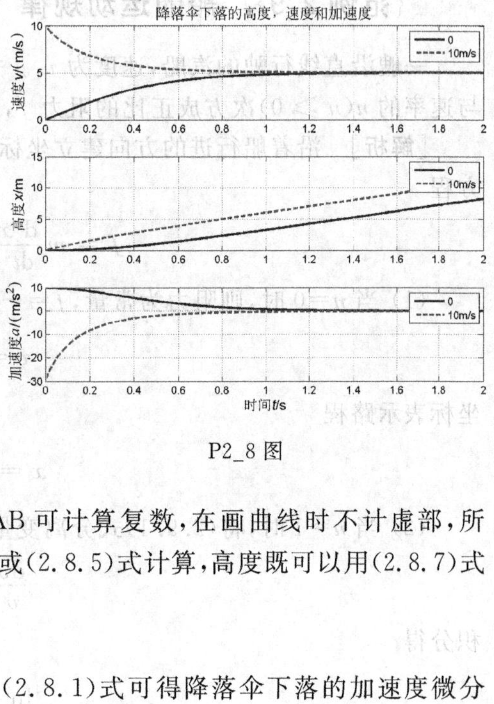


P2_8 图

[算法] 方法一：用解析式。由于 MATLAB 可计算复数，在画曲线时不计虚部，所以，不论初速度大小如何，速度都可以用(2.8.3)式或(2.8.5)式计算，高度既可以用(2.8.7)式计算，也可以用(2.8.8)式计算。

[程序] P2_8__1.m 见网站。

方法二：用一个一阶微分方程的数值解。由(2.8.1)式可得降落伞下落的加速度微分

方程

$$\frac{\mathrm{d}v}{\mathrm{d}t}=g\left(1-\frac{v^2}{v_{\mathrm{T}}^2}\right) \tag{2.8.1*}$$

这是一个关于速度的一阶微分方程,其初始条件为:当 $t=0$ 时 $v=0$ 或 $v=10$。该方程的数值解就是速度与时间的关系,通过积分可得高度与时间的关系。

[**程序**] P2_8__2.m 见网站。

方法三:用两个一阶微分方程的数值解。降落伞下落的速度微分方程为

$$\frac{\mathrm{d}x}{\mathrm{d}t}=v$$

设 $x(1)=x, x(2)=\mathrm{d}x/\mathrm{d}t$,由上式可得

$$\frac{\mathrm{d}x(1)}{\mathrm{d}t}=x(2)$$

由(2.8.1*)式可得

$$\frac{\mathrm{d}x(2)}{\mathrm{d}t}=g\left[1-\frac{x(2)^2}{v_{\mathrm{T}}^2}\right]$$

牛顿第二定律是一个二阶微分方程,在这里化成两个一阶微分方程,以便于求数值解。

[**程序**] P2_8__3.m 见网站。

方法四:用微分方程的符号解。由(2.8.1*)式可得二阶微分方程

$$\frac{\mathrm{d}^2x}{\mathrm{d}t^2}+\frac{g}{v_{\mathrm{T}}^2}\left(\frac{\mathrm{d}x}{\mathrm{d}t}\right)^2-g=0 \tag{2.8.1**}$$

据此可求解微分方程的符号解。

[**程序**] P2_8__4.m 见网站。

## *{范例 2.9} 船的运动规律

一艘沿直线行驶的汽船,速度为 $v_0$。关闭汽船发动机后,受到与速度 $v$ 方向相反、大小与速率的 $n(n\geqslant 0)$次方成正比的阻力 $f$,比例系数为 $k_n$。求船运动的速度和路程。

[**解析**] 沿着船行进的方向建立坐标轴 $x$,当 $x=0$ 时,$v=v_0$。根据牛顿第二定律可得方程

$$f=m\frac{\mathrm{d}^2x}{\mathrm{d}t^2}=m\frac{\mathrm{d}v}{\mathrm{d}t}=-k_nv^n \tag{2.9.1}$$

(1) 当 $n=0$ 时,则阻力为常量,$f=-k_0$,加速度也为常量,$a=-k_0/m$。船的速度为

$$v=v_0-\frac{k_0}{m}t \tag{2.9.2}$$

坐标表示路程

$$x=v_0t-\frac{k_0}{2m}t^2 \tag{2.9.3}$$

(2) 当 $n=1$ 时,将(2.9.1)式分离变量得

$$\frac{\mathrm{d}v}{v}=-\frac{k_1}{m}\mathrm{d}t$$

积分得

$$\ln\frac{v}{v_0}=-\frac{k_1}{m}t$$

因此速度为

$$v = v_0 \exp\left(-\frac{k_1}{m}t\right) \tag{2.9.4}$$

速度随时间增加而趋于零。由于 $v = \mathrm{d}x/\mathrm{d}t$,所以

$$\mathrm{d}x = v\mathrm{d}t = v_0 \exp\left(-\frac{k_1}{m}t\right)\mathrm{d}t$$

积分得

$$x = v_0\int_0^t \exp\left(-\frac{k_1}{m}t\right)\mathrm{d}t = v_0\frac{-m}{k_1}\int_0^t \exp\left(-\frac{k_1}{m}t\right)\mathrm{d}\left(-\frac{k_1}{m}t\right) = \frac{-mv_0}{k_1}\exp\left(-\frac{k_1}{m}t\right)\Bigg|_0^t$$

所以路程为

$$x = \frac{mv_0}{k_1}\left[1 - \exp\left(-\frac{k_1}{m}t\right)\right] \tag{2.9.5}$$

路程随时间增加,最后趋于 $mv_0/k_1$。

(3) 当 $n=2$ 时,由(2.9.1)式得

$$\frac{\mathrm{d}v}{v^2} = -\frac{k_2}{m}\mathrm{d}t$$

积分得

$$-\frac{1}{v} + \frac{1}{v_0} = -\frac{k_2}{m}t$$

化简得速度与时间的关系

$$v = \frac{v_0}{1 + k_2 v_0 t/m} \tag{2.9.6}$$

速度随时间增加也趋于零。路程的微分为

$$\mathrm{d}x = \frac{v_0}{1 + k_2 v_0 t/m}\mathrm{d}t = \frac{m}{k_2(1 + k_2 v_0 t/m)}\mathrm{d}\left(1 + \frac{k_2 v_0}{m}t\right)$$

积分得

$$x = \frac{m}{k_2}\ln\left(\frac{k_2 v_0}{m}t + 1\right) \tag{2.9.7}$$

路程随时间按对数规律增加。

(4) 当 $n>0$ 且不为 1 或 2 时,由(2.9.1)式得

$$\frac{\mathrm{d}v}{v^n} = -\frac{k_n}{m}\mathrm{d}t$$

积分得

$$\frac{1}{1-n}(v^{1-n} - v_0^{1-n}) = -\frac{k_n}{m}t$$

化简可得速度公式

$$v = \frac{v_0}{[1 + (n-1)k_n v_0^{n-1} t/m]^{1/(n-1)}} \tag{2.9.8}$$

路程的微分为

$$\mathrm{d}x = v\mathrm{d}t = \frac{v_0\,\mathrm{d}t}{[1 + (n-1)k_n v_0^{n-1} t/m]^{1/(n-1)}}$$

设 $y=1+(n-1)k_nv_0^{n-1}t/m$，则 $\mathrm{d}t=\frac{m}{(n-1)k_nv_0^{n-1}}\mathrm{d}y$，因此

$$\mathrm{d}x=\frac{m}{(n-1)k_nv_0^{n-2}}y^{-1/(n-1)}\mathrm{d}y$$

积分得

$$x=\frac{m}{(n-1)k_nv_0^{n-2}}\frac{1}{1-1/(n-1)}[y^{1-1/(n-1)}-1]$$

路程为

$$x=\frac{m}{(n-2)k_nv_0^{n-2}}\left\{\left[1+(n-1)\frac{k_nv_0^{n-1}}{m}t\right]^{(n-2)/(n-1)}-1\right\} \tag{2.9.9}$$

［**讨论**］ (1) 路程和速度的统一公式

① 当 $n=0$ 时，由(2.9.8)式可得(2.9.2)式，由(2.9.9)式可得(2.9.3)式。

② 当 $n\to1$ 时，设 $\varepsilon=(n-1)\frac{k_nt}{m}$，则 $\varepsilon\to0$，由(2.9.8)式得

$$v=\frac{v_0}{[(1+\varepsilon v_0^{n-1})^{1/\varepsilon}]^{k_nt/m}}=\frac{v_0}{[(1+\varepsilon v_0^{n-1})^{1/\varepsilon v_0^{n-1}}]^{v_0^{n-1}k_nt/m}}$$

根据定义 $\lim\limits_{\varepsilon\to0}(1+\varepsilon)^{1/\varepsilon}=\mathrm{e}$，可得

$$v\to\frac{v_0}{\mathrm{e}^{k_1t/m}}=v_0\exp\left(-\frac{k_1t}{m}\right)$$

这就是(2.9.4)式。当 $n\to1$ 时，(2.9.8)式中的指数趋于无穷大，因此 $n=1$ 点称为奇点，不过，这样的奇点是可去奇点。

由(2.9.9)式得

$$x=\frac{m}{(n-2)k_nv_0^{n-2}}\{[(1+\varepsilon v_0^{n-1})^{1/\varepsilon}]^{(n-2)k_nt/m}-1\}\to\frac{mv_0}{-k_1}\{\mathrm{e}^{-k_1t/m}-1\}$$

从而可得(2.9.5)式。

③ 当 $n\to2$ 时，由(2.9.8)式得

$$v\to\frac{v_0}{1+k_2v_0t/m}$$

这就是(2.9.6)式。

设 $y=\frac{a^\varepsilon-1}{\varepsilon}$，根据罗必塔法则，当 $\varepsilon\to0$ 时，$y\to\frac{a^\varepsilon\ln a}{1}\to\ln a$。取 $\varepsilon=n-2$，$a=1+(n-1)\frac{k_nv_0^{n-1}}{m}t$，由(2.9.9)式可得(2.9.7)式。当 $n\to2$ 时，(2.9.9)式中的分母趋于0，因此 $n=2$ 点称为奇点，这样的奇点也是可去奇点。

可见：(2.9.8)式和(2.9.9)式包括了当 $n=0,1,2$ 的情况，是速度和路程的统一公式。

(2) 总路程和总时间与指数 $n$ 的关系

① 在 $0\leqslant n<1$ 情况下，(2.9.8)式可化为

$$v=v_0[1-(1-n)k_nv_0^{n-1}t/m]^{1/(1-n)}$$

当船停止时，$v=0$，船行驶的总时间为

$$T=\frac{1}{1-n}\frac{mv_0^{1-n}}{k_n} \tag{2.9.10}$$

由(2.9.9)式可知船行驶的总路程为

$$X=\frac{1}{2-n}\frac{m}{k_n v_0^{n-2}} \tag{2.9.11}$$

② 在 $n=1$ 的情况下，由(2.9.4)式可知：当时间 $t\to\infty$ 时，速度 $v\to 0$；由(2.9.5)式可知：路程 $X\to mv_0/k_1$。

③ 在 $1<n$ 的情况下，由(2.9.8)式可知：当时间 $t\to\infty$ 时，速度 $v\to 0$。在 $1<n<2$ 的情况下，当时间 $t\to\infty$ 时，船行驶的路程仍由(2.9.11)式计算。在 $n\geqslant 2$ 的情况下，由(2.9.9)式可知：路程随时间增加。

［图示］ (1) 如 P2_9a 图所示，不论指数 $n$ 如何，船的速度都随时间减小。当 $n=0$ 时，船作匀变速直线运动，速度随时间直线减小，直到零为止。当 $n=0.5$ 时，速度随时间按抛物线的规律减小。当 $n=1$ 时，速度的解析式与统一公式计算的结果相同，速度随时间按负指数规律减少。当 $n=2$ 时，速度的解析式与统一公式计算的结果也相同，速度随时间按线性反比的规律减少。虽然速度是随时间减小的，但是由于时间单位 $t_n$ 随指数 $n$ 变化，因此不能说：指数越大，速度趋于零的过程就越慢。

(2) 如 P2_9b 图所示，船的路程随时间增加，但都是减速增加的。当 $n=0$ 时，路程随时间按抛物线的规律增加，然后停止。当 $n=0.5$ 时，路程有一个限度。当 $n=1$ 时，路程的解析式与统一公式计算的结果相同，路程也有限度。当 $n=1.5$ 时，路程随时间也趋于一个极限。当 $n=2$ 时，路程的解析式与统一公式计算的结果相同，路程按对数规律增加。由于时间单位 $t_n$ 和路程单位 $x_n$ 都随指数 $n$ 变化，需要根据具体数值才能比较在不同指数下船运动的路程随时间变化的大小。

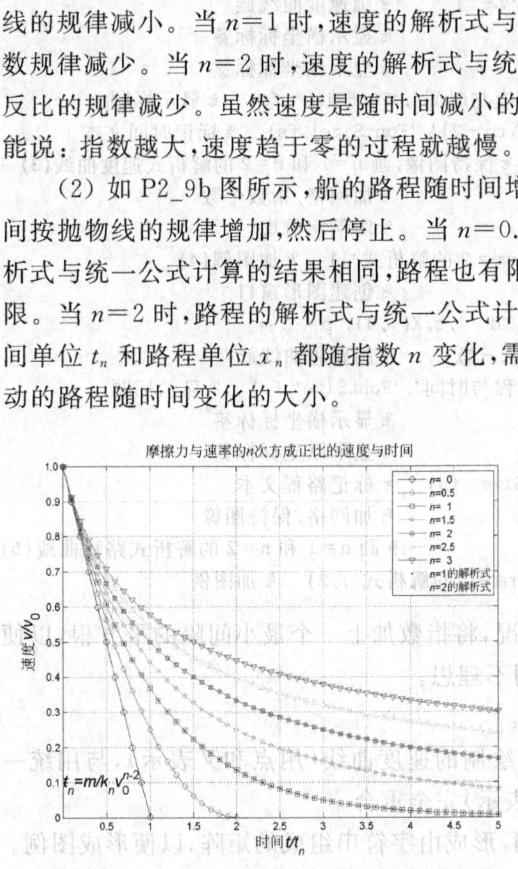

P2_9a 图

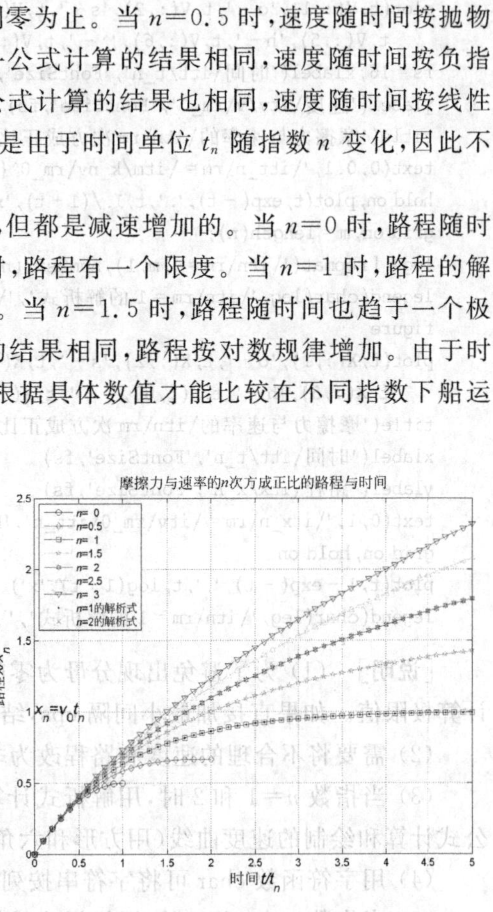

P2_9b 图

［算法］ 方法一：用解析式。设 $t_n=m/(k_n v_0^{n-1})$，$x_n=m/(k_n v_0^{n-2})=v_0 t_n$，则速度和路程的公式可简化为

$$v=\frac{v_0}{[1+(n-1)t/t_n]^{1/(n-1)}} \tag{2.9.8*}$$

$$x=\frac{x_n}{n-2}\left\{\left[1+(n-1)\frac{t}{t_n}\right]^{(n-2)/(n-1)}-1\right\} \tag{2.9.9*}$$

其中，$t_n$ 为时间单位，$x_n$ 为路程单位，$v_0$ 为速度单位。取指数为参数向量，取时间为自变量

向量,形成矩阵,计算速度和路程,用矩阵画线法画出速度和路程曲线族。

[**程序**] P2_9__1.m 如下。

```
%船受的摩擦力与速率的n次方成正比的运动(用解析式)
clear,tm=5;t=0:0.1:tm;n=0:0.5:3;        %清除变量,最大无量纲时间,时间向量,指数向量
[N,T]=meshgrid(n+sqrt(eps),t);                   %指数和时间矩阵(1)
V=1./(1+(N-1).*T).^(1./(N-1));                   %求速度
X=((1+(N-1).*T).^((N-2)./(N-1))-1)./(N-2);       %求路程
%-----------------------------------------------------------------
V(N<1&T>1./(1-N))=nan;X(N<1&T>1./(1-N))=nan;     %将不合理的速度和路程改为非数(2)
figure                                           %创建图形窗口
plot(t,V(:,1),'o-',t,V(:,2),'s-',t,V(:,3),'d-',t,V(:,4),'p-',…
    t,V(:,5),'h-',t,V(:,6),'^-',t,V(:,7),'v-')  %画速度曲线族
fs=16;xlabel('时间\itt/t_n','FontSize',fs)       %显示横坐标标签
ylabel('速度\itv/v\rm_0','FontSize',fs)          %显示纵坐标标签
title('摩擦力与速率的\itn\rm次方成正比的速度与时间','FontSize',fs)  %显示标题
text(0,0.1,'\itt_n\rm=\itm/k_nv\rm_0^{\itn\rm-2}','FontSize',fs)  %标记时间文本
hold on,plot(t,exp(-t),'.',t,1./(1+t),'x')  %保持图像,画n=1和n=2的解析式速度曲线(3)
grid on,m=length(n);                             %加网格,指数个数
leg=[repmat('\itn\rm=',m,1),num2str(n')];        %图例字符串
legend(char(leg,'\itn\rm=1的解析式','\itn\rm=2的解析式'))  %加图例(4)
figure                                           %创建图形窗口
plot(t,X(:,1),'o-',t,X(:,2),'s-',t,X(:,3),'d-',t,X(:,4),'p-',…
    t,X(:,5),'h-',t,X(:,6),'^-',t,X(:,7),'r-')  %画路程曲线族
title('摩擦力与速率的\itn\rm次方成正比的路程与时间','FontSize',fs)  %显示标题
xlabel('时间\itt/t_n','FontSize',fs)             %显示横坐标标签
ylabel('路程\itx/x_n','FontSize',fs)             %显示纵坐标标签
text(0,1,'\itx_n\rm=\itv\rm_0\itt_n','FontSize',fs)  %标记路程文本
grid on,hold on                                  %加网格,保持图像
plot(t,1-exp(-t),'.',t,log(1+t),'x')            %画n=1和n=2的解析式路程曲线(5)
legend(char(leg,'\itn\rm=1的解析式','\itn\rm=2的解析式'),2)  %加图例
```

[**说明**] (1) 为了避免出现分母为零的情况,将指数加上一个最小间隔的平方根,以便计算极限值。如果直接加最小间隔 eps,结果则不理想。

(2) 需要将不合理的速度和路程改为非数。

(3) 当指数 $n=1$ 和 2 时,用解析式计算和绘制的速度曲线(用点和叉表示),与用统一公式计算和绘制的速度曲线(用方形和六角形表示)完全重合。

(4) 用字符函数 char 可将字符串按列排列,形成由字符串组成的矩阵,以便形成图例。

(5) 当指数 $n=1$ 和 2 时,用解析式计算和绘制的路程曲线(用点和叉表示),与用统一公式计算和绘制的速度曲线(用方形和六角形表示)完全重合。

方法二:用一个一阶微分方程的数值解。由于 $t_n=m/(k_n v_0^{n-1})$,由(2.9.1)式可得

$$\frac{\mathrm{d}(v/v_0)}{\mathrm{d}(t/t_n)}=-\frac{k_n t_n}{m v_0}v^n=-\left(\frac{v}{v_0}\right)^n$$

即

$$\frac{\mathrm{d}v^*}{\mathrm{d}t^*}=-v^{*n} \tag{2.9.1*}$$

其中,$t^*=t/t_n$,$v^*=v/v_0$。当 $t=0$ 时,$v^*=1$。船运动的路程为

$$x=\int_0^t v\mathrm{d}t=v_0t_n\int_0^{t^*}v^*\mathrm{d}t^*$$

求出速度的数值解，通过数值积分就能求船运动的路程，路程的单位是 $x_n=v_0t_n$。

［程序］ P2_9__2.m 的计算部分如下。

```
% 船受的摩擦力与速率的 n 次方成正比的运动(用一个微分方程的数值解)
clear,tm = 5;dt = 0.1;t = 0:dt:tm;n = 0:0.5:3;   % 清除变量,最大时间,时间间隔,向量和指数向量
n(n == 1) = 1 + eps^(1/2);n(n == 2) = 2 + eps^(1/2);  % 为 1 的指数加小量,为 2 的指数也加小量
[N,T] = meshgrid(n,t);                              % 化为矩阵
X = [];V = [];                                      % 路程矩阵和速度矩阵置空
m = length(n);                                      % 指数个数
for i = 1:m                                         % 按指数循环
    s = num2str(n(i));                              % 取指数并化为字符串
    f = inline(['-v.^',num2str(n(i))],'t','v');     % 被积内线函数表达式
    [tt,v] = ode45(f,t,1);                          % 求微分方程的数值解
    x = cumtrapz(v) * dt;                           % 累积路程
    X = [X,x];V = [V,v];                            % 分别连接路程和速度矩阵
end                                                 % 结束循环
% ---------------------------------------------------------------------
```

（后面部分与上一程序的相同。）

方法三：用两个一阶微分方程的数值解。设约化时间为 $t^*=t/t_n$，约化路程为 $x^*=x/x_n$，由 $\mathrm{d}x/\mathrm{d}t=v$ 可得

$$\frac{\mathrm{d}(x/x_n)}{\mathrm{d}(t/t_n)}=\frac{v}{v_0}$$

即

$$\frac{\mathrm{d}x^*}{\mathrm{d}t^*}=v^*$$

设 $x(1)=x^*$，$x(2)=\mathrm{d}x^*/\mathrm{d}t^*$，可得

$$\frac{\mathrm{d}x(1)}{\mathrm{d}t^*}=x(2),\quad \frac{\mathrm{d}x(2)}{\mathrm{d}t^*}=-x(2)^n$$

当 $t=0$ 时，$x^*=x(1)=0$，$v^*=x(2)=1$。这就是初始条件。

［程序］ P2_9__3.m 的计算部分如下。

```
% 船受的摩擦力与速率的 n 次方成正比的运动(用两个微分方程的数值解)
clear,tm = 5;t = 0:0.1:tm;n = 0:0.5:3;   % 清除变量,最大无量纲时间,时间向量,指数向量
[N,T] = meshgrid(n + sqrt(eps),t);                  % 化为矩阵
X = [];V = [];                                      % 路程矩阵和速度矩阵置空
m = length(n);                                      % 指数个数
for i = 1:m                                         % 按指数循环
    [tt,XV] = ode45('P2_9__3ode',t,[0 1],[],n(i));  % 求微分方程的数值解
    X = [X,XV(:,1)];V = [V,XV(:,2)];                % 连接路程和速度矩阵
end                                                 % 结束循环
% ---------------------------------------------------------------------
```

（后面部分与上面两个程序的相同。）

程序在执行时将调用函数文件 P2_9__3ode.m。

```
%船的速度和加速度函数
function f = fun(t,x,flag,n)
f = [x(2); - x(2)^n];                                    %速度和加速度表达式
```

方法四：用微分方程的符号解。由(2.9.1*)式可得

$$\frac{dv^*}{dt^*}+v^{*n}=0$$

上式可改写为

$$\frac{d^2x^*}{dt^{*2}}+\left(\frac{dx^*}{dt^*}\right)^n=0 \qquad (2.9.1^{**})$$

初始条件为 $x^*=0, dx^*/dt^*=1$，由此可求路程的符号解。

**[程序]** P2_9__4.m 的计算部分如下。

```
%船受的摩擦力与速率的n次方成正比的运动(求微分方程的符号解)
clear,tm = 5;t = 0:0.1:tm;n = 0:0.5:3;   %清除变量,最大无量纲时间,时间向量,指数向量
[N,T] = meshgrid(n + sqrt(eps),t);                      %化为矩阵
x = dsolve('D2x + (Dx)^n','Dx(0) = 1','x(0) = 0');      %求微分方程的符号解
simplify(x)                                             %化简距离公式(1)
v = diff(x);simplify(v)                                 %求速度的符号解并化简速度公式(1)
X = subs(x,{'n','t'},{N,T});V = subs(v,{'n','t'},{N,T});  %将符号用矩阵代替(2)
% ------------------------------------------------------------------
```

(后面部分与上面三个程序的相同。)

**[说明]** (1) 将距离变量化简可得

```
((t*n-t+1)^((-2+n)/(-1+n))-1)/(-2+n)
```

将速度变量化简可得

```
(t*n-t+1)^(-1/(-1+n))
```

两个公式与手工推导的公式相同。

(2) 矩阵替换的函数在不同版本上运行效果可能不同。

## {范例 2.10} 均匀链条从光滑桌面上滑落的规律

如 B2.10 图所示，一链条长为 $l$，放在光滑的桌面上，其中长为 $b$ 的一段下垂。链条从静止开始运动，求链条的运动规律。链条滑出桌面的时间和速度各是多少？

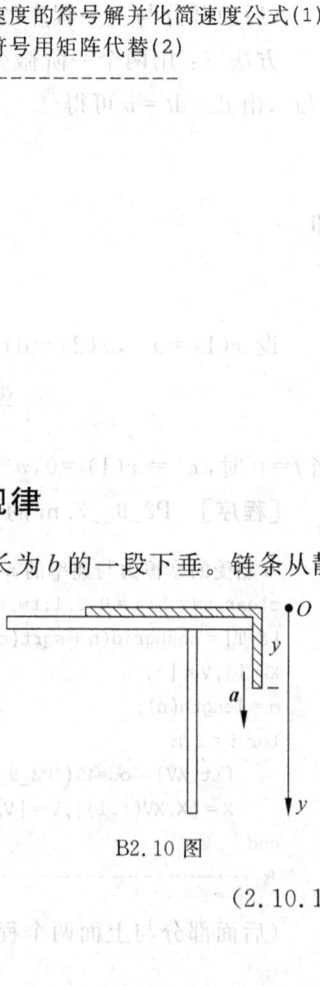

B2.10 图

**[解析]** 取桌面高度为坐标原点，取向下的方向为正方向。设链条的质量线密度为 $\lambda$，则链条的总质量为 $M=\lambda l$。当链条下垂的长度为 $y$ 时，这一部分的质量为 $m=\lambda y$，受到的重力为 $G=mg$。设链条的水平部分与下垂部分之间的作用力大小为 $T$，根据牛顿第二定律可列方程

$$G-T=ma, \quad T=(M-m)a \qquad (2.10.1)$$

两式相加可得

$$\frac{\mathrm{d}^2 y}{\mathrm{d}t^2}=\frac{g}{l}y \tag{2.10.2}$$

由于 $\mathrm{d}y/\mathrm{d}t=v$，所以

$$\frac{\mathrm{d}^2 y}{\mathrm{d}t^2}=\frac{\mathrm{d}v}{\mathrm{d}t}=\frac{\mathrm{d}v}{\mathrm{d}y}\frac{\mathrm{d}y}{\mathrm{d}t}=\frac{\mathrm{d}v}{\mathrm{d}y}v$$

可得

$$v\mathrm{d}v=\frac{g}{l}y\mathrm{d}y$$

积分得

$$v^2=\frac{g}{l}y^2+C$$

根据初始条件，当 $y=b$ 时，$v=0$，可得 $C=-gb^2/l$，因此速度为

$$v=\frac{\mathrm{d}y}{\mathrm{d}t}=\sqrt{\frac{g}{l}(y^2-b^2)} \tag{2.10.3}$$

分离变量可得

$$\sqrt{\frac{g}{l}}\mathrm{d}t=\frac{\mathrm{d}y}{\sqrt{y^2-b^2}}$$

积分得

$$\sqrt{\frac{g}{l}}t=\ln(y+\sqrt{y^2-b^2})+C'$$

根据初始条件，当 $t=0$ 时，$y=b$，可得 $C'=-\ln b$，因此得

$$\sqrt{\frac{g}{l}}t=\ln\frac{y+\sqrt{y^2-b^2}}{b}=\ln\left(\frac{y}{b}+\sqrt{\frac{y^2}{b^2}-1}\right)$$

上式等号右边还可用反双曲余弦函数表示，即

$$\sqrt{\frac{g}{l}}t=\operatorname{arccosh}\frac{y}{b} \tag{2.10.4}$$

因此链条下落的高度为

$$y=b\cosh\sqrt{\frac{g}{l}}t,\quad b\leqslant y\leqslant l \tag{2.10.5}$$

链条的速度为

$$v=\frac{\mathrm{d}y}{\mathrm{d}t}=b\sqrt{\frac{g}{l}}\sinh\sqrt{\frac{g}{l}}t \tag{2.10.6}$$

当链条全部滑下时，$y=l$，所需要的时间为

$$t_{\mathrm{m}}=\sqrt{\frac{l}{g}}\operatorname{arccosh}\frac{l}{b} \tag{2.10.7}$$

由(2.10.4)式可知链条全部滑下的速度为

$$v_{\mathrm{m}}=\sqrt{\frac{g}{l}}\sqrt{l^2-b^2} \tag{2.10.8}$$

对于一定长度的链条来说，初始下垂长度 $b$ 决定了链条的运动。

［图示］ (1) 如 P2_10a 图所示，链条滑下的长度随着时间的增加而增长。当下垂部分 $b=0.7l$ 时，链条全部滑出桌面大约需要 $0.9t_0$；当下垂部分 $b=0.1l$ 时，链条全部滑出桌面

需要 $3t_0$。链条下垂部分越短，从桌面上全部滑下的时间就越长。

(2) 如 P2_10b 图所示，链条滑下的速度随着时间的增加而加速增加。当下垂部分 $b=0.7l$ 时，链条全部滑出桌面的速度大约为 $0.714v_0$；当下垂部分 $b=0.1l$ 时，链条全部滑出桌面的速度大约为 $0.995v_0$。链条下垂的部分越短，从桌面上全部滑下的速度就越大，但不会达到和超过极限速度 $v_0$。

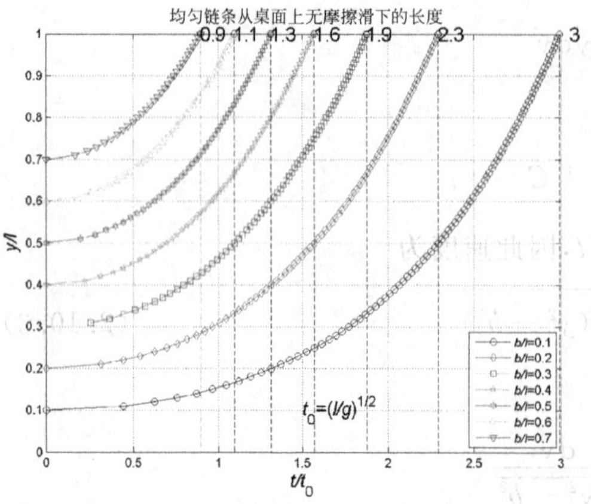


P2_10a 图

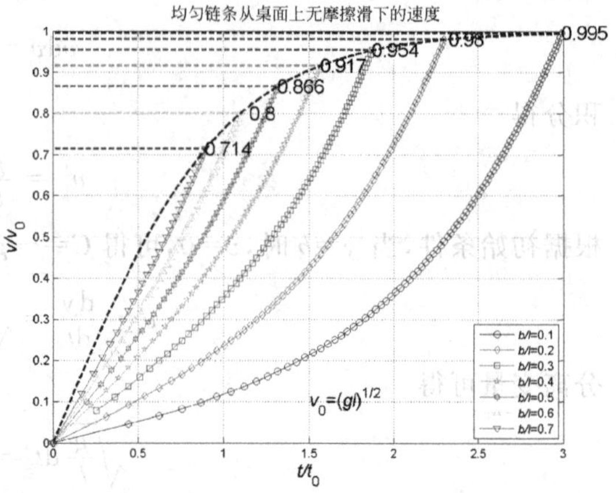


P2_10b 图

**[算法]** 方法一：用解析式。取约化时间 $t^* = t/t_0$，其中 $t_0 = \sqrt{l/g}$，再取约化长度 $y^* = y/l$ 和约化速度 $v^* = v/v_0$，其中 $v_0 = l/t_0 = \sqrt{gl}$，则链条的长度和速度分别为

$$y^* = b^* \cosh t^* \qquad (2.10.5^*)$$

$$v^* = b^* \sinh t^* \qquad (2.10.6^*)$$

当链条全部滑下时所需要的时间可表示为

$$t_m = t_0 \operatorname{arccosh}(1/b^*) \qquad (2.10.7^*)$$

链条全部滑下的速度可表示为

$$v_m = v_0\sqrt{1-b^{*2}} \qquad (2.10.8^*)$$

取初始下垂长度为参数向量，取时间为自变量向量，形成矩阵，计算长度和速度，用矩阵画线法画出长度和速度曲线族。

**[程序]** P2_10__1.m 如下。

```
%均匀链条从光滑桌面上滑下来的运动规律曲线(用解析式)
clear                                   %清除变量
b = 0.1:0.1:0.7;y = 0:0.01:1;           %b与l的比值向量,链条滑过的长度y与l的比值向量
[B,Y] = meshgrid(b,y);                  %化为矩阵
T = acosh(Y./B);T(imag(T)~ = 0) = nan;  %求时间,将复数改为非数
V = B. * sinh(T);                       %求速度
figure                                  %创建图形窗口
plot(T(:,1),Y(:,1),'o-',T(:,2),Y(:,2),'d-',T(:,3),Y(:,3),'s-',…
    T(:,4),Y(:,4),'p-',T(:,5),Y(:,5),'h-',T(:,6),Y(:,6),'^-',…
    T(:,7),Y(:,7),'v-')                 %画长度曲线族
fs = 16;title('均匀链条从桌面上无摩擦滑下的长度','FontSize',fs)  %加标题
xlabel('\itt/t\rm_0','FontSize',fs)     %时间比标签
```

```
ylabel('\ity/l','FontSize',fs)                    % 长度比标签
grid on,n = length(b);                            % 加网格,比值个数
legend([repmat('\itb/l\rm = ',n,1),num2str(b')],4)  % 加图例
text(1.5,0.1,'\itt\rm_0 = (\itl/g\rm)^{1/2}','FontSize',fs)  % 加时间单位文本
tm = max(T);                                      % 求运动时间
text(tm,ones(size(tm)),num2str(tm',2),'FontSize',fs)  % 标记时间
hold on,stem(tm,ones(size(tm)),'-- ')             % 保持图像,画杆图
figure                                            % 创建图形窗口
plot(T(:,1),V(:,1),'o-',T(:,2),V(:,2),'d-',T(:,3),V(:,3),'s-',…
    T(:,4),V(:,4),'p-',T(:,5),V(:,5),'h-',T(:,6),V(:,6),'^-',…
    T(:,7),V(:,7),'v-')                           % 画速度曲线族
xlabel('\itt/t\rm_0','FontSize',fs)               % 时间比标签
ylabel('\itv/v\rm_0','FontSize',fs)               % 速度比标签
title('均匀链条从桌面上无摩擦滑下的速度','FontSize',fs)  % 加标题
legend([repmat('\itb/l\rm = ',n,1),num2str(b')],4),grid on  % 加图例,加网格
text(1.5,0.1,'\itv\rm_0 = (\itgl\rm)^{1/2}','FontSize',fs)  % 速度单位文本
vm = max(V);                                      % 求最终速度
text(tm,vm,num2str(vm',3),'FontSize',fs)          % 标记最终速度
hold on,plot([zeros(size(tm));tm],[vm;vm],'--')   % 保持图像,画水平线
b = 0.1:0.01:1;tm = acosh(1./b);vm = sqrt(1-b.^2);  % b与l的比值向量,全部滑下的时间和速度
plot(tm,vm,'--','LineWidth',2)                    % 画全部滑下的速度和时间曲线
```

方法二：用微分方程的数值解和符号解。根据速度的定义和(2.10.2)式可得

$$\frac{dy}{dt}=v,\quad \frac{dv}{dt}=\frac{g}{l}y$$

利用约化时间 $t^*=t/t_0$、约化长度 $y^*=y/l$ 和约化速度 $v^*=v/v_0$ 可得

$$\frac{dy^*}{dt^*}=v^*,\quad \frac{dv^*}{dt^*}=y^* \tag{2.10.2*}$$

设 $y(1)=y^*$，$y(2)=dy^*/dt^*$，可得

$$\frac{dy(1)}{dt^*}=y(2),\quad \frac{dy(2)}{dt^*}=y(1)$$

由于

$$v^*=\frac{dy^*}{dt^*}=\frac{t_0}{l}\frac{dy}{dt}=\frac{v}{v_0}$$

当 $t=0$ 时，$y(1)=y^*=b/l$，$y(2)=v^*=0$。

由(2.10.2)式可二阶微分方程

$$\frac{d^2y^*}{dt^{*2}}-y^*=0 \tag{2.10.2**}$$

据此可求微分的符号解。

［程序］ P2_10__2.m 如下。

```
%均匀链条从光滑桌面上滑下来的运动规律曲线(求微分方程的数值解和符号解)
clear                                   %清除变量
b = 0.1:0.1:0.7;t = 0:0.01:4;           %b与l的比值向量,时间向量(1)
options = odeset('Events','on');        %开启事件判断功能(2)
f1 = figure;hold on                     %创建图形窗口,保持图像
f2 = figure;hold on                     %创建图形窗口,保持图像
tm = [];vm = [];                        %滑下的时间向量和速度向量置空
```

```
c = 'bgrcymk';m = 'odsph^v';n = length(b);                    %颜色字符串,符号字符串,比值个数
for i = 1:n                                                   %按比值循环
    [tt,Y] = ode45('P2_10__2ode',t,[b(i),0],options);         %解微分方程计算长度和速度(3)
    tm = [tm,tt(end)]; vm = [vm,max(Y(:,2))];                 %连接时间向量和速度向量
    figure(f1), plot(tt,Y(:,1),[c(i),m(i),'-'])               %重开图形窗口,画长度曲线
    figure(f2), plot(tt,Y(:,2),[c(i),m(i),'-'])               %重开图形窗口,画速度曲线
end                                                           %结束循环
figure(f1),grid on,axis([0,inf,0,1])                          %重开图形窗口,加网格,设置坐标范围
fs = 16;title('均匀链条从桌面上无摩擦滑下的长度','FontSize',fs) %加标题
xlabel('\itt/t\rm_0','FontSize',fs)                           %时间比标签
ylabel('\ity/l','FontSize',fs)                                %长度比标签
legend([repmat('\itb/l\rm = ',n,1),num2str(b')],4)            %加图例
text(1.5,0.1,'\itt\rm_0 = (\itl/g\rm)^{1/2}','FontSize',fs)   %加时间单位文本
text(tm,ones(size(tm)),num2str(tm',2),'FontSize',fs)          %标记时间
stem(tm,ones(size(tm)),'--')                                  %画杆图
figure(f2),grid on,axis([0,inf,0,1])                          %重开图形窗口,加网格,设置坐标范围
xlabel('\itt/t\rm_0','FontSize',fs)                           %时间比标签
ylabel('\itv/v\rm_0','FontSize',fs)                           %速度比标签
title('均匀链条从桌面上无摩擦滑下的速度','FontSize',fs)         %加标题
legend([repmat('\itb/l\rm = ',n,1),num2str(b')],4)            %加图例
text(1.5,0.1,'\itv\rm_0 = (\itgl\rm)^{1/2}','FontSize',fs)    %加速度单位文本
text(tm,vm,num2str(vm',3),'FontSize',fs)                      %标记最终速度
plot([zeros(size(tm));tm],[vm;vm],'--')                       %画水平线

y = dsolve('D2y - y','y(0) = b','Dy(0) = 0')                  %微分方程的符号解(8)
v = diff(y);                                                  %求速度
[B,T] = meshgrid(b,t);                                        %化为矩阵
Y = subs(y,{'b','t'},{B,T});                                  %求高度的数值
T(Y > 1) = nan;Y(Y > 1) = nan;                                %将链条落完后的时间和长度改为非数
V = subs(v,{'b','t'},{B,T});                                  %求速度的数值
figure(f1),plot(T,Y,'.')                                      %重开图形窗口,画曲线族
figure(f2),plot(T,V,'.')                                      %重开图形窗口,画曲线族
b = 0.1:0.01:1;                                               %b与l的比值向量
f = finverse(y);                                              %求反函数,t表示高度(9)
s = subs(f,'t',1);tm = subs(s,'b',b);          %替换(相对)长度,替换数值求全部滑下的时间
vm = subs(v,{'b','t'},{b,tm});                                %替换数值求全部滑下的速度
plot(tm,vm,'--','LineWidth',2)                                %画全部滑下的速度和时间曲线
```

程序在求数值解时将调用函数文件 P2_10__2ode.m。

```
%均匀链条从光滑桌面上滑下来的运动规律的函数
function varargout = fun(t,y,flag)                            %函数的输入和输出参数(4)
switch flag                                                   %用标志做开关
    case ''                                                   %如果标志为空
        varargout{1} = f(t,y);                                %调用函数
    case 'events'                                             %如果发生事件
        [varargout{1:3}] = events(y);                         %调用事件函数
    otherwise                                                 %否则
        error(['Unknown flag ''',flag,'''.']);                %输出错误信息并终止程序执行
end                                                           %结束开关
%----------------------------------------------
```

```
%均匀链条从光滑桌面上滑下来的运动规律的子函数(5)
function f = f(t,y)
f = [y(2);                                    %约化速度表达式
   y(1)];                                     %约化加速度表达式
%------------------------------------------------------------
%事件判断子函数(6)
function [value,isterminal,direction] = events(y)
value = y(1) - 1;                        %约化长度与1之差等于0表示绳脱离桌面(7)
direction = 1;                           %由增加(1)的方向终止
isterminal = 1;                          %开启判断终止功能
```

［**说明**］ (1) 由于不知道链条从光滑桌面上滑下来的时间，可以将时间定得长一些，一旦子函数计算出链条离开桌面，就不需要继续计算。

(2) 链条离开桌面就是一个“事件”，因此程序需要设置常微分方程的“事件”启动功能。

(3) 在调用 ode45 函数时，最后一个参数就是“事件”启动功能的参数。

(4) 函数的输出变量是系统专用的 varargout，它在这里输出时间向量和长度、速度矩阵。输入变量有时间 t 和初始条件 y 以及一个标志 flag。flag 决定执行哪个子函数。

(5) 第一个子函数 f 计算速度和加速度，输出变量只有一个，在调用之后将值赋给 varargout{1}。

(6) 第二个子函数 events 计算和判断是否继续执行该函数。该子函数有三个输出变量，第一个 value 计算数值，第二个 direction 决定数值变化方向，第三个 isterminal 决定是否中止执行函数。

(7) 当约化坐标 y(1)增加到 1 时，表达式 y(1) － 1 将变为 0，并赋给第一个变量 value，表达式变为 0 就是“事件”。表达式变为 0 有两种方式，一种是按增加的方向变为 0，或者说表达式由负数变为 0，这通过对第二个变量 direction 赋值 1 表示。如果表达式是按减小的方向变为 0，或者说表达式由正数变为 0，这就通过对 direction 赋值－1 表示。前两个指令可以修改如下：

```
value = 1 - y(1);                        %1与约化长度之差,等于0表示绳脱离桌面
direction = - 1;                         %由减小(-1)的方向终止
```

如果要终止程序的执行，就对第三个变量 isterminal 赋值 1 表示。如果有多个“事件”，就按上述规则将数值列成向量依次放在三个变量之中。在自变量范围无法确定时，常用这种带“事件”的函数文件，以便提前返回主程序。

(8) 微分方程的符号解的结果是

```
1/2 * b * exp(t) + 1/2 * b * exp( - t)
```

这与手工推导的结果相同。微分方程数值解的结果与符号解的结果相同。

(9) 函数 finverse 求符号函数的反函数，符号变量 t 代表相对高度 $y/l$，当链条滑下时，其值为 1。通过对反函数替换数值可求取链条全部滑下的时间。

# 练 习 题

2.1 物体在斜拉力作用下的匀速运动

如 C2.1 图所示，一质量为 $m$ 的木箱与水平地面之间的摩擦系数为 $\mu$，拉力 $F$ 与水平面

之间的夹角为$\theta$,当木箱匀速运动时,求证：拉力为

$$F=\frac{\mu mg}{\cos\theta+\mu\sin\theta}$$

摩擦系数取0.1～0.9,间隔为0.2,画出拉力与角度的曲线。拉力的极小值是多少？(提示：取$mg$为力的单位。)

2.2　物体相对斜面静止时斜面的加速度范围

如C2.2图所示,把一个质量为$m$的木块放在与水平面成$\theta$角的斜面上,两者间的静摩擦系数为$\mu$。当斜面以加速度$a$运动时,如果$m$相对斜面静止,加速度$a$的范围是什么？画出加速度范围的曲线。

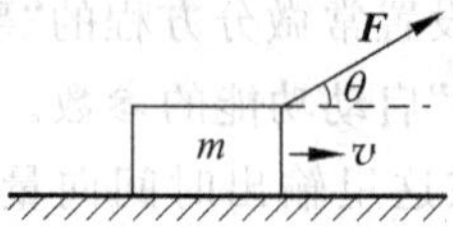

C2.1 图

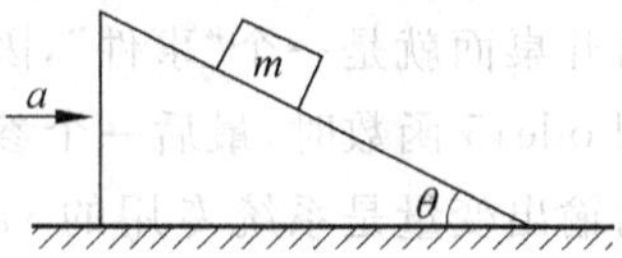

C2.2 图

2.3　斜面顶上滑轮两边物体运动的静止条件和加速度

如C2.3图所示,斜面的仰角为$\theta$,顶上有一光滑的不计质量的滑轮,质量分别为$m$和$M$的物体$A$,$B$通过不可拉伸的轻绳跨过滑轮两边。

(1) 如果斜面与$B$之间的摩擦系数为$\mu$,当物体平衡时,求证：质量比的范围为

$$\sin\theta-\mu\cos\theta\leqslant\frac{m}{M}\leqslant\sin\theta+\mu\cos\theta$$

画出质量比的范围曲线。

(2) 如果斜面是光滑的,求物体的加速度$a$和轻绳的张力$T$。对于不同的仰角$\theta$,物体的加速度和张力与质量的关系是什么？

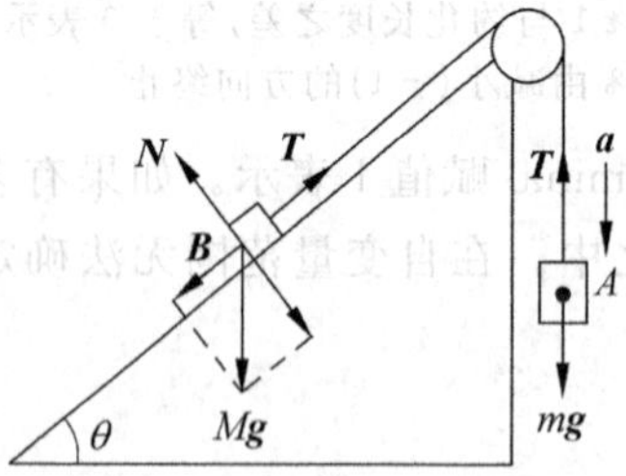

C2.3 图

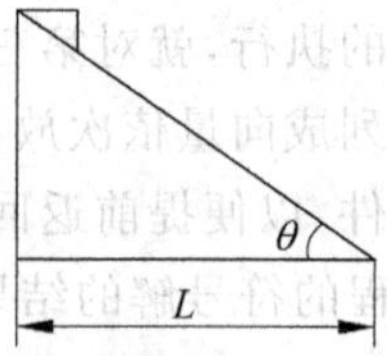

C2.4 图

2.4　物体从斜面上滑下的时间

如C2.4图所示,斜面底边的长度$L$一定,物体与斜面的摩擦系数为$\mu$。求证：当斜面的角度为$\theta$时,物体从静止开始沿斜面滑下的时间为

$$t=\sqrt{\frac{2L}{g\cos\theta(\sin\theta-\mu\cos\theta)}}$$

当角度为多少时,物体从斜面滑下的时间最短？摩擦系数取0～0.8,间隔为0.2,画出时间随角度变化的曲线族。(提示：取$t_0=\sqrt{L/g}$为时间单位。)

2.5 小车在光滑斜面上加速滑动时摆锤悬线的张力和偏角

一个质量为 $m$ 的摆锤由悬线挂在架子上，架子固定在小车上。当小车沿着仰角为 $\theta$ 的斜面以加速度 $a$ 向下做匀加速直线运动时，求悬线中的张力 $T$ 和悬线与竖直方向所成的夹角 $\varphi$。画出张力和夹角随加速度和角度的变化曲面。

2.6 小球在轨道内侧的圆周运动

一质量为 $m$ 的小球以速率 $v_0$ 从固定于光滑水平桌面上、半径为 $R$ 的圆周轨道内侧某点开始沿轨道同侧作圆周运动，小球与轨道之间的摩擦系数为 $\mu$。求证：小球的速率和路程分别为

$$v=\frac{v_0}{1+\mu v_0 t/R},\quad s=\frac{R}{\mu}\ln\left(1+\frac{\mu v_0}{R}t\right)$$

画出路程、速率和法向加速度曲线。（提示：时间取 $R/\mu v_0$ 为单位，路程取 $R/\mu$ 为单位，法向加速度取 $v_0^2/R$ 为单位。）

2.7 小环在大环上滑下时大环上升的条件

如 C2.7 图所示，用细线将一质量为 $M$ 的圆环悬挂起来，环上套有两个质量都是 $m$ 的小环，它们可以在大环上无摩擦地滑动。如果两个小环同时从大环顶部由静止向两边滑下，求证：当 $m>3M/2$ 时，大环才会升起，此时角度为

$$\theta=\arccos\left[\frac{1}{3}\left(1+\sqrt{1-\frac{3M}{2m}}\right)\right]$$

试画出角度与质量比 $M/m$ 的曲线。

2.8 双阿脱伍德机的加速度和张力

如 C2.8 图所示，定滑轮两边用轻绳连接物体 $A$ 和动滑轮，动滑轮两边又用轻绳连接物体 $B$ 和 $C$。物体 $A,B,C$ 的质量分别为 $m_0,m_1,m_2$，不计滑轮的质量，求三个物体的加速度和张力。画出加速度和张力随质量变化的曲线族。（提示：取 $g$ 为加速度的单位，取 $m_0g$ 为张力的单位，取 $m_1/m_0$ 为自变量，取 $m_2/m_0$ 为参数。）

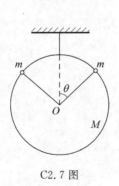

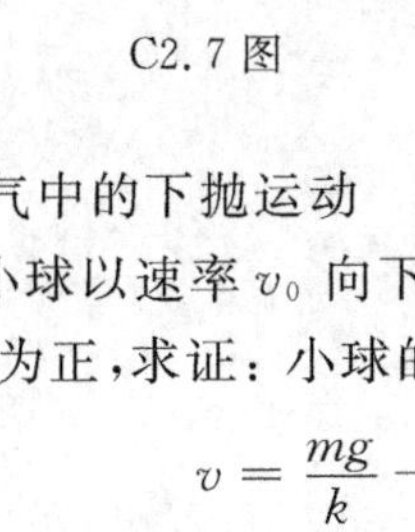

C2.7 图

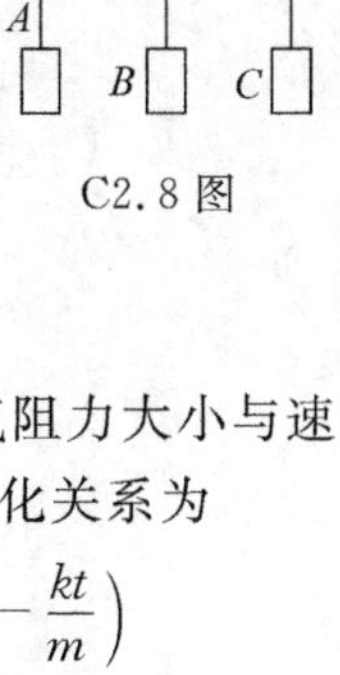

C2.8 图

2.9 小球在空气中的下抛运动

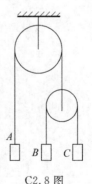

一质量为 $m$ 的小球以速率 $v_0$ 向下抛，小球所受空气阻力大小与速率成正比，比例系数为 $k$。取向下的方向为正，求证：小球的速度随时间的变化关系为

$$v=\frac{mg}{k}-\left(\frac{mg}{k}-v_0\right)\exp\left(-\frac{kt}{m}\right)$$

小球的极限速度为 $v_T=mg/k$，取极限速度为单位，取不同的初速度，画出小球运动的速度

随时间变化的曲线。求小球下落距离的公式,并画出下落距离随时间变化的曲线。

2.10 降落伞下降规律的无量纲计算

画出降落伞下降的速度、高度和加速度随时间变化的关系,用解析式和微分方程数值解和符号解进行计算。要求取极限速度 $v_T$ 为速度的单位,取 $g$ 为加速度单位,取 $v_T^2/g$ 为高度单位,取 $v_T/g$ 为时间单位,初速度与极限速度的比值由键盘输入。

2.11 小球在速度二次律的介质中竖直上抛和下落的规律

一质量为 $m$ 的小球以速率 $v_0$ 从地面开始竖直上抛。在运动过程中,小球所受空气阻力的大小与速度的平方成正比,比例系数为 $k$。求小球上抛过程的速度和高度与时间的关系,小球上升的最大高度和到达最大高度的时间是多少?求小球落回原处的时间和速度。

2.12 钉上软绳的运动规律

如 C2.12 图所示,一根长为 $L$ 的质量均匀的软绳,挂在一个光滑的细铁钉上,一边长度为 $b(>L/2)$。求证:软绳下滑的长度为

$$y=\left(b-\frac{L}{2}\right)\cosh\sqrt{\frac{2g}{L}}t+\frac{L}{2}$$

求软绳下滑的速度。取 $b/L=0.6\sim0.9$,间隔为 0.1,画出长度和速度随时间变化的曲线族。(提示:取 $L$ 为长度单位,取 $t_0=\sqrt{L/2g}$ 为时间单位,取 $v_0=\sqrt{2gL}$ 为速度单位。)

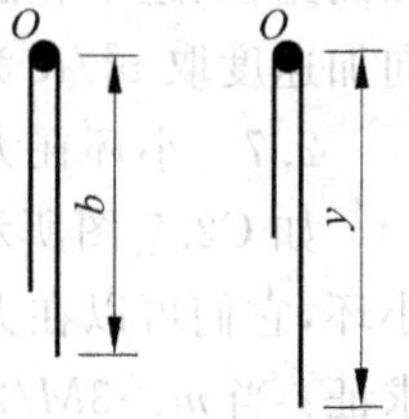

C2.12 图

# 第3章

# 运动的守恒定律

## 3.1 基本内容

**1. 动量和冲量**

（1）动量：质点的质量与速度的乘积，$\boldsymbol{p}=m\boldsymbol{v}$。

（2）冲量：力与力作用的时间的乘积。

① 恒力的冲量：$\boldsymbol{I}=\boldsymbol{F}(t_2-t_1)$。

② 变力的冲量：$\boldsymbol{I}=\int_{t_1}^{t_2}\boldsymbol{F}\mathrm{d}t$。

（3）动量定理

① 质点的动量定理：在一段时间间隔内，质点所受的合外力的冲量等于这段时间间隔内质点动量的增量，即

$$\boldsymbol{I}=\int_{t_1}^{t_2}\boldsymbol{F}\mathrm{d}t=m\boldsymbol{v}-m\boldsymbol{v}_0=\Delta\boldsymbol{p}$$

平均冲力

$$\overline{\boldsymbol{F}}=\frac{\int_{t_1}^{t_2}\boldsymbol{F}\mathrm{d}t}{t_2-t_1}=\frac{\Delta\boldsymbol{p}}{\Delta t}$$

② 质点系的动量定理：对于由 $n$ 个质点组成的力学系统，合外力的冲量等于系统动量的增量，即

$$\sum_{i=1}^{n}\boldsymbol{I}_i=\int_{t_1}^{t_2}\sum_{i=1}^{n}\boldsymbol{F}_i\mathrm{d}t=\sum_{i=1}^{n}m_i\boldsymbol{v}_i-\sum_{i=1}^{n}m_i\boldsymbol{v}_{i0}$$

力的时间积累效应就是使质点或质点系的动量发生改变。

（4）动量守恒定律：当系统所受的合外力为零时$\left(\sum_{i=1}^{n}\boldsymbol{F}_{i外}=\boldsymbol{0}\right)$，系统的总动量守恒

$$\sum_{i=1}^{n}m_i\boldsymbol{v}_i=\boldsymbol{C}(\text{恒矢量})$$

**2. 碰撞**

(1) 完全弹性碰撞：两物体碰撞前后动量和能量守恒的碰撞。如果速度方向在碰撞前后都在一条直线上，则称为对心完全弹性碰撞。质量为 $m_1$ 和 $m_2$ 的两物体，碰撞前的速度分别为 $v_{10}$ 和 $v_{20}$，碰撞后的速度为

$$v_1 = 2\frac{m_1 v_{10} + m_2 v_{20}}{m_1 + m_2} - v_{10}, \quad v_2 = 2\frac{m_1 v_{10} + m_2 v_{20}}{m_1 + m_2} - v_{20}$$

(2) 完全非弹性碰撞：碰撞后两物体具有共同速度的碰撞。碰撞后的速度矢量为

$$\boldsymbol{v} = \frac{m_1 \boldsymbol{v}_1 + m_2 \boldsymbol{v}_2}{m_1 + m_2}$$

系统动能的增量为

$$\Delta T = \frac{-m_1 m_2}{2(m_1 + m_2)}(\boldsymbol{v}_1 - \boldsymbol{v}_2)^2$$

(3) 非完全弹性碰撞：两物体在一条直线上运动，碰撞后两物体分开，动量守恒而动能不守恒的碰撞。恢复系数定义为

$$e = \frac{v_2 - v_1}{v_{10} - v_{20}}$$

碰撞后的速度为

$$v_1 = (1+e)\frac{m_1 v_{10} + m_2 v_{20}}{m_1 + m_2} - e v_{10}, \quad v_2 = (1+e)\frac{m_1 v_{10} + m_2 v_{20}}{m_1 + m_2} - e v_{20}$$

系统动能的增量(损失的动能)为

$$\Delta T = -\frac{1}{2}(1-e^2)\frac{m_1 m_2}{m_1 + m_2}(v_{10} - v_{20})^2$$

**3. 火箭的运动规律**

(1) 火箭在无外力作用的自由空间的速度为

$$v = v_0 + u\ln\frac{M_0}{M}$$

式中，$u$ 是气体的速率；$v_0$ 是火箭的初速度；$M_0$ 是火箭的初始质量；$M$ 是火箭运动中的质量。

(2) 火箭在地球表面竖直向上发射的速度为

$$v = u\ln\frac{M_0}{M_0 - \alpha t} - gt$$

式中，$\alpha$ 是燃料燃烧的速度。

**4. 功和能**

(1) 功：力与力方向位移的乘积。

① 恒力的功：$A = \boldsymbol{F} \cdot \boldsymbol{s}$。

② 变力的功：$A = \int_1^2 \boldsymbol{F} \cdot \mathrm{d}\boldsymbol{s}$。

(2) 动能定理：一力学系统所有外力做的功与所有内力做的功的代数和等于系统总动能 $T$ 的增量

$$\sum_{i=1}^{n} A_i = \int \sum_{i=1}^{n} \boldsymbol{F}_i \cdot \mathrm{d}\boldsymbol{s} + \int \sum_{i=1}^{n} \boldsymbol{f}_i \cdot \mathrm{d}\boldsymbol{s} = \sum_{i=1}^{n} \frac{1}{2} m_i v_i^2 - \sum_{i=1}^{n} \frac{1}{2} m_i v_{i0}^2 = \Delta T$$

力的空间积累效应就是使物体或物体系的动能发生改变。

(3) 保守力：力 $\boldsymbol{F}$ 所做的功只与物体的始末位置有关，与路径无关$\left(\oint_l \boldsymbol{F}\cdot \mathrm{d}\boldsymbol{s}=0\right)$，这种力称为保守力。

重力、弹力、引力和静电力等都是保守力。没有这种性质的力，如摩擦力和磁力等称为非保守力或耗散力。

(4) 势能：作用在物体上的保守力使物体从 $a$ 点运动到 $b$ 点，保守力所做的功等于 $a$，$b$ 两点物体势能 $V$ 的改变

$$\int_a^b \boldsymbol{F}_{保}\cdot \mathrm{d}\boldsymbol{s}=V_a-V_b$$

$a$ 点势能的计算式为 $\int_a^{零势能点} \boldsymbol{F}_{保}\cdot \mathrm{d}\boldsymbol{s}$。

① 重力势能：$V=mgh$。

② 弹性势能：$V=\dfrac{1}{2}kx^2$。

③ 引力势能：$V=-G\dfrac{Mm}{r}$。

(5) 功能原理：系统外力的功与系统内非保守内力的功之和等于系统机械能 $E$ 的增量

$$A_{外}+A_{内非}=E_2-E_1$$

(6) 机械能守恒定律：当 $A_{外}+A_{内非}=0$ 或者系统只有保守力做功，系统的机械能守恒

$$E=C(恒量)$$

**5. 角动量和力矩**

(1) 角动量：质点对参考点的角动量定义为矢径 $\boldsymbol{r}$ 与动量 $m\boldsymbol{v}$ 的矢量积 $\boldsymbol{L}=\boldsymbol{r}\times m\boldsymbol{v}$。

(2) 力矩：力 $\boldsymbol{F}$ 对参考点的力矩定义为矢径 $\boldsymbol{r}$ 与力 $\boldsymbol{F}$ 的矢量积 $\boldsymbol{M}=\boldsymbol{r}\times\boldsymbol{F}$。

(3) 角动量定理：质点对某参考点的角动量对时间的变化率等于质点所受的合外力对同一参考点的合力矩。

① 角动量定理的微分形式：$\boldsymbol{M}=\dfrac{\mathrm{d}\boldsymbol{L}}{\mathrm{d}t}$。

② 角动量定理的积分形式：$\int_{t_1}^{t_2}\boldsymbol{M}\mathrm{d}t=\boldsymbol{L}_2-\boldsymbol{L}_1=\Delta\boldsymbol{L}$。

(4) 角动量守恒定律：当质点或质点系对某参考点所受的合外力矩等于零时，质点或质点系对同一参考点的角动量守恒，即有 $\boldsymbol{L}=\boldsymbol{C}$(常矢量)。

**6. 有心力和宇宙速度**

(1) 开普勒行星运动三定律如 A3.1 图所示。

① 开普勒第一定律：行星绕太阳运动的轨迹是椭圆，太阳位于椭圆的一个焦点上。

② 开普勒第二定律：行星对太阳的矢径在相等时间内扫过的面积相等

$$\frac{\mathrm{d}S}{\mathrm{d}t}=\frac{\pi ab}{T}$$

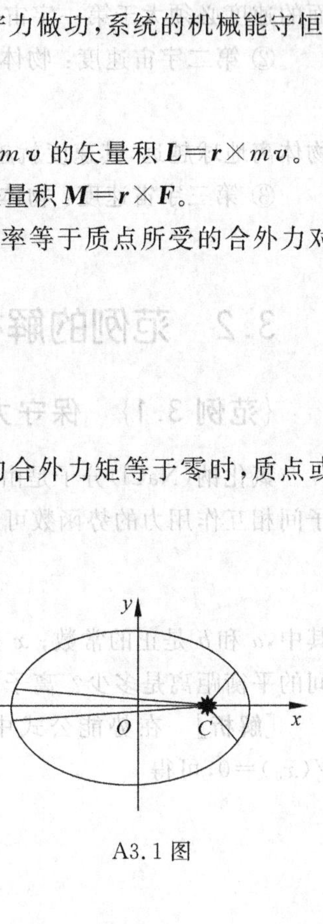

A3.1 图

③ 开普勒第三定律：行星公转周期的平方与它的轨道长半轴的立方成正比

$$\frac{T^2}{a^3}=C$$

(2) 有心力：作用于运动质点的力作用线总是通过空间某一固定点的力

$$\boldsymbol{F}=F(r)\frac{\boldsymbol{r}}{r}=F(r)\boldsymbol{e}_r$$

其中，$\boldsymbol{e}_r$ 是径向单位矢量。

① 万有引力

$$\boldsymbol{F}=-G\frac{Mm}{r^2}\boldsymbol{e}_r=-G\frac{Mm}{r^3}\boldsymbol{r}$$

式中，$M$ 和 $m$ 是两质点的质量；$G$ 为万有引力常量，$G=6.67\times10^{-11}\mathrm{N\cdot m^2/kg^2}$。

② 静电力

$$\boldsymbol{F}=k\frac{Qq}{r^2}\boldsymbol{e}_r=k\frac{Qq}{r^3}\boldsymbol{r}$$

式中，$Q$ 和 $q$ 是两点电荷的电量；$k=9\times10^9\mathrm{N\cdot m^2/C^2}$，称为静电力恒量。

(3) 宇宙速度

① 第一宇宙速度：物体环绕地球表面作圆周运动的速度(环绕速度)

$$v_{\mathrm{I}}=\sqrt{gR_{\mathrm{E}}}=7.906\times10^3\mathrm{m/s}$$

当物体在较高的圆周轨道上作圆周运动时，其速度小于第一宇宙速度，但是，物体在地球表面的速度必须大于第一宇宙速度才能运动到较高的轨道上去。

② 第二宇宙速度：物体脱离地球的吸引所需要的最小速度(脱离速度)

$$v_{\mathrm{II}}=\sqrt{2gR_{\mathrm{E}}}=1.118\times10^4\mathrm{m/s}$$

物体离地球越远，其速度就越小，这就是那个距离的脱离速度。

③ 第三宇宙速度：物体脱离太阳的吸引所需要的最小速度(逃逸速度)

$$v_{\mathrm{III}}=1.66\times10^4\mathrm{m/s}$$

## 3.2 范例的解析、图示、算法和程序

### {范例 3.1} 保守力的势能和力

氯化钠(NaCl)分子是由带正电荷的钠离子 $Na^+$ 和带负电荷的氯离子 $Cl^-$ 构成。两离子间相互作用力的势函数可近似表示为

$$V(x)=\frac{a}{x^{8.9}}-\frac{b}{x^2}\qquad(3.1.1)$$

其中，$a$ 和 $b$ 是正的常数；$x$ 是离子间的距离。当势能为零时，离子间的距离为多少？离子间的平衡距离是多少？离子间的最大引力是多少？距离是多少？

[解析] 在势能公式中，第一项是斥力势能，第二项是引力势能。当势能为零时，$V(x_0)=0$，可得

$$\frac{a}{x_0^{8.9}}-\frac{b}{x_0^2}=0$$

解得

$$x_0=(a/b)^{1/6.9} \tag{3.1.2}$$

当 $x\to\infty$ 时，也有 $V\to 0$。

离子间的相互作用力为

$$F=-\frac{\mathrm{d}V}{\mathrm{d}x}=\frac{8.9a}{x^{9.9}}-\frac{2b}{x^3} \tag{3.1.3}$$

其中，第一项是斥力，第二项是引力。当 $F>0$ 时，合力表现为斥力；当 $F<0$ 时，合力表现为引力。当合力 $F(x_1)=0$ 时，可得

$$\frac{8.9a}{x_1^{9.9}}-\frac{2b}{x_1^3}=0$$

解得

$$x_1=(8.9a/2b)^{1/6.9}=1.2416(a/b)^{1/6.9} \tag{3.1.4}$$

$x_1$ 处的势能为

$$V(x_1)=\frac{a}{x_1^{8.9}}-\frac{b}{x_1^2}=\left(\frac{a/b}{x_1^{6.9}}-1\right)\frac{b}{x_1^2}=\left(\frac{2}{8.9}-1\right)\left(\frac{2}{8.9}\right)^{2/6.9}\frac{b}{(a/b)^{2/6.9}}$$

即

$$V(x_1)=-\frac{5.0295b}{(a/b)^{2/6.9}} \tag{3.1.5}$$

当 $x\to\infty$ 时，有 $F\to 0$。令 $\mathrm{d}F/\mathrm{d}x=0$，可得

$$\frac{8.9\times 9.9a}{x_2^{10.9}}-\frac{6b}{x_2^4}=0$$

解得

$$x_2=(8.9\times 9.9a/6b)^{1/6.9}=1.47616(a/b)^{1/6.9} \tag{3.1.6}$$

作用力的极值为

$$F(x_2)=\frac{8.9a}{x_2^{9.9}}-\frac{2b}{x_2^3}=\left(\frac{8.9a/b}{x_2^{6.9}}-2\right)\frac{b}{x_2^3}$$

即

$$F(x_2)=-\frac{4.334b}{(a/b)^{3/6.9}} \tag{3.1.7}$$

这个作用力是引力。

［图示］ (1) 如 P3_1a 图之左图所示，当两个离子的距离比较小时，随着距离继续变小，斥力势能比引力势能增加得快，主要表现为斥力势能；当两个离子的距离比较大时，随着距离继续变大，斥力势能比引力势能更快地趋于零；总势能存在极小值。如 P3_1a 图之右图所示，两离子之间的斥力、引力和合力随距离的变化规律与斥力势能、引力势能和总势能随距离的变化规律类似。

(2) 如 P3_1b 图所示，当 $x=x_0$ 时，两个离子之间的总势能为零；当 $x=1.242x_0$ 时，两个离子之间的总势能最小，为 $-0.503V_0$，相互作用力为零；当 $x=1.476x_0$ 时，两个离子之间的引力最大，为 $-0.4334F_0$。

［**算法**］ 设 $n_1=8.9$，$n_2=2$，当势能为零时，两个离子之间的距离为

$$x_0=\left(\frac{a}{b}\right)^{1/(n_1-n_2)} \tag{3.1.2*}$$

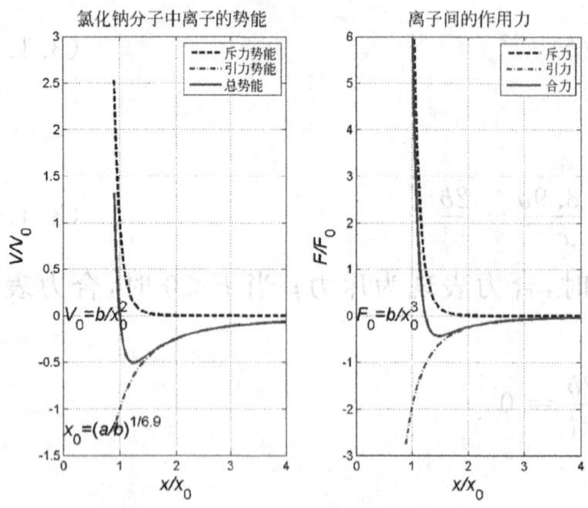


P3_1a 图

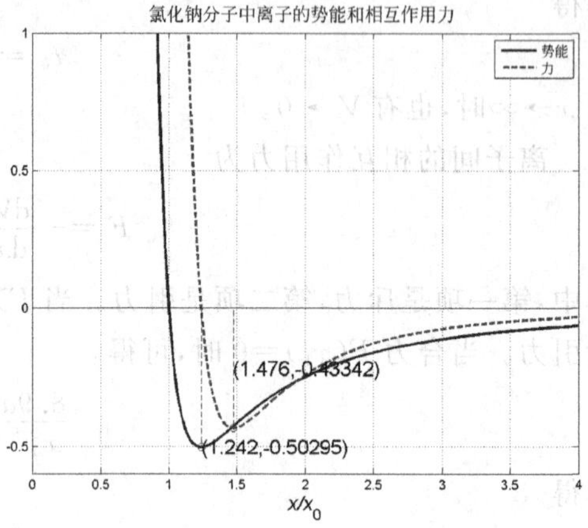


P3_1b 图

取 $x_0$ 为距离单位，取 $V_0=b/x_0$ 为势能单位，势能可表示为

$$V = V_0\left(\frac{1}{x^{*n_1}} - \frac{1}{x^{*n_2}}\right) \tag{3.1.1*}$$

其中 $x^*=x/x_0$。取 $F_0=b/x_0^3$ 为力的单位，离子之间的相互作用力可表示为

$$F = F_0\left[\frac{n_1}{x^{*(n_1+1)}} - \frac{n_2}{x^{*(n_2+1)}}\right] \tag{3.1.3*}$$

［**程序**］ P3_1.m 见网站。

## ｛范例 3.2｝ 物体从半圆上无摩擦滑下的角度

如 B3.2 图所示，半圆形物体 $A$ 放在光滑的水平面上，其半径为 $R$，质量为 $M$。一质量为 $m$ 的物体 $B$ 放在半圆形物体的顶部，由于受到微扰而无摩擦地滑下。求物体 $A$ 和 $B$ 的速度与偏角 $\theta$ 的关系。当 $B$ 离开 $A$ 时，$A$ 的速度是多少？$B$ 的速度和偏角是多少？速度和偏角与两物体的质量有什么关系？

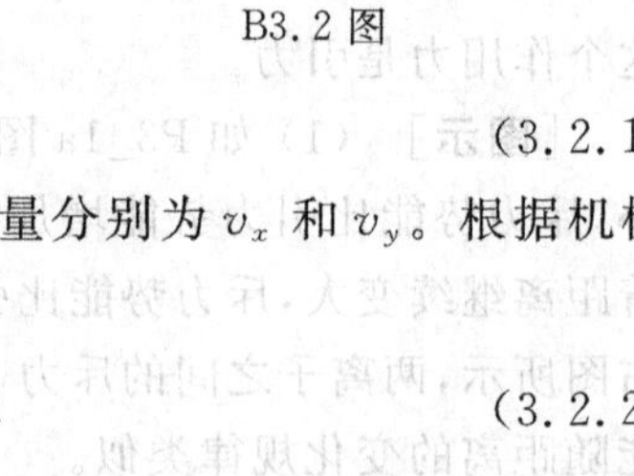


B3.2 图

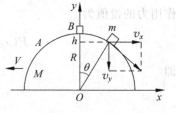

［**解析**］ 当 $B$ 在 $A$ 上的偏角为 $\theta$ 时，下落的高度为

$$h = R - R\cos\theta \tag{3.2.1}$$

设 $A$ 的水平速度大小为 $V$，$B$ 的速度在水平和竖直方向的分量分别为 $v_x$ 和 $v_y$。根据机械能守恒定律可得方程

$$\frac{1}{2}MV^2 + \frac{1}{2}m(v_x^2 + v_y^2) = mgh \tag{3.2.2}$$

根据动量守恒可得方程

$$MV = mv_x \tag{3.2.3}$$

$B$ 相对 $A$ 的水平速度为 $V+v_x$，因此角度关系为

$$\frac{v_y}{V+v_x} = \tan\theta \tag{3.2.4}$$

利用(3.2.1)式和(3.2.4)式，(3.2.2)式可化为

$$\frac{1}{2}MV^2+\frac{1}{2}m[v_x^2+(V+v_x)^2\tan^2\theta]=mgR(1-\cos\theta)$$

利用(3.2.3)式，可得

$$V=\frac{m}{M}v_x,\quad V+v_x=\left(\frac{m}{M}+1\right)v_x$$

因此

$$\frac{1}{2}M\left(\frac{m}{M}v_x\right)^2+\frac{1}{2}m\left\{v_x^2+\left[\left(\frac{m}{M}+1\right)v_x\right]^2\tan^2\theta\right\}=mgR(1-\cos\theta)$$

所以 $B$ 的水平速度为

$$v_x=M\sqrt{\frac{2gR(1-\cos\theta)}{(m+M)[M+(m+M)\tan^2\theta]}}\tag{3.2.5}$$

由(3.2.3)式可得 $A$ 的速度

$$V=m\sqrt{\frac{2gR(1-\cos\theta)}{(m+M)[M+(m+M)\tan^2\theta]}}\tag{3.2.6}$$

由(3.2.3)式可得 $B$ 的竖直速度

$$v_y=(m+M)\tan\theta\sqrt{\frac{2gR(1-\cos\theta)}{(m+M)[M+(m+M)\tan^2\theta]}}\tag{3.2.7}$$

当 $\theta=0$ 时，可得 $v_x=V=v_y=0$；$\theta\to\pi/2$ 时，可得 $v_x\to0,V\to0,v_y\to\sqrt{2gR}$，这是 $B$ 无摩擦地滑到 $A$ 的下面的速度。如果 $A$ 的表面有一个滑槽，$B$ 一直沿着滑槽运动，$A$ 的速度将先增加再减小，这是因为 $B$ 对 $A$ 先产生左下的压力，后产生右上的压力。在这种情况下，$A$ 的速度就由(3.2.6)式决定。可是，$A$ 上没有滑槽，当 $A$ 达到最大速度时，$B$ 也达到最大的水平速度，此后，$A$ 做匀速直线运动，$B$ 就会脱离 $A$ 做向下的斜抛运动。令

$$\frac{dV^2}{d\theta}=\frac{m^2 2gR}{m+M}\frac{[M+(m+M)\tan^2\theta]\sin\theta-(1-\cos\theta)(m+M)2\tan\theta/\cos^2\theta}{[M+(m+M)\tan^2\theta]^2}=0$$

可得

$$\frac{m}{M}\cos^3\theta_m-3\left(\frac{m}{M}+1\right)\cos\theta_m+2\left(\frac{m}{M}+1\right)=0\tag{3.2.8}$$

可见：$A$ 和 $B$ 的质量比决定了它们分离的角度 $\theta_m$。

［**讨论**］ (1) 当 $m\ll M$ 时，如同 $m\to0$ 一样，可得 $V\to0$，表示 $A$ 几乎不动。而

$$v_x\to M\sqrt{\frac{2gR(1-\cos\theta)}{M(M+M\tan^2\theta)}}=\cos\theta\sqrt{2gR(1-\cos\theta)}$$

$$v_y\to M\tan\theta\sqrt{\frac{2gR(1-\cos\theta)}{M(M+M\tan^2\theta)}}=\sin\theta\sqrt{2gR(1-\cos\theta)}$$

$B$ 的速度趋于 $\sqrt{2gR(1-\cos\theta)}$。由(3.2.8)式可得

$$-3\cos\theta_M+2=0$$

解得

$$\theta_M=\arccos\frac{2}{3}\approx48.19^\circ\tag{3.2.9}$$

这是最大分离角度。$B$ 速度的最大分量为

$$v_x\to\sqrt{\frac{8gR}{27}},\quad v_y\to\sqrt{\frac{10gR}{27}}$$

(2) 当 $m \gg M$ 时，如同 $m \to \infty$ 一样，由(3.2.8)式可得

$$\cos^3\theta_m - 3\cos\theta_m + 2 = 0$$

分解因式可得

$$(\cos\theta_m + 2)(\cos\theta_m - 1)^2 = 0$$

解得 $\theta=0$，表示 $B$ 一开始运动就与 $A$ 脱离。$A$ 的速度为

$$V \to \sqrt{\frac{2gR(1-\cos\theta)}{\tan^2\theta}} = \sqrt{\frac{4gR\sin^2\theta/2}{\tan^2\theta}} \to \sqrt{gR}$$

对于 $B$ 物体则有 $v_x \to 0, v_y \to 0$。

［**图示**］ (1) 如 P3_2a 图和 P3_2c 图所示，当 $m/M=0$ 时，表示 $B$ 的质量很小或者 $A$ 固定在水平面上，$B$ 的质量与 $A$ 的质量相比可不计，$B$ 的夹角达到 48.2°时才与 $A$ 分离，$B$ 的水平速度和竖直速度都比较大。$B$ 的质量越大，$B$ 脱离的角度就越小，$B$ 的水平速度和竖直速度也越小。虚线表示 $B$ 在有滑槽的 $A$ 上运动时的速度。在无滑槽的 $A$ 上运动时，虚线没有意义。点画线表示最大速度线，当 $m/M \to \infty$ 时，$v_x \to 0, v_y \to 0$。

(2) 如 P3_2b 图所示，当 $m/M=0$ 时，$A$ 的速度为零，不被 $B$ 推动。$B$ 的质量越大，$A$ 的最大速度也越大，其极限是 $v_0\sqrt{2}/2$。

(3) 如 P3_2d 图所示，$B$ 的最大水平速度随其质量的增加而减小，其最大水平速度的偏角也随其质量的增加而减小。

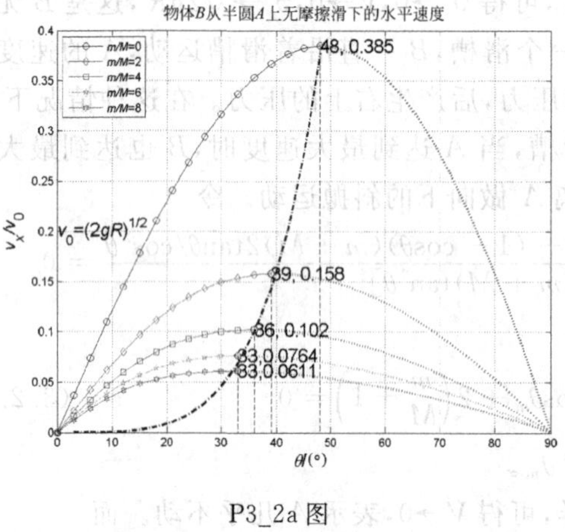


P3_2a 图

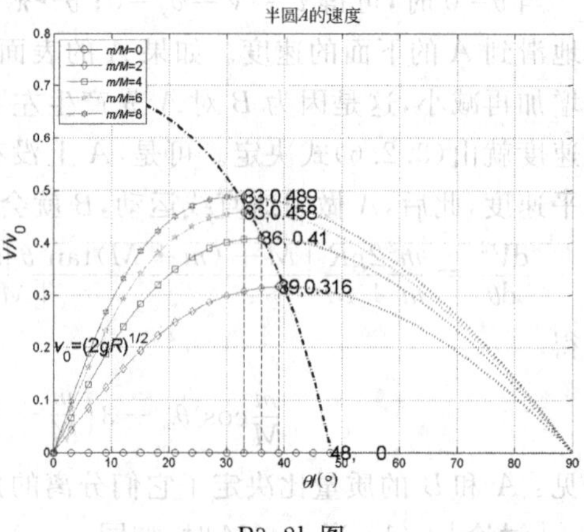


P3_2b 图

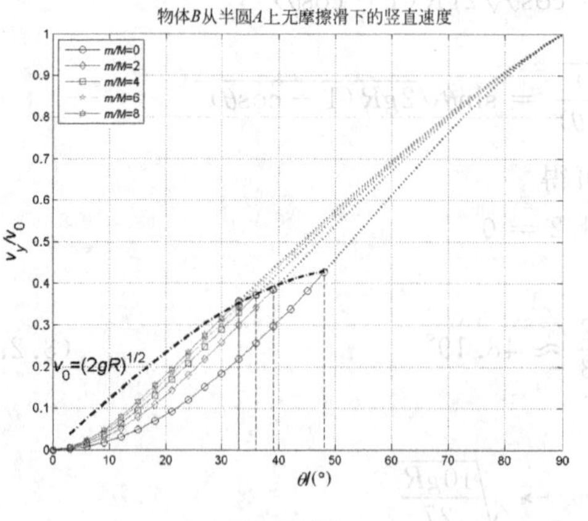


P3_2c 图

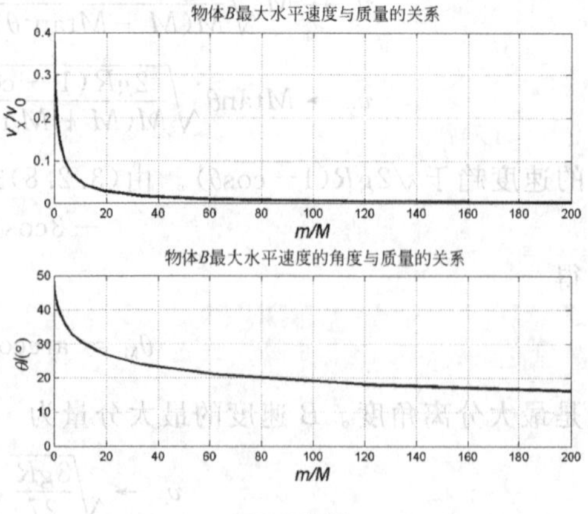


P3_2d 图

［算法］ 取 $v_0=\sqrt{2gR}$ 为速度单位，取 $M$ 为质量单位，可得

$$v_x=v_0\sqrt{\frac{1-\cos\theta}{(m^*+1)[1+(m^*+1)\tan^2\theta]}} \tag{3.2.5*}$$

$$V=v_0 m^*\sqrt{\frac{1-\cos\theta}{(m^*+1)[1+(m^*+1)\tan^2\theta]}}=m^* v_x \tag{3.2.6*}$$

$$\begin{aligned} v_y &= v_0(m^*+1)\tan\theta\sqrt{\frac{1-\cos\theta}{(m^*+1)[1+(m^*+1)\tan^2\theta]}} \\ &= v_x(m^*+1)\tan\theta \end{aligned} \tag{3.2.7*}$$

其中 $m^*=m/M$ 是质量比。可见：$V$ 和 $v_y$ 都可以通过 $v_x$ 计算。取质量比 $m^*$ 为参数向量，取角度为自变量向量，形成矩阵，计算三个速度，用矩阵画线法画三个速度曲线族。

在 $m/M$ 一定的时候，(3.2.8)式是关于 $\cos\theta_m$ 的三次方程，该方程有三个解析解，形式比较复杂。将方程改为

$$m^*=\frac{3\cos\theta_m-2}{\cos^3\theta_m-3\cos\theta_m+2} \tag{3.2.8*}$$

利用反函数的画法，可画出分离角与质量比的关系。

［程序］ P3_2.m 见网站。

## ｛范例 3.3｝ 对心完全弹性碰撞的速度

两物体碰撞前后总动能没有变化的碰撞叫做完全弹性碰撞，如果碰撞前后两物体的速度方向都在一条直线上，这种碰撞叫做对心完全弹性碰撞，简称对心弹性碰撞。如 B3.3 图所示，设两物体的质量分别为 $m_1$ 和 $m_2$，它们碰撞前的速度分别为 $v_{10}$ 和 $v_{20}$。求物体发生对心弹性碰撞后的速度。

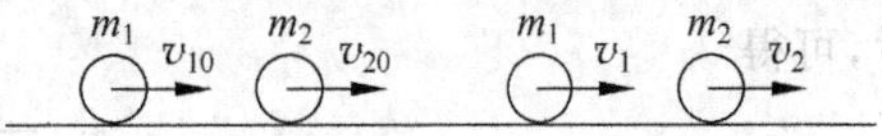


B3.3 图

［解析］ $m_1$ 和 $m_2$ 两物体速度的方向在同一直线上，取向右的方向为正。当两物体碰撞前向右运动时，如果 $v_{10}>v_{20}$，则 $m_1$ 在 $m_2$ 的左边，$m_1$ 是主碰物体，$m_2$ 是被碰物体；如果 $v_{20}>v_{10}$，则 $m_2$ 在 $m_1$ 的左边，$m_2$ 是主碰物体，$m_1$ 是被碰物体。如果两物体碰撞前的速度方向相反，则发生迎面碰撞。

设两物体发生对心完全弹性碰撞后的速度分别为 $v_1$ 和 $v_2$，方向也在同一直线上。根据动量和机械能（动能）守恒可列方程

$$m_1v_{10}+m_2v_{20}=m_1v_1+m_2v_2 \tag{3.3.1}$$

$$\frac{1}{2}m_1v_{10}^2+\frac{1}{2}m_2v_{20}^2=\frac{1}{2}m_1v_1^2+\frac{1}{2}m_2v_2^2 \tag{3.3.2}$$

移项得

$$m_1(v_{10}-v_1)=m_2(v_2-v_{20})$$

$$m_1(v_{10}^2-v_1^2)=m_2(v_2^2-v_{20}^2)$$

下式除以上式得

$$v_{10}+v_1=v_{20}+v_2 \tag{3.3.3}$$

上式改为

$$v_2=v_{10}+v_1-v_{20}$$

代入(3.3.1)式可得

$$v_1 = \frac{(m_1 - m_2)v_{10} + 2m_2 v_{20}}{m_1 + m_2} \tag{3.3.4a}$$

同理可得

$$v_2 = \frac{(m_2 - m_1)v_{20} + 2m_1 v_{10}}{m_1 + m_2} \tag{3.3.4b}$$

将(3.3.4a)式的下标1和2互换即可得(3.3.4b)式,这两个公式都不好记忆。两式可化为

$$v_1 = 2\frac{m_1 v_{10} + m_2 v_{20}}{m_1 + m_2} - v_{10} \tag{3.3.5a}$$

$$v_2 = 2\frac{m_1 v_{10} + m_2 v_{20}}{m_1 + m_2} - v_{20} \tag{3.3.5b}$$

(3.3.5a)式的第一项的分子是系统的动量之和,该项是质心速度的2倍。这种形式的公式很容易记忆：某物体做对心完全弹性碰撞后的速度是质心速度的2倍减碰撞前本身的速度。如果$v_{10}<0$或$v_{20}<0$,表示物体碰撞前速度方向向左；如果$v_1<0$或$v_2<0$,表示物体碰撞后速度方向向左。

［**讨论**］ (1) 如果$m_1=m_2$,由(3.3.5a)式和(3.3.5b)式可得

$$v_1 = v_{20}, \quad v_2 = v_{10} \tag{3.3.6}$$

即质量相等的两物体发生对心完全弹性碰撞后,物体的速度正好交换。

(2) 如果$m_1 \ll m_2$,则

$$v_1 = 2v_{20} - v_{10}, \quad v_2 = v_{20} \tag{3.3.7}$$

表示小质量的物体碰撞后速度会变化,而大质量的物体则"我行我素"。特别是当$v_{20}=0$时,可得

$$v_1 = -v_{10}, \quad v_2 = 0 \tag{3.3.8}$$

表示小质量的物体碰撞后以同样大的速率反弹,而大质量的物体则"岿然不动"。在$m_1 \gg m_2$的情况下也可得出相同的结论。

(3) 如果$m_1$碰撞后的速度$v_1=0$,由(3.3.5a)式可得

$$\frac{m_1}{m_2} = 1 - 2\frac{v_{20}}{v_{10}} \tag{3.3.9}$$

由于$m_1/m_2>0$,所以

$$2v_{20}/v_{10} < 1 \tag{3.3.10}$$

如果$v_{10}>0$,$v_{20}>0$,则$v_{10}/v_{20}>2$,即：$m_1$碰撞前的速度要大于$m_2$碰撞前速度的2倍才有可能碰撞后静止,这时$m_1$是主碰物体,$m_2$是被碰物体。将(3.3.9)式代入(3.3.5b)式可得

$$v_2 = v_{10} - v_{20}$$

可见：$m_2$被碰后速度要增加。如果$v_{10}>0$,$v_{20}<0$,则(3.3.10)式恒成立,表示两物体对碰时$m_1$可能静止。

［**图示**］ (1) 如P3_3a图所示(见彩页),横坐标为$v_{20}/v_{10}$,纵坐标为$m_2/m_1$,高坐标为$v_1/v_{10}$,红线表示$v_1$的零值线,满足(3.3.9)式。取$v_{10}>0$,零值线之上的点表示$m_1$碰撞后的速度方向与碰撞前的速度方向相同；而零值线之下的点表示碰撞后的速度方向与碰撞前的速度方向相反。

(2) 如P3_3b图所示(见彩页),这是P3_3a图的俯视图,当$v_{20}/v_{10}>1$时,表示$m_2$追碰

$m_1$，$m_2/m_1$ 越大，$m_1$ 被碰后获得的速度越大。当 $0<v_{20}/v_{10}<1$ 时，表示 $m_1$ 追碰 $m_2$，只有当 $v_{20}/v_{10}<1/2$ 时，$m_1$ 碰撞后才有可能反弹。当 $v_{20}/v_{10}<0$ 时，表示 $m_1$ 和 $m_2$ 对碰，$m_2/m_1$ 越大，$m_1$ 碰撞后就越容易反弹。零值线经过(0,1)点，该点表示 $m_2$ 碰撞前是静止的，$m_1$ 与 $m_2$ 是相等的，因此 $m_1$ 碰撞后静止。

(3) $m_2$ 碰撞后的速度如 P3_3c 图所示(见彩页)，$v_2/v_{10}$ 的曲面是鞍形面，零值线有两条。

(4) 如 P3_3d 图所示(见彩页)，右下角的零值线条件是 $v_{20}/v_{10}>2$，$m_2$ 追碰 $m_1$；左上角的零值线条件是 $v_{20}/v_{10}<0$，$m_2$ 和 $m_1$ 对碰。

［**算法**］ 取 $m_1$ 为质量单位，取 $v_{10}$ 为速度单位，则碰撞后的速度可表示为

$$v_1^* = \frac{v_1}{v_{10}} = 2\frac{1+m_{21}^* v_{21}^*}{1+m_{21}^*} - 1,\quad v_2^* = \frac{v_2}{v_{10}} = 2\frac{1+m_{21}^* v_{21}^*}{1+m_{21}^*} - v_{21}^* \tag{3.3.4*}$$

其中，$m_{21}^* = m_2/m_1$，$v_{21}^* = v_{20}/v_{10}$。将(3.3.4a*)式中的下标 1 和 2 互换，可得

$$v_2^* = 2\frac{1+m_{12}^* v_{12}^*}{1+m_{12}^*} - 1$$

其中，$m_{12}^* = m_1/m_2$，$v_{12}^* = v_{10}/v_{20}$，$v_2^* = v_2/v_{20}$。可知：某物体以自己碰撞前的速度为单位，对心弹性碰撞的公式在形式上都是相同的；一个物体碰撞后的速度比，取决于另一个物体的质量比和碰撞前的速度比。

MATLAB 可根据动量和机械能守恒的方程，利用符号计算推导碰撞后的速度公式，可检验手工推导公式的正确性。

［**程序**］ P3_3.m 如下。

```
%对心弹性碰撞的速度曲面
clear,m21 = 0:0.2:3;v21 = -2:0.2:2;                    %清除变量,质量比向量和速度比向量
[V0,M] = meshgrid(v21,m21);                             %速度比和质量比矩阵
s1 = 'm1 * v10 + m2 * v20 - m1 * v1 - m2 * v2';         %动量守恒字符串
s2 = 'm1 * v10^2 + m2 * v20^2 - m1 * v1^2 - m2 * v2^2'; %机械能守恒字符串
[v1,v2] = solve(s1,s2,'v1','v2')                        %对心弹性碰撞的速度的符号解(1)
V{1} = 2 * (1 + M. * V0)./(1 + M) - 1;                  %第一物体碰撞后的速度
V{2} = 2 * (1 + M. * V0)./(1 + M) - V0;fs = 16;         %第二物体碰撞后的速度
for i = 1:2                                             %循环 2 轮
    figure,surf(v21,m21,V{i}),box on,hold on            %创建图形窗口,画曲面,加框架,保持图像
    contour(v21,m21,V{i},[0,0],'r','LineWidth',2)       %画速度为零的等值线(2)
    xlabel('\itv\rm_2_0/\itv\rm_1_0','FontSize',fs)     %碰撞前速度标签
    ylabel('\itm\rm_2/\itm\rm_1','FontSize',fs)         %质量标签
    zlabel(['\itv\rm_',num2str(i),'/\itv\rm_1_0'],'FontSize',fs) %碰撞后速度标签
    title(['\itm\rm_',num2str(i),'对心弹性碰撞后的速度'],'FontSize',fs)  %标题
    pause,view(2)                                       %暂停,设置俯视角
    title(['\itm\rm_',num2str(i),'对心弹性碰撞后速度的俯视图'],'FontSize',fs)
end                                                     %结束循环
```

［**说明**］ (1) 对心弹性碰撞的符号解为

```
v1 =
                              v10
(-v10 * m2 + m1 * v10 + 2 * m2 * v20)/(m2 + m1)
v2 =
                              v20
(m2 * v20 - v20 * m1 + 2 * m1 * v10)/(m2 + m1)
```

变量 v1 有两个解，第一个表示碰撞前的速度，第二个表示碰撞后的速度。变量 v2 也有两个解，意义与 v1 相同。

(2) 利用 contour 指令可画速度的零值线。

## {范例 3.4} 对心非完全弹性碰撞的速度和损失的机械能

碰撞前后两物体的速度方向都在一条直线上，这种碰撞叫做对心碰撞。如果碰撞后机械能不守恒，这种碰撞就是非完全弹性碰撞。牛顿从实验结果总结出一个碰撞定律：碰撞后两球的分离速度($v_2-v_1$)与碰撞前两球的接近速度($v_{10}-v_{20}$)成正比，比值由两球的材料性质决定，即

$$e=\frac{v_2-v_1}{v_{10}-v_{20}} \tag{3.4.1}$$

$e$ 称为恢复系数。

(1) 推导非完全弹性碰撞后的速度公式。

(2) 试计算两物体对心非完全弹性碰撞后损失的机械能。

[**解析**] (1) 设两物体的质量分别为 $m_1$ 和 $m_2$，它们碰撞前的速度分别为 $v_{10}$ 和 $v_{20}$，发生对心非弹性碰撞后的速度分别为 $v_1$ 和 $v_2$。根据动量守恒可列方程

$$m_1v_{10}+m_2v_{20}=m_1v_1+m_2v_2 \tag{3.4.2}$$

恢复系数公式可化为

$$v_2=v_1+e(v_{10}-v_{20}) \tag{3.4.3}$$

上式代入(3.4.2)式可解得

$$v_1=\frac{m_1v_{10}+m_2v_{20}-m_2e(v_{10}-v_{20})}{m_1+m_2} \tag{3.4.4a}$$

上式代入(3.4.3)式可得

$$v_2=\frac{m_1v_{10}+m_2v_{20}-m_1e(v_{20}-v_{10})}{m_1+m_2} \tag{3.4.4b}$$

将(3.4.4a)式的下标 1 和 2 互换即可得(3.4.4b)式。两式可化为

$$v_1=(1+e)\frac{m_1v_{10}+m_2v_{20}}{m_1+m_2}-ev_{10},\quad v_2=(1+e)\frac{m_1v_{10}+m_2v_{20}}{m_1+m_2}-ev_{20} \tag{3.4.5}$$

这种形式的公式比较容易记忆。

当 $e=1$ 时，可得完全弹性碰撞的公式。当 $e=0$ 时，则得完全非弹性碰撞的公式

$$v_1=v_2=\frac{m_1v_{10}+m_2v_{20}}{m_1+m_2} \tag{3.4.6}$$

这是两个物体碰撞后的共同速度，也是物体系统质心的速度。如果质心速度为零，那么系统的动量为零，两物体一定相向运动。

[**图示**] (1) 如 P3_4_1a 图所示(见彩页)，物体做对心完全非弹性碰撞的速度曲面与对心完全弹性碰撞的速度曲面 P3_3a 类似，但是速度的最大值小一些，反方向的速度的最大值也小一些，这是因为碰撞过程有能量损失。

(2) 如 P3_4_1b 图所示(见彩页)，在 $v_{20}/v_{10}<1$ 范围内，对心完全非弹性碰撞的速度曲面在最上面，对心完全弹性碰撞的速度曲面在最下面，恢复系数为 0.5 的速度曲面在中间；而在 $v_{20}/v_{10}>1$ 范围内，曲面排列顺序与 $v_{20}/v_{10}<1$ 的情况正好相反。这是因为物

体做恢复系数为0.5的非弹性碰撞时，损失的机械能比完全弹性碰撞大，比完全非弹性碰撞小。

(3) 不管恢复系数为多少，这些曲面都经过 $m_2/m_1=0$ 和 $v_1/v_{10}=1$ 的直线，表示质量大的物体与质量小的物体碰撞后，速度不变。这些曲面还经过 $v_{20}/v_{10}=1$ 和 $v_1/v_{10}=1$ 的直线，表示两物体碰撞前的速度相等时将不发生碰撞，因而速度不变。

[**算法**] (1) (3.4.5)式中的两个公式可合并为一个

$$v^*=(1+e)\frac{1+m^*v_0^*}{1+m^*}-e \tag{3.4.5*}$$

对于(3.4.5a)式，质量比为 $m^*=m_2/m_1$，碰撞前的速度比为 $v_0^*=v_{20}/v_{10}$，碰撞后的速度比为 $v^*=v_1/v_{10}$；对于(3.4.5b)式，质量比为 $m^*=m_1/m_2$，碰撞前的速度比为 $v_0^*=v_{10}/v_{20}$，碰撞后的速度比为 $v^*=v_2/v_{20}$。公式说明：一个物体碰撞后的速度比，不但取决于另一个物体碰撞前的速度比和质量比，还取决于它们的恢复系数。

MATLAB利用符号计算可推导碰撞后的速度公式，以检验手工推导公式的正确性。

[**程序**] P3_4_1.m 见网站。

[**解析**] (2) 由(3.4.5a)式可得第一个物体动能的增量

$$\Delta T_1=\frac{1}{2}m_1v_1^2-\frac{1}{2}m_1v_{10}^2=\frac{1}{2}m_1(v_1-v_{10})(v_1+v_{10})$$

$$=\frac{1}{2}(1+e)\frac{m_1m_2}{(m_1+m_2)^2}(v_{20}-v_{10})[2m_1v_{10}+m_2(v_{20}+v_{10})+em_2(v_{20}-v_{10})]$$

同理可得第二个物体动能的增量

$$\Delta T_2=\frac{1}{2}(1+e)\frac{m_1m_2}{(m_1+m_2)^2}(v_{10}-v_{20})[2m_2v_{20}+m_1(v_{10}+v_{20})+em_1(v_{10}-v_{20})]$$

两物体动能的增量为

$$\Delta T=\Delta T_1+\Delta T_2=-\frac{1}{2}(1-e^2)\frac{m_1m_2}{m_1+m_2}(v_{10}-v_{20})^2 \tag{3.4.7}$$

负号表示动能减少。

[**讨论**] (1) 当两物体碰撞前的速度一定时，如果 $e=1$，那么两物体做完全弹性碰撞，动能没有损失；当 $e=0$ 时，两物体则做完全非弹性碰撞，损失的动能最大

$$|\Delta T|=\frac{1}{2}\frac{m_1m_2}{m_1+m_2}(v_{10}-v_{20})^2 \tag{3.4.8}$$

损失的动能转化为其他形式的能量，如果这种能量可以利用起来，就称为资用能。

(2) 两物体碰撞前的动能为

$$T_0=\frac{1}{2}m_1v_{10}^2+\frac{1}{2}m_2v_{20}^2$$

物体损失的动能是它们原有动能的一部分，损失的动能占碰撞前动能的比例为

$$\frac{|\Delta T|}{T_0}=(1-e^2)\frac{m_1m_2}{m_1+m_2}\frac{(v_{10}-v_{20})^2}{m_1v_{10}^2+m_2v_{20}^2} \tag{3.4.9}$$

如果 $v_{10}=v_{20}$，则两个物体无法碰撞，也没有动能损失。令

$$\frac{m_1m_2}{m_1+m_2}\frac{(v_{10}-v_{20})^2}{m_1v_{10}^2+m_2v_{20}^2}=1$$

解得 $m_1v_{10}=-m_2v_{20}$，即：只要两物体碰撞前的动量大小相等，方向相反，它们不论做什么

碰撞，所损失的动能比例最大。最大比例为

$$\frac{|\Delta T|}{T_0}=1-e^2 \tag{3.4.10}$$

当 $e=0$ 时，可得 $|\Delta T|/T_0=1$。这说明：如果这两个动量大小相等，方向相反的物体做完全非弹性碰撞，那么全部动能都将转化为其他形式的能量。对撞机就是利用的这种资用能。

(3) 在工程中，例如打铁和打桩这类问题，经常遇到其中一个物体是静止的。设 $v_{20}=0$，则损失的动能比例为

$$\frac{|\Delta T|}{T_0}=(1-e^2)\frac{m_2}{m_1+m_2}=(1-e^2)\frac{1}{m_1/m_2+1} \tag{3.4.11}$$

其中 $T_0=mv_{10}^2/2$。

在打铁时，铁锤与锻件(包括铁砧)碰撞，使锻件在碰撞过程中发生变形，就要尽量使碰撞中的动能用于使锻件变形，也就是充分利用资用能，因此铁砧的质量就要比铁锤的质量大得多：$m_2 \gg m_1$。

在打桩时，要把铁锤的动能尽可能多地传递给桩，使桩具有较大的动能克服地面阻力下沉，就要求机械能损失得越小越好，因此要用质量较大锤撞击质量较小的桩，即 $m_2 \ll m_1$。

[**图示**] (1) 如 P3_4_2a 图所示(见彩页)，横坐标是速度比，纵坐标是质量比，高坐标是损失的能量 $\Delta T$，其单位是 $(1-e^2)T_0$，$T_0$ 代表两物体碰撞前的动能之和。物体碰撞损失的机械能与恢复系数的关系比较简单，因此只需要分析损失的机械能与速度和质量的关系。当质量比一定时，随着速度比由负向正变化，碰撞损失的机械能先增加再减小，在最大值处，系统的动量为零；当速度比从零增加时，碰撞损失的机械能继续减小；当速度比增加到1时，由于物体不发生碰撞，损失的机械能为零；当速度比进一步增加时，系统损失的机械能增加。

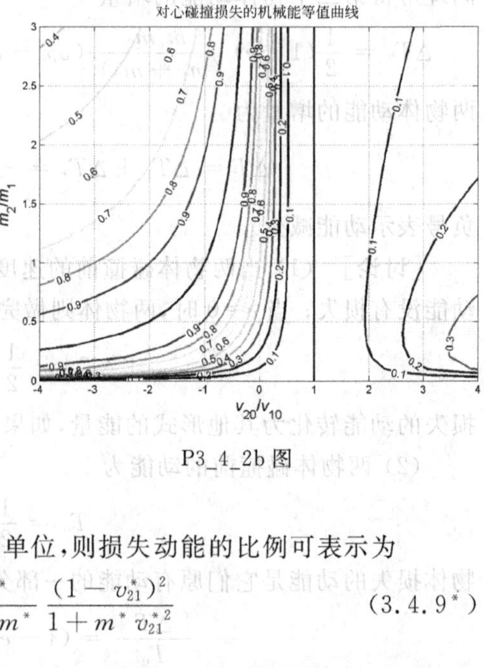


P3_4_2b 图

(2) 如 P3_4_2b 图所示，这是损失的机械能一定时的等值线。数值为1的峰值线代表损失最大的机械能，这是动量为零的等值线。峰值线两边有相同的等值线，例如0.9的等值线。当 $v_{20}/v_{10}=1$ 时，机械能损失为零。零值线两边也有相同的等值线，例如0.1的等值线。当物体同向运动的速度相差比较小时，系统碰撞后损失的机械能比较少。

[**算法**] (2) 取 $m_1$ 为质量单位，取 $v_{10}$ 为速度单位，则损失动能的比例可表示为

$$\frac{|\Delta T|}{T_0}=(1-e^2)\frac{m^*}{1+m^*}\frac{(1-v_{21}^*)^2}{1+m^*v_{21}^{*2}} \tag{3.4.9*}$$

其中，$m^*=m_2/m_1$，$v_{21}^*=v_{20}/v_{10}$。

将质量比向量和初速度比向量形成矩阵，可画出损失机械能的曲面。当损失的机械能一定时，可画出质量比与初速度比之间的关系曲线。

[**程序**] P3_4_2.m 见网站。

## {范例 3.5} 悬挂小球与悬挂蹄状物完全非弹性碰撞的张角

如 B3.5 图所示，这是在碰撞实验中常用的仪器，$A$ 为一小球，$B$ 为蹄状物，质量分别为 $m$ 和 $M$。开始时，将 $A$ 球从张角 $\theta$ 处落下，然后与静止的 $B$ 相碰撞，嵌入 $B$ 中一起运动，求两物体到达最高处的张角 $\varphi$ 以及损失的机械能。

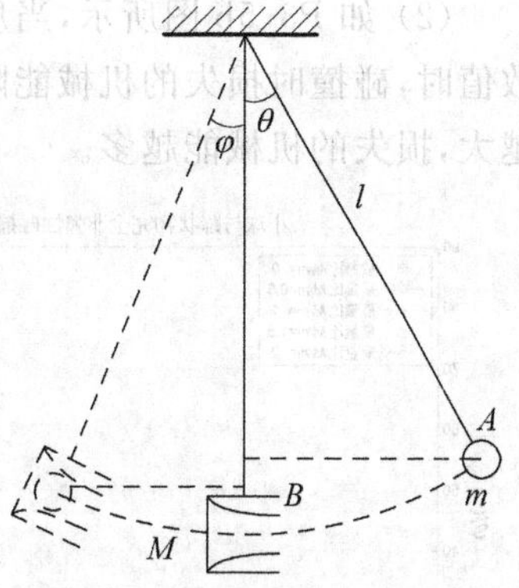

B3.5 图

[解析] 整个过程可分为小球下落过程、小球与蹄状物碰撞过程和它们一起的上升过程，整个过程机械能并不守恒。

(1) 小球 $A$ 从最高处到最低点碰撞前的过程中，由于只有重力做功，因此机械能守恒

$$mg(l-l\cos\theta)=\frac{1}{2}mv^2 \tag{3.5.1}$$

可得碰撞前的速率

$$v=\sqrt{2gl(1-\cos\theta)} \tag{3.5.2}$$

(2) $A$ 与 $B$ 做完全非弹性碰撞，由动量守恒

$$mv=(m+M)V$$

可得它们共同运动的初速度为

$$V=\frac{mv}{m+M} \tag{3.5.3}$$

(3) 它们上升到最高处的过程中机械能守恒

$$\frac{1}{2}(m+M)V^2=(m+M)g(l-l\cos\varphi) \tag{3.5.4}$$

解得

$$\cos\varphi=1-V^2/2gl$$

$$=1-\left(\frac{m}{m+M}\right)^2(1-\cos\theta)$$

最大张角的公式为

$$\sin\frac{\varphi}{2}=\frac{m}{m+M}\sin\frac{\theta}{2} \tag{3.5.5}$$

如果 $M\to 0$，表示 $M$ 的质量很小，或者 $m$ 与 $M$ 没有碰撞，则有 $\varphi=\theta$。

在碰撞过程中机械能的增量为

$$\Delta E=\frac{1}{2}(m+M)V^2-\frac{1}{2}mv^2=-\frac{M}{m+M}\frac{1}{2}mv^2$$

即

$$\Delta E=-\frac{M}{m+M}(1-\cos\theta)mgl \tag{3.5.6}$$

负号表示机械能减少。这种碰撞实验可验证动量守恒和机械能守恒定律。

[图示] (1) 如 P3_5a 图所示，当质量比 $M/m$ 取 0 时，碰撞前后的两个张角 $\theta$ 和 $\varphi$ 的

关系是一条直线；当质量比取其他数值时，两个张角 $\theta$ 和 $\varphi$ 也接近于直线。对于同一起始张角 $\theta$，质量比越大，终止张角 $\varphi$ 越小。

(2) 如 P3_5b 图所示，当质量比 $M/m$ 取 0 时，碰撞没有损失机械能；当质量比取其他数值时，碰撞时损失的机械能随起始张角 $\theta$ 增加而加速增大。对于同一起始张角 $\theta$，质量比越大，损失的机械能越多。

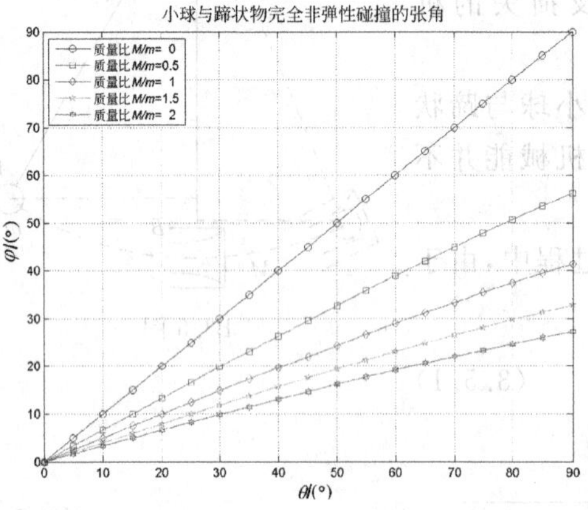


P3_5a 图

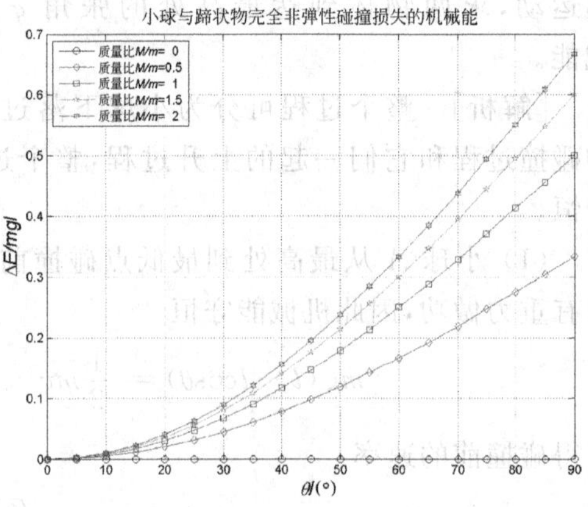


P3_5b 图

**[算法]** 取小球质量 $m$ 为质量单位，则最大张角可表示为

$$\varphi = 2\arcsin\left(\frac{1}{1+M^*}\sin\frac{\theta}{2}\right) \tag{3.5.5*}$$

其中 $M^* = M/m$ 为质量比。取 $E_0 = mgl$ 为能量单位，则机械能的增量可表示为

$$\Delta E = -E_0\frac{M^*}{1+M^*}(1-\cos\theta) \tag{3.5.6*}$$

取质量比为参数向量，取初始张角为自变量向量，形成矩阵，计算末张角和机械能的增量，用矩阵画线法画末张角和机械能增量的曲线族。

**[程序]** P3_5.m 见网站。

## {范例 3.6} 中子与原子核做完全弹性碰撞后的速度和损失的动能

一动能为 $E_0$、质量为 $m$ 的中子与一质量为 $M$ 的原子核做完全弹性碰撞，散射角为 $\theta$，求中子的速度和损失的动能以及中子的最小速度和损失的最大动能。中子散射后的速度和损失的动能与散射角有什么关系？

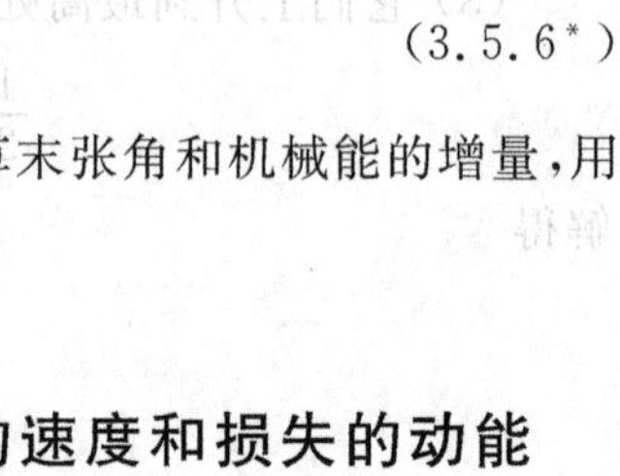


B3.6 图

**[解析]** 如 B3.6 图所示，建立坐标系。设中子碰撞前的速率为 $v_0$，方向沿 $x$ 轴正向；碰撞后的速率为 $v$，方向与 $x$ 轴正向的夹角为 $\theta$；原子核的反冲速率为 $V$，方向与 $x$ 轴正向的夹角为 $\varphi$。中子碰撞前的动能为

$$E_0 = \frac{1}{2}mv_0^2$$

碰撞前的速度为

$$v_0 = \sqrt{2E_0/m} \tag{3.6.1}$$

根据机械能守恒定律得方程

$$\frac{1}{2}mv_0^2 = \frac{1}{2}mv^2 + \frac{1}{2}MV^2 \tag{3.6.2}$$

根据动量守恒定律得方程组

$$mv_0 = mv\cos\theta + Mv\cos\varphi,\quad 0 = mv\sin\theta - MV\sin\varphi \tag{3.6.3}$$

由上面方程组得

$$(mv_0 - mv\cos\theta)^2 + (mv\sin\theta)^2 = (MV)^2$$

利用(3.6.2)式得方程

$$(M+m)v^2 - 2mv_0 v\cos\theta - (M-m)v_0^2 = 0 \tag{3.6.4}$$

方程的解就是中子碰撞后的速度(取正根)

$$v = \frac{v_0}{M+m}(m\cos\theta + \sqrt{M^2 - m^2\sin^2\theta}) \tag{3.6.5}$$

中子损失的动能为

$$\Delta T = E_0 - \frac{1}{2}mv^2 = E_0\left\{1 - \left[\frac{m}{M+m}\left(\cos\theta + \sqrt{\frac{M^2}{m^2} - \sin^2\theta}\right)\right]^2\right\} \tag{3.6.6}$$

可知：当中子碰撞后的速度最小时，损失的动能最大。由于 $v$ 随 $\theta$ 单调减小，所以 $\theta=\pi$ 时 $v$ 最小。由(3.6.5)式可得中子的最小速度为

$$v_{\min} = \frac{M-m}{M+m}\sqrt{\frac{2E_0}{m}} \tag{3.6.7}$$

中子损失的最大动能为

$$\Delta T_{\max} = \frac{4mM}{(M+m)^2}E_0 \tag{3.6.8}$$

［**图示**］ (1) 如 P3_6a 图所示，中子的散射速率随散射角的增加而减少；当中子反弹时，散射速率最小。中子的质量与原子核的质量越接近，同一个散射角的散射速率就越小。当中子多次与质量相近的原子核碰撞后，即使不反弹，速率也会迅速减小。

(2) 如 P3_6b 图所示，中子散射后损失的动能随散射角的增加而增大；当中子反弹时，损失的动能最多。中子的质量与原子核的质量越接近，同一个散射角损失的动能就越多。

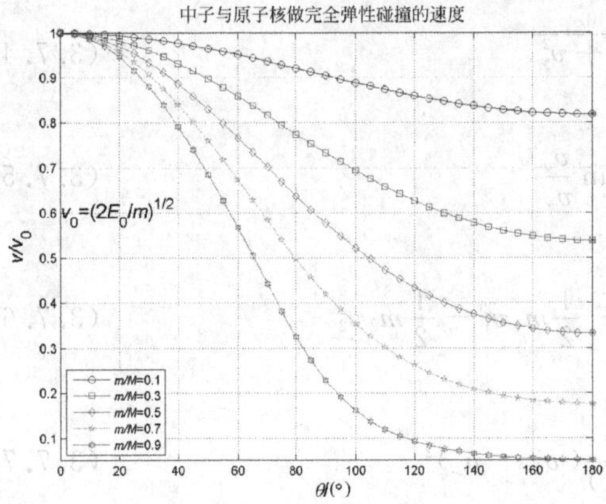


P3_6a 图

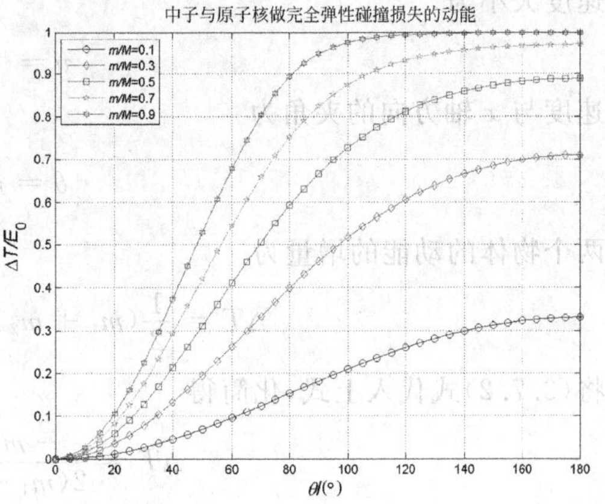


P3_6b 图

[**算法**] 取原子核的质量 $M$ 为质量单位，取 $v_0=\sqrt{2E_0/m}$ 为速度单位，则中子碰撞后的速度可表示为

$$v=\frac{v_0}{1+m^*}(m^*\cos\theta+\sqrt{1-m^{*2}\sin^2\theta})$$

$$=v_0\frac{m^*}{1+m^*}\left(\cos\theta+\sqrt{\frac{1}{m^{*2}}-\sin^2\theta}\right) \tag{3.6.5*}$$

其中 $m^*=m/M$ 是质量比。取 $E_0$ 为能量单位，则中子损失的动能可表示为

$$\Delta T=E_0\left[1-\frac{1}{2}m\left(\frac{v}{v_0}\right)^2\right]$$

$$=E_0\left\{1-\left[\frac{m^*}{1+m^*}\left(\cos\theta+\sqrt{\frac{1}{m^{*2}}-\sin^2\theta}\right)\right]^2\right\} \tag{3.6.6*}$$

取质量比为参数向量，取散射角为自变量向量，形成矩阵，计算中子碰撞后的速度和损失的机械能，用矩阵画线法画速度和损失的机械能曲线族。

[**程序**] P3_6.m 见网站。

## {范例 3.7} 二维完全非弹性碰撞的速度和损失的机械能

两球质量分别为 $m_1=2\text{kg}$，$m_2=3\text{kg}$，在光滑的水平面上运动，采用直角坐标，$\boldsymbol{v}_1=5.0\boldsymbol{i}$，$\boldsymbol{v}_2=(4.0\boldsymbol{i}+6.0\boldsymbol{j})(\text{m/s})$。若碰撞后两球合为一体，则碰后的速度大小为多少？$\boldsymbol{v}$ 与 $x$ 轴的夹角为多少？两球损失了多少机械能？

[**解析**] 两个质量分别为 $m_1$ 和 $m_2$ 的物体，分别以速度 $\boldsymbol{v}_1$ 和 $\boldsymbol{v}_2$ 在二维平面中运动，发生完全非弹性碰撞的前后动量守恒。假设碰撞后的共同速度为 $\boldsymbol{v}$，则有

$$(m_1+m_2)\boldsymbol{v}=m_1\boldsymbol{v}_1+m_2\boldsymbol{v}_2 \tag{3.7.1}$$

解得速度矢量为

$$\boldsymbol{v}=\frac{m_1\boldsymbol{v}_1+m_2\boldsymbol{v}_2}{m_1+m_2} \tag{3.7.2}$$

$\boldsymbol{v}$ 的两个分量为

$$v_x=\frac{m_1v_{1x}+m_2v_{2x}}{m_1+m_2},\quad v_y=\frac{m_1v_{1y}+m_2v_{2y}}{m_1+m_2} \tag{3.7.3}$$

速度大小为

$$v=\sqrt{v_x^2+v_y^2} \tag{3.7.4}$$

速度与 $x$ 轴方向的夹角为

$$\theta=\arctan\frac{v_y}{v_x} \tag{3.7.5}$$

两个物体的动能的增量为

$$\Delta T=\frac{1}{2}(m_1+m_2)v^2-\frac{1}{2}m_1v_1^2-\frac{1}{2}m_2v_2^2 \tag{3.7.6}$$

将(3.7.2)式代入上式，化简得

$$\Delta T=\frac{-m_1m_2}{2(m_1+m_2)}(\boldsymbol{v}_1-\boldsymbol{v}_2)^2 \tag{3.7.7}$$

负号表示动能减少。

［图示］ 如果两物体的质量分别为 4kg 和 6kg，第一个物体碰撞前的速度只有 $x$ 分量 0.5m/s，第二个物体碰撞前的速度分量为 $v_{2x}=0.3\text{m/s}$，$v_{2y}=0.4\text{m/s}$，结果如 P3_7 图所示。两物体发生完全非弹性碰撞后，速度的大小为 0.45m/s，与水平方向的夹角为 32.3°，损失的机械能为 0.24J。

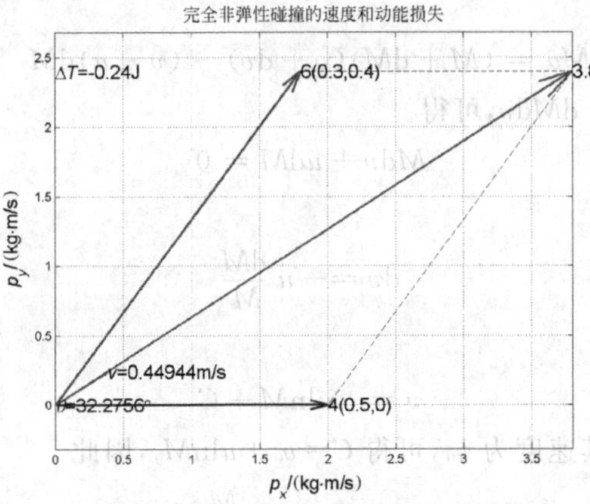

P3_7 图

［算法］ 碰撞前物体速度的分量为 $\boldsymbol{v}_1=v_{1x}\boldsymbol{i}+v_{1y}\boldsymbol{j}$，$\boldsymbol{v}_2=v_{2x}\boldsymbol{i}+v_{2y}\boldsymbol{j}$，碰撞后的速度可表示为

$$\boldsymbol{v}=\frac{(m_1v_{1x}+m_2v_{2x})\boldsymbol{i}+(m_1v_{1y}+m_2v_{2y})\boldsymbol{j}}{m_1+m_2} \tag{3.7.2*}$$

由此可计算速度的大小和方向。碰撞后损失的动能可表示为

$$\Delta T=\frac{-m_1m_2}{2(m_1+m_2)}[(v_{1x}-v_{2x})\boldsymbol{i}+(v_{1y}-v_{2y})\boldsymbol{j}]^2 \tag{3.7.7*}$$

两个物体的质量和它们速度的分量都是可调节的参数。

［程序］ P3_7.main.m 和 P3_7fun.m 见网站。

## ｛范例 3.8｝ 火箭发射的高度、速度和加速度

火箭是一种利用燃料燃烧后喷出的气体产生反冲推力的发动机。如果火箭在自由空间飞行，不受引力或空气阻力等任何外力的影响，其飞行速度公式是什么？如果火箭在地球表面从静止竖直向上发射，燃料的燃烧速率为 $\alpha$，在不太高的范围内，不计空气阻力，其飞行速度公式是什么？高度和加速度的公式是什么？假设火箭发射前的质量为 $M_0=2.5\times10^6\text{kg}$，燃料的燃烧速率为 $\alpha=1.0\times10^4\text{kg/s}$，燃料燃烧后喷出的气体相对火箭的速率为 $u=3.0\times10^3\text{m/s}$，火箭点燃的 60s 内，高度、速度和加速度随时间变化的规律是什么？最后达到什么值？

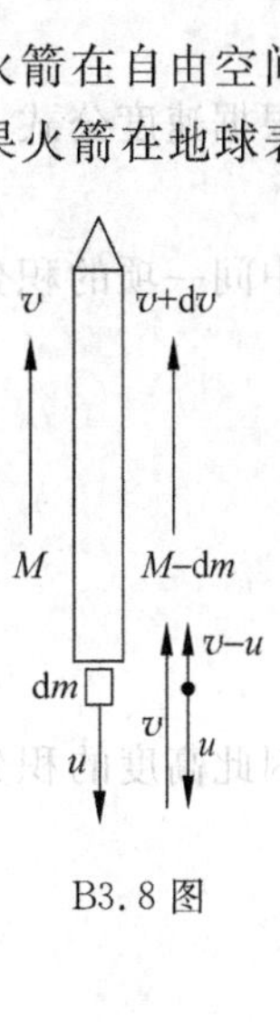

B3.8 图

［解析］ 在无重力的空间，把火箭和剩下的燃料气体作为研究对象。

如 B3.8 图所示，在 $t$ 时刻火箭的质量为 $M$，速度大小为 $v$，则动量大小为

$$p=Mv$$

经过时间 $\mathrm{d}t$，火箭喷出质量为 $\mathrm{d}m$ 的气体，喷出的速度相对火箭为定值 $u$，

相对自由空间的速度为$v-u$,动量为$(v-u)\mathrm{d}m$。火箭的质量为$M-\mathrm{d}m$,速度增为$v+\mathrm{d}v$,动量为$(M-\mathrm{d}m)(v+\mathrm{d}v)$。总动量为

$$p'=(M-\mathrm{d}m)(v+\mathrm{d}v)+(v-u)\mathrm{d}m$$

由于$M_0=M+m$,所以$\mathrm{d}m=-\mathrm{d}M$,即火箭喷出的质量等于其质量的减小量。根据动量守恒定律得

$$Mv=(M+\mathrm{d}M)(v+\mathrm{d}v)-(v-u)\mathrm{d}M \tag{3.8.1}$$

化简后略去二阶无穷小量$\mathrm{d}M\mathrm{d}v$,可得

$$M\mathrm{d}v+u\mathrm{d}M=0$$

分离变量得

$$\mathrm{d}v=-u\frac{\mathrm{d}M}{M} \tag{3.8.2}$$

积分得

$$v=-u\ln M+C$$

设火箭的质量为$M_0$时,其速度为$v_0$,可得$C=v_0+u\ln M_0$,因此

$$v=v_0+u\ln\frac{M_0}{M} \tag{3.8.3}$$

这就是著名的齐奥尔科夫斯基公式。此公式说明：火箭质量从$M_0$减少到$M$时,火箭的速度则由$v_0$增加到$v$。如果火箭开始飞行时速度为零,质量为$M_0$,燃料烧尽时火箭剩下的质量为$m_0$,由上式可计算火箭能够达到的最大速度。$M_0/m_0$称为质量比,火箭的喷气速度越大,质量比越大,所能达到的速度就越大。但是这两项都受到技术限制。

火箭起飞时,第一级火箭开始工作；当燃料烧尽后,第一级的外壳就自动脱落,第二级火箭接着工作,使火箭进一步加速。前一级火箭脱落,使后一级火箭减负,提高了质量比,因而可获得更大的最终速度。这就是多级火箭的工作原理。

假设火箭在地球表面向上发射,其初速度为零,初始质量为$M_0$。取向上的方向为正,经过飞行时间$t$,火箭剩下的质量为$M=M_0-\alpha t$,$\alpha$是燃料燃烧的速率$\mathrm{d}m/\mathrm{d}t$；重力加速度$g$使火箭速度减少$gt$,因此火箭在地面上发射的速度为

$$v=u\ln\frac{M_0}{M_0-\alpha t}-gt \tag{3.8.4}$$

根据速度公式$v=\mathrm{d}z/\mathrm{d}t$,可得

$$\mathrm{d}z=[u\ln M_0-u\ln(M_0-\alpha t)-gt]\mathrm{d}t$$

中间一项的积分为

$$\begin{aligned}\int[-u\ln(M_0-\alpha t)]\mathrm{d}t&=\frac{u}{\alpha}\int[\ln(M_0-\alpha t)]\mathrm{d}(M_0-\alpha t)\\&=\frac{u}{\alpha}\left[(M_0-\alpha t)\ln(M_0-\alpha t)+\alpha\int\mathrm{d}t\right]\\&=\frac{u}{\alpha}[(M_0-\alpha t)\ln(M_0-\alpha t)+\alpha t]\end{aligned}$$

因此高度的积分为

$$z=ut\ln M_0+\frac{u}{\alpha}[(M_0-\alpha t)\ln(M_0-\alpha t)+\alpha t]-\frac{1}{2}gt^2+C'$$

当 $t=0$ 时，$z=0$，可得

$$C' = -\frac{u}{\alpha}M_0\ln M_0$$

因此可得火箭上升的高度为

$$z = ut(1+\ln M_0) + \frac{u}{\alpha}[(M_0-\alpha t)\ln(M_0-\alpha t) - M_0\ln M_0] - \frac{1}{2}gt^2 \tag{3.8.5}$$

火箭的加速度为

$$a = \frac{dv}{dt} = \frac{\alpha u}{M_0 - \alpha t} - g \tag{3.8.6}$$

当 $t=0$ 时，由于 $a>0$，必有条件

$$\alpha u > M_0 g \tag{3.8.7}$$

否则，火箭无法起飞。

［图示］ (1) 如 P3_8 图之上图所示，火箭的速度随时间的延长而加速增加，最后的速度达到 235.3m/s。

(2) 如 P3_8 图之中图所示，火箭的高度随时间的延长也是加速增加的，最后的高度达到 5931m。

(3) 如 P3_8 图之下图所示，火箭一点火，加速度就不为零，约为 $2.2\text{m/s}^2$；火箭的加速度随时间的延长仍然是加速增加的，最后的加速度接近 $6\text{m/s}^2$。

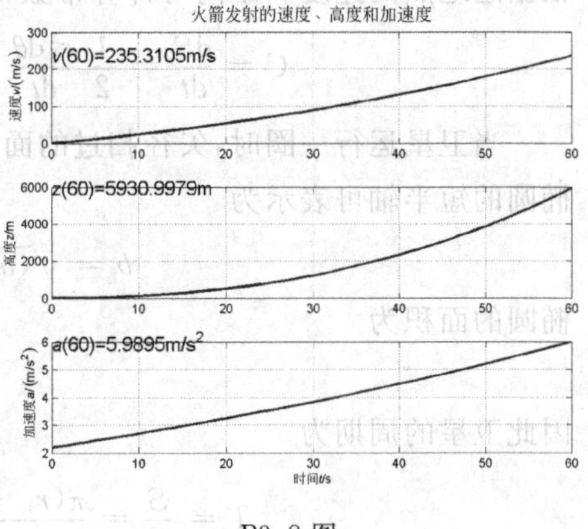


P3_8 图

［算法］ 将时间设为向量，根据已知条件可求火箭的高度、速度和加速度。

［程序］ P3_8.m 见网站。

## ｛范例 3.9｝ 我国第一颗人造地球卫星的椭圆轨道和周期(曲线动画)

我国第一颗人造卫星绕地球沿椭圆轨道运行，地球的中心处于椭圆的一个焦点上。已知地球半径为 $R_E=6.378\times10^6$ m，人造卫星距地面的最近高度(即近地点)为 $h_1=4.39\times10^5$ m，最远高度(即远地点)为 $h_2=2.384\times10^6$ m。卫星在近地点的速度为 $v_1=8.10\times10^3$ m/s。具体描绘卫星运动的轨迹，求卫星在远地点的速度 $v_2$ 和运动的周期 $T$。

［解析］ 取地球中心为坐标原点，则表示地球圆周的参数方程为

$$x = R_E\cos\theta, \quad y = R_E\sin\theta \tag{3.9.1}$$

卫星椭圆轨道的半长轴为

$$a = (h_1 + h_2 + 2R_E)/2 = (r_1 + r_2)/2 \tag{3.9.2}$$

其中，$r_1=R_E+h_1$，$r_2=R_E+h_2$。焦距为

$$c = a - R_E - h_1 = (h_2 - h_1)/2 \tag{3.9.3}$$

半短轴为

$$b = \sqrt{a^2 - c^2} \tag{3.9.4}$$

椭圆的方程为

$$\frac{(x+c)^2}{a^2}+\frac{y^2}{b^2}=1 \tag{3.9.5}$$

其参数方程为

$$x=a\cos\theta-c,\quad y=b\sin\theta \tag{3.9.6}$$

设卫星的质量为 $m$,卫星在近地点的角动量为 $L_1=mv_1r_1$,在远地点的角动量为 $L_2=mv_2r_2$,根据角动量守恒定律可得

$$v_2=\frac{r_1}{r_2}v_1 \tag{3.9.7}$$

方法一：用开普勒第二定律求周期。行星运动的开普勒第二定律是：行星对太阳的矢径在相等时间内扫过相等的面积。该定律也适用于卫星绕地球运行的情况

$$\mathrm{d}S/\mathrm{d}t=C \tag{3.9.8}$$

根据近地点的速度和距离可计算常数 $C$

$$C=\frac{\mathrm{d}S}{\mathrm{d}t}=\frac{1}{2}\frac{r_1^2\mathrm{d}\theta}{\mathrm{d}t}=\frac{1}{2}r_1\frac{r_1\mathrm{d}\theta}{\mathrm{d}t}=\frac{1}{2}r_1\frac{\mathrm{d}s_1}{\mathrm{d}t}=\frac{1}{2}r_1v_1 \tag{3.9.9}$$

当卫星运行一圈时,矢径扫过的面积就是椭圆的面积,卫星运动的时间就是一个周期。椭圆的短半轴可表示为

$$b=\sqrt{(a-c)(a+c)}=\sqrt{r_1r_2} \tag{3.9.10}$$

椭圆的面积为

$$S=\pi ab \tag{3.9.11}$$

因此卫星的周期为

$$T=\frac{S}{C}=\frac{\pi(r_1+r_2)\sqrt{r_1r_2}}{r_1v_1}=\frac{\pi(r_1+r_2)}{v_1}\sqrt{\frac{r_2}{r_1}} \tag{3.9.12}$$

方法二：用开普勒第三定律求周期。行星运动的开普勒第三定律是：行星公转周期的平方与它的轨道长半轴的立方成正比。该定律也适用于卫星绕地球运行的情况

$$\frac{T^2}{a^3}=C \tag{3.9.13}$$

如果卫星的轨道是圆形,长半轴就是圆的半径。假设一颗卫星绕地球做半径为 $R_0$ 的匀速圆周运动,其周期为 $T_0$,则常数 $C$ 为

$$C=\frac{T_0^2}{R_0^3} \tag{3.9.14}$$

假设卫星的质量为 $m$,在绕地球作匀速圆周运动时,根据向心力公式得

$$F=mR_0\omega^2=G\frac{mM_\mathrm{E}}{R_0^2}$$

其中,$G$ 是万有引力常数,$M_\mathrm{E}$ 是地球质量,$M_\mathrm{E}=5.98\times10^{24}\,\mathrm{kg}$。由于 $\omega=2\pi/T_0$,所以常数为

$$C=\frac{4\pi^2}{GM_\mathrm{E}} \tag{3.9.15}$$

这是一个由地球质量决定的常数,地球质量越大,这个常数就越小。我国第一颗人造地球卫星的周期为

$$T=\sqrt{Ca^3} \tag{3.9.16}$$

［图示］　如 P3_9 图所示，我国第一颗人造地球卫星的轨迹是椭圆，在近地点速度最大，在远地点速度最小，只有 6.3km/s。根据开普勒第二定律求出卫星周期约为 6850s，根据开普勒第三定律求出卫星周期约为 6840s。用两种方法计算的周期有点差别，这是因为计算中的数值都是近似值。

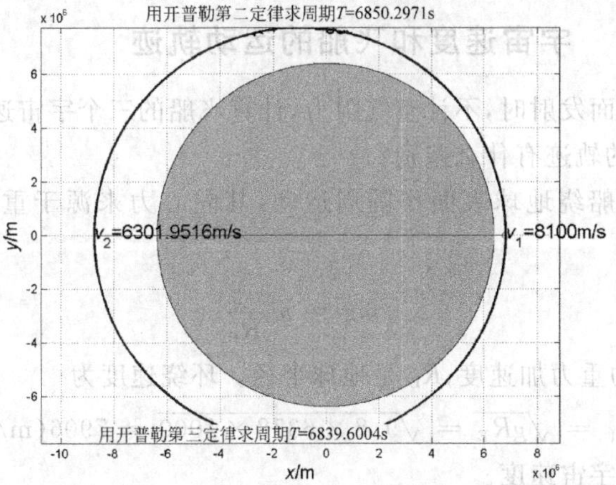


P3_9 图

［算法］　根据椭圆的两个半轴可画卫星的轨迹，根据开普勒第二定律和第三定律都能求出运行周期，两种方法的结果可相互参照。

［程序］　P3_9.m 如下。

```
%我国第一颗人造地球卫星的椭圆轨道和周期
clear,re=6.378e6;th=(0:10000)/10000*2*pi;              %清除变量,地球半径,角度向量
x=re*cos(th);y=re*sin(th);                              %地球坐标
figure,fill(x,y,'g'),grid on                            %创建图形窗口,画地球,加网格(1)
h1=4.39e5;h2=2.384e6;                                   %近地高度和远地高度
r1=re+h1;r2=re+h2;                                      %近地距离和远地距离
a=(r1+r2)/2;c=a-r1;b=sqrt(a^2-c^2);                     %轨道半长轴、半焦距和半短轴
axis([-r2,r1,-b,b]),axis equal                          %轨道范围并使轴相等
fs=16;title('我国第一颗人造地球卫星的轨道和周期','FontSize',fs)   %标题
xlabel('\itx\rm/m','FontSize',fs)                       %标记坐标x符号
ylabel('\ity\rm/m','FontSize',fs)                       %标记坐标y符号
v1=8.1e3;v2=v1*r1/r2;                                   %近地速率和远地速率
text(r1,0,['\itv\rm_1=',num2str(v1),'m/s'],'FontSize',fs)   %显示近地点速率
text(-r2,0,['\itv\rm_2=',num2str(v2),'m/s'],'FontSize',fs)   %显示远地点速率
x=a*cos(th)-c;y=b*sin(th);                              %椭圆坐标
hold on,plot([-r2,r1],[0,0])                            %保持图像,画长轴
comet(x,y),plot(x,y,'LineWidth',2)                      %画彗星轨道,补画椭圆
%用开普勒第二定律计算周期
s=pi*a*b;c=r1*v1/2;t=s/c;                               %求椭圆面积,求常数,求周期(2)
txt=['用开普勒第二定律求周期\itT\rm=',num2str(t),'s'];     %周期文本
text(-r2,b,txt,'FontSize',fs)                           %显示周期
%用开普勒第三定律计算周期
g=6.67e-11;me=5.98e24;                                  %万有引力常数,地球质量
```

```
c = 4 * pi^2/g/me;t3 = sqrt(c * a^3);                    % 常数,卫星周期
txt = ['用开普勒第三定律求周期\itT\rm = ',num2str(t3),'s'];    % 周期文本
text( - r2, - b,txt,'FontSize',fs)                       % 显示周期
```

[说明] (1) 用 fill 指令画填色图,表示地球。

(2) 用不同方法计算的周期,显示在图形中。

## *{范例 3.10} 宇宙速度和飞船的运动轨迹

当飞船从地球表面发射时,不计空气阻力,计算飞船的三个宇宙速度。对于不同的切向发射速度,飞船运动的轨迹有什么差别?

[解析] 如果飞船绕地球表面作圆周运动,其向心力来源于重力,设飞船质量为 $m$,可得

$$mg = m\frac{v_{\mathrm{I}}^2}{R_{\mathrm{E}}}$$

其中,$g$ 为地球表面的重力加速度;$R_{\mathrm{E}}$ 是地球半径。环绕速度为

$$v_{\mathrm{I}} = \sqrt{gR_{\mathrm{E}}} = \sqrt{9.8\times6378\times1000} = 7906(\mathrm{m/s}) \tag{3.10.1}$$

环绕速度又称为第一宇宙速度。

如果飞船能够摆脱地球引力运动到无限远处,设地球质量为 $M_{\mathrm{E}}$,飞船在地球表面的脱离速度为 $v_{\mathrm{II}}$,根据机械能守恒定律可列方程

$$\frac{1}{2}mv_{\mathrm{II}}^2 - G\frac{M_{\mathrm{E}}m}{R_{\mathrm{E}}} = 0$$

由此可得

$$v_{\mathrm{II}} = \sqrt{2GM_{\mathrm{E}}/R_{\mathrm{E}}} \tag{3.10.2a}$$

物体在地球表面所受的重力是万有引力产生的,不考虑地球自转的影响,可得

$$mg = G\frac{M_{\mathrm{E}}m}{R_{\mathrm{E}}^2}$$

即 $GM_{\mathrm{E}} = gR_{\mathrm{E}}^2$。脱离速度为

$$v_{\mathrm{II}} = \sqrt{2gR_{\mathrm{E}}} \tag{3.10.2b}$$

可见:脱离速度是环绕速度的$\sqrt{2}$倍,即 $v_{\mathrm{II}} = 11180\mathrm{m/s}$。脱离速度又称为第二宇宙速度,飞船轨迹是抛物线。

如果将地球质量 $M_{\mathrm{E}}$ 改为太阳质量 $M_{\mathrm{S}} = 1.98\times10^{30}\,\mathrm{kg}$,将地球半径 $R_{\mathrm{E}}$ 改为地球到太阳的初始距离 $r_{\mathrm{S}} = 1.5\times10^{11}\,\mathrm{m}$,则

$$v'_{\mathrm{II}} = \sqrt{2GM_{\mathrm{S}}/r_{\mathrm{S}}} = 4.2\times10^4\mathrm{m/s} \tag{3.10.3}$$

这就是飞船在地球轨道上脱离太阳的速度。当飞船以这一速度相对太阳运动时,其轨迹相对太阳就是抛物线。

地球绕太阳公转的速度为

$$v'_{\mathrm{I}} = v'_{\mathrm{II}}/\sqrt{2} = 2.97\times10^4\mathrm{m/s} \tag{3.10.4}$$

如果飞船沿着地球公转的方向运动,只需要获得速度

$$\Delta v = v'_{\mathrm{II}} - v'_{\mathrm{I}} = 1.23\times10^4\mathrm{m/s} \tag{3.10.5}$$

就能达到太阳的脱离速度。

在地球表面，飞船脱离地球引力所具有的最小动能是

$$T_{\mathrm{E}} = \frac{1}{2}mv_{\mathrm{II}}^2 \tag{3.10.6}$$

飞船脱离太阳引力所具有的最小动能是

$$T_{\mathrm{S}} = \frac{1}{2}m\Delta v^2 \tag{3.10.7}$$

飞船具有的最小总动能为

$$T = \frac{1}{2}mv_{\mathrm{III}}^2 \tag{3.10.8}$$

由于 $T=T_{\mathrm{E}}+T_{\mathrm{S}}$，所以

$$v_{\mathrm{III}} = \sqrt{v_{\mathrm{II}}^2 + \Delta v^2} = 1.66\times 10^4\,\mathrm{m/s} \tag{3.10.9}$$

这就是飞船脱离太阳系的最小速度，称为逃逸速度或第三宇宙速度。

根据牛顿第二定律，从地面上发射飞船运动的动力学方程为

$$m\left[\frac{\mathrm{d}^2 r}{\mathrm{d}t^2} - r\left(\frac{\mathrm{d}\theta}{\mathrm{d}t}\right)^2\right] = -G\frac{M_{\mathrm{E}}m}{r^2} = -\frac{gR_{\mathrm{E}}^2 m}{r^2},\quad r\frac{\mathrm{d}^2\theta}{\mathrm{d}t^2} + 2\frac{\mathrm{d}r}{\mathrm{d}t}\frac{\mathrm{d}\theta}{\mathrm{d}t} = 0 \tag{3.10.10}$$

再根据角动量守恒定律，可推导飞船的轨迹方程。不过，推导轨迹方程的过程比较冗长，而用微分方程的数值解比较简便。

［图示］ 如 P3_10 图所示，长度取地球半径为单位，速度以第二宇宙速度为单位。当飞船的初速度小于第二宇宙速度时，飞船的轨迹是椭圆；当飞船的初速度等于第二宇宙速度时，飞船轨迹是不闭合的抛物线。当飞船的初速度大于第二宇宙速度时，飞船轨迹是不闭合的双曲线。

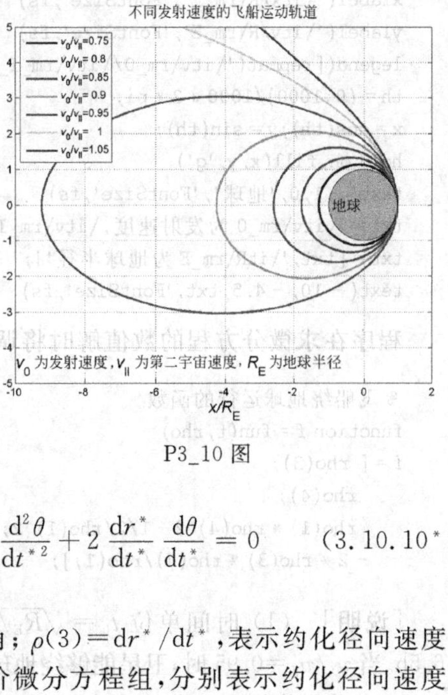

P3_10 图

［算法］ 取地球半径为极径的单位，取 $t_0=\sqrt{R_{\mathrm{E}}/2g}$ 为时间单位，则动力学方程可化为

$$\frac{\mathrm{d}^2 r^*}{\mathrm{d}t^{*2}} - r^*\left(\frac{\mathrm{d}\theta}{\mathrm{d}t^*}\right)^2 = -\frac{1}{2r^{*2}},\quad r^*\frac{\mathrm{d}^2\theta}{\mathrm{d}t^{*2}} + 2\frac{\mathrm{d}r^*}{\mathrm{d}t^*}\frac{\mathrm{d}\theta}{\mathrm{d}t^*} = 0 \tag{3.10.10*}$$

其中，$r^*=r/R_{\mathrm{E}}$ 为约化极径，$t^*=t/t_0$ 为约化时间。

设 $\rho(1)=r^*$，表示约化极径；$\rho(2)=\theta$，表示极角；$\rho(3)=\mathrm{d}r^*/\mathrm{d}t^*$，表示约化径向速度；$\rho(4)=\mathrm{d}\theta/\mathrm{d}t^*$，表示约化角速度。由此可得四个一阶微分方程组，分别表示约化径向速度、约化角速度、约化径向加速度和约化角加速度

$$\frac{\mathrm{d}\rho(1)}{\mathrm{d}t^*} = \rho(3),\quad \frac{\mathrm{d}\rho(3)}{\mathrm{d}t^*} = \rho(1)\rho(4)^2 - \frac{1}{2\rho(1)^2}$$

$$\frac{\mathrm{d}\rho(2)}{\mathrm{d}t^*} = \rho(4),\quad \frac{\mathrm{d}\rho(4)}{\mathrm{d}t^*} = -2\frac{\rho(3)\rho(4)}{\rho(1)}$$

当飞船从地面沿切向发射时，即：当 $t=0$ 时，前三个初始条件为 $\rho(1)=1$，$\rho(2)=0$，$\rho(3)=0$。第四个初始条件为

$$\rho(4) = t_0\frac{\mathrm{d}\theta}{\mathrm{d}t} = \sqrt{\frac{R_{\mathrm{E}}}{2g}}\frac{\mathrm{d}\theta}{\mathrm{d}t} = \frac{R_{\mathrm{E}}\mathrm{d}\theta/\mathrm{d}t}{\sqrt{2gR_{\mathrm{E}}}} = \frac{v_0}{v_{\mathrm{II}}}$$

这就是飞船的发射速度与第二宇宙速度之比。当 $v_0/v_{\mathrm{II}}<1$ 时，飞船轨道是椭圆；当 $v_0/v_{\mathrm{II}}=1$ 时，飞船轨道是抛物线；当 $v_0/v_{\mathrm{II}}>1$ 时，飞船轨道是双曲线。这就是取时间单位为 $t_0=\sqrt{R_E/2g}$ 的好处。

［程序］ P3_10.m 如下。

```
%飞船轨道曲线族
clear,v0=0.75:0.05:1.05;                    %清除变量,飞船发射速度与第二宇宙速度比向量
n=length(v0);tm=104;                        %速度个数,最大时间(1)
R=[];TH=[];options.RelTol=1e-5;             %极径矩阵和极角矩阵置空,相对容差选项
for i=1:n                                   %按速度比循环
    [t,Y]=ode45('P3_10ode',[0:tm/1000:tm],[1;0;0;v0(i)],options);  %求数值解
    R=[R,Y(:,1)];TH=[TH,Y(:,2)];            %连接极径和极角矩阵
end                                         %结束循环
[X,Y]=pol2cart(TH,R);                                    %将极坐标化为直角坐标(2)
figure,plot(X,Y,'LineWidth',2),grid on                   %创建图形窗口,画轨道,加网格
axis equal,axis([-10,2,-5,5])                            %使坐标间隔相等,设置轨道范围
fs=16;title('不同发射速度的飞船运动轨道','FontSize',fs)    %标题
xlabel('\itx/R\rm_E','FontSize',fs)                      %标记坐标 x 符号
ylabel('\ity/R\rm_E','FontSize',fs)                      %标记坐标 y 符号
legend([repmat('\itv\rm_0/\itv\rm_I_I=',n,1),num2str(v0')],2)   %加图例
th=(0:1000)/1000*2*pi;                                   %角度向量
x=cos(th);y=sin(th);                                     %地球坐标
hold on,fill(x,y,'g')                                    %保持图像,画地球
text(-1,0,'地球','FontSize',fs)                           %显示文本
txt='\itv\rm_0 为发射速度,\itv\rm_I_I 为第二宇宙速度,';     %速度文本
txt=[txt,'\itR\rm_E 为地球半径'];                          %连接地球半径文本
text(-10,-4.5,txt,'FontSize',fs)                         %显示文本
```

程序在求微分方程的数值解时将调用一个函数文件 P3_10ode.m。

```
%飞船绕地球运行的函数
function f=fun(t,rho)
f=[ rho(3);                                   %径向速度表达式
    rho(4);                                   %角速度表达式
    rho(1)*rho(4)^2-1/2/rho(1)^2;             %径向加速度表达式
   -2*rho(3)*rho(4)/rho(1)];                  %角加速度表达式
```

［说明］ (1) 时间单位 $t_0=\sqrt{R_E/2g}=570\mathrm{s}$，飞船运动时间为 $104t_0=6.93\times10^4\mathrm{s}$，约16.5h。当 $v_0/v_{\mathrm{II}}=0.95$ 时，卫星能够绕地球转一圈；当 $v_0/v_{\mathrm{II}}<0.95$ 时，卫星能够绕地球转多圈。

(2) 需要将极坐标化为直角坐标才能用 plot 指令画曲线。

# 练 习 题

3.1 质点的势能和力

质量为 $m=1\mathrm{kg}$ 的物体，在保守力 $F(x)$ 的作用下，沿 $x$ 轴正向运动($x>0$)。与该保守力相应的势能是

$$V(x)=\frac{a}{x^2}-\frac{b}{x},\quad x>0$$

式中，$x$ 以 m 为单位，势能以 J 为单位，$a=1\text{J}\cdot\text{m}^2$，$b=2\text{J}\cdot\text{m}$。设物体的总能量 $E=-0.50\text{J}$ 保持不变，这表明物体的运动被引力束缚在一定范围之内。试分别用作图和计算的方法求物体的运动范围。画出物体的势能曲线和力的曲线并指出平衡位置。

3.2　小球翻越圆形缺口的高度

如 C3.2 图所示，在竖直平面上，小球从高为 $h$ 处沿光滑的轨道下滑，从最低点进入半径为 $r$ 的圆形轨道。圆形轨道的上方开有一个 $2\alpha$ 的缺口，如果小球恰好沿着抛物线轨道跨越缺口继续沿圆形轨道运动，求证：$h$ 应该为

$$h=\frac{r}{2\cos\alpha}+r(1+\cos\alpha)$$

当半角 $\alpha$ 为何值时，$h$ 最小？

3.3　三球碰撞的最大速度

如 C3.3 图所示，三个小球的质量分别为 $m_1$，$m_2$ 和 $m_3$，静止在一直线上。冲击第一个小球，使其获得初始速度，然后与第二个小球碰撞，第二个小于再与第三个小球碰撞。要使第三个小球的速度尽可能大，第二个小球质量与第一个和第三个小球的质量有什么关系？作图检验之。

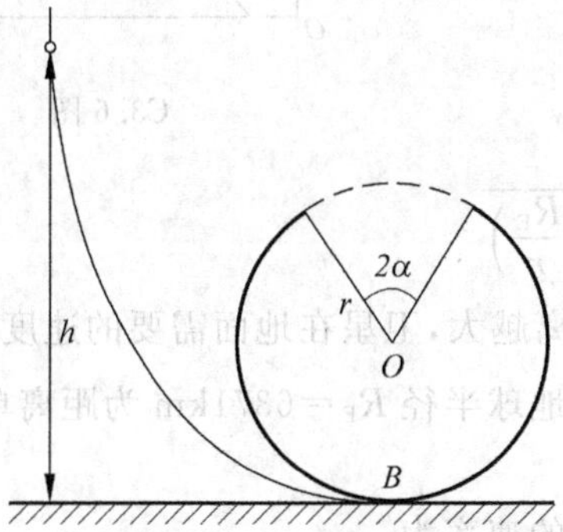


C3.2 图

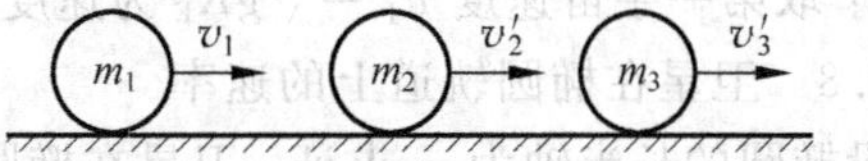


C3.3 图

3.4　小球与相同的静止小球的斜碰

如 C3.4 图所示，一光滑小球与另一相同的静止小球碰撞，在碰撞前小球 $A$ 的运动方向与碰撞时两球的连心线成 $\theta$ 角。碰撞后小球 $B$ 沿 $x$ 轴正向运动，恢复系数为 $e$，求证：小球 $A$ 的偏角 $\varphi$ 与 $\theta$ 的关系为

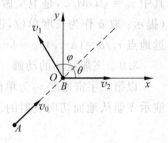

$$\varphi=\arctan\frac{(1+e)\tan\theta}{1-e+2\tan^2\theta}$$

极值关系为

$$\varphi_{\max}=\arctan\sqrt{\frac{1-e}{2}}$$

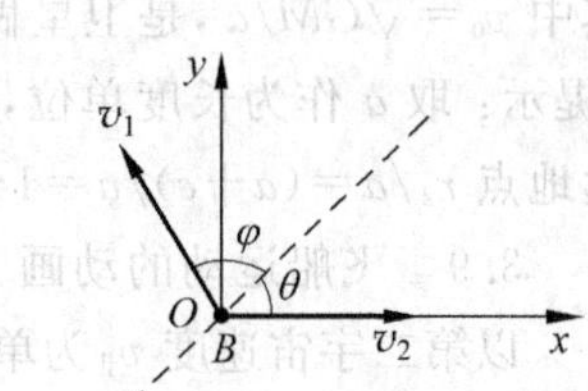


C3.4 图

当 $e$ 分别取 0，0.2，0.4，0.6，0.8，1 时，画出 $\varphi$ 与 $\theta$ 的关系曲线，并画出峰值曲线。

3.5　运动粒子与静止粒子之间的完全弹性碰撞

$A$ 粒子的质量为 $m_A$，速度为 $v_0$，与质量为 $m_B$ 的静止的粒子发生完全弹性碰撞，速率变为 $v_A$。求证：$A$ 粒子的偏转角为

$$\alpha = \arccos\left[\frac{(m_A+m_B)v_A^2+(m_A-m_B)v_0^2}{2m_Av_Av_0}\right]$$

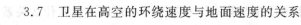

$B$ 粒子的速率和偏转角分别为

$$v_B = \sqrt{\frac{m_A}{m_B}(v_0^2-v_A^2)},\quad \beta = \arcsin\left(\frac{m_Av_A}{m_Bv_B}\sin\alpha\right)$$

取 $m_A/m_B=0.1\sim1.6$，间隔为 0.3，画出两粒子的偏转角和 $B$ 粒子的速率曲线。(提示：速率取 $v_0$ 为单位。)

3.6　下落小球与悬挂小球的斜碰

一质量为 $m$ 的光滑球 $A$，竖直下落，以速度 $u$ 与质量为 $M$ 的球 $B$ 碰撞。球 $B$ 由一根细绳悬挂着，绳长一定。设碰撞时两球的连心线与竖直方向($y$ 方向)成 $\theta$ 角，$\theta$ 称为碰撞角，如 C3.6 图所示。已知恢复系数为 $e(e\neq0)$，求碰撞后球 $A$ 和球 $B$ 的速度。

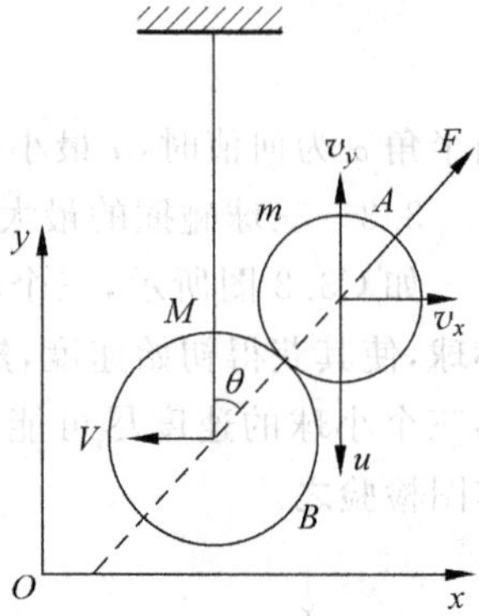

C3.6 图

3.7　卫星在高空的环绕速度与地面速度的关系

求证：卫星在离地心 $r$ 处的环绕速度为

$$v = \sqrt{\frac{GM_E}{r}} = \sqrt{\frac{gR_E^2}{r}}$$

要把卫星发射到环绕轨道上，在地面上速度为

$$v_0 = \sqrt{gR_E\left(2-\frac{R_E}{r}\right)}$$

画出环绕速度和地面速度的曲线。为什么环绕的距离越大，卫星在地面需要的速度就越大？(提示：取第一宇宙速度 $v_1=\sqrt{gR_E}$ 为速度单位，取地球半径 $R_E=6371\text{km}$ 为距离单位。)

3.8　卫星在椭圆轨道上的速率

设椭圆的长半轴为 $a$，求证：卫星在椭圆轨道上的速率为

$$v = v_0\sqrt{\frac{2a}{r}-1}$$

其中 $v_0=\sqrt{GM/a}$，是卫星做半径为 $a$ 的圆周运动的速率。试画出速率与极径的关系曲线。(提示：取 $a$ 作为长度单位，设椭圆的偏心率为 $e$，则在近地点 $r_1/a=(a-c)/a=1-e$；在远地点 $r_2/a=(a+c)/a=1+e$。这就是极径的范围。)

3.9　飞船运动的动画

以第二宇宙速度 $v_{\text{II}}$ 为单位，当飞船的速度依次取 0.75～1.05 之间的值时(间隔为 0.05)演示飞船从地面切向发射的动画。

# 第4章

# 刚体的转动

## 4.1 基本内容

**1. 刚体及其运动**

(1) 刚体：形状和大小保持不变的理想物体。

(2) 刚体的平动：固定在刚体上的任一条直线在各时刻都保持平行的运动。

(3) 刚体的转动：刚体上所有点都绕同一直线作圆周运动，各点都有相同的角速度和角加速度。

**2. 刚体的转动惯量**

(1) 质量离散分布的刚体的定轴转动惯量

$$J=\sum_i \Delta m_i r_i^2$$

(2) 质量连续分布的刚体的定轴转动惯量

$$J=\int_m r^2\mathrm{d}m$$

转动惯量是转动惯性大小的量度，由刚体的总质量、质量的分布和转轴的位置决定。

① 当质量分布在线上时($\lambda$ 是质量的线密度)

$$J=\int_l r^2\lambda\mathrm{d}l$$

② 当质量分布在面上时($\sigma$ 是质量的面密度)

$$J=\int_S r^2\sigma\mathrm{d}S$$

③ 当质量分布在体中时($\rho$ 是质量的体密度)

$$J=\int_V r^2\rho\mathrm{d}V$$

如果 $\lambda$,$\sigma$ 和 $\rho$ 是常量则可提到积分号之外。常见物体的转动惯量图 A4.1 所示。

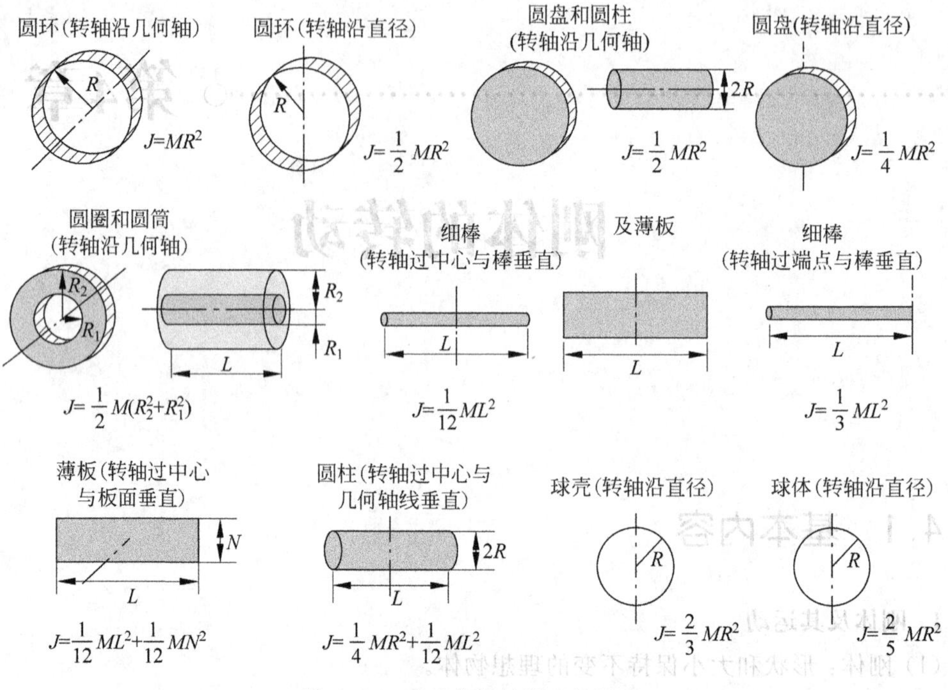


图 A4.1 常见物体的转动惯量图

(3) 转动惯量的定理

① 平行轴定理：绕刚体某轴的转动惯量 $J$ 等于通过质心而平行于该轴的转动惯量 $J_C$，加上刚体的质量乘以两轴之间的距离 $D$ 的平方，即

$$J = J_C + mD^2$$

② 正交轴定理：无穷小厚度的薄板对与它垂直的坐标轴的转动惯量 $J_z$，等于薄板对板面内另外两个直角坐标轴的转动惯量之和，即

$$J_z = J_x + J_y$$

**3. 刚体运动定理**

(1) 力矩：矢径与力的叉积。

① 质点所受的力矩

$$\boldsymbol{M} = \boldsymbol{r} \times \boldsymbol{F}$$

② 质点系所受的力矩

$$\boldsymbol{M} = \sum_i \boldsymbol{r}_i \times \boldsymbol{F}_i$$

(2) 角动量：矢径与动量的叉积。

① 质点对某一固定轴的角动量

$$\boldsymbol{L} = \boldsymbol{r} \times m\boldsymbol{v} = \boldsymbol{r} \times \boldsymbol{p}$$

② 刚体的角动量

$$L = \sum_i \Delta m_i v_i r_i = \omega \sum_i \Delta m_i r_i^2 = J\omega$$

(3) 转动定理：刚体所受的力矩等于它在单位时间内角动量的变化率

$$\boldsymbol{M} = \frac{\mathrm{d}\boldsymbol{L}}{\mathrm{d}t}$$

(4) 定轴转动定理：刚体所受的对某一定轴的合外力矩 $M$，等于刚体对同一转轴的转动惯量 $J$ 与刚体在合外力矩作用下所获得的角加速度 $\alpha$ 的乘积

$$M = J\alpha$$

**4. 刚体的功和能**

(1) 刚体的能量

① 刚体的转动动能

$$T = \frac{1}{2}J\omega^2$$

② 刚体的平动动能

$$T_C = \frac{1}{2}mv_C^2$$

③ 刚体的重力势能

$$V = mgh_C$$

(2) 力矩的功：刚体绕固定轴转动的动能的增量等于合外力矩所做的功

$$A = \int_{\theta_1}^{\theta_2} M\mathrm{d}\theta = \frac{1}{2}J\omega_2^2 - \frac{1}{2}J\omega_1^2$$

(3) 对于包含有刚体在内的系统，如果运动过程中只有保守力做功，或者外力的功 $A_{外}$ 与内部的非保守力做功 $A_{内非}$ 之和为零($A_{外}+A_{内非}=0$)，则系统的总机械能守恒

$$E = \frac{1}{2}mv^2 + \frac{1}{2}J\omega^2 + mgh_C + \frac{1}{2}kx^2 = C$$

**5. 刚体的角动量定理和角动量守恒定律**

(1) 刚体的角动量定理：刚体在某时间间隔内所受合外力矩的冲量矩等于刚体在这段时间内的角动量的增量

$$\int_{t_1}^{t_2} M\mathrm{d}t = J\omega_2 - J\omega_1$$

(2) 刚体的角动量守恒定律：当刚体所受的合外力矩为零($M=0$)或者所受合外力矩的冲量矩为零$\left(\int_{t_1}^{t_2} M\mathrm{d}t = 0\right)$时，刚体的角动量保持不变，则

$$J\omega = C$$

## 4.2　范例的解析、图示、算法和程序

### {范例 4.1}　轻质杆的斜抛运动(图形动画)

如 B4.1 图所示，一刚性轻杆连接两个小球组成一个简单系统，当系统斜抛时，演示质心和两端小球的运动的动画。设杆长为 $l=1$m，两小球的质量分别为 $m_1=0.2$kg 和 $m_2=0.3$kg，轻杆开始时水平放置。斜抛时质心的初速度为 $v_0=12$m/s，小球绕质心运动的角速度为 $\omega=10\pi$/s。不计空气阻力，射角可任意选择。

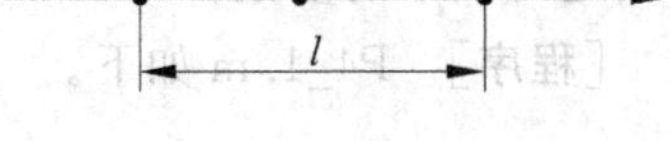


B4.1 图

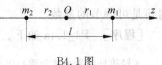

[解析]　设质心到 $m_1$ 和 $m_2$ 的距离分别为 $r_1$ 和 $r_2$，以质心为原点，则有

$$z_C = \frac{m_1r_1 - m_2r_2}{m_1 + m_2} = 0 \tag{4.1.1}$$

由于 $l_1+l_2=l$,所以

$$r_1=\frac{m_2 l}{m_1+m_2},\quad r_2=\frac{m_1 l}{m_1+m_2} \tag{4.1.2}$$

系统以 $\theta$ 角斜抛时,经过时间 $t$,质心的坐标为

$$x_C=v_0\cos\theta\cdot t,\quad y_C=v_0\sin\theta\cdot t-\frac{1}{2}gt^2 \tag{4.1.3}$$

在质心参照系中,两端小球作匀速圆周运动。经过时间 $t$,小球 $m_1$ 绕质心转过的角度为 $\varphi_1=\omega t$。在地面参照系中,小球的运动是质心运动和小球相对于质心运动的合成,因此 $m_1$ 的坐标为

$$x_1=x_C+r_1\cos\varphi_1=x_C+r_1\cos\omega t,\quad y_1=y_C+r_1\sin\varphi_1=y_C+r_1\sin\omega t \tag{4.1.4}$$

同理,小球 $m_2$ 转过的角度为 $\varphi_2=\omega t+\pi$,其坐标为

$$x_2=x_C+r_2\cos\varphi_2=x_C-r_2\cos\omega t,\quad y_2=y_C+r_2\sin\varphi_2=y_C-r_2\sin\omega t \tag{4.1.5}$$

显然,$m_1$ 和 $m_2$ 的运动都不是斜抛运动。

[**图示**] (1) 当抛射角为 90°时,两小球和质心的运动轨迹如 P4_1a 图所示。质心做竖直上抛运动,直杆绕着质心作匀速圆周运动,因此直杆在较低高度处作圆周运动环绕的圈数较少,在较高处圈数则比较多;两个小球的运动轨迹比较复杂,这是由平动和转动两种简单的运动合成的。

(2) 如果杆以 60°斜抛,两小球和质心运动的轨迹如 P4_1b 图所示。质心作斜抛运动,两个小球则绕着质心螺旋前进。两个小球的运动看起来复杂,而这种复杂的运动也是由平动和转动这两种简单的运动合成的。

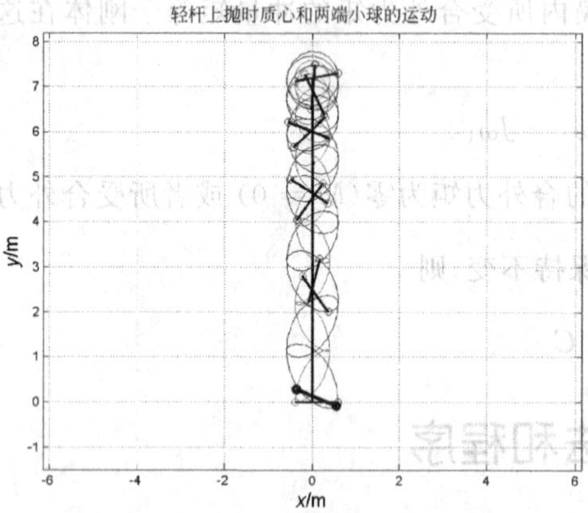


P4_1a 图

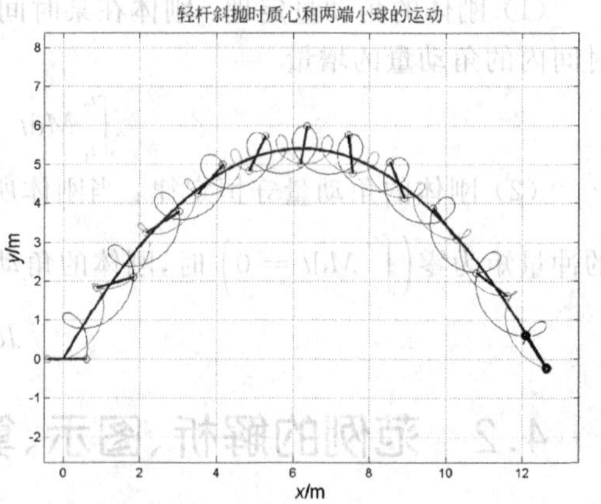


P4_1b 图

[**算法**] 根据两个小球和它们质心的运动规律,即可演示小球和质心的运动轨迹。抛射角是可调节的参数。

[**程序**] P4_1.m 如下。

```
%轻质杆两端小球和质心运动的动画
clear,g = 10;v0 = 12;                                    %清除变量,重力加速度,初速度
theta = input('请输入抛射角:');th = theta * pi/180;      %键盘输入抛射角(1),化为弧度
w = 10 * pi;l = 1;m1 = 0.2;m2 = 0.3;                     %角速度,杆长,两个小球的质量
r1 = l * m2/(m1 + m2);r2 = l * m1/(m1 + m2);       %第一个小球和第二个小球到质心的距离
```

```
t0 = 2 * v0 * sin(th)/g;n = 200;t = linspace(0,t0,n);         % 抛射时间,时间份数和时间向量
xc = v0 * cos(th) * t;yc = v0 * sin(th) * t - g * t. * t/2;    % 质心坐标分量
x1 = xc + r1 * cos(w * t);y1 = yc + r1 * sin(w * t);           % 小球 1 的坐标
x2 = xc - r2 * cos(w * t);y2 = yc - r2 * sin(w * t);           % 小球 2 的坐标
figure                                                          % 创建图形窗口
h12 = plot([x1(1);x2(1)],[y1(1);y2(1)],'-o','LineWidth',3);   % 画杆并取句柄
axis([-0.5,xc(end)+1,-1.5,max(yc)+1]),axis equal             % 坐标轴范围,坐标轴刻度相等
fs = 16;title('轻杆斜抛时质心和两端小球的运动','FontSize',fs)   % 加标题
if theta = = 90,title('轻杆上抛时质心和两端小球的运动','FontSize',fs),end  % 修改标题
xlabel('\itx\rm/m','FontSize',fs)                              % 加横坐标标签
ylabel('\ity\rm/m','FontSize',fs)                              % 加纵坐标标签
grid on,hold on,pause                                           % 加网格,保持图像,暂停
for i = 1:n-1                                                   % 按时间循环
    set(h12,'XData',[x1(i);x2(i)],'YData',[y1(i);y2(i)]);      % 设置杆的位置
    plot([xc(i);xc(i+1)],[yc(i);yc(i+1)],'LineWidth',2)        % 画质心轨迹(2)
    plot([x1(i);x1(i+1)],[y1(i);y1(i+1)],'k')                  % 画球 1 轨迹(2)
    plot([x2(i);x2(i+1)],[y2(i);y2(i+1)],'r')                  % 画球 2 轨迹(2)
    if floor((i-1)/20) == (i-1)/20                              % 每隔一定时间
        plot([x1(i);x2(i)],[y1(i);y2(i)],'LineWidth',2)        % 重画杆(3)
        plot(x1(i),y1(i),'ko'),plot(x2(i),y2(i),'ro')          % 重画球(3)
    end,drawnow                                                 % 结束条件,刷新屏幕
end                                                             % 结束循环
```

［说明］ (1) 程序执行时,根据提示在命令窗口输入抛射角的角度数,例如 90°,回车之后就会在图形窗口显示平放的轻杆。再回车,两小球和其质心就运动起来,直到落地为止。

(2) 小球和质心的实际轨迹是看不见的,在模拟中可直观地展现出来。

(3) 每过一定的时间还画出杆的位置,更显示杆的运动状态。

## {范例 4.2} 细棒和球壳的转动惯量

(1) 一匀质细棒的质量为 $M$,长为 $L$,求以下三种情况下细棒对给定转轴的转动惯量:①转轴通过棒的中心并与棒垂直;②转轴通过棒的一端并与棒垂直;③转轴通过棒上离中心为 $D$ 的一点并与棒垂直。转动惯量与距离 $D$ 的关系是什么?

(2) 一匀质球壳的质量为 $M$,内半径为 $R_0$,外半径为 $R$,求球壳对通过球心的转轴的转动惯量。转动惯量与半径比 $R_0/R$ 的关系是什么?

［解析］ (1) 棒的质量线密度为

$$\lambda = M/L \tag{4.2.1}$$

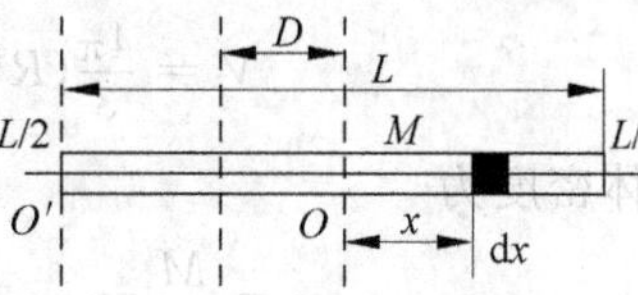

B4.2a 图

如 B4.2a 图所示,转动轴 $O$ 通过棒的中心。在棒上离轴 $x$ 处取一线元 $dx$,其质量为 $dm=\lambda dx$,转动惯量为 $dJ_C=x^2 dm=\lambda x^2 dx$。整个棒绕轴的转动惯量为

$$J_C = \int_{-L/2}^{L/2} \lambda x^2 dx = \lambda \frac{1}{3}x^3 \Big|_{-L/2}^{L/2} = \lambda \frac{1}{12}L^3$$

利用(4.2.1)式得

$$J_C = \frac{1}{12}ML^2 \tag{4.2.2}$$

当转动轴移到棒的左端时,只是积分范围发生改变,转动惯量为

$$J_L = \int_0^L \lambda x^2 \mathrm{d}x = \frac{1}{3}ML^2 \tag{4.2.3}$$

绕中心轴和绕端点轴的转动惯量都有 $ML^2$，只是系数有所不同。该系数称为转动惯量系数。

当转动轴距离中心的转轴为 $D$ 时，积分下限是 $-(L/2-D)$，积分上限是 $(L/2+D)$，也可求出转动惯量。不过利用平行轴定理立即可得

$$J = J_C + MD^2 = \frac{1}{12}ML^2 + MD^2 \tag{4.2.4}$$

当 $D=0$ 时，$J$ 就是绕中心轴的转动惯量；当 $D=L/2$ 时，$J$ 就是绕端点轴的转动惯量。

［图示］ 如 P4_2_1 图所示，细棒的转动惯量随中心转轴的距离增加而增加。细棒绕中心轴的转动惯量系数为 1/12，绕端点轴的转动惯量系数为 1/3。

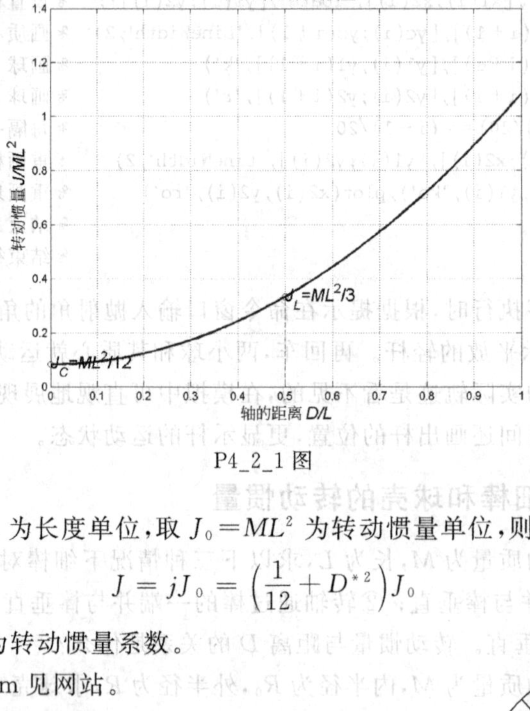


P4_2_1 图

［算法］ (1) 取 $L$ 为长度单位，取 $J_0=ML^2$ 为转动惯量单位，则转动惯量可表示为

$$J = jJ_0 = \left(\frac{1}{12} + D^{*2}\right)J_0 \tag{4.2.4*}$$

其中，$D^*=D/L$，$j$ 称为转动惯量系数。

［程序］ P4_2_1.m 见网站。

［解析］ (2) 球壳的体积为

$$V = \frac{4\pi}{3}(R^3 - R_0^3)$$

质量体密度为

$$\rho = \frac{M}{V} = \frac{3M}{4\pi(R^3 - R_0^3)} \tag{4.2.5}$$

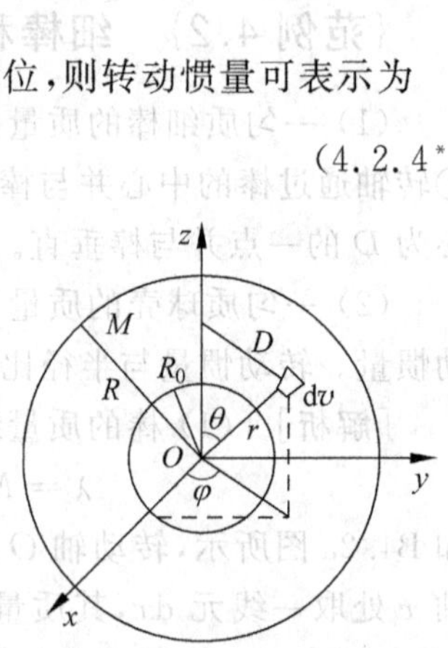


B4.2b 图

如 B4.2b 图所示，在球壳中取一体积元，其体积为

$$\mathrm{d}v = r^2 \sin\theta \mathrm{d}\theta \mathrm{d}r \mathrm{d}\varphi$$

其质量为

$$\mathrm{d}m = \rho \mathrm{d}v = \rho r^2 \sin\theta \mathrm{d}\theta \mathrm{d}r \mathrm{d}\varphi$$

到转动轴 $z$ 的距离为

$$D = r\sin\theta$$

转动惯量为

$$dJ = D^2 dm = \rho d\varphi \sin^3\theta d\theta r^4 dr$$

球壳的转动惯量为

$$J = \rho\int_0^{2\pi} d\varphi \int_0^{\pi} \sin^3\theta d\theta \int_{R_0}^{R} r^4 dr = \rho 2\pi \int_{\theta=0}^{\pi} (\cos^2\theta - 1) d\cos\theta \frac{1}{5}(R^5 - R_0^5)$$

$$= \rho 2\pi\left(\frac{1}{3}\cos^3\theta - \cos\theta\right)\Big|_0^{\pi} \frac{1}{5}(R^5 - R_0^5) = \frac{8}{15}\pi\rho(R^5 - R_0^5)$$

利用(4.2.5)式得

$$J = \frac{2}{5}M\frac{R^5 - R_0^5}{R^3 - R_0^3} \tag{4.2.6}$$

当 $R_0 = 0$ 时，球壳变成球体，球体的转动惯量为

$$J_1 = \frac{2}{5}MR^2 \tag{4.2.7}$$

当 $R_0 \to R$ 时，球壳演变成球面，将分子和分母分别展开或利用罗必塔法则，可得球面的转动惯量

$$J \to \frac{2}{5}M\frac{-5R_0^4}{-3R_0^2} \to \frac{2}{3}MR_0^2 = J_2 \tag{4.2.8}$$

比较同一质量和半径的球体和球面，由于球面质量的分布离轴更远，其转动惯量更大。

［图示］ 如 P4_2_2 图所示，当球壳的质量和外半径一定时，球壳的转动惯量随厚度的减小而增加。球体绕半径轴的转动惯量系数为 2/5，球面绕半径轴的转动惯量系数为 2/3。

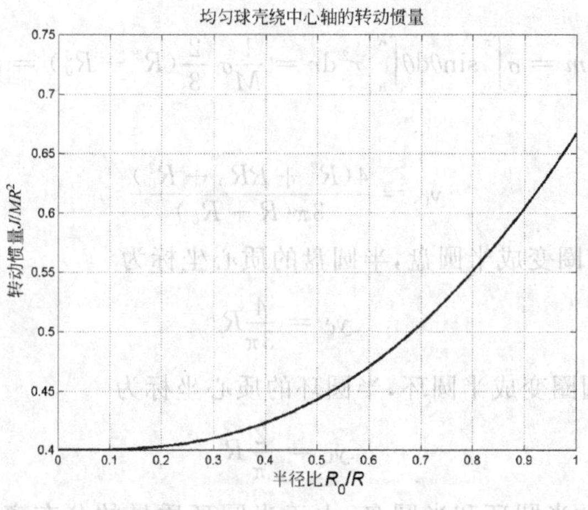


P4_2_2 图

［算法］ (2) 取 $J_0 = MR^2$ 为转动惯量的单位，则球壳的转动惯量可表示为

$$J = J_0 \frac{2(1 - R_0^{*5})}{5(1 - R_0^{*3})} \tag{4.2.6*}$$

其中 $R_0^* = R_0/R$。球壳的转动惯量由半径比决定。

［程序］ P4_2_2.m 见网站。

## {范例 4.3} 半圆圈的质心和转动惯量

如 B4.3 图所示,一匀质半圆圈的质量为 $M$,内半径为 $R_0$,外半径为 $R$。

(1) 求半圆圈的质心位置。质心位置与半径 $R_0$ 和 $R$ 有什么关系?

(2) 求半圆圈绕三个轴的转动惯量。转动惯量与半径 $R_0$ 和 $R$ 有什么关系?

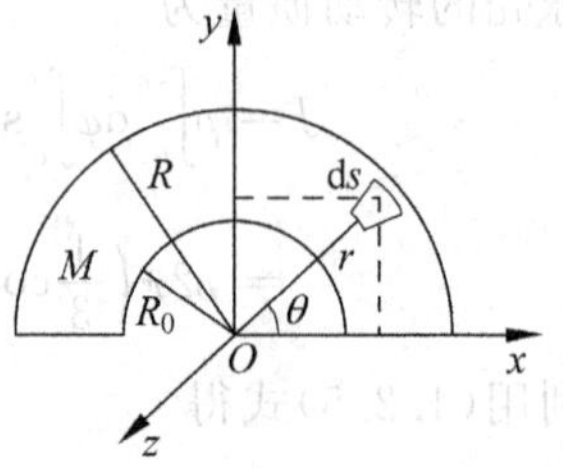

B4.3 图

[**解析**] (1) 由于对称的缘故,半圆圈的质心在 $y$ 轴上。

半圆圈的面积为

$$S = \pi(R^2 - R_0^2)/2 \tag{4.3.1}$$

质量面密度为

$$\sigma = \frac{M}{S} = \frac{2M}{\pi(R^2 - R_0^2)} \tag{4.3.2}$$

在半圆圈中取一面积元

$$ds = r d\theta dr$$

其质量为

$$dm = \sigma ds = \sigma r d\theta dr$$

到转动轴 $x$ 的距离为

$$y = r\sin\theta$$

质心纵坐标为

$$y_C = \frac{1}{M}\int y dm = \sigma\int_0^\pi \sin\theta d\theta\int_{R_0}^R r^2 dr = \frac{1}{M}\sigma\ \frac{2}{3}(R^3 - R_0^3) = \frac{4(R^3 - R_0^3)}{3\pi(R^2 - R_0^2)}$$

即

$$y_C = \frac{4(R^2 + RR_0 + R_0^2)}{3\pi(R + R_0)} \tag{4.3.3}$$

当 $R_0 = 0$ 时,半圆圈变成半圆盘,半圆盘的质心坐标为

$$y_C = \frac{4}{3\pi}R \tag{4.3.4}$$

当 $R_0 = R$ 时,半圆圈变成半圆环,半圆环的质心坐标为

$$y_C = \frac{2}{\pi}R \tag{4.3.5}$$

比较同一质量和半径的半圆环和半圆盘,由于半圆环质量的分布离 $x$ 轴比较远,其质心高度比较高。

[**图示**] 如 P4_3_1 图所示,当半圆圈的质量和外半径一定时,半圆圈的质心高度随厚度的减小而增加。半圆盘的质心高度为 $0.424R$,半圆环的质心高度为 $0.637R$。

[**算法**] (1) 取 $R$ 为半径单位,则质心高度可表示为

$$y_C = R\frac{4(1 + R_0^* + R_0^{*2})}{3\pi(1 + R_0^*)} \tag{4.3.3*}$$

其中,$R_0^* = R_0/R$。半圆盘的质心高度由半径比决定。

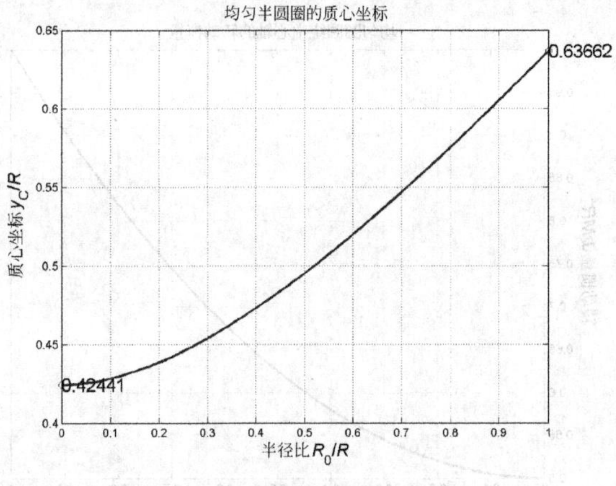


P4_3_1 图

［程序］ P4_3_1.m 见网站。

［解析］ (2) 半圆圈绕 $x$ 轴的转动惯量为

$$J_x = \int y^2 \mathrm{d}m = \sigma\int_0^\pi \frac{1}{2}(1-\cos 2\theta)\mathrm{d}\theta\int_{R_0}^R r^3\mathrm{d}r = \sigma\frac{\pi}{2}\frac{1}{4}(R^4 - R_0^4)$$

即

$$J_x = \frac{1}{4}M(R^2 + R_0^2) \tag{4.3.6}$$

半圆圈绕 $y$ 轴的转动惯量为

$$J_y = \int x^2 \mathrm{d}m = \sigma\int_0^\pi \cos^2\theta\mathrm{d}\theta\int_{R_0}^R r^3\mathrm{d}r = \sigma\frac{\pi}{2}\frac{1}{4}(R^4 - R_0^4) = J_x$$

可见：半圆圈绕 $y$ 轴的转动惯量与绕 $x$ 轴的转动惯量相同。半圆圈绕 $z$ 轴的转动惯量为

$$J_z = \int r^2\mathrm{d}m = \int(x^2 + y^2)\mathrm{d}m = J_x + J_y$$

这即是正交轴定理。因此

$$J_z = \frac{1}{2}M(R^2 + R_0^2) \tag{4.3.7}$$

$J_z$ 是 $J_x$ 和 $J_y$ 的 2 倍，只要讨论 $J_z$ 就行了。

当 $R_0=0$ 时，半圆圈变成半圆盘，半圆盘绕 $z$ 轴的转动惯量为

$$J_z = \frac{1}{2}MR^2 \tag{4.3.8}$$

当 $R_0=R$ 时，半圆圈变成半圆环，半圆环绕 $z$ 轴的转动惯量为

$$J_z = MR^2 \tag{4.3.9}$$

半圆环上所有点与 $z$ 轴的距离都是 $R$，所以半圆环绕 $z$ 轴的转动惯量为 $MR^2$。

［图示］ 如 P4_3_2 图所示，当半圆圈的质量和外半径一定时，半圆圈绕 $z$ 轴的转动惯量随宽度的减小而增加。

［算法］ (2) 取 $J_0=MR^2$ 为转动惯量的单位，则半圆圈绕 $z$ 轴的转动惯量可表示为

$$J_z = J_0\frac{1}{2}(1 + R_0^{*2}) \tag{4.3.7*}$$

其中 $R_0^*=R_0/R$。

［程序］ P4_3_2.m 见网站。

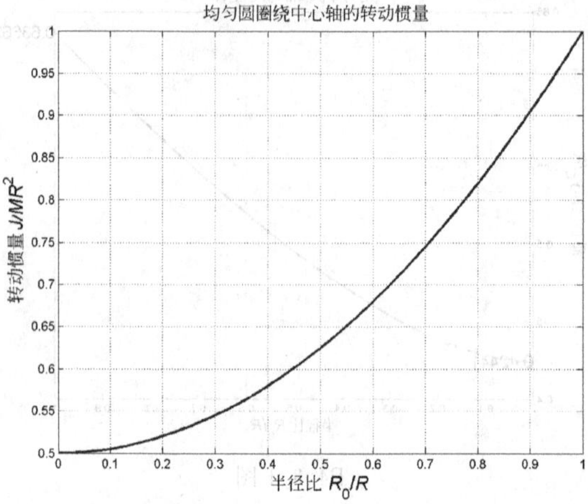


P4_3_2 图

## {范例 4.4} 共轴定滑轮系统的加速度和张力

如 B4.4 图所示,一个内外半径分别为 $R_1$ 和 $R_2$ 的定滑轮 $C$ 绕 $O$ 轴($O$ 轴垂直于纸面)的转动惯量为 $J$,上面绕有轻绳,轻绳两边挂有质量分别为 $m_1$ 和 $m_2$ 的物体 $A$ 和 $B$。不计轴处的摩擦,求物体的加速度和定滑轮的角加速度以及轻绳的张力。

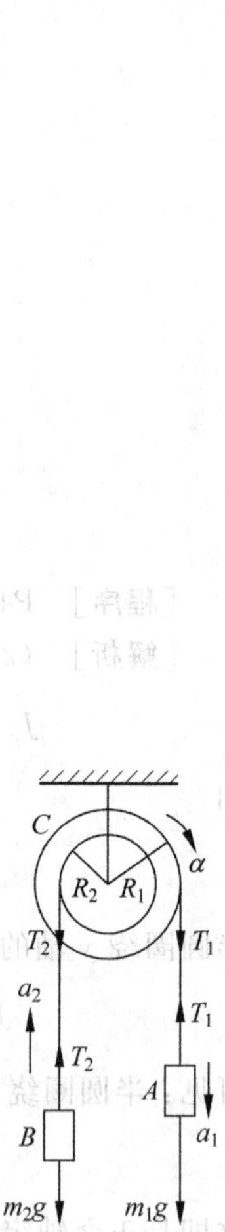


B4.4 图

[**解析**] 方法一:用牛顿运动定律和转动定理。取 $C$ 的角加速度 $\alpha$ 顺时针方向为正,那么,$A$ 的加速度 $a_1$ 的方向就以向下的方向为正,$B$ 的加速度 $a_2$ 的方向就以向上的方向为正。假设两边轻绳张力分别为 $T_1$ 和 $T_2$,根据牛顿运动定律可列方程

$$m_1 g - T_1 = m_1 a_1 \tag{4.4.1a}$$

$$T_2 - m_2 g = m_2 a_2 \tag{4.4.1b}$$

根据转动定理可得方程

$$T_1 R_1 - T_2 R_2 = J\alpha \tag{4.4.2}$$

加速度和角加速度的关系为

$$a_1 = R_1 \alpha, \quad a_2 = R_2 \alpha \tag{4.4.3}$$

(4.4.1a)式×$R_1$+(4.4.1b)式×$R_2$+(4.4.2)式并利用(4.4.3)式可得

$$m_1 g R_1 - m_2 g R_2 = (m_1 R_1^2 + m_2 R_2^2 + J)\alpha$$

角加速度为

$$\alpha = \frac{(m_1 R_1 - m_2 R_2) g}{m_1 R_1^2 + m_2 R_2^2 + J} \tag{4.4.4}$$

线加速度为

$$a_1 = \frac{(m_1 R_1 - m_2 R_2) R_1 g}{m_1 R_1^2 + m_2 R_2^2 + J}, \quad a_2 = \frac{(m_1 R_1 - m_2 R_2) R_2 g}{m_1 R_1^2 + m_2 R_2^2 + J} \tag{4.4.5}$$

张力为

$$T_1 = m_1 (g - a_1) = \frac{[m_2 R_2 (R_1 + R_2) + J] m_1 g}{m_1 R_1^2 + m_2 R_2^2 + J} \tag{4.4.6a}$$

$$T_2 = m_2(g + a_2) = \frac{[m_1R_1(R_1 + R_2) + J]m_2 g}{m_1R_1^2 + m_2R_2^2 + J} \tag{4.4.6b}$$

方法二：用机械能守恒定律。经过时间 $t$，$C$ 的角速度为 $\omega$，角加速度为 $\alpha$；$A$ 下落的高度为 $x_1$，下落的速度为 $v_1$；$B$ 上升的高度为 $x_2$，上升的速度为 $v_2$，则

$$v_1 = R_1\omega, \quad v_2 = R_2\omega \tag{4.4.7}$$

系统的机械能为

$$E = \frac{1}{2}m_1v_1^2 + \frac{1}{2}m_2v_2^2 + \frac{1}{2}J\omega^2 - m_1gx_1 + m_2gx_2 \tag{4.4.8}$$

由于机械能守恒，$E$ 是常量。对各项求时间的导数，可得

$$0 = m_1v_1a_1 + m_2v_2a_2 + J\omega\alpha - m_1gv_1 + m_2gv_2$$

将(4.4.3)式和(4.4.7)式代入上式，约去公因子 $\omega$，可得

$$0 = m_1R_1^2\alpha + m_2R_2^2\alpha + J\alpha - m_1gR_1 + m_2gR_2$$

由此可得角加速度，即(4.4.4)式，进而可得线加速度 $a_1$ 和 $a_2$ 以及张力 $T_1$ 和 $T_2$。

［**讨论**］ (1) 在(4.4.4)式中，$m_1R_1^2$ 是 $m_1$ 绕 $O$ 轴的转动惯量，$m_2R_2^2$ 是 $m_2$ 绕 $O$ 轴的转动惯量，将 $A$，$B$ 和 $C$ 当作一个系统，那么，分母就是系统的转动惯量之和，而分子就是系统所受的外力矩的总和。当 $m_1gR_1 = m_2gR_2$，即 $A$ 物体的重力对滑轮产生的力矩与 $B$ 物体的重力对滑轮产生的力矩大小相等时，如果系统初始时是静止的，那么系统将保持静止；如果系统初始时是运动的，那么 $C$ 将作匀速转动，而 $A$ 和 $B$ 将作匀速直线运动。当 $m_1gR_1 > m_2gR_2$ 时，如果系统初始时是静止的，那么滑轮将作顺时针转动。当 $m_1gR_1 < m_2gR_2$ 时，如果系统初始时是静止的，那么滑轮将作逆时针转动。

(2) 当 $R_1 = R_2 = R$ 时，这是典型的阿脱伍德机。如果不计滑轮质量，即 $J = 0$，则

$$\alpha = \frac{(m_1 - m_2)g}{(m_1 + m_2)R}, \quad a = \frac{m_1 - m_2}{m_1 + m_2}g, \quad T_1 = T_2 = \frac{2m_1m_2g}{m_1 + m_2} \tag{4.4.9}$$

如果 $J = MR^2/2$，滑轮就是匀质圆盘；如果 $J = MR^2$，滑轮就是匀质圆环。

(3) 如果 $m_2 = 0$，则

$$\alpha = \frac{m_1gR_1}{m_1R_1^2 + J}, \quad a_1 = \frac{m_1R_1^2g}{m_1R_1^2 + J}, \quad a_2 = \frac{m_1R_1R_2g}{m_1R_1^2 + J}, \quad T_1 = \frac{Jm_1g}{m_1R_1^2 + J}, \quad T_2 = 0 \tag{4.4.10}$$

这是 $B$ 物体不存在，轻绳缠绕在滑轮上的情况。如果不计滑轮质量，$A$ 物体将做自由落体运动，轻绳无张力。如果 $m_1 = 0$，情况正好相反。

［**图示**］ (1) 如 P4_4a 图所示，滑轮的转动惯量 $J$ 不妨取 $1m_1R_1^2$，不论滑轮的半径比 $R_2/R_1$ 为多少，当 $m_2$ 趋于零时，滑轮的角加速度 $\alpha$ 趋于 $0.5g/R_1$；随着质量比 $m_2/m_1$ 的增加，$\alpha$ 先减小，达到零之后再反方向增加。半径比 $R_2/R_1$ 越小，$\alpha = 0$ 的质量比 $m_2/m_1$ 就越大，这是因为力矩为零的条件是质量比与半径比成反比。

(2) 如 P4_4b 之上图所示，$A$ 的加速度 $a_1$ 的变化规律与 $C$ 的角加速度 $\alpha$ 的变化规律是相同的。如 P4_4b 之下图所示，当 $m_2$ 趋于零时，$B$ 的加速度 $a_2$ 的极限值并不相同；随着 $m_2/m_1$ 的增加，$a_2$ 先减小，达到零之后再反方向增加。

(3) 如 P4_4c 图所示，不论 $R_2/R_1$ 为多少，张力 $T_1$ 和 $T_2$ 都随着 $m_2/m_1$ 的增加而增加。

［**算法**］ 取 $m_1R_1^2$ 为转动惯量的单位，则角加速度可表示为

$$\alpha = \frac{1 - m^*R^*}{1 + m^*R^{*2} + J^*}\alpha_0 \tag{4.4.4*}$$

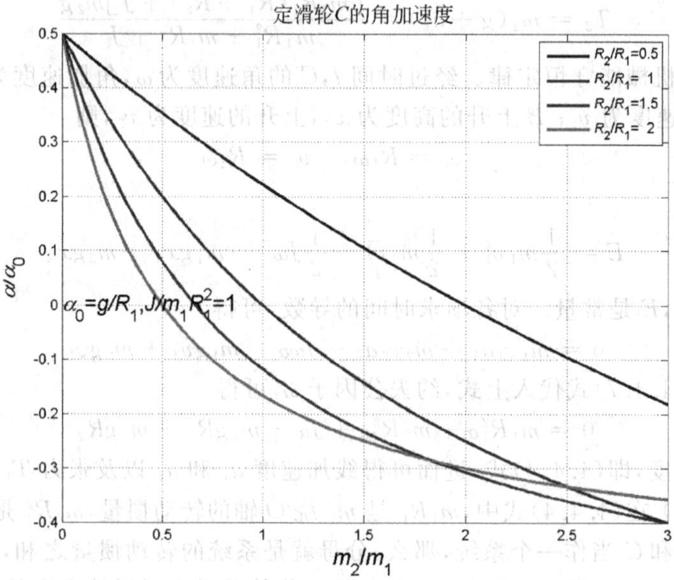


P4_4a 图

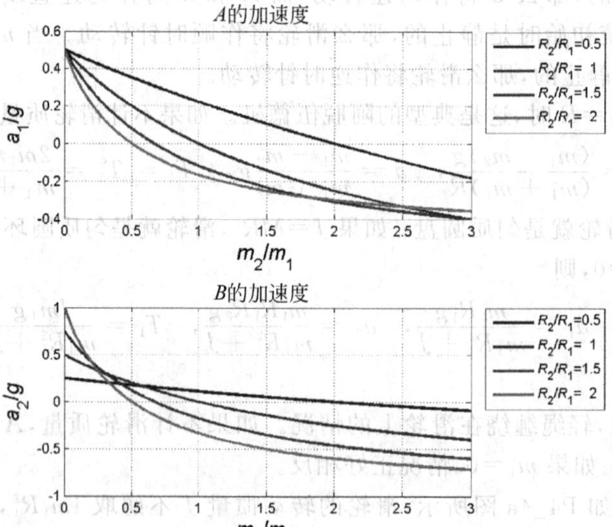


P4_4b 图

其中，$m^*=m_2/m_1$ 是质量比，$R^*=R_2/R_1$ 是半径比，$J^*=J/m_1R_1^2$ 为转动惯量比，$\alpha_0=g/R_1$ 是角加速度的单位。线加速度可表示为

$$a_1=\frac{1-m^*R^*}{1+m^*R^{*2}+J^*}g,\quad a_2=\frac{(1-m^*R^*)R^*}{1+m^*R^{*2}+J^*}g \tag{4.4.5*}$$

取 $m_1g$ 为张力的单位，张力可表示为

$$T_1=\frac{m^*R^*(1+R^*)+J^*}{1+m^*R^{*2}+J^*}m_1g,\quad T_2=\frac{(1+R^*+J^*)m^*}{1+m^*R^{*2}+J^*}m_1g \tag{4.4.6*}$$

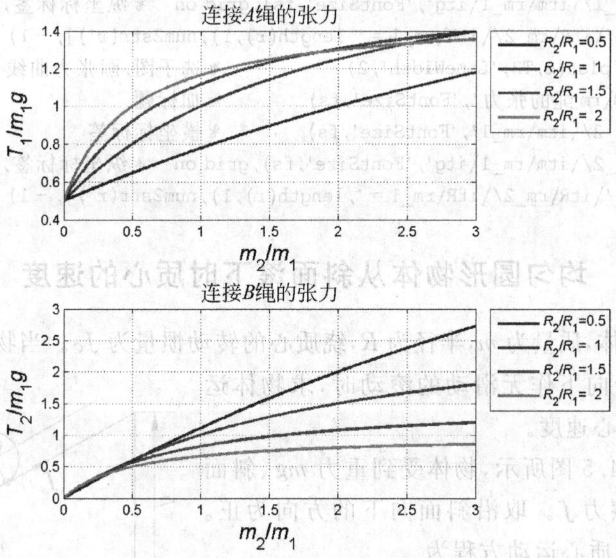


P4_4c 图

［**程序**］ P4_4.m 如下。

```
%共轴定滑轮系统的加速度和张力
clear,j = 1;r = 0.5:0.5:2;m = 0:0.01:3;                    %清除变量,转动惯量比,半径比,质量比向量
[R,M] = meshgrid(r,m);                                     %向量化为矩阵
D = j + 1 + M. * R.^2;A = (1 - M. * R)./D;                 %分母,角加速度矩阵
figure,plot(m,A,'LineWidth',2)                             %创建图形窗口,画角加速度曲线
fs = 16;title('定滑轮\itC\rm的角加速度','FontSize',fs)   %加标题
xlabel('\itm\rm_2/\itm\rm_1','FontSize',fs)               %横坐标标签
ylabel('\it\alpha/\alpha\rm_0','FontSize',fs)             %纵坐标标签
legend([repmat('\itR\rm_2/\itR\rm_1 = ',length(r),1),num2str(r')])  %图例
text(0,0,['\it\alpha\rm_0 = \itg/R\rm_1,\itJ/m\rm_1\itR\rm_1^2 = ',...
    num2str(j)],'FontSize',fs),grid on                     %标记转动惯量,加网格

A1 = (1 - M. * R)./D;A2 = (1 - M. * R). * R./D;            %A的加速度矩阵,B的加速度矩阵
figure,subplot(2,1,1),plot(m,A1,'LineWidth',2)             %图形窗口,选子图,画加速度曲线
title('\itA\rm的加速度','FontSize',fs)                     %加标题
xlabel('\itm\rm_2/\itm\rm_1','FontSize',fs)               %横坐标标签
ylabel('\ita\rm_1/\itg','FontSize',fs),grid on            %纵坐标标签,加网格
legend([repmat('\itR\rm_2/\itR\rm_1 = ',length(r),1),num2str(r')], - 1)   %图例
subplot(2,1,2),plot(m,A2,'LineWidth',2)                    %选子图,画加速度曲线
title('\itB\rm的加速度','FontSize',fs)                     %加标题
xlabel('\itm\rm_2/\itm\rm_1','FontSize',fs)               %横坐标标签
ylabel('\ita\rm_2/\itg','FontSize',fs),grid on            %纵坐标标签,加网格
legend([repmat('\itR\rm_2/\itR\rm_1 = ',length(r),1),num2str(r')], - 1)   %图例

T1 = (M. * R. * (1 + R) + j)./D;T2 = (1 + R + j). * M./D; %连接A,连接B的张力矩阵
figure,subplot(2,1,1),plot(m,T1,'LineWidth',2)             %图形窗口,选子图,画张力曲线
title('连接\itA\rm绳的张力','FontSize',fs)                 %加标题
xlabel('\itm\rm_2/\itm\rm_1','FontSize',fs)               %横坐标标签
```

```
ylabel('\itT\rm_1/\itm\rm_1\itg','FontSize',fs),grid on   % 纵坐标标签,加网格
legend([repmat('\itR\rm_2/\itR\rm_1 = ',length(r),1),num2str(r')], -1)   % 图例
subplot(2,1,2),plot(m,T2,'LineWidth',2)              % 选子图,画张力曲线
title('连接\itB\rm绳的张力','FontSize',fs)            % 加标题
xlabel('\itm\rm_2/\itm\rm_1','FontSize',fs)          % 横坐标标签
ylabel('\itT\rm_2/\itm\rm_1\itg','FontSize',fs),grid on   % 纵坐标标签,加网格
legend([repmat('\itR\rm_2/\itR\rm_1 = ',length(r),1),num2str(r')], -1)   % 图例
```

## {范例 4.5} 均匀圆形物体从斜面滚下时质心的速度

一均匀圆形物体,质量为 $m$,半径为 $R$,绕质心的转动惯量为 $J_C$。当物体沿高为 $h(h\gg R)$ 的斜面从静止开始向下作无滑动的滚动时,求物体运动到斜面底端的质心速度。

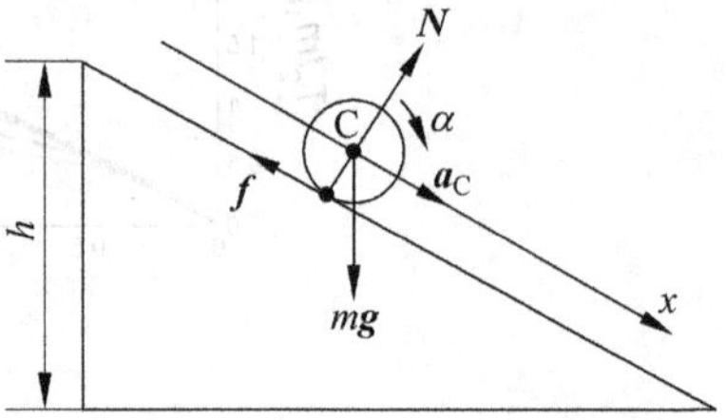


B4.5 图

[**解析**] 如 B4.5 图所示,物体受到重力 $\boldsymbol{mg}$、斜面的支持力 $\boldsymbol{N}$ 和摩擦力 $\boldsymbol{f}$。取沿斜面向下的方向为正。设斜面倾角为 $\theta$,则质心运动方程为

$$ma_C = mg\sin\theta - f \tag{4.5.1}$$

根据转动定理可列方程

$$J_C\alpha = fR \tag{4.5.2}$$

由于物体作纯滚动,因而有

$$a_C = R\alpha \tag{4.5.3}$$

解方程组得

$$a_C = \frac{mR^2 g\sin\theta}{mR^2 + J_C} \tag{4.5.4}$$

斜面长度为 $s=h/\sin\theta$,物体滚下斜面时质心的速度为

$$v_C = \sqrt{2a_C s} = \sqrt{\frac{2mR^2 gs\sin\theta}{mR^2 + J_C}} = \sqrt{\frac{2ghmR^2}{mR^2 + J_C}} \tag{4.5.5}$$

可见:圆形物体的转动惯量越大,滚到斜面底端的质心速度就越小。

[**讨论**] (1) 当 $J_C=0$ 时,也就是不考虑物体的转动时,可得

$$v_0 = \sqrt{2gh} \tag{4.5.6}$$

这是物体无摩擦地滑到底端的速度。

(2) 圆环绕质心的转动惯量为 $J_C=mR^2$,圆环滑到底端时,质心的速度为 $v_C=v_0/\sqrt{2}$。

(3) 圆柱体绕质心的转动惯量为 $J_C=mR^2/2$,质心的速度为 $v_C=v_0\sqrt{2/3}$。

(4) 球壳绕质心的转动惯量为 $J_C=2mR^2/3$,质心的速度为 $v_C=v_0\sqrt{3/5}$。

(5) 球体绕质心的转动惯量为 $J_C=2mR^2/5$,质心的速度为 $v_C=v_0\sqrt{5/7}$。

[**图示**] 如 P4_5 图所示,圆形物体滚动到斜面底部的质心速度随转动惯量的增加而减小。球体的质心速度为 $0.845v_0$,球壳的质心速度为 $0.775v_0$,圆柱的质心速度是 $0.817v_0$,圆环的质心速度是 $0.707v_0$。

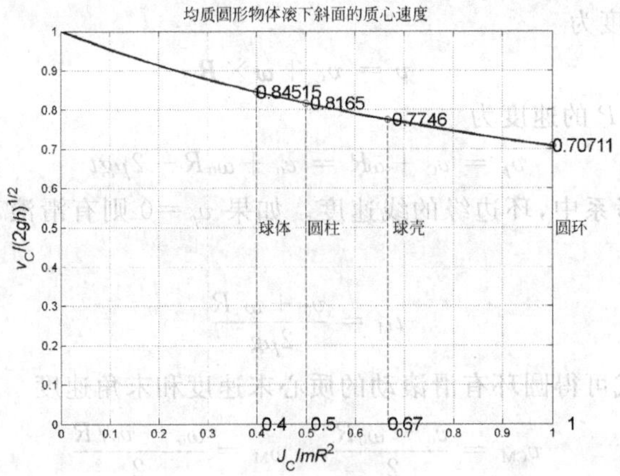


P4_5 图

［算法］ 设 $J_C=j_CmR^2$，$j_C$ 是刚体绕质心的转动惯量系数。取 $v_0$ 为速度单位，质心速度可表示为

$$v_C=\frac{v_0}{\sqrt{1+j_C}} \tag{4.5.5*}$$

［程序］ P4_5. m 见网站。

## *{范例 4.6} 圆环滚动的规律(图形动画)

一质量为 $m$、半径为 $R$ 的圆环以初速度 $v_0$ 沿 $x$ 方向水平运动，其初始角速度为 $\omega_0$，环与水平面的摩擦系数为 $\mu$，分析圆环的运动规律。

［解析］ 如 B4.6 图所示，圆环的运动一般有两个阶段：一个是有滑动的滚动，一个是无滑动的滚动。

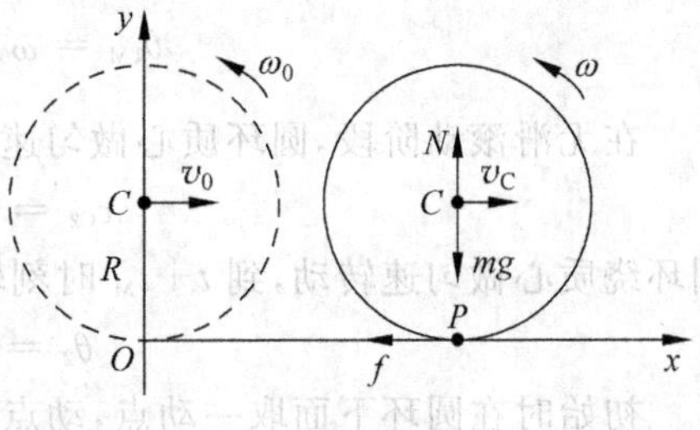


B4.6 图

在有滑动的滚动阶段，圆环受到重力 $mg$ 和水平面的支持力 $N$ 以及水平面的滑动摩擦力 $f$。重力和支持力大小相等，方向相反，因而抵消。滑动摩擦力为

$$f=\mu N=\mu mg \tag{4.6.1}$$

其方向与速度方向相反。

根据刚体的质心运动定理和绕质心的转动定理可列方程

$$m\frac{\mathrm{d}^2x_C}{\mathrm{d}t^2}=-\mu mg,\quad J_C\frac{\mathrm{d}^2\theta}{\mathrm{d}t^2}=-\mu mgR \tag{4.6.2}$$

其中 $J_C=mR^2$ 为圆环的转动惯量。积分得

$$v_C=\frac{\mathrm{d}x_C}{\mathrm{d}t}=-\mu gt+C_1$$

$$\omega=\frac{\mathrm{d}\theta}{\mathrm{d}t}=-\frac{1}{R}\mu gt+C_1'$$

利用初始条件，当 $t=0$ 时 $v_C=v_0$，$\omega=\omega_0$，可得

$$v_C=v_0-\mu gt,\quad \omega=\omega_0-\frac{\mu g}{R}t \tag{4.6.3}$$

圆环的质心作减速运动，圆环绕质心也作减速运动。

环上任一点的速度为

$$\boldsymbol{v} = \boldsymbol{v}_{\mathrm{C}} + \boldsymbol{\omega} \times \boldsymbol{R} \tag{4.6.4}$$

环与水平面的接触点 $P$ 的速度为

$$v_p = v_{\mathrm{C}} + \omega R = v_0 + \omega_0 R - 2\mu g t \tag{4.6.5}$$

其中，$\omega_0 R$ 是圆环参考系中，环边缘的线速度。如果 $v_p = 0$ 则有滑滚动就结束了，圆环运动的时间为

$$t_{\mathrm{M}} = \frac{v_0 + \omega_0 R}{2\mu g} \tag{4.6.6}$$

将上式代入(4.6.3)式可得圆环有滑滚动的质心末速度和末角速度

$$v_{\mathrm{CM}} = \frac{v_0 - \omega_0 R}{2}, \quad \omega_{\mathrm{M}} = \frac{\omega_0 - v_0/R}{2} \tag{4.6.7}$$

在有滑滚动阶段，由(4.6.3a)式可得圆环质心到 $t$ 时刻运动的距离

$$x_{\mathrm{C1}} = \int_0^t v_{\mathrm{C}} \mathrm{d}t = \int_0^t (v_0 - \mu g t)\mathrm{d}t = v_0 t - \frac{1}{2}\mu g t^2, \quad t \leqslant t_{\mathrm{M}} \tag{4.6.8a}$$

由(4.6.3b)式可得圆环绕质心到 $t$ 时刻转过的角度为

$$\theta_1 = \int_0^t \omega \mathrm{d}t = \int_0^t \left(\omega_0 - \frac{\mu g}{R} t\right)\mathrm{d}t = \omega_0 t - \frac{\mu g}{2R} t^2, \quad t \leqslant t_{\mathrm{M}} \tag{4.6.8b}$$

当 $t = t_{\mathrm{M}}$ 时，圆环质心有滑滚动的最大距离为

$$x_{\mathrm{C1M}} = v_0 t_{\mathrm{M}} \left[1 - \frac{1}{4}\left(1 + \frac{\omega_0 R}{v_0}\right)\right] \tag{4.6.9a}$$

圆环绕质心转过的最大角度为

$$\theta_{\mathrm{1M}} = \omega_0 t_{\mathrm{M}} \left[1 - \frac{1}{4}\left(\frac{v_0}{\omega_0 R} + 1\right)\right] \tag{4.6.9b}$$

在无滑滚动阶段，圆环质心做匀速直线运动，质心到 $t + t_{\mathrm{M}}$ 时刻运动的距离为

$$x_{\mathrm{C2}} = x_{\mathrm{C1M}} + v_{\mathrm{CM}} t, \quad t \geqslant 0 \tag{4.6.10a}$$

圆环绕质心做匀速转动，到 $t + t_{\mathrm{M}}$ 时刻转过的角度为

$$\theta_2 = \theta_{\mathrm{1M}} + \omega_{\mathrm{M}} t, \quad t \geqslant 0 \tag{4.6.10b}$$

初始时在圆环下面取一动点，动点在各时刻的坐标为

$$x = x_{\mathrm{C}} + R\sin\theta, \quad y = R - R\cos\theta \tag{4.6.11}$$

［图示］ (1) 当 $\omega_0 R = v_0$ 时，圆环上动点运动的轨迹如 P4_6a 图之上图所示，这是倒置的摆线。如 P4_6a 图之下图所示，质心的速度和圆环角速度的变化规律相同，直线减小为零后，圆环停留在最终位置。

(2) 如 P4_6b 图之上图所示，当 $\omega_0 R / v_0 = 0.5$ 时，圆环上动点先做有滑动的滚动，轨迹曲线光滑；再向前作无滑动的滚动，轨迹是摆线。如 P4_6b 图之下图所示，质心速度直线减小，最后保持为正的常数；角速度直线减小到 0 后反方向增加，最后保持为负值。

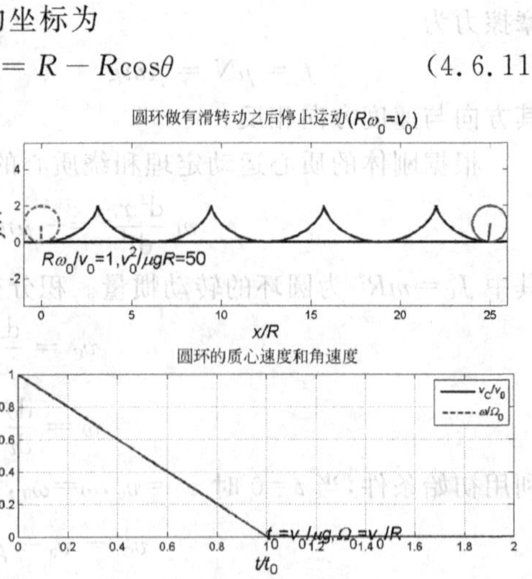


P4_6a 图

(3) 如 P4_6c 图之上图所示，当 $\omega_0 R/v_0=1.5$ 时，圆环上动点先做有滑动的滚动，轨迹有回摆现象，而且越来越大；圆环后作无滑动的向后滚动，轨迹也是摆线。如 P4_6c 图之下图所示，质心速度直线减小到 0 之后再反方向增加，最后保持为负的常数；角速度直线减小，最后保持为正值。

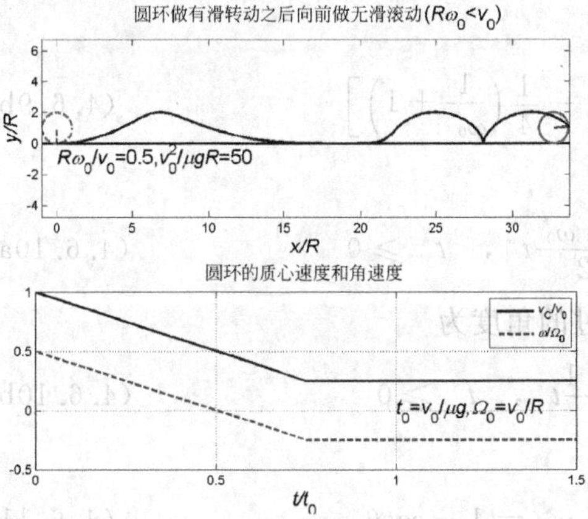


P4_6b 图

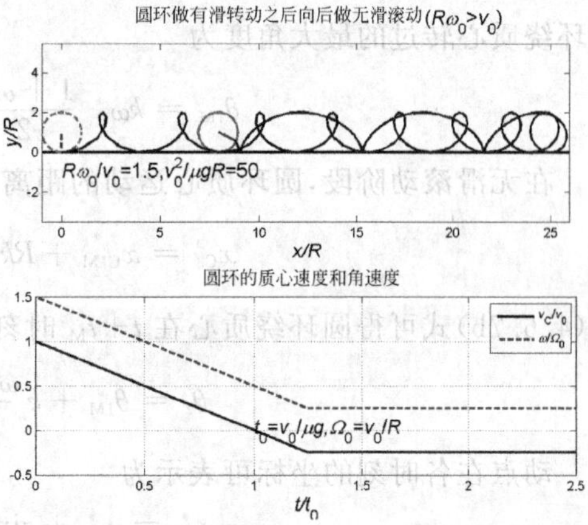


P4_6c 图

**[算法]** 取 $t_0=v_0/\mu g$ 为时间单位，取 $v_0$ 为速度单位，则圆环做有滑滚动的速度可表示为

$$v_C = v_0 - \mu g t_0 t^* = v_0(1-t^*) \tag{4.6.3a*}$$

其中 $t^*=t/t_0$，是无量纲的时间。圆环做有滑滚动的角速度可表示为

$$\omega = \omega_0 - \frac{\mu g}{R} t_0 t^* = \Omega_0(\omega_0^* - t^*) \tag{4.6.3b*}$$

其中 $\Omega_0=v_0/R$ 是角速度的单位；$\omega_0^*=\omega_0/\Omega_0$ 是无量纲的初始角速度。由于 $\omega_0^*=\omega_0 R/v_0$，所以 $\omega_0^*$ 也是圆环绕质心滚动的初始线速度与质心初速度之比。

圆环做有滑滚动的时间可表示为

$$t_M = \frac{v_0}{\mu g}\frac{1+\omega_0 R/v_0}{2} = t_0\frac{1+\omega_0^*}{2} \tag{4.6.6*}$$

圆环有滑滚动的质心末速度和末角速度可表示为

$$v_{CM} = v_0\frac{1-\omega_0^*}{2},\quad \omega_M = \Omega_0\frac{\omega_0^*-1}{2} \tag{4.6.7*}$$

在有滑滚动阶段，圆环质心运动的距离可表示为

$$x_{C1} = v_0 t_0 t^* - \frac{1}{2}\mu g t_0^2 t^{*2} = v_0 t_0\left(t^* - \frac{1}{2}t^{*2}\right),\quad t^* \leqslant t_M/t_0 \tag{4.6.8a*}$$

圆环绕质心转过的角度可表示为

$$\theta_1 = \omega_0 t_0 t^* - \frac{\mu g}{2R} t_0^2 t^{*2} = \Omega_0 t_0\left(\omega_0^* t^* - \frac{1}{2}t^{*2}\right),\quad t^* \leqslant t_M/t_0 \tag{4.6.8b*}$$

设 $k=\Omega_0 t_0=v_0 t_0/R=v_0^2/\mu gR$，$k$ 是无量纲的滚动因子。$t_0$ 表示圆环质心为零时的运动时间，$v_0 t_0$ 就表示质心在这段时间内运动的距离，$k$ 就表示这个距离与半径之比，因此，$k$ 决定了圆环运动的范围。圆环质心运动的距离和转过的角度可表示为

$$x_{C1} = Rk\left(t^* - \frac{1}{2}t^{*2}\right),\quad t^* \leqslant t_M/t_0 \tag{4.6.8a**}$$

$$\theta_1 = k\left(\omega_0^* t^* - \frac{1}{2}t^{*2}\right), \quad t^* \leqslant t_M/t_0 \tag{4.6.8b**}$$

圆环质心有滑滚动的最大距离可表示为

$$x_{C1M} = Rk\,\frac{1+\omega_0^*}{2}\left[1-\frac{1}{4}(1+\omega_0^*)\right] \tag{4.6.9a*}$$

圆环绕质心转过的最大角度为

$$\theta_{1M} = k\omega_0^*\,\frac{1+\omega_0^*}{2}\left[1-\frac{1}{4}\left(\frac{1}{\omega_0^*}+1\right)\right] \tag{4.6.9b*}$$

在无滑滚动阶段,圆环质心运动的距离为

$$x_{C2} = x_{C1M} + Rk\,\frac{1-\omega_0^*}{2}t^*, \quad t^* \geqslant 0 \tag{4.6.10a*}$$

由(4.6.7b)式可得圆环绕质心在 $t+t_M$ 时刻转过的角度为

$$\theta_2 = \theta_{1M} + k\,\frac{\omega_0^*-1}{2}t^*, \quad t^* \geqslant 0 \tag{4.6.10b*}$$

动点在各时刻的坐标可表示为

$$x^* = x_C^* + \sin\theta, \quad y^* = 1-\cos\theta \tag{4.6.11*}$$

无量纲的滚动因子 $k$ 是可选择的参数,初始转动线速度与质心初速度之比也是可选择的参数。取时间向量,可计算各时刻圆环转动的角度和质心运动的距离,设置各时刻动点的坐标和圆环的位置即可演示圆环运动的动画。

[**程序**] P4_6.m 如下。

```
%圆环滚动的动画
clear,w0 = input('请输入初始转动线速度与质心初速度的比 w0R/v0:');   %清除变量,输入比值(1)
tit0 = '圆环做有滑转动之后';tit1 = '(\itR\omega\rm_0';tit2 = '\itv\rm_0)';   %标题一部分
if w0 == 1                                           %如果质心初速度与滑动初速度相等(2)
    tit = [tit0,'停止运动',tit1,' = ',tit2];          %用此标题
elseif w0 < 1                                        %如果质心初速度大于滑动初速度
    tit = [tit0,'向前做无滑滚动',tit1,'<',tit2];      %用此标题
else                                                 %否则
    tit = [tit0,'向后做无滑滚动',tit1,'>',tit2];      %用此标题
end,k = 50;                                          %结束条件,无量纲的滚动因子(3)
tm = (1 + w0)/2;t = linspace(0,tm,150);              %有滑动的最后时刻,有滑动的时间向量(4)
vc = 1 - t;w = w0 - t;xc = k * (t - t.^2/2);         %质心速度,圆环角速度,质心有滑动时平动的距离
xc = [xc,xc(end) + k * vc(end) * t];                 %连接无滑滚动的位移
th = k * (w0 * t - t.^2/2);th = [th,th(end) + k * w(end) * t];   %圆环有滑动时转动的角度,连接的角度
x = xc + sin(th);y = 1 - cos(th);                    %动点坐标
figure,subplot(2,1,1)                                %创建图形窗口,取子图
plot([ - 1 + min(xc),1 + max(xc)],[0,0],'k','LineWidth',2)   %画地面
axis equal,fs = 16;title(tit,'FontSize',fs)          %坐标间隔相等,字体大小,显示标题
xlabel('\itx/R','FontSize',fs),ylabel('\ity/R','FontSize',fs)   %显示坐标
phi = linspace(0,2 * pi);xr = cos(phi);yr = sin(phi);   %圆的角度向量,圆的坐标
hold on,ring = plot(xr,1 + yr,'m','LineWidth',2);    %保持图像,环的句柄
pole = plot([0,0],[1,0],'r - ','LineWidth',2);       %半径(杆)的句柄
plot(xr,1 + yr,'m -- ','LineWidth',2),plot([0,0],[1,0],'r -- ','LineWidth',2)   %画环,杆
txt = ['\itR\omega\rm_0/\itv\rm_0 = ',num2str(w0)];  %速度比文本
txt = [txt,',\itv\rm_0^2/\it\mugR\rm = ',num2str(k)];   %无量纲滚动因子文本
```

```
text(0, - 1,txt,'FontSize',fs),pause                        %标记文本,暂停
for i = 1:2 * length(t) - 1                                  %按下标循环
    set(ring,'XData',xc(i) + xr,'YData',1 + yr)    %设置环的坐标
    set(pole,'XData',[xc(i),x(i)],'YData',[1,y(i)])    %设置半径(杆)的坐标
    plot([x(i),x(i+1)],[y(i),y(i+1)],'LineWidth',2),drawnow    %画动点的轨迹,刷新屏幕
end                                                          %结束循环
o = ones(size(t));tt = [t,t(end) + t];subplot(2,1,2)    %全1向量,全部时间向量,取子图
plot(tt,[vc,o * vc(end)],tt,[w,o * w(end)],'--','LineWidth',2)    %画质心速度和角速度
grid on,xlabel('\itt/t\rm_0','FontSize',fs)    %加网格,横坐标
title('圆环的质心速度和角速度','FontSize',fs)    %加标题
legend('\itv\rm_C/\itv\rm_0','\it\omega/\Omega\rm_0')    %加图例
txt = '\itt\rm_0 = \itv\rm_0/\it\mug';                       %时间单位文本
text(1,0,[txt,',\it\Omega\rm_0 = \itv\rm_0/\itR'],'FontSize',fs)    %显示文本
```

[**说明**] (1)初始转动线速度与质心初速度之比从键盘输入,典型值是1,1.5和0.5。

(2)根据初始值选择标题的一部分。

(3)无量纲的滚动因子不妨设为50。

(4)先确定圆环有滑运动的时间,圆环无滑运动的时间与有滑运动的时间一样长。计算质心速度以及坐标等向量,连接两部分质心速度以及坐标等向量即可演示动画和画线。

## *{范例4.7} 薄板在空气中转动的规律

如B4.7图所示,均质矩形薄板质量为$m$,长为$a$,宽为$b$,可绕竖直边转动,初始角速度为$\omega_0$。转动时受到空气阻力,其方向垂直于板面,每一小面积所受的阻力的大小与其面积和速度的$n(n\geqslant0)$次方的乘积成正比,比例系数为$k_n(k_n>0)$。求薄板转动的角速度和角度。当$n$取不同的数值时,角速度和角度与时间的关系曲线有什么差别?

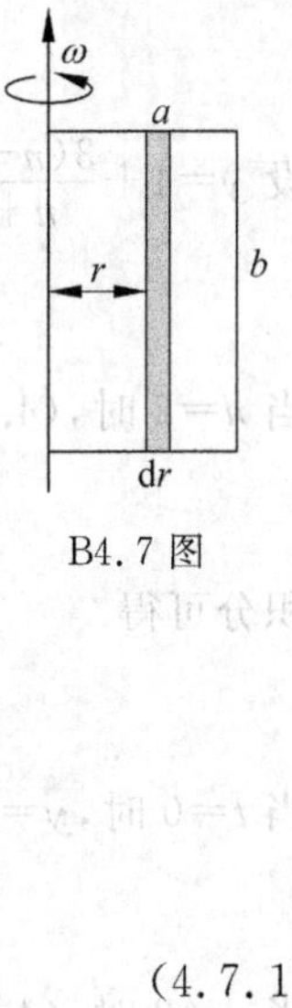

B4.7图

[**解析**] 在薄板上取一长为$\mathrm{d}r$、宽为$b$的矩形,其面积为$\mathrm{d}s=b\mathrm{d}r$。矩形到轴的距离为$r$,当薄板以角速度$\omega$转动时,其速率为$v=r\omega$。矩形受到的阻力大小为

$$\mathrm{d}f=k_nv^n\mathrm{d}s=k_nb\omega^nr^n\mathrm{d}r$$

取角速度$\omega$的方向为正方向,矩形所受的阻力矩为

$$\mathrm{d}M=-r\mathrm{d}f=-k_nb\omega^nr^{n+1}\mathrm{d}r$$

负号表示力矩的方向与角速度的方向相反。薄板受到的总力矩为

$$M=-k_nb\omega^n\int_0^a r^{n+1}\mathrm{d}r=-\frac{1}{n+2}k_na^{n+2}b\omega^n \tag{4.7.1}$$

薄板绕轴的转动惯量为$J=ma^2/3$,根据转动定理$M=J\mathrm{d}^2\theta/\mathrm{d}t^2$可列方程

$$-\frac{1}{n+2}k_na^{n+2}b\omega^n=\frac{1}{3}ma^2\frac{\mathrm{d}^2\theta}{\mathrm{d}t^2}$$

即

$$\frac{\mathrm{d}^2\theta}{\mathrm{d}t^2}=-\frac{3k_na^nb}{(n+2)m}\omega^n \tag{4.7.2}$$

由于$\mathrm{d}\theta/\mathrm{d}t=\omega$,分离变量可得

$$\frac{\mathrm{d}\omega}{\omega^n}=-\frac{3k_na^nb}{(n+2)m}\mathrm{d}t \tag{4.7.3}$$

当 $n=1$ 时，微分方程简化为

$$-\frac{k_1ab}{m}\mathrm{d}t=\frac{\mathrm{d}\omega}{\omega}$$

积分可得

$$-\frac{k_1ab}{m}t=\ln\frac{\omega}{\omega_0}$$

即

$$\omega=\omega_0\exp\left(-\frac{k_1ab}{m}t\right) \tag{4.7.4}$$

当 $n\neq1$ 时，(4.7.3)式积分可得

$$-\frac{3k_na^nb}{(n+2)m}t=\frac{1}{1-n}(\omega^{1-n}-\omega_0^{1-n})$$

角速度为

$$\omega=\left[\omega_0^{1-n}+\frac{3(n-1)}{n+2}\frac{k_na^nb}{m}t\right]^{1/(1-n)}$$

设 $t_n=m/(k_na^nb\omega_0^{n-1})$，角速度可表示为

$$\omega=\omega_0\left[1+\frac{3(n-1)}{n+2}\frac{t}{t_n}\right]^{1/(1-n)} \tag{4.7.5}$$

角度的微分为

$$\mathrm{d}\theta=\omega\mathrm{d}t=\omega_0\left[1+\frac{3(n-1)}{n+2}\frac{t}{t_n}\right]^{1/(1-n)}\mathrm{d}t$$

设 $y=1+\frac{3(n-1)}{n+2}\frac{t}{t_n}$，则 $\mathrm{d}t=t_n\frac{n+2}{3(n-1)}\mathrm{d}y$，因此

$$\mathrm{d}\theta=\omega_0t_n\frac{n+2}{3(n-1)}y^{1/(1-n)}\mathrm{d}y \tag{4.7.6}$$

当 $n=2$ 时，(4.7.6)式可化为

$$\mathrm{d}\theta=\omega_0\frac{4}{3}t_2\frac{1}{y}\mathrm{d}y$$

积分可得

$$\theta=\frac{4}{3}\omega_0t_2\ln y+C$$

当 $t=0$ 时，$y=1,\theta=0$，所以 $C=0$。因此

$$\theta=\omega_0t_2\frac{4}{3}\ln\left(1+\frac{3t}{4t_2}\right) \tag{4.7.7}$$

当 $n\neq2$ 时，(4.7.6)式积分可得

$$\theta=\omega_0t_n\frac{n+2}{3(n-1)}\frac{1}{1/(1-n)+1}\left[y^{1/(1-n)+1}-1\right]$$

因此角度为

$$\theta=\omega_0t_n\frac{n+2}{3(n-2)}\left\{\left[1+\frac{3(n-1)}{n+2}\frac{t}{t_n}\right]^{(n-2)/(n-1)}-1\right\} \tag{4.7.8}$$

**[讨论]** (1) 设 $\varepsilon=(n-1)t/t_n$，当 $n\to1$ 时，则 $\varepsilon\to0$。根据定义 $\lim\limits_{\varepsilon\to0}(1+\varepsilon)^{1/\varepsilon}=\mathrm{e}$，由(4.7.5)式可得

$$\omega\to\omega_0\left[1+(n-1)\frac{t}{t_n}\right]^{1/(1-n)}\to\omega_0\left[(1+\varepsilon)^{1/\varepsilon}\right]^{-t/t_n}\to\omega_0\exp\left(-\frac{t}{t_1}\right)$$

这就是(4.7.4)式。可见：(4.7.5)式包含(4.7.4)式。

(2) 设 $y=\dfrac{a^{\varepsilon}-1}{\varepsilon}$,当 $n\to2$ 时,根据罗必塔法则,当 $\varepsilon\to0$ 时,$y\to\dfrac{a^{\varepsilon}\ln a}{1}\to\ln a$。取 $\varepsilon=n-2$,$a=1+\dfrac{3(n-1)}{n+2}\dfrac{t}{t_n}$,由(4.7.8)式可得

$$\theta\to\omega_0 t_2\,\frac{4}{3\varepsilon}\{a^{\varepsilon}-1\}\to\omega_0 t_2\,\frac{4}{3}\ln a=\omega_0 t_2\,\frac{4}{3}\ln\left(1+\frac{3}{4}\frac{t}{t_2}\right)$$

这就是(4.7.7)式。可见：(4.7.8)式包含(4.7.7)式。

(3) 如果 $n=0$,阻力是常数,角速度为

$$\omega=\omega_0\left(1-\frac{3}{2}\frac{t}{t_0}\right)$$

可知：薄板作匀变速圆周运动。薄板旋转的角度为

$$\theta=\omega_0 t_0\,\frac{1}{3}\left[1-\left(1-\frac{3}{2}\frac{t}{t_0}\right)^2\right]$$

当 $t=2t_0/3$ 时,薄板就会静止,旋转的角度为 $\omega_0 t_0/3$。

(4) 如果 $0<n<1$,当薄板静止时,经过的时间为

$$t=\frac{n+2}{3(1-n)}t_n$$

薄板旋转的角度为

$$\theta=\omega_0 t_n\,\frac{2+n}{3(2-n)}$$

(5) 如果 $0<n<2$,当 $t\to\infty$ 时薄板也会静止,薄板旋转的角度由上式决定。

(6) 如果 $2\leqslant n$,当 $t\to\infty$ 时薄板虽然会静止,薄板旋转的角度随时间不断增加。

［图示］ (1) 薄板转动的角速度如 P4_7a 图所示,角速度随时间的增加而减小。如果 $n=0$,阻力是常数,薄板作匀变速圆周运动,当 $t=2t_0/3$ 时薄板就会静止。如果 $n=0.5$,当 $t=5t_{0.5}/3$ 时薄板才会静止。如果 $n=1$,解析式与统一公式计算的结果相同,角速度按指数规律减少。

(2) 薄板转动的角度如 P4_7b 图所示,角度随时间增加而增加。如果 $n=0$,薄板旋转的最大角度为 $\theta=\omega_0 t_0/3$。如果 $n=0.5$,薄板旋转的最大角度为 $\theta=5\omega_0 t_{0.5}/9$。如果 $n=2$,解析式与统一公式计算的结果相同,角度按对数规律增加。

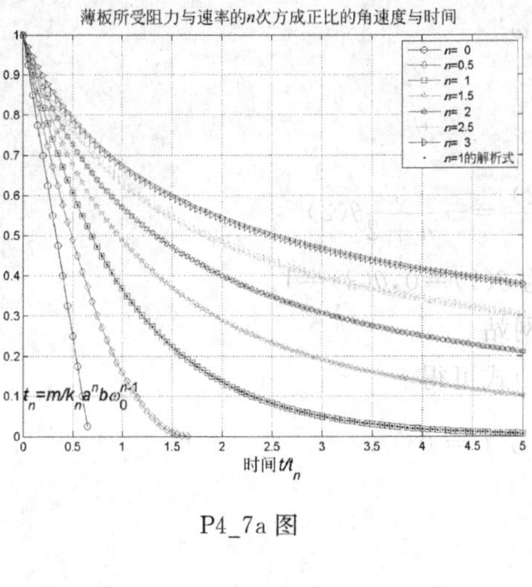


P4_7a 图

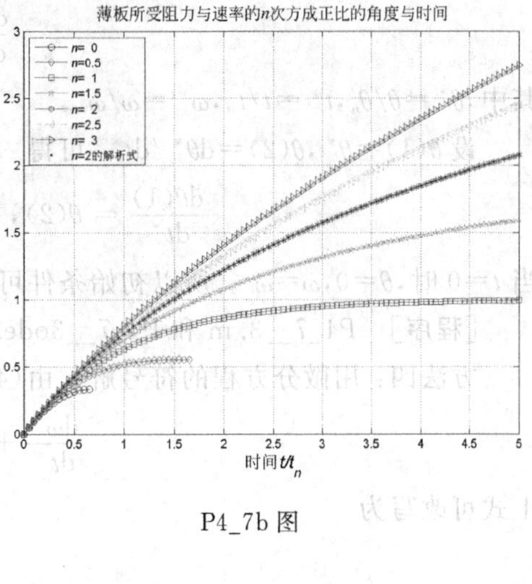


P4_7b 图

［算法］ 此题的计算方法与{范例 2.9}的算法相同。

方法一：用解析式。取 $t_n$ 为时间单位，$\omega_0$ 为角速度单位，角速度可表示为

$$\omega=\omega_0\exp(-t^*),\quad n=1 \tag{4.7.4*}$$

$$\omega=\omega_0\left[1+\frac{3(n-1)}{n+2}t^*\right]^{1/(1-n)},\quad n\neq 1 \tag{4.7.5*}$$

其中，$t^*=t/t_n$。取 $\theta_n=\omega_0 t_n$ 为角度单位，角度可表示为

$$\theta=\theta_n\frac{4}{3}\ln\left(1+\frac{3}{4}t^*\right),\quad n=2 \tag{4.7.7*}$$

$$\theta=\theta_n\frac{n+2}{3(n-2)}\left\{\left[1+\frac{3(n-1)}{n+2}t^*\right]^{(n-2)/(n-1)}-1\right\},\quad n\neq 2 \tag{4.7.8*}$$

取指数 $n$ 为参数向量，取时间为自变量向量，化为矩阵即可求角速度和角度，用矩阵画线法画曲线族。利用(4.7.4*)式和(4.7.7*)式可验证极限运算的正确性。

［程序］ P4_7__1.m 见网站。

方法二：用一个一阶常微分方程的数值解。利用时间单位 $t_n=m/(k_n a^n b\omega_0^{n-1})$，薄板的运动方程(4.7.2)式可化为

$$\frac{\mathrm{d}(\omega/\omega_0)}{\mathrm{d}(t/t_n)}=-\frac{3k_n a^n b}{(n+2)m}\omega^n\frac{t_n}{\omega_0}=-\frac{3}{n+2}\left(\frac{\omega}{\omega_0}\right)^n$$

取约化时间为 $t^*=t/t_n$，取约化角速度 $\omega^*=\omega/\omega_0$，可得

$$\frac{\mathrm{d}\omega^*}{\mathrm{d}t^*}=-\frac{3}{n+2}\omega^{*n} \tag{4.7.2*}$$

初始条件为 $\omega^*=1$。薄板旋转的角度为

$$\theta=\int_0^t\omega\mathrm{d}t=\omega_0 t_n\int_0^{t^*}\omega^*\mathrm{d}t^*$$

求出角速度的数值解，通过数值积分就能求出薄板旋转的角度，角度的单位是 $\omega_0 t_n$。

［程序］ P4_7__2.m 见网站。

方法三：用两个一阶常微分方程的数值解。角速度公式 $\mathrm{d}\theta/\mathrm{d}t=\omega$ 可化为

$$\frac{\mathrm{d}\theta}{\mathrm{d}(t/t_n)}=\omega t_n=\omega_0 t_n\frac{\omega}{\omega_0}$$

取 $\theta_n=\omega_0 t_n$ 为角度单位，则得

$$\frac{\mathrm{d}\theta^*}{\mathrm{d}t^*}=\omega^*$$

其中，$\theta^*=\theta/\theta_n$，$t^*=t/t_n$，$\omega^*=\omega/\omega_0$。

设 $\theta(1)=\theta^*$，$\theta(2)=\mathrm{d}\theta^*/\mathrm{d}t^*$，可得

$$\frac{\mathrm{d}\theta(1)}{\mathrm{d}t^*}=\theta(2),\quad\frac{\mathrm{d}\theta(2)}{\mathrm{d}t^*}=-\frac{3}{n+2}\theta(2)^n$$

当 $t=0$ 时，$\theta=0$，$\omega=\omega_0$。所以初始条件可表示为 $\theta(1)=0$，$\theta(2)=1$。

［程序］ P4_7__3.m 和 P4_7__3ode.m 见网站。

方法四：用微分方程的符号解。由(4.7.2*)式可得

$$\frac{\mathrm{d}\omega^*}{\mathrm{d}t^*}+\frac{3}{n+2}\omega^{*n}=0$$

上式可改写为

$$\frac{\mathrm{d}^2\theta^*}{\mathrm{d}t^{2*}}+\frac{3}{n+2}\left(\frac{\mathrm{d}\theta^*}{\mathrm{d}t^*}\right)^n=0 \tag{4.7.2**}$$

初始条件为 $\theta^*=0,\omega^*=\mathrm{d}\theta^*/\mathrm{d}t^*=1$。

［程序］ P4_7__4.m 见网站。

## {范例 4.8} 直杆自然滑倒的规律

如 B4.8 图所示，长为 $2l$、质量为 $m$ 的均匀杆，在光滑水平面上由竖直位置自然倒下，杆的角速度和角加速度以及质心的速度和加速度与角度 $\theta$ 有什么关系？角度与时间有什么关系？杆的角速度和角加速度以及质心的速度和加速度与时间有什么关系？

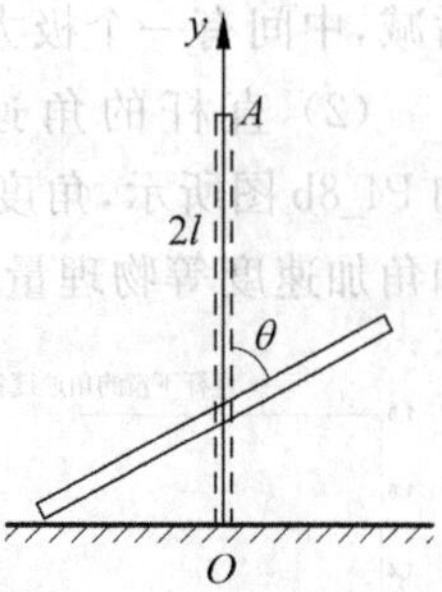

B4.8 图

［解析］ 杆自然滑倒时，受到重力 $mg$ 和水平面的支持力 $N$。由于没有水平外力，所以质心只有竖直位移。设 $t$ 时刻质心的坐标为

$$y_C=l\cos\theta \tag{4.8.1}$$

再设杆绕质心顺时针转动的角速度为 $\omega$，则质心的速度为

$$v_C=\frac{\mathrm{d}y_C}{\mathrm{d}t}=-l\sin\theta\frac{\mathrm{d}\theta}{\mathrm{d}t}=-l\omega\sin\theta \tag{4.8.2}$$

负号表示速度的方向向下。

取水平面为势能零点，由机械能守恒定律可得方程

$$mgl=mgl\cos\theta+\frac{1}{2}mv_C^2+\frac{1}{2}J\omega^2 \tag{4.8.3}$$

其中 $J$ 为杆绕质心的转动惯量：$J=ml^2/3$。将(4.8.2)式和转动惯量代入上式可得角速度为

$$\omega=\sqrt{\frac{6g(1-\cos\theta)}{l(1+3\sin^2\theta)}} \tag{4.8.4}$$

当 $\theta=\pi/2$ 时可得直杆落地角速度 $\omega_T=\sqrt{3g/2l}$。

由(4.8.2)式可得质心速度为

$$v_C=-\sin\theta\sqrt{\frac{6gl(1-\cos\theta)}{1+3\sin^2\theta}} \tag{4.8.5}$$

直杆落地的质心速度为 $v_{CT}=-\sqrt{3gl/2}$。

由(4.8.4)式得

$$\omega^2=\frac{6g}{l}\frac{1-\cos\theta}{1+3\sin^2\theta}$$

两边同时对时间 $t$ 求导数：

$$2\omega\frac{\mathrm{d}\omega}{\mathrm{d}t}=\frac{6g}{l}\frac{(1+3\sin^2\theta)\omega\sin\theta-(1-\cos\theta)6\omega\sin\theta\cos\theta}{(1+3\sin^2\theta)^2}$$

所以角加速度为

$$\alpha=\frac{\mathrm{d}\omega}{\mathrm{d}t}=\frac{3g}{l}\frac{\sin\theta(1+12\sin^4(\theta/2))}{(1+3\sin^2\theta)^2} \tag{4.8.6}$$

直杆落地的角加速度为 $\alpha_T=3g/4l$。

由(4.8.2)式可得质心加速度为

$$a_C=\frac{\mathrm{d}v_C}{\mathrm{d}t}=-l(\alpha\sin\theta+\omega^2\cos\theta) \tag{4.8.7}$$

负号表示加速度的方向向下。根据角加速度和角速度即可计算质心加速度。直杆落地的质心加速度为 $a_{CT}=-3g/4$。

如果能求得角度与时间的关系，就求得了角速度、角加速度、质心速度和质心加速度与时间的关系。

［**图示**］ (1) 直杆的角速度、角加速度、质心速度和质心加速度随角度的变化如P4_8a图所示，角速度和质心速度随角度的增加而增加，但是角加速度随角度的增加先增加，再减少，然后再增加，中间分别有一个极大值和极小值。质心加速度随角度的增加先增后减，中间有一个极大值。

(2) 直杆的角速度、角加速度、质心速度和质心加速度以及角度随时间的变化如P4_8b图所示，角度随时间的变化虽然不是直线增加的，但却是单调增加的，所以角速度和角加速度等物理量随时间的变化规律和这些物理量随角度的变化规律是相似的。

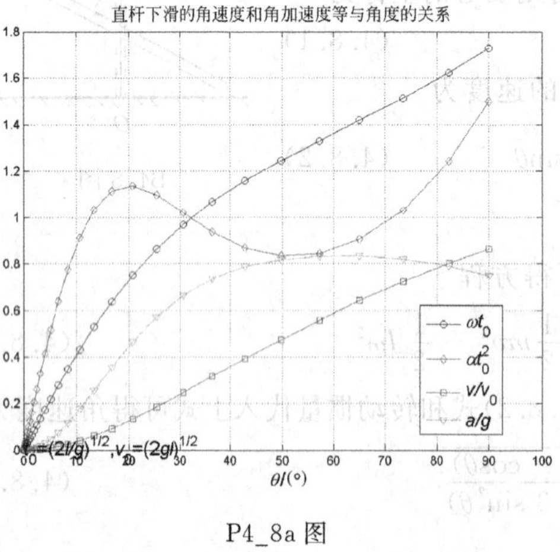


P4_8a 图

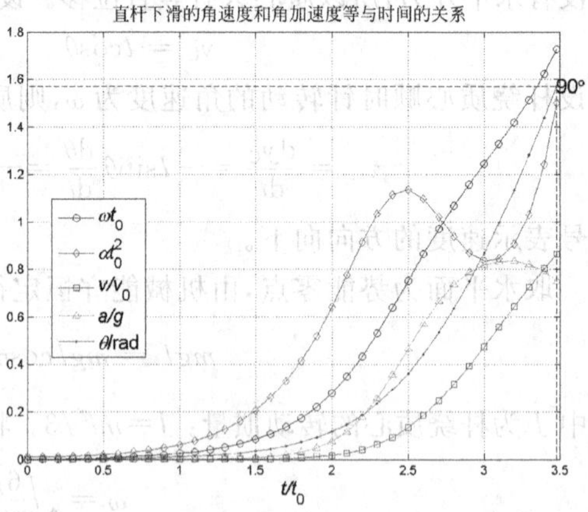


P4_8b 图

［**算法**］ 方法一：用一个一阶常微分方程。设 $t_0=\sqrt{2l/g}$，$t_0$ 就是质点从高 $l$ 处自由下落的时间。取约化时间 $t^*=t/t_0$，则约化角速度为

$$\omega^*=\frac{\mathrm{d}\theta}{\mathrm{d}t^*}=\frac{\mathrm{d}\theta}{\mathrm{d}t}t_0=\omega t_0=2\sin\frac{\theta}{2}\sqrt{\frac{6}{1+3\sin^2\theta}} \tag{4.8.4*}$$

约化角加速度为

$$\alpha^*=\frac{\mathrm{d}\omega^*}{\mathrm{d}t^*}=\frac{\mathrm{d}\omega}{\mathrm{d}t}t_0^2=\alpha t_0^2=\frac{6\sin\theta(1+12\sin^4\theta/2)}{(1+3\sin^2\theta)^2} \tag{4.8.6*}$$

设 $v_0=\sqrt{2gl}$，$v_0$ 就是质点从高 $l$ 处自由下落的速度。约化质心速度为

$$v_C^*=\frac{v_C}{v_0}=-\sin\theta\sin\frac{\theta}{2}\sqrt{\frac{6}{1+3\sin^2\theta}} \tag{4.8.5*}$$

约化加速度为

$$a_C^*=\frac{a_C}{g}=-\frac{1}{2}(\alpha^*\sin\theta+\omega^{*2}\cos\theta) \tag{4.8.7*}$$

上面4个物理量都是与角度的关系，其中速度和加速度只要计算大小，不需要考虑方向，取其绝对值就行了。

取(4.8.4*)式的倒数

$$\frac{dt^*}{d\theta}=\frac{\sqrt{1+3\sin^2\theta}}{2\sqrt{6}\sin\theta/2}$$

将角度 $\theta$ 作为自变量，将约化时间 $t^*$ 当做函数，通过微分方程的数值解可求时间与角度的函数关系，其反函数就是角度与时间的关系。利用角度与时间的关系可以求出角速度和角加速度等物理量与时间的关系。

**[程序]** P4_8__1.m 如下。

```
%竖直杆滑倒的角速度和速度等与角度和时间的关系(用一个一阶微分方程的数值解)
clear,theta = 0:90;th = theta * pi/180;                    %清除变量,角度向量的度数和弧度数
omega = 2 * sin(th/2). * sqrt(6./(1 + 3 * sin(th).^2));    %角速度
vc = omega. * sin(th)/2;                                   %质心速度
alpha = 6 * sin(th). * (1 + 12 * sin(th/2).^4)./(1 + 3 * sin(th).^2).^2;   %角加速度
ac = (alpha. * sin(th) + omega.^2. * cos(th))/2;    %质心加速度
th(1) = pi/180/10;                                         %初始角(1)
f = inline('sqrt((1 + 3 * sin(th)^2)/6)/2/sin(th/2)','th','t');   %角速度的倒数
[th,t] = ode45(f,th,0);                                    %解微分方程(2)
theta = th * 180/pi;                                       %化为度数
%----------------------------------------------------------------------
figure                                                     %创建图形窗口
plot(theta,omega,'o-',theta,alpha,'d-',theta,vc,'s-',theta,ac,'v-')   %画曲线
grid on,fs = 16;xlabel('\it\theta\rm/(\circ)','FontSize',fs)   %加网格,加横坐标标签
title('直杆下滑的角速度和角加速度等与角度的关系','FontSize',fs)   %加标题
leg1 = '\it\omegat\rm_0';leg2 = '\it\alphat\rm_0^2';
leg3 = '\itv/v\rm_0';leg4 = '\ita/g';                       %图例字符串
h = legend(leg1,leg2,leg3,leg4,0);set(h,'FontSize',fs)     %加图例并放大图例
txt = '\itt\rm_0 = (2\itl/g\rm)^{1/2}';                     %时间单位文本
text(0,0,[txt ',\itv\rm_0 = (2\itgl\rm)^{1/2}'],'FontSize',fs)   %显示文本
figure,plot(t,omega,'o-',t,alpha,'d-',t,vc,'s-',t,ac,'v-',t,th,'.-')   %创建图形窗口,画曲线
grid on,xlabel('\itt/t\rm_0','FontSize',fs)                 %加网格和横坐标标签
title('直杆下滑的角速度和角加速度等与时间的关系','FontSize',fs)   %加标题
leg5 = '\it\theta\rm/rad';                                 %最后一个图例
h = legend(leg1,leg2,leg3,leg4,leg5,0);set(h,'FontSize',fs)   %加图例和放大图例
hold on ,plot([0,t(end),t(end)],[th(end),th(end),0],'--')   %保持图像,画虚线
text(t(end),th(end),'90\circ','FontSize',fs)               %标记90度
```

**[说明]** (1) 初始角是一个扰动，扰动越小，杆滑倒所需要的时间越长。

(2) 取角度为自变量，取时间为函数，求时间与角度的数值关系。

方法二：用两个一阶常微分方程。取 $\theta(1)=\theta,\theta(2)=\omega^*$，可得两个一阶微分方程组：

$$\frac{d\theta(1)}{dt^*}=\theta(2),\quad \frac{d\theta(2)}{dt^*}=\frac{6\sin\theta(1)}{[1+3\sin^2\theta(1)]^2}\{1+12\sin^4[\theta(1)/2]\}$$

初始角度可取一个很小的值，初始速度为零。

**[程序]** P4_8__2.m 的计算部分如下。

```
%竖直杆滑倒的角速度和速度等与时间的关系(用两个一阶微分方程的数值解)
clear,t = 0:0.1:100;                                       %清除变量,时间向量(1)
th0 = [pi/180/10;0];                                       %初始角和初速度(初始角因微扰而很小)
options = odeset('Events','on');                           %开启事件判断功能
[t,TH] = ode45('P4_8__2ode',t,th0,options);                %解微分方程(2)
```

```
omega = TH(:,2);th = TH(:,1);theta = th * 180/pi;        % 取角速度,取角度,化为弧度
vc = omega. * sin(th)/2;                                 % 质心速度
alpha = 6 * sin(th). * (1 + 12 * sin(th/2).^4)./(1 + 3 * sin(th).^2).^2;   % 角加速度
ac = (alpha. * sin(th) + omega.^2. * cos(th))/2;          % 质心加速度
% ------------------------------------------------------------------------
```

(其他指令与上一程序的相应部分是相同的。)

求微分方程的数值解所调用的函数 P4_8__2ode. m。

```
% 竖直杆滑倒的函数
function varargout = fun(t,th,flag)
switch flag                                              % 将标志作为开关
    case ''                                              % 当标志为空时
       varargout{1} = f(t,th);                           % 输出一个函数值
    case 'events'                                        % 当标志为事件时
       [varargout{1:3}] = events(th);                    % 输出三个事件值
    otherwise                                            % 否则
       error(['Unknown flag ''',flag,'''.']);            % 显示错误信息
end                                                      % 结束开关
% ------------------------------------------------------------------------
% 计算微分方程的子函数
function alpha = f(t,th)
alpha = [th(2);                                          % 角速度表达式
       6 * sin(th(1)) * (1 + 12 * sin(th(1)/2)^4)/(1 + 3 * sin(th(1))^2)^2];   % 角加速度表达式
% ------------------------------------------------------------------------
% 事件判断子函数
function [value,isterminal,direction] = events(th)
value = th(1) - pi/2;                                    % 角度值,0 表示倒地
direction = 1;                                           % 由增加(1)的方向终止
isterminal = 1;                                          % 开启判断终止功能
```

[说明] (1) 由于直杆滑倒的时间是未知的,因此要设置得长一些。

(2) 当直杆落地时,ode45 函数会自动停止执行,最终时间就是杆滑倒的时间。

## {范例 4.9} 质点与刚体的碰撞

如 B4.9 图所示,一刚体长为 $L$,质量为 $M$,放在光滑的水平面上,可绕其端点 $O$ 转动,转动惯量为 $J$。一质量为 $m$ 的质点以初速度 $v_0$ 与刚体的末端发生完全非弹性碰撞,求质点碰撞后的速度和刚体的角速度,求质点损失的动能、刚体获得的动能和系统损失的动能。

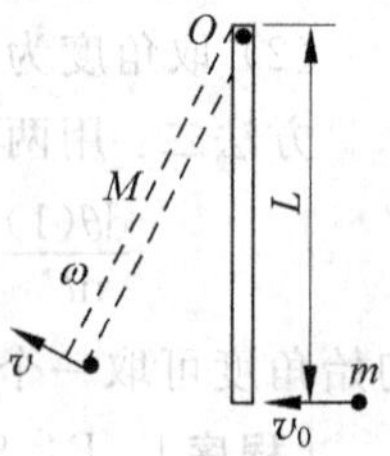

B4.9 图

[解析] 对于质点和刚体组成的系统,在碰撞时要受到端点 $O$ 的作用力,此力在初速度 $v_0$ 的方向不一定为零,因此,系统的动量不一定守恒。但是不管力的大小和方向如何,对 $O$ 点的力矩都为零,因此系统对 $O$ 点的角动量守恒。

当质点与刚体发生完全非弹性碰撞后,质点和刚体具有相同的角速度,根据角动量守恒定律可得

$$mv_0L = (mL^2 + J)\omega \tag{4.9.1}$$

因此刚体的角速度为

$$\omega = \frac{mv_0 L}{mL^2 + J} \tag{4.9.2}$$

质点的速度为

$$v = \omega L = \frac{mL^2}{mL^2 + J} v_0 \tag{4.9.3}$$

质点动能的增量为

$$\Delta T_m = \frac{1}{2}mv^2 - \frac{1}{2}mv_0^2 = -\frac{1}{2}mv_0^2 \frac{(2mL^2 + J)J}{(mL^2 + J)^2} \tag{4.9.4}$$

负号表示动能减少。刚体转动动能的增量为

$$\Delta T_J = \frac{1}{2}J\omega^2 = \frac{1}{2}mv_0^2 \frac{mL^2 J}{(mL^2 + J)^2} \tag{4.9.5}$$

系统机械能的增量为

$$\Delta T = \Delta T_m + \Delta T_J = -\frac{1}{2}mv_0^2 \frac{J}{mL^2 + J} \tag{4.9.6}$$

负号表示系统机械能减少。

［讨论］ (1) 当 $J = ML^2/3$ 时，刚体就是质量均匀分布的直杆，碰撞后质点的速度和杆的角速度分别为

$$v = \frac{3m}{3m + M}v_0, \quad \omega = \frac{3m}{3m + M}\frac{v_0}{L}$$

质点、刚体和系统动能的增量分别为

$$\Delta T_m = -\frac{1}{2}mv_0^2 \frac{(6m + M)M}{(3m + M)^2}, \quad \Delta T_J = \frac{1}{2}mv_0^2 \frac{3mM}{(3m + M)^2}, \quad \Delta T = -\frac{1}{2}mv_0^2 \frac{M}{3m + M}$$

(2) 当 $J = ML^2$ 时，刚体退化为一个质点，位于杆的下端，而杆的质量不计，碰撞后质点的速度和杆的角速度分别为

$$v = \frac{m}{m + M}v_0, \quad \omega = \frac{m}{m + M}\frac{v_0}{L}$$

这正好是质点完全非弹性碰撞的公式。质点、刚体和系统的动能的增量分别为

$$\Delta T_m = -\frac{1}{2}mv_0^2 \frac{(2m + M)M}{(m + M)^2}, \quad \Delta T_J = \frac{1}{2}mv_0^2 \frac{mM}{(m + M)^2}, \quad \Delta T = -\frac{1}{2}mv_0^2 \frac{M}{m + M}$$

(3) 当 $J \to 0$ 时，表示刚体退化为轻质杆，质点与杆发生完全非弹性碰撞后速度不变，$v \to v_0$，刚体的角速度 $\omega \to v_0/L$，动能的增量 $\Delta T_m \to 0$，$\Delta T_J \to 0$，$\Delta T \to 0$。

(4) 当 $J \to \infty$ 时，质点与刚体发生完全非弹性碰撞后就粘在静止的刚体上，$v \to 0$，$\omega \to 0$，$\Delta T_m \to -mv_0^2/2$，$\Delta T_J \to 0$，$\Delta T \to -mv_0^2/2$。

［图示］ 如 P4_9 图之上图所示，随着转动惯量比的增加，质点与刚体做完全非弹性碰撞后的速度和角速度都按同样的规律减小，因而用一条曲线表示。如 P4_9 之下图所示，刚体获得的转动动能

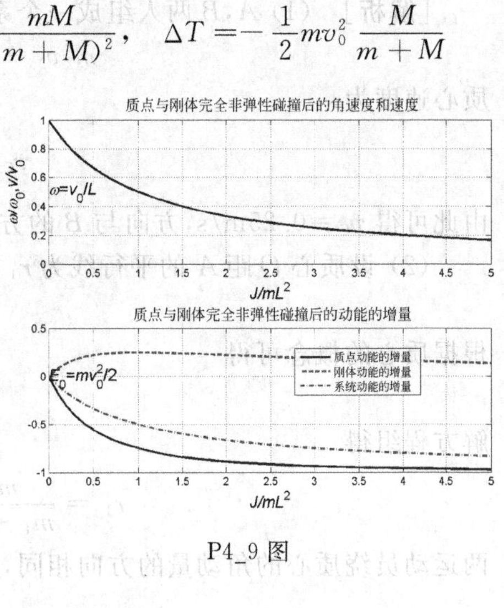


P4_9 图

随转动惯量比的增加先增加再减小，当转动惯量比为1时，刚体获得的转动动能最大，最大转动动能为$mv_0^2/8$。质点和系统损失的动能随转动惯量比的增加而增加。

［算法］ 设转动惯量比为$j=J/mL^2$，则碰撞后的角速度可表示为

$$\omega=\omega_0\frac{1}{1+j} \tag{4.9.2*}$$

其中$\omega_0=v_0/L$，是质点碰撞前的角速度。速度可表示为

$$v=v_0\frac{1}{1+j} \tag{4.9.3*}$$

质点动能的增量可表示为

$$\Delta T_m=-E_0\frac{(2+j)j}{(1+j)^2} \tag{4.9.4*}$$

其中$E_0=mv_0^2/2$，是质点碰撞前的动能。刚体转动动能的增量可表示为

$$\Delta T_J=E_0\frac{j}{(1+j)^2} \tag{4.9.5*}$$

系统动能的增量可表示为

$$\Delta T=-E_0\frac{j}{1+j} \tag{4.9.6*}$$

［程序］ P4_9.m 见网站。

### {范例4.10} 双人滑冰运动员的拉手和旋转(图形动画)

如B4.10图所示，两滑冰运动员$A$和$B$在相距$r=1.5$m的两平行线上相向而行，两人质量分别为$m_1=50$kg，$m_2=70$kg，他们的速率分别为$v_1=5$m/s，$v_2=4$m/s。当两者最接近时，便拉起手来，开始绕质心作圆周运动，并保持二人之间的距离不变。(1)求他们的质心速度；(2)求他们绕质心的角速度；(3)求他们之间的拉力；(4)拉手前后的机械能守恒吗？演示他们的运动轨迹。如果$A$的质量和速率分别为80kg和3.5m/s，他们拉手后运动轨迹是什么？(不计摩擦)

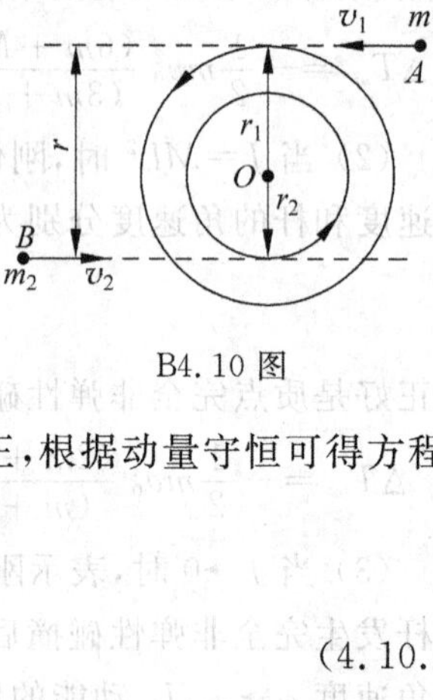

B4.10图

［解析］ (1) $A$，$B$两人组成一个系统，取$B$的速度方向为正，根据动量守恒可得方程

$$m_2v_2-m_1v_1=(m_2+m_1)v_C$$

质心速度为

$$v_C=\frac{m_2v_2-m_1v_1}{m_1+m_2} \tag{4.10.1}$$

由此可得$v_C=0.25$m/s，方向与$B$的方向相同。

(2) 设质心$O$距$A$的平行线为$r_1$，距$B$的平行线为$r_2$，则有

$$r_1+r_2=r \tag{4.10.2a}$$

根据质心的概念可得

$$m_1r_1=m_2r_2 \tag{4.10.2b}$$

解方程组得

$$r_1=\frac{m_2}{m_1+m_2}r,\quad r_2=\frac{m_1}{m_1+m_2}r \tag{4.10.3}$$

两运动员绕质心的角动量的方向相同，他们拉手前总角动量为

$$L = m_1 v_1 r_1 + m_2 v_2 r_2 = \frac{m_1 m_2}{m_1 + m_2} r(v_1 + v_2) \tag{4.10.4}$$

代入已知数据可得 $L = 393.75\text{kg} \cdot \text{m}^2/\text{s}$。两人绕质心的总转动惯量为

$$J = J_1 + J_2 = m_1 r_1^2 + m_2 r_2^2 = \frac{m_1 m_2}{m_1 + m_2} r(r_1 + r_2) = \frac{m_1 m_2}{m_1 + m_2} r^2 \tag{4.10.5}$$

他们拉手前后的角动量守恒，因此角速度为

$$\omega = \frac{L}{J} = \frac{v_1 + v_2}{r} \tag{4.10.6}$$

由上可见，角速度与两人的质量无关，只与他们的相对速度和平行线的距离有关。由此可得角速度为 $\omega = 6\text{rad/s}$。

(3) $A$ 绕质心运动的向心力为

$$f = m_1 r_1 \omega^2 = \frac{m_1 m_2 (v_1 + v_2)^2}{(m_1 + m_2) r} \tag{4.10.7}$$

$B$ 绕质心运动的向心力也是 $f$，因此 $f$ 就是两人之间的拉力，其大小为 $f = 1575\text{N}$。

(4) 两人拉手后的转动动能为

$$T_R = \frac{1}{2}(J_1 + J_2)\omega^2 = \frac{m_1 m_2}{2(m_1 + m_2)}(v_1 + v_2)^2$$

质心的动能为

$$T_C = \frac{1}{2}(m_1 + m_2) v_C^2 = \frac{(m_1 v_1 - m_2 v_2)^2}{2(m_1 + m_2)}$$

两人拉手后的全部动能为

$$T_2 = T_R + T_C = \frac{1}{2} m_1 v_1^2 + \frac{1}{2} m_2 v_2^2$$

这正好是两人拉手前的动能。可知：两人拉手前的平动动能分成了他们的质心平动动能和绕质心的转动动能。在拉手的过程中没有外力和外力矩做功，因此机械能守恒。

[图示] (1) 如 P4_10a 图所示，当 $A$ 和 $B$ 两人的质量分别为 $m_1 = 50\text{kg}$ 和 $m_2 = 70\text{kg}$，他们的速率分别为 $v_1 = 5\text{m/s}$ 和 $v_2 = 4\text{m/s}$ 时，两人的质心做匀速直线运动，速度为 $0.25\text{m/s}$；两人同时绕质心转动，角速度为 $6\text{rad/s}$。他们的轨迹形成螺旋线。

(2) 如果 $A$ 的质量和速率分别为 $m_1 = 80\text{kg}$ 和 $v_1 = 3.5\text{m/s}$，如 P4_10b 图所示，两人质心的速度为零，他们绕固定质心作匀速圆周运动，角速度为 $5\text{rad/s}$。

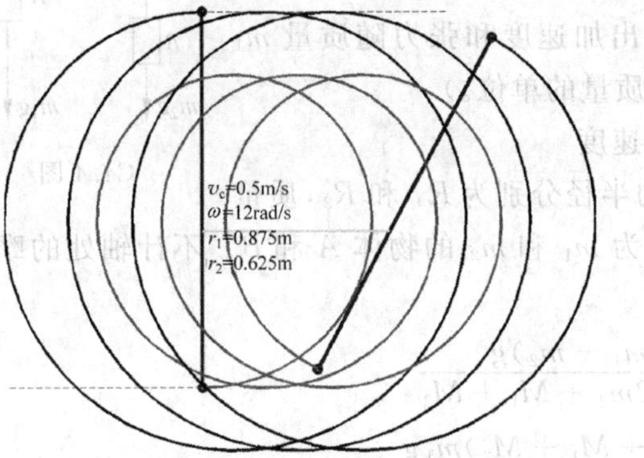

P4_10a 图

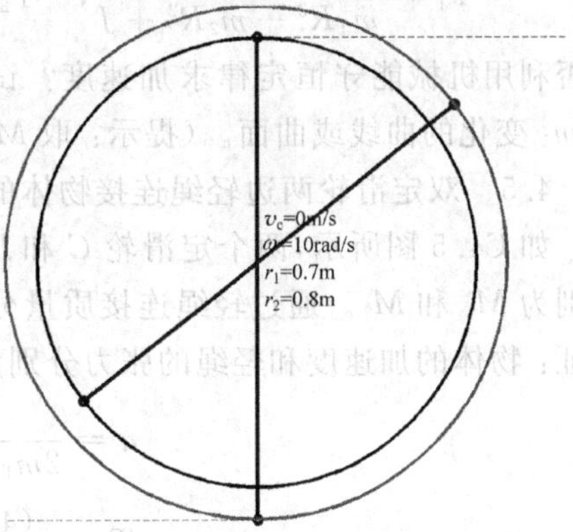

P4_10b 图

[**算法**] 每经过一定的时间,质心就要前移,两人都要绕质心旋转。设置质心和两人的坐标就能演示两人运动的动画。

[**程序**] P4_10main.m 和 P4_10fun.m 见网站。

# 练 习 题

4.1 车轮滚动的动画

火车轮子的轮心到轨道的距离为 $R$,轮上某点 $P$ 到轮心的距离为 $r$。当车轮在平直的轨道上无滑动地滚动时,求 $P$ 点的轨迹方程。当轮子向前平动的速度为 $v_C$ 时,求 $P$ 点的速度和加速度。分三种情况:$r<R$,$r=R$ 和 $r>R$,演示 $P$ 点的运动动画。

4.2 椭圆规尺的速度和加速度

如 C4.2 图所示,椭圆规尺 $AB$ 的长度为 $l$,两端分别沿相互的直线槽 $Ox$ 及 $Oy$ 滑动,已知 $B$ 端以匀速 $v_0$ 向下运动。椭圆规尺上 $P$ 点到 $A$ 的长度为 $d$,求证 $P$ 点速度和加速度分别为

$$v=\frac{v_0}{l}\sqrt{d^2+(l-d)^2\cot^2\theta},\quad a=\frac{(l-d)v_0^2}{l^2\sin^3\theta}$$

取 $d/l$ 分别为 0,0.2,0.4,0.6,0.8,1,画出速度和加速度与夹角 $\theta$ 的曲线族。(提示:取 $v_0$ 为速度单位,$v_0^2/l$ 为加速度单位。)

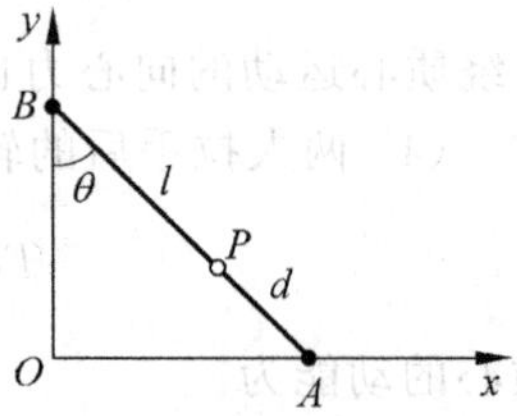

C4.2 图

4.3 圆圈的转动惯量

一匀质圆圈的质量为 $M$,内外半径分别为 $R_0$ 和 $R$,求圆圈对通过圆心且垂直圆面的轴的转动惯量。画出转动惯量与半径比 $R_0/R$ 的关系曲线。

4.4 阿脱伍德机的加速度和张力

如 C4.4 图所示,一个质量为 $M$,半径为 $R$ 的定滑轮 $C$ 上绕有轻绳,轻绳两边挂有质量分别为 $m_1$ 和 $m_2$ 的物体 $A$ 和 $B$。定滑轮绕质心的转动惯量为 $J$。不计摩擦,用牛顿运动定律和转动定理求证:$A$ 和 $B$ 的加速度为

$$a=\frac{(m_1-m_2)R^2g}{m_1R^2+m_2R^2+J}$$

轻绳的张力分别为

$$T_1=\frac{(2m_2R^2+J)m_1g}{m_1R^2+m_2R^2+J},\quad T_2=\frac{(2m_1R^2+J)m_2g}{m_1R^2+m_2R^2+J}$$

能否利用机械能守恒定律求加速度?试画出加速度和张力随质量 $m_1$ 和 $m_2$ 变化的曲线或曲面。(提示:取 $M$ 为质量的单位。)

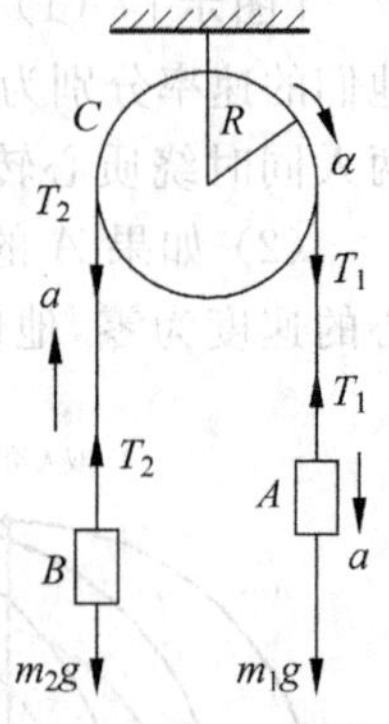

C4.4 图

4.5 双定滑轮两边轻绳连接物体的加速度

如 C4.5 图所示,两个定滑轮 $C$ 和 $D$ 的半径分别为 $R_1$ 和 $R_2$,质量分别为 $M_1$ 和 $M_2$。通过轻绳连接质量分别为 $m_1$ 和 $m_2$ 的物体 $A$ 和 $B$。不计轴处的摩擦,求证:物体的加速度和轻绳的张力分别为

$$a=\frac{2(m_1-m_2)g}{2m_1+2m_2+M_1+M_2}$$

$$T_1=\frac{(4m_2+M_1+M_2)m_1g}{2m_1+2m_2+M_1+M_2}$$

$$T_2 = \frac{(4m_1 + M_1 + M_2)m_2 g}{2m_1 + 2m_2 + M_1 + M_2}$$

$$T_3 = \frac{(4m_1 m_2 + m_2 M_1 + m_1 M_2)g}{2m_1 + 2m_2 + M_1 + M_2}$$

取 $m_2 = 0.2\text{kg}, R_1 = 0.1\text{m}, R_2 = 0.05\text{m}, M_1 = 0.1\text{kg}, M_2 = 0.4\text{kg}$，随着物体 $A$ 质量的变化，画出物体 $A$ 和 $B$ 的加速度曲线和轻绳的张力曲线。$(g = 10\text{m/s}^2)$

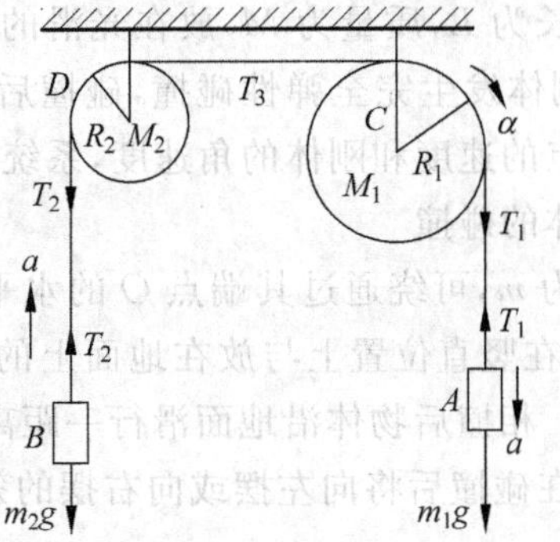


C4.5 图

4.6　刚体与墙碰撞后无滑滚动的时间

一质量为 $m$、半径为 $R$ 的匀质圆形物体，绕质心的转动惯量为 $J_C$，以速度 $v_0$ 在水平面上作无滑动的滚动。当物体与竖直墙发生碰撞之后，以同样大小的速率反弹，如果物体与水平面的滑动系数为 $\mu$，求证：物体做有滑滚动的时间为

$$t_M = \frac{2v_0}{\mu g(1 + mR^2/J_C)}$$

画出时间与转动惯量的关系曲线。对于质量为 $m$、半径为 $R$ 的圆环、圆柱体、球体和球壳来说，有滑滚动的时间是多少？这些圆形物体有滑滚动的质心速度和角速度的变化规律是什么？质心运动的距离和转动的角度随时间变化的规律是什么？（提示：取 $t_0 = v_0/\mu g$ 为时间单位，取 $mR^2$ 为转动惯量单位，取 $v_0$ 为速度的单位，取 $\omega_0 = v_0/R$ 为角速度的单位，取 $x_0 = v_0^2/\mu g$ 为质心运动距离的单位，取 $\theta_0 = v_0^2/\mu g R$ 为角度的单位。）

4.7　圆形物体滚动的规律

一质量为 $m$、半径为 $R$ 的圆形物体（例如圆环、圆盘、实心球体或空心球体），以初速度 $v_0$ 沿 $x$ 方向水平运动，其初始角速度为 $\omega_0$，物体与水平面的摩擦系数为 $\mu$。求证：物体质心的速度和转动角速度分别为

$$v_C = v_0 - \mu g t, \quad \omega = \omega_0 - \frac{\mu m g R}{J_C} t$$

物体做有滑滚动的时间是多少？末速度和末角速度是多少？选择物体，演示物体运动的动画。（提示：取 $j = J_C/mR^2$ 为无量纲的转动惯量，推导质心坐标公式和转动角度的公式，修改{范例 4.6}的程序。）

4.8　刚体与固定点的完全非弹性碰撞

如 C4.8 图所示，一匀质细棒长为 $2l$，以与棒长方向垂直的速度 $v_0$ 在光滑的水平面内平动，与前方一个固定的光滑支点 $O$ 发生完全非弹性碰撞。碰撞点与棒心的距离为 $d$。求证：

棒在碰撞后的瞬时绕 $O$ 点转动的角速度为

$$\omega=\frac{3v_0 d}{l^2+3d^2}$$

试画出 $\omega$ 随 $d$ 的变化曲线。当 $\omega$ 最大时 $d$ 是多少？$\omega$ 的最大值是多少？(提示：取 $l$ 为 $d$ 的单位，取 $v_0/l$ 为 $\omega$ 的单位。)

4.9　质点与刚体的完全弹性碰撞

如 B4.9 图所示，一刚体长为 $L$，质量为 $M$，放在光滑的水平面上，可绕其端点 $O$ 转动，转动惯量为 $J$。如果质点与刚体发生完全弹性碰撞，碰撞后速度的方向与初速度的方向在同一条直线上。求碰撞后质点的速度和刚体的角速度，系统内转移了多少动能？

4.10　悬棒与同质量物体的碰撞

一匀质细棒长为 $l$，质量为 $m$，可绕通过其端点 $O$ 的水平轴转动，如 C4.10 图所示。当棒从水平位置自由释放后，它在竖直位置上与放在地面上的物体相撞。该物体的质量也为 $m$，它与地面的摩擦系数为 $\mu$。相撞后物体沿地面滑行一距离 $s$ 后停止。求相撞后棒的质心 $C$ 上升的最大高度 $h$，说明棒在碰撞后将向左摆或向右摆的条件。

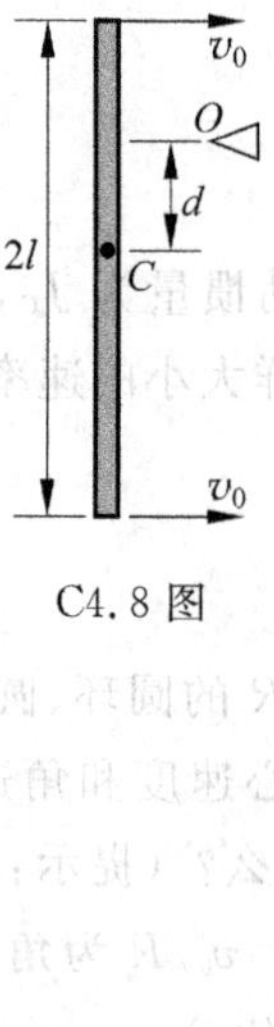


C4.8 图

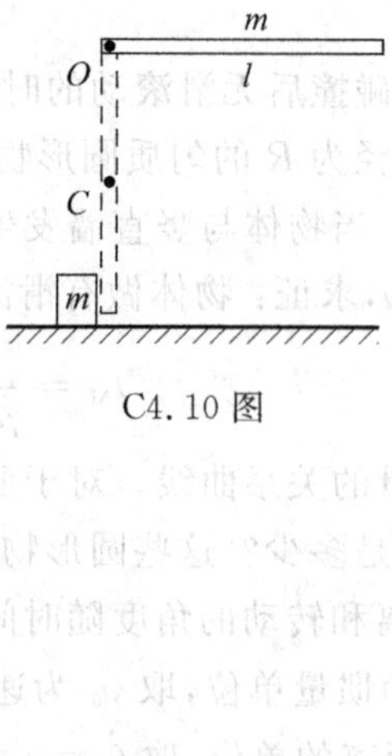


C4.10 图

# 第5章

# 机械振动

## 5.1 基本内容

**1. 振动和简谐振动的方程**

任意一个物理量的取值在某一值附近往复变化时，都可称为振动。

(1) 动力学方程

物体和弹簧所组成的系统称为弹簧振子，物体所受回复力的大小与位移的大小成正比，方向与位移的方向相反

$$F=-kx$$

其中，$k$ 是劲度系数。质量为 $m$ 的振子的加速度的大小也与位移的大小成正比，方向与位移的方向相反，即

$$\frac{\mathrm{d}^2x}{\mathrm{d}t^2}+\omega^2x=0$$

其中，$\omega^2=k/m$。注意：$x$ 既表示振子的位移，也表示振子的坐标。

(2) 运动学方程

① 位移。物体作简谐振动的位移方程可用余弦函数或正弦函数表示

$$x=A\cos(\omega t+\varphi),\quad x=A\sin(\omega t+\varphi')$$

它们都满足简谐振动的动力学方程，只是初相有所不同，对于同一振动来说，$\varphi'=\varphi+\pi/2$。

简谐振动的位移方程也可以用复位移表示

$$\tilde{x}=A\exp[\mathrm{i}(\omega t+\varphi)]$$

其中，i 表示虚数单位。复位移的实部和虚部都能够表示实际位移。

② 速度。如果用余弦函数表示位移，速度为

$$v=\frac{\mathrm{d}x}{\mathrm{d}t}=-\omega A\sin(\omega t+\varphi)$$

③ 加速度。加速度为

$$a=\frac{\mathrm{d}v}{\mathrm{d}t}=-\omega^2A\cos(\omega t+\varphi)$$

**2. 简谐振动的物理量**

(1) 振幅 $A$：物体的振动范围，表示物体振动强弱的物理量。振幅越大，物体振动越强。

(2) 周期 $T$：物体作一次完整振动所需要的时间，表示物体振动快慢的物理量。周期越大，物体振动越慢。

① 弹簧振子的周期：$T=2\pi\sqrt{\dfrac{m}{k}}$。

② 小角单摆的周期：$T=2\pi\sqrt{\dfrac{l}{g}}$。

(3) 频率 $f$：物体在 1s 内振动的次数，$f=1/T$。频率越大，周期越小，物体振动越快。

(4) 圆频率或角频率 $\omega$：物体在 $2\pi$s 内振动的次数，$\omega=2\pi/T=2\pi f$。圆频率越大，物体振动越快。

(5) 相位 $\omega t+\varphi$：表示振动状态的物理量。初相 $\varphi$：表示振动初始状态的物理量。

振动系统的周期和(圆)频率由系统的性质决定，与物体的初始条件无关，称为固有周期和固有(圆)频率。物体的振幅和初相由初始条件决定：

$$A=\sqrt{x_0^2+\frac{v_0^2}{\omega^2}},\quad \varphi=\arctan\left(\frac{-v_0}{\omega x_0}\right)$$

初相 $\varphi$ 的象限由 $-v_0$ 和 $x$ 的符号决定。

**3. 旋转矢量法**

如 A5.1 图所示，当矢量 $\boldsymbol{A}$ 从初始角度 $\varphi$ 作角速度为 $\omega$ 的匀速圆周运动时，其端点 $M$ 在 $x$ 轴上的投影点 $P$ 的坐标为

$$x=A\cos(\omega t+\varphi)$$

可见：作匀速圆周运动的矢量 $\boldsymbol{A}$ 的端点 $M$ 在 $x$ 轴上的投影点 $P$ 的运动就是简谐振动。矢量 $\boldsymbol{A}$ 的大小就是简谐振动的振幅，端点 $M$ 的轨迹是参考圆；矢量 $\boldsymbol{A}$ 作圆周运动的角速度就是简谐振动的圆频率，其周期就是简谐振动的周期；矢量 $A$ 的初始角度就是简谐振动的初相位。旋转矢量法是简谐振动的直观的几何表示方法。

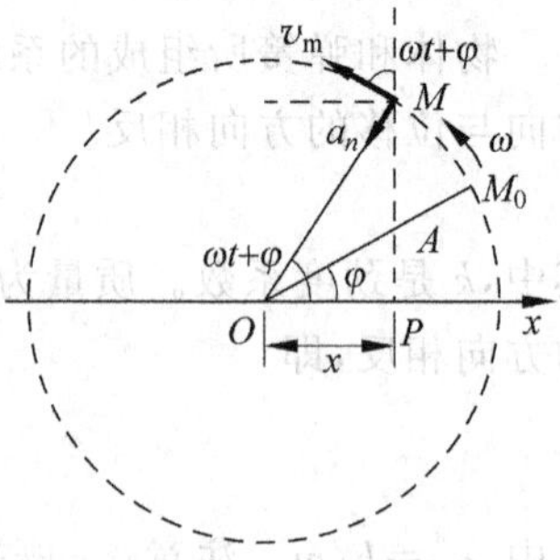

A5.1 图

**4. 简谐振动的能量**

(1) 动能：$T=\dfrac{1}{2}mv^2=\dfrac{1}{2}m\omega^2A^2\sin^2\omega t$；平均动能：$\bar{T}=\dfrac{1}{4}m\omega^2A^2$。

(2) 势能：$V=\dfrac{1}{2}kx^2=\dfrac{1}{2}kA^2\cos^2\omega t$；平均势能：$\bar{V}=\dfrac{1}{4}kA^2$。

(3) 机械能：$E=T+V=\dfrac{1}{2}mv_m^2=\dfrac{1}{2}kA^2$。

物体在振动过程中，动能和势能不断变化，相互转化，但机械能保持不变。物体振动的振幅越大，其机械能就越大。

**5. 阻尼振动**

(1) 当物体受到 $f=-\gamma v$ 的阻力时，动力学方程为

$$\frac{d^2x}{dt^2}+2\beta\frac{dx}{dt}+\omega_0^2x=0$$

$\omega_0$ 就是无阻尼时物体的固有角频率，$\beta$ 是阻尼因子。其中 $k/m=\omega_0^2$，$\gamma/m=2\beta$。

(2) 运动学方程。当 $t=0$ 时，$x=A$，$v=0$，位移为

$$x = \frac{A}{2\alpha}\mathrm{e}^{-\beta t}\left[(\alpha+\beta)\mathrm{e}^{\alpha t}+(\alpha-\beta)\mathrm{e}^{-\alpha t}\right]$$

或

$$x = A\mathrm{e}^{-\beta t}\left(\cos\omega t+\frac{\beta}{\omega}\sin\omega t\right)$$

其中 $\alpha=\sqrt{\beta^2-\omega_0^2}$，$\omega=\sqrt{\omega_0^2-\beta^2}$。

**6. 受迫振动**

(1) 动力学方程：$\frac{\mathrm{d}^2x}{\mathrm{d}t^2}+2\beta\frac{\mathrm{d}x}{\mathrm{d}t}+\omega_0^2x=\frac{F_0}{m}\cos\Omega t$。其中，$F_0$ 是驱动力振幅，$\Omega$ 是圆频率。

(2) 运动学方程。当 $t=0$ 时，$x=0$，$v=0$，位移为

$$x = A_1\mathrm{e}^{-\beta t}\cos(\omega t+\varphi)+A_2\cos(\Omega t+\Phi)$$

其中

$$A_1 = \frac{F_0\sqrt{\omega^2(\Omega^2-\omega_0^2)^2+\beta^2(\Omega^2+\omega_0^2)^2}}{m\omega\left[(\Omega^2-\omega_0^2)^2+4\beta^2\Omega^2\right]},\quad \varphi=\pi+\arctan\frac{\beta(\Omega^2+\omega_0^2)}{\omega(\Omega^2-\omega_0^2)}$$

$$A_2 = \frac{F_0}{m\sqrt{(\Omega^2-\omega_0^2)^2+4\beta^2\Omega^2}},\quad \Phi=\arctan\frac{2\beta\Omega}{\Omega^2-\omega_0^2}$$

经过一定时间，物体的运动达到稳态，振动方程为 $x=A_2\cos(\Omega t+\Phi)$。

(3) 位移共振

① 共振圆频率：$\Omega_{\mathrm{M}}=\sqrt{\omega_0^2-2\beta^2}$。

② 共振振幅：$A_{\mathrm{M}}=\frac{F_0}{2m\beta\sqrt{\omega_0^2-\beta^2}}=\frac{F_0}{m\sqrt{\omega_0^4-\Omega_{\mathrm{M}}^4}}$。

③ 共振初相：$\Phi_{\mathrm{M}}=\arctan\frac{\sqrt{\omega_0^2-2\beta^2}}{-\beta}=-\arctan\sqrt{\frac{\omega_0^2+\Omega_{\mathrm{M}}^2}{\omega_0^2-\Omega_{\mathrm{M}}^2}}$。

(4) 速度共振

① 共振圆频率：$\Omega_{\mathrm{M}}=\omega_0$。

② 速度振幅：$v_{\mathrm{m}}=\frac{\Omega F_0}{m\sqrt{(\Omega^2-\omega_0^2)^2+4\beta^2\Omega^2}}$。

③ 共振速度振幅：$(v_{\mathrm{m}})_{\mathrm{M}}=\frac{F_0}{2m\beta}$。

**7. 同直线简谐振动的合成**

(1) 两个同频率情况。如 A5.2 图所示，两个独立的同频率简谐振动的位移分别为

$$x_1 = A_1\cos(\omega t+\varphi_1),\quad x_2 = A_2\cos(\omega t+\varphi_2)$$

合振动为

$$x = A\cos(\omega t+\varphi)$$

其中，振幅

$$A = \sqrt{A_1^2+A_2^2+2A_1A_2\cos(\varphi_2-\varphi_1)}$$

初相

$$\varphi = \arctan\frac{A_1\sin\varphi_1+A_2\sin\varphi_2}{A_1\cos\varphi_1+A_2\cos\varphi_2}$$

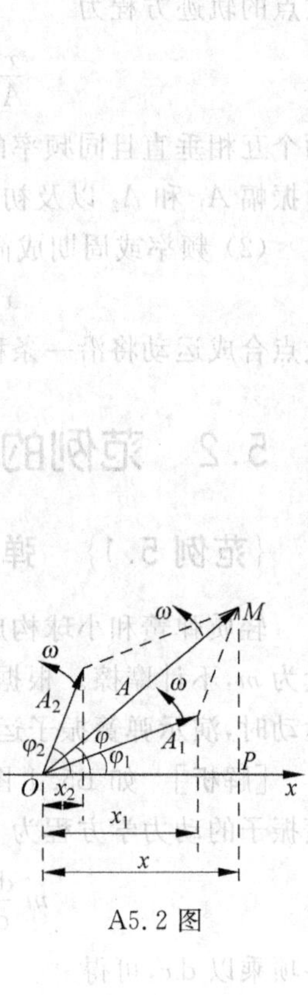

A5.2 图

(2) 多个等振幅、同频率、相差恒定的情况。$n$个简谐振动的振幅为$\Delta A$，第一个振动的初相为0，其他振动相差依次为$\Delta\varphi$，各个分振动为

$$x_1=\Delta A\cos\omega t,\quad x_2=\Delta A\cos(\omega t+\Delta\varphi),$$
$$x_3=\Delta A\cos(\omega t+2\Delta\varphi),\cdots,x_n=\Delta A\cos[\omega t+(n-1)\Delta\varphi]$$

合振动

$$x=\Delta A\frac{\sin(n\Delta\varphi/2)}{\sin(\Delta\varphi/2)}\cos\left(\omega t+\frac{n-1}{2}\Delta\varphi\right)$$

(3) 两个频率相差很小、同振幅、同相位的情况。两个不同频率简谐振动的位移分别为

$$x_1=A\cos\omega_1 t,\quad x_2=A\cos\omega_2 t$$

合振动

$$x=x_1+x_2=2A\cos\left(\frac{\omega_2-\omega_1}{2}t\right)\cos\left(\frac{\omega_2+\omega_1}{2}t\right)$$

拍频

$$f_{\mathrm{p}}=\left|\frac{\omega_2}{2\pi}-\frac{\omega_1}{2\pi}\right|=|f_2-f_1|$$

**8. 相互垂直简谐振动的合成**

(1) 同频率的情况。质点沿$x$方向和$y$方向的两个同频率的简谐振动的位移分别为

$$x=A_1\cos(\omega t+\varphi_1),\quad y=A_2\cos(\omega t+\varphi_2)$$

质点的轨迹方程为

$$\frac{x^2}{A_1^2}+\frac{y^2}{A_2^2}-\frac{2xy}{A_1A_2}\cos(\varphi_2-\varphi_1)=\sin^2(\varphi_2-\varphi_1)$$

两个互相垂直且同频率的简谐振动的合成一般是椭圆，其形状和大小以及两个主轴的方向由振幅$A_1$和$A_2$以及初相差$\varphi_2-\varphi_1$决定。

(2) 频率或周期成简单整数比的情况。质点振动的参数方程为

$$x=A_1\cos(\omega_1 t+\varphi_1),\quad y=A_2\cos(\omega_2 t+\varphi_2)$$

质点合成运动将沿一条稳定的闭合曲线进行，这种图形叫做李萨如图形。

## 5.2 范例的解析、图示、算法和程序

### {范例 5.1} 弹簧振子的运动规律(图形动画)

轻质弹簧和小球构成一个弹簧振子，弹簧原长为$l$，劲度系数(倔强系数)为$k$，振子的质量为$m$，不计摩擦。根据弹簧振子的动力学方程求运动学方程。当振子从最大位移处开始运动时，演示弹簧振子运动的动画。

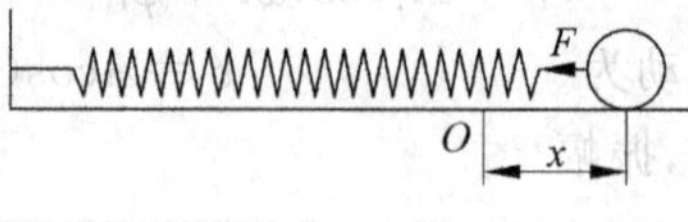

B5.1 图

[解析] 如B5.1图所示，根据牛顿运动定律，弹簧振子的动力学方程为

$$m\frac{\mathrm{d}^2x}{\mathrm{d}t^2}=-kx\qquad(5.1.1)$$

各项乘以$\mathrm{d}x$，可得

$$m\frac{\mathrm{d}v}{\mathrm{d}t}\mathrm{d}x+kx\,\mathrm{d}x=0$$

由于 $\mathrm{d}x/\mathrm{d}t=v$，上式可化为 $mv\mathrm{d}v+kx\mathrm{d}x=0$，积分可得

$$\frac{1}{2}mv^2+\frac{1}{2}kx^2=C$$

当 $x=A$ 时，$v=0$，因此 $C=kA^2/2$，上式变为

$$\frac{1}{2}mv^2+\frac{1}{2}kx^2=\frac{1}{2}kA^2 \tag{5.1.2}$$

这是弹簧振子机械能守恒方程。由上式可得速度的表达式

$$v=\pm\sqrt{\frac{k}{m}(A^2-x^2)} \tag{5.1.3}$$

正负号表示：在同一位置，有两个相反的速度方向。设

$$\omega=\sqrt{k/m} \tag{5.1.4}$$

根据 $\mathrm{d}x/\mathrm{d}t=v$，(5.1.3)式可化为

$$\mp\omega t=-\int\frac{\mathrm{d}x}{\sqrt{A^2-x^2}}$$

设 $x=A\cos u$，于是 $\mathrm{d}x=-A\sin u\mathrm{d}u$，上式可化为

$$\mp\omega t=\int\mathrm{d}u=u\pm\varphi=\arccos\frac{x}{A}\pm\varphi$$

其中，$\varphi$ 是积分常数。由此可得

$$x=A\cos(\omega t+\varphi) \tag{5.1.5}$$

(5.1.1)式可化为

$$\frac{\mathrm{d}^2x}{\mathrm{d}t^2}+\omega^2x=0 \tag{5.1.6}$$

这是典型的简谐振动微分方程。将(5.1.5)式代入上式，可使上式成立，说明(5.1.5)式确实是微分方程的解。(5.1.5)式是弹簧振子的运动学方程，其中，$A$ 是振幅，$\varphi$ 是初相位，$\omega$ 称为角频率或圆频率。弹簧振子的周期为

$$T=\frac{2\pi}{\omega}=2\pi\sqrt{\frac{m}{k}} \tag{5.1.7}$$

圆频率和周期不由初始条件决定，而由系统的劲度系数和振子的质量决定，称为固有圆频率和固有周期。在运动学方程中，如果振子从最大位移处开始运动，则初相位为零。

［图示］ P5_1 图之上图演示弹簧振子的振动；振子的位置按余弦规律变化，如 P5_1 图之下图所示。

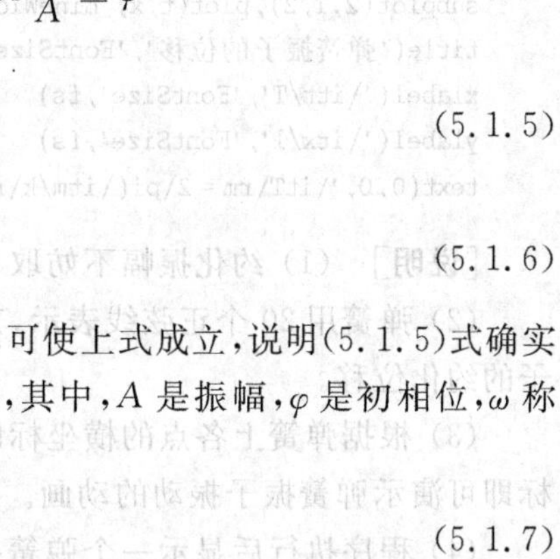

P5_1 图

［算法］ 取周期 $T$ 为时间单位，取弹簧原长 $l$ 为位移单位，弹簧的约化原长就是 1，位移方程可表示为

$$x^*=A^*\cos(2\pi t^*+\varphi) \tag{5.1.5*}$$

其中，$x^*=x/l$，$A^*=A/l$，$t^*=t/T$。$x^*$ 是约化位移，$A^*$ 是约化振幅，$t^*$ 是约化时间。当弹簧从最大位移处开始运动时，$\varphi$ 值为零。

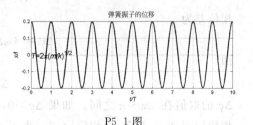

［程序］ P5_1.m 如下。

```
%弹簧振子运动的动画和位移
clear                                                   %清除变量
a = 0.2;xm = 1 + 2 * a;xx = linspace(0,1 + a,1000);     %约化振幅A/l,图形范围,弹簧初始横坐标(1)
n = 20;s0 = 0.02;yy = s0 * sin(xx/(1 + a) * n * 2 * pi); %正弦线个数,弹簧粗细,用正弦线表示弹簧(2)
figure,subplot(2,1,1),plot([1;1],[-2;-4] * s0)         %建立图形窗口,选子图,画平衡位置
fs = 16;title('弹簧振子的运动','FontSize',fs)            %显示标题
hold on,plot([0;0;xm],[1;-1;-1] * 2 * s0,'LineWidth',3)  %保持图像,画竖板和水平线
ball = plot(1 + a,0,'g.','MarkerSize',50);              %取球的句柄
spring = plot(xx,yy,'r','LineWidth',2);                 %取弹簧的句柄
axis equal off,pause,t = 0;dt = 0.005;                  %坐标间隔相等,暂停,初始时刻和时间间隔(步长)
while 1                                                 %无限循环
    if get(gcf,'CurrentCharacter') = = char(27) break;end  %按 Esc 键则中断循环(4)
    x = a * cos(2 * pi * t);                            %振子位移
    set(ball,'XData',1 + x)                             %设置球的坐标
    xx = linspace(0,1 + x,1000);yy = s0 * sin(xx./(1 + x) * n * 2 * pi);  %弹簧的坐标(3)
    set(spring,'XData',xx,'YData',yy)                   %设置弹簧的坐标
    drawnow                                             %刷新
    t = t + dt;                                         %下一个时刻
end,t = 0:dt:t;x = a * cos(2 * pi * t);                 %结束循环,时间向量和振子位移
subplot(2,1,2),plot(t,x,'LineWidth',2),grid on          %选子图,画曲线,加网格
title('弹簧振子的位移','FontSize',fs)                    %显示标题
xlabel('\itt/T','FontSize',fs)                          %标记横轴
ylabel('\itx/l','FontSize',fs)                          %标记纵轴
text(0,0,'\itT\rm = 2\pi(\itm/k\rm)^{1/2}','FontSize',fs)  %标记周期文本
```

[**说明**] (1) 约化振幅不妨取 0.2。

(2) 弹簧用20个正弦线表示,其起点坐标为0,终点坐标是弹簧的约化原长加上弹簧振子的约化位移。

(3) 根据弹簧上各点的横坐标即可计算出其纵坐标。不断设置弹簧的坐标和振子的坐标即可演示弹簧振子振动的动画。

(4) 程序执行后显示一个弹簧振子,按回车键后弹簧振子就运动起来,按 Esc 键退出,然后画出位移曲线。

## {范例 5.2} 旋转矢量法(图形动画)

用旋转矢量法演示两个同振幅、同频率的简谐振动的位移,比较相位之差。

[**解析**] 如 B5.2 图所示,两个同振幅、同频率的简谐振动的方程为

$$x_1 = A\cos(\omega t + \varphi_1) \tag{5.2.1a}$$

$$x_2 = A\cos(\omega t + \varphi_2) \tag{5.2.1b}$$

相位差为

$$\Delta\varphi = (\omega t + \varphi_2) - (\omega t + \varphi_1)$$

即

$$\Delta\varphi = \varphi_2 - \varphi_1 \tag{5.2.2}$$

$\Delta\varphi$ 的取值在 $-\pi \sim \pi$ 之间。如果 $\Delta\varphi > 0$,则 $x_2$ 超前 $x_1$ 相位 $\Delta\varphi$;如果 $\Delta\varphi < 0$,则 $x_2$ 滞后 $x_1$ 相位 $|\Delta\varphi|$ 或 $x_1$ 超前 $x_2$ 相位 $|\Delta\varphi|$。当 $\Delta\varphi = 0$ 时,$x_1$ 与 $x_2$ 同相;当 $\Delta\varphi = \pm\pi$ 时,$x_1$ 与 $x_2$ 反相。

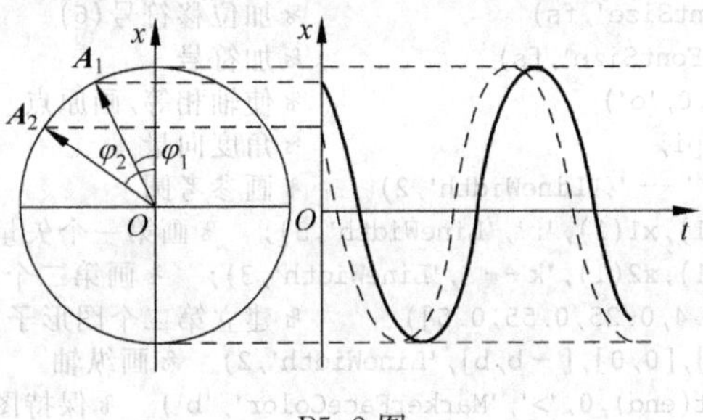


B5.2 图

［图示］ (1) 当初相位分别为 30°(π/6) 和 60°(π/3) 时，两个旋转矢量和它们在 $x$ 轴上的投影曲线如 P5_2a 图所示，两个简谐振动的相位之差就是两个旋转矢量之间的夹角。

(2) 当初相位分别为 0° 和 90°(π/2) 时，两个旋转矢量和它们在 $x$ 轴上的投影曲线如 P5_2b 图所示。当初相位分别为其他角度时，同样可演示旋转矢量和它们的投影曲线(图略)。

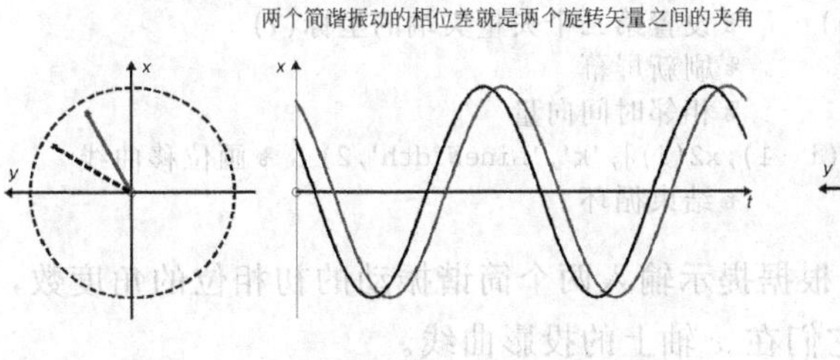


P5_2a 图

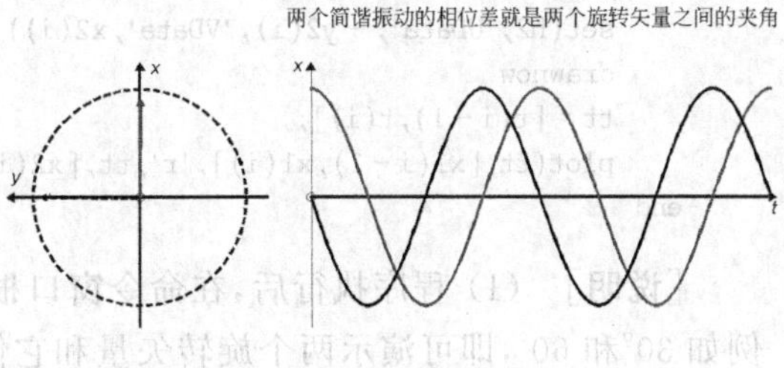


P5_2b 图

［算法］ 取振幅 $A$ 为位移的单位，同频率的简谐振动方程可表示为

$$x_1^* = x_1/A = \cos(\omega t + \varphi_1), \quad x_2^* = x_2/A = \cos(\omega t + \varphi_2) \tag{5.2.2*}$$

根据初相位和圆频率即可计算两个旋转矢量的坐标。两个初相位是可调节的参数。

［程序］ P5_2main.m 如下。

```
%用旋转矢量法比较同频率不同初相位的简谐振动位移曲线动画的主程序
clear,phi1 = 30;phi2 = 60;                           %清除变量,第 1 个,第 2 个振动的初相位
P5_2fun(phi1,phi2)                                    %调用函数文件演示动画
P5_2fun(0,90)                                         %调用函数文件演示动画
```

P5_2fun.m 如下。

```
%用旋转矢量法比较同频率不同初相位的简谐振动位移曲线动画的函数文件
function fun(phi1,phi2)
phi1 = phi1 * pi/180;                                 %第 1 个振动的初相位的弧度数
phi2 = phi2 * pi/180;                                 %第 2 个振动的初相位的弧度数
T = 2;omega = 2 * pi/T;                               %周期和角速度(2)
n = 2;dt = 0.01;t = (0:dt:T) * n;                     %周期的个数,时间步长,时间向量(3)
x1 = cos(omega * t + phi1);y1 = sin(omega * t + phi1);   %第一个振动的位移,第一个矢量 y 轴投影
x2 = cos(omega * t + phi2);y2 = sin(omega * t + phi2);   %第二个振动的位移,第二个矢量 y 轴投影
b = 1.2;fs = 12;                                      %轴的半宽度和字体大小
figure                                                %建立图形窗口并取句柄
subplot('Position',[0,0.3,0.4,0.4])                   %建立第一个图形子窗口(4)
plot([ - b,b],[0,0],[0,0],[ - b,b],'b','LineWidth',2)   %画横轴和纵轴
hold on,plot(0,b,'^', - b,0,'b<','MarkerFaceColor','b')  %保持图像,加箭头(5)
```

```
text(0.1,b,'\itx','FontSize',fs)                    %加位移符号(6)
text(-b,0.2,'\ity','FontSize',fs)                   %加符号
axis equal off,plot(0,0,'o')                        %使轴相等,画原点
th=(0:100)/100*2*pi;                                %角度向量
plot(cos(th),sin(th),'--','LineWidth',2)            %画参考圆
h1=quiver(0,0,-y1(1),x1(1),'r','LineWidth',3);   %画第一个矢量并取句柄
h2=quiver(0,0,-y2(1),x2(1),'k--','LineWidth',3);   %画第二个矢量并取句柄
subplot('Position',[0.4,0.25,0.55,0.5])             %建立第二个图形子窗口(4)
plot([0,t(end)],[0,0],[0,0],[-b,b],'LineWidth',2)  %画纵轴
hold on,plot(0,b,'^',t(end),0,'>','MarkerFaceColor','b')  %保持图像,加箭头(5)
text(t(end),-0.1,'\itt','FontSize',fs)              %加时间符号
text(0.1,b,'\itx','FontSize',fs)                    %加位移符号
axis off,plot(0,0,'o')                              %隐轴,画原点
plot(0,x1(1),'r.',0,x2(1),'k.')                     %画位移的起点
title('两个简谐振动的相位差就是两个旋转矢量之间的夹角','FontSize',fs)  %显示标题
xlabel('时间\itt\rm/s','FontSize',fs),pause         %标记横轴,暂停
for i=2:length(t)                                   %按时间循环
    set(h1,'UData',-y1(i),'VData',x1(i))            %设置第一个矢量尖端的坐标(7)
    set(h2,'UData',-y2(i),'VData',x2(i))            %设置第二个矢量尖端的坐标(7)
    drawnow                                         %刷新屏幕
    tt=[t(i-1),t(i)];                               %相邻时间向量
    plot(tt,[x1(i-1),x1(i)],'r',tt,[x2(i-1),x2(i)],'k','LineWidth',2)  %画位移曲线
end                                                 %结束循环
```

［**说明**］ (1) 程序执行后,在命令窗口根据提示输入两个简谐振动的初相位的角度数,例如30°和60°,即可演示两个旋转矢量和它们在 $x$ 轴上的投影曲线。

(2) 周期不妨取2s,从而计算圆频率。

(3) 取两个周期就行了,设置时间间隔和向量就能计算旋转矢量的坐标。

(4) 旋转矢量的子窗口和位移的子窗口可根据位置建立,两个子窗口不得相互冲突。

(5) 给符号的表面加上颜色就形成实心的箭头。

(6) 左图中竖直向上的轴是 $x$ 轴,水平向左的轴是 $y$ 轴,这是为了使两个图中的 $x$ 轴平行。

(7) 在左边子窗口中不断替换矢量尖端坐标就形成旋转矢量的动画,在右边子窗口中通过画曲线演示位移的动画。

## {范例5.3} 弹簧下端悬挂物体被子弹击入后的振动

如B5.3图之左图所示,一弹簧振子由劲度系数为 $k$ 的弹簧和质量为 $M$ 的物块组成,物块被悬挂而处于静止状态。一质量为 $m$ 的子弹以初速度 $v_0$ 由下向上射入物块中并留在内部,形成复合弹簧振子。求复合振子的运动方程。

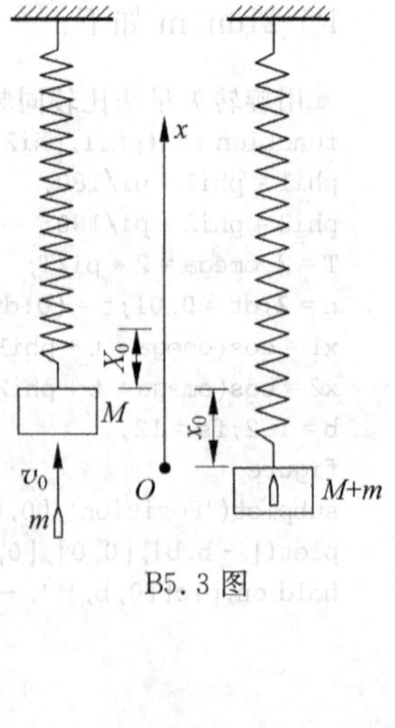

B5.3图

［**解析**］ 当子弹射入物块时,设复合弹簧振子的初速度为 $V_0$,根据动量守恒定律得方程

$$mv_0=(M+m)V_0$$

因此得

$$V_0=\frac{m}{M+m}v_0 \tag{5.3.1}$$

当物块静止在弹簧下面的时候,弹簧拉长为 $X_0$,根据力的

平衡条件得方程

$$kX_0 = Mg \tag{5.3.2}$$

当子弹射入物块后，子弹和物块运动到平衡位置时，弹簧再拉长了 $x_0$，则得方程

$$k(X_0 + x_0) = (M+m)g$$

结合(5.3.2)式可得

$$x_0 = mg/k \tag{5.3.3}$$

这是子弹的重力引起的弹簧伸长量。

如 B5.3 图之右图所示，以复合振子的平衡位置为坐标原点，取向上的方向为正，$x_0$ 就是初位移，$V_0$ 就是初速度。当复合振子从平衡位移向上移动 $x$ 时，其运动方程为

$$(M+m)\frac{\mathrm{d}^2 x}{\mathrm{d}t^2} = k(X_0 + x_0 - x) - (M+m)g = -kx$$

即

$$\frac{\mathrm{d}^2 x}{\mathrm{d}t^2} + \frac{k}{M+m}x = 0 \tag{5.3.4}$$

复合振子的圆频率为 $\omega = \sqrt{k/(m+M)}$。复合振子的振幅为

$$A = \sqrt{x_0^2 + \left(\frac{V_0}{\omega}\right)^2} = \sqrt{\left(\frac{mg}{k}\right)^2 + \left[\frac{mv_0}{(M+m)\omega}\right]^2}$$

即

$$A = \frac{mg}{k}\sqrt{1 + \left(\frac{\omega v_0}{g}\right)^2} \tag{5.3.5}$$

初相为

$$\varphi = \arctan\frac{-V_0}{\omega x_0} = \arctan\frac{-\omega v_0}{g} \tag{5.3.6}$$

弹簧的劲度系数和复合振子的质量决定了复合振子的圆频率，复合振子的初相位则与子弹的初速度和圆频率有关，振幅则由多个因素决定。复合振子的运动方程为

$$x = \frac{mg}{k}\sqrt{1 + \left(\frac{\omega v_0}{g}\right)^2}\cos\left(\omega t + \arctan\frac{-\omega v_0}{g}\right) \tag{5.3.7}$$

**[图示]** 如 P5_3 图所示，复合振子的振幅随子弹初速度的增加而增加，不论初速度为多少，复合振子的周期和圆频率不变。

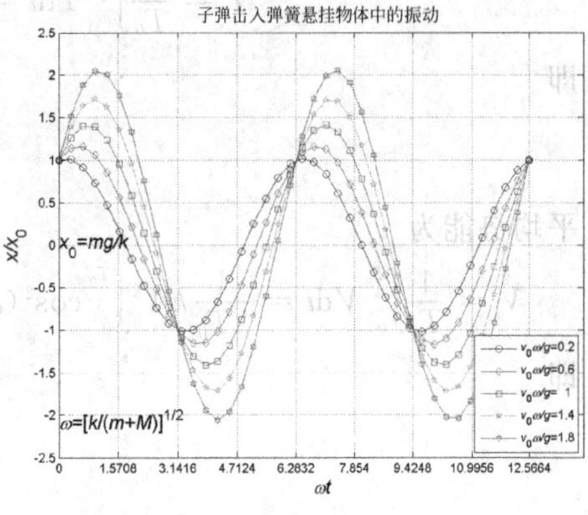


P5_3 图

**[算法]** 取 $x_0 = mg/k$ 为位移的单位，取 $g/\omega$ 为初速度的单位，取 $t^* = \omega t$ 为无量纲的时间，复合振子的运动方程可表示为

$$x = x_0\sqrt{1 + v_0^{*2}}\cos(t^* - \arctan v_0^*) \tag{5.3.7*}$$

其中 $v_0^* = v_0\omega/g$。取子弹的初速度为参数向量，取时间为自变量向量，形成参数和自变量矩阵，计

算复合振子的位移,用矩阵画线法画曲线族。

[**程序**] P5_3.m 见网站。

## {范例 5.4} 弹簧振子的能量

弹簧振子的质量为 $m$,劲度系数为 $k$,振幅为 $A$,求弹簧振子的动能和平均动能、势能和平均势能以及机械能。

[**解析**] 弹簧振子的位移为

$$x = A\cos(\omega t + \varphi) \tag{5.4.1}$$

其中

$$\omega = \sqrt{k/m} \tag{5.4.2}$$

振子速度为

$$v = -\omega A\sin(\omega t + \varphi) \tag{5.4.3}$$

系统的动能为(周期用 $T_0$ 表示)

$$T = \frac{1}{2}mv^2 = \frac{1}{2}m\omega^2 A^2\sin^2(\omega t + \varphi) \tag{5.4.4}$$

势能为

$$V = \frac{1}{2}kx^2 = \frac{1}{2}kA^2\cos^2(\omega t + \varphi) \tag{5.4.5}$$

可见:系统的动能和势能都随时间做周期性的变化。由(5.4.2)式,总的机械能为

$$E = T + V = \frac{1}{2}m\omega^2 A^2\sin^2(\omega t + \varphi) + \frac{1}{2}kA^2\cos^2(\omega t + \varphi)$$

即

$$E = \frac{1}{2}kA^2 = \frac{1}{2}m\omega^2 A^2 \tag{5.4.6}$$

可知:系统总的机械能保持不变,等于系统的最大势能,也等于系统的最大动能。

由于系统的动能和势能是周期性的,只需要考虑一个周期内的平均值就行了。平均动能为

$$\overline{T} = \frac{1}{T_0}\int_0^{T_0} T\mathrm{d}t = \frac{1}{2T_0}m\omega^2 A^2\int_0^{T_0}\sin^2(\omega t + \varphi)\mathrm{d}t$$

即

$$\overline{T} = \frac{1}{4}kA^2 \tag{5.4.7}$$

平均势能为

$$\overline{V} = \frac{1}{T_0}\int_0^{T_0} V\mathrm{d}t = \frac{1}{2T_0}kA^2\int_0^{T_0}\cos^2(\omega t + \varphi)\mathrm{d}t = \frac{1}{2T_0}kA^2\int_0^{T_0}\frac{1}{2}[1 + \cos2(\omega t + \varphi)]\mathrm{d}t$$

即

$$\overline{V} = \frac{1}{4}kA^2 \tag{5.4.8}$$

可知：系统的平均动能等于平均势能，等于总的机械能的一半。

［图示］ 如 P5_4 图所示，取初相位为零，位移随时间按余弦规律变化，速度按正弦规律变化，动能和势能则分别按正弦平方和余弦平方的规律变化，其周期只有位移和速度周期的一半。这是因为在一个周期之内，动能和势能两次取得极大值或极小值。总机械能保持不变。

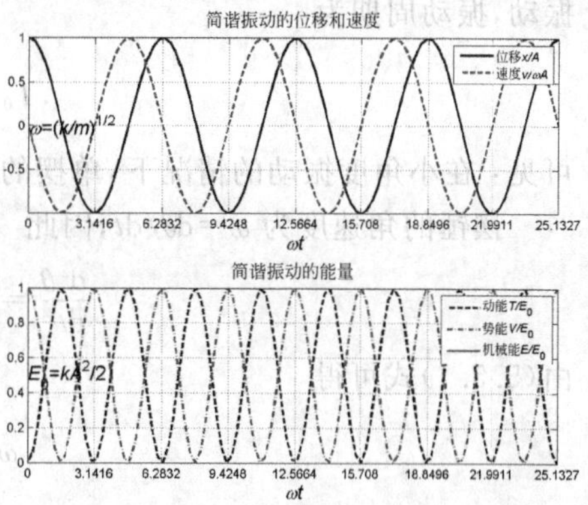

P5_4 图

［算法］ 取振幅 $A$ 为位移单位，取 $t^*=\omega t$ 为无量纲的时间，取初相位为零，则弹簧振子的无量纲位移为

$$x^*=\frac{x}{A}=\cos t^* \tag{5.4.1*}$$

取 $\omega A$ 为速度单位，则弹簧振子的无量纲速度为

$$v^*=\frac{v}{\omega A}=-\sin t^* \tag{5.4.3*}$$

取 $E_0=kA^2/2$ 为能量单位，则系统无量纲的动能和势能分别为

$$T^*=\frac{T}{E_0}=\sin^2 t^* \tag{5.4.4*}$$

$$V^*=\frac{V}{E_0}=\cos^2 t^* \tag{5.4.5*}$$

［程序］ P5_4.m 见网站。

## *{范例 5.5} 轻杆单摆振动的周期和规律（图形动画）

(1) 一轻杆长为 $l$，连接一个质量为 $m$ 的摆球，形成一个单摆。不计摩擦，求单摆的周期与角振幅的关系。

(2) 演示单摆振动的动画。

(3) 当单摆角振幅的度数为 1°～5°时（间隔为 1°），将单摆运动的角位置和角速度与简谐振动进行比较。当单摆角振幅的度数从 60°～150°时（间隔为 30°），另加 179°，比较单摆振动和简谐振动的规律。

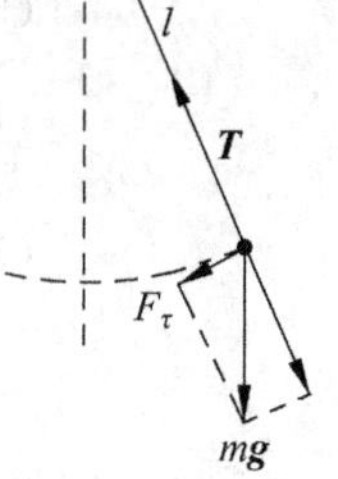

B5.5 图

［解析］ (1) 如 B5.5 图所示，设角位置为 $\theta$，摆锤的运动方程为

$$ml\frac{\mathrm{d}^2\theta}{\mathrm{d}t^2}=-mg\sin\theta$$

即

$$\frac{\mathrm{d}^2\theta}{\mathrm{d}t^2}=-\frac{g}{l}\sin\theta \tag{5.5.1}$$

在小角度的情况下，$\sin\theta\approx\theta$，可得

$$\frac{\mathrm{d}^2\theta}{\mathrm{d}t^2}+\omega_0^2\theta=0 \tag{5.5.2}$$

其中 $\omega_0=\sqrt{g/l}$，$\omega_0$ 为圆频率。可知：单摆在小角度的情况下作简谐

振动,振动周期为

$$T_0 = \frac{2\pi}{\omega_0} = 2\pi\sqrt{\frac{l}{g}} \tag{5.5.3}$$

可见：在小角度振动的情况下,单摆的周期与角振幅无关,这称为单摆的等时性。

摆锤的角速度为 $\omega = \mathrm{d}\theta/\mathrm{d}t$,因此

$$\frac{\mathrm{d}^2\theta}{\mathrm{d}t^2} = \frac{\mathrm{d}\omega}{\mathrm{d}t} = \frac{\mathrm{d}\omega}{\mathrm{d}\theta}\frac{\mathrm{d}\theta}{\mathrm{d}t} = \omega\frac{\mathrm{d}\omega}{\mathrm{d}\theta}$$

由(5.5.1)式可得

$$\omega\mathrm{d}\omega = -\frac{g}{l}\sin\theta\mathrm{d}\theta$$

积分得

$$\frac{1}{2}\omega^2 = \frac{g}{l}\cos\theta + C$$

当 $t=0$ 时,$\omega=0$,$\theta=\theta_{\mathrm{m}}$,可得 $C=-g\cos\theta_{\mathrm{m}}/l$。因此角速度大小为

$$\frac{\mathrm{d}\theta}{\mathrm{d}t} = \omega = \sqrt{\frac{2g}{l}(\cos\theta - \cos\theta_{\mathrm{m}})} \tag{5.5.4}$$

根据机械能守恒定律也可得出同一结果。注意：角速度是单位时间内角度的变化率 $\mathrm{d}\theta/\mathrm{d}t$,圆(角)频率是简谐运动中 $2\pi$ 时间内周期性运动的次数 $2\pi/T$,它们都用字母 $\omega$ 表示,单位也相同,但意义不同。单摆的周期为

$$T = 4\sqrt{\frac{l}{2g}}\int_0^{\theta_{\mathrm{m}}}\frac{\mathrm{d}\theta}{\sqrt{\cos\theta - \cos\theta_{\mathrm{m}}}} = T_0\frac{\sqrt{2}}{\pi}\int_0^{\theta_{\mathrm{m}}}\frac{\mathrm{d}\theta}{\sqrt{\cos\theta - \cos\theta_{\mathrm{m}}}} \tag{5.5.5}$$

对于任何角振幅 $\theta_{\mathrm{m}}$,通过数值积分和符号积分都能计算周期。

利用半角公式可得

$$T = T_0\frac{1}{\pi}\int_0^{\theta_{\mathrm{m}}}\frac{\mathrm{d}\theta}{\sqrt{\sin^2(\theta_{\mathrm{m}}/2) - \sin^2(\theta/2)}}$$

设

$$k = \sin\frac{\theta_{\mathrm{m}}}{2} \tag{5.5.6}$$

并设 $k\sin x = \sin(\theta/2)$,因此 $k\cos x\mathrm{d}x = \frac{1}{2}\cos\frac{\theta}{2}\mathrm{d}\theta$,可得

$$T = T_0\frac{1}{\pi}\int_0^{\pi/2}\frac{2k\cos x\mathrm{d}x}{\cos(\theta/2)\sqrt{k^2 - k^2\sin^2 x}} = T_0\frac{2}{\pi}\int_0^{\pi/2}\frac{\mathrm{d}x}{\sqrt{1-\sin^2(\theta/2)}}$$

即

$$T = T_0\frac{2}{\pi}\int_0^{\pi/2}\frac{\mathrm{d}x}{\sqrt{1-k^2\sin^2 x}} \tag{5.5.7}$$

第一类完全椭圆积分定义为

$$\mathrm{K}(k) = \int_0^{\pi/2}\frac{\mathrm{d}x}{\sqrt{1-k^2\sin^2 x}} \tag{5.5.8}$$

周期为

$$T = T_0\frac{2}{\pi}\mathrm{K}(k) \tag{5.5.9}$$

将周期的椭圆积分公式按二项式展开得

$$T = T_0 \frac{2}{\pi}\int_0^{\pi/2}\left[1+\sum_{n=1}^{\infty}\frac{(2n-1)!!}{2^n n!}(k\sin x)^{2n}\right]\mathrm{d}x$$

其中$(2n-1)!! = 1\cdot 3\cdot \cdots \cdot (2n-1)$。利用定积分公式

$$\int_0^{\pi/2}\sin^{2n}x\,\mathrm{d}x = \frac{(2n-1)!!}{2^n n!}\frac{\pi}{2} \tag{5.5.10}$$

可得用无穷级数表示的单摆周期

$$T = T_0\left\{1+\sum_{n=1}^{\infty}\left[\frac{(2n-1)!!}{2^n n!}\sin^n\frac{\theta_m}{2}\right]^2\right\} \tag{5.5.11}$$

如果只取常数项,可得单摆小角度的周期 $T_0$。如果取前两个正弦项,则得

$$T = T_0\left(1+\frac{1}{2^2}\sin^2\frac{\theta_m}{2}+\frac{1}{2^2}\frac{3^2}{4^2}\sin^4\frac{\theta_m}{2}+\cdots\right) \tag{5.5.12}$$

利用级数计算周期究竟要取多少项,则根据精度确定。

[**图示**] (1) 如 P5_5_1a 图所示,数值积分与第一类完全椭圆公式计算的结果完全吻合,而第一类完全椭圆积分的效率最高。当角振幅在 20°以内时,单摆的周期几乎不变。当角振幅在 20°～40°之间时,单摆的周期稍有增加。当角振幅大于 40°时,单摆的周期显著增加。当角振幅接近 180°时,单摆的周期急剧增加。

(2) 如 P5_5_1b 图所示,实线表示用第一类完全椭圆积分公式计算的周期的精确值,点表示用级数计算的周期的近似值,容差取为 $10^{-6}$。当角振幅等于 5°时,只要在周期的级数中取一个正弦项即可达到精度。当角振幅等于 90°时,则需要取 15 个正弦项才能达到精度。当角振幅等于 150°时,则需要取 148 个正弦项才能达到精度。当角振幅在 155°～165°之间时,取 150 个正弦项虽然不能达到精度,但是周期的近似值与精确值基本吻合。当角振幅接近 180°时,即使取 150 个正弦项,周期的近似值与精确值也有明显的差别。可见:在通常振幅的情况下,可用级数求和的方法计算单摆的周期,但是在很大振幅的情况下,就需要用积分的方法或完全椭圆积分函数才能保证周期的精度。

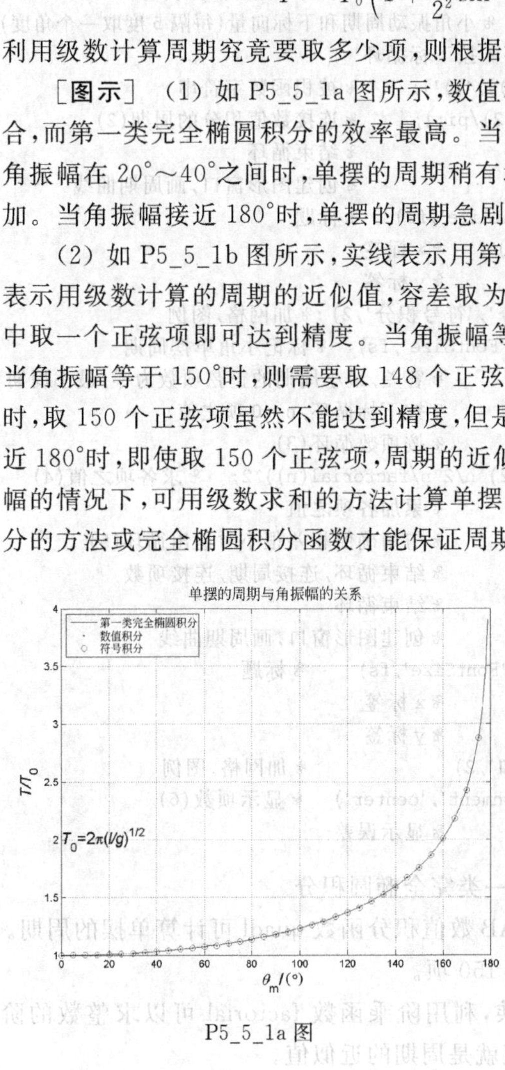


P5_5_1a 图

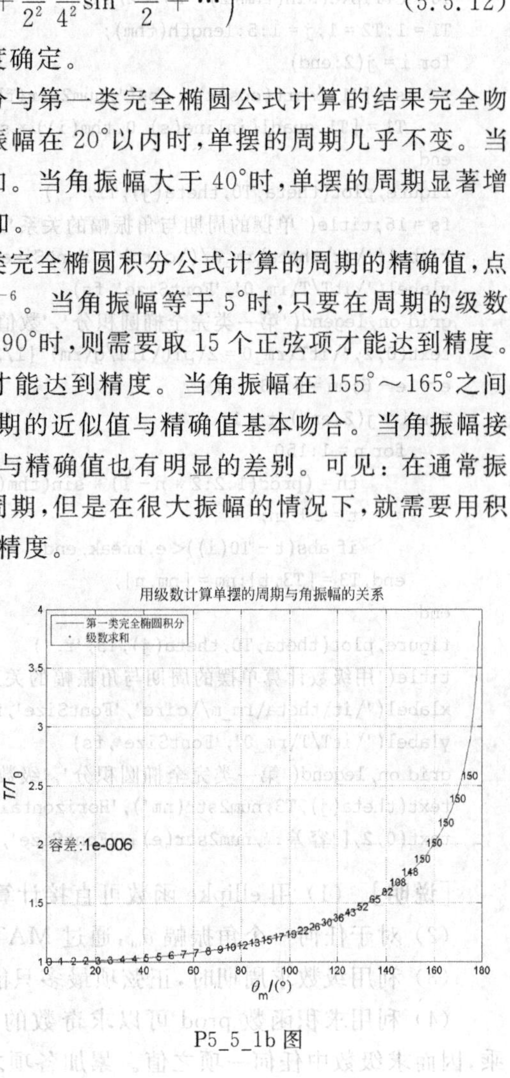


P5_5_1b 图

[**算法**] (1) MATLAB 定义的第一类完全椭圆积分为

$$\mathrm{K}(m) = \int_0^{\pi/2}\frac{\mathrm{d}x}{\sqrt{1-m\sin^2 x}} \tag{5.5.8*}$$

周期可表示为

$$T = T_0 \frac{2}{\pi}\mathrm{K}(m) \qquad (5.5.9^*)$$

其中

$$m = \sin^2\frac{\theta_m}{2} \qquad (5.5.6^*)$$

对于一定的角振幅，根据精度在单摆周期的无穷级数中取有限项，计算周期的近似值。

［**程序**］ P5_5_1.m 如下。

```
%单摆的周期(用内线函数数值积分和符号积分以及级数与椭圆积分比较)
clear,theta = 0:179;thm = theta * pi/180;          %清除变量,角振幅向量的度数,角度化为弧度数
T0 = ellipke(sin(thm/2).^2) * 2/pi;                %用椭圆积分计算单摆精确周期(1)
T1 = 1;T2 = 1;j = 1:5:length(thm);                 %小角振动周期和下标向量(每隔5度取一个角度)
for i = j(2:end)                                   %按下标循环
    s = ['1./sqrt(cos(x) - cos(',num2str(thm(i)),'))'];   %被积函数字符串
    T1 = [T1,quadl(inline(s),0,thm(i)) * sqrt(2)/pi;];    %连接数值积分的周期(2)
end                                                       %结束循环
figure,plot(theta,T0,theta(j),T1,'.')                     %创建图形窗口,画周期曲线
fs = 16;title('单摆的周期与角振幅的关系','FontSize',fs)      %标题
xlabel('\it\theta\rm_m/(\circ)','FontSize',fs)           %x标签
ylabel('\itT/T\rm_0','FontSize',fs)                      %y标签
grid on,legend('第一类完全椭圆积分','数值积分','符号积分',2) %加网格,图例
text(0,2,'\itT\rm_0 = 2\pi(\itl/g\rm)^{1/2}','FontSize',fs)  %标记小角单摆周期
e = 1e - 6;nm = 0;T3 = 1;                          %容差,最小周期的正弦项数为零,最小周期
for i = j(2:end),t = 1;                            %按下标循环,n = 0项之值
    for n = 1:150                                  %按项数循环(3)
        tn = (prod(1:2:2 * n - 1) * sin(thm(i)/2)^n/2^n/factorial(n))^2;   %求各项之值(4)
        t = t + tn;                                %累加各项之值
        if abs(t - T0(i))< e,break,end             %与精确值相差很小时退出循环(5)
    end,T3 = [T3,t];nm = [nm,n];                   %结束循环,连接周期,连接项数
end                                                %结束循环
figure,plot(theta,T0,theta(j),T3,'r.')             %创建图形窗口,画周期曲线
title('用级数计算单摆的周期与角振幅的关系','FontSize',fs)   %标题
xlabel('\it\theta\rm_m/\circ','FontSize',fs)       %x标签
ylabel('\itT/T\rm_0','FontSize',fs)                %y标签
grid on,legend('第一类完全椭圆积分','级数求和',2)          %加网格,图例
text(theta(j),T3,num2str(nm'),'HorizontalAlignment','center')   %显示项数(6)
text(0,2,['容差:',num2str(e)],'FontSize',fs)       %显示误差
```

［**说明**］ (1) 用 ellipke 函数可直接计算第一类完全椭圆积分。

(2) 对于任何一个角振幅 $\theta_m$，通过 MATLAB 数值积分函数 quadl 可计算单摆的周期。

(3) 利用级数求周期时，正弦项最多只能取 150 项。

(4) 利用求积函数 prod 可以求奇数的连乘，利用阶乘函数 factorial 可以求整数的阶乘，因而求级数中任何一项之值。累加各项之值就是周期的近似值。

(5) 如果根据级数的和所计算的周期的近似值与用椭圆积分所计算的精确值相差很小，则提前退出循环，循环变量就是级数的项数。在循环完毕之后，近似值与精确值之差就大于容差。

(6) 在水平中心显示项数,可说明达到一定精度的计算量。

［解析］ (2) 为了演示单摆的振动,需要求微分方程中角度的数值解。摆锤的坐标为

$$x = l\sin\theta, \quad y = l\cos\theta \tag{5.5.13}$$

其中,$x$ 轴取向右的方向为正,$y$ 轴取向下的方向为正。

［图示］ (1) 当角振幅为 60°时,单摆的初始状态如 P5_5_2a 图所示,单摆的周期为 $1.0732T_0$。当角振幅小于 5°时,单摆的振动周期约等于小角振动的周期(图略)。当角振幅为 90°时,单摆的周期为 $1.18T_0$(图略)。

(2) 当角振幅为 179°时,单摆的初始状态如 P5_5_2b 图所示,单摆的周期为 $3.9011T_0$。当角振幅为 179.9°时,单摆的周期为 $5.37T_0$(图略)。

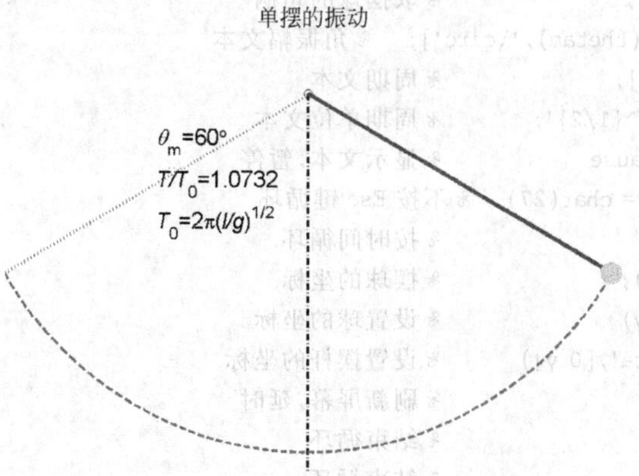

P5_5_2a 图

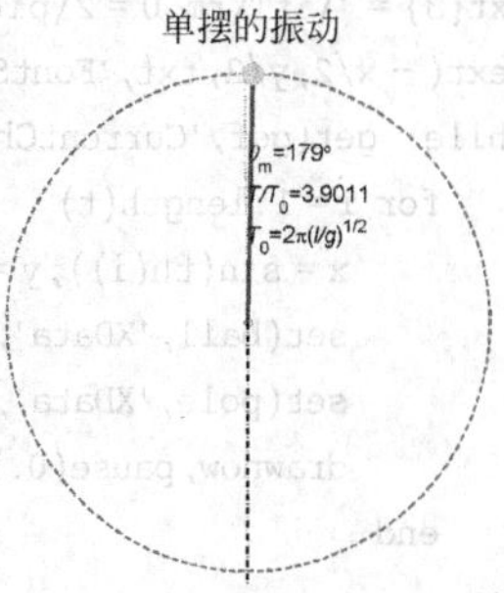

P5_5_2b 图

［算法］ (2) 取 $t^* = \omega_0 t$ 为无量纲时间,(5.5.1)式可化为

$$\frac{d^2\theta}{dt^{*2}} = -\sin\theta \tag{5.5.1*}$$

取 $\theta(1)=\theta, \theta(2)=d\theta/dt^*$,可得

$$\frac{d\theta(1)}{dt^*} = \theta(2), \quad \frac{d\theta(2)}{dt^*} = -\sin\theta(1)$$

初始条件是 $\theta(1)=\theta_m, \theta(2)=0$。取 $l$ 为坐标单位,则摆锤的坐标可表示为

$$x^* = x/l = \sin\theta, \quad y^* = y/l = \cos\theta \tag{5.5.13*}$$

由于

$$\theta(2) = \frac{d\theta(1)}{dt^*} = \frac{d\theta}{\omega_0 dt} = \frac{\omega}{\omega_0}$$

因此 $\theta(2)$ 表示以 $\omega_0$ 为单位的单摆的角速度。由于

$$t = \frac{\omega_0 t}{\omega_0} = \frac{t^*}{2\pi} T_0$$

所以无量纲时间除以 $2\pi$ 就是以小角周期 $T_0$ 为单位的时间。在单摆的运动过程中,不断设置单摆的坐标,即可演示单摆运动的动画。单摆的角振幅是可调节的参数。

［程序］ P5_5_2.m 如下。

```
%单摆振动的动画
clear,thetam = input('请输入单摆角振幅的度数:');          %清除变量,键盘输入角振幅(1)
thm = thetam * pi/180;T = ellipke(sin(thm/2)^2) * 2/pi;   %化为弧度,用椭圆积分计算精确周期
```

```
t = linspace(0,T * 2 * pi);                          % 一个周期的无量纲时间向量
options.RelTol = 1e - 6;                             % 相对容差(2)
[t,TH] = ode45('P5_5_2ode',t,[thm,0],options);       % 计算角度和角速度
th = TH(:,1);                                        % 取角度向量
figure,plot([0;0],[0;1.05],'-.','LineWidth',2)       % 建立图形窗口并取句柄,画竖虚线
axis equal off ij,fs = 16;title('单摆的振动','FontSize',fs)  % 不显示坐标,显示标题
hold on,plot(0,0,'o')                                % 保持图像,画悬点
plot(exp(i * (linspace( - thm,thm) + pi/2)),'m -- ','LineWidth',2)  % 画轨迹
x = sin(thm);y = cos(thm);                           % 摆球的起始坐标
plot([0, - x],[0,y],'r:','LineWidth',2)              % 画连线
pole = plot([0,x],[0,y],'r','LineWidth',3);          % 取摆线的句柄
ball = plot(x,y,'c.','MarkerSize',50);               % 取摆球的句柄
txt{1} = ['\it\theta\rm_m = ',num2str(thetam),'\circ'];  % 角振幅文本
txt{2} = ['\itT/T\rm_0 = ',num2str(T)];              % 周期文本
txt{3} = '\itT\rm_0 = 2\pi(\itl/g\rm)^{1/2}';        % 周期单位文本
text( - x/2,y/2,txt,'FontSize',fs),pause             % 显示文本,暂停
while  get(gcf,'CurrentCharacter')~ = char(27)       % 不按 Esc 键循环
    for i = 1:length(t)                              % 按时间循环
        x = sin(th(i));y = cos(th(i));               % 摆球的坐标
        set(ball,'XData',x,'YData',y)                % 设置球的坐标
        set(pole,'XData',[0 x],'YData',[0 y])        % 设置摆杆的坐标
        drawnow,pause(0.01)                          % 刷新屏幕,延时
    end                                              % 结束循环
end                                                  % 结束循环
```

程序要调用函数 P5_5_2ode.m 求微分方程的数值解。

```
% 单摆运动规律的函数
function f = Fun(t,th)
f = [th(2); - sin(th(1))];                           % 角速度和角加速度
```

［**说明**］ (1) 程序执行时从键盘输入角振幅,显示单摆之后,按回车键就演示单摆的振动,直到按 Esc 键为止。

(2) 在求微分方程的数值解之前,设置相对容差,可减少计算的误差。如果不设置容差,当角振幅为 179°时,单摆会出现异常摆动。

［**解析**］ (3) 为了求解单摆的运动规律,仍然需要求微分方程的数值解。

单摆的振动可与简谐振动进行比较。简谐振动的角位移可用余弦函数表示:

$$\theta_{\mathrm{h}} = \theta_{\mathrm{m}} \cos \frac{2\pi}{T} t \tag{5.5.14}$$

简谐振动的角速度为

$$\omega_{\mathrm{h}} = -\theta_{\mathrm{m}} \frac{2\pi}{T} \sin \frac{2\pi}{T} t \tag{5.5.15}$$

［**图示**］ (1) 如 P5_5_3a 图所示:在角振幅较小的情况下,单摆的周期近似为小角单摆的周期,其角位移完全可以用余弦函数表示。

(2) 如 P5_5_3b 图所示:在角振幅较小的情况下,其角速度完全可以用正弦函数表示。

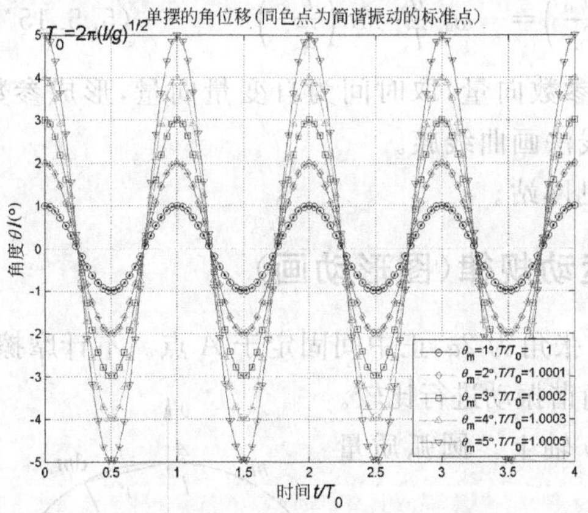


P5_5_3a 图

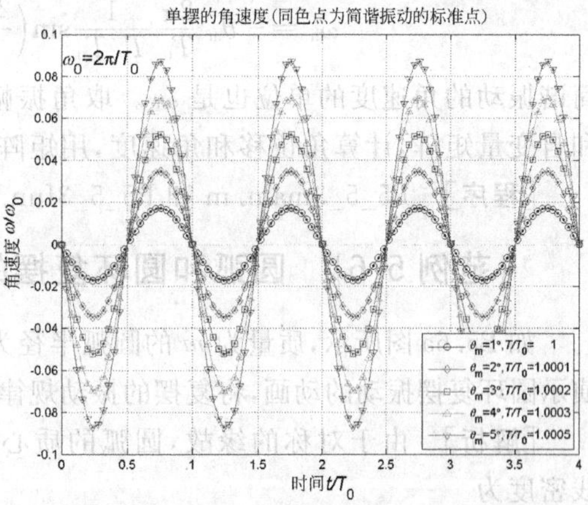


P5_5_3b 图

(3) 在角振幅较大的情况下,单摆的角位移如 P5_5_3c 图所示。当角振幅在 90°以内时,单摆的角位移与简谐运动的标准点基本上是重合的,因此可用余弦函数近似表示;当角振幅等于 150°时,单摆的角位移与简谐运动的标准点有所偏离;当角振幅接近 180°时,单摆的周期显著增加,角位移显著偏离简谐运动,角位移的极大值和极小值处十分“平坦”,表示单摆在左右两个角振幅附近运动比较缓慢。

(4) 如 P5_5_3d 图所示:当角振幅在 90°以内时,单摆的角速度曲线与大多数正弦点(少量极值附近的点除外)重合;当角振幅等于 150°时,单摆的角速度与正弦曲线偏离较多;当角振幅接近 180°时,角速度与正弦曲线偏离很大,峰值附近的曲线尖而窄,零值附近的曲线变得十分“平直”。

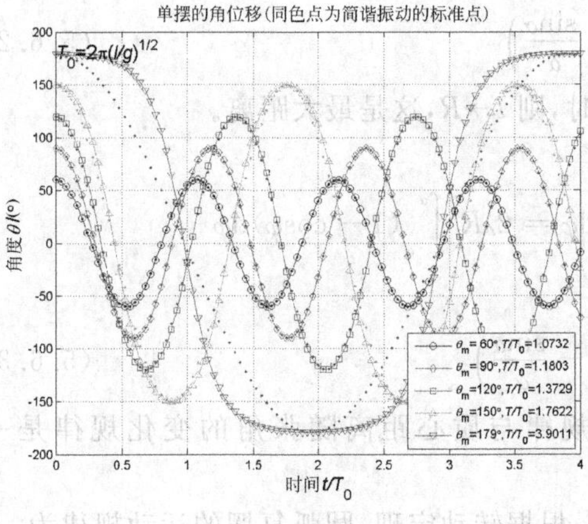


P5_5_3c 图

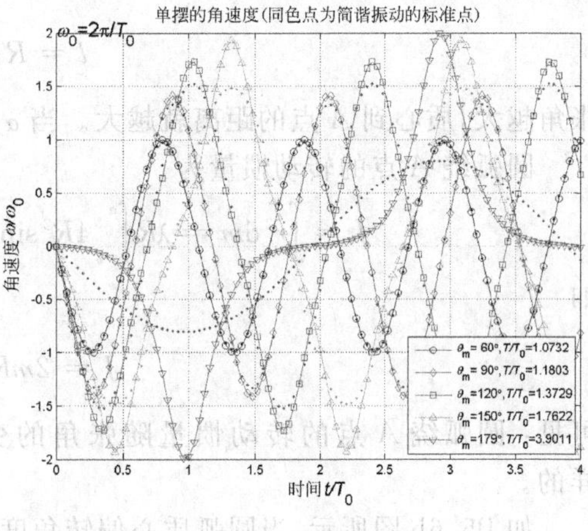


P5_5_3d 图

[**算法**] (3) 简谐振动的角位移可表示为

$$\theta_h = \theta_m \cos\left(\frac{2\pi t/T_0}{T/T_0}\right) = \theta_m \cos\left(\frac{t^*}{T^*}\right) \tag{5.5.14*}$$

其中 $T^* = T/T_0$ 是约化周期。简谐振动的角速度可表示为

$$\omega_h = -\theta_m \frac{2\pi}{T_0}\frac{1}{T/T_0}\sin\left(\frac{2\pi t/T_0}{T/T_0}\right) = -\omega_0 \frac{\theta_m}{T^*}\sin\left(\frac{t^*}{T^*}\right) \quad (5.5.15^*)$$

简谐振动的角速度的单位也是 $\omega_0$。取角振幅为参数向量,取时间为自变量向量,形成参数和自变量矩阵,计算角位移和角速度,用矩阵画线法画曲线族。

[**程序**] P5_5_3main.m 和 P5_5_3fun.m 见网站。

## *{范例 5.6} 圆弧和圆环复摆的运动规律(图形动画)

如 B5.6a 图所示,质量为 $m$ 的圆弧半径为 $R$,张角为 $2\alpha$,正中间固定于 $A$ 点。不计摩擦,演示圆环复摆振动的动画,将复摆的振动规律与简谐振动进行比较。

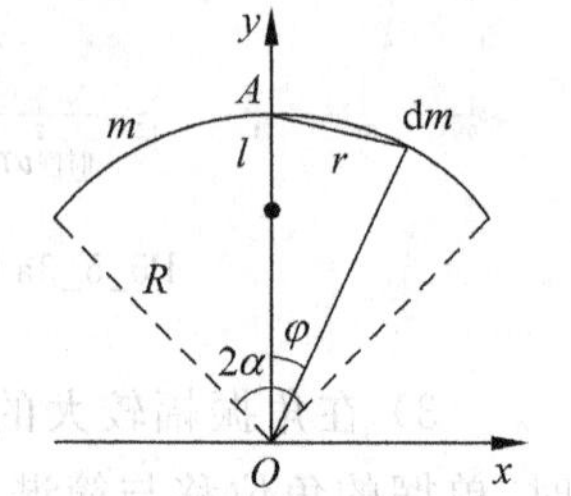

B5.6a 图

[**解析**] 由于对称的缘故,圆弧的质心在 $y$ 轴上。圆弧质量线密度为

$$\lambda = \frac{m}{2\alpha R} \quad (5.6.1)$$

在圆弧中取一线元

$$ds = R d\varphi$$

其质量为

$$dm = \lambda ds = \lambda R d\varphi$$

到 $x$ 轴的距离为

$$y = R\cos\varphi$$

质心纵坐标为

$$y_C = \frac{1}{m}\int y dm = \frac{1}{m}\lambda R^2\int_{-\alpha}^{\alpha}\cos\varphi d\varphi = \frac{1}{m}\lambda R^2 \sin\varphi\Big|_{-\alpha}^{\alpha} = R\frac{\sin\alpha}{\alpha}$$

圆弧质心到 $A$ 点的距离为

$$l = R\left(1-\frac{\sin\alpha}{\alpha}\right) \quad (5.6.2)$$

张角越大,质心到 $A$ 点的距离就越大。当 $\alpha \to \pi$ 时,则 $l \to R$,这是最大距离。

圆弧绕 $A$ 点的转动惯量为

$$J = \int r^2 dm = \lambda R\int_{-\alpha}^{\alpha} 4R^2\sin^2\frac{\varphi}{2}d\varphi = 2\lambda R^3\int_{-\alpha}^{\alpha}(1-\cos\varphi)d\varphi$$

即

$$J = 2mR^2\left(1-\frac{\sin\alpha}{\alpha}\right) \quad (5.6.3)$$

可见:圆弧绕 $A$ 点的转动惯量随张角的变化规律与质心距离随张角的变化规律是一样的。

如 B5.6b 图所示,当圆弧质心偏转角度 $\theta$ 时,根据转动定理,圆弧复摆的运动规律为

$$J\frac{d^2\theta}{dt^2} = -mgl\sin\theta$$

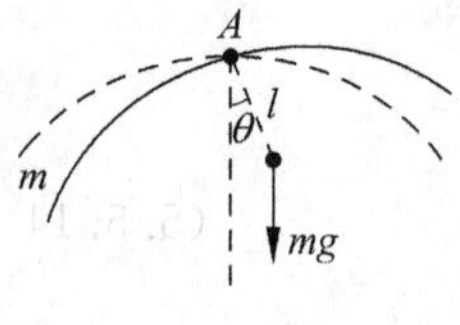

B5.6b 图

将(5.6.2)式和(5.6.3)式代入上式得

$$\frac{d^2\theta}{dt^2} + \frac{g}{2R}\sin\theta = 0 \quad (5.6.4)$$

可见:不论张角是多少,在初始条件相同的情况下,圆弧和圆环的运

动规律是相同的。

在小角度的情况下，$\sin\theta \approx \theta$，可得

$$\frac{d^2\theta}{dt^2} + \omega^2\theta = 0 \tag{5.6.5}$$

其中

$$\omega^2 = \frac{g}{2R} \tag{5.6.6}$$

可知：圆环在小角度时作简谐振动。圆环小角振动的周期为

$$T = \frac{2\pi}{\omega} = 2\pi\sqrt{\frac{2R}{g}} = \frac{2\pi}{\omega_0}\sqrt{2} = \sqrt{2}\,T_0 \tag{5.6.7}$$

其中 $\omega_0 = \sqrt{g/R}$ 和 $T_0 = 2\pi\sqrt{R/g}$ 分别是等效单摆的小角振动的圆频率和周期。

根据单摆周期的推导方法，可得圆环摆动的周期

$$T = 4\sqrt{\frac{R}{g}}\int_0^{\theta_m}\frac{d\theta}{\sqrt{\cos\theta - \cos\theta_m}} \tag{5.6.8}$$

其中 $\theta_m$ 是摆角的角振幅。周期可用完全椭圆积分表示：

$$T = T_0\,\frac{2\sqrt{2}}{\pi}\int_0^{\pi/2}\frac{dx}{\sqrt{1-k^2\sin^2 x}} = T_0\,\frac{2\sqrt{2}}{\pi}K(k) \tag{5.6.9}$$

参数为 $k=\sin(\theta_m/2)$。

［**图示**］ (1) 如 P5_6a 图所示，当角振幅为 60°时，圆环复摆的周期为 $1.52T_0$，位移和角速度与简谐运动的位移和角速度相差无几。如果角振幅为 179°，圆环复摆的周期达到 $5.62T_0$，是同样长度的轻杆单摆的周期的 $\sqrt{2}$ 倍，运动规律与简谐振动相差比较大(图略)。

(2) 当角振幅为 60°时，圆环复摆的初始状态如 P5_6b 图所示。

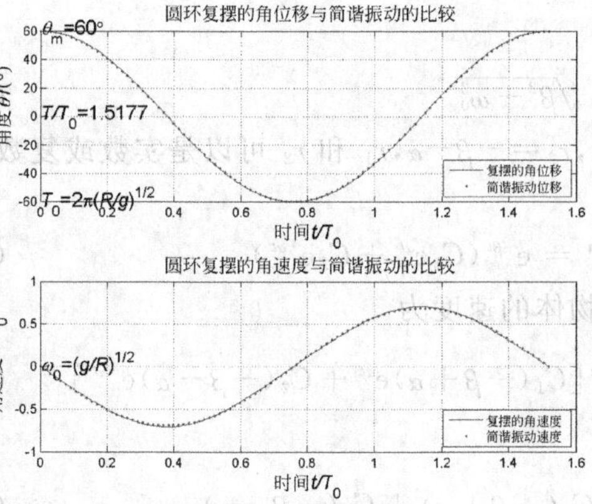


P5_6a 图

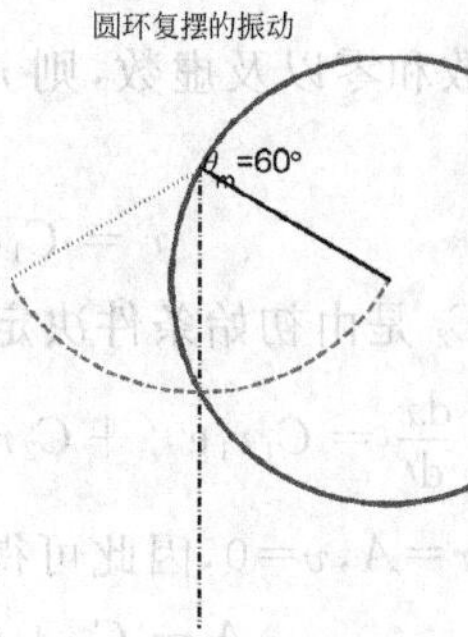


P5_6b 图

［**算法**］ 周期可表示为

$$T = T_0\,\frac{2\sqrt{2}}{\pi}K(m) \tag{5.6.9*}$$

其中 $m=\sin^2(\theta_m/2)$。

取 $t^* = \omega_0 t$ 为无量纲时间，运动方程可化为

$$\frac{d^2\theta}{dt^{*2}}=-\frac{1}{2}\sin\theta \tag{5.6.4*}$$

取 $\theta(1)=\theta,\theta(2)=d\theta/dt^*$，可得

$$\frac{d\theta(1)}{dt^*}=\theta(2),\quad \frac{d\theta(2)}{dt^*}=-\frac{1}{2}\sin\theta(1)$$

初始条件是 $\theta(1)=\theta_m,\theta(2)=0$。圆环复摆的角振幅是可调节的参数。

［**程序**］ P5_6.m 见网站。

### {范例 5.7} 弹簧振子的阻尼振动

一弹簧振子的质量为 $m$，劲度系数为 $k$。振子还受到与速度大小成正比、方向相反的阻力，比例系数为 $\gamma$。当振子从静止开始运动时，初位移为 $A$。物体的运动规律是什么？不同的阻尼下的位移曲线和速度曲线有什么差别？

［**解析**］ 根据牛顿运动定律，物体运动的微分方程为

$$m\frac{d^2x}{dt^2}=-kx-\gamma\frac{dx}{dt} \tag{5.7.1}$$

取 $k/m=\omega_0^2,\gamma/m=2\beta,\omega_0$ 就是无阻尼时物体的固有角频率，$\beta$ 是阻尼因子。物体的运动方程可表示为

$$\frac{d^2x}{dt^2}+2\beta\frac{dx}{dt}+\omega_0^2x=0 \tag{5.7.2}$$

设微分方程的解为 $x=e^{rt}$，代入式(5.7.2)可得特征方程

$$r^2+2\beta r+\omega_0^2=0 \tag{5.7.3}$$

特征方程的解为

$$r=-\beta\pm\sqrt{\beta^2-\omega_0^2} \tag{5.7.4}$$

设

$$\alpha=\sqrt{\beta^2-\omega_0^2} \tag{5.7.5}$$

$\alpha$ 可以是实数和零以及虚数，则 $r_1=-\beta+\alpha,r_2=-\beta-\alpha,r_1$ 和 $r_2$ 可以是实数或复数。微分方程的解为

$$x=C_1e^{r_1t}+C_2e^{r_2t}=e^{-\beta t}(C_1e^{\alpha t}+C_2e^{-\alpha t}) \tag{5.7.6}$$

其中 $C_1$ 和 $C_2$ 是由初始条件决定的常数。物体的速度为

$$v=\frac{dx}{dt}=C_1r_1e^{r_1t}+C_2r_2e^{r_2t}=e^{-\beta t}[C_1(-\beta+\alpha)e^{\alpha t}+C_2(-\beta-\alpha)e^{-\alpha t}] \tag{5.7.7}$$

当 $t=0$ 时，$x=A,v=0$，因此可得

$$A=C_1+C_2,\quad 0=C_1(-\beta+\alpha)+C_2(-\beta-\alpha) \tag{5.7.8}$$

如果 $\beta\neq\omega_0$，即 $\alpha\neq0$，解得两个常数分别为

$$C_1=\frac{\alpha+\beta}{2\alpha}A,\quad C_2=\frac{\alpha-\beta}{2\alpha}A$$

因此物体的位移为

$$x=\frac{A}{2\alpha}e^{-\beta t}[(\alpha+\beta)e^{\alpha t}+(\alpha-\beta)e^{-\alpha t}] \tag{5.7.9}$$

物体运动的速度为

$$v = -Ae^{-\beta t}\frac{\omega_0^2}{2\alpha}(e^{\alpha t} - e^{-\alpha t}) = -Ae^{-\beta t}\frac{\omega_0^2}{\alpha}\sinh(\alpha t) \tag{5.7.10}$$

［**讨论**］(1) 当$\beta > \omega_0$时，$\alpha$是正实数，这是过阻尼的情况，由于$\alpha > \beta$，所以位移和速度按指数规律衰减。

(2) 当$\beta \to \omega_0$时，即$\alpha \to 0$，不论用罗必塔法则还是用公式$e^{\alpha t} \to 1 + \alpha t$和$e^{-\alpha t} \to 1 - \alpha t$，都可得

$$x = A(1 + \omega_0 t)\exp(-\omega_0 t) \tag{5.7.11}$$

这是临界阻尼的情况，位移仍然按指数规律衰减。

(3) 当$\beta = 0$时，则$\alpha = i\omega_0$，$i = \sqrt{-1}$为虚数单位，可得

$$x = \frac{A}{2}[e^{i\omega_0 t} + e^{-i\omega_0 t}] = A\cos\omega_0 t$$

可见：在不计阻尼的情况下，物体作简谐振动。

(4) 当$0 < \beta < \omega_0$时，设

$$\omega = \sqrt{\omega_0^2 - \beta^2} \tag{5.7.12}$$

则$\alpha = i\omega$，利用欧拉公式

$$e^{i\theta} = \cos\theta + i\sin\theta, \quad e^{-i\theta} = \cos\theta - i\sin\theta$$

可得

$$\cos\theta = \frac{1}{2}(e^{i\theta} + e^{-i\theta}), \sin\theta = \frac{1}{2i}(e^{i\theta} - e^{-i\theta})$$

由(5.7.9)式可得

$$x = \frac{A}{2i\omega}e^{-\beta t}[(i\omega + \beta)e^{i\omega t} + (i\omega - \beta)e^{-i\omega t}]$$

即

$$x = Ae^{-\beta t}\left(\cos\omega t + \frac{\beta}{\omega}\sin\omega t\right) \tag{5.7.13}$$

或

$$x = \frac{\omega_0}{\omega}Ae^{-\beta t}\cos(\omega t + \varphi) \tag{5.7.14}$$

其中

$$\varphi = \arctan\frac{-\beta}{\omega} \tag{5.7.15}$$

这就是欠阻尼的情况，振幅按指数规律衰减。物体作准周期性运动，$\omega$是其角频率，周期为

$$T = \frac{2\pi}{\omega} = \frac{2\pi}{\sqrt{\omega_0^2 - \beta^2}} \tag{5.7.16}$$

可见：阻尼因子越大，周期越长。或者说：阻尼使振动变慢了。速度可以表示为

$$v = -A\frac{\omega_0^2}{\omega}e^{-\beta t}\sin\omega t \tag{5.7.17}$$

利用双曲函数$\sinh\theta = (e^{\theta} - e^{-\theta})/2$，$\cosh\theta = (e^{\theta} + e^{-\theta})/2$，位移可以表示为

$$x = Ae^{-\beta t}\left(\cosh\alpha t + \frac{\beta}{\alpha}\sinh\alpha t\right) \tag{5.7.18}$$

利用欧拉公式可以证明：$\cosh i\theta = \cos\theta$，$\sinh i\theta = i\sin\theta$，因此(5.7.13)式和(5.7.18)式完全等价。

［**图示**］(1) 质点运动的位移曲线如P5_7a图所示，阻尼因子越大，物体达到静止所需

要的时间越长。在临界阻尼情况下，物体到达静止所需要的时间最短。阻尼因子越小，物体振动的准周期越短，振动时间也越长。

(2) 质点运动的速度曲线如 P5_7b 图所示，物体的速度从零开始反方向增大，经过一个极小值之后再反方向减小。极值所在处的加速度为零。约化阻尼因子大于和等于 1 时，速度大小会逐渐减小为零；阻尼因子比较小时，物体速度也会做周期性变化。

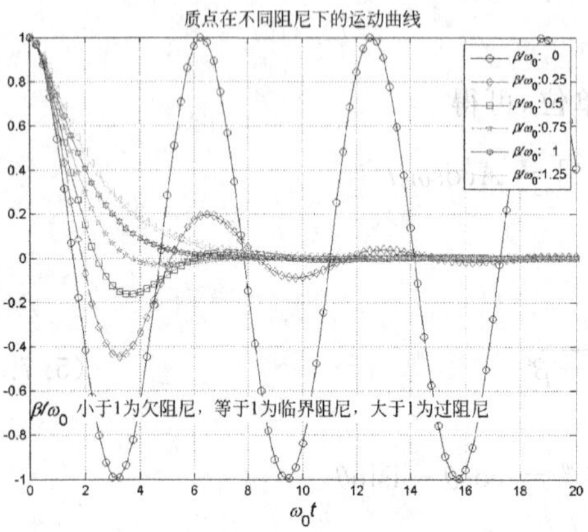


P5_7a 图

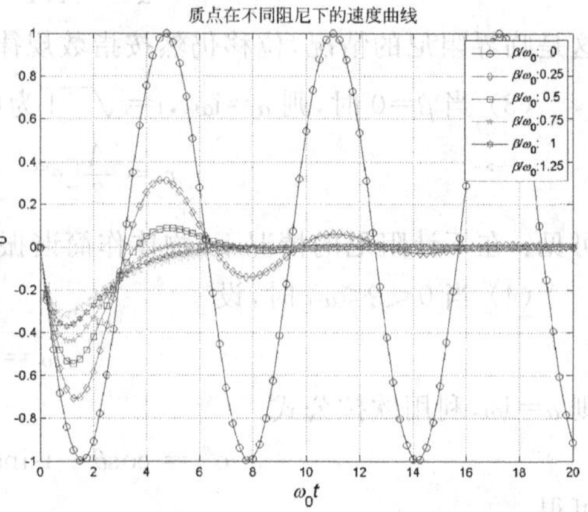


P5_7b 图

**［算法］** 方法一：用解析解。取 $A$ 为坐标的单位。取 $\omega_0$ 的倒数为时间单位，则约化时间为 $t^*=\omega_0 t$；取约化阻尼因子为 $\beta^*=\beta/\omega_0$，则约化阻尼角频率为

$$\omega^*=\frac{\omega}{\omega_0}=\frac{\sqrt{\omega_0^2-\beta^2}}{\omega_0}=\sqrt{1-\beta^{*2}} \tag{5.7.12*}$$

物体的坐标可表示为

$$x^*=\exp(-\beta^*t^*)\left(\cos\omega^*t^*+\frac{\beta^*}{\omega^*}\sin\omega^*t^*\right) \tag{5.7.13*}$$

其中，$x^*=x/A$。可见：阻尼因子 $\beta^*=\beta/\omega_0$ 决定了物体的位移曲线。由于 MATLAB 能够进行复数运算，不论是过阻尼、临界阻尼，还是欠阻尼的情况，位移都可以用(5.7.13*)式计算。

取 $v_0=\omega_0 A$ 为速度单位，物体的速度可表示为

$$v^*=\frac{v}{v_0}=-\frac{1}{\omega^*}\exp(-\beta^*t^*)\sin\omega^*t^* \tag{5.7.17*}$$

如果取

$$\alpha^*=\frac{\alpha}{\omega_0}=\frac{\sqrt{\beta^2-\omega_0^2}}{\omega_0}=\sqrt{\beta^{*2}-1} \tag{5.7.5*}$$

物体的坐标可表示为

$$x^*=\frac{1}{2\alpha^*}\exp(-\beta^*t^*)[(\alpha^*+\beta^*)\exp(\alpha^*t^*)+(\alpha^*-\beta^*)\exp(-\alpha^*t^*)] \tag{5.7.9*}$$

或

$$x^*=\exp(-\beta^*t^*)\left(\cosh\alpha^*t^*+\frac{\beta^*}{\alpha^*}\sinh\alpha^*t^*\right) \tag{5.7.18*}$$

物体的速度可表示为

$$v^* = -\exp(-\beta^* t^*)\frac{1}{\alpha^*}\sinh(\alpha^* t^*) \tag{5.7.10*}$$

用双曲函数和三角函数都能够计算位移和速度。

取阻尼因子为参数向量,取时间为自变量向量,形成参数和自变量矩阵,计算位移和速度,用矩阵画线法画曲线族。

方法二:用微分方程的数值解。利用约化物理量,(5.7.2)式可化为

$$\frac{d^2x^*}{dt^{*2}} + 2\beta^*\frac{dx^*}{dt^*} + x^* = 0 \tag{5.7.2*}$$

设 $x(1)=x^*$,$x(2)=dx^*/dt^*$,可得

$$\frac{dx(1)}{dt^*} = x(2),\quad \frac{dx(2)}{dt^*} = -2\beta^* x(2) - x(1)$$

由于

$$x(2) = \frac{dx^*}{dt^*} = \frac{1}{A\omega_0}\frac{dx}{dt} = \frac{v}{A\omega_0}$$

因此 $x(2)$ 就是约化速度。初始条件为 $x(1)=1$,$x(2)=0$。

方法三:用微分方程的符号解。将微分方程(5.7.2*)式化为符号形式,利用 dsolve 函数可求符号解。

[**程序**] P5_7.m 见网站。

## *{范例 5.8} 阻尼弹簧振子的受迫振动

一弹簧振子的质量为 $m$,劲度系数为 $k$。振子除了受到阻力 $f=-\gamma x$ 之外,还受到周期性的外力 $F=F_0\cos\Omega t$ 的作用,其中 $F_0$ 是驱动力的幅值,$\Omega$ 是驱动力的圆频率。

(1) 当振子静止在平衡位置时驱动力开始作用于振子上,讨论振子运动的规律。

(2) 受迫振动达到稳态时,讨论位移振幅和速度振幅与驱动力频率的关系,并讨论振子产生共振的条件。

[**解析**] (1) 振子在周期性的外力持续作用下发生的振动称为受迫振动,周期性的外力称为驱动力。根据牛顿运动定律,振子运动的微分方程为

$$m\frac{d^2x}{dt^2} = -kx - \gamma\frac{dx}{dt} + F_0\cos\Omega t \tag{5.8.1}$$

取 $k/m=\omega_0^2$,$\gamma/m=2\beta$,振子的运动方程可表示为

$$\frac{d^2x}{dt^2} + 2\beta\frac{dx}{dt} + \omega_0^2 x = \frac{F_0}{m}\cos\Omega t \tag{5.8.2}$$

其解等于齐次微分方程的通解 $x_1$ 与特解 $x_2$ 之和。

取齐次式

$$\frac{d^2x_1}{dt^2} + 2\beta\frac{dx_1}{dt} + \omega_0^2 x_1 = 0$$

用上一题的方法可得微分方程的解为

$$x_1 = e^{-\beta t}(C\cos\omega t + C'\sin\omega t) \tag{5.8.3}$$

其中阻尼圆频率为 $\omega=\sqrt{\omega_0^2-\beta^2}$,$C$ 和 $C'$ 是常数。

为了简单地求特解,将驱动力用复数表示为 $\widetilde{F}=F_0\exp(i\Omega t)$,特解也用复数表示,$\tilde{x}_2=$

$\widetilde{A}\exp(\mathrm{i}\Omega t)$，代入(5.8.2)式得

$$(-\Omega^2+2\mathrm{i}\beta\Omega+\omega_0^2)\,\tilde{x}_2=\frac{F_0}{m}\exp(\mathrm{i}\Omega t)$$

即

$$\tilde{x}_2=\frac{F_0}{m(-\Omega^2+2\mathrm{i}\beta\Omega+\omega_0^2)}\exp(\mathrm{i}\Omega t)$$

复振幅为

$$\widetilde{A}=\frac{F_0}{m(-\Omega^2+2\mathrm{i}\beta\Omega+\omega_0^2)} \tag{5.8.4}$$

特解用复数的实部表示为

$$x_2=A\cos(\Omega t+\Phi) \tag{5.8.5}$$

其中

$$A=|\widetilde{A}|=\frac{F_0}{m\sqrt{(\Omega^2-\omega_0^2)^2+4\beta^2\Omega^2}} \tag{5.8.6}$$

$$\Phi=\arg(\widetilde{A})=\arctan\frac{-2\beta\Omega}{\omega_0^2-\Omega^2} \tag{5.8.7}$$

(5.8.2)式的解为

$$x=x_1+x_2=\mathrm{e}^{-\beta t}(C\cos\omega t+C'\sin\omega t)+A\cos(\Omega t+\Phi) \tag{5.8.8}$$

根据公式 $v=\mathrm{d}x/\mathrm{d}t$ 可得速度为

$$\begin{aligned}v=&-\beta\mathrm{e}^{-\beta t}(C\cos\omega t+C'\sin\omega t)+\mathrm{e}^{-\beta t}(-\omega C\sin\omega t\\&+\omega C'\cos\omega t)-\Omega A\sin(\Omega t+\Phi)\end{aligned} \tag{5.8.9}$$

当振子从静止开始运动时，即当 $t=0$ 时，有 $x=0,v=0$，由(5.8.8)式可得

$$0=C+A\cos\Phi$$

因此

$$C=-A\cos\Phi$$

由(5.8.9)式可得

$$0=-\beta C+\omega C'-\Omega A\sin\Phi$$

解得

$$C'=\frac{1}{\omega}(\beta C+\Omega A\sin\Phi)=\frac{A}{\omega}(\Omega\sin\Phi-\beta\cos\Phi)$$

因此通解为

$$x_1=A\mathrm{e}^{-\beta t}\left[-\cos\Phi\cos\omega t+\frac{1}{\omega}(\Omega\sin\Phi-\beta\cos\Phi)\sin\omega t\right]$$

即

$$x_1=A_1\mathrm{e}^{-\beta t}\cos(\omega t+\varphi) \tag{5.8.10}$$

幅度为

$$A_1=A\sqrt{\cos^2\Phi+\frac{1}{\omega^2}(\Omega\sin\Phi-\beta\cos\Phi)^2}$$

$$=A\cos\Phi\sqrt{1+\frac{1}{\omega^2}(\Omega\tan\Phi-\beta)^2}$$

利用(5.8.7)式可得

$$A_1 = A\sqrt{\frac{\omega^2(\Omega^2-\omega_0^2)^2+\beta^2(\Omega^2+\omega_0^2)^2}{\omega^2[(\Omega^2-\omega_0^2)^2+4\beta^2\Omega^2]}}$$

利用(5.8.6)式可得

$$A_1 = \frac{F_0\sqrt{\omega^2(\Omega^2-\omega_0^2)^2+\beta^2(\Omega^2+\omega_0^2)^2}}{m\omega[(\Omega^2-\omega_0^2)^2+4\beta^2\Omega^2]} \tag{5.8.11}$$

初相为

$$\varphi = \arctan\frac{\beta(\Omega^2+\omega_0^2)}{\omega(\Omega^2-\omega_0^2)} \tag{5.8.12}$$

显然，$x_1$ 是减幅振动，$x_2$ 是等幅振动，它们的初相取决于系统的固有圆频率、阻尼因子和驱动力的圆频率；它们的振幅与驱动力的幅值成正比，与振子的质量成反比。

［**图示**］ (1) 如果阻尼因子 $\beta$ 取 $0.1\omega_0$，驱动力圆频率 $\Omega$ 取 $2\omega_0$，结果如P5_8_1a 图所示。振子在作受迫振动时，减幅振动的位移随时间逐渐衰减为零，等幅振动的圆频率比减幅振动的圆频率大，两个振动叠加之后，开始时的位移比较复杂，经过一定的时间，减幅振动衰减之后，振子作等幅振动，其圆频率等于驱动力的圆频率。

(2) 保持阻尼因子不变，如果 $\Omega$ 取 $\omega_0$，结果如 P5_8_1b 图所示。等幅振动的圆频率与固有圆频率相等，与减幅振动的圆频率相近，因而振幅比较大。受迫振动的振幅随时间不断增加，最后成为等幅振动。当驱动力的圆频率等于减幅振动的圆频率时，即 $\Omega=\omega=\sqrt{\omega_0^2-\beta^2}$，振子受迫振动达到稳定后的振幅最大。

(3) 如果振子不从平衡位置开始运动，那么减幅振动的方程将比较复杂，但是经过一定的时间，减幅振动的振幅也会衰减为零，以后的稳定振动仍然是等幅振动(图略)。

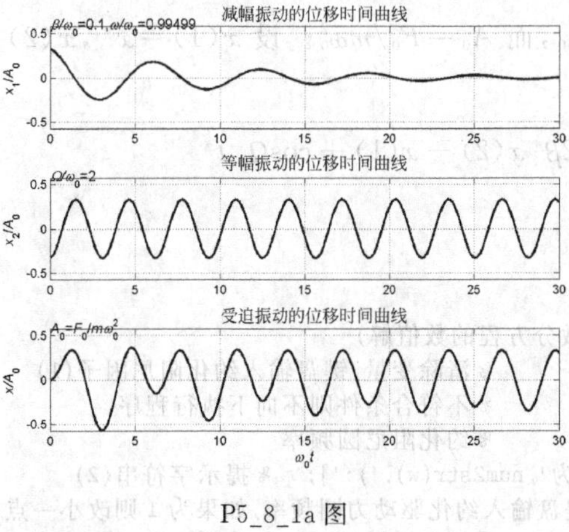


P5_8_1a 图

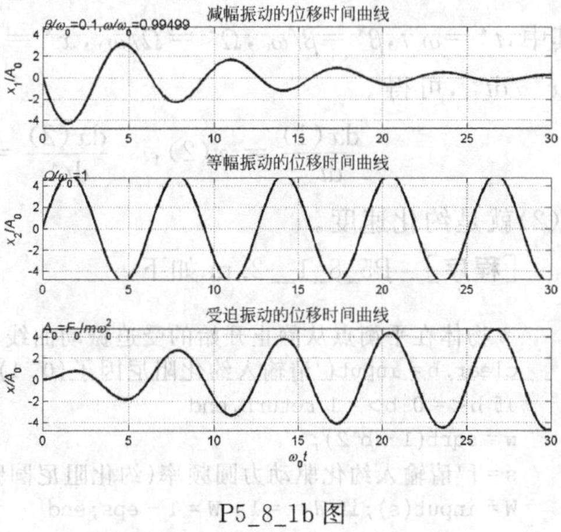


P5_8_1b 图

［**算法**］ (1) 方法一：用解析解。为了便于计算，设约化时间为 $t^*=\omega_0 t$，约化驱动力圆频率为 $\Omega^*=\Omega/\omega_0$，约化阻尼因子为 $\beta^*=\beta/\omega_0$，则约化阻尼圆频率为

$$\omega^* = \frac{\omega}{\omega_0} = \frac{\sqrt{\omega_0^2-\beta^2}}{\omega_0} = \sqrt{1-\beta^{*2}}$$

设 $A_0=F_0/m\omega_0^2$，(5.8.6)式和(5.8.7)式可表示为

$$A = \frac{A_0}{\sqrt{(\Omega^{*2}-1)^2+4\beta^{*2}\Omega^{*2}}} \tag{5.8.6*}$$

$$\Phi = \arctan \frac{-2\beta^* \Omega^*}{1-\Omega^{*2}} \tag{5.8.7*}$$

(5.8.11)式和(5.8.12)式可表示为

$$A_1 = \frac{A_0\sqrt{\omega^{*2}(\Omega^{*2}-1)^2+\beta^{*2}(\Omega^{*2}+1)^2}}{\omega^*[(\Omega^{*2}-1)^2+4\beta^{*2}\Omega^{*2}]} \tag{5.8.11*}$$

$$\varphi = \arctan \frac{\beta^*(\Omega^{*2}+1)}{\omega^*(\Omega^{*2}-1)} \tag{5.8.12*}$$

物体的约化等幅振动为

$$x_2^* = \frac{x_2}{A_0} = A^* \cos(\Omega^* t^* + \Phi) \tag{5.8.5*}$$

其中 $A^* = A/A_0$。物体的约化减幅振动为

$$x_1^* = \frac{x_1}{A_0} = A_1^* \mathrm{e}^{-\beta t} \cos(\omega^* t^* + \varphi) \tag{5.8.10*}$$

其中 $A_1^* = A_1/A_0$。物体的约化位移为

$$x^* = \frac{x}{A_0} = x_1^* + x_2^* \tag{5.8.8*}$$

约化阻尼因子 $\beta^* = \beta/\omega_0$ 和约化驱动力圆频率 $\Omega^* = \Omega/\omega_0$ 是可调节的参数。根据不同的 $\beta^*$ 和 $\Omega^*$,可计算和绘制物体受迫振动的不同曲线。

[**程序**] P5_8_1__1.m 见网站。

方法二:用微分方程的数值解。利用约化物理量,(5.8.2)式可化为

$$\frac{\mathrm{d}^2 x^*}{\mathrm{d}t^{*2}} + 2\beta^* \frac{\mathrm{d}x^*}{\mathrm{d}t^*} + x^* = \cos\Omega^* t^* \tag{5.8.2*}$$

其中,$t^* = \omega_0 t, \beta^* = \beta/\omega_0, \Omega^* = \Omega/\omega_0, x^* = x/A_0$,而 $A_0 = F_0/m\omega_0^2$。设 $x(1) = x^*, x(2) = \mathrm{d}x^*/\mathrm{d}t^*$,可得

$$\frac{\mathrm{d}x(1)}{\mathrm{d}t^*} = x(2), \quad \frac{\mathrm{d}x(2)}{\mathrm{d}t^*} = -2\beta^* x(2) - x(1) + \cos\Omega^* t^*$$

$x(2)$就是约化速度。

[**程序**] P5_8_1__2.m 如下。

```
%物体在平衡点从静止开始的受迫振动曲线(求微分方程的数值解)
clear,b = input('请输入约化阻尼因子(0~1):');          %清除变量,键盘输入约化阻尼因子(1)
if b <= 0|b >= 1 return,end                          %不符合条件则不向下执行程序
w = sqrt(1 - b^2);                                   %约化阻尼圆频率
s = ['请输入约化驱动力圆频率(约化阻尼圆频率为',num2str(w),'):'];  %提示字符串(2)
W = input(s);if W == 1  W = 1 - eps;end        %键盘输入约化驱动力圆频率,如果为1则改小一点
tm = 30;t = 0:0.001:tm;                              %最大无量纲时间和时间向量
[tm,XV] = ode45('P5_8_1__2ode',t,[0;0],[],b,W);      %计算位移和速度(3)
x = XV(:,1);v = XV(:,2);                             %取位移和速度
% ----------------------------------------------------------------------
figure                                               %创建图形窗口
subplot(2,1,1),plot(t,x),grid on                     %选子图,画位移曲线,加网格
txt = '\itA\rm_0 = \itF\rm_0/\itm\omega\rm_0^2';     %振幅文本
xm = max(abs(x));                                    %位移最大值
fs = 15;text(0,xm,txt,'FontSize',fs)                 %标记振幅文本
title('受迫振动的位移时间曲线','FontSize',fs)          %标题
xlabel('\it\omega\rm_0\itt','FontSize',fs)           %标记横坐标
```

```
ylabel('\itx/A\rm_0','FontSize',fs)                    %标记纵坐标
subplot(2,1,2),plot(t,v),grid on                       %选子图,画速度曲线,加网格
txt = '\itv\rm_0 = \itF\rm_0/\itm\omega\rm_0';         %振幅文本
vm = max(abs(v));                                      %速度最大值
text(0,vm,txt,'FontSize',fs)                           %标记振幅文本
title('受迫振动的速度时间曲线','FontSize',fs)           %标题
xlabel('\it\omega\rm_0\itt','FontSize',fs)             %标记横坐标
ylabel('\itv/v\rm_0','FontSize',fs)                    %标记纵坐标
```

程序在求数值解时将调用一个函数 P5_8_1_2ode.m。

```
%二阶微分方程的函数
function f = fun(t,x,flag,b,W)
f = [x(2); - 2 * b * x(2) - x(1) + cos(W * t)];        %速度和加速度
```

［说明］（1）在程序执行时,根据提示,从键盘输入约化阻尼因子。

（2）同样根据提示从键盘输入约化驱动力圆频率。

（3）用微分方程的数值解来计算位移和速度,比用公式法要简单很多。但是,数值解无法分离位移的减幅部分和等幅部分。当初始条件不同时,例如初始速度不为零,此程序也能计算位移和速度。许多没有精确解析解的非线性微分方程,都能求数值解。

方法三：用微分方程的符号解。根据(5.8.2*)式可求解微分方程的符号解。

［程序］ P5_8_1_3.m 见网站。

［解析］（2）振子在作受迫振动时,经过一定的时间,$x_1\to 0, x\to x_2=A\cos(\Omega t+\Phi)$,振子的运动达到稳态。由(5.8.6)式和(5.8.7)式可知：当系统的阻尼因子一定时,振子的振幅由驱动力的圆频率决定；振子的位移与驱动力并不同相。通常 $\beta\neq 0$,当 $\Omega\to 0$ 时,$A\to F_0/m\omega_0^2$,$\Phi\to 0$；当 $\Omega\to\infty$时,$A\to 0$,$\Phi\to -\pi$。

为了计算最大振幅,设 $A$ 的分母的平方为

$$y=(\Omega^2-\omega_0^2)^2+4\beta^2\Omega^2$$

令 $\mathrm{d}y/\mathrm{d}\Omega=0$,可得

$$\Omega_{\mathrm{M}}=\sqrt{\omega_0^2-2\beta^2} \tag{5.8.13}$$

很容易验证,这就是振幅取极大值的条件,当然要求 $\beta<\omega_0/\sqrt{2}$。代入(5.8.6)式得极大值

$$A_{\mathrm{M}}=\frac{F_0}{2m\beta\sqrt{\omega_0^2-\beta^2}}=\frac{F_0}{m\sqrt{\omega_0^4-\Omega_{\mathrm{M}}^4}} \tag{5.8.14}$$

这种位移振幅达到最大值的现象称为位移共振。最大位移振幅的圆频率范围在 0 到 $\omega_0$ 之间,而最大位移振幅可以从 $F_0/m\omega_0^2$ 达到无穷大。在位移共振时,根据(5.8.7)式可得初相

$$\Phi_{\mathrm{M}}=\arctan\frac{-\sqrt{\omega_0^2-2\beta^2}}{\beta}=\arctan\frac{-\sqrt{\omega_0^2+\Omega_{\mathrm{M}}^2}}{\sqrt{\omega_0^2-\Omega_{\mathrm{M}}^2}} \tag{5.8.15}$$

可见：位移共振的初相小于零,位移的相位滞后于力的相位。

振子的速度为

$$v=\frac{\mathrm{d}x_2}{\mathrm{d}t}=-\Omega A\sin(\Omega t+\Phi)=v_{\mathrm{m}}\cos\left(\Omega t+\Phi+\frac{\pi}{2}\right) \tag{5.8.16}$$

其中速度振幅为

$$v_{\mathrm{m}}=\frac{\Omega F_0}{m\sqrt{(\Omega^2-\omega_0^2)^2+4\beta^2\Omega^2}} \tag{5.8.17}$$

可见：当 $\Omega\to0$ 时，速度振幅 $v_{\mathrm{m}}\to0$。由于

$$v_{\mathrm{m}}=\frac{F_0}{m\sqrt{(\Omega-\omega_0^2/\Omega)^2+4\beta^2}}$$

可知：当 $\Omega\to\infty$ 时，速度振幅也有 $v_{\mathrm{m}}\to0$；当 $\Omega=\omega_0$ 时，速度振幅最大，最大值为

$$(v_{\mathrm{m}})_{\mathrm{M}}=\frac{F_0}{2m\beta}\tag{5.8.18}$$

这种速度振幅达到最大值的现象称为速度共振。由(5.8.7)式可知：当发生速度共振时，初相 $\Phi=-\pi/2$；由(5.8.16)式可知：速度和驱动力是同相的，即速度的方向与驱动力的方向总是保持一致。

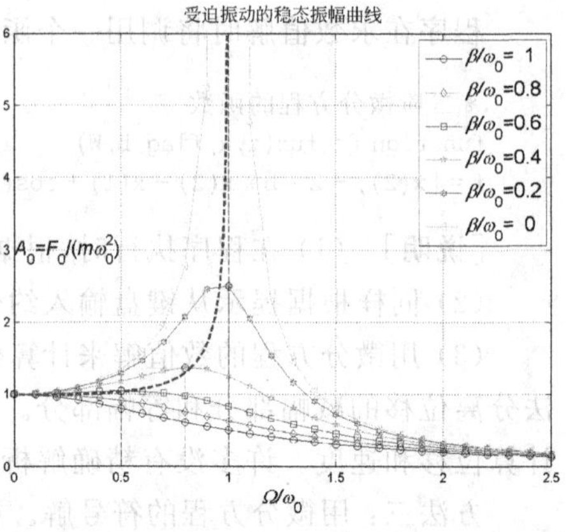


P5_8_2a 图

不论是位移共振还是速度共振，阻尼因子越小，它们振动的幅值越大，共振曲线越尖锐。

［图示］ (1) 如 P5_8_2a 图所示，当 $\beta<\omega_0/\sqrt{2}=0.707\omega_0$ 时，振子的位移振幅随外力的圆频率的增加先增后减。不论阻尼因子是多少，所有曲线的起点和终点都相同。位移振幅的峰值随阻尼因子的减小而增加，或者随外力的圆频率的增加而增加，峰值分布在 $0\sim\omega_0$ 之间。当 $\beta\geqslant\omega_0/\sqrt{2}=0.707\omega_0$ 时，振子的位移振幅随外力圆频率的增加而减小。

(2) 位移初相就是位移与驱动力的相差，如 P5_8_2b 图所示，相差都小于零，表示位移滞后于驱动力。不论阻尼因子是多少，当驱动力的圆频率很低时，位移与驱动力就接近同步；随着驱动力的圆频率增加，位移越来越滞后驱动力，当驱动力的圆频率等于自由振动圆频率时，位移比驱动力滞后 $\pi/2$；当驱动力圆频率很大时，位移的初相趋于 $-\pi$，位移与驱动力反相。位移振幅的峰值所对应的初相在 $-\pi/2\sim0$ 之间。

(3) 如 P5_8_2c 图所示，振子的速度振幅随外力的圆频率的增加先增后减。不论阻尼因子是多少，所有曲线的起点和终点都相同，并且速度振幅峰值在一条直线上，也就是当驱动力的圆频率等于系统的自由振动固有圆频率时就会产生速度共振。

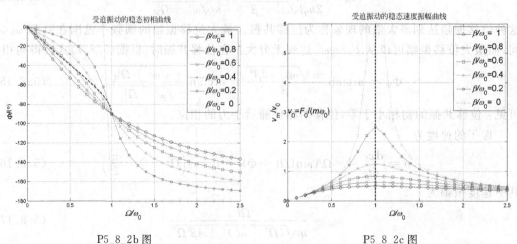

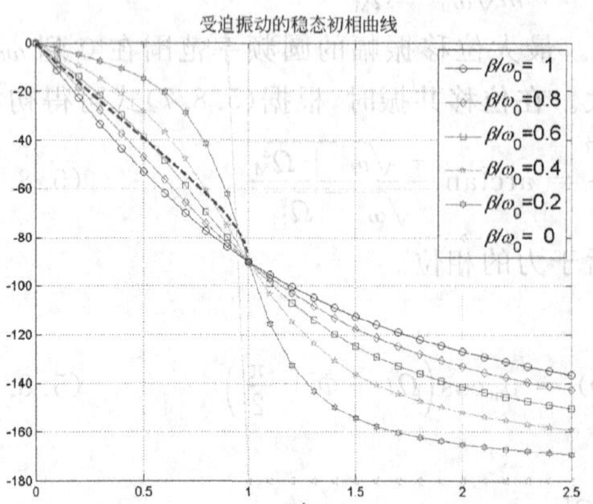


P5_8_2b 图

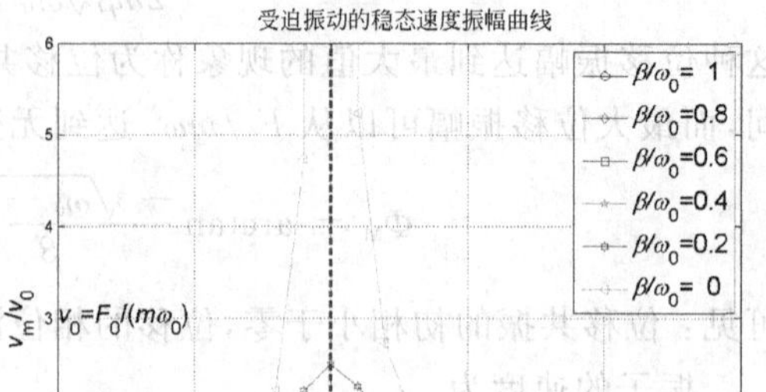


P5_8_2c 图

［算法］ (2) 设约化驱动力圆频率为 $\Omega^*=\Omega/\omega_0$，约化阻尼因子为 $\beta^*=\beta/\omega_0$，则约化位移振幅由(5.8.6*)式决定，初相由(5.8.7*)式决定。位移振幅极大值的驱动力约化圆频率为

$$\Omega_M^*=\frac{\Omega_M}{\omega_0}=\sqrt{1-2\beta^{*2}} \quad (5.8.13^*)$$

极大值为

$$A_M^*=\frac{A_M}{A_0}=\frac{1}{2\beta^*\sqrt{1-\beta^{*2}}} \quad (5.8.14^*)$$

极大值的相位为

$$\Phi_M=\arctan\frac{-\sqrt{1-2\beta^{*2}}}{\beta^*} \quad (5.8.15^*)$$

约化速度振幅为

$$v_m^*=\frac{v_m}{v_0}=\frac{\Omega^*}{\sqrt{(\Omega^{*2}-1)^2+4\beta^{*2}\Omega^{*2}}} \quad (5.8.17^*)$$

其中 $v_0=F_0/m\omega_0$。

取阻尼因子为参数向量，取驱动力圆频率为自变量向量，形成参数和自变量矩阵，计算位移振幅和初相以及速度振幅，用矩阵画线法画曲线族。

［程序］ P5_8_2.m 见网站。

## ｛范例 5.9｝ 同一直线上简谐振动的合成

(1) 求任意两个同一直线同频率的简谐振动的合振动。

(2) 有 $n$ 个同一直线同频率的简谐振动，它们的振幅都是 $\Delta A$，相差都是 $\Delta\varphi$，第一个振动的初相为零。求 $n$ 个简谐振动的振幅和初相。

(3) 求两个同一直线、频率相近的简谐振动的合振动。

［解析］ (1) 设有两个独立的同频率的简谐振动，位移分别为

$$x_1=A_1\cos(\omega t+\varphi_1),\quad x_2=A_2\cos(\omega t+\varphi_2) \quad (5.9.1)$$

由于两个振动在同一直线上，因此合振动为

$$\begin{aligned}x&=x_1+x_2=A_1\cos(\omega t+\varphi_1)+A_2\cos(\omega t+\varphi_2)\\&=A_1(\cos\varphi_1\cos\omega t-\sin\varphi_1\sin\omega t)+A_2(\cos\varphi_2\cos\omega t-\sin\varphi_2\sin\omega t)\\&=(A_1\cos\varphi_1+A_2\cos\varphi_2)\cos\omega t-(A_1\sin\varphi_1+A_2\sin\varphi_2)\sin\omega t\end{aligned}$$

令

$$A\cos\varphi=A_1\cos\varphi_1+A_2\cos\varphi_2,\quad A\sin\varphi=A_1\sin\varphi_1+A_2\sin\varphi_2$$

则

$$x=A\cos\varphi\cos\omega t-A\sin\varphi\sin\omega t=A\cos(\omega t+\varphi) \quad (5.9.2)$$

其中

$$A=\sqrt{A_1^2+A_2^2+2A_1A_2\cos(\varphi_2-\varphi_1)} \quad (5.9.3)$$

$$\varphi=\arctan\frac{A_1\sin\varphi_1+A_2\sin\varphi_2}{A_1\cos\varphi_1+A_2\cos\varphi_2} \quad (5.9.4)$$

利用旋转矢量法也可得出相同的结果。

[**讨论**] (1) 当两个分振动同相时

$$\Delta\varphi = \varphi_2 - \varphi_1 = 2k\pi, \quad k = 0, \pm 1, \pm 2, \cdots$$

因为 $\cos(\varphi_2 - \varphi_1) = 1$,所以

$$A = \sqrt{A_1^2 + A_2^2 + 2A_1A_2} = A_1 + A_2 \tag{5.9.5}$$

可见:合振幅等于原来两个简谐振动的振幅之和,振动加强。

(2) 当两个分振动反相时

$$\Delta\varphi = \varphi_2 - \varphi_1 = (2k+1)\pi, \quad k = 0, \pm 1, \pm 2, \cdots$$

因为 $\cos(\varphi_2 - \varphi_1) = -1$,所以

$$A = \sqrt{A_1^2 + A_2^2 - 2A_1A_2} = |A_1 - A_2| \tag{5.9.6}$$

可见:合振幅等于原来两个简谐振动的振幅之差的绝对值,振动减弱。如果 $A_1 = A_2$,则合振动的结果使质点处于静止状态。一般情况下,相位差可取任意值,合振幅介于 $A_1 + A_2$ 和 $|A_1 - A_2|$ 之间。

[**图示**] (1) 如果第一个振动的振幅和初相分别为 0.03m 和 0,第二个振动的振幅和初相分别为 0.04m 和 0,结果如 P5_9_1a 图所示,两个振动同相,合振动加强,振幅达到 0.07m。

(2) 如果两个振动的振幅不变,初相分别是 0°和 90°,如 P5_9_1b 图所示,$x_2$ 超前 $x_1$ 的相位 $\pi/2$,合振幅为 0.05m,初相的度数达到 53°。如果将两个初相改为 0°和 180°,则两个振动反相,合振动减弱,振幅只有 0.01m(图略)。除了同相和反相的情况外,合振动的极大值的横坐标处在两个分振动的极大值的横坐标之间。

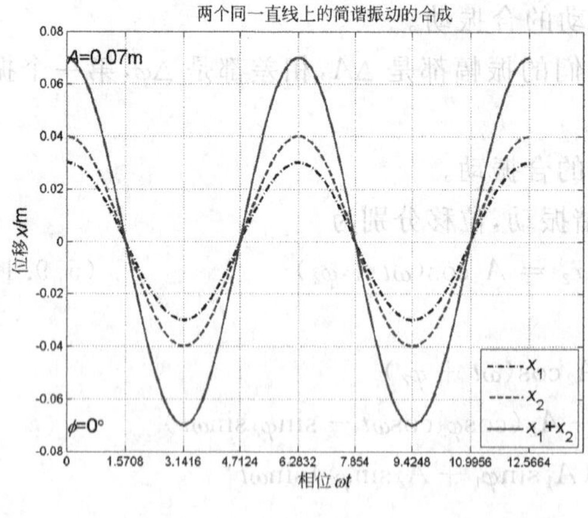

P5_9_1a 图

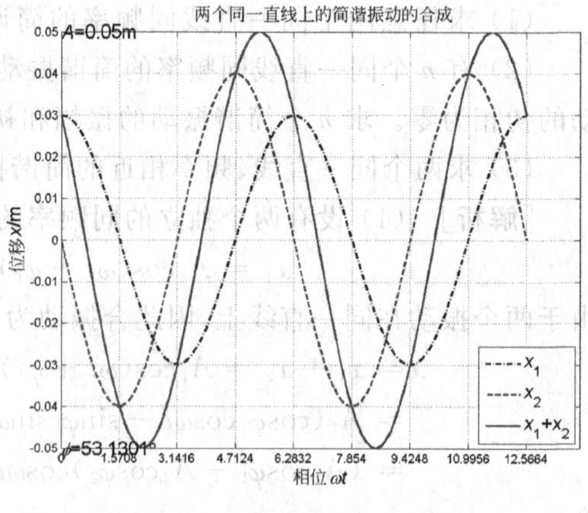

P5_9_1b 图

[**算法**] (1) 取 $\omega t$ 为角度或约化时间向量,根据两个振动的振幅和初相,即可计算两个振动的位移向量,就能直接计算合振动;但是要计算合成后的振幅和初相位,就需要利用公式。

[**程序**] P5_9_1main.m 和 P5_9_1fun.m 见网站。

[**解析**] (2) 采用旋转矢量法可使问题得到简化,从而避开繁琐的三角函数运算。$n$ 个简谐振动可表示为

$$x_1 = \Delta A\cos\omega t, x_2 = \Delta A\cos(\omega t + \Delta\varphi), x_3 = \Delta A\cos(\omega t + 2\Delta\varphi), \cdots$$

$$x_n = \Delta A\cos[\omega t + (n-1)\Delta\varphi] \tag{5.9.7}$$

根据矢量合成法则,这些简谐振动对应的旋转矢量的合成如 B5.9 图所示。由于各个振动的振幅相同且相差恒为 $\Delta\varphi$,图中各个矢量的起点和终点都在以 $C$ 为圆心的圆周上。设圆的半径为 $r$,每个矢量对应的圆心角都是 $\Delta\varphi$,因此

$$\Delta A = 2r\sin\frac{\Delta\varphi}{2} \tag{5.9.8}$$

全部矢量对应的圆心角是 $n\Delta\varphi$,因此

$$A = 2r\sin\frac{n\Delta\varphi}{2} \tag{5.9.9}$$

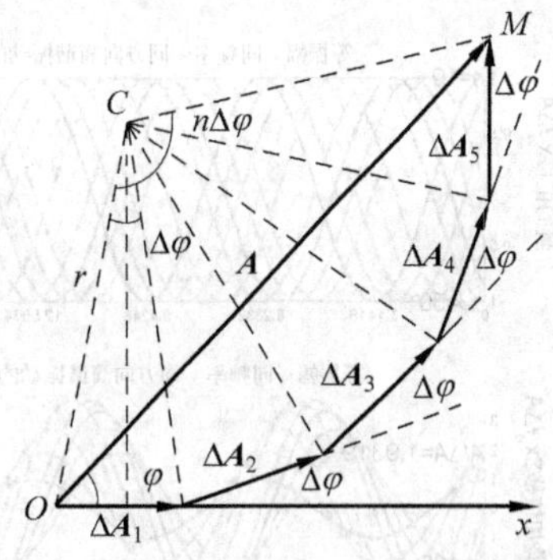


B5.9 图

利用(5.9.8)式得合振幅

$$A = \Delta A\frac{\sin(n\Delta\varphi/2)}{\sin(\Delta\varphi/2)} \tag{5.9.10}$$

这是多个等幅同频振动的合振幅公式。初相为

$$\varphi = \frac{1}{2}(\pi - \Delta\varphi) - \frac{1}{2}(\pi - n\Delta\varphi) = \frac{n-1}{2}\Delta\varphi \tag{5.9.11}$$

这是多个等幅同频振动的初相公式。合振动为

$$x = A\cos(\omega t + \varphi) = \Delta A\frac{\sin(n\Delta\varphi/2)}{\sin(\Delta\varphi/2)}\cos\left(\omega t + \frac{n-1}{2}\Delta\varphi\right) \tag{5.9.12}$$

这是多个等幅同频振动的合振动公式。当 $\Delta\varphi\to 0$ 时,有 $A\to n\Delta A$,$\varphi\to 0$,这就是等幅同频同相振动合成的情况。如果 $n\Delta\varphi = 2\pi$,就是所有矢量旋转构成一个正多边形,则 $A=0$。

[图示] (1) 如果有 7 个分振动,相差依次为 20°,如 P5_9_2a 图之上图所示,各个分振动的振幅相同,相位差恒定。如 P5_9_2a 图之下图所示,将各个分振动叠加之后,振幅越来越大,初相位也越来越大。如 P5_9_2b 图所示,矢量首尾相接形成多边形的一部分,最后首尾相接的矢量就是合振动,合振幅为 $A=5.4\Delta A$,初相 $\varphi$ 为 60°。

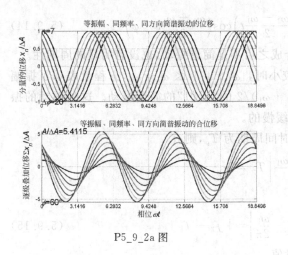

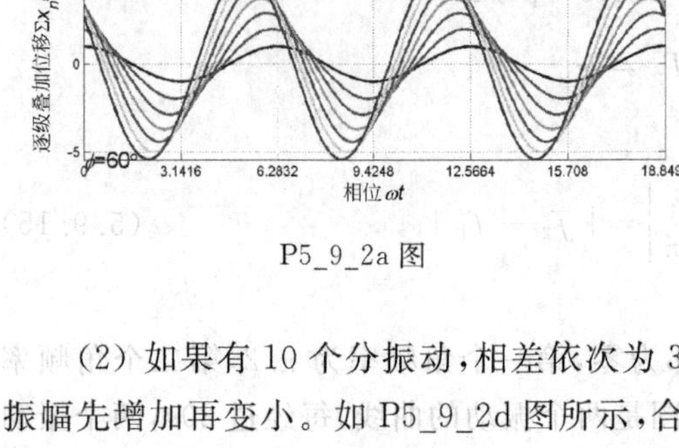


P5_9_2a 图

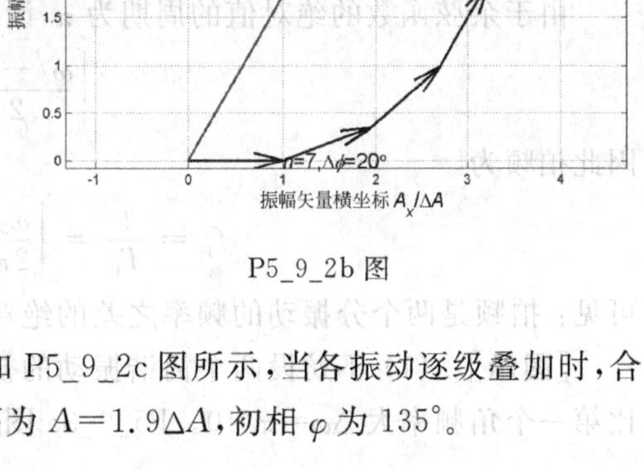


P5_9_2b 图

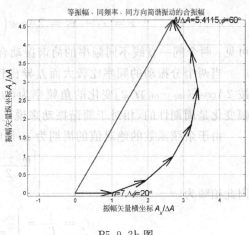

(2) 如果有 10 个分振动,相差依次为 30°,如 P5_9_2c 图所示,当各振动逐级叠加时,合振幅先增加再变小。如 P5_9_2d 图所示,合振幅为 $A=1.9\Delta A$,初相 $\varphi$ 为 135°。

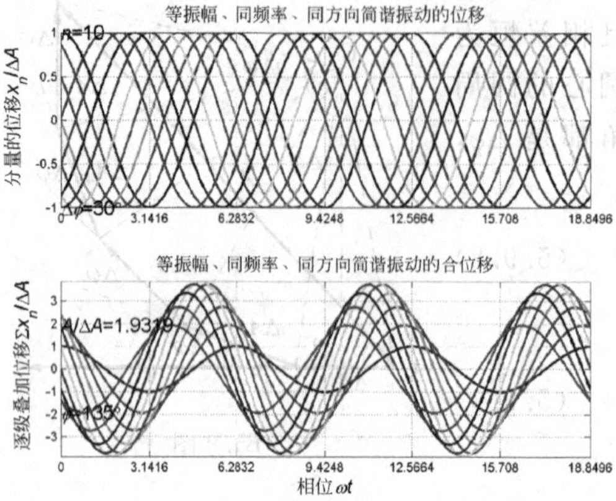


P5_9_2c 图

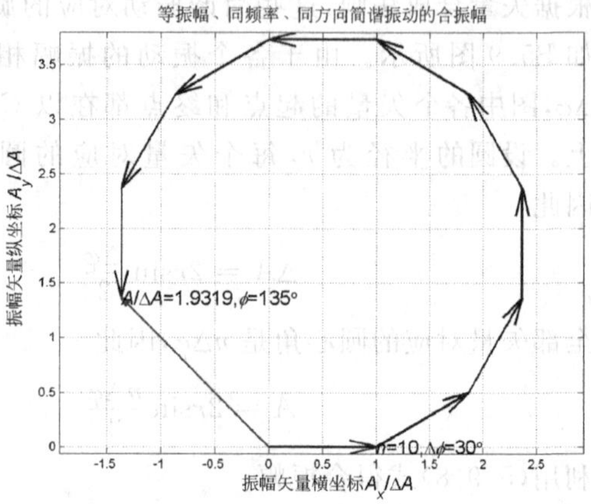


P5_9_2d 图

(3) 如果分振动的相差为零,那么,正多边形变成一条线(图略)。如果 $n\Delta\varphi=2\pi$,例如12个分振动,相差依次为30°,分振动就构成一个完整的正多边形,合振幅为零(图略)。

［**算法**］ (2) 取 $\Delta A$ 为振幅的单位,取振动的编号为参数向量,取角度(无量纲时间)为自变量向量,化为矩阵就能计算各个振动引起的位移,并计算各级振动的叠加,用矩阵画线法画曲线族。根据正交分解法,利用累积求和函数 cumsum 计算旋转矢量合成的结果,用箭杆指令画矢量多边形,表示振幅。分振动的个数和角度差是可调节的参数。

［**程序**］ P5_9_2main. m 和 P5_9_2fun. m 见网站。

［**解析**］ (3) 设一个质点同时参与两个同一直线不同频率的简谐振动,角频率分别为 $\omega_1$ 和 $\omega_2$,为了突出频率不同所产生的效果,设分振动的振幅和初相位都相同,因此两个分振动方程为

$$x_1 = A\cos(\omega_1 t+\varphi),\quad x_2 = A\cos(\omega_2 t+\varphi) \tag{5.9.13}$$

利用和差化积公式可得合振动为

$$x = x_1 + x_2 = 2A\cos\left(\frac{\omega_2-\omega_1}{2}t\right)\cos\left(\frac{\omega_2+\omega_1}{2}t+\varphi\right) \tag{5.9.14}$$

可见:两个同一直线不同频率的简谐振动合成之后不是简谐振动,也没有明显的周期性。

当两个分振动的频率比较大而差异比较小时,$|\omega_2-\omega_1| \ll \omega_2+\omega_1$,方程就表示了振幅按 $2A\cos[(\omega_2-\omega_1)t/2]$ 变化的角频率为 $(\omega_2+\omega_1)/2$ 的"近似"的简谐振动。这种振动的振幅变化是周期性的,相对于简谐振动来说是缓慢的。

由于余弦函数的绝对值的周期为 $\pi$,设时间周期为 $T_p$,则有

$$\left|\frac{\omega_2-\omega_1}{2}\right| T_p = \pi$$

因此拍频为

$$f_p = \frac{1}{T_p} = \left|\frac{\omega_2}{2\pi}-\frac{\omega_1}{2\pi}\right| = |f_2-f_1| \tag{5.9.15}$$

可见:拍频是两个分振动的频率之差的绝对值。

［**图示**］ (1) 不妨设两个简谐振动的初相都为零,第一个角频率为 $\pi/2$,第二个角频率比第一个角频率大 $\Delta\omega=\pi/10$。P5_9_3a 图之上图是两个振动的曲线,每经过 20s,两个振动

的最大值重合。经过 10s，两个振动的极大值和极小值重合，以后每经过 20s，它们又重合。拍频为 $f_p=\Delta\omega/2\pi=1/20\text{Hz}$，拍频的周期为 $T_p=1/f_p=20\text{s}$。P5_9_3a 图之中图是合振动的两个部分，一条曲线的角频率较大，是两个分振动的角频率的平均值；另一条曲线的角频率较小，称为调制线，也是周期性变化的。P5_9_3a 图之下图是合振动线，调制线决定了振动幅度的范围。因为质点振幅的改变是周期性的，就形成时强时弱的现象，这种现象称为“拍”。

(2) 如果将两个振动的角频率之差改小一些，例如 $\Delta\omega=\pi/15$，则振动曲线如 P5_9_3b 图所示。两个振动的最大值重合的周期随着发生变化，调制线的周期增大，拍频为 $f_p=\Delta\omega/2\pi=1/30\text{Hz}$，拍频的周期为 $T_p=1/f_p=30\text{s}$。

［**算法**］ (3) 初相取 0，以振幅 $A$ 为位移的单位，则两个无量纲的简谐振动为

$$x_1^*=x_1/A=\cos\omega_1 t,\quad x_2^*=x_2/A=\cos\omega_2 t \tag{5.9.13*}$$

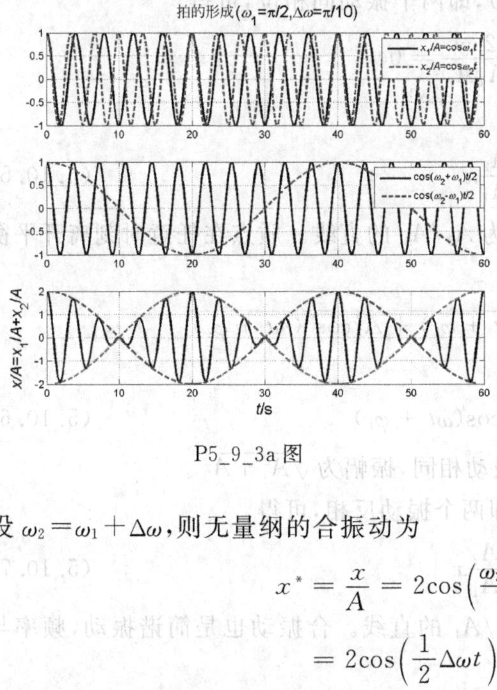


P5_9_3a 图

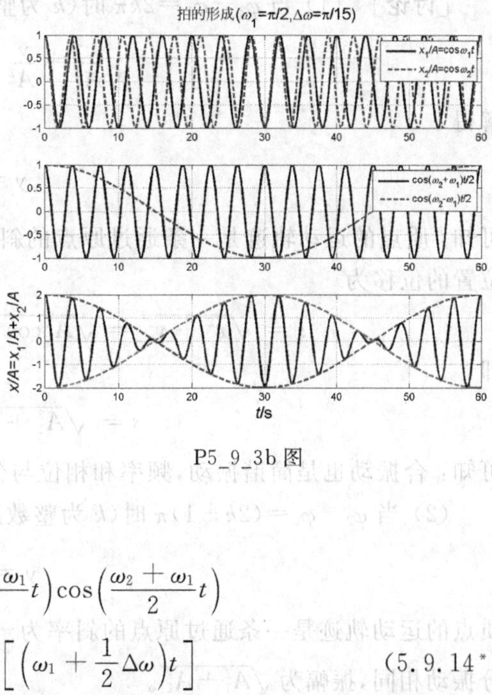


P5_9_3b 图

设 $\omega_2=\omega_1+\Delta\omega$，则无量纲的合振动为

$$\begin{aligned} x^* &= \frac{x}{A}=2\cos\left(\frac{\omega_2-\omega_1}{2}t\right)\cos\left(\frac{\omega_2+\omega_1}{2}t\right) \\ &= 2\cos\left(\frac{1}{2}\Delta\omega t\right)\cos\left[\left(\omega_1+\frac{1}{2}\Delta\omega\right)t\right] \end{aligned} \tag{5.9.14*}$$

根据两个分振动向量可直接计算合振动向量，合振动的调幅线则需要利用合振动公式计算。

［**程序**］ P5_9_3main.m 和 P5_9_3fun.m 见网站。

## ｛范例 5.10｝ 互相垂直的简谐振动的合成(曲线动画)

(1) 一个质点同时参加两个互相垂直的频率相同的简谐振动，讨论质点的合振动，观察质点运动的轨迹。

(2) 一个质点同时参加两个互相垂直的频率相近的简谐振动，质点运动的轨迹是什么？

(3) 如果两个简谐振动的频率或周期成简单的整数比，质点运动的轨迹是什么？

［**解析**］ (1) 设两个同频率的简谐振动分别沿 $x$ 轴和 $y$ 轴进行，位移分别为

$$x=A_1\cos(\omega t+\varphi_1),\quad y=A_2\cos(\omega t+\varphi_2) \tag{5.10.1}$$

这就是质点运动的参数方程。将余弦函数展开得

$$x/A_1 = \cos\omega t\cos\varphi_1 - \sin\omega t\sin\varphi_1 \tag{5.10.2a}$$

$$y/A_2 = \cos\omega t\cos\varphi_2 - \sin\omega t\sin\varphi_2 \tag{5.10.2b}$$

(5.10.2a)式$\times\sin\varphi_2$－(5.10.2b)式$\times\sin\varphi_1$ 得

$$x\sin\varphi_2/A_1 - y\sin\varphi_1/A_2 = \cos\omega t\sin(\varphi_2-\varphi_1) \tag{5.10.3a}$$

(5.10.2a)式$\times\cos\varphi_2$－(5.10.2b)式$\times\cos\varphi_1$ 得

$$x\cos\varphi_2/A_1 - y\cos\varphi_1/A_2 = \sin\omega t\sin(\varphi_2-\varphi_1) \tag{5.10.3b}$$

(5.10.3a)式平方＋(5.10.3b)式平方得质点的轨迹方程

$$\frac{x^2}{A_1^2}+\frac{y^2}{A_2^2}-\frac{2xy}{A_1A_2}\cos(\varphi_2-\varphi_1) = \sin^2(\varphi_2-\varphi_1) \tag{5.10.4}$$

这是椭圆方程，说明：两个互相垂直且同频率的简谐振动的合成一般是一个椭圆，其形状和大小以及两个主轴的方向由振幅 $A_1$ 和 $A_2$ 以及初相差 $\varphi_2-\varphi_1$ 决定。

［**讨论**］ (1) 当 $\varphi_2-\varphi_1=2k\pi$ 时($k$ 为整数)，即两个振动同相位，可得

$$\frac{x^2}{A_1^2}+\frac{y^2}{A_2^2}-\frac{2xy}{A_1A_2}=0$$

解得

$$y=\frac{A_2}{A_1}x \tag{5.10.5}$$

可知：质点的运动轨迹是一条通过原点的斜率为 $A_2/A_1$ 的直线。质点在任意时刻离开平衡位置的位移为

$$s=\sqrt{x^2+y^2}=\sqrt{A_1^2\cos^2(\omega t+\varphi_1)+A_2^2\cos^2(\omega t+\varphi_2)}$$

即

$$s=\sqrt{A_1^2+A_2^2}\cos(\omega t+\varphi_1) \tag{5.10.6}$$

可知：合振动也是简谐振动，频率和相位与分振动相同，振幅为 $\sqrt{A_1^2+A_2^2}$。

(2) 当 $\varphi_2-\varphi_1=(2k+1)\pi$ 时($k$ 为整数)，即两个振动反相，可得

$$y=-\frac{A_2}{A_1}x \tag{5.10.7}$$

质点的运动轨迹是一条通过原点的斜率为 $-A_2/A_1$ 的直线。合振动也是简谐振动，频率与分振动相同，振幅为 $\sqrt{A_1^2+A_2^2}$。

(3) 当 $\varphi_2-\varphi_1=\pi/2$ 时，可得

$$\frac{x^2}{A_1^2}+\frac{y^2}{A_2^2}=1 \tag{5.10.8}$$

可知：质点的运动轨迹是以坐标轴为主轴的椭圆，质点沿椭圆按顺时针方向运动。当 $A_1=A_2$ 时，质点轨迹就是圆。

(4) 当 $\varphi_2-\varphi_1=-\pi/2$ 或 $3\pi/2$ 时，仍得相同的椭圆方程，但是质点运动方向相反。

(5) 当 $\varphi_2-\varphi_1$ 为其他值时，质点运动轨迹为斜椭圆，其运动方向由相差 $\varphi_2-\varphi_1$ 决定。

总之，两个相互垂直的同频率简谐振动合成时，合运动一般是椭圆，质点运动方向由相位差 $\varphi_2-\varphi_1$ 决定。反之，一个沿直线的简谐振动、匀速圆周运动和某些椭圆运动，都可以分解成两个相互垂直的简谐振动。

［**图示**］ 如 P5_10_1 图所示，相差为 0 和 $2\pi$ 时，质点振动的轨迹和方向都是相同的。

当两个子图的相差满足 $\Delta\varphi+\Delta\varphi'=2\pi$ 时（$\Delta\varphi=0$ 或 $\pi$ 的情况除外）时，质点的轨迹是相同的，但是运动方向相反。

［算法］ (1) 取 $A_1$ 为位移的单位，取 $\varphi_1=0$，则两个相互垂直的简谐振动无量纲表示为

$$x^*=\frac{x}{A_1}=\cos\omega t,\quad y^*=\frac{y}{A_1}=\frac{A_2}{A_1}\cos(\omega t+\varphi_2)\tag{5.10.1*}$$

振幅之比 $A_2/A_1$ 决定轨迹的相对高度。$\varphi_2$ 表示相差，相差不妨取 $\pi/4$ 的倍数，从而显示不同相差的振动曲线。

［程序］ P5_10_1.m 如下。

```
%互相垂直的同频率的简谐振动的合成
clear,a2 = 1.5;                                          %清除变量,y振幅(A1的倍数)
th = (0:0.001:1) * 2 * pi;dphi = (0:45:360 + 45) * pi/180;   %角度向量和相差向量
tit = {'\Delta\it\phi\rm = \it\phi\rm_2 - \it\phi\rm_1 = 0','\pi/4','\pi/2',…
    '3\pi/4','\pi','5\pi/4','3\pi/2','7\pi/4','2\pi','9\pi/4'};   %标题元胞
figure                                                   %创建图形窗口
for i = 1:length(dphi)                                   %按相差循环
    x = cos(th);y = a2 * cos(th + dphi(i));              %计算坐标
    subplot(2,5,i),pause                                 %选择子图,暂停
    comet(x,y)                                           %画质点运动的动画轨迹
    plot(x(1),y(1),'o',x,y,'r')                          %画起点和位移曲线
    axis equal off,hold on                               %使坐标间隔相等并隐轴,保持图像
    plot([1; - 1; - 1;1;1],[a2;a2; - a2; - a2;a2],'--','LineWidth',2)  %画虚线方框
    title(tit{i},'FontSize',16)                          %加标题
end                                                      %结束循环
```

［说明］ 程序执行后，每按一次回车键就画一个子图，以便观察质点的运动方向，箭头是在窗口中插入后形成的。

［解析］ (2) 当两个分振动的频率不同时，质点轨迹的参数方程为

$$x=A_1\cos(\omega_1 t+\varphi_1),\quad y=A_2\cos(\omega_2 t+\varphi_2)\tag{5.10.9}$$

参数为时间 $t$，$\omega_2=\omega_1+\Delta\omega$，$\Delta\omega$ 很小。

［图示］ 如 P5_10_2 图所示，质点运动的轨迹交织在一起，就像网格一样。当两个互相垂直的简谐振动的频率有很小差异时，相位差就不是定值，合振动的轨道将不断地按照 P5_10_1 图的顺序在矩形范围内由直线逐渐变为椭圆，再由椭圆逐渐变成直线，并重复进行。

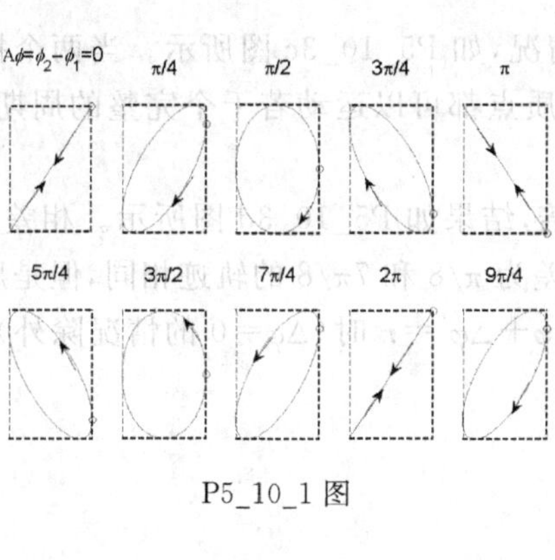


P5_10_1 图

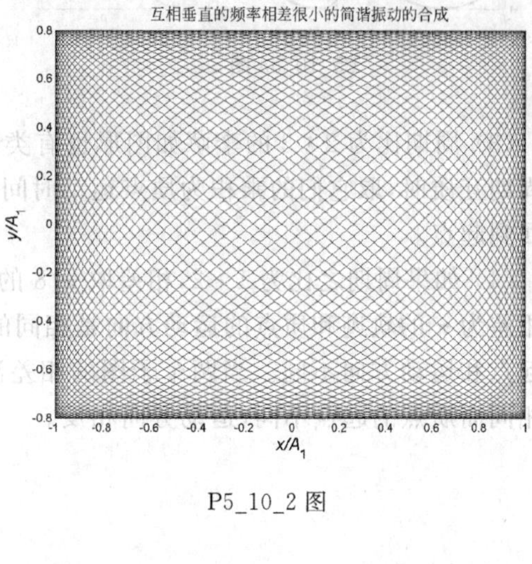


P5_10_2 图

［**算法**］ (2) 取 $A_1$ 为位移的单位，取 $\varphi_1=\varphi_2=0$，则两个相互垂直的简谐振动无量纲表示为

$$x^*=\frac{x}{A_1}=\cos\omega_1 t,\quad y^*=\frac{y}{A_1}=\frac{A_2}{A_1}\cos\omega_2 t \tag{5.10.9*}$$

振幅之比 $A_2/A_1$ 决定轨迹的相对高度。$x$ 方向的圆频率不妨取 $2\pi$，$y$ 方向的圆频率不妨多取 $\pi/50$。利用 comet 指令可演示质点运动的动画。

［**程序**］ P5_10_2.m 见网站。

［**解析**］ (3) 质点振动的参数方程就是(5.10.9)式。当频率或周期构成简单的整数比且初相位之差恒定时，质点的轨迹是一条稳定的闭合曲线，这种曲线叫做李萨如图形。

［**图示**］ (1) 如果 $x$ 方向周期和 $y$ 方向周期之比是 1∶1，则轨迹如 P5_10_3a 图所示，这就是 P5_10_1 图中各子图的重新排列。取 $x$ 振动的初相为零，取 $y$ 振动的初相为 $\varphi$，这也是两个振动的相差。当相差为 $\pi/4$ 的整数倍时，9 个子图就能将相差为 0 到 $2\pi$ 的典型运动轨迹都画出来，第一个子图(相差为 0)与最后一个子图(相差为 $2\pi$)是相同的。

(2) 如果周期之比为 1∶3，如 P5_10_3b 图所示。当相差为 0 时，质点在一条 S 形曲线上来回运动。一条 S 形曲线实际上是两条相同曲线重叠的结果，因而是一条闭合曲线。当相差为 $\pi$ 时，质点的轨迹是反 S 形。相差为 $\pi/4$ 和 $7\pi/4$ 的轨迹相同，但是质点的运动方向不同。当两个子图的相差满足 $\Delta\varphi+\Delta\varphi'=2\pi$ 时($\Delta\varphi=0$ 的情况除外)，轨迹相同而质点的运动方向相反。

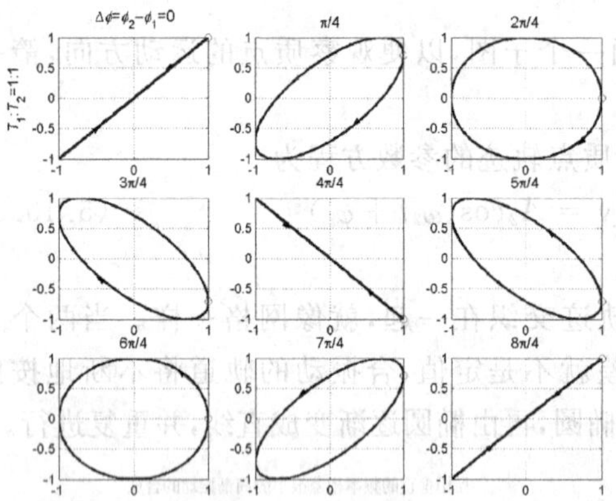


P5_10_3a 图

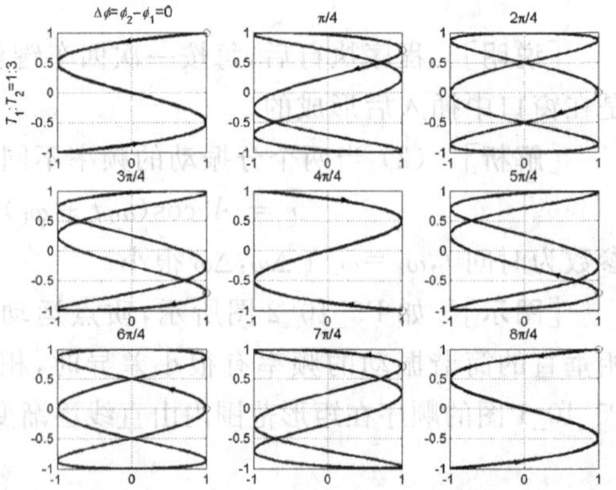


P5_10_3b 图

(3) 周期比为 2∶3 的李萨如图形也有类似的情况，如 P5_10_3c 图所示。当两个振动的周期互质时，取它们的乘积为质点运动时间，那么质点都可以运动若干个完整的周期，最后回到起点。

(4) 如果周期之比为 1∶2，相差取 $\pi/8$ 的整数倍，结果如 P5_10_3d 图所示。相差为 0 与相差为 $\pi$ 的轨迹和质点的运动方向是相同的；相差为 $\pi/8$ 和 $7\pi/8$ 的轨迹相同，但是质点的起点和运动方向不同。当两个子图的相差满足 $\Delta\varphi+\Delta\varphi'=\pi$ 时($\Delta\varphi=0$ 的情况除外)，轨迹相同而质点的起点不同，运动方向相反。

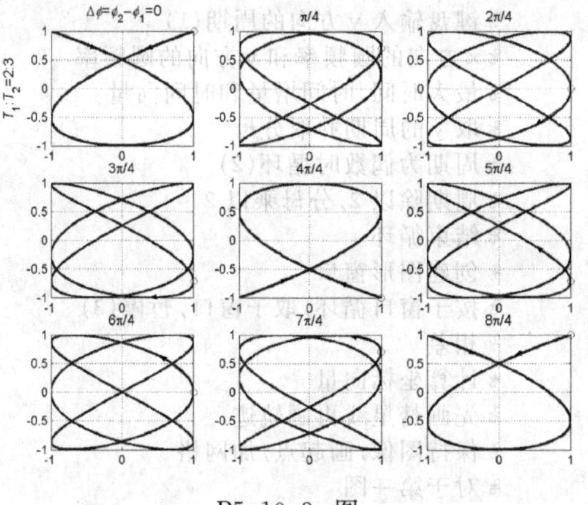


P5_10_3c 图

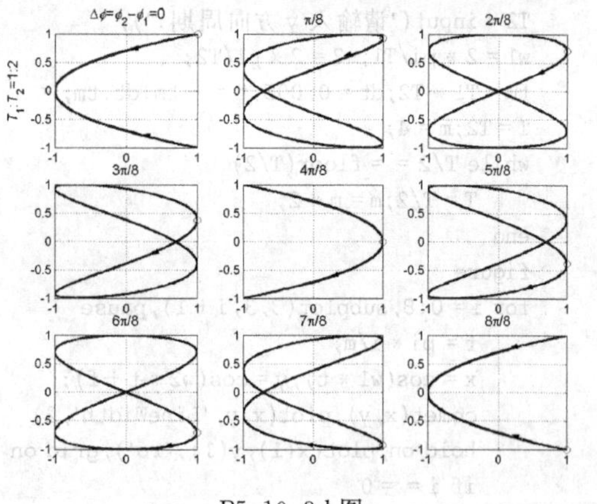


P5_10_3d 图

(5) 如果周期之比为 1∶4，相差取 $\pi/16$ 的整数倍，结果如 P5_10_3e 图所示。相差为 0 与相差为 $\pi/2$ 的轨迹和质点的运动方向是相同的；相差为 $\pi/16$ 和 $7\pi/16$ 的轨迹相同，但是质点的起点和运动方向不同。当两个子图的相差满足 $\Delta\varphi+\Delta\varphi'=\pi/2$ 时（$\Delta\varphi=0$ 的情况除外），轨迹相同而质点的起点不同，运动方向相反。

(6) 如果周期之比为 3∶4，相差取 $\pi/16$ 的整数倍，结果如 P5_10_3f 图所示，质点的运动轨迹和方向的分析与周期之比为 1∶4 的情况相同。当周期为其他整数比时，可画出新的李萨如图形，质点的起点和运动方向也能进行同样的分析（图略）。

(7) 如果周期之比相反，例如 2∶1，则质点运动的轨迹与周期之比为 1∶2 的相同，但是旋转了 90°（图略）。

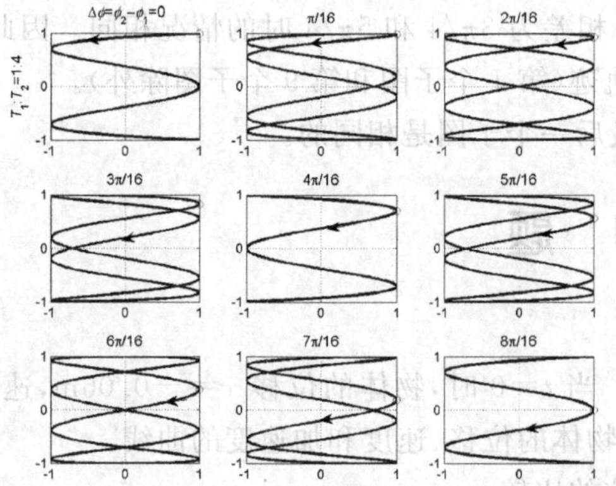


P5_10_3e 图

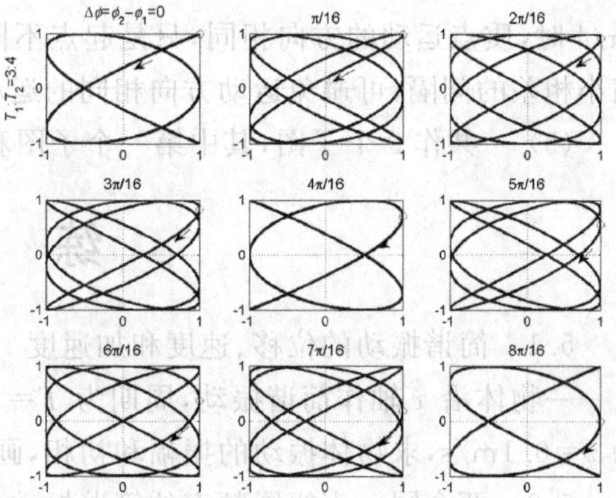


P5_10_3f 图

［**算法**］ (3) 取 $A_1=A_2$ 为位移的单位。取 $\varphi_1=0$，则两个相互垂直的简谐振动可表示为

$$x^*=\frac{x}{A_1}=\cos\omega_1 t,\quad y^*=\frac{y}{A_1}=\cos(\omega_2 t+\varphi_2) \qquad (5.10.9^{**})$$

$\varphi_2$ 表示相差。两个方向的周期是可调节的参数。

［**程序**］ P5_10_3.m 如下。

```
%李萨如图形不同相差的动画
clear,T1 = input('请输入 x 方向周期:');          %清除变量,键盘输入 x 方向的周期(1)
```

```
T2 = input('请输入 y 方向周期:');                          % 键盘输入 y 方向的周期(1)
w1 = 2 * pi/T1;w2 = 2 * pi/T2;                          % x 方向的圆频率和 y 方向的圆频率
tm = T1 * T2;dt = 0.005;t = - tm:dt:tm;                 % 最大时间,时间增量和时间向量
T = T2;m = 4;                                           % 取 y 的周期并取分母
while T/2 = = floor(T/2)                                % 周期为偶数时循环(2)
    T = T/2;m = m * 2;                                  % 周期除以 2,分母乘以 2
end                                                     % 结束循环
figure                                                  % 创建图形窗口
for i = 0:8,subplot(3,3,i + 1),pause                    % 按子窗口循环,取子窗口,暂停(3)
    f = pi * i/m;                                       % 相差
    x = cos(w1 * t);y = cos(w2 * t + f);                % 计算坐标向量
    comet(x,y),plot(x,y,'LineWidth',2)                  % 先画彗星线再画轨迹
    hold on,plot(x(1),y(1),'ro'),grid on                % 保持图像,画起点,加网格
    if i = = 0                                          % 对于第一图
        ylabel(['\itT\rm_1:\itT\rm_2 = ',num2str(T1),…
            ':',num2str(T2)],'FontSize',12)             % 标记周期
        tit = '\Delta\it\phi\rm = \it\phi\rm_2 - \it\phi\rm_1 = 0';  % 标题
    elseif i = = 1                                      % 否则如果
        tit = ['\pi/',num2str(m)];                      % 标题
    else                                                % 否则
        tit = [num2str(i),'\pi/',num2str(m)];           % 标题
    end,title(tit,'FontSize',12)                        % 结束条件,标题
end                                                     % 结束循环
```

**[说明]** (1) 程序执行时要在命令窗口输入 $x$ 方向周期和 $y$ 方向周期,图形中箭头是手工加上去的。

(2) 作图表明,当 $y$ 振动的周期为偶数时,例如 $x$ 振动的周期为 1,$y$ 振动的周期为 2,那么,当相差分别 $\pi/4$,$3\pi/4$,$5\pi/4$ 和 $7\pi/4$ 时,质点运动轨迹都是"8"字,其中相差为 $\pi/4$ 和 $7\pi/4$ 时,质点运动的方向相同,只是起点不同;相差为 $3\pi/4$ 和 $5\pi/4$ 时的情况相同。因此,缩小相差的间隔,可避免运动方向相同的运动轨迹(第 1 个子图和第 9 个子图除外)。

(3) 一共作 9 个子图,其中第一个子图和最后一个子图是相同的。

## 练 习 题

5.1 简谐振动的位移、速度和加速度

一物体沿 $x$ 轴作简谐振动,周期为 $T=2\text{s}$。当 $t=0$ 时,物体的位移 $x=-0.06\text{m}$,速度为 $v=0.1\text{m/s}$,求物体振动的振幅和初相,画出物体的位移、速度和加速度的曲线。

5.2 两个同一直线同频率的简谐振动相位的比较

两个简谐振动分别为

$$x_1 = A_1\cos(\omega t + \varphi_1),\quad x_2 = A_2\cos(\omega t + \varphi_2)$$

其中,振幅分别为 $A_1=0.03\text{m}$,$A_2=0.04\text{m}$;时间相位 $\omega t$ 从 $0\sim6\pi$;初相 $\varphi_1=\pi/4$,$\varphi_2$ 分别取 $0,\pi/4,\pi/2,-3\pi/4$。画出它们的曲线,说明相位超前和滞后情况。

5.3 物体落入弹簧盘中的运动

如 C5.3 图所示,一质量为 $M$ 的盘子竖直悬挂在劲度系数为 $k$ 的弹簧下面,有一质量为 $m$ 的物体从离盘高度 $h$ 处自由落到盘上而与盘粘在一起。取盘和物体的平衡位置为坐标原点,取向下的方向为正方向,求证:盘和物体的振动方程为

$$x = \frac{mg}{k}\sqrt{1+\frac{2\omega^2 h}{g}}\cos\left[\omega t + \arctan\left(\omega\sqrt{\frac{2h}{g}}\right)+\pi\right]$$

其中圆频率 $\omega=\sqrt{k/(m+M)}$。取 $\omega t$ 为无量纲的时间，取 $h_0=g/\omega^2$ 为高度的单位，$h/h_0$ 取 0.2～1.8 的值，间隔为 0.4，画出盘子和物体的位移曲线族。

5.4 弹簧滑轮振子的运动

如 C5.4 图所示，轻质弹簧长为 $l$，劲度系数为 $k$，一端固定，另一端与轻绳连接。轻绳跨过定滑轮自然下垂。定滑轮的半径为 $R$，转动惯量为 $J$。在轻绳上挂一个质量为 $m$ 的振子，绳在滑轮上运动不打滑。不计摩擦，求证：振子运动的圆频率为

$$\omega=\sqrt{\frac{k}{m+J/R^2}}$$

求振子的运动方程，演示系统运动的动画。（提示：弹簧的制作参考{范例 5.1}，取弹簧长度为单位，适当取滑轮的半径和绳的长度。）

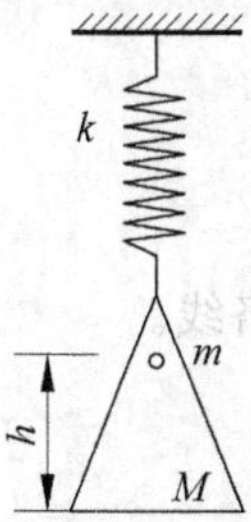

C5.3 图

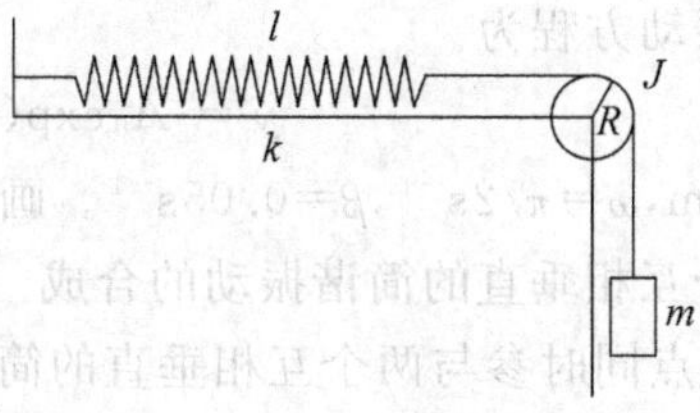

C5.4 图

5.5 旋转双轮上平板的运动规律

如 C5.5 图所示，双轮转轴互相平行，半径为 $r$，相距为 $2a$。双轴旋转角速度大小都是 $\omega_0$，方向相反。将质量为 $m$ 的匀质平板对称地放在两轮上，平板与两轮之间的摩擦系数为 $\mu$。如果平板在双轮上滑动，求证：平板作简谐运动。求平板运动的周期，如果平板振动的振幅为 $A$，双轮的角速度不得小于多少？演示平板运动的动画。

5.6 小角单摆的运动

有一个轻质杆单摆，摆长 $l=2.5\text{m}$，演示单摆的小角振动的动画。

5.7 长杆复摆的运动规律

如 C5.7 图所示，质量为 $m$ 的杆长为 $2l$，一端悬于 $O$ 点，不计摩擦，求证：直杆复摆的运动方程为

$$\frac{\mathrm{d}^2\theta}{\mathrm{d}t^2}+\frac{3g}{4l}\sin\theta=0$$

演示复摆振动的动画，画出复摆的振动规律曲线并与简谐振动进行比较。

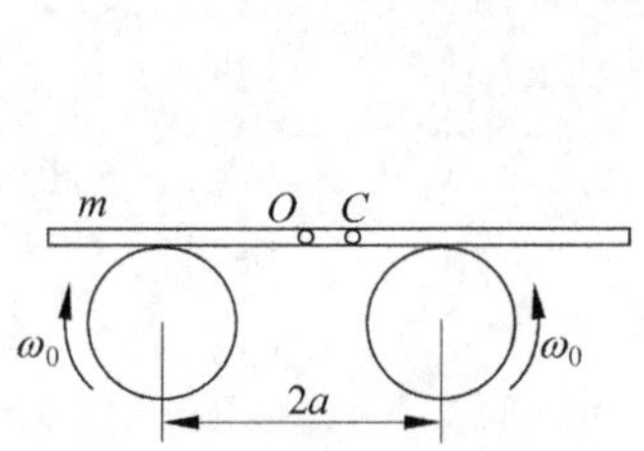

C5.5 图

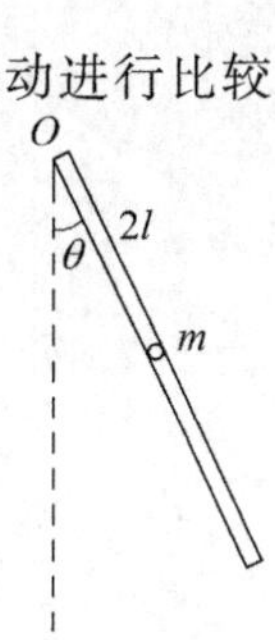

C5.7 图

5.8 受迫振动的稳态加速度和共振条件

在{范例 5.8}中,当振子受迫振动达到稳态时,求证:加速度和加速度共振的驱动力圆频率分别为

$$a = \frac{F_0\Omega^2}{m\sqrt{(\Omega^2-\omega_0^2)^2+4\beta^2\Omega^2}}\cos(\Omega t+\Phi+\pi),\quad \Omega_M = \frac{\omega_0^2}{\sqrt{\omega_0^2-2\beta^2}}$$

当相对阻尼因子 $\beta/\omega_0$ 分别取 0~1,间隔为 0.2 时,画出加速度振幅的曲线族和峰值曲线。

5.9 三个同一直线同频率的简谐振动的合成

有三个同一直线同频率的简谐振动如下:

$$x_1 = 0.1\cos(10t+\pi/6),\quad x_2 = 0.1\cos(10t+\pi/2),\quad x_3 = 0.1\cos(10t+5\pi/6)$$

求证:它们的合振动为

$$x = 0.2\cos(10t+\pi/2)$$

画出分振动和合振动曲线。

5.10 阻尼振动曲线

一物体的振动方程为

$$y = A_0\exp(-\beta t)\cos\omega t$$

其中,$A_0=0.01\mathrm{m}$,$\omega=\pi/2\mathrm{s}^{-1}$,$\beta=0.05\mathrm{s}^{-1}$。画出振动曲线和包络线。

5.11 两个互相垂直的简谐振动的合成

(1) 一个质点同时参与两个互相垂直的简谐振动:

$$x = A\cos(\omega t+\varphi),\quad y = 2A\cos(2\omega t+2\varphi)$$

如果 $\varphi=\pi/4$,求证质点的轨迹是抛物线

$$y = \frac{4x^2}{A} - 2A$$

用两个公式分别画出质点运动的轨迹。

(2) 一个质点同时参与两个互相垂直的简谐振动:

$$x = A\cos 2\omega t,\quad y = A\cos 3\omega t$$

求证质点的轨迹方程是

$$y = \pm\sqrt{\frac{x+A}{2A}}(2x-A)$$

用两个公式分别画出质点运动的轨迹。(提示:以 $A$ 作为长度的单位。)

5.12 李萨如图形

演示李萨如图形的动画,要求同时演示质点的两个相互垂直的分运动。

# 第6章

# 机　械　波

## 6.1　基本内容

**1. 机械波**

机械振动在弹性媒质中的传播叫做机械波。

(1) 振幅 $A$：质点在振动过程中离开平衡位置的最大距离。

(2) 周期 $T$：质点运动一周所需要的时间，也是波向前传播一个波长所需要的时间。

(3) 波长 $\lambda$：沿着波的传播方向一个完整波的长度。

(4) 频率 $f$：质点在 1s 内振动的次数，也是波在 1s 内传播的完整波的个数

$$f = 1/T$$

(5) 圆频率或角频率 $\omega$：质点在 $2\pi$ 秒内振动的次数，也是波在 $2\pi$ 秒内传播的完整波的个数

$$\omega = 2\pi/T = 2\pi f$$

(6) 圆波数或角波数 $k$：沿着波的传播方向，波在 $2\pi$m 长度内完整波的个数

$$k = 2\pi/\lambda$$

(7) 波速：波在媒质中传播速度

$$v = \lambda/T = \lambda f$$

当波动从一种媒质传播到另一种媒质时，频率不改变，波速会改变，因而波长也会改变。

**2. 波函数**

(1) 平面简谐波的波函数

① 当一维平面机械横波沿 $x$ 正方向以速度 $v$ 传播时，简谐波上各点的位移 $u$ 称为波函数。平面简谐波的波函数的解析式为

$$u = A\cos\left[\omega\left(t - \frac{x}{v}\right) + \varphi\right]$$

其中，$\varphi$ 是波源的初相。波函数的解析式就是波的运动学方程，又称为波动方程。

② 当机械横波沿 $x$ 负方向传播时，波函数为

$$u = A\cos\left[\omega\left(t + \frac{x}{v}\right) + \varphi\right]$$

③ 波函数的其他形式是

$$u = A\cos(\omega t \pm kx + \varphi),\quad u = A\cos\left[2\pi\left(\frac{t}{T} \pm \frac{x}{\lambda}\right) + \varphi\right],\quad u = A\cos\left(\omega t \pm 2\pi\frac{x}{\lambda} + \varphi\right)$$

(2) 球面波的波函数

$$u = \frac{A}{r}\cos\left[\omega\left(t - \frac{r}{v}\right) + \varphi\right]$$

其中,$A$ 是 $r=1\text{m}$ 处的振幅。

波函数表示波中各个质点各时刻的位移,其物理图像是:整个波形以波传播的速度向前推进。波函数既可用余弦函数表示,也可用正弦函数表示,还可用复数表示。

**3. 波的动力学方程**

(1) 在一维情况下,波的动力学方程为

$$\frac{\partial^2 u}{v^2\partial t^2} = \frac{\partial^2 u}{\partial x^2}$$

平面简谐波的运动学方程是这个微分方程的解。

(2) 在三维情况下,直角坐标系中波的动力学方程为

$$\frac{\partial^2 u}{v^2\partial t^2} = \frac{\partial^2 u}{\partial x^2} + \frac{\partial^2 u}{\partial y^2} + \frac{\partial^2 u}{\partial z^2}$$

在球坐标系中的动力学方程为

$$\frac{\partial^2 (ru)}{v^2\partial t^2} = \frac{\partial^2 (ru)}{\partial r^2}$$

球面波的运动学方程是这个微分方程的解。

**4. 波速公式**

(1) 横波在媒质密度为 $\rho$、切变模量为 $G$ 的无限大均匀的各向同性的固体媒质中传播的波速

$$v = \sqrt{G/\rho}$$

(2) 纵波在杨氏模量为 $Y$ 的均匀弹性细杆中的波速

$$v = \sqrt{Y/\rho}$$

(3) 横波在质量线密度为 $\mu$、张力为 $T$ 的张紧的弦或软绳中的波速

$$v = \sqrt{T/\mu}$$

(4) 纵波在容变弹性模量为 $B$ 的液体或气体中的波速

$$v = \sqrt{B/\rho}$$

**5. 波的能量与能流**

(1) 波中体积元 $\Delta v$ 的动能

$$\Delta T = \frac{1}{2}(\rho\Delta v)\omega^2 A^2 \sin^2\left[\omega\left(t - \frac{x}{v}\right) + \varphi\right]$$

(2) 波中体积元 $\Delta v$ 的弹性势能

$$\Delta V = \frac{1}{2}(\rho\Delta v)\omega^2 A^2 \sin^2\left[\omega\left(t - \frac{x}{v}\right) + \varphi\right]$$

动能与弹性势能相等。

(3) 波中体积元 $\Delta v$ 的机械能

$$\Delta E = \Delta T + \Delta V = (\rho\Delta v)\omega^2 A^2 \sin^2\left[\omega\left(t - \frac{x}{v}\right) + \varphi\right]$$

(4) 波的能量密度

$$w=\frac{\Delta E}{\Delta v}=\rho\omega^2A^2\sin^2\left[\omega\left(t-\frac{x}{v}\right)+\varphi\right]$$

(5) 波的平均能量密度

$$\bar{w}=\frac{1}{2}\rho\omega^2A^2$$

(6) 波的能流密度：单位时间内沿波的传播方向通过媒质中某一截面积的能量

$$P=wv\Delta S$$

(7) 波的平均能流密度

$$\bar{P}=\bar{w}v\Delta S$$

(8) 波的强度：单位时间内通过垂直于波的传播方向的单位面积的平均能量

$$I=\frac{\bar{P}}{\Delta S}=\bar{w}v=\frac{1}{2}\rho\omega^2A^2v$$

**6. 惠更斯原理**

波动所到达的各点都可以看作发射子波的波源，以后任一时刻这些子波的包迹(公切面)就是该时刻的波阵面，这个假设称为惠更斯原理。

(1) 波的衍射：波面上的任何一点都可以当做子波源，当平面波遇到障碍物时，子波源发出的波就会绕过障碍物，这种波绕过障碍物的现象称为波的衍射。

(2) 波的反射定律：入射线、反射线和法线在同一平面内，入射角等于反射角。

(3) 波的折射定律：入射线、折射线和法线在同一平面内，入射角的正弦与折射角的正弦之比等于第一种介质中波速与第二种介质中波速之比，即

$$\frac{\sin i}{\sin r}=\frac{v_1}{v_2}=n_{21}$$

$n_{21}$ 称为第二种介质对第一种介质的相对折射率。

**7. 波传播的独立性**

几个波源产生的波在一介质中传播，当它们在空间某点相遇时，每一列波都将保持自己原有的特性，包括频率、波长和振动方向等，如同波在各自的路程中没有遇到其他波一样，这种现象称为波传播的独立性。

**8. 波的叠加原理**

在波的振幅较小的情况下，波在相遇点的合振动等于各列波在该点引起的振动的矢量和，这个结论称为波的叠加原理。

(1) 波的干涉。两列波在相遇点引起的振动分别为

$$u_1=A_1\cos\left(\omega t+\varphi_1-\frac{2\pi r_1}{\lambda}\right),\quad u_2=A_2\cos\left(\omega t+\varphi_2-\frac{2\pi r_2}{\lambda}\right)$$

其中，$A_1$ 和 $A_2$ 是两列波在 $P$ 点引起的振幅；$r_1$ 和 $r_2$ 是波源到 $P$ 点的距离。$P$ 点的合振动为

$$u=u_1+u_2=A\cos(\omega t+\varphi)$$

其中

$$A=\sqrt{A_1^2+A_2^2+2A_1A_2\cos\Delta\varphi}$$

$$\varphi=\arctan\frac{A_1\sin(\varphi_1-2\pi r_1/\lambda)+A_2\sin(\varphi_2-2\pi r_2/\lambda)}{A_1\cos(\varphi_1-2\pi r_1/\lambda)+A_2\cos(\varphi_2-2\pi r_2/\lambda)}$$

$\Delta\varphi$ 称为相差

$$\Delta\varphi = \varphi_2 - \varphi_1 - 2\pi\frac{r_2 - r_1}{\lambda}$$

波的强度正比于振幅的平方

$$I = I_1 + I_2 + 2\sqrt{I_1 I_2}\cos\Delta\varphi$$

① 相长干涉：当 $\Delta\varphi=2k\pi(k=0,\pm1,\pm2,\cdots)$时，满足这样条件的空间各点，合振幅和合波强最大

$$A = A_1 + A_2,\quad I = (\sqrt{I_1} + \sqrt{I_2})^2$$

② 相消干涉：当 $\Delta\varphi=(2k+1)\pi(k=0,\pm1,\pm2,\cdots)$时，满足这样条件的空间各点，合振幅和合波强最小

$$A = |A_1 - A_2|,\quad I = (\sqrt{I_1} - \sqrt{I_2})^2$$

(2) 驻波。沿 $x$ 轴传播的右行波和左行波

$$u_1 = A\cos2\pi\left(\frac{t}{T} - \frac{x}{\lambda}\right),\quad u_2 = A\cos2\pi\left(\frac{t}{T} + \frac{x}{\lambda}\right)$$

合成波为驻波

$$u = u_1 + u_2 = 2A\cos2\pi\frac{x}{\lambda}\cos2\pi\frac{t}{T}$$

振幅为

$$A_m = 2A\left|\cos2\pi\frac{x}{\lambda}\right|$$

① 波腹 $\left|\cos2\pi\frac{x}{\lambda}\right|=1, x=k\frac{\lambda}{2};\ k=0,\pm1,\pm2,\cdots$。

② 波节 $\left|\cos2\pi\frac{x}{\lambda}\right|=0, x=(2k+1)\frac{\lambda}{4};\ k=0,\pm1,\pm2,\cdots$。

**9. 多普勒效应**

(1) 波源不动，发出波的频率为 $f_S$，波的传播速率为 $v$，当接收者以速率 $v_R$ 向着波源运动时，接收到波的频率为

$$f_R = \frac{v + v_R}{v}f_S$$

当接收者远离波源运动时，$v_R$ 取负值。

(2) 接收者不动，当波源以速率 $v_S$ 向着接收者运动时，接收者接收到波的频率为

$$f_R = \frac{v}{\lambda} = \frac{v}{v - v_S}f_S$$

当波源远离接收者运动时，$v_S$ 取负值。

(3) 如果两者都运动，接收者接收到波的频率为

$$f_R = \frac{v + v_R}{v - v_S}f_S$$

两者相互靠近时，$v_R$ 和 $v_S$ 取正值，否则取负值。

## 6.2 范例的解析、图示、算法和程序

### {范例 6.1} 横波和纵波的形成(图形动画)

(1) 根据横波形成的原理演示横波的形成过程。

(2) 根据纵波形成的原理演示纵波的形成过程。

[**解析**] (1) 在波的传播过程中,质点振动的方向与波的传播方向相互垂直的波称为横波。最简单的方法就是上下甩动水平的软绳产生横波。当绳的一端向上运动时,该端带动邻近点向上运动;邻近点又带动邻近点向上运动;……当绳的一端向下运动时,该端带动邻近点向下运动;邻近点又带动邻近点向下运动;……。这样的过程不断重复,就形成横波。当绳的一端的位移按余弦规律振动时

$$u_0 = A\cos(\omega t + \varphi) \tag{6.1.1}$$

其他点的位移也按余弦规律变化。

[**图示**] 如 P6_1_1 图所示,横坐标和纵坐标都取波长 $\lambda$ 为单位,振幅不妨取 $0.1\lambda$。由于波源是按照余弦规律变化的,所形成的波是余弦波。

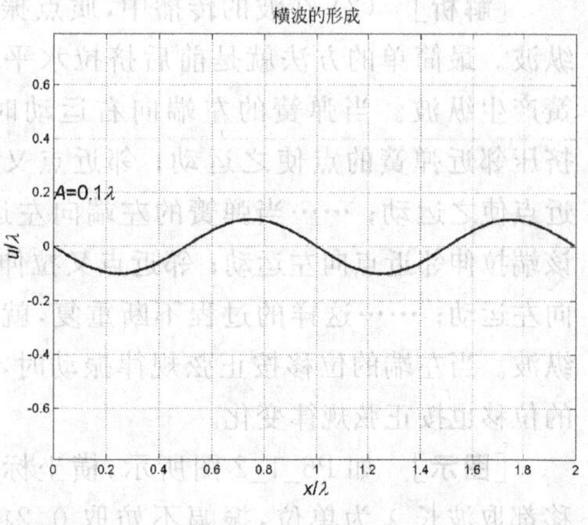


P6_1_1 图

[**算法**] (1) 取绳的一端为波源,取周期 $T$ 为时间单位,并取 $\varphi = -\pi/2$,波源的振动规律可表示为

$$u_0 = A\sin 2\pi t^* \tag{6.1.1*}$$

其中 $t^* = t/T$。取两个波长的波来说明横波形成的原理。

[**程序**] P6_1_1.m 如下。

```
%横波的形成
clear,xm = 2;dx = 0.01;                        %清除变量,横坐标右界(也是波长的个数),横坐标间隔
x = 0:dx:xm;n = length(x);u = zeros(1,n);      %横坐标向量,坐标向量长度,初位移为零(1)
figure                                         %创建图形窗口
h = plot(x,u,'LineWidth',2,'EraseMode','xor');  %波的句柄(2)
grid on,axis([0,xm, - 0.5,0.5]),axis equal      %加网格,曲线范围,使坐标间隔相等
fs = 16;title('横波的形成','FontSize',fs)        %标题
xlabel('\itx\rm/\it\lambda','FontSize',fs)      %x标签
ylabel('\itu\rm/\it\lambda','FontSize',fs)      %y标签
a = 0.1;text(0,2 * a,['\itA\rm = ',num2str(a),'\it\lambda'],'FontSize',fs)  %显示振幅
t = 0;dt = dx;tm = xm;                          %初始时刻,时间间隔,最大时间(周期个数),
pause,hold on                                   %暂停,保持图像(3)
while 1,t = t + dt;                             %无限循环,下一时刻
    if get(gcf,'CurrentCharacter') = = char(27),break,end    %按Esc键退出循环(4)
    if t <= tm                                  %如果波没有传播到最右边
        u = [a * sin(2 * pi * t),u(1:end - 1)];  %插入第一个元素,其他前移(5)
    else                                        %否则
        u = [u(end),u(1:end - 1)];              %最后一个元素移到第一个(6)
    end,set(h,'YData',u)                        %结束条件,设置横波纵坐标(7)
    drawnow,pause(0.01)                         %更新屏幕,延时
end                                             %结束循环
```

[**说明**] (1) 先将波的位移向量清零。

(2) 画水平线并取句柄,水平线表示长绳。

(3) 暂停显示初始状态。按回车键后显示横波向右传播时的过程。

(4) 在任意时刻按 Esc 键退出。

(5) 波在形成过程中,波源的位移根据正弦函数计算,其他点的位移由波源的位移向前推,表示波的传播。这种形成位移的方法可称为元素前移法。

(6) 两个波形成之后,只要将最前面的向量向后移到第一个,同时将其他向量前移,表示波的传播。这种形成位移的方法不妨称为元素循环法。

(7) 不断设置纵坐标就能演示波的形成。元素前移法和元素循环法在波的形成和传播中形成位移十分简单和巧妙,这就是 MATLAB 使用向量的好处。

[**解析**] (2) 在波的传播中,质点振动的方向与波的传播方向在一条直线上的波称为纵波。最简单的方法就是前后挤拉水平的软弹簧产生纵波。当弹簧的左端向右运动时,该端挤压邻近弹簧的点使之运动;邻近点又挤压邻近点使之运动;……当弹簧的左端向左运动时,该端拉伸邻近点向左运动;邻近点又拉伸邻近点向左运动;……这样的过程不断重复,就形成了纵波。当左端的位移按正弦规律振动时,其他点的位移也按正弦规律变化。

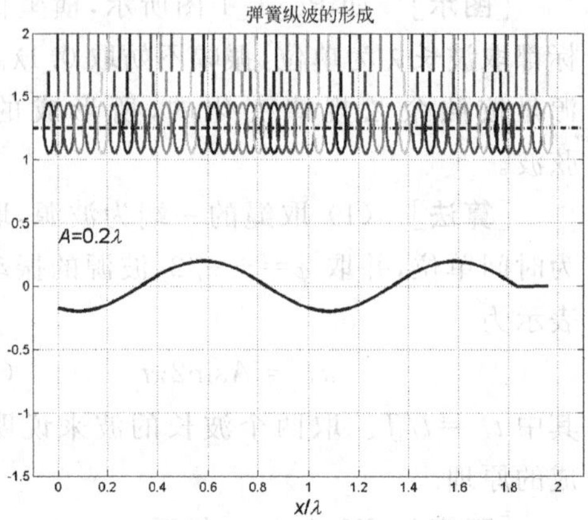


P6_1_2 图

[**图示**] 如 P6_1_2 图所示,横坐标和纵位移都取波长 $\lambda$ 为单位,振幅不妨取 $0.2\lambda$。在纵波的形成和传播过程中,弹簧各部分的疏密程度不同,弹簧纵波是疏密波。

[**算法**] (2) 用一组椭圆表示弹簧,弹簧的平衡位置用竖线表示,弹簧的位移用一些随椭圆运动的竖线表示。取两个波,波的形成用元素前移法,波的传播用元素循环法,椭圆的位置则根据纵波的位移设置,演示波的形成和传播的动画。

[**程序**] P6_1_2.m 见网站。

## {范例 6.2} 平面简谐波的方程

推导平面简谐波的运动学方程,说明位移曲线和波形曲线。

[**解析**] 在波动过程中,振动相位相同的点连成的面称为波阵面,最前面的波阵面称为波前。波阵面是平面的波称为平面波。波的传播方向称为波线,在各向同性的介质中,波线与波阵面相互垂直。

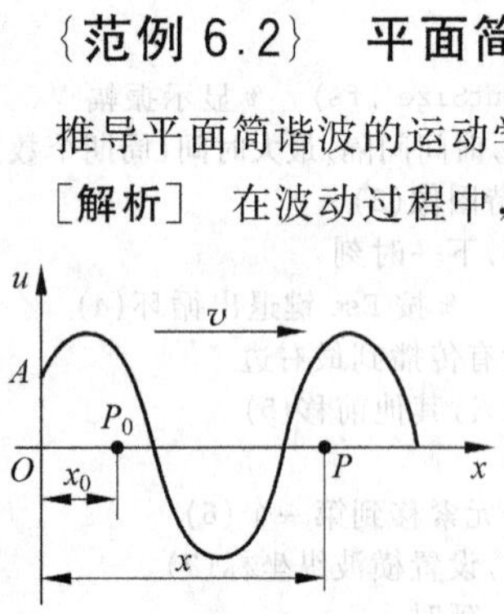


B6.2a 图

设有一平面余弦行波,在无吸收的均匀无限介质中沿 $x$ 轴正方向传播,波速为 $v$。如 B6.2a 图所示,沿平面波中的一条波线建立坐标系,波线上的一个点代表一个过该点的垂直于波线的平面。设波源 $O$ 处质点的振动方程为

$$u_0(t) = A\cos(\omega t + \varphi) \tag{6.2.1}$$

式中,$A$ 是振幅,$\omega$ 是圆频率,$\varphi$ 是初相位,$u_0(t)$是 $O$ 处质点在 $t$ 时刻的位移。波线上任一点 $P$ 的坐标为 $x$,当振动从 $O$ 点传到 $P$ 点时,需要的时间为 $t_P = x/v$。点 $P$ 的坐标为 $x$,当振动从 $O$ 点传到 $P$ 点时,需要的时间为 $t_P = x/v$。$P$ 质元在 $t+t_P$ 时刻的位移与 $O$ 处质元在 $t$ 时刻的位移相同,即

$$u_P(t+t_P)=u_0(t)=A\cos(\omega t+\varphi)$$

将 $t+t_P$ 换为 $t$，同时将 $t$ 换为 $t-t_P$，由上式可得

$$u_P(t)=A\cos[\omega(t-t_P)+\varphi] \tag{6.2.2}$$

显然有 $u_0(0)=u_P(t_P)=A\cos\varphi$，说明 $O$ 处质元在 0 时刻的位移与 $P$ 质元在 $t_P$ 时刻的位移相同，这是因为 $O$ 处质元在 0 时刻的振动要经过 $t_P$ 时间才能传播到 $x$ 处。由于 $u_0(t-t_P)=u_P(t)$，可见：$P$ 质元在 $t$ 时刻的位移与 $O$ 处质元在 $(t-t_P)$ 时刻的位移相同，即：$P$ 质元在 $t$ 时刻的振动是 $O$ 处质元在 $(t-t_P)$ 时刻的振动经过 $t_P$ 时间传播的结果。将 $t_P=x/v$ 式代入上式，可得 $P$ 质元在 $t$ 时刻的位移

$$u(x,t)=A\cos[\omega(t-t_P)+\varphi]=A\cos\left[\omega\left(t-\frac{x}{v}\right)+\varphi\right] \tag{6.2.3}$$

这就是沿 $x$ 轴正方向传播的平面简谐波的运动学方程，可称为基本波动方程。基本波动方程中的位移是时间和坐标的二元函数。当坐标一定时，方程就表示了该坐标上的质点在各时刻的运动曲线；当时刻一定时，方程就表示了该时刻各质点的波形曲线。

利用公式 $\omega=2\pi/T$ 和 $vT=\lambda$，波动方程可表示为

$$u(x,t)=A\cos\left(\omega t-2\pi\frac{x}{\lambda}+\varphi\right) \tag{6.2.4}$$

(6.2.4)式在波的干涉中用得比较多。式中：$\omega t$ 是由于时间延长而产生的相位，$-2\pi x/\lambda$ 则是由于波传播到 $x$ 处而滞后的相位。波动方程还可以表示为

$$u(x,t)=A\cos\left[2\pi\left(\frac{t}{T}-\frac{x}{\lambda}\right)+\varphi\right] \tag{6.2.5}$$

(6.2.5)式比较容易记忆，在作图中用得比较多。

如果波源不在 $O$ 点而在 $P_0$ 点，$P_0$ 到 $O$ 的距离为 $x_0$，$P$ 点在 $t$ 时刻的位移为

$$\begin{aligned}u(x,t)&=A\cos\left[\omega\left(t-\frac{x-x_0}{v}\right)+\varphi\right]\\&=A\cos\left[\omega\left(t-\frac{x}{v}\right)+\varphi+2\pi\frac{x_0}{\lambda}\right]\end{aligned} \tag{6.2.6}$$

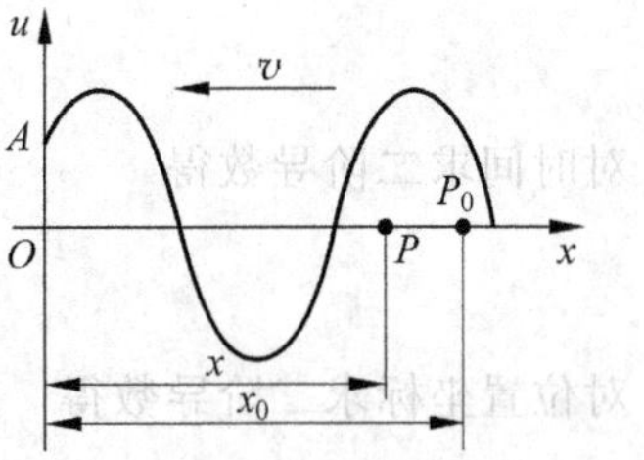

B6.2b 图

如果 $x_0=n\lambda$（$n$ 为整数），可得(6.2.3)式。可见：任何与波源相距为波长整数倍的点（代表一个平面）都可以当做波源。在波的传播过程中，一般不指出波源的位置。当波向右传播时，就认为波源在左边。

如 B6.2b 图所示，当波向左传播时，波动方程为

$$u(x,t)=A\cos\left[\omega\left(t-\frac{x_0-x}{v}\right)+\varphi\right]=A\cos\left[\omega\left(t+\frac{x}{v}\right)+\varphi-2\pi\frac{x_0}{\lambda}\right] \tag{6.2.7}$$

如果 $x_0=n\lambda$（$n$ 为整数），可得

$$u(x,t)=A\cos\left[\omega\left(t+\frac{x}{v}\right)+\varphi\right] \tag{6.2.8}$$

与(6.2.3)式相比，$x$ 前面是正号。如果波源在原点 $O$，$P$ 点一定在 $x$ 的负轴上，(6.2.8)式可化为

$$u(x,t)=A\cos\left[\omega\left(t-\frac{-x}{v}\right)+\varphi\right] \tag{6.2.9}$$

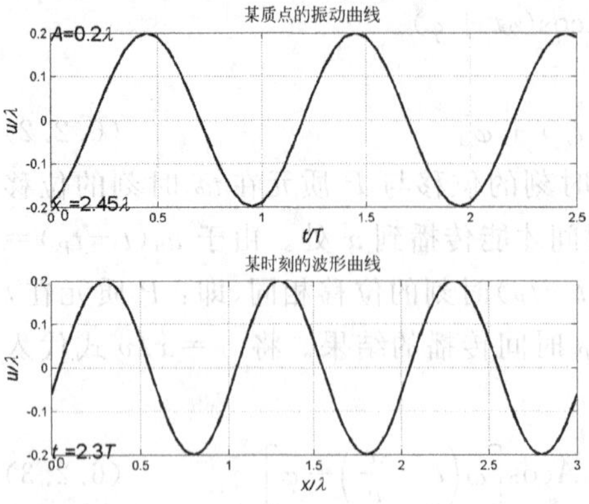


P6_2b 图

$-x$ 就是波从 $O$ 点传到 $P$ 点的距离，$-x/v$ 就是波传播到 $P$ 点所需要的时间。当波向左传播时，就认为波源在右边，(6.2.7)式和(6.2.8)式都代表左行波。

［**图示**］ (1) 如 P6_2a 图所示(见彩页)，振幅不妨取 0.2 倍波长。波线上各个时刻的质点的位移形成一个波动曲面，曲面呈波浪状。

(2) 如 P6_2b 图所示，用 $x=x_0$ 的平面去截，可得质点在 $x_0$ 处的振动曲线；用 $t=t_0$ 的平面去截，可得 $t_0$ 时刻各质点的波形曲线。

［**算法**］ 取周期为时间单位，取波长为长度单位，波动方程可表示为

$$u(x^*,t^*)=A\cos[2\pi(t^*-x^*)+\varphi] \tag{6.2.5*}$$

其中，$x^*=x/\lambda, t^*=t/T$。初相位不妨取为零，取位置为横坐标向量，取时间为纵坐标向量，形成矩阵后即可画出波动曲面。

随机取一个坐标，就能计算和绘制质点的位移曲线；随机取时间，就能计算和绘制此时各质点的波形曲线。

［**程序**］ P6_2.m 见网站。

## {范例 6.3} 球面波的传播(图形动画)

推导球面波的运动学方程，用曲线和曲面演示球面波的传播。

［**解析**］ 利用平面波的基本波动方程

$$u(x,t)=A\cos\left[\omega\left(t-\frac{x}{v}\right)+\varphi\right]$$

对时间求二阶导数得

$$\frac{\partial^2 u}{\partial t^2}=-A\omega^2\cos\left[\omega\left(t-\frac{x}{v}\right)+\varphi\right]$$

对位置坐标求二阶导数得

$$\frac{\partial^2 u}{\partial x^2}=-A\left(\frac{\omega}{v}\right)^2\cos\left[\omega\left(t-\frac{x}{v}\right)+\varphi\right]$$

比较两式可得

$$\frac{\partial^2 u}{\partial x^2}=\frac{1}{v^2}\frac{\partial^2 u}{\partial t^2} \tag{6.3.1}$$

根据牛顿运动定律也可以推导出这个方程。这就是沿 $x$ 轴方向传播的平面简谐波的动力学方程，也称为波动方程。平面简谐波的运动学方程是动力学方程的解。

在三维情况下，动力学方程可表示为

$$\frac{\partial^2 u}{\partial x^2}+\frac{\partial^2 u}{\partial y^2}+\frac{\partial^2 u}{\partial z^2}=\frac{1}{v^2}\frac{\partial^2 u}{\partial t^2} \tag{6.3.2}$$

三维波的运动学方程就是这个动力学方程的解。球面波在径向的传播是相同的，利用坐标变换，球面波的波动方程为

$$\frac{\partial^2(ru)}{\partial r^2}=\frac{1}{v^2}\frac{\partial^2(ru)}{\partial t^2} \tag{6.3.3}$$

方程的解为

$$u(r,t)=\frac{A}{r}\cos\left[\omega\left(t-\frac{r}{v}\right)+\varphi\right] \tag{6.3.4}$$

这就是球面波的运动学方程。可见：球面波的振幅与距离成反比。$A$ 是距离 $r$ 等于单位长度处的振幅。

由于 $vT=\lambda$，(6.3.4)式可化为

$$u(r,t)=\frac{A}{r}\cos(\omega t-kr+\varphi) \tag{6.3.5}$$

式中 $k=2\pi/\lambda$，称为圆波数。$\omega t$ 是由于时间延长而产生的相位，$-kr$ 则是由于波传播距离 $r$ 而滞后的相位。

［图示］ (1) 球面波是三维立体波，取球面波的一个剖面，等值线的传播就代表球面波的传播，初始时刻的位移如 P6_3a 图所示。

(2) 初始位移曲面如 P6_3b 图所示(见彩页)，第一维和第二维表示平面坐标，第三维表示位移。随着时间延续，曲面上的点上下振动，球面波就向四周传播。随着距离的增加，质点的振幅越来越小。

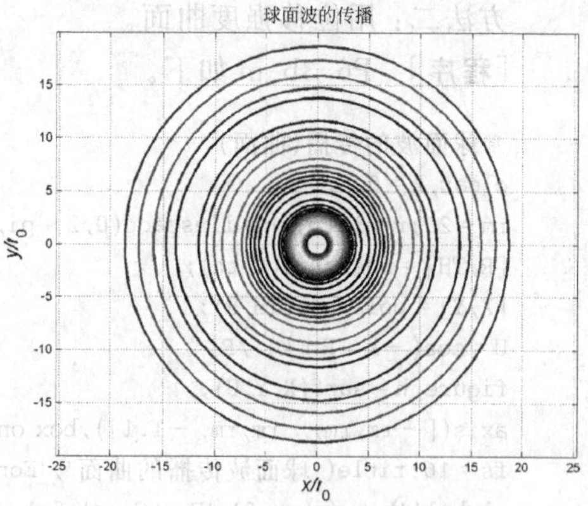

P6_3a 图

［算法］ 当波从半径为 $r_0$ 的球面上发出时，球面波的运动学方程可表示为

$$u^*(r^*,t)=\frac{u(r,t)}{A/r_0}=\frac{1}{r^*}\cos(\omega t-k^*r^*+\varphi) \tag{6.3.5*}$$

式中 $r^*=r/r_0$，$k^*=kr_0$。$r^*$ 是距离与球面半径的比值，是无量纲的距离，称为约化距离。$k^*$ 是无量纲的圆波数，是一个常数。当 $t=0$ 时，如果 $r=r_0$ 处的位移最大，则 $\varphi=k^*$。

方法一：用等值线。

［程序］ P6_3a.m 如下。(一个范例用不同方法表示结果时，在程序名后面加字母区别。)

```
%球面波的传播(等值线)
clear,k = 0.8;                              %清除变量,半径与波长之比的 2pi 倍(半径与波数的乘积)
rm = 20;r = 1:0.1:rm;                       %最大距离(与半径的比)和距离向量
th = linspace(0,2 * pi,50);                 %角度向量
[R,TH] = meshgrid(r,th);                    %距离和角度矩阵
[X,Y] = pol2cart(TH,R);                     %极坐标化为直角坐标(1)
u = - 1:0.05:1;wt = 0;                      %位移向量,初始时刻相位
fs = 16;figure                              %创建图形窗口并取句柄
while 1                                     %无限循环
    U = cos(wt - k * R + k)./R;             %位移(1)
    contour(X,Y,U,u,'LineWidth',2)          %重画等值线(2)
    grid on,axis equal                      %加网格,使坐标间隔相等
    xlabel('\itx/r\rm_0','FontSize',fs)     %x 标签
```

```
    ylabel('\ity/r\rm_0','FontSize',fs)                        %y标签
    title('球面波的传播','FontSize',fs)                         %标题
    drawnow                                                     %更新屏幕
    if wt = = 0 pause,end                                       %初始时暂停
    if get(gcf,'CurrentCharacter') = = char(27) break;end      %按Esc键则退出程序(3)
    wt = wt + 0.1;                                              %下一时刻的时间相位
end                                                             %结束循环
```

［说明］（1）将平面极坐标化为二维直角坐标，根据公式可计算任何时刻的位移。

（2）利用等值线指令contour可画出等值线，不断画新的等值线就能演示球面波向外传播的动画。

（3）程序一执行就显示位移等值线，按回车键后就演示动画，按Esc键退出。

方法二：用位移强度曲面。

［程序］ P6_3b.m如下。

```
%球面波的传播(曲面)
clear,k = 0.8;                                  %清除变量,半径与波长之比的2pi倍(半径与波数的乘积)
rm = 20;r = 1:rm;th = linspace(0,2 * pi,30);    %最大距离(与半径的比),距离向量和角度向量
[R,TH] = meshgrid(r,th);                        %距离和角度矩阵
[X,Y] = pol2cart(TH,R);                         %极坐标化为直角坐标
U = cos( - k * R + k)./R;                       %初始位移
figure,h = surf(X,Y,U);                         %创建图形窗口,画曲面并取句柄
axis([ - rm,rm, - rm,rm, - 1,1]),box on         %设置坐标范围,加框
fs = 16;title('球面波传播的曲面','FontSize',fs)  %标题
xlabel('\itx/r\rm_0','FontSize',fs)             %x标签
ylabel('\ity/r\rm_0','FontSize',fs)             %y标签
zlabel('\itu\rm/(\itA/r\rm_0)','FontSize',fs)   %z标签
pause,hold on,wt = 0;                           %暂停,保持图像,初始时刻的相位取零
while 1                                         %无限循环
    if get(gcf,'CurrentCharacter') = = char(27),break,end   %按Esc键退出循环
    wt = wt + 0.1;U = cos(wt - k * R + k)./R;   %下一时刻的时间相位,曲面的位移
    set(h,'ZData',U),drawnow                    %设置位移,更新屏幕(2)
end                                             %结束循环(3)
```

［说明］（1）利用surf指令画三维曲面，曲面随时间变化即可演示球面波的传播。

（2）不断设置曲面的高坐标即可演示曲面波峰或波谷向外传播的动画。

（3）程序一执行就显示初始位移曲面，按回车键后就演示动画，按Esc键退出。

## {范例6.4} 用惠更斯作图法确定波阵面(图形动画)

（1）应用惠更斯原理确定平面波的波阵面。

（2）应用惠更斯原理确定球面波的波阵面。

［解析］（1）由于介质中质点之间存在相互作用，波源处质点的振动就导致了波的传播。介质中任一点的振动都会引起邻近质点的振动，因此在波的传播过程中，介质中任何一点都可以看作新的波源。惠更斯提出：在波的传播过程中，波阵面(波前)上的每一个点都可以看作发射子波的波源，在其后的任一时刻，这些子波的包迹(公切面)就是新的波阵面。这就是惠更斯原理。

在各向同性的介质中,平面波上的子波源产生的包迹是一个平面。

［图示］ 如 P6_4_1 图所示,平面波的子波的包迹(公切面)仍然是平面。注意：任何一个波阵面既可看作是由初始的波阵面上的子波源产生的,也可以看作是由最新的一个波阵面上的子波源产生的。不论怎么看,任何平面波的子波源产生的包迹(公切面)仍然是平面。

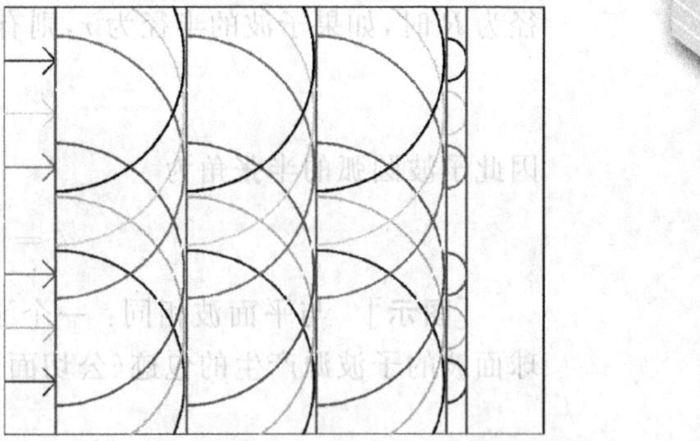


P6_4_1 图

［算法］ (1) 直接根据惠更斯原理演示平面波传播的动画。

［程序］ P6_4_1.m 如下。

```
%用惠更斯作图法确定平面波的波阵面
clear,x1 = - 0.2;x2 = 2;                                          %清除变量,左边界和右边界
cc = 'bgrymck';n = length(cc);                                    %颜色符号和符号个数,表示子波源个数(1)
y0 = 0.2;y1 = 0;y2 = (n+1) * y0;                                  %子波源之间的距离,下边界和上边界
figure                                                            %建立图形窗口
plot([x1,x2,x2,x1,x1],[y1,y1,y2,y2,y1],'k','LineWidth',2);  %画方框
axis off equal,axis([x1,x2,y1,y2])                                %不显示坐标并使坐标间隔相等,设定坐标范围
title('用惠更斯作图法确定平面波的波阵面','FontSize',20)       %显示标题
xy = 0.05;hold on                                                 %箭头大小,保持图像
for i = 1:n,yi = y0 * i;                                          %按子波源循环,计算纵坐标
    plot([x1;0],[yi;yi],cc(i),'LineWidth',1.5)                    %画波线
    plot([0,0;- xy,- xy],[yi,yi;yi + xy,yi - xy],cc(i),'LineWidth',1.5)  %画箭头
    hc(i) = plot(0,yi,cc(i),'LineWidth',2);                       %半圆的句柄(2)
end,plot([0,0],[y1,y2],'r','LineWidth',2)                         %结束循环,画第一个波阵面
h = plot([0,0],[y1,y2],'r','LineWidth',2);                        %取波阵面的句柄
pause,theta = ( - 1:0.01:1) * pi/2;                               %暂停,角度向量
r = 0;r0 = 0.5;x0 = 0;                 %球面波的半径的初值,子波波阵面之间的距离和初始横坐标
while 1,r = r + 0.01;                                             %无限循环,增加半径
    if r > r0,pause                                               %如果半径超过面间距,暂停
        for i = 1:n,plot(x0 + x,y0 * i + y,cc(i),'LineWidth',2),end  %按子波循环,补画半圆
        r = 0;x0 = x0 + r0;                                       %圆的半径清零,波阵面向前推
        plot([x0,x0],[y1,y2],'r','LineWidth',2)                   %补画波阵面
    end,x = r * cos(theta);y = r * sin(theta);                    %结束条件,计算半圆的相对坐标
    for i = 1:n                                                   %按子波循环
        set(hc(i),'XData',x0 + x,'YData',y0 * i + y)                  %设置半圆的坐标(3)
    end,set(h,'XData',[x0 + r,x0 + r])                            %结束循环,设置波阵面的横坐标
    drawnow,pause(0.02)                                           %刷新屏幕和延时
    if get(gcf,'CurrentCharacter') = = char(27) break;end         %按 Esc 键则退出程序(4)
end                                                               %结束循环
```

［说明］ (1) 用 7 种颜色表示 7 条波线和箭头,也表示 7 个子波源产生的子波。

(2) 子波用半圆表示。

(3) 不断设置半圆的坐标即可演示平面波的传播。

(4) 程序一执行就显示平面波的波线和波前,按回车键后就演示波前上的子波源发出的球面波和波阵面(公切面)；过一段时间会停下来,显示波阵面,按回车键继续；在演示动画时按 Esc 键退出。

［解析］ (2) 在各向同性的介质中,球面波上的子波源产生的包迹应该是球面。任何

一个子波发出的球面波是向波阵面的前方传播的，如 B6.4 图所示，当球面波的波阵面的半径为 $R$ 时，如果子波的半径为 $r$，则有

$$\cos\alpha = \frac{r/2}{R} \tag{6.4.1}$$

因此子波圆弧的半张角为

$$\theta = \pi - \alpha = \pi - \arccos\frac{r}{2R} \tag{6.4.2}$$

［图示］ 与平面波相同：一个波阵面可以由任何一个波阵面上的子波源产生。显然，球面波的子波源产生的包迹(公切面)仍然是球面，如 P6_4_2 图所示。

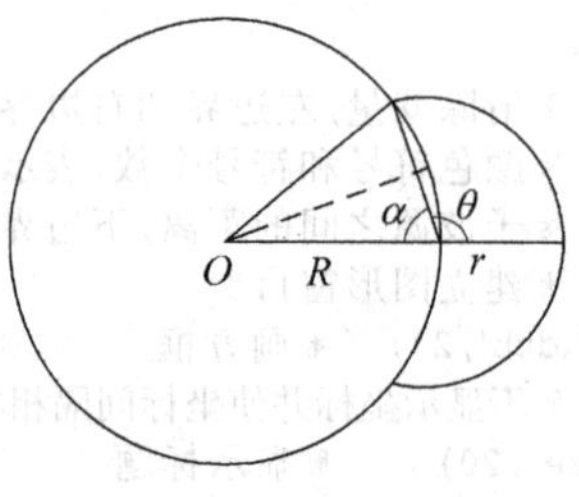


B6.4 图

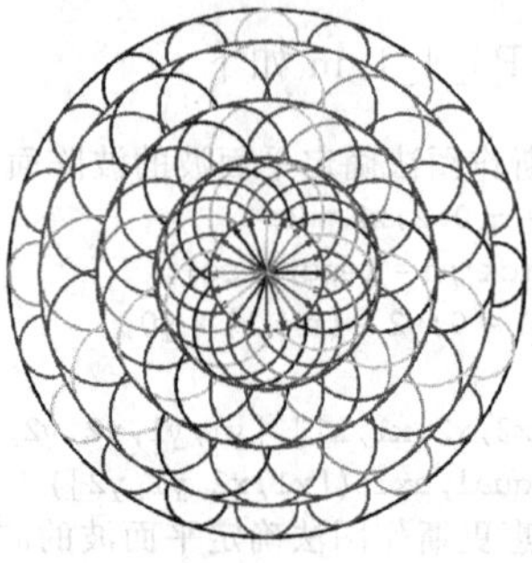

用惠更斯作图法确定球面波的波阵面


P6_4_2 图

［算法］ (2) 直接根据惠更斯原理演示球面波传播的动画。

［程序］ P6_4_2.m 见网站。

## {范例 6.5} 波的衍射(图形动画)

平面波向前传播遇到两个挡板时，演示平面波通过两个挡板之间的间隙时波的衍射。

［解析］ 波面上的任何一点都可以当做子波源，当平面波遇到障碍物时，子波源发出的波就会绕过障碍物，这种波绕过障碍物的现象称为波的衍射。

［图示］ (1) 如 P6_5a 图所示，窗口左边是平面波区，右边是绕射波区。波阵面不断前进，当波越过挡板之后就形成波的衍射的图样。

(2) 平面波遇到小孔后，小孔成为新的点波源，发出球面波，如 P6_5b 图所示。球面波的传播正好说明了惠更斯原理。

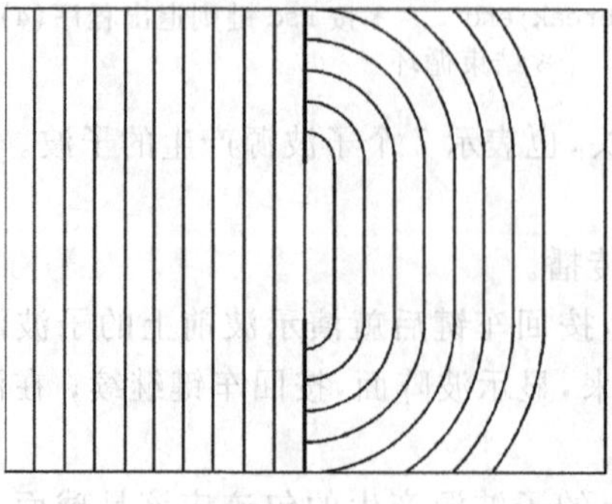


P6_5a 图

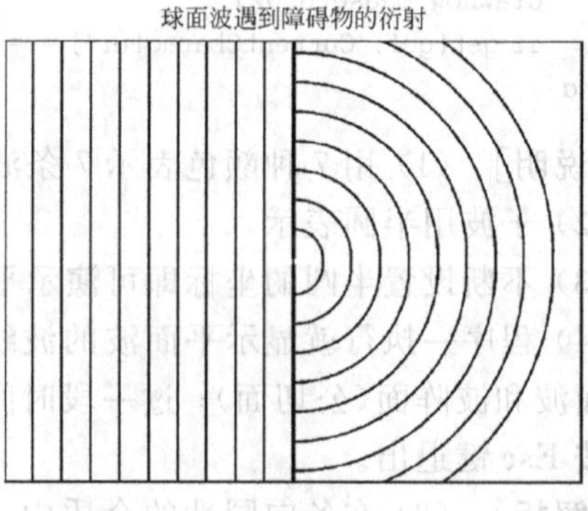


P6_5b 图

［算法］ 根据波的衍射演示平面波和球面波传播的动画。

［程序］ P6_5main.m 和 P6_5fun.m 见网站。

## ｛范例 6.6｝ 波的叠加原理(图形动画)

一轻绳长 10m,取绳的中点为坐标原点,当 $t=0$ 时,一个右行脉冲波的位移为

$$u_1 = A_1\cos(\pi x), \quad -2.5 \leqslant x \leqslant -1.5$$

$$u_1 = 0, \quad x < -2.5, x > -1.5$$

一个左行余弦脉冲波的位移为

$$u_2 = A_2\cos(\pi x/2), \quad x \geqslant 3$$

$$u_2 = 0, \quad x < 3$$

其中,$A_1=0.5\text{m}$,$A_2=0.2\text{m}$。两列波相向运动,演示波的传播和叠加过程。

［解析］ 右行脉冲波的波函数为

$$u_1 = A_1\cos(\omega t - \pi x)$$

左行脉冲波的波函数为

$$u_2 = A_2\cos(\omega t + \pi x/2)$$

两个或多个波源产生的波在同一介质中传播,当它们在空间某点相遇时,每一列波都将保持自己原有的特性,包括频率、波长和振动方向等,如同波在各自的路程中没有遇到其他波一样。这就是波传播的独立性。在相遇点的合振动等于各列波在该点引起的振动的矢量和,这就是波的叠加原理。

［图示］ 两列波开始行进情况如 P6_6a 图所示,两列波相遇时波的叠加结果如 P6_6b 图之下图所示,然后两个波分离(图略)。右行波从右边消失后又从左边进入画面,左行波从左边消失后又从右边进入画面,两列波相遇时还会叠加起来(图略)。

［算法］ 直接根据波的叠加原理演示两列波相遇时波的叠加动画。

［程序］ P6_6.m 见网站。

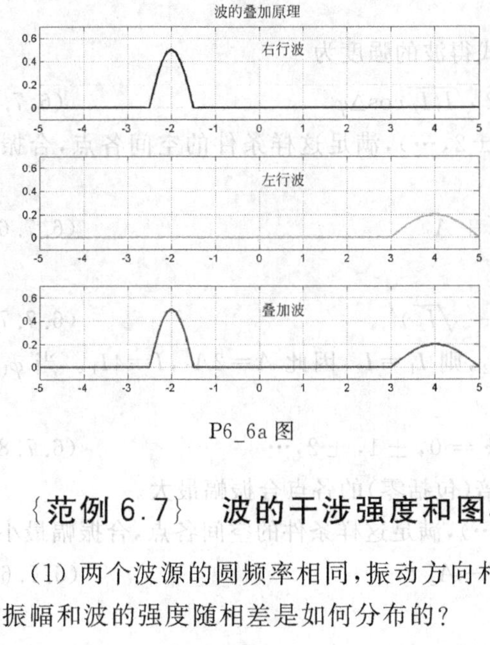


P6_6a 图

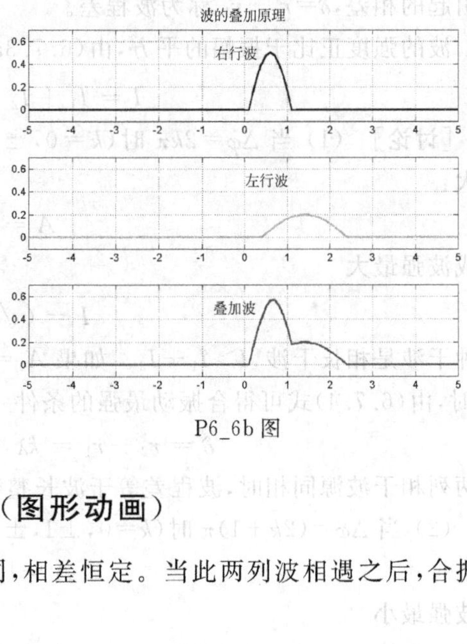


P6_6b 图

## ｛范例 6.7｝ 波的干涉强度和图样(图形动画)

(1) 两个波源的圆频率相同,振动方向相同,相差恒定。当此两列波相遇之后,合振动的振幅和波的强度随相差是如何分布的?

(2) 根据波的叠加原理演示波的干涉现象,相长干涉线和相消干涉线是如何分布的?

(3) 根据波的叠加原理演示水波的干涉图样。

[**解析**] (1) 在一般情况下,各列波引起的振动是比较复杂的。但是频率相同、振动方向相同、相差恒定的波源产生的简谐波相遇后,在某些地方产生的合振动始终加强,在某些地方产生的合振动始终减弱。这就是波的干涉现象,这种波称为相干波,其波源就是相干波源。

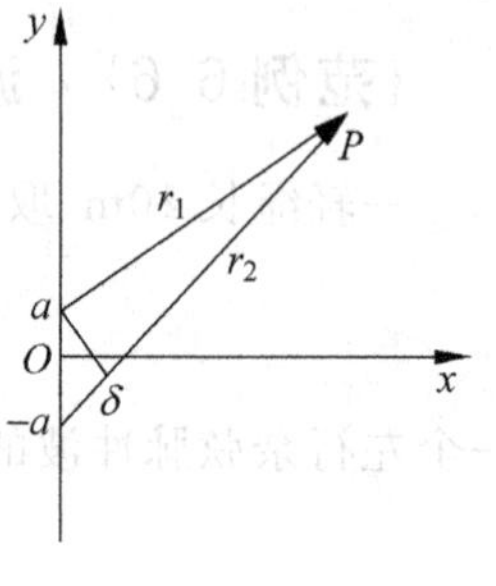

B6.7 图

如 B6.7 图所示,设两波源的角频率都是 $\omega$,初相位分别为 $\varphi_1$ 和 $\varphi_2$,相距为 $2a$。它们发出的波在空间某点 $P$ 相遇时,在 $P$ 点引起的振动分别为

$$u_1 = A_1\cos\left(\omega t + \varphi_1 - \frac{2\pi r_1}{\lambda}\right) \tag{6.7.1a}$$

$$u_2 = A_2\cos\left(\omega t + \varphi_2 - \frac{2\pi r_2}{\lambda}\right) \tag{6.7.1b}$$

式中,$A_1$ 和 $A_2$ 是两列波在 $P$ 点引起的振幅;$r_1$ 和 $r_2$ 是波源到 $P$ 点的距离。$P$ 点的合振动为

$$u = u_1 + u_2 = A\cos(\omega t + \varphi) \tag{6.7.2}$$

其中

$$A = \sqrt{A_1^2 + A_2^2 + 2A_1A_2\cos\Delta\varphi} \tag{6.7.3a}$$

$$\varphi = \arctan\frac{A_1\sin(\varphi_1 - 2\pi r_1/\lambda) + A_2\sin(\varphi_2 - 2\pi r_2/\lambda)}{A_1\cos(\varphi_1 - 2\pi r_1/\lambda) + A_2\cos(\varphi_2 - 2\pi r_2/\lambda)} \tag{6.7.3b}$$

$\Delta\varphi$ 称为相差

$$\Delta\varphi = \varphi_2 - \varphi_1 - 2\pi\frac{r_2 - r_1}{\lambda} \tag{6.7.4}$$

其中,$\varphi_2-\varphi_1$ 是两个波源的初相不同而引起的相差;$-2\pi(r_2-r_1)/\lambda$ 是两列波因传播距离而引起的相差,$\delta=r_2-r_1$ 称为波程差。

波的强度正比于振幅的平方,由(6.7.3a)式得波的强度为

$$I = I_1 + I_2 + 2\sqrt{I_1I_2}\cos\Delta\varphi \tag{6.7.5}$$

[**讨论**] (1) 当 $\Delta\varphi=2k\pi$ 时($k=0,\pm1,\pm2,\cdots$),满足这样条件的空间各点,合振幅最大:

$$A = A_1 + A_2 \tag{6.7.6a}$$

合成波强最大

$$I = (\sqrt{I_1} + \sqrt{I_2})^2 \tag{6.7.7a}$$

这种干涉是相长干涉,$I>I_1+I_2$。如果 $A_1=A_2$,则 $I_1=I_2$,因此 $A=2A_2$,$I=4I_1$。当 $\varphi_1=\varphi_2$ 时,由(6.7.4)式可得合振动最强的条件

$$\delta = r_2 - r_1 = k\lambda,\quad k = 0, \pm1, \pm2, \cdots \tag{6.7.8a}$$

即两列相干波源同相时,波程差等于波长整数倍(包括零)的各点合振幅最大。

(2) 当 $\Delta\varphi=(2k+1)\pi$ 时($k=0,\pm1,\pm2,\cdots$),满足这样条件的空间各点,合振幅最小

$$A = |A_1 - A_2| \tag{6.7.6b}$$

合波强最小

$$I = (\sqrt{I_1} - \sqrt{I_2})^2 \quad (6.7.7b)$$

这种干涉是相消干涉，$I<I_1+I_2$。如果 $A_1=A_2$，则 $I_1=I_2$，因此 $A=0$，$I=0$。当 $\varphi_1=\varphi_2$ 时，由(6.7.4)式可得合振动最弱的条件

$$\delta = r_2 - r_1 = (2k+1)\frac{\lambda}{2}, \quad k = 0, \pm 1, \pm 2, \cdots \quad (6.7.8b)$$

即两列相干波源同相时，波程差等于半波长奇数倍的各点振幅最小。

[图示] (1) 如 P6_7_1a 图所示，当相长干涉的级数取 2 时，有 5 个相长干涉和 4 个相消干涉位置。当两列波的振幅比值较小时，相长干涉和相消干涉处振幅大小的变化范围比较小，曲线的顶端比较"圆"。当两列波的振幅比值较大时，在相长干涉处，振幅比较大，曲线的顶端比较"圆"；在相消干涉处，振幅大小的变化范围比较小，曲线的顶端比较"尖"。

(2) 如 P6_7_1b 图所示，波的强度曲线是余弦线，振幅之比越大，相长干涉越强，相消干涉越弱。

[算法] (1) 取 $A_1$ 为振幅单位，则合振幅可表示为

$$A = A_1\sqrt{1 + A_2^{*2} + 2A_2^*\cos\Delta\varphi} \quad (6.7.3a^*)$$

其中，$A_2^* = A_2/A_1$。取 $I_1 = A_1^2$ 为波的强度单位，则波的总强度为

$$I = I_1(1 + I_2^* + 2\sqrt{I_2^*}\cos\Delta\varphi) \quad (6.7.5^*)$$

其中，$I_2^* = I_2/I_1 = A_2^{*2}$。不妨限定 $0<A_2^*\leqslant 1$，否则，取 $A_2$ 为振幅单位。波的振幅和强度随 $A_2^*$ 值不同而不同。

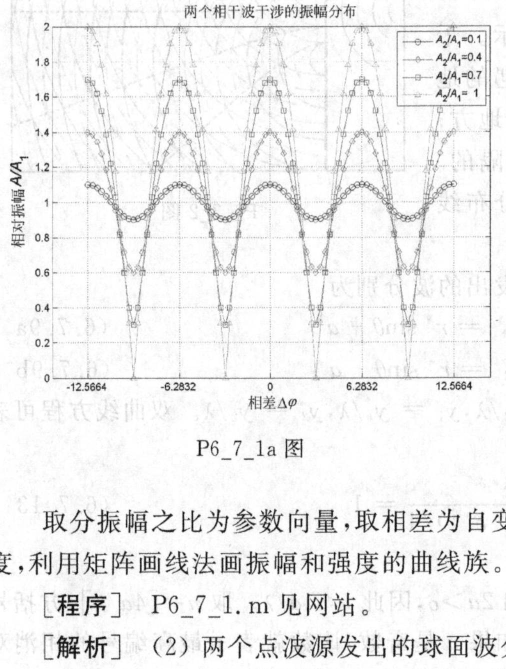


P6_7_1a 图

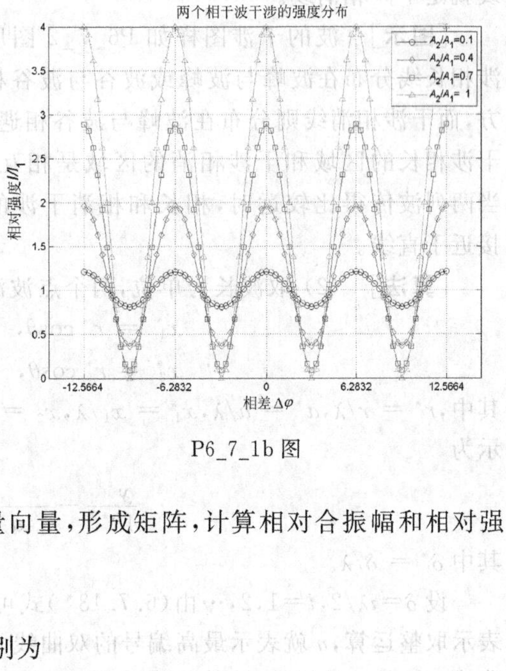


P6_7_1b 图

取分振幅之比为参数向量，取相差为自变量向量，形成矩阵，计算相对合振幅和相对强度，利用矩阵画线法画振幅和强度的曲线族。

[程序] P6_7_1.m 见网站。

[解析] (2) 两个点波源发出的球面波分别为

$$x_1 = r\cos\theta, \quad y_1 = r\sin\theta + a \quad (6.7.9a)$$

$$x_2 = r\cos\theta, \quad y_2 = r\sin\theta - a \quad (6.7.9b)$$

其中，$r=vt$，$-\pi/2 \leqslant \theta \leqslant \pi/2$。

设两点波源的初相相同，波动传到 $P$ 点的波程差为

$$\delta = r_2 - r_1 \tag{6.7.10}$$

其中

$$r_1 = \sqrt{x^2 + (y-a)^2} \tag{6.7.11a}$$

$$r_2 = \sqrt{x^2 + (y+a)^2} \tag{6.7.11b}$$

将(6.7.11)式代入(6.7.10)式，可得

$$\sqrt{x^2 + (y+a)^2} = \sqrt{x^2 + (y-a)^2} + \delta$$

两边平方后整理可得

$$4ay - \delta^2 = 2\delta\sqrt{x^2 + (y-a)^2}$$

两边再平方后整理可得

$$\frac{1}{4}(4a^2 - \delta^2)y^2 - 4\delta^2 x^2 = \delta^2(4a^2 - \delta^2) \tag{6.7.12}$$

如果 $\delta=0$，则 $y=0$，这是一条干涉相长线。在一般情况下有

$$\frac{y^2}{4\delta^2} - \frac{x^2}{(4a^2-\delta^2)/4} = 1 \tag{6.7.13}$$

可知：相差相同的点位于同一双曲线上。

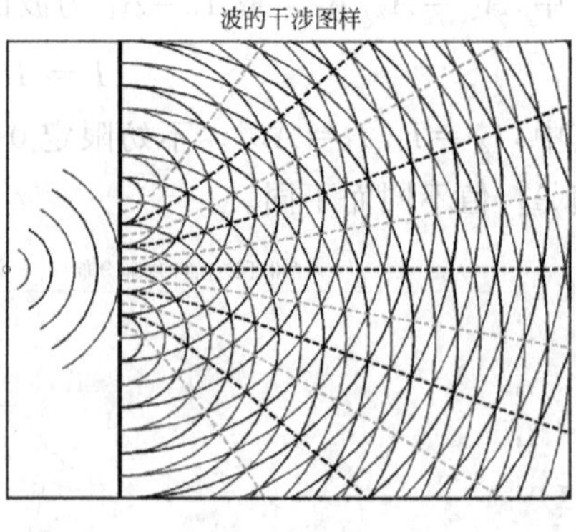

P6_7_2 图

[**讨论**] (1) 当 $\delta=\pm k\lambda$ 时($k=1,2,\cdots$)，双曲线就是干涉相长线。

(2) 当 $\delta=\pm(2k+1)\lambda/2$ 时($k=1,2,\cdots$)，双曲线就是干涉相消线。

[**图示**] 波的干涉图样如 P6_7_2 图所示。干涉相长线分布在波峰与波峰或波谷与波谷相遇的地方，而干涉相消线则分布在波峰与波谷相遇的地方；干涉相长的区域和干涉相消的区域是相互间隔的。当两列波传得比较远时，相长和相消干涉的分布线接近于直线。

[**算法**] (2) 取波长为单位，两个点波源发出的波分别为

$$x_1^* = r^*\cos\theta,\quad y_1^* = r^*\sin\theta + a^* \tag{6.7.9a*}$$

$$x_2^* = r^*\cos\theta,\quad y_2^* = r^*\sin\theta - a^* \tag{6.7.9b*}$$

其中，$r^*=r/\lambda, a^*=a/\lambda, x_1^*=x_1/\lambda, x_2^*=x_2/\lambda, y_1^*=y_1/\lambda, y_2^*=y_2/\lambda$。双曲线方程可表示为

$$\frac{y^{*2}}{4\delta^{*2}} - \frac{x^{*2}}{(4a^{*2}-\delta^{*2})/4} = 1 \tag{6.7.13*}$$

其中 $\delta^*=\delta/\lambda$。

设 $\delta=i\lambda/2, i=1,2,\cdots$ 由(6.7.13*)式可知 $2a>\delta$，因此 $i<4a/\lambda$。取 $n=[4a/\lambda]$，方括号表示取整运算，$n$ 就表示最高编号的双曲线。如果 $n$ 是奇数，该数就表示最高编号的相消双曲线；如果 $n$ 是偶数，该数就表示最高编号的相长双曲线。由于对称的缘故，相长和相消双曲线共有 $2n+1$ 条。

[**程序**] P6_7_2.m 如下。

```
%波的干涉动画和图样                          %清除变量,横坐标左边界(波长的倍数)和右边界
```

```
clear,x1 = -2.5;x2 = 10;
ym = 5;x0 = 0.5;                                              % 纵坐标范围和波阵面之间的距离(半波长)
a = 1.5;d = 0.05;                                             % 两缝中心的半距离和缝的半宽度
figure                                                        % 建立图形窗口
plot([0,0,0;0,0,0],[ym,a-d,-a-d;a+d,-a+d,-ym],'k','LineWidth',3)  % 画上下挡板
rectangle('Position',[x1,-ym,x2-x1,2*ym],'LineWidth',3)      % 画方框
axis off equal,axis([x1,x2,-ym,ym])                           % 不显示坐标并使坐标间隔相等,设定坐标范围
title('波的干涉图样','FontSize',20)                           % 显示标题
hold on,plot(x1,0,'o')                                        % 保持图像,画点波源
th0 = linspace(-pi/3,pi/3);                                   % 点波源的角度向量
th = linspace(-pi/2,pi/2);                                    % 相干波源的角度向量
n = 1;c = 'rb';pause                                          % 第1个波阵面和两个颜色符号,暂停(1)
while 1                                                       % 无限循环
    h1(n) = plot(x1,0,'Color',c(mod(n,2)+1),'LineWidth',1.5);   % 第一个波阵面的句柄(2)
    h2(n) = plot(x1,0,'Color',c(mod(n,2)+1),'LineWidth',1.5);   % 第二个波阵面的句柄(2)
    xr = 0.05;                                                % 波阵面的相对初位置
    while xr < x0                                             % 在两波阵面之间的距离内循环
        for i = 1:n                                           % 按波阵面循环
            x = x1 + x0*(n-i) + xr;                           % 波阵面的横坐标
            if x < 0                                          % 如果没有达到挡板右边
                xx = (-x1 + x)*cos(th0) + x1;yy = (-x1 + x)*sin(th0);   % 坐标向量
                set(h1(i),'XData',xx,'YData',yy)              % 设置弧形波阵面
            else                                              % 否则
                xx = x*cos(th);yy = x*sin(th);                % 坐标向量
                set(h1(i),'XData',xx,'YData',yy + a)          % 设置第一个半圆形波阵面(3)
                set(h2(i),'XData',xx,'YData',yy - a)          % 设置第二个半圆形波阵面(3)
            end                                               % 结束条件
        end,xr = xr + 0.05;                                   % 结束循环,下一步
        drawnow,pause(0.02)                                   % 更新屏幕,延时
    end,n = n + 1;                                            % 结束循环,增加一个波阵面
    if get(gcf,'CurrentCharacter') == char(27) break;end      % 按 Esc 键则退出程序
end                                                           % 结束循环
x = linspace(0,x2);n = 4*a;                                   % 横坐标向量和干涉线的最大编号
[X,K] = meshgrid(x,1:2:n);                                    % 坐标和奇数矩阵(4)
D = (K-1)/2;Y = D/2.*sqrt(1 + X.^2*4./(4*a^2 - D.^2));       % 波程差和纵坐标(5)
plot(x,Y,'k--',x,-Y,'k--','LineWidth',2)                      % 画长虚黑线(振动加强)(6)
D = K/2;Y = D/2.*sqrt(1 + X.^2*4./(4*a^2 - D.^2));           % 波程差和纵坐标(5)
plot(x,Y,'g--',x,-Y,'g--','LineWidth',2)                      % 画长虚绿线(振动减弱)(6)
```

［说明］　(1) 用红蓝两种不同颜色的曲线表示波阵面,一种颜色表示波峰,另一种颜色就表示波谷。

(2) 随着波的传播,波阵面不断出现,形成新的句柄。

(3) 当波在挡板右边时,不断设置两个波阵面的坐标,就能演示波的干涉过程。

(4) 取整数为参数向量,取横坐标为自变量向量,化为矩阵。

(5) 根据波程差计算振动加强和减弱点的纵坐标。

(6) 画出振动加强和减弱点的分布线。

［解析］　(3) 当频率相同、振动方向相同的两列水波的振幅都为 $A_0$ 时,假设它们的初相位为零,根据(6.7.3)式中的两个公式,它们在 $P$ 点相遇的合振幅和初相为

$$A = 2A_0\left|\cos\left(\pi\frac{r_2 - r_1}{\lambda}\right)\right| \tag{6.7.14a}$$

$$\varphi = \arctan\frac{-\sin(2\pi r_1/\lambda) - \sin(2\pi r_2/\lambda)}{\cos(2\pi r_1/\lambda) + \cos(2\pi r_2/\lambda)} \tag{6.7.14b}$$

可知：即使在干涉相长线上，不同点的相位一般是不相同的。根据振动方程就能确定各点的位移。

［**图示**］ (1) 当两列相干水面波在传播时，某时刻的曲面如 P6_7_3a 图所示(见彩页)，红色部分表示波峰，黑色部分表示波谷，它们都在相长干涉线附近。相消干涉线附近水波的起伏很小。

(2) 相干水波传播的俯视图如 P6_7_3b 图所示(见彩页)。在传播过程中波的干涉图样是稳定的。

［**算法**］ (3) 取波长为单位，则水波的合振幅可表示为

$$A^* = A_0^* 2\,|\cos[\pi(r_2^* - r_1^*)]| \tag{6.7.14a*}$$

初相可表示为

$$\varphi = \arctan\frac{-[\sin(2\pi r_1^*) + \sin(2\pi r_2^*)]}{\cos(2\pi r_1^*) + \cos(2\pi r_2^*)} \tag{6.7.14b*}$$

其中 $A_0^* = A_0/\lambda, A^* = A/\lambda$，而

$$r_1^* = \sqrt{x^{*2} + (y^* - a^*)^2} \tag{6.7.11a*}$$

$$r_2^* = \sqrt{x^{*2} + (y^* + a^*)^2} \tag{6.7.11b*}$$

其中 $x^* = x/\lambda, y^* = y/\lambda$。$P$ 点的振动方程可表示为

$$u^* = A^*\cos(t^* + \varphi) \tag{6.7.2*}$$

其中 $t^* = \omega t$ 表示无量纲的时间。

［**程序**］ P6_7_3.m 如下。

```
%水波的干涉图样
clear,a = 1.5;                                         %清除变量,两缝中心的半距离(以波长为单位)
xm = 10;x = 0:0.05:xm;                                 %横坐标右边界和横坐标向量
ym = 5;y = - ym:0.05:ym;                               %纵坐标范围和纵坐标向量
[X,Y] = meshgrid(x,y);                                 %坐标矩阵
R1 = sqrt(X.^2 + (Y - a).^2);R2 = sqrt(X.^2 + (Y + a).^2);  %第一孔和第二孔的光程
A0 = 0.1;A = 2 * A0 * abs(cos(pi * (R2 - R1)));        %分振幅(波长的倍数),波的振幅
PHI = atan2( - (sin(2 * pi * R1) + sin(2 * pi * R2)),...
    (cos(2 * pi * R1) + cos(2 * pi * R2)));            %合位移的相位
U = A. * cos(PHI);                                     %各点的相对位移
figure,h = surf(X,Y,U);                                %建立图形窗口,画曲面并取句柄(1)
axis off equal,shading interp                          %不显示坐标并使坐标间隔相等,染色
title('水波的传播曲面','FontSize',20)                  %显示标题
c = linspace(0,1,64)';                                 %颜色的范围
colormap([c,0 * c,0 * c])                              %形成红色图(2)
hold on,wt = 0;                                        %保持图像,初始无量纲时间
while 1,U = A. * cos(wt + PHI);                        %无限循环,某时各点波的位移
    set(h,'ZData',U),drawnow                           %设置曲面坐标,更新屏幕(3)
    if wt = = 0,pause,end                              %初始时暂停
    if get(gcf,'CurrentCharacter') = = char(27) break;end  %按 Esc 键则中断循环
    wt = wt + 0.2;                                     %时间延续
end,view(2)                                            %结束循环,设置俯视(4)
title('水波的干涉图样','FontSize',20)                  %修改标题
```

[说明] (1) 根据各质点位移的大小,用曲面 surf 指令画出水波的初始干涉图样,并取句柄。

(2) colormap 指令形成色图,参数是 3 列的矩阵,第一列代表红色(r),第二列代表绿色(g),第三列代表蓝色(b),矩阵元素的值在 0~1 之间。如果要用绿色显示干涉图样,需要修改色图指令

```
colormap([c*0,c,c*0])
```

如果要形成黑白干涉图样,色图指令就改为

```
colormap([c,c,c])
```

如果要形成彩色干涉图样,就不用色图指令,系统默认的色图是彩色。

(3) 不断替换各点的坐标就形成波的传播的动画,显示稳定的干涉图样。

(4) 设置俯视角可得水波的干涉图样。

## {范例 6.8} 驻波的形成(图形动画)

两个周期为 $T$、波长为 $\lambda$、振幅相等的余弦波相向传播,相遇之后形成驻波。演示驻波形成的动画。如果两列波的振幅不相等,它们相遇后还会形成驻波吗?

[解析] 沿 $x$ 轴正方向传播的波称为右行波,可设为

$$u_1 = A\cos 2\pi\left(\frac{t}{T} - \frac{x}{\lambda}\right) \tag{6.8.1a}$$

沿 $x$ 轴负方向传播的波称为左行波,可设为

$$u_2 = A\cos 2\pi\left(\frac{t}{T} + \frac{x}{\lambda}\right) \tag{6.8.1b}$$

将余弦函数展开可得合成波为

$$u = u_1 + u_2 = 2A\cos 2\pi\frac{x}{\lambda}\cos 2\pi\frac{t}{T} \tag{6.8.2}$$

可见:合成波上的任何一点都在做同一周期的简谐振动。振幅为

$$A_m = 2A\left|\cos 2\pi\frac{x}{\lambda}\right| \tag{6.8.3}$$

可知:波的振幅与位置有关而与时间无关。

振幅最大的位置满足条件 $\left|\cos 2\pi\frac{x}{\lambda}\right| = 1$,即

$$2\pi\frac{x}{\lambda} = k\pi, \quad k = 0, \pm 1, \pm 2, \cdots$$

因此振幅最大的位置为

$$x = k\frac{\lambda}{2}, \quad k = 0, \pm 1, \pm 2, \cdots \tag{6.8.4a}$$

这个位置称为波腹。相邻两波腹之间的距离为

$$\Delta x = x_{k+1} - x_k = \lambda/2$$

振幅最小的位置满足条件 $\left|\cos 2\pi\frac{x}{\lambda}\right| = 0$,即

$$2\pi\frac{x}{\lambda} = (2k+1)\frac{\pi}{2}, \quad k = 0, \pm 1, \pm 2, \cdots$$

因此振幅最小的位置为

$$x = (2k+1)\frac{\lambda}{4}, \quad k = 0, \pm 1, \pm 2, \cdots \tag{6.8.4b}$$

这个位置称为波节。相邻两波节之间的距离仍然为$\lambda/2$。

相邻两波节之间的波为一段，同一段中所有质点的振动相位都是相同的，这是因为同一段中的$\cos 2\pi x/\lambda$具有相同的符号；相邻两段之间的质点的相位都是相反的，这是因为相邻段中的$\cos 2\pi x/\lambda$具有相反的符号。这种波没有相位和波形的定向传播，因此称为驻波。而有相位和波形的定向传播的波称为行波。

当驻波中所有质点都到达平衡位置时，介质不发生形变，势能为零，质点只有动能。波腹处的速度最大，动能也最大；波节处的速度为零，动能也为零。因此，驻波的动能较多地集中在波腹附近。当驻波中的所有质点都到达最大位移处时，质点速度为零，动能也为零，只有势能。但是在波腹处，质点的相对形变为零，因而势能为零；而在波节处，质点的相对形变最大，势能最大。因此，驻波的势能较多地集中在波节附近。质点在振动过程中，驻波的动能与势能不断在波腹和波节之间相互转化，因而没有能量的定向传播。

［**图示**］ (1) 某时刻的左行波、右行波和驻波如P6_8a图所示。在波节上，各质点的位移始终为零；在波腹上，各质点的位移有时为零，但是振幅最大。

(2) 如P6_8b图所示，当右行波的振幅比较大时，合成波也是右行波。在右行波的振幅比左行波的振幅大的情况下，向右传播的能量比向左传播的能量高，因此合成波也是向右传播的。显然，合成波已经不是驻波。

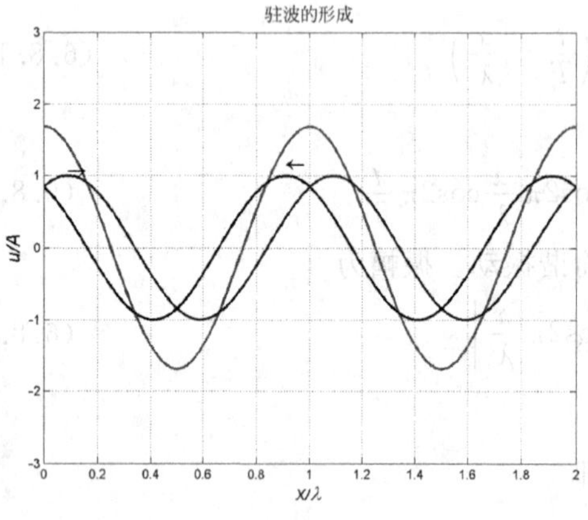


P6_8a 图

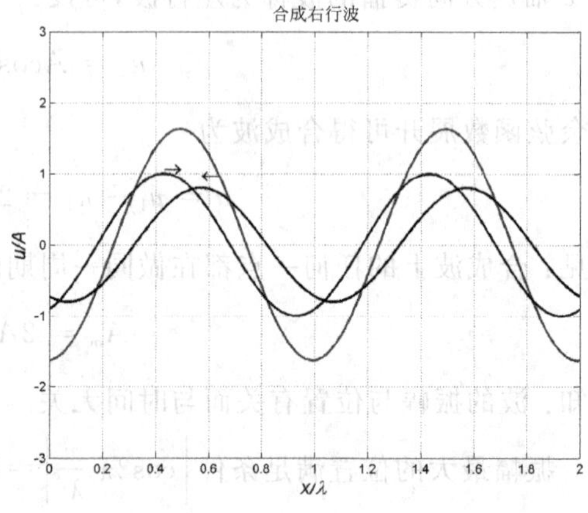


P6_8b 图

［**算法**］ 以周期为时间单位，取约化时间为$t^* = t/T$；以波长为坐标单位，取约化坐标为$x^* = x/\lambda$；以振幅为单位，取约化位移为$u^* = u/A$。这样，右行波和左行波可化为

$$u_1^* = \cos 2\pi(t^* - x^*) \tag{6.8.1a*}$$

$$u_2^* = \cos 2\pi(t^* + x^*) \tag{6.8.1b*}$$

波腹和波节的位置分别为

$$x^* = k/2, \quad k = 0, \pm 1, \pm 2, \cdots \tag{6.8.4a*}$$

$$x^* = (2k+1)/4, \quad k = 0, \pm 1, \pm 2, \cdots \tag{6.8.4b*}$$

［**程序**］ P6_8.m 如下。

```
% 驻波形成的动画
clear,xm = 2;dx = 0.01;x = 0:dx:xm;   % 清除变量,波的个数(波的范围),坐标增量和坐标向量
u1 = cos(2 * pi * x);u2 = u1;u = u1 + u2;             % 右行波和左行波以及驻波的初位移(1)(6)
figure                                                 % 创建图形窗口
h = plot(x,u,'r','LineWidth',2);                       % 驻波句柄
axis([0,xm, - 3,3]),grid on                            % 曲线范围,加网格
fs = 16;xlabel('\itx/\lambda','FontSize',fs)           % x 标签
ylabel('\itu/A','FontSize',fs)                         % y 标签
title('驻波的形成','FontSize',fs),hold on              % 标题,保持图像
h1 = plot(x,u1,'LineWidth',2);                         % 右行波句柄
h2 = plot(x,u2,'k','LineWidth',2);                     % 左行波句柄
ht1 = text(1,max(u1) + 0.1,'\rightarrow','FontSize',fs);      % 显示向右的箭头
ht2 = text(1,max(u2) + 0.2,'\leftarrow','FontSize',fs);pause   % 显示向左的箭头,暂停
while 1                                                % 无限循环
    u1 = [u1(end - 1),u1(1:end - 1)];                  % 倒数第二个元素移到第一个(2)
    u2 = [u2(2:end),u2(2)];                            % 第二个元素移到最后一个(3)
    u = u1 + u2;                                       % 合成波
    set(h1,'YData',u1),set(h2,'YData',u2)              % 设置左行波的位移和右行波的位移
    set(h,'YData',u)                                   % 设置合成波的位移
    [um,i] = max(u1);                                  % 求右行波的最大值和下标
    set(ht1,'Position',[x(i),um + 0.1])                % 设置右箭头的位置(5)
    [um,i] = max(u2);                                  % 求左行波的最大值和下标
    set(ht2,'Position',[x(i),um + 0.2])                % 设置左箭头的位置(5)
    drawnow,pause(0.1)                                 % 更新屏幕,延时
    if get(gcf,'CurrentCharacter') = = char(27) break;end   % 按 Esc 键则退出程序(4)
end                                                    % 结束循环
```

[说明] (1) 先计算初始时刻两列波的位移。

(2) 右行波采用元素右循环法产生,由于第一个元素与最后一个元素相同,因此将倒数第二个元素移到第一个元素的位置,除最后一个元素外,其他元素右移。

(3) 左行波采用元素左循环法产生,由于第一个元素与最后一个元素相同,因此将第二个元素移到最后一个元素的位置,除第一个元素外,其他元素左移。

(4) 程序执行之初,右行波和左行波是叠在一起的,按回车键即可显示动画,其中有一个左行波和一个右行波,两者叠加的结果就是驻波,按 Esc 键结束。

(5) 设置箭头的位置即可演示箭头运动的动画。

(6) 如果将初始左行波的指令改写如下

```
u2 = u1 * 0.8;                                         % 低幅左行波
```

那么,合成波就是右行波,其波峰是变化的,绕着右行波的波峰转;如果将左行波的指令改写如下

```
u2 = u1 * 1.2;                                         % 高幅左行波
```

合成波就是向左传播的。

## {范例 6.9} 声波的多普勒效应和冲击波的产生(图形动画)

(1) 演示多普勒效应中波源不动而接收者沿着波线运动的波阵面扩张的动画。当波源运动的速度小于波的传播速度时,演示多普勒效应中接收者不动而波源沿着接收者方向运

动的波阵面扩张的动画。

(2) 当波源运动的速度超过波的传播速度时，演示冲击波的波阵面扩张的动画。

[**解析**] (1) 假设波源振动的频率为 $f_S$，如果波源和接收者都是静止的，接收者接收到的波的频率也是 $f_S$，这就是单位时间内通过接收者的完整波的个数：

$$f_S = v/\lambda \tag{6.9.1}$$

其中 $v$ 是波的传播速度，也是波在 1s 内通过的距离。

如 B6.9a 图所示，假设波源不动，接收者以速率 $v_R$ 向着波源运动。在 1s 之内波传播的距离为 $v$，接收者前进的距离为 $v_R$，波通过接收者的总距离为 $v+v_R$。接收者在 1s 内接收到的波的个数为

$$f_R = \frac{v+v_R}{\lambda} = \frac{v+v_R}{v} f_S \tag{6.9.2}$$

可见：接收者接收波的频率增高了。当接收者背着波源运动时，$v_R$ 取负值，接收者接收波的频率小于波源的频率。注意：如果接收者匀速向着波源运动，虽然接收波的频率比波源的频率高，但是接收的频率并不随时间增高，增加的是响度。只有当接收者加速向着波源运动时，接受波的频率才随时间增高；而当接收者减速向着波源运动时，接收波的频率会随时间减低。如果接收者匀速背着波源运动，虽然接收波的频率比波源的频率低，但是接收的频率也不随时间减低，减小的是响度；只有当接收者加速背着波源运动时，接受波的频率才减低；而当接收者减速背着波源运动时，接受波的频率反而增高。

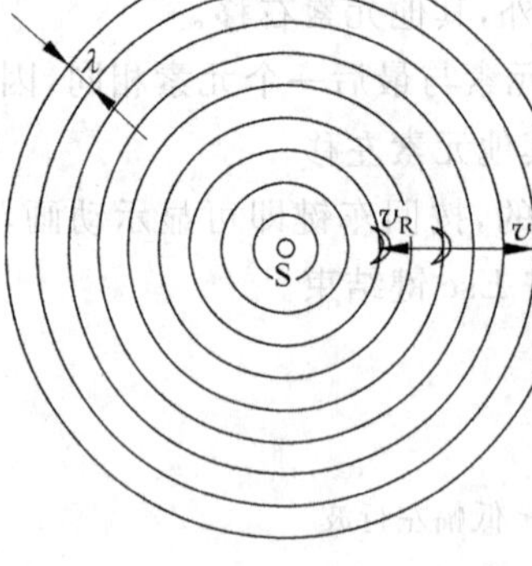


B6.9a 图

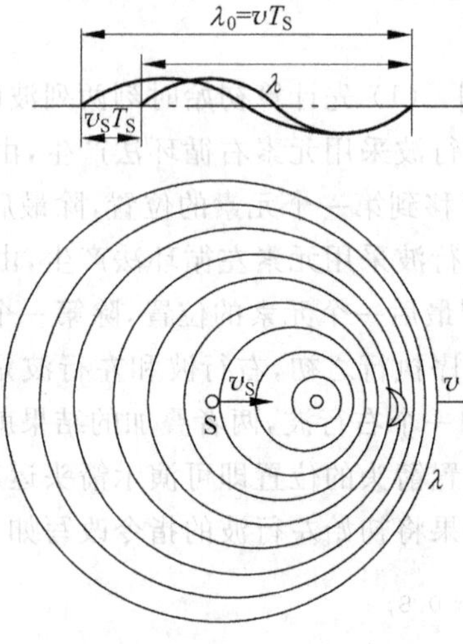


B6.9b 图

当波源静止时，发出波的周期为

$$T_S = 1/f_S$$

波长为

$$\lambda_0 = vT_S = v/f_S$$

如 B6.9b 图所示，当波源以速度 $v_S$ 向着静止的接收者运动时，振动每传播一个波长 $\lambda_0$，波源就运动 $v_S T_S$ 的距离，因此波长变为

$$\lambda = \lambda_0 - v_S T_S = (v - v_S) T_S = (v - v_S)/f_S$$

静止的接收者在单位时间内接收到的波的个数为

$$f_R = \frac{v}{\lambda} = \frac{v}{v - v_S} f_S \tag{6.9.3}$$

这时接收者接收到的频率高于波源频率。如果波源远离接收者运动，则 $v_S$ 取负值，接收者接收到的频率减低。注意：当波源匀速向着接收者运动时，接收波的频率比波源的频率高，但不随时间增加；当波源跨越接收者时（不考虑碰撞），接收波的频率发生从高到低的跃变。当波源加速（或减速）向着接收者运动时，接收波的频率比波源的频率高，并随时间增加（或减低）；当波源加速（或减速）背着接收者运动时，接收波的频率比波源的频率低，并随时间减小（或增加）。

当接收者和波源在同一直线上运动时，接收者接收到波的频率公式为

$$f_R = \frac{v + v_R}{v - v_S} f_S \tag{6.9.4}$$

如果接收者向着波源运动，则 $v_R$ 取正值，否则取负值。如果波源向着接收者运动，则 $v_S$ 取正值，否则取负值。由此可见：当波源和接收者相向接近时（包括一方静止），接收者接收到的频率高于波源的频率；当波源和接收者相向远离时（包括一方静止），接收者接收到的频率低于波源的频率。当波源和接收者同向运动时，如果波源追接收者的速度大于接收者的速度，接收者接收到的频率高于波源的频率；如果波源追接收者的速度小于接收者的速度，接收者接收到的频率低于波源的频率；只有当波源和接收者都以相同的速度（包括静止）运动时，接收者接收的频率才与波源的频率相同。

［**图示**］ (1) 如 P6_9_1a 图所示，接收者向着波源运动，穿过波源之后又远离波源运动。当接收者向着波源运动时，收到波的频率比波源的频率大；当接收者远离波源运动时，收到波的频率比波源的频率小。

(2) 如 P6_9_2b 图所示，当波源向着静止的接收者运动时，波长变短，接收者接收到的波的频率增加；反之，波长变长，接收者接收到的波的频率减小。

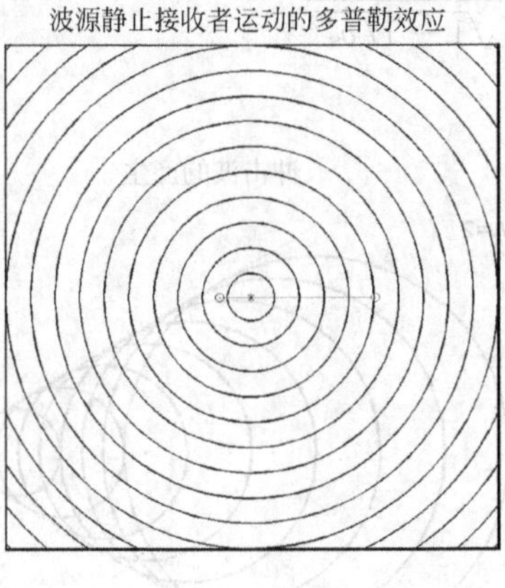


P6_9_1a 图

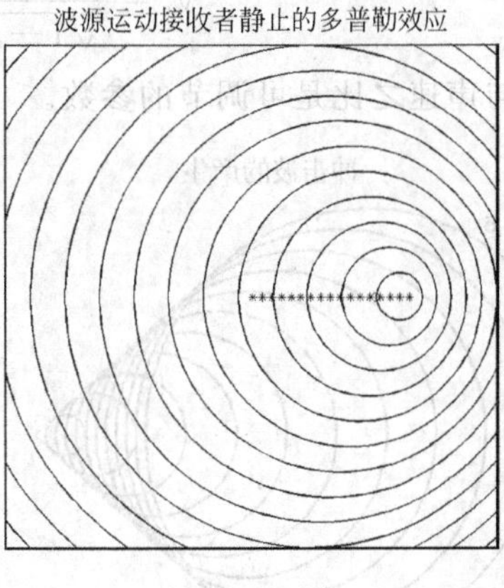


P6_9_1b 图

［**算法**］ (1) 当波源或接收者运动时，其步长不为零；当波源和接收者静止时，其步长都为零。因此，三种情况可统一起来。

［**程序**］ P6_9_1.m 见网站。

［**解析**］（2）当波源速度超过波速时，多普勒公式将失去意义，因为在任一时刻波源本身将超过它此前发出波的波前，因而在波的前方不可能有波动产生。如B6.9c图所示，当波源经过$O$点时发出的波经过$t$时间后的波阵面是球面，其半径为

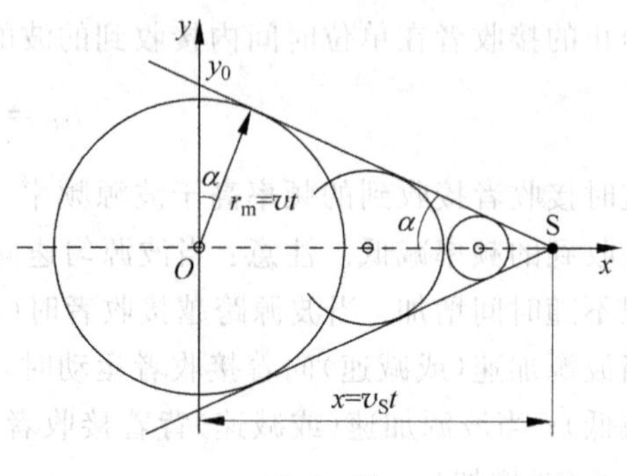

B6.9c图

$$r_m = vt \tag{6.9.5}$$

而波源S已经前进了一定的距离

$$x = v_S t \tag{6.9.6}$$

在整个$t$时间内，波源发出的波到达的前沿形成一个圆锥面，称为马赫锥，其半顶角就是马赫角。马赫角的正弦为

$$\sin\alpha = v/v_S \tag{6.9.7}$$

马赫锥的母线与纵轴的交点为

$$y_0 = r_m/\cos\alpha \tag{6.9.8}$$

［**图示**］如P6_9_2a图所示，当波源速度与声速之比为1.5时，马赫角为41.8°。如P6_9_2b图所示，当波源速度与声速之比为2时，马赫角为30°。波源速度越大，马赫角越小。

［**算法**］（2）取声速$v$为速度单位，则马赫角为

$$\alpha = \arcsin(1/v_S^*) \tag{6.9.7*}$$

其中，$v_S^* = v_S/v$。取大圆的半径$r_m$为坐标单位，则波源S前进的距离可表示为

$$x = v_S^* r_m \tag{6.9.6*}$$

马赫锥的母线与纵轴的交点可表示为

$$y_0 = \frac{r_m}{\sqrt{1-\sin^2\alpha}} = \frac{r_m}{\sqrt{1-1/v_S^{*2}}} \tag{6.9.8*}$$

波源速度与声速之比是可调节的参数。

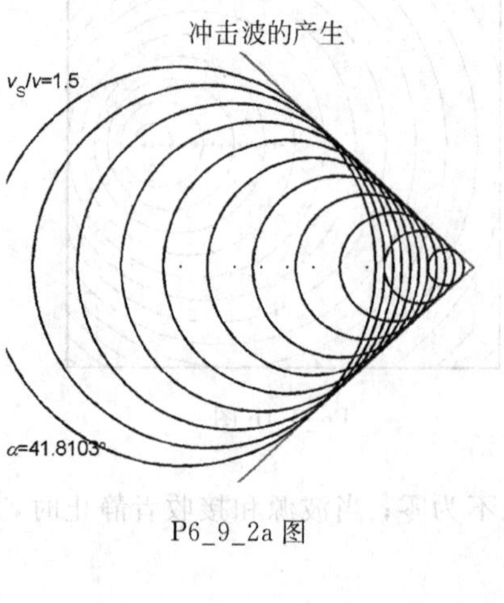

P6_9_2a图

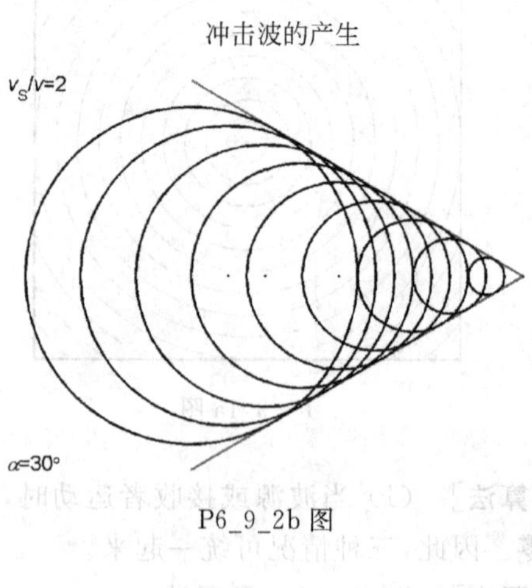

P6_9_2b图

[程序] P6_9_2.m 见网站。

## {范例 6.10} 火车运动的多普勒效应

一列火车 $A$ 的汽笛声的频率是 $f_0$，当火车鸣着笛通过一个道口时，一位路人 $B$ 离铁轨的垂直距离为 $d$，问 $B$ 在道口听到火车的频率是多少？

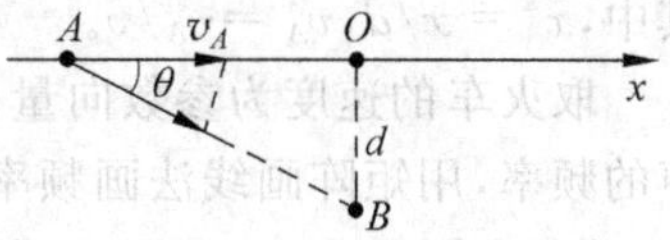

B6.10 图

[解析] 如 B6.10 图所示，当波源运动速度不在波源与接收者的连线上时，只有径向速度才是有效的。因此，路人 $B$ 听到的火车汽笛声的频率为

$$f_B=\frac{v}{v-v_A\cos\theta}f_0 \tag{6.10.1}$$

由于

$$\cos\theta=\frac{-x}{\sqrt{d^2+x^2}}$$

所以

$$f_B=\frac{v}{v+v_Ax/\sqrt{d^2+x^2}}f_0 \tag{6.10.2}$$

[讨论] (1) 如果 $d=0$，可得

$$f_B=\frac{v}{v-v_A}f_0,\quad x<0;\quad f_B=\frac{v}{v+v_A}f_0,\quad x>0 \tag{6.10.3}$$

这是波源的速度方向和接收者在一条直线上的情况。

(2) 如果 $d\neq 0$，当 $x\to-\infty$ 时，由(6.10.2)式可得(6.10.3)式中第一式，可见：火车 $A$ 从很远处开来时，路人 $B$ 听到笛声的频率接近于火车 $A$ 沿直线迎面而来的频率。当 $x\to+\infty$ 时，由(6.10.2)式可得(6.10.3)式中第二式，可见：火车 $A$ 向很远处开去时，路人 $B$ 听到汽笛声的频率接近于火车 $A$ 沿直线背离而去的频率。随着火车 $A$ 由远而近，再由近而远，$x$ 将从负到正连续变化，路人 $B$ 接收到的汽笛声的频率都是持续降低的。当 $x=0$ 时可得 $f_B=f_0$，可知：当火车 $A$ 和路人 $B$ 擦身而过时，路人 $B$ 接收的频率等于火车 $A$ 发出的频率。

[图示] 如 P6_10 图所示，当火车 $A$ 由远而近，再由近而远时，路人 $B$ 听到 $A$ 汽笛声的频率是持续降低的。当 $A$ 比较远的时候，$B$ 听到 $A$ 汽笛声的频率比 $A$ 静止时发出的频率高；随着 $A$ 的运动，$B$ 听到的频率稍有降低；当 $A$ 经过 $B$ 旁边时，$B$ 听到的频率迅速降低；当 $A$ 的速度方向与波的传播方向垂直时，$B$ 听到的频率是 $A$ 静止时发出的频率；当 $A$ 远离 $B$ 时，$B$ 听到汽笛声的频率只稍为降低。左边的数值是 $B$ 在铁道上时听到 $A$ 过来时汽笛发出的频率，当 $A$ 比较远时(不一定很远)，$B$ 在铁道旁听到汽笛的频率与在铁道上听到的频率差不多。右边的数值是 $B$ 在铁道上时听到 $A$ 离开时汽笛发出的频率，当 $A$ 比较远时，$B$ 在铁道旁听到汽笛的频率与在铁道上听到的频率差不多。$A$ 运动得越快，$B$ 听到 $A$ 在远处汽笛声的频率就越高；$A$ 经过 $B$ 旁边时，$B$ 听到的频率降低得更快；$A$ 远离 $B$ 时，$B$ 听到的频率降得更低。

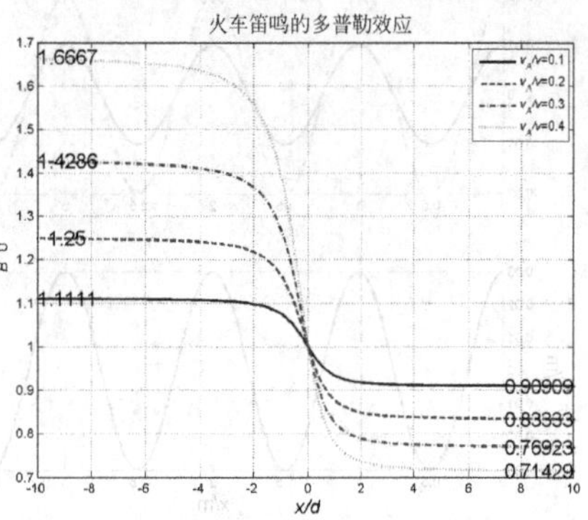

P6_10 图

［**算法**］ 取声速 $v$ 为速度单位，取距离 $d$ 为坐标单位，则路人 $B$ 听到的汽笛声频率可表示为

$$f_B = \frac{1}{1 + v_A^* x^* / \sqrt{1 + x^{*2}}} f_0 \tag{6.10.2*}$$

其中，$x^* = x/d$，$v_A^* = v_A/v$。

取火车的速度为参数向量，取坐标为自变量向量，形成矩阵后即可计算路人接收到汽笛声的频率，用矩阵画线法画频率变化的曲线。

［**程序**］ P6_10.m 见网站。

# 练 习 题

6.1 平面波的传播

演示平面简谐波向左和向右传播的动画。

6.2 平面波和球面波传播过程的演示

根据惠更斯原理，平面波在传播时如果遇到小孔，小孔就成了点波源，从而产生球面波。演示平面波和球面波传播的动画。

6.3 波的折射定律

当入射波从一种介质进入另一种介质时，由于两种介质的波速不同，在分界面上会发生折射。当折射率不同时，折射角与入射角之间有什么关系？

6.4 平面波衍射过程的演示

当平面波遇到挡板时会发生衍射，演示波的衍射的动画。

6.5 波的叠加原理

两个孤立波相向传播，波动方程分别为

$$u_1 = A_1 \exp[-(t-10-x)^2], \quad u_2 = A_2 \exp[-(t-5+x)^2]$$

其中，$A_1 = 0.5\text{m}$，$A_2 = 0.2\text{m}$，$-20 \leqslant x \leqslant 20$。演示波的叠加过程。

6.6 各种波的叠加

设计程序，画出同一直线同一方向传播的波的叠加曲线。

(1) 同频率不同振幅的两列波的叠加，如 C6.6a 图所示；

(2) 频率比为 1∶2∶4，振幅不同的三列波的叠加，如 C6.6b 图所示；

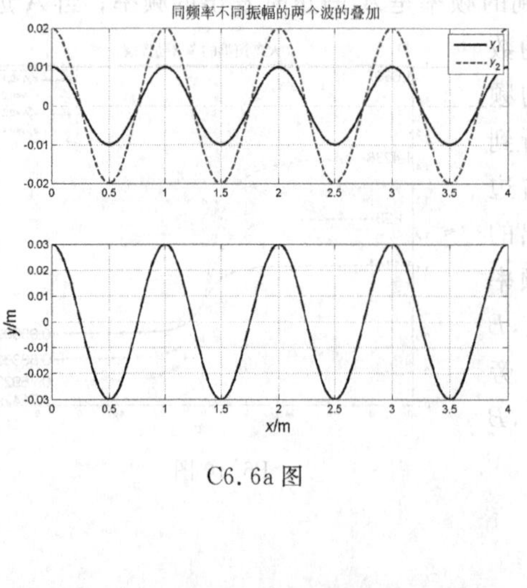


C6.6a 图

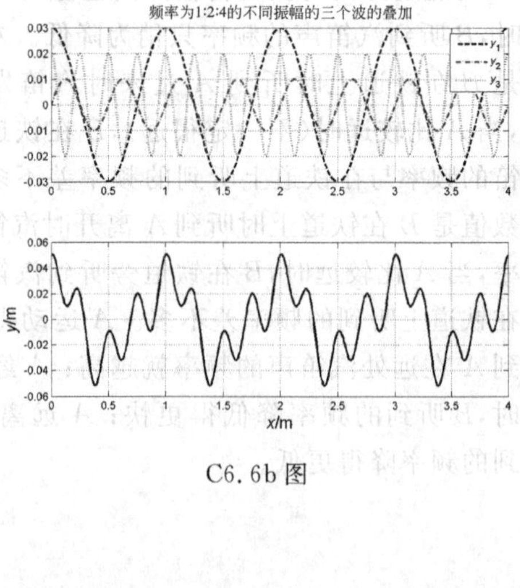


C6.6b 图

(3) 频率比为 1∶2 的振幅相同的两列波的叠加，如 C6.6c 图所示；

(4) 一个高频和一个低频的两列波的叠加，如 C6.6d 图所示；

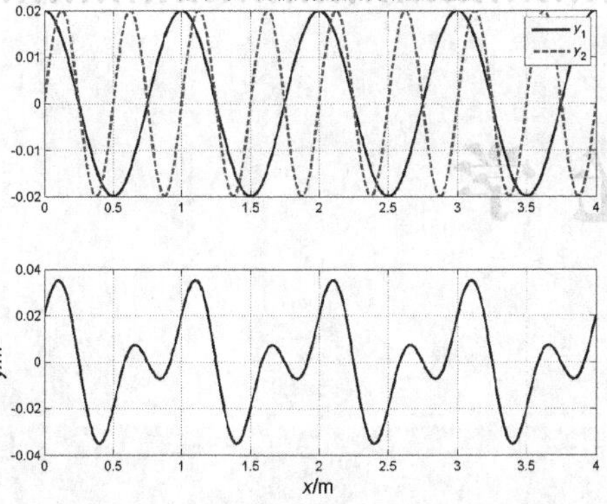


C6.6c 图

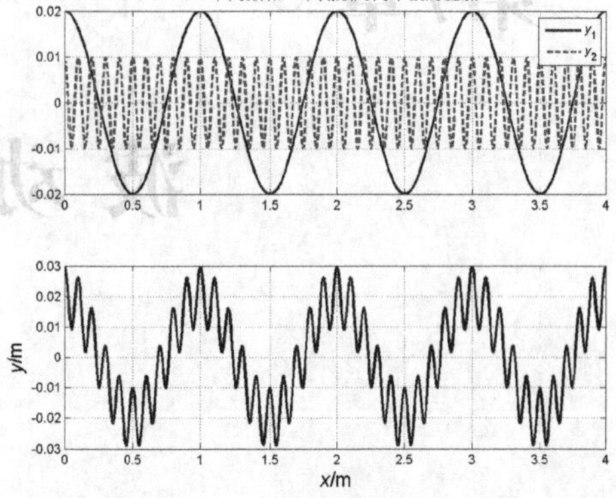


C6.6d 图

(5) 频率相近的两列波的叠加，如 C6.6e 图所示。

6.7 驻波的形成

两个周期为 $T$、波长为 $\lambda$、振幅相等的余弦波相向传播，相遇之后形成驻波。画出驻波在 $t=0, T/8, T/4, 3T/8, T/2$ 时刻产生的波形图，如 C6.7 图所示。

6.8 弦上或管中的驻波

如 C6.8 图所示，画出弦(或管)的振动曲线。

6.9 水波盘的干涉图样

两个相距为 $2a$ 的弹片带着触点振动，单击水波盘的水面，显示水波干涉的动画。(提示：取波长为长度单位。)

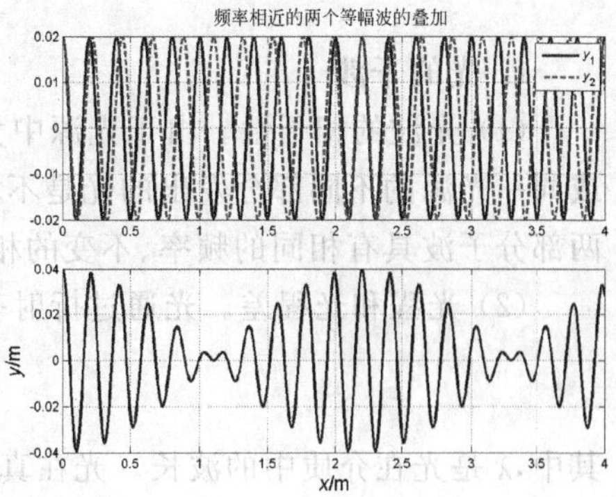


C6.6e 图

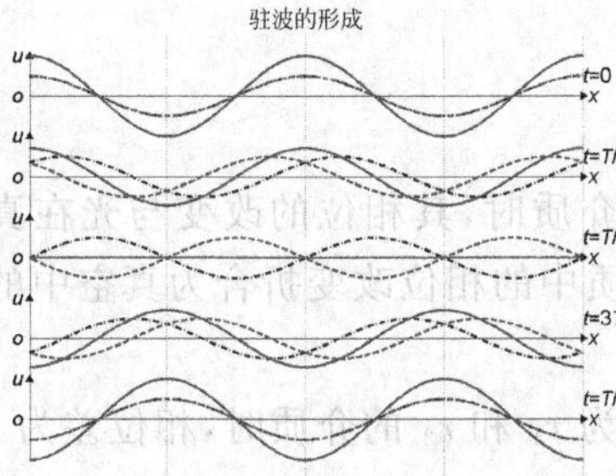


C6.7 图

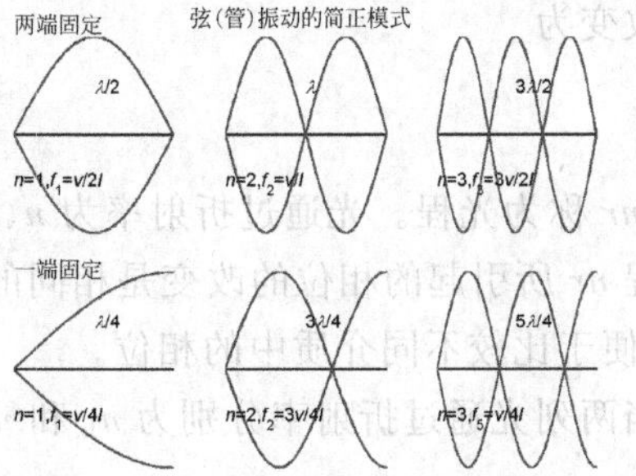


C6.8 图

6.10 音叉旋转的多普勒效应

一音叉 $A$ 发出声音的频率为 $f_S$，当音叉以 0.1 倍的音速作半径为 $r$ 的圆周运动时，距离圆心 $O$ 为 $d$ 的人 $B$ 听到的频率为多少？$B$ 听到的最小和最大频率为多少？

6.11 火车相向运动的多普勒效应

两列火车 $A$ 和 $B$ 以相同的速率 $v$ 在相距为 $d$ 的轨道上相向运动，汽笛声的频率都是 $f_0$，司机听到对方汽笛的频率是多少？与相距轨道为 $d$ 的路人 $C$ 听到的频率进行比较。

# 第7章

# 波动光学

## 7.1 基本内容

**1. 光的干涉**

(1) 光波的相干性。由于光源中大量分子和原子发光的无规则性和间歇性，普通光源或同一光源的不同部分发出的光是不相干的。同一批分子和原子发出的光波分成两部分，两部分子波具有相同的频率、不变的相差和相同的振动方向，因而是相干的。

(2) 光程和光程差。光通过折射率为 $n$、厚度为 $r$ 的介质时，其相位的改变为

$$\Delta\varphi = 2\pi\frac{r}{\lambda}$$

其中，$\lambda$ 是光在介质中的波长。光在真空中的波长为 $\lambda_0$，进入介质后，波长会变短

$$\lambda = \frac{\lambda_0}{n}$$

相位改变为

$$\Delta\varphi = 2\pi\frac{nr}{\lambda_0}$$

其中，$nr$ 称为光程。光通过折射率为 $n$、厚度为 $r$ 的介质时，其相位的改变与光在真空中通过路程 $nr$ 所引起的相位的改变是相同的，这就将介质中的相位改变折合为真空中的相位改变，以便于比较不同介质中的相位。

当两列光通过折射率分别为 $n_1$ 和 $n_2$、厚度分别为 $r_1$ 和 $r_2$ 的介质时，相位差为

$$\Delta\varphi = 2\pi\frac{n_1r_1 - n_2r_2}{\lambda_0} = 2\pi\frac{\delta}{\lambda_0}$$

其中，$\delta = n_1r_1 - n_2r_2$ 称为光程差。

(3) 半波损失。光从光疏媒质进入光密媒质并在分界面上发生反射时，反射光存在半波损失，光程要增加或减少 $\lambda_0/2$。

(4) 光强。当两束光的相位差恒定时，合成光强为

$$I = I_1 + I_2 + 2\sqrt{I_1I_2}\cos\Delta\varphi$$

杨氏双缝干涉、劈尖干涉、牛顿环和薄膜的等倾干涉等都可应用光强公式讨论明暗条纹的分

布并画出光的干涉图样。

**2. 光的衍射**

(1) 惠更斯-菲涅耳原理：同一波阵面上各点所发出的子波是相干的，它们在空间相遇后发生相干叠加，使波的强度重新分布，在屏上产生衍射图案。

(2) 夫琅禾费单缝衍射的光强

$$I = I_0\left(\frac{\sin u}{u}\right)^2$$

其中，$u=\pi a\sin\theta/\lambda$，$\lambda$ 为单色光的波长，$a$ 为缝的宽度，$\theta$ 为衍射角；$I_0$ 是最大光强。

当 $u=\pi a\sin\theta/\lambda=k'\pi$ 时($k'=\pm1,\pm2,\pm3,\cdots$)，$I=0$，所以暗纹形成条件为

$$a\sin\theta = k'\lambda$$

$k'$是暗纹级次。

(3) 夫琅禾费圆孔衍射的光强

$$I = I_0\left[\frac{2\mathrm{J}_1(u)}{u}\right]^2$$

其中，$\mathrm{J}_1$ 为一阶贝塞尔函数；$u=2\pi a\sin\theta/\lambda$，$a$ 为圆孔半径，$\theta$ 为衍射角。

瑞利判据：当一个点光源形成的亮斑中心与另一个点光源形成的亮斑的第 1 级最小重叠时，正常的人眼刚好能够分辨两个光点的像。两个点光源对圆孔所张的角为最小分辨角：

$$\theta_{\mathrm{R}} = \theta_1 = \arcsin\left(0.61\,\frac{\lambda}{a}\right) \approx 1.22\,\frac{\lambda}{d}$$

其中，$d$ 是圆孔的直径。

(4) 夫琅禾费衍射光栅的光强

$$I = I_0\left(\frac{\sin u}{u}\right)^2\left(\frac{\sin Nv}{\sin v}\right)^2$$

其中，$N$ 是缝的条数；$u=\pi a\sin\theta/\lambda$；$v=\pi d\sin\theta/\lambda$。其中，$d=a+b$，称为光栅常数，$a$ 是透光的缝的宽度，$b$ 是不透光的挡板的宽度。$\sin u/u$ 或$(\sin u/u)^2$ 称为单缝衍射因子，$\sin Nv/\sin v$ 或$(\sin Nv/\sin v)^2$ 称为缝间干涉因子。

缝间干涉明条纹形成的条件是 $v=\pi d\sin\theta/\lambda=k\pi$，即

$$d\sin\theta = k\lambda, \quad k = 0,\pm1,\pm2,\cdots$$

这就是光栅方程。满足光栅方程的衍射角方向的光称为主极大。

如果缝间干涉的明条纹的衍射角与单缝衍射的暗条纹的衍射角相等，这个明条纹就会缺损，称为缺级，所缺的级次为

$$k = \frac{d}{a}k', \quad k' = \pm1,\pm2,\cdots$$

当 $\sin Nv=0$ 而 $\sin v\neq0$ 时，缝间干涉的强度为零。缝间干涉暗条纹形成的条件是

$$d\sin\theta = \left(k + \frac{l}{N}\right)\lambda$$

其中，$k=0,\pm1,\pm2,\cdots$；$l=1,2,\cdots,N-1$。$k$ 是缝间干涉明纹(主极大)级次，$l$ 是 $k$ 级与 $k+1$ 级明纹之间的暗纹级次。在主极大之间有 $N-1$ 条暗纹，在暗纹之间还有 $N-2$ 条明纹。这种明纹的强度远小于主极大，称为次极大。当缝数很多时，主极大又细又亮，而次极大相对很小，无法观察。

**3. 光的偏振**

(1) 光的分类

① 自然光。光是横波,如果光矢量在垂直于光传播方向的平面上是均匀分布的,则这种光称为自然光。

② 偏振光。光矢量在一个固定平面内只沿着一个方向振动的光称为偏振光。自然光可分为两个大小相同、互相垂直的线偏振光。

③ 部分偏振光。光矢量在不同方向上振幅大小不相同的光称为部分偏振光。部分偏振光可分解为自然光和线偏振光之和。

(2) 布儒斯特定律:自然光在两种各向同性介质的分界面上发生反射和折射时,如果入射角 $i_0$ 满足

$$\tan i_0 = \frac{n_2}{n_1} = n_{21}$$

则反射光是光振动垂直于入射面的偏振光,折射光仍然是部分偏振光。此时折射线垂直于入射线,$i_0$ 称为起偏角或布儒斯特角。

(3) 马吕斯定律:光强为 $I_0$ 的偏振光通过偏振片后的光强为

$$I = I_0\cos^2\alpha$$

其中,$\alpha$ 是偏振光的振动方向与偏振片偏振化方向之间的夹角。

(4) 晶体的双折射:晶体内部由于各向异性而在不同方向上光的传播速度不一样,从而在晶体中产生双折射现象。两束光分别称为寻常光 o 和非常光 e,它们都是偏振光。

① 寻常光 o 满足折射定律

$$\frac{\sin i}{\sin r} = n_{21}$$

其中 $n_{21}=n_2/n_1$ 是常量,用 $n_o$ 表示。非常光 e 也可用折射定律表示,但是 $n_{21}=n_2/n_1$ 不是常量,e 光的折射线一般不在入射面内。

② 光轴:晶体中光沿着某方向不产生双折射现象,该方向称为光轴。

主平面:晶体中的光线和光轴所组成的平面。o 光的振动方向垂直于 o 光的主平面,e 光的振动方向在 e 光的主平面内。在一般情况下,o 光和 e 光的主平面并不重合。

主截面:由光轴和晶体表面的法线所组成的平面。当光线沿着晶体的主截面入射时,o 光和 e 光都在主截面之内,o 光和 e 光的主平面都与主截面重合。当光垂直于平面时,用点表示;当光在平面之内时,用垂直于光的传播方向的短线表示。

③ 正晶体和负晶体。o 光在晶体内各方向传播速度 $v_o$ 相同,折射率为 $n_o=c/v_o$。e 光在晶体内各方向的传播速度不同,但在晶轴方向与 o 光的传播速度相同。在垂直于晶轴方向,$v_e<v_o$ 的晶体称为正晶体,$v_e>v_o$ 的晶体称为负晶体。e 光在垂直于光轴方向的折射率称为主折射率 $n_e=c/v_e$。在正晶体中,$n_e>n_o$;在负晶体中,$n_e<n_o$;在其他方向,e 光在晶体内的折射率介于 $n_e$ 和 $n_o$ 之间。

## 7.2 范例的解析、图示、算法和程序

### {范例 7.1} 两束相干光叠加的强度和干涉条纹

两束频率相同的单色光在空间某点相遇时,讨论光强和干涉条纹的分布规律以及干涉

条纹的可见度。

［解析］ 根据波的叠加理论，两束同频率单色光在空间某一点光矢量的大小为

$$E_1 = E_{10}\cos(\omega t + \varphi_1), \quad E_2 = E_{20}\cos(\omega t + \varphi_2) \tag{7.1.1}$$

其中，$E_{10}$和$E_{20}$分别是两个光矢量的振幅；$\varphi_1$和$\varphi_2$分别是初相。如果两个光矢量的方向相同，合成的光矢量为

$$E = E_0\cos(\omega t + \varphi) \tag{7.1.2}$$

其中，振幅和初相分别为

$$E_0 = \sqrt{E_{10}^2 + E_{20}^2 + 2E_{10}E_{20}\cos(\varphi_2 - \varphi_1)} \tag{7.1.3a}$$

$$\varphi = \arctan\frac{E_{10}\sin\varphi_1 + E_{20}\sin\varphi_2}{E_{10}\cos\varphi_1 + E_{20}\cos\varphi_2} \tag{7.1.3b}$$

在一定时间内观察到的平均光强$I$与光矢量的平方的平均值成正比：

$$I = a\overline{E_0^2} = a[\overline{E_{10}^2 + E_{20}^2 + 2E_{10}E_{20}\cos(\varphi_2 - \varphi_1)}] \tag{7.1.4}$$

其中，$a$是比例系数。对于普通光源，两光波之间的相位差$\varphi_{20} - \varphi_{10}$是随机变化的，平均值为零，因此

$$I = a\overline{E_{10}^2} + a\overline{E_{20}^2} = I_1 + I_2 \tag{7.1.5}$$

这就是光的非相干叠加，总光强等于两束光各自照射时的光强之和。

如果两束光的相位差恒定，则合成光强为

$$I = I_1 + I_2 + 2\sqrt{I_1 I_2}\cos\Delta\varphi \tag{7.1.6a}$$

其中，$\Delta\varphi = \varphi_2 - \varphi_1$，第三项是干涉项。这就是光的相干叠加。如果$I_1 = I_2$，则合成光强为

$$I = 2I_1(1 + \cos\Delta\varphi) = 4I_1\cos^2\frac{\Delta\varphi}{2} \tag{7.1.6b}$$

［讨论］ (1) 当$\Delta\varphi = 2k\pi$时($k = 0, \pm1, \pm2, \cdots$)，满足这样条件的空间各点的光强最大：

$$I_{\rm M} = I_1 + I_2 + 2\sqrt{I_1 I_2} = (\sqrt{I_1} + \sqrt{I_2})^2 \tag{7.1.7a}$$

或

$$I_{\rm M} = 4I_1 \tag{7.1.7b}$$

这种干涉是光的相长干涉。

(2) 当$\Delta\varphi = (2k+1)\pi$时($k = 0, \pm1, \pm2, \cdots$)，满足这样条件的空间各点，合光强最小：

$$I_{\rm m} = I_1 + I_2 - 2\sqrt{I_1 I_2} = (\sqrt{I_1} - \sqrt{I_2})^2 \tag{7.1.8a}$$

或

$$I_{\rm m} = 0 \tag{7.1.8b}$$

这种干涉是光的相消干涉。

干涉条纹的可见度定义为

$$V = \frac{I_{\rm M} - I_{\rm m}}{I_{\rm M} + I_{\rm m}} \tag{7.1.9}$$

即：最大光强与最小光强之和与最大光强与最小光强之差的比。干涉条纹的可见度表示干涉条纹的清晰程度。最大光强与最小光强相差越小，可见度就越小，干涉条纹就越难区分；反之，最大光强与最小光强相差越大，干涉条纹的可见度就越大，干涉条纹就越清晰。当$I_{\rm m} = 0$时，可见度最大，$V = 1$。

根据(7.1.7a)式和(7.1.8a)式,最大光强与最小光强之和为

$$I_M + I_m = 2(I_1 + I_2)$$

最大光强与最小光强之差为

$$I_M - I_m = 4\sqrt{I_1 I_2}$$

因此可见度用分光强表示为

$$V = \frac{2\sqrt{I_1 I_2}}{I_1 + I_2} \tag{7.1.10}$$

两光强相差越小,可见度越大。当 $I_1 = I_2$ 时, $V=1$。

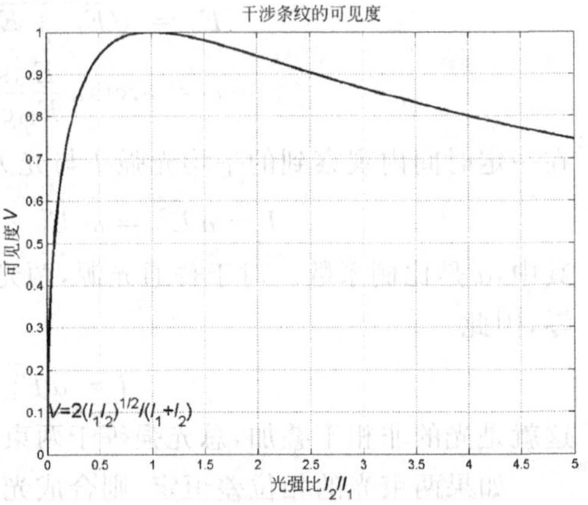


P7_1c 图

**[图示]** (1) 如 P7_1a 图所示(见彩页),干涉条纹的可见度为 1,干涉条纹十分清晰。两个相干光强度相同,发生干涉后最小相对光强为 0,最大相对光强为 2。光强曲线最大的地方对应明条纹的中央,相差为 $2\pi$ 的整数倍;光强曲线为零的地方对应暗条纹中央,相差为 $\pi$ 的奇数倍。

(2) 如 P7_1b 图所示(见彩页),当可见度为 0.6 时,最小相对光强为 0.4,最大相对光强为 1.6,干涉明纹的边缘比较模糊。

(3) 如 P7_1c 图所示,可见度随光强比的变化而变化。当两个光强相等时,即 $I_2 = I_1$,干涉条纹的可见度最大。光强相差越大,即 $I_2/I_1$ 越大或越小,则可见度越小。当 $I_2=0$ 时,表示只有一个光源,不存在干涉现象,可见度当然为零。

**[算法]** 相对光强为

$$I^* = \frac{I}{I_1 + I_2} = 1 + 2\frac{\sqrt{I_1 I_2}}{I_1 + I_2}\cos\Delta\varphi \tag{7.1.6a*}$$

或

$$I^* = 1 + V\cos\Delta\varphi$$

设两个光强之比为 $I_2/I_1 = i$,可见度可表示为

$$V = \frac{2\sqrt{i}}{1+i} \tag{7.1.10*}$$

**[程序]** P7_1main.m 如下。

```
%两束相干光的干涉强度和干涉条纹以及可见度
clear                                                   %清除变量
P7_1fun(1)                                              %用可见度 1 调用函数(1)
P7_1fun(0.6)                                            %用可见度 0.6 调用函数(1)
i = 0:0.01:5;v = 2 * sqrt(i)./(1 + i);                  %I2/I1 向量,可见度
figure,plot(i,v,'LineWidth',2),grid on                  %创建图形窗口,画曲线,加网格
fs = 16;title('干涉条纹的可见度','FontSize',fs)          %标题
xlabel('光强比\itI\rm_2/\itI\rm_1','FontSize',fs)       %x 标签
ylabel('可见度\itV','FontSize',fs)                      %y 标签
txt = '\itV\rm = 2(\itI\rm_1\itI\rm_2)^{1/2}/(\itI\rm_1 + \itI\rm_2)';   %可见度文本
text(0,0.1,txt,'FontSize',fs)                           %显示文本
```

主程序调用程序 P7_1fun.m 画光强曲线和干涉条纹。

```
%两束相干光的干涉强度和干涉条纹函数
function fun(v)
n=3;dphi=0.01;                                    %条纹的最高阶数和相差的增量
phi=(-1:dphi:1)*n*2*pi;i=1+v*cos(phi);            %相差向量,干涉的相对强度
figure                                            %创建图形窗口
subplot(2,1,1),plot(phi,i,'LineWidth',2),grid on  %取子图,画曲线,加网格
set(gca,'XTick',(-n:n)*2*pi)                      %改水平刻度
axis([-n*2*pi,n*2*pi,0,2])                        %曲线范围
fs=16;title('光的干涉强度分布','FontSize',fs)       %标题
xlabel('相差\Delta\it\phi','FontSize',fs)          %x标签
ylabel('相对强度\itI\rm/(\itI\rm_1+\itI\rm_2)','FontSize',fs)  %y标签
txt=['\itV\rm=',num2str(v)];                      %可见度值文本
text(0,1,txt,'FontSize',fs)                       %显示文本
txt=['\itI\rm_{max}=',num2str(max(i))];           %最大干涉光强文本
text(-n*2*pi,1+v,txt,'FontSize',fs)               %显示文本
txt=['\itI\rm_{min}=',num2str(min(i))];           %最小干涉光强文本
text(-n*2*pi,1-v,txt,'FontSize',fs)               %显示文本
subplot(2,1,2)                                    %取子图
r=linspace(0,1,64)';                              %红色的范围
g=zeros(size(r));b=zeros(size(r));                %不取绿色和蓝色
colormap([r,g,b]);                                %形成色图(2)
image(i*32)                          %画红色条纹(乘以32放大强度,最大为64)(3)
axis off,title('光的干涉条纹','FontSize',fs)        %隐轴和标题
```

［说明］ (1) 以可见度为输入参数,将光的干涉条纹的指令设计成函数文件,以便于调用。

(2) 干涉条纹的颜色用色图指令 colormap 控制。colormap 指令中有三个参数向量[r,g,b]构成颜色矩阵,分别表示红色、绿色和蓝色,其值在 0 到 1 之间。在用红色画条纹时,变量 r 取 0 到 1 共 64 的列向量,变量 g 和 b 都清零。

(3) 干涉条纹用图像指令 image 绘制。注意:image 中的参数是向量。

## {范例 7.2} 劈尖的等厚干涉条纹

一透明劈尖的折射率为 $n=1.5$,放在空气之中。用真空中波长为 $\lambda=750\text{nm}$ 的红光垂直照射劈尖,可观察到 10 个完整的明条纹,明纹的间距为 $d=2\text{mm}$,求劈尖的角度和高度。红光的等厚干涉条纹是如何分布的?如果用波长分别为 540nm 和 440nm 的绿光和蓝光垂直照射劈尖,可观察到多少个明条纹?如果三种波长的光强度相同,它们同时垂直照射劈尖时会出现什么现象?

［解析］ 如 B7.2 图所示,劈尖的角度很小,真空波长为 $\lambda$ 的单色光垂直入射到薄膜上时,产生反射光 a 和折射光 b。b 经过薄膜的下表面反射之后在上表面与 a 相遇。由于 a,b 两束光是同一束入射光分为两部分产生的,因而是相干光,相遇时可产生干涉条纹。一束光的强度分成了两部分,这种产生干涉的方法称为分振幅法。

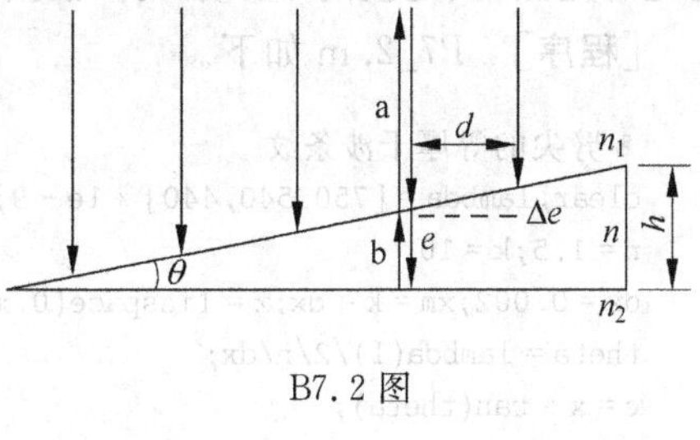

B7.2 图

设劈尖厚度为$e$,b光比a光多传播了$2e$的几何路程,多传播的光程为$2ne$。a光是从光疏媒质入射到光密媒质的表面发生反射的,因而有半波损失。b光是从光密媒质入射到光疏媒质的表面发生反射的,因而没有半波损失。两束光的光程差为

$$\delta = 2ne + \lambda/2 \tag{7.2.1}$$

明纹形成的条件为

$$\delta = 2ne + \lambda/2 = k\lambda, \quad k = 1,2,3,\cdots \tag{7.2.2a}$$

暗纹形成的条件为

$$\delta = 2ne + \lambda/2 = (2k+1)\lambda/2, \quad k = 0,1,2,\cdots \tag{7.2.2b}$$

当$k=0$时,$e=0$,可知:劈尖的尖端是暗纹。同一条纹的劈尖厚度是相同的,因此这种干涉称为等厚干涉。干涉级次$k$越大,对应的厚度$e$也越大,相邻明纹或暗纹之间的厚度差为

$$\Delta e = \lambda/2n \tag{7.2.3}$$

可知:相邻明纹或暗纹的厚度差相同。由于劈尖的角度很小,尖角为

$$\theta \approx \tan\theta = \frac{\Delta e}{d} = \frac{\lambda}{2nd} \tag{7.2.4}$$

一条完整的明条纹介于两条暗纹(中心)之间,完整明纹的最高级次$k=10$,劈尖的高度为

$$h = kd\tan\theta = \frac{k\lambda}{2n} \tag{7.2.5}$$

干涉光的强度可表示为

$$I = I_0\cos^2\frac{\Delta\varphi}{2} = I_0\cos^2\left(\pi\frac{\delta}{\lambda}\right) = I_0\cos^2\left[\pi\left(\frac{2ne}{\lambda}+\frac{1}{2}\right)\right] \tag{7.2.6}$$

干涉条纹由光的强度决定。

**[图示]** (1) 如P7_2第1图所示(见彩页),红光的干涉条纹是均匀分布的。干涉图样的最左边是尖劈的顶端,顶端出现暗条纹;图样共有10条明条纹。劈尖的角度为0.0072°,最大厚度为2.5μm。可见:利用劈尖干涉可做精密测量。如P7_2第2图所示,绿光的干涉条纹也是均匀分布的,干涉条纹达到14条,这是因为绿光的波长比红光的波长短的缘故。如P7_2图的第3图所示,蓝光的干涉条纹仍然是均匀分布的,干涉条纹达到17条之多,这是因为蓝光的波长比绿光的波长还要短的缘故。

(2) 如P7_2图的第4图所示,三种光混合后垂直照射劈尖,产生了彩色干涉条纹。最左边是三种光的暗纹,当劈尖的厚度增加时,三种光叠加在一起,形成白色条纹。由于红光的条纹最宽,所以在蓝光和绿光的暗条纹处出现红光的条纹。三种光的条纹错位叠加,就形成彩色条纹。

**[算法]** 根据红光的波长和其他已知条件可计算劈尖的高度和角度,进而计算其他单色光的光强,画光波的干涉条纹。根据矩阵合成法,可画复合光的干涉条纹。

**[程序]** P7_2.m如下。

```
%劈尖的等厚干涉条纹
clear,lambda = [750,540,440] * 1e-9;              %清除变量,波长
n = 1.5;k = 10;                                    %劈尖的折射率和明纹最高级次
dx = 0.002;xm = k * dx;x = linspace(0,xm,1000);    %明纹之间的距离,劈尖的长度和长度向量
theta = lambda(1)/2/n/dx;                          %劈尖的夹角
e = x * tan(theta);                                %劈尖的厚度向量
i1 = cos(pi * (2 * n * e/lambda(1) + 1/2)).^2;     %红光的相对光强(1)
```

```
M = zeros(1,length(x),3);                          %1 行若干列 3 页全零矩阵
M(:,:,1) = i1;                                     %矩阵的红色页赋值(2)
figure,subplot(4,1,1),image(M),axis off            %开创图形窗口,选子图,画红色干涉条纹,隐轴(3)
tit = ['(\ith\rm = ',num2str(e(end) * 1000),'mm'];  %厚度文本
tit = [tit,',\it\theta\rm = ',num2str(theta * 180/pi),'\circ)'];  %角度文本
fs = 16;title(['红光在劈尖上的等厚干涉条纹',tit],'FontSize',fs)   %标题

i2 = cos(pi * (2 * n * e/lambda(2) + 1/2)).^2;      %绿色反射光的相对光强(4)
M = zeros(1,length(x),3);M(:,:,2) = i2;            %1 行若干列 3 页全零矩阵,绿色页赋值(4)
subplot(4,1,2),image(M),axis off                   %选子图,画绿色干涉条纹,隐轴(4)
title('绿光在劈尖上的等厚干涉条纹','FontSize',fs)   %标题
i3 = cos(pi * (2 * n * e/lambda(3) + 1/2)).^2;      %蓝色反射光的相对光强(5)
M = zeros(1,length(x),3);M(:,:,3) = i3;            %1 行若干列 3 页全零矩阵,蓝色页赋值(5)
subplot(4,1,3),image(M),axis off                   %选子图,画蓝色干涉条纹,隐轴(5)
title('蓝光在劈尖上的等厚干涉条纹','FontSize',fs)   %标题
M(:,:,2) = i2;M(:,:,1) = i1;                       %矩阵的绿色页和红色页赋值(6)
subplot(4,1,4),image(M),axis off                   %选子图,画彩色干涉条纹,隐轴(6)
title('白光在劈尖上的等厚干涉条纹','FontSize',fs)   %标题
```

［说明］ (1) 先计算红光的光强。

(2) 矩阵的前二维表示坐标,第三维的第 1 页表示红色。

(3) 图像指令 image 可根据三维矩阵画干涉条纹。由于只有第 1 页有光强的数据,所以画红色的干涉图样。注意：image 指令中的参数是矩阵。

(4) 矩阵的第 2 页表示绿色,当第 2 页有不为零的数据时,image 指令就只画绿色的干涉条纹。

(5) 第 3 页表示蓝色,当第 3 页有不为零的数据时,image 指令就只画蓝色的干涉条纹。

(6) 当 3 页都有不为零的数据时,image 指令就画各种颜色的干涉条纹。这种将单色光强通过矩阵合成复色光强的方法可称为光强的矩阵合成法。

## {范例 7.3} 牛顿环(图形动画)

如 B7.3a 图所示,取一块表面平整的玻璃板,将一半径很大的平凸透镜的凸面与平板玻璃接在一起,平凸透镜的凸面与平板玻璃表面搭出一个空气薄膜。用波长为 $\lambda$ 的单色光垂直照射时,可观察到一系列明暗相间的同心圆环,这一现象最先被牛顿观察到,史称牛顿环。牛顿环的干涉条纹的分布规律是什么？如果平凸透镜向上缓慢移动,干涉条纹如何移动？

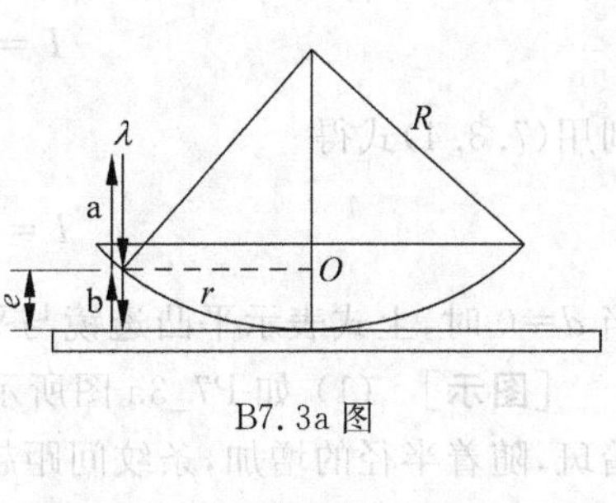

B7.3a 图

［解析］ 半径很大的凸透镜与平板玻璃接近平行时,空气间隙厚度很小。当单色光垂直入射时,在凸透镜下表面与空气的交界面同时发生反射和透射,反射光为 a,透射光在平板玻璃的上表面再发生反射,反射光为 b。a 和 b 是同一束光的两部分,因而是相干光,相遇时就发生干涉。

a 光反射时没有半波损失,b 光反射时有半波损失。空气的折射率 $n=1$,在空气厚度为 $e$ 的地方,两列光的光程差为

$$\delta_0 = 2e + \lambda/2 \tag{7.3.1}$$

明环形成的条件为

$$\delta_0 = 2e + \lambda/2 = k\lambda, \quad k = 1,2,3,\cdots \tag{7.3.2a}$$

暗环形成的条件为

$$\delta_0 = 2e + \lambda/2 = (2k+1)\lambda/2, \quad k = 0,1,2,\cdots \tag{7.3.2b}$$

干涉级次 $k$ 越大,对应的厚度 $e$ 也越大,明环和暗环距离中心越远。相邻明环或暗环之间的厚度差为

$$\Delta e = \lambda/2 \tag{7.3.3}$$

可知:相邻明环或暗环的厚度差相同。

设凸透镜的半径为 $R$,光环的半径为 $r$,由于

$$r^2 = R^2 - (R-e)^2 \approx 2Re \tag{7.3.4}$$

第 $k$ 级明环的半径为

$$r_k = \sqrt{\left(k - \frac{1}{2}\right)R\lambda}, \quad k = 1,2,3,\cdots \tag{7.3.5a}$$

第 $k$ 级暗环的半径为

$$r'_k = \sqrt{kR\lambda}, \quad k = 0,1,2,\cdots \tag{7.3.5b}$$

其中 $k=0$ 时的暗环半径为零,表示中央是暗斑。

如 B7.3b 图所示,当平凸透镜向上移动时,由于同一级干涉条纹对应同一厚度,所以条纹向中心移动。

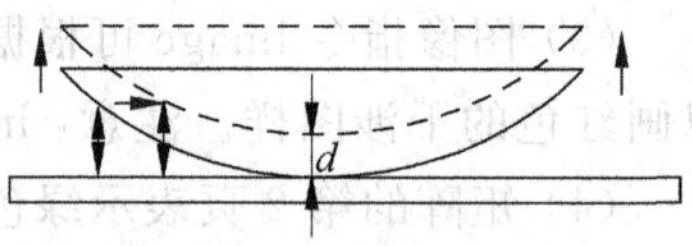

B7.3b 图

当平凸透镜与平板玻璃之间的距离为 $d$ 时,垂直入射的两束反射光的光程差为

$$\delta = 2(e+d) + \lambda/2 \tag{7.3.6}$$

当平行光垂直照射时,光强可表示为

$$I = I_0\cos^2\frac{\Delta\varphi}{2} = I_0\cos^2\left(\pi\frac{\delta}{\lambda}\right)$$

将(7.3.6)式代入上式得

$$I = I_0\cos^2\left[\pi\left(\frac{2e+2d}{\lambda} + \frac{1}{2}\right)\right]$$

利用(7.3.4)式得

$$I = I_0\cos^2\left[\pi\left(\frac{r^2}{R\lambda} + \frac{1}{2} + \frac{2d}{\lambda}\right)\right] \tag{7.3.7}$$

当 $d=0$ 时,上式表示平凸透镜与平板玻璃接触时反射光的光强分布。

[**图示**] (1) 如 P7_3a 图所示(见彩页),当平凸透镜与平板玻璃接触时,牛顿环中央是暗斑,随着半径的增加,条纹间距越来越小,分布越来越密。这是因为相邻明环或暗环的厚度差相同,从里到外空气厚度迅速增加的缘故。

(2) 当平凸透镜向上移动时,干涉条纹向中心移动。当距离为 $\lambda/4$ 时,中心变为明斑,如 P7_3b 图所示(见彩页)。当距离为 $\lambda/2$ 时,中心又变为暗斑,如 P7_3a 图所示。

[**算法**] 取 $\sqrt{R\lambda}$ 为半径单位,取波长 $\lambda$ 为距离单位,取 $I_0$ 为光强单位,则相对光强为

$$I^* = \frac{I}{I_0} = \cos^2\left[\pi\left(r^{*2} + \frac{1}{2} + 2d^*\right)\right] \tag{7.3.7*}$$

其中 $r^* = r/\sqrt{R\lambda}$，$d^* = d/\lambda$。

［程序］ P7_3.m 如下。

```
%牛顿环
clear,rm=5;r=-rm:0.01:rm;                    %清除变量,最大相对半径和坐标向量
[X,Y]=meshgrid(r);                           %横坐标和纵坐标矩阵
R=sqrt(X.^2+Y.^2);                           %求各点到圆心的距离
I=cos(pi*(R.^2+1/2)).^2;                     %反射光的相对光强
I(R>rm)=0;        %最大半径外的光强改为0(将方形图改为圆形图,四角为黑色)
c=linspace(0,1,64)';                         %颜色范围
figure,h=image(I*64)                         %建立图形窗口并取句柄,画图像
colormap([c,c*0,c*0]),axis off equal         %形成红色色图,隐轴(1)
title('牛顿环(反射光)','FontSize',16)        %标题
pause,d=0;title('平凸镜上移时的牛顿环(反射光)','FontSize',16)   %暂停,初距离,修改标题
while 1,d=d+0.02;                            %无限循环,增加距离
    I=cos(pi*(R.^2+1/2+2*d)).^2;I(R>rm)=0;  %反射光的相对光强,镜外的光强改为0
    set(h,'CData',64*I),drawnow              %设置光强,更新屏幕(2)
    if get(gcf,'CurrentCharacter')==char(27) break,end  %按Esc键退出
end                                          %结束循环
```

［说明］ (1) 如果修改色图指令

```
colormap([c,c,c*0])
```

条纹的颜色是黄色。如果修改色图指令

```
colormap([c,c,c])
```

条纹的颜色是白色。修改色图指令，还可以用其他颜色表示条纹。

(2) 随着平凸透镜的上移，重新计算和设置光强，即可演示干涉条纹向中间收缩的动画。

## ｛范例 7.4｝ 薄膜等倾干涉的条纹和级次

一介质薄膜的折射率为 $n=1.5$，厚度是波长的 50 倍或 50.5 倍，放在空气中，一点光源放置在薄膜的上方，求条纹级次的范围。等倾干涉条纹的分布规律是什么？

［解析］ 如 B7.4a 图所示，设有厚度为 $e$ 的均匀薄膜，其折射率为 $n$，处在折射率分别为 $n_1$ 和 $n_2$ 的介质环境中。真空波长为 $\lambda$ 的单色光从折射率为 $n_1$ 的媒质中以角度 $i$ 入射到薄膜上，产生反射光 a 和折射光 1。1 经过薄膜下表面折射为 a′，反射为 2。2 经过薄膜上表面折射为 b，反射为 3。3 还可以继续折射。a 和 b 是从同一列光波中分出来的两部分，所以它们是相干光，也是平行光。加一透镜就能使它们在焦平面上相遇，由于透镜不产生附加光程差，因而相当于它们在无穷远处产生干涉。

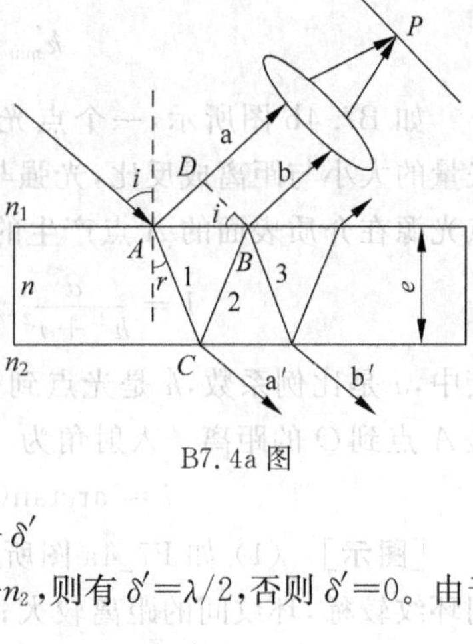

B7.4a 图

a 和 b 两列光的光程差为

$$\delta = n(AC + CB) - n_1 AD + \delta'$$

其中，$\delta'$ 是可能的附加光程差。如果 $n<n_1$，$n<n_2$ 或 $n>n_1$，$n>n_2$，则有 $\delta'=\lambda/2$，否则 $\delta'=0$。由于

$$AC = CB = e/\cos r$$
$$AD = AB\sin i = 2e\tan r\sin i$$

可得

$$\delta = 2nAC - n_1 AD + \delta' = 2ne/\cos r - 2n_1 e\tan r\sin i + \delta'$$

利用折射定律 $n_1\sin i = n\sin r$，可得

$$\delta = 2ne/\cos r - 2ne\sin^2 r/\cos r + \delta' = 2ne\cos r + \delta' \tag{7.4.1}$$

由于 $n$ 和 $e$ 一定，$\delta'$ 对于一定的介质来说也是确定的，所以光程差 $\delta$ 由折射角 $r$ 决定。而 $r$ 又由入射角 $i$ 决定，所以入射角相同的光线都有相同的光程差，通过透镜后将会聚在同一根条纹上，因此这类干涉称为等倾干涉。再利用折射定律可得光程差与入射角之间的关系

$$\delta = 2e\sqrt{n^2 - n_1^2\sin^2 i} + \delta' \tag{7.4.2}$$

明纹形成的条件是

$$\delta_k = 2ne\cos r + \delta' = k\lambda \tag{7.4.3a}$$

暗纹形成的条件是

$$\delta_k = 2ne\cos r + \delta' = (2k+1)\lambda/2 \tag{7.4.3b}$$

可见：入射角 $i$ 越大，折射角 $r$ 越大，$\cos r$ 越小，光程差 $\delta$ 越小，相应明纹和暗纹的级次就越小；而入射角越大，干涉条纹离透镜中心的距离也越大。所以在等倾干涉图样中，干涉级次越往外就越低。当入射角 $i=0$ 时，明纹的最高级次为

$$k_{\max} = \left[2\frac{e}{\lambda}n + \frac{\delta'}{\lambda}\right] \tag{7.4.4a}$$

暗纹的最高级次为

$$k'_{\max} = \left[2\frac{e}{\lambda}n + \frac{\delta'}{\lambda} - \frac{1}{2}\right] \tag{7.4.4b}$$

其中，[]表示取整运算。如果 $n<n_1$，则最大入射角为

$$i_{\max} = \arcsin(n/n_1) \tag{7.4.5}$$

明纹和暗纹的最低级次都为0。如果 $n>n_1$，当 $i\to 90°$ 时，明纹的最低级次为

$$k_{\min} = \left[2\frac{e}{\lambda}\sqrt{n^2 - n_1^2} + \frac{\delta'}{\lambda}\right] \tag{7.4.6a}$$

暗纹的最低级次为

$$k'_{\min} = \left[2\frac{e}{\lambda}\sqrt{n^2 - n_1^2} + \frac{\delta'}{\lambda} - \frac{1}{2}\right] \tag{7.4.6b}$$

如 B7.4b 图所示，一个点光源 $L$ 产生的是球面波，光矢量的大小与距离成反比，光强与距离的平方成反比，因此点光源在介质表面的 $A$ 点产生的光强可表示为

$$I = \frac{a}{h^2 + r^2}\cos^2\frac{\Delta\varphi}{2} \tag{7.4.7}$$

其中，$a$ 是比例系数，$h$ 是光点到介质表面中心 $O$ 的高度，$r$ 是 $A$ 点到 $O$ 的距离。入射角为

$$i = \arctan(r/h) \tag{7.4.8}$$

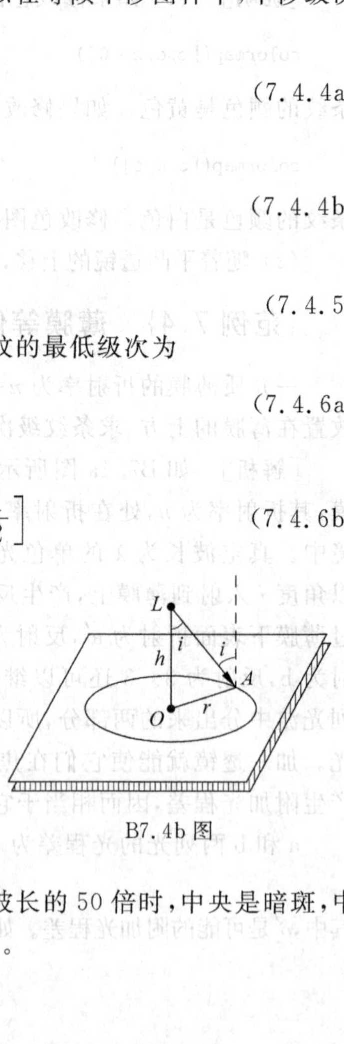

B7.4b 图

［图示］ (1) 如 P7_4a 图所示(见彩页)，当薄膜厚度是波长的50倍时，中央是暗斑，中间环纹较稀，环纹间的距离较大；四周环纹较密，也比较均匀。

(2) 如 P7_4b 图之下图所示，中央暗斑的级次最高，最高为 150；边缘级次最低，最低为 112；其他暗纹的级次在 112～150 之间。如 P7_4b 图之上图所示，中间第 1 个明纹的级次最高，最高也为 150；边缘级次最低，最低为 113；其他明纹的级次在 113～150 之间。

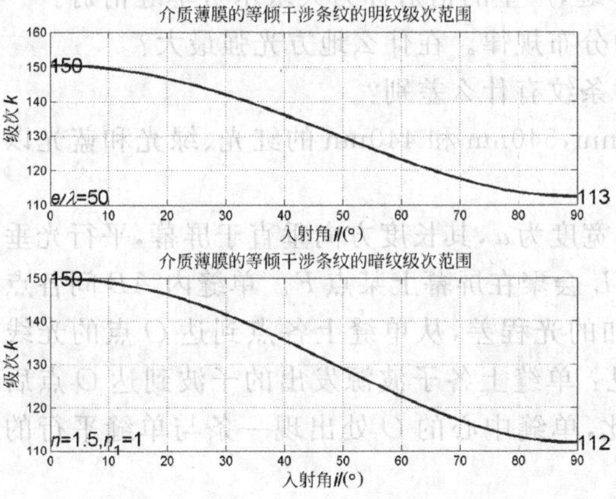


P7_4b 图

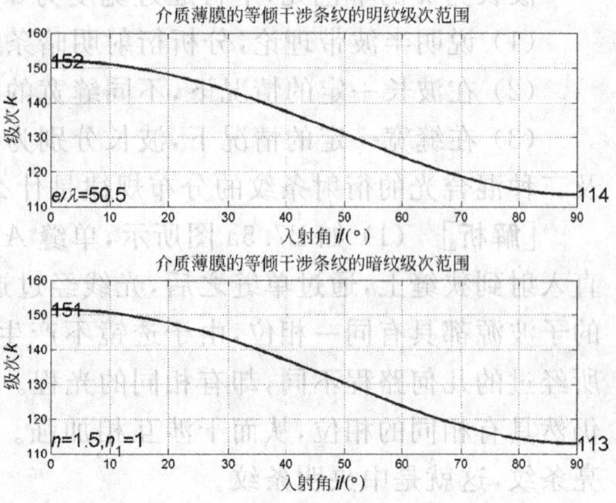


P7_4d 图

(3) 如 P7_4c 图所示(见彩页)，当厚度是波长的 50.5 倍时，中央是明斑。

(4) 如 P7_4d 图之上图所示，中央明斑的级次最高，最高为 152；边缘级次最低，最低为 114；其他明纹的级次在 114～152 之间。如 P7_4d 图之下图所示，中间第 1 个暗纹的级次最高，最高为 151；边缘级次最低，最低为 113；其他明纹的级次在 113～151 之间。

(5) 当薄膜介质的折射率不同或者薄膜厚度不同时，还可以得到类似的干涉条纹(图略)。

**[算法]** 以高度 $h$ 为半径的单位，取 $I_0=a/h^2$ 为光强的单位，取波长 $\lambda$ 为光程差的单位，则相对光强为

$$I^*=\frac{I}{I_0}=\frac{1}{1+r^{*2}}\cos^2(\pi\delta^*) \tag{7.4.7*}$$

其中，$r^*=r/h$，而

$$\delta^*=2e^*\sqrt{n^2-n_1^2\sin^2 i}+\delta'^* \tag{7.4.2*}$$

其中，$e^*=e/\lambda$，而 $\delta'^*=1/2(n<n_1,n<n_2$ 或 $n>n_1,n>n_2)$，否则 $\delta'^*=0(n_1>n>n_2$ 或 $n_1<n<n_2)$。入射角可表示为

$$i=\arctan(r^*) \tag{7.4.8*}$$

明纹的最高级次可表示为

$$k_{\max}=[2e^*n+\delta'^*] \tag{7.4.4a*}$$

暗纹的最高级次可表示为

$$k'_{\max}=\left[2e^*n+\delta'^*-\frac{1}{2}\right] \tag{7.4.4b*}$$

如果 $n<n_1$，明纹和暗纹的最低级次都为 0；如果 $n>n_1$，明纹的最低级次可表示为

$$k_{\min}=[2e^*\sqrt{n^2-n_1^2}+\delta'^*] \tag{7.4.6a*}$$

暗纹的最低级次为

$$k'_{\min}=\left[2e^*\sqrt{n^2-n_1^2}+\delta'^*-\frac{1}{2}\right] \tag{7.4.6b*}$$

［程序］ P7_4main.m 和 P7_4fun.m 见网站。

## {范例 7.5} 夫琅禾费单缝衍射的强度和条纹

波长为 $\lambda$ 的单色光，平行通过宽度为 $a$ 的单缝，产生的衍射称为夫琅禾费单缝衍射。

(1) 说明半波带理论，分析衍射明暗条纹的分布规律。在什么地方光强最大？

(2) 在波长一定的情况下，不同缝宽的衍射条纹有什么差别？

(3) 在缝宽一定的情况下，波长分别为 750nm，540nm 和 440nm 的红光、绿光和蓝光以及三种混合光的衍射条纹的分布规律是什么？

［解析］ (1) 如 B7.5a 图所示，单缝 $AB$ 的宽度为 $a$，其长度方向垂直于屏幕，平行光垂直入射到狭缝上，通过单缝之后，光线经过透镜 $L$ 会聚在屏幕上某点 $F$。单缝内 $AB$ 间各点的子波源都具有同一相位，由于透镜不产生附加的光程差，从单缝上各点到达 $O$ 点的光线所经过的几何路程不同，却有相同的光程。可见：单缝上各子波源发出的子波到达 $O$ 点后仍然具有相同的相位，从而干涉互相加强。因此，单缝中心的 $O$ 处出现一条与单缝平行的亮条纹，这就是中央明条纹。

如 B7.5b 图所示，设

$$\delta = a\sin\theta \tag{7.5.1}$$

其中，$\theta$ 称为衍射角；$\delta$ 是 $BF$ 与 $AF$ 之间的光程差，代表 $AB$ 之间所有点光源的最大光程差。

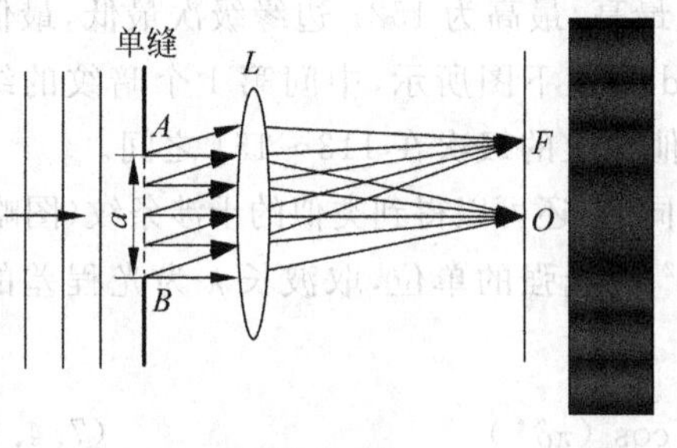


B7.5a 图

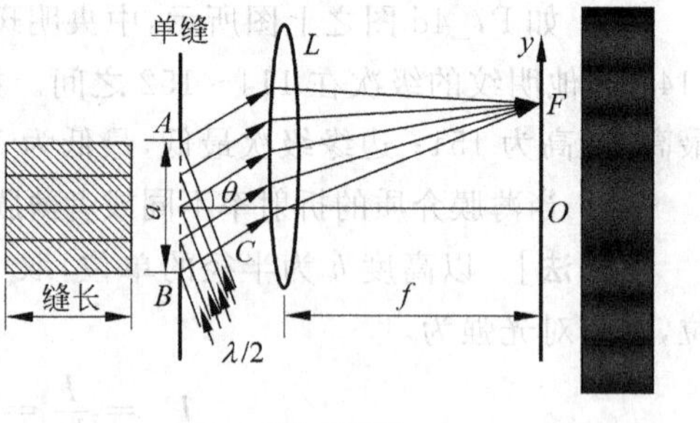


B7.5b 图

用与 $AC$ 平行的平面将 $BC$ 分割成许多等长的小段，使每一段长度均为 $\lambda/2$。那么，这些平面也将单缝 $AB$ 分割成沿缝长的长条带。每对相邻长条带上的对应点沿 $\theta$ 方向发出的平行光线之间的光程差均为 $\lambda/2$，对应的相位差为 $\pi$。因此，这样的长条带称为半波带。相邻两半波带上所有子波在屏幕 $F$ 点的干涉叠加是相互抵消的。如果 $BC$ 满足如下条件

$$BC = \delta_k = a\sin\theta_k = \pm 2k\frac{\lambda}{2}, \quad k = 1,2,3,\cdots \tag{7.5.2}$$

可见：$AB$ 间最大光差等于入射光半波长的偶数倍时，也就是单缝被分割成偶数个半波带时(最少两个)，根据相邻半波带干涉相消的原则，对于满足上式的衍射角为 $\theta$ 的光线，在屏幕上干涉叠加的结果为零。$k=1,2,3,\cdots$ 的条纹分别称为第一级暗条纹，第二级暗条纹，第三级暗条纹，……式中的正负号表示条纹关于中央明条纹是对称分布的。

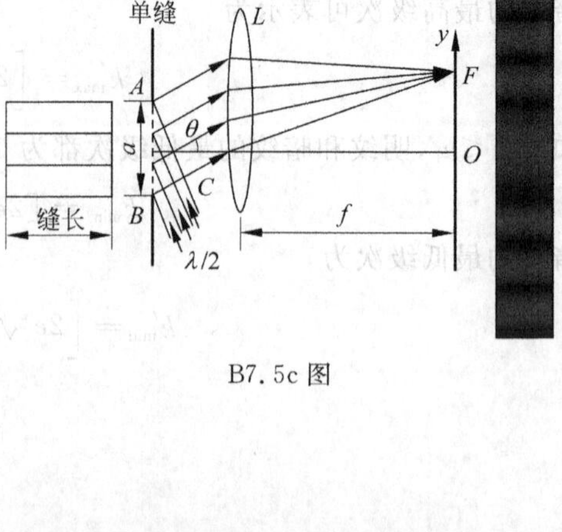


B7.5c 图

如 B7.5c 图所示,如果 $BC$ 满足条件

$$BC = \delta_k = a\sin\theta_k = \pm(2k+1)\frac{\lambda}{2}, \quad k = 1,2,3,\cdots \tag{7.5.3}$$

即:$AB$ 间最大光程差等于入射光半波长的奇数倍时,单缝被分割成奇数个半波带时(最少 3 个),根据相邻半波带干涉相消的原则,对于满足上式的衍射角为 $\theta$ 的光线在屏幕上干涉叠加,总有一个半波带上的子波发出的光线不能被抵消,因此总的叠加结果就不会为零,从而形成明条纹。$k=1,2,3,\cdots$ 的条纹分别称为第一级明条纹,第二级明条纹,第三级明条纹,……,正负号表示条纹关于中央明条纹是对称分布的。

如果衍射角不满足(7.5.1)式,也不满足(7.5.2)式,也就是说:在这些方向上单缝既不能分割成偶数个半波带,也不能分割成奇数个半波带,则屏幕上对应位置的光强介于极大和极小之间,使得明条纹在屏幕上延伸一定的宽度。两个公式给出的分别是明条纹和暗条纹的中心位置。明条纹的宽度就是两条暗条纹之间的距离。

注意:单缝衍射暗条纹的形成条件与双缝干涉明条纹的形成条件 $\delta_k = d\sin\theta_k = \pm k\lambda$ 在形式上是相同的;单缝衍射明条纹的形成条件与双缝干涉暗条纹的形成条件 $\delta_k = d\sin\theta_k = \pm(2k-1)\lambda/2$ 类似。但是 $k=1$ 时,对于单缝衍射来说,$\delta_1 = \sin\theta_1 = 3\lambda/2$,而不是 $\lambda/2$。$a$ 是单缝的宽度,$d$ 是两缝之间的距离。

半波带法可定性说明明暗条纹的分布规律,但是不能解释光强的分布。利用振幅矢量法可得光强的公式。

如 B7.5d 图所示,将缝分为 $n$ 等份,每一份都是一个面光源,面光源上每一点都是子光源。在 $\theta$ 方向,相邻面元之间的光程差为

$$\Delta\delta = \delta/n = a\sin\theta/n$$

相位差为

$$\Delta\varphi = 2\pi\frac{\Delta\delta}{\lambda} = \frac{2\pi a\sin\theta}{\lambda n}$$

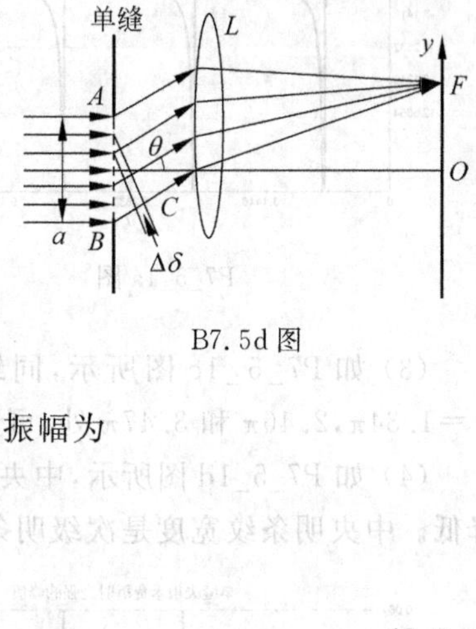

B7.5d 图

假设每一个面元在 $F$ 点引起的光波振幅为 $\Delta A$,根据多个等幅同频振动的合振幅公式(5.9.10),所有面元在 $F$ 点产生的振幅为

$$A = \Delta A\frac{\sin(n\Delta\varphi/2)}{\sin(\Delta\varphi/2)}$$

由于 $\Delta\varphi$ 很小,所以 $\sin\Delta\varphi = \Delta\varphi$,因此

$$A = A_0\frac{\sin u}{u} \tag{7.5.4}$$

其中 $A_0 = n\Delta A$,$u = \pi a\sin\theta/\lambda$。$F$ 点的光强为

$$I = I_0\left(\frac{\sin u}{u}\right)^2 \tag{7.5.5}$$

其中 $I_0 = A_0^2$。当 $\theta\to 0$ 时,$u\to 0$,因此 $I\to I_0$。$I_0$ 是最大光强,称为主极大。单缝衍射中间的明纹是中央明纹,主极大是明纹中心的光强。

当 $u = k\pi$ 时($k=\pm1,\pm2,\pm3,\cdots$),即 $a\sin\theta = k\lambda$ 时,$I=0$,这是暗纹中心的光强。$k$ 是暗纹的级次,暗纹中心的角位置为

$$\theta_k = \arcsin\left(k\frac{\lambda}{a}\right) \tag{7.5.6}$$

当 $k=\pm1$ 时，$\theta_1=\arcsin(\pm\lambda/a)$，这是第 1 级暗纹中心的角位置。中央明纹的角宽度为

$$\Delta\theta_0 = 2\arcsin(\lambda/a) \tag{7.5.7}$$

在衍射角很小的情况下，根据(7.5.6)式可知：次级明纹的角宽度大约为中央明条纹的角宽度的一半。当光的强度小到一定程度时，人眼就无法感觉，所以人眼看到的明纹宽度要小一些。

在两个相邻的暗纹之间还存在着明纹，称为次级明纹。令 $\mathrm{d}I/\mathrm{d}u=0$，可得超越方程

$$\tan u = u \tag{7.5.8}$$

如果求得超越方程的解 $u_k$，则次级明纹中心的角位置为

$$\theta_k = \arcsin\left(\frac{u_k\lambda}{\pi a}\right) \tag{7.5.9}$$

[图示] (1) 如 P7_5_1a 图所示，超越方程 $\tan u=u$ 的前三个正解是 4.49，7.73 和 10.9，或者是 $1.43\pi$，$2.46\pi$ 和 $3.47\pi$。解的编号 $n$ 越大，其解越接近于 $(n+0.5)\pi$。

(2) 如 P7_5_1b 图所示，单缝的夫琅禾费衍射的光强是偶函数，中间有一个很高峰，主极大的相对强度取为 1。三个次极大的相对强度分别为 0.0472，0.0165 和 0.00834。

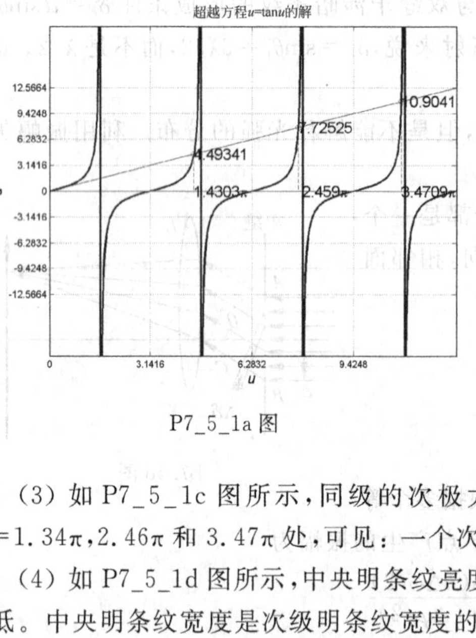


P7_5_1a 图

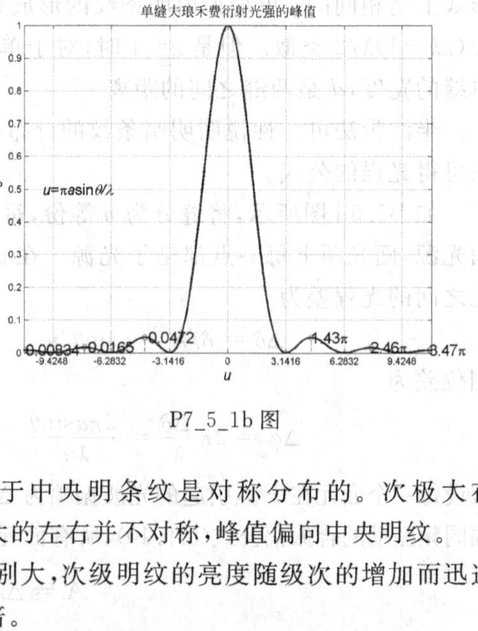


P7_5_1b 图

(3) 如 P7_5_1c 图所示，同级的次极大关于中央明条纹是对称分布的。次极大在 $u=1.34\pi$，$2.46\pi$ 和 $3.47\pi$ 处，可见：一个次极大的左右并不对称，峰值偏向中央明纹。

(4) 如 P7_5_1d 图所示，中央明条纹亮度特别大，次级明纹的亮度随级次的增加而迅速降低。中央明条纹宽度是次级明条纹宽度的 2 倍。

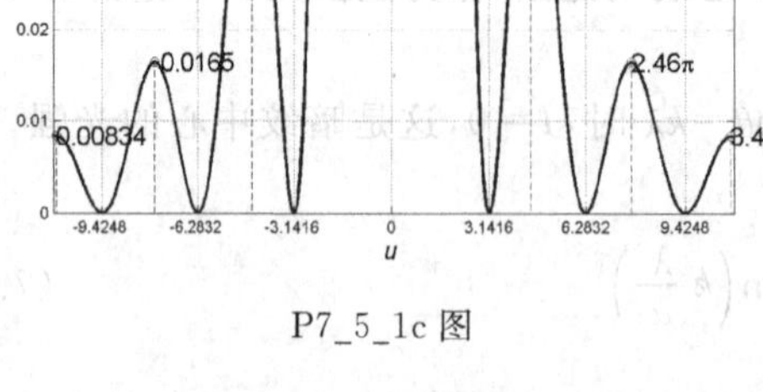

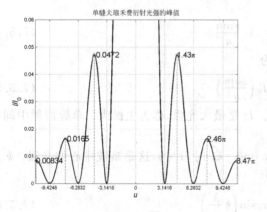


P7_5_1c 图

P7_5_1d 图

［算法］ (1) 取 $u$ 为自变量，可画出光强曲线。求超越方程的数值解，便可求次极大的最大光强。

［程序］ P7_5_1.m 如下。

```
%单缝夫琅禾费衍射强度曲线和条纹
clear,n=3;                                          %清除变量,解的个数
xm=(n+1)*pi;xx=linspace(0,xm,1000);                 %自变量的最大值和向量
figure,plot([0;xm],[0;0],xx,xx,'k')                 %创建图形窗口,画水平线和斜线(1)
hold on,plot(xx,tan(xx),'LineWidth',2)              %保持图像,画正切线(2)
grid on,axis([0,xm,-20,20])                         %加网格,限定曲线范围
set(gca,'XTick',pi*(0:n),'YTick',pi*(-(n+1):(n+1)))  %加刻度线(3)
x0=[];f=inline('x-tan(x)');                         %向量置空,定义内线函数(4)
for i=1:n                                           %按解的个数循环(5)
    x1=i*pi-pi/2+pi/1e5;x2=i*pi+pi/2-pi/1e5;        %取下界和上界
    x0=[x0;fzero(f,[x1,x2])];                       %连接零点向量(6)
end                                                 %结束循环
stem(x0,x0,'r--')                                   %画解的杆图
fs=16;text(x0,x0,num2str(x0),'FontSize',fs)         %标记解
txt=[num2str(x0/pi),repmat('\pi',n,1)];             %以pi为倍数的解
text(x0,zeros(1,n),txt,'FontSize',fs)               %以pi的倍数标记解
title('超越方程\itu\rm=tan\itu\rm的解','FontSize',fs)  %标题
xlabel('\itu','FontSize',fs)                        %x标签
ylabel('\itu','FontSize',fs)                        %y标签

u=-11:0.01:11;u(u==0)=eps;                          %中间变量,零改为小量
i=(sin(u)./u).^2;                                   %光的强度
figure,plot(u,i,'LineWidth',2),grid on              %创建图形窗口,画曲线,加网格(7)
xlabel('\itu','FontSize',fs)                        %标记横坐标
ylabel('\itI\rm/\itI\rm_0','FontSize',fs)           %标记纵坐标
title('单缝夫琅禾费衍射光强的峰值','FontSize',fs)       %标题
txt='\itu\rm=\pi\ita\rmsin\it\theta/\lambda';       %中间变量文本
text(-10,0.5,txt,'FontSize',fs)                     %标记中间变量
y0=(sin(x0)./x0).^2;                                %求光强
text(-x0,y0,num2str(y0,3),'FontSize',fs)            %标记强度
text(x0,y0,[num2str(x0/pi,3),repmat('\pi',n,1)],'FontSize',fs)  %标记横坐标
hold on,stem([-x0,x0],[y0,y0],'--')                 %保持图像,画杆图
set(gca,'XTick',pi*(-n:n)),axis tight               %加竖线,框紧贴图

c=linspace(0,1,64)';                                %颜色范围
figure,colormap([c,c*0,c*0])                        %开创图形窗口,形成红色色图
image(i*1000)                                       %画图像(乘以1000使次条纹比较亮)
axis off,title('单缝夫琅禾费衍射条纹','FontSize',fs)    %标题
```

［说明］ (1) 先画水平线和斜线。

(2) 再画正切线，以便观察斜线与正切线的交点。

(3) 由于正切线的周期为 $\pi$，所以，在横轴上以 $\pi$ 为单位画网格线。

(4) 将超越方程定义为内线函数，以便求解。

(5) 由于超越方程有多个解，所以需要设置循环。

(6) 用求零函数 fzero 的范围格式求解，所求的解就在指定的范围之内。

(7) 光强曲线的次级明纹强度太小，通过设置曲线范围可将次级明纹强度区域放大。

```
axis([ - 11,11,0,0.06])
```

[**解析**] (2) 根据(7.5.7)式可知：当单色光的波长一定时，缝越小，中央明纹的角宽度就越大，表示衍射越明显。

[**图示**] (1) 如 P7_5_2a 图所示，将波长取为 700nm，当缝宽为 $10^{-5}$m 时，中央明纹的跨度很大，衍射现象十分明显。当缝宽为 $10^{-4}$m 时，在 1°的范围内，除了中央明纹之外，还有两对次级明纹，衍射现象也比较明显。当缝宽为 $10^{-3}$m，中央明纹之外还有一些次级明纹，它们离中央明纹比较近，衍射现象不太明显。当缝宽为 $10^{-2}$m，次级明纹紧靠中央明纹，中央明纹的宽度很小，衍射现象很不明显。

(2) 如 P7_5_2b 图所示(见彩页)，当缝宽很小时，干涉条纹很宽；当缝宽很大时，干涉条纹缩成了缝的形状，此时光线按直线传播。

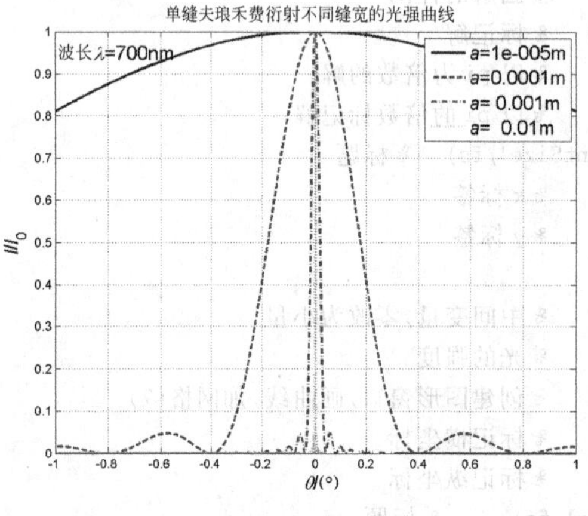


P7_5_2a 图

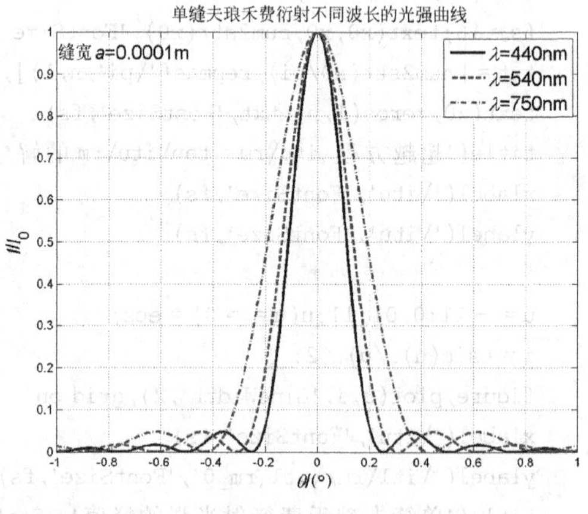


P7_5_3a 图

[**算法**] (2) 以红光为入射光，取缝宽为参数向量，取角度为自变量向量，形成矩阵，即可计算光强，用矩阵画线法画光强曲线族，根据光强画干涉条纹。

[**程序**] P7_5_2.m 见网站。

[**解析**] (3) 根据(7.5.7)式可知：当缝宽一定时，单色光的波长越大，中央明纹的角宽度就越大，其他明纹的角宽度也越大，表示衍射越明显。白光中包含各种波长的单色光，通过单缝衍射，会产生彩色光谱。

[**图示**] (1) 如 P7_5_3a 图所示，缝宽取 $10^{-4}$m，红光的波长比较大，中央明条纹比较宽。

(2) 如 P7_5_3b 图所示(见彩页)，红光的波长最大，中央明条纹最宽；蓝光的波长最短，中央明条纹最窄。当三种光混合在一起通过单缝时，中央明条纹的中间部分由蓝色、绿色和红色混合成白色条纹，其宽度与蓝色的中央明条纹的宽度相同，而绿色与红色混合成黄色。次级明条纹中三种颜色相互错开，形成彩色光谱。

[**算法**] (3) 取一定的缝宽，再取红光、绿光和蓝光的波长为参数向量，取角度为自变量向量，形成矩阵，计算光强，用矩阵画线法画光强曲线族，根据光强画单色光的干涉条纹，

根据矩阵合成法画复色光的干涉条纹。

［程序］ P7_5_3.m 见网站。

## *｛范例 7.6｝ 夫琅禾费圆孔衍射和瑞利判据

(1) 波长为 $\lambda$ 的平行单色光，垂直通过半径为 $a$ 的圆孔，在什么地方光强最大？衍射条纹的分布规律是什么？

(2) 紫光、蓝光、青光、绿光、黄光和红光的波长分别为 400nm，440nm，480nm，540nm，610nm 和 760nm，当这些光同时垂直通过半径为 $a$ 的圆孔时，混合光衍射的光斑和条纹是什么颜色？

(3) 两个强度和波长都相同的光点关于圆孔对称分布，单色光通过圆孔产生的衍射图样叠加结果如何？说明瑞利判据。

［解析］ (1) 根据光学理论，平行单色光垂直通过半径为 $a$ 的圆孔后，产生夫琅禾费衍射的光强为

$$I = I_0\left[\frac{2\mathrm{J}_1(u)}{u}\right]^2 \tag{7.6.1}$$

其中，$I_0$ 是最大光强；$\mathrm{J}_1$ 为一阶贝塞尔函数；$u=2\pi a\sin\theta/\lambda$，$\theta$ 为衍射角。贝塞尔函数的零点处是光强最暗的地方。为了计算中央明纹之外其他明纹最大强度的所在处，对光强求导数得

$$\frac{\mathrm{d}I}{\mathrm{d}u} = 8I_0\frac{\mathrm{J}_1(u)}{u}\frac{u\mathrm{J}_1'(u)-\mathrm{J}_1(u)}{u^2}$$

利用公式 $\mathrm{J}_n'(x)=[\mathrm{J}_{n-1}(x)-\mathrm{J}_{n+1}(x)]/2$，可得

$$\frac{\mathrm{d}I}{\mathrm{d}u} = 8I_0\frac{\mathrm{J}_1(u)}{u^3}\{u[\mathrm{J}_0(u)-\mathrm{J}_2(u)]/2-\mathrm{J}_1(u)\} \tag{7.6.2}$$

其中，$\mathrm{J}_0$ 是零阶贝塞尔函数，$\mathrm{J}_2$ 是二阶贝塞尔函数。可知：对于分子部分 $u[\mathrm{J}_0(u)-\mathrm{J}_2(u)]/2-\mathrm{J}_1(u)$，其零点处的 $u$ 值就是其他明纹的最强处。

［图示］ (1) 如 P7_6_1a 图所示，根据光强导数的分子曲线可知：圆孔衍射的光强导数的零点坐标 $a\sin\theta/\lambda$ 分别为 0.817，1.34 和 1.85，这也是次峰的横坐标。

(2) 如 P7_6_1b 图所示，圆孔衍射的光强曲线与单缝衍射的光强曲线类似，但是次级明纹的强度更加低，三个次极大的相对强度分别为 0.0175，0.00416 和 0.0016。

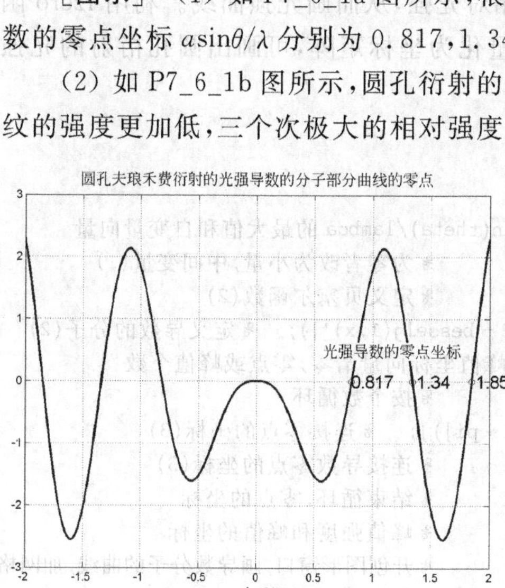


P7_6_1a 图

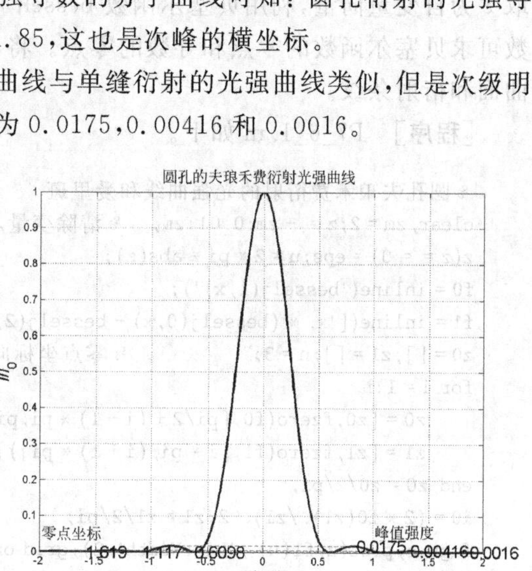


P7_6_1b 图

(3) 如 P7_6_1c 图所示，第 1 级暗环的条件为 $a\sin\theta_1/\lambda = 0.61$，第 1 级暗纹的衍射角为

$$\theta_1 = \arcsin\left(0.61\frac{\lambda}{a}\right) \tag{7.6.3}$$

爱里斑角半径就是第 1 级暗环的衍射角。

(4) 圆孔衍射光强的曲面如 P7_6_1d 图所示(见彩页)，光强是轴对称的，中央明斑的光强相对很大，一级明环的光强相对很小，其他明环的光强相对更小。

(5) 如 P7_6_1e 图所示(见彩页)，在圆孔的夫琅禾费衍射图中，中央是明斑，称为爱里斑。爱里斑中心的光强最大，其他明环的强度迅速降低。

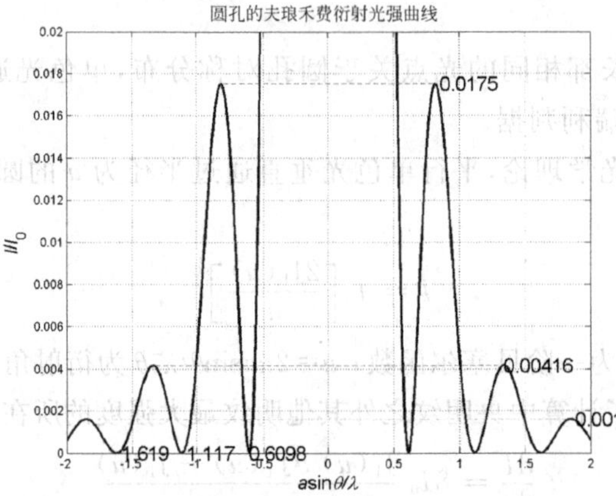


P7_6_1c 图

［算法］ (1) 设 $z = a\sin\theta/\lambda$，则相对光强为

$$I^* = \frac{I}{I_0} = \left[\frac{2J_1(2\pi z)}{2\pi z}\right]^2 \tag{7.6.1*}$$

在 MATLAB 中贝塞尔函数为 besselj(n,z)，第一个参数表示阶数，第二个参数表示自变量。取 $z$ 为自变量向量，利用贝塞尔函数 besselj 可求相对光强，从而画光强曲线。利用 fzero 函数可求贝塞尔函数的零点和导数的零点。将 $z$ 向量化为坐标矩阵，可画出圆孔衍射的光强曲面和衍射条纹。

［程序］ P7_6_1.m 如下。

```
%圆孔夫琅禾费衍射的光强曲线和爱里斑
clear,zm = 2;z = - zm:0.01:zm;    %清除变量,a * sin(theta)/lambda 的最大值和自变量向量
z(z = = 0) = eps;u = 2 * pi * abs(z);                        %为零者改为小量,中间变量(1)
f0 = inline('besselj(1,x)');                                 %定义贝塞尔函数(2)
f1 = inline(['x. * (besselj(0,x) - besselj(2,x))/2 - besselj(1,x)']);   %定义导数的分子(2)
z0 = [];z1 = [];n = 3;                  %零点坐标向量和峰值坐标向量清零,零点或峰值个数
for i = 1:n                                                  %按个数循环
    z0 = [z0,fzero(f0,[pi/2 + (i - 1) * pi,pi/2 + i * pi])];   %连接零点的坐标(3)
    z1 = [z1,fzero(f1,[i * pi,(i + 1) * pi])];               %连接导数零点的坐标(3)
end,z0 = z0/2/pi;                                            %结束循环,零点的坐标
i0 = (2 * f0(z1)./z1).^2;z1 = z1/2/pi;                       %峰值强度和峰值的坐标
figure,plot(z,f1(u) ,'LineWidth',2),grid on                  %开创图形窗口,画导数分子的曲线,加网格
hold on,plot(z1,zeros(1,n),'o')                              %保持图像,画零点
fs = 16;xlabel('\ita\rmsin\it\theta/\lambda','FontSize',fs)  %标记横坐标
```

```
title('圆孔夫琅禾费衍射的光强导数的分子部分曲线的零点','FontSize',fs)  % 标题
text(z1,zeros(1,n),num2str(z1',3),'FontSize',fs)          % 标记导数零点横坐标
text(0.5,0.5,'光强导数的零点坐标','FontSize',fs)          % 标记零点坐标
i = (2 * besselj(1,u)./u).^2;                             % 求光强
figure,plot(z,i,'LineWidth',2),grid on                    % 开创图形窗口,画光强曲线,加网格(4)
xlabel('\ita\rmsin\it\theta/\lambda','FontSize',fs)       % 标记横坐标
ylabel('\itI\rm/\itI\rm_0','FontSize',fs)                 % 标记纵坐标
title('圆孔的夫琅禾费衍射光强曲线','FontSize',fs)         % 标题
axis([ - zm,zm,0,1])                                      % 坐标范围
hold on,plot([ - 1;1] * z1,[1;1] * i0,'r -- ')            % 保持图像,画左右相同两次峰的水平线
text(z1,i0,num2str(i0',3),'FontSize',fs)                  % 标记次峰强度
text( - z0,zeros(1,n),num2str(z0',4),'FontSize',fs)       % 标记零点横坐标
text(1,0.05,'峰值强度','FontSize',fs)                     % 标记峰值强度
text( - zm,0.05,'零点坐标','FontSize',fs)                 % 标记零点
[X,Y] = meshgrid(z);                                      % 自变量矩阵的分量
Z = sqrt(X.^2 + Y.^2);                                    % 自变量矩阵
I = (2 * besselj(1,2 * pi * Z)./(2 * pi * Z)).^2;         % 求光强
figure,surf(X,Y,I),shading interp,box on                  % 开创图形窗口,画光强曲面,染色,加框(5)
xlabel('\ita\rmsin\it\theta/\lambda','FontSize',fs)       % 标记横坐标
ylabel('\ita\rmsin\it\theta/\lambda','FontSize',fs)       % 标记纵坐标
zlabel('\itI\rm/\itI\rm_0','FontSize',fs)                 % 标记高坐标
title('圆孔的夫琅禾费衍射光强曲面','FontSize',fs)         % 标题
c = linspace(0,1,64)';                                    % 颜色范围
figure,image(I * 5000)                                    % 开创图形窗口,画图像(6)
colormap([c,c * 0,c * 0]),axis off equal                  % 形成红色色图,隐轴
title('圆孔的夫琅禾费衍射条纹和爱里斑','FontSize',fs)     % 标题
```

［说明］ (1) 当光强公式的分母为零时,将出现非数,所以 0 要改为一个最接近于零的小量。

(2) 将贝塞尔函数定义为内线函数,将光强导数的分子也定义为内线函数。

(3) 利用求零函数 fzero 的范围格式求零点。

(4) 光强曲线的次级明纹强度太小,通过设置曲线范围可将次级明纹强度区域放大。

```
axis([ - zm,zm,0,0.02])
```

(5) 光强也可用曲面表示。

(6) 根据光强可画单色光的圆孔衍射条纹,显示爱里斑。

［解析］ (2) 单色光的波长越长,爱里斑的角半径就越大。当各种波长的单色光混合之后,将出现彩色光谱。

［图示］ 如 P7_6_2 图所示(见彩页),当多种光混合在一起通过圆孔时,中央明斑的中间部分为白色,这是各种光混合的结果;白色外面是黄色,这是因为缺少紫色和蓝色;黄色外面是红色,这是因为缺少了其他颜色;红色外面是紫色和蓝色等,这都是次级明纹。离中心越远,光环的亮度越暗。

［算法］ (2) 一种波长的光对应一种颜色,7 种波长代表 7 种可见光。将各种波长的可见光叠加在一起,就是用矩阵合成法画复色光的彩色衍射条纹。

［程序］ P7_6_2.m 如下。

```
% 白光的圆孔衍射条纹
clear,lambda = [400,440,480,540,610,760] * 1e - 9;    % 清除变量,波长
```

```
ColorTable = [                                      %颜色表(1)
    1  ,0  ,1  ;                                    %紫色
    0  ,0  ,1  ;                                    %蓝色
    0  ,1  ,1  ;                                    %青色
    0  ,1  ,0  ;                                    %绿色
    1  ,1  ,0  ;                                    %黄色
    1  ,0  ,0  ];                                   %红色
z = - 0.01:0.0001:0.01;                             %光斑半径与光斑到圆孔距离比向量(2)
[X,Y] = meshgrid(z);                                %坐标矩阵
Z = sqrt(X.^2 + Y.^2);                              %半径矩阵
TH = atan(Z);TH(TH == 0) = eps;                     %衍射角,零改为小量
a = 1e - 4;M = 0;l = length(lambda);                %孔的半径,各色的强度值取零,求波长个数
for j = 1:l,Z = a * sin(TH)/lambda(j);              %按波长循环,求中间变量 Z 表示的矩阵(3)
    I = (2 * besselj(1,2 * pi * Z)./(2 * pi * Z)).^2;   %求强度(4)
    M0(:,:,1) = I * ColorTable(j,1);                %红色的强度值
    M0(:,:,2) = I * ColorTable(j,2);                %绿色的强度值
    M0(:,:,3) = I * ColorTable(j,3);                %蓝色的强度值
    M = M + M0;                                     %累加各色强度值(5)
end                                                 %结束循环
M = M * 10;M(M > 1) = 1;                            %色值放大,大于 1 者作 1 处理
figure,image(M)                                     %开创图形窗口,画图像(6)
axis equal off,title('白光的夫琅禾费圆孔衍射图样','FontSize',16)   %标题
```

［**说明**］ (1) 光的颜色可用向量[r,g,b]表示,例如,紫色光的向量为[1,0,1]。将各种颜色向量[r,g,b]组成矩阵,形成颜色表。

(2) 向量 z 代表衍射图上点的半径,化为矩阵后可求衍射角。

(3) 根据衍射角、圆孔的半径和波长,可计算一定波长的矩阵 Z。

(4) 根据矩阵 Z 计算一定波长的光强。

(5) 将各种颜色的光强全部累加起来,形成光强矩阵。

(6) 用图像指令 image 可画出圆孔衍射彩色条纹。如果波长和颜色表的数据更详细,衍射图样可描绘得更精确。

［**解析**］ (3) 光源上一个光点发出的光通过圆孔后,由于存在衍射,不能聚集为一个点,而主要是一个亮斑。两个点光源发出的光通过圆孔后,就形成两个亮斑。如果两个点光源相距很近,两个亮斑就重叠得比较多,从而无法分辨出两个点光源。当一个点光源形成的亮斑中央与另一个点光源形成的第 1 级暗纹重叠时,另一个点光源形成的亮斑中央也与前一个点光源形成的第 1 级暗纹重叠,正常的人眼刚好能够分辨两个光点的像。这就是瑞利判据。这时,两个点光源对圆孔所张的角为最小分辨角

$$\theta_R = \theta_1 = \arcsin\left(0.61\frac{\lambda}{a}\right) \approx 1.22\frac{\lambda}{d} \tag{7.6.4}$$

其中,$d$ 是圆孔的直径。

设两个点光源的强度相同,产生的光强分别为

$$I_1 = I_0\left[\frac{2J_1(u_1)}{u_1}\right]^2,\quad I_2 = I_0\left[\frac{2J_1(u_2)}{u_2}\right]^2 \tag{7.6.5}$$

其中,$u_1 = 2\pi a\sin\theta_1/\lambda$,$u_2 = 2\pi a\sin\theta_2/\lambda$,$\theta_1$ 和 $\theta_2$ 为两个点光源的衍射角。总光强为

$$I = I_1 + I_2 = I_0\left[\frac{2J_1(u_1)}{u_1}\right]^2 + I_0\left[\frac{2J_1(u_2)}{u_2}\right]^2 \tag{7.6.6}$$

［图示］（1）如 P7_6_3a 图所示（见彩页），当两个点光源相距较近时，通过圆孔衍射，中心的光强与爱里斑中心的光强差不多，这时无法分辨出两个点光源。当两个点光源恰好能分辨时，中心的光强只有一个光点最大光强的 73.5%。当两个点光源较远时，通过圆孔衍射，中间的光强较小，能够分辨两个光点。

（2）如 P7_6_3b 图所示（见彩页），当两个点光源相距较近时，通过圆孔衍射的总光强只有一个峰或者有两个相距很近的峰，这时无法分辨出两个点光源。当两个点光源恰好能分辨时，总光强有两个明显的峰，两峰之间有一个较低的“鞍”点。当两个点光源相距较远时，总光强仍然有两个明显的峰，峰的高度基本不变，但中间的“鞍”点更低，能够分辨两个光点。

［算法］（3）取 $z_1=a\sin\theta_1/\lambda$，$z_2=a\sin\theta_2/\lambda$，则光强可表示为

$$I=I_0\left[\frac{2\mathrm{J}_1(2\pi z_1)}{2\pi z_1}\right]^2+I_0\left[\frac{2\mathrm{J}_1(2\pi z_2)}{2\pi z_2}\right]^2$$

再取 $z_1=z+\Delta z$，$z_2=z-\Delta z$，则光强可表示为

$$I=I_0\left\{\frac{2\mathrm{J}_1[2\pi(z+\Delta z)]}{2\pi(z+\Delta z)}\right\}^2+I_0\left\{\frac{2\mathrm{J}_1[2\pi(z-\Delta z)]}{2\pi(z-\Delta z)}\right\}^2 \tag{7.6.6*}$$

当 $\Delta z=0$ 时，表示两个光点重叠，两个光点的像当然无法分辨。当 $\Delta z=0.61/2$ 时，两个光点的像恰好能够分辨。

以 $\Delta z$ 为参数，取 $z$ 为自变量向量，即可计算总光强，画出总光强曲线。如果将 $z$ 向量化为坐标矩阵，则可画衍射条纹和光强曲面。

［程序］ P7_6_3.m 如下。

```
%瑞利判据的三种曲线和图片
clear,tit = {'不能分辨','恰能分辨','能分辨'};                %清除变量,标题
zm = 1.2;                                                  %asin(theta)/lambda 的最大值
z = - zm:0.01:zm;z = z + eps;                              %以 pi 为单位的自变量向量,加一小量
[X,Y] = meshgrid(z);                                       %自变量矩阵
d0 = 0.6098;                                               %第一个零点坐标
dd = [0.8,1,1.2] * d0/2;l = length(dd);                    %角度偏移向量(各偏一半),向量长度
i0 = 1.2;c = linspace(0,1,64)';                            %高度和颜色范围
f1 = figure;colormap([c,c * 0,c * 0])                      %创建图形窗口,形成红色色图
f2 = figure;fs = 16;                                       %创建图形窗口,字体大小
for k = 1:l,dz = dd(k);                                    %按偏离角度循环,取偏移量
    i1 = (2 * besselj(1,2 * pi * (abs(z + dz)))./(2 * pi * (abs(z + dz)))).^2;  %求左孔光强
    i2 = (2 * besselj(1,2 * pi * (abs(z - dz)))./(2 * pi * (abs(z - dz)))).^2;  %求右孔光强
    I = [i1;i2;i1 + i2];                                   %连接光强矩阵
    figure(f1)                                             %重开图形窗口
    subplot(2,l,l + k),plot(z,I,'LineWidth',2)             %取图形窗口,画衍射曲线
    hold on,plot([0;0],[0;i0])                             %保持图像,画纵线
    plot([dz;dz],[0;1],'-.',[- dz;- dz],[0;1],'b-.')       %画峰线
    grid on,axis([- zm,zm,0,i0])                           %加网格,曲线范围
    title(tit{k},'FontSize',fs)                            %加标题
    xlabel('\ita\rmsin\it\theta/\lambda','FontSize',fs)    %标记横坐标
    if k = = 1,ylabel('\itI\rm/\itI\rm_0','FontSize',fs),end  %判断标记纵坐标
    if k = = 2                                             %恰好分辨时
        i = ceil(length(z)/2);i = I(3,i);                  %取原点的下标,再取中间光强的相对强度
        plot([- zm,0],[1,1] * i,'--')                      %画水平线
        text(- zm,i,num2str(i),'FontSize',fs)              %显示的中间相对光强
```

```
    end                                              %结束条件
    Z = sqrt((X + dz).^2 + Y.^2);                    %左孔自变量矩阵
    I1 = (2 * besselj(1,2 * pi * Z)./(2 * pi * Z)).^2;   %求左孔强度
    Z = sqrt((X - dz).^2 + Y.^2);                    %右孔自变量矩阵
    I2 = (2 * besselj(1,2 * pi * Z)./(2 * pi * Z)).^2;   %求右孔强度
    I = I1 + I2;                                     %二孔光的总强度矩阵
    subplot(2,1,k),image(I * 64),axis off equal      %取图形窗口,画图像,隐轴
    figure(f2)                                       %重开图形窗口
    subplot(1,3,k),surf(z,z,I),shading interp        %取图形窗口,画光强曲面,染色
    view(-20,30),axis([-zm,zm,-zm,zm,0,1.1])         %设置视角,曲面范围
    box on,title(tit{k},'FontSize',fs)               %加标题
end,figure(f1),subplot(2,3,2)                        %结束循环,重开图形窗口,取图形窗口
title('瑞利判据','FontSize',fs)                       %加标题
```

## {范例 7.7}　光栅衍射的强度和条纹

一光栅有 $N$ 条缝,透光的缝的宽度为 $a$,不透光的挡板的宽度为 $b$,入射光的波长为 $\lambda$。

(1) 在缝宽和光栅常数一定的情况下,光栅衍射条纹与缝数有什么关系?

(2) 说明缝间干涉受到单缝衍射的调制和缺级现象。

(3) 光栅衍射条纹的分布与缝宽和光栅常数有什么关系?

**[解析]** (1) 缝间距为

$$d = a + b \tag{7.7.1}$$

$d$ 称为光栅常数。如 B7.7 图所示,在 $\theta$ 方向,相邻两条缝之间的光程差为

$$\delta = d\sin\theta$$

相位差为

$$\Delta\varphi = 2\pi\frac{\delta}{\lambda} = \frac{2\pi d\sin\theta}{\lambda}$$

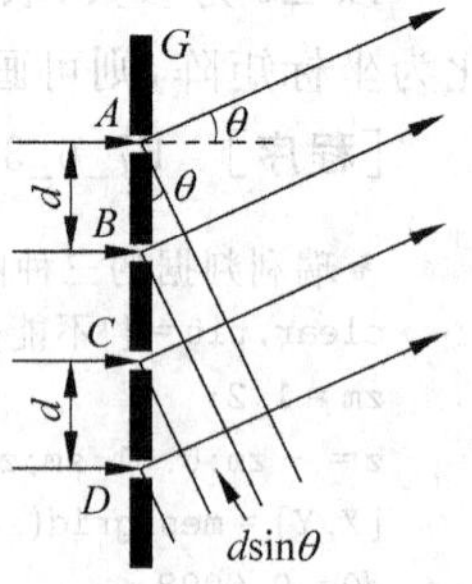

B7.7图

假设每一个单缝引起的光波振幅为 $\Delta A'$,根据多个等幅同频振动的合振幅公式(5.9.10),所有缝在 $\theta$ 方向产生的振幅为

$$A' = \Delta A'\frac{\sin(N\Delta\varphi/2)}{\sin(\Delta\varphi/2)} = \Delta A'\frac{\sin Nv}{\sin v} \tag{7.7.2}$$

其中 $v=\pi d\sin\theta/\lambda$。会聚点的光强为

$$I = I_0'\left(\frac{\sin Nv}{\sin v}\right)^2 \tag{7.7.3}$$

其中 $I_0'=\Delta A'^2$。当 $N=1$ 时,可知:$I_0'$ 是单缝引起的光强。根据单缝衍射的公式(7.5.5),可得光栅衍射的光强公式

$$I = I_0\left(\frac{\sin u}{u}\right)^2\left(\frac{\sin Nv}{\sin v}\right)^2 \tag{7.7.4}$$

其中,$u$ 仍然为 $\pi a\sin\theta/\lambda$。

**[讨论]** (1) 当 $N=1$ 时,光强公式变为单缝衍射的公式,因此,$\sin u/u$ 或 $(\sin u/u)^2$ 称为单缝衍射因子。

(2) 当 $N=2$ 时,根据光栅光强公式可得

$$I = I_0\left(\frac{\sin u}{u}\right)^2 4\cos^2 v$$

如果缝宽很小，则 $\sin u/u\to 1$，可得

$$I\to 4I_0\cos^2 v=4I_0\cos^2\left(\pi\frac{d}{\lambda}\sin\theta\right)$$

这正好是双缝干涉的公式。在缝宽不是很小的情况下，双缝干涉的强度就会受到单缝衍射因子 $(\sin u/u)^2$ 的调制，形成双缝衍射。

(3) 当 $N$ 是其他整数时，就是光栅的多缝衍射，$\sin(Nv)/\sin v$ 或 $[\sin(Nv)/\sin v]^2$ 称为缝间干涉因子。

［图示］ (1) 如 P7_7_1 图所示(见彩页)，当 $N=1$ 时，第 1 子图就是单缝衍射条纹，中央明条纹很宽很亮，次级明条纹很暗。

(2) 当 $N=2$ 时，第 2 子图就是双缝衍射条纹，这是单缝衍射的明条纹发生分裂形成的。双缝衍射条纹与双缝干涉条纹十分相似，中间部分光强差不多，条纹宽度也相近。但是由于受到单缝衍射调制，两边的明条纹较暗。

(3) 缝数越多，明条纹就越细，但是明条纹的数量并不改变。

［算法］ (1) 取缝宽与波长的比为相对缝宽 $a^*=a/\lambda$，取光栅常数与缝宽的比为相对光栅常数 $d^*=d/a$，则相对光强为

$$I^*=\frac{I}{N^2I_0}=\left(\frac{\sin u}{u}\right)^2\left(\frac{\sin Nv}{N\sin v}\right)^2 \tag{7.7.4*}$$

其中 $u=\pi a^*\sin\theta$，$v=d^*u$。当光栅常数和缝宽一定时，缝数不同，光强的分布就不同。

［程序］ P7_7_1.m 见网站。

［解析］ (2) 由于 $N$ 很大，缝间干涉因子 $\sin(Nv)/\sin v$ 比单缝衍射因子 $\sin u/u$ 的振荡要快得多，根据光栅衍射的光强公式可知：缝间干涉要受到单缝衍射的调制。

缝间干涉的明条纹形成的条件是

$$v=\pi d\sin\theta/\lambda=k\pi,\quad k=0,\pm1,\pm2,\cdots \tag{7.7.5}$$

因此得

$$d\sin\theta=k\lambda,\quad k=0,\pm1,\pm2,\cdots \tag{7.7.6}$$

这就是光栅方程。

单缝衍射的暗条纹形成的条件是

$$a\sin\theta=k'\lambda,\quad k'=\pm1,\pm2,\cdots \tag{7.7.7}$$

如果缝间干涉的明条纹的衍射角与单缝衍射的暗条纹的衍射角相等，这个明条纹就会缺损，称为缺级。所缺的级次为

$$k=\frac{d}{a}k',\quad k'=\pm1,\pm2,\cdots \tag{7.7.8}$$

其中，$d/a$ 是整数比。

［图示］ (1) 如 P7_7_2a 图所示，如果不考虑单缝衍射，缝间干涉的曲线有高度不同的两种峰，同一种峰的高度都是相同的。

(2) 如 P7_7_2b 图所示，单缝衍射将缝间干涉的强度限定在单缝衍射的强度曲线之下，因此说：缝间干涉受单缝衍射的调制。注意到：缝间干涉的第 3 级经过调制后，强度为零，这种情况称为缺级。另外，第 6 级和第 9 级等，也都缺级，这是因为 $k/k'=d/a=3$。

(3) 缝间干涉的高峰被调制后成为光栅衍射的最高峰，这种峰称为主极大；低峰被调制后的峰称为次极大。在单缝衍射的中央明条纹之内，光栅衍射的主极大的强度远大于次

极大的强度，因此光栅衍射条纹中除了有亮度很高的明条纹之外，还有一些亮度较小的明条纹。在单缝衍射的次级明条纹中，光栅衍射的主极大的强度与单缝衍射的中央明条纹中的次极大的强度差不多。如果光强不是很强，光栅衍射主要出现单缝衍射中央明条纹中的主极大。

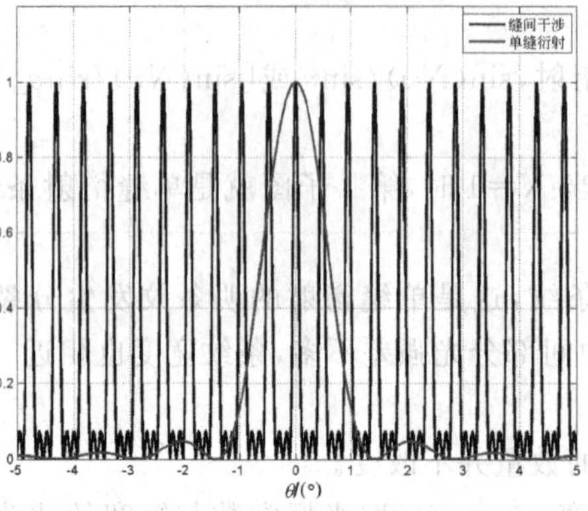

P7_7_2a 图

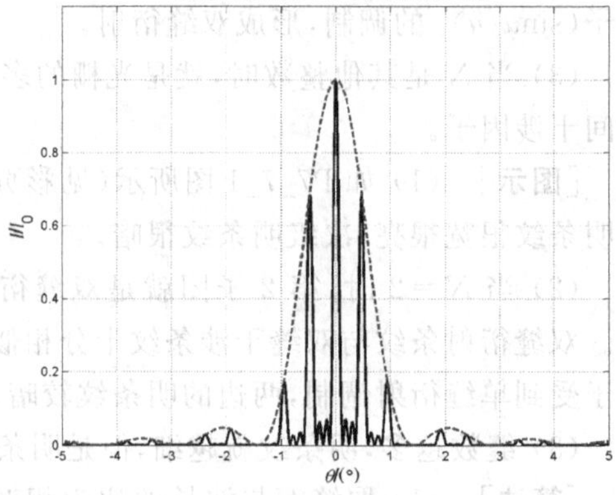

P7_7_2b 图

**［算法］** (2) 单缝衍射因子可表示为

$$I_1=\left(\frac{\sin u}{u}\right)^2$$

由缝间干涉因子产生的光强项为

$$I_2=\left(\frac{\sin Nv}{N\sin v}\right)^2$$

两者的乘积就是光栅衍射的相对光强。

**［程序］** P7_7_2.m 见网站。

**［解析］** (3) 光栅衍射的强度公式有三个参数：缝宽 $a$、缝间距 $d$ 和光栅缝数 $N$。

**［图示］** (1) 比较 P7_7_3b 图和 P7_7_3a 图可知(见彩页)：当波长 $\lambda$ 一定时，减小缝宽 $a$ 会使单缝衍射的中央明纹宽度增加，从而使衍射更明显。

(2) 比较 P7_7_3c 图和 P7_7_3a 图可知(见彩页)：当缝宽 $a$ 一定时，增加缝间距 $d$ 会在中央明纹内增加主极大的条数。当 $d/a$ 为整数时，就存在缺级，中央明纹内主极大的条数为 $n=2d/a-1$。当 $d/a$ 不为整数时，中央明纹内主极大的条数为 $n=2[d/a]+1$，不过，边缘的主极大的光强可能比单缝衍射中央明条纹内的次极大的光强还小(图略)。

(3) 比较 P7_7_3d 图和 P7_7_3a 图可知(见彩页)：增加缝数 $N$，会使干涉条纹变窄；在两个主极大之间有 $N-2$ 个次极大。增加缝数，次极大的相对光强会减小。由于 $I_{max}=N^2I_0$，所以增加缝数会增加主极大的亮度。当缝数很多时，次极大很小，主极大的条纹又细又亮(图略)。

**［算法］** (3) 根据(7.7.4*)式，取不同的相对缝宽 $a^*$、相对光栅常数 $d^*$ 和光栅缝数 $N$，即可显示相对光强曲线和衍射条纹的区别。

**［程序］** P7_7_3main.m 如下。

```
%光栅衍射强度曲线一般程序和光谱线的主程序
clear,a=20;d=4;n=3;          %清除变量,缝宽与波长的比值,缝间距与缝宽的比值,光栅条数
P7_7_3fun(a,d,n)                  %调用函数文件画光谱线
```

```
P7_7_3fun(15,d,n)                                         % 减小缝宽调用函数文件画光谱线
P7_7_3fun(a,6,n)                                          % 增加缝间距调用函数文件画光谱线
P7_7_3fun(a,d,5)                                          % 增加缝数调用函数文件画光谱线
P7_7_3fun(a,d,50)                                         % 增加缝数调用函数文件画光谱线
```

P7_7_3fun.m 如下。

```
% 光栅衍射强度曲线一般程序和光谱线的函数文件
function fun(a,d,n)
thm = 5;                                                  % 最大角度
theta = linspace( - thm,thm,1e4);                         % 角度向量
u = pi * a * sin(theta * pi/180);v = d * u;               % 单缝衍射角度向量,缝间干涉角度向量
i1 = (sin(n * v)./(n * sin(v))).^2;                       % 缝间干涉的光强向量
i2 = (sin(u)./u).^2;                                      % 单缝衍射的光强向量
figure,subplot(2,1,1)                                     % 创建图形窗口,选子图
plot(theta,i1. * i2,theta,i2,':','LineWidth',2)           % 画光栅衍射曲线
grid on,axis([ - thm,thm,0,1.2])                          % 加网格,曲线范围
fs = 16;title('光栅衍射的光强曲线和谱线','FontSize',fs)   % 标题
xlabel('\it\theta\rm/(\circ)','FontSize',fs)              % 标记横坐标
ylabel('\itI\rm/\itI\rm_0','FontSize',fs)                 % 标记纵坐标
text( - thm,0.75,['\ita\rm/\it\lambda\rm = ',num2str(a)],'FontSize',fs)  % 显示文本
text( - thm,0.5,['\itd\rm/\ita\rm = ',num2str(d)],'FontSize',fs)          % 显示文本
text( - thm,0.25,['\itN\rm = ',num2str(n)],'FontSize',fs)  % 显示文本
c = linspace(0,1,64)';                                    % 颜色范围
subplot(2,1,2),image(i1. * i2 * 1000)                     % 选子图,画图像
colormap([c,c * 0,c * 0]),axis off                        % 形成红色色图,隐轴
```

## {范例 7.8} 单轴晶体的子波波阵面(图形动画)

在单轴晶体中有一点光源,寻常光和非常光在晶体中传播时,波阵面分别是什么形状?

[解析] 光进入透明的晶体后会分成两束,沿着不同的方向折射,这种现象称为双折射。其中一束遵守折射定律,这一束光称为寻常光(o 光);另一束光不遵守折射定律,称为非常光(e 光)。光沿着特定的方向进入晶体后,两束光不会分开,因而不产生双折射现象,这一方向称为晶体的光轴。沿着光轴的方向,两种光的传播速度都是 $v_o$,$v_o=c/n_o$。在垂直于光轴的方向,e 光的传播速度是 $v_e$,$v_e=c/n_e$。如果 $v_e<v_o$ 或者 $n_e>n_o$,这种晶体称为正晶体;如果 $v_e>v_o$ 或者 $n_e<n_o$,这种晶体称为负晶体。在其他方向,e 光的传播速度介于 $v_e$ 和 $v_o$ 之间。如果在晶体内部有一点光源,寻常光的波阵面是球面,非常光的波阵面是旋转椭球面。

[图示] (1) 当 $v_e/v_o=0.6$ 时,波阵面如P7_8a 图所示(见彩页)。晶体中有一点光源发出寻常光 o 和非常光 e,由于寻常光在各个方向的传播速率都是相同的,因此在晶体中传播形成的波阵面是球面。非常光沿着各个方向传播的速率不同,在晶体中形成的波阵面是一旋转椭球面。非常光沿着光轴的方向的速率与寻常光的速率相同,因此椭球面与球面相切。正晶体在垂直光轴方向上的速率最小,因此球面包围着椭球面。非常光的波阵面如同一个"瘦灯笼",从上往下看,两种光的截面都是圆,非常光的圆在寻常光的圆里面。在通过光轴的截面上,寻常光 o 的圆和非常光 e 的椭圆如 P7_8b 图所示,长轴等于圆的半径,短轴小于圆的半径。

(2) 当 $v_e/v_o=1.6$ 时,波阵面如 P7_8c 图所示(见彩页)。非常光的波阵面如同一个"胖灯笼",从上往下看,两种光的截面都是圆,非常光的圆在寻常光的圆的外面。在通过光轴的截面

上,寻常光o的圆和非常光e的椭圆如P7_8d图所示,长轴大于圆的半径,短轴等于圆的半径。

［**算法**］ 利用球面函数sphere和椭圆函数ellippsoid可形成球面和椭球面坐标,利用网格指令mesh和曲面指令surf画球面和椭球面。晶体中两种光的速度之比是可调节的参数。

［**程序**］ P7_8.m见网站。

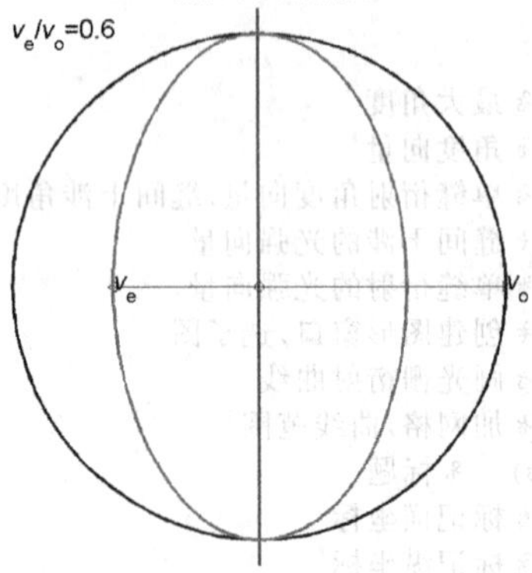

P7_8b图

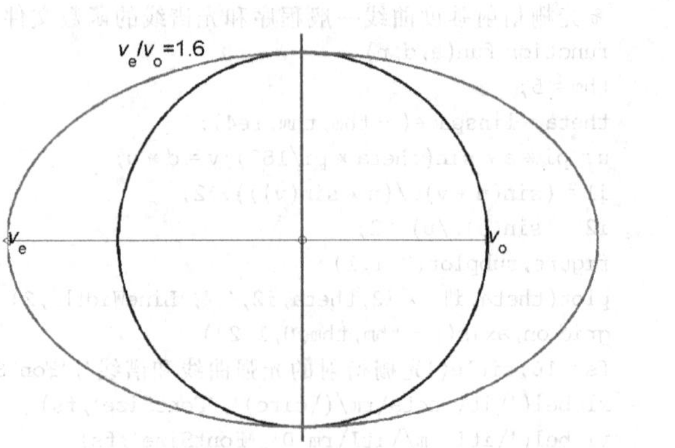

P7_8d图

## ｛范例7.9｝ 三个偏振片系统的光强变化(图形动画)

如B7.9图所示,三个偏振片堆叠在一起组成一个系统,第一块与第三块的偏振化方向互相垂直,第二块与第一块的偏振化方向互相平行,现令第二块偏振片以恒定的角速度$\omega$绕光传播方向旋转。设入射的自然光的光强为$I_0$,求自然光通过这一系统后的出射光强度,最大光强是多少?

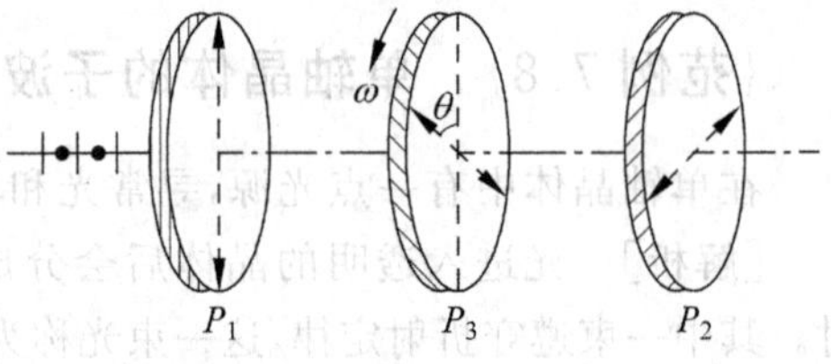

B7.9图

［**解析**］ 自然光通过偏振片$P_1$之后,形成偏振光,光强为

$$I_1 = I_0/2 \tag{7.9.1}$$

经过时间$t$,$P_3$的偏振化方向转过的角度为

$$\theta = \omega t$$

根据马吕斯定律,通过$P_3$的光强为

$$I_3 = I_1\cos^2\theta \tag{7.9.2}$$

由于$P_1$与$P_2$的偏振化方向垂直,所以$P_2$与$P_3$的偏振化方向的夹角为

$$\varphi = \pi/2 - \theta$$

再根据马吕斯定律,通过$P_2$的光强为

$$I = I_3\cos^2\varphi = I_3\sin^2\theta = I_0(\cos^2\theta\sin^2\theta)/2$$
$$= I_0(\sin^2 2\theta)/8 = I_0(1-\cos 4\theta)/16$$

即

$$I = I_0(1-\cos 4\omega t)/16 \tag{7.9.3}$$

当$\cos 4\theta = -1$时,通过系统的光强最大。由$4\theta = \pi, 3\pi, 5\pi, 7\pi$,可得

$$\theta = \pi/4, 3\pi/4, 5\pi/4, 7\pi/4 \tag{7.9.4}$$

最大光强为

$$I_M = I_0/8 \tag{7.9.5}$$

［图示］ 指针方向表示中间偏振片的偏振化方向，当指针旋转时，表示中间偏振片在旋转，因而视场出现周期性的变化。当指针旋转角度为 0°，90°，180°和 270°时，视场最暗；指针旋转角度为 45°，135°，225°和 315°时，视场最亮。当指针旋转角度为 315°时，视场如 P7_9 图所示。

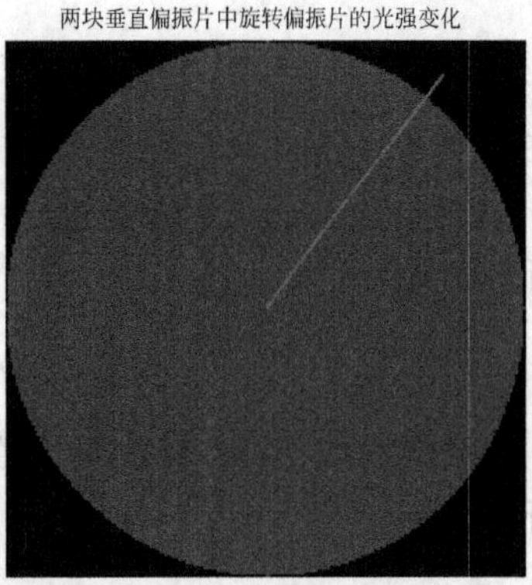


P7_9 图

［算法］ 用圆面表示偏振片，用线段表示中间偏振片的偏振化方向。不断替换线段的坐标使线段旋转，表示中间偏振片的旋转。随角度改变圆面的亮度，演示光强的周期性变化。

［程序］ P7_9.m 如下。

```
clear,r = -1:0.01:1;                                        %清除变量,半径向量
[X,Y] = meshgrid(r);R = sqrt(X.^2 + Y.^2);                  %坐标矩阵,半径矩阵
I0 = ones(size(R));I0(R > 1) = 0;                           %光强单位,半径大于1的光强改为0
s = length(r)/2;c = linspace(0,1,64)';                      %数据半长度,颜色的范围
figure,hi = image(I0 * 0);                                  %建立图形窗口,画图像并取句柄
colormap([c,c * 0,c * 0]),axis off equal                    %形成红色色图,隐轴并使坐标间隔相等
hold on,hp = plot([1,1] * s,[1,-0.1] * s,'m','LineWidth',2);    %保持图像,画线并取句柄
title('两块垂直偏振片中旋转偏振片的光强变化','FontSize',16)    %显示标题
th = 0;pause                                                    %初始角度,暂停
while 1                                                         %无限循环
    th = th + 0.02;I = 1 - cos(4 * th);                         %下一角度,光强(不计系数)
    set(hi,'CData',I0 * I * 32)                                 %设置光强
    set(hp,'XData',[1,1 - 1.1 * sin(th)] * s,'YData',[1,1 - 1.1 * cos(th)] * s)  %画偏振方向
    drawnow                                                     %更新屏幕
    if get(gcf,'CurrentCharacter') == char(27) break,end        %按Esc键退出
end                                                             %结束循环
```

［说明］ 程序执行时首先显示黑色的方框和一条指针，按回车键后，指针旋转，圆面则忽明忽暗地变化，按 Esc 键结束。

## ｛范例 7.10｝ 渥拉斯顿棱镜中的双折射

如 B7.10 图所示，渥拉斯顿棱镜是由两块等边的直角方解石粘合起来的，它们的光轴互相垂直。方解石中 o 光的折射率为 $n_o=1.658$，e 光的主折射率为 $n_e=1.486$。当自然光垂直入射时，o 光和 e 光在棱镜中的光路如何？两束光射出棱镜之后的夹角是多少？

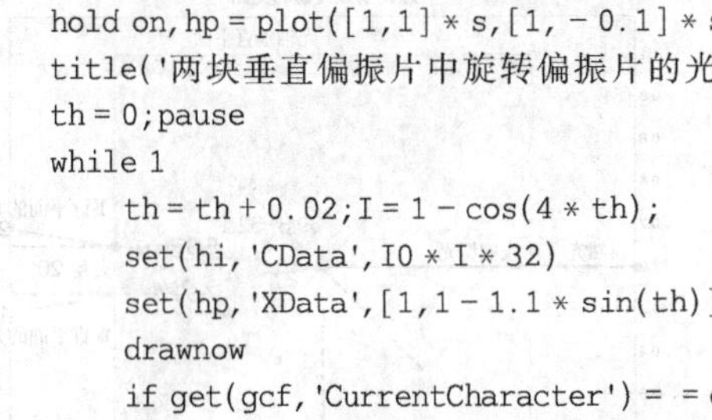

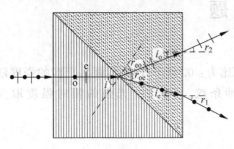


B7.10 图

［解析］ 当自然光进入第一个方解石时，o 光的振动方向垂直于光轴，e 光的振动方向平行于光轴。虽然两束光的传播方向相同，由于它们的折射率不同，其波阵面已经分开，成为两束线偏振光。在两个方解石的界面上，两束光的入射角都为 $i=45°$。

振动方向垂直于纸面的光在第一块方解石中是 o 光，在第二块方解石中是 e 光，e 光的折射角为

$$r_{oe} = \arcsin\left(\frac{n_e}{n_o}\sin i\right) = 52.09^\circ$$

在与空气的界面上的入射角为

$$i_e = r_{oe} - 45^\circ = 7.09^\circ$$

折射角为

$$r_1 = \arcsin\left(\frac{1}{n_e}\sin i_e\right) = 10.6^\circ$$

振动方向平行于纸面的光在第一块方解石中是 e 光，在第二块方解石中是 o 光，o 光的折射角为

$$r_{eo} = \arcsin\left(\frac{n_o}{n_e}\sin i\right) = 39.33^\circ$$

在与空气的界面上的入射角为

$$i_o = 45^\circ - r_{eo} = 5.67^\circ$$

折射角为

$$r_2 = \arcsin\left(\frac{1}{n_o}\sin i_o\right) = 9.43^\circ$$

两束光之间的夹角为

$$\theta = r_1 + r_2 = 20^\circ$$

可见：利用渥拉斯顿棱镜可获得两束分得很开的线偏振光。

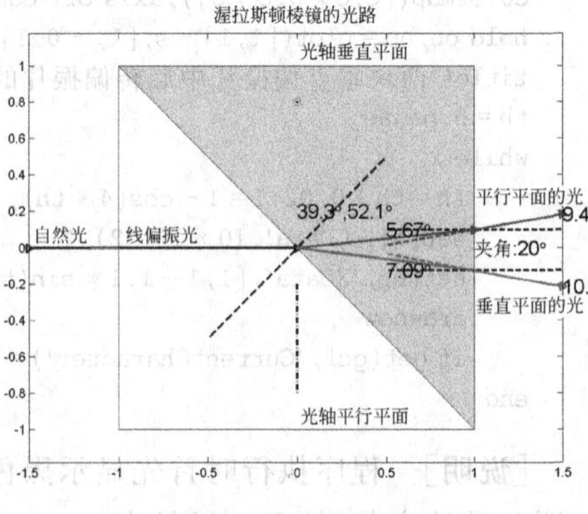


P7_10 图

［图示］ 如 P7_10 图所示，光路是按照计算的角度精确绘制的。自然光进入棱镜之后，垂直和平行于主平面的两束光在两块方解石的界面上发生折射，传播方向分开。两束光从空气界面上进一步发生折射，夹角又增加，达到 20°，形成两束分得很开的线偏振光。

［算法］ 取棱镜的直角边长为 2，中心点的坐标为(0,0)，这就决定了棱镜的大小和位置。自然光水平入射，棱镜的折射率就决定了光路。

［程序］ P7_10.m 见网站。

# 练 习 题

7.1 双缝干涉条纹

在双缝干涉实验中，如果两条缝产生的光强之比为：0.01,0.1 和 1，画出干涉的强度随相差的变化曲线并计算可见度，画出红光的干涉条纹。（提示：光强的相对强度取为 $I/(I_1+I_2)$。）

7.2 复合光的双缝干涉条纹

强度相同的红光、绿光和蓝光的波长分别为 650nm，550nm 和 450nm，通过缝间距为

0.2mm 的双缝，画出光强随干涉角变化的强度曲线，画出三种单色光的干涉条纹以及混合光的干涉条纹。

7.3 不同折射率平板的牛顿环的干涉条纹

牛顿环实验装置和各部分折射率如 C7.3 图所示，反射光的干涉条纹如何分布？当平凸透镜向上移动时，干涉条纹如何移动？

7.4 平凹柱面镜和平面镜的干涉条纹

如 C7.4 图所示，某平凹柱面镜和平面镜之间构成一空气隙，用单色光垂直照射，可得何种形状的干涉条纹？条纹级次高低的大致分布如何？通过干涉图样说明问题。

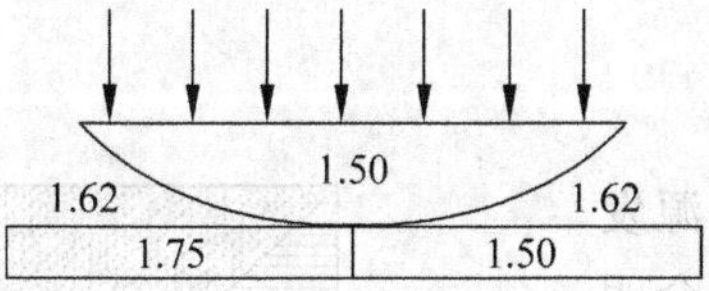


C7.3 图

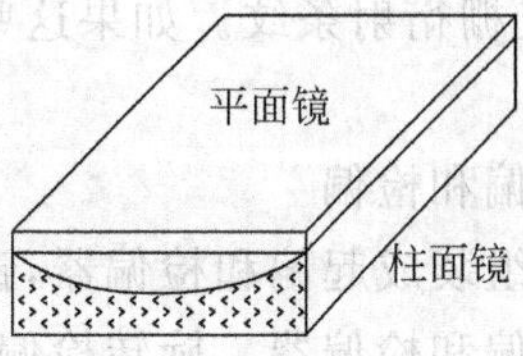


C7.4 图

7.5 空气薄层的等倾干涉条纹

两平行玻璃片之间有一空气薄层，厚度是波长的 10 倍或 10.25 倍，玻璃的折射率 $n_1=1.5$，一点光源放置在玻璃上方，画出等倾干涉条纹，求条纹级次的范围。

7.6 镜头的颜色

照相机和摄像机中，为了减少入射光由于反射而带走的能量，常在镜面上镀一层厚度均匀的透明薄膜（如氟化镁，其折射率为 1.38），称为增透膜。为使波长为 552.0nm 的绿光全部透过去，问增透膜的最小厚度为多少？这时镜头呈什么颜色？

7.7 双缝干涉与双缝衍射的区别

有一双缝，缝间距为波长的 50 倍，如果缝宽等于波长，画出双缝衍射曲线；如果缝宽等于波长的 10 倍，画出双缝衍射曲线，并说明双缝干涉和双缝衍射的区别。

7.8 圆孔夫琅禾费衍射的强度的级数公式的计算

波长为 $\lambda$ 的单色光，平行通过半径为 $a$ 的圆孔，产生夫琅禾费衍射的光强可用级数表示：

$$I=I_0\left[1-\frac{1}{1!2!}\left(\frac{u}{2}\right)^2+\frac{1}{2!3!}\left(\frac{u}{2}\right)^4-\frac{1}{3!4!}\left(\frac{u}{2}\right)^6+\frac{1}{4!5!}\left(\frac{u}{2}\right)^8-\cdots\right]^2$$

其中，$u=2\pi a\sin\theta/\lambda$，$\theta$ 为衍射角。画出光强曲线，计算最大光强和光强的零点，画出衍射条纹。

*7.9 瑞利判据的动画

两个强度和波长都相同的光点关于圆孔对称分布，单色光通过圆孔产生两个瑞利斑。当两个光点的距离由大变小，再由小变大时，用动画演示两个光点形成像的分辨状态。

7.10 钠黄光的光栅光谱

一光栅每厘米有 5000 条缝，共有 200 条缝，缝宽为缝间距的 1/10。钠黄光的波长为 589.3nm，如果平行光垂直入射光栅，最多能够看到几个条纹？如果平行光以入射角 30°入射时，最多能够看到几个条纹？光栅衍射条纹有什么变化？

7.11 氢原子可见光的光栅光谱

氢原子发出的可见光有 4 个波长，分别为 656.3nm(红)，486.1nm(青)，434.1nm(蓝)，410.2nm(紫)，将氢原子发出的光通过一个光栅，形成可见光的光谱，4 种颜色的谱线分别用 $H_\alpha$、$H_\beta$、$H_\gamma$ 和 $H_\delta$ 表示，氢原子可见光的光谱是如何分布的？已知光栅每厘米有 5000 条缝，光谱的第 3 级缺级。

7.12 复合光的光栅衍射

一光栅每厘米有 4000 条缝，缝宽为缝间距的 1/5。紫光、蓝光、青光、绿光、黄光和红光的波长分别为 400nm，440nm，480nm，540nm，610nm 和 760nm，当这些光分别通过光栅发生衍射，画出光栅衍射条纹。如果这些光同时通过光栅时，画出光栅衍射条纹，有几个完整的光谱？

7.13 起偏和检偏

两偏振片组装成起偏和检偏器，让普通光源发出的光经过起偏和检偏器。旋转检偏器，光强会明暗交替变化，模拟光强的变化。

7.14 洛匈棱镜的光路图

如 C7.14 图所示，洛匈棱镜由两块等边的直角方解石粘合而成，它们的光轴互相垂直。计算并精确绘制平行光和垂直光在棱镜中的光路图。

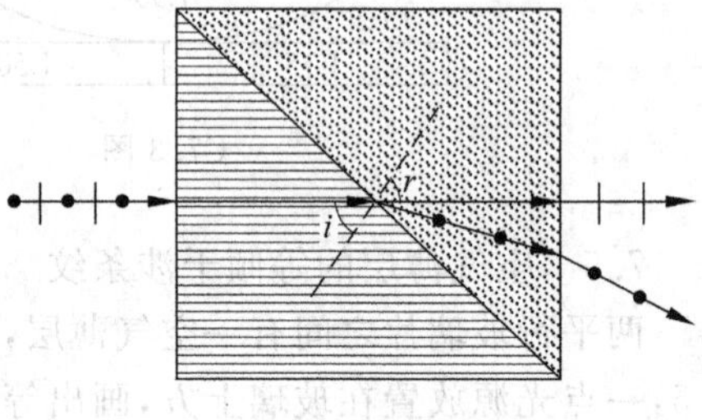

C7.14 图

# 第8章

# 气体分子运动论和热力学基础

## 8.1 基本内容

**1. 气体状态方程**

(1) 理想气体的实验定律

① 玻意耳-马略特定律：一定质量的理想气体，当温度不变时，其压强与体积成反比

$$pV = C_1$$

② 盖·吕萨克定律：一定质量的理想气体，当压强不变时，体积与热力学温度成正比

$$V/T = C_2$$

③ 查理定律：一定质量的理想气体，当体积不变时，压强与热力学温度成正比

$$p/T = C_3$$

(2) 理想气体状态方程

$$pV = \frac{M}{\mu}RT$$

其中，$M$ 是气体质量；$\mu$ 是气体的摩尔质量；$R$ 是气体的普适常量，$R=8.31\text{J}/(\text{mol}\cdot\text{K})$。$\nu=M/\mu$ 是摩尔数。

(3) 阿伏伽德罗定律

$$p = nkT$$

其中，$n$ 是分子数密度；$k$ 是玻耳兹曼常数，$k=R/N_\text{A}=1.38\times10^{-23}\text{J/K}$。$N_\text{A}$ 是阿伏伽德罗常数，$N_\text{A}=6.023\times10^{23}/\text{mol}$。

(4) 一摩尔范德瓦尔斯气体的状态方程为

$$\left(p+\frac{a}{\nu^2}\right)(\nu-b) = RT$$

其中，$b$ 是体积的修正项；$a$ 是压强的修正项。

**2. 分子运动论**

(1) 理想气体分子模型

① 忽略分子的大小，将分子当做质点。

② 除了碰撞瞬间之外，分子与分子之间、分子与容器壁之间均无相互作用。

③ 分子之间、分子与容器壁之间的碰撞是完全弹性碰撞。

(2) 统计平均值

① $N$ 个分子的平均速率为

$$\bar{v} = \frac{1}{N}\sum_{j=1}^{N} v_j$$

设容器中有 $N$ 个分子,其中速率为 $v_i$ 的分子数为 $N_i$ 个($i=1,2,\cdots$),那么

$$N = \sum_i N_i$$

速率为 $v_i$ 的分子数密度为

$$n_i = N_i/V, \quad i = 1,2,\cdots$$

分子数密度为

$$n = \sum_i n_i$$

平均速率可按分子速率分类来表示：

$$\bar{v} = \left(\sum_i N_i v_i\right)\Big/N = \left(\sum_i n_i v_i\right)\Big/n$$

② $N$ 个分子的速率平方的平均值

$$\overline{v^2} = \frac{1}{N}\sum_{j=1}^{N} v_j^2 = \left(\sum_i N_i v_i^2\right)\Big/N = \left(\sum_i n_i v_i^2\right)\Big/n$$

(3) 分子运动的统计假设：气体分子在平衡态下沿空间各个方向运动的机会均等。

① 在空间三个独立的方向上,平均速率相等：

$$\bar{v}_x = \bar{v}_y = \bar{v}_z$$

② 速率(或速度)平方的平均值也相等：

$$\overline{v_x^2} = \overline{v_y^2} = \overline{v_z^2} = \overline{v^2}/3$$

(4) 统计结果

① 压强

$$p = nm\,\overline{v_x^2} = \frac{1}{3}nm\,\overline{v^2}$$

② 分子的平均平动动能

$$\bar{\varepsilon}_k = \frac{1}{2}m\,\overline{v^2} = \frac{3}{2}kT$$

大量分子的平均平动动能与绝对温度成正比,与气体种类无关。气体的温度是大量气体分子平均平动动能的量度,是大量分子无规则热运动的集体表现,这就是温度的微观实质。

(5) 自由度：决定一个物体的位置所需要的独立坐标数。单原子分子、双原子分子和多原子分子的自由度分别是 $i=3,5$ 和 6。

(6) 能量按自由度均分原理：在温度为 $T$ 的平衡态中,气体分子各自由度的平均动能都相等,即 $kT/2$。

① 分子的平均能量

$$\bar{\varepsilon} = \frac{i}{2}kT$$

② 理想气体的内能

$$E = \frac{M}{\mu}N_A\,\frac{i}{2}kT = \frac{M}{\mu}\,\frac{i}{2}RT = \frac{i}{2}pV$$

**3. 分子分布律**

(1) 在单位速率间隔 $v\sim v+\mathrm{d}v$ 内的分子数 $\mathrm{d}N$ 与总分子数 $N_0$ 的比值称为速率分布规律：

$$f(v)=\frac{\mathrm{d}N}{N_0\,\mathrm{d}v}$$

(2) 在一维速度空间，分子速度按正态分布，麦克斯韦速度分布律为

$$f(v)=\left(\frac{m}{2\pi kT}\right)^{1/2}\exp\left(-\frac{mv^2}{2kT}\right)$$

其中，$m$ 是分子的质量；$(m/2\pi kT)^{1/2}$ 是归一化常数，即

$$\int_{-\infty}^{+\infty}f(v)\mathrm{d}v=1$$

(3) 在三维速度空间，速率为 $v=(v_x^2+v_y^2+v_z^2)^{1/2}$，麦克斯韦速率分布律

$$f(v)=4\pi\left(\frac{m}{2\pi kT}\right)^{3/2}v^2\exp\left(-\frac{mv^2}{2kT}\right)$$

其中，$4\pi(m/2\pi kT)^{3/2}$ 是归一化常数。

三个典型速率：

① 最概然速率

$$v_{\mathrm{p}}=\sqrt{\frac{2kT}{m}}=\sqrt{\frac{2RT}{\mu}}$$

② 平均速率

$$\bar{v}=\sqrt{\frac{8kT}{\pi m}}=\sqrt{\frac{8RT}{\pi\mu}}=\sqrt{\frac{4}{\pi}}\,v_{\mathrm{p}}$$

③ 方均根速率

$$\sqrt{\overline{v^2}}=\sqrt{\frac{3kT}{m}}=\sqrt{\frac{3RT}{\mu}}=\sqrt{\frac{3}{2}}\,v_{\mathrm{p}}$$

(4) 在速度间隔 $v_x\sim v_x+\mathrm{d}v_x, v_y\sim v_y+\mathrm{d}v_y, v_z\sim v_z+\mathrm{d}v_z$ 和坐标间隔 $x\sim x+\mathrm{d}x, y\sim y+\mathrm{d}y, z\sim z+\mathrm{d}z$ 中的分子数为

$$\mathrm{d}N'=n_0\left(\frac{m}{2\pi kT}\right)^{3/2}\exp\left(-\frac{\varepsilon}{kT}\right)\mathrm{d}v_x\mathrm{d}v_y\mathrm{d}v_z\mathrm{d}x\mathrm{d}y\mathrm{d}z$$

其中，$\varepsilon$ 是分子的总能量，$\varepsilon=\varepsilon_{\mathrm{p}}+\varepsilon_{\mathrm{k}}$；$n_0$ 表示 $\varepsilon_{\mathrm{p}}=0$ 处单位体积内各种速度的总分子数。玻耳兹曼分布律为

$$f(v_x,v_y,v_z,x,y,z)=n_0\left(\frac{m}{2\pi kT}\right)^{3/2}\exp\left(-\frac{\varepsilon}{kT}\right)$$

其中 $\exp(-\varepsilon/kT)$ 称为概率因子。

(5) 重力场中分子数密度的分布

$$n=n_0\exp\left(-\frac{mgz}{kT}\right)$$

**4. 分子之间的碰撞**

(1) 平均碰撞频率

$$\bar{z}=\sqrt{2}\,\bar{v}\pi d^2 n$$

其中，$d$ 是分子的有效直径。

(2) 平均自由程

$$\bar{\lambda}=\frac{\bar{v}}{\bar{z}}=\frac{1}{\sqrt{2}\,\pi d^2 n}$$

**5. 热力学第一定律**

(1) 准静态过程：系统所经过的中间状态都无限接近于平衡状态的状态变化过程。准静态过程是实际过程的近似和抽象，是一种理想过程。一个过程的进行总是要破坏原来的平衡态，新的平衡态要经过一段时间才能建立，这一段时间称为弛豫时间。

(2) 气体对外所做的功

$$A=\int_{V_1}^{V_2} p\mathrm{d}V$$

(3) 理想气体内能的增量

$$\Delta E=\frac{M}{\mu}\frac{i}{2}R(T_2-T_1)$$

(4) 热力学第一定律：系统从外界吸收的热量等于系统内能的增量和系统对外做功之和

$$Q=\Delta E+A$$

其中，$Q$ 是气体吸收的热量，$A$ 是气体对外所做的功，$\Delta E$ 是气体内能的增量。当系统吸热时 $Q$ 取正，当系统放热时 $Q$ 取负；当系统对外做功时 $A$ 取正，当外界对系统做功时 $A$ 取负；当系统内能增加时 $\Delta E$ 取正，当系统内能减少时 $\Delta E$ 取负。

**6. 热力学过程**

(1) 常见的热力学过程有等容过程、等压过程、等温过程和绝热过程，这些过程的状态方程等如下表所示。

**热力学过程表**

| 过程 | 状态方程 | 对外做功 $A$ | 内能变化 $\Delta E$ | 吸收热量 $Q$ | 摩尔热容 $C$ |
|---|---|---|---|---|---|
| 等容 | $p/T=C$ | 0 | $\frac{M}{\mu}\frac{i}{2}R\Delta T$ | $\frac{M}{\mu}\frac{i}{2}R\Delta T$ | $C_V=\frac{i}{2}R$ |
| 等压 | $V/T=C$ | $\frac{M}{\mu}R\Delta T$ | $\frac{M}{\mu}\frac{i}{2}R\Delta T$ | $\frac{M}{\mu}\left(\frac{i}{2}+1\right)R\Delta T$ | $C_p=\left(\frac{i}{2}+1\right)R$ |
| 等温 | $pV=C$ | $\frac{M}{\mu}RT\ln\frac{V_2}{V_1}$ | 0 | $\frac{M}{\mu}RT\ln\frac{V_2}{V_1}$ | $\infty$ |
| 绝热 | $pV^\gamma=C_1$<br>$V^{\gamma-1}T=C_2$<br>$p^{\gamma-1}T^{-\gamma}=C_3$ | $-\frac{M}{\mu}\frac{i}{2}R\Delta T$ | $\frac{M}{\mu}\frac{i}{2}R\Delta T$ | 0 | 0 |

注：$\Delta T=T_2-T_1$。利用摩尔热容公式可以把一些公式简化，利用理想气体状态方程可得其他公式。

(2) 热容量：在某一过程中，系统从外界吸热 $\mathrm{d}Q$ 时，温度变化了 $\mathrm{d}T$，则系统在该过程中的热容量(简称热容)为

$$C=\frac{\mathrm{d}Q}{\mathrm{d}T}$$

① 1摩尔理想气体在等容过程中吸收的热量为 $\mathrm{d}Q_V$，温度变化 $\mathrm{d}T$，等容摩尔热容为

$$C_V=\frac{\mathrm{d}Q_V}{\mathrm{d}T}=\frac{i}{2}R$$

② 1摩尔理想气体在等压过程中吸收的热量为 $\mathrm{d}Q_p$，温度变化 $\mathrm{d}T$，等压摩尔热容为

$$C_p=\frac{\mathrm{d}Q_p}{\mathrm{d}T}=\left(\frac{i}{2}+1\right)R$$

由此可得迈耶公式

$$C_p = C_V + R$$

(3) 比热容比：等压摩尔热容与等容摩尔热容之比，表示为

$$\gamma = \frac{C_p}{C_V} = \frac{i+2}{i}$$

当 $i=3,5,6$ 时，$\gamma=5/3,7/5,8/6$。

**7. 循环和效率**

(1) 循环过程：系统从某一状态出发，经过一系列变化之后又回到原来的状态的过程。

① 热机效率

$$\eta = \frac{A}{Q_1} = 1 - \frac{Q_2}{Q_1}$$

式中，$Q_1$ 是系统吸收的热量；$Q_2$ 是系统放出的热量；$A$ 是系统对外所做的功。

② 致冷系数

$$\omega = \frac{Q_2}{A} = \frac{Q_2}{Q_1 - Q_2}$$

(2) 卡诺循环：由两个绝热过程和两个等温过程组成的循环，也就是只与两个恒温热源交换热量，不存在漏气和其他热耗散的循环。

① 卡诺热机的效率

$$\eta_C = 1 - \frac{T_2}{T_1}$$

② 卡诺致冷机系数

$$\omega_C = \frac{T_2}{T_1 - T_2}$$

**8. 不可逆过程**

(1) 可逆过程：系统从初始状态 $A$ 出发经历了一系列中间状态后到达终止状态 $B$，如果存在一个相反的过程，使系统从状态 $B$ 出发沿着与原来过程相反的方向经历原来经历过的每一个中间态回到 $A$，同时周围的一切都恢复原状，则该过程称为可逆过程。

(2) 不可逆过程：实际过程由于存在摩擦等因素的影响，都是不可逆过程。不可逆过程是相互关联和依存的，即：不可逆过程在不可逆性上相互等价。

**9. 热力学第二定律**

(1) 热力学第二定律有无穷多种表述形式，只要指出热力学过程的方向性就行了。

① 克劳修斯表述：热量不可能自发地从低温物体传向高温物体。

② 开尔文表述：不可能从单一热源吸热使之完全转变成功而不引起其他变化。

③ 一般表述：自然界一切与热现象有关的宏观物理过程都是不可逆的。

(2) 热力学第二定律的微观意义：一切与热现象有关的自然宏观实际过程总是沿着无序性增大的方向进行的，这也是不可逆性的微观实质。

**10. 卡诺定理**

(1) 工作于相同高温热源 $T_1$ 和相同低温热源 $T_2$ 之间的一切可逆机，不论其工作物质如何，其效率都相同，即为 $1-T_2/T_1$。

(2) 工作于相同高温热源 $T_1$ 和相同低温热源 $T_2$ 之间的一切不可逆机,其效率都不可能超过可逆机。

**11. 熵和熵增加原理**

(1) 在任意可逆循环过程中,系统吸收的热量(包括放出的热量)与温度的关系为

$$\oint \frac{dQ}{T} = 0$$

其中,$dQ$ 是在一个无限小过程中从温度为 $T$ 的热源所吸收的热量。

(2) 克劳修斯熵公式的微分形式为 $dS=dQ/T$,系统在状态 $A$ 与状态 $B$ 之间熵的差等于从状态 $A$ 沿可逆过程至状态 $B$ 的积分

$$S_B - S_A = \int_A^B \frac{dQ}{T}$$

熵的单位是 J/K。

(3) 热力学第二定律的数学表述形式为

$$S_B - S_A \geqslant_I \int_A^B \frac{dQ}{T}$$

$I$ 表示不可逆过程,即:对始末两态均为平衡态的不可逆过程,$dQ/T$ 的积分值总不大于始末两态熵的差值。

(4) 熵的物理意义或本质:熵是描述系统无序程度的物理量。

(5) 熵增加原理:在封闭系统中发生的任何不可逆过程,都将导致系统的熵增加;系统的总熵只能在可逆过程中才是不变的。

(6) 热力学概率:一个宏观状态所包含的微观状态数,其微观意义是系统内分子热运动的无序性的一种量度。

(7) 玻耳兹曼熵公式

$$S = k\ln\Omega$$

其中,$k$ 是玻耳兹曼常数;$\Omega$ 表示热力学概率。

## 8.2 范例的解析、图示、算法和程序

### {范例 8.1} 气体压强的产生(图形动画)

气体的压强是大量分子对器壁的碰撞产生的,求证:压强的公式为

$$p = \frac{1}{3}nm\overline{v^2}$$

其中,$m$ 是分子的质量;$n$ 是分子数密度;$\overline{v^2}$ 是速度平方的平均值。进而求证:分子的平均平动动能为

$$\bar{\varepsilon}_k = \frac{3}{2}kT$$

不考虑分子之间的碰撞,演示分子运动的动画。

[证明] 一个分子对器壁的碰撞是断续的,它什么时候与器壁发生碰撞,在什么地方发生碰撞,给器壁施加了多大的冲量都是偶然的。但是大量分子时时刻刻与器壁碰撞,在宏观

上就产生持续的压力，单位面积上的压力就是压强。

如 B8.1a 图所示，取垂直于容器壁指向外侧的方向为 $x$ 轴正向，设容器中理想气体分子的质量为 $m$，某分子的速度为 $v_i$，3 个分量分别为 $v_{ix}$，$v_{iy}$，$v_{iz}$。由于碰撞是完全弹性的，所以碰撞前后 $y$ 和 $z$ 方向的速度分量保持不变，$x$ 方向的速度分量由 $v_{ix}$ 变为 $-v_{ix}$。根据动量定理，分子所受器壁的冲量为 $-mv_{ix}-(mv_{ix})=-2mv_{ix}$，根据牛顿第三定律，分子施加给器壁的冲量为

$$I_i = 2mv_{ix} \tag{8.1.1}$$

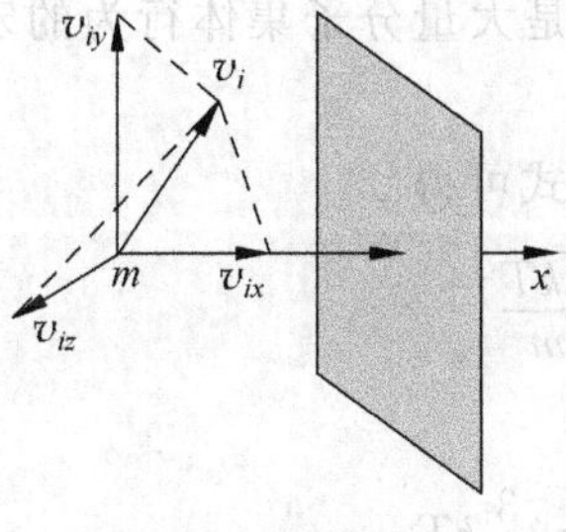


B8.1a 图

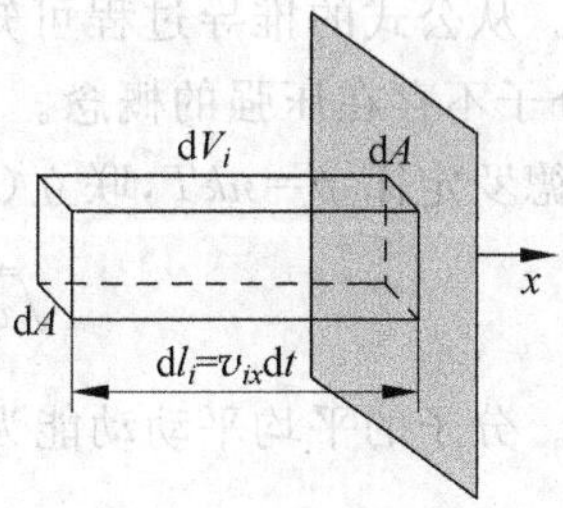


B8.1b 图

如 B8.1b 图所示，在容器壁上取一面积元 $dA$，在一段时间间隔 $dt$ 内，不考虑分子间的碰撞，分子恰好与器壁发生碰撞时运动的距离为 $dl_i=v_{ix}dt$。这个距离和面积元形成的柱体的体积为

$$dV_i = dl_i dA = v_{ix}\,dt dA \tag{8.1.2}$$

在所有以速度 $v_i$ 运动的分子中，只有位于柱体内的分子才能与器壁发生碰撞。单位体积内以速度 $v_i$ 运动的分子数为 $n_i$，所以柱体内这种分子数为

$$dN_i = n_i dV_i = n_i v_{ix}\,dt dA \tag{8.1.3}$$

这些分子施加给器壁的冲量为

$$dI_i = 2mv_{ix}\,dN_i = 2mn_i v_{ix}^2\,dt dA \tag{8.1.4}$$

对所有速度求和即可求得所有分子施加给面积元的总冲量 $dI$。但是速度条件限制为 $v_{ix}>0$，这是因为 $v_{ix}<0$ 的分子背离 $dA$ 运动，在 $dt$ 时间内不会与 $dA$ 发生碰撞。可得

$$dI = \sum_{i(v_{ix}>0)} dI_i = \sum_{i(v_{ix}>0)} 2mn_i v_{ix}^2\,dA dt \tag{8.1.5}$$

当气体处于平衡态时，气体分子朝 $x$ 轴正向和负向运动的机会均等，平均来说，$v_{ix}>0$ 和 $v_{ix}<0$ 的分子各占一半。因此，将上式右边除以 2 就可以取消速度限制：

$$dI = \sum_i mn_i v_{ix}^2\,dA dt \tag{8.1.6}$$

这就是一群分子施加给器壁的冲量。根据冲量的定义可得气体施加给器壁的压力为 $dI/dt$，所产生的压强为

$$p = \frac{dI}{dt dA} = m\sum_i n_i v_{ix}^2 \tag{8.1.7}$$

气体处于平衡态时，$x$ 方向速度平方的平均值为

$$\overline{v_x^2} = \left(\sum_i n_i v_{ix}^2\right)/n \tag{8.1.8}$$

由于

$$\overline{v_x^2}+\overline{v_y^2}+\overline{v_z^2}=\overline{v^2} \tag{8.1.9}$$

所以

$$\overline{v_x^2}=\overline{v^2}/3 \tag{8.1.10}$$

从而证得

$$p=nm\,\overline{v_x^2}=\frac{1}{3}nm\,\overline{v^2} \tag{8.1.11}$$

可见：气体分子的质量越大，速度平方的平均值越大，单位体积内分子的个数越多，气体产生的压强就越大。从公式的推导过程可知：压强是大量分子集体行为的宏观表现，是一个统计结果，单个分子不存在压强的概念。

根据阿伏伽德罗定律 $p=nkT$，联立(8.1.11)式可得

$$\sqrt{\overline{v^2}}=\sqrt{\frac{3kT}{m}} \tag{8.1.12}$$

这是方均根速率。分子的平均平动动能为

$$\bar{\varepsilon}_k=\frac{1}{2}m\,\overline{v^2}=\frac{3}{2}kT \tag{8.1.13}$$

结果说明：大量分子的平均平动动能与绝对温度成正比，与气体种类无关。气体的温度是大量气体分子平均平动动能的量度，是大量分子无规则热运动的集体表现，具有统计的意义，单个分子或少数几个分子是没有温度概念的。这就是温度的微观实质。

［**图示**］ 在一个平面上取1000个分子，初始状态如P8_1图所示，箭杆表示分子运动的方向和相对大小，但是第一个分子例外，其箭杆特别长。当分子运动时，箭杆指示了第一个分子的运动方向。分子运动有快有慢，每时每刻都有分子与器壁发生碰撞，从而产生持续的压强。注意：由于不考虑分子的碰撞，而分子与器壁的碰撞是弹性的，因此一个分子的速率在运动中是不变的。实际上，分子之间存在着频繁的碰撞，正是通过分子间的碰撞，能量才能按自由度均分。

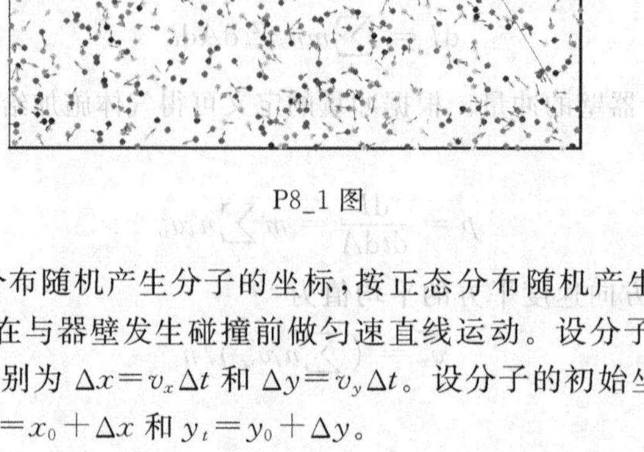


P8_1 图

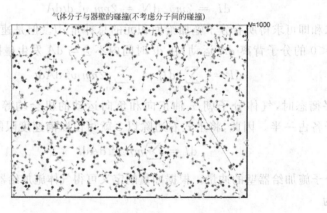

［**算法**］ 按均匀分布随机产生分子的坐标，按正态分布随机产生分子的速度。不考虑分子之间的碰撞，分子在与器壁发生碰撞前做匀速直线运动。设分子速度为 $v_x$ 和 $v_y$，经过时间 $\Delta t$，发生的位移分别为 $\Delta x=v_x\Delta t$ 和 $\Delta y=v_y\Delta t$。设分子的初始坐标为$(x_0,y_0)$，经过时间 $\Delta t$ 的坐标分别为 $x_t=x_0+\Delta x$ 和 $y_t=y_0+\Delta y$。

如B8.1c图所示，当分子与右壁发生碰撞时，横坐标为 $x_m$，纵坐标为

$$y = y_0 + \frac{\Delta y}{\Delta x}(x_m - x_0)$$

取$(x_m, y)$为新的起点，碰撞后速度 $v_x$ 的方向发生改变，位移为

$$\Delta x' = -[\Delta x - (x_m - x_0)], \quad \Delta y' = \Delta y - (y - y_0)$$

从而可确定碰撞后的坐标：$x_t = x_m + \Delta x'$，$y_t = y + \Delta y'$。

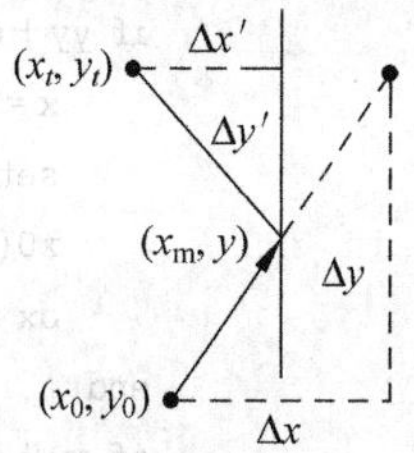

B8.1c图

当分子与左壁(上壁或下壁)发生碰撞时，同样可求得碰撞点的坐标和碰撞后的坐标。

分子的个数是可调节的参数。

［程序］ P8_1.m如下。

```
%气体分子运动的动画(不考虑分子之间的碰撞)
clear,n = input('请输入分子个数:');                    %清除变量,键盘输入分子个数(1)
rand('state',0),randn('state',0)       %均匀分布随机数初始化,正态分布随机数初始化(2)
xm = 1.4e-6;ym = 1e-6;                                   %坐标范围
x0 = xm * (2 * rand(1,n) - 1);y0 = ym * (2 * rand(1,n) - 1);       %分子初始坐标(3)
figure                                                    %创建图形窗口
plot([-1,1,1,-1,-1] * xm,[-1,-1,1,1,-1] * ym,'LineWidth',3)      %画器壁
axis equal off,axis([-xm,xm,-ym,ym])                     %使纵横坐标间隔相等,设置坐标范围
title('气体分子与器壁的碰撞(不考虑分子间的碰撞)','FontSize',16)     %标题
text(xm,ym,['\itN\rm = ',num2str(n)],'FontSize',12)                %显示粒子数
vx = randn(1,n);vy = randn(1,n);                          %分子速度(4)
hold on                                                   %保持图像
for i = 1:n                                               %按分子循环
    h(i) = plot(x0(i),y0(i),'.','MarkerSize',15,'Color',rand(1,3));   %画点并取句柄(5)
end,hh = quiver(x0,y0,vx,vy);                             %结束循环,画箭杆取句柄(6)
h1 = quiver(x0(1),y0(1),vx(1),vy(1),1e-6);                %画第一个分子的箭杆取句柄(7)
dt = 1e-7;pause                                           %时间间隔,暂停(8)
set(hh,'UData',zeros(1,n),'VData',zeros(1,n))            %去箭杆(9)
while get(gcf,'CurrentCharacter')~ = char(27)            %不按Esc键循环
    for i = 1:n                                           %按分子循环
        xx = x0(i);yy = y0(i);                            %取坐标
        dx = vx(i) * dt;dy = vy(i) * dt;                  %取位移
        if xx + dx > xm                                   %如果超过右边界
            y = yy + dy/dx * (xm - xx);                   %计算与右壁碰撞的纵坐标
            set(h(i),'XData',xm,'YData',y)                %设置点的坐标
            x0(i) = xm;y0(i) = y;                         %右壁坐标
            dx = -(dx - (xm - xx));dy = dy - (y - yy);vx(i) = -vx(i);   %反弹位移,速度反向
        end                                               %结束条件
        if xx + dx < -xm                                  %如果超过左边界
            y = yy + dy/dx * (-xm - xx);                  %计算与左壁碰撞的纵坐标
            set(h(i),'XData',-xm,'YData',y)               %设置点的坐标
            x0(i) = -xm;y0(i) = y;                        %左壁坐标
            dx = -(dx - (-xm - xx));dy = dy - (y - yy);vx(i) = -vx(i);  %反弹位移,速度反向
        end                                               %结束条件
```

```
        if yy + dy > ym                                   % 如果超过上边界
            x = xx + dx/dy * (ym - yy);                   % 计算与上壁碰撞的横坐标
            set(h(i),'XData',x,'YData',ym)                % 设置点的坐标
            x0(i) = x;y0(i) = ym;                         % 上壁坐标
            dx = dx - (x - xx);dy = - (dy - (ym - yy));vy(i) = - vy(i);    % 反弹位移,速度反向
        end                                               % 结束条件
        if yy + dy < - ym                                 % 如果超过下边界
            x = xx + dx/dy * ( - ym - yy);                % 计算与下壁碰撞的横坐标
            set(h(i),'XData',x,'YData',- ym)              % 设置点的坐标
            x0(i) = x;y0(i) = - ym;                       % 下壁坐标
            dx = dx - (x - xx);dy = - (dy - ( - ym - yy));vy(i) = - vy(i);   % 反弹位移,速度反向
        end                                               % 结束条件
        x0(i) = x0(i) + dx;y0(i) = y0(i) + dy;            % 新的起点坐标
        set(h(i),'XData',x0(i),'YData',y0(i))             % 设置点的坐标(10)
    end                                                   % 结束循环
    set(h1,'XData',x0(1),'YData',y0(1),'UData',vx(1),'VData',vy(1))
                                                          % 设置第一个分子的位置和箭杆(11)
    dx = vx(1) * dt;dy = vy(1) * dt;                      % 取第 1 个分子的位移
    plot([x0(1) - dx,x0(1)],[y0(1) - dy,y0(1)])           % 画第 1 个分子的轨迹(12)
    drawnow                                               % 刷新屏幕
end,quiver(x0,y0,vx,vy)                                   % 结束循环,画箭杆(13)
```

[**说明**] (1) 程序执行时从键盘输入分子个数,例如 1000。

(2) 将正态分布随机数和均匀分布随机数初始化之后,可重复相同的运动,否则可演示不同的运动。

(3) 分子的坐标是随机选取的。

(4) 分子的速度也是随机选取的。

(5) 用随机点表示分子,分子的颜色也是随机选取的。

(6) 用箭杆表示分子速度的方向。

(7) 第一个分子的箭杆单独画出来。如果要演示所有分子运动的方向,句柄要取在循环中,此句改为

```
hh(i) = quiver(x0(i),y0(i),vx(i),vy(i),1e - 6);
```

(8) 在显示分子初始状态后,按回车键就演示分子的运动。

(9) 将分子箭杆的长度设置为零就消除了箭杆。

(10) 设置分子的坐标就演示分子的运动。

(11) 设置第一个分子的箭杆,可指示第一个分子的运动方向。如果要显示所有分子的速度方向,此句要放在循环中

```
set(hh(i),'XData',x0(i),'YData',y0(i),'UData',vx(i),'VData',vy(i))
```

但是,如果分子数很多,分子运动就显得太慢。

(12) 用简单的方法画第一个分子的轨迹,轨迹在分子与墙碰撞前有一点断裂。

(13) 最后用箭杆表示分子运动的方向。

## {范例 8.2} 伽尔顿板的模拟(图形动画)

如 B8.2 图所示装置,下面是等间隔的竖槽,中间是规则排列的横杆,上面容器中装有大量颗粒。将容器底部的小口打开,大量颗粒从上向下泻下来,与各级横杆碰撞后落入槽中。这种实验装置称为伽尔顿板。模拟颗粒运动的轨迹,统计落入槽中的颗粒数以及占总粒子数的比例。

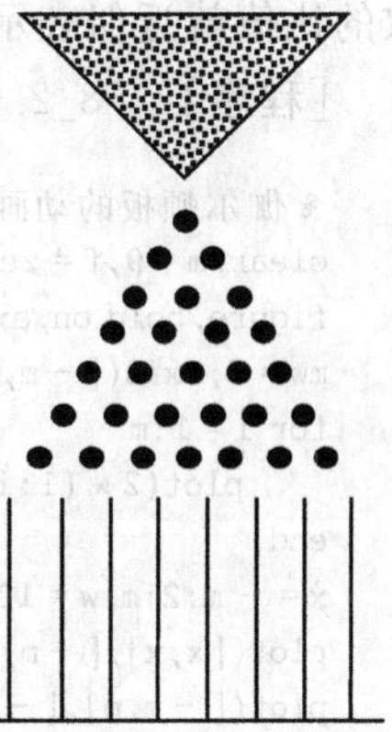

B8.2 图

[**解析**] 大量粒子从伽尔顿板的小口泻下来之后,在各层与横杆碰撞,最后落在各个竖槽中。实验表明:中部槽中的粒子数最多,越往两边,槽中的粒子数越少。

假设一个粒子落下来都会与每层中的一个横杆发生碰撞,碰撞后向左和向右运动的可能性(概率)相等。当粒子落下来之后,各个竖槽中的粒子数与总数的比例近似按二项式分布。

根据二项式定理可得

$$(a+b)^n = a^n + na^{n-1}b + \cdots + C_n^m a^{n-m}b^m + \cdots + nab^{n-1} + b^n \tag{8.2.1}$$

其中

$$C_n^m = \frac{n!}{m!(n-m)!} \tag{8.2.2}$$

令 $a=b=1$,则得

$$1 = \frac{1}{2^n}(1 + n + \cdots + C_n^m + \cdots + n + 1) \tag{8.2.3}$$

取

$$P_n^m = \frac{C_n^m}{2^n} = \frac{n!}{m!(n-m)!2^n} \tag{8.2.4}$$

这就是 $2^n$ 个粒子落在第 $m$ 个槽中的概率。

[**图示**] 如 P8_2 图所示,对于 $n=8$ 的情况,粒子落在各槽中的理论概率(%)分别为

0.391 3.13 10.9 21.9 27.3 21.9 10.9 3.13 0.391

对于 $2^{10}=1024$ 个粒子,根据各槽中的粒子数可知实际各槽中的概率(%)分别为

0.488 3.03 11.6 22.5 27.1 23.3 8.98 2.64 0.293

P8_2 图

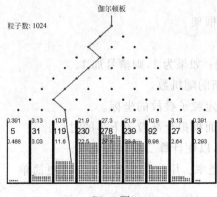

可见:粒子的分布近似于二项式分布。每次实验的结果不同(图略),但是每次实验值都在二项式分布的理论值附近波动,称为涨落。大量实验的平均值就趋于理论值。

[**算法**] 对于在 0 到 1 之间均匀分布的任意一个随机数,表示一个与横杆碰撞前的粒子。如果随机数大于 0.5,表示粒子与横杆碰撞后向右偏;如果随机数小于 0.5,表示粒子与横杆碰撞后向左偏。将此随机数乘以 2,则整数部分为 1 表示粒子与横杆碰撞后向右偏;整数部分为 0 表示粒子与

横杆碰撞后向左偏。此随机数乘以2的小数部分又当成新的随机数,同样乘以2,由其整数部分决定向哪个方向偏。整数累加的结果就是粒子落在槽的编号。对于大量的均匀分布的随机数,经过这样的方法处理后,就可统计各个槽中的粒子数。一个槽中的粒子数与总粒子数的比值就近似表示了粒子落在这个槽中的概率。

［**程序**］ P8_2.m 如下。

```
%伽尔顿板的动画
clear,m=9;f=zeros(1,m);                                    %清除变量,层数,各层元素清零
figure,hold on,axis off                                    %创建图形窗口,保持图像,隐去坐标
mw=6;axis([-m,m,-m-mw,1]),title('伽尔顿板','FontSize',16)  %挡板高度和图形范围,标题
for i=1:m                                                  %按层循环
    plot(2*(1:i)-i-1,ones(1,i)*(-i+1),'.','MarkerSize',16)  %画点(1)
end                                                        %结束循环
x=-m:2:m;w=10;s=0;                                         %隔板横坐标,一层粒子个数,粒子数清零
plot([x;x],[-m;-(m+mw)]*ones(size(x)),'k','LineWidth',5)   %画隔板(2)
plot([-m,m],[-m-mw,-m-mw],'k','LineWidth',5)               %画底板(2)
h=plot(0,0,'r-','LineWidth',2);                            %画点取句柄
ht=text(-m,0,'粒子数:0','FontSize',16);                    %粒子数句柄
pause;yy=1:-1:-m+1;                                        %暂停,各层编号(纵坐标)
while get(gcf,'CurrentCharacter')~=char(27)                %不按Esc键循环(3)
    xx=[0,0];x=rand;s=s+1;j=1;   %粒子初始坐标,取一个随机数,粒子数加1,第一个槽号(列标)
    for i=2:m                                              %按层循环
        x=2*x;xi=floor(x);j=j+xi;                          %随机数乘以2,取整数,累加槽号(4)
        xx=[xx,2*j-i-1];x=x-xi;                            %连接横坐标,取小数部分(5)
    end,f(j)=f(j)+1;t=f(j);       %结束循环,最后一层槽中粒子数加1,取粒子数(6)
    iy=floor((t-1)/w);ix=t-w*iy;                           %计算粒子叠放的层数和列数(6)
    x=2*j-m-1.9+ix*0.16;y=-m-mw+iy*0.16+0.3;               %粒子叠放的坐标
    plot(x,y,'r.','MarkerSize',10)                         %画粒子
    set(h,'XData',[xx,x],'YData',[yy,y]);                  %设置坐标显示轨迹(7)
    set(ht,'String',['粒子数:',num2str(s)])                %显示粒子数
    drawnow,pause(0.1)                                     %刷新屏幕,延时
    if s==1024;break,end                                   %达到1024个时结束(8)
end,x=2*(1:m)-m-2;y=ones(size(x));                         %结束循环,数据横坐标向量和纵坐标向量
text(x,-10*y,num2str(f'),'FontSize',16)                    %显示粒子数
text(x,-11*y,num2str(f'/s*100,3),'FontSize',12)                          %显示百分比
n=1:m-1;p=[1,cumprod(fliplr(n))./cumprod(n)]/2^(m-1)*100;  %整数向量和概率(9)
text(x,-9*y,num2str(p',3),'FontSize',12)                   %显示二项式分布概率(10)
```

［**说明**］ (1) 在循环中画点,表示横杆。

(2) 画线表示凹槽,与横杆一起表示伽尔顿板的框架。

(3) 如果要在演示过程中提示结束,就按Esc键。

(4) 取随机数的整数部分,如果为0,则槽号不变;如果为1,则槽号加1。

(5) 根据槽号连接横坐标。取出小数部分当做新的随机数。

(6) 累加最后一层某槽中的粒子数,由粒子数决定粒子叠放的坐标。

(7) 画线显示粒子从上向下落在槽中的轨迹,从而模拟全部粒子下落的过程。

(8) 演示的粒子最多达到1024个,也就是$2^{10}$个,以便计算二项式的概率。

(9) 用累积求积函数cumprod求二项式分布的概率。用阶乘函数factorial更简单

```
n=0:m-1;c=factorial(m-1)./factorial(n)./factorial(m-1-n)/2^(m-1)*100;
```

(10) 重新执行程序，表示重新做实验。每次实验的结果都不完全相同。

## {范例 8.3}　麦克斯韦速度分布律

麦克斯韦认为：在任何方向，在单位速度间隔 $v \sim v+\mathrm{d}v$ 内的分子数 $\mathrm{d}N$ 与总分子数 $N_0$ 的比值的分布规律为

$$\frac{\mathrm{d}N}{N_0\mathrm{d}v} = F(v) = \left(\frac{m}{2\pi kT}\right)^{1/2} \exp\left(-\frac{mv^2}{2kT}\right)$$

其中，$k$ 是玻耳兹曼常数，$k=1.38\times10^{-23}\mathrm{J/K}$；$T$ 是热力学温度；$m$ 是分子的质量；$v$ 是某方向的速度。$F(v)$就称为麦克斯韦速度分布律。

(1) 氧气分子的分子质量为 32，氧气分子的温度在 300～600K 时(温度间隔为 100K)，速度分布曲线有什么异同?

(2) 氢气、氦气、氖气、氮气、氧气和氟气分子的分子质量分别为 2，4，20，28，32 和 38，这些气体分子在 300K 时的速度分布曲线有什么异同?

[**解析**]　(1) 伽尔顿板实验中，当间隔分为很多时，二项式分布就接近于正态分布。麦克斯韦速度分布律就是正态分布。$mv^2/2$ 是分子的动能，$kT$ 也具有能量的量纲，是所有分子一个自由度平均平动动能的 2 倍。对麦克斯韦速度分布律积分得

$$\frac{1}{N_0}\int \mathrm{d}N = \left(\frac{m}{2\pi kT}\right)^{1/2} \int_{-\infty}^{+\infty} \exp\left(-\frac{mv^2}{2kT}\right)\mathrm{d}v$$

左边积分是总分子数，因而左边为 1。设 $x=\sqrt{\frac{m}{2kT}}v$，因而得

$$1 = \left(\frac{1}{\pi}\right)^{1/2} \int_{-\infty}^{+\infty} \exp\left(-x^2\right)\mathrm{d}x$$

可以证明

$$\int_0^{+\infty} \exp(-x^2)\mathrm{d}x = \frac{1}{2}\sqrt{\pi}$$

可知：$\left(\frac{m}{2\pi kT}\right)^{1/2}$ 是归一化常数。$F(v)$的单位是速度单位的倒数，即 s/m。

质量一定的分子，温度是参数，麦克斯韦速度分布函数的曲线形状由温度这个参数决定。

[**图示**]　如 P8_3_1 图所示，以氧气为例，不论温度如何，分布函数按速度的变化曲线都是对称的，说明：在任何速度附近，在相等的速度间隔内，运动速度方向相反的分子数同样多，因而分子的平均速度为零。曲线的中间有一个峰值，说明在速度接近零的速度间隔内，分子数比较多，速度很大的分子比较少。温度升高则峰值降低，说明：在相同的速度间隔内，速度小的分子减少了，速度大的分子增加了，分子运动得剧烈些。

[**算法**]　(1) 氧气分子的质量是一定的，取温度为参数向量，取速度为自变量向量，化为矩阵，计算麦克斯韦速度分布函数，用矩阵画线法画分布曲线族。

[**程序**]　P8_3_1.m 见网站。

[**解析**]　(2) 在温度一定的情况下，不同分子的质量是参数，麦克斯韦速度分布的函数曲线会随质量这个参数的改变而有所改变。

[**图示**]　如 P8_3_2 图所示，温度取 300K，不论分子质量如何，各种气体分子的速度分布曲线都是对称的。当气体温度一定时，分子的质量越大则峰值越高，说明：在相同的速度

间隔内，速度小的分子数目越多，速度大的分子数目越少。也就是说：在相同温度下，质量较大的分子运动的剧烈程度较小。

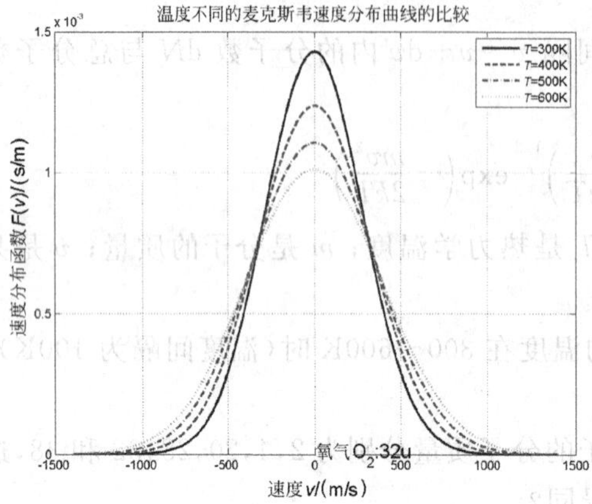


P8_3_1图

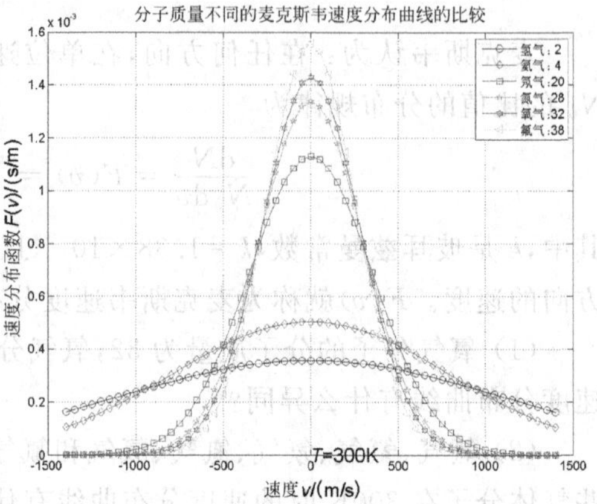


P8_3_2图

［**算法**］（2）在一定温度下，取分子的质量为参数向量，取速度为自变量向量，化为矩阵，计算麦克斯韦速度分布函数，用矩阵画线法画分布曲线族。

［**程序**］ P8_3_2.m 见网站。

## ｛范例 8.4｝ 麦克斯韦速率分布律

（1）根据麦克斯韦速度分布律说明麦克斯韦速率分布律。氧气的分子质量是 32u(1u=1.66×$10^{-27}$kg)，处于标准状态下(273K)。氧气分子遵守麦克斯韦速率分布律，速率在 0～1200m/s 范围内，速率间隔取 100m/s，求各个速率区间内的分子数比例，在直方图中代表什么意义？将速率间隔持续减半，观察直方图的变化。当速率间隔很小时，直方图顶部折线的变化趋势是什么？

（2）什么是最概然速率？氧气分子在 300～600K 温度区间（温度间隔为 100K），速率分布曲线有什么异同？最概然速率是多少？氢气、氦气、氖气、氮气、氧气和氟气分子的分子质量分别为 2,4,20,28,32 和 38，这些气体分子在 300K 时的速率分布曲线有什么异同？最概然速率是多少？

［**解析**］（1）在三维速度空间中，在速度间隔 $v_x \sim v_x + \mathrm{d}v_x$，$v_y \sim v_y + \mathrm{d}v_y$，$v_z \sim v_z + \mathrm{d}v_z$ 内，分子数占总分子数的比例为

$$\begin{aligned}\frac{\mathrm{d}N}{N_0} &= F(v_x)F(v_y)F(v_z)\mathrm{d}v_x\mathrm{d}v_y\mathrm{d}v_z \\ &= \left(\frac{m}{2\pi kT}\right)^{3/2}\exp\left[-\frac{m(v_x^2+v_y^2+v_z^2)}{2kT}\right]\mathrm{d}v_x\mathrm{d}v_y\mathrm{d}v_z \end{aligned} \tag{8.4.1}$$

其中 $\mathrm{d}v_x\mathrm{d}v_y\mathrm{d}v_z$ 是速度空间的“体积”元。当分子以速率 $v$ 运动时，速度的平方为 $v^2 = v_x^2 + v_y^2 + v_z^2$，“体积”元可表示为 $\mathrm{d}v_x\mathrm{d}v_y\mathrm{d}v_z = v^2\mathrm{d}v\sin\theta\mathrm{d}\theta\mathrm{d}\varphi$。对方位角 $\varphi$ 从 0 到 $2\pi$ 积分，对仰角 $\theta$ 从 $-\pi/2$ 到 $\pi/2$ 积分，“体积”元就变为 $4\pi v^2\mathrm{d}v$，这是半径为 $v$，厚度为 $\mathrm{d}v$ 的球壳的“体积”。上式可改写为

$$\frac{dN}{N_0}=4\pi\left(\frac{m}{2\pi kT}\right)^{3/2}v^2\exp\left(-\frac{mv^2}{2kT}\right)dv \tag{8.4.2}$$

取

$$f(v)=4\pi\left(\frac{m}{2\pi kT}\right)^{3/2}v^2\exp\left(-\frac{mv^2}{2kT}\right) \tag{8.4.3}$$

这就是麦克斯韦速率分布函数。其中，$f(v)dv$ 是速率区间 $v\sim v+dv$ 内分子数占总分子数的比例，$4\pi\left(\frac{m}{2\pi kT}\right)^{3/2}$ 是归一化常数。$f(v)$的单位是速度单位的倒数 s/m。

在速率区间 $v_1\sim v_2$ 之内，或者在 $v-\Delta v/2\sim v+\Delta v/2$ 之内（$\Delta v=v_2-v_1$），分子数占总分子数的比例近似为

$$\frac{\Delta N}{N_0}=4\pi\left(\frac{m}{2\pi kT}\right)^{3/2}v^2\exp\left(-\frac{mv^2}{2kT}\right)\Delta v \tag{8.4.4}$$

可知：分布函数下的面积表示分子数占总分子数的比例。

[图示] (1) 如 P8_4_1a 图所示，取速率间隔为 100m/s，速率分布函数由直方条组成，其顶部形成阶梯形折线。速率在 0～100m/s 之内的分子数占总分子数的比例约为 1.04%，速率在 100～200m/s 之内的分子数占总分子数的比例约为 8.11%，……，速率在 300～400m/s 之内的分子数占总分子数比例最大，大约为 21.8%，……，速率在 900～1000m/s 之内的分子数占总分子数比例只有 0.658%。由于速率间隔比较大，分子数比例的误差也比较大。

(2) 如 P8_4_1b 图所示，取速率间隔为 50m/s，直方条变窄，顶部的阶梯变小。取速率间隔为 50m/s，可计算各个速率间隔内分子数比例

0～～～～50～～～～100～～～～150～～～～200～～～～250

0.131%　1.14%　2.96%　5.21%　7.48%

250～～～～300～～～～350～～～～400～～～～450～～～～500

9.37%　10.6%　11.0%　10.7%　9.71%

500～～～～550～～～～600～～～～650～～～～700～～～～750

8.34%　6.79%　5.25%　3.88%　2.73%

750～～～～800～～～～850～～～～900～～～～1000～～～～

1.84%　1.19%　0.732%　0.434%　0.247%

速率在 0～50m/s 之内的分子数占总分子数比例约为 0.131%，速率在 50～100m/s 之内的分子数占总分子数比例约为 1.14%，因此速率在 0～100m/s 之内的分子数占总分子数比例约为 1.27%。这个值精确一点。速率间隔为 100m/s 的分子数比例都可分为两个间隔为 50m/s 的分子数比例之和。由于速率间隔减小了，分子数比例的误差也减小了。极大值在 350～400m/s 速率区间，极大值为 0.0022043。

(3) 如 P8_4_1c 图所示，取速率间隔为 25m/s，直方条更窄，顶部的阶梯更小。在 0～100m/s 中 4 个速率间隔内分子数比例为

0～～～～～～25～～～～～～50～～～～～～75～～～～～～100

0.0165%　0.147%　0.401%　0.766%

因此速率在 0～100m/s 之内的分子数占总分子数比例约为 1.33%。这个值当然更精确。速率间隔为 100m/s 的分子数比例都可分为四个间隔为 25m/s 的分子数比例之和。速率间隔越小，分子数比例就越精确。极大值在 375～400m/s 速率区间，极大值为 0.0022007。

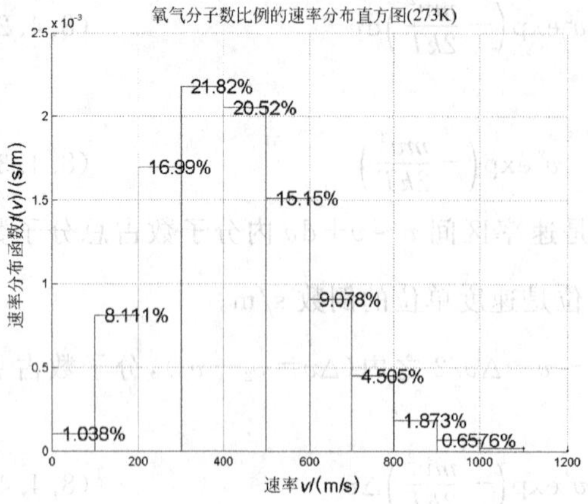


P8_4_1a 图

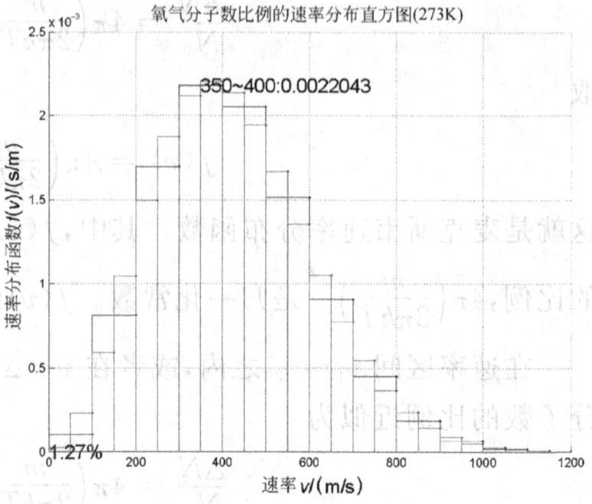


P8_4_1b 图

(4) 速率间隔不断减小,直方条越来越窄(图略)。当速率间隔很小时,如 P8_4_1d 图所示,直方条很窄,直线都连成一片,顶部的阶梯几乎消失(如果不放大的话)。速率在 0～100m/s 之内的分子数占总分子数比例约为 1.35%。这个值相当精确了。极大值在 376.6～378.1m/s 速率区间,极大值为 0.0022044。由此可知:当速率间隔趋于零时,顶部将趋于光滑的曲线,极大值的范围趋于一点,极大值越精确。

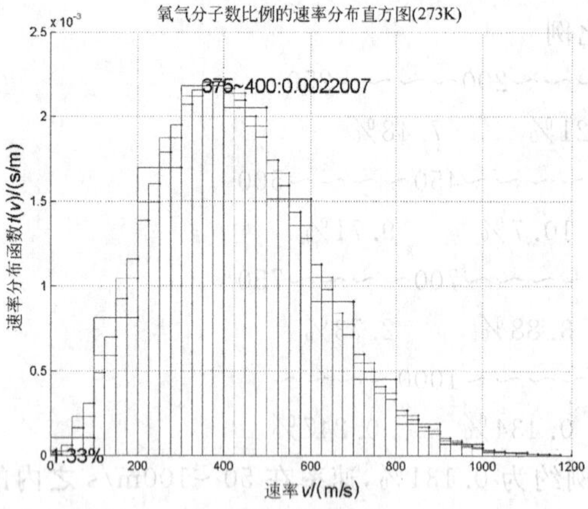


P8_4_1c 图

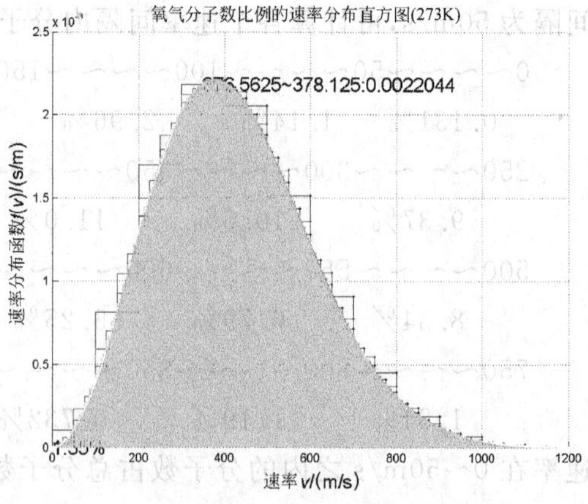


P8_4_1d 图

[**算法**] (1) 根据麦克斯韦速率分布律可求任何一个速率段的分子数占总分子数的比例,并用直方图表示出来。

[**程序**] P8_4_1.m 如下。

```
%麦克斯韦速率分布率的梯形直方图
clear,k = 1.38E - 23;m = 32 * 1.66E - 27;                    %清除变量,玻耳兹曼常数,氧气分子质量
f = inline('4 * pi * (m/(2 * pi * k * T))^1.5 * v.^2. * exp( - v.^2 * m/(2 * k * T))',…
    'v','k','T','m');                                        %分布函数内线函数(1)
figure,grid on,hold on                                       %创建图形窗口,加网格,保持图像
T = 273;tit = ['氧气分子数比例的速率分布直方图(',num2str(T),'K)'];   %热力学温度,标题文本
title(tit,'FontSize',16)                                     %标题
```

```
xlabel('速率\itv\rm/m\cdots^-^1','FontSize',16)  %横坐标
ylabel('速率分布函数\itf\rm(\itv\rm)/s\cdotm^-^1','FontSize',16)  %纵坐标
dv=100;vm=1200;c='krbgcmy';                           %速率间隔,最大速率和颜色符号(2)
for i=1:length(c)                                     %按颜色循环
  v=dv/2:dv:vm-dv/2;fv=f(v,k,T,m);                    %速率向量和速率分布函数向量值(3)
  stairs(v-dv/2,fv,c(i)),stem(v+dv/2,fv,['.',c(i)])   %画梯形折线再画直方图(4)
  txt=[num2str(fv'*dv*100,4),repmat('%',length(v),1)]  %分子数比例(5)
  [fm,ii]=max(fv);                                    %求极大值和下标
  if i==1                                             %当速率间隔为100m/s时
      h=text(v(1:10)-dv/2,fv(1:10),txt(1:10,:),'FontSize',16);  %显示分子数比例(6)
      h1=text(0,0,'','FontSize',16);                  %空字符串句柄
      h2=text(v(ii),fm,'','FontSize',16);             %空字符串句柄
  else                                                %否则
      set(h,'String','')                              %删除图中比例文本
      s=sum(fv(1:2^(i-1)))*dv*100;                    %统计0~100m/s的分子数比例
      set(h1,'String',[num2str(s,3),'%'])             %显示0~100m/s的分子数比例
      txt=[num2str(v(ii)-dv/2),'~',num2str(v(ii)+dv/2)];   %极大值范围文本
      txt=[txt,':',num2str(fm)];                      %连接极大值
      set(h2,'String',txt)                            %显示极大值和速率范围(7)
  end,dv=dv/2;pause                                   %结束条件,减少速率间隔,暂停(8)
end                                                   %结束循环
```

［**说明**］（1）将麦克斯韦速率分布函数定义为内线函数。

（2）先取速率间隔为100m/s。

（3）根据速率向量计算分布函数值。

（4）用stairs指令画梯形折线,结合杆图指令stem画直方图。

（5）在命令窗口显示分子数比例。

（6）在图中显示分子数比例。

（7）在图中显示最大值和速率范围。

（8）将速率间隔折半,不断回车,可显示7种直方图,观察顶部折线的变化趋势。

［**解析**］（2）当$v=0$时,$f(v)=0$；当$v\to\infty$时,$f(v)\to 0$。由于$f(v)$不小于零,因此$f(v)$必有极大值。令$\mathrm{d}f(v)/\mathrm{d}v=0$,即

$$\frac{\mathrm{d}f(v)}{\mathrm{d}v}=4\pi\left(\frac{m}{2\pi kT}\right)^{3/2}\left(2v+v^2\frac{-m2v}{2kT}\right)\exp\left(-\frac{mv^2}{2kT}\right)=0$$

可得

$$v_\mathrm{p}=\sqrt{\frac{2kT}{m}} \tag{8.4.5}$$

这个速率称为最概然速率。在相同的速率间隔之内,最概然速率附近的分子数最多。分子向着各个方向运动时,在很大或很小的速率附近,分子数都很少。分布函数的极大值为

$$f(v_\mathrm{p})=\frac{4}{\mathrm{e}\sqrt{\pi}\,v_\mathrm{p}} \tag{8.4.6}$$

温度越高或分子质量越小,最概然速率就越大,分布函数的极大值就越小。

质量一定的分子,温度是参数,麦克斯韦速率分布的函数曲线会随参数不同而有所改变；在温度一定的情况下,不同分子的质量是参数,函数曲线会随参数而有所改变。

［**图示**］（1）如P8_4_2a图所示,氧气分子在300K时的最概然速率约为395m/s,在

600K 时的最概然速率约为 558m/s。对于分子质量一定的气体，温度升高则峰值降低，说明：在相同的速率间隔内，向着各个方向运动的速率小的分子数量减少了，速率大的分子数量增加了，分子运动得更剧烈了。

(2) 如 P8_4_2b 图所示，氢气分子的分子质量是 2，是氧气分子质量的 1/16，在 300K 的温度下，最概然速率是氧气分子的 4 倍，达到 1579m/s。氟气分子的分子质量是 38，在相同的温度下的最概然速率只有 362m/s。当气体温度一定时，质量较小的分子的速率分布曲线的峰值较低，说明：在相同的速率间隔内，向着各个方向运动的速率大的分子数量比较多，速率小的分子数量比较少。地球的逃逸速率约为 1120m/s，由于氢气分子速率分布较宽，很多氢气分子的速率超过逃逸速度，能够脱离地球的吸引，因而大气中的氢气比较少。同理，空气中氦气也比较少。

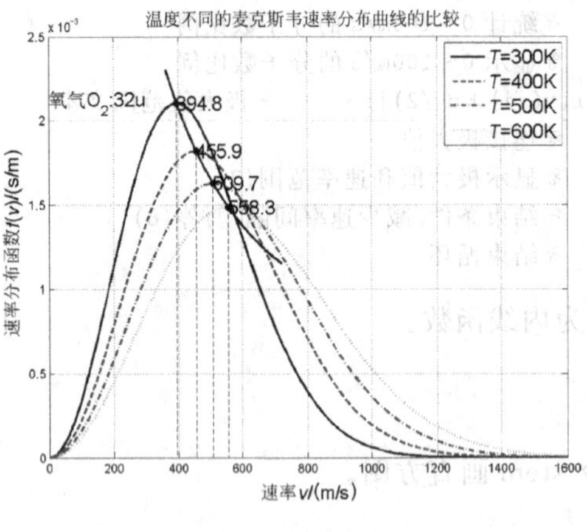


P8_4_2a 图

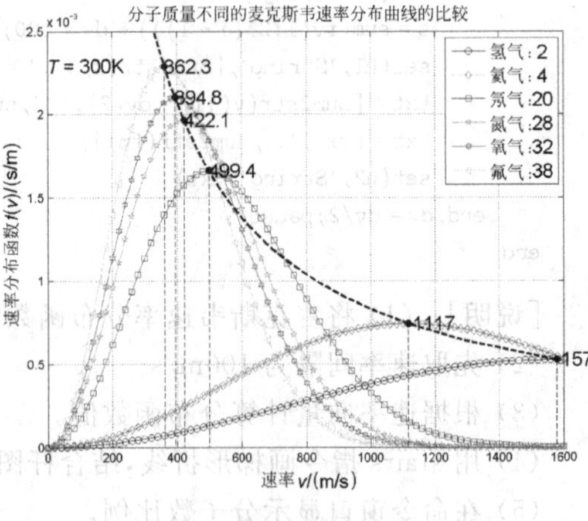


P8_4_2b 图

**[算法]** (2) 将麦克斯韦速率分布函数定义为速率、质量和温度的内线函数。

在质量一定的情况下，取温度为参数向量，取速率为自变量向量，化为矩阵，计算分布函数，用矩阵画线法画以温度为参数的速率分布曲线族。

在温度一定的情况下，取质量为参数向量，取速率为自变量向量，化为矩阵，计算分布函数，用矩阵画线法画以质量为参数的速率分布曲线族。

用内线函数还能计算峰值坐标，画峰值杆图和峰值线。

**[程序]** P8_4_2.m 见网站。

## *{范例 8.5} 平均速率和方均根速率

以最概然速率为速率单位，麦克斯韦速率分布函数的形式是什么？速率分布函数曲线有什么特点？求所有分子的平均速率和方均根速率。分子速率在区间 $0\sim v$ 的分子数占总分子数的比例的公式是什么？分子速率小于最概然速率、平均速率和方均根速率的分子数占分子总数的比例为多少？

**[解析]** 利用公式 $v_p=\sqrt{2kT/m}$，设 $x=v/v_p$，麦克斯韦速率分布函数可表示为

$$f(v)=\frac{4}{\sqrt{\pi}}\frac{1}{v_p}x^2\exp(-x^2) \tag{8.5.1}$$

这是无量纲的速率分布函数，归一化系数为 $4/\sqrt{\pi}v_p$。

在 $v\sim v+\mathrm{d}v$ 区间内的分子数为 $\mathrm{d}N$，总速率为 $v\mathrm{d}N=N_0vf(v)\mathrm{d}v$，速率从 $0\sim\infty$ 积分可得全部分子的速率之和。这个和除以总分子数 $N_0$ 就是所有分子的平均速率

$$\bar{v}=\int_0^{+\infty}vf(v)\mathrm{d}v \tag{8.5.2}$$

利用(8.5.1)式，上式可化为

$$\bar{v}=\frac{4}{\sqrt{\pi}}v_p\int_0^{+\infty}x^3\exp(-x^2)\mathrm{d}x \tag{8.5.3}$$

用分部积分法可得

$$\bar{v}=\frac{2}{\sqrt{\pi}}v_p\int_0^{+\infty}x^2\exp(-x^2)\mathrm{d}x^2=-\frac{2}{\sqrt{\pi}}v_p\int_0^{+\infty}x^2\mathrm{d}[\exp(-x^2)]$$

$$=-\frac{2}{\sqrt{\pi}}v_p\left[x^2\exp(-x^2)\Big|_0^{+\infty}-\int_0^{+\infty}\exp(-x^2)\mathrm{d}x^2\right]=-\frac{2}{\sqrt{\pi}}v_p\exp(-x^2)\Big|_0^{+\infty}=\frac{2}{\sqrt{\pi}}v_p$$

因此，平均速率为

$$\bar{v}=\sqrt{\frac{8kT}{\pi m}} \tag{8.5.4}$$

上面的积分比较复杂，其实，利用 Γ 函数可简化计算。Γ 函数的定义为

$$\Gamma(n)=\int_0^{+\infty}x^{n-1}\mathrm{e}^{-x}\mathrm{d}x \tag{8.5.5}$$

当 $n$ 为整数时，通过分部积分可直接证明 $\Gamma(n)=(n-1)!$。利用变量替换，容易证明

$$\int_0^{+\infty}x^{n-1}\exp(-x^2)\mathrm{d}x=\frac{1}{2}\Gamma\left(\frac{n}{2}\right) \tag{8.5.6}$$

当 $n=4$ 时，由(8.5.3)式可得平均速率

$$\bar{v}=\frac{4}{\sqrt{\pi}}v_p\frac{1}{2}\times\Gamma(2)=\frac{2}{\sqrt{\pi}}v_p$$

所有分子速率平方的平均值为

$$\overline{v^2}=\int_0^{+\infty}v^2f(v)\mathrm{d}v=\frac{4}{\sqrt{\pi}}v_p^2\int_0^{+\infty}x^4\exp(-x^2)\mathrm{d}x$$

利用 $\Gamma(1/2)=\sqrt{\pi}$，可得

$$\overline{v^2}=\frac{4}{\sqrt{\pi}}v_p^2\frac{1}{2}\Gamma\left(\frac{5}{2}\right)=\frac{2}{\sqrt{\pi}}v_p^2\frac{3}{2}\frac{1}{2}\sqrt{\pi}=\frac{3}{2}v_p^2$$

方均根速率为

$$\sqrt{\overline{v^2}}=\sqrt{\frac{3}{2}}v_p=\sqrt{\frac{3kT}{m}} \tag{8.5.7}$$

对于同一种气体，在相同的温度下，平均速率、方均根速率与最概然速率之比都是常量。

分子的平均平动动能为

$$\bar{\varepsilon}_k=\frac{1}{2}m\overline{v^2}=\frac{1}{2}m\frac{3}{2}v_p^2=\frac{3}{2}kT \tag{8.5.8}$$

分子中的 3 表示三个自由度，$kT/2$ 是所有分子一个自由度的平均平动动能。温度越高，分子的平均平动动能就越大，表示分子运动越剧烈。平均速率、方均根速率与最概然速率都能

表示分子运动的剧烈程度。

分子速率在区间 $0\sim v$ 的分子数为

$$N(v)=N_0\int_0^v f(v)\mathrm{d}v \tag{8.5.9}$$

利用麦克斯韦无量纲的速率分布函数,上式可表示为

$$N(x)=N_0\frac{4}{\sqrt{\pi}}\int_0^x x^2\exp(-x^2)\mathrm{d}x \tag{8.5.10}$$

上式还可以继续化简:

$$\begin{aligned}N(x)&=N_0\frac{2}{\sqrt{\pi}}\int_0^x x\exp(-x^2)\mathrm{d}x^2=N_0\frac{-2}{\sqrt{\pi}}\int_0^x x\mathrm{d}[\exp(-x^2)]\\&=N_0\frac{-2}{\sqrt{\pi}}\left[x\exp(-x^2)\Big|_0^x-\int_0^x\exp(-x^2)\mathrm{d}x\right]\\&=N_0\frac{2}{\sqrt{\pi}}\left[\int_0^x\exp(-x^2)\mathrm{d}x-x\exp(-x^2)\right]\end{aligned}$$

利用误差函数

$$\mathrm{erf}(x)=\frac{2}{\sqrt{\pi}}\int_0^x\exp(-x^2)\mathrm{d}x \tag{8.5.11}$$

可得

$$N(x)=N_0\left[\mathrm{erf}(x)-\frac{2}{\sqrt{\pi}}x\exp(-x^2)\right] \tag{8.5.12}$$

这是用误差函数表示的解析式,不妨称为分子数函数。当积分上限分别取 $1,2/\sqrt{\pi}$ 和 $\sqrt{3/2}$ 时,由上式即可计算分子速率小于最概然速率、平均速率和方均根速率的分子数占分子总数的比例。

[**图示**] (1) 如 P8_5a 图所示,以最概然速率 $v_p$ 为速率单位,速率分布曲线就只有一条。任何一段曲线下的面积都表示分子数占总分子数的比例。分子速率小于等于最概然速率的分子数占分子总数的比例是 42.8%,分子数小于总分子数的一半;而分子速率大于最概然速率的分子占总数的比例是 57.2%,分子数大于总分子数的一半。当速率大于最概然速率的 3 倍时,分子数比例就很小了。

(2) 如 P8_5b 图所示,分子速率在 $0\sim v$ 之间的分子数占分子总数的比例是 $v$ 的单调增函数,这是因为 $v$ 越大,$0\sim v$ 之间的分子数就越多。当 $v=(2/\sqrt{\pi})v_p$ 时,$N/N_0$ 是分子速率小于平均速率的分子数占分子总数的比例,就是 53.31%,分子数超过总分子数的一半。当 $v=\sqrt{3/2}\,v_p$ 时,$N/N_0$ 是分子速率小于方均根速率的分子数占分子总数的比例,就是 60.84%。当 $v=2.5v_p$ 时,分子速率从 0 到 $v$ 的分子数就占了全部分子数的绝大部分。

[**算法**] 取 $x=v/v_p$,麦克斯韦速率分布律可表示为

$$\frac{\mathrm{d}N}{N_0}=f(v)\mathrm{d}v=f^*(x)\mathrm{d}x=\frac{f^*(x)}{v_p}\mathrm{d}v$$

麦克斯韦速率分布函数的约化形式为

$$f^*(x)=f(v)v_p=\frac{4}{\sqrt{\pi}}x^2\exp(-x^2) \tag{8.5.1*}$$

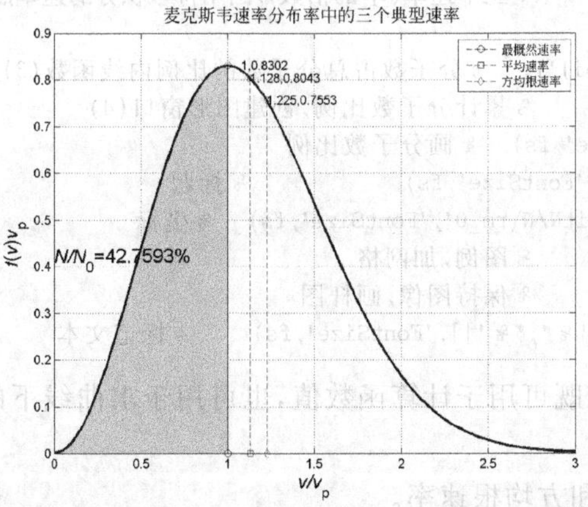


P8_5a 图

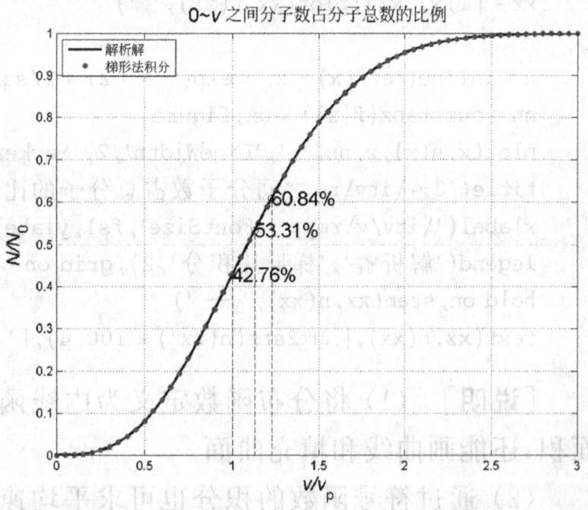


P8_5b 图

这是取 $1/v_p$ 为单位的分布函数，分布函数与分子的质量和气体的温度无关。利用 MATLAB 的符号积分函数 int 可简单推导所有分子平均速率和方均根速率的公式并计算数值。

取 $N_0$ 为分子数单位，则分子速率在区间 $0\sim v$ 的相对分子数的积分式可表示为

$$N^*(x)=\frac{N(x)}{N_0}=\frac{4}{\sqrt{\pi}}\int_0^x x^2\exp(-x^2)\mathrm{d}x \tag{8.5.10*}$$

解析式可表示为

$$N^*(x)=\frac{N(x)}{N_0}=\mathrm{erf}(x)-\frac{2}{\sqrt{\pi}}x\exp(-x^2) \tag{8.5.12*}$$

利用梯形累积函数 cumtrapz 可计算积分值，利用误差函数可计算解析式之值，数值积分的结果和解析式计算的结果可相互检验。

［**程序**］ P8_5.m 如下。

```
%麦克斯韦速率分布的约化曲线和三个典型速率以及分子数占总分子数的比例
clear,xx = [1,2/sqrt(pi),sqrt(3/2)];                %清除变量,三个典型速率(vp的倍数)
f = inline('4/sqrt(pi) * x.^2. * exp( - x.^2)');     %定义内线函数为约化分布函数(1)
figure                                               %创建图形窗口
plot([1,1] * xx(1),[f(xx(1)),0],'o--',[1,1] * xx(2),[f(xx(2)),0],'s--',…
    [1,1] * xx(3),[f(xx(3)),0],'d--')                %画速率竖线
legend('最概然速率','平均速率','方均根速率'),grid on   %加图例,加网格
fs = 16;title('麦克斯韦速率分布率中的三个典型速率','FontSize',fs)  %标题
xlabel('\itv/v\rm_p','FontSize',fs)                  %横坐标
ylabel('\itf\rm(\itv\rm)\itv\rm_p','FontSize',fs)    %纵坐标
text(xx,f(xx),[num2str(xx',4),[',';',';','],num2str(f(xx)',4)])    %标记坐标
dx = 0.05;x = 0:dx:1;                                %约化速率间隔,约化速率向量
hold on,fill([x,1],[f(x),0],'y')                     %保持图像,画填色图
n = trapz(f(x)) * dx;                                %计算小于最概然速率的分子数比例
text(0,f(1)/2,['\itN/N\rm_0 = ',num2str(n * 100),'%'],'FontSize',fs)  %标记比例文本
x = 0:dx:3;plot(x,f(x),'LineWidth',2)                %约化速率向量,最后画函数曲线
f1 = sym('x^3 * exp( - x^2)');f2 = sym('x^4 * exp( - x^2)');   %被积函数符号表达式(2)
x1 = double(int(f1,0,inf) * 4/sqrt(pi));             %平均速率(2)
x2 = double(sqrt(int(f2,0,inf) * 4/sqrt(pi)));       %方均根速率(2)
```

```
xx=[1,x1,x2];plot(xx,f(xx),'.')                    %三个速率(vp的倍数),画用符号积分的速率点

n=inline('erf(x)-x.*exp(-x.^2)*2/sqrt(pi)');   %分子数占总分子数的比例内线函数(3)
nn=cumtrapz(f(x))*dx;figure                        %累计分子数比例,创建图形窗口(4)
plot(x,n(x),x,nn,'.','LineWidth',2,'MarkerSize',fs)   %画分子数比例
title('0～\itv\rm之间分子数占总分子的比例','FontSize',fs)        %标题
xlabel('\itv/v\rm_p','FontSize',fs),ylabel('\itN/N\rm_0','FontSize',fs)   %坐标
legend('解析解','梯形法积分',2),grid on            %图例,加网格
hold on,stem(xx,n(xx),'--')                        %保持图像,画杆图
text(xx,n(xx),[num2str(n(xx')*100,4),['%';'%';'%']],'FontSize',fs)    %标记文本
```

［**说明**］（1）将分布函数定义为内线函数,既可用于计算函数值,也可用于求曲线下的面积,还能画曲线和填充曲面。

（2）通过符号函数的积分也可求平均速率和方均根速率。

（3）利用误差函数定义内线函数,可根据解析式求分子数比例。

（4）根据梯形法求分子数比例。解析式和梯形法的曲线重合,说明两种方法都是正确的。

## ｛范例 8.6｝ 玻耳兹曼分布律

（1）求证：在重力场中分子数密度按高度分布的规律为

$$n = n_0 \exp\left(-\frac{mgz}{kT}\right)$$

其中 $z$ 是高度。氢气、氖气、氮气、氧气和氟气的分子质量分别为 2,20,28,32 和 38,氢气、氖气、氮气、氧气和氟气在 300K 时分子数密度按高度分布的曲线有什么异同？氧气在温度 100～400K(间隔为 50K)时分子数密度按高度分布的曲线有什么异同？

（2）用点表示分子,通过点的密集程度表示氖气、氮气和氧气分子按高度分布的规律(温度设为 300K)。

［**解析**］（1）麦克斯韦的速度分布律和速率分布律的指数中都包含动能因子

$$\varepsilon_k = \frac{1}{2}mv^2$$

这是不考虑分子受外力场影响的情况。如果分子在保守力场中运动,分子的总能量就是动能与势能之和,$\varepsilon=\varepsilon_k+\varepsilon_p$。玻耳兹曼认为：指数中的动能应该用总能量代替。由于势能与位置有关,因此分子在空间的分布是不均匀的。玻耳兹曼认为：气体在一定的温度下处于平衡状态时,在速度间隔 $v_x \sim v_x+dv_x$, $v_y \sim v_y+dv_y$, $v_z \sim v_z+dv_z$ 和坐标间隔 $x \sim x+dx$, $y \sim y+dy$, $z \sim z+dz$ 中的分子数为

$$dN' = n_0\left(\frac{m}{2\pi kT}\right)^{3/2}\exp\left(-\frac{\varepsilon}{kT}\right)dv_x dv_y dv_z dx dy dz \tag{8.6.1}$$

其中 $n_0$ 表示 $\varepsilon_p=0$ 处单位体积内各种速度的总分子数。此式称为玻耳兹曼分布律,$\exp(-\varepsilon/kT)$称为概率因子。在一定的速度和坐标范围内,在一定的温度下的平衡状态中,分子的能量越低,分子数就越多,即：分子将占据能量较低的状态。在温度一定时,分子的平均动能是一定的,所以,分子优先占据势能较低的位置。

如果对坐标进行积分

$$N_0 = n_0\iiint_V \exp\left(-\frac{\varepsilon_p}{kT}\right)dx dy dz$$

(8.6.1)式就演化为麦克斯韦速率分布律。由于对速率的积分是归一化的

$$\iiint_{-\infty}^{+\infty}\left(\frac{m}{2\pi kT}\right)^{3/2}\exp\left(-\frac{\varepsilon_k}{kT}\right)\mathrm{d}v_x\mathrm{d}v_y\mathrm{d}v_z=1$$

可得玻耳兹曼分布律的常用形式

$$\mathrm{d}N_B=n_0\exp\left(-\frac{\varepsilon_p}{kT}\right)\mathrm{d}x\mathrm{d}y\mathrm{d}z \tag{8.6.2}$$

在重力场中 $\varepsilon_p=mgz$，因此在高为 $z$ 处的单位体积内的分子数为

$$n=\frac{\mathrm{d}N_B}{\mathrm{d}x\mathrm{d}y\mathrm{d}z}=n_0\exp\left(-\frac{mgz}{kT}\right) \tag{8.6.3}$$

可见：在重力场中，气体分子的密度随高度的增加按指数规律减小。

**[图示]**　(1) 如 P8_6_1a 图所示，分子的质量越大，分子数密度随高度减小得越快，这是因为重力的作用越显著。

(2) 如 P8_6_1b 图所示，气体的温度越高，分子数随高度减小得越慢，这是因为分子的无规则热运动加剧。

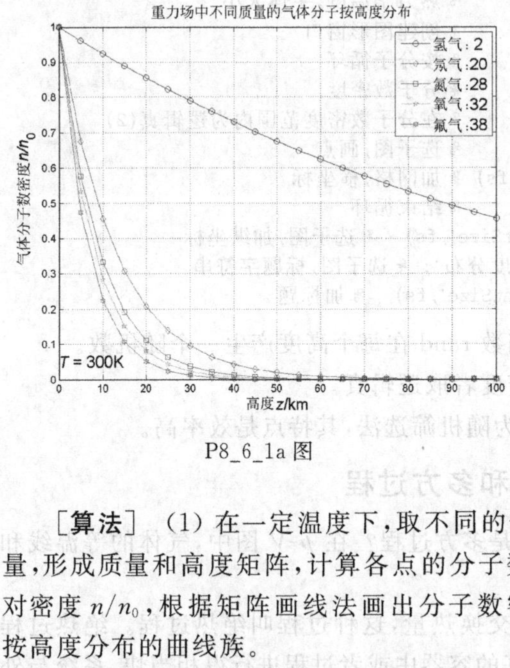

P8_6_1a 图

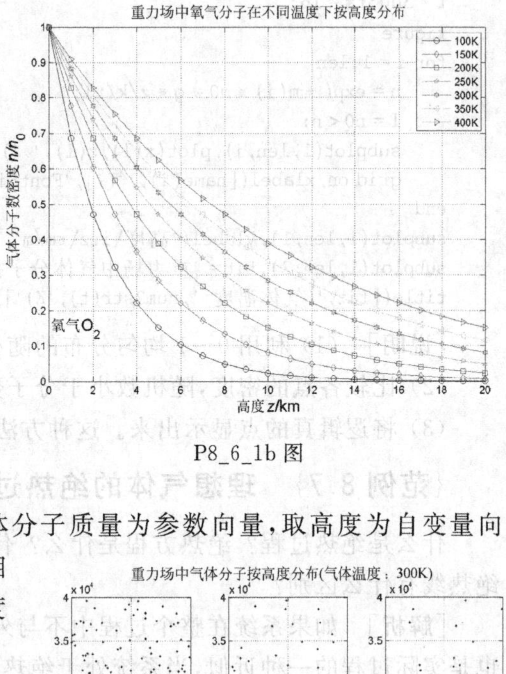

P8_6_1b 图

**[算法]**　(1) 在一定温度下，取不同的气体分子质量为参数向量，取高度为自变量向量，形成质量和高度矩阵，计算各点的分子数相对密度 $n/n_0$，根据矩阵画线法画出分子数密度按高度分布的曲线族。

对于一定质量的气体分子(例如氧气分子)，取温度为参数向量，取高度为自变量向量，形成矩阵，同样计算各点的分子数相对密度 $n/n_0$，根据矩阵画线法画出分子数密度按高度分布的曲线族。

**[程序]**　P8_6_1.m 见网站。

**[解析]**　(2) 在重力场中，气体分子的密度随高度的分布可用点的密集程度表示。

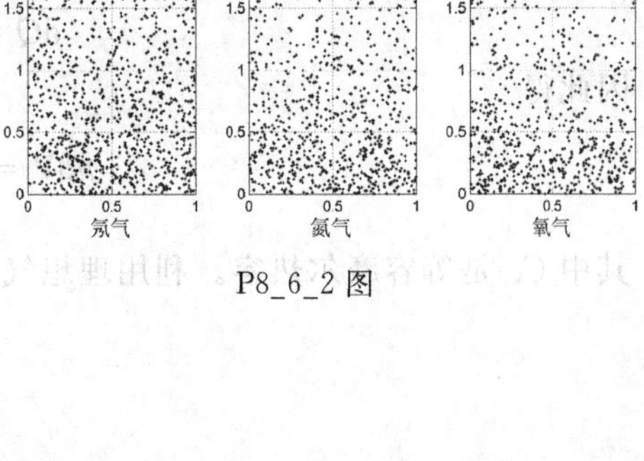

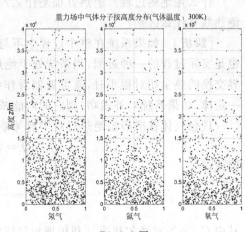

P8_6_2 图

**[图示]**　如 P8_6_2 图所示，不论什么分子，由于重力的作用，分子数密度在低空比较大，在

高空比较小。氖气的分子质量比较小,分子数密度减小得比较慢,在同样的高度内,点数相对比较均匀。氧气的分子质量比较大,分子数密度减小得比较快,在高空比较稀薄。

[**算法**] (2) 分子数相对密度为

$$n^* = \frac{n}{n_0} = \exp\left(-\frac{mgz}{kT}\right) \tag{8.6.3*}$$

当 $z=0$ 时,$n^*=1$。$n^*$ 也是分子在高度 $z$ 处出现的概率。随高度增加,概率按指数规律减小。

对于某一高度 $z$ 来说,将一个 0 到 1 的随机数与分子数密度进行比较,随机数小于(等于的机会很少)分子数密度就选取,否则不选。那么,分子数密度大的地方,选取的可能性就大,否则就小。

[**程序**] P8_6_2.m 如下。

```
%玻耳兹曼分布率之重力场中气体分子按高度分布概率
clear,g = 9.8;k = 1.38e - 23;m0 = 1.66e - 27;   %清除变量,重力加速度,玻耳兹曼常数,原子质量单位
m = [20,28,32];name = '氖氮氧';len = length(m);   %分子质量向量,气体分子名,质量向量长度
zm = 40000;z = 0:10:zm;x = rand(size(z));        %最大高度,高度向量,在每个高度随机选取横坐标
n0 = rand(size(z));                               %随机概率(1)
t = 300;fs = 16;                                  %热力学温度,字体大小
figure                                            %创建图形窗口
for i = 1:len                                     %按分子循环
    n = exp( - m(i) * m0 * g * z/k/t);            %分子数密度
    l = n0 < n;                                   %在分子数密度范围内为逻辑真(2)
    subplot(1,len,i),plot(x(l),z(l),'.')          %选子图,画点
    grid on,xlabel([name(i),'气'],'FontSize',fs)  %加网格,横坐标
end                                               %结束循环
subplot(1,len,1),ylabel('高度\itz\rm/m','FontSize',fs)   %选子图,加纵坐标
subplot(1,len,2),tit = '重力场中气体分子按高度分布';  %选子图,标题字符串
title([tit,'(气体温度:',num2str(t),'K)'],'FontSize',fs)  %加标题
```

[**说明**] (1) 利用 0～1 均匀分布的随机函数 rand 在每个高度产生一个随机数。

(2) 比较各点的密度,随机数小于分子数密度者取逻辑真。

(3) 将逻辑真的点显示出来。这种方法称为随机筛选法,其特点是效率高。

## {范例 8.7} 理想气体的绝热过程和多方过程

什么是绝热过程? 绝热方程是什么? 什么是多方过程? 在 $p$-$V$ 图中,气体的等温线和绝热线有什么区别?

[**解析**] 如果系统在整个过程中不与外界交换热量,这种过程叫绝热过程。绝热过程也是实际过程的一种近似,当系统处于绝热良好的容器中或者过程进行得相当快,系统与外界交换的热量相对很小时,就可近似看作绝热过程。在绝热过程中,$\mathrm{d}Q=0$,根据热力学第一定律,如果系统对外做功,则它的内能减少;如果外界压缩系统做功,则系统内能增加。

理想气体在准静态绝热过程中有关系

$$\mathrm{d}Q = \mathrm{d}E + p\mathrm{d}V = 0 \tag{8.7.1}$$

因此得

$$p\mathrm{d}V = -\mathrm{d}E = -\frac{M}{\mu}C_V\mathrm{d}T \tag{8.7.2}$$

其中 $C_V$ 是等容摩尔热容。利用理想气体状态方程 $pV=\frac{M}{\mu}RT$,两边同时微分得

$$pdV+Vdp=\frac{M}{\mu}RdT=\frac{M}{\mu}(C_p-C_V)dT \tag{8.7.3}$$

其中利用了迈耶公式

$$C_p-C_V=R \tag{8.7.4}$$

式中，$C_p$ 是等压摩尔热容。将(8.7.3)式除以(8.7.2)式，可得

$$1+\frac{Vdp}{pdV}=-\frac{C_p}{C_V}+1$$

利用比热容比的定义

$$\gamma=\frac{C_p}{C_V} \tag{8.7.5}$$

可得

$$\frac{dp}{p}+\gamma\frac{dV}{V}=0$$

积分得

$$\ln p+\gamma\ln V=C\quad (C\text{ 是常数})$$

即

$$pV^\gamma=e^C=C_1\quad (C_1\text{ 也是常数}) \tag{8.7.6}$$

此式除以理想气体方程得

$$V^{\gamma-1}T=C_1\mu/MR=C_2\quad (C_2\text{ 仍为常数}) \tag{8.7.7}$$

由(8.7.6)式和(8.7.7)式得 $p^{\gamma-1}V^{\gamma(\gamma-1)}=C_1^{\gamma-1}$，$V^{(\gamma-1)\gamma}T^\gamma=C_2^\gamma$，由此可得

$$p^{\gamma-1}T^{-\gamma}=C_1^{\gamma-1}/C_2^\gamma=C_3\quad (C_3\text{ 还是常数}) \tag{8.7.8}$$

(8.7.6)式～(8.7.8)式都是理想气体准静态绝热过程的状态方程。(8.7.6)式很容易记忆，(8.7.7)式用得很多。

当温度一定时，对理想气体状态方程求微分得 $pdV+Vdp=0$，因此

$$\left|\left(\frac{dp}{dV}\right)_T\right|=\frac{V}{p} \tag{8.7.9}$$

对第一个绝热方程求微分得 $p\gamma V^{\gamma-1}dV+V^\gamma dp=0$，因此

$$\left|\left(\frac{dp}{dV}\right)_Q\right|=\gamma\frac{V}{p} \tag{8.7.10}$$

由于 $\gamma>1$，所以有

$$\left|\left(\frac{dp}{dV}\right)_Q\right|>\left|\left(\frac{dp}{dV}\right)_T\right| \tag{8.7.11}$$

说明：在 $p$-$V$ 图中的同一点，绝热线比等温线陡峭。

下列方程组中的任何一个都能表示理想气体的多方过程

$$pV^n=C_1,\quad V^{n-1}T=C_2,\quad p^{n-1}T^{-n}=C_3 \tag{8.7.12}$$

其中，$C_1$，$C_2$ 和 $C_3$ 是不同的常数。在某一状态下的温度、压强和体积分别为 $T_0$，$p_0$ 和 $V_0$，方程组可化为

$$\frac{p}{p_0}\left(\frac{V}{V_0}\right)^n=1,\quad \left(\frac{V}{V_0}\right)^{n-1}\frac{T}{T_0}=1,\quad \left(\frac{p}{p_0}\right)^{n-1}\left(\frac{T}{T_0}\right)^{-n}=1 \tag{8.7.13}$$

［**讨论**］　(1) 当 $n=1$ 时，方程组表示等温过程：

$$pV=p_0V_0,\quad T=T_0$$

(2) 当 $n=0$ 时，方程组表示等压过程：

$$p=p_0,\quad V/T=V_0/T_0$$

(3) 当 $n\to\infty$ 时，方程组表示等容过程：

$$V=V_0,\quad p/T=p_0/T_0$$

(4) 当 $n=\gamma$ 时，方程组表示绝热过程。由于

$$C_V=\frac{i}{2}R,\quad C_p=\left(\frac{i}{2}+1\right)R$$

其中 $i$ 是气体分子的自由度，所以

$$\gamma=\frac{C_p}{C_V}=\frac{i+2}{i}$$

单原子分子、双原子分子和多原子分子的自由度分别是 3,5 和 6，因此 $\gamma=5/3,7/5,8/6$。

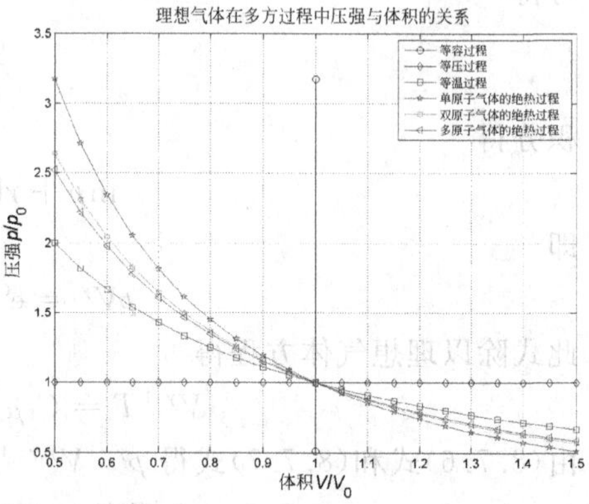


P8_7 图

［图示］ 如 P8_7 图所示，在 $p$-$V$ 图中，等容过程是竖直线，等压过程是水平线，等温过程是等轴双曲线。在同一点，绝热过程的斜率大于等温过程的斜率，这是因为在等温过程中，外力做功时压缩体积而不使气体温度升高，从而使压强增加；在绝热过程中，外力做同样多的功还使气体温度升高，因而使压强增加得更快。分子的自由度越小，比热容比就越大，绝热过程的斜率就越大。

［算法］ 取某一状态下的温度 $T_0$、压强 $p_0$ 和体积 $V_0$ 作为单位，方程组可表示为

$$p^*V^{*n}=1,\quad V^{*n-1}T^*=1,\quad p^{*n-1}T^{*-n}=1\tag{8.7.12*}$$

其中，$p^*=p/p_0$，$V^*=V/V_0$，$T^*=T/T_0$。

取指数为参数向量，取体积为自变量向量，形成矩阵，计算压强，根据矩阵画线法画出压强随体积变化的曲线族，但是等容线单独画。

［程序］ P8_7.m 见网站。

## ｛范例 8.8｝ 卡诺循环图

为了提高热机的效率，1824 年法国青年工程师卡诺从理论上研究了一种理想循环：卡诺循环。这就是只与两个恒温热源交换热量，不存在漏气和其他热耗散的循环。如 B8.8 图所示，理想气体准静态卡诺循环在 $p$-$V$ 图上是两条等温线和两条绝热线所围成的封闭曲线。理想气体由状态 a 出发，先经过温度为 $T_1$ 的等温膨胀过程 a→b，再经过绝热膨胀过程 b→c，然后经过温度为 $T_2$ 的等温压缩过程 c→d，最后经过绝热压缩过程 d→a，气体回到初始状态。卡诺热机的循环效率是多少？卡诺致冷机的致冷系数是多少？

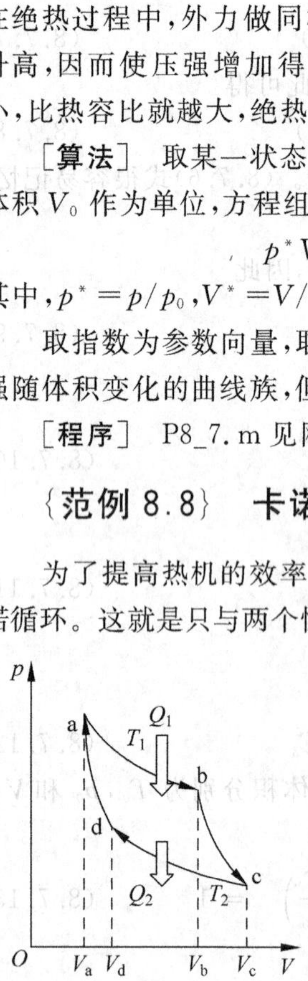


B8.8 图

［解析］ 假设理想气体的质量为 $M$，摩尔质量为 $\mu$，在 a,b,c 和 d 各状态的体积分别为 $V_a$,$V_b$,$V_c$ 和 $V_d$。当气体在高温热

源 $T_1$ 做 a→b 的等温膨胀时，吸收的热量为

$$Q_1 = \frac{M}{\mu} R T_1 \ln \frac{V_b}{V_a} \tag{8.8.1}$$

其中 $V_b/V_a$ 是气体的膨胀比。在 b→c 的绝热膨胀过程中，气体既不吸热也不放热。在低温热源(冷库)$T_2$ 做 c→d 的等温压缩过程，气体放出的热量为

$$Q_2 = \frac{M}{\mu} R T_2 \ln \frac{V_c}{V_d} \tag{8.8.2}$$

其中 $V_c/V_d$ 是气体的压缩比。在 d→a 的绝热压缩过程中，气体既不吸热也不放热，回到初始状态。

b 和 c 在同一条绝热线上，因此有

$$V_b^{\gamma-1} T_1 = V_c^{\gamma-1} T_2$$

d 和 a 在同一条绝热线上，也有

$$V_a^{\gamma-1} T_1 = V_d^{\gamma-1} T_2$$

两式相除得 $(V_b/V_a)^{\gamma-1} = (V_c/V_d)^{\gamma-1}$，即

$$\frac{V_b}{V_a} = \frac{V_c}{V_d} \tag{8.8.3}$$

可知：气体的压缩比等于膨胀比。由(8.8.1)式和(8.8.2)式可得

$$\frac{Q_1}{Q_2} = \frac{T_1}{T_2} \tag{8.8.4}$$

即：准静态卡诺循环的吸热与放热之比等于高温和低温热源温度之比。

卡诺热机在一个循环中，从高温热源 $T_1$ 吸收热量 $Q_1$，对外做了功 $A$ 之后，向低温热源 $T_2$ 放出热量 $Q_2$：$Q_1 = Q_2 + A$。因此卡诺热机的循环效率为

$$\eta_C = \frac{A}{Q_1} = \frac{Q_1 - Q_2}{Q_1} = 1 - \frac{Q_2}{Q_1} = 1 - \frac{T_2}{T_1} \tag{8.8.5}$$

由此可见：以理想气体为工作物质的准静态卡诺热机的循环效率只由两个热源的温度 $T_1$ 和 $T_2$ 决定，与循环物质无关；高温热源的温度越高，低温热源的温度越低，热机的循环效率就越高。热机对外所做的功为

$$A = \eta_C Q_1 = \frac{M}{\mu} R (T_1 - T_2) \ln \frac{V_b}{V_a} \tag{8.8.6}$$

可见：气体的等温膨胀比或压缩比越大，两热源的温差越大，气体做的功就越多。

卡诺致冷机在一个循环中，从低温热源 $T_1$ 吸收的热量为 $Q_1$，向高温热源 $T_2$ 放出的热量为 $Q_2$，用证明卡诺热机的方法也可以得到(8.8.4)式。向高温热源 $T_2$ 放出的热量 $Q_2$ 的一部分来自从低温热源吸收的热量 $Q_1$，另一部分来自外界做功 $A$ 转化的热量：$Q_2 = Q_1 + A$。因此致冷系数为

$$\omega_C = \frac{Q_1}{A} = \frac{Q_1}{Q_2 - Q_1} = \frac{T_1}{T_2 - T_1} \tag{8.8.7}$$

可见：高温热源的温度越高，低温热源的温度越低，致冷效率越低。这是因为从低温热源中吸取热量送到高温热源时所消耗的外界的功越多。外界对致冷机所做的功为

$$A = \frac{Q_1}{\omega_C} = \frac{M}{\mu} R (T_2 - T_1) \ln \frac{V_b}{V_a} \tag{8.8.8}$$

可见：气体的压缩比或膨胀比越大，两热源的温差越大，外界对气体做的功就越多。

[**图示**] (1) 如 P8_8a 图所示,精确的卡诺循环图十分“苗条”。不妨取单原子理想气体,其自由度为 3,比热容比为 $\gamma=5/3$。b 点的体积不妨取为 $V_b=1.6V_a$,第二条等温线的温度不妨取为 $T_2=0.8T_1$。利用理想气体状态方程可求得 b 点的压强为 $p_b=0.625p_a$。利用绝热方程可求 d 点的体积和压强分别为 $V_d=1.4V_a$ 和 $p_d=0.572p_a$。同理可求 c 点的体积和压强分别为 $V_c=2.24V_a$ 和 $p_c=0.358p_a$。这个卡诺循环的效率只有 20%。修改第二条等温线的温度,循环效率有所不同;修改 b 点的相对体积,卡诺循环曲线仍然“苗条”(图略)。

(2) 假设体积比不变 $V_b/V_a=1.6$,如果将 c 到 d 等温过程的温度设置得比 a 到 b 等温过程的温度高,例如 $T_2/T_1=1.5$,那么,气体就从低温热源吸收热量,向高温热源放出热量,曲线的方向就变为逆时针,表示卡诺致冷机的工作循环图,如 P8_8b 图所示,致冷系数为 200%。

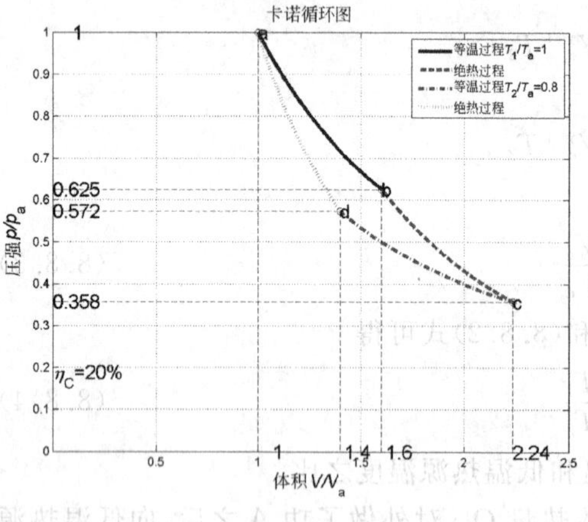


P8_8a 图

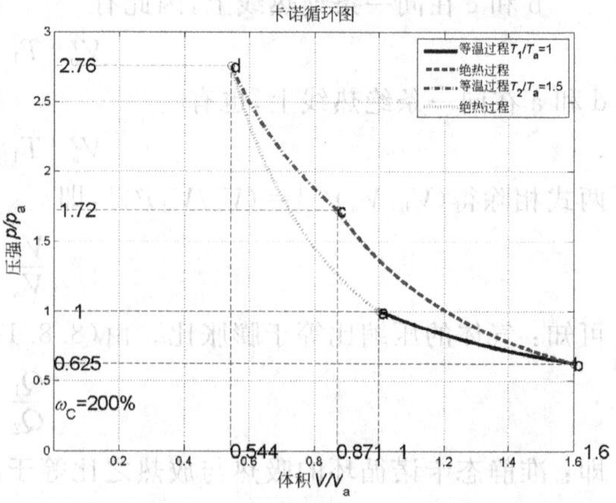


P8_8b 图

[**算法**] 取 a 点的温度 $T_a$、体积 $V_a$ 和压强 $p_a$ 分别为温度、体积和压强的单位,当 c 到 d 等温过程的温度和 b 点的体积决定后,就决定了各点的状态参数。b 点的相对压强为

$$p_b^*=\frac{p_b}{p_a}=\frac{V_a}{V_b}=\frac{1}{V_b^*}$$

其中,$V_b^*=V_b/V_a$。d 点的相对体积为

$$V_d^*=\frac{V_d}{V_a}=\left(\frac{T_1}{T_2}\right)^{1/(\gamma-1)}=\left(\frac{1}{T_2^*}\right)^{1/(\gamma-1)}$$

其中,$T_2^*=T_2/T_1$。d 点的相对压强为

$$p_d^*=\frac{p_d}{p_a}=\left(\frac{V_a}{V_d}\right)^{\gamma}=\left(\frac{1}{V_d^*}\right)^{\gamma}$$

c 点的相对体积为

$$V_c^*=\frac{V_c}{V_a}=\frac{V_b}{V_a}\frac{V_c}{V_b}=V_b^*\left(\frac{1}{T_2^*}\right)^{1/(\gamma-1)}$$

c 点的相对压强为

$$p_c^*=\frac{p_c}{p_a}=\frac{p_b}{p_a}\frac{p_c}{p_b}=p_b^*\left(\frac{V_b}{V_c}\right)^{\gamma}=p_b^*\left(\frac{V_b^*}{V_c^*}\right)^{\gamma}$$

卡诺热机的循环效率为

$$\eta_C=1-T_2^* \tag{8.8.5*}$$

卡诺致冷机的致冷系数为

$$\omega_C=\frac{1}{T_2^*-1} \tag{8.8.7*}$$

温度之比和体积之比是可调节的参数。

［**程序**］ P8_8main.m 如下。

```
%卡诺循环图的主程序
clear,i = 3;t2 = 0.8;vb = 1.6;       %清除变量,自由度,放热热源的温度 T2/Ta,b 点的体积 Vb/Va
P8_8fun(i,t2,vb)                              %调用函数文件画循环图(热机)
P8_8fun(i,1.5,0.6)                            %调用函数文件画循环图(致冷机)
```

P8_8fun.m 如下。

```
%卡诺循环图的函数文件
function fun(i,t2,vb)
gamma = (i + 2)/i;pb = 1/vb;                      %比热容比,b 点的压强 pb/pa
vd = (1/t2)^(1/(gamma - 1));pd = (1/vd).^gamma;    %d 点的体积 Vd/Va 和压强 pd/pa
vc = vb * (1/t2)^(1/(gamma - 1));pc = pb * (vb/vc)^gamma;  %c 点的体积 Vc/Va 和压强 pc/pa
vab = linspace(1,vb);pab = 1./vab;                %a 到 b 点的体积向量和吸热等温过程的压强
vbc = linspace(vb,vc);pbc = pb * (vb./vbc).^gamma; %b 到 c 点的体积向量和绝热过程的压强
vcd = linspace(vc,vd);pcd = t2./vcd;              %d 到 c 点的体积向量和放热等温过程的压强
vda = linspace(vd,1);pda = (1./vda).^gamma;       %d 到 a 点的体积向量和绝热过程的压强
figure                                            %创建图形窗口
plot(vab,pab,vbc,pbc,'--',vcd,pcd,'-.',vda,pda,':','LineWidth',3)  %画循环曲线
legend(char('等温过程\itT\rm_1/\itT\rm_a = 1','绝热过程',...
    ['等温过程\itT\rm_2/\itT\rm_a = ',num2str(t2)],'绝热过程'))     %加图例并取句柄
fs = 16;title('卡诺循环图','FontSize',fs),grid on  %标题,加网格
xlabel('体积\itV/V\rm_a','FontSize',fs)            %横坐标
ylabel('压强\itp/p\rm_a','FontSize',fs)            %纵坐标
if t2 < 1                                         %如果吸热的热源温度较高(2)
    eta = 1 - t2;                                 %热机效率
    txt = ['\it\eta\rm_C = ',num2str(eta * 100,3),'%'];  %热机效率文本
else                                              %否则
    omega = 1/(t2 - 1);                           %致冷系数
    txt = ['\it\omega\rm_C = ',num2str(omega * 100,3),'%'];  %致冷系数文本
end                                               %结束条件
v = [1,vb,vc,vd];p = [1,pb,pc,pd];                %4 个点的体积和压强
text(0,min(p)/2,txt,'FontSize',fs)                %标记文本
hold on,stem(v,p,'--')                            %保持图像,画杆线
text(v,p,char(double('a') + (0:3)'),'FontSize',fs)  %标记各点
o = [0,0,0,0];text(v,o,num2str(v',3),'FontSize',fs)  %零点坐标,标记体积
plot([o;v],[p;p],'--')                            %画横虚线
text(o,p,num2str([1;pb;pc;pd],3),'FontSize',fs)   %标记压强
```

［**说明**］ (1) 用自由度,温度比和体积比调用函数文件。

(2) 如果末温度较低,则是热机循环;如果末温度较高,则是致冷机循环。

## ｛范例 8.9｝ 奥托循环图

在燃烧汽油的四冲程内燃机中进行的循环叫奥托循环,可用 B8.9 图近似表示。设工作物质为双原子理想气体,a→b 和 c→d 为绝热过程,b→c 和 d→a 为等容过程。体积的绝热压缩比为 $k_V = V_1/V_2 = 7$,等容增压比为 $k_p = p_c/p_b = 3$,求循环效率和循环一周的功。

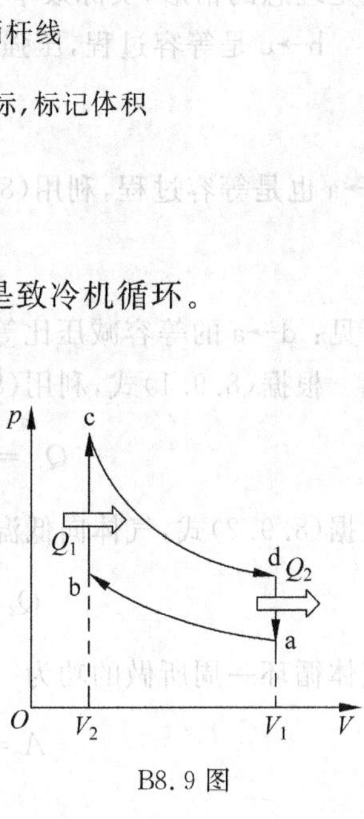


B8.9 图

［**解析**］ 假设理想气体的质量为 $M$,摩尔质量为 $\mu$。双原子气体分子的自由度为 $i=5$,比热容比为 $\gamma=1+2/i=1.4$。

a→b 和 c→d 为绝热过程，不吸热也不放热。b→c 是等容吸热过程，所吸收的热量为

$$Q_1 = \frac{M}{\mu} C_V (T_c - T_b) \tag{8.9.1}$$

d→a 是等容放热过程，所放出的热量为

$$Q_2 = \frac{M}{\mu} C_V (T_d - T_a) \tag{8.9.2}$$

因此循环效率为

$$\eta = 1 - \frac{Q_2}{Q_1} = 1 - \frac{T_d - T_a}{T_c - T_b} \tag{8.9.3}$$

理想气体绝热过程的体积-温度方程为 $V^{\gamma-1}T = C$，对于绝热过程 a→b 可得

$$\frac{T_a}{T_b} = \left(\frac{V_b}{V_a}\right)^{\gamma-1} = \left(\frac{V_2}{V_1}\right)^{\gamma-1} = \left(\frac{1}{k_V}\right)^{\gamma-1} \tag{8.9.4}$$

对于绝热过程 c→d 可得

$$\frac{T_d}{T_c} = \left(\frac{V_c}{V_d}\right)^{\gamma-1} = \left(\frac{V_2}{V_1}\right)^{\gamma-1} = \left(\frac{1}{k_V}\right)^{\gamma-1} \tag{8.9.5}$$

所以

$$\frac{T_a}{T_b} = \frac{T_d}{T_c} = \frac{T_a - T_d}{T_b - T_c} \tag{8.9.6}$$

这里用了分比定理。循环效率为

$$\eta = 1 - \frac{T_a}{T_b} = 1 - \left(\frac{V_2}{V_1}\right)^{\gamma-1} = 1 - \left(\frac{1}{k_V}\right)^{\gamma-1} \tag{8.9.7}$$

可见：循环效率只与绝热压缩比有关，与等容压强比无关；绝热压缩比越大，循环效率就越高。提高压缩比可提高循环效率，但是由于汽油的燃点比较低，压缩比的提高受到一定的限制。将数值代入可得效率为

$$\eta = 1 - (1/7)^{0.4} = 54.1\%$$

这是理想的情形，实际效率只有 25%左右。

b→c 是等容过程，压强与温度成正比

$$\frac{T_c}{T_b} = \frac{p_c}{p_b} = k_p \tag{8.9.8}$$

d→a 也是等容过程，利用(8.9.6)式可得

$$\frac{p_d}{p_a} = \frac{T_d}{T_a} = \frac{T_c}{T_b} = k_p \tag{8.9.9}$$

可见：d→a 的等容减压比等于 b→c 的等容增压比。

根据(8.9.1)式，利用(8.9.4)式和(8.9.8)式，气体从高温热源吸收的热量为

$$Q_1 = \frac{M}{\mu} C_V T_b \left(\frac{T_c}{T_b} - 1\right) = \frac{M}{\mu} C_V T_a k_V^{\gamma-1} (k_p - 1)$$

根据(8.9.2)式，气体向低温热源放出的热量为

$$Q_2 = \frac{M}{\mu} C_V T_a \left(\frac{T_d}{T_a} - 1\right) = \frac{M}{\mu} C_V T_a (k_p - 1)$$

气体循环一周所做的功为

$$A = Q_1 - Q_2 = \frac{M}{\mu} C_V T_a (k_V^{\gamma-1} - 1)(k_p - 1) \tag{8.9.10}$$

此式也能通过公式 $A=\eta Q_1$ 计算。可见：对于一定气体，其等容摩尔热容是确定的，绝热压缩比越大，等容增压比越大，气体对外所做的功越多。

［图示］　(1) 如 P8_9a 图所示，利用压缩比可求得 b 点的体积 $V_b=V_a/7=0.14V_a$，经过绝热压缩，b 点的压强为 $p_b=15.2p_a$。气体经过等容增压，c 点压强就达到 $p_c=45.7p_a$。再经过绝热压缩，d 点的压强为 $p_d=3p_a$，这是因为从 d 点到 a 点的等容减压比等于从 b 点到 c 点的等容增压比。这个奥托循环的效率达到 54.1%，循环一周对外做的功为 $5.89A_0$，其中 $A_0=(M/\mu)RT_a$。

(2) 在绝热压缩比不变的情况下，不论等容增压比如何变化，气体循环效率都不变，但是对外做的功会发生改变。如果等容增压比为 2，则循环效率仍为 54.1%，循环一周对外所做的相对功变为 $2.94A_0$，如 P8_9b 图所示。

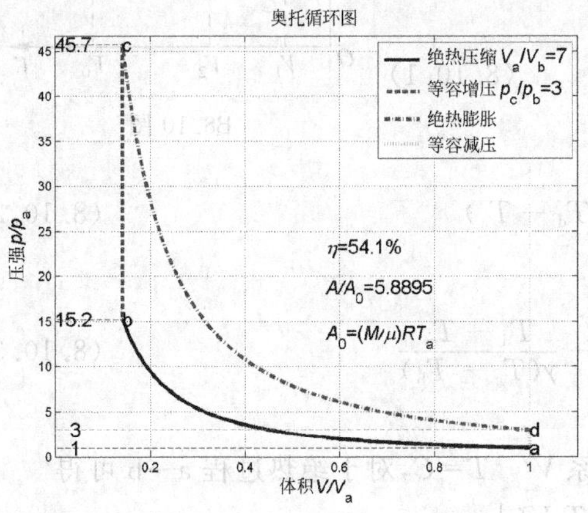


P8_9a 图

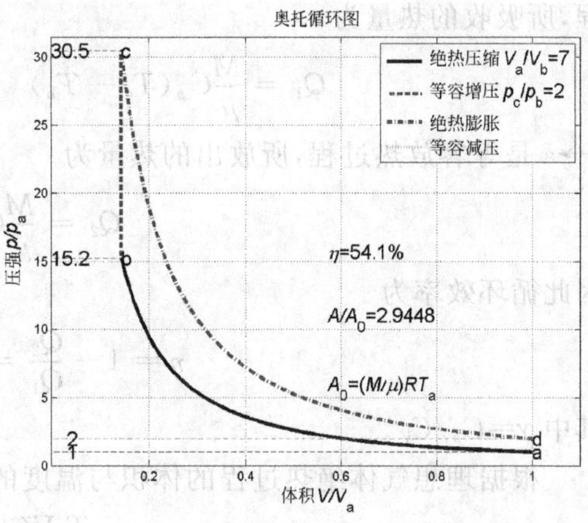


P8_9b 图

［算法］　取 a 点的体积 $V_a$ 和压强 $p_a$ 分别为体积和压强的单位，根据绝热压缩比 $k_V$，b 点的相对体积为

$$V_b^* = \frac{V_b}{V_a} = \frac{V_2}{V_1} = \frac{1}{k_V}$$

b 点的相对压强为

$$p_b^* = \frac{p_b}{p_a} = \left(\frac{V_a}{V_b}\right)^\gamma = k_V^\gamma$$

c 点的相对体积为 $V_c^*=V_b^*$，c 点的相对压强为

$$p_c^* = \frac{p_c}{p_a} = \frac{p_c}{p_b}\frac{p_b}{p_a} = k_p k_V^\gamma$$

d 点的相对体积为 $V_d^*=V_a^*$，d 点的相对压强为

$$p_d^* = \frac{p_d}{p_a} = \frac{p_c}{p_a}\frac{p_d}{p_c} = p_c^*\left(\frac{V_c}{V_d}\right)^\gamma = k_p$$

奥托循环效率由(8.9.7)式决定。由于 $C_V=\frac{i}{2}R$，取 $A_0=\frac{M}{\mu}RT_a$ 作为功的单位，气体对外所做的功可表示为

$$A = A_0\,\frac{i}{2}(k_V^{\gamma-1}-1)(k_p-1) \qquad (8.9.10^*)$$

绝热压缩比和等容增压比是可调节的参数。

［程序］ P8_9main.m 和 P8_9fun.m 见网站。

## ｛范例 8.10｝ 狄塞尔循环图

狄塞尔柴油机进行的循环如 B8.10 图近似表示。设工作物质为双原子理想气体，a→b 和 c→d 为绝热过程，b→c 是等压过程，d→a 为等容过程。绝热压缩比 $k_1=V_0/V_1=15$，绝热膨胀比 $k_2=V_0/V_2=5$，求循环效率和循环一周对外所做的功。

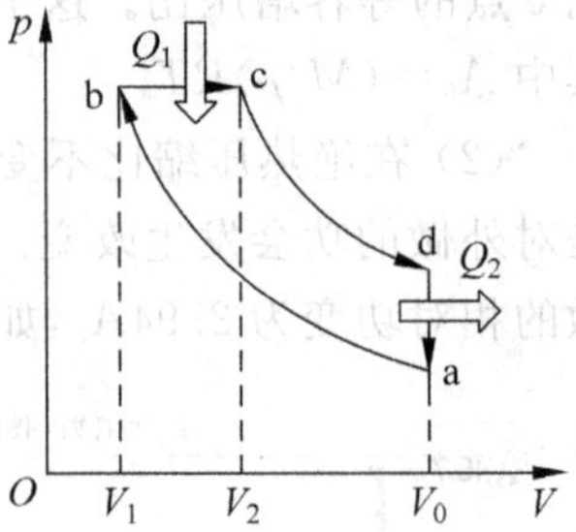


B8.10 图

［解析］ 假设理想气体的质量为 $M$，摩尔质量为 $\mu$。a→b 和 c→d 为绝热过程，不吸热也不放热。b→c 是等压吸热过程，所吸收的热量为

$$Q_1=\frac{M}{\mu}C_p(T_c-T_b) \tag{8.10.1}$$

d→a 是等容放热过程，所放出的热量为

$$Q_2=\frac{M}{\mu}C_V(T_d-T_a) \tag{8.10.2}$$

因此循环效率为

$$\eta=1-\frac{Q_2}{Q_1}=1-\frac{T_d-T_a}{\gamma(T_c-T_b)} \tag{8.10.3}$$

其中 $\gamma=C_p/C_V$。

根据理想气体绝热过程的体积与温度的关系 $V^{\gamma-1}T=C$，对于绝热过程 a→b 可得

$$T_aV_0^{\gamma-1}=T_bV_1^{\gamma-1}$$

即

$$T_a=T_b/k_1^{\gamma-1} \tag{8.10.4}$$

对于绝热过程 c→d 可得

$$T_dV_0^{\gamma-1}=T_cV_2^{\gamma-1}$$

即

$$T_d=T_c/k_2^{\gamma-1} \tag{8.10.5}$$

将(8.10.4)式和(8.10.5)式代入(8.10.3)式，可得

$$\eta=1-\frac{T_c/k_2^{\gamma-1}-T_b/k_1^{\gamma-1}}{\gamma(T_c-T_b)} \tag{8.10.6}$$

等压过程 b→c 的方程为

$$\frac{T_b}{T_c}=\frac{V_1}{V_2}=\frac{k_2}{k_1} \tag{8.10.7}$$

可得循环效率为

$$\eta=1-\frac{1/k_2^{\gamma}-1/k_1^{\gamma}}{\gamma(1/k_2-1/k_1)} \tag{8.10.8}$$

可见：循环效率由绝热压缩比和绝热膨胀比以及比热容比决定。

利用(8.10.7)式，由(8.10.1)式可得气体吸收的热量为

$$Q_1=\frac{M}{\mu}C_pT_b\left(\frac{T_c}{T_b}-1\right)=\frac{M}{\mu}C_pT_b\left(\frac{k_1}{k_2}-1\right)=\frac{M}{\mu}C_VT_bk_1\gamma\left(\frac{1}{k_2}-\frac{1}{k_1}\right)$$

利用(8.10.4)式可得

$$Q_1=\frac{M}{\mu}RT_a\frac{i}{2}k_1^\gamma\gamma\left(\frac{1}{k_2}-\frac{1}{k_1}\right)$$

循环一周气体对外所做的功为 $A=\eta Q_1$，即

$$A=\frac{M}{\mu}RT_a\frac{i}{2}k_1^\gamma\left[\gamma\left(\frac{1}{k_2}-\frac{1}{k_1}\right)-\left(\frac{1}{k_2^\gamma}-\frac{1}{k_1^\gamma}\right)\right]\tag{8.10.9}$$

根据公式 $A=Q_1-Q_2$ 也能推导出上式。可见：功由绝热压缩比和绝热膨胀比以及比热容比(或自由度 $i$)决定。

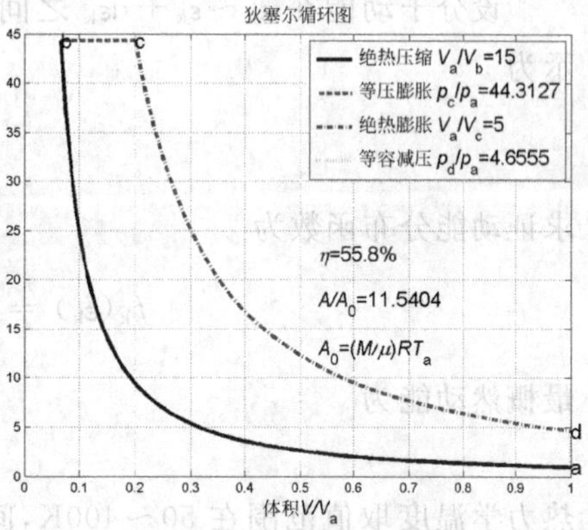


P8_10 图

［图示］ 如 P8_10 图所示，由于绝热压缩比 $V_0/V_1=15$ 很大，所以 b 点的相对体积很小，压强很大。c 点的压强与 b 点的压强相同，在循环中温度最高。这个狄塞尔循环的效率达到 55.8%，循环一周输出的功达到 $11.5A_0$。由于柴油的燃点比较高，因而压缩比比较大，柴油机的功率也比较大。

［算法］ 取 a 点的体积 $V_a$ 和压强 $p_a$ 分别作为体积和压强的单位，根据绝热压缩比 $k_1$，b 点的相对体积为

$$V_b^*=\frac{V_b}{V_a}=\frac{V_1}{V_0}=\frac{1}{k_1}$$

b 点的相对压强为

$$p_b^*=\frac{p_b}{p_a}=\left(\frac{V_a}{V_b}\right)^\gamma=k_1^\gamma$$

c 点的相对压强为 $p_c^*=p_b^*$，d 点的相对体积为 $V_d^*=V_d/V_a=1$，c 点的相对体积为

$$V_c^*=\frac{V_c}{V_a}=\frac{V_2}{V_0}=\frac{1}{k_2}$$

d 点的相对压强为

$$p_d^*=\frac{p_d}{p_a}=\frac{p_b}{p_a}\frac{p_d}{p_c}=\left(\frac{V_a}{V_b}\right)^\gamma\left(\frac{V_c}{V_d}\right)^\gamma=\left(\frac{k_1}{k_2}\right)^\gamma$$

狄塞尔循环效率由(8.10.8)式决定。取 $A_0=\frac{M}{\mu}RT_a$ 作为功的单位，气体对外所做的功可表示为

$$A=A_0\frac{i}{2}k_1^\gamma\left[\gamma\left(\frac{1}{k_2}-\frac{1}{k_1}\right)-\left(\frac{1}{k_2^\gamma}-\frac{1}{k_1^\gamma}\right)\right]\tag{8.10.9*}$$

绝热压缩比和绝热膨胀比是可调节的参数。

［程序］ P8_10main.m 和 P8_10fun.m 见网站。

# 练 习 题

8.1 理想气体状态方程和三个实验定律

根据理想气体的状态方程，画出压强随温度和压强的变化曲面，画出等压线、等容线和等温线。

8.2 分子的无规则运动

考虑分子与分子之间和分子与器壁之间的碰撞，演示一个分子的无规则运动，画出分子运动的轨迹。

8.3 麦克斯韦速度分布曲线

以最概然速率为单位画麦克斯韦速度分布曲线。

8.4 麦克斯韦能量分布曲线

设分子动能在 $\varepsilon_k \sim \varepsilon_k + d\varepsilon_k$ 之间的分子数为 $dN$，分子数占总分子数 $N_0$ 的比例可表示为

$$\frac{dN}{N_0} = f_k(\varepsilon_k)d\varepsilon_k$$

求证动能分布函数为

$$f_k(\varepsilon_k) = \frac{2}{\sqrt{\pi}}\left(\frac{1}{kT}\right)^{3/2}\sqrt{\varepsilon_k}\exp\left(-\frac{\varepsilon_k}{kT}\right)$$

最概然动能为

$$(\varepsilon_k)_p = kT/2$$

热力学温度取值范围在 50～400K，间隔为 50K，画出动能分布函数的曲线族和峰值曲线。以 $kT$ 为动能单位，画出动能在 $0 \sim \varepsilon_k$ 之间的分子数占总分子数的比例曲线，求 0 到最概然动能之间的分子数占总分子数的比例。

8.5 氧气所做的功和吸收的热

有 20mol 氧气，氧气分子当成刚性分子看待。如 C8.5 图所示，如果氧气经历 a→b→c 的过程，求出这两个过程中气体所做的功和吸收（放出）热量以及氧气内能的变化。如果氧气经历 a→c 的过程，求出这一个过程中气体所做的功和吸收或放出的热量以及氧气内能的变化。画出 $p$-$V$ 图。

8.6 逆向斯特林循环

如 C8.6 图所示，一定质量的理想气体做逆向斯特林循环，其中 a→b 是等温压缩过程（$T_1$），b→c 是等容减压过程，c→d 是等温膨胀过程（$T_2$），d→a 是等容增压过程。求证：其致冷系数与卡诺致冷机的致冷系数相同。假设等温压缩比为 $k=V_1/V_2=4$，以 a 的温度、压强和体积为单位，取适当的温度 $T_2$ 且 $T_2<T_1$，画出精确的循环图。如果 $T_2>T_1$，循环图又是什么样的？（提示：两个等容过程吸收和放出的热量相等。）

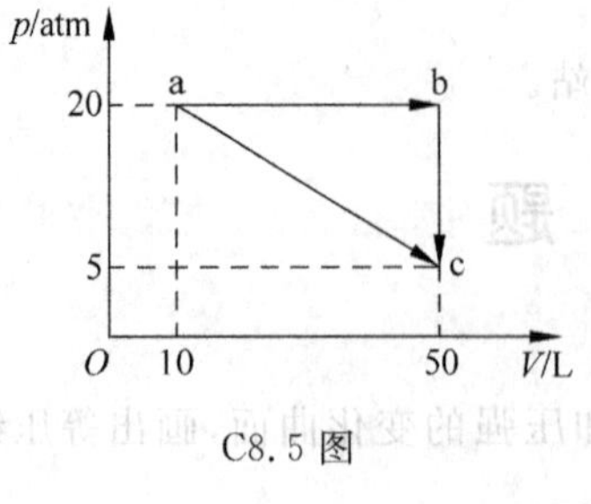

C8.5 图

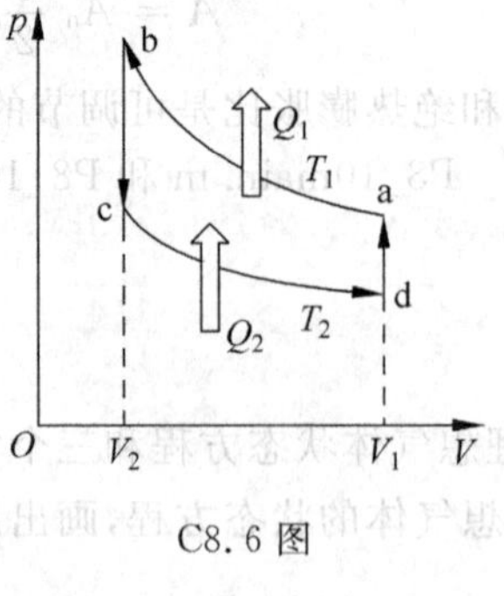

C8.6 图

8.7　狄塞尔柴油机循环的功

狄塞尔柴油机进行的循环如 B8.10 图所示，设工作物质为双原子理想气体，取 a 的温度、压强和体积分别为温度、压强和体积的单位，根据 b 点和 c 点的温度画出狄塞尔循环图，并用如下公式求热机循环的效率

$$\eta = 1 - \frac{T_d - T_a}{\gamma(T_c - T_b)}$$

求证：气体循环一周对外所做的功为

$$A = \frac{M}{\mu}R\,\frac{i}{2}[\gamma(T_c - T_b) - (T_d - T_a)]$$

如果保持 a 点的最低温度和 c 点的最高温度不变，再证：当 $T_d = T_b = (T_a T_c^\gamma)^{1/(1+\gamma)}$ 时每一个循环所做的功最大，通过循环图加以验证。

8.8　理想气体在等压-等容-绝热过程中的循环效率

如 C8.8 图所示，有一以理想气体为工作物质的热机循环，其中 c→a 是绝热过程。求证其循环效率为

$$\eta = 1 - \gamma\,\frac{(V_1/V_2) - 1}{(p_1/p_2) - 1}$$

假设气体分子是双原子分子，压缩比为 5，画出循环图。（提示：取 a 点的体积和压强分别为体积和压强的单位。）

8.9　理想气体在双等压-双绝热过程中的循环效率

如 C8.9 图所示，一定量的理想气体，经历顺时针的循环过程，其中 a→b 和 c→d 是等压过程，b→c 和 d→a 是绝热过程。求证其循环效率为

$$\eta = 1 - \frac{T_a}{T_d} = 1 - \frac{T_b}{T_c}$$

如果 $T_a = 300\text{K}$，$T_d = 400\text{K}$，其循环效率是多少？如何画出循环图？（提示：取 a 点的体积和压强分别为体积和压强的单位，还要取分子的自由度以及压缩比。）

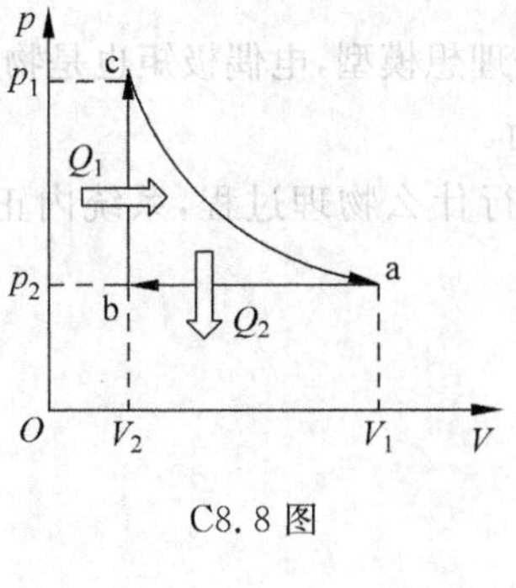

C8.8 图

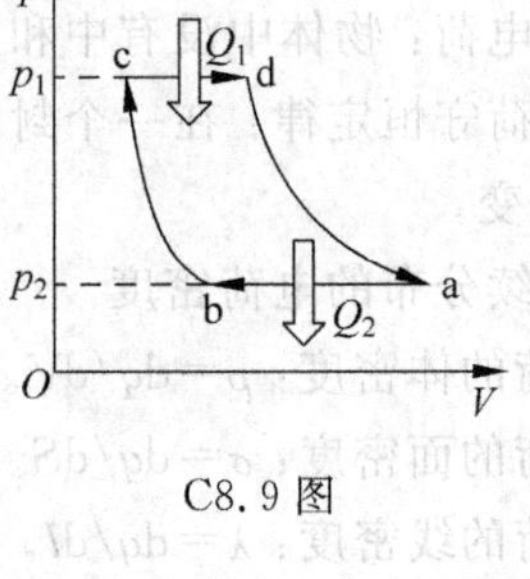

C8.9 图

# 第9章

# 静 电 场

## 9.1 基本内容

**1. 电荷**

(1) 正电荷：原子核所带的电荷。物体失去电子就带正电荷。

(2) 负电荷：核外电子所带的电荷。物体获得电子就带负电荷。

(3) 电荷量子化：物体所带的电量 $q$ 是基本电荷单元的整数倍。基本电荷单元为

$$1e = 1.602177 \times 10^{-19}\,\mathrm{C}$$

物体通常带有大量电荷,不需要考虑电荷的量子性。

(4) 点电荷：不计体积和形状的电荷。点电荷是理想模型,其电量是物理作用量。

(5) 电偶极子：由相距很近的大小相等、符号相反的点电荷 $\pm q$ 组成的电荷系统。电偶极矩定义为

$$\boldsymbol{p}_{\mathrm{e}} = q\boldsymbol{l}$$

其中,$\boldsymbol{l}$ 是从负电荷指向正电荷的矢量。电偶极子也是理想模型,电偶极矩也是物理作用量。

(6) 净电荷：物体中没有中和的正电荷和负电荷。

(7) 电荷守恒定律：在一个封闭系统中,不论进行什么物理过程,系统内正负电荷的代数和保持不变。

(8) 连续分布的电荷密度

① 电荷的体密度：$\rho = \mathrm{d}q/\mathrm{d}V$。

② 电荷的面密度：$\sigma = \mathrm{d}q/\mathrm{d}S$。

③ 电荷的线密度：$\lambda = \mathrm{d}q/\mathrm{d}l$。

**2. 电荷之间的作用力**

(1) 静电力：静止电荷之间的相互作用力。

(2) 静电力的性质：同种电荷相互排斥,异种电荷相互吸引。

(3) 库仑定律：在真空中两个带电量为 $q_1$ 和 $q_2$ 的静止点电荷之间的静电力的大小与点电荷的电量的乘积成正比,与它们之间的距离 $r$ 的平方成反比,作用力的方向在沿着两个点电荷之间的连线上。

如 A9.1 图所示，$q_1$ 受到的静电力的矢量形式为

$$\boldsymbol{F}_{12}=k\frac{q_1q_2}{r_{12}^2}\boldsymbol{r}_{12}^0=\frac{1}{4\pi\varepsilon_0}\frac{q_1q_2}{r_{12}^3}\boldsymbol{r}_{12}$$

其中，$r_{12}$ 是 $q_2$ 到 $q_1$ 的距离；$\boldsymbol{r}_{12}^0$ 是 $q_2$ 指向 $q_1$ 的单位矢量，$\boldsymbol{r}_{12}^0=\boldsymbol{r}_{12}/r_{12}$；$\boldsymbol{r}_{12}$ 是 $q_2$ 指向 $q_1$ 的矢径；$k$ 为静电力常量

$$k=8.9875\times10^9\approx9.0\times10^9\,\mathrm{N\cdot m^2/C^2}$$

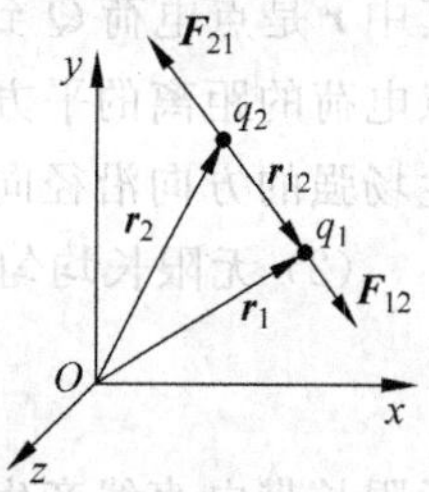

A9.1 图

令 $k=1/4\pi\varepsilon_0$，$\varepsilon_0$ 称为真空介电常数或真空电容率

$$\varepsilon_0=8.8542\times10^{-12}\,\mathrm{C^2/(N\cdot m^2)}$$

$q_2$ 受到的静电力的矢量形式为

$$\boldsymbol{F}_{21}=k\frac{q_1q_2}{r_{21}^2}\boldsymbol{r}_{21}^0=\frac{1}{4\pi\varepsilon_0}\frac{q_1q_2}{r_{21}^3}\boldsymbol{r}_{21}=-\boldsymbol{F}_{12}$$

(4) 静电力的叠加原理：多个点电荷 $Q_i(i=1,2,\cdots,n)$ 作用在某一点电荷 $q_0$ 上的静电力等于各个点电荷单独对该点电荷所施加的静电力的矢量和，即

$$\boldsymbol{F}=\sum_{i=1}^{n}\boldsymbol{F}_i=\frac{1}{4\pi\varepsilon_0}\sum_{i=1}^{n}\frac{Q_iq_0}{r_i^3}\boldsymbol{r}_i$$

其中 $\boldsymbol{r}_i$ 是 $Q_i$ 指向 $q_0$ 的矢径。

**3. 电场和电场强度**

(1) 电场：电荷周围的特殊物质。静电场是静止电荷周围的特殊物质。

(2) 源电荷：产生电场的电荷。

(3) 检验电荷或试验电荷：电量很小的不影响电场分布的电荷，常用 $q_0$ 表示。

(4) 电场强度定义：检验电荷所受到的力与它的电量的比值

$$\boldsymbol{E}=\frac{\boldsymbol{F}}{q_0}$$

电场强度与检验电荷的大小无关，但与空间位置有关，因此是空间坐标的函数。

(5) 电场的叠加原理：点电荷系在空间某点所产生的场强等于各个点电荷在该点产生场强的矢量和

$$\boldsymbol{E}=\sum_{i=1}^{n}\boldsymbol{E}_i=\frac{1}{4\pi\varepsilon_0}\sum_{i=1}^{n}\frac{Q_i}{r_i^3}\boldsymbol{r}_i$$

其中 $\boldsymbol{r}_i$ 是电荷 $Q_i$ 到场点 $P$ 的矢径。

当电荷连续分布时，可将带电体分成许多点电荷，每个点电荷产生的场强为

$$\mathrm{d}\boldsymbol{E}=\frac{\mathrm{d}q}{4\pi\varepsilon_0r^3}\boldsymbol{r}$$

全部电荷产生的合场强为

$$\boldsymbol{E}=\frac{1}{4\pi\varepsilon_0}\int\frac{\mathrm{d}q}{r^3}\boldsymbol{r}$$

点电荷 $\mathrm{d}q$ 可根据线密度 $\lambda$、面密度 $\sigma$ 或体密度 $\rho$ 决定

$$\mathrm{d}q=\lambda\mathrm{d}l,\quad \mathrm{d}q=\sigma\mathrm{d}S\quad 和\quad \mathrm{d}q=\rho\mathrm{d}V$$

在理论研究中常用场强的矢量式，在具体计算中常用分量式。

**4. 典型源电荷的电场**

(1) 点电荷的电场为

$$E=\frac{1}{4\pi\varepsilon_0}\frac{Q}{r^2}\quad 或\quad \boldsymbol{E}=\frac{1}{4\pi\varepsilon_0}\frac{Q}{r^3}\boldsymbol{r}$$

其中 $\boldsymbol{r}$ 是点电荷 $Q$ 到场点的矢径。可见：点电荷产生的场强与其电量 $Q$ 成正比，与场点到点电荷的距离的平方成反比，方向在场点到点电荷的连线上。如 A9.2 图所示，正点电荷产生场强的方向沿径向向外，负点电荷产生场强的方向沿径向向内。

（2）无限长均匀带电直线的场强为

$$E=\frac{\lambda}{2\pi\varepsilon_0 r} \quad 或 \quad \boldsymbol{E}=\frac{\lambda}{2\pi\varepsilon_0 r^2}\boldsymbol{r}$$

无限长带电直线产生的场强与其电荷的线密度 $\lambda$ 成正比，与场点到点电荷的距离成反比，方向在场点到直线的垂线上。如 A9.3 图所示，如果 $\lambda>0$，则场强的方向垂直轴线向外；如果 $\lambda<0$，则场强的方向垂直轴线向内。

（3）无限大均匀带电平面的场强为

$$E=\frac{\sigma}{2\varepsilon_0} \quad 或 \quad \boldsymbol{E}=\frac{\sigma}{2\varepsilon_0}\frac{\boldsymbol{r}}{r}$$

无限大均匀带电平面产生的匀强电场与其电荷的面密度 $\sigma$ 成正比，方向垂直带电面。如 A9.4 图所示，如果 $\sigma>0$，则场强的方向垂直带电面向外；如果 $\sigma<0$，则场强的方向垂直带电面向内。

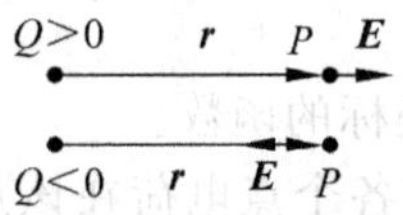

A9.2 图

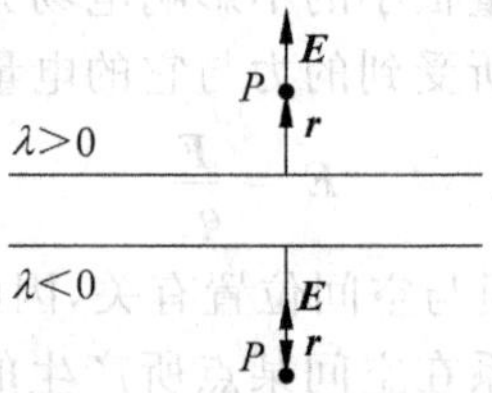

A9.3 图

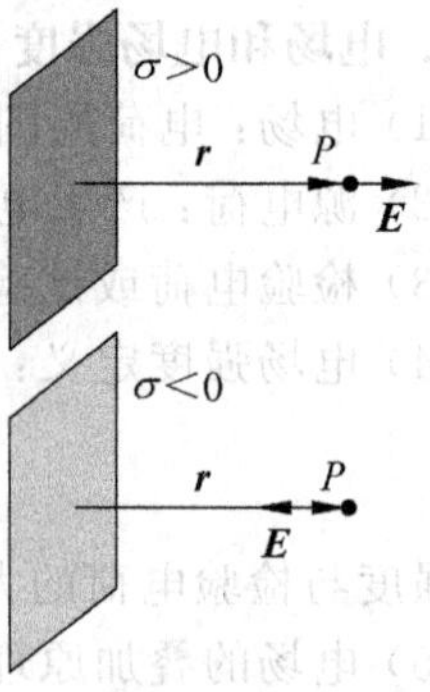

A9.4 图

（4）两个无限大等量异号平行板之间的场强大小为

$$E=\frac{\sigma}{\varepsilon_0}$$

两板之间是均强电场，其方向由正极板指向负极板。

**5. 电场对电荷的作用**

（1）电场力：电荷在电场中所受到的力。点电荷 $q$ 受到的电场力为

$$\boldsymbol{F}=q\boldsymbol{E}$$

电偶极子 $\boldsymbol{p}_e$ 在匀强电场中受到的电场力为零，在非匀强电场中受到的电场力为

$$\boldsymbol{F}=p_e\frac{\boldsymbol{E}_1-\boldsymbol{E}_2}{l}$$

（2）电场力矩：电荷在电场中所受到的力矩。电偶极子 $\boldsymbol{p}_e$ 受到的电场力矩为

$$\boldsymbol{M}=\boldsymbol{p}_e\times\boldsymbol{E}$$

**6. 电场的几何表示**

（1）电场线：电场中的一组曲线，其切线方向与场强的方向相同。电场线从正电荷或

无穷远处出发，终止于负电荷或无穷远处。电场线密的地方场强大，否则场强小。

(2) 电通量：通过某一平面或曲面的电场线的条数。

① 对于匀强电场，如 A9.5 图所示，电通量为

$$\Phi_E = E\cos\theta S = \boldsymbol{E}\cdot\boldsymbol{n}S = \boldsymbol{E}\cdot\boldsymbol{S}$$

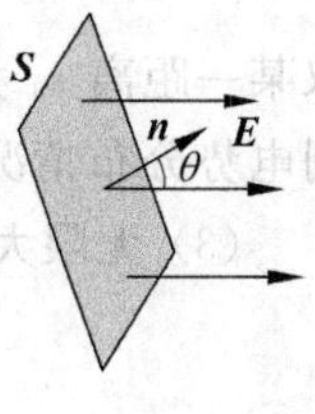

A9.5 图

其中 $\boldsymbol{n}$ 表示平面的正法线方向的单位矢量。当 $\Phi_E>0$ 时，表示电场线从平面的负面穿到正面；当 $\Phi_E<0$ 时，表示电场线从平面的正面穿到负面。

② 对于非匀强电场，可将曲面分为许多小平面 $\mathrm{d}\boldsymbol{S}$，通过小平面的电通量为

$$\mathrm{d}\Phi_E = \boldsymbol{E}\cdot\mathrm{d}\boldsymbol{S}$$

通过整个曲面的电通量为

$$\Phi_E = \int_S \boldsymbol{E}\cdot\mathrm{d}\boldsymbol{S}$$

对于封闭的曲面，通常取外法线方向为曲面的正方向。

**7. 高斯定理**

在静电场中，通过任一闭合曲面(称为高斯面)的电通量等于该曲面包围的电量的代数和除以 $\varepsilon_0$

$$\Phi_E = \oint_S \boldsymbol{E}\cdot\mathrm{d}\boldsymbol{S} = \frac{1}{\varepsilon_0}\sum_i q_i$$

这个结论称为高斯定理。高斯定理说明电场是有源场，正电荷是电场的源头，负电荷是电场的汇尾。注意：任何一点的场强 $\boldsymbol{E}$ 是所有电荷在该处产生的，而 $\sum\limits_i q_i$ 是高斯面内的电荷，不包括高斯面外的电荷，因为高斯面外的电荷产生的电通量为零。应用高斯定理解决问题时，需要利用电荷分布的对称性。

**8. 电场强度的线积分**

(1) 静电场的环路定理：检验电荷在静电场中移动时，电场力所做的功只与电量大小以及路径的起点和终点位置有关，而与路径无关。或者说场强沿闭合路径的积分为零

$$\oint_L \boldsymbol{E}\cdot\mathrm{d}\boldsymbol{s} = 0$$

(2) 电势：静电场是有势场，某点 $P$ 的电势在数值上等于单位正电荷放在该处的电势能，也就是将单位正电荷从该点沿任意路径移到零势点 $P_0$ 时电场力所做的功

$$U = \int_P^{P_0} \boldsymbol{E}\cdot\mathrm{d}\boldsymbol{s}$$

如果取无穷远处为电势零点(面)，则 $P_0$ 就用∞表示。

**9. 典型电场的电势**

(1) 点电荷的电势

$$U = \frac{1}{4\pi\varepsilon_0}\frac{Q}{r}$$

取无穷远处为电势零点(面)，则点电荷产生的场强与其电量 $Q$ 成正比，与场点到点电荷的距离 $r$ 成反比。正点电荷产生的电势是正的，负点电荷产生的电势是负的。

(2) 无限长直线电荷的电势

$$U=\frac{\lambda}{2\pi\varepsilon_0}\ln\frac{r_0}{r}$$

取某一距离 $r_0$ 为零势点(面),如果 $\lambda>0$,当 $r<r_0$ 时,$U>0$;当 $r>r_0$ 时,$U<0$。如果 $\lambda<0$,则电势分布情况相反。

(3) 无限大均匀带电平面的电势

$$U=-\boldsymbol{E}\cdot\boldsymbol{r}=-\frac{\sigma}{2\varepsilon_0}r\cos\theta=-\frac{\sigma}{2\varepsilon_0}d$$

如 A9.6 图所示,无限大均匀带电平面产生的是匀强电场;$d$ 是沿着电场线方向,场点 $P$ 到零势点(面)之间的距离。

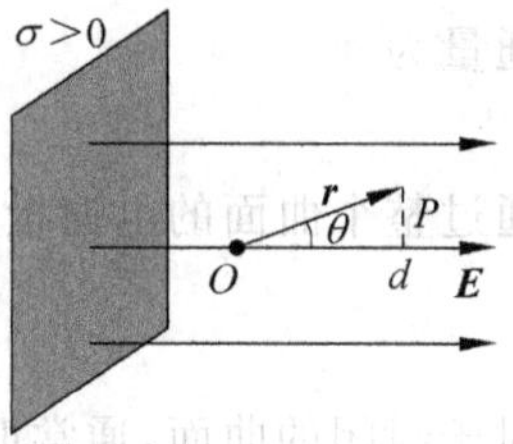

A9.6 图

(4) 两个无限大等量异号平行板之间的电势差

$$U=Ed=\frac{\sigma}{\varepsilon_0}d$$

其中 $d$ 是两板之间的距离。电场中电势的高低与零势点的选择有关,但是两点之间的电势差与零势点的选择无关。

**10. 电场强度和电势的关系**

(1) 等势面:由电势相等的点所构成的面。

(2) 等势线:与电场线共面的平面与等势面所截的曲线(包括直线)。

(3) 等势面(线)与电场线正交;等势线密集的地方电场线也密集,即电场强度大;电场线总是从电势高的地方指向电势低的地方。

(4) 电场强度与电势梯度的关系为

$$\boldsymbol{E}=-\nabla U$$

其中$\nabla$是拉普拉斯微分算符。某方向上的电场强度矢量等于该方向上电势的空间变化率的负值。

① 在直角坐标系中

$$\nabla=\frac{\partial}{\partial x}\boldsymbol{i}+\frac{\partial}{\partial y}\boldsymbol{j}+\frac{\partial}{\partial z}\boldsymbol{k}$$

电场强度的分量为

$$E_x=-\frac{\partial U}{\partial x},\quad E_y=-\frac{\partial U}{\partial y},\quad E_z=-\frac{\partial U}{\partial z}$$

② 在柱坐标和球坐标系中,电场强度的径向分量为

$$E_r=-\frac{\partial U}{\partial r}$$

**11. 等势线和电场线的微分方程**

(1) 对等势线取微分得

$$\mathrm{d}U=\frac{\partial U}{\partial x}\mathrm{d}x+\frac{\partial U}{\partial y}\mathrm{d}y=-E_x\mathrm{d}x-E_y\mathrm{d}y=0$$

因此等势线的微分方程为

$$\frac{\mathrm{d}y}{\mathrm{d}x}=-\frac{E_x}{E_y}$$

(2) 电场线的微分方程为

$$\frac{\mathrm{d}y}{\mathrm{d}x}=\frac{E_y}{E_x}$$

这是因为电场线与等势线垂直的缘故，也是因为电场线的切线方向总是沿着电场强度的方向的缘故。通过微分方程可求一些电场的等势线和电场线的解析式。

## 9.2 范例的解析、图示、算法和程序

### {范例 9.1} 点电荷的电场

求点电荷 $Q$ 的电场强度和电势，点电荷的电场线和等势线是什么曲线？

[解析] 根据库仑定律，一试验电荷 $q_0$ 与点电荷 $Q$ 相距为 $r$ 时，受到的静电力为

$$F = \frac{kQq_0}{r^2} \tag{9.1.1}$$

其中 $k$ 是静电力常量，$k=9\times10^9\,\mathrm{N\cdot m^2/C^2}$。根据电场强度的定义，点电荷 $Q$ 在 $r$ 处产生的电场强度大小为

$$E = \frac{F}{q_0} = \frac{kQ}{r^2} \tag{9.1.2}$$

可见：点电荷的带电量 $Q$ 越大，在周围空间产生的场强越大；场强与距离的平方成反比。如果 $Q$ 是正电荷，场强方向沿着径向向外；如果 $Q$ 是负电荷，场强方向沿着径向向内。

以无穷远处为电势零点，取一条从 $r$ 到无穷远处的电场线为积分路径，点电荷在 $r$ 处的电势为

$$U = \int_r^\infty \boldsymbol{E}\cdot d\boldsymbol{s} = \int_r^\infty E\,dr = \int_r^\infty \frac{kQ}{r^2}\,dr = \frac{kQ}{r} \tag{9.1.3}$$

可见：点电荷的电势与距离成反比。

[图示] (1) 如 P9_1a 图所示，$r_0$ 表示参考距离。与电场强度相比，在参考距离之内，电势随距离的减小而增加得较慢；在参考距离之外，电势随距离的增加而减小得较慢。

(2) 如 P9_1b 图所示，点电荷的电场线是以点电荷为端点的射线。对于正的点电荷，射线从点电荷射向四周；对于负的点电荷，射线从四周射向点电荷。在点电荷的平面上，点电荷的等势线是以点电荷为中心的圆，相邻两条等势线之间的电势差应该相等。不论是正电荷还是负电荷，场点离电荷距离越近，电场线越密，等势线也越密，场强越大。

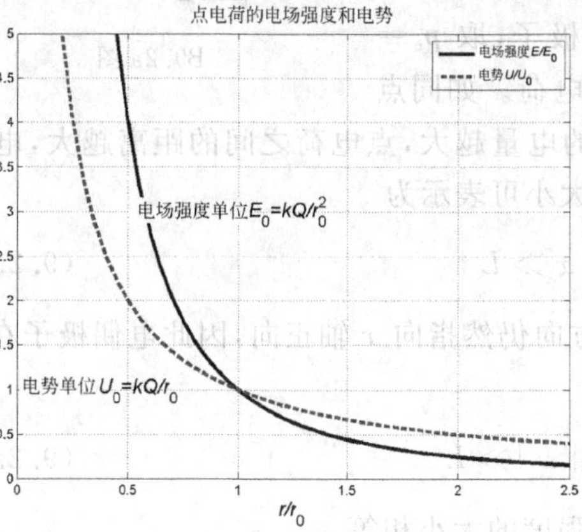


P9_1a 图

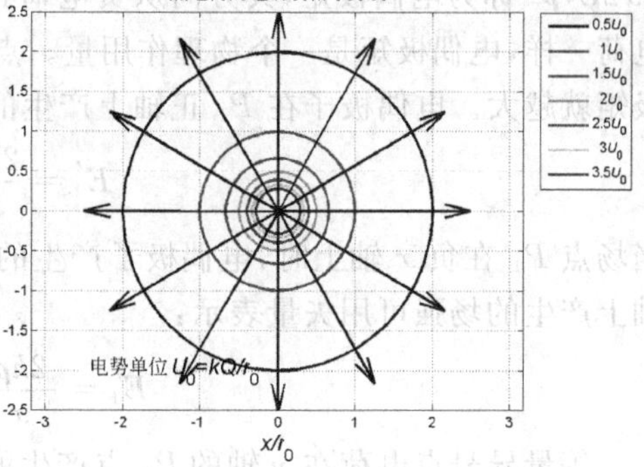


P9_1b 图

［算法］ 为了计算数值，取某一点的距离 $r_0$ 作为参考距离，也就是距离的单位，则电场强度大小可表示为

$$E=\frac{kQ}{r_0^2(r/r_0)^2}=\frac{E_0}{r^{*2}} \tag{9.1.1*}$$

其中，$r^*=r/r_0$，是无量纲的距离或约化距离；$E_0=kQ/r_0^2$，是 $r_0$ 处的场强大小。取 $E_0$ 为场强单位，$E/E_0$ 就是无量纲的场强或约化场强。显然：点电荷的无量纲场强 $E/E_0$ 与无量纲的距离的平方成反比。

电势可表示为

$$U=\frac{kQ}{r}=\frac{kQ}{r_0(r/r_0)}=\frac{U_0}{r^*} \tag{9.1.2*}$$

其中，$U_0=kQ/r_0$，是 $r_0$ 处的电势。取 $U_0$ 为电势单位，$U/U_0$ 就是无量纲的电势或约化电势，与无量纲的距离成反比。

等势线通常用等值线指令 contour 绘制，由于点电荷的等势线是同心圆，也可用矩阵画线法绘制。由于点电荷的电场线是射线，所以用箭杆指令 quiver 绘制比较简单。

［程序］ P9_1.m 见网站。

## {范例 9.2} 等量异号点电荷和电偶极子的电场

(1) 两点电荷带有等量异号的电荷 $\pm Q(Q>0)$，相距为 $2L$，计算等量异号点电荷在轴线的延长线上和中垂线上的电场强度，求电偶极子在远处产生的电场强度。

(2) 计算电偶极子在远处产生的电势和电场强度的大小和方向。

［解析］ (1) 如 B9.2a 图所示，等量异号点电荷在轴线上的 $P_1$ 点产生的电场强度的方向相反，合场强沿 $x$ 轴正向，大小为

$$E_1=\frac{kQ}{(x-L)^2}-\frac{kQ}{(x+L)^2} \tag{9.2.1}$$

上式可化为

$$E_1=\frac{kQ[(x+L)^2-(x-L)^2]}{(x-L)^2(x+L)^2}=\frac{4kQxL}{(x-L)^2(x+L)^2}$$

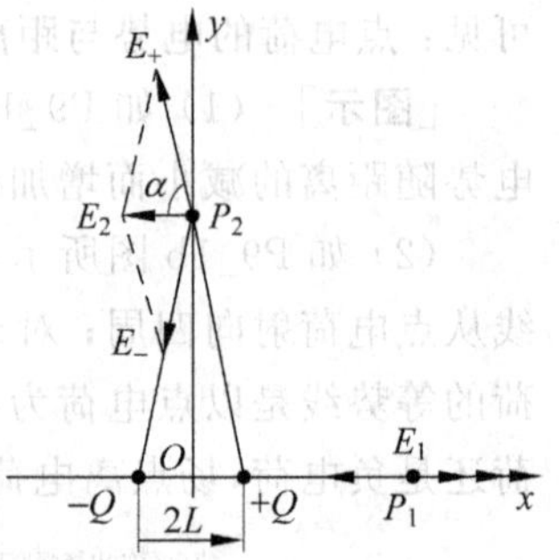

B9.2a 图

由等量异号电荷组成的电荷系统称为电偶极子，取 $\boldsymbol{p}_e=Qx2\boldsymbol{L}$，$\boldsymbol{p}_e$ 称为电偶极矩，其方向从负电荷指向正电荷。如同点电荷一样，电偶极矩是一个物理作用量。点电荷的电量越大，点电荷之间的距离越大，电偶极矩就越大。电偶极子在 $P_1$ 正轴上产生的场强大小可表示为

$$E_1'=\frac{2kp_e}{x^3},\quad x\gg L \tag{9.2.2}$$

当场点 $P_1$ 在负 $x$ 轴上时，电偶极子产生的场强方向仍然指向 $x$ 轴正向，因此电偶极子在 $x$ 轴上产生的场强可用矢量表示：

$$\boldsymbol{E}_1'=\frac{2k\boldsymbol{p}_e}{|x|^3},\quad |x|\gg L \tag{9.2.3}$$

等量异号点电荷在 $y$ 轴的 $P_2$ 点产生的电场强度的大小相等

$$E_+=E_-=\frac{kQ}{y^2+L^2}$$

合场强沿 $x$ 轴负方向，大小为

$$E_2 = -E_+ \cos\alpha - E_- \cos\alpha = -\frac{2kQ}{y^2+L^2}\cos\alpha$$

即

$$E_2 = -\frac{2kQL}{(y^2+L^2)^{3/2}} \tag{9.2.4}$$

当 $L \ll y$ 时，合场强就是电偶极子场强

$$E_2' = -\frac{kp_e}{y^3}, \quad y \gg L \tag{9.2.5}$$

当场点 $P_2$ 在 $y$ 的负半轴上时，场强方向也沿 $x$ 轴负方向，因此电偶极子场强可用矢量表示

$$\boldsymbol{E}_2' = -\frac{k\boldsymbol{p}_e}{|y|^3}, \quad |y| \gg L \tag{9.2.6}$$

可见：电偶极矩越大，在轴线上产生的场强越大；当电偶极矩一定时，在远处产生的场强与距离的三次方成反比。

［图示］　(1) 如 P9_2_1 图之上图所示，这是等量异号的点电荷和电偶极子在 $x$ 轴上产生的场强。在近处，电偶极子产生的场强与等量异号点电荷产生的场强相差很大，是没有意义的；当 $|x|>4L$ 时，电偶极子的场强与等量异号的点电荷的场强就基本重合。

(2) 如 P9_2_1 图之下图所示，等量异号点电荷在中垂线的中心产生的场强最大。在近处，电偶极子产生的场强与等量异号点电荷产生的场强相差很大，也是没有意义的；当 $|y|>3L$ 时，等量异号点电荷的场强就可当做电偶极子的场强处理。

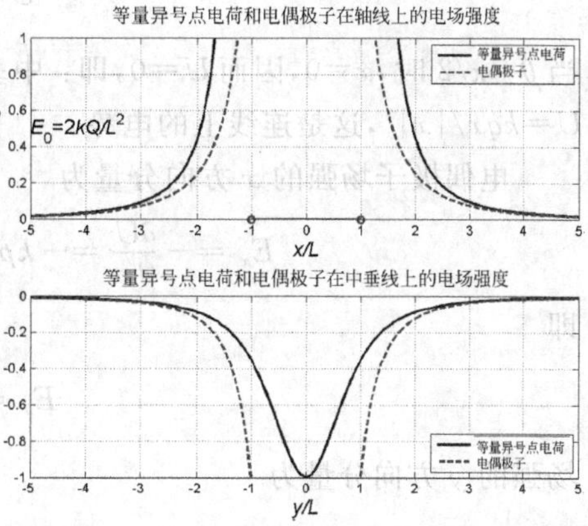

P9_2_1 图

［算法］　(1) 相距为 $2L$ 的等量异号点电荷 $\pm Q(Q>0)$ 在中点处产生的电场强度大小为

$$E_0 = \frac{2kQ}{L^2} = \frac{kp_e}{L^3}$$

取 $E_0$ 为电场强度单位，等量异号点电荷在连线上 $P_1$ 点产生的电场强度大小为

$$E_1 = E_0 \frac{1}{2}\left[\frac{1}{(x^*-1)^2} - \frac{1}{(x^*+1)^2}\right] \tag{9.2.1*}$$

其中，$x^* = x/L$。电偶极子在 $P_1$ 点产生的电场强度大小为

$$E_1' = E_0 \frac{2}{|x^*|^3}, \quad |x^*| \gg 1 \tag{9.2.2*}$$

等量异号点电荷在 $P_2$ 点产生的电场强度大小为

$$E_2 = -E_0 \frac{1}{(y^{*2}+1)^{3/2}} \tag{9.2.4*}$$

其中，$y^* = y/L$。电偶极子在中垂线 $P_2$ 点产生的电场强度大小为

$$E_2' = -E_0 \frac{1}{|y^*|^3}, \quad |y^*| \gg 1 \tag{9.2.5*}$$

[程序] P9_2_1.m 见网站。

[解析] (2) 电偶极子的电场强度可用场强叠加原理求解，而通过电势梯度求解更简单。如 B9.2b 图所示，等量异号电荷在任意点 $P$ 产生的电势为

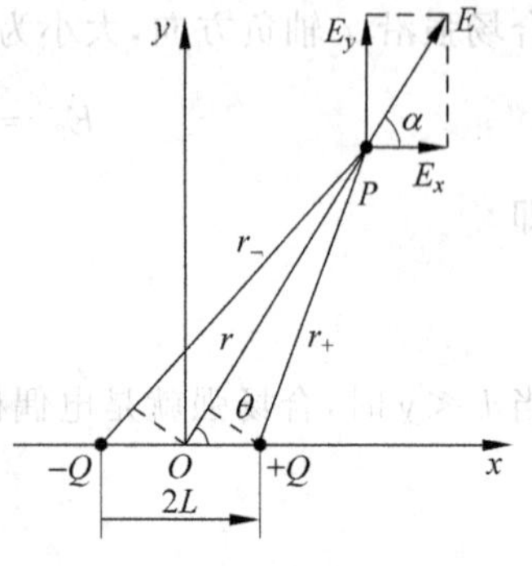

B9.2b 图

$$U_{+-} = \frac{kQ}{r_+} - \frac{kQ}{r_-}$$

其中，$r_+ \approx r - L\cos\theta$，$r_- \approx r + L\cos\theta$。于是可得

$$U_{+-} \approx \frac{kQ}{r - L\cos\theta} - \frac{kQ}{r + L\cos\theta} = \frac{2kQL\cos\theta}{r^2 - (L\cos\theta)^2}$$

电偶极子在远处产生的电势为

$$U = \frac{kp_e\cos\theta}{r^2} \tag{9.2.7}$$

可见：电偶极子的电势与距离的平方成反比，还与方向有关。用直角坐标表示电势为

$$U = \frac{kp_e x}{(x^2 + y^2)^{3/2}} \tag{9.2.8}$$

当 $\theta = \pi/2$ 时，$x = 0$，因而 $U = 0$，即：中垂线上的电势为零；当 $\theta = 0$ 或 $\theta = \pi$ 时，$y = 0$，因而 $U = kqx/|x|^3$，这是连线上的电势。

电偶极子场强的 $x$ 方向分量为

$$E_x = -\frac{\partial U}{\partial x} = -kp_e\left[\frac{x}{(x^2 + y^2)^{3/2}} - \frac{3x^2}{(x^2 + y^2)^{5/2}}\right]$$

即

$$E_x = \frac{kp_e(2x^2 - y^2)}{(x^2 + y^2)^{5/2}} \tag{9.2.9a}$$

场强的 $y$ 方向分量为

$$E_y = -\frac{\partial U}{\partial y} = \frac{3kp_e xy}{(x^2 + y^2)^{5/2}} \tag{9.2.9b}$$

合场强为

$$E = \sqrt{E_x^2 + E_y^2} \tag{9.2.10}$$

将(9.2.9)式代入上式得

$$E = \frac{kp_e}{r^5}\sqrt{(3x^2 - r^2)^2 + 9x^2y^2} = \frac{kp_e}{r^4}\sqrt{3x^2 + r^2}$$

利用 $x = r\cos\theta$，$y = r\sin\theta$，可得

$$E = \frac{kp_e}{r^3}\sqrt{3\cos^2\theta + 1} \tag{9.2.11}$$

合场强方向为

$$\alpha = \arctan\frac{E_y}{E_x} \tag{9.2.12}$$

可见：电偶极子的合场强与距离的 3 次方成正比，还与方向有关。当 $\theta = 0$，或 $\theta = \pi$ 时，$y = 0$，可得连线上的场强；当 $\theta = \pi/2$ 时，$x = 0$，可得中垂线上的场强。在距离一定时，连线上的场强最大，中垂线上的场强最小，最大值是最小值的 2 倍。

[图示] (1) 如 P9_2_2a 图所示(见彩页)，当场点比较远时，电偶极子产生的电势才与

等量异号点电荷的电势相近，因此不求中间部分的电势。在正电荷附近，电偶极子的电势比较高；在负电荷附近，电偶极子的电势比较低；在电偶极子的中垂线上，电偶极子的电势为零。

(2) 电偶极子场强的 $x$ 方向分量的大小 $E_x$ 如 P9_2_2b 图之左上图所示(见彩页)，在 $x$ 轴上，$E_x$ 与 $x$ 方向同向；在 $y$ 轴上，$E_x$ 与 $x$ 方向反向；在各个象限，都有 $E_x$ 为零的角度。

(3) 电偶极子场强的 $y$ 方向分量的大小 $E_y$ 如 P9_2_2b 图之右上图所示，在 $x$ 轴上和 $y$ 轴上，$E_y$ 都为零；在第一和第三象限，$E_y$ 与 $y$ 方向同向；在第二和第四象限，$E_y$ 与 $y$ 方向反向。

(4) 电偶极子的合场强的大小 $E$ 如 P9_2_2b 图之左下图所示，当场点的距离相同时，$x$ 轴上的合场强要大于 $y$ 轴上的合场强。

(5) 电偶极子场强的方向与 $x$ 轴的夹角如 P9_2_2b 图之右下图所示。当极角为零时，场强的方向角也为零；随着极角的增加，场强的方向角也随着增加；当极角为 90°时，场强方向角发生从 180°到 −180°的跃变；当极角增加到 180°时，场强的方向角增加到零；当极角增加到 270°时，场强方向角又发生从 180°到 −180°的跃变；当极角转过一圈时，场强的方向角变为零。

［算法］ (2) 正电荷 $Q$ 在原点处产生的电势为

$$U_0=\frac{kQ}{L}=\frac{kp_e}{2L^2}$$

取 $U_0$ 为电势单位，则 $P$ 点的电势可表示为

$$U=U_0\frac{2x^*}{(x^{*2}+y^{*2})^{3/2}} \tag{9.2.8*}$$

其中，$x^*=x/L$，$y^*=y/L$，是无量纲的坐标或约化坐标。取 $E_0=kp_e/L^3$ 为电场强度单位，则电场强度的分量可表示为

$$E_x=E_0\frac{2x^{*2}-y^{*2}}{(x^{*2}+y^{*2})^{5/2}},\quad E_y=E_0\frac{3x^*y^*}{(x^{*2}+y^{*2})^{3/2}} \tag{9.2.9*}$$

由此可计算合电场的大小和方向。

取极坐标的极角和极径为自变量向量，化为矩阵，再化为直角坐标矩阵，就能计算任何一点的电势和电场强度，用网格指令 mesh 或曲面指令 surf 画曲面。

［程序］ P9_2_2.m 如下。

```
%电偶极子的电势和电场强度的分布曲面
clear,rm = 5;r = 2:0.1:rm;                        %清除变量,最大极坐标和极坐标向量(绕过原点)
theta = (0:360) * pi/180;                         %极角向量
[TH,R] = meshgrid(theta,r);                       %极坐标矩阵
[X,Y] = pol2cart(TH,R);                           %化为直角坐标矩阵(1)
U = 2 * X./R.^3;                                  %电势
figure,mesh(X,Y,U),box on                         %创建图形窗口,画电势曲面,加框
hold on,plot3([-1;1],[0;0],[0;0],'-o','LineWidth',2)  %保持图像,画连线
fs = 16;title('电偶极子的电势分布面','FontSize',fs)   %显示标题
xlabel('\itx/L','FontSize',fs)                    %显示 x 坐标
ylabel('\ity/L','FontSize',fs)                    %显示 y 坐标
zlabel('\itU/U\rm_0','FontSize',fs)               %显示 z 坐标
```

```
txt = '\itU\rm_0 = \itkp\rm_e/2\itL\rm^2';              % 电势单位文本
text( - rm,rm,max(U(:))/2,txt,'FontSize',fs)     % 显示电势单位
Ex = (2 * X.^2 - Y.^2)./R.^5;Ey = 3 * X. * Y./R.^5;   % 场强的分量
E = sqrt(Ex.^2 + Ey.^2);A = atan2(Ey,Ex) * 180/pi;   % 合场强和方向
EC = {Ex,Ey,E,A};                                  % 数据元胞(2)
zc = {'\itE_x/E\rm_0','\itE_y/E\rm_0',...
    '\itE/E\rm_0','\it\alpha\rm/(\circ)'};          % 高坐标元胞(3)
tc = {'\itx\rm 分量','\ity\rm 分量','总量\itE\rm','方向'};   %标题的一部分(3)
txt = '\itE\rm_0 = \itkp\rm_e/\itL\rm^3';              % 电场强度文本
figure                                             % 创建图形窗口
for i = 1:4                                        % 循环
    subplot(2,2,i),surf(X,Y,EC{i})                 % 选子图,画场强曲面
    box on,shading interp                          % 加框,染色
    hold on,plot3([ - 1;1],[0;0],[0;0],' - o','LineWidth',2)   % 保持图像,画连线
    title(['电偶极子场强' tc{i}],'FontSize',fs)    % 显示标题
    xlabel('\itx/L','FontSize',fs)                 % 显示 x 坐标
    ylabel('\ity/L','FontSize',fs)                 % 显示 y 坐标
    zlabel(zc{i},'FontSize',fs)                    % 显示 z 坐标
    text( - rm,rm,max(EC{i}(:)),txt,'FontSize',fs)   % 标记电场强度文本
end,view( - 30,60)                                 % 结束循环,设置最后图像的视角
```

**[说明]** (1) 极坐标要化为直角坐标才能绘制曲面。

(2) 将电场强度的分量和合场强以及方向连接成元胞(连接成矩阵也行),以便于在循环中调用,可减小程序行。

(3) 将高坐标和标题的一部分也连接成元胞,以便于形成不同的高坐标和标题。

## {范例 9.3} 均匀带电线段的电场

电量均匀分布在长 $2L$ 的线段上,单位长度上的电荷密度为 $\lambda$。

(1) 求任一点的电场强度,电场强度分布曲面的规律是什么?

(2) 求任一点的电势,电势分布曲面的规律是什么? 电场线和等势线是如何分布的?

**[解析]** (1) 如 B9.3a 图所示,建立坐标系。如果$\lambda>0$,则可确定电场强度的方向在第一象限沿着 $x$ 轴和 $y$ 轴的正向。如果$\lambda<0$,则电场强度的方向相反。在线段的 $l$ 处取线元 $\mathrm{d}l$,电荷元为 $\mathrm{d}q=\lambda\mathrm{d}l$,到 $P$ 点的距离为

$$r=\sqrt{(x-l)^2+y^2} \tag{9.3.1}$$

电荷元 $\mathrm{d}q$ 在 $P$ 点产生的电场强度大小为

$$\mathrm{d}E=\frac{k\mathrm{d}q}{r^2}=\frac{k\lambda\mathrm{d}l}{r^2} \tag{9.3.2}$$

由于 $x-l=y\cot\theta$,这里,$x$ 和 $y$ 是场点的坐标,$l$ 和 $\theta$ 是变量,可得 $\mathrm{d}l=y\mathrm{d}\theta/\sin^2\theta$。又因为 $r=y/\sin\theta$,所以场强的大小为

$$\mathrm{d}E=\frac{k\lambda}{y}\mathrm{d}\theta \tag{9.3.3}$$

由于场强的方向随 $\theta$ 角变化,所以不能直接由上式积分求合场强。场强的分量为

$$\mathrm{d}E_x=\mathrm{d}E\cos\theta=\frac{k\lambda}{y}\cos\theta\mathrm{d}\theta \tag{9.3.4a}$$

$$dE_y = dE\sin\theta = \frac{k\lambda}{y}\sin\theta d\theta \tag{9.3.4b}$$

积分得

$$E_x = \frac{k\lambda}{y}(\sin\theta_2 - \sin\theta_1) \tag{9.3.5a}$$

$$E_y = \frac{k\lambda}{y}(\cos\theta_1 - \cos\theta_2) \tag{9.3.5b}$$

如 B9.3b 图所示，利用三角函数很容易计算合场强：

$$E = \sqrt{E_x^2 + E_y^2} = \frac{k\lambda}{y}\sqrt{2 - 2\cos(\theta_2 - \theta_1)} = \frac{2k\lambda}{y}\sin\frac{\theta_2 - \theta_1}{2} \tag{9.3.6a}$$

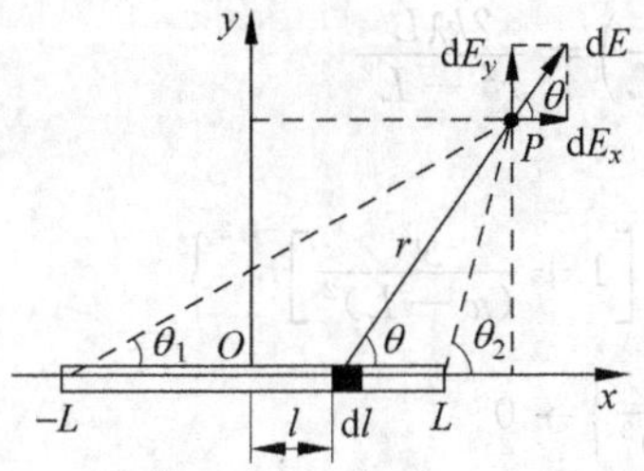


B9.3a 图

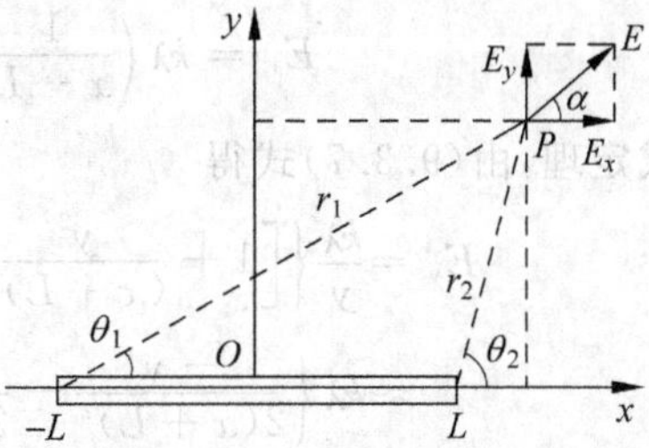


B9.3b 图

场强的方向角的正切为

$$\tan\alpha = \frac{E_y}{E_x} = \frac{\cos\theta_2 - \cos\theta_1}{\sin\theta_1 - \sin\theta_2} = \tan\frac{\theta_2 + \theta_1}{2}$$

因此

$$\alpha = \frac{\theta_2 + \theta_1}{2} \tag{9.3.6b}$$

用角度表示的场强公式十分简单，但不便于直接计算。根据角度与坐标的关系，场强的分量可用坐标表示：

$$E_x = k\lambda\left(\frac{1}{r_2} - \frac{1}{r_1}\right), \quad E_y = \frac{k\lambda}{y}\left(\frac{x + L}{r_1} - \frac{x - L}{r_2}\right) \tag{9.3.7}$$

其中

$$r_1 = \frac{1}{\sqrt{(x + L)^2 + y^2}}, \quad r_2 = \frac{1}{\sqrt{(x - L)^2 + y^2}} \tag{9.3.8}$$

可见：均匀带电线段的电场强度是坐标的函数。将 $x$ 换为 $-x$，则 $E_x$ 换为 $-E_x$，$E_y$ 不变；将 $y$ 换为 $-y$，则 $E_x$ 不变，$E_y$ 换为 $-E_y$。说明电场强度关于原点的分布是对称的。

［讨论］ (1) 当 $x=0$ 时，由(9.3.7)式可得中垂线的场强

$$E_x = 0, \quad E_y = \frac{2k\lambda L}{y\sqrt{L^2 + y^2}} \tag{9.3.9}$$

如果 $L\to\infty$，则得

$$E_y \to \frac{2k\lambda}{y} = \frac{\lambda}{2\pi\varepsilon_0 y} \tag{9.3.10}$$

这是无限长带电直线的场强公式。由于 $\lambda=Q/2L$，所以

$$E_y = \frac{kQ}{y\sqrt{L^2+y^2}}$$

当 $L\to 0$ 时，可得

$$E_y \to \frac{kQ}{y^2} \tag{9.3.11}$$

这是点电荷的场强公式。

(2) 当 $y\to 0$ 时，由(9.3.7)式得

$$E_x = k\lambda\left(\frac{1}{|x-L|} - \frac{1}{|x+L|}\right) \tag{9.3.12}$$

如果 $x>L$，则

$$E_x = k\lambda\left(\frac{1}{x-L} - \frac{1}{x+L}\right) = \frac{2k\lambda L}{x^2-L^2} \tag{9.3.13a}$$

根据二项式定理，由(9.3.7)式得

$$E_y = \frac{k\lambda}{y}\left\{\left[1+\frac{y^2}{(x+L)^2}\right]^{-1/2} - \left[1+\frac{y^2}{(x-L)^2}\right]^{-1/2}\right\}$$

$$\approx k\lambda\left\{\frac{-y}{2(x+L)^2} - \frac{-y}{2(x-L)^2}\right\} \to 0$$

可知：合场强沿 $x$ 轴正向。当 $x\to L$ 时，场强 $E_x\to\infty$。如果 $x<-L$，则

$$E_x = k\lambda\left[\frac{1}{-(x-L)} - \frac{1}{-(x+L)}\right] = \frac{-2k\lambda L}{x^2-L^2} \tag{9.3.13b}$$

同理可得 $E_y\to 0$。合场强沿 $x$ 轴负向。当 $x\to -L$ 时，场强 $E_x\to -\infty$。如果 $|x|<L$，则

$$E_x = k\lambda\left(\frac{1}{L-x} - \frac{1}{L+x}\right) = \frac{2k\lambda x}{L^2-x^2} \tag{9.3.13c}$$

虽然 $E_x$ 有限，但是 $E_y\to\infty$。可见：当场点趋于线段时，场强趋于无穷大。

[**图示**] (1) 如 P9_3_1a 图所示(见彩页)，场强的 $x$ 分量在线段两个端点附近较大，其他部分较小，左右两端场强的方向相反。

(2) 如 P9_3_1b 图所示(见彩页)，场强的 $y$ 分量在线段附近较大，其他部分较小，前后两侧的场强方向相反。

(3) 如 P9_3_1c 图所示(见彩页)，合场强呈“高墙”状，距离带电线段较近的地方电场强度特别大，然后陡然减小。

(4) 如 P9_3_1d 图所示(见彩页)，合场强的方向角随极角的增加而增加，范围在 $-180°\sim 180°$ 之间，当方向角达到 180°时就向 $-180°$ 跃变。

[**算法**] (1) 取 $E_0=k\lambda/L$ 作为电场强度的单位，则得

$$E_x = E_0\left(\frac{1}{r_2^*} - \frac{1}{r_1^*}\right),\quad E_y = E_0\left(\frac{x^*+1}{r_1^*} - \frac{x^*-1}{r_2^*}\right)$$

其中

$$r_1^* = \frac{r_1}{L} = \frac{1}{\sqrt{(x^*+1)^2+y^{*2}}},\quad r_2^* = \frac{r_2}{L} = \frac{1}{\sqrt{(x^*-1)^2+y^{*2}}}$$

其中，$x^*=x/L$，$y^*=y/L$。根据坐标可画电场强度的分量和合场强以及方向的曲面。

[**程序**] P9_3_1.m 见网站。

[**解析**] (2) 电荷元 $\mathrm{d}q$ 在 $P$ 点产生的电势为

$$\mathrm{d}U=\frac{k\mathrm{d}q}{r}=\frac{k\lambda\,\mathrm{d}l}{\sqrt{(x-l)^2+y^2}}$$

根据电势叠加原理，$P$ 点的电势为

$$U=\int\mathrm{d}U=k\lambda\int_{-L}^{L}\frac{\mathrm{d}l}{\sqrt{(x-l)^2+y^2}}=-k\lambda\int_{-L}^{L}\frac{\mathrm{d}(x-l)}{\sqrt{(x-l)^2+y^2}}$$

利用公式

$$\int\frac{\mathrm{d}u}{\sqrt{u^2+a^2}}=\ln(u+\sqrt{u^2+a^2})+C$$

可得电势

$$U=k\lambda\ln\frac{x+L+\sqrt{(x+L)^2+y^2}}{x-L+\sqrt{(x-L)^2+y^2}}+C \tag{9.3.14}$$

其中，$C$ 是积分常数，由零势点的坐标决定。将 $y$ 换为 $-y$，电势的公式不变；将 $x$ 换为 $-x$，由上式可得

$$U=k\lambda\ln\frac{-x+L+\sqrt{(x-L)^2+y^2}}{-x-L+\sqrt{(x+L)^2+y^2}}+C=k\lambda\ln\frac{x-L-\sqrt{(x-L)^2+y^2}}{x+L-\sqrt{(x+L)^2+y^2}}+C$$

电势的公式也不变。这说明电势关于原点的分布是对称的。保持 $x$ 不变，当 $y$ 趋于无穷大时，可得

$$U=k\lambda\ln\frac{(x+L)/y+\sqrt{[(x+L)/y]^2+1}}{(x-L)/y+\sqrt{[(x-L)/y]^2+1}}+C\rightarrow k\lambda\ln 1+C=C$$

如果取无穷远处为电势零点，则 $C=0$。保持 $y$ 不变，当 $x$ 趋于无穷大时也可得出同一结果。当 $C=0$ 时，由(9.3.14)式可得

$$U=k\lambda\ln\frac{x/L+1+\sqrt{(x/L+1)^2+(y/L)^2}}{x/L-1+\sqrt{(x/L-1)^2+(y/L)^2}}$$

当线段延伸到无穷远处时，即 $L\rightarrow\infty$，就会有 $U\rightarrow\infty$ 的结果。说明：对于无限长的带电直线来说，不能取无限远处为电势零点。如果取 $(0,a)$ 点为零势点，由(9.3.14)式可得

$$0=k\lambda\ln\frac{\sqrt{L^2+a^2}+L}{\sqrt{L^2+a^2}-L}+C$$

将常量代入电势公式得

$$U=k\lambda\ln\left\{\frac{\sqrt{(L+x)^2+y^2}+L+x}{\sqrt{(L-x)^2+y^2}-(L-x)}\frac{\sqrt{L^2+a^2}-L}{\sqrt{L^2+a^2}+L}\right\} \tag{9.3.15}$$

当线段趋于无限长时可得

$$\begin{aligned}U=&k\lambda\ln\left\{\frac{\sqrt{(1+x/L)^2+(y/L)^2}+1+x/L}{(L-x)[\sqrt{1+y^2/(L-x)^2}-1]}\frac{L(\sqrt{1+a^2/L^2}-1)}{\sqrt{1+(a/L)^2}+1}\right\}\\&\rightarrow k\lambda\ln\left\{\frac{2}{y^2/2(L-x)}\frac{a^2/2L}{2}\right\}=k\lambda\ln\left\{\frac{a^2}{y^2}\left(1-\frac{x}{L}\right)\right\}\end{aligned}$$

即

$$U\rightarrow 2k\lambda\ln\frac{a}{y}=\frac{\lambda}{2\pi\varepsilon_0}\ln\frac{a}{y} \tag{9.3.16}$$

这就是无限长带电直线的电势公式。

［**讨论**］ (1) 当 $x=0$ 时，由(9.3.14)式可得中垂线上的电势

$$U=k\lambda\ln\frac{\sqrt{L^2+y^2}+L}{\sqrt{L^2+y^2}-L} \tag{9.3.17}$$

当 $y\to 0$ 时，电势 $U\to\infty$。由于 $\lambda=Q/2L$，所以

$$U=\frac{kQ}{2}\frac{\ln(\sqrt{L^2+y^2}+L)-\ln(\sqrt{L^2+y^2}-L)}{L}$$

如果 $L\to 0$，根据罗必塔法则可得

$$U\to\frac{kQ}{2}\left[\frac{L/\sqrt{L^2+y^2}+1}{\sqrt{L^2+y^2}+L}-\frac{L/\sqrt{L^2+y^2}-1}{\sqrt{L^2+y^2}+L}\right]\to\frac{kQ}{y} \tag{9.3.18}$$

这是点电荷的电势公式。

(2) 当 $y\to 0$ 时，由(9.3.14)式得

$$U=k\lambda\ln\frac{x+L+|x+L|}{x-L+|x-L|} \tag{9.3.19}$$

如果 $x>L$，则

$$U=k\lambda\ln\frac{x+L}{x-L} \tag{9.3.20}$$

当 $x\to L$ 时，电势 $U\to\infty$。如果 $0<x<L$，则 $U\to\infty$。可知：当场点趋于线段时，电势都趋于无穷大。

根据电势梯度可直接计算场强的分量

$$E_x=-\frac{\partial U}{\partial x},\quad E_y=-\frac{\partial U}{\partial y} \tag{9.3.21}$$

其结果就是(9.3.7)式。电场线的方程为

$$\frac{\mathrm{d}y}{\mathrm{d}x}=\frac{E_y}{E_x}=\frac{(x+L)r_2-(x-L)r_1}{y(r_1-r_2)} \tag{9.3.22}$$

求电场线的代数解比较麻烦。

［**图示**］ (1) 带电线段的电势分布面如 P9_3_2a 图所示(见彩页)，距离带电线段越近，电势就越高。三维等势线分布在电势曲面上。

(2) 如 P9_3_2b 图所示，当 $\lambda>0$ 时，电场线是从带电线段发出的曲线。等势线是闭合曲线，距离越远，等势线就越圆，电势也越低。

［**算法**］ (2) 取 $U_0=k\lambda$ 作为电势的单位，则得

$$U=U_0\ln\frac{x^*+1+\sqrt{(x^*+1)^2+y^{*2}}}{x^*-1+\sqrt{(x^*-1)^2+y^{*2}}} \tag{9.3.14*}$$

其中，$x^*=x/L$，$y^*=y/L$。

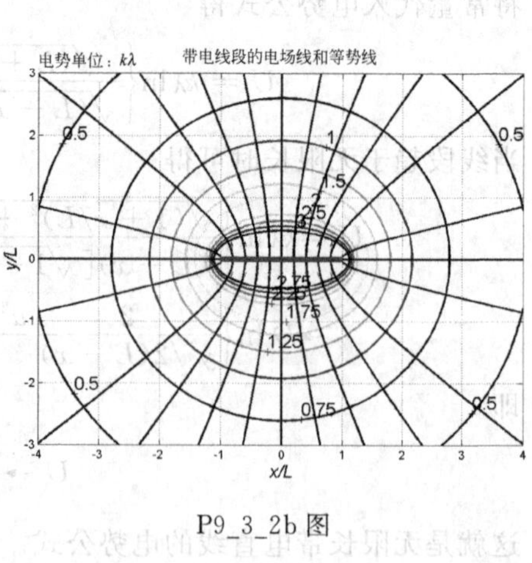


P9_3_2b 图

取两个坐标向量，化为矩阵，即可计算电势，画出电势曲面，用三维等值线指令 contour3 在曲面上画三维等势线。在平面上根据二维等值线指令 contour 画等势线。根据电场强度可用流线指令 streamline 画电场线，场强则由电势梯度计算，也可

以直接用公式计算。

［程序］ P9_3_2.m 如下。

```
%带电线段的电势面以及等势线和电场线
clear,xm = 4; ym = 3;                          %清除变量,最大横坐标,最大纵坐标
x = - xm:0.1xm;y = linspace( - ym,ym);         %横坐标向量,纵坐标向量(绕过线段)(1)
[X,Y] = meshgrid(x,y);                         %设置坐标网点
R1 = sqrt((X + 1).^2 + Y.^2);R2 = sqrt((X - 1).^2 + Y.^2);   %场点到左边和右边端点的距离
U = log((X + 1 + R1)./(X - 1 + R2));U(U > 6) = 6;    %计算电势,大于6的值改为6(2)
figure,surf(X,Y,U),box on                      %创建图形窗口,画曲面,加框(3)
axis tight,alpha(0.8),shading interp           %图形紧贴,使曲面稍为透明,染色
hold on,plot3([ - 1;1],[0;0],[0;0],'r','LineWidth',2)   %保持图像,画带电线
fs = 16;title('带电线段的电势面','FontSize',fs)    %显示标题
xlabel('\itx/L','FontSize',fs)                 %显示x坐标
ylabel('\ity/L','FontSize',fs)                 %显示y坐标
zlabel('\itU/k\lambda','FontSize',fs)          %显示z坐标
u = 0.5:0.25:3;contour3(X,Y,U,u,'r')           %电势向量,画三维等势线(4)
figure,C = contour(X,Y,U,u,'LineWidth',2);     %创建图形窗口,画等势线并取坐标
clabel(C,'FontSize',fs)                        %标记等势线的值
grid on,axis equal tight                       %加网格,使坐标间隔相等
hold on,plot([ - xm;xm],[0;0] ,'LineWidth',2)  %保持图像,画水平线
plot([ - 1;1],[0;0],'r','LineWidth',5)         %画带电线
[Ex,Ey] = gradient( - U,x(2) - x(1),y(2) - y(1));   %求电场强度的两个分量(5)
x0 = - 1:0.2:1;y0 = 0.05 * ones(size(x0));     %电场线的起点横坐标和高度
h = streamline(X,Y,Ex,Ey,x0,y0);set(h,'LineWidth',2)   %画上面电场线,加粗曲线(6)
h = streamline(X, - Y,Ex, - Ey,x0, - y0);set(h,'LineWidth',2)   %画下面电场线,加粗曲线(6)
r1 = sqrt((x0 + 1).^2 + y0.^2);r2 = sqrt((x0 - 1).^2 + y0.^2);   %起点到左边、右边端点的距离
ex = 1./r2 - 1./r1;ey = ((x0 + 1)./r1 - (x0 - 1)./r2)./y0;   %起点场强的分量
quiver(x0,y0,ex,ey,0.4),quiver(x0, - y0,ex, - ey,0.4)   %画电场线起点的箭头(7)
title('带电线段的电场线和等势线','FontSize',fs)   %显示标题
xlabel('\itx/L','FontSize',fs)                 %显示x坐标
ylabel('\ity/L','FontSize',fs)                 %显示y坐标
text( - xm,ym,'电势单位:\itk\lambda','FontSize',fs)   %显示电势单位文本
```

［说明］ (1) 纵坐标向量绕过零点可避免电势为无限大的情况。

(2) 直线电荷附近的电势很大,将太大数值改为常数,画出曲面比较理想。

(3) 在直角坐标系中可直接画电势曲面。

(4) 在电势曲面上画三维等势线,可显示电势的三维分布规律。

(5) 根据电势梯度计算电场强度比较简单。

(6) 用流线指令画出的电场线比较细,加粗一点比较好。

(7) 用箭杆指令画箭头,表示电场线的走向。

## *{范例 9.4} 平行直线电荷的电场

(1) 两无限长均匀带电直线,电荷的线密度分别为$\pm\lambda$,相距为$2a$。求证:等势线和电场线都是圆。

(2) 如果两直线的电荷线密度大小不相同(包括符号),求电场线方程。

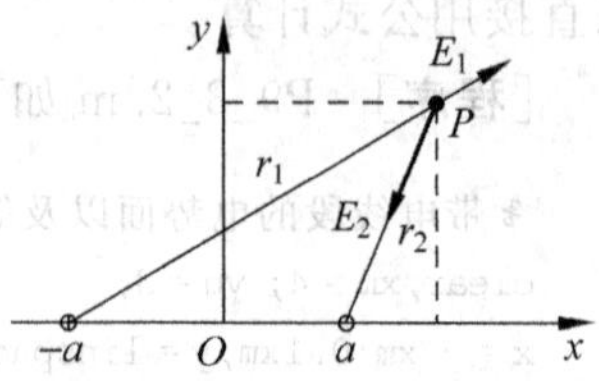

B9.4a 图

[**解析**] (1) 一条均匀带电直线产生的电势为

$$U=\frac{\lambda}{2\pi\varepsilon_0}\ln\frac{a}{y}=2k\lambda\ln\frac{a}{y}$$

如 B9.4a 图所示,建立坐标系,取原点处为电势零点,则场点 $P(x,y)$ 的电势为

$$U=2k\lambda\ln\frac{a}{r_1}-2k\lambda\ln\frac{a}{r_2}=k\lambda\ln\frac{r_2^2}{r_1^2}\tag{9.4.1}$$

其中 $r_1$ 和 $r_2$ 是两个线电荷到场点的距离

$$r_1=\sqrt{(x+a)^2+y^2},\quad r_2=\sqrt{(x-a)^2+y^2}\tag{9.4.2}$$

设 $c^2=\exp(-U/k\lambda)$,由(9.4.1)式可得

$$r_1^2=c^2r_2^2$$

利用(9.4.2)式得方程

$$x^2+2ax+a^2+y^2=c^2(x^2-2ax+a^2+y^2)$$

整理得

$$x^2-2\frac{c^2+1}{c^2-1}ax+a^2+y^2=0$$

化简可得

$$\left(x-\frac{c^2+1}{c^2-1}a\right)^2+y^2=\left(\frac{2ca}{c^2-1}\right)^2\tag{9.4.3}$$

可见:等势线是圆,半径为 $r=2ca/(c^2-1)$,圆心在横轴上,横坐标为 $x_C=a(c^2+1)/(c^2-1)$。

场点 $P(x,y)$ 的场强的 $x$ 分量为

$$E_x=-\frac{\partial U}{\partial x}=-k\lambda\left[\frac{2(x+a)}{r_2^2}-\frac{2(x-a)}{r_1^2}\right]\tag{9.4.4a}$$

$y$ 分量为

$$E_y=-\frac{\partial U}{\partial y}=-k\lambda\left[\frac{2y}{r_2^2}-\frac{2y}{r_1^2}\right]\tag{9.4.4b}$$

电场线的微分方程为

$$\frac{dy}{dx}=\frac{E_y}{E_x}=\frac{y(r_2^2-r_1^2)}{(x+a)r_2^2-(x-a)r_1^2}\tag{9.4.5}$$

将(9.4.2)式代入得

$$\frac{dy}{dx}=\frac{2xy}{x^2-a^2-y^2}$$

将微分方程整理得

$$\frac{1}{y}(x^2+y^2-a^2)dy-(2xdx+2ydy)=0$$

即

$$\frac{d(x^2+y^2-a^2)}{x^2+y^2-a^2}-\frac{1}{y}dy=0$$

积分得

$$\ln\frac{x^2+y^2-a^2}{y}=\ln 2aC$$

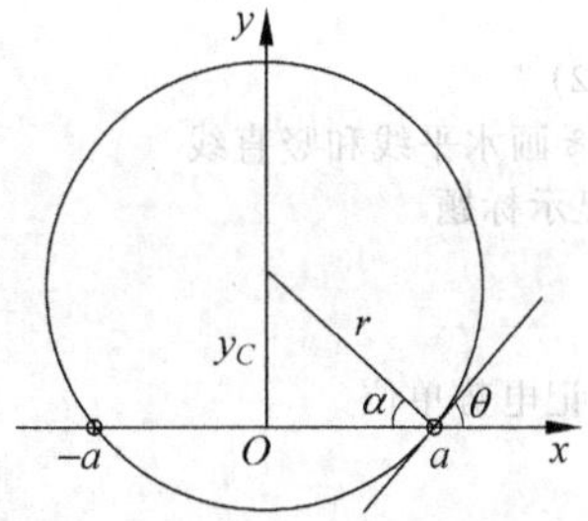


B9.4b 图

其中，$2aC$ 是积分常数，$C$ 是无量纲的常数。上式可化为

$$x^2+y^2-2Cay-a^2=0$$

电场线方程为

$$x^2+(y-Ca)^2=(1+C^2)a^2 \tag{9.4.6}$$

可知：电场线也是圆，半径为 $r=(C^2+1)^{1/2}a$，圆心在纵轴上，纵坐标为 $y_C=Ca$。

如 B9.4b 图所示，$C=y_C/a$，说明 $C$ 是圆心到 $(a,0)$ 点的半径与 $x$ 轴负方向的夹角 $\alpha$ 的正切，如果取圆在 $(a,0)$ 的切线与 $x$ 轴正方向的夹角为 $\theta$，那么 $C=\cot\theta$。

［图示］ 如 P9_4_1 图所示，等量异号直线电荷的电场线是圆，圆的大小虽然不同，但是圆心都在纵轴上，所有圆都经过电荷所在的点（代表直线）。电场线从正电荷出发，终止于负电荷。取其中一个是正电荷，另一个就是负电荷。等量异号直线电荷的等势线也是圆，圆心都在横轴上，包围着电荷。图例表示包围正电荷的相对电势。中垂线是零势线。

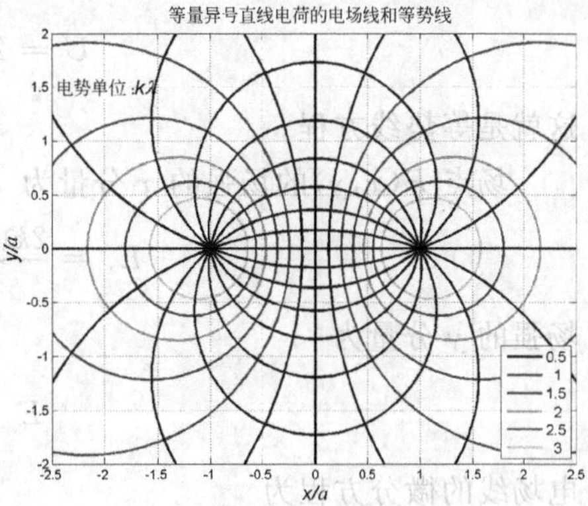


P9_4_1 图

［算法］ (1) 取 $a$ 为长度单位，则等势线方程为

$$\left(x^*-\frac{c^2+1}{c^2-1}\right)^2+y^{*2}=\left(\frac{2c}{c^2-1}\right)^2 \tag{9.4.4*}$$

取 $k\lambda$ 为电势的单位，则 $c=\exp(-U^*/2)$。电场线方程为

$$x^{*2}+(y^*-C)^2=1+C^2 \tag{9.4.6*}$$

其中，$x^*=x/a$，$y^*=y/a$。

取电势为参数向量，取圆周角为自变量向量，利用向量乘法形成矩阵，用矩阵画线法画电势圆族。用同样的方法画电场线的圆族。

［程序］ P9_4_1.m 如下。

```
%等量异号的直线电荷对的电场线和等势线(公式法)
clear,xm = 2.5;ym = 2;                          %清除变量,x坐标范围,y坐标范围
u = 0.5:0.5:3;c = exp(-u/2);                    %电势向量,常数
xc = (c.^2+1)./(c.^2-1);r = 2*c./(c.^2-1);      %圆心的横坐标,圆的半径
phi = linspace(0,2*pi,200);                     %圆的角度向量
X = cos(phi')*r;Y = sin(phi')*r;                %坐标网格
XC = ones(size(phi'))*xc;                       %圆心坐标网格
figure,plot(X+XC,Y,'LineWidth',2)               %创建图形窗口,画左边圆作为等势线(1)
grid on,axis equal,axis([-xm,xm,-ym,ym])        %加网格,使坐标间隔相等
h = legend(num2str(u',3),4);                    %加图例
set(h,'FontSize',12)                            %放大字体
hold on,plot(X-XC,Y,'LineWidth',2)              %保持图像,画右边圆作为等势线

th = (15:15:165)*pi/180;                        %圆在(a,0)点的切线与x轴的夹角向量
```

```
c = cot(th);r = sqrt(1 + c. * c);                          %计算圆心纵坐标和圆的半径
X = cos(phi') * r;Y = sin(phi') * r;                       %坐标网格
C = ones(size(phi')) * c;                                  %圆心坐标矩阵
plot(X,Y + C,'b','LineWidth',2)                            %画圆作为电场线(2)
plot([ - xm;xm],[0;0],'k',[0;0],[ - ym;ym],'k','LineWidth',2)  %画水平线和竖直线
title('等量异号直线电荷的电场线和等势线','FontSize',16)  %显示标题
xlabel('\itx/a','FontSize',16)                             %显示x坐标
ylabel('\ity/a','FontSize',16)                             %显示y坐标
text( - xm,ym - 0.5,'电势单位:\itk\lambda','FontSize',16)  %标记电势单位
```

［**说明**］(1)为了给等势线加图例,等势线要画在前面。

(2)电场线与等势线的画法一样。

［**解析**］(2)如果两直线的电荷线密度不相同,可设两个直线电荷的线密度分别为$\lambda_1$和$\lambda_2$,则电势为

$$U = 2k\lambda_1 \ln\frac{a}{r_1} + 2k\lambda_2 \ln\frac{a}{r_2} \tag{9.4.7}$$

这就是等势线方程。

场点$P(x,y)$的场强的$x$分量为

$$E_x = \frac{2k\lambda_1(x+a)}{r_1^2} + \frac{2k\lambda_2(x-a)}{r_2^2} \tag{9.4.8a}$$

场强的$y$分量为

$$E_y = \frac{2k\lambda_1 y}{r_1^2} + \frac{2k\lambda_2 y}{r_2^2} \tag{9.4.8b}$$

电场线的微分方程为

$$\frac{\mathrm{d}y}{\mathrm{d}x} = \frac{E_y}{E_x} = \frac{\lambda_1 y r_2^2 + \lambda_2 y r_1^2}{\lambda_1(x+a)r_2^2 + \lambda_2(x-a)r_1^2} \tag{9.4.9}$$

将微分方程移项得

$$\frac{\lambda_1}{r_1^2}[y\mathrm{d}x - (x+a)\mathrm{d}y] = \frac{\lambda_2}{r_2^2}[y\mathrm{d}x - (x-a)\mathrm{d}y]$$

设$z_1=(x+a)/y$,$z_2=(x-a)/y$,上式可化为

$$\frac{\lambda_1 \mathrm{d}z_1}{1+z_1^2} = \frac{\lambda_2 \mathrm{d}z_2}{1+z_2^2}$$

积分可得电场线的代数方程

$$C = \lambda_1 \arctan\frac{x+a}{y} + \lambda_2 \arctan\frac{x-a}{y} \tag{9.4.10}$$

其中,$C$是由电场线的起点位置决定的常数,起点位置可在电荷周围选取。

［**图示**］(1)如P9_4_2a图所示,左边是直线正电荷,右边是直线负电荷,不妨取正负电荷线密度之比为$\lambda_2/\lambda_1=-0.5$。当两个异号直线电荷不等量时,电场线对中垂线不对称,极值向电量小的负电荷那一侧偏移。从电荷量大的正电荷发出的电场线较多,到电荷量小的负电荷终止的电场线少。等势线在接近电荷的地方类似于圆或椭圆,在较远处的等势线发生扭曲;电势为零的曲线经过电荷连线的中点,包围左边正电荷。

(2)如P9_4_2b图所示,如果正负电荷线密度之比为$\lambda_2/\lambda_1=-1.5$,左边正电荷的电量较小,电场线的极值向左偏。电势为零的曲线经过电荷连线的中点,包围右边负电荷。当

$\lambda_2/\lambda_1=-1$ 时，可得等量异号直线电荷的电场线和等势线，类似于 P9_4_1 图。

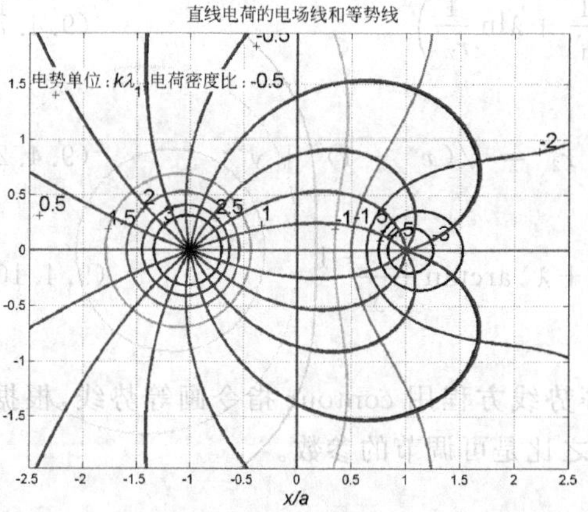


P9_4_2a 图

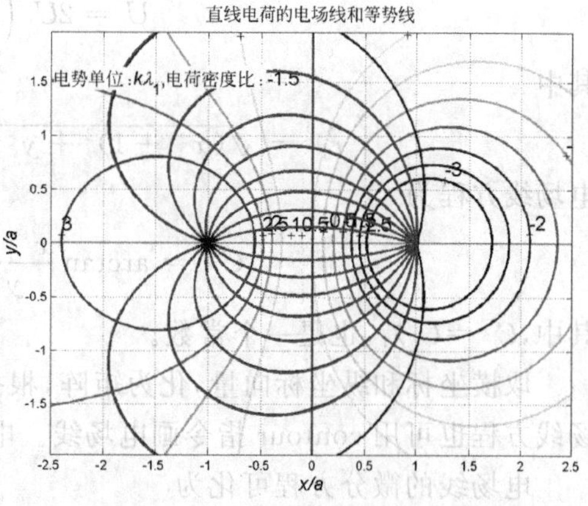


P9_4_2b 图

(3) 如 P9_4_2c 图所示，当两个线电荷的电荷线密度相等时，电场线和等势线对中垂线是对称的。

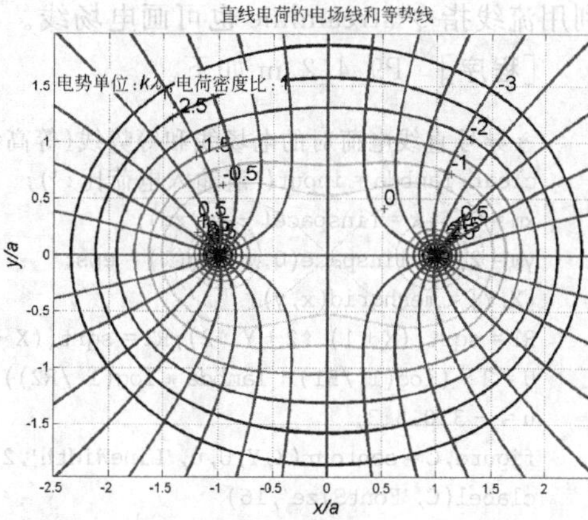


P9_4_2c 图

(4) 如 P9_4_2d 图所示，当电荷线密度之比为 $\lambda_2/\lambda_1=0.5$ 时，电场线和等势线对中垂线都不对称。左边电荷的线密度比较大，电场线较多，会“挤压”右边电场线，等势线比较“胖”。右边电荷的电场线比较少，还受到右边电场线“挤压”，等势线比较“瘦”。

(5) 如 P9_4_2e 图所示，当电荷线密度之比为 $\lambda_2/\lambda_1=1.5$ 时，左边电荷的线密度比较小，电场线数一定，右边的电场线数比较多而密，会“挤压”左边电场线。左边的等势线比较“瘦”，右边电荷的等势线比较“胖”。

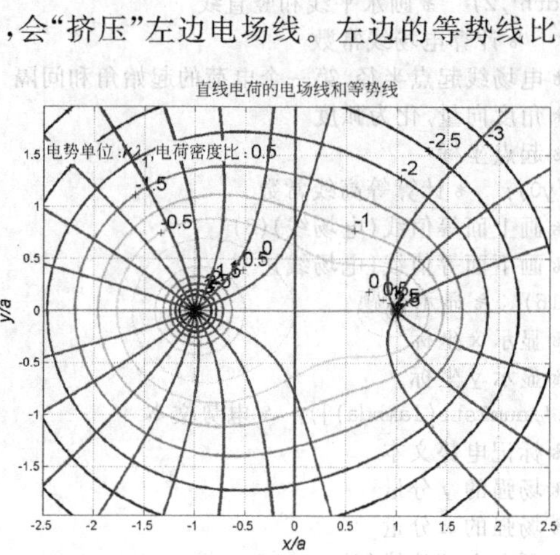


P9_4_2d 图

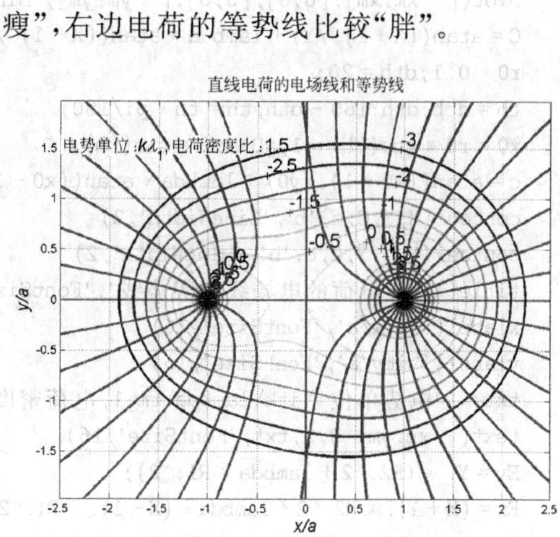


P9_4_2e 图

［算法］ (2) 设 $\lambda^*=\lambda_2/\lambda_1$，取 $U_0=k\lambda_1$ 为电势单位，则等势线方程可表示为

$$U=2U_0\left(\ln\frac{1}{r_1^*}+\lambda\ln\frac{1}{r_2^*}\right) \tag{9.4.7*}$$

其中

$$r_1^*=\sqrt{(x^*+1)^2+y^{*2}},\quad r_2^*=\sqrt{(x^*-1)^2+y^{*2}} \tag{9.4.2*}$$

电场线方程为

$$C^*=\arctan\frac{x^*+1}{y^*}+\lambda^*\arctan\frac{x^*-1}{y^*} \tag{9.4.10*}$$

其中，$C^*=C/\lambda_1$，也是一个常数。

取横坐标和纵坐标向量，化为矩阵，根据等势线方程用 contour 指令画等势线，根据电场线方程也可用 contour 指令画电场线。电荷之比是可调节的参数。

电场线的微分方程可化为

$$\frac{\mathrm{d}y^*}{\mathrm{d}x^*}=\frac{y^*(r_2^{*2}+\lambda^*r_1^{*2})}{(x^*+1)r_2^{*2}+\lambda^*(x^*-1)r_1^{*2}} \tag{9.4.9*}$$

利用流线指令 streamline 也可画电场线。

［程序］ P9_4_2.m 如下。

```
%异号直线电荷对的电场线和等势线(等高线法和流线法)
clear,lambda = input('请输入电荷比:');            %清除变量,键盘输入电荷比(1)
xm = 2.5;x = linspace(-xm,xm);                  %x坐标范围,横坐标向量
ym = 2;y = linspace(0,ym);y(1) = eps;           %y坐标范围,纵坐标向量,零改为小值
[X,Y] = meshgrid(x,y);                          %设置坐标网点
R1 = sqrt((X+1).^2 + Y.^2);R2 = sqrt((X-1).^2 + Y.^2);   %电荷到场点的距离
U = 2*(log(1./R1) + lambda*log(1./R2));         %计算电势
u = -3:0.5:3;                                   %电势向量
figure,C = contour(X,Y,U,u,'LineWidth',2);      %创建图形窗口,画上面等势线并取坐标(2)
clabel(C,'FontSize',16)                         %标记等势线的值
grid on,axis equal                              %加网格,使坐标间隔相等
hold on,contour(X,-Y,U,u,'LineWidth',2)         %保持图像,画下面等势线
plot([-xm;xm],[0;0],[0;0],[-ym;ym],'LineWidth',2)  %画水平线和竖直线
C = atan((X+1)./Y) + lambda*atan((X-1)./Y);     %计算电场线常数
r0 = 0.1;dth = 20;                              %电场线起点半径,第一个电荷的起始角和间隔
th = dth:dth:180-dth;th = th*pi/180;            %角度向量,化为弧度
x0 = r0*cos(th)-1;y0 = r0*sin(th);              %起点坐标
c = atan((x0+1)./y0) + lambda*atan((x0-1)./y0);  %计算等高线常数
contour(X,Y,C,c,'b','LineWidth',2)              %画上面等值线(电场线)(3)
contour(X,-Y,C,c,'b','LineWidth',2)             %画下面等值线(电场线)
title('直线电荷的电场线和等势线','FontSize',16)  %显示标题
xlabel('\itx/a','FontSize',16)                  %显示x坐标
ylabel('\ity/a','FontSize',16)                  %显示y坐标
txt = ['电势单位:\itk\lambda\rm_1,电荷密度比:',num2str(lambda)];   %电势文本
text(-xm,ym-0.5,txt,'FontSize',16)              %标记电势文本
Ey = Y.*(R2.^2 + lambda*R1.^2);                 %场强的y分量
Ex = (X+1).*R2.^2 + lambda*(X-1).*R1.^2;        %场强的x分量
h = streamline(X,Y,Ex,Ey,x0,y0);                %画左上部流线(4)
set(h,'LineWidth',2,'Color','r')                %加粗曲线并取红色
h = streamline(X,-Y,Ex,-Ey,x0,-y0);             %画左下部流线
```

```
    set(h,'LineWidth',2,'Color','r')                 % 加粗曲线并取红色
    if lambda > 0                                    % 如果是同种电荷(5)
        dth = dth * abs(1/lambda);                   % 第二个电荷的起始角和步长(6)
        th = dth:dth:180 - dth;th = th * pi/180;     % 角度向量,化为弧度
        x0 = r0 * cos(th) + 1;y0 = r0 * sin(th);     % 起点坐标
        c = atan((x0 + 1)./y0) + lambda * atan((x0 - 1)./y0);    % 计算等高线常数
        contour(X,Y,C,c,'b','LineWidth',2)           % 画上面等值线(电场线)
        contour(X, - Y,C,c,'b','LineWidth',2)        % 画下面等值线(电场线)
        h = streamline(X,Y,Ex,Ey,x0,y0);             % 画右上部流线
        set(h,'LineWidth',2,'Color','r')             % 加粗曲线并取红色
        h = streamline(X, - Y,Ex, - Ey,x0, - y0);    % 画右下部流线
        set(h,'LineWidth',2,'Color','r')             % 加粗曲线并取红色
    end                                              % 结束条件
```

［**说明**］ (1) 程序执行时,从键盘输入电荷比,比值的绝对值不宜太大或太小。左边表示正电荷,右边表示另一个正电荷或负电荷。

(2) 不用图例表示等势线的值,而用 clabel 指令标记等势线的值,等势线也可以画在电场线的后面。

(3) 根据电场线的代数式,也能用等值线指令画电场线。

(4) 用流线法所画的电场线与公式法画的电场线重合,说明两种方法都是有效的。对于异种电荷,当电场线到达边界后就不能画到右边的负电荷。

(5) 对于同种电荷,还应该从右边电荷再画一些电场线。

(6) 从右边电荷出发的电场线的数量应该按电荷的比值缩小或放大。

## ｛范例 9.5｝ 均匀带电圆环、圆盘和圆圈在轴线上的电场

(1) 一个半径为 $a$ 的均匀带电圆环,带电量为 $Q(Q>0)$,求圆环轴上的电势和电场强度,电势和电场强度随轴坐标的变化规律是什么?

(2) 一个半径为 $a$ 的均匀带电圆盘,带电量为 $Q(Q>0)$,求圆盘轴上的电势和电场强度,电势和电场强度随轴坐标变化的规律是什么?

(3) 一个外半径为 $a$、内半径为 $b$ 的均匀带电圆圈,带电量为 $Q(Q>0)$,求圆圈轴上的电势和电场强度。对于不同宽度的圆盘,电势和电场强度如何随距离变化?

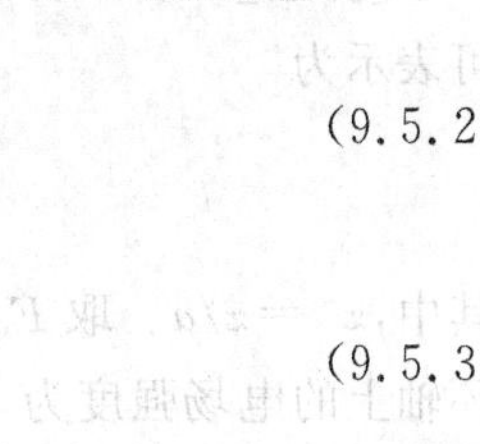

B9.5a图

［**解析**］ (1) 如 B9.5a 图所示,圆环上所有电荷到场点 $P$ 的距离都是

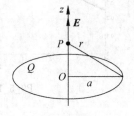

$$r=\sqrt{z^2+a^2} \tag{9.5.1}$$

在 $P$ 点产生的电势为

$$U=\frac{kQ}{r}=\frac{kQ}{\sqrt{z^2+a^2}} \tag{9.5.2}$$

电势在原点处最高,并随着距离的增加而减小。$P$ 点的场强为

$$E=-\frac{\mathrm{d}U}{\mathrm{d}z}=\frac{kQz}{(z^2+a^2)^{3/2}} \tag{9.5.3}$$

当 $z>0$ 时,$E>0$,场强的方向与 $z$ 轴正向相同;当 $z<0$ 时,$E<0$,场强的方向与 $z$ 轴正向相反。

在 $z=0$ 处电场强度 $E=0$，在 $z\to\pm\infty$ 处 $E\to0$，因此 $E$ 在 $z$ 从 0 到 $\pm\infty$ 之间有极值。令

$$\frac{\mathrm{d}E}{\mathrm{d}z}=kQ\left[\frac{(z^2+a^2)^{3/2}-3z^2(z^2+a^2)^{1/2}}{(z^2+a^2)^3}\right]\Bigg|_{z=z_M}=0$$

可得

$$z_M=\pm a/\sqrt{2} \tag{9.5.4}$$

极值为

$$E_M=\pm\frac{2\sqrt{3}}{9}\frac{kQ}{a^2}=\pm0.3849\frac{kQ}{a^2} \tag{9.5.5}$$

如果 $z\gg a$，电势和场强分别为

$$U=\frac{kQ}{|z|} \tag{9.5.6}$$

$$E=\frac{kQz}{|z|^3}=\frac{z}{|z|}\frac{kQ}{z^2} \tag{9.5.7}$$

这是点电荷的电势和场强公式，其中 $z/|z|$ 表示符号。

［**图示**］ (1) 如 P9_5_1a 图所示，圆环电荷在中心产生的电势最大，当距离比较远时，其电势接近点电荷的电势。电势曲线在中间下凹，在两边上凹，两部分的接合点是拐点，两个拐点对应电场强度的极值。

(2) 如 P9_5_1b 图所示，圆环电荷在中心处的场强为零。场强随距离先增加再减小，当距离 $z=\pm0.7a$ 时，场强最大。当距离比较大时，其场强与点电荷的场强接近。

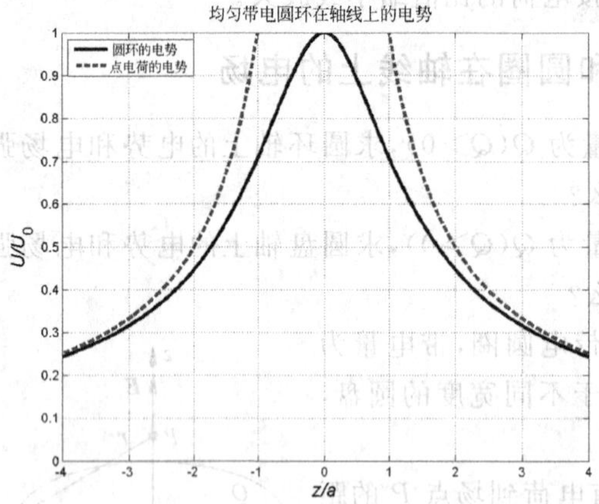


P9_5_1a 图

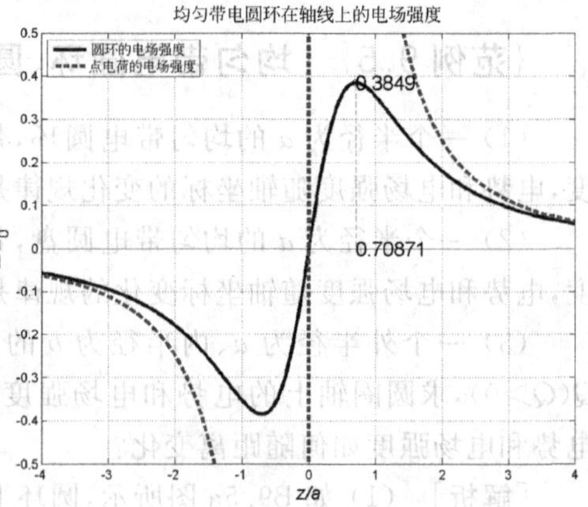


P9_5_1b 图

［**算法**］ (1) 取 $U_0=kQ/a$，$U_0$ 表示圆环电荷在圆心处产生的电势，则圆环轴上的电势可表示为

$$U=U_0\frac{1}{\sqrt{z^{*2}+1}} \tag{9.5.2*}$$

其中，$z^*=z/a$。取 $E_0=kQ/a^2$，$E_0$ 表示全部电荷集中在圆心时在圆环处产生的场强，则圆环轴上的电场强度为

$$E=E_0\frac{z^*}{(z^{*2}+1)^{3/2}} \tag{9.5.3*}$$

［程序］ P9_5_1.m 见网站。

［解析］ (2) 当电荷均匀分布在圆盘上时，电荷的面密度为

$$\sigma = Q/\pi a^2 \tag{9.5.8}$$

如B9.5b图所示，在圆盘上取一半径为 $R$、宽度为 $\mathrm{d}R$ 的圆环，其面积为

$$\mathrm{d}S = 2\pi R\mathrm{d}R$$

所带的电量为

$$\mathrm{d}q = \sigma\mathrm{d}S$$

环电荷在场点 $P$ 产生的电势为

$$\mathrm{d}U = \frac{k\mathrm{d}q}{\sqrt{z^2 + R^2}} = \frac{k\sigma 2\pi R\mathrm{d}R}{\sqrt{z^2 + R^2}}$$

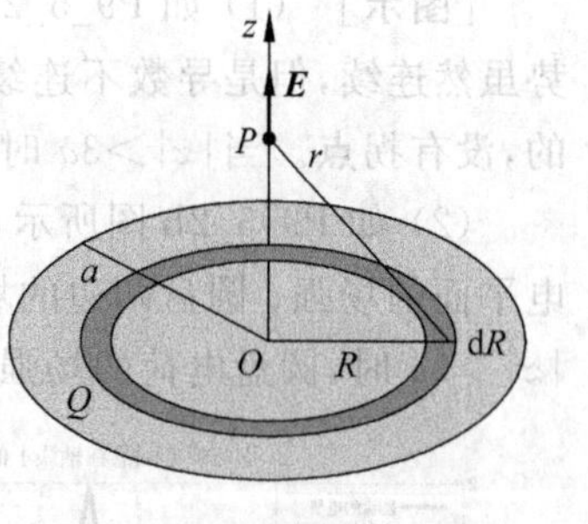


B9.5b 图

全部电荷在场点 $P$ 产生的电势为

$$U = k2\pi\sigma\int_0^a \frac{R\mathrm{d}R}{\sqrt{z^2 + R^2}}$$

其中，$z$ 是场点坐标，在积分中是常量。因此

$$U = k\pi\sigma\int_0^a (z^2 + R^2)^{-1/2}\mathrm{d}(z^2 + R^2) = 2k\pi\sigma(z^2 + R^2)^{1/2}\Big|_0^a = 2k\pi\sigma(\sqrt{z^2 + a^2} - |z|)$$

将(9.5.8)式代入得

$$U = \frac{2kQ}{a^2}(\sqrt{z^2 + a^2} - |z|) \tag{9.5.9}$$

当 $z=0$ 时电势最高，为 $U=2kQ/a$。当 $|z|\gg a$ 时，电势为

$$U = \frac{2kQ}{a^2}\left[|z|\left(1 + \frac{a^2}{z^2}\right)^{1/2} - |z|\right] \approx \frac{2kQ}{a^2}\left[|z|\frac{a^2}{2z^2}\right] = \frac{kQ}{|z|}$$

这是点电荷的电势。

圆盘两边场强的方向不同。如果 $z>0$，轴线上的场强为

$$E = -\frac{\mathrm{d}U}{\mathrm{d}z} = -\frac{2kQ}{a^2}\frac{\mathrm{d}}{\mathrm{d}z}(\sqrt{z^2 + a^2} - z) = \frac{2kQ}{a^2}\left(1 - \frac{z}{\sqrt{z^2 + a^2}}\right)$$

当 $z\to+0$ 时，$E\to 2kQ/a^2=\sigma/2\varepsilon_0$，这是无限大均匀带电平面在正面产生的场强。当 $z\gg a$ 时，可得

$$E = \frac{2kQ}{a^2}\left[1 - \left(1 + \frac{a^2}{z^2}\right)^{-1/2}\right] \to \frac{2kQ}{a^2}\frac{1}{2}\frac{a^2}{z^2} = \frac{kQ}{z^2}$$

这是点电荷的场强。

如果 $z<0$，轴线上的场强为

$$E = -\frac{\mathrm{d}U}{\mathrm{d}z} = -\frac{2kQ}{a^2}\frac{\mathrm{d}}{\mathrm{d}z}(\sqrt{z^2 + a^2} + z) = -\frac{2kQ}{a^2}\left(1 + \frac{z}{\sqrt{z^2 + a^2}}\right)$$

当 $z\to-0$ 时，$E\to -2kQ/a^2=-\sigma/2\varepsilon_0$，这是无限大均匀带电平面在另一面产生的场强。可见：圆盘两边的场强不连续。当 $-z\gg a$ 时，可得

$$E = -\frac{2kQ}{a^2}\left[1 + \frac{z}{-z}\left(1 + \frac{a^2}{z^2}\right)^{-1/2}\right] \to -\frac{kQ}{z^2}$$

这是点电荷在负轴上产生的场强。

轴上的场强可统一表示为

$$E = \frac{z}{|z|}\frac{2kQ}{a^2}\left(1 - \frac{|z|}{\sqrt{z^2+a^2}}\right) \tag{9.5.10}$$

［图示］ (1) 如 P9_5_2a 图所示，圆盘电荷在中心产生的电势最大，该点左右两边的电势虽然连续，但是导数不连续，因而圆盘两边的场强不连续。两边的电势曲线都是向上凹的，没有拐点。当$|z|>3a$ 时，圆盘电荷的电势接近于点电荷的电势。

(2) 如 P9_5_2b 图所示，圆盘电荷在中心附近产生的场强最大，该场强表示“无限大”带电平面的场强；圆盘两边的场强方向不同，因而不连续。当距离增加时，场强持续减小；当$|z|>3a$ 时，圆盘电荷的场强接近于点电荷的场强。

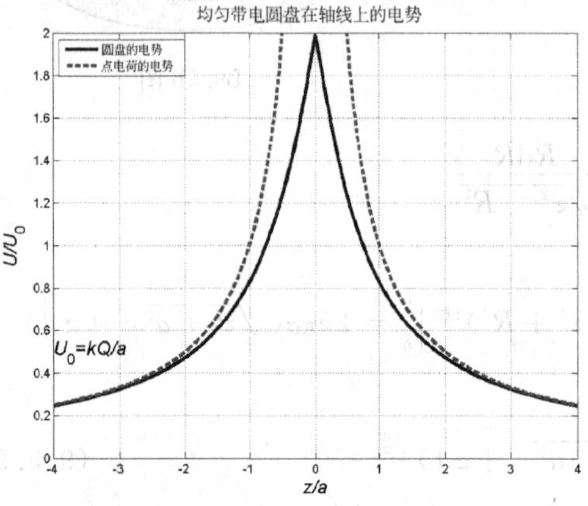

P9_5_2a 图

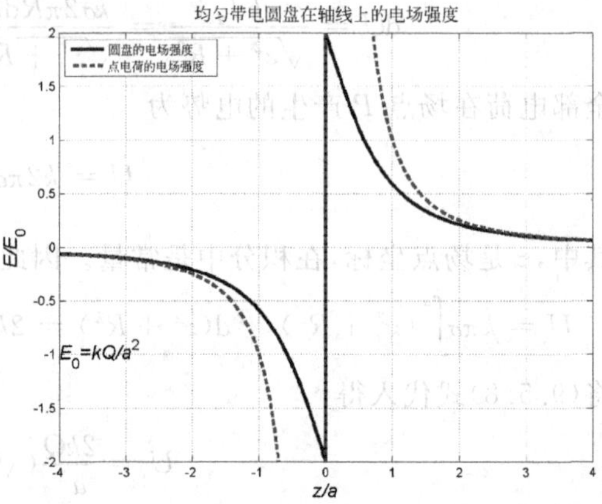

P9_5_2b 图

［算法］ (2) 取 $U_0 = kQ/a$，$E_0 = kQ/a^2$，圆盘轴上的电势和电场强度分别为

$$U = U_0 2(\sqrt{z^{*2}+1} - |z^*|) \tag{9.5.9*}$$

$$E = E_0 \frac{z^*}{|z^*|}2\left(1 - \frac{|z^*|}{\sqrt{z^{*2}+1}}\right) \tag{9.5.10*}$$

其中 $z^* = z/a$。

［程序］ P9_5_2.m 见网站。

［解析］ (3) 当电荷均匀分布在外半径为 $a$、内半径为 $b$ 的圆圈上时，如 B9.5c 图所示，圆圈的面积为

$$S = \pi(a^2 - b^2)$$

电荷的面密度为

$$\sigma = Q/S \tag{9.5.11}$$

在圆圈上取一半径为 $R$、宽度为 $\mathrm{d}R$ 的圆环，在场点 $P$ 产生的电势为

$$\mathrm{d}U = \frac{k\sigma 2\pi R\mathrm{d}R}{\sqrt{z^2+R^2}}$$

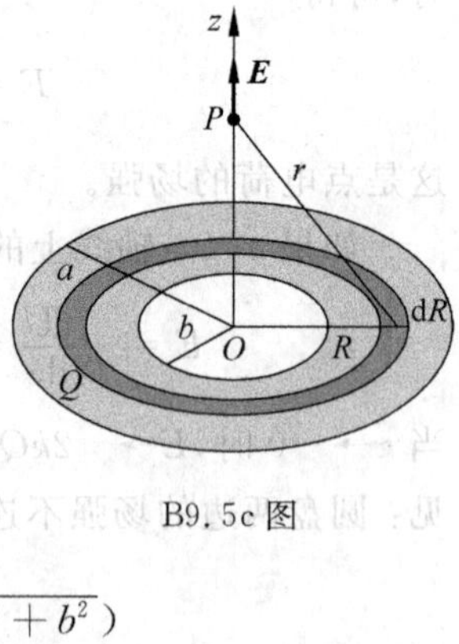

B9.5c 图

场点 $P$ 的电势为

$$U = k2\pi\sigma\int_b^a \frac{R\mathrm{d}R}{\sqrt{z^2+R^2}} = 2k\pi\sigma(\sqrt{z^2+a^2} - \sqrt{z^2+b^2})$$

将(9.5.11)式代入得

$$U=\frac{2kQ}{a^2-b^2}(\sqrt{z^2+a^2}-\sqrt{z^2+b^2}) \tag{9.5.12}$$

在 $z=0$ 处的电势为

$$U=\frac{2kQ}{a+b} \tag{9.5.13}$$

如果 $b=a$,可得带电圆环中心的电势 $U=kQ/a$; 如果 $b=0$,则得带电圆盘中心的电势 $U=2kQ/a$。

根据公式 $E=-\mathrm{d}U/\mathrm{d}z$ 可得圆圈轴线上的场强

$$E=\frac{2kQz}{a^2-b^2}\left(\frac{1}{\sqrt{z^2+b^2}}-\frac{1}{\sqrt{z^2+a^2}}\right) \tag{9.5.14}$$

如果 $b\neq a$,当 $z=0$ 时,圆圈中心的场强 $E=0$; 当 $z\to\pm\infty$时,$E\to 0$,因此,场强 $E$ 在 $z$ 从 0 到$\pm\infty$之间有极值。令

$$\frac{\mathrm{d}E}{\mathrm{d}z}=\frac{2kQ}{a^2-b^2}\left[\frac{b^2}{(z^2+b^2)^{3/2}}-\frac{a^2}{(z^2+a^2)^{3/2}}\right]\Bigg|_{z=z_M}=0$$

解得极值坐标

$$z_M=\pm\sqrt{\frac{b^{4/3}a^2-a^{4/3}b^2}{a^{4/3}-b^{4/3}}} \tag{9.5.15}$$

将上式代入(9.5.14)式,经过化简可得场强的极值

$$E_M=\pm 2kQab\left(\frac{1/b^{2/3}-1/a^{2/3}}{a^2-b^2}\right)^{3/2} \tag{9.5.16}$$

[讨论] (1) 当 $b\to 0$ 时,圆圈演变成圆盘,由(9.5.12)式可得轴上的电势

$$U=\frac{2kQ}{a^2}(\sqrt{z^2+a^2}-|z|)$$

由(9.5.14)式可得轴上的场强

$$E=\frac{2kQz}{a^2}\left(\frac{1}{|z|}-\frac{1}{\sqrt{z^2+a^2}}\right)=\frac{z}{|z|}\frac{2kQ}{a^2}\left(1-\frac{|z|}{\sqrt{z^2+a^2}}\right)$$

(2) 当 $b\to a$ 时,圆圈演变成圆环,由(9.5.12)式可得轴上的电势

$$U=2kQ\frac{1}{\sqrt{z^2+a^2}+\sqrt{z^2+b^2}}\to\frac{kQ}{\sqrt{z^2+a^2}}$$

由(9.5.14)式得轴上的场强

$$E=\frac{2kQz}{\sqrt{z^2+a^2}\sqrt{z^2+b^2}}\left(\frac{\sqrt{z^2+a^2}-\sqrt{z^2+b^2}}{a^2-b^2}\right)$$
$$=\frac{2kQz}{\sqrt{z^2+a^2}\sqrt{z^2+b^2}}\left(\frac{1}{\sqrt{z^2+a^2}+\sqrt{z^2+b^2}}\right)$$

即

$$E\to\frac{kQz}{(z^2+a^2)^{3/2}}$$

根据罗必塔法则,由(9.5.15)式可得圆环场强的极值坐标

$$z_M\to\pm\sqrt{\frac{(4/3)b^{1/3}a^2-a^{4/3}2b}{-(4/3)b^{1/3}}}\to\pm\frac{a}{\sqrt{2}}$$

结果与(9.5.4)式相同。由(9.5.9)式可得圆环场强的极值

$$E_{\mathrm{M}} \rightarrow \pm 2kQab\left[\frac{(-2/3)b^{-5/3}}{-2b}\right]^{3/2} \rightarrow \pm \frac{2\sqrt{3}}{9}\frac{kQ}{a^2}$$

结果与(9.5.5)式相同。

(3) 如果 $z \gg a$,根据二项式定理,由(9.5.12)式得

$$U = \frac{2kQ|z|}{a^2-b^2}\left[\left(1+\frac{a^2}{z^2}\right)^{1/2} - \left(1+\frac{b^2}{z^2}\right)^{1/2}\right] \approx \frac{2kQ|z|}{a^2-b^2}\left[\left(1+\frac{a^2}{2z^2}\right) - \left(1+\frac{b^2}{2z^2}\right)\right] = \frac{kQ}{|z|}$$

这是点电荷的电势。由(9.5.14)式得

$$E = \frac{2kQz}{(a^2-b^2)|z|}\left[\left(1+\frac{b^2}{z^2}\right)^{-1/2} - \left(1+\frac{a^2}{z^2}\right)^{-1/2}\right] \approx \frac{z}{|z|}\frac{kQ}{z^2}$$

这是点电荷的场强。可见:圆圈电荷在远处产生的电场接近于点电荷产生的电场。

[**图示**] (1) P9_5_3a 图显示了均匀带电圆环到均匀带电圆盘的电势的演变过程。在中心点,圆环电荷产生的电势最小,导数为零;随着圆圈宽度的增加,中心点的电势也增加,极大值变“尖”了,但导数仍然为零,这是因为电荷离轴线变近的缘故;当圆圈变成圆盘时,电荷产生的电势最大,形成“尖”形,导数不但不为零,并且左右导数不相等。当距离比较大时,所有电荷的电势都与点电荷产生的电势相近。

(2) P9_5_3b 图显示了均匀带电圆环到均匀带电圆盘的电场强度的演变过程。圆环电荷和圆圈电荷在中心点产生的场强为零,不论圆圈宽度如何,场强都有极值。场强的极值分布在一条曲线上,随宽度的增加而增加,也越靠近中心点。圆盘的电场是极限情况,场强的极值就在中心处。当距离比较大时,所有电荷的场强都与点电荷的场强相近。

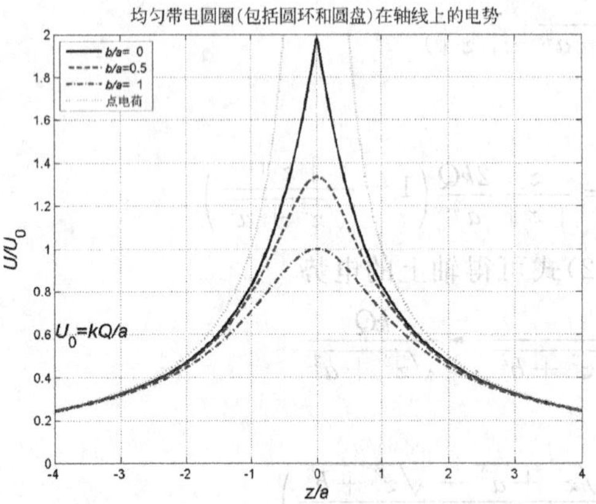


P9_5_3a 图

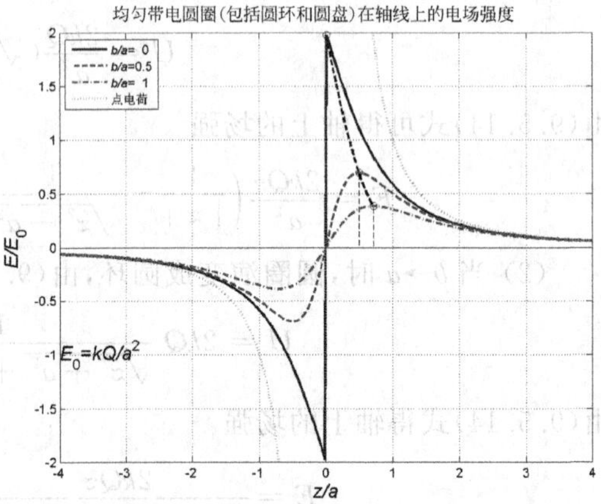


P9_5_3b 图

[**算法**] (3) 取电势单位为 $U_0 = kQ/a$,则圆圈轴上的电势为

$$U = U_0 \frac{2}{1-(b/a)^2}\left[\sqrt{z^{*2}+1} - \sqrt{z^{*2}+\left(\frac{b}{a}\right)^2}\right] \tag{9.5.12*}$$

其中,$z^* = z/a$。取场强单位为 $E_0 = kQ/a^2$,则圆圈轴上的电场强度为

$$E = E_0 \frac{2z^*}{1-(b/a)^2}\left[\frac{1}{\sqrt{z^{*2}+(b/a)^2}} - \frac{1}{\sqrt{z^{*2}+1}}\right] \tag{9.5.14*}$$

场强的极值坐标为

$$z^* = \pm\sqrt{\frac{(b/a)^{4/3} - (b/a)^2}{1 - (b/a)^{4/3}}} \tag{9.5.15*}$$

场强的极值为

$$E_M = \pm E_0 \frac{2b}{a}\left[\frac{(a/b)^{2/3} - 1}{1 - (b/a)^2}\right]^{3/2} \tag{9.5.16*}$$

取圆圈的内半径为参数向量，取轴坐标为自变量向量，化为矩阵，计算轴上各点的电势和电场强度，用矩阵画线法画曲线族。为了便于比较，再加上点电荷的电势和电场强度随坐标变化的曲线。

［程序］ P9_5_3.m 见网站。

## {范例 9.6} 均匀带电球面、球体和球壳的电场

(1) 一均匀带电球面，半径为 $R$，带电量为 $Q$，求电荷产生的电场强度和电势。如果电荷均匀分布在同样大小的球体内，求球体的电场强度和电势。

(2) 一均匀带电球壳，内部是空腔，球壳内外半径分别为 $R_0$ 和 $R$，带电量为 $Q$，求空间各点的电场强度和电势。对于不同的球壳厚度，电场强度和电势随距离变化的规律是什么？

［解析］ (1) 如 B9.6a 图所示，不论球面还是球体，由于电荷分布具有球对称性，所激发的电场也是球对称的，用高斯定理求解比较简单。

设 $Q>0$，不论场点在球内还是在球外，由于对称的缘故，电场线都沿着球心到场点的连线。

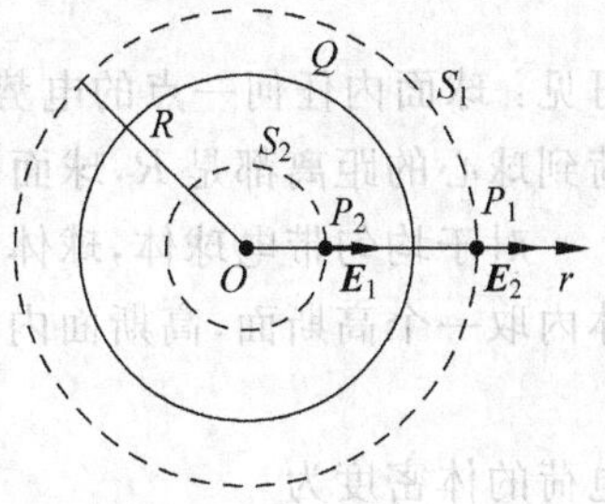

B9.6a 图

对于球外的点 $P_1$，以 $O$ 为球心，过 $P_1$ 点做一个半径 $r$ 的高斯球面 $S_1$。在 $P_1$ 点取一个面积元 $\mathrm{d}\boldsymbol{S}$，其法线方向与场强方向一致，通过该面积元的电通量为 $\mathrm{d}\Phi_E = \boldsymbol{E}\cdot\mathrm{d}\boldsymbol{S}$。通过高斯面的电通量为

$$\Phi_E = \oint_S \boldsymbol{E}\cdot\mathrm{d}\boldsymbol{S} = \int_S E\mathrm{d}S = E\oint_S \mathrm{d}S$$

即

$$\Phi_E = E4\pi r^2 \tag{9.6.1}$$

高斯面所包围的电量为 $Q$，根据高斯定理有

$$\Phi_E = Q/\varepsilon_0 \tag{9.6.2}$$

两式联立可得场强大小为

$$E = \frac{Q}{4\pi\varepsilon_0 r^2} = \frac{kQ}{r^2}, \quad r > R \tag{9.6.3a}$$

当 $Q>0$ 时，场强的方向沿着径向向外；当 $Q<0$ 时，场强的方向沿着径向向内。

对于球面内的点 $P_2$，同样做高斯面，高斯面内 $Q=0$，根据高斯定理得

$$E = 0, \quad r < R \tag{9.6.3b}$$

可见：在均匀带电球面内，场强为零；在均匀带电球面外，各点的场强与电荷全部集中在球心处的点电荷所激发的场强相同。在球的外表面，场强大小为

$$E_0 = \frac{kQ}{R^2} \tag{9.6.4a}$$

可见：球面内外的场强发生跃变。

取无穷远处的电势为零，取一条从 $P_1$ 开始的电场线作为积分路径，则 $P_1$ 的电势为

$$U=\int_r^\infty \boldsymbol{E}\cdot \mathrm{d}\boldsymbol{s}=\int_r^\infty E\mathrm{d}r=\int_r^\infty \frac{kQ}{r^2}\mathrm{d}r=-\frac{kQ}{r}\bigg|_r^\infty$$

即

$$U=\frac{kQ}{r},\quad r>R \tag{9.6.5a}$$

当 $r=R$ 时，球壳外表面的电势为

$$U_0=\frac{kQ}{R} \tag{9.6.4b}$$

可见：均匀带电球面外各点的电势与电荷全部集中在球心处的点电荷所产生的电势相同。

取一条从 $P_2$ 开始的电场线作为积分路径，则 $P_2$ 的电势为

$$U=\int_r^\infty \boldsymbol{E}\cdot \mathrm{d}\boldsymbol{s}=\int_r^R \boldsymbol{E}\cdot \mathrm{d}\boldsymbol{s}+\int_R^\infty \boldsymbol{E}\cdot \mathrm{d}\boldsymbol{s}=0+\int_R^\infty E\mathrm{d}r=\int_R^\infty \frac{kQ}{r^2}\mathrm{d}r$$

即

$$U=\frac{kQ}{R}=U_0,\quad r<R \tag{9.6.5b}$$

可见：球面内任何一点的电势都与表面的电势相同，球内空腔是一个等势体。球面所有电荷到球心的距离都是 $R$，球面的电势就是所有电荷在球心产生的电势。

对于均匀带电球体，球体外的电场强度和电势与均匀带电球面的公式是相同的。在球体内取一个高斯面，高斯面内有电荷，并且电荷的体密度处处相等。球体的全部体积为

$$V_R=4\pi R^3/3$$

电荷的体密度为

$$\rho=Q/V_R$$

高斯面内的体积为

$$V_r=4\pi r^3/3$$

高斯面内的电量为

$$q=\rho V_r=QV_r/V_R=Qr^3/R^3$$

根据高斯定理得方程

$$\Phi_E=E4\pi r^2=q/\varepsilon_0$$

球体内场强为

$$E=\frac{Qr}{4\pi\varepsilon_0 R^3}=\frac{kQr}{R^3},\quad r<R \tag{9.6.3c}$$

可见：球心处的场强为零，球内场强与半径成正比。在 $r=R$ 处，场强为

$$E=\frac{kQ}{R^2}=E_0$$

可知：场强在球面上的变化是连续的。

取一条从 $P_2$ 开始的电场线作为积分路径，则 $P_2$ 的电势为

$$U=\int_r^\infty \boldsymbol{E}\cdot \mathrm{d}\boldsymbol{s}=\int_r^R E\mathrm{d}r+\int_R^\infty E\mathrm{d}r=\int_r^R \frac{kQr}{R^3}\mathrm{d}r+\int_R^\infty \frac{kQ}{r^2}\mathrm{d}r=\frac{kQ}{2R^3}(R^2-r^2)+\frac{kQ}{R}$$

即

$$U=\frac{kQ}{2R^3}(3R^2-r^2),\quad r<R \tag{9.6.5c}$$

可见：均匀带电球体不是等势体，球心处的电势最高。

［图示］ (1) 如 P9_6_1a 图之上图所示，球面内部的场强为零，球面外部场强随距离的增加而减小。在球面的内外表面，电场强度不连续。

(2) 如 P9_6_1a 图之下图所示，均匀带电球面内外的电势是连续的，球面内电势是一个常量，球面外电势随距离的增加而减小。

(3) 如 P9_6_1b 图之上图所示，球体内场强与距离成正比，球体外的电场强度与球面外电场强度的变化规律是相同的；在球的内外表面，电场强度是连续的。

(4) 如 P9_6_1b 图之下图所示，均匀带电球体中心的电势最高，球体内的电势随距离的增加而加速减小，球体外电势与球面外电势的变化规律是相同的。

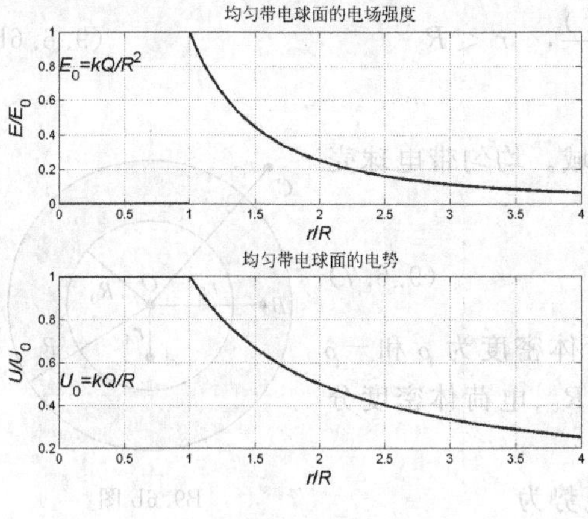

P9_6_1a 图

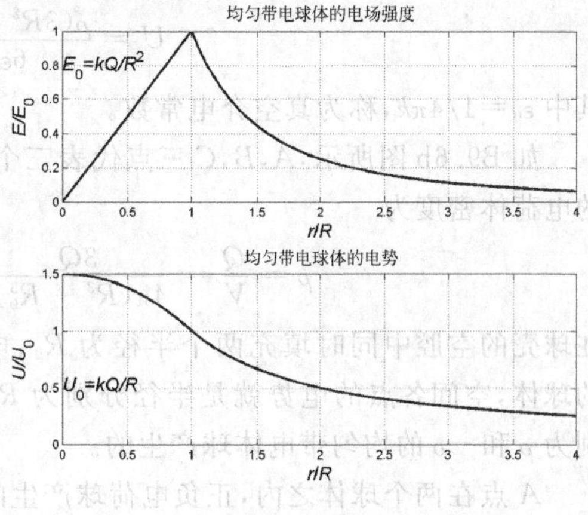

P9_6_1b 图

［算法］ (1) 取球的外表面的电场强度为场强的单位，则球外任何一点的电场强度为

$$E=\frac{E_0}{r^{*2}},\quad r^*>1 \tag{9.6.3a*}$$

其中 $r^*=r/R$。用球面的电势作为单位，则球外任何一点的电势为

$$U=\frac{U_0}{r^*},\quad r^*>1 \tag{9.6.5a*}$$

对于球面，内部任何一点的电场强度为零，电势为常量：

$$U=U_0,\quad r^*<1 \tag{9.6.5b*}$$

对于球体，内部任何一点的电场强度可表示为

$$E=E_0 r^*,\quad r^*<1 \tag{9.6.3c*}$$

球内任何一点的电势可表示为

$$U=\frac{U_0}{2}(3-r^{*2}),\quad r^*<1 \tag{9.6.5c*}$$

［程序］ P9_6_1.m 见网站。

［解析］ (2) 根据高斯定理可先求电场强度，再求电势。反过来，利用均匀带电球体的电势先求球壳的电势，再求电场。

均匀带电球体的电量与电荷体密度的关系为

$$Q=\rho V=\frac{4}{3}\pi R^3\rho$$

根据(9.6.5a)式,球体外部的电势用电荷密度表示为

$$U=\frac{kQ}{r}=\frac{4}{3}\pi R^3\frac{k\rho}{r}$$

即

$$U=\frac{\rho R^3}{3\varepsilon_0 r},\quad r>R \tag{9.6.6a}$$

根据(9.6.5c)式,球体内部的电势用电荷密度表示为

$$U=\frac{kQ}{2R^3}(3R^2-r^2)=\frac{2}{3}\pi k\rho(3R^2-r^2)$$

即

$$U=\frac{\rho(3R^2-r^2)}{6\varepsilon_0},\quad r<R \tag{9.6.6b}$$

其中 $\varepsilon_0=1/4\pi k$,称为真空介电常数。

如B9.6b图所示,$A,B,C$三点代表三个区域。均匀带电球壳的电荷体密度为

$$\rho=\frac{Q}{V}=\frac{3Q}{4\pi(R^3-R_0^3)} \tag{9.6.7}$$

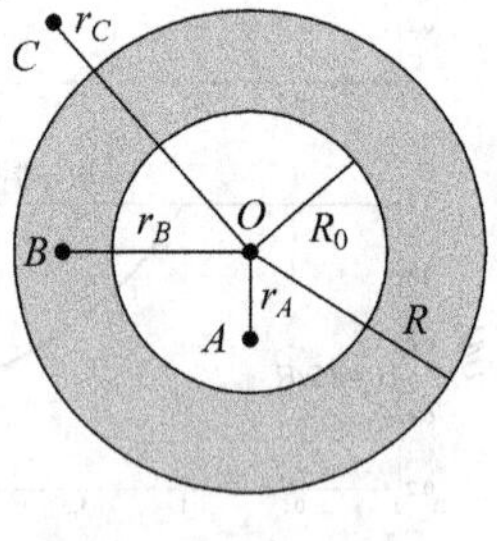

B9.6b 图

在球壳的空腔中同时填充两个半径为 $R_0$、电荷体密度为 $\rho$ 和 $-\rho$ 的球体,空间各点的电势就是半径分别为 $R$ 和 $R_0$、电荷体密度分别为 $\rho$ 和 $-\rho$ 的均匀带电体球产生的。

$A$ 点在两个球体之内,正负电荷球产生的电势为

$$U_{A+}=\frac{\rho(3R^2-r^2)}{6\varepsilon_0},\quad U_{A-}=\frac{-\rho(3R_0^2-r^2)}{6\varepsilon_0}$$

$A$ 点的电势为

$$U_A=U_{A+}+U_{A-}=\frac{\rho(R^2-R_0^2)}{2\varepsilon_0}$$

将(9.6.7)式代入上式可得

$$U_A=\frac{3kQ(R^2-R_0^2)}{2(R^3-R_0^3)}=\frac{3kQ(R+R_0)}{2(R^2+RR_0+R_0^2)},\quad r\leqslant R_0 \tag{9.6.8a}$$

可见:空腔内的电势为常量。$A$ 点的场强大小为

$$E_A=-\frac{\mathrm{d}U_A}{\mathrm{d}r}=0,\quad r\leqslant R_0 \tag{9.6.8b}$$

$B$ 点在正电荷球体之内,负电荷球体之外,正负电荷球产生的电势为

$$U_{B+}=\frac{\rho(3R^2-r^2)}{6\varepsilon_0},\quad U_{B-}=\frac{-\rho R_0^3}{3\varepsilon_0 r}$$

$B$ 点的电势为

$$U_B=U_{B+}+U_{B-}=\frac{\rho}{6\varepsilon_0}\left(3R^2-r^2-\frac{2R_0^3}{r}\right)$$

即

$$U_B = \frac{kQ}{2(R^3-R_0^3)}\left(3R^2-r^2-\frac{2R_0^3}{r}\right),\quad R_0\leqslant r\leqslant R \tag{9.6.9a}$$

当 $r=R_0$ 时，$B$ 点的电势为

$$U_B = \frac{3kQ}{2(R^3-R_0^3)}(R^2-R_0^2)$$

这正好是空腔中的电势。$B$ 点的场强大小为

$$E_B = -\frac{\mathrm{d}U_B}{\mathrm{d}r} = \frac{kQ}{R^3-R_0^3}\left(r-\frac{R_0^3}{r^2}\right),\quad R_0\leqslant r\leqslant R \tag{9.6.9b}$$

$C$ 点在正负电荷球体之外，正负电荷球产生的电势为

$$U_{C+} = \frac{\rho R^3}{3\varepsilon_0 r},\quad U_{C-} = \frac{-\rho R_0^3}{3\varepsilon_0 r}$$

$C$ 点的电势为

$$U_C = U_{C+} + U_{C-} = \frac{\rho(R^3-R_0^3)}{3\varepsilon_0 r}$$

即

$$U_C = \frac{kQ}{r},\quad R\leqslant r \tag{9.6.10a}$$

$C$ 点的场强大小为

$$E_C = -\frac{\mathrm{d}U_C}{\mathrm{d}r} = \frac{kQ}{r^2},\quad R\leqslant r \tag{9.6.10b}$$

可见：$C$ 点的电势和场强等效于全部电荷集中在球心产生的。

［讨论］ (1) 当 $R_0=0$ 时，空腔缩为一点，球壳就变成球体。根据(9.6.8a)式，$A$ 点(球心)的电势为

$$U_A = \frac{3kQ}{2R},\quad r=0$$

根据(9.6.9a)式，$B$ 点的电势为

$$U_B = \frac{kQ}{2R^3}(3R^2-r^2),\quad 0\leqslant r\leqslant R$$

根据(9.6.9b)式，$B$ 点的场强大小为

$$E_B = \frac{kQ}{R^3}r,\quad 0\leqslant r\leqslant R$$

当 $r=0$ 时，$U_B=U_A$，$E_B=E_A=0$。

(2) 当 $R_0\to R$ 时，球壳就变成球面。根据(9.6.8a)式，$A$ 点的电势为

$$U_A = \frac{kQ}{R},\quad r\leqslant R$$

根据(9.6.9a)式，不论 $r=R_0$，还是 $r=R$，当 $R_0\to R$ 时，$B$ 点的电势 $U_B\to U_A$。

［图示］ (1) 如 P9_6_2 图之上图所示，不妨取球壳内半径与外半径之比为 0.5。空腔内的场强为零，球壳内的场强随距离增加而增强，球壳外的

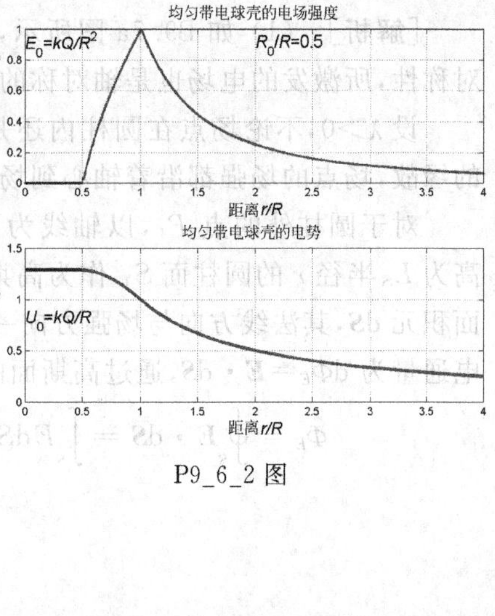


P9_6_2 图

场强随距离的增加而减小。在球壳的内外表面,电场强度是连续的。如 P9_6_2 图之下图所示,空腔内的电势是常数,球壳中的电势随距离的增加而加速减小,球壳外电势随距离的增加而减速减小。

(2) 当球壳内半径与外半径之比为 1 时,球壳就变成球面,电势和电场强度的曲线与 P9_6_1a 图相同(图略)。当球壳内半径与外半径之比为 0 时,球壳就变成球体,电势和电场强度的曲线与 P9_6_1b 图相同(图略)。

[**算法**] (2) 取 $U_0=kQ/R$ 作为电势的单位,则各个区域的电势可表示为

$$U_A=U_0\frac{3(1+R_0/R)}{2[1+R_0/R+(R_0/R)^2]},\quad r^*\leqslant R_0/R \tag{9.6.8a*}$$

$$U_B=U_0\frac{1}{2[1-(R_0/R)^3]}\left[3-r^{*2}-2\frac{(R_0/R)^3}{r^*}\right],\quad R_0/R\leqslant r^*\leqslant 1 \tag{9.6.9a*}$$

$$U_C=U_0\frac{1}{r^*},\quad 1\leqslant r^* \tag{9.6.10a*}$$

其中,$r^*=r/R$。取 $E_0=kQ/R^2$ 作为电场强度的单位,则各个区域的场强大小可表示为

$$E_A=0,\quad r^*\leqslant R_0/R \tag{9.6.8b*}$$

$$E_B=E_0\frac{1}{1-(R_0/R)^3}\left[r^*-\frac{(R_0/R)^3}{r^{*2}}\right],\quad R_0/R\leqslant r^*\leqslant 1 \tag{9.6.9b*}$$

$$E_C=E_0\frac{1}{r^{*2}},\quad 1\leqslant r^* \tag{9.6.10b*}$$

当半径比 $R_0/R$ 确定之后,各点的电势和电场强度也就确定了。球壳的内外半径之比是可调节的参数。

[**程序**] P9_6_2.m 见网站。

## {范例 9.7} 均匀带电圆柱面、圆柱体和圆柱壳的电场

(1) 一无限长均匀带电圆柱面,半径为 $R$,单位长度的带电量(电荷的线密度)为 $\lambda$,求电荷产生的电场强度和电势,电场强度和电势随距离变化的规律是什么?如果电荷均匀分布在同样大小的圆柱体内,求解同样的问题。

(2) 一均匀带电圆柱壳,内部是空腔,圆柱壳内外半径分别为 $R_0$ 和 $R$,电荷的线密度仍为 $\lambda$,求空间各点的电场强度和电势。对于不同厚度的圆柱壳,电场强度和电势随距离变化的规律是什么?

[**解析**] (1) 如 B9.7a 图所示,由于电荷分布具有轴对称性,所激发的电场也是轴对称的。

设 $\lambda>0$,不论场点在圆柱内还是在圆柱外,由于对称的缘故,场点的场强都沿着轴心到场点的连线。

对于圆柱外的点 $P_1$,以轴线为中线,过 $P_1$ 点做一个高为 $L$、半径 $r$ 的圆柱面 $S_1$ 作为高斯面。在 $P_1$ 点取一个面积元 $\mathrm{d}\boldsymbol{S}$,其法线方向与场强方向一致。通过该面积元的电通量为 $\mathrm{d}\Phi_E=\boldsymbol{E}\cdot\mathrm{d}\boldsymbol{S}$,通过高斯面的电通量为

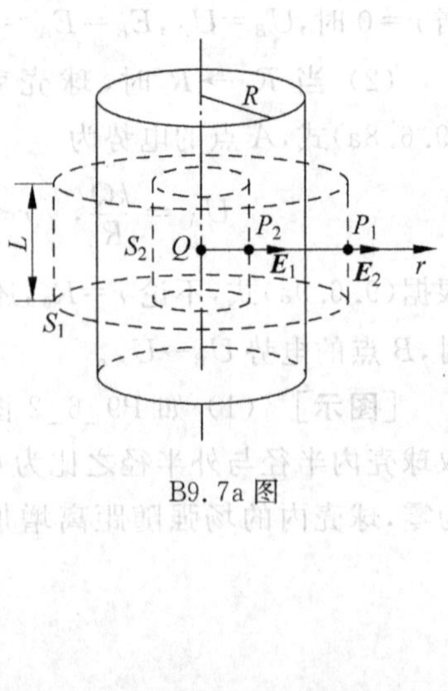

B9.7a 图

$$\Phi_E=\oint_S\boldsymbol{E}\cdot\mathrm{d}\boldsymbol{S}=\int_S E\mathrm{d}S=E\oint_S\mathrm{d}S$$

即

$$\Phi_E = E2\pi rL \tag{9.7.1}$$

高斯面所包围的电量为 $Q=\lambda L$，根据高斯定理得

$$\Phi_E = Q/\varepsilon_0 \tag{9.7.2}$$

两式联立可得场强大小为

$$E = \frac{\lambda}{2\pi\varepsilon_0 r} = \frac{2k\lambda}{r}, \quad r > R \tag{9.7.3a}$$

当 $\lambda>0$ 时，场强的方向垂直轴线向外；当 $\lambda<0$ 时，场强的方向垂直轴线向内。可见：均匀带电圆柱面或圆柱体外各点的场强与电荷全部集中在轴线处的线电荷所激发的场强相同。在圆柱的外表面，场强大小为

$$E_0 = \frac{2k\lambda}{R} \tag{9.7.4a}$$

对于圆柱面内的点 $P_2$，以轴线为中线，过 $P_2$ 点做一个高为 $L$、半径 $r$ 的圆柱面 $S_2$ 作为高斯面。在 $P_2$ 取一个面积元 $\mathrm{d}\boldsymbol{S}$，假设圆柱面内的场强不为零，同样可求得电通量(9.7.1)式。对于均匀带电圆柱面，高斯面内 $Q=0$，根据高斯定理得

$$E = 0, \quad r < R \tag{9.7.3b}$$

即：均匀带电圆柱面内的场强为零。圆柱内外表面的场强不连续。

如 B9.7b 图所示，在圆柱外取一点 $P_0$ 作为参考的电势零点，$P_0$ 到轴线的距离为 $r_0$。取一条从 $P_1$ 开始到 $P_0$ 为止的电场线作为积分路径，$P_1$ 的电势为

$$U = \int_r^{r_0} \boldsymbol{E}\cdot\mathrm{d}\boldsymbol{s} = \int_r^{r_0} E\,\mathrm{d}r = \int_r^{r_0} \frac{2k\lambda}{r}\mathrm{d}r$$

即

$$U = 2k\lambda\ln\frac{r_0}{r}, \quad r > R \tag{9.7.5a}$$

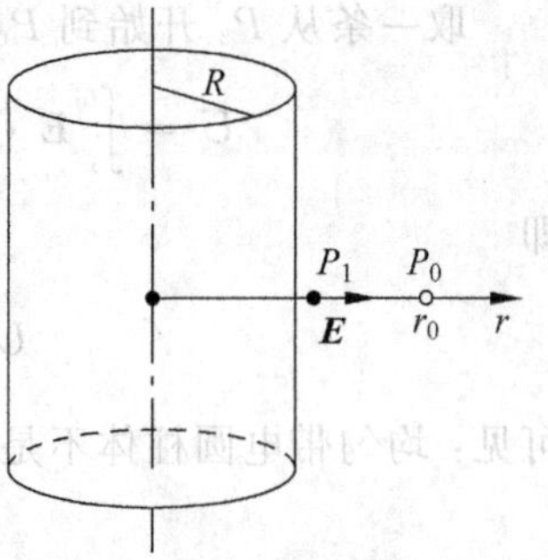


B9.7b 图

可见：均匀带电圆柱面外各点的电势与电荷全部集中在轴线处的线电荷所产生的电势相同。如果 $\lambda>0$，当 $r>r_0$ 时 $U<0$；当 $r<r_0$ 时，$U>0$。如果 $\lambda<0$，则结果相反。圆柱表面的电势为

$$U_0 = 2k\lambda\ln\frac{r_0}{R} \tag{9.7.4b}$$

取一条从 $P_2$ 开始、到 $P_0$ 为止的电场线作为积分路径，则 $P_2$ 的电势为

$$U = \int_r^{r_0} \boldsymbol{E}\cdot\mathrm{d}\boldsymbol{s} = \int_r^{R} \boldsymbol{E}\cdot\mathrm{d}\boldsymbol{s} + \int_R^{r_0} \boldsymbol{E}\cdot\mathrm{d}\boldsymbol{s} = 0 + \int_R^{r_0} E\,\mathrm{d}r = \int_R^{r_0} \frac{2k\lambda}{r}\mathrm{d}r$$

即

$$U = 2k\lambda\ln\frac{r_0}{R}, \quad r < R \tag{9.7.5b}$$

可见：圆柱面内任何一点的电势都与表面的电势相同，圆柱内空腔是一个等势体。

对于均匀带电圆柱体，柱体外的电场强度和电势与电荷全部集中在轴线处的线电荷所产生的电势相同。由于电荷的体密度处处相等，柱体内的场强不为零，电势也不是常量。

高为 $L$ 的圆柱体内的电量为

$$Q = \lambda L$$

圆柱体的体积为

$$V_R = \pi R^2 L$$

电荷的体密度为

$$\rho = Q/V_R$$

高斯面内的体积为

$$V_r = \pi r^2 L$$

高斯面内的电量为

$$q = \rho V_r = QV_r/V_R = Qr^2/R^2$$

根据高斯定理得方程

$$\Phi_E = E2\pi rL = q/\varepsilon_0$$

圆柱体内场强为

$$E = \frac{q}{2\pi\varepsilon_0 rL} = \frac{Qr}{2\pi\varepsilon_0 LR^2} = \frac{2k\lambda r}{R^2}, \quad r < R \tag{9.7.3c}$$

可见：轴线处的场强为零，圆柱内场强与半径成正比。当 $r \to R$ 时，场强为

$$E \to \frac{2k\lambda}{R} = E_0$$

这正好是圆柱外表面的场强。

取一条从 $P_2$ 开始到 $P_0$ 为止的电场线作为积分路径，则 $P_2$ 的电势为

$$U = \int_r^{r_0} \boldsymbol{E} \cdot \mathrm{d}\boldsymbol{s} = \int_r^R E\,\mathrm{d}r + \int_R^{r_0} E\,\mathrm{d}r = \int_r^R \frac{2k\lambda r}{R^2}\mathrm{d}r + \int_R^{r_0} \frac{2k\lambda}{r}\mathrm{d}r$$

即

$$U = \frac{k\lambda}{R^2}(R^2 - r^2) + 2k\lambda \ln\frac{r_0}{R}, \quad r < R \tag{9.7.5c}$$

可见：均匀带电圆柱体不是等势体，轴线处的电势最高。当 $r \to R$ 时，可得

$$U \to 2k\lambda \ln\frac{r_0}{R} = U_0$$

这正好是圆柱外表面的电势。

［**图示**］ (1) 如 P9_7_1a 图之上图所示，圆柱面内部的场强为零，柱面外部场强随距离的增加而减小。在圆柱面的内外表面，电场强度不连续。

(2) 如 P9_7_1a 图之下图所示，均匀带电圆柱面内外的电势是连续的，圆柱面内电势为零，柱面外电势随距离的增加按自然对数的规律减小。

(3) 如 P9_7_1b 图之上图所示，圆柱体内场强随距离成正比增强，柱体外的电场强度与柱面外电场强度的变化规律是相同的；在柱体的内外表面，电场强度是连续的。

(4) 如 P9_7_1b 图之下图所示，取圆柱体表面的电势为零，则柱体内部的电势为正，柱体外部的电势为负。均匀带电圆柱体内的电势随距离的增加而加速减小，柱体外电势与柱面外电势的变化规律是相同的。

［**算法**］ (1) 取圆柱的外表面的电场强度为场强的单位，则圆柱外任何一点的电场强度可表示为

$$E = \frac{E_0}{r^*}, \quad r^* > 1 \tag{9.7.3a*}$$

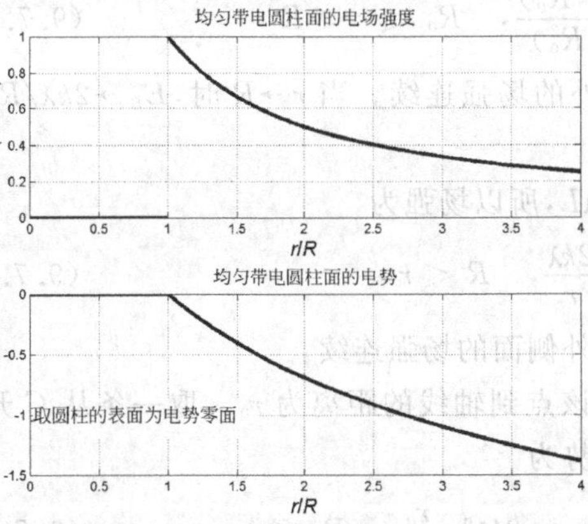


P9_7_1a 图

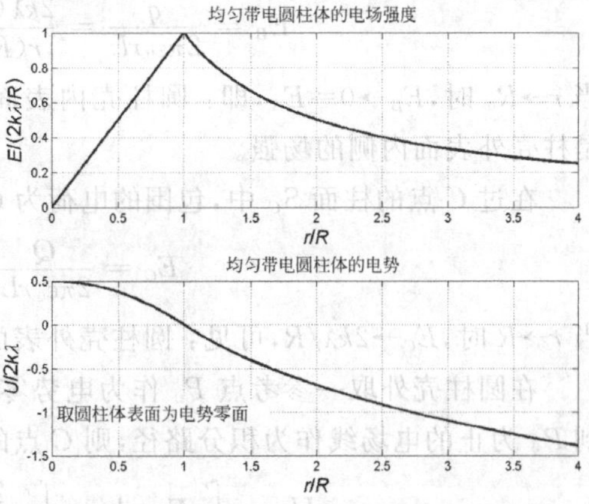


P9_7_1b 图

其中 $r^*=r/R$。取圆柱的表面电势为零，即 $r_0=R$，并取 $U_0=2k\lambda$ 作为电势单位，则圆柱外任何一点的电势为

$$U=U_0\ln\frac{1}{r^*},\quad r^*>1 \tag{9.7.5a*}$$

对于圆柱面，内部任何一点的电场强度为零，电势也为零。对于圆柱体，内部任何一点的电场强度可表示为

$$E=E_0r^*,\quad r^*<1 \tag{9.7.3c*}$$

圆柱内任何一点的电势可表示为

$$U=\frac{U_0}{2}(1-r^{*2}),\quad r^*<1 \tag{9.7.5c*}$$

［程序］ P9_7_1.m 见网站。

［解析］ (2) 带电圆柱壳的截面如 B9.7c 图所示，$A,B,C$ 三点代表三个区域。

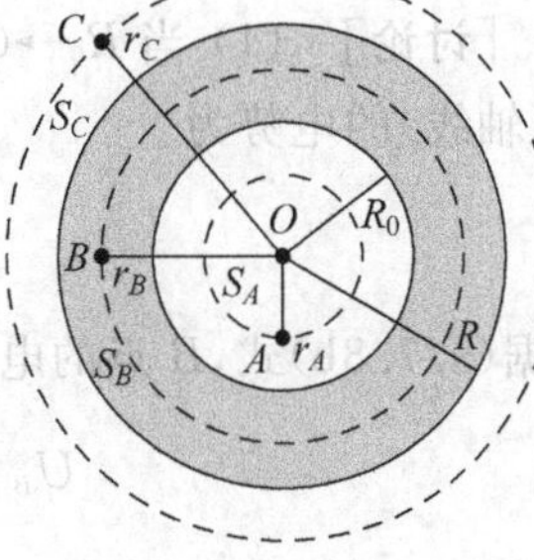


B9.7c 图

均匀带电圆柱壳的电荷体密度为

$$\rho=\frac{Q}{V}=\frac{Q}{2\pi(R^2-R_0^2)L}=\frac{\lambda}{2\pi(R^2-R_0^2)} \tag{9.7.6}$$

做一半径 $r$、高为 $L$ 的圆柱高斯面，通过柱面的电通量为

$$\Phi_E=E2\pi rL$$

在过 $A$ 点柱面 $S_A$ 中，由于内部电荷为零，因此 $A$ 点场强为

$$E_A=0,\quad r<R_0 \tag{9.7.7a}$$

在过 $B$ 点柱面 $S_B$ 中，包围电荷体积为

$$V_r=\pi(r^2-R_0^2)L$$

高斯面内的电量为

$$q=\rho V_r=\frac{\lambda(r^2-R_0^2)L}{R^2-R_0^2}$$

根据高斯定理得圆柱体内场强

$$E_B=\frac{q}{2\pi\varepsilon_0 rL}=\frac{2k\lambda(r^2-R_0^2)}{r(R^2-R_0^2)},\quad R_0<r<R \tag{9.7.7b}$$

当 $r\to R_0$ 时，$E_B\to 0=E_A$，即：圆柱壳内表面内外的场强连续。当 $r\to R$ 时，$E_B\to 2k\lambda/R$，这是柱壳外表面内侧的场强。

在过 $C$ 点的柱面 $S_C$ 中，包围的电荷为 $Q=\lambda L$，所以场强为

$$E_C=\frac{Q}{2\pi\varepsilon_0 rL}=\frac{2k\lambda}{r},\quad R<r \tag{9.7.7c}$$

当 $r\to R$ 时，$E_C\to 2k\lambda/R$，可见：圆柱壳外表面内外侧面的场强连续。

在圆柱壳外取一参考点 $P_0$ 作为电势零点，该点到轴线的距离为 $r_0$。取一条从 $C$ 开始到 $P_0$ 为止的电场线作为积分路径，则 $C$ 点的电势为

$$U_C=\int_r^{r_0}\boldsymbol{E}\cdot\mathrm{d}\boldsymbol{s}=\int_r^{r_0}\frac{2k\lambda}{r}\mathrm{d}r=2k\lambda\ln\frac{r_0}{r},\quad R\leqslant r \tag{9.7.8a}$$

取一条从 $B$ 开始到 $P_0$ 为止的电场线作为积分路径，则 $B$ 点的电势为

$$U_B=\int_r^{r_0}\boldsymbol{E}\cdot\mathrm{d}\boldsymbol{s}=\int_r^{R}E\mathrm{d}r+\int_R^{r_0}E\mathrm{d}r=\int_r^{R}\frac{2k\lambda(r^2-R_0^2)}{r(R^2-R_0^2)}\mathrm{d}r+\int_R^{r_0}\frac{2k\lambda}{r}\mathrm{d}r$$

即

$$U_B=\frac{2k\lambda}{R^2-R_0^2}\left[\frac{1}{2}(R^2-r^2)-R_0^2\ln\frac{R}{r}\right]+2k\lambda\ln\frac{r_0}{R},\quad R_0\leqslant r\leqslant R \tag{9.7.8b}$$

取一条从 $A$ 开始到 $P_0$ 为止的电场线作为积分路径，则 $A$ 点的电势为

$$U_A=\int_r^{r_0}\boldsymbol{E}\cdot\mathrm{d}\boldsymbol{s}=\int_r^{R_0}E\mathrm{d}r+\int_{R_0}^{R}E\mathrm{d}r+\int_R^{r_0}E\mathrm{d}r=0+\int_{R_0}^{R}\frac{2k\lambda(r^2-R_0^2)}{r(R^2-R_0^2)}\mathrm{d}r+\int_R^{r_0}\frac{2k\lambda}{r}\mathrm{d}r$$

即

$$U_A=\frac{2k\lambda}{R^2-R_0^2}\left[\frac{1}{2}(R^2-R_0^2)-R_0^2\ln\frac{R}{R_0}\right]+2k\lambda\ln\frac{r_0}{R},\quad r\leqslant R_0 \tag{9.7.8c}$$

**[讨论]** (1) 当 $R_0\to 0$ 时，空腔缩为一线，圆柱壳就变成圆柱体。根据(9.7.8a)式，$A$ 点(轴线)的电势为

$$U_A\to k\lambda+2k\lambda\ln\frac{r_0}{R},\quad r=0$$

根据(9.7.8b)式，$B$ 点的电势为

$$U_B\to\frac{k\lambda}{R^2}(R^2-r^2)+2k\lambda\ln\frac{r_0}{R},\quad 0\leqslant r\leqslant R$$

根据(9.7.7b)式，$B$ 点的场强大小为

$$E_B\to\frac{2k\lambda r}{R^2},\quad 0\leqslant r\leqslant R$$

当 $r=0$ 时，$U_B=U_A$，$E_B=E_A=0$。

(2) 当 $R_0\to R$ 时，圆柱壳就变成圆柱面。利用罗必塔法则，由(9.7.8a)式可得 $A$ 点的电势

$$U_A\to 2k\lambda\ln\frac{r_0}{R},\quad r\leqslant R_0$$

与圆柱外表面的电势相同。由于 $E_A=0$，与外表面场强不相等。

**[图示]** (1) 如 P9_7_2 图之上图所示，不妨取圆柱壳内半径与外半径之比为 0.5。空

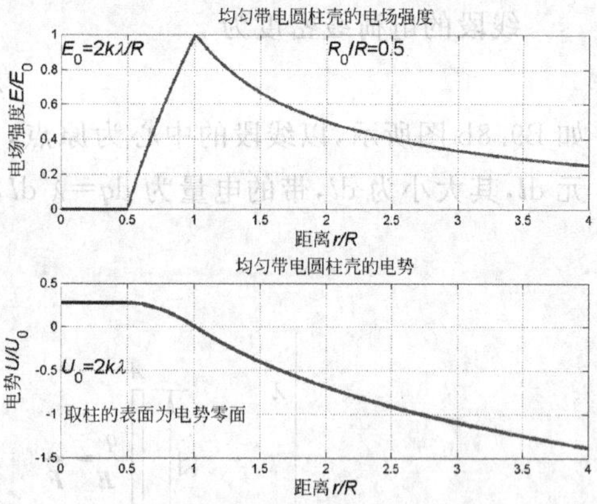

P9_7_2 图

腔内的场强为零，圆柱壳内的场强随距离增加而增强，圆柱壳外的场强随距离的增加而减小。在圆柱壳的内外表面，电场强度是连续的。如P9_7_2 图之下图所示，空腔内的电势是常数，圆柱壳中的电势随距离的增加而加速减小，圆柱壳外电势随距离的增加而减速减小。

(2) 当圆柱壳内半径与外半径之比为 1 时，圆柱壳就变成圆柱面，电势和电场强度与 P9_7_1a 图相同(图略)。当圆柱壳内半径与外半径之比为 0 时，圆柱壳就变成圆柱体，电势和电场强度与 P9_7_1b 图相同(图略)。

**[算法]** (2) 取圆柱的外表面的电场强度为场强的单位 $E_0=2k\lambda/R$，除 $E_A=0$ 外，还有

$$E_B=E_0\frac{r^{*2}-(R_0/R)^2}{r^*[1-(R_0/R)^2]},\quad R_0/R<r^*<1 \tag{9.7.7b*}$$

$$E_C=E_0\frac{1}{r^*},\quad 1<r^* \tag{9.7.7c*}$$

其中 $r^*=r/R$。取圆柱的表面 $r_0=R$ 处为电势零点，并取 $U_0=2k\lambda$ 作为电势单位，则有

$$U_A=U_0\frac{1}{1-(R_0/R)^2}\left\{\frac{1}{2}\left[1-\left(\frac{R_0}{R}\right)^2\right]-\left(\frac{R_0}{R}\right)^2\ln\frac{R}{R_0}\right\},\quad 1\leqslant r^* \tag{9.7.8c*}$$

$$U_B=U_0\frac{1}{1-(R_0/R)^2}\left[\frac{1}{2}(1-r^{*2})-\left(\frac{R_0}{R}\right)^2\ln\frac{1}{r^*}\right],\quad R_0/R\leqslant r^*\leqslant 1 \tag{9.7.8b*}$$

$$U_C=U_0\ln\frac{1}{r^*},\quad 1\leqslant r^* \tag{9.7.8a*}$$

圆柱壳的内外半径之比是可调节的参数。

**[程序]** P9_7_2.m 见网站。

## {范例 9.8} 直线电荷与共面带电线段之间的作用力

一无限长带电直线，电荷的线密度为 $\lambda(\lambda>0)$，直线旁有一共面的长为 $2L$ 的带电线段 $AC$，带电量为 $q(q>0)$。如果线段与直线平行，相距为 $d$，求线段所受的电场力。如果线段与直线垂直，其中心与直线相距为 $d$，求线段所受的力。如果线段与直线的夹角为 $\theta$，结果又如何？对于不同的角度，电场力与距离有什么关系？

**[解析]** 如 B9.8a 图所示，直线电荷在线段所在处的电场强度方向向右，大小为

$$E=\frac{\lambda}{2\pi\varepsilon_0 d}=\frac{2k\lambda}{d} \tag{9.8.1}$$

线段所受的力为

$$F=qE=\frac{2kq\lambda}{d} \tag{9.8.2}$$

力的方向向右。

线段的电荷线密度为

$$\lambda' = q/2L \tag{9.8.3}$$

如B9.8b图所示,以线段的中心为原点,沿线段向右的方向建立坐标系。在线段上取一线元 d$\boldsymbol{l}$,其大小为 d$l$,带的电量为 d$q=\lambda'$d$l$,线元所在处的电场强度大小为

$$E = \frac{2k\lambda}{d+l} \tag{9.8.4}$$

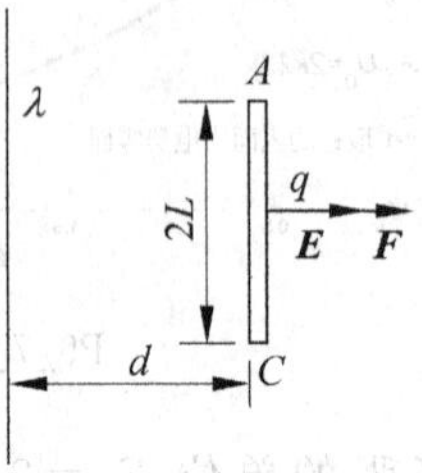

B9.8a图

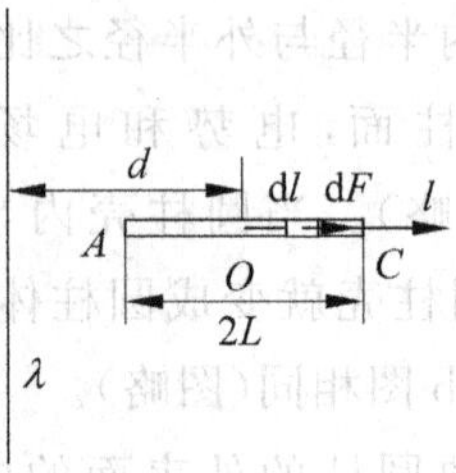

B9.8b图

线元所受的力为

$$\mathrm{d}F = E\mathrm{d}q = \frac{2k\lambda\lambda'\mathrm{d}l}{d+l} \tag{9.8.5}$$

线段所受的电场力为

$$F = \int_{-L}^{L} \frac{2k\lambda\lambda'\mathrm{d}l}{d+l} = \frac{k\lambda q}{L}\ln\left|\frac{d+L}{d-L}\right| \tag{9.8.6}$$

**[讨论]** (1) 当 $d>L$ 时,线段在直线的右边。当 $L\ll d$ 时,利用 $\ln(1+x)\to x$,可得

$$F = \frac{k\lambda q}{L}\left[\ln\left(1+\frac{L}{d}\right)-\ln\left(1-\frac{L}{d}\right)\right]\to\frac{k\lambda q}{L}\left[\frac{L}{d}-\left(-\frac{L}{d}\right)\right]=\frac{2k\lambda q}{d}$$

这是点电荷所受直线电荷的电场力。

(2) 线段与直线的距离越小,所受的力就越大。当 $d\to L$ 时,线段的 $A$ 端接近直线电荷,$F\to\infty$。$d=L$ 的距离称为奇点。

(3) 当 $d<-L$ 时,线段在直线的左边,距离越近,电场力越大。当 $d\to -L$ 时,线段的 $C$ 端接近直线电荷,$F\to -\infty$。$d=-L$ 的距离也称为奇点。

(4) 当 $d=0$ 时,线段正好跨在直线电荷中间(两者绝缘),电场力全部抵消。

(5) 当 $0<d<L$ 时,线段跨过直线(两者绝缘),一部分电场力将抵消,其余部分的电场力仍然由(9.8.6)式计算。例如,当 $d=L/2$ 时,如B9.8c图所示,$AO$ 段的电场力因为方向相反而抵消,根据(9.8.5)式,$OC$ 段的电场力为

$$F = \int_{0}^{L} \frac{2k\lambda\lambda'\mathrm{d}l}{L/2+l} = \frac{k\lambda q}{L}\ln 3$$

根据(9.8.6)式可得线段的电场力为

$$F = \frac{k\lambda q}{L}\ln|-3| = \frac{k\lambda q}{L}\ln 3$$

可见:线段所受的电场力等于 $OC$ 段的电场力。

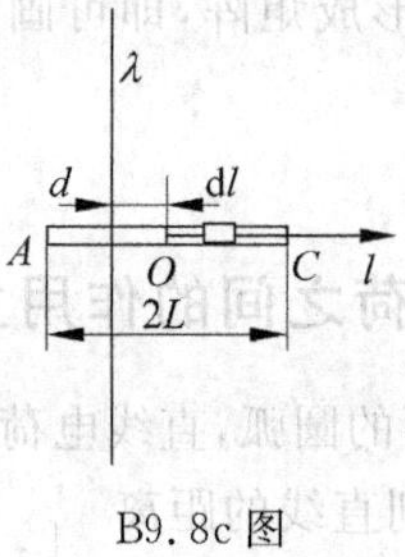


B9.8c 图

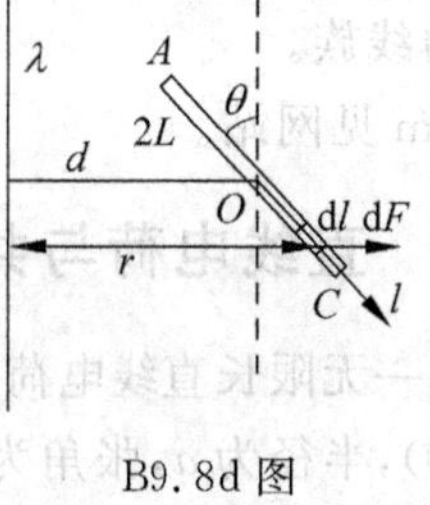


B9.8d 图

如 B9.8d 图所示，当线段与直线的夹角为 $\theta$ 时，仍然以线段中心为原点，沿线段建立坐标系。在线段上取一线元 $\mathrm{d}\boldsymbol{l}$，线元所在处的电场强度大小为

$$E=\frac{2k\lambda}{d+l\sin\theta} \tag{9.8.7}$$

线元所受的电场力为

$$\mathrm{d}F=E\mathrm{d}q=\frac{2k\lambda\lambda'\mathrm{d}l}{d+l\sin\theta}$$

线段所受的电场力为

$$F=\int_{-L}^{L}\frac{2k\lambda\lambda'\mathrm{d}l}{d+l\sin\theta}=\frac{k\lambda q}{L\sin\theta}\ln\left|\frac{d+L\sin\theta}{d-L\sin\theta}\right| \tag{9.8.8}$$

距离 $d=\pm L\sin\theta$ 是奇点。

当 $\theta\to0$ 时，根据公式 $\ln(1+x)\to x$ 可得

$$F=\frac{k\lambda q}{L\sin\theta}\ln\frac{1+(L/d)\sin\theta}{1-(L/d)\sin\theta}\to\frac{k\lambda q}{L\sin\theta}\left(\frac{L\sin\theta}{d}-\frac{-L\sin\theta}{d}\right)$$

即

$$F\to\frac{2kq\lambda}{d}$$

这正是(9.8.2)式。当 $\theta\to\pi/2$ 时，由(9.8.8)式立即可得(9.8.6)式。

［**图示**］　带电线段在直线电荷的电场中所受的电场力如 P9_8 图所示。当 $\theta=0$ 时，奇点就在 $d=0$ 处，线段离直线越远，电场力就越小。当 $\theta\neq0$ 时，在 $d=0$ 处电场力为零，这时线段两边的电场力正好抵消。当 $\theta=90°$ 时，奇点在 $d=\pm L$ 处；当 $0<\theta<90°$ 时，奇点就在 0 到 $\pm L$ 之间。线段的中心离奇点越远，电场力就越小。当线段离直线电荷很远时，不论夹角是多少，电场力随距离变化的关系都能当点电荷处理。

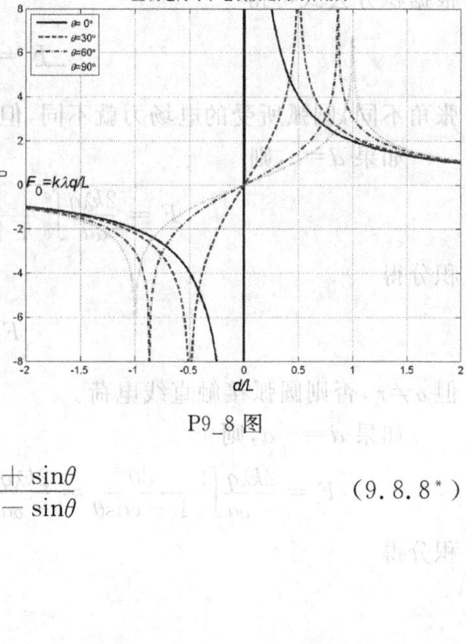


P9_8 图

［**算法**］　取线段的半长 $L$ 为长度单位，取 $F_0=k\lambda q/L$ 为力的单位，电场力可表示为

$$F=F_0\frac{1}{\sin\theta}\ln\frac{d^*+\sin\theta}{d^*-\sin\theta} \tag{9.8.8*}$$

其中，$d^*=d/L$ 表示相对距离。

取角度为参数向量,取相对距离为自变量向量,形成矩阵,即可画出不同角度情况下电场力与相对距离的曲线族。

[**程序**] P9_8.m 见网站。

## *{范例 9.9} 直线电荷与共面圆弧电荷之间的作用力

如图 B9.9 所示,一无限长直线电荷旁边有一共面的圆弧,直线电荷的线密度为$\lambda(\lambda>0)$,圆弧均匀带电$q(q>0)$,半径为$a$,张角为$2\alpha$,弧心$O$到直线的距离为$d$。试求圆弧所受的电场力。对于不同的圆弧,电场力与距离之间的变化规律是什么?

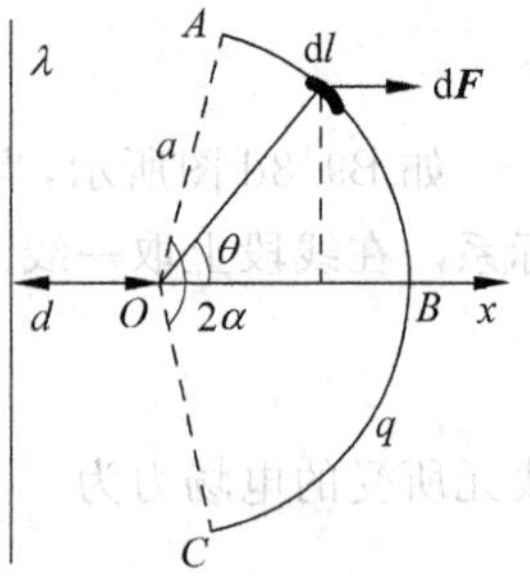


B9.9 图

[**解析**] 圆弧长为$C=2\alpha a$,电荷的线密度为

$$\lambda' = q/C \tag{9.9.1}$$

在圆弧上取一长为$\mathrm{d}l=a\mathrm{d}\theta$的弧元,带电量为

$$\mathrm{d}q = \lambda'\mathrm{d}l = \frac{q}{2\alpha}\mathrm{d}\theta \tag{9.9.2}$$

直线电荷在弧元处产生的电场强度方向沿着$x$轴正向,大小为

$$E = \frac{\lambda}{2\pi\varepsilon_0(d+x)} = \frac{2k\lambda}{d+a\cos\theta} \tag{9.9.3}$$

电荷元所受的电场力为

$$\mathrm{d}F = E\mathrm{d}q = \frac{k\lambda q\mathrm{d}\theta}{\alpha(d+a\cos\theta)}$$

圆弧所受的电场力为

$$F = \frac{2k\lambda q}{\alpha}\int_0^\alpha \frac{\mathrm{d}\theta}{d+a\cos\theta} \tag{9.9.4}$$

如果$d=0$,则

$$F = \frac{2k\lambda q}{\alpha a}\int_0^\alpha \frac{\mathrm{d}\theta}{\cos\theta}$$

根据积分公式可得

$$F = \frac{2k\lambda q}{\alpha a}\ln\frac{1+\sin\alpha}{\cos\alpha} \tag{9.9.5}$$

张角不同,圆弧所受的电场力就不同,但$\alpha\neq\pi/2$,否则圆弧接触直线电荷。

如果$d=a$,则

$$F = \frac{2k\lambda q}{\alpha a}\int_0^\alpha \frac{\mathrm{d}\theta}{1+\cos\theta} = \frac{2k\lambda q}{\alpha a}\int_0^\alpha \frac{\mathrm{d}\theta}{2\cos^2(\theta/2)}$$

积分得

$$F = \frac{2k\lambda q}{\alpha a}\tan\frac{\alpha}{2} \tag{9.9.6}$$

但$\alpha\neq\pi$,否则圆弧接触直线电荷。

如果$d=-a$,则

$$F = \frac{2k\lambda q}{-\alpha a}\int_0^\alpha \frac{\mathrm{d}\theta}{1-\cos\theta} = \frac{2k\lambda q}{\alpha a}\int_0^\alpha \frac{\mathrm{d}\theta}{2\sin^2(\theta/2)} = \frac{2k\lambda q}{\alpha a}\int_0^\alpha \frac{\mathrm{d}(\pi/2-\theta/2)}{\cos^2(\pi/2-\theta/2)}$$

积分得

$$F=\frac{2k\lambda q}{\alpha a}\tan\left(\frac{\pi}{2}-\frac{\theta}{2}\right)\Big|_0^\alpha=\frac{2k\lambda q}{\alpha a}\left[\tan\left(\frac{\pi}{2}-\frac{\alpha}{2}\right)-\tan\left(\frac{\pi}{2}\right)\right]\to-\infty \tag{9.9.7}$$

这是圆弧 $B$ 点与直线电荷接触的情况。$d=-a$ 的距离称为奇点。

在(0.22.1a)式中，取 $k=a/d$，由(9.9.4)式可得圆弧所受的电场力

$$F=\frac{4k\lambda q}{\alpha}\frac{1}{\sqrt{d^2-a^2}}\arctan\left(\sqrt{\frac{d-a}{d+a}}\tan\frac{\alpha}{2}\right) \tag{9.9.8a}$$

这是用反正切函数表示的电场力。利用(0.22.1b)式，由(9.9.4)式则得用双曲反正切函数表示的电场力

$$F=\frac{4k\lambda q}{\alpha}\frac{1}{\sqrt{a^2-d^2}}\operatorname{arctanh}\left(\sqrt{\frac{a-d}{a+d}}\tan\frac{\alpha}{2}\right) \tag{9.9.8b}$$

当 $d<-a$ 时，圆弧所受力方向向左，上面两式都要取负号。

［讨论］ (1) 当 $d=0$ 时，由(9.9.8b)式可得

$$F=\frac{4k\lambda q}{\alpha a}\operatorname{arctanh}\left(\tan\frac{\alpha}{2}\right)=\frac{2k\lambda q}{\alpha a}\ln\left[\frac{1+\tan(\alpha/2)}{1-\tan(\alpha/2)}\right]$$

由此可得(9.9.5)式。

(2) 当 $d\to a$ 时，由(9.9.8a)式可得

$$F\to\frac{4k\lambda q}{\alpha}\frac{1}{\sqrt{d^2-a^2}}\left(\sqrt{\frac{d-a}{d+a}}\tan\frac{\alpha}{2}\right)=\frac{2k\lambda q}{\alpha a}\tan\frac{\alpha}{2}$$

这就是(9.9.6)式。

(3) 当 $d\gg a$ 时，$\sqrt{\dfrac{d-a}{d+a}}\approx1$，由(9.9.8a)式得

$$F\approx\frac{4k\lambda q}{\alpha}\frac{1}{d}\frac{\alpha}{2}=\frac{2k\lambda q}{d}$$

可见：在很远的地方，不论什么样的圆弧电荷都可以当做点电荷。

(4) 当 $d\to-a\cos\alpha$ 时，圆弧 $AC$ 两端与直线无限接近，由(9.9.8b)式得

$$F\to\frac{4k\lambda q}{\alpha}\frac{1}{a\sin\alpha}\operatorname{arctanh}\left(\sqrt{\frac{1+\cos\alpha}{1-\cos\alpha}}\tan\frac{\alpha}{2}\right)=\frac{4k\lambda q}{\alpha a\sin\alpha}\operatorname{arctanh}(1)\to\infty$$

即：圆弧上下两端与直线无限接近时，它们之间的作用力趋于无穷大。$-a\cos\alpha$ 是距离奇点。

(5) 当 $-a<d<-a\cos\alpha$ 时，圆弧跨在直线电荷的两边(相互绝缘)，圆弧所受直线电荷的作用力仍然由(9.9.8)式计算。

(6) 当 $d\to-a-0$ 时，圆弧 $B$ 点从左边接近直线，(9.9.8a)式要加负号，可得

$$F=-\frac{4k\lambda q}{\alpha}\frac{1}{\sqrt{d^2-a^2}}\arctan\left(\sqrt{\frac{2a+\varepsilon}{\varepsilon}}\tan\frac{\alpha}{2}\right)\to-\frac{4k\lambda q}{\alpha}\frac{1}{\sqrt{d^2-a^2}}\frac{\pi}{2}\to-\infty$$

这就是(9.9.7)式。

(7) 当 $d\to-a+0$ 时，圆弧跨在直线电荷的两边，其 $B$ 点从右边接近直线，设 $x=\sqrt{\dfrac{a-d}{a+d}}\tan\dfrac{\alpha}{2}$，则 $x\to\infty$。由于 $x\operatorname{arctanh}x\to1$，根据(9.9.8b)式可得

$$F=\frac{4k\lambda q}{\alpha}\frac{x\operatorname{arctanh}(x)}{(a-d)\tan(\alpha/2)}\to\frac{2k\lambda q}{\alpha a\tan(\alpha/2)} \tag{9.9.9}$$

可知：在 $d=-a$ 的两边，力的左右极限并不相等。

[**再讨论**] (1) 当 $\alpha\to 0$ 时,圆弧退化为一点,由(9.9.8a)式可得

$$F\to\frac{4k\lambda q}{\alpha}\frac{1}{\sqrt{d^2-a^2}}\left(\sqrt{\frac{d-a}{d+a}}\,\frac{\alpha}{2}\right)=\frac{2k\lambda q}{d+a}$$

这正是点电荷在直线电荷的电场中所受的电场力。

(2) 当 $\alpha=\pi/2$ 时,可得

$$F=\frac{8k\lambda q}{\pi}\frac{1}{\sqrt{d^2-a^2}}\arctan\left(\sqrt{\frac{d-a}{d+a}}\right)$$

这是半圆形电荷所受的电场力。当 $d\to a$ 时,可得

$$F\to\frac{4k\lambda q}{\pi a}$$

由(9.9.6)式也可以得出上式。

(3) 当 $\alpha=\pi$ 时,可得

$$F=\frac{2k\lambda q}{\sqrt{d^2-a^2}}$$

这是圆形电荷所受的电场力。如果 $d\to\pm a$,圆形电荷的边缘就接近直线电荷,则 $F\to\infty$;如果 $|d|<a$,圆形电荷就跨过直线电荷(相互绝缘),则 $F=0$。

[**图示**] (1) 如 P9_9 图所示,当圆弧电荷张角为零时,实线表示点电荷所受的电场力。

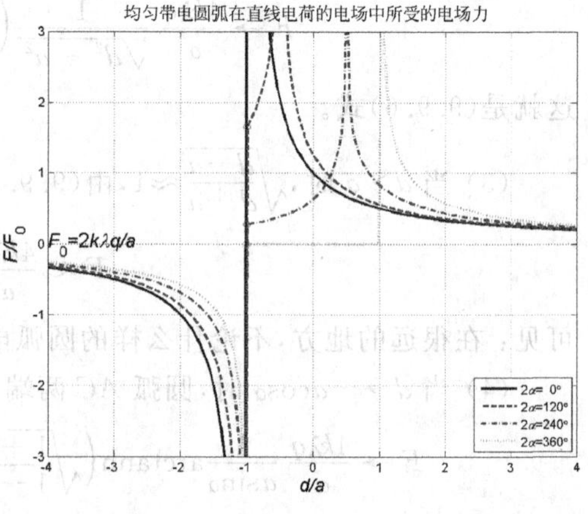

P9_9 图

(2) 右上角曲线表示圆弧电荷(包括圆形电荷)在直线电荷右边的受力情况,当圆弧电荷的上下两端接近直线电荷时,电场力趋于无穷大。随距离增加,圆弧所受的力减小。当距离很大时,圆弧所受的力接近于点电荷所受的力。在同一距离,张角较大的圆弧电荷所受的力大,因为圆弧电荷的一部分离直线电荷比较近。

(3) 左下角曲线表示圆弧电荷(包括圆形电荷)在直线电荷左边的受力情况,负值表示方向向左。当 $d$ 接近 $-a$ 时,表示圆弧电荷中间部分接近直线电荷,电场力趋于负无穷大。圆弧电荷在左边时所受的力也随距离的增加而减少。在同一距离,张角较大的圆弧电荷所受的力小,因为圆弧电荷的一部分离直线电荷比较远。

(4) 当圆弧电荷跨在直线电荷两边时,圆心越往左移,作用力越小,当 $d$ 接近 $-a$ 时,电场力趋于最小值。圆弧电荷受力方向向右;圆形电荷跨在直线两边时,所受的力为零。

[**算法**] 取半径 $a$ 为长度单位,取 $F_0=2k\lambda q/a$ 为力的单位,电场力的积分形式可表示为

$$F=F_0\frac{1}{\alpha d^*}\int_0^{\alpha}\frac{\mathrm{d}\theta}{1+(\cos\theta)/d^*}\tag{9.9.4*}$$

其中 $d^*=d/a$。

电场力的解析式可表示为

$$F = F_0 \frac{2}{\alpha\sqrt{d^{*2}-1}}\arctan\left(\sqrt{\frac{d^*-1}{d^*+1}}\tan\frac{\alpha}{2}\right) \tag{9.9.8a*}$$

或

$$F = F_0 \frac{2}{\alpha\sqrt{1-d^{*2}}}\operatorname{arctanh}\left(\sqrt{\frac{1-d^*}{1+d^*}}\tan\frac{\alpha}{2}\right) \tag{9.9.8b*}$$

由于MATLAB可进行复数运算，上面两式计算的实部是相同的。取圆弧为参数向量，取相对距离为自变量向量，化为矩阵，计算带电圆弧所受的电场力，用矩阵画线法画曲线族。

圆弧电荷跨在直线电荷两边的最小作用力可表示为

$$F_m = \frac{F_0}{\alpha\tan(\alpha/2)} \tag{9.9.9*}$$

圆弧所受的力可用符号积分直接计算，符号计算和公式计算的结果可互相检验。

**[程序]** P9_9.m 如下。

```
%均匀带电圆弧在直线电荷的电场中所受的力
clear,dm = 4;d = linspace( - dm,dm,200);                %清除变量,最大距离和距离向量
alpha = 0:60:180;a = alpha * pi/180 + eps;n = length(a);   %圆弧半张角向量,化为弧度,角度个数
[A,D] = meshgrid(a,d);                                  %化为矩阵
F = sign(D+1) * 2./A./sqrt(D.^2-1). * atan(sqrt((D-1)./(D+1)). * tan(A/2));   %电场力
figure                                                  %创建图形窗口
plot(d,F(:,1),d,F(:,2),'--',d,F(:,3),'-.',d,F(:,4),':')   %画电场力
leg = [repmat('2\it\alpha\rm = ',n,1),num2str(2 * alpha'),repmat('\circ',n,1)];   %图例串
legend(leg,4),axis([ - dm,dm, - 3,3]) ,grid on,fs = 16;   %图例,加网格,曲线范围
xlabel('\itd/a','FontSize',fs),ylabel('\itF/F\rm_0','FontSize',fs)   %标记坐标
title('均匀带电圆弧在直线电荷的电场中所受的电场力','FontSize',fs)   %标题
text( - dm,0,'\itF\rm_0 = 2\itk\lambdaq/a','FontSize',fs)   %标记力的单位
f = 1./a./tan(a/2);                                     %圆弧跨直线电荷的最小作用力
hold on,plot( - 1,f,'o')                                %保持图像,画圈
syms x k,y = 1/(1 + k * cos(x));                        %定义符号变量,形成符号函数(1)
f = int(y);                                             %符号积分(2)
F = subs(f,{x,k},{A,1./D})./D./A;                       %替换数值
plot(d,F,'.')                                           %重画力的曲线(3)
```

**[说明]** (1) 定义符号变量时，两个变量之间用空格分隔。变量k表示a/d。

(2) 用符号积分推导的公式就是(9.9.8b)式。

(3) 根据符号公式所画力的曲线(用点表示)与直接用公式计算的结果完全重合。

## *{范例9.10} 点电荷在有孔带电平面轴线上的运动规律

一个带电平面，电荷面密度为$\sigma(\sigma>0)$，在平面上开有一个半径为$a$的圆孔。一个质量为$m$的点电荷$-q$静止在轴线上距孔心为$A$处。求证：当振幅很小时，电荷作简谐振动。在一般情况下，电荷的运动规律是什么？(不计重力)

**[解析]** 由(9.5.10)式可知：带电圆盘在轴线上的场强为

$$E_z = \frac{z}{|z|}\frac{2kQ}{a^2}\left(1-\frac{|z|}{\sqrt{z^2+a^2}}\right) = \frac{\sigma}{2\varepsilon_0}\left(\frac{z}{|z|}-\frac{z}{\sqrt{z^2+a^2}}\right) \tag{9.10.1}$$

当$a\to\infty$时，可得无限大平面的场强

$$E_0 = \frac{\sigma}{2\varepsilon_0}\frac{z}{|z|} \tag{9.10.2}$$

可见：无限大带电平面的电场是匀强电场，方向由 $z$ 的符号决定。

如 B9.10 图所示，在电荷面密度为 $\sigma$ 的平面上开一个圆孔，等效于在圆孔中填充一个电荷面密度为 $\pm\sigma$ 的圆盘电荷，轴线上的电场强度是一个电荷面密度为 $\sigma$ 的平面电荷和 $-\sigma$ 的圆盘电荷共同产生的，合场强为

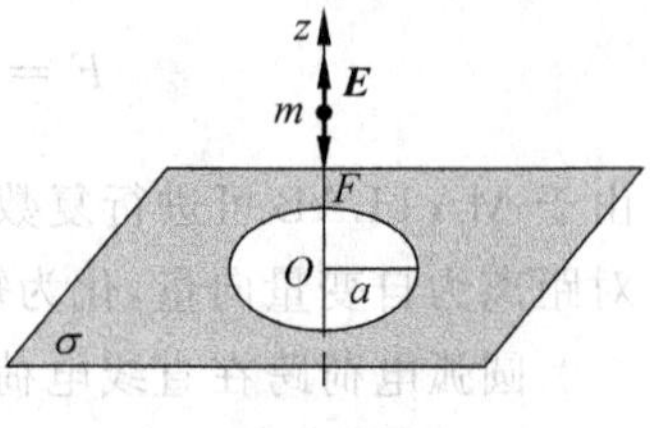

B9.10 图

$$E = E_0 - E_z = \frac{\sigma}{2\varepsilon_0}\frac{z}{\sqrt{z^2+a^2}} \tag{9.10.3}$$

负的点电荷所受的电场力为

$$F = -qE \tag{9.10.4}$$

根据牛顿第二定律可得微分方程

$$m\frac{\mathrm{d}^2 z}{\mathrm{d}t^2} = -\frac{q\sigma}{2\varepsilon_0}\frac{z}{\sqrt{z^2+a^2}} \tag{9.10.5}$$

当 $z \ll a$ 时可得

$$\frac{\mathrm{d}^2 z}{\mathrm{d}t^2} + \frac{q\sigma}{2\varepsilon_0 am}z = 0 \tag{9.10.6}$$

可知：点电荷在小振幅的情况下作简谐振动。其圆频率为

$$\omega_0 = \sqrt{\frac{q\sigma}{2\varepsilon_0 am}} \tag{9.10.7}$$

其周期为

$$T_0 = \frac{2\pi}{\omega_0} = 2\pi\sqrt{\frac{2\varepsilon_0 am}{q\sigma}} \tag{9.10.8}$$

在一般情况下，点电荷受到指向孔心的吸引力，点电荷在孔心上下做周期性振动。由于 $v=\mathrm{d}z/\mathrm{d}t$，所以

$$\frac{\mathrm{d}^2 z}{\mathrm{d}t^2} = \frac{\mathrm{d}v}{\mathrm{d}t} = \frac{\mathrm{d}z}{\mathrm{d}t}\frac{\mathrm{d}v}{\mathrm{d}z} = v\frac{\mathrm{d}v}{\mathrm{d}z}$$

电荷的运动方程可表示为

$$v\mathrm{d}v = -\frac{q\sigma}{2\varepsilon_0 m}\frac{z\mathrm{d}z}{\sqrt{z^2+a^2}}$$

积分得

$$\frac{1}{2}v^2 = \int\frac{q\sigma}{4\varepsilon_0 m}\frac{\mathrm{d}(z^2+a^2)}{\sqrt{z^2+a^2}} = \frac{q\sigma}{2\varepsilon_0 m}\sqrt{z^2+a^2} + C$$

设 $t=0$ 时，初速度 $v=0$，初位移就是振幅 $z=A$，所以 $C=\frac{q\sigma}{2\varepsilon_0 m}\sqrt{A^2+a^2}$。电荷速度大小为

$$v = \sqrt{\frac{q\sigma}{\varepsilon_0 m}}\sqrt{\sqrt{A^2+a^2}-\sqrt{z^2+a^2}} \tag{9.10.9}$$

这是速度与坐标的关系。当 $z=0$ 时，可得电荷运动到孔心的速度，即最大速度

$$v_{\mathrm{m}} = \sqrt{\frac{q\sigma}{\varepsilon_0 m}}\sqrt{\sqrt{A^2+a^2}-a} \tag{9.10.10}$$

可见：振幅越大，点电荷的最大速度也越大。根据(9.10.9)式无法计算位移与时间的精确的解析解，但是可求周期的积分表达式。由于

$$\mathrm{d}t=\frac{1}{v}\mathrm{d}z=\sqrt{\frac{\varepsilon_0 m}{q\sigma}}\frac{\mathrm{d}z}{\sqrt{\sqrt{A^2+a^2}-\sqrt{z^2+a^2}}}$$

电荷运动的周期为

$$T=4\sqrt{\frac{\varepsilon_0 m}{q\sigma}}\int_0^A\frac{\mathrm{d}z}{\sqrt{\sqrt{A^2+a^2}-\sqrt{z^2+a^2}}} \tag{9.10.11}$$

周期由振幅决定。

根据点电荷的运动方程，可求数值解，并与简谐振动进行比较。简谐振动的位移可用余弦函数表示：

$$z=A\cos\frac{2\pi}{T}t \tag{9.10.12}$$

简谐振动的速度为

$$v=\frac{\mathrm{d}z}{\mathrm{d}t}=-A\frac{2\pi}{T}\sin\frac{2\pi}{T}t \tag{9.10.13}$$

［图示］ (1) 如 P9_10a 图所示，当初位移为 $A=a$ 时，周期 $T=1.146T_0$，最大速度为 $0.91a\omega_0$，负点电荷的位移和速度曲线都与简谐振动的位移和速度曲线十分吻合。当 $A<a$ 时，负点电荷的位移和速度曲线都与简谐振动的位移和速度曲线吻合，只是周期有所不同(图略)。

(2) 如 P9_10b 图所示，当初位移 $A$ 达到 $10a$ 时，负的点电荷的位移曲线与简谐振动的位移曲线有一点偏离，从速度曲线可知：除了在孔心附近，点电荷接近于作匀变速直线运动。这是因为在距离比较远的地方，有孔平面的电场接近于无孔平面的匀强电场。点电荷的周期 $T$ 达到 $2.86T_0$，最大速度为 $4.254a\omega_0$。

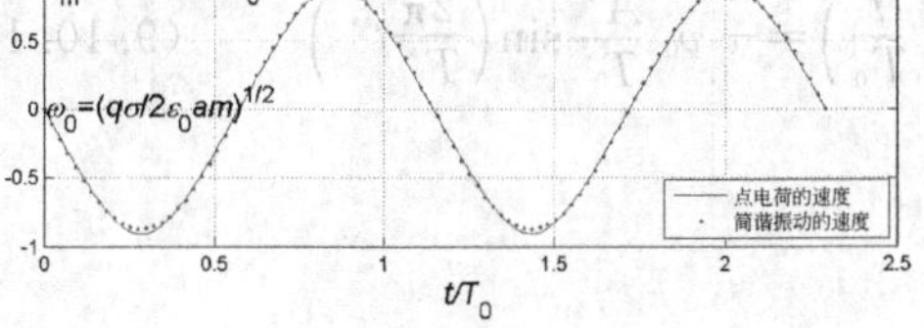


P9_10a 图

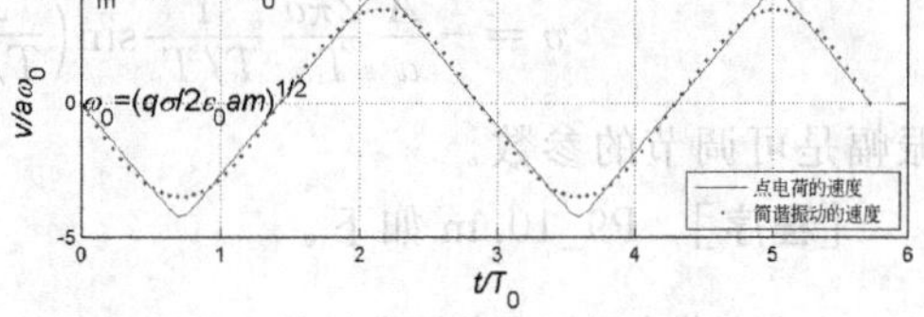


P9_10b 图

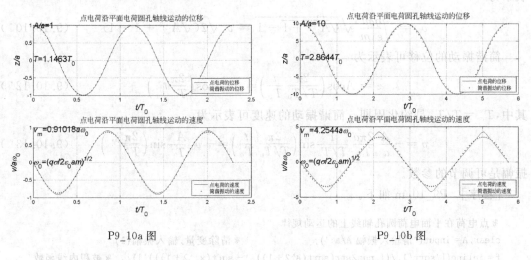

［算法］ 点电荷的周期可表示为

$$T=4\sqrt{\frac{\varepsilon_0 am}{q\sigma}}\int_0^A\frac{\mathrm{d}(z/a)}{\sqrt{\sqrt{(A/a)^2+1}-\sqrt{(z/a)^2+1}}}$$

$$=2\sqrt{2}\frac{1}{\omega_0}\int_0^{A/a}\frac{\mathrm{d}z}{\sqrt{\sqrt{(A/a)^2+1}-\sqrt{z^2+1}}}$$

即

$$T=T_0\frac{\sqrt{2}}{\pi}I \tag{9.10.11*}$$

其中

$$I=\int_0^{A^*}\frac{dz}{\sqrt{\sqrt{A^{*2}+1}-\sqrt{z^2+1}}}$$

这里,$A^*=A/a$ 是约化振幅。对于任一约化振幅,利用数值积分函数 quadl 可求上述积分值。

取半径 $a$ 为坐标单位,取周期 $T_0$ 为时间单位,点电荷的运动方程可表示为

$$\frac{d^2(z/a)}{d(t/T_0)^2}=-\frac{q\sigma T_0^2}{2\varepsilon_0 ma}\frac{(z/a)}{\sqrt{(z/a)^2+1}}$$

即

$$\frac{d^2z^*}{dt^{*2}}=-\frac{4\pi^2z^*}{\sqrt{z^{*2}+1}} \tag{9.10.5*}$$

其中,$z^*=z/a$ 是约化坐标,$t^*=t/T_0$ 是无量纲的时间。

设 $z(1)=z^*$,$z(2)=dz^*/dt^*$,可得两个一阶微分方程:

$$\frac{dz(1)}{dt^*}=z(2),\quad \frac{dz(2)}{dt^*}=-4\pi^2\frac{z(1)}{[z(1)^2+1]^{1/2}} \tag{9.10.5**}$$

点电荷的速度可表示为

$$v=\frac{dz}{dt}=\frac{a}{T_0}\frac{d(z/a)}{d(t/T_0)}=\frac{a}{T_0}\frac{dz^*}{dt^*}=\frac{v_0}{2\pi}\frac{dz^*}{dt^*}=\frac{v_0}{2\pi}z(2)$$

其中,$v_0=a\omega_0$,作为速度的单位。初始条件是 $z(1)=A/a$,$z(2)=0$。点电荷的最大速度可表示为

$$v_m=\sqrt{\frac{q\sigma a}{\varepsilon_0 m}}\sqrt{\sqrt{A^{*2}+1}-1}=v_0\sqrt{2(\sqrt{A^{*2}+1}-1)} \tag{9.10.10*}$$

简谐振动的位移可表示为

$$z=A\cos\left(\frac{2\pi}{T/T_0}\frac{t}{T_0}\right)=aA^*\cos\left(\frac{2\pi}{T^*}t^*\right) \tag{9.10.12*}$$

其中,$T^*=T/T_0$ 是约化周期。简谐振动的速度可表示为

$$v=-\frac{A}{a}\frac{2\pi a}{T_0}\frac{1}{T/T_0}\sin\left(\frac{2\pi}{T/T_0}\frac{t}{T_0}\right)=-v_0\frac{A^*}{T^*}\sin\left(\frac{2\pi}{T^*}t^*\right) \tag{9.10.13*}$$

振幅是可调节的参数。

[**程序**] P9_10.m 如下。

```
%点电荷在平面电荷圆孔轴线上的运动规律
clear,A = input('请输入振幅 A/a:');                    %清除变量,输入振幅(1)
f = inline(['sqrt(1./(',num2str(sqrt(A^2 + 1)),'- sqrt(x.^2 + 1)))']);   %被积内线函数
T = real(sqrt(2)/pi * quadl(f,0,A));                  %周期
t = linspace(0,2 * T);options.RelTol = 1e - 6;        %时间向量(两个约化周期),相对容差的选项(2)
[t,ZV] = ode45('P9_10ode',t,[A,0],options);           %求微分方程的数值解
x = A * cos(2 * pi/T * t);v = - A/T * sin(2 * pi/T * t); %简谐振动的位移和速度
figure                                                %创建图形窗口
subplot(2,1,1),plot(t,ZV(:,1),t,x,'.'),grid on        %取子图,画坐标曲线,加网格
```

```
fs = 16;title('点电荷沿平面电荷圆孔轴线运动的位移','FontSize',fs)  % 显示标题
xlabel('\itt/T\rm_0','FontSize',fs),ylabel('\itz/a','FontSize',fs)  % 显示坐标
legend('点电荷的位移','简谐振动的位移',4)      % 图例
text(0,A,['\itA/a\rm = ',num2str(A)],'FontSize',fs)  % 显示振幅
text(0,0,['\itT\rm = ',num2str(T),'\itT\rm_0'],'FontSize',fs)  % 显示周期

subplot(2,1,2),plot(t,ZV(:,2)/2/pi,t,v,'.'),grid on  % 取子图,画速度曲线,加网格
title('点电荷沿平面电荷圆孔轴线运动的速度','FontSize',fs)  % 显示标题
xlabel('\itt/T\rm_0','FontSize',fs),ylabel('\itv/a\omega\rm_0','FontSize',fs)  % 坐标
legend('点电荷的速度','简谐振动的速度',4)      % 图例
text(0,0,'\it\omega\rm_0 = (\itq\sigma\rm/2\it\epsilon\rm_0\itam\rm)^{1/2}',...
    'FontSize',fs)                          % 显示圆频率的单位
vm = sqrt(2 * (sqrt(A^2 + 1) - 1));         % 最大速度
text(0,vm,['\itv\rm_m = ',num2str(vm),'\ita\omega\rm_0'],...
    'FontSize',fs)                          % 显示最大速度
```

程序要调用函数 P9_10ode.m 才能求微分方程的数值解。

```
%点电荷在平面电荷圆孔轴线上的运动的函数文件
function f = fun(t,z)
f = [ z(2); - 4 * pi^2 * z(1)/sqrt(z(1)^2 + 1)];   % 速度和加速度表达式
```

[**说明**] (1) 程序执行时要从键盘上输入相对初位移,即相对振幅。

(2) 设置相对容差,可使微分方程的数值解比较精确。

# 练 习 题

9.1 两个点电荷连线上零点的分布

两个点电荷 $q_1$ 和 $q_2$ 相距为 $d$,求它们的连线上场强为零的点的位置,画出距离与电荷比 $q_2/q_1$ 的关系曲线。(提示:取 $d$ 为距离单位。)

9.2 异号点电荷的零势面

如 C9.2 图所示,异号点电荷 $q_1$ 和 $-q_2$ 相距为 $d$,求证:零势面是一个球面,球的半径为

$$r = \frac{q_1 q_2}{q_1^2 - q_2^2} d$$

球心横坐标为

$$x_0 = \frac{q_1^2}{q_1^2 - q_2^2} d$$

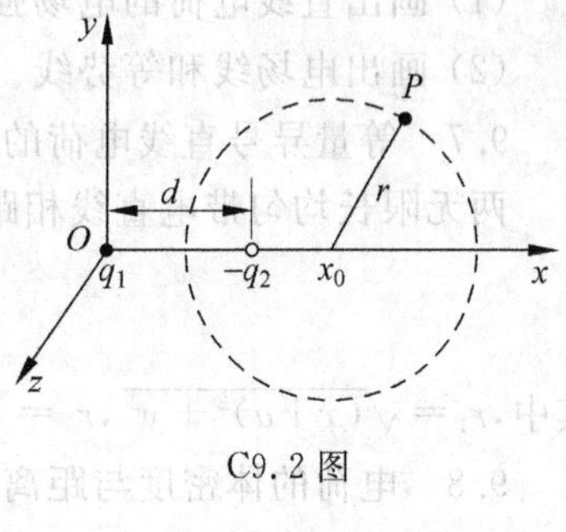

C9.2 图

取 $q_1/q_2$=0.7,0.8,0.9,1.1,1.2,1.3,画出三维的零势面和二维的零势线。

9.3 氢分子中垂线上场强

氢分子中的两个氢原子相距为 $a$,求中垂线上的场强,何处场强最大?画出场强与距离的关系曲线。

9.4　一对同号点电荷产生的电场

一对同号点电荷的电量分别为 $Q_1$ 和 $Q_2$，相距为 $2a$。

(1) 如果这对同号点电荷电量相等，其电场强度的分量 $E_x$ 和 $E_y$ 关于坐标 $x$ 和 $y$ 的分布曲面是什么？

(2) 画出这对点电荷的电场线和等势线。

9.5　均匀带电正多边形在轴线上的电场

(1) 一个外半径为 $a$ 的圆内接正多边形，电荷线密度为 $\lambda$，求证：内接正多边形轴上的电势和电场强度分别为

$$U_n = k\lambda n\ln\frac{\sqrt{z^2+a^2}+a\sin\alpha_n}{\sqrt{z^2+a^2}-a\sin\alpha_n}$$

$$E_n = \frac{2k\lambda azn\sin\alpha_n}{(z^2+a^2\cos^2\alpha_n)\sqrt{z^2+a^2}}$$

其中 $\alpha_n=\pi/n$。当 $n$ 取 3,4,5 和 10 时，画出电势的电场强度曲线族，并与圆环电荷在轴线的电势和电场强度进行比较。

(2) 在半径为 $a$ 的圆外有一外切正 $n$ 边形，电荷线密度为 $\lambda$，求证：外切正多边形轴上的电势和电场强度分别为

$$U_n = k\lambda n\ln\frac{\sqrt{z^2\cos^2\alpha_n+a^2}+a\sin\alpha_n}{\sqrt{z^2\cos^2\alpha_n+a^2}-a\sin\alpha_n}$$

$$E_n = \frac{2k\lambda azn\sin\alpha_n}{(z^2+a^2)\sqrt{z^2\cos^2\alpha_n+a^2}}$$

当 $n$ 取 3,4,5 和 10 时，画出电势的电场强度曲线族，并与圆环电荷在轴线的电势和电场强度进行比较。

9.6　直线电荷的电场

无限长直线电荷的电场强度和电势分别为

$$E=\frac{\lambda}{2\pi\varepsilon_0 r}=\frac{2k\lambda}{r},\quad U=\frac{\lambda}{2\pi\varepsilon_0}\ln\frac{r_0}{r}=2k\lambda\ln\frac{r_0}{r}$$

(1) 画出直线电荷的电场强度和电势随距离的变化的曲线或曲面。

(2) 画出电场线和等势线。(提示：取某一距离 $r_0$ 为电势零点或长度单位。)

9.7　等量异号直线电荷的电场

两无限长均匀带电直线相距 $2a$，带有等量异号的电荷，电荷线密度为 $\pm\lambda$，其电势为

$$U=\frac{\lambda}{2\pi\varepsilon_0}\ln\frac{r_1}{r_2}=2k\lambda\ln\frac{r_1}{r_2}$$

其中，$r_1=\sqrt{(x+a)^2+y^2}$，$r_2=\sqrt{(x-a)^2+y^2}$，求电场强度。画出电势和电场强度曲面。

9.8　电荷的体密度与距离成正比的球形电荷的电场

在半径为 $R$ 的球体内，电荷的体密度为 $\rho=\alpha r$，其中 $\alpha$ 是正的常数，$r$ 是径向距离。求证：场强的分布为

$$E(r)=\frac{\alpha}{4\varepsilon_0}r^2,\quad 0<r<R;\quad E(r)=\frac{\alpha R^4}{4\varepsilon_0 r^2},\quad R<r$$

电势的分布为

$$U(r)=\frac{\alpha}{4\varepsilon_0}\frac{1}{3}(R^3-r^3)+\frac{\alpha}{4\varepsilon_0}R^3,\quad 0<r<R;\quad E(r)=\frac{\alpha R^4}{4\varepsilon_0 r},\quad R<r$$

画出场强和电势与距离的关系曲线。(提示：取 $R$ 为距离的单位，取 $k\alpha R^2$ 为场强单位，取 $k\alpha R^3$ 为电势单位。)

9.9 圆柱体内等离子体的电场

气体放电形成的等离子体在圆柱内的电荷体密度为

$$\rho(r)=\frac{\rho_0}{[1+(r/a)^2]^2}$$

其中，$\rho_0$ 是轴线处的电荷体密度，$a$ 是常数，$r$ 是场点到轴线的距离。求证：在长为 $l$、半径为 $r$ 的圆柱形高斯面内的电量为

$$q=\frac{\pi l\rho_0 r^2}{1+(r/a)^2}$$

电场强度为

$$E(r)=\frac{\rho_0 r}{2\varepsilon_0[1+(r/a)^2]}$$

取 $r=a$ 处的电势为零，则电势为

$$U(r)=\frac{\rho_0 a^2}{4\varepsilon_0}\ln\frac{2}{1+(r/a)^2}$$

画出电荷体密度、高斯面内的电量、电场强度和电势的曲线。(提示：距离取 $a$ 为单位，电量取 $\rho_0 la^2$ 为单位，电场强度取 $\rho_0 a/\varepsilon_0$ 为单位，电势取 $\rho_0 a^2/\varepsilon_0$ 为单位。)

9.10 平面电势的电场

在 $xy$ 平面各点的电势分布为

$$U=a\left(\frac{x}{x^2+y^2}+\frac{1}{\sqrt{x^2+y^2}}\right)$$

其中：$a$ 是常量。求电场强度的分量和合强度以及方向，画出场强分布曲面。(提示：取某一距离 $r_0$ 为坐标单位，$a/r_0$ 为电势单位，$a/r_0^2$ 为场强单位。)

9.11 均匀带电厚板的电场

在 $x=-b$ 和 $x=b$ 两个"无限大"平面间均匀充满电荷，电荷体密度为 $\rho$，其他地方无电荷。求此带电系统的电场分布，以 $x=0$ 作为零电势面，求电势分布和电场强度的分布。

*9.12 直线电荷电场中点电荷的运动规律

一无限长带电直线的电荷线密度为 $\lambda(>0)$，在离直线电荷为 $r_0$ 处有一个质量为 $m$ 的点电荷 $q(>0)$，求证：其速度与距离的关系为

$$v=\sqrt{\frac{4kq\lambda}{m}\ln\frac{r}{r_0}}$$

画出点电荷的速度与距离的关系曲线和运动规律曲线。(提示：取 $r_0$ 为距离单位，取 $v_0=\sqrt{2kq\lambda/m}$ 为速度单位，取 $t_0=r_0\sqrt{m/(2kq\lambda)}$ 为时间单位，用公式计算则设 $x=\sqrt{\ln(r/r_0)}$，通过 $x$ 向量，利用 cumtrapz 函数求时间；根据点电荷的动力学方程可求微分方程的数值解。)

*9.13 环电荷轴线上带电质点的运动规律

一个半径为 $a$ 的均匀带电圆环，带电量为 $Q(>0)$，如果一个质量为 $m$ 的负的点电荷 $-q$ 在轴线上离环心为 $A$ 处，当 $A \ll a$ 时，求证，点电荷作简谐振动，其周期为

$$T_0 = 2\pi\sqrt{\frac{ma^3}{kQq}}$$

在一般情况下，点电荷的运动规律是什么？如果是正电荷 $q$，结果如何？

# 第10章

# 恒　磁　场

## 10.1　基本内容

**1. 磁极和磁矩**

(1) 磁针指北的一极称为磁北极 N,磁针指南的一极称为磁南极 S。N 极和 S 极不能分离。

(2) 电流与其包围的面积的乘积称为磁矩,$\boldsymbol{p}_{\mathrm{m}}=I\boldsymbol{S}$。磁矩也有两极,其方向由 S 极指向 N 极。如 A10.1 图所示,电流环绕方向与磁矩两极的方向遵守右手螺旋法则。

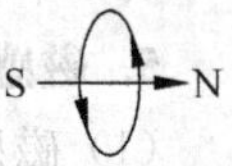

A10.1 图

一切磁现象的根源是电荷的运动,这就是磁现象的电本质。

**2. 磁力的性质**

(1) 同名磁极相互排斥,异名磁极相互吸引。

(2) 共轴同向的磁矩相互吸引,共轴反向的磁矩相互排斥。

**3. 磁场和磁感应强度**

(1) 磁场:运动电荷周围的特殊物质。恒磁场是稳恒电流产生的磁场。

(2) 磁感应强度:描述磁场的物理量。

① 电流元在磁场某点所受的最大磁力 $F_{\max}$ 与电流元 $I\mathrm{d}l$ 的比值

$$B=\frac{F_{\max}}{I\mathrm{d}l}$$

② 运动电荷在磁场某点所受的最大磁力 $f_{\max}$ 与 $qv$ 的比值

$$B=\frac{f_{\max}}{qv}$$

③ 通电小线圈在磁场某点所受的最大磁力矩 $M_{\max}$ 与线圈的磁矩 $IS$ 的比值

$$B=\frac{M_{\max}}{IS}$$

(3) 磁场叠加原理:载流导线在空间产生的合磁场等于各段导线产生的磁场的矢量和

$$\boldsymbol{B}=\sum_{i=1}\boldsymbol{B}_i$$

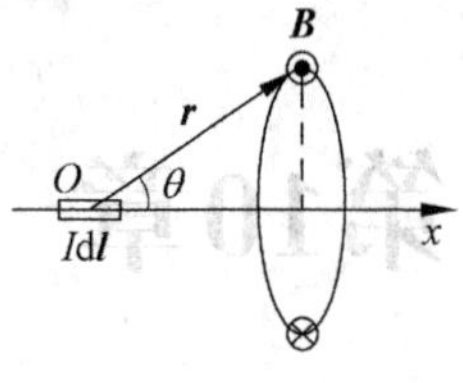

A10.2 图

(4) 毕奥-萨伐尔定律：如 A10.2 图所示，电流元 $Idl$ 在场点 $P$ 产生的磁感应强度 $d\boldsymbol{B}$ 与电流元 $Idl$ 的大小成正比，与场点 $P$ 到电流元的距离的平方 $r^2$ 成反比，还与矢径 $\boldsymbol{r}$ 与电流元夹角 $\theta$ 的正弦成正比；磁感应强度的方向遵守右手螺旋法则。公式为

$$d\boldsymbol{B} = k_m \frac{Id\boldsymbol{l} \times \boldsymbol{r}^0}{r^2} = \frac{\mu_0}{4\pi}\frac{Id\boldsymbol{l} \times \boldsymbol{r}}{r^3}$$

其中，$k_m$ 是恒磁力常量，$k_m = 10^{-7}\,\mathrm{T \cdot m/A}$；$\mu_0 = 4\pi k_m = 4\pi \times 10^{-7}\,\mathrm{T \cdot m/A}$，称为真空磁导率。

注意：毕奥-萨伐尔定律是根据大量实验事实进行分析后得出的结果，实验中无法得到电荷可在其中做恒定运动的电流元。因此上式是不能直接用实验验证的。将上式应用到各种形状的电流时，计算得到的合磁感应强度与实验测得的结果相符。这就间接证明了公式的正确性，同时证明了 $\boldsymbol{B}$ 也遵守场强叠加原理。

**4. 典型磁场**

(1) 运动电荷的磁场 $\boldsymbol{B} = \frac{\mu_0}{4\pi}\frac{q\boldsymbol{v} \times \boldsymbol{r}}{r^3}$。

(2) 无限长通电直线的磁场 $B = \frac{\mu_0 I}{2\pi r}$。

(3) 半径为 $a$ 的通电圆环电流在轴线上的磁场 $B = \frac{\mu_0 I a^2}{2(z^2 + a^2)^{3/2}}$。

(4) 单位长度匝数为 $n$ 的无限长通电螺线管的磁场 $B = \mu_0 n I$。

**5. 磁感应线和磁通量**

(1) 磁感应线：磁场中的一组曲线，其切线方向与场强的方向相同。磁感应线是闭合曲线，因为不存在磁单极子。磁感应线密的地方场强较大，否则场强较小。

(2) 磁通量：通过某一平面或曲面的磁感应线的条数。

① 对于匀强磁场，如 A10.3 图所示，磁通量

$$\Phi = B\cos\theta S = \boldsymbol{B} \cdot \boldsymbol{n} S = \boldsymbol{B} \cdot \boldsymbol{S}$$

其中 $\boldsymbol{n}$ 表示平面的正法线方向的单位矢量。当 $\Phi > 0$ 时，表示磁感应线从平面的负方向穿到正方向；当 $\Phi < 0$ 时，表示磁感应线从平面的正方向穿到负方向。

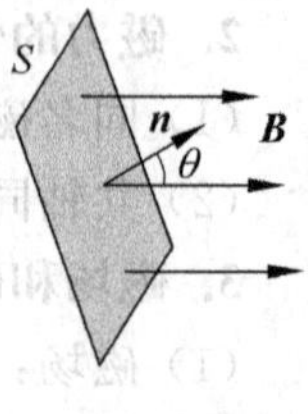

A10.3 图

② 对于非匀强磁场，可将曲面分为许多小平面 $d\boldsymbol{S}$，通过小平面的磁通量为

$$d\Phi = \boldsymbol{B} \cdot d\boldsymbol{S}$$

通过整个曲面的磁通量为

$$\Phi = \int_S \boldsymbol{B} \cdot d\boldsymbol{S}$$

对于封闭的曲面，通常取外法线方向为曲面的正方向。

**6. 磁场的定理**

(1) 磁场的高斯定理：在恒磁场中，通过任一闭合曲面(称为高斯面)的磁通量为零，即

$$\Phi = \oint_S \boldsymbol{B} \cdot d\boldsymbol{S} = 0$$

磁场的高斯定理说明磁场是无源场。

(2) 安培环路定理：在磁场中磁感应强度 $\boldsymbol{B}$ 沿任何闭合路径的线积分等于真空的磁导率 $\mu_0$ 乘以穿过以这一闭合曲线为边界的任意曲面的恒定电流的代数和，即

$$\oint_l \boldsymbol{B}\cdot \mathrm{d}\boldsymbol{S} = \mu_0 \sum_i I_i$$

**7. 磁场的作用力**

(1) 运动电荷在磁场中所受的洛伦兹力为 $\boldsymbol{f}=q\boldsymbol{v}\times\boldsymbol{B}$。

在磁场和电场同时存在的情况下，洛伦兹力为 $\boldsymbol{f}=q\boldsymbol{E}+q\boldsymbol{v}\times\boldsymbol{B}$。

(2) 电流元 $I\mathrm{d}\boldsymbol{l}$ 所受的安培力为 $\mathrm{d}\boldsymbol{F}=I\mathrm{d}\boldsymbol{l}\times\boldsymbol{B}$。

上式称为安培定律。一段通电线段所受的安培力为

$$\boldsymbol{F}=\int_L I\mathrm{d}\boldsymbol{l}\times\boldsymbol{B}$$

(3) 磁力矩 $\boldsymbol{M}=\boldsymbol{p}_\mathrm{m}\times\boldsymbol{B}$。

(4) 磁力和磁力矩的功 $A=I\Delta\Phi$。

## 10.2　范例的解析、图示、算法和程序

### {范例 10.1} 运动电荷的磁场

一带电量为 $q$ 的电荷以速度 $\boldsymbol{v}$ 运动，求运动电荷产生的磁感应强度。

[**解析**]　如 B10.1a 图所示，设导体的横截面积为 $S$，单位体积内的电荷数为 $n$，一个电荷的带电量为 $q$，定向运动的速度为 $\boldsymbol{v}$。在时间 $\mathrm{d}t$ 内运动的距离为

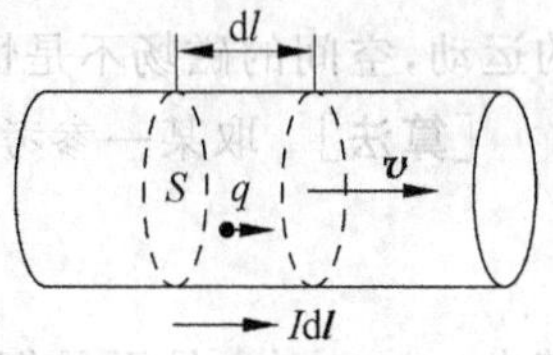


B10.1a 图

$$\mathrm{d}l = v\mathrm{d}t$$

这段距离内的体积为

$$\mathrm{d}V = Sv\mathrm{d}t$$

具有的电荷个数为

$$\mathrm{d}N = nSv\mathrm{d}t$$

所带的电量为

$$\mathrm{d}Q = qnSv\mathrm{d}t$$

形成的电流为

$$I=\frac{\mathrm{d}Q}{\mathrm{d}t}=qnSv$$

电流元为

$$I\mathrm{d}\boldsymbol{l}=qnSv\mathrm{d}\boldsymbol{l}=qnS\mathrm{d}l\boldsymbol{v}=q\mathrm{d}N\boldsymbol{v}$$

根据毕奥-萨伐尔定律得

$$\mathrm{d}\boldsymbol{B}=\frac{\mu_0}{4\pi}\frac{I\mathrm{d}\boldsymbol{l}\times\boldsymbol{r}}{r^3} \tag{10.1.1}$$

一个运动电荷产生的磁感应强度为

$$\boldsymbol{B}=\frac{\mathrm{d}\boldsymbol{B}}{\mathrm{d}N}=\frac{\mu_0}{4\pi}\frac{q\boldsymbol{v}\times\boldsymbol{r}}{r^3}=\frac{k_\mathrm{m}q\boldsymbol{v}\times\boldsymbol{r}}{r^3} \tag{10.1.2}$$

其中，$\mu_0=4\pi\times10^{-7}\,\mathrm{T\cdot m/A}$，称为真空磁导率；$k_\mathrm{m}$ 是恒磁力常量，$k_\mathrm{m}=10^{-7}\,\mathrm{T\cdot m/A}$。如

B10.1b 图所示,磁感应强度的方向遵守右手螺旋法则。如果 $q$ 是正电荷,场强方向垂直纸面向里;如果 $q$ 是负电荷,场强方向垂直纸面向外。磁感应强度的大小为

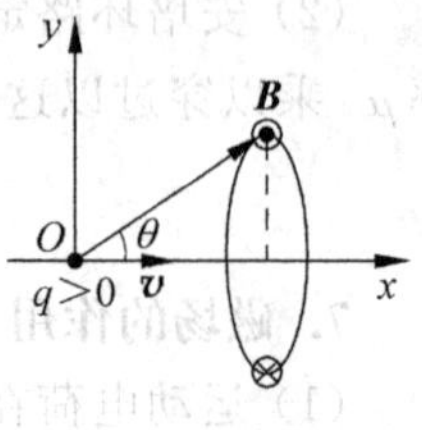

B10.1b 图

$$B=\frac{k_m qv\sin\theta}{r^2} \tag{10.1.3}$$

其中,$\theta$ 是速度方向与场点矢径方向之间的夹角。可见:磁感应强度的大小与场点的方向有关,在某一方向,磁感应强度的大小与距离的平方成反比。

静止电荷产生的电场强度为

$$\boldsymbol{E}=\frac{kq}{r^3}\boldsymbol{r}$$

其中 $k=9\times10^9\,\mathrm{N\cdot m^2/C^2}$。因此

$$\boldsymbol{B}=\frac{k_m\boldsymbol{v}\times\boldsymbol{E}}{k}=\frac{1}{c^2}\boldsymbol{v}\times\boldsymbol{E} \tag{10.1.4}$$

可见:运动电荷的磁场与电场有着紧密联系。

[**图示**] 如 P10_1 图所示(见彩页),沿着速度的方向和反方向,磁感应强度均为零;在垂直于速度的方向,磁感应强度的大小与距离的平方成反比。在沿速度方向的左右两侧,磁感应强度的方向相反。在其他方向,磁感应强度的大小仍与距离的平方成反比,但受到方向因子 $\sin\theta$ 限制,在同样的距离内,其大小比速度中垂线上的场强大小要小。注意:由于电荷的运动,空间的磁场不是恒磁场。

[**算法**] 取某一参考点的距离 $r_0$ 作为距离的单位,则磁感应强度的大小可表示为

$$B=\frac{k_m qv}{r_0^2}\frac{y/r_0}{(r/r_0)^3}=B_0\frac{y^*}{r^{*3}} \tag{10.1.3*}$$

其中,$y^*=y/r_0$ 是无量纲的纵坐标或约化纵坐标;$r^*=r/r_0$ 是无量纲的距离或约化距离;$B_0=k_m qv/r_0^2$ 是垂直于速度 $\boldsymbol{v}$ 的方向上,相距为 $r_0$ 处的磁感应强度的大小。取 $B_0$ 为场强单位,$B/B_0$ 就是无量纲的磁感应强度或约化磁感应强度。

取极角和极径为向量,化为矩阵,再化为直角坐标,计算磁感应强度,画出曲面。

[**程序**] P10_1.m 见网站。

### {范例 10.2} 通电线段的磁场

有长为 $2L$ 的载流线段,通过其中的电流强度为 $I$,求电流在空间产生的磁感应强度。

[**解析**] 通电线段在空间产生的磁场具有轴对称性,因此只需要讨论电流在过线段的平面中产生的磁场。如 B10.2 图所示,建立平面坐标系 $Oxy$,在线段上取一电流元 $Idl$,电流元到场点 $P$ 的距离为 $r$。根据毕奥-萨伐尔定律,电流元在 $P$ 点产生的磁感应强度大小为

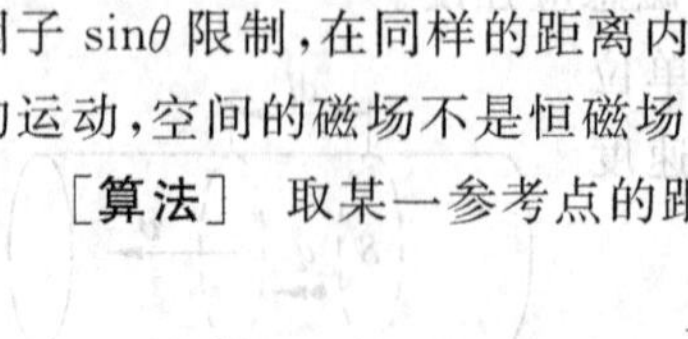

B10.2 图

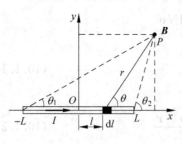

$$\mathrm{d}B=\frac{\mu_0}{4\pi}\frac{Idl\sin\theta}{r^2}=\frac{k_m Idl\sin\theta}{r^2} \tag{10.2.1}$$

设 $Idl$ 与 $r$ 之间的夹角为 $\theta$,由于 $y=r\sin(\pi-\theta)$,可得

$$r=y/\sin\theta$$

其中，$y$ 是空间纵坐标，是常量；电流元取在不同的地方，角度 $\theta$ 就不同，因此 $\theta$ 是变量。

由于 $l=y\cot(\pi-\theta)=-y\cot\theta$，可得 $\mathrm{d}l=y\mathrm{d}\theta/\sin^2\theta$，因此

$$\mathrm{d}B=\frac{k_{\mathrm{m}}I}{y}\sin\theta\mathrm{d}\theta$$

不管电流元取在什么地方，其磁感应强度的方向总是垂直纸面向外的，所以合磁感应强度为

$$B=\frac{k_{\mathrm{m}}I}{y}\int_{\theta_1}^{\theta_2}\sin\theta\mathrm{d}\theta=\frac{k_{\mathrm{m}}I}{y}(\cos\theta_1-\cos\theta_2) \tag{10.2.2}$$

导线越往右延长，$\theta_2$ 就越大；导线越往左延长，$\theta_1$ 就越小，因而 $P$ 点场强越大。当导线趋于无限长时，$\theta_1=0$，$\theta_2=\pi$，可得

$$B=\frac{2k_{\mathrm{m}}I}{y} \tag{10.2.3}$$

可见：无限长载流直导线的磁感应强度与电流强度成正比，与导线到场点的距离成反比。

在直角坐标系中，场点 $P$ 的磁感应强度为

$$B=\frac{k_{\mathrm{m}}I}{y}\left[\frac{x+L}{\sqrt{(x+L)^2+y^2}}-\frac{x-L}{\sqrt{(x-L)^2+y^2}}\right] \tag{10.2.4}$$

［讨论］ (1) 当 $x=0$ 时，可得中垂线上的磁感应强度

$$B=\frac{2k_{\mathrm{m}}IL}{y\sqrt{L^2+y^2}} \tag{10.2.5}$$

(2) 当 $x>L$ 而 $y\to0$ 时，根据二项展开可得

$$B=\frac{k_{\mathrm{m}}I}{y}\left[\sqrt{1+\left(\frac{y}{x+L}\right)^2}-\sqrt{1+\left(\frac{y}{x-L}\right)^2}\right]$$

$$\to\frac{k_{\mathrm{m}}I}{y}\left[\frac{1}{2}\left(\frac{y}{x+L}\right)^2-\frac{1}{2}\left(\frac{y}{x-L}\right)^2\right]\to0$$

当 $x<-L$ 而 $y\to0$ 时，同理可得 $B\to0$。即：在电流的延长线上磁感应强度为零。

［图示］ 通电线段的磁感应强度曲面如 P10_2 图所示（见彩页）。在接近导线的地方，磁感应强度很大；在导线的两侧，磁感应强度的方向相反。

［算法］ 取 $L$ 为长度的单位，取 $B_0=k_{\mathrm{m}}I/L$ 为磁感应强度的单位，则磁感应强度的大小可表示为

$$B=B_0\frac{1}{y^*}\left[\frac{x^*+1}{\sqrt{(x^*+1)^2+y^2}}-\frac{x^*-1}{\sqrt{(x^*-1)^2+y^{*2}}}\right] \tag{10.2.4*}$$

其中，$x^*=x/L$，$y^*=y/L$，是无量纲坐标。

取两个坐标向量，化为矩阵，计算磁感应强度，画出曲面。

［程序］ P10_2.m 见网站。

## ｛范例 10.3｝ 无限长直线电流的磁感应线的分布规律

无限长通电直线的磁感应强度是多少？磁感应线是如何分布的？

［解析］ 无限长通电直线的磁感应强度大小为

$$B=\frac{\mu_0 I}{2\pi r} \tag{10.3.1}$$

磁感线是垂直于直线且以直线为圆心的一系列同心圆。

通过磁场中某点垂直于磁感应强度 $\boldsymbol{B}$ 的单位面积的磁感应线数等于 $\boldsymbol{B}$ 的大小，因此，在磁感应强度较强的地方磁感应线就比较密，反之比较稀。在实际画图时，则利用单位面积的磁感应线数正比于 $\boldsymbol{B}$ 的大小的关系。

设 $N$ 条磁感应线通过的面积为 $S$，1 条磁感应线占有的面积为 $\Delta S$，则

$$B=\alpha\frac{N}{S}=\alpha\frac{1}{\Delta S} \tag{10.3.2}$$

其中 $\alpha$ 为比例系数。如 B10.3 图所示，取两条磁感应线，到通电直线的距离分别为 $r_0$ 和 $r_1$，宽度分别为 $\Delta r_0$ 和 $\Delta r_1$，高度为 $h$。它们所占有的面积分别为 $\Delta S_0=h\Delta r_0$ 和 $\Delta S_1=h\Delta r_1$，根据(10.3.1)式和(10.3.2)式可得

$$B_0=\frac{\mu_0 I}{2\pi r_0}=\alpha\frac{1}{h\Delta r_0},\quad B_1=\frac{\mu_0 I}{2\pi r_1}=\alpha\frac{1}{h\Delta r_1}$$

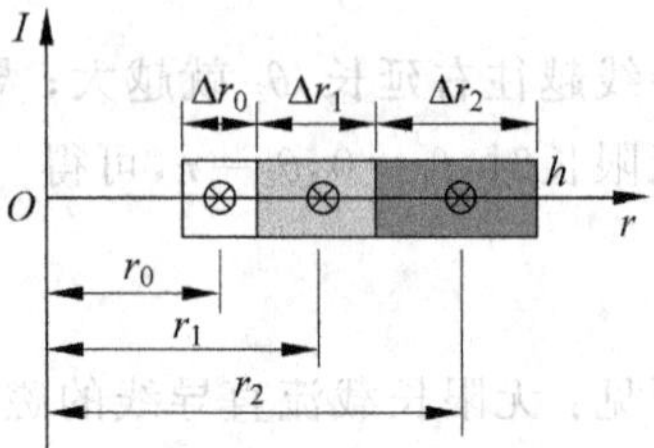


B10.3 图

由此可得

$$\frac{2\pi\alpha}{\mu_0 Ih}=\frac{\Delta r_0}{r_0}=\frac{\Delta r_1}{r_1}$$

可见：一条磁感应线占有的宽度与场点到通电直线的距离成正比。利用合比定理得

$$\frac{\Delta r_0}{r_0}=\frac{\Delta r_1}{r_1}=\frac{\Delta r_1+\Delta r_0}{r_1+r_0} \tag{10.3.3}$$

由图可知

$$r_1-r_0=\frac{1}{2}(\Delta r_1+\Delta r_0)$$

利用(10.3.3)式可得

$$r_1-r_0=\frac{\Delta r_0}{2r_0}(r_1+r_0)$$

因此

$$r_1=\frac{1+\Delta r_0/2r_0}{1-\Delta r_0/2r_0}r_0=k_0 r_0 \tag{10.3.4}$$

其中 $k_0$ 表示公式中的分式。同理可得

$$r_2=\frac{1+\Delta r_1/2r_1}{1-\Delta r_1/2r_1}r_1=k_1 r_1$$

根据(10.3.3)式可知：$k_1=k_0$。因此

$$r_2=k_0^2 r_0 \tag{10.3.5}$$

一般可得

$$r_n=k_0^n r_0 \tag{10.3.6}$$

可见：无限长通电直线的磁感应线与导线的距离形成等比数列。当第一条磁感应线的距离和比例系数确定之后，其他磁感应线的距离也就确定了。

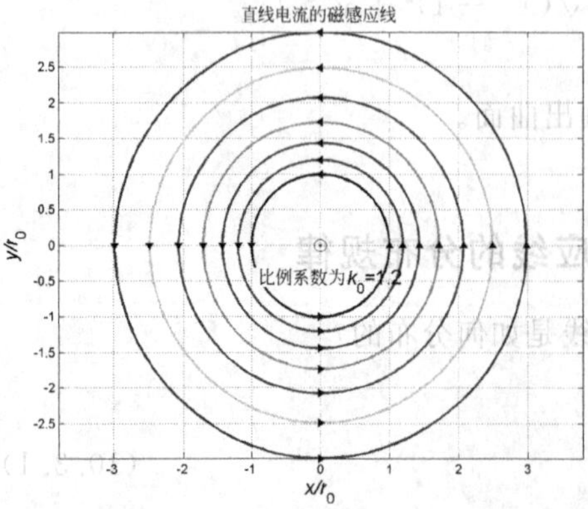


P10_3 图

[图示] 如 P10_3 图所示，比例系数不妨取 1.2。电流垂直纸面向外流出，通电直线的磁感应强度线是一族以直线为中心的逆时针的圆；距离直线越远，磁感应线越稀。

［算法］ 取某一距离 $r_0$ 为单位，则可根据比例系数计算半径向量。取极角向量，与半径向量一起形成矩阵，用矩阵画线法画同心圆作为磁感应线。比例系数是可调节的参数。

［程序］ P10_3.m 如下。

```
%直线电流的磁感应线
clear,k0 = input('请输入比例系数:');n = 7;     %清除变量,输入比例系数,磁感应线条数(1)
r = ones(1,n-1)*k0;r = [1,r];r = cumprod(r);  %半径向量的初值,补充1,累积连乘形成半径向量(2)
theta = linspace(0,2*pi);                     %角度向量
X = cos(theta')*r;Y = sin(theta')*r;          %坐标矩阵(3)
figure,plot(X,Y,'LineWidth',2),grid on,axis equal   %开创图形窗口,画圆,加网格,等轴(4)
hold on,plot(0,0,'o',0,0,'.','MarkerSize',10)  %保持图像,画直线电流的剖面
plot(r,zeros(1,n),'^',-r,zeros(1,n),'v','MarkerFace','k')   %画向上和向下的箭头(5)
plot(zeros(1,n),r,'<',zeros(1,n),-r,'>','MarkerFace','k')   %画向左和向右的箭头(5)
fs = 16;title('直线电流的磁感应线','FontSize',fs)  %标题
xlabel('\itx/r\rm_0','FontSize',fs)            %标记横坐标
ylabel('\ity/r\rm_0','FontSize',fs)            %标记纵坐标
text(-1,-0.5,['比例系数为\itk\rm_0 = ',num2str(k0)],'FontSize',fs)  %标记文本
```

［说明］ (1) 比例系数从键盘输入，既可以大于 1，也可以小于 1。

(2) 先形成一个比例系数向量，第一个元素是 1，用累积求积函数 cumprod 求等比数列，第一个数是 1，公比为 $k_0$，最后一个数是 $k_0^{n-1}$。MATLAB 中有一个函数 logspace，形成相同等比数列的方法是

```
r = logspace(0,log10(k0^(n-1)),n);
```

函数中前面两个参数表示 10 的幂，最后一个参数表示向量个数。因此向量的第 1 个元素是 1，最后一个元素是 $k_0^{n-1}$，公比为 $k_0$。

(3) 形成极角向量之后利用向量乘法形成坐标矩阵。

(4) 根据矩阵画线法画磁感应线。

(5) 画箭头表示磁感应线的方向。

## {范例 10.4} 等强同向平行直线电流的磁感应强度

(1) 两等强同向平行直线电流 $A$ 和 $C$ 相距为 $2a$，电流强度为 $I$，垂直于两电流做一截面，求两电流的连线上和中垂线上的磁感应强度。

(2) 计算两电流在截面上磁感应强度的大小和方向。

［解析］ (1) 建立坐标系，两等强同向电流的垂直截面如 B10.4a 图所示，电流的方向垂直纸面向外。$P_1$ 点的磁感应强度大小为

$$B_1 = \frac{\mu_0 I}{2\pi(x-a)} + \frac{\mu_0 I}{2\pi(x+a)}$$

即

$$B_1 = \frac{\mu_0 I x}{\pi(x^2-a^2)} \tag{10.4.1}$$

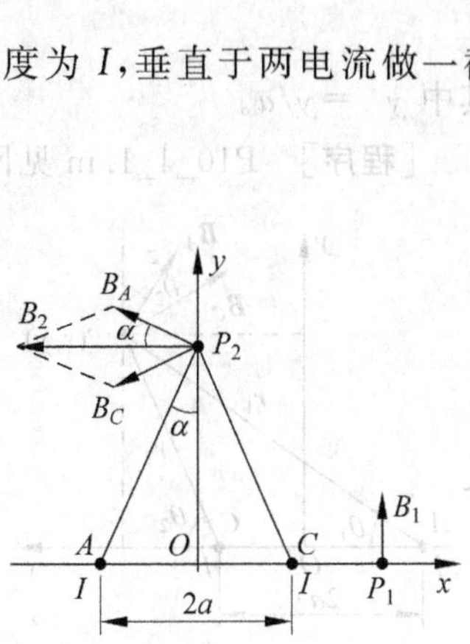

B10.4a 图

磁感应强度沿着 $y$ 轴正方向。由于

$$B_1 = \frac{\mu_0 I}{\pi(x - a^2/x)}$$

所以 $B_1$ 随 $x$ 的增加而减小。

场点 $P_2$ 到电流 $A$ 和 $C$ 之间的距离都是

$$r = \sqrt{y^2 + a^2}$$

$P_2$ 点的磁感应强度大小为

$$B_2 = 2\frac{\mu_0 I}{2\pi r}\cos\alpha = \frac{\mu_0 I y}{\pi(y^2 + a^2)} \tag{10.4.2}$$

当 $y>0$ 时，$\boldsymbol{B}_2$ 沿着 $x$ 轴负方向；当 $y<0$ 时，$\boldsymbol{B}_2$ 沿着 $x$ 轴正方向。令 $\mathrm{d}B_2/\mathrm{d}y=0$，可得

$$y = \pm a$$

这是 $y$ 轴上磁感应强度的极值坐标，极值为

$$(B_2)_\mathrm{m} = \pm\frac{\mu_0 I}{2\pi a}$$

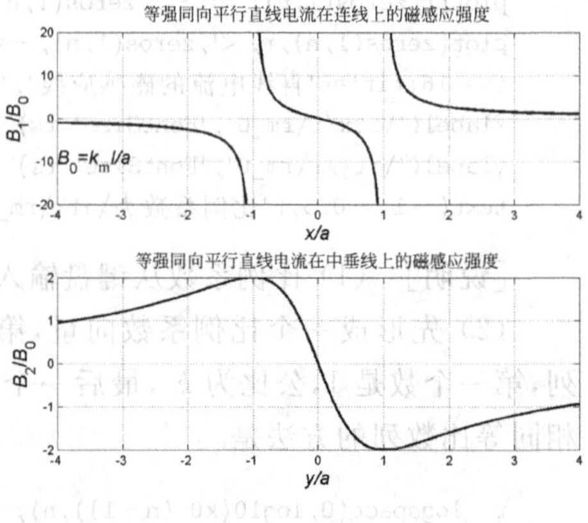

P10_4_1 图

［图示］（1）两等强同向通电直线在连线上的磁感应强度沿着 $y$ 轴方向，大小如P10_4_1图之上图所示。在连线的中心处场强为零，越接近于两直线，磁感应强度就越大，直线电流两边的场强的方向相反，在连线之外磁感应强度随着距离的增加而减小。

（2）两等强同向通电直线在中垂线上的磁感应强度沿 $x$ 轴方向，大小如 P10_4_1 图之下图所示。在中心处的场强为零，场强随着距离的增加先增加再减小，在 $y=\pm a$ 处有极值，极值为 $\pm 2k_\mathrm{m}I/a$。

［算法］（1）取 $a$ 为坐标单位，则 $P_1$ 点的磁感应强度可表示为

$$B_1 = B_0\frac{4x^*}{x^{*2} - 1} \tag{10.4.1*}$$

其中，$B_0 = \mu_0 I/4\pi a = k_\mathrm{m} I/a$，$x^* = x/a$。考虑方向之后，$P_2$ 点的磁感应强度可表示为

$$B_2 = -B_0\frac{4y^*}{y^{*2} + 1} \tag{10.4.2*}$$

其中 $y^* = y/a$。

［程序］ P10_4_1.m 见网站。

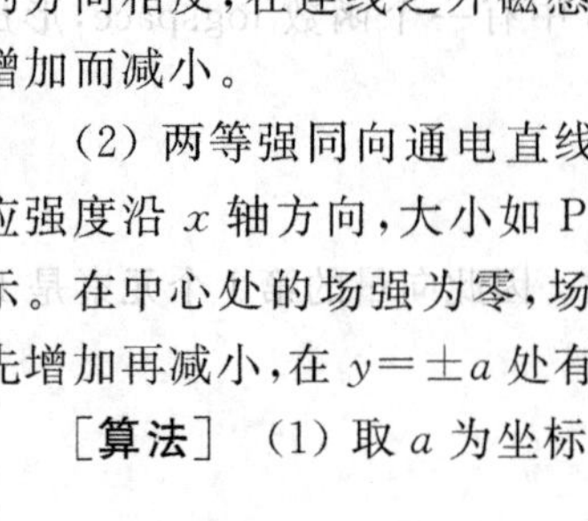

B10.4b 图

［解析］（2）如 B10.4b 图所示，电流 $A$ 和 $C$ 在场点 $P(x,y)$ 产生的磁感应强度为

$$\boldsymbol{B}_A = -\frac{\mu_0 I}{2\pi r_1}\sin\theta_1\boldsymbol{i} + \frac{\mu_0 I}{2\pi r_1}\cos\theta_1\boldsymbol{j} \tag{10.4.3a}$$

$$\boldsymbol{B}_C = -\frac{\mu_0 I}{2\pi r_2}\sin\theta_2\boldsymbol{i} + \frac{\mu_0 I}{2\pi r_2}\cos\theta_2\boldsymbol{j} \tag{10.4.3b}$$

其中

$$\begin{cases} r_1 = \sqrt{(x+a)^2 + y^2} \\ r_2 = \sqrt{(x-a)^2 + y^2} \end{cases} \tag{10.4.4}$$

利用三角函数关系可得等强同向直线电流在场点 $P(x,y)$ 产生的磁感应强度

$$\boldsymbol{B}=\boldsymbol{B}_A+\boldsymbol{B}_C=-\frac{\mu_0 I}{2\pi}\left(\frac{y}{r_1^2}+\frac{y}{r_2^2}\right)\boldsymbol{i}+\frac{\mu_0 I}{2\pi}\left(\frac{x+a}{r_1^2}+\frac{x-a}{r_2^2}\right)\boldsymbol{j} \tag{10.4.5}$$

磁感应强度沿 $x$ 和 $y$ 方向的两个分量分别用 $B_x$ 和 $B_y$ 表示

$$B_x=-\frac{\mu_0 I y}{2\pi}\left[\frac{1}{(x+a)^2+y^2}+\frac{1}{(x-a)^2+y^2}\right] \tag{10.4.6a}$$

$$B_y=\frac{\mu_0 I}{2\pi}\left[\frac{x+a}{(x+a)^2+y^2}+\frac{x-a}{(x-a)^2+y^2}\right] \tag{10.4.6b}$$

合场强的大小为

$$B=\sqrt{B_x^2+B_y^2} \tag{10.4.7a}$$

方向角为

$$\alpha=\arctan(B_y/B_x) \tag{10.4.7b}$$

［**图示**］ (1) 如 P10_4_2a 图所示(见彩页)，磁感应强度的 $x$ 方向分量在导线附近较大，在两条导线前后两侧的方向相反，因而分别形成尖锐的"峰"和"谷"。

(2) 如 P10_4_2b 图所示(见彩页)，磁感应强度的 $y$ 方向分量在导线附近较大，在两条导线左右两侧的方向相反，因而也形成尖锐的"峰"和"谷"。

(3) 如 P10_4_2c 图所示(见彩页)，合场强呈现两个很尖的"峰"，在两条直线上磁感应强度很大。在两"峰"之间还有一个浅"谷"。

(4) 如 P10_4_2d 图所示(见彩页)，合场强的方向角随极角变化。在距离坐标原点较远的地方，方向角随极角的增加而增加，极角为 90°时，方向角发生从 180°到 −180°跃变。在距离坐标原点较近的地方，当极角在 0°～90°之间时，极径增加到 $r=1$ 处时发生 −180°到 180°跃变；当极角在 90°～180°之间时，极径增加到 $r=1$ 处时则发生 180°到 −180°跃变。

［**算法**］ (2) 利用约化坐标，磁感应强度可表示为

$$B_x=-B_0 2y^*\left[\frac{1}{(x^*+1)^2+y^{*2}}+\frac{1}{(x^*-1)^2+y^{*2}}\right] \tag{10.4.6a*}$$

$$B_y=B_0 2\left[\frac{x^*+1}{(x^*+1)^2+y^{*2}}+\frac{x^*-1}{(x^*-1)^2+y^{*2}}\right] \tag{10.4.6b*}$$

取横坐标和纵坐标向量，化为矩阵即可计算磁感应强度的分量和合磁感应强度以及方向角，画四个曲面。

［**程序**］ P10_4_2.m 见网站。

## ｛范例 10.5｝ 圆柱面、圆柱体和圆柱壳载流导体内外的磁场

(1) 一半径为 $a$ 的无限长圆柱面，沿轴向的电流强度为 $I$，求柱面内外的磁感应强度，磁感应强度随距离变化的规律是什么？如果电流均匀分布在同样大小的圆柱体截面上，求解同样的问题。

(2) 一圆柱壳内部是空腔，内外半径分别为 $b$ 和 $a$，电流强度仍为 $I$，均匀分布在截面上，求空间各点的磁感应强度。对于不同厚度的空腔，电流的磁场随距离变化的规律是什么？

[**解析**] (1) 如 B10.5a 图所示，由于电流在圆柱的表面呈轴对称分布，因此磁场具有轴对称性，磁感应线在垂直轴线的平面内是以轴线为中心的同心圆。

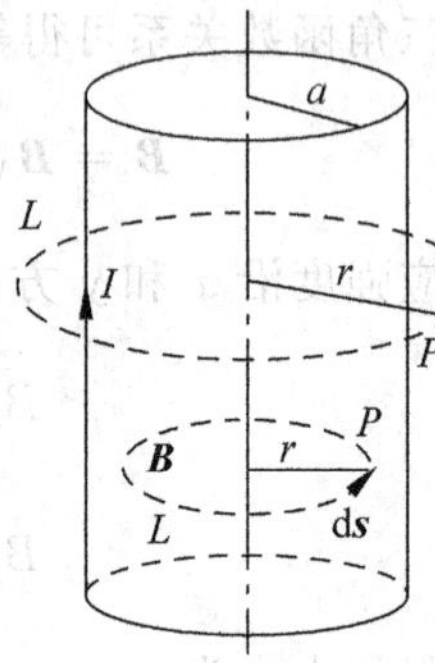

B10.5a 图

过 $P$ 点做一半径为 $r$ 的磁感应线为积分环路 $L$，由于线上任一点的 $B$ 量值相等，方向与 $\mathrm{d}\boldsymbol{s}$ 一致，所以环流为

$$\oint_L \boldsymbol{B}\cdot \mathrm{d}\boldsymbol{s} = B2\pi r$$

如果 $r>a$，则全部电流 $I$ 穿过积分回路，根据安培环路定理得 $B2\pi r=\mu_0 I$，所以

$$B=\frac{\mu_0 I}{2\pi r},\quad r>a \tag{10.5.1}$$

可见：无限长圆柱形载流导线外的磁场与无限长直载流导线的磁场相同。

当场点 $P$ 在圆柱体内时，如果电流均匀分布在圆柱形导线表面层，则穿过回路的电流为零，由安培环路定理给出

$$B2\pi r = 0$$

即

$$B=0,\quad r<a \tag{10.5.2}$$

说明圆柱内各点的磁感应强度为零。

当电流均匀分布在圆柱形导线截面上时，电流的面密度为

$$\delta = I/\pi a^2$$

在过 $P$ 点的半径为 $r$ 的圆形环路 $L$ 中穿过的电流为

$$I' = \delta\pi r^2 = Ir^2/a^2$$

根据安培环路定理得

$$\oint_L \boldsymbol{B}\cdot \mathrm{d}\boldsymbol{s} = B2\pi r = \mu_0 I'$$

所以

$$B=\frac{\mu_0 I}{2\pi a^2}r,\quad r<a \tag{10.5.3}$$

说明圆柱内各点的磁感应强度与距离成正比。

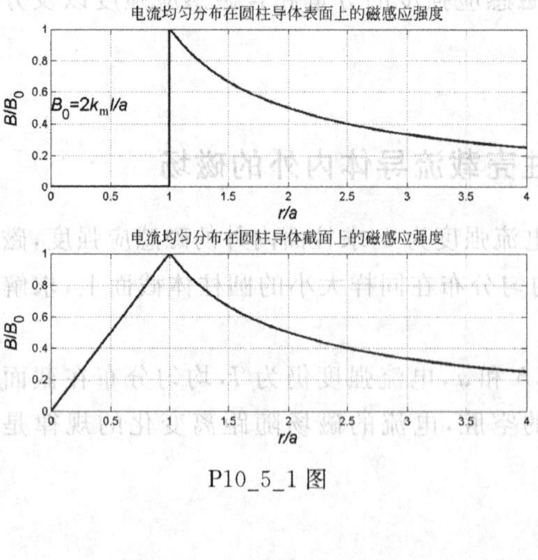

P10_5_1 图

[**图示**] (1) 如 P10_5_1 图之上图所示，当电流均匀分布在无限长圆柱形导体表面时，柱内的磁感应强度为零，柱外的磁感应强度与距离成反比。在圆柱的表面内外，磁感应强度不连续。

(2) 如 P10_5_1 图之下图所示，当电流均匀分布在圆柱形导体的截面上时，柱内的磁感应强度与距离成正比，柱外的磁感应强度仍与距离成反比。在圆柱的表面内外，磁感应强度是连续的。

[**算法**] (1) 取半径 $a$ 为长度单位，则圆柱外的磁感应强度可表示为

$$B=\frac{\mu_0 I}{2\pi a}\frac{1}{r/a}=B_0\frac{1}{r^*},\quad r^*>1 \tag{10.5.1*}$$

其中，$r^*=r/a$，$B_0=\mu_0 I/2\pi a=2k_m I/a$，是圆柱表面的磁感应强度。圆柱内的磁感应强度可表示为

$$B=0,\quad r^*<1，通电圆柱面 \tag{10.5.2*}$$

$$B=B_0 r^*,\quad r^*<1，通电圆柱体 \tag{10.5.3*}$$

［程序］ P10_5_1.m 见网站。

［解析］ (2) 当电流均匀分布在圆柱壳截面上时，在圆柱体外面，根据安培环路定理可得

$$B=\frac{\mu_0 I}{2\pi r},\quad r>a \tag{10.5.4}$$

在空腔之中可得

$$B=0,\quad r<b \tag{10.5.5}$$

如 B10.5b 图所示，电流垂直纸面流出。圆柱壳的横截面积为

$$S=\pi(a^2-b^2)$$

电流的面密度为

$$\delta=I/\pi(a^2+b^2)$$

在过 $P$ 点的半径为 $r$ 的圆形环路 $L$ 中穿过的电流为

$$I'=\delta\pi(r^2-b^2)=\frac{r^2-b^2}{a^2-b^2}I$$

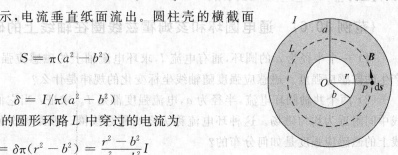

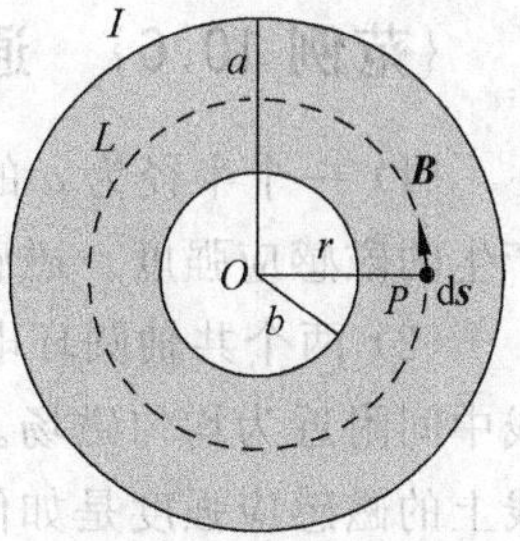

B10.5b 图

根据安培环路定理得

$$\oint_L \boldsymbol{B}\cdot d\boldsymbol{s}=B2\pi r=\mu_0 I'=\mu_0\frac{r^2-b^2}{a^2-b^2}I$$

所以

$$B=\frac{\mu_0 I}{2\pi}\frac{r^2-b^2}{a^2-b^2}\frac{1}{r},\quad b<r<a \tag{10.5.6}$$

［讨论］ (1) 当 $b=0$ 时，由上式可得

$$B=\frac{\mu_0 I}{2\pi a^2}r,\quad 0<r<a$$

这是电流均匀分布在圆柱体内的磁感应强度的公式。

(2) 当 $b\to a$ 时，$r$ 也趋近于 $a$，由(10.5.6)式可得

$$B\to\frac{\mu_0 I}{2\pi a}$$

这是电流均匀分布在圆柱面上时，表面的磁感应强度。空腔内的磁感应强度为零。

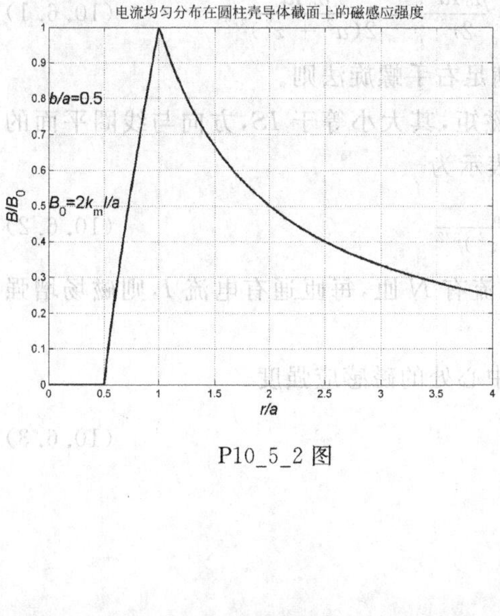

P10_5_2 图

［图示］ (1) 如 P10_5_2 图所示，不妨取圆柱壳内半径与外半径之比为 0.5。空腔内的磁感应强度为零，柱壳内的磁感应强度随距离增加而

增强，圆柱壳外的磁感应强度随距离的增加而减小。在圆柱壳的内外表面，磁感应强度是连续的。

(2) 当圆柱壳内半径与外半径之比为 1 时，圆柱壳就变成圆柱面(图略)。当圆柱壳内半径与外半径之比为 0 时，圆柱壳就变成圆柱体(图略)。

[**算法**] (2) 取 $a$ 为长度单位，取 $B_0=\mu_0 I/2\pi a$ 为磁感应强度单位，则磁感应强度可表示为

$$B=B_0\frac{1}{r^*},\quad r^*>1 \tag{10.5.4*}$$

$$B=0,\quad r^*<b/a \tag{10.5.5*}$$

$$B=B_0\frac{r^{*2}-(b/a)^2}{1-(b/a)^2}\frac{1}{r^*},\quad b/a<r^*<1 \tag{10.5.6*}$$

圆柱壳的内半径与外半径之比是可调节的参数。

[**程序**] P10_5_2.m 见网站。

## {范例 10.6} 通电圆环和亥姆霍兹线圈在轴线上的磁场

(1) 一个半径为 $a$ 的圆环，通有电流 $I$，求环电流轴上的磁感应强度和磁矩在轴的远处产生的磁感应强度。磁感应强度随轴线坐标变化的规律是什么？

(2) 两个共轴圆环电流，半径为 $a$，电流强度都是 $I$。求证：当它们相距为 $a$ 时，它们轴线中间附近为均匀磁场。这种环电流称为亥姆霍兹线圈。取距离分别为 $2a$，$a$ 和 $0.5a$，轴线上的磁感应强度是如何分布的？

[**解析**] (1) 如 B10.6a 图所示，建立坐标系。在圆上取一电流元 $Idl$，在距离圆心为 $r$ 的轴上 $P$ 点产生磁场 $d\boldsymbol{B}$，$d\boldsymbol{B}$ 垂直于 $d\boldsymbol{l}$ 和 $\boldsymbol{r}$。$d\boldsymbol{l}$ 与 $\boldsymbol{r}$ 也垂直，所以 $d\boldsymbol{B}$ 的大小为

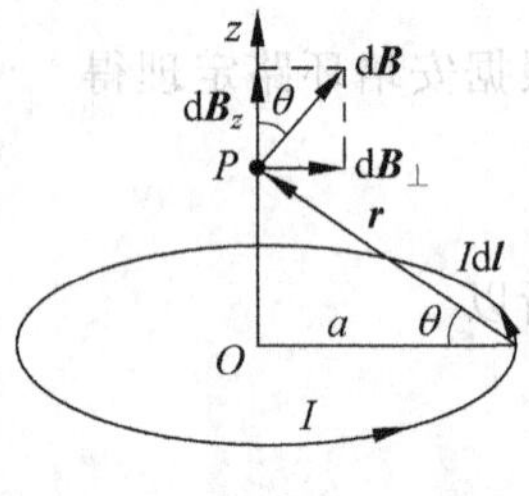

B10.6a 图

$$dB=\frac{\mu_0}{4\pi}\frac{|Id\boldsymbol{l}\times\boldsymbol{r}|}{r^3}=\frac{\mu_0}{4\pi}\frac{Idl}{r^2}$$

设 $\boldsymbol{r}$ 与 $z$ 轴之间的夹角为 $\theta$，将 $d\boldsymbol{B}$ 进行正交分解，两个垂直分量分别为

$$dB_\perp=dB\sin\theta,\quad dB_z=dB\cos\theta$$

由于对称的缘故，$B_\perp=0$。不论电流元取在何处，$r$ 和 $\theta$ 保持不变，因此，合磁场的大小为

$$B_z=\oint\frac{\mu_0 I}{4\pi r^2}\sin\theta dl=\frac{\mu_0 Ia}{4\pi r^3}\oint dl=\frac{\mu_0 Ia^2}{2r^3}=\frac{\mu_0 Ia^2}{2(a^2+z^2)^{3/2}} \tag{10.6.1}$$

$B_z$ 的方向沿 $z$ 轴正向，与环电流的环绕方向之间满足右手螺旋法则。

设矢量 $\boldsymbol{p}_m=IS\boldsymbol{e}_n=I\pi a^2\boldsymbol{e}_n$，$\boldsymbol{p}_m$ 称为环电流的磁矩，其大小等于 $IS$，方向与线圈平面的法线方向相同。环电流在轴线产生的磁场用磁矩表示为

$$\boldsymbol{B}_z=\frac{\mu_0\boldsymbol{p}_m}{2\pi(a^2+z^2)^{3/2}} \tag{10.6.2}$$

磁矩如同电流一样，是一个物理作用量。如果环电流有 $N$ 匝，每匝通有电流 $I$，则磁场增强了 $N$ 倍，磁矩要定义为 $\boldsymbol{p}_m=NIS\boldsymbol{e}_n$。

[**讨论**] (1) 如果 $r=a$ 或 $z=0$，可得环电流中心处的磁感应强度

$$B_0=\frac{\mu_0 I}{2a} \tag{10.6.3}$$

圆心处的磁感应强度最大。

(2) 如果 $z \gg a$,则 $z \approx r$,场强为

$$B_z \approx \frac{\mu_0 I a^2}{2z^3} \tag{10.6.4}$$

用磁矩表示为

$$\boldsymbol{B}_z = \frac{\mu_0 \boldsymbol{p}_{\mathrm{m}}}{2\pi z^3} \tag{10.6.5}$$

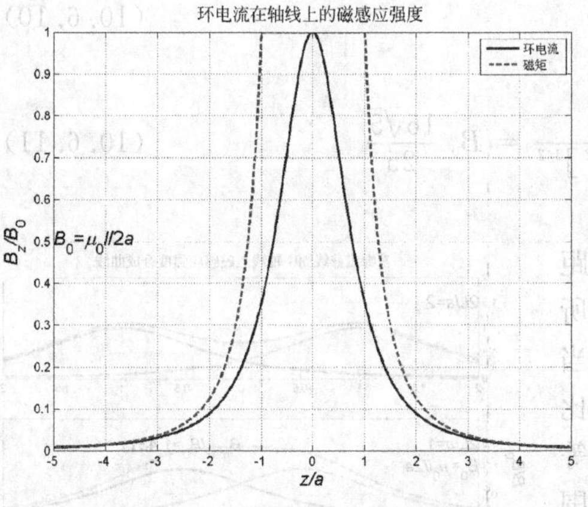


P10_6_1 图

可见:磁矩在轴线远处产生的磁感应强度与距离的立方成反比,与电偶极子在连线远处产生的电场强度的变化规律相同。

[**图示**] 如 P10_6_1 图所示,环电流在轴线上的磁感应强度在环心处最大,曲线中间上凸(下凹),两边上凹,两边凸凹接合处各有一个拐点;从中间开始,磁感应强度先加速下降,后减速下降。当距离比较远时,例如 $4a$,环电流的磁感应强度就与磁矩的磁感应强度相差无几。

[**算法**] (1) 取半径 $a$ 为长度单位,取环心处的磁感应强度 $B_0 = \mu_0 I/2a$ 为磁感应强度单位,则环电流在轴上的磁感应强度可表示为

$$B_z = B_0 \frac{1}{(1+z^{*2})^{3/2}} \tag{10.6.1*}$$

其中,$z^* = z/a$。磁矩在远处轴线上产生的磁感应强度的大小可表示为

$$B = \frac{\mu_0 p_{\mathrm{m}}}{2\pi a^3}\frac{1}{z^{*3}} = B_0 \frac{1}{z^{*3}} \tag{10.6.4*}$$

[**程序**] P10_6_1.m 见网站。

[**解析**] (2) 如 B10.6b 图所示,设两线圈相距为 $2L$,以 $O$ 点为原点建立坐标,两线圈在场点 $P$ 产生的场强分别为

$$B_1 = \frac{\mu_0 I a^2}{2[a^2 + (L+z)^2]^{3/2}} \tag{10.6.6a}$$

$$B_2 = \frac{\mu_0 I a^2}{2[a^2 + (L-z)^2]^{3/2}} \tag{10.6.6b}$$

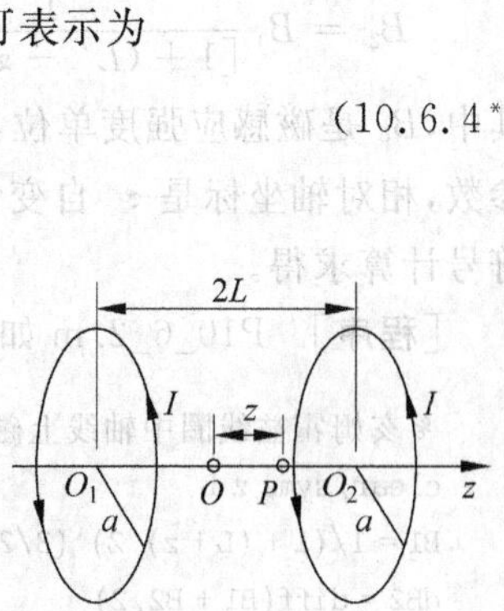


B10.6b 图

方向相同,合场强为 $B = B_1 + B_2$。

如果两个环电流相距较近,它们的磁感应强度就叠加较多,曲线就形成更高的“峰”;如果它们相距较远,强度就叠加较少,曲线的中间部分就会下凹成“谷”,圆环所在处形成两个对称的“峰”。曲线从“谷”底到两边的“峰”之间各有一个拐点,当它们的距离由远而近时,两个拐点就会逐渐接近。到最适当的位置时,两个拐点就会在中间重合,这时的磁场最均匀。拐点处的二阶导数为零。

设 $B_0 = \mu_0 I/2a$,则

$$B = B_0 a^3 \left\{ \frac{1}{[a^2 + (L+z)^2]^{3/2}} + \frac{1}{[a^2 + (L-z)^2]^{3/2}} \right\} \tag{10.6.7}$$

$B$ 对 $z$ 求一阶导数得

$$\frac{\mathrm{d}B}{\mathrm{d}z}=-3B_0a^3\left\{\frac{L+z}{[a^2+(L+z)^2]^{5/2}}-\frac{L-z}{[a^2+(L-z)^2]^{5/2}}\right\} \tag{10.6.8}$$

求二阶导数得

$$\frac{\mathrm{d}^2B}{\mathrm{d}z^2}=-3B_0a^3\left\{\frac{a^2-4(L+z)^2}{[a^2+(L+z)^2]^{7/2}}+\frac{a^2-4(L-z)^2}{[a^2+(L-z)^2]^{7/2}}\right\} \tag{10.6.9}$$

在 $z=0$ 处令 $\mathrm{d}^2B/\mathrm{d}z^2=0$，可得 $a^2=4L^2$，所以

$$2L=a \tag{10.6.10}$$

$z=0$ 处的场强为

$$B=B_0a^3\frac{2}{[a^2+(a/2)^2]^{3/2}}=B_0\frac{16\sqrt{5}}{25} \tag{10.6.11}$$

这是亥姆霍兹线圈最均匀的磁感应强度。

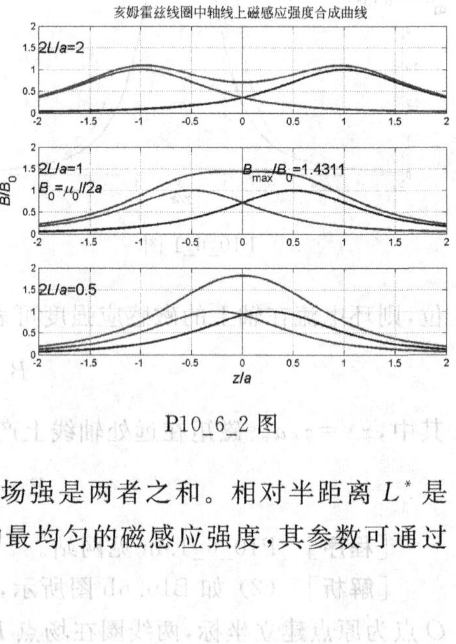


P10_6_2 图

[图示] 如 P10_6_2 图所示，当两个线圈相距比较远时，轴线中间的磁感应强度比较小，线圈所在处的磁感应强度比较大，磁场不均匀(上图)。当两个线圈相距比较近时，轴线中间的磁感应强度比较大，磁场也不均匀(下图)。当两个线圈的距离等于半径时，轴线中间的磁感应强度在相当大的范围之内相近，磁场十分均匀(中图)。

[算法] (2) 取半径 $a$ 为长度单位，则

$$B_1=B_0\frac{1}{[1+(L^*+z^*)^2]^{3/2}} \tag{10.6.6a*}$$

$$B_2=B_0\frac{1}{[1+(L^*-z^*)^2]^{3/2}} \tag{10.6.6b*}$$

其中，$B_0$ 是磁感应强度单位，$L^*=L/a$，$z^*=z/a$。合场强是两者之和。相对半距离 $L^*$ 是参数，相对轴坐标是 $z^*$ 自变量。对于随轴坐标变化的最均匀的磁感应强度，其参数可通过符号计算求得。

[程序] P10_6_2.m 如下。

```
%亥姆霍兹线圈中轴线上磁感应强度曲线
clear,syms z L                                          %清除变量,定义符号变量(变量 L 代表比值 L/a)
B1 = 1/(1 + (L + z)^2)^(3/2),B2 = 1/(1 + (L - z)^2)^(3/2)   %第一个和第二个磁感应强度(1)
dB2 = diff(B1 + B2,2)                                   %求总磁感应强度的二阶导数(2)
f = subs(dB2,z,0)                                       %变量替换成 0(3)
l = solve(f,L)                                          %求半长与半径之比的符号解(4)
l = double(l(1))                                        %取第一个数值(4)
l = [2,1,0.5] * l;                                      %半距离向量(5)
zm = 2;bm = 2;dz = 0.01;z = - zm:dz:zm;                 %窗口的高度,增量和窗口宽度向量
fs = 16;tit = '亥姆霍兹线圈中轴线上磁感应强度合成曲线';   %标题
figure                                                  %创建图形窗口
for i = 1:length(l)                                     %按距离循环(6)
    subplot(3,1,i),plot([0;0],[0;bm])                   %取子窗口,画纵线
    grid on,axis([ - zm,zm,0,bm])                       %加网格,设置坐标范围
```

```
    z0 = l(i);                                        % 取距离
    b1 = 1./(1 + (z - z0).^2).^(3/2);b2 = 1./(1 + (z + z0).^2).^(3/2);   % 两个磁感应强度向量
    B = [b1;b2;b1 + b2];                              % 连接磁感应强度矩阵
    hold on,plot(z,B,'LineWidth',2)                   % 保持图像,画曲线
    text( - zm,bm - 0.5,['2\itL\rm/\ita\rm = ',num2str(2 * z0)],'FontSize',fs)   % 显示距离
    if i = = 1,title(tit,'FontSize',fs),end           % 判断显示标题
    if i = = 2                                        % 对于第二图
        ylabel('\itB\rm/\itB\rm_0','FontSize',fs)     % 标记纵坐标
        text( - zm,1,'\itB\rm_0 = \it\mu\rm_0\itI\rm/2\ita','FontSize',fs)   % 显示 B0
        m = max(b1 + b2);                             % 求最大值
        text(0,m,['\itB\rm_{max}/\itB\rm_0 = ',num2str(m)],'FontSize',fs) % 显示最大值
    end                                               % 结束条件
end,xlabel('\itz\rm/\ita','FontSize',fs)              % 结束循环,最后标记横坐标
```

[**说明**]　(1) 利用符号变量定义两个公式的符号表达式。

(2) 对符号表达式之和求二阶导数,表达式很长。

(3) 取坐标为零可得

```
f =
30/(1 + L^2)^(7/2) * L^2 - 6/(1 + L^2)^(5/2)
```

(4) 求零解可得两个值

```
l =
[ 1/2]
[ - 1/2]
```

其中第一个值即为所求。结果是数字字符串,需要转化为数值。

(5) 取不同的半距离为参数向量。

(6) 在循环中画出两个线圈在三种距离情况下的磁感应强度曲线。

## {范例 10.7}　通电螺线管轴线上的磁场

均匀密绕螺线管的长度为 $2L$,半径为 $a$,单位长度上绕有 $n$ 匝线圈,通有电流 $I$。求螺线管轴线上的磁感应强度。

[**解析**]　如 B10.7 图所示,螺线管各匝线圈都是螺线形的,在密绕的情况下可以当做多匝圆形线圈紧密排列而成。场点 $P$ 在轴线上,在相距为 $l$ 处取一线元 $\mathrm{d}l$,线圈匝数为

$$\mathrm{d}N = n\mathrm{d}l$$

电流强度为

$$\mathrm{d}I = I\mathrm{d}N = In\mathrm{d}l \tag{10.7.1}$$

线圈在 $P$ 点产生的磁感应强度为

$$\mathrm{d}B = \frac{\mu_0 a^2 \mathrm{d}I}{2r^3} = \frac{\mu_0 n I a^2 \mathrm{d}l}{2r^3}$$

设 $\theta$ 为轴线与 $P$ 点到 $\mathrm{d}l$ 连线之间的夹角,则有 $a = r\sin\theta$,即

$$r = a/\sin\theta$$

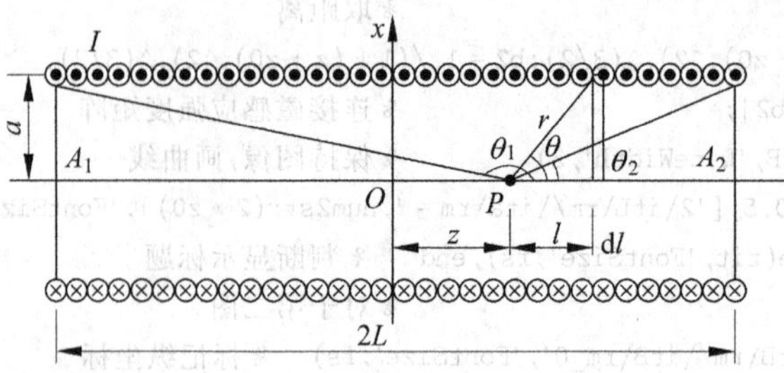


B10.7 图

由于 $l=a\cot\theta$，因此 $dl=-a d\theta/\sin^2\theta$，故

$$dB=-\frac{\mu_0 nI}{2}\sin\theta d\theta$$

积分得

$$B=-\frac{\mu_0 nI}{2}\int_{\theta_1}^{\theta_2}\sin\theta d\theta=\frac{\mu_0 nI}{2}(\cos\theta_2-\cos\theta_1) \tag{10.7.2}$$

磁感应强度的方向沿轴线向右。

如果管长比半径大很多，可认为直螺线管为无限长，令 $\theta_1=\pi,\theta_2=0$，可得

$$B_0=\mu_0 nI \tag{10.7.3}$$

在半无限长管的一端的中心 $A_1(\theta_1=\pi/2,\theta_2=0)$ 或 $A_2(\theta_1=\pi,\theta_2=\pi/2)$，磁感应强度为

$$B_1=\mu_0 nI/2=B_0/2 \tag{10.7.4}$$

在直角坐标系中，场点 $P$ 的磁感应强度为

$$B=\frac{\mu_0 nI}{2}\left[\frac{L-z}{\sqrt{(L-z)^2+a^2}}+\frac{L+z}{\sqrt{(L+z)^2+a^2}}\right] \tag{10.7.5}$$

［图示］ 如 P10_7 图所示，不论长度与直径之比为多少，轴线中间的磁感应强度最大。当长度与直径之比为 1 时，轴线上磁感应强度的最大值远没有达到无限长螺线管的值。当长度与直径的比值达到 7 时，轴线上磁感应强度最大值才达到无限长螺线管的值。当长度与直径的比值更大时，轴线上磁感应强度的最大值保持不变，但范围扩大。可见：长螺线管轴线上的磁感应强度与无限长螺线管的值相同。

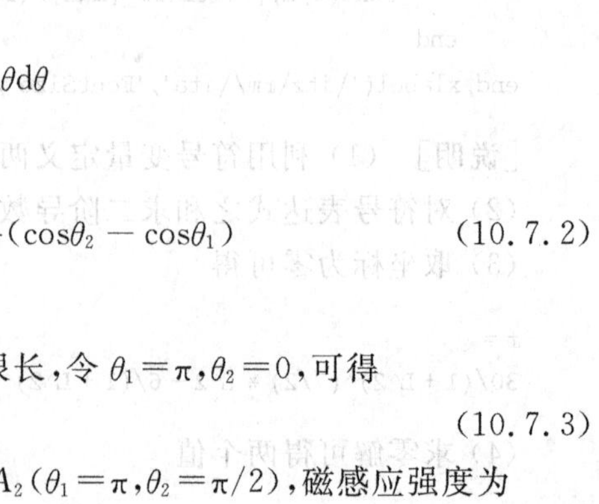


P10_7 图

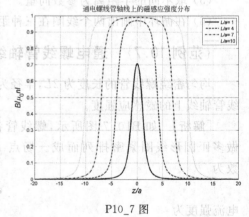

［算法］ 取半径 $a$ 为长度单位，取 $B_0=\mu_0 nI$ 为磁感应强度单位，磁感应强度可表示为

$$B=B_0\frac{1}{2}\left[\frac{L^*-z^*}{\sqrt{(L^*-z^*)^2+1}}+\frac{L^*+z^*}{\sqrt{(L^*+z^*)^2+1}}\right] \tag{10.7.5*}$$

取半长为参数向量，取轴坐标为自变量向量，化为矩阵，计算轴上各点的磁感应强度，用矩阵画线法画曲线族。

［程序］ P10_7.m 见网站。

## {范例 10.8} 与直线电流共面的通电半圆环所受的安培力

如 B10.8 图所示，长直导线通有电流 $I_1$，半径为 $a$ 的圆环和直径构成封闭半圆环，通有逆时针方向的电流 $I_2$。封闭半圆环与直线电流共面，直径与直线电流平行，相距为 $d$，求半圆环和封闭半圆环所受到的安培力。安培力随距离变化的规律是什么？

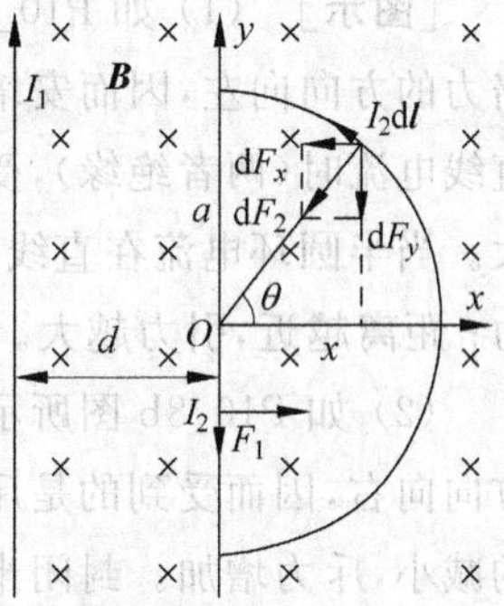


B10.8 图

[解析] 直线电流 $I_1$ 在右边产生的磁感应强度的方向垂直纸面向里，在半圆环电流的直径处产生的磁感应强度大小为

$$B_1 = \frac{\mu_0 I_1}{2\pi d} \tag{10.8.1}$$

因此直径部分所受的安培力方向沿 $x$ 轴正向，大小为

$$F_1 = I_2 2aB_1 = \frac{\mu_0 I_1 I_2 a}{\pi d} \tag{10.8.2}$$

在圆环上取一电流元 $I_2 d\boldsymbol{l}$，直线电流 $I_1$ 在电流元处产生的磁感应强度大小为

$$B = \frac{\mu_0 I_1}{2\pi(d+x)} \tag{10.8.3}$$

电流元 $I_2 d\boldsymbol{l}$ 受到的安培力方向沿径向向里，大小为

$$dF_2 = I_2 dlB = \frac{\mu_0 I_1}{2\pi(d+x)} I_2 dl$$

由于 $x=a\cos\theta$，$dl=ad\theta$，所以

$$dF_2 = \frac{\mu_0 I_1 I_2 a d\theta}{2\pi(d+a\cos\theta)} \tag{10.8.4}$$

电流元 $I_2 dl$ 受到安培力的两个分量为

$$dF_x = -dF_2\cos\theta = -\frac{\mu_0 I_1 I_2 a\cos\theta d\theta}{2\pi(d+a\cos\theta)}$$

$$dF_y = -dF_2\sin\theta = -\frac{\mu_0 I_1 I_2 a\sin\theta d\theta}{2\pi(d+a\cos\theta)}$$

根据对称性可知 $y$ 方向的合力为零。半圆环电流所受的安培力等于 $x$ 方向的分量

$$F_x = -\frac{\mu_0 I_1 I_2}{\pi}\int_0^{\pi/2}\frac{a\cos\theta d\theta}{d+a\cos\theta} \tag{10.8.5}$$

上式可化为

$$F_x = -\frac{\mu_0 I_1 I_2}{\pi}\int_0^{\pi/2}\frac{(d+a\cos\theta-d)d\theta}{d+a\cos\theta} = -\frac{\mu_0 I_1 I_2}{\pi}\left(\frac{\pi}{2}-S\right) \tag{10.8.6}$$

其中

$$S = \int_0^{\pi/2}\frac{d\theta}{1+(a/d)\cos\theta} = \frac{2}{\sqrt{1-k^2}}\arctan\left(\sqrt{\frac{1-k}{1+k}}\right) \tag{10.8.7}$$

这里利用了(0.22.1a)式，并取 $k=a/d$。将上式代入(10.8.6)式得半圆环所受的安培力

$$F_x = \frac{\mu_0 I_1 I_2}{\pi}\left[\frac{2}{\sqrt{1-k^2}}\arctan\left(\sqrt{\frac{1-k}{1+k}}\right)-\frac{\pi}{2}\right] \tag{10.8.8}$$

封闭半圆环所受的总安培力为

$$F = F_1 + F_x = \frac{\mu_0 I_1 I_2}{\pi}\left[k + \frac{2}{\sqrt{1-k^2}}\arctan\left(\sqrt{\frac{1-k}{1+k}}\right) - \frac{\pi}{2}\right] \qquad (10.8.9)$$

**[图示]** (1) 如 P10_8a 图所示,当半圆环电流在直线电流的右边时,受到直线电流安培力的方向向左,因而安培力为引力;随着距离的增加,引力逐渐减小。当半圆环电流跨过直线电流时(两者绝缘),受到直线电流安培力的方向也向左;半圆环越往左移,安培力越大。当半圆环电流在直线电流左边时,受到直线电流安培力的方向向右,因而受到的也是引力;距离越近,引力越大。在 $d=-a$ 的两侧,安培力并不连续。

(2) 如 P10_8b 图所示,封闭半圆环电流在直线电流右边时,受到直线电流的安培力的方向向右,因而受到的是斥力,这是因为直径受到的斥力大于半圆环受到的引力;随着距离的减小,斥力增加。封闭半圆环电流在直线电流左边时,受到直线电流安培力的方向也向右,因而受到的是引力,这是因为半圆环受到的引力大于直径受到的斥力;随着距离减小,引力也增加。封闭半圆环电流跨过直线电流时,受到直线电流的安培力方向向左,这是因为直径和半圆环受到力的方向都向左;半圆环越往左移,安培力越小。半圆环从左右两边接近直线电流时,安培力趋于无穷大。

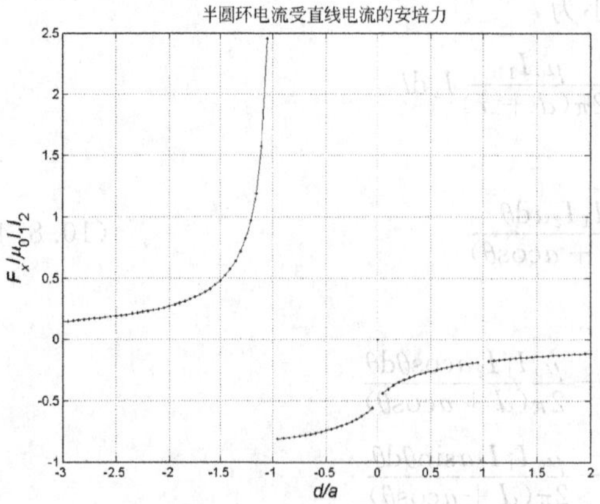


P10_8a 图

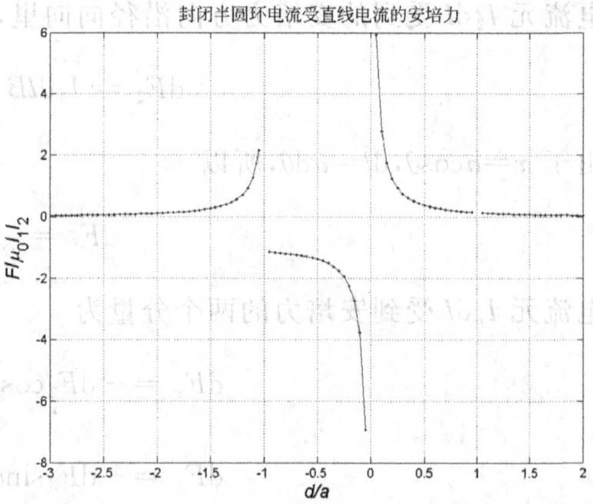


P10_8b 图

**[算法]** 取半径 $a$ 为距离单位,则 $k=a/d=1/d^*$。取 $F_0=\mu_0 I_1 I_2$ 为力的单位,则安培力的公式可表示为

$$F_x = F_0\frac{1}{\pi}\left[\frac{2}{\sqrt{1-1/d^{*2}}}\arctan\left(\sqrt{\frac{d^*-1}{d^*+1}}\right) - \frac{\pi}{2}\right] \qquad (10.8.8^*)$$

$$F = F_0\frac{1}{\pi}\left[\frac{1}{d^*} + \frac{2}{\sqrt{1-1/d^{*2}}}\arctan\left(\sqrt{\frac{d^*-1}{d^*+1}}\right) - \frac{\pi}{2}\right] \qquad (10.8.9^*)$$

当 $d<-a$ 时,半圆环在直线电流的左边,与在右边的时候所受力的方向相反,只需要在反正切函数前面加一负号。

**[程序]** P10_8.m 见网站。

## {范例 10.9} 带电粒子在匀强磁场中的运动规律(曲线动画)

(1) 一质量为 $m$、带电量为 $q$ 的粒子在磁感应强度为 $B$ 的匀强磁场中运动,讨论粒子运动的轨迹。

(2) 一束质量为 $m$、带电量为 $e$ 的电子以很小的发散角 $\theta$ 进入匀强磁场 $B$ 中。设磁场轴向路径长度为 $L$,讨论电子束聚集的原理,说明电子束的运动轨迹。

[解析] (1) 带电粒子在磁场中运动时受到洛伦兹力

$$\boldsymbol{f} = q\boldsymbol{v} \times \boldsymbol{B} \tag{10.9.1}$$

如果粒子的初速度方向与磁感应线平行,那么粒子受到的作用力为零,粒子做匀速直线运动。

如果粒子的初速度方向与磁感应线垂直,由于粒子受到的作用力与速度方向垂直,所以粒子作匀速圆周运动。如 B10.9a 图所示,粒子作圆周运动的向心力来源于洛伦兹力,假设粒子运动的速率为 $v$,根据牛顿运动定律得方程

$$qvB = m\frac{v^2}{R}$$

可得粒子运动的半径

$$R = \frac{mv}{qB} \tag{10.9.2}$$

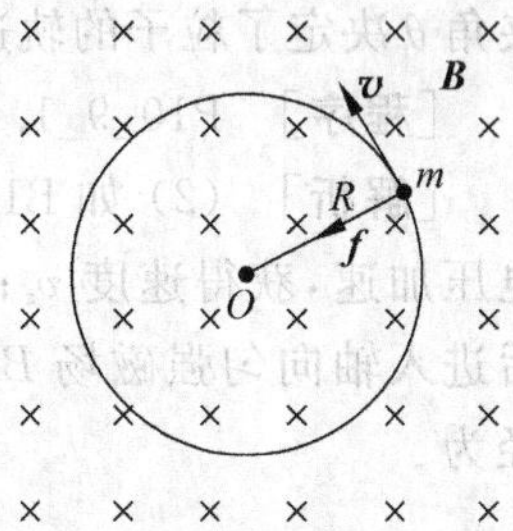

B10.9a 图

可见:在一定的磁场中,带电量一定的粒子的动量越大,其运动半径越大;而磁场越大,粒子运动的半径越小。为了将粒子束缚在一个较小的范围内,就需要有较强的磁场。

粒子作匀速圆周运动的周期为

$$T = \frac{2\pi R}{v} = \frac{2\pi m}{qB} \tag{10.9.3}$$

可见:粒子运动的周期与速度无关。同一种粒子,在同一磁场中运动时,周期都相同。

当粒子初速度 $\boldsymbol{v}_0$ 的方向与磁场的方向之间有夹角 $\theta$ 时,如 B10.9b 图所示,粒子将同时作匀速直线运动和匀速圆周运动,其轨迹是螺旋线。粒子做螺旋运动的半径为

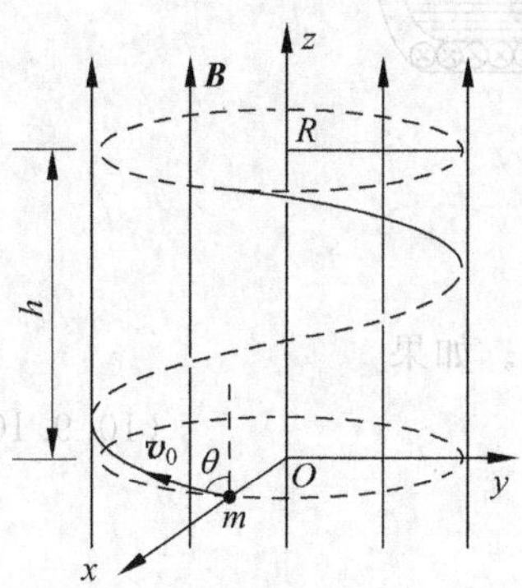

B10.9b 图

$$R = \frac{mv_0 \sin\theta}{qB} \tag{10.9.4}$$

当 $\theta=90°$时,可得最大半径

$$R_0 = \frac{mv_0}{qB} \tag{10.9.5}$$

粒子做螺旋运动的螺距为

$$h = v_0\cos\theta \cdot T = \frac{2\pi m}{qB}v_0\cos\theta \tag{10.9.6}$$

夹角 $\theta$ 越小,螺距越大。

粒子运动的圆频率为 $\omega=2\pi/T$,$t$ 时间内的角位移为 $\omega t$,粒子的运动方程为

$$x = R\cos\omega t + C_x,\quad y = -R\sin\omega t + C_y,\quad z = v_0\cos\theta \cdot t + C_z \tag{10.9.7}$$

其中 $C_x$,$C_y$ 和 $C_z$ 是常数,由初始条件决定。如果 $t=0$ 时,初始位置为 $x=R$,$y=z=0$,则三

个常数为零。

［图示］ 如 P10_9_1 图所示，如果磁场的方向向上，取初速度与磁场的夹角为 30°，粒子运动的轨迹就是螺旋向上的。取不同的夹角，粒子轨迹的形状基本相同，但是坐标的刻度不同。

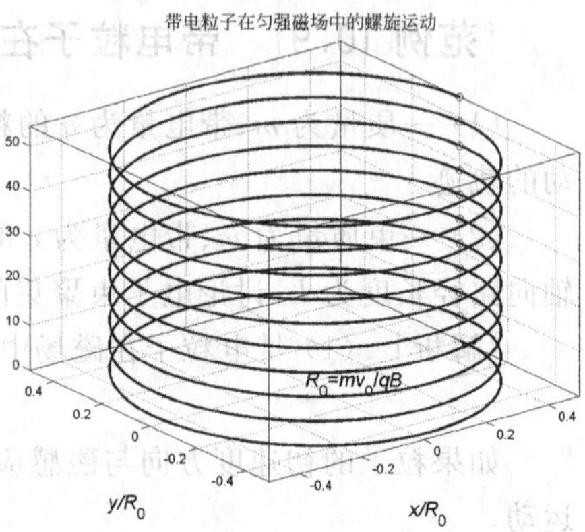


P10_9_1 图

［算法］ (1) 取最大半径 $R_0$ 为长度单位，则运动方程可化为约化形式：

$$x = R_0\sin\theta\cos\omega t \qquad (10.9.7a^*)$$

$$y = -R_0\sin\theta\sin\omega t \qquad (10.9.7b^*)$$

$$z = R_0\cos\theta\cdot\omega t \qquad (10.9.7c^*)$$

夹角 $\theta$ 决定了粒子的轨迹。

［程序］ P10_9_1.m 见网站。

［解析］ (2) 如 B10.9c 图所示，一束质量为 $m$、带电量为 $e$ 的电子先经过较大的轴向电压加速，获得速度 $v_z$；再经过径向交变电压发散，获得不同的但很小的径向速度 $v_r$；然后进入轴向匀强磁场 $B$ 中做螺旋运动。电子做螺旋运动的周期仍由(10.9.3)式决定，半径为

$$R = \frac{mv_r}{eB} \qquad (10.9.8)$$

由于电子带负电荷，所以运动方程可表示为

$$x = R\cos\omega t + C_x,\quad y = R\sin\omega t + C_y,\quad z = v_z t + C_z \qquad (10.9.9)$$

其中，$C_x$，$C_y$ 和 $C_z$ 是常数。如果 $t=0$ 时，$x=y=z=0$，则 $C_x=-R$，$C_y=C_z=0$。

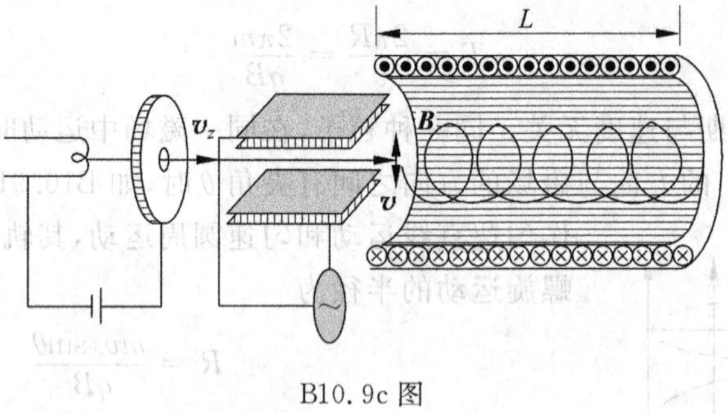


B10.9c 图

经过一个周期 $T$，如果电子能够在端点汇聚，则 $L/v_zT=1$。如果

$$L/v_zT = n,\quad n\text{ 为整数} \qquad (10.9.10)$$

即增加磁感应强度 $B$ 而减小周期 $T$，则电子汇聚有 $n$ 个焦点。

设发散角的正切 $\tan\theta=v_r/v_z$，则半径可表示为

$$R = L\frac{mv_r}{eBL} = L\frac{mv_r}{eBnv_zT} = L\frac{\tan\theta}{2\pi n} \qquad (10.9.11)$$

发散角越大，焦点越少，则半径越大。

［图示］ (1) 如 P10_9_2a 图所示，不妨取两个焦点，进入匀强磁场的电子两次汇聚在一点。如同近轴光线通过透镜后聚集在光轴上类似，这种现象称为磁聚集。注意：图中的

横坐标表示轴向，纵坐标和高坐标分别表示互相垂直的两个径向，径向刻度远小于轴向刻度，因此，电子束是很细的。

(2) 从右向左看，所有电子的轨迹都是圆，如 P10_9_2b 图所示。电子束的发散角越大，螺旋运动的半径就越大。每经过一个周期，电子束就会汇聚一次。

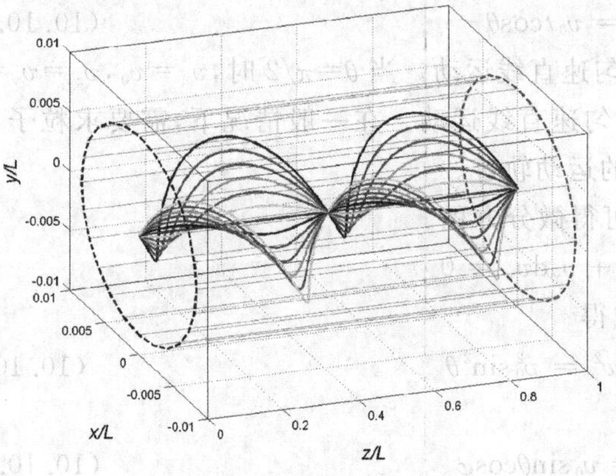


P10_9_2a 图

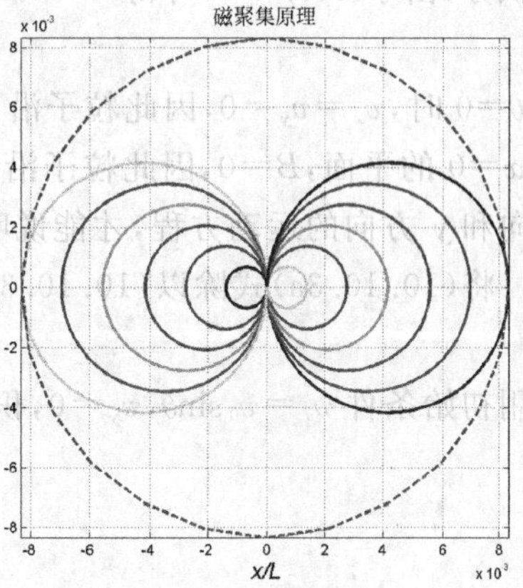


P10_9_2b 图

[**算法**] (2) 以管长 $L$ 为坐标单位，取周期 $T$ 为时间单位，运动方程可化为约化形式

$$x = L\frac{\tan\theta}{2\pi n}(\cos 2\pi t^* - 1),\quad y = L\frac{\tan\theta}{2\pi n}\sin 2\pi t^*,\quad z = L\frac{1}{n}t^* \qquad (10.9.9^*)$$

其中 $t^* = t/T$。取发散角为参数向量，取时间为自变量向量，形成矩阵，计算三维坐标，用三维矩阵画线法画轨迹曲线族。

[**程序**] P10_9_2.m 见网站。

## *{范例 10.10} 带电粒子在非匀强磁场中的运动规律(曲线动画)

一非匀强磁场 $\boldsymbol{B}$ 沿着 $z$ 方向，大小与 $z$ 成正比：$\boldsymbol{B}=Kz\boldsymbol{k}$，$K$ 为比例系数。一质量为 $m$、电量为 $q$ 的带电粒子以初速度 $\boldsymbol{v}_0$ 从坐标原点射入磁场，初速度方向在 $Oxz$ 平面内，与 $z$ 方向的夹角为 $\theta$，如 B10.10 图所示。粒子的运动轨迹是什么？

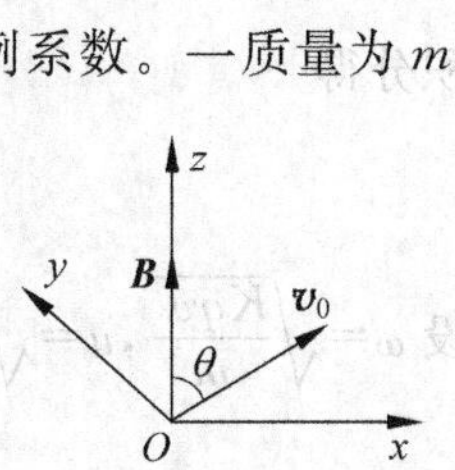


B10.10 图

[**解析**] 根据洛伦兹力和牛顿第二定律可得粒子运动矢量微分方程

$$\boldsymbol{F} = m\boldsymbol{a} = q\boldsymbol{v}\times\boldsymbol{B} \qquad (10.10.1)$$

由于

$$\boldsymbol{v}\times\boldsymbol{B} = \begin{vmatrix} \boldsymbol{i} & \boldsymbol{j} & \boldsymbol{k} \\ v_x & v_y & v_z \\ 0 & 0 & Kz \end{vmatrix} = Kzv_y\boldsymbol{i} - Kzv_x\boldsymbol{j} \qquad (10.10.2)$$

粒子运动微分方程的分量为

$$m\frac{\mathrm{d}v_x}{\mathrm{d}t} = Kqzv_y \qquad (10.10.3a)$$

$$m\frac{\mathrm{d}v_y}{\mathrm{d}t} = -Kqzv_x \qquad (10.10.3b)$$

$$m\frac{\mathrm{d}v_z}{\mathrm{d}t}=0 \tag{10.10.3c}$$

对(10.10.3c)式积分,并利用初始条件可得

$$v_z=v_0\cos\theta \tag{10.10.4}$$

再积分,由于 $z(0)=0$,可得

$$z=v_0t\cos\theta \tag{10.10.5c}$$

当 $\theta=0$ 时,$v_x=v_y=0$,因此粒子沿 $z$ 轴做匀速直线运动。当 $\theta=\pi/2$ 时,$v_x=v_0$,$v_z=v_y=0$,在 $x=0$ 的平面,$B=0$,因此粒子沿 $x$ 轴做匀速直线运动。在一般情况下,需要求粒子在 $x$ 方向和 $y$ 方向的运动方程,才能说明粒子的运动轨迹。

将(10.10.3a)式除以(10.10.3b)式,可得微分方程

$$v_x\mathrm{d}v_x+v_y\mathrm{d}v_y=0$$

利用初始条件 $v_x=v_0\sin\theta$,$v_y=0$,积分上式得

$$v_x^2+v_y^2=v_0^2\sin^2\theta \tag{10.10.6}$$

设

$$v_x=v_0\sin\theta\cos\varphi \tag{10.10.7a}$$

$$v_y=v_0\sin\theta\sin\varphi \tag{10.10.7b}$$

$\varphi$ 是角度变量。将上面两式和(10.10.5c)式代入(10.10.3a)式,可得角度变量的微分方程

$$-m\frac{\mathrm{d}\varphi}{\mathrm{d}t}=Kqv_0t\cos\theta$$

当 $t=0$ 时,$\varphi=0$,积分上式得

$$\varphi=-\frac{Kqv_0\cos\theta}{2m}t^2 \tag{10.10.8}$$

上式代入(10.10.7a)式可得

$$\frac{\mathrm{d}x}{\mathrm{d}t}=v_0\sin\theta\cos\left(\frac{Kqv_0\cos\theta}{2m}t^2\right)$$

积分得

$$x=v_0\sin\theta\int_0^t\cos\left(\frac{Kqv_0\cos\theta}{2m}t^2\right)\mathrm{d}t$$

设 $\omega=\sqrt{\frac{Kqv_0}{m}}$,$u=\sqrt{\frac{\cos\theta}{2}}\omega t$,可得积分

$$x=\sin\theta\sqrt{\frac{2mv_0}{Kq\cos\theta}}\int_0^u\cos(u^2)\mathrm{d}u \tag{10.10.5a}$$

这个积分称为菲涅耳余弦积分,要用特殊函数表示。利用(10.10.7b)式可得

$$y=-\sin\theta\sqrt{\frac{2mv_0}{Kq\cos\theta}}\int_0^u\sin(u^2)\mathrm{d}u \tag{10.10.5b}$$

这个积分称为菲涅耳正弦积分。当积分上限趋于无穷大时,两个菲涅耳积分都趋于 $\sqrt{2\pi}/4$,因此粒子的极限坐标为

$$x_{\lim}=\frac{\sin\theta}{2}\sqrt{\frac{\pi}{\cos\theta}}\sqrt{\frac{mv_0}{Kq}},\quad y_{\lim}=-\frac{\sin\theta}{2}\sqrt{\frac{\pi}{\cos\theta}}\sqrt{\frac{mv_0}{Kq}} \tag{10.10.9}$$

两个极限值只差一个符号。

[图示] (1) 如 P10_10a 图之上图和中图所示,当带电粒子的入射角为 60°时,其坐标

$x$ 和 $y$ 随时间均做周期性变化，时间越长，幅度越小。如 P10_10a 图之下图所示，带电粒子的 $z$ 坐标随时间直线增加。

(2) 如 P10_10b 图所示。带电粒子的运动轨迹是螺旋上升的，时间越长，粒子运动得越高，半径也越小。极限横坐标为 $1.085R$，极限纵坐标为 $-1.085R$。由于粒子在 $z$ 方向做匀速直线运动，因此，粒子不会返回来，这是因为场强只有 $z$ 分量。在场强只有 $z$ 分量的情况下，不管磁感应强度与 $z$ 的多少次方成正比，粒子都不会返回来。

(3) 当入射角为 $-60°$ 时，带电粒子的运动规律如 P10_10c 图所示，粒子的运动轨迹如 P10_10d 图所示。

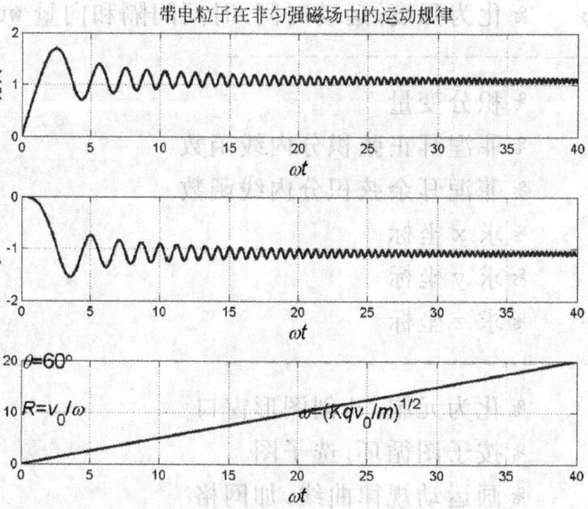


P10_10a 图

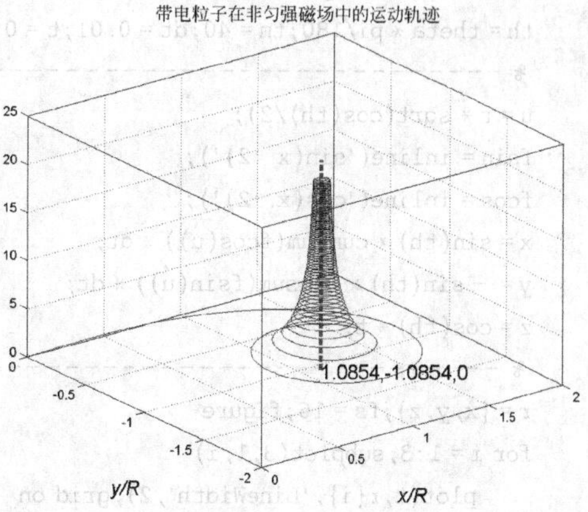


P10_10b 图

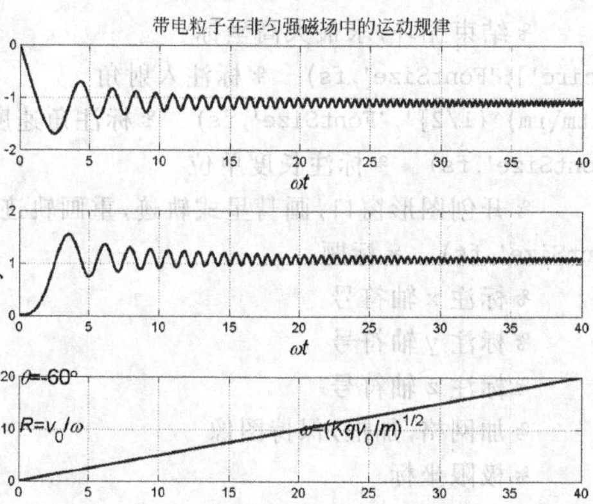


P10_10c 图

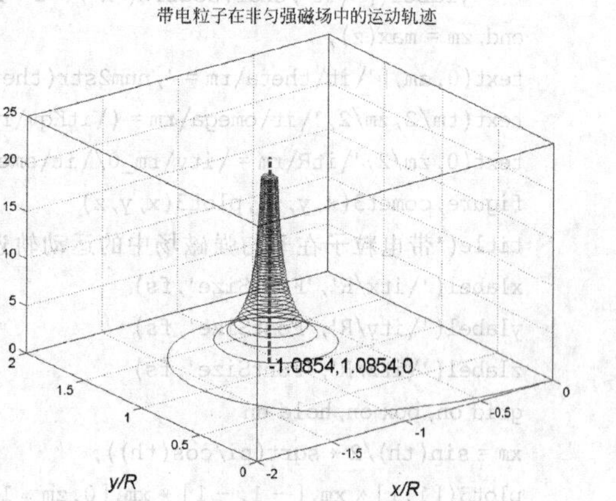


P10_10d 图

**［算法］** 方法一：用解析式。取 $\omega=\sqrt{Kqv_0/m}$ 的倒数为时间单位，也就是取 $t^*=\omega t$ 为无量纲的时间，取 $R=\sqrt{mv_0/Kq}$ 为长度单位，则带电粒子的运动方程可表示为

$$\begin{cases} x = R\sin\theta\int_0^{t^*}\cos(u^2)\mathrm{d}t^* \\ y = -R\sin\theta\int_0^{t^*}\sin(u^2)\mathrm{d}t^* \\ z = Rt^*\cos\theta \end{cases} \tag{10.10.5*}$$

其中，$u=\sqrt{\frac{\cos\theta}{2}}t^*$。粒子的极限坐标可表示为

$$x_{\lim}=R\frac{\sin\theta}{2}\sqrt{\frac{\pi}{\cos\theta}}=-y_{\lim} \tag{10.10.9*}$$

带电粒子的入射角是可调节的参数。

［程序］ P10_10__1.m 如下。

```
%带电粒子在非匀强磁场中运动
clear,theta = input('请输入入射角度数:');          %清除变量,键盘输入入射角度数
th = theta * pi/180;tm = 40;dt = 0.01;t = 0:dt:tm;    %化为弧度,运动时间,时间间隔和向量 wt
%------------------------------------------------------
u = t * sqrt(cos(th)/2);                          %积分变量
fsin = inline('sin(x.^2)');                       %菲涅耳正弦积分内线函数
fcos = inline('cos(x.^2)');                       %菲涅耳余弦积分内线函数
x = sin(th) * cumsum(fcos(u)) * dt;               %求 x 坐标
y = - sin(th) * cumsum(fsin(u)) * dt;             %求 y 坐标
z = cos(th) * t;                                  %求 z 坐标
%------------------------------------------------------
r = {x,y,z};fs = 16;figure                        %化为元胞,开创图形窗口
for i = 1:3,subplot(3,1,i)                        %按子图循环,选子图
    plot(t,r{i},'LineWidth',2),grid on            %画运动规律曲线,加网格
    if i = = 1 title('带电粒子在非匀强磁场中的运动规律','FontSize',fs),end  %标题
    xlabel('\it\omegat','FontSize',fs)            %标注 x 轴符号
    ylabel(['\it',char(double('x') + i - 1),'/R'],'FontSize',fs)  %标注 y 轴符号
end,zm = max(z);                                  %结束循环,求最大高坐标
text(0,zm,['\it\theta\rm = ',num2str(theta),'\circ'],'FontSize',fs)  %标注入射角
text(tm/2,zm/2,'\it\omega\rm = (\itKqv\rm_0/\itm\rm)^{1/2}','FontSize',fs)  %标注角速度
text(0,zm/2,'\itR\rm = \itv\rm_0/\it\omega','FontSize',fs)  %标注长度单位
figure,comet3(x,y,z),plot3(x,y,z)                %开创图形窗口,画彗星式轨迹,重画轨迹
title('带电粒子在非匀强磁场中的运动轨迹','FontSize',fs)  %标题
xlabel('\itx/R','FontSize',fs)                    %标注 x 轴符号
ylabel('\ity/R','FontSize',fs)                    %标注 y 轴符号
zlabel('\itz/R','FontSize',fs)                    %标注 z 轴符号
grid on,box on,hold on                            %加网格,加框,保持图像
xm = sin(th)/2 * sqrt(pi/cos(th));                %极限坐标
plot3([1,1] * xm,[ - 1, - 1] * xm,[0,zm * 1.1],'r -- ','LineWidth',3)  %画轴
txt = [num2str(xm),',',num2str( - xm),',0'];      %极限坐标
text(xm, - xm,0,txt,'FontSize',fs)                %标注极限坐标
```

方法二：用微分方程的数值解。带电粒子速度的微分方程的分量为

$$\frac{dx}{dt}=v_x,\quad \frac{dy}{dt}=v_y,\quad \frac{dz}{dt}=v_z$$

取 $t^*=\omega t$ 为无量纲的时间，取 $R=\sqrt{mv_0/Kq}$ 为长度单位，则速度的分量可表示为

$$\frac{dx^*}{dt^*}=v_x^*,\quad \frac{dy^*}{dt^*}=v_y^*,\quad \frac{dz^*}{dt^*}=v_z^*$$

其中，$x^*=x/R,y^*=y/R,z^*=z/R$；$v_x^*=v_x/v_0,v_y^*=v_y/v_0,v_z^*=v_z/v_0$。加速度的分量式

可表示为

$$\frac{dv_x^*}{dt^*}=z^*v_y^*,\quad \frac{dv_y^*}{dt^*}=-z^*v_x^*,\quad \frac{dv_z^*}{dt^*}=0 \qquad (10.10.3^*)$$

设 $r(1)=x^*, r(2)=y^*, r(3)=z^*$；$r(4)=dx^*/dt^*, r(5)=dy^*/dt^*, r(6)=dz^*/dt^*$，则微分方程组可表示为

$$\frac{dr(1)}{dt^*}=r(4),\quad \frac{dr(2)}{dt^*}=r(5),\quad \frac{dr(3)}{dt^*}=r(6)$$

$$\frac{dr(4)}{dt^*}=r(3)r(5),\quad \frac{dr(5)}{dt^*}=-r(3)r(4),\quad \frac{dr(6)}{dt^*}=0$$

初始条件为 $r(1)=0, r(2)=0, r(3)=0$；$r(4)=\sin\theta, r(5)=0, r(6)=\cos\theta$。

［程序］ P10_10__2.m 计算部分如下。

```
%---------------------------------------------------------------------
vx = sin(th);vy = 0;vz = cos(th);                        %x初速度,y初速度和z初速度
[t,R] = ode45('P10_10__2ode',t,[0,0,0,vx,vy,vz]);         %求微分方程的数值解
x = R(:,1);y = R(:,2);z = R(:,3);                         %取坐标
%---------------------------------------------------------------------
```

(程序的其他部分与上一程序的相同。)

程序在执行时将调用一个函数文件 P10_10__2ode.m。

```
%带电粒子在非匀强磁场中运动的函数
function f = fun(t,r)                                     %定义函数
f = [r(4);r(5);r(6);                                      %三维速度表达式
     r(3) * r(5); - r(3) * r(4);0];                       %三维加速度表达式
```

方法三：用微分方程的符号解。$z$ 方向的运动方程已经求出，将(10.10.5c)式代入(10.10.3a)式和(10.10.3b)式，可得

$$\frac{d^2x}{dt^2}-\frac{Kqv_0}{m}\frac{dy}{dt}t\cos\theta=0,\quad \frac{d^2y}{dt^2}+\frac{Kqv_0}{m}\frac{dx}{dt}t\cos\theta=0$$

取 $\omega=\sqrt{Kqv_0/m}$ 的倒数为时间单位，取 $R=\sqrt{mv_0/Kq}$ 为长度单位，上述方程可表示为

$$\frac{d^2x^*}{dt^{*2}}-\frac{dy^*}{dt^*}t^*\cos\theta=0,\quad \frac{d^2y^*}{dt^{*2}}+\frac{dx^*}{dt^*}t^*\cos\theta=0$$

初始条件为 $x^*=0, y^*=0, z^*=0$；$v_x^*=\sin\theta, v_y^*=0, v_z^*=\cos\theta$。

［程序］ P10_10__3.m 计算部分如下。

```
%---------------------------------------------------------------------
s1 = 'D2x - Dy * cos(th) * t';s2 = 'D2y + Dx* cos(th) * t';     %微分方程字符串
d = dsolve(s1,s2,'x(0) = 0','y(0) = 0','Dx(0) = sin(th)','Dy(0) = 0');   %求微分方程符号解
x = subs(d.x,'th',th);x = double(subs(x,'t',t));          %x变量替换角度,x变量替换时间
y = subs(d.y,'th',th);y = double(subs(y,'t',t));          %y变量替换角度,y变量替换时间
z = cos(th) * t;                                          %计算z坐标
%---------------------------------------------------------------------
```

(程序的其他部分与上面两个程序的相同。)

# 练 习 题

10.1 直线电流的三维磁感应线

画出直线电流的三维磁感应强度曲面,在曲面上画出三维磁感应线。

10.2 等强反向平行直线电流的磁场

(1) 两等强反向平行直线电流 $A$ 和 $C$ 相距为 $2a$,电流强度为 $I$,垂直两电流做一截面,计算两电流的连线上和中垂线上的磁感应强度,画出磁感应强度的曲线。

(2) 计算两电流在截面上磁强度强度的大小和方向并画出曲面。

(提示:参考等强同向平行直线的磁场的范例。)

10.3 均匀带电线段旋转时在轴线上产生的磁场

如 C10.3 图所示,一均匀带电线段 $AB$ 的带电量为 $Q(>0)$,可绕垂直于直线的轴 $O$ 以角速度 $\omega$ 匀速转动,$A$,$B$ 两端到 $O$ 的距离分别为 $a$ 和 $b$。求证:旋转线段的磁矩大小为

$$p_{\mathrm{m}}=\frac{Q\omega}{6}(b+a)$$

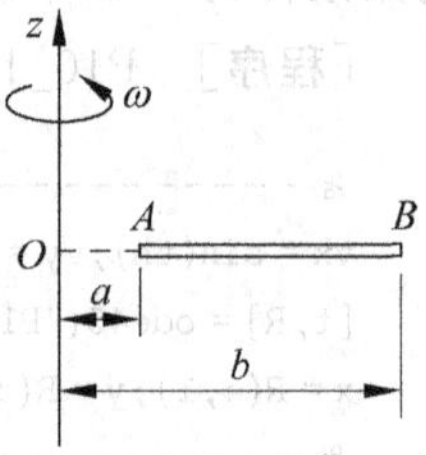


C10.3 图

在轴线上产生的磁感应强度为

$$B_z=\frac{\mu_0 Q\omega}{4\pi(b-a)}\left[\ln\frac{\sqrt{z^2+b^2}+b}{\sqrt{z^2+a^2}+a}+\frac{b}{\sqrt{z^2+b^2}}-\frac{a}{\sqrt{z^2+a^2}}\right]$$

讨论当 $a=0$ 和 $a\to b$ 时,$B_z$ 的意义。当相对长度 $a/b$ 取 0~1、间隔为 0.25 的值时,画出磁感应强度曲线族。观察曲线峰值的分布。

10.4 同轴电缆的磁感应强度

设同轴电缆的内导体圆柱半径为 $R_0$,外导体圆筒内外半径分别为 $R_1$ 和 $R_2$,电缆载有电流 $I$。设电流在内导体圆柱和外导体圆筒截面上均匀分布,求各区域之磁场分布,磁感应强度与距离变化的规律是什么?

10.5 通电正多边形在轴线上的磁感应强度

(1) 一个外半径为 $a$ 的圆内接正多边形,通有电流 $I$,求证:正多边形的磁矩和轴上的磁感应强度分别为

$$(p_{\mathrm{m}})_n=IS_n=\pi a^2 I\frac{\sin 2\alpha_n}{2\alpha_n},\quad B_n=\frac{\mu_0 I}{4}\frac{a^2\sin 2\alpha_n}{\alpha_n(z^2+a^2\cos^2\alpha_n)\sqrt{z^2+a^2}}$$

其中 $\alpha_n=\pi/n$。当 $n$ 取 3,4,5 和 10 时,画出磁感应强度曲线族,并与圆环电流在轴线的磁感应强度进行比较。

(2) 一个内半径为 $a$ 的圆外切正多边形,通有电流 $I$,求证:正多边形的磁矩和轴上的磁感应强度分别为

$$(p_{\mathrm{m}})_n=\pi a^2 I\frac{\tan\alpha_n}{\alpha_n},\quad B_n=\frac{\mu_0 I a^2}{2}\frac{\sin\alpha_n}{\alpha_n(z^2+a^2)\sqrt{z^2\cos^2\alpha_n+a^2}}$$

画出磁感应强度曲线族,并与圆环电流在轴线的磁感应强度进行比较。

10.6 旋转带电圆环、圆盘和圆圈在轴线上的磁感应强度

(1) 一个半径为 $a$ 的均匀带电圆环,带电量为 $Q(>0)$,以角速度 $\omega$ 旋转,形成环电流,

求证：环电流的磁矩和环电流在圆环轴上的磁感应强度分别为

$$(p_m)_c = \pi a^2 I = \frac{1}{2}\omega Q a^2, \quad (B_z)_c = \frac{\mu_0 I a^2}{2(a^2+z^2)^{3/2}} = \frac{\mu_0 \omega Q a^2}{4\pi(a^2+z^2)^{3/2}}$$

如果电荷均匀分布在半径为 $a$ 的圆盘上，结果如何？画出两种情况下磁感应强度与坐标的关系曲线。

(2) 一个外半径为 $a$、内半径为 $b$ 的均匀带电圆圈，带电量为 $Q$，以角速度 $\omega$ 旋转，求证：圆圈轴上的磁矩和磁感应强度分别为

$$p_m = \frac{1}{4}\pi\omega\sigma(a^4 - b^4) = \frac{1}{4}\omega Q(a^2+b^2)$$

$$B_z = \frac{\mu_0 \omega Q}{2\pi(a^2-b^2)}\left[\frac{a^2+2z^2}{(a^2+z^2)^{1/2}} - \frac{b^2+2z^2}{(b^2+z^2)^{1/2}}\right]$$

对于不同的内环半径，画出磁感应强度与坐标的关系曲线。

10.7 亥姆霍兹线圈的动画

两个共轴圆环电流，半径为 $a$，电流强度都是 $I$。当两个线圈的距离由大变小，再由小变大时，演示轴线上磁感应强度合成曲线的动画。

10.8 直线电流与共面通电线段之间的安培力

一无限长竖直导线上通有稳恒电流 $I$，电流方向向上，导线旁有一与导线共面、长为 $2L$ 的通电线段 $AC$，电流强度为 $I'$，通电线段中心与直线电流的距离为 $d$。如果线段平行于直线而电流同向，求线段所受的安培力。如果线段垂直于直线，电流方向远离直线，求线段所受的安培力。如果线段电流与直线电流之间的夹角为 $\theta$，安培力又是多少？对于不同角度，安培力与距离的关系曲线有什么特点？（提示：参考{范例 9.8}。）

10.9 与直线电流共面的通电圆环所受的安培力

如 C10.9 图所示，半径为 $a$ 的平面半圆环通有电流 $I_2$，圆环与直线电流 $I_1$ 共面，相距为 $d(d \geqslant a)$。求证：圆环所受到的安培力大小为

$$F = \mu_0 I_1 I_2\left(\frac{d}{\sqrt{d^2-a^2}} - 1\right)$$

方向沿着 $x$ 轴正向。画出安培力 $F$ 与距离 $d$ 的关系曲线。（提示：取 $a$ 为距离单位，取 $\mu_0 I_1 I_2$ 为力的单位。）

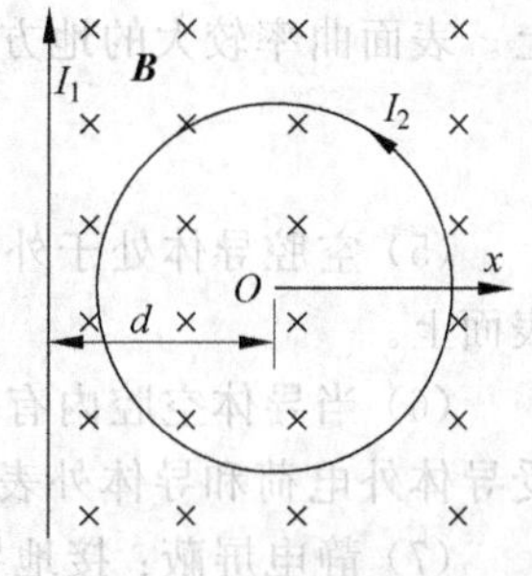

C10.9 图

*10.10 带电粒子在匀强磁场中的阻尼运动



C10.10 图

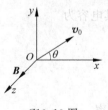

如 C10.10 图所示，匀强磁场 $\boldsymbol{B}$ 沿着 $z$ 方向，一质量为 $m$、电量为 $q$ 的带电粒子以初速度 $\boldsymbol{v}_0$ 垂直 $\boldsymbol{B}$ 从原点进入电磁场，初速度方向与 $x$ 方向的夹角为 $\theta$，在运动过程中受到与速度大小成正比的阻力 $f = -kv$，$k$ 是阻力系数。求粒子的运动方程，画出粒子的运动轨迹，画出运动规律曲线。（提示：取 $R = mv_0/qB$ 作为长度单位，取 $\omega = qB/m$ 的倒数作为时间的单位，取 $k/qB$ 作为阻尼因子，其大小可取 0.01 等。）

# 第11章 导体、电介质和磁介质

## 11.1 基本内容

**1. 静电场中的导体**

(1) 静电感应：电场中导体内的电荷重新分布的现象。

(2) 静电平衡状态：导体中没有电荷定向移动的状态。

(3) 静电平衡条件：导体内部场强为零，导体表面的场强方向与表面垂直。即：导体是一个等势体，其表面是等势面。

(4) 导体的电荷分布：在静电平衡状态下，导体的内部没有净电荷，电荷都分布在表面上。表面曲率较大的地方，电荷面密度较大，其附近的场强也较大，其表示式为

$$\boldsymbol{E}=\frac{\sigma}{\varepsilon_0}\boldsymbol{e}_n$$

(5) 空腔导体处于外电场中时，空腔内部和导体内部场强均为零，电荷分布在导体的外表面上。

(6) 当导体空腔内有电荷时，就会在导体内表面感应出异号电荷，它们所形成的电场不受导体外电荷和导体外表面电荷的影响。

(7) 静电屏蔽：接地导体空腔内的电场不受外界影响，同时也不对外界产生影响的现象。静电屏蔽的实质是某区域的电荷分布抵消了其他区域电荷所产生的电场。

**2. 电容**

(1) 当电容器两极板带电为 $\pm q$ 时，在两极板之间形成电势差 $U$，其电容为

$$C=\frac{q}{U}$$

(2) 两极板中充满电介质的电容器的电容为

$$C=\varepsilon_r C_0$$

其中，$C_0$ 是两极板之间为真空时的电容，$\varepsilon_r$ 是相对介电常数或相对电容率。

(3) 电容器的连接

① 电容器的串联：其等效电容的倒数等于各个电容的倒数之和

$$\frac{1}{C}=\frac{1}{C_1}+\frac{1}{C_2}+\cdots+\frac{1}{C_n}=\sum_{i=1}^{n}\frac{1}{C_i}$$

② 电容器的并联：其等效电容等于各个电容之和

$$C = C_1 + C_2 + \cdots + C_n = \sum_{i=1}^{n} C_i$$

(4) 典型电容器的电容

① 平行板电容器的电容为

$$C = \frac{\varepsilon_0 S}{d}$$

② 内外半径分别为 $R_1$ 和 $R_2$ 的球形电容器的电容为

$$C = 4\pi\varepsilon_0 \frac{R_2 R_1}{R_2 - R_1}$$

③ 内外半径分别为 $R_1$ 和 $R_2$ 的圆柱形电容器单位长度上的电容为

$$C = \frac{2\pi\varepsilon_0}{\ln(R_2/R_1)}$$

**3. 电介质的极化**

(1) 极化强度矢量 $\boldsymbol{P}$：单位体积内电偶极矩的矢量和，

$$\boldsymbol{P} = \frac{\sum \boldsymbol{p}_e}{\Delta V}$$

(2) 极化强度矢量 $\boldsymbol{P}$ 与极化电荷面密度 $\sigma'$ 的关系：电介质极化时在表面产生的极化电荷的面密度等于极化强度矢量沿表面外方向上的分量

$$\sigma' = \boldsymbol{P} \cdot \boldsymbol{e}_n$$

(3) 极化强度矢量 $\boldsymbol{P}$ 与总电场强度矢量 $\boldsymbol{E}$ 的关系：在各向同性的电介质中 $\boldsymbol{P}$ 与 $\boldsymbol{E}$ 成正比

$$\boldsymbol{P} = \chi_e \varepsilon_0 \boldsymbol{E}$$

其中，$\chi_e$ 叫做介质的电极化率，与电介质的性质有关。

(4) 电介质中的静电场：均匀充满电介质的电场与没有电介质的情况相比，场强会减弱

$$\boldsymbol{E} = \frac{1}{1+\chi_e}\boldsymbol{E}_0 = \frac{1}{\varepsilon_r}\boldsymbol{E}_0$$

**4. 电位移矢量**

(1) 在电介质中做一个封闭面 $S$，对极化强度矢量进行面积分 $\oint_S \boldsymbol{P} \cdot d\boldsymbol{S}$，其结果就是穿出封闭面的电荷总量，根据电荷守恒定律，$S$ 面内的电荷总量为 $-q'$，即

$$\oint_S \boldsymbol{P} \cdot d\boldsymbol{S} = -q'$$

(2) 在电介质中高斯定理仍然成立

$$\oint_S \boldsymbol{E} \cdot d\boldsymbol{S} = \frac{1}{\varepsilon_0}(q_0 + q')$$

(3) 电位移矢量 $\boldsymbol{D}$ 定义为

$$\boldsymbol{D} = \varepsilon_0 \boldsymbol{E} + \boldsymbol{P}$$

(4) 电介质的高斯定理：通过电介质中封闭曲面的电位移通量等于曲面所包围的自由

电荷的代数和

$$\Phi_D = \oint_S \boldsymbol{D} \cdot \mathrm{d}\boldsymbol{S} = \sum_i q_i$$

(5) 电位移线：电位移线起始于正的自由电荷或无穷远，终止于负的自由电荷或无穷远。在没有自由电荷的电介质的表面上，电位移线是连续的。

(6) 电位移矢量与总场强 $\boldsymbol{E}$ 的关系：在各向同性的电介质中 $\boldsymbol{D}$ 与 $\boldsymbol{E}$ 成正比

$$\boldsymbol{D} = \varepsilon_0 \boldsymbol{E} + \chi_e \varepsilon_0 \boldsymbol{E} = \varepsilon \boldsymbol{E}$$

**5. 静电场的能量**

(1) 离散电荷间的作用能 $W=\frac{1}{2}\sum_{i=1}^{n} q_i U_i$，其中，$U_i$ 是第 $i$ 个点电荷之外的点电荷在第 $i$ 个点电荷处产生的电势。

(2) 连续电荷间的作用能 $W=\frac{1}{2}\int U\mathrm{d}q$。

(3) 能量密度的定义：单位体积内电场能量 $w_e=\frac{\mathrm{d}W}{\mathrm{d}V}$。

(4) 静电场的能量密度 $w_e=\frac{1}{2}\varepsilon E^2=\frac{1}{2\varepsilon}D^2=\frac{1}{2}\boldsymbol{D}\cdot\boldsymbol{E}$。

(5) 电场能量 $W=\int w_e \mathrm{d}V=\frac{1}{2}\int \boldsymbol{D}\cdot\boldsymbol{E}\mathrm{d}V$。

**6. 磁介质的磁化**

(1) 磁化强度矢量 $\boldsymbol{M}$：单位体积内分子磁矩的矢量和，

$$\boldsymbol{M} = \frac{\sum \boldsymbol{p}_m + \sum \Delta \boldsymbol{p}_m}{\Delta V}$$

其中，$\sum \boldsymbol{p}_m$ 是所有分子的固有磁矩的矢量和；$\sum \Delta \boldsymbol{p}_m$ 是所有分子的附加磁矩的矢量和。顺磁质中 $\sum \Delta \boldsymbol{p}_m$ 相对 $\sum \boldsymbol{p}_m$ 很小而可不计，抗磁质的 $\sum \boldsymbol{p}_m=0$。

(2) 磁化强度 $\boldsymbol{M}$ 的大小等于磁化面电流的线密度，$M=\alpha_s$。

磁化强度对闭合回路的线积分等于通过回路所包围的总磁化电流

$$\oint_L \boldsymbol{M} \cdot \mathrm{d}\boldsymbol{s} = I_s$$

**7. 磁场强度矢量**

(1) 磁场强度矢量是一个辅助物理量

$$\boldsymbol{H} = \frac{\boldsymbol{B}}{\mu_0} - \boldsymbol{M}$$

(2) 有磁介质时的安培环路定理：在磁场中磁场强度 $\boldsymbol{H}$ 沿任何闭合路径的线积分等于穿过以这一闭合曲线为边界的任意曲面的恒定电流的代数和，即有

$$\oint_L \boldsymbol{H} \cdot \mathrm{d}\boldsymbol{s} = \sum_i I_i$$

**8. 磁感应强度矢量 $\boldsymbol{B}$ 与磁化强度矢量 $\boldsymbol{M}$ 和磁场强度矢量 $\boldsymbol{H}$ 的关系**

(1) 在各向同性的磁介质中 $\boldsymbol{M}$ 与 $\boldsymbol{H}$ 成正比：$\boldsymbol{M}=\chi_m \boldsymbol{H}$，$\chi_m$ 叫做磁介质的磁化率。

(2) $\boldsymbol{B}$ 与 $\boldsymbol{M}$ 和 $\boldsymbol{H}$ 的一般关系为 $\boldsymbol{B}=\mu_0 \boldsymbol{H}+\mu_0 \boldsymbol{M}$。

在各向同性的电介质中的关系为 $\boldsymbol{B}=\mu_0\mu_r\boldsymbol{H}=\mu\boldsymbol{H}$，$\mu_r=1+\chi_m$，称为相对磁导率。

**9. 恒磁场的能量**

(1) 恒磁场的能量密度的定义：单位体积内磁场能量 $w_m=\frac{dW}{dV}$。

(2) 能量密度与 $\boldsymbol{B}$ 和 $\boldsymbol{H}$ 的关系：$w_m=\frac{1}{2}\boldsymbol{B}\cdot\boldsymbol{H}$。

(3) 总能量 $W=\frac{1}{2}\int\boldsymbol{B}\cdot\boldsymbol{H}dV$。

## 11.2 范例的解析、图示、算法和程序

### {范例 11.1} 同心导体球和球壳之间的电势差和感应电荷

如 B11.1a 图所示，一个带有总电量 $q$ 的金属内球 $A$，半径为 $R_1$，外面有一同心金属球壳 $B$，其内外半径分别为 $R_2$ 和 $R_3$，并带有总电量 $Q(Q>0)$。此系统的电荷是如何分布的？球与球壳之间的电势差是多少？如果使内球接地，内球上带有多少感应电荷？球与球壳之间的电势差又是多少？

[解析] 如 B11.1b 图所示，静电平衡时，$A$ 球电荷只能分布在外表面，$B$ 球内表面带等量异号的电荷 $-q$，外表面带电量为 $Q+q$。

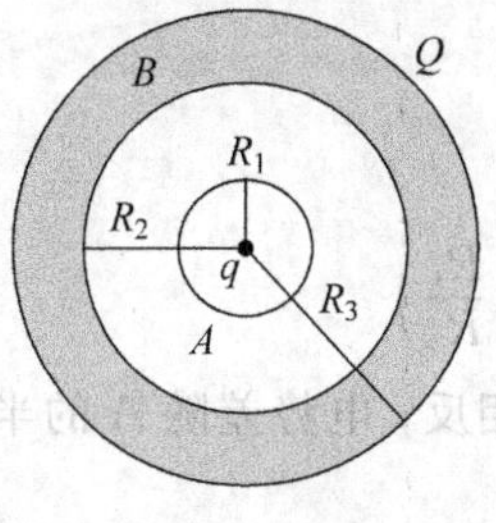


B11.1a 图

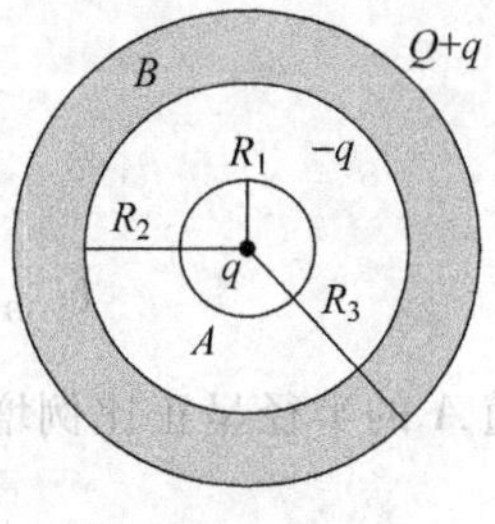


B11.1b 图

根据高斯定理，电场分布为

$$E=0,\qquad r<R_1 \tag{11.1.1a}$$

$$E=\frac{q}{4\pi\varepsilon_0 r^2},\qquad R_1<r<R_2 \tag{11.1.1b}$$

$$E=0,\qquad R_2<r<R_3 \tag{11.1.1c}$$

$$E=\frac{q+Q}{4\pi\varepsilon_0 r^2},\qquad r>R_3 \tag{11.1.1d}$$

球和球壳之间的电势差为

$$U_{AB}=U_A-U_B=\int_A^B\boldsymbol{E}\cdot d\boldsymbol{s}=\int_{R_1}^{R_2}\frac{q}{4\pi\varepsilon_0 r^2}dr=kq\left(\frac{1}{R_1}-\frac{1}{R_2}\right) \tag{11.1.2}$$

内球 $A$ 接地后，球壳 $B$ 的带电量仍为 $Q$。$A$ 感应的电量设为 $q'$，$B$ 的内壳带电为 $-q'$，外壳带电为 $q'+Q$，它们在球心产生的电势为零：

$$\frac{1}{4\pi\varepsilon_0}\left(\frac{q'}{R_1}-\frac{q'}{R_2}+\frac{q'+Q}{R_3}\right)=0$$

所以 $A$ 球的感应电荷为

$$q' = -Q/\left(1+\frac{R_3}{R_1}-\frac{R_3}{R_2}\right) \tag{11.1.3}$$

可见：感应电荷 $q'$ 与球壳电荷 $Q$ 异号，由于 $R_1<R_2$，所以 $|q'|<Q$。

根据(11.1.2)式，$A$ 接地后球与球壳之间的电势差为

$$U'_{AB} = kq'\left(\frac{1}{R_1}-\frac{1}{R_2}\right) \tag{11.1.4}$$

利用(11.1.3)式可得

$$U'_{AB} = -kQ\frac{1/R_1-1/R_2}{1+R_3/R_1-R_3/R_2} \tag{11.1.5}$$

上式可化为

$$U'_{AB} = -\frac{kQ}{R_3}\left(1-\frac{1}{1+R_3/R_1-R_3/R_2}\right) = -\frac{k(Q+q')}{R_3}$$

由于 $U_A=0$，所以

$$U'_B = \frac{k(Q+q')}{R_3}$$

这是全部电荷集中到球心时，在 $B$ 的外表面产生的电势。根据这一观点计算 $A$ 和 $B$ 的电势差更方便。

［**讨论**］ (1) 当 $R_2=R_3$ 时，球壳变成球面，感应电荷为

$$q' = -Q\frac{R_1}{R_3}$$

电势差为

$$U'_{AB} = -\frac{kQ}{R_3}\left(1-\frac{R_1}{R_3}\right)$$

可知：感应电荷随 $A$ 的半径呈正比例增加，但符号相反；电势差随 $A$ 的半径 $R_1$ 增加而直线减小。

(2) 当 $R_1 \to R_2$ 时，球与内球壳无限接近，球体上感应电荷 $q' \to -Q$，电势差 $U'_{AB} \to 0$。即：球壳在球体表面趋于吸引等量异号的电荷，而球壳和球体之间的电场差趋于零，这是因为它们之间的距离趋于零。

(3) 当 $R_1 \to 0$ 时，球体上的感应电荷为

$$q' = -QR_1/\left(R_1+R_3-R_1\frac{R_3}{R_2}\right) \to 0$$

即：感应电荷趋于零。电势差为

$$U'_{AB} = -kQ\frac{1-R_1/R_2}{R_1+R_3-R_1R_3/R_2} \to -\frac{kQ}{R_3}$$

由于 $U_A=0$，所以 $U'_B \to kQ/R_3$，这就是电荷集中在球心时在球壳外表面处产生的电势。

［**图示**］ (1) 如 P11_1a 图所示，如果内球接地，当内球半径为零时，感应电荷也为零。感应电荷随内球半径的增加而增加，当球壳变为球面时，内球上感应电荷随球体半径的增加而直线增加。当内球半径接近球壳内半径时，内球上感应电荷最多，感应的电荷与球壳电荷大小相等，符号相反。

(2) 如 P11_1b 图所示，当内球半径为零时，球体和球壳之间的电势差最大。电势差随

内球半径的增加而减小，当球壳变为球面时，电势差随球体半径的增加而直线减小。当内球半径接近于球壳内半径时，电势差趋于零。

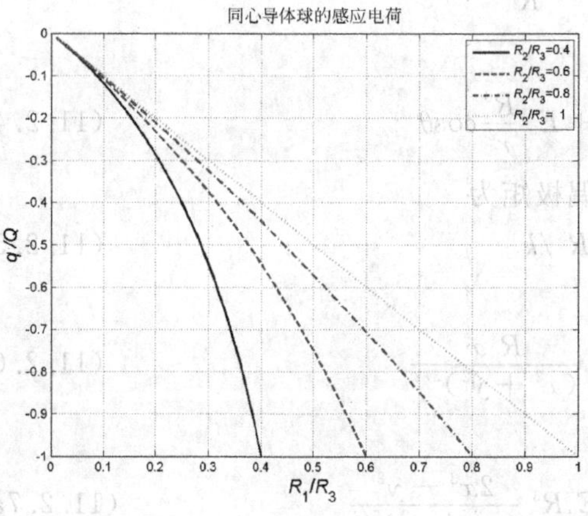


P11_1a 图

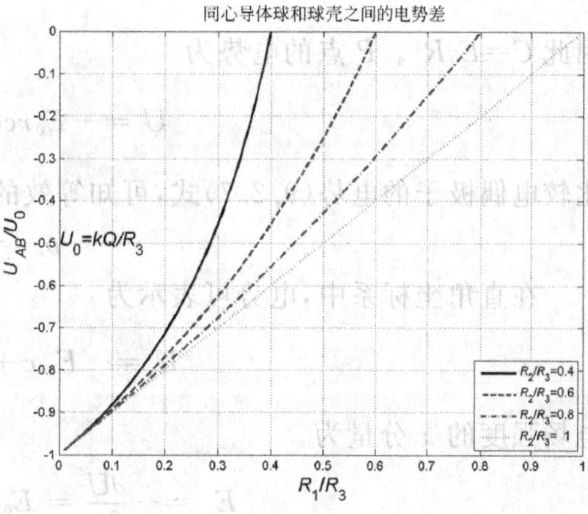


P11_1b 图

［**算法**］　取球壳的外半径 $R_3$ 为半径单位，$A$ 球的感应电荷可表示为

$$q' = -Q/\left(1 + \frac{1}{R_1^*} - \frac{1}{R_2^*}\right) \tag{11.1.3*}$$

其中，$R_1^* = R_1/R_3$，$R_2^* = R_2/R_3$。取 $U_0 = kQ/R_3$ 为电势的单位，则 $A$ 和 $B$ 的电势差可表示为

$$U'_{AB} = -U_0 \frac{1/R_1^* - 1/R_2^*}{1 + 1/R_1^* - 1/R_2^*} \tag{11.1.5*}$$

取球体的半径为参数向量，取球壳的内半径为自变量向量，化为矩阵，计算电量和电势差，但是，当球体半径大于球壳内半径时，电量和电势差是没有意义的，用矩阵画线法画电量的曲线族。

［**程序**］　P11_1.m 见网站。

## ｛范例 11.2｝　匀强电场中导体球的电场和总电场

在一个电场强度为 $\boldsymbol{E}_0$ 的匀强电场中，放置一个半径为 $R$ 的不带电的导体球，导体球上感应电荷产生的场强和电势是如何分布的？球内外总场强和电势是如何分布的？

［**解析**］　如 B11.2 图所示，建立坐标系，如果不考虑导体球，取中垂线的电势为零，在匀强电场中场点 $P$ 电势为

$$U_1 = -E_0 r\cos\theta \tag{11.2.1}$$

负号表示电场线指向电势降低的方向。

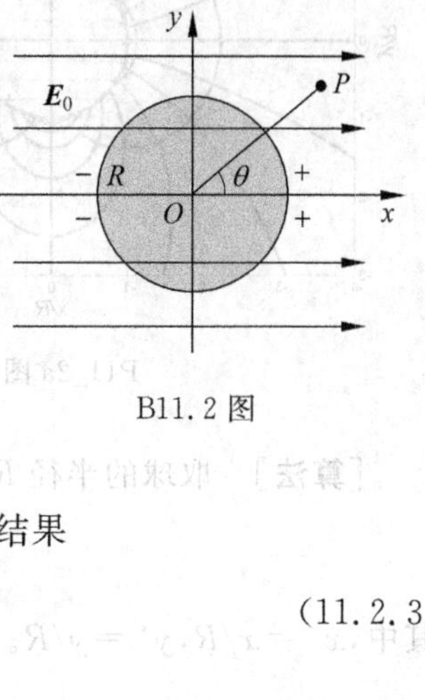


B11.2 图

导体球放到匀强电场中之后，在导体的表面感应出正负电荷，等效于一个电偶极子。电偶极子的电势为

$$U_2 = \frac{C}{r^2}\cos\theta \tag{11.2.2}$$

其中，$C$ 是待定常数。

导体球外的电势是外电场的电势与电偶极子的电势叠加的结果

$$U = -E_0 r\cos\theta + \frac{C}{r^2}\cos\theta \tag{11.2.3}$$

导体是等势体，在中垂线上，其电势为零。当 $\theta=0$，$r=R$ 时，$U=0$，可得

$$0=-E_0R+\frac{C}{R^2}$$

因此 $C=E_0R^3$。$P$ 点的电势为

$$U=-E_0r\cos\theta+E_0\frac{R^3}{r^2}\cos\theta \tag{11.2.4}$$

比较电偶极子的电势(9.2.7)式，可知等效的电偶极矩为

$$p_e=E_0R^3/k \tag{11.2.5}$$

在直角坐标系中，电势可表示为

$$U=-E_0x+E_0\frac{R^3x}{(x^2+y^2)^{3/2}} \tag{11.2.6}$$

电场强度的 $x$ 分量为

$$E_x=-\frac{\partial U}{\partial x}=E_0+E_0R^3\frac{2x^2-y^2}{(x^2+y^2)^{5/2}} \tag{11.2.7a}$$

场强的 $y$ 分量为

$$E_y=-\frac{\partial U}{\partial y}=E_0\frac{3R^3xy}{(x^2+y^2)^{5/2}} \tag{11.2.7b}$$

［**图示**］ (1) 如 P11_2a 图所示，当匀强电场的方向从左指向右时，放在匀强电场中的导体球在左边感应出负电荷，在右边感应出正电荷，感应电荷在球的内部产生的是匀强电场，在外部产生的是非匀强电场。电场线从右边感应的正电荷出发，到左边感应的负电荷终止，内部是直线，外部是曲线。感应电荷的等势线与电场线垂直。

(2) 如 P11_2b 图所示，导体球放在匀强电场中之后，感应电荷在导体球内部的电场与匀强电场大小相等，方向相反，因而抵消为零。感应电荷在球外的电场与匀强电场叠加后，使匀强电场发生变形。在左右两侧，场强获得加强；在上下两侧，场强部分抵消而减弱。

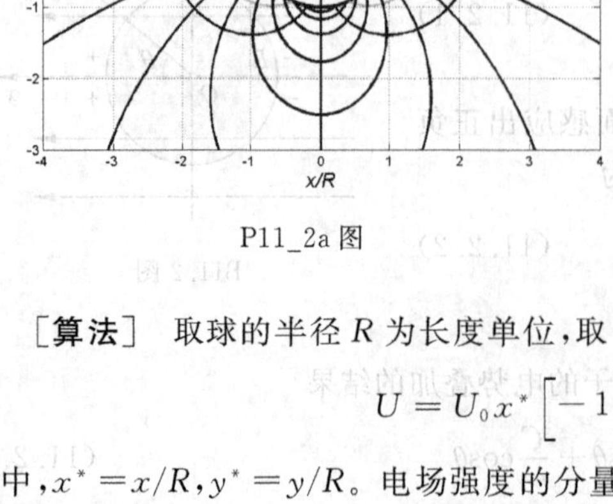


P11_2a 图

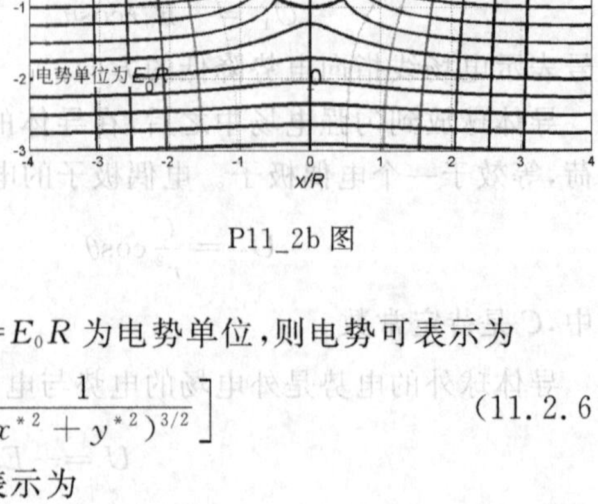


P11_2b 图

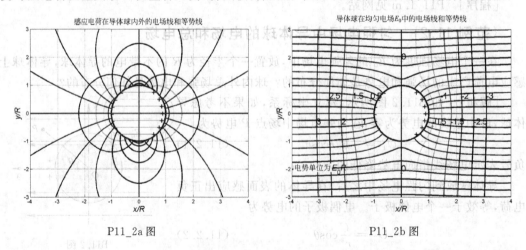

［**算法**］ 取球的半径 $R$ 为长度单位，取 $U_0=E_0R$ 为电势单位，则电势可表示为

$$U=U_0x^*\left[-1+\frac{1}{(x^{*2}+y^{*2})^{3/2}}\right] \tag{11.2.6*}$$

其中，$x^*=x/R$，$y^*=y/R$。电场强度的分量可表示为

$$E_x = E_0\left[1+\frac{2x^{*2}-y^{*2}}{(x^{*2}+y^{*2})^{5/2}}\right] \tag{11.2.7a*}$$

$$E_y = E_0\frac{3x^*y^*}{(x^{*2}+y^{*2})^{5/2}} \tag{11.2.7b*}$$

取两个坐标为自变量向量，化为矩阵，计算电场强度的两个分量。利用等值线指令 contour 画等势线，利用流线指令 streamline 画电场线。

［程序］ P11_2.m 如下。

```
%匀强电场放置导体球的电场
clear,xm = 4;ym = 3;                                     %清除变量,x坐标范围,y坐标范围
x = linspace(-xm,xm,300);y = linspace(-ym,ym,300);      %坐标向量
[X,Y] = meshgrid(x,y);                                   %设置坐标网点
R = sqrt(X.^2 + Y.^2);R(R<1) = nan;                      %极径矩阵,球内极径化为非数
Ex = (2*X.^2 - Y.^2)./R.^5;Ey = 3*X.*Y./R.^5;            %计算导体球产生的场强的分量
U = X./R.^3;u = 0.2:0.2:0.8;                             %计算导体球产生的电势,导体球的电势向量
a = linspace(0,2*pi);                                    %角度向量
figure,plot(cos(a),sin(a),'LineWidth',3)                 %创建图形窗口,画单位圆
hold on,contour(X,Y,U,u,'LineWidth',2)                   %保持图像,画第一、四象限等位线图
contour(-X,Y,U,u,'LineWidth',2)                          %画第二、三象限等位线图
dth = 10;th = (dth:dth:90 - dth)*pi/180;                 %角度间隔,角度向量
y0 = 1.03*sin(th);x0 = 1.03*cos(th);                     %球外电场线起点坐标向量
h = streamline(X,Y,Ex,Ey,x0,y0);set(h,'LineWidth',2)                %画第一象限流线,加粗曲线
h = streamline(-X,Y,-Ex,Ey,-x0,y0);set(h,'LineWidth',2)             %画第二象限流线,加粗曲线
h = streamline(-X,-Y,-Ex,-Ey,-x0,-y0);set(h,'LineWidth',2)          %画第三象限流线,加粗曲线
h = streamline(X,-Y,Ex,-Ey,x0,-y0);set(h,'LineWidth',2)             %画第四象限流线,加粗曲线
plot([-xm,xm],[0,0],'LineWidth',2)                       %画中间电场线
plot([0,0],[-ym,ym],'LineWidth',2)                       %画竖直线
grid on,axis equal tight                                 %加网格,使坐标间隔相等并紧贴图
fs = 16;title('感应电荷在导体球内外的电场线和等势线','FontSize',fs)    %显示标题
xlabel('\itx/R','FontSize',fs)                           %显示x坐标
ylabel('\ity/R','FontSize',fs)                           %显示y坐标
y2 = -.75:0.25:0.75;x2 = sqrt(1 - y2.^2);                %球内电场线起点坐标向量
plot([-x2;x2],[y2;y2]),n = length(y2);                   %画球内电场线,电场线条数
text(x2 - 0.2,y2,repmat('+',n,1),'FontSize',fs)          %显示正电荷
text(-x2,y2,repmat('-',n,1),'FontSize',fs)               %显示负电荷
Ex = Ex + 1;U = U - X;u = -3:0.5:3;                      %总场强的x分量,总电势,等势线的电势向量
figure,C = contour(X,Y,U,u,'LineWidth',2);               %创建图形窗口,画等位线图并取坐标
clabel(C,'FontSize',fs),grid on,axis equal tight         %标记电势值,加网格,使坐标间隔相等
hold on,plot(cos(a),sin(a),'LineWidth',3)                %保持图像,画单位圆
y0 = -ym:0.25:ym;x0 = ones(size(y0))*(-xm);              %起点坐标向量
h = streamline(X,Y,Ex,Ey,x0,y0);set(h,'LineWidth',2)     %画从左向右的流线,加粗曲线
h = streamline(X,Y,-Ex,-Ey,-x0,y0);set(h,'LineWidth',2)  %画从右向左的流线,加粗曲线
r0 = sqrt(x0.^2 + y0.^2);                                %极径
ex = (2*x0.^2 - y0.^2)./r0.^5 + 1;ey = 3*x0.*y0./r0.^5;  %计算起点场强的分量
quiver(x0,y0,ex,ey,0.3)                                  %画起点箭头
plot([-xm,-1],[0,0],[xm,1],[0,0],'LineWidth',2)          %画中间电场线
plot([0,0],[-ym,ym],'LineWidth',2)                       %画竖直线
title('导体球在均匀电场\itE\rm_0中的电场线和等势线','FontSize',fs)   %显示标题
xlabel('\itx/R','FontSize',fs)                           %显示x坐标
ylabel('\ity/R','FontSize',fs)                           %显示y坐标
```

```
text( - xm, - ym + 1,'电势单位为\itE\rm_0\itR','FontSize',fs)   % 显示电势单位文本
text(x2 - 0.2,y2,repmat('+',n,1),'FontSize',fs)  % 显示正电荷
text( - x2,y2,repmat('-',n,1),'FontSize',fs)     % 显示负电荷
```

## {范例 11.3}　电介质的极化

(1) 说明由无极分子组成的电介质的极化过程。

(2) 说明由有极分子组成的电介质的极化过程。

比较电介质的极化与导体的静电感应。

[**解析**]　(1) 不能导电的物体叫做绝缘体。绝缘体在电场中仍能显示电效应,因此绝缘体又叫做电介质。在外电场的作用下,电介质表面也会产生附加的电荷,因而产生附加电场,这种现象叫做电介质的极化。

为了简单起见,常将分子中的正、负电荷看做分别集中在两个几何点上,它们分别叫做正、负电荷的"中心"。无外场时,每个分子的正、负电荷中心重合的分子称为无极分子,$\boldsymbol{l}=\mathbf{0}$,$\boldsymbol{p}_{分}=\mathbf{0}$,例如 $H_2$,$O_2$,$N_2$ 等。电介质中的电荷束缚得很紧,在外电场的作用下,只能产生微观位移,大量分子的微观位移导致电介质在宏观上产生附加电场。

对于无极分子构成的电介质,在外电场 $\boldsymbol{E}_0$ 的作用下,无极分子中的正、负电荷受到的电场力方向相反,"中心"产生相对位移,形成电偶极子,电偶极矩的方向沿着 $\boldsymbol{E}_0$ 的方向,$\boldsymbol{p}_{分}\neq\mathbf{0}$。由于每个分子的电偶极矩都沿着外电场方向整齐排列,所以整块电介质的分子电偶极矩的矢量和不为零。

在电介质内部任取一个体积元(该体积元宏观无限小,即宏观上可看做一点;微观无限大,即微观上包含大量的电介质分子),该体积元内分子电偶极矩的矢量和 $\sum \boldsymbol{p}_{分}$ 一般不为零,从而产生一个附加电场。这种由于正负电荷中心相对位移而引起的极化称为位移极化。

如果电介质是均匀的,在电介质内部任取一个体积元,其中正负电荷的数目是相等的,即均匀电介质内部处处呈电中性。但是在电介质的表面产生了净余电荷层,这种电荷称为束缚电荷(极化电荷)。这种电荷不能在电介质内部自由移动,更不能离开电介质转移到其他带电体上去,只能被束缚在介质的表面上。

[**图示**]　如 P11_3_1a 图所示,在无外电场时,电介质中无极分子正负电荷的"中心"是重合的。加了外电场之后,正电荷沿着电场线的方向产生微小的位移,负电荷逆着电场线的方向产生微小的位移,形成电偶极子,在电介质的表面出现净电荷,如 P11_3_1b 图所示。外电场越强,正负电荷的距离越大,电偶极矩越大,表面的极化电荷也越多(图略)。

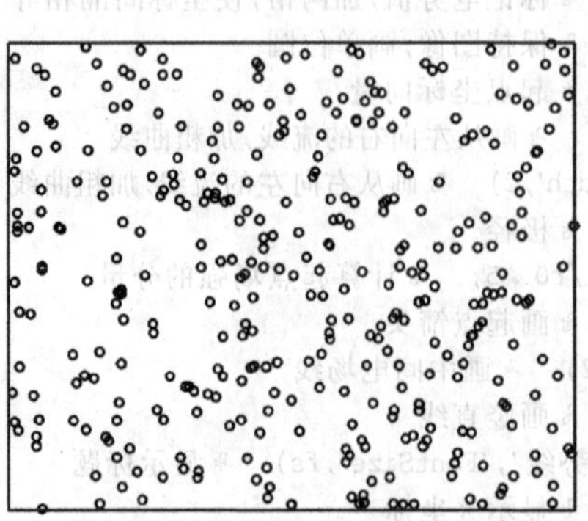
无外电场时无极分子中正负电荷的中心重合

P11_3_1a 图

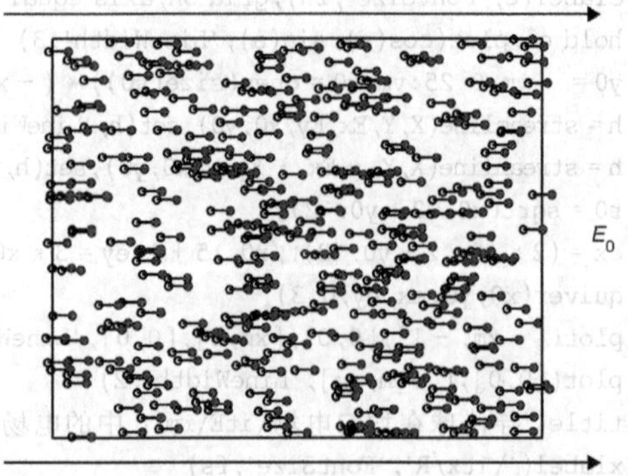
有外电场时电介质发生位移极化
$E_0$

P11_3_1b 图

［算法］ (1) 假设分子分布在一个平面内，利用随机函数选取分子的位置，无极分子没有极化时，正负电荷的"中心"是重合的，用圈表示。有外电场时，取一定的位移量，画出分离的正负电荷。当外电场更大时，取更大的位移量，同样画出分离的正负电荷。

［程序］ P11_3_1.m 如下。

```
%电介质中无极分子的位移极化
clear,rand('state',0)                              %清除变量，随机数状态初始化
xm = 5;ym = 4;                                     %横坐标范围，纵坐标范围
X = xm * (2 * rand(4 * ym + 1,4 * xm + 1) - 1);Y = ym * (2 * rand(4 * ym + 1,4 * xm + 1) - 1);
                                                   %随机坐标矩阵(1)
figure,h = plot(X,Y,'ko','LineWidth',2);     %创建图形窗口，画正负电荷重合的无极分子(2)
axis([ - xm - 1,xm + 1, - ym - 0.5,ym + 0.5]),axis equal off    %坐标范围，使坐标间隔相等并隐轴
hold on,plot([xm, - xm, - xm,xm,xm],[ym,ym, - ym, - ym,ym],'LineWidth',2)  %保持图像，画方框
fs = 16;title('无外电场时无极分子中正负电荷的中心重合','FontSize',fs)    %显示标题
pause                                              %暂停
set(h,'XData',nan,'YData',nan)                     %设置坐标为非数(删除分子图像)(3)
xx = X(:)';yy = Y(:)';r0 = 0.2;                    %分子的坐标向量，电荷偏移量(4)
h = plot([xx - r0;xx + r0],[yy;yy],'ko - ',xx + r0,yy,'r + ','LineWidth',2);   %画位移极化分子(5)
title('有外电场时电介质发生位移极化','FontSize',fs)    %更换标题
plot([ - xm - 1,xm + 1],[ - ym - 0.5, - ym - 0.5],'LineWidth',2)    %画电场线
plot(xm + 1, - ym - 0.5,'>','MarkerSize',10,'MarkerFaceColor','k')    %画箭头
plot([ - xm - 1,xm + 1],[ym + 0.5,ym + 0.5],'LineWidth',2)    %画电场线
plot(xm + 1,ym + 0.5,'>','MarkerSize',10,'MarkerFaceColor','k')    %画箭头
text(xm + 1,0,'\itE\rm_0','FontSize',fs)           %显示外场强
pause                                              %暂停
set(h,'XData',nan,'YData',nan),r0 = 0.4;     %设置坐标为非数(删除分子)，电荷更大偏移量(6)
plot([xx - r0;xx + r0],[yy;yy],'ko - ',xx + r0,yy,'r + ','LineWidth',2)  %画更大位移的极化分子
title('外电场越强，位移极化也越强','FontSize',fs)    %更换标题
plot([ - xm - 1,xm + 1],[0,0],'LineWidth',2)       %画电场线
plot(xm + 1,0,'>','MarkerSize',10,'MarkerFaceColor','k')    %画箭头
```

［说明］ (1) 分子的坐标随机获取。

(2) 画黑色的圈表示正负电荷的中心重合的无极分子。

(3) 通过将分子的坐标设置为非数删除圆圈(分子)。

(4) 将分子的坐标矩阵改为行向量。

(5) 通过矩阵画正负电荷分离的分子，表示分子在外电场中发生位移极化。

(6) 同样删除分子，以便画出在更大的场强下所发生的更强的位移极化分子。

［解析］ (2) 无外场时，分子的正、负电荷中心不重合的分子称为有极分子，例如 $H_2S$，$SO_2$，$NH_3$ 等。对于由有极分子构成的电介质，在没有外电场 $\boldsymbol{E}_0$ 时，有极分子的电偶极矩 $\boldsymbol{p}_{分} \neq \boldsymbol{0}$。由于分子做无规则的热运动，各分子电矩的取向杂乱无章，在电介质的内部任取一个体积元，其分子电偶极矩的矢量和 $\sum \boldsymbol{p}_{分} = \boldsymbol{0}$，整块电介质是电中性的。加上外电场 $\boldsymbol{E}_0$ 后，分子受到电场力矩作用，转向外电场方向，电偶极矩呈现一定的规则排列，导致整块电介质分子电偶极矩的矢量和不为零。

在电介质内部取一体积元，该体积元内分子电偶极矩的矢量和 $\sum \boldsymbol{p}_{分}$ 一般不再为零，从而产生附加电场。由于分子电偶极矩转向外电场方向而引起的极化称为取向极化。由于分子无规则的热运动，各个分子电矩方向并不都沿着 $\boldsymbol{E}_0$ 的方向，但 $\boldsymbol{E}_0$ 越强，$\sum \boldsymbol{p}_{分}$ 沿 $\boldsymbol{E}_0$

方向的值就越大。同样，在电介质表面分别出现正负极化电荷。

在电介质的极化过程中，通常两种极化可以同时出现。它们的微观过程不同，但是宏观效果是一样的：出现极化电荷，产生附加电场。因此，在对电介质极化作宏观描述时，没有必要区别两种极化。

均匀电介质被外场极化的最终效果是电介质表面产生了净余的电荷层，而内部不产生净电荷，这与导体的静电平衡有些类似。电介质表面的面电荷是由靠近表面处分子中电荷的微观位移形成的，是束缚电荷，不是自由电荷。电介质的束缚电荷与导体上的感应电荷都要产生附加电场 $\boldsymbol{E}'$，它与外电场叠加形成合场强。在平衡时，介质内部的合场强不为零，而导体内部的合场强处处为零。当外电场很强时，电介质分子中的正负电荷可能被拉开而形成自由电荷。当自由电荷大量存在时，电介质的绝缘性能就会破坏而变成导体，这种现象称为电介质的击穿。

［**图示**］ 如 P11_3_2a 图所示，在无外电场时，由于热运动的缘故，电介质中有极分子的电偶极矩的排列是杂乱无章的。加了外电场之后，电偶极矩向外电场方向偏转，在电介质的表面出现净电荷，如 P11_3_2b 图所示。外电场越强，电偶极矩的排列越整齐，表面的极化电荷也越多(图略)。

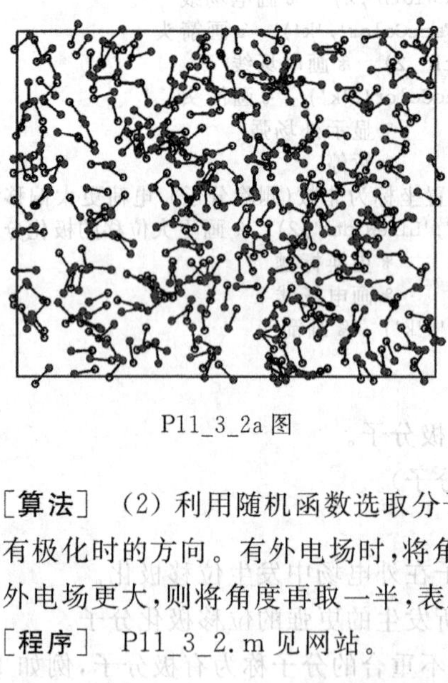


P11_3_2a 图

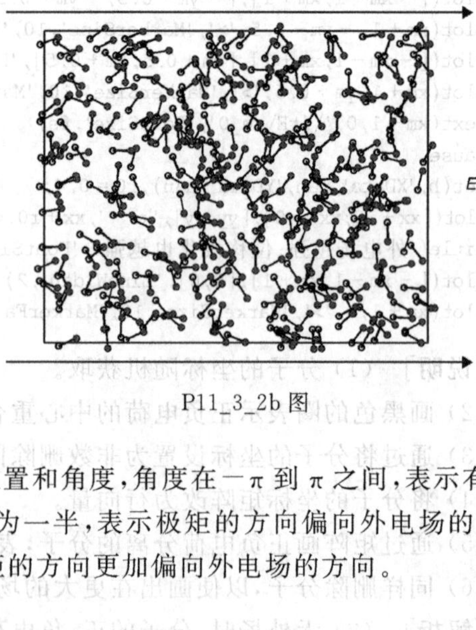


P11_3_2b 图

［**算法**］ (2) 利用随机函数选取分子的位置和角度，角度在 $-\pi$ 到 $\pi$ 之间，表示有极分子没有极化时的方向。有外电场时，将角度取为一半，表示极矩的方向偏向外电场的方向。如果外电场更大，则将角度再取一半，表示极矩的方向更加偏向外电场的方向。

［**程序**］ P11_3_2.m 见网站。

## {范例 11.4} 带电金属球在均匀介质中的场强

一个金属球的半径为 $R$，带电量为 $Q(Q>0)$，浸在一个大油箱中，油的相对介电常量为 $\varepsilon_r$，求球外自由电荷、束缚电荷的电场分布以及总场强的分布。

［**解析**］ 如 B11.4 图所示，自由电荷 $Q$ 和电介质分布具有球对称性，因而场强也具有球对称性。做一个 $r>R$ 的高斯球面 $S$，电位移 $\boldsymbol{D}$ 的方向与高斯面法向方向相同，电位移通量为

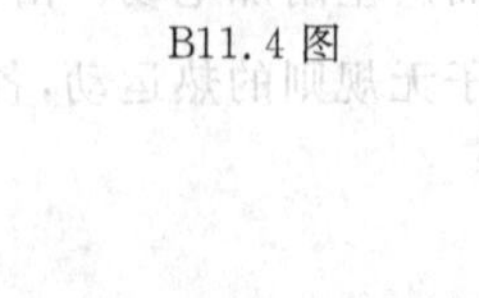


B11.4 图

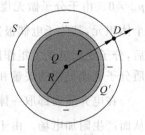

$$\Phi_D = \oint_S \boldsymbol{D}\cdot d\boldsymbol{S} = \int_S D dS = D\oint_S dS = D4\pi r^2$$

根据含电介质的高斯定理 $\Phi_D=Q$，得

$$D=\frac{Q}{4\pi r^2} \tag{11.4.1}$$

由于 $D$ 的方向沿着径向向外，用矢量表示就是

$$\boldsymbol{D}=\frac{Q}{4\pi r^2}\boldsymbol{r}^0 \tag{11.4.2}$$

其中 $\boldsymbol{r}^0$ 表示径向单位矢量。总电场强度为

$$\boldsymbol{E}=\frac{\boldsymbol{D}}{\varepsilon_0\varepsilon_r}=\frac{Q}{4\pi\varepsilon_0\varepsilon_r r^2}\boldsymbol{r}^0 \tag{11.4.3}$$

自由电荷产生的电场强度为

$$\boldsymbol{E}_0=\frac{Q}{4\pi\varepsilon_0 r^2}\boldsymbol{r}^0 \tag{11.4.4}$$

束缚电荷 $Q'$ 产生的电场强度为

$$\boldsymbol{E}'=\frac{Q'}{4\pi\varepsilon_0 r^2}\boldsymbol{r}^0 \tag{11.4.5}$$

因为 $\boldsymbol{E}=\boldsymbol{E}_0+\boldsymbol{E}'$，所以束缚电荷为

$$Q'=\left(\frac{1}{\varepsilon_r}-1\right)Q \tag{11.4.6}$$

可见：当电荷周围充满电介质时，场强减弱到真空中的 $1/\varepsilon_r$，这是因为金属球表面的油面上出现了束缚电荷。由于 $\varepsilon_r>1$，所以束缚电荷 $Q'$ 的符号与自由电荷 $Q$ 相反，且数值小于 $Q$。

［图示］　如 P11_4 图所示，相对介电常数不妨取为 1.1。自由电荷的场强按距离平方的反比规律变化，束缚电荷的场强也按距离平方的反比规律变化，由于束缚电荷与自由电荷的符号相反，所以场强的方向也相反。总场强仍然按距离的平方反比规律变化，但是比自由电荷的场强减小了。相对介电常数越大，束缚电荷的场强越强，总场强减小得越多(图略)。

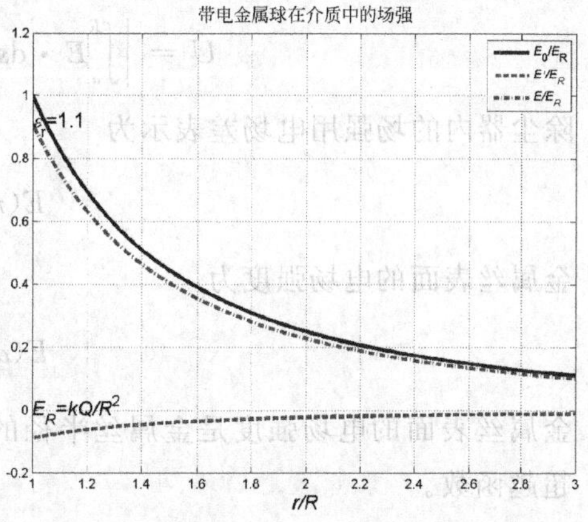


P11_4 图

［算法］　取半径 $R$ 为距离单位，取 $E_R=\dfrac{Q}{4\pi\varepsilon_0 R^2}=\dfrac{kQ}{R^2}$ 为电场强度单位，则总电场强度可表示为

$$E=E_R\frac{1}{\varepsilon_r r^{*2}} \tag{11.4.3*}$$

其中 $r^*=r/R$。自由电荷的电场强度可表示为

$$E_0=E_R\frac{1}{r^{*2}} \tag{11.4.4*}$$

束缚电荷的电场强度可表示为

$$E' = E_R \frac{1-\varepsilon_r}{\varepsilon_r r^{*2}} \tag{11.4.5*}$$

相对介电常数是可调节的参数。

［程序］ P11_4.m 见网站。

## ｛范例 11.5｝ 静电除尘器金属丝表面的场强

如 B11.5 图所示，一静电除尘器的金属圆筒为阳极，半径为 $R = 0.1\text{m}$，轴线上的金属丝是阴极。圆筒和金属丝之间加一个电压 $U = 20\text{kV}$。求金属丝表面的电场强度与其半径的关系。已知空气的击穿场强为 3.0MV/m，当金属丝附近的场强达到击穿场强时，金属丝的半径应该是多少？

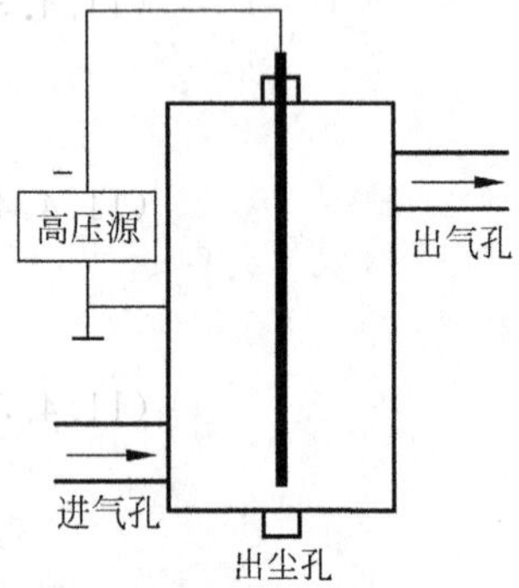


B11.5 图

［解析］ 设金属丝电荷线密度为 $\lambda(\lambda>0)$，将金属丝视为无限长带电直线，则其电场强度大小为

$$E(r) = \frac{\lambda}{2\pi\varepsilon r} \tag{11.5.1}$$

其中，$\varepsilon$ 是介电常数，场强方向沿径向向外。金属丝与金属圆筒之间的电势差为

$$U = \left|\int_a^R \boldsymbol{E}\cdot \mathrm{d}\boldsymbol{s}\right| = \int_a^R \frac{\lambda}{2\pi\varepsilon r}\mathrm{d}r = \frac{\lambda}{2\pi\varepsilon}\ln\frac{R}{a} \tag{11.5.2}$$

除尘器内的场强用电场差表示为

$$E(r) = \frac{U}{r\ln(R/r)} \tag{11.5.3}$$

金属丝表面的电场强度为

$$E(a) = \frac{U}{a\ln(R/a)} \tag{11.5.4}$$

金属丝表面的电场强度是金属丝半径的函数。当表面场强等于击穿场强时，可得半径的超越函数。

［图示］ 如 P11_5 图所示，金属丝表面的电场强度随金属丝半径的增加而先减小再增加。对于击穿场强，金属丝有两个半径值，其中第二个半径太大，金属丝已经不成“丝”了。因此金属丝的半径约为 1.6mm。当金属丝的半径小于 1.6mm 时，在电势差相同的情况下，金属丝表面的场强更大。

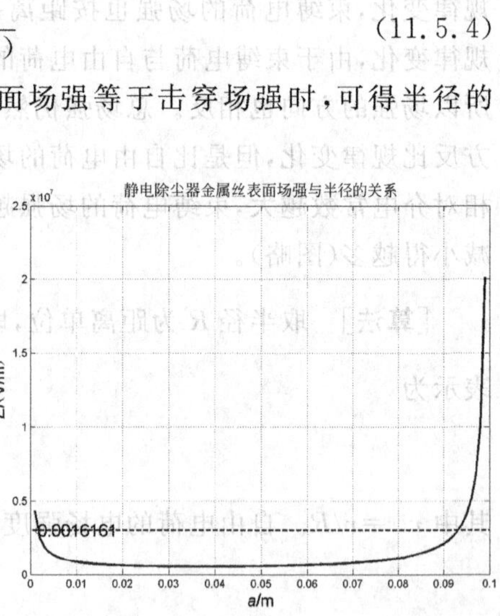


P11_5 图

［算法］ 根据金属丝半径可画场强曲线。利用求零函数 fzero 可求超越函数的值。

［程序］ P11_5.m 见网站。

## ｛范例 11.6｝ 从平行板电容器中抽出介质板所做的功

如 B11.6 图所示，一平行板电容器的面积为 $S$，两板相距为 $d$，两板的电势差为 $U$，不计边缘效应。两极板之间有一块厚度为 $t$、相对介电常数为 $\varepsilon_r$ 的电介质平板。在断开电源的情况下，将电介质从电容器中抽出来需要做多少功？在不断开电源的情况下，将电介质抽出来需要做多少功？

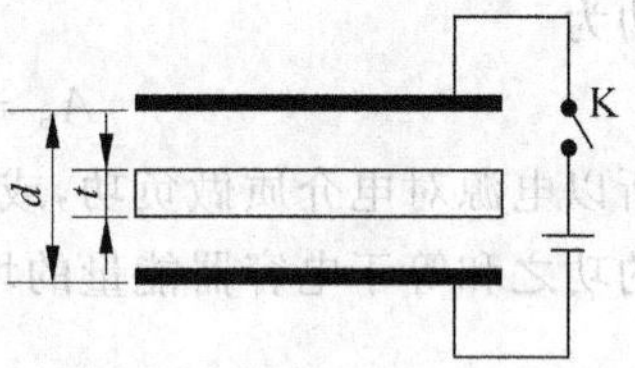


B11.6 图

［解析］ 设想在介质的上下表面插入无限薄的金属板，可知：在有电介质的情况下，电容器是由三个电容器串联而成的。电介质的电容为

$$C_1=\frac{\varepsilon_0\varepsilon_r S}{t} \tag{11.6.1}$$

剩下两个充满空气的电容器串联的电容为

$$C_2=\frac{\varepsilon_0 S}{d-t} \tag{11.6.2}$$

总电容的倒数为

$$\frac{1}{C}=\frac{1}{C_1}+\frac{1}{C_2}=\frac{t}{\varepsilon_0\varepsilon_r S}+\frac{d-t}{\varepsilon_0 S}=\frac{t+\varepsilon_r(d-t)}{\varepsilon_0\varepsilon_r S}$$

总电容为

$$C=\frac{\varepsilon_0\varepsilon_r S}{t+\varepsilon_r(d-t)} \tag{11.6.3}$$

抽出电介质后，电容为

$$C_0=\frac{\varepsilon_0 S}{d} \tag{11.6.4}$$

将电介质抽出前的静电能为

$$W=\frac{1}{2}CU^2=\frac{\varepsilon_0\varepsilon_r SU^2}{2[t+\varepsilon_r(d-t)]} \tag{11.6.5}$$

电容器所带的电量为

$$Q=CU=\frac{\varepsilon_0\varepsilon_r SU}{t+\varepsilon_r(d-t)} \tag{11.6.6}$$

在断开电源的情况下，将电介质抽出后，电容器所带的电量不变，静电能变为

$$W_0=\frac{1}{2C_0}Q^2=\frac{d}{2\varepsilon_0 S}\left[\frac{\varepsilon_0\varepsilon_r SU}{t+\varepsilon_r(d-t)}\right]^2=\frac{d\varepsilon_0\varepsilon_r^2 SU^2}{2[t+\varepsilon_r(d-t)]^2}$$

静电能的增量为

$$\Delta W_1=W_0-W=\frac{\varepsilon_0\varepsilon_r(\varepsilon_r-1)tSU^2}{2[t+\varepsilon_r(d-t)]^2} \tag{11.6.7a}$$

静电能增加是外力做功的结果，$A_1=\Delta W_1$。外力做正功，这是因为外力需要克服电容器两极板的电荷对介质板的吸引力。

在不断开电源的情况下，将电介质抽出后，电容器两板的电势差不变，静电能的增量为

$$\Delta W_2=\frac{1}{2}C_0U^2-\frac{1}{2}CU^2=-\frac{\varepsilon_0(\varepsilon_r-1)tSU^2}{2d[t+\varepsilon_r(d-t)]}$$

负号表示静电能量减少。将电介质抽出后，两极板所带的电量为

$$Q_0 = C_0 U$$

由于 $C_0 < C$，所以 $Q_0 < Q$，在电介质抽出过程中，电容器给电源充电。电源对电介质所做的功为

$$A_S = Q_0 U - QU = (C_0 - C)U^2 = 2\Delta W_2$$

所以电源对电介质做负功，或者说：电介质对电源充电做正功。外力所做的功和电源所做的功之和等于电容器能量的增量

$$A_2 + A_S = \Delta W_2$$

因此外力所做的功为

$$A_2 = \Delta W_2 - A_S = -\Delta W_2 = \frac{\varepsilon_0(\varepsilon_r - 1)tSU^2}{2d[t + \varepsilon_r(d - t)]} \tag{11.6.7b}$$

可见：外力和电介质对电源做了大小相等的功。电介质对电源做功的结果就是静电能减少。外力要克服电容器两极板的电荷对介质板的吸引力做功，因此，外力对电源做功是通过电介质实现的。

［**讨论**］ (1) 当 $t = d$ 时，电容器充满电介质。在断开电源的情况下，外力所做的功为

$$A_1 = \frac{\varepsilon_0 \varepsilon_r(\varepsilon_r - 1)SU^2}{2d} \tag{11.6.8a}$$

在不断开电源的情况下，外力所做的功为

$$A_2 = \frac{\varepsilon_0(\varepsilon_r - 1)SU^2}{2d} \tag{11.6.8b}$$

(2) 当 $\varepsilon_r = 1$ 时，可得 $A_1 = 0$，$A_2 = 0$，这时，电介质就是空气，不论是否抽出，电容器的能量都不变化。

(3) 当 $\varepsilon_r \to \infty$ 时，电介质变成导体。在断开电源的情况下，外力所做的功为

$$A_1 = \frac{\varepsilon_0(1 - 1/\varepsilon_r)tSU^2}{2[t/\varepsilon_r + (d - t)]^2} \to \frac{\varepsilon_0 tSU^2}{2(d - t)^2} \tag{11.6.9a}$$

在不断开电源的情况下，外力所做的功为

$$A_2 = \frac{\varepsilon_0(1 - 1/\varepsilon_r)tSU^2}{2d[t/\varepsilon_r + (d - t)]} \to \frac{\varepsilon_0 StU^2}{2d(d - t)} \tag{11.6.9b}$$

(4) 外力在两种情况下所做的功之差为

$$\Delta A = A_2 - A_1 = -\frac{\varepsilon_0[(\varepsilon_r - 1)t]^2 SU^2}{2d[t + \varepsilon_r(d - t)]^2} < 0 \tag{11.6.10}$$

可知：与断开电源的情况相比，在不断开电源的情况下，外力所做的功较少。这是因为在电压一定的情况下，在将介质板抽出来的过程中，电容器的电容减小了，所带电荷的电量减少了，对介质板的吸引力也减小了。

［**图示**］ (1) 如 P11_6a 图所示，在断开电源的情况下，当电介质的介电常数一定时，电介质越厚，外力将介质板抽出来所做的功越多；当电介质的厚度一定时，介电常数越大，外力所做的功越多。

(2) 如 P11_6b 图所示，在不断开电源的情况下，外力所做功的增减性与不断开电源的情况是相同的。但是，在介电常数和电介质厚度相同的情况下，外力所做的功要小一些。

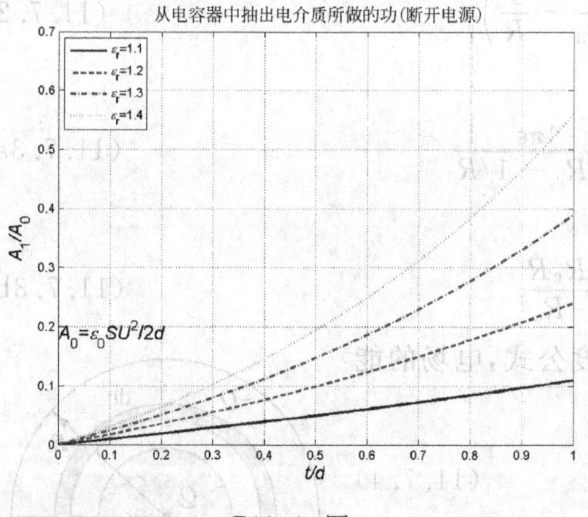


P11_6a 图

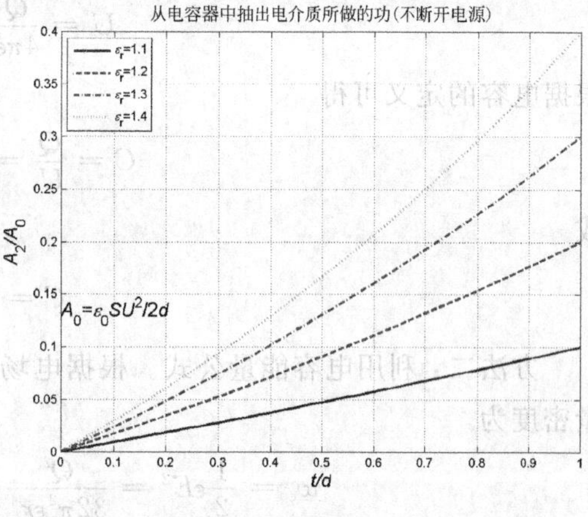


P11_6b 图

［**算法**］ 取 $A_0=\frac{1}{2}C_0U^2=\frac{\varepsilon_0 SU^2}{2d}$为功的单位，取两板距离 $d$ 为电介质厚度单位，在断开电源的情况下，外力所做的功可表示为

$$A_1=A_0\frac{\varepsilon_r(\varepsilon_r-1)t^*}{[t^*+\varepsilon_r(1-t^*)]^2} \tag{11.6.7a*}$$

其中 $t^*=t/d$。在不断开电源的情况下，外力所做的功可表示为

$$A_2=A_0\frac{(\varepsilon_r-1)t^*}{t^*+\varepsilon_r(1-t^*)} \tag{11.6.7b*}$$

取相对介电常数为参数向量，取电介质的相对厚度为自变量向量，化为矩阵，分别计算两种情况下的功，用矩阵画线法画功随电介质厚度变化的曲线族。

［**程序**］ P11_6.m 见网站。

## ｛范例 11.7｝ 球形电容器的电容

两个同心导体球面的内半径为 $R_0$，外半径为 $R$，构成球形电容器，球面间充满介电常数为 ε 的各向同性的介质。求球形电容器的电容(内球面也可以用同样半径的球体代替)。

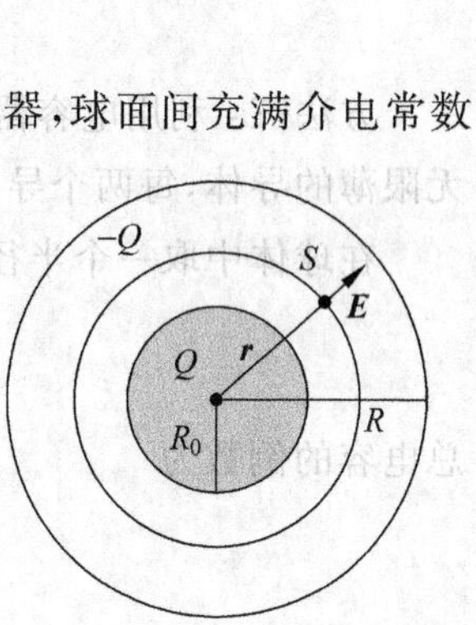


B11.7a 图

［**解析**］ 此题有多种解法。

方法一：利用电容定义公式。如 B11.7a 图所示，使内球面带 $+Q$，外球面带 $-Q$，电荷均匀分布在内球的外表面和外球的内表面上。导体间电场是沿着径向的，取半径为 $r(R_0<r<R)$的同心球面为高斯面，根据高斯定理，场强大小为

$$E=\frac{Q}{4\pi\varepsilon r^2} \tag{11.7.1}$$

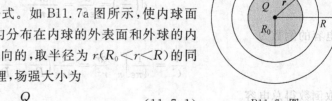

两球间的电势差为

$$U=\int_{R_0}^{R}\boldsymbol{E}\cdot \mathrm{d}\boldsymbol{s}=\int_{R_0}^{R}E\mathrm{d}r=\int_{R_0}^{R}\frac{Q}{4\pi\varepsilon r^2}\mathrm{d}r$$

即

$$U = \frac{Q}{4\pi\varepsilon}\left(\frac{1}{R_0} - \frac{1}{R}\right) \tag{11.7.2}$$

根据电容的定义可得

$$C = \frac{Q}{U} = \frac{4\pi\varepsilon}{1/R_0 - 1/R} \tag{11.7.3a}$$

或

$$C = \frac{4\pi\varepsilon R_0 R}{R - R_0} \tag{11.7.3b}$$

方法二：利用电容能量公式。根据电场强度公式，电场的能量密度为

$$w_e = \frac{1}{2}\varepsilon E^2 = \frac{Q^2}{32\pi^2\varepsilon r^4} \tag{11.7.4}$$

如B11.7b图所示，在电容器中取一个半径为 $r$，厚度为 $\mathrm{d}r$ 的球壳，其体积为 $\mathrm{d}V = 4\pi r^2\mathrm{d}r$，该体积的能量为

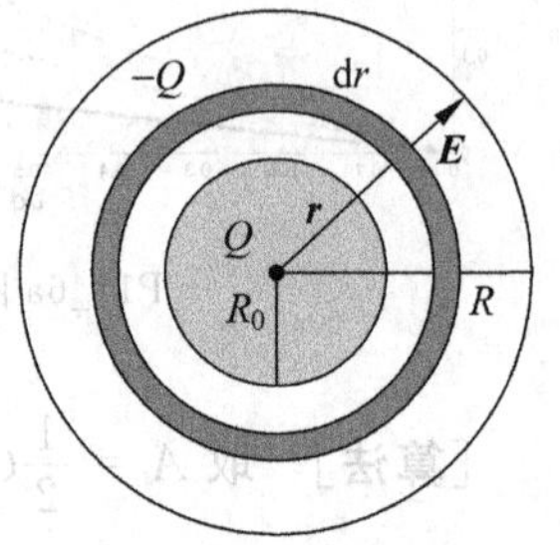

B11.7b 图

$$\mathrm{d}W = w_e\mathrm{d}V = \frac{Q^2}{8\pi\varepsilon r^2}\mathrm{d}r$$

电容器的总能量为

$$W = \int_V \mathrm{d}W = \frac{Q^2}{8\pi\varepsilon}\int_{R_0}^{R}\frac{\mathrm{d}r}{r^2} = \frac{Q^2}{8\pi\varepsilon}\left(\frac{1}{R_0} - \frac{1}{R}\right) = \frac{Q^2}{8\pi\varepsilon}\frac{R - R_0}{R_0 R}$$

由于

$$W = \frac{Q^2}{2C} \tag{11.7.5}$$

所以

$$C = \frac{Q^2}{2W} = \frac{4\pi\varepsilon R_0 R}{R - R_0}$$

方法三：利用电容器串联公式。把球形电容器划分为许多同心球壳，在球壳之间插入无限薄的导体，每两个导体之间就形成一个电容器，因此，所有电容器都是串联的。

在球体中取一个半径为 $r$、厚度为 $\mathrm{d}r$ 的球壳，其表面积为 $S = 4\pi r^2$，电容的倒数为

$$\mathrm{d}\left(\frac{1}{C}\right) = \frac{d}{\varepsilon S} = \frac{\mathrm{d}r}{\varepsilon 4\pi r^2}$$

总电容的倒数为

$$\frac{1}{C} = \frac{1}{4\pi\varepsilon}\int_{R_0}^{R}\frac{\mathrm{d}r}{r^2} = \frac{1}{4\pi\varepsilon}\left(\frac{1}{R_0} - \frac{1}{R}\right)$$

再取倒数得总电容。

**[讨论]** (1) 根据(11.7.3a)式可知：内球半径越大，外球半径越小，导体的电容就越大。令 $R \to \infty$，可得孤立导体的电容

$$C = 4\pi\varepsilon R_0 \tag{11.7.6}$$

在真空中孤立导体的电容为

$$C = 4\pi\varepsilon_0 R_0 \tag{11.7.7}$$

(2) 设 $R-R_0=d$，当 $d$ 很小时，根据(11.7.3b)式可得

$$C \approx \frac{4\pi\varepsilon R_0^2}{d}=\frac{\varepsilon S}{d}$$

这是平行板电容器的电容公式。

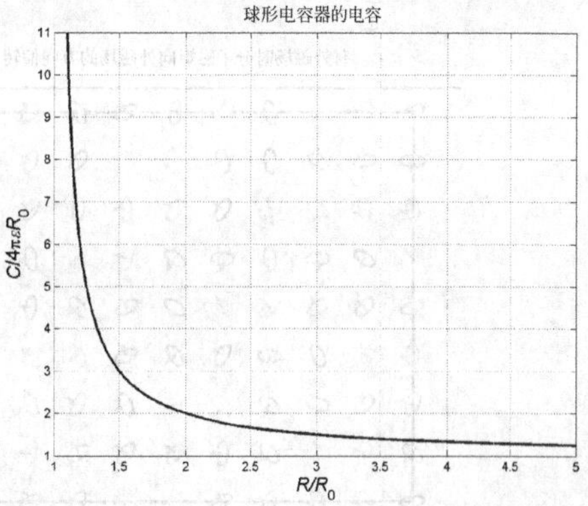


P11_7 图

［图示］ 如 P11_7 图所示，在球形电容器内半径一定时，外半径越大，电容就越小。

［算法］ 取半径 $R_0$ 为半径单位，取 $C_0=4\pi\varepsilon R_0$ 为电容单位，则电容可表示为

$$C=C_0\frac{1}{1-1/R^*} \qquad (11.7.3b^*)$$

其中 $R^*=R/R_0$。

［程序］ P11_7.m 见网站。

## {范例 11.8} 顺磁质的磁化

说明顺磁质的磁化过程。

［解析］ 在实物与磁场的相互作用中，实物统称为磁介质。磁介质在磁场的作用下产生附加磁场，称为磁化。磁介质分为顺磁质、抗磁质和铁磁质。

物质是由分子组成的，分子又由原子组成，原子由原子核和核外的电子组成。电子有自旋磁矩，在绕核运动时还有轨道磁矩。将分子看做一个整体，分子内各电子的轨道磁矩与自旋磁矩的矢量和称为分子磁矩，用 $\boldsymbol{p}_\mathrm{m}$ 表示。分子磁矩可看做由某个环形电流产生的，称为分子电流。在无外磁场时，分子所具有的磁矩称为固有磁矩。研究表明：顺磁质分子存在固有磁矩，抗磁质分子的固有磁矩为零，铁磁质的情况比较复杂。

当无外磁场时，由于热运动，顺磁质中各分子磁矩的取向是混乱的。在顺磁质中任取一个小体积，内部磁矩的矢量和为零，即 $\sum \boldsymbol{p}_\mathrm{m}=\mathbf{0}$，磁介质对外不显磁性。加上外磁场后，介质中各分子磁矩在一定程度上沿外场方向排列，$\sum \boldsymbol{p}_\mathrm{m}\neq\mathbf{0}$，介质在宏观上显出磁性。

［图示］ (1) 如 P11_8a 图所示，在无外磁场时，分子电偶极矩的方向是杂乱无章的。

(2) 如 P11_8b 图所示，加了外磁场之后，分子极矩向外磁场的方向偏转，但是并不全都沿着外磁场的方向。外磁场越强，磁矩沿外磁场方向排列越整齐。

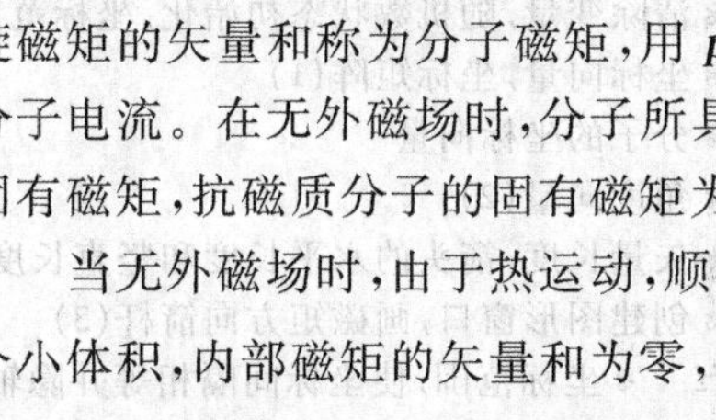

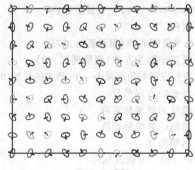


P11_8a 图

(3) 设圆柱形磁介质沿轴线方向均匀磁化，各分子电流的磁矩方向都沿着圆柱体的轴线方向。如 P11_8c 图所示，在圆柱形磁介质中取一个截面，各个分子磁矩垂直纸面向外，相邻分子电流的方向正好相反，因而抵消。分子电流是很小的，所以截面内任何一点的分子电流都因为方向相反而相互抵消。只有侧面的分子电流无法抵消，并绕着逆时针方向，其宏观效果相当于环形的表面电流，称为磁化电流或束缚电流。

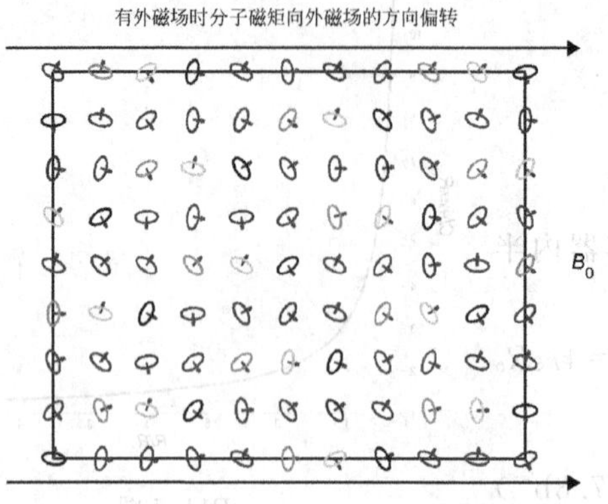
有外磁场时分子磁矩向外磁场的方向偏转
$B_0$

P11_8b 图

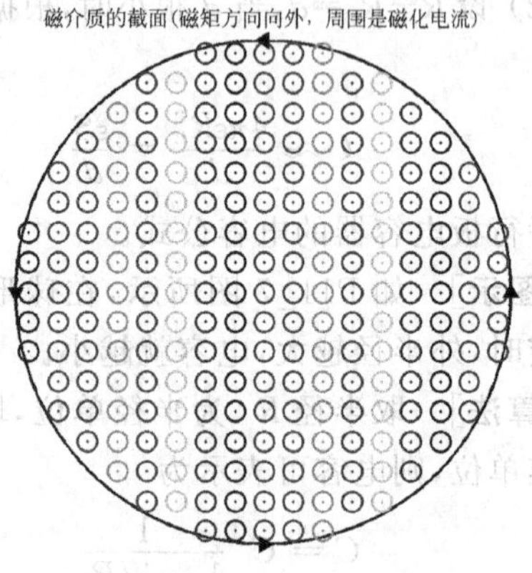
磁介质的截面(磁矩方向向外，周围是磁化电流)

P11_8c 图

［**算法**］ 用椭圆表示分子电流，用箭杆表示分子电流的磁矩。没有外磁场时，磁矩的方向是随机选取的，因而椭圆面也是随机选取的，角度在$-\pi$到$\pi$之间。有外磁场时，将角度取为一半，表示磁矩的方向偏向外磁场的方向。如果外磁场更大，则将角度再取一半，表示磁矩的方向更加偏向外磁场的方向。取圆柱体的截面，用点表示磁矩的方向垂直纸面向外，用圆表示分子电流，用箭头表示圆柱边缘的宏观磁化电流。

［**程序**］ P11_8.m 如下。

```
%磁介质的磁化
clear,rand('state',0),xm = 5;ym = 4;                    %清除变量,随机数状态初始化,坐标范围
x = - xm:xm;y = - ym:ym;[X,Y] = meshgrid(x,y);          %坐标向量,坐标矩阵(1)
xx = X(:)';yy = Y(:)';                                  %分子的坐标向量
th = pi * (2 * rand(1,length(xx)) - 1);                 %角度向量(2)
r0 = 0.25;x0 = r0 * cos(th);y0 = r0 * sin(th);          %矢量长度,箭头的水平长度和竖直长度
figure,h1 = quiver(xx,yy,x0,y0,0,'LineWidth',2);        %创建图形窗口,画磁矩方向箭杆(3)
axis([ - xm - 1,xm + 1, - ym - 0.5,ym + 0.5]),axis equal off  %坐标范围,使坐标间隔相等并隐轴
hold on                                                 %保持图像
plot([xm, - xm, - xm,xm,xm],[ym,ym, - ym, - ym,ym],'LineWidth',2)  %画介质方框
a = (0:360) * pi/180;                                   %椭圆角度向量
X = r0/2 * cos(a') * cos(th) - r0 * sin(a') * sin(th);  %椭圆的横坐标矩阵(4)
Y = r0/2 * cos(a') * sin(th) + r0 * sin(a') * cos(th);  %椭圆的纵坐标矩阵
XX = ones(size(a')) * xx;YY = ones(size(a')) * yy;      %椭圆的中心坐标矩阵(5)
h2 = plot(X + XX,Y + YY,'LineWidth',2);                 %画椭圆族(6)
fs = 16;title('无外磁场时分子磁矩的分布是杂乱无章的','FontSize',fs)  %显示标题
pause                                                   %暂停
set(h1,'XData',nan,'YData',nan,'UData',nan,'VData',nan)  %设置非数(删除箭杆)(7)
set(h2,'XData',nan,'YData',nan)                         %设置坐标为非数(删除椭圆)(8)
th = th/2;x0 = r0 * cos(th);y0 = r0 * sin(th);          %有外磁场时角度减小一半,箭头的长度(9)
h1 = quiver(xx,yy,x0,y0,0,'LineWidth',2);               %画磁矩方向箭杆
X = r0/2 * cos(a') * cos(th) - r0 * sin(a') * sin(th);  %椭圆的横坐标矩阵
Y = r0/2 * cos(a') * sin(th) + r0 * sin(a') * cos(th);  %椭圆的纵坐标矩阵
h2 = plot(X + XX,Y + YY,'LineWidth',2);                 %画椭圆族
title('有外磁场时分子磁矩向外磁场的方向偏转','FontSize',fs)  %修改标题
plot([ - xm - 1,xm + 1],[ - ym - 0.5, - ym - 0.5],'LineWidth',2)  %画磁感应线
```

```
plot(xm + 1, - ym - 0.5, '>', 'MarkerSize',10,'MarkerFaceColor','k')   % 画箭头
plot([ - xm - 1,xm + 1],[ym + 0.5,ym + 0.5],'LineWidth',2)  % 画磁感应线
plot(xm + 1,ym + 0.5,'>','MarkerSize',10,'MarkerFaceColor','k')   % 画箭头
text(xm + 1,0,'\itB\rm_0','FontSize',fs),pause          % 显示外场强,暂停
set(h1,'XData',nan,'YData',nan,'UData',nan,'VData',nan)  % 设置非数(删除箭杆)
set(h2,'XData',nan,'YData',nan)                          % 设置坐标为非数(删除椭圆)
th = th/2;x0 = r0 * cos(th);y0 = r0 * sin(th);           % 有外磁场时角度减小一半,箭头的长度
quiver(xx,yy,x0,y0,0,'LineWidth',2)                      % 画磁矩方向箭杆
X = r0/2 * cos(a') * cos(th) - r0 * sin(a') * sin(th);   % 椭圆的横坐标矩阵
Y = r0/2 * cos(a') * sin(th) + r0 * sin(a') * cos(th);   % 椭圆的纵坐标矩阵
plot(X + XX,Y + YY,'LineWidth',2)                        % 画椭圆族
title('外磁场越强分子磁矩越向外磁场的方向偏转','FontSize',fs)  % 修改标题
plot([ - xm - 1,xm + 1],[0,0],'LineWidth',2)             % 画磁感应线
plot(xm + 1,0,'>','MarkerSize',10,'MarkerFaceColor','k'),pause  % 画箭头,暂停
r0 = 0.22;                                               % 分子电流半径
figure,plot((ym + r0) * cos(a),(ym + r0) * sin(a),'LineWidth',2)  % 创建图形窗口,画大圆(10)
axis equal off                                           % 使坐标间隔相等并隐轴
y = - ym:0.5:ym;[X,Y] = meshgrid(y);                     % 坐标向量,坐标矩阵
R = sqrt(X.^2 + Y.^2);X(R > ym + r0) = nan;   % 到圆心的距离,距离大于大圆半径者改为非数(11)
hold on,plot(X,Y,'.')                                    % 保持图像,画圆心表示磁矩方向(12)
plot(X,Y,'o','MarkerSize',15,'LineWidth',2)              % 画圆表示分子电流(13)
title('磁介质的截面(磁矩方向向外,周围是磁化电流)','FontSize',fs)  % 显示标题
plot(ym + r0,0,'^',0,ym + r0,'<', - ym - r0,0,'v',0, - ym - r0,'>',...
    'MarkerSize',10,'MarkerFaceColor','k')               % 画箭头(14)
```

[**说明**] (1) 为了简单起见,使分子的位置整齐地分布在一个平面内。

(2) 分子磁矩的方向是随机选取的。

(3) 用箭杆表示分子磁矩的方向。

(4) 根据图形旋转的规律,将各种方向的椭圆用矩阵表示。

(5) 将椭圆的中心坐标也用矩阵表示。

(6) 用椭圆表示环电流。

(7) 将坐标和长度改为非数,即可删除箭杆,以便重新画箭杆。

(8) 同理,将坐标改为非数就删除了椭圆。

(9) 有外磁场时,将角度改为一半,表示磁矩向外磁场方向偏转。

(10) 用大圆表示磁介质的横截面。

(11) 当小圆的圆心在大圆之外时,其横坐标改为非数。

(12) 画点表示分子磁矩的方向垂直纸面向外。

(13) 画圆表示分子电流。

(14) 画箭头表示磁化电流的方向。

## {范例 11.9} 长直圆柱体和介质中的磁感应强度和磁场强度

一根无限长的直圆柱形铜导体,外包一层相对磁导率为 $\mu_r$ 的圆筒形磁介质,磁介质外面是真空。导体半径为 $R_0$,磁介质外半径为 $R_1$,导体内有电流 $I$ 通过,电流均匀分布在截面上。求:磁介质内、外的磁场强度 $H$ 和磁感应强度 $B$ 的分布规律以及磁能密度 $w_m$ 的分布

规律。

［解析］ 如 B11.9 图所示,导体的横截面积为

$$S_0 = \pi R_0^2$$

导体内横截面上的电流密度为

$$\delta = I/S_0 = I/\pi R_0^2$$

在导体内截面上以轴线为圆心做一半径为 $r$ 的圆形环路 $L_1$,环路包围的面积为

$$S = \pi r^2$$

通过的电流为

$$\sum I = \delta S = I r^2 / R_0^2$$

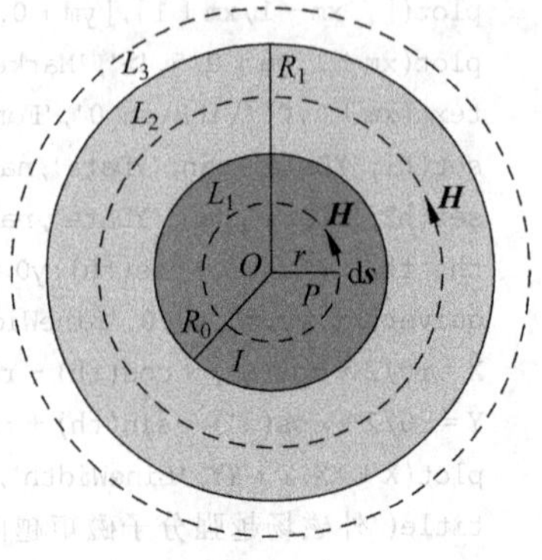

B11.9 图

根据磁场中的安培环路定理

$$\oint_L \boldsymbol{H} \cdot \mathrm{d}\boldsymbol{s} = \sum I \tag{11.9.1}$$

环路的周长为 $l = 2\pi r$,由于 $\boldsymbol{H}$ 与 $\mathrm{d}s$ 的方向相同,可得磁场强度

$$H = \frac{\sum I}{l} = \frac{Ir}{2\pi R_0^2}, \quad 0 \leqslant r < R_0 \tag{11.9.2a}$$

可见:导体内的磁场强度与距离成正比。

在介质之中和介质之外同样做一半径为 $r$ 的环路 $L_2$ 和 $L_3$,周长都为 $l = 2\pi r$,包围的电流为 $I$,可得磁场强度为

$$H = \frac{\sum I}{l} = \frac{I}{2\pi r}, \quad r > R_0 \tag{11.9.2b}$$

可见:导体内外磁场强度与距离成反比。

导体之内的磁感应强度为

$$B = \mu_0 H = \frac{\mu_0 I r}{2\pi R_0^2}, \quad 0 \leqslant r < R_0 \tag{11.9.3a}$$

导体之内的磁能密度为

$$w_m = \frac{1}{2}\boldsymbol{B} \cdot \boldsymbol{H} = \frac{1}{2}\mu_0 H^2 = \frac{\mu_0 I^2 r^2}{8\pi^2 R_0^4}, \quad 0 \leqslant r < R_0 \tag{11.9.4a}$$

介质之内的磁感应强度为

$$B = \mu H = \mu_r \mu_0 H = \frac{\mu_r \mu_0 I}{2\pi r}, \quad R_0 < r < R_1 \tag{11.9.3b}$$

介质之内的磁能密度为

$$w_m = \frac{1}{2}\mu H^2 = \frac{1}{2}\mu_r \mu_0 H^2 = \frac{\mu_r \mu_0 I^2}{8\pi^2 r^2}, \quad R_0 < r < R_1 \tag{11.9.4b}$$

介质之外的磁感应强度为

$$B = \mu_0 H = \frac{\mu_0 I}{2\pi r}, \quad r > R_1 \tag{11.9.3c}$$

介质之外的磁能密度为

$$w_m = \frac{1}{2}\mu_0 H^2 = \frac{\mu_0 I^2}{8\pi^2 r^2}, \quad r > R_1 \tag{11.9.4c}$$

［图示］ (1) 如 P11_9a 图之上图所示，不妨取相对磁导率为 1.5，取磁介质外半径与内半径的比为 2。磁场强度 $H$ 在导体内是直线增加的，在导体外按距离反比减小。在 $r=R_0$ 处，磁场强度 $H$ 的左极限和右极限都是 $H=I/2\pi R_0$，所以 $H$-$r$ 线在导体与磁介质的分界面上是连续的。在 $r=R_1$ 处，也就是在磁介质与外界的分界面上，$H$-$r$ 线是光滑连续的。

(2) 如 P11_9a 图之下图所示，磁感应强度 $B$ 在导体内是直线增加的，在导体外的磁介质和真空中按距离反比减小，但比例系数不同。在 $r=R_0$ 处，磁感应强度 $B$ 的左极限为 $B_L=\mu_0 I/2\pi R_1$，右极限为 $B_R=\mu_r\mu_0 I/2\pi R_1$，由于 $\mu_r>1$，所以 $B_L<B_R$，因此 $B$-$r$ 线在该处发生跃变。同理，在 $r=R_1$ 处 $B$-$r$ 线在该处两侧也发生跃变。

(3) 如 P11_9b 图所示，磁能密度 $w_m$ 在导体内是按距离的平方规律增加的，在导体外的磁介质和真空中则按距离平方反比减小，只是比例系数不同。在 $r=R_0$ 处，磁能密度 $w_m$-$r$ 线发生跃变，在介质的内表面，磁能密度最大；在 $r=R_1$ 处 $w_m$-$r$ 线也发生跃变。

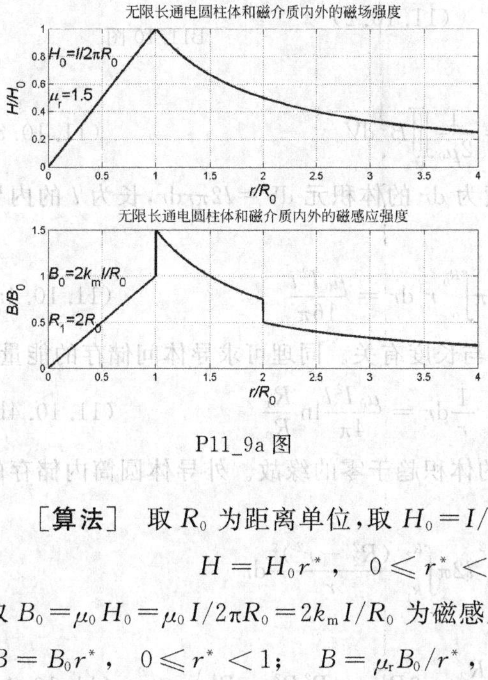


P11_9a 图

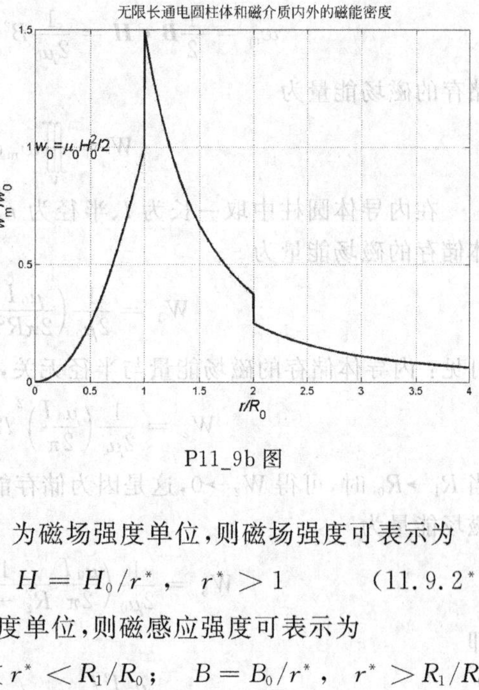


P11_9b 图

［算法］ 取 $R_0$ 为距离单位，取 $H_0=I/2\pi R_0$ 为磁场强度单位，则磁场强度可表示为

$$H=H_0 r^*,\quad 0\leqslant r^*<1;\quad H=H_0/r^*,\quad r^*>1 \tag{11.9.2*}$$

取 $B_0=\mu_0 H_0=\mu_0 I/2\pi R_0=2k_m I/R_0$ 为磁感应强度单位，则磁感应强度可表示为

$$B=B_0 r^*,\quad 0\leqslant r^*<1;\quad B=\mu_r B_0/r^*,\quad 1<r^*<R_1/R_0;\quad B=B_0/r^*,\quad r^*>R_1/R_0 \tag{11.9.3*}$$

取 $w_0=\mu_0 H_0^2/2=\mu_0 I^2/8\pi^2 R_0^2$ 为磁能密度的单位，则磁能密度可表示为

$$w_m=w_0 r^{*2},\quad 0\leqslant r^*<1;\quad w_m=w_0\mu_r/r^{*2},\quad 1<r^*<R_1/R_0;$$
$$w_m=w_0/r^{*2},\quad r^*>R_1/R_0 \tag{11.9.4*}$$

磁能密度也可表示为

$$w_m=w_0 B^* H^*$$

其中，$B^*=B/B_0$，$H^*=H/H_0$。

［程序］ P11_9.m 见网站。

## {范例 11.10} 同轴电缆的能量密度

如 B11.10 图所示,同轴电缆的内导体圆柱半径为 $R_0$,外导体圆筒内外半径分别为 $R_1$ 和 $R_2$,圆柱与圆筒之间是真空。电缆载有电流 $I$,从圆柱流出,从圆筒流进。设电流在内导体圆柱和外导体圆筒截面上均匀分布,求电缆长为 $l$ 的一段所储存的能量。当圆柱半径和圆筒外半径一定时,磁能与圆筒内半径的关系是什么?

[**解析**] 根据安培环路定理可得各个区域的磁感应强度

$$B=\frac{\mu_0 I}{2\pi R_0^2}r,\quad r<R_0 \tag{11.10.1a}$$

$$B=\frac{\mu_0 I}{2\pi r},\quad R_0<r<R_1 \tag{11.10.1b}$$

$$B=\frac{\mu_0 I}{2\pi r}\frac{R_2^2-r^2}{R_2^2-R_1^2},\quad R_1<r<R_2 \tag{11.10.1c}$$

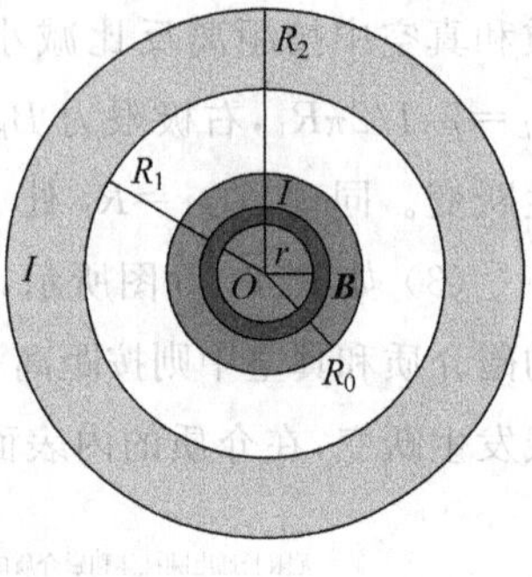


B11.10 图

磁场的能量密度为

$$w_m=\frac{1}{2}\boldsymbol{B}\cdot\boldsymbol{H}=\frac{1}{2\mu_0}B^2 \tag{11.10.2}$$

储存的磁场能量为

$$W=\iiint_V w_m \mathrm{d}V=\frac{1}{2\mu_0}\iiint_V B^2\mathrm{d}V \tag{11.10.3}$$

在内导体圆柱中取一长为 $l$、半径为 $r$、厚度为 $\mathrm{d}r$ 的体积元 $\mathrm{d}V=l2\pi r\mathrm{d}r$,长为 $l$ 的内导体储存的磁场能量为

$$W_1=\frac{1}{2\mu_0}\left(\frac{\mu_0 I}{2\pi R_0^2}\right)^2 l2\pi\int_0^{R_0} r^3\mathrm{d}r=\frac{\mu_0 I^2 l}{16\pi} \tag{11.10.4a}$$

可见:内导体储存的磁场能量与半径无关,而只与长度有关。同理可求导体间储存的能量

$$W_2=\frac{1}{2\mu_0}\left(\frac{\mu_0 I}{2\pi}\right)^2 l2\pi\int_{R_0}^{R_1}\frac{1}{r}\mathrm{d}r=\frac{\mu_0 I^2 l}{4\pi}\ln\frac{R_1}{R_0} \tag{11.10.4b}$$

当 $R_1\to R_0$ 时,可得 $W_2\to 0$,这是因为储存能量的体积趋于零的缘故。外导体圆筒内储存的磁场能量为

$$W_3=\frac{1}{2\mu_0}\left(\frac{\mu_0 I}{2\pi}\frac{1}{R_2^2-R_1^2}\right)^2 l2\pi\int_{R_1}^{R_2}\frac{(R_2^2-r^2)^2}{r}\mathrm{d}r$$

即

$$W_3=\frac{\mu_0 I^2 l}{16\pi(R_2^2-R_1^2)^2}\left(4R_2^4\ln\frac{R_2}{R_1}-3R_2^4+4R_2^2R_1^2-R_1^4\right) \tag{11.10.4c}$$

当 $R_1\to R_2$ 时,两次应用罗必塔法则可得 $W_3\to 0$,这也是因为储存能量的体积趋于零的缘故。

电缆储存的磁场能量为

$$W=W_1+W_2+W_3$$

即

$$W=\frac{\mu_0 I^2 l}{16\pi}\left[1+4\ln\frac{R_1}{R_0}+\frac{1}{(R_2^2-R_1^2)^2}\left(4R_2^4\ln\frac{R_2}{R_1}-3R_2^4+4R_2^2R_1^2-R_1^4\right)\right] \tag{11.10.5}$$

［图示］ 如 P11_10a 图所示，圆筒外半径与圆柱半径之比取为 $R_2/R_0=2$，圆柱体对磁能的贡献是一个常量，导体之间的部分对磁能的贡献随圆筒内半径增加而从零开始增加，圆筒部分对磁能的贡献随半径增加而减少，最后为零。总磁能随半径增加而增加。如果圆筒外半径与圆柱半径之比不同，例如 $R_2/R_0=1.2$，磁能随圆筒内半径的变化仍然具有相同的规律，如 P11_10b 图所示。

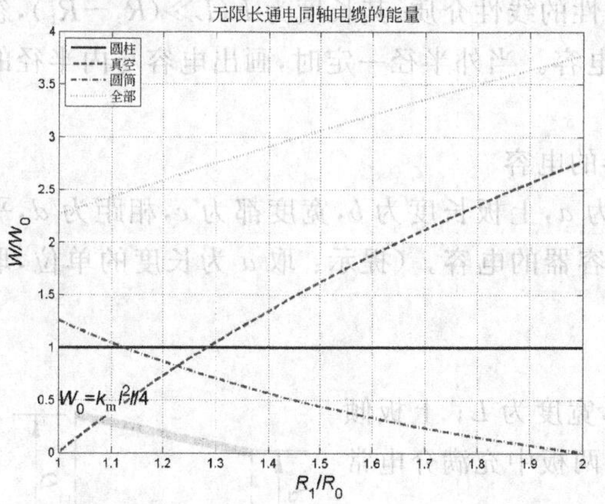

P11_10a 图

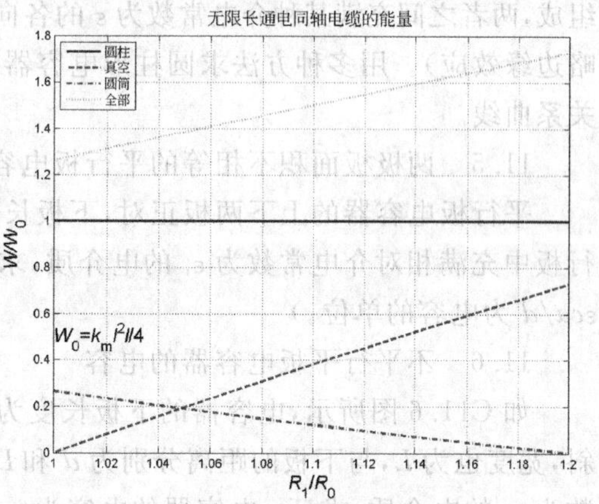

P11_10b 图

［算法］ 取内圆柱半径 $R_0$ 为长度单位，取磁场能量的单位为 $W_0=\mu_0 I^2 l/16\pi=k_m I^2 l/4$，则磁场能量可表示为

$$W=W_0\left[1+4\ln R_1^*+\frac{1}{(R_2^{*2}-R_1^{*2})^2}\left(4R_2^{*4}\ln\frac{R_2^*}{R_1^*}-3R_2^{*4}+4R_2^{*2}R_1^{*2}-R_1^{*4}\right)\right] \tag{11.10.5*}$$

其中，$R_1^*=R_1/R_0$，$R_2^*=R_2/R_0$。圆筒外半径与圆柱内半径的比是可调节的参数。

［程序］ P11_10.m 见网站。

# 练　习　题

11.1　平行金属板的电荷分布和电场强度

有两块平行放置的面积为 $S$ 的金属板 $A$ 和 $B$，分别带电量 $Q_A$ 和 $Q_B$，板间距与板的线度相比很小。试求：静电平衡下金属板电荷分布与周围电场分布。如果把 $B$ 板接地，情况又如何？两板之间的电势差发生什么变化？取电荷 $Q_A$ 为单位，画出电荷密度与电荷 $Q_B$ 的关系曲线。

11.2　肥皂泡表面的电荷

把电荷 $q$ 放在一个原来不带电的半径为 $R_0$ 的肥皂泡的表面上，由于肥皂泡表面上电荷相互排斥，因此半径增至某一值 $R$，求证：电量为

$$q=\left[\frac{32}{3}\pi^2\varepsilon_0 pR_0R(R^2+R_0R+R_0^2)\right]^{1/2}$$

其中，$p$ 为大气压强。画出电量与半径的关系曲线。$\left(\text{提示：取 } R_0 \text{ 为半径单位，取 } q_0=\left(\frac{32}{3}\pi^2\varepsilon_0 pR_0^3\right)^{1/2} \text{ 为电量单位。}\right)$

11.3 电介质的极化

(1) 用三维图像演示无极分子的极化。

(2) 用三维图像演示有极分子的极化。

11.4 圆柱形电容器的电容

圆柱形电容器由一个半径为 $R_1$ 的导体小圆柱和一个半径为 $R_2$ 的较大的同轴导体圆柱壳组成,两者之间充满某种介电常数为 $\varepsilon$ 的各向同性的线性介质,其长度为 $L(L\gg(R_2-R_1)$,忽略边缘效应)。用多种方法求圆柱形电容器的电容。当外半径一定时,画出电容与内半径的关系曲线。

11.5 两极板面积不相等的平行板电容器的电容

平行板电容器的上下两板正对,下板长度为 $a$,上板长度为 $b$,宽度都为 $c$,相距为 $d$,平行板中充满相对介电常数为 $\varepsilon_r$ 的电介质,求电容器的电容。(提示:取 $a$ 为长度的单位,取 $\varepsilon ca/d$ 为电容的单位。)

11.6 不平行平板电容器的电容

如 C11.6 图所示,电容器的下板长度为 $a$,宽度为 $L$;上板倾斜,宽度也为 $L$,与下板的距离分别为 $d$ 和 $D$。两板中充满介电常数为 $\varepsilon_r$ 的电介质,求证:电容器的电容为

$$C=\frac{\varepsilon_0\varepsilon_r La}{D-d}\ln\frac{D}{d}$$

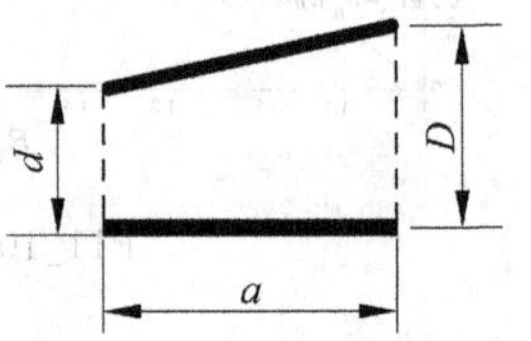

C11.6 图

画出电容 $C$ 与距离 $D$ 的曲线。(提示:证明时利用电容串联的公式;画曲线时取 $d$ 为距离单位,取 $C_0=\varepsilon La/d$ 为电容单位。)

11.7 平行直线间的电容

两根平行长直导线,半径都是 $a$,轴线相距为 $d$,求单位长度的电容。(提示:取 $a$ 为距离的单位,取 $\pi\varepsilon_0$ 为电容的单位。)

11.8 圆柱电容器介质不击穿时的电势差和能量与内半径的关系

一空气电容器由两个共轴金属圆柱构成,内半径为 $a$,外半径为 $R$,空气的击穿场强为 $E_a$。在空气介质不击穿的临界状态下,导体的电势差和储存的能量是多少?画出电势差和能量与内半径的关系曲线。

11.9 同轴电缆的磁场强度和磁感应强度以及磁能密度

有一半径为 $R_0$ 的无限长圆柱导体($\mu\approx\mu_0$),均匀通有电流 $I$。导体外面有半径为 $R_1$ 的无限长同轴圆柱面,通有相反的电流 $I$。柱体和柱面之间充满磁导率为 $\mu$ 的均匀磁介质。求圆柱内外的磁场强度 $H$ 和磁感应强度 $B$ 以及磁能密度 $w_m$ 与距离 $r$ 之间的关系,画出 $H$-$r$、$B$-$r$ 和 $w_m$-$r$ 曲线。

11.10 螺绕环中磁介质开缝前后的磁感应强度和磁场强度

一螺绕环的横截面远小于环的直径,其长度为 $L$,绕有 $N$ 匝导线,通过的电流强度为 $I$。当环内是空气时,求环内的磁场强度和磁感应强度。当环内是相对磁导率为 $\mu_r$ 的磁介质时,求环内的磁场强度和磁感应强度。如果在磁介质上开一条宽为 $\Delta l$ 的缝隙,求环内和缝隙中的磁场强度和磁感应强度。取相对磁导率分别为 1,10 和 100,磁场强度和磁感应强度随缝宽变化的规律是什么?

# 第12章

# 变化的电磁场

## 12.1 基本内容

**1. 电磁感应**

(1) 法拉第电磁感应定律：一个回路所包围的磁通发生变化时，回路中产生的感应电动势与磁通量的变化率成正比

$$\varepsilon=-\frac{\mathrm{d}\Phi}{\mathrm{d}t}$$

① 动生电动势：磁场 $\boldsymbol{B}$ 不随时间改变时，长度为 $\mathrm{d}\boldsymbol{l}$ 的导体做切割磁感应线运动而产生的电动势

$$\varepsilon_{AC}=\int_A^C(\boldsymbol{v}\times\boldsymbol{B})\cdot\mathrm{d}\boldsymbol{l}$$

在匀强磁场中，如果速度 $\boldsymbol{v}$、磁感应强度 $\boldsymbol{B}$ 和导体长度方向 $\boldsymbol{l}$ 两两垂直，则动生电动势的大小为 $\varepsilon=Blv$。

② 感生电动势：因磁场变化而产生的电动势。变化的磁场在周围空间产生的电场称为涡旋电场

$$\varepsilon=\oint_L\boldsymbol{E}\cdot\mathrm{d}\boldsymbol{s}=-\frac{\mathrm{d}\Phi}{\mathrm{d}t}=-\iint_S\frac{\partial\boldsymbol{B}}{\partial t}\cdot\mathrm{d}\boldsymbol{S}$$

这是法拉第电磁感应定律的积分形式。注意：涡旋电场不同于静电场，其电场线是闭合曲线。

(2) 楞次定律：闭合回路中感应电流的方向总是使感应电流产生的磁通量阻碍引起感应电流的磁通量的变化。

**2. 自感**

线圈自身电流的变化引起自身产生电磁感应，这种现象称为自感。

(1) 自感系数

$$L=\frac{N\Phi}{I}$$

$L$ 由线圈的形状、大小和周围的磁介质性质决定。

(2) 自感电动势

$$\varepsilon=-L\frac{\mathrm{d}I}{\mathrm{d}t}$$

负号表示自感的作用总是阻碍线圈中自身电流的变化。

**3. 互感**

一个线圈磁场的变化引起另一个线圈产生的电磁感应,这种现象称为互感。

(1) 互感系数

$$M=\frac{N_2\Phi_2}{I_1}=\frac{N_1\Phi_1}{I_2}$$

$M$ 由两个线圈的形状、大小和周围的磁介质性质以及线圈的相对位置决定。

(2) 互感电动势

$$\varepsilon_1=-M\frac{\mathrm{d}I_2}{\mathrm{d}t},\quad \varepsilon_2=-M\frac{\mathrm{d}I_1}{\mathrm{d}t}$$

负号表示互感电动势总是阻碍线圈中原磁通量的变化。

**4. 磁能**

(1) 线圈的自感磁能

$$W_{\mathrm{m}}=\frac{1}{2}LI^2$$

(2) 互感线圈的总磁能

$$W_{\mathrm{m}}=\frac{1}{2}L_1I_1^2+\frac{1}{2}L_2I_2^2+MI_1I_2$$

**5. 位移电流和全电流**

(1) 位移电流：通过电场中任意截面的位移电流强度等于通过该截面的电位移通量对时间的变化率

$$I_D=\frac{\mathrm{d}\Phi_D}{\mathrm{d}t}$$

(2) 全电流：通过某一截面的传导电流与位移电流之和

$$I_{\mathrm{S}}=I+\frac{\mathrm{d}\Phi_D}{\mathrm{d}t}$$

位移电流就是变化的电场,位移电流和传导电流都能按同一规律激发磁场,可解决安培环路定理在非稳恒情况下电流不连续的问题。但是位移电流是电场变化产生的,传导电流是由电荷的定向运动产生的；传导电流通过导体时放出的热量服从焦耳定律,而位移电流在电介质中产生的热量不服从焦耳定律。

**6. 麦克斯韦方程组**

$$\oint_S \boldsymbol{D}\cdot\mathrm{d}\boldsymbol{S}=\sum q_0$$

$$\oint_L \boldsymbol{E}\cdot\mathrm{d}\boldsymbol{s}=-\frac{\mathrm{d}\Phi}{\mathrm{d}t}=-\int_S\frac{\partial\boldsymbol{B}}{\partial t}\cdot\mathrm{d}\boldsymbol{S}$$

$$\oint_S \boldsymbol{B}\cdot\mathrm{d}\boldsymbol{S}=0$$

$$\oint_L \boldsymbol{H}\cdot\mathrm{d}\boldsymbol{s}=I+\frac{\mathrm{d}\Phi_D}{\mathrm{d}t}=I+\int_S\frac{\partial\boldsymbol{D}}{\partial t}\cdot\mathrm{d}\boldsymbol{S}$$

麦克斯韦电磁场理论的基本概念是：变化的电场和变化的磁场相互联系,相互激发,组成统一的电磁场。

**7. 电磁波及其性质**

(1) 电磁波：变化的电磁场在空间的传播。

(2) 电磁波的性质

① 电磁波在真空中传播的速度就是光速 $c=1/\sqrt{\varepsilon_0\mu_0}=2.998\times10^8\text{m/s}$。

② 电磁波是横波,其能流密度为 $\boldsymbol{S}=\boldsymbol{E}\times\boldsymbol{H}$。

③ 电场强度与磁场强度或磁感应强度同相,大小成正比,$E=cB$。

## 12.2 范例的解析、图示、算法和程序

### {范例 12.1} 在匀强磁场中旋转导体棒的电动势(图形动画)

有一导体棒 $OA$ 长 $L=20\text{cm}$,在方向垂直向内的匀强磁场中,沿逆时针方向绕 $O$ 轴转动,角速度 $\omega=200\pi\text{rad/s}$,磁感应强度 $B=0.02\text{T}$,求导体棒中的动生电动势的大小和方向。如果半径为 20cm 的导体盘以上述角速度转动,求盘心和边缘之间的电势差。演示导体棒旋转的动画。

[**解析**] 如 B12.1 图所示,在导体棒上距 $O$ 点为 $r$ 处取线元 $\text{d}\boldsymbol{l}$,$|\text{d}\boldsymbol{l}|=\text{d}r$,$\text{d}\boldsymbol{l}$ 的方向沿着 $OA$ 方向,其速度的大小为 $v=\omega r$,速度 $\boldsymbol{v}$ 与 $\boldsymbol{B}$ 垂直,$\boldsymbol{v}\times\boldsymbol{B}$ 的方向与 $\text{d}\boldsymbol{l}$ 的方向相反,所以 $\text{d}\boldsymbol{l}$ 上的动生电动势为

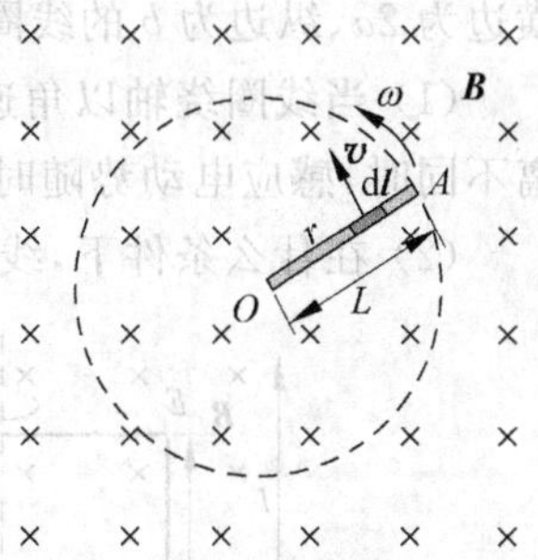

B12.1 图

$$\text{d}\varepsilon=(\boldsymbol{v}\times\boldsymbol{B})\cdot\text{d}\boldsymbol{l}=-vB\text{d}r$$

由此可得导体棒上总电动势为

$$\varepsilon_{OA}=U_A-U_O=-\int_0^L vB\text{d}r=-\int_0^L B\omega r\text{d}r$$

即

$$\varepsilon_{OA}=-\frac{1}{2}B\omega L^2 \tag{12.1.1}$$

将数值代入得

$$\varepsilon_{OA}=-\frac{1}{2}\times0.01\times200\pi\times0.2^2=-0.1257(\text{V})$$

因为 $\varepsilon_{OA}<0$,所以 $U_A<U_O$,因此 $O$ 点电势较高,$\varepsilon_{OA}$ 的方向为 $A\to O$,$O$ 是电源的正极。

换一个角度思考。在时间 $t$ 内,导体棒转过的角度为

$$\theta=\omega t \tag{12.1.2}$$

扫过的面积为

$$S=\frac{1}{2}\theta L^2 \tag{12.1.3}$$

切割磁感应线所引起的磁通量的变化为

$$\Phi=BS=\frac{1}{2}B\theta L^2 \tag{12.1.4}$$

根据电磁感应定律可得

$$\varepsilon=-\frac{\text{d}\Phi}{\text{d}t}=-\frac{1}{2}B\omega L^2$$

可见:结果完全相同。

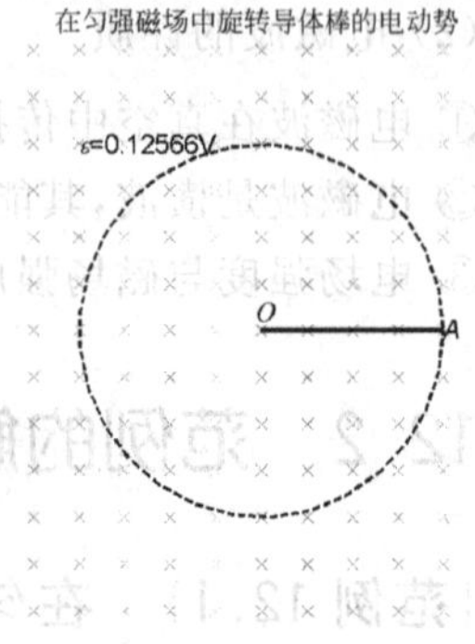


P12_1 图

导体盘可当做无数根并联的导体棒，所以盘中心与边缘的电势差大小仍然是 0.1257V。

［**图示**］ 如 P12_1 图所示，导体棒在匀强磁场中旋转，切割磁感应线，产生动生电动势。

［**算法**］ 取两个坐标为自变量向量，化为矩阵，用矩阵画线法画一些整齐的“×”号表示磁场。不断设置导体棒的坐标，就形成导体棒在磁场中旋转的动画，直到按 Esc 键为止。

［**程序**］ P12_1.m 见网站。

## {范例 12.2} 在直线电流的磁场中旋转线圈的电动势

如 B12.2a 图所示，一无限长竖直导线上通有稳恒电流 $I$，电流方向向上。导线旁有一横边为 $2a$、纵边为 $b$ 的线圈 $ACDE$，线圈的旋转轴与电流平行，相距为 $d$。

(1) 当线圈绕轴以角速度 $\omega$ 旋转时，试求线圈中的感应电动势。当线圈距离直线的距离不同时，感应电动势随时间变化的规律是什么？

(2) 在什么条件下，线圈中感应电动势随时间变化最平稳？

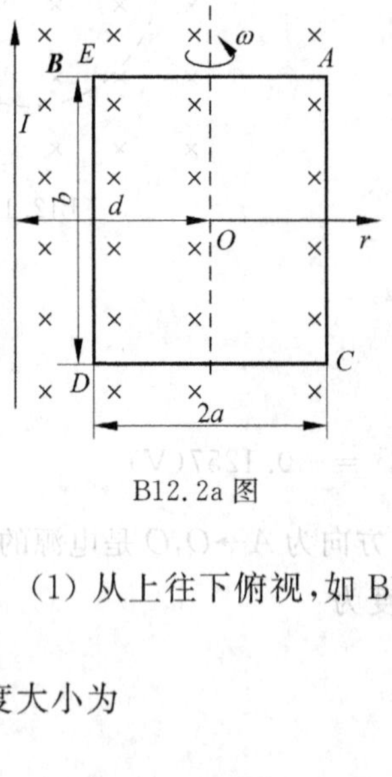


B12.2a 图

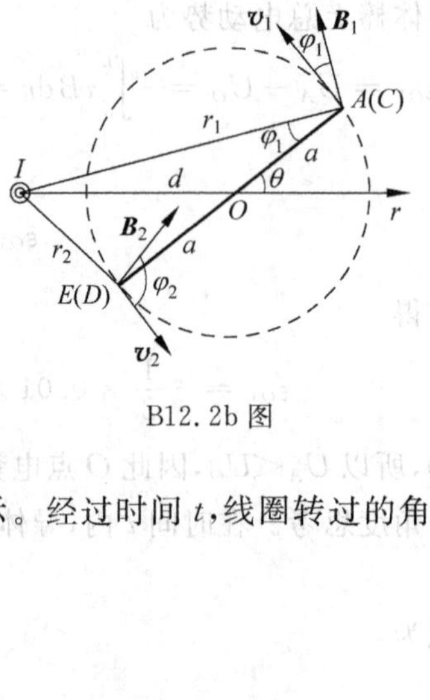


B12.2b 图

［**解析**］ (1) 从上往下俯视，如 B12.2b 图所示。经过时间 $t$，线圈转过的角度为

$$\theta = \omega t \tag{12.2.1}$$

$AC$ 边的速度大小为

$$v_1 = a\omega \tag{12.2.2}$$

$AC$ 边到直线电流 $I$ 的距离为

$$r_1 = (d^2 + a^2 + 2ad\cos\theta)^{1/2} \tag{12.2.3}$$

电流 $I$ 在 $AC$ 处的磁感应强度大小为

$$B_1 = \frac{\mu_0 I}{2\pi r_1} \tag{12.2.4}$$

因此 $AC$ 边切割磁感应线产生的动生电动势为

$$\varepsilon_1 = B_1 b v_1 \sin\varphi_1 \tag{12.2.5}$$

根据正弦定理得

$$\frac{d}{\sin\varphi_1}=\frac{r_1}{\sin(\pi-\theta)}$$

所以

$$\varepsilon_1=\frac{\mu_0 I\omega abd}{2\pi r_1^2}\sin\theta \tag{12.2.6}$$

其方向由 $A$ 指向 $C$。

同理可得 $DE$ 中的电动势

$$\varepsilon_2=\frac{\mu_0 I\omega abd}{2\pi r_2^2}\sin\theta \tag{12.2.7}$$

其方向由 $D$ 指向 $E$。其中

$$r_2=(d^2+a^2-2ad\cos\theta)^{1/2} \tag{12.2.8}$$

在线圈内部，两个电动势的环绕方向相同，因此总电动势为两者之和：

$$\varepsilon=\frac{\mu_0 I\omega abd}{2\pi}\left(\frac{1}{d^2+a^2+2ad\cos\omega t}+\frac{1}{d^2+a^2-2ad\cos\omega t}\right)\sin\omega t \tag{12.2.9}$$

［讨论］ (1) 如果 $d\gg a$，则

$$\varepsilon\approx\frac{\mu_0 I\omega 2ab}{2\pi d}\sin\omega t=BS\omega\sin\omega t$$

这是单匝线圈在匀强磁场中旋转的电动势。

(2) 如果 $d=a$，则

$$\varepsilon=\frac{\mu_0 I\omega b}{4\pi}\left(\frac{1}{1+\cos\omega t}+\frac{1}{1-\cos\omega t}\right)\sin\omega t$$

即

$$\varepsilon=\frac{\mu_0 I\omega b}{2\pi}\frac{1}{\sin\omega t} \tag{12.2.10}$$

当 $\omega t\to n\pi$ 时，$\varepsilon\to\infty$，这是因为 $AC$ 边或 $DE$ 边趋近于通电直线。这时 $d=a$ 的距离是电动势的奇点。

(3) 如果 $0<d<a$，不考虑直线对线圈的阻挡，$a$ 与 $d$ 互换，(12.2.9)式的形式不变。设 $k=d/a<1$，则 $d=ka(<a)$ 与 $d'=a/k(>a)$ 的电动势随时间变化的规律相同。

(4) 如果 $d=0$，则 $\varepsilon=0$，这是因为线圈沿磁感应线运动，也就是不切割磁感应线的缘故。

(5) 如果 $d<0$，线圈中心在直线的左边，对动生电动势也能做同样的讨论。

［图示］ 如 P12_2_1 图所示，线圈在直线电流磁场中旋转时，电动势是周期性变化的。当两者距离很远时，就如同在匀强磁场中旋转的线圈一样，电动势按正弦规律变化。在 $\omega t=\pi/2+n\pi$ 处，电动势有极值。但是，如果两者相距比较近，电动势会出现两个“犄角”，最大电动势出现在“犄角”的顶端。当 $d=a$ 时，“犄角”变得无穷大。当 $d=0$ 时，电动势恒为零。$d=0.5a$ 与 $d=2a$ 的电

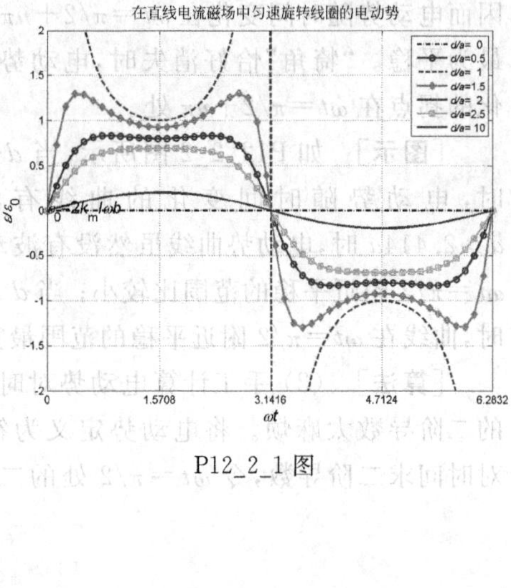

P12_2_1图

动势曲线是完全重合的。

［算法］ (1) 取 $\varepsilon_0=\frac{\mu_0 I\omega b}{2\pi}=2k_{\rm m}I\omega b$ 为电动势单位，则得

$$\varepsilon=\varepsilon_0 d^*\left(\frac{1}{d^{*2}+1+2d^*\cos\omega t}+\frac{1}{d^{*2}+1-2d^*\cos\omega t}\right)\sin\omega t \qquad (12.2.9^*)$$

其中，$d^*=d/a$ 是相对距离。

取相对距离为参数向量，取(无量纲的)时间为自变量向量，形成矩阵，计算电动势，利用矩阵画线法画出不同相对距离的电动势随时间变化的曲线族。

［程序］ P12_2_1main.m 如下。

```
%在通电直线磁场中绕平行轴匀速旋转线圈的电动势
clear                                                    %清除变量
d = [0:0.5:2.5 10];                                      %距离与半径比向量
P12_2_1fun(d)                                            %调用函数画曲线
axis([0,2 * pi, - 2,2])                                  %设置曲线范围
text(0,0,'\it\epsilon\rm_0 = 2\itk\rm_m\itI\omegab','FontSize',16)   %插入文本
```

主程序调用函数文件 P12_2_1fun.m 画电动势曲线族。

```
%在通电直线磁场中绕平行轴匀速旋转线圈的电动势的函数
function fun(d)                                          %输入参数是距离(与半径之比)向量
wt = linspace(0,2 * pi,50);[D,WT] = meshgrid(d,wt);      %角度向量,化为矩阵
RR1 = 1 + D.^2 + 2 * D. * cos(WT);RR2 = 1 + D.^2 - 2 * D. * cos(WT);   %一边距离的平方和对边距离的平方
E = D. * (1./RR1 + 1./RR2). * sin(WT);figure             %求电动势,创建图形窗口
plot(wt,E(:,1),'- .',wt,E(:,2),'o - ',wt,E(:,3),'-- ',wt,E(:,4),'d - ',...
    wt,E(:,5),'. - ',wt,E(:,6),'s - ',wt,E(:,7),'LineWidth',2)   %画曲线族
grid on, set(gca,'XTick',pi/2 * (0:4)),fs = 16;          %加网格,加刻度,字体大小
xlabel('\it\omegat','FontSize',fs)                       %标记横坐标
ylabel('\it\epsilon/\epsilon\rm_0','FontSize',fs)        %标记纵坐标
title('在直线电流磁场中匀速旋转线圈的电动势','FontSize',fs)   %标题
legend([repmat('\itd/a\rm = ',length(d),1),num2str(d')])   %图例
```

［解析］ (2) 通过曲线图发现：当 $d/a$ 的比值较大时，电动势最大值出现在 $\omega t=\pi/2+n\pi$ 处。当 $d/a$ 的比值较小时，电动势在一个周期内有两对“犄角”，其顶端表示电动势的极大值，$\omega t=\pi/2+n\pi$ 处变成了“凹点”。当 $d/a$ 取某一临界值时，“犄角”和“凹点”恰好抹平，因而电动势随时间变化在 $\omega t=\pi/2+n\pi$ 时刻附近最为平稳。“犄角”恰好消失时，电动势随时间变化的拐点在 $\omega t=\pi/2+n\pi$ 处。

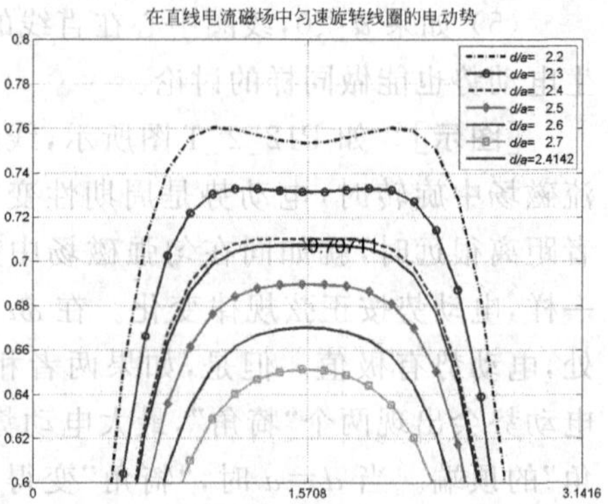

P12_2_2 图

［图示］ 如 P12_2_2 图所示，当 $d<2.414a$ 时，电动势随时间变化的曲线有波动；当 $d>2.414a$ 时，电动势曲线虽然没有波动，但是在 $\omega t=\pi/2$ 附近平稳的范围比较小；当 $d=2.414a$ 时，曲线在 $\omega t=\pi/2$ 附近平稳的范围最宽。

［算法］ (2) 手工计算电动势对时间(角度)的二阶导数太麻烦。将电动势定义为符号函数，对时间求二阶导数，令 $\omega t=\pi/2$ 处的二阶导数为

零，求方程的解即可选取临界值。

［程序］ P12_2_2.m 如下。

```
%电动势最平稳的距离与半径之比
clear,syms wt k                                                    %清除变量，定义符号变量
e1 = sin(wt)/(k^2 + 1 + 2 * k * cos(wt));e2 = sin(wt)/(k^2 + 1 - 2 * k * cos(wt));   %两个符号电动势
de2 = diff(e1 + e2,2);s = subs(de2,wt,pi/2);                       %求电动势之和的二阶导数，替换数值
dm = solve(s)'                                                     %求符号解(1)
double(dm)                                                         %求数值(2)
e = subs(k * (e1 + e2),[wt,k],[pi/2,dm(3)])                        %求平稳电动势
e = factor(e)                                                      %分解因式求最简符号解(3)
e = double(e)                                                      %求数值
d = [2.2:0.1:2.7,double(dm(3))];                                   %距离向量
P12_2_1fun(d)                                                      %调用函数画曲线
axis([0,pi,0.6,0.8])                                               %观察峰值处的电动势曲线
text(pi/2,e,num2str(e),'FontSize',16)                              %标记电动势
hold on,plot(pi/2,e,'x','MarkerSize',12)                           %保持图像，画点
```

［说明］ (1) 电动势对时间或角度的二阶导数在 $\omega t=\pi/2$ 处为零的符号解有四个

```
dm =
[ 1 + 2^(1/2), 1 - 2^(1/2), 2^(1/2) - 1,  - 1 - 2^(1/2)]
```

注意：用不同版本的 MATLAB，dm 的值可能有所不同。

(2) 数值为

```
2.4142     - 0.4142     0.4142     - 2.4142
```

其中第 3 个值即为所求，即

$$d/a = 1+\sqrt{2} = 2.4142$$

注意：用不同版本的 MATLAB，所求的值下标可能有所不同。

(3) 此时，电动势在 $\omega t=\pi/2$ 附近的变化最为平稳，最平稳的电动势的极值为

$$\varepsilon = \varepsilon_0\sqrt{2}/2 = 0.7071\varepsilon_0$$

## {范例 12.3} 磁场中 U 形框上导体的运动规律

如 B12.3 图所示，光滑平行导轨宽度为 $L$，放置一导体杆 $AC$，质量为 $m$。在导轨上的一端接有电阻 $R$，匀强磁场 $\boldsymbol{B}$ 垂直导轨平面向里。当 $AC$ 杆以初速度 $v_0$ 向右运动时，求 $AC$ 杆的速度和距离与时间的关系。$AC$ 杆能够移动的最大距离是多少？求杆在移动过程中电阻 $R$ 上产生的焦耳热与时间的关系，总共产生了多少焦耳热？

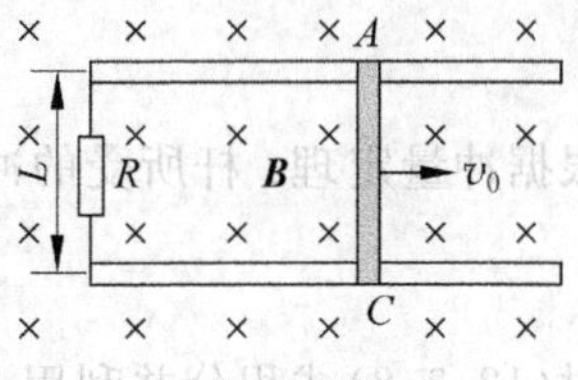

B12.3 图

［解析］ 当杆运动时会产生动生电动势，在电路中形成电流；这时杆成为通电导体，所受的安培力与速度方向相反，所以杆将做减速运动。随着杆的速度变小，动生电动势也会变小，因而电流也会变小，所受的安培力也会变小，所以杆做加速度不断减小的减速运动，最后缓慢地停下来。

设杆运动时间 $t$ 时的速度为 $v$，则动生电动势为

$$\varepsilon = BLv \tag{12.3.1}$$

电流为

$$I = \varepsilon/R \tag{12.3.2}$$

所受的安培力为

$$F = -ILB \tag{12.3.3}$$

负号表示力的方向与速度方向相反。杆所受的安培力与速度的关系为

$$F = -\varepsilon LB/R = -(BL)^2 v/R \tag{12.3.4}$$

取速度的方向为正，根据牛顿第二定律 $F=ma$ 得速度的微分方程

$$-\frac{(BL)^2 v}{R} = m\frac{\mathrm{d}v}{\mathrm{d}t}$$

分离变量得

$$\frac{\mathrm{d}v}{v} = -\frac{(BL)^2}{mR}\mathrm{d}t$$

积分得

$$\ln\frac{v}{v_0} = -\frac{(BL)^2}{mR}t$$

杆的速度为

$$v = v_0\exp\left[-\frac{(BL)^2}{mR}t\right] \tag{12.3.5}$$

当 $t\to\infty$ 时，$v\to 0$。如果 $B$ 和 $L$ 较大，则速度更快地趋于零，这是因为杆所受的安培力较大；如果 $m$ 和 $R$ 较大，则速度更慢地趋于零，这是因为杆的惯性较大，回路中产生的电流较小。

由于 $v=\mathrm{d}x/\mathrm{d}t$，可得位移的微分方程

$$\mathrm{d}x = v_0\exp\left[-\frac{(BL)^2}{mR}t\right]\mathrm{d}t$$

积分得位移

$$x = v_0\int_0^t \exp\left[-\frac{(BL)^2}{mR}t\right]\mathrm{d}t = \frac{mRv_0}{(BL)^2}\left\{1 - \exp\left[-\frac{(BL)^2}{mR}t\right]\right\} \tag{12.3.6}$$

由于杆做单向直线运动，位移的大小就是距离。当 $t\to\infty$，杆运动的距离为

$$x_0 = \frac{mRv_0}{(BL)^2} \tag{12.3.7}$$

杆运动的距离也可用冲量定理求得。由(12.3.4)式可得

$$-\frac{(BL)^2}{R}\mathrm{d}x = F\mathrm{d}t \tag{12.3.8}$$

根据冲量定理：杆所受的冲量等于杆的动量的变化量。即

$$\int_t F\mathrm{d}t = 0 - mv_0$$

对(12.3.8)式积分并利用上式即可得到(12.3.7)式。可见：在求杆的运动距离时，用冲量定理可避免解微分方程。

根据焦耳定律，杆在移动过程中电阻上产生的热元为

$$\mathrm{d}Q = I^2 R\mathrm{d}t$$

利用(12.3.2)式、(12.3.1)式和(12.3.5)式可得

$$\mathrm{d}Q = \frac{\varepsilon^2}{R}\mathrm{d}t = \frac{(BLv)^2}{R}\mathrm{d}t = \frac{(BLv_0)^2}{R}\exp\left[-\frac{2(BL)^2}{mR}t\right]\mathrm{d}t$$

积分得

$$Q=\frac{(BLv_0)^2}{R}\int_0^t \exp\left[-\frac{2(BL)^2}{mR}t\right]\mathrm{d}t=\frac{mv_0^2}{2}\left\{1-\exp\left[-\frac{2(BL)^2}{mR}t\right]\right\} \tag{12.3.9}$$

当 $t\to\infty$ 时，电阻上产生的全部焦耳热为

$$Q_0=\frac{mv_0^2}{2} \tag{12.3.10}$$

可见：焦耳热是由杆的动能转化而来的。

电阻所产生的全部焦耳热也可用动能定理求得。根据动能定理，磁场的安培力对杆所做的功等于杆的动能的增量，因此安培力在杆的整个运动过程中所做的功为

$$A=-\int F\mathrm{d}x=-\left(0-\frac{1}{2}mv_0^2\right)=\frac{1}{2}mv_0^2$$

由于

$$\mathrm{d}Q=I^2R\mathrm{d}t=I\varepsilon\mathrm{d}t=IBLv\mathrm{d}t=IBL\mathrm{d}x=-F\mathrm{d}x=\mathrm{d}A$$

由此可得(12.3.10)式。可见：在求全部焦耳热时用动能定理可避免积分运算。

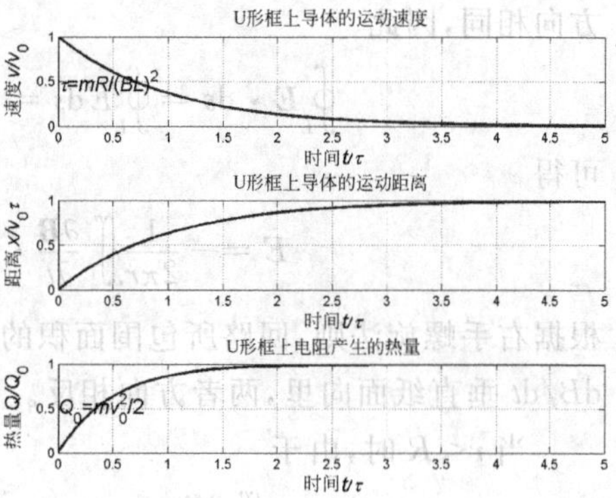


P12_3 图

［图示］ 如 P12_3 图之上图所示，导体杆运动的速度随时间的增加而减速减小，经过 5 倍特征时间，杆的速度就很小了。如 P12_3 图之中图所示，杆运动的距离随时间的增加而减速增加，经过 5 倍特征时间，杆就接近最大距离。如 P12_3 图之下图所示，电阻产生的热量随时间的增加而减速增加，经过 3 倍特征时间，产生的热量就接近最大初动能。

［算法］ 令 $\tau=\frac{mR}{(BL)^2}$，$\tau$ 称为特征时间。取特征时间为时间单位，则得

$$v=v_0\exp(-t^*) \tag{12.3.5*}$$

$$x=v_0\tau[1-\exp(-t^*)] \tag{12.3.6*}$$

$$Q=Q_0[1-\exp(-2t^*)] \tag{12.3.9*}$$

其中，$t^*=t/\tau$，$Q_0=mv_0^2/2$。

取 $\varepsilon_0=BLv_0$ 为电动势的单位，取 $I_0=BLv_0/R$ 为电流的单位，取 $F_0=(BL)^2v_0/R$ 为安培力的单位，则得

$$\varepsilon=\varepsilon_0\exp(-t^*) \tag{12.3.1*}$$

$$I=I_0\exp(-t^*) \tag{12.3.2*}$$

$$F=-F_0\exp(-t^*) \tag{12.3.3*}$$

可知：电动势和电流随时间变化的规律与速度随时间变化的规律相同，安培力随时间变化的规律也与速度随时间变化的规律相同，但相差一个符号。

［程序］ P12_3.m 见网站。

## {范例 12.4} 无限长通电螺线管磁场变化时的感生电场和电动势

(1) 在半径为 $R$ 的无限长螺线管内部的磁场 $B$ 随时间作线性变化，$\mathrm{d}B/\mathrm{d}t$ 是大于零的常量，求管内外的感生电场 $E$ 和环中的感生电动势。感生电场随两者之间距离的变化规律是什么?

(2) 如果用一根长为 $2L(L<R)$ 的导体棒跨接在管的两端，求两端的感生电动势。电动势随棒长变化的规律是什么? 最大电动势是多少?

[**解析**] (1) 法拉第电磁感应定律的积分形式为

$$\oint_L \boldsymbol{E}\cdot\mathrm{d}\boldsymbol{s}=-\iint_S \frac{\partial \boldsymbol{B}}{\partial t}\cdot\mathrm{d}\boldsymbol{S} \tag{12.4.1}$$

如 B12.4a 图所示，由于磁场的对称性，变化磁场所激发的感生电场的电场线在管内外都是与螺线管同轴的同心圆。取一逆时针的电场线作为闭合回路，回路方向与电场强度的方向相同，因此

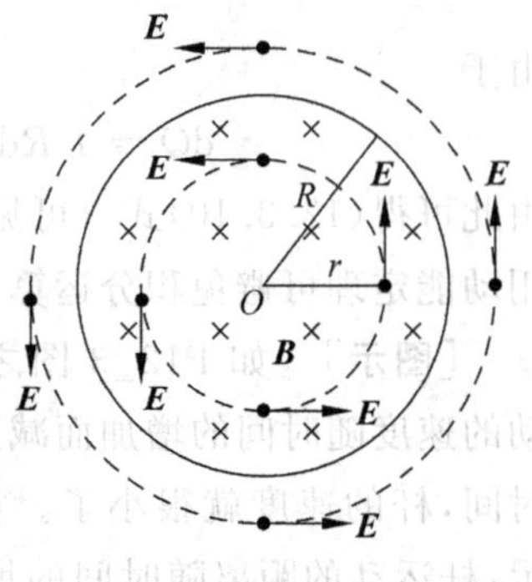

B12.4a

$$\oint_L \boldsymbol{E}\cdot\mathrm{d}\boldsymbol{s}=\oint_L E\mathrm{d}s=2\pi rE$$

可得

$$E=-\frac{1}{2\pi r}\iint_S \frac{\partial \boldsymbol{B}}{\partial t}\cdot\mathrm{d}\boldsymbol{S} \tag{12.4.2}$$

根据右手螺旋法则，回路所包围面积的方向垂直纸面向外，而 $\mathrm{d}B/\mathrm{d}t$ 垂直纸面向里，两者方向相反。

当 $r<R$ 时，由于

$$\iint_S \frac{\partial \boldsymbol{B}}{\partial t}\cdot\mathrm{d}\boldsymbol{S}=-\iint_S \frac{\partial B}{\partial t}\mathrm{d}S=-\frac{\mathrm{d}B}{\mathrm{d}t}\iint_S \mathrm{d}S=-\frac{\mathrm{d}B}{\mathrm{d}t}\pi r^2$$

代入(12.4.2)式可得感生电场

$$E=\frac{r}{2}\frac{\mathrm{d}B}{\mathrm{d}t} \tag{12.4.3}$$

回路中的电动势为

$$\varepsilon=2\pi rE=\pi r^2\frac{\mathrm{d}B}{\mathrm{d}t} \tag{12.4.4}$$

可见：管内的感生电场强度与距离成正比，回路中电动势与包围的面积成正比。当 $r\to R$ 时，$E\to\frac{R}{2}\frac{\mathrm{d}B}{\mathrm{d}t}$，$\varepsilon\to\pi R^2\frac{\mathrm{d}B}{\mathrm{d}t}$。

当 $r>R$ 时，只有螺线管内有磁场，因此

$$\iint_S \frac{\partial \boldsymbol{B}}{\partial t}\cdot\mathrm{d}\boldsymbol{S}=-\pi R^2\frac{\mathrm{d}B}{\mathrm{d}t}$$

代入(12.4.2)式可得感生电场

$$E=\frac{R^2}{2r}\frac{\mathrm{d}B}{\mathrm{d}t} \tag{12.4.5}$$

回路中的电动势为

$$\varepsilon = 2\pi rE = \pi R^2 \frac{dB}{dt} \tag{12.4.6}$$

可见：管外的感生电场强度与两者之间的距离成反比，回路中电动势为常量。当 $r\to R$ 时，$E\to\frac{R}{2}\frac{dB}{dt}$，可见：管内外感生电场和电动势都连续。

［图示］ 如 P12_4_1 图之上图所示，螺线管内的感生电场强度随距离直线增加，螺线管外的感生电场强度随距离反比例地减小。如 P12_4_1 图之下图所示，螺线管内环路中的感生电动势随距离的平方规律增加，螺线管外环路中的感生电动势是常量。

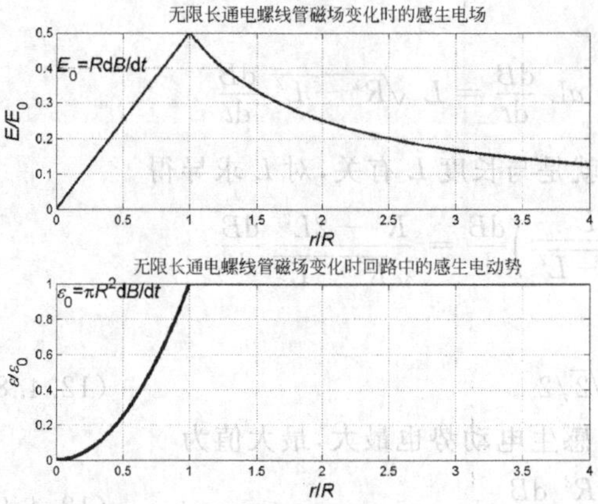


P12_4_1 图

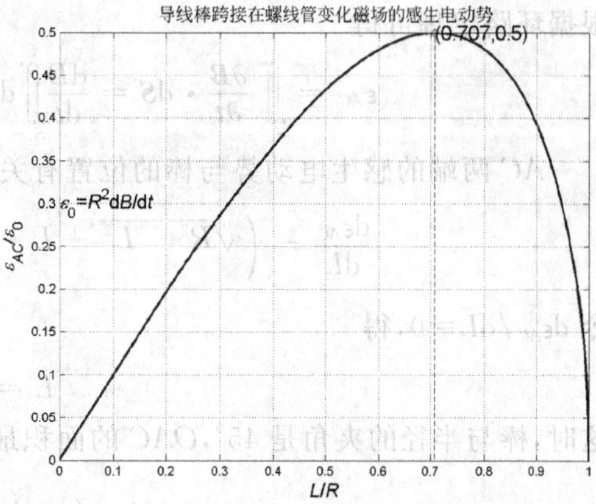


P12_4_2 图

［算法］ (1) 取 $E_0=RdB/dt$ 表示电场强度的单位，取 $\varepsilon_0=\pi R^2 dB/dt$ 表示电动势的单位，则得

$$E = E_0\frac{1}{2}r^*,\quad r^*<1 \tag{12.4.3*}$$

$$\varepsilon = \varepsilon_0 r^{*2},\quad r^*<1 \tag{12.4.4*}$$

$$E = E_0\frac{1}{2r^*},\quad r^*>1 \tag{12.4.5*}$$

$$\varepsilon = \varepsilon_0,\quad r^*>1 \tag{12.4.6*}$$

其中，$r^*=r/R$。

［程序］ P12_4_1.m 见网站。

［解析］ (2) 如 B12.4b 图所示，通过感生电场可求导体棒 $AC$ 两端的感生电动势。设 $AP$ 长为 $s$，在棒离圆心 $r$ 处取一线元 $ds$，感应电动势为

$$d\varepsilon = \boldsymbol{E}\cdot d\boldsymbol{s} = \frac{r}{2}\frac{dB}{dt}ds\cos\theta$$

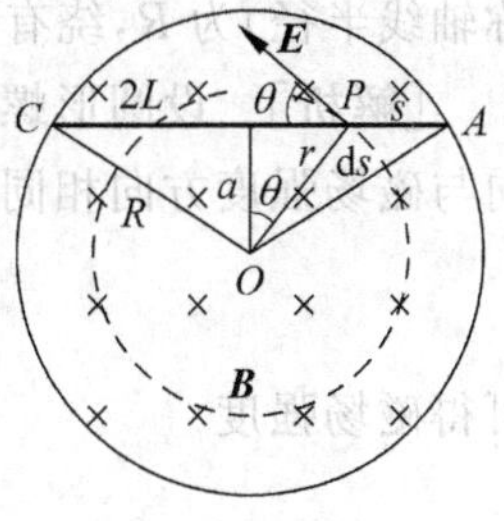


B12.4b 图

设棒到圆心 $O$ 的距离为 $a$，则 $a=r\cos\theta$，于是得

$$d\varepsilon = \frac{a}{2}\frac{dB}{dt}ds$$

$AC$ 两端的感生电动势为

$$\varepsilon_{AC} = \frac{a}{2}\frac{dB}{dt}\int_0^{2L}ds = aL\frac{dB}{dt}$$

根据勾股定理可得

$$\varepsilon_{AC} = L\sqrt{R^2 - L^2}\frac{\mathrm{d}B}{\mathrm{d}t} \tag{12.4.7}$$

直接根据电场感应定律也可求 $AC$ 两端的感生电动势。

在三角形 $OAC$ 中，$OA$ 和 $OC$ 与场强方向垂直，感应电动势为零。所以棒两端的感应电动势为

$$\varepsilon_{AC} = \int_A^C \boldsymbol{E}\cdot\mathrm{d}\boldsymbol{s} + \int_C^O \boldsymbol{E}\cdot\mathrm{d}\boldsymbol{s} + \int_O^A \boldsymbol{E}\cdot\mathrm{d}\boldsymbol{s} = -\oint_L \boldsymbol{E}\cdot\mathrm{d}\boldsymbol{s}$$

根据环路定理可得

$$\varepsilon_{AC} = \iint_S \frac{\partial \boldsymbol{B}}{\partial t}\cdot\mathrm{d}\boldsymbol{S} = \frac{\mathrm{d}B}{\mathrm{d}t}\iint_S \mathrm{d}S = aL\frac{\mathrm{d}B}{\mathrm{d}t} = L\sqrt{R^2 - L^2}\frac{\mathrm{d}B}{\mathrm{d}t}$$

$AC$ 两端的感生电动势与棒的位置有关，也就是与长度 $L$ 有关，对 $L$ 求导得

$$\frac{\mathrm{d}\varepsilon_{AC}}{\mathrm{d}L} = \left(\sqrt{R^2 - L^2} + L\frac{-L}{\sqrt{R^2 - L^2}}\right)\frac{\mathrm{d}B}{\mathrm{d}t} = \frac{R^2 - 2L^2}{\sqrt{R^2 - L^2}}\frac{\mathrm{d}B}{\mathrm{d}t}$$

令 $\mathrm{d}\varepsilon_{AC}/\mathrm{d}L = 0$，得

$$L = R\sqrt{2}/2 \tag{12.4.8}$$

这时，棒与半径的夹角是 45°，$OAC$ 的面积最大，感生电动势也最大，最大值为

$$(\varepsilon_{AC})_{\mathrm{m}} = \frac{R^2}{2}\frac{\mathrm{d}B}{\mathrm{d}t} \tag{12.4.9}$$

［**图示**］ 如 P12_4_2 图所示，导体棒跨接在线圈两端的感生电动势随棒的长度先增加后减小。当棒太长或太短时，棒与两个半径围成的三角形面积小，所以电动势小；当三角形变成直角三角形时，面积最大，因而电动势最大。

［**算法**］ (2) 取 $\varepsilon_0 = R^2\mathrm{d}B/\mathrm{d}t$ 表示电动势的单位，则得

$$\varepsilon_{AC} = \varepsilon_0 L^*\sqrt{1 - L^{*2}} \tag{12.4.7*}$$

其中，$L^* = L/R$。

［**程序**］ P12_4_2.m 见网站。

## {范例 12.5} 圆形螺绕环的自感系数

如 B12.5a 图所示，一截面为圆形的螺绕环，截面半径为 $a$，截面圆心到轴线的半径(简称轴线半径)为 $R$，绕有 $N$ 匝线圈，求线圈的自感系数。

［**解析**］ 设圆形螺绕环通有电流 $I$。在圆环中取一半径为 $r$ 的回路，圆心在轴线上，方向与磁场强度方向相同。根据安培环路定理

$$\oint \boldsymbol{H}\cdot\mathrm{d}\boldsymbol{s} = NI \tag{12.5.1}$$

可得磁场强度

$$H = \frac{NI}{2\pi r} \tag{12.5.2}$$

环内磁感应强度为

$$B = \mu_0 H = \frac{\mu_0 NI}{2\pi r} \tag{12.5.3}$$

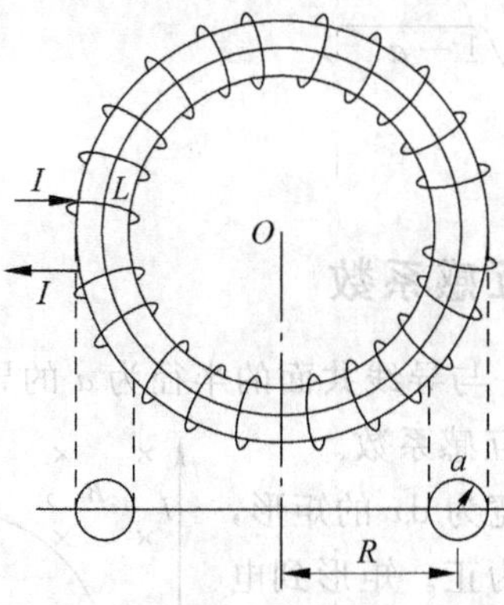


B12.5a 图

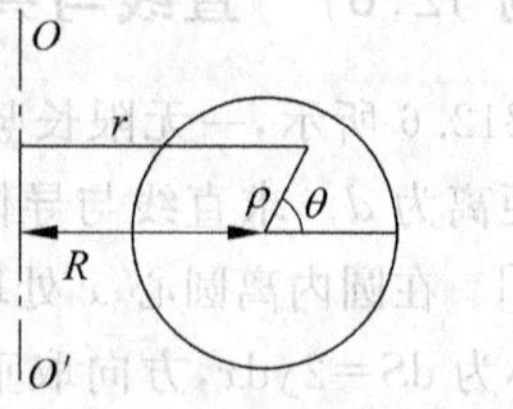


B12.5b 图

如 B12.5b 图所示，由于 $r=R+\rho\cos\theta$，所以通过环内任一截面的磁通量为

$$\Phi=\iint_S \boldsymbol{B}\cdot\mathrm{d}\boldsymbol{S}=2\int_0^a\int_0^\pi\frac{\mu_0 NI\rho\,\mathrm{d}\theta\mathrm{d}\rho}{2\pi(R+\rho\cos\theta)}=\frac{\mu_0 NI}{\pi R}\int_0^a\rho\mathrm{d}\rho\int_0^\pi\frac{R\mathrm{d}\theta}{R+\rho\cos\theta}$$

设 $k=\rho/R$，根据(0.22.1a)式，可得

$$\Phi=\frac{\mu_0 NI}{\pi R}\int_0^a\rho\mathrm{d}\rho\frac{2}{\sqrt{1-k^2}}\arctan\left(\sqrt{\frac{1-k}{1+k}}\tan\frac{\theta}{2}\right)\Bigg|_0^\pi$$

$$=\frac{\mu_0 NI}{\pi}\int_0^a\frac{\pi\rho\mathrm{d}\rho}{\sqrt{R^2-\rho^2}}=-\frac{\mu_0 NI}{2}\int_0^a\frac{\mathrm{d}(R^2-\rho^2)}{(R^2-\rho^2)^{1/2}}$$

即

$$\Phi=\mu_0 NI(R-\sqrt{R^2-a^2})\qquad(12.5.4)$$

螺线管的磁通链数为

$$\Phi_N=N\Phi\qquad(12.5.5)$$

自感系数为

$$L=\frac{\Phi_N}{I}=\mu_0 N^2(R-\sqrt{R^2-a^2})\qquad(12.5.6)$$

当 $a\ll R$ 时，自感系数近似为

$$L=\mu_0 N^2 R\left[1-\sqrt{1-\left(\frac{a}{R}\right)^2}\right]\approx\mu_0 N^2 R\frac{1}{2}\left(\frac{a}{R}\right)^2=\mu_0\left(\frac{N}{2\pi R}\right)^2 2\pi R\pi a^2$$

即

$$L=\mu_0 n^2 V\qquad(12.5.7)$$

其中，$n$ 是单位长度上的匝数，$V$ 是螺绕环的体积。可见：在 $a\ll R$ 的条件下，螺绕环的自感系数与单位长度上的匝数的平方成正比，与体积成正比。

［**图示**］ 如 P12_5 图所示，轴线半径一定时，圆形线圈自感系数随截面半径的增加而增加。螺绕环的线圈匝数越多，自感系数越大。

［**算法**］ 取轴线半径 $R$ 为长度单位，取 $L_0=\mu_0 N^2 R$ 为自感系数单位，自感系数可表示为

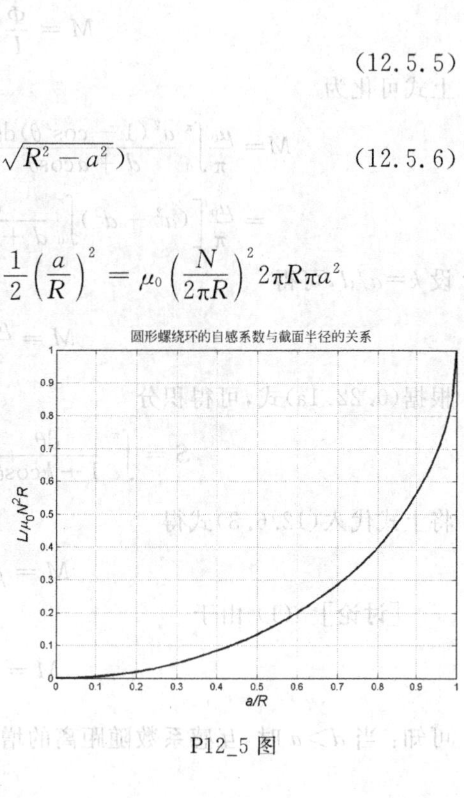


P12_5 图

$$L = L_0(1-\sqrt{1-a^{*2}}) \qquad (12.5.6^*)$$

其中，$a^* = a/R$。

［程序］ P12_5.m 见网站。

## ｛范例 12.6｝ 直线与共面圆环的互感系数

如图 B12.6 所示，一无限长竖直导线旁有一与导线共面的半径为 $a$ 的导体圆环，环心 $O$ 到导线的距离为 $d$。求直线与导体圆环之间的互感系数。

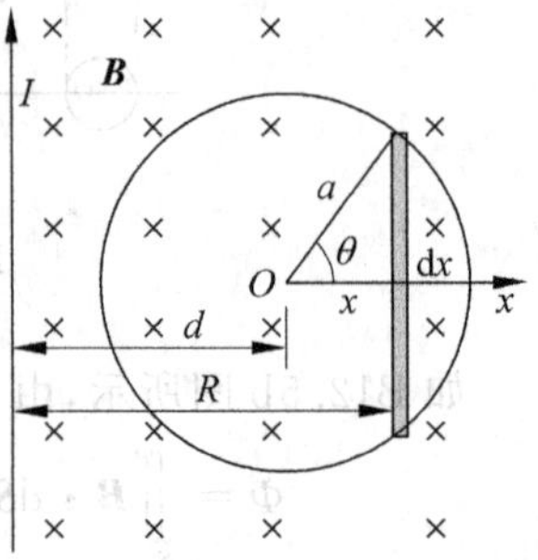


B12.6 图

［解析］ 在圆内离圆心 $x$ 处取一长为 $2y$、宽为 $\mathrm{d}x$ 的矩形，其面积大小为 $\mathrm{d}S=2y\mathrm{d}x$，方向取垂直纸面向里为正。矩形到电流 $I$ 的距离为 $R=d+x$，电流 $I$ 在此处的磁感应强度大小为

$$B = \frac{\mu_0 I}{2\pi R} = \frac{\mu_0 I}{2\pi(d+x)} \qquad (12.6.1)$$

通过矩形的磁通量为

$$\mathrm{d}\Phi = \boldsymbol{B}\cdot\mathrm{d}\boldsymbol{S} = B\mathrm{d}S$$

通过圆环的磁通量为

$$\Phi = \frac{\mu_0 I}{\pi}\int_{-a}^{a}\frac{y\,\mathrm{d}x}{d+x}$$

由于 $x=a\cos\theta, y=a\sin\theta, \mathrm{d}x=-a\sin\theta\mathrm{d}\theta$，所以

$$\Phi = -\frac{\mu_0 I}{\pi}\int_{\pi}^{0}\frac{a^2\sin^2\theta\mathrm{d}\theta}{d+a\cos\theta}$$

直线与圆环的互感系数为

$$M = \frac{\Phi}{I} = \frac{\mu_0 a^2}{\pi}\int_0^{\pi}\frac{\sin^2\theta\mathrm{d}\theta}{d+a\cos\theta} \qquad (12.6.2)$$

上式可化为

$$M = \frac{\mu_0}{\pi}\int_0^{\pi}\frac{a^2(1-\cos^2\theta)\mathrm{d}\theta}{d+a\cos\theta} = \frac{\mu_0}{\pi}\int_0^{\pi}\frac{a^2-d^2+(d^2-a^2\cos^2\theta)}{d+a\cos\theta}\mathrm{d}\theta$$

$$= \frac{\mu_0}{\pi}\left[(a^2-d^2)\int_0^{\pi}\frac{\mathrm{d}\theta}{d+a\cos\theta}+\int_0^{\pi}(d-a\cos\theta)\mathrm{d}\theta\right]$$

设 $k=a/d$，可得

$$M = \frac{\mu_0}{\pi}\left(\frac{a^2-d^2}{d}S+\pi d\right) \qquad (12.6.3)$$

根据(0.22.1a)式，可得积分

$$S = \int_0^{\pi}\frac{\mathrm{d}\theta}{1+k\cos\theta} = \frac{1}{\pi\sqrt{1-k^2}} = \frac{d}{\pi\sqrt{d^2-a^2}} \qquad (12.6.4)$$

将上式代入(12.6.3)式得

$$M = \mu_0(d-\sqrt{d^2-a^2}) \qquad (12.6.5)$$

［讨论］ (1) 由于

$$M = \mu_0\frac{a^2}{d+\sqrt{d^2-a^2}}$$

可知：当 $d>a$ 时，互感系数随距离的增加而减小。

(2) 当 $d=a$ 时,得

$$M = \mu_0 a \tag{12.6.6}$$

当直线与圆环相切时,互感系数最大。这是因为直线通有电流时,通过圆环的磁通量最大。

(3) 当 $0<d<a$ 时,圆环跨过直线,当直线通有电流时(直线与圆环绝缘),通过圆环的磁通量将部分抵消,互感系数将减小。(12.6.6)式中的第二项是虚数,表示抵消的磁通量,因此互感系数为

$$M = \mu_0 d \tag{12.6.7}$$

可见:当圆环跨过直线时,互感系数与距离成正比。

(4) 当 $d=0$ 时,$M=0$,这是因为当直线通有电流时,通过圆环的磁通量全部抵消。

(5) 当 $d<0$ 时,环心在导线的左边,也可做同样的讨论。

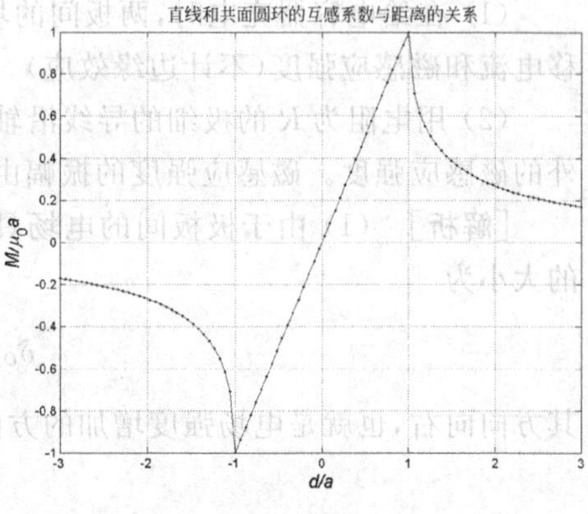


P12_6 图

［图示］ 如 P12_6 图所示,当圆环的圆心在直线上时,圆环对称地跨在直线上,它们之间的互感系数为零,这是因为直线上通有电流时,通过圆环的磁通量为零。随着两者之间的距离增加,互感系数直线增加,当圆环与直线相切时,互感系数最大,这是因为直线电流通过圆环的磁通量最大。随着距离继续增加,互感系数减小,这是因为通过圆环的磁通量减小的缘故。当 $d<0$ 时,表示圆环的圆心在直线电流的另一边;$M<0$ 是因为通过圆环的磁通量是负值,$M$ 的绝对值表示互感系数。

［算法］ 取 $a$ 为长度单位,互感系数可表示为

$$M = \mu_0 a(d^* - \sqrt{d^{*2}-1}) \tag{12.6.5*}$$

其中,$d^*=d/a$,$\mu_0 a$ 为互感系数单位。互感系数的积分公式可表示为

$$M = \mu_0 a \frac{k}{\pi}\int_0^\pi \frac{\sin^2\theta \mathrm{d}\theta}{1+k\cos\theta} \tag{12.6.2*}$$

其中,$k=a/d$。符号积分可检验公式推导的正确性。

［程序］ P12_6.m 如下。

```
%直线和共面圆环的互感系数
clear,d = linspace( - 3,3);                          %清除变量,距离向量
  m = d - sign(1 + d). * sqrt(d.^2 - 1);             %互感系数
  figure,plot(d,m),grid on                           %创建图形窗口,画互感系数曲线,加网格
  fs = 16; title('直线和共面圆环的互感系数与距离的关系','FontSize',fs)  %显示标题
  xlabel('\itd/a','FontSize',fs)                     %显示横坐标
  ylabel('\itM/\mu\rm_0\ita','FontSize',fs)          %显示纵坐标
  f = sym('k * sin(x)^2/(1 + k * cos(x))');          %被积符号函数(1)
  i = int(f);                                        %符号积分
  m = subs(i,{'x','k'},{pi,1./d})/pi;                %参数 k 替换数值再算互感系数(2)
  hold on,plot(d,m,'.')                              %保持图像,再画互感系数曲线(点)
```

［说明］ (1) 公式计算和符号积分的结果完全相同,说明推导的公式是正确的。有些版本的 MATLAB 可用字符串函数求符号积分

```
f = 'k * sin(x)^2/(1 + k * cos(x))';                %被积字符串函数
```

(2) 有些版本的 MATLAB 要用两条指令

```
s = subs(i,'x',pi);                                  %积分变量 x 替换积分上限
m = subs(s,'k',1./d)/pi;                             %参数 k 替换数值再算互感系数
```

## {范例 12.7} 圆板电容器的位移电流和磁感应强度

如 B12.7a 图所示,半径为 $a$、距离为 $d$ 的圆板平行电容器置于真空中。

(1) 在给电容器充电时,两板间的场强对时间的变化率 $dE/dt$ 是一个常数,求板内外位移电流和磁感应强度(不计边缘效应)。

(2) 用电阻为 $R$ 的极细的导线沿轴线连接两板,并通有交变电压 $U = U_0\cos\omega t$,求板内外的磁感应强度。磁感应强度的振幅由什么因素决定?

[**解析**] (1) 由于极板间的电场具有轴对称性,磁场也具有轴对称性。位移电流密度的大小为

$$\delta_D = \frac{\mathrm{d}D}{\mathrm{d}t} = \varepsilon_0\frac{\mathrm{d}E}{\mathrm{d}t} \tag{12.7.1}$$

其方向向右,也就是电场强度增加的方向。

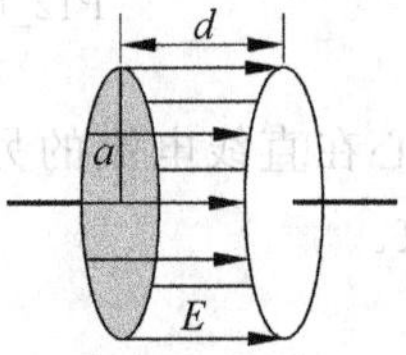

B12.7a 图

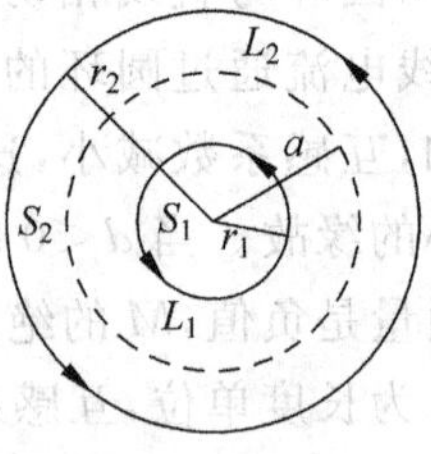

B12.7b 图

如 B12.7b 图所示,在两板之内取一半径为 $r_1$ 的圆面 $S_1$,其法线方向与电场强度增加的方向相同(垂直纸面向外),则位移电流为

$$I_D = \int_{S_1}\boldsymbol{\delta}_D\cdot\mathrm{d}\boldsymbol{S} = \int_{S_1}\delta_D\mathrm{d}S = \varepsilon_0\frac{\mathrm{d}E}{\mathrm{d}t}\int_{S_1}\mathrm{d}S$$

即

$$I_D = \pi r_1^2\varepsilon_0\frac{\mathrm{d}E}{\mathrm{d}t},\quad r_1 < a \tag{12.7.2a}$$

当 $r_1\to a$ 时,可得边缘处的位移电流

$$I_D \to \pi a^2\varepsilon_0\frac{\mathrm{d}E}{\mathrm{d}t} \tag{12.7.3}$$

在两板之外取一半径为 $r_2$ 的圆面 $S_2$,其法线方向与电场强度增加的方向相同。由于电场只集中在两板之间,所以位移电流为

$$I_D = \int_{S_2}\boldsymbol{\delta}_D\cdot\mathrm{d}\boldsymbol{S} = \int_{S_2}\delta_D\mathrm{d}S = \varepsilon_0\frac{\mathrm{d}E}{\mathrm{d}t}\int_{S_a}\mathrm{d}S$$

即

$$I_D = \pi a^2\varepsilon_0\frac{\mathrm{d}E}{\mathrm{d}t},\quad r_2 > a \tag{12.7.2b}$$

可知：两板之外的位移电流是常量，并且板内外位移电流连续。

面积 $S_1$ 的边缘是闭合回路 $L_1$，方向沿逆时针方向，根据全电流定律，有

$$\oint_{L_1} \boldsymbol{H} \cdot \mathrm{d}\boldsymbol{s} = I + I_D \tag{12.7.4}$$

由于传导电流 $I=0$，可得磁场强度的关系

$$H 2\pi r_1 = I_D$$

磁感应强度为

$$B = \mu_0 H = \frac{1}{2}\mu_0 \varepsilon_0 r_1 \frac{\mathrm{d}E}{\mathrm{d}t}, \quad r_1 < a \tag{12.7.5a}$$

面积 $S_2$ 的边缘是闭合回路 $L_2$，方向也沿逆时针方向，根据全电流定律可得

$$B = \frac{1}{2}\mu_0 \varepsilon_0 \frac{a^2}{r_2} \frac{\mathrm{d}E}{\mathrm{d}t}, \quad r_2 > a \tag{12.7.5b}$$

［**图示**］ 如 P12_7_1 图之上图所示，在板内，位移电流按距离平方的规律增加；在板外，位移电流是常量。如 P12_7_1 图之下图所示，在板内，磁感应强度随距离成正比增加；在板外，磁感应强度随距离成反比减小。

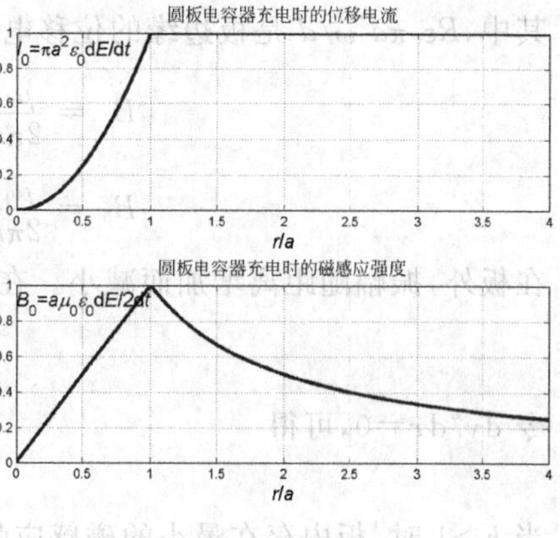


P12_7_1 图

［**算法**］ (1) 取半径 $a$ 为距离单位，取 $I_0 = \pi a^2 \varepsilon_0 \dfrac{\mathrm{d}E}{\mathrm{d}t}$ 为位移电流单位，$I_0$ 是最大位移电流，板内外的位移电流可表示为

$$I_D = I_0 r^{*2}, \quad r^* < 1 \tag{12.7.2a*}$$

$$I_D = I_0, \quad r^* > 1 \tag{12.7.2b*}$$

取 $B_0 = \mu_0 \varepsilon_0 a \dfrac{\mathrm{d}E}{2\mathrm{d}t}$ 为磁感应强度单位，$B_0$ 是最大场强，板内外的磁感应强度可表示为

$$B = B_0 r^*, \quad r^* < 1 \tag{12.7.5a*}$$

$$B = B_0 / r^*, \quad r^* > 1 \tag{12.7.5b*}$$

其中 $r^* = r/a$。

［**程序**］ P12_7_1.m 见网站。

［**解析**］ (2) 两板间连接导线后，传导电流为

$$I = \frac{U}{R} = \frac{U_0}{R}\cos\omega t \tag{12.7.6}$$

两板间的电场强度为

$$E = \frac{U}{d} = \frac{U_0}{d}\cos\omega t \tag{12.7.7}$$

根据(12.7.2a)式和(12.7.2b)式可得两板间的位移电流

$$I_D = -\pi r_1^2 \varepsilon_0 \frac{U_0}{d}\omega \sin\omega t, \quad r_1 < a \tag{12.7.8a}$$

$$I_D = -\pi a^2 \varepsilon_0 \frac{U_0}{d}\omega \sin\omega t, \quad r_2 > a \tag{12.7.8b}$$

根据全电流定律(12.7.4)式和公式 $B=\mu_0 H$ 可得板内外的磁感应强度

$$B = \frac{\mu_0}{2\pi r_1}\left(\frac{U_0}{R}\cos\omega t - \frac{U_0}{d}\varepsilon_0 \pi r_1^2 \omega \sin\omega t\right), \quad r_1 < a \tag{12.7.9a}$$

$$B = \frac{\mu_0}{2\pi r_2}\left(\frac{U_0}{R}\cos\omega t - \frac{U_0}{d}\varepsilon_0 \pi a^2 \omega \sin\omega t\right), \quad r_2 > a \tag{12.7.9b}$$

其中,$U_0/R$ 是传导电流的振幅,$U_0\varepsilon_0\pi r_1^2\omega/d$ 是板内位移电流的振幅,$U_0\varepsilon_0\pi a^2\omega/d$ 是板外位移电流的振幅。交变电压的圆频率越大,板内外位移电流的振幅就越大。当圆频率很大时,传导电流可以忽略。

磁感应强度可表示为

$$B = B_0\cos(\omega t + \varphi) \tag{12.7.10}$$

其振幅为

$$B_0 = \frac{\mu_0 U_0}{2\pi r_1 R}\sqrt{1 + \left(\frac{R}{d}\varepsilon_0 \omega \pi r_1^2\right)^2}, \quad r_1 < a$$

$$B_0 = \frac{\mu_0 U_0}{2\pi r_2 R}\sqrt{1 + \left(\frac{R}{d}\varepsilon_0 \omega \pi a^2\right)^2}, \quad r_2 > a$$

其中,$R\varepsilon_0\pi a^2\omega/d$ 是板边缘的位移电流振幅与传导电流的振幅的比值,用 $k$ 表示,可得

$$B_0 = \frac{\mu_0 U_0}{2\pi r_1 R}\sqrt{1 + \left(k\frac{r_1^2}{a^2}\right)^2}, \quad r_1 < a \tag{12.7.11a}$$

$$B_0 = \frac{\mu_0 U_0}{2\pi r_2 R}\sqrt{1 + k^2}, \quad r_2 > a \tag{12.7.11b}$$

在板外,振幅随距离增加而减小。在板内,设 $x = r_1^2$,再取

$$y = \frac{1}{x} + \frac{k^2}{a^4}x$$

令 $\mathrm{d}y/\mathrm{d}x = 0$,可得

$$r_1 = a/\sqrt{k}$$

当 $k>1$ 时,板内存在最小的磁感应强度振幅,其值为

$$(B_0)_{\min} = \frac{\sqrt{2k}\mu_0 U_0}{2\pi a R} \tag{12.7.12}$$

磁感应强度的初相位为

$$\varphi = \arctan\left(k\frac{r_1^2}{a^2}\right), \quad r_1 < a; \quad \varphi = \arctan k, \quad r_2 > a \tag{12.7.13}$$

在板内,磁感应强度的初相位与半径有关;在板外,磁感应强度的初相位与半径无关。

[**图示**] (1) 如 P12_7_2a 图所示,当位移电流的振幅比较小时(与传导电流振幅的比值取 0.5),板内外磁感应强度的振幅随距离的增加而减小。与交变电压的相位相比,板内的磁感应强度的初相位随距离增加而更加超前,板外的初相位虽然超前,但与距离无关。

(2) 如 P12_7_2b 图所示,当位移电流的振幅比较大时(与传导电流振幅的比值取 5),板内外磁感应强度的振幅随距离的增加先减小后增加。与交变电压的相位相比,板内外的磁感应强度的初相位超前得更多。

(3) 如果位移电流的振幅很大,板边缘的磁感应强度的振幅也很大(图略)。

[**算法**] (2) $U_0/R$ 是传导电流的振幅,取 $B_a = \mu_0 U_0/2\pi a R = 2k_m U_0/aR$ 为磁感应强度单位,$B_a$ 就是传导电流在板的边缘产生的磁感应强度振幅,板内外的磁感应强度振幅可表示为

$$B_0 = B_a\frac{1}{r^*}\sqrt{1 + (kr^{*2})^2}, \quad r^* < 1 \tag{12.7.11a*}$$

$$B_0 = B_a\frac{1}{r^*}\sqrt{1 + k^2}, \quad r^* > 1 \tag{12.7.11b*}$$

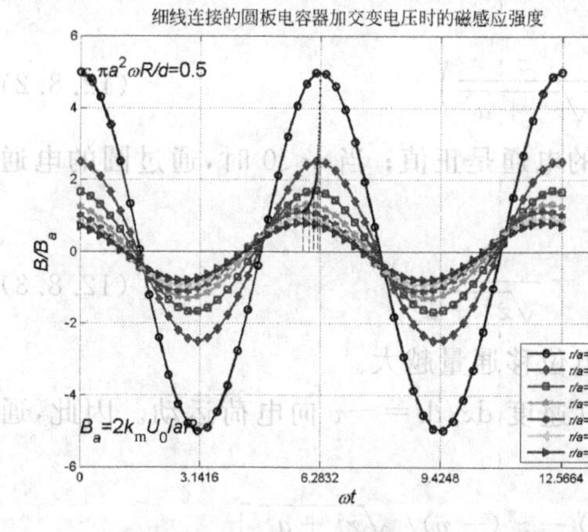


P12_7_2a 图

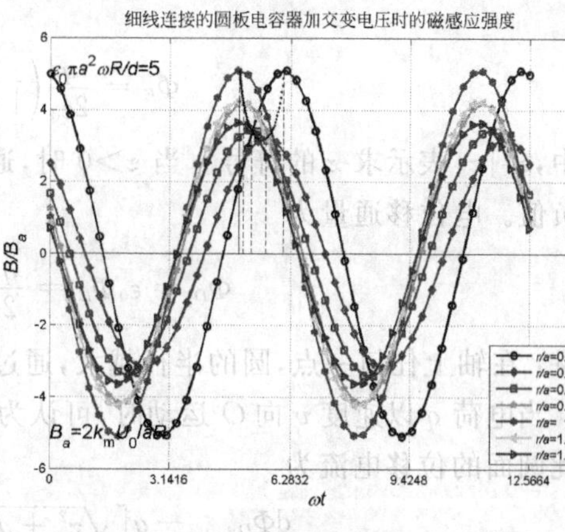


P12_7_2b 图

用相对距离表示初相位更简单。最小的磁感应强度振幅为

$$(B_0)_{\min} = B_a\sqrt{2k} \qquad (12.7.12^*)$$

其初相为

$$\varphi = \arctan(1)$$

位移电流与传导电流的振幅之比是可调节的参数,取距离为参数向量,取时间为自变量向量,形成矩阵,计算磁感应强度,画出磁感应强度随时间变化的曲线族。

［程序］ P12_7_2.m 见网站。

## ｛范例 12.8｝ 匀速直线运动电荷的位移电流和磁场

如 B12.8 图所示,点电荷 $q$ 以速度 $v$ 向 $O$ 点运动,电荷到 $O$ 点的距离为 $z$。以 $O$ 点为圆心做一半径为 $a$ 的圆,圆面与 $v$ 垂直,试计算通过此圆面的电位移通量和位移电流。证明:根据全电流定律推导的磁感应强度与毕奥-萨伐尔定律推导的结果相同。

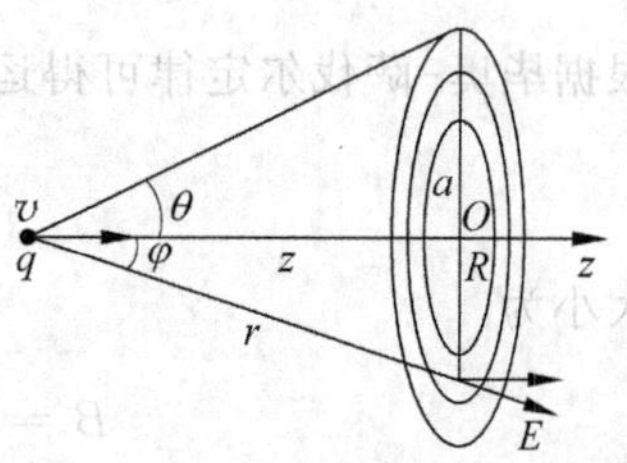


B12.8 图

［解析］ 在圆面上取一半径为 $R$ 的环,其面积为

$$\mathrm{d}S = 2\pi R\mathrm{d}R$$

环上任一面元的法线方向与场强方向之间的夹角为 $\varphi$,电场强度大小为

$$E = \frac{q}{4\pi\varepsilon_0 r^2} = \frac{q}{4\pi\varepsilon_0(z^2+R^2)} \qquad (12.8.1)$$

通过环的电通量为

$$\mathrm{d}\Phi_E = \boldsymbol{E}\cdot\mathrm{d}\boldsymbol{S} = E\mathrm{d}S\cos\varphi$$

其中 $\cos\varphi = z/r$,所以得

$$\mathrm{d}\Phi_E = \frac{qzR\mathrm{d}R}{2\varepsilon_0 r^3} = \frac{qz}{2\varepsilon_0}\frac{R\mathrm{d}R}{(z^2+R^2)^{3/2}}$$

积分得通过圆的电通量

$$\Phi_E = \frac{qz}{2\varepsilon_0}\int_0^a \frac{\mathrm{d}(z^2+R^2)}{2(z^2+R^2)^{3/2}} = \frac{qz}{2\varepsilon_0}\left.\frac{-1}{(z^2+R^2)^{1/2}}\right|_0^a$$

即

$$\Phi_E = \frac{q}{2\varepsilon_0}\left(\frac{z}{|z|} - \frac{z}{\sqrt{z^2+a^2}}\right) \tag{12.8.2}$$

其中，$z/|z|$表示求 $z$ 的符号。当 $z>0$ 时，通过圆的电通是正值；当 $z<0$ 时，通过圆的电通是负值。电位移通量为

$$\Phi_D = \varepsilon_0 \Phi_E = \frac{q}{2}\left(\frac{z}{|z|} - \frac{z}{\sqrt{z^2+a^2}}\right) \tag{12.8.3}$$

可见：在轴上任何一点，圆的半径越大，通过圆的电位移通量越大。

当电荷 $q$ 以速度 $v$ 向 $O$ 运动时，可认为圆面以速度 $\mathrm{d}z/\mathrm{d}t=-v$ 向电荷运动。因此，通过此圆面的位移电流为

$$I_D = \frac{\mathrm{d}\Phi_D}{\mathrm{d}t} = \frac{-q}{2}\left[\frac{\sqrt{z^2+a^2}(-v) - z^2(-v)/\sqrt{z^2+a^2}}{z^2+a^2}\right]$$

即

$$I_D = \frac{q}{2}\frac{a^2 v}{(z^2+a^2)^{3/2}} \tag{12.8.4}$$

位移电流与距离和圆的半径有关。

取圆的边界作为回路，回路上磁场大小都相同，根据全电流定律得

$$\oint_{L_1} \boldsymbol{H}\cdot\mathrm{d}\boldsymbol{s} = I + I_D$$

由于传导电流 $I=0$，可得位移电流与磁场强度的关系

$$H 2\pi a = I_D$$

磁感应强度为

$$B = \mu_0 H = \frac{\mu_0 q v}{4\pi}\frac{a}{(z^2+a^2)^{3/2}} \tag{12.8.5}$$

根据毕奥-萨伐尔定律可得运动电荷的磁感应强度

$$\boldsymbol{B} = \frac{\mu_0 q \boldsymbol{v}\times\boldsymbol{r}}{4\pi r^3}$$

大小为

$$B = \frac{\mu_0 q v \sin\theta}{4\pi r^2} = \frac{\mu_0 q v a}{4\pi r^3} = \frac{\mu_0 q v}{4\pi}\frac{a}{(z^2+a^2)^{3/2}}$$

可见：根据位移电流和毕奥-萨伐尔定律求得运动电荷的磁感应强度完全相同。

[图示] (1) 如 P12_8a 图所示，随着距离的增加，通过圆面的电位移通量减小；在 $z=0$ 处，电位移通量发生跃变，这是因为电荷通过圆面的场强的方向发生改变。在某一距离处，圆的半径越大，通过的电位移通量越大。

(2) 如 P12_8b 图所示，在 $z=0$ 处，位移电流最大，圆的半径越小，位移电流越大。位移电流随着距离的增加而减小。

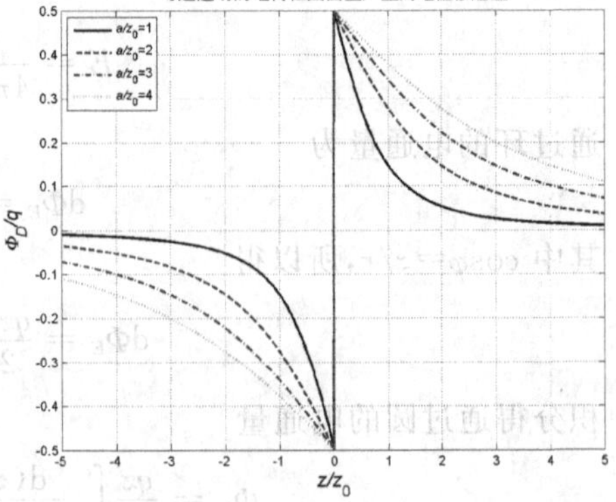


P12_8a 图

(3) 如 P12_8c 图所示，在 $z=0$ 处，磁感应强度最大，距离电荷越近，磁感应强度越大。磁感应强度随着距离的增加而减小。

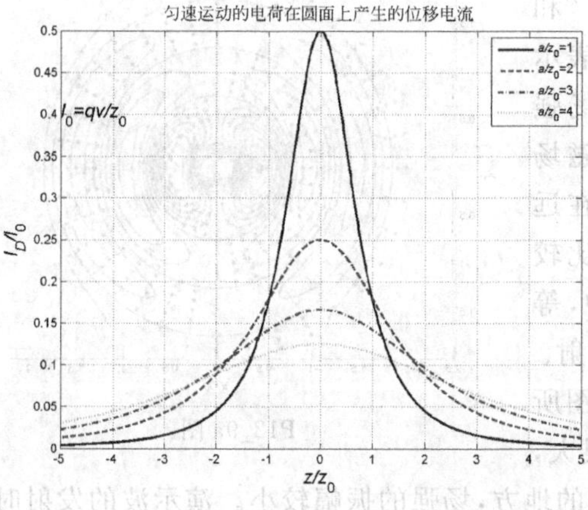


P12_8b 图

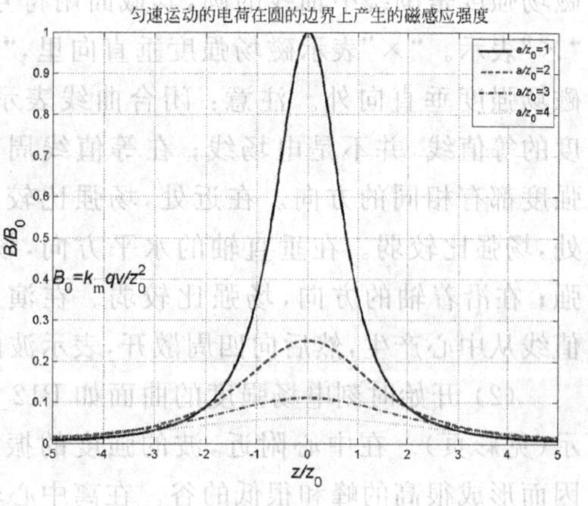


P12_8c 图

［算法］ 取某一长度 $z_0$ 为单位，电位移通量可表示为

$$\Phi_D = \frac{q}{2}\left(\frac{z^*}{|z^*|} - \frac{z^*}{\sqrt{z^{*2}+a^{*2}}}\right) \tag{12.8.3*}$$

其中，$z^*=z/z_0$，$a^*=a/z_0$，电量 $q$ 是电位移通量的单位。位移电流可表示为

$$I_D = I_0\frac{a^{*2}}{2(z^{*2}+a^{*2})^{3/2}} \tag{12.8.4*}$$

其中，$I_0=qv/z_0$，$I_0$ 是位移电流的单位。磁感应强度可表示为

$$B = B_0\frac{a^*}{(z^{*2}+a^{*2})^{3/2}} \tag{12.8.5*}$$

其中，$B_0=k_m qv/z_0^2$。

取半径为参数向量，取距离为自变量向量，形成矩阵，计算电位移通量、位移电流和磁感应强度，画出三组曲线族。

［程序］ P12_8.m 见网站。

## {范例 12.9} 电磁波的发射(图形动画)

电矩振幅为 $p_0$ 的振荡电偶极子为 $p_e=p_0\cos\omega t$，其中 $\omega$ 是振荡圆频率。演示电磁波的发射过程。

［解析］ 如 B12.9 图所示，由电动力学可以证明：振荡电偶极子在时刻 $t$ 产生的电场强度和磁场强度为

$$E = E_\theta = \frac{\omega^2 p_0\sin\theta}{4\pi\varepsilon_0 c^2 r}\cos\omega\left(t-\frac{r}{c}\right) \tag{12.9.1a}$$

$$H = H_\varphi = \frac{\omega^2 p_0\sin\theta}{4\pi c r}\cos\omega\left(t-\frac{r}{c}\right) \tag{12.9.1b}$$

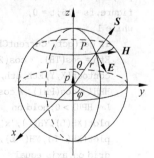

其中，$\theta$ 是极角；$\varphi$ 是方位角；$c$ 是光速。电场强度只有 $\theta$ 分量，磁场强度只有 $\varphi$ 分量，电场强度与磁场强度是正交的。

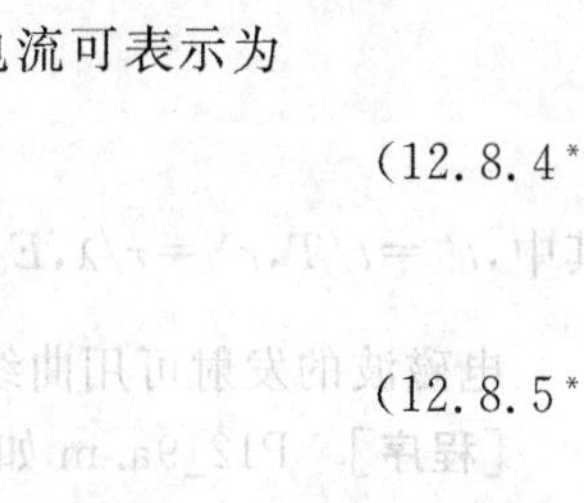


B12.9 图

[**图示**] (1) 开始时刻电场强度的等值线和磁场强度的方向点如 P12_9a 图所示。电场强度的等值线是闭合曲线,其中,圆表示零值线。磁场强度是围绕中轴线的圆,其截面用符号"·"和"×"表示。"×"表示磁场强度垂直向里,"·"表示磁场强度垂直向外。注意:闭合曲线表示电场强度的等值线,并不是电场线;在等值线周围,磁场强度都有相同的方向。在近处,场强比较强,在远处,场强比较弱。在垂直轴的水平方向,场强比较强;在沿着轴的方向,场强比较弱。在演示中,等值线从中心产生,然后向四周散开,表示波的发射。

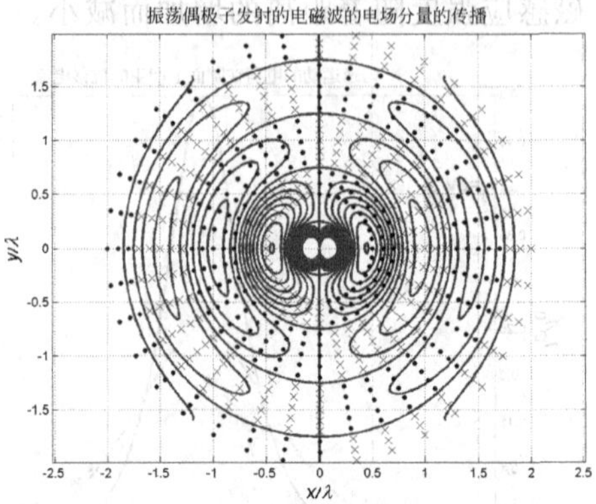

P12_9a 图

(2) 开始时刻电场强度的曲面如 P12_9b 图所示(见彩页)。在中心附近,波的强度的振幅很大,因而形成很高的峰和很低的谷。在离中心较远的地方,场强的振幅较小。演示波的发射时,波峰与波谷相互转化,波就不断产生和发射出去。由于磁场强度与电场强度是同步变化的,所以这种曲面也能表示磁场强度曲面。

[**算法**] 取周期 $T$ 为时间单位,取波长 $\lambda$ 为距离单位,则得

$$E = E_\theta = E_0 \frac{\sin\theta}{r^*}\cos 2\pi(t^* - r^*) \tag{12.9.1a*}$$

$$H = H_\varphi = H_0 \frac{\sin\theta}{r^*}\cos 2\pi(t^* - r^*) \tag{12.9.1b*}$$

其中,$t^* = t/T, r^* = r/\lambda, E_0 = \dfrac{\omega^3 p_0}{8\pi^2 \varepsilon_0 c^3}, H_0 = \dfrac{\omega^3 p_0}{8\pi^2 c^2}$。

电磁波的发射可用曲线演示。

[**程序**] P12_9a.m 如下。

```
%振荡偶极子发射的电磁波的电场分量的传播(等值线)
clear,rm = 2;r = 0.01:0.02:rm;                    %清除变量,最大距离和电场的距离向量
th = linspace(0,2 * pi,300);                       %电场的角度向量
[R,TH] = meshgrid(r,th);                           %距离和角度矩阵
[X,Y] = pol2cart(TH,R);                            %极坐标化为直角坐标
eth = - 3:0.3:3;                                   %电场强度向量
rh = 0.5:0.1:rm;phi = (0:10:350) * pi/180;         %磁场的距离向量,磁场的角度向量
[RH,PHI] = meshgrid(rh,phi);                       %距离和角度矩阵
[XH,YH] = pol2cart(PHI,RH);                        %极坐标化为直角坐标
figure,fs = 16;t = 0;                              %创建图形窗口,字体大小,初始时刻
while 1                                            %无限循环
    if get(gcf,'CurrentCharacter')== char(27) break;end  %按 Esc 键则退出循环
    Eth = cos(TH). * cos(2 * pi * (t - R))./R;      %计算电场强度
    contour(X,Y,Eth,eth,'r','LineWidth',2)         %画等值线
    HPHI = cos(PHI). * cos(2 * pi * (t - RH))./RH;  %计算磁场强度
    L = HPHI > 0;hold on                           %取磁场强度大于零的逻辑值,保持属性
    plot(XH(L),YH(L),'x','MarkerSize',9)           %正方向的磁场强度画"×"
    plot(XH(~L),YH(~L),'.','MarkerSize',12)        %负方向的磁场强度画"·"
    grid on,axis equal                             %加网格,使坐标间隔相等
    xlabel('\itx/\lambda','FontSize',fs)           %x 标签
```

```
    ylabel('\ity/\lambda','FontSize',fs)                    % y 标签
    title('振荡偶极子发射的电磁波的电场分量的传播','FontSize',fs)  % 标题
    drawnow                                                 % 更新屏幕
    if t== 0 pause,end                                      % 初始时暂停
    t = t + 0.02;hold off                                   % 下一时刻(与周期的比),关闭属性保持
end                                                         % 结束循环
```

［说明］ 确定等值线的电场强度值,画出各时刻电场强度的等值线即可形成电磁波的电场强度发射的动画。磁场强度与电场强度垂直,如果磁场强度垂直纸面向外,就用"·"表示,否则就用"×"表示,"·"和"×"的移动和交替变化代表电磁波的磁场强度发射的动画。

［算法］ 电磁波的发射也可用曲面演示。利用曲面指令 surf 画电场强度的曲面,不断设置电场强度的数据,就形成电磁波发射的曲面的动画。

［程序］ P12_9b. m 如下。

```
%振荡偶极子发射的电磁波曲面
clear,rm = 3;r = 0.1:0.1:rm;                                % 清除变量,最大距离和距离向量
th = linspace(0,2 * pi);                                    % 角度向量
[R,TH] = meshgrid(r,th);                                    % 距离和角度矩阵
[X,Y] = pol2cart(TH,R);                                     % 极坐标化为直角坐标
Eth = cos(TH). * cos(2 * pi * R)./R;                        % 电场强度
eth = - 3:0.3:3;                                            % 电场强度向量
figure,h = surf(X,Y,Eth);shading interp                     % 创建图形窗口,画曲面并取句柄,染色
grid on,box on,axis([ - rm,rm, - rm,rm, - 6,6])             % 加网格,加框,坐标范围
fs = 16;title('振荡偶极子发射的电磁波的电场强度曲面','FontSize',fs)  % 标题
xlabel('\itx/\lambda','FontSize',fs)                        % x 标签
ylabel('\ity/\lambda','FontSize',fs)                        % y 标签
zlabel('\itE_\theta/E\rm_0','FontSize',fs)                  % z 标签
txt = '\itE\rm_0 = \itk\omega\rm^3\itp\rm_0/(2\pi\itc\rm^3)';  % 场强单位文本
text( - rm, - rm,5,txt,'FontSize',fs)                       % 显示单位
pause,t = 0;hold on                                         % 暂停,初始时刻,保持图像
while 1,t = t + 0.01;                                       % 无限循环,下一时刻(与周期的比)
    Eth = cos(TH). * cos(2 * pi * (R - t))./R;              % 电场强度
    set(h,'ZData',Eth)                                      % 设置 z 坐标
    drawnow                                                 % 更新屏幕
    if get(gcf,'CurrentCharacter')== char(27) break,end     % 按 Esc 键退出
end                                                         % 结束循环
```

## ｛范例 12.10｝ 平面电磁波的传播(图形动画)

根据麦克斯韦方程组,说明平面电磁波的性质和能量的传播,演示平面电磁波的传播。

［解析］ 麦克斯韦认为:变化的电场和变化的磁场相互激发,所形成的电磁波在真空中以光速传播;电磁波是横波,电场方向和磁场方向垂直于波的传播方向,两者也相互垂直,如 B12.10a 图所示,$\boldsymbol{E}$ 和 $\boldsymbol{H}$ 与传播速度方向 $\boldsymbol{c}$ 呈右手螺旋关系。

根据麦克斯韦方程组

$$\oint_L \boldsymbol{E}\cdot \mathrm{d}\boldsymbol{s} = -\frac{\mathrm{d}\Phi}{\mathrm{d}t} = -\int_S \frac{\partial \boldsymbol{B}}{\partial t}\cdot \mathrm{d}\boldsymbol{S} \tag{12.10.1a}$$

$$\oint_L \boldsymbol{H}\cdot \mathrm{d}\boldsymbol{s} = I + \frac{\mathrm{d}\Phi_D}{\mathrm{d}t} = I + \int_S \frac{\partial \boldsymbol{D}}{\partial t}\cdot \mathrm{d}\boldsymbol{S} \tag{12.10.1b}$$

可推导真空中电磁波的方程。

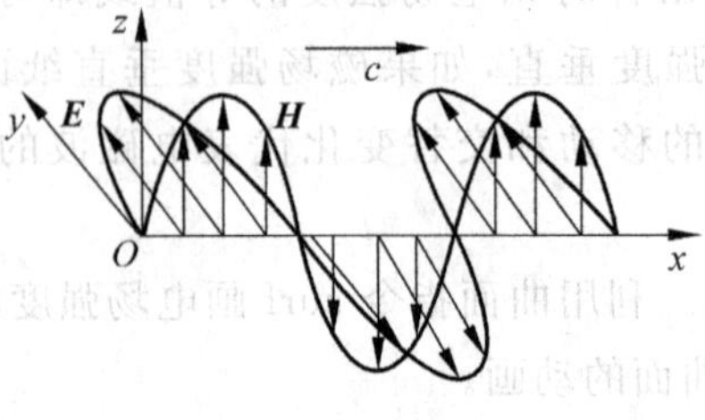


B12.10a 图

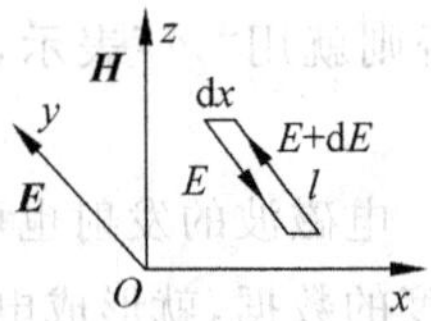


B12.10b 图

如 B12.10b 图所示,在 $O\text{-}xy$ 平面取一个高为 $l$、宽为 $\mathrm{d}x$ 的面积元,在 $t$ 时刻,电场强度大小的关系为

$$E(x+\mathrm{d}x,t) = E(x,t) + \frac{\partial E}{\partial x}\mathrm{d}x \tag{12.10.2}$$

(12.10.1a)式左边的积分为

$$\oint_L \boldsymbol{E}\cdot \mathrm{d}\boldsymbol{s} = E(x+\mathrm{d}x,t)l - E(x,t)l = l\frac{\partial E}{\partial x}\mathrm{d}x \tag{12.10.3}$$

通过面积元的磁通量为 $\Phi = B(x,t)l\mathrm{d}x$,由(12.10.1a)式可得

$$l\frac{\partial E}{\partial x}\mathrm{d}x = -l\frac{\partial B}{\partial t}\mathrm{d}x$$

由于 $B=\mu_0 H$,所以

$$\frac{\partial E}{\partial x} = -\mu_0\frac{\partial H}{\partial t} \tag{12.10.4}$$

如 B12.10c 图所示,在 $O\text{-}xz$ 平面取一个高为 $l$、宽为 $\mathrm{d}x$ 的面积元,在 $t$ 时刻,磁场强度大小的关系为

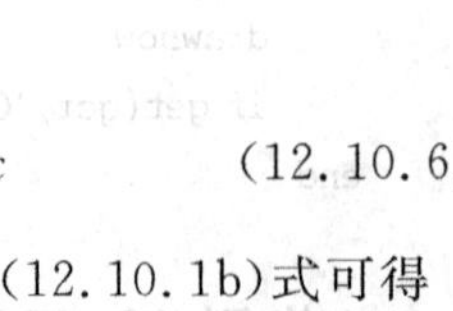


B12.10c 图

$$H(x+\mathrm{d}x,t) = H(x,t) + \frac{\partial H}{\partial x}\mathrm{d}x \tag{12.10.5}$$

(12.10.1b)式左边的积分为

$$\oint_L \boldsymbol{H}\cdot \mathrm{d}\boldsymbol{s} = H(x,t)l - H(x+\mathrm{d}x,t)l = -l\frac{\partial H}{\partial x}\mathrm{d}x \tag{12.10.6}$$

通过面积元的电位移通量为 $\Phi_D = D(x,t)l\mathrm{d}x$,由于传导电流为零,根据(12.10.1b)式可得

$$-l\frac{\partial H}{\partial x}\mathrm{d}x = l\frac{\partial D}{\partial t}\mathrm{d}x$$

由于 $D=\varepsilon_0 E$,所以

$$\frac{\partial H}{\partial x} = -\varepsilon_0\frac{\partial E}{\partial t} \tag{12.10.7}$$

对(12.10.4)式求坐标的偏导数,利用上式可得

$$\frac{\partial^2 E}{\partial x^2}=-\mu_0\frac{\partial}{\partial x}\left(\frac{\partial H}{\partial t}\right)=-\mu_0\frac{\partial}{\partial t}\left(\frac{\partial H}{\partial x}\right)=\varepsilon_0\mu_0\frac{\partial^2 E}{\partial t^2} \tag{12.10.8a}$$

同理可得

$$\frac{\partial^2 H}{\partial x^2}=\varepsilon_0\mu_0\frac{\partial^2 H}{\partial t^2} \tag{12.10.8b}$$

两式都是波动方程。电场和磁场的传播速度，即电磁波的传播速度为

$$c=1/\sqrt{\varepsilon_0\mu_0}\approx 3\times10^8\,\mathrm{m/s} \tag{12.10.9}$$

可见：电磁波的传播速度等于光速。理论值与实验值十分吻合，为光的电磁波理论提供了一个重要依据。

平面电磁波的电场强度和磁场强度的频率和相位相同，两个波动方程最简单的解为

$$E=E_0\cos\left[\omega\left(t-\frac{x}{c}\right)+\varphi\right],\quad H=H_0\cos\left[\omega\left(t-\frac{x}{c}\right)+\varphi\right] \tag{12.10.10}$$

其中，$E_0$ 是电场强度振幅，$H_0$ 是磁场强度振幅，$\omega$ 是电磁波的圆频率，$\varphi$ 是初相。两式代入(12.10.4)式可得

$$E_0=cB_0 \tag{12.10.11a}$$

两边同乘以余弦函数，可得

$$E=cB \tag{12.10.11b}$$

即：平面电磁波的电场强度与磁感应强度(磁场强度)成正比。

在真空中，电场的能量密度和磁场的能量密度分别为

$$w_\mathrm{e}=\frac{1}{2}\varepsilon_0E^2,\quad w_\mathrm{m}=\frac{1}{2}\mu_0H^2 \tag{12.10.12}$$

两者的比值为

$$\frac{w_\mathrm{e}}{w_\mathrm{m}}=\frac{\varepsilon_0E^2}{\mu_0H^2}=\frac{\varepsilon_0c^2B^2}{\mu_0H^2}=1 \tag{12.10.13}$$

可见：平面电磁波的电场能量与磁场能量相等。电磁波的能量密度为

$$w=w_\mathrm{e}+w_\mathrm{m}=\frac{1}{2}\varepsilon_0E^2+\frac{1}{2}\mu_0H^2=\varepsilon_0E^2=\mu_0H^2$$

即

$$w=\sqrt{\varepsilon_0\mu_0}EH=\frac{1}{c}EH \tag{12.10.14}$$

电磁波的能流密度又称为电磁波的强度，是单位时间内穿过垂直于传播方向单位面积的能量。如 B12.10d 图所示，设波在时间 $\mathrm{d}t$ 内垂直穿过面积 $s_0$，穿过的体积为

$$\mathrm{d}V=s_0c\mathrm{d}t$$

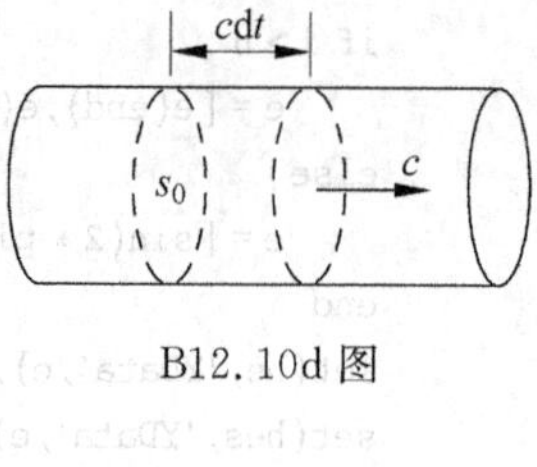

B12.10d 图

能量为

$$\mathrm{d}W=w\mathrm{d}V=ws_0c\mathrm{d}t$$

能流密度为

$$S=\mathrm{d}W/s_0\mathrm{d}t=wc=EH \tag{12.10.15}$$

用坡印廷矢量表示就是

$$\boldsymbol{S}=\boldsymbol{E}\times\boldsymbol{H} \qquad (12.10.16)$$

电磁波能流密度 $\boldsymbol{S}$ 的方向与电磁波传播速度的方向相同。

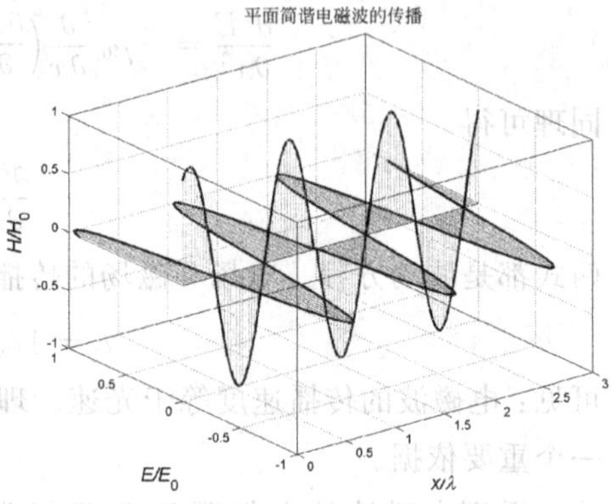


P12_10 图

［**图示**］ 平面电磁波向前传播时，电场和磁场同步变化，电场方向发生改变时，磁场方向同时发生改变，而波的传播方向不改变。某时刻平面电磁波的波形如 P12_10 图所示。

［**算法**］ 取周期 $T$ 为时间单位，取波长 $\lambda$ 为距离单位，令 $\varphi=-\pi/2$，则得

$$E=E_y=E_0\sin2\pi(t^*-x^*) \qquad (12.10.10\text{a}^*)$$

$$H=H_z=H_0\sin2\pi(t^*-x^*) \qquad (12.10.10\text{b}^*)$$

其中，$t^*=t/T$，$x^*=x/\lambda$。

电磁波的磁场强度和电场强度的变化规律是相同的，只要计算电场强度就行了。在电场强度传播的前一阶段，电场强度的数据还没有全部形成，就将电场强度的大小放在向量中，然后将已经计算出来的数值在向量中向前移动，设置数据就能演示波的传播。当电场强度的数据全部形成之后，只要将向量中数据循环移动，再设置数据就能无限制地演示波的传播。

［**程序**］ P12_10.m 如下。

```
%平面简谐电磁波的传播
clear,m=3;x=(0:0.01:1)*m;n=length(x);                     %清除变量,波的个数,位置向量和向量长度
figure,grid on,box on,axis([0,m,-1,1,-1,1])                %创建图形窗口,加网格,加框架,坐标范围
fs=16;title('平面简谐电磁波的传播','FontSize',fs)            %标题
xlabel('\itx/\it\lambda','FontSize',fs)                    %x标签
ylabel('\itE/E\rm_0','FontSize',fs)                        %y标签
zlabel('\itH/H\rm_0','FontSize',fs)                        %z标签
e=zeros(size(x));hold on                                   %零向量,保持图像
he=plot(x,e,'LineWidth',2);                                %电场强度曲线的句柄
hh=plot3(x,e,e,'LineWidth',2);                             %磁场强度曲线的句柄
hes=stem(x,e,'r.');                                        %电场强度杆图的句柄
hhs=stem3(x,e,e,'g.');                                     %磁场强度杆图的句柄
i=1;pause                                                  %起点下标,暂停
while 1                                                    %无限循环
    if get(gcf,'CurrentCharacter')==char(27) break,end     %按Esc键退出
    if i>n                                                 %如果波传播到最右边
        e=[e(end),e(1:end-1)];                             %最后一个元素移到第一个
    else                                                   %否则
        e=[sin(2*pi*x(i)),e(1:end-1)];                     %插入第一个元素,其他后移
    end                                                    %结束条件
    set(he,'YData',e),set(hh,'ZData',e)                    %设置电场纵坐标,磁场高坐标(磁场与电场同步)
    set(hes,'YData',e),set(hhs,'ZData',e)                  %设置电场杆图,设置磁场杆图
    drawnow,pause(0.02),i=i+1;                             %更新屏幕,延时,下一个点的下标
end                                                        %结束循环
```

# 练 习 题

12.1 在直线电流的磁场中导体棒匀速运动的电动势

一无限长竖直导线上通有稳恒电流 $I$，电流方向向上，导线旁有一根与导线共面、长为 $2L$ 的导体棒 $AC$，运动速度大小为 $v$，方向与棒垂直，棒心与直线电流的距离为 $d$。如果导体棒平行导线而远离导线运动，如 C12.1a 图所示，求棒中的动生电动势的大小和方向。如果导体棒垂直导线运动，如 C12.1b 图所示，求棒中的动生电动势的大小和方向。如果导体棒与直线的夹角为 $\theta$，如 C12.1c 图所示，结果又如何？对于不同角度，动生电动势与距离有什么关系？

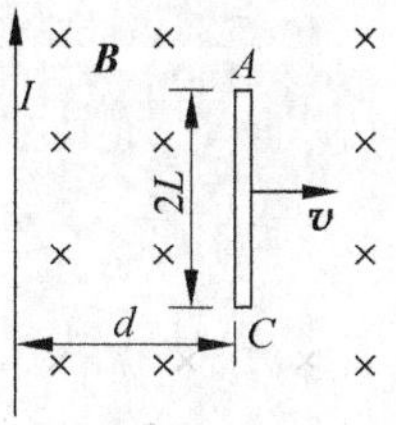

C12.1a 图

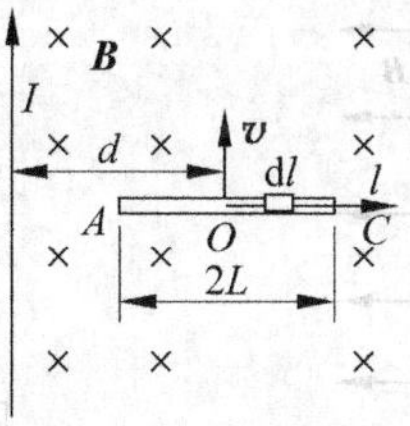

C12.1b 图

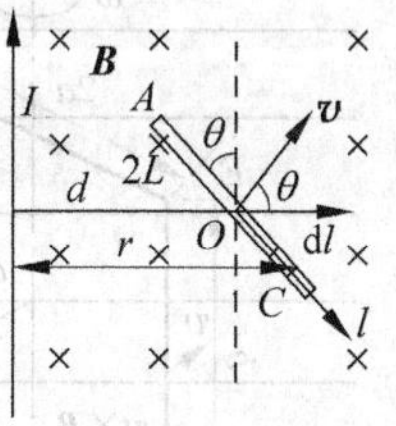

C12.1c 图

12.2 在直线电流磁场中矩形导体的电动势

如 C12.2 图所示，矩形导体框 $ACDE$ 长为 $a$、宽为 $b$，置于直线电流的磁场中，并与直线共面，$AC$ 边和 $DE$ 边与直线平行。直线通有电流 $I$，方向向上。

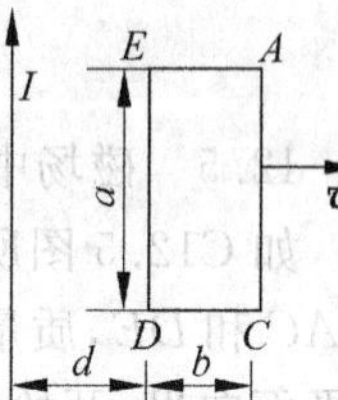

C12.2 图

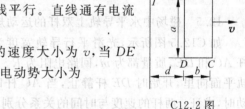

(1) 如果电流强度不变，导体框向右运动的速度大小为 $v$，当 $DE$ 边与直线的距离为 $d$ 时，求证：矩形框中的动生电动势大小为

$$\varepsilon=\frac{\mu_0 Iabv}{2\pi d(d+b)}$$

画出 $AC$ 边和 $DE$ 边中的电动势和总电动势与距离的关系曲线。

(2) 如果导体框静止，电流强度按正弦规律变化，$I=I_0\sin\omega t$，求证：矩形框中的动生电动势大小为

$$\varepsilon=-\frac{\mathrm{d}\Phi}{\mathrm{d}t}=-\frac{\mu_0 I_0\omega a}{2\pi}\ln\left|1+\frac{b}{d}\right|\cos\omega t$$

当线圈到直线之间的距离不同时，感生电动势随时间变化的规律是什么？电动势的幅值与距离的关系是什么？（提示：取宽度 $b$ 为距离单位。）

12.3 在匀强磁场中旋转线圈的电动势和电流

如图 C12.3 所示，线圈 $ACDE$ 长为 $2a$，宽为 $b$，匝数为 $N$，可绕垂直于磁感应强度 $\boldsymbol{B}$ 的轴 $OO'$ 以角速度 $\omega$ 匀速转动。开始时，线圈的法线方向 $\boldsymbol{n}$ 与 $\boldsymbol{B}$ 的方向相同，求线圈中的动生电动势和电流强度。演示线圈旋转的动画。

12.4 矩形线框在磁场边缘的简谐振动

如图 C12.4 所示，一个矩形的导体线框，边长分别为 $a$ 和 $b$（$b$ 足够长）。导体线框的质量为 $m$，自感系数为 $L$，忽略电阻。线框的长边与 $x$ 轴平行，它以速度 $v_0$ 沿 $x$ 轴的方向从磁场外进入磁感应强度为 $B$ 的均匀磁场中，$B$ 的方向垂直矩形线框平面。求证：矩形线框在

磁场中运动的速度方程为

$$v = v_0 \cos \frac{aB}{\sqrt{mL}}t$$

位移方程为

$$x = v_0 \frac{\sqrt{mL}}{aB}\sin \frac{aB}{\sqrt{mL}}t$$

画出位移的速度随时间变化的曲线。(提示：取 $\omega = aB/\sqrt{mL}$ 为圆频率单位，取 $x_0 = v_0/\omega$ 为位移单位。)

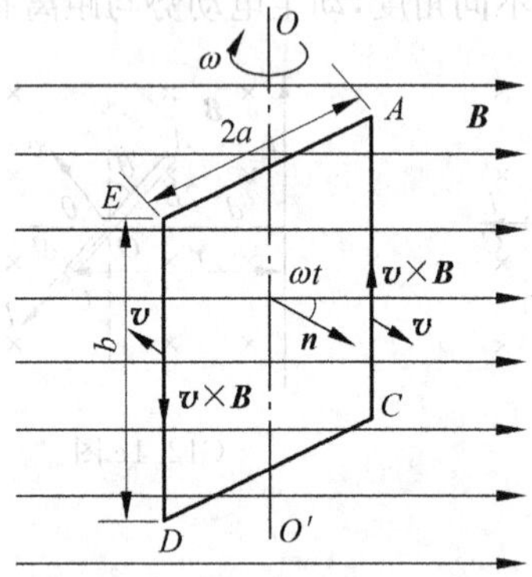


C12.3 图

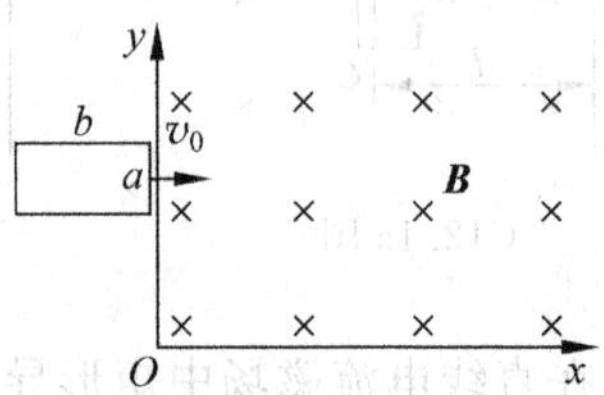


C12.4 图

12.5 磁场中水平导轨上双杆的运动规律

如 C12.5 图所示，光滑平行导轨宽度为 $L$，放置两根导体杆 $AC$ 和 $DE$，质量都为 $m$，回路电阻为 $R$。匀强磁场 $\boldsymbol{B}$ 垂直导轨平面向里，开始时 $DE$ 杆静止，当 $AC$ 杆以初速度 $v_0$ 向右运动时，求证：两杆的速度与时间的关系分别为

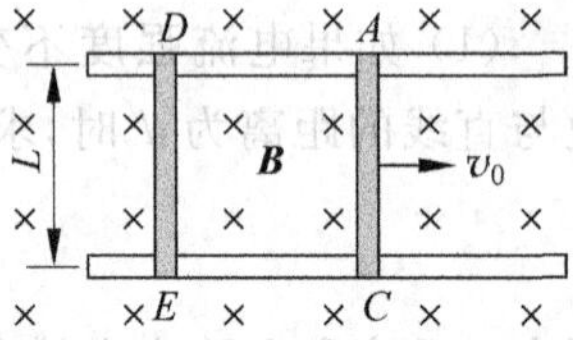


C12.5 图

$$v_1 = v_0\left[1 + \exp\left(-\frac{B^2L^2}{mR}t\right)\right]$$

$$v_2 = v_0\left[1 - \exp\left(-\frac{B^2L^2}{mR}t\right)\right]$$

杆中的电动势和电流随时间变化的关系分别为

$$\varepsilon = BLv_0\exp\left(-\frac{B^2L^2}{mR}t\right), \quad I = \frac{BLv_0}{R}\exp\left(-\frac{B^2L^2}{mR}t\right)$$

画出两杆的速度和电动势随时间变化的曲线。(提示：时间取 $t_0 = mR/B^2L^2$ 为单位。)

12.6 沿光滑斜框滑下的导体棒的电动势

如 C12.6 图所示，质量为 $m$、长度为 $L$ 的导体棒 $AC$ 从静止开始沿斜角为 $\theta$ 的框架滑下，导体棒与导体框组成的回路的电阻 $R$ 为常量，磁感应强度 $\boldsymbol{B}$ 的方向竖直向上(忽略棒 $AC$ 与框架之间的摩擦)，求证：棒 $AC$ 的动生电动势为

$$\varepsilon = \frac{mgR}{BL}\tan\theta\left\{1 - \exp\left[-\frac{(BL\cos\theta)^2}{mR}t\right]\right\}$$

角度取 20°～80°，间隔为 20°，画出电动势随时间变化的曲线族。(提示：取 $t_0 = mR/(BL)^2$ 为时间单位，取 $\varepsilon_0 = mgR/BL$ 为电动势单位。)

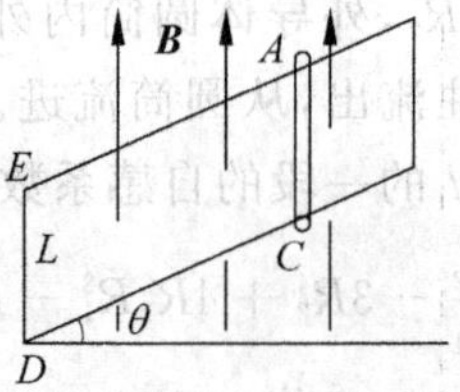


C12.6 图

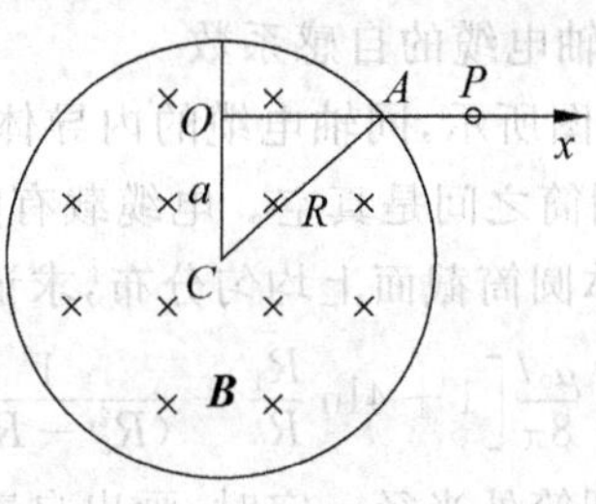


C12.7 图

12.7 在圆柱形空间变化磁场中的电势差

如 C12.7 图所示，均匀磁场充满在半径为 $R$ 的圆柱形空间，磁场随时间的变化率为 $\mathrm{d}B/\mathrm{d}t$。取 $x$ 轴方向向右，原点 $O$ 到圆心 $C$ 的距离为 $a$。求证：轴上任何一点 $P$ 与 $O$ 点之间的电势差的大小为

$$\varepsilon = \frac{1}{2}ax\frac{\mathrm{d}B}{\mathrm{d}t}, \quad x \leqslant \sqrt{R^2-a^2}$$

$$\varepsilon = \frac{1}{2}\left[a\sqrt{R^2-a^2}+R^2\left(\arctan\frac{x}{a}-\arctan\frac{\sqrt{R^2-a^2}}{a}\right)\right]\frac{\mathrm{d}B}{\mathrm{d}t}, \quad x \geqslant \sqrt{R^2-a^2}$$

取不同的距离 $a$，画出电势差随坐标变化的曲线。通过曲线讨论：(1)当 $a=0$ 时，电势差是否恒为零？(2)当 $a>R$ 时，能否用上面的公式计算电势差？（提示：取半径 $R$ 为长度单位，取 $R^2\mathrm{d}B/\mathrm{d}t$ 为电势差单位。）

12.8 矩形螺绕环的自感系数

如 C12.8 图所示，一截面为正方形的螺绕环，内外半径分别为 $R_0$ 和 $R$，绕有 $N$ 匝线圈，求证：线圈的自感系数为

$$L = \frac{\mu_0 N^2}{2\pi}(R-R_0)\ln\frac{R}{R_0}$$

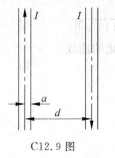

画自感系数与外半径的关系曲线。（提示：取内半径 $R_0$ 为长度单位，取 $L_0=\mu_0 N^2 R_0/4\pi=k_{\mathrm{m}} N^2 R_0$ 为自感系数单位。）

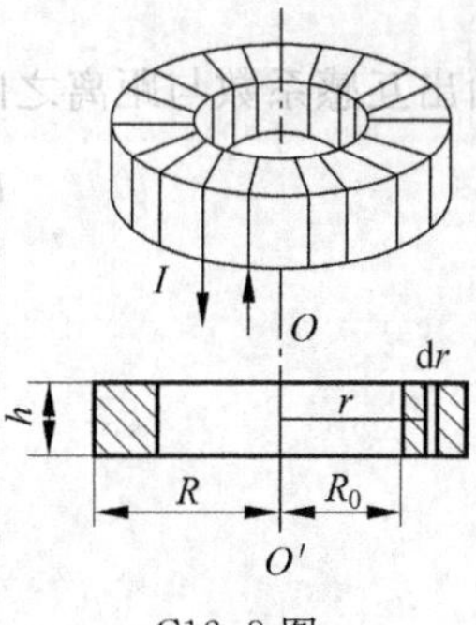


C12.8 图

12.9 平行输电线的自感系数

如 C12.9 图所示，两条平行的输电线，半径都为 $a$、中心距离为 $d$，电流一上一下。不计导线内部的磁场，求证：两条输电线单位长度的自感系数为

$$L = \frac{\mu_0}{\pi}\ln\frac{d-a}{a}, \quad 2a \leqslant d$$

画出自感系数与距离的曲线。（提示：取半径 $a$ 为距离单位。）

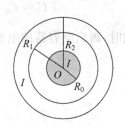

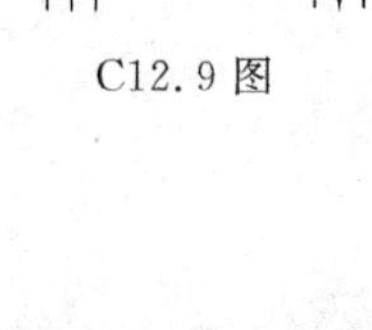


C12.9 图

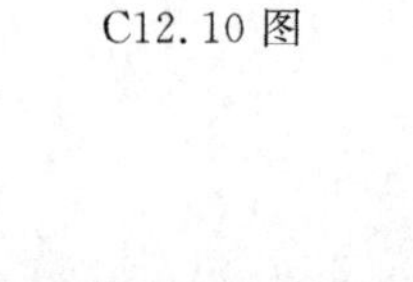


C12.10 图

12.10　同轴电缆的自感系数

如C12.10图所示,同轴电缆的内导体圆柱半径为$R_0$,外导体圆筒内外半径分别为$R_1$和$R_2$,圆柱与圆筒之间是真空。电缆载有电流$I$,从圆柱流出,从圆筒流进。设电流在内导体圆柱和外导体圆筒截面上均匀分布,求证:电缆长为$l$的一段的自感系数为

$$L=\frac{\mu_0 l}{8\pi}\left[1+4\ln\frac{R_1}{R_0}+\frac{1}{(R_2^2-R_1^2)^2}\left(4R_2^4\ln\frac{R_2}{R_1}-3R_2^4+4R_2^2R_1^2-R_1^4\right)\right]$$

当圆柱半径和圆筒外半径一定时,画出自感系数与圆筒内半径的关系曲线。

12.11　直线与共面三角形的互感系数

如C12.11图所示,一无限长竖直导线旁有一与导线共面的三角形线圈,高度为$h$,平行于直导线的一边到直导线的距离为$d$。求证:直导线与线圈之间的互感系数为

$$M=\frac{\mu_0}{\sqrt{3}\pi}\left[(d+h)\left|\ln\frac{d+h}{d}\right|-h\right]$$

画出互感系数与距离之间的关系曲线。(提示:取$h$为距离单位。)

12.12　直线与共面半线圈的互感系数

如C12.12图所示,一无限长竖直导线旁有一与导线共面的半径为$a$的金属环,环心$O$点到导线的距离为$d$。求证:直导线与金属环之间的互感系数为

$$M=\frac{\mu_0}{\pi}\left[\frac{\pi}{2}d-a-2\sqrt{d^2-a^2}\arctan\left(\sqrt{\frac{d-a}{d+a}}\right)\right]$$

画出互感系数与距离之间的关系曲线。(提示:取$a$为距离单位。)

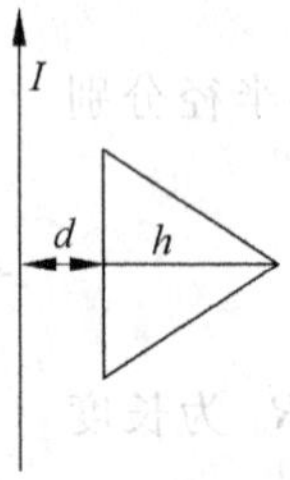

C12.11 图

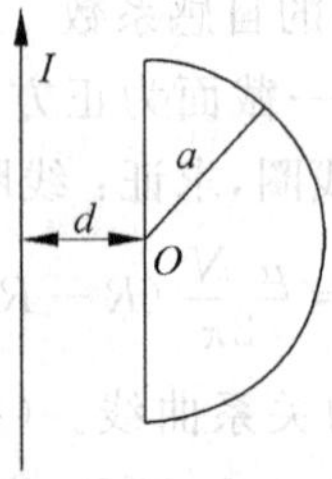

C12.12 图

12.13　可变电容器的电容范围

一台收音机的一个电感器接在一个可变电容器上,电容器的电容通过旋转旋钮改变。当可变电容器的一极金属片全部旋入到电容器中时,电容器的电容是$C_0$,收音机接收的频率是$v_0$。收音机接收的频率与金属片旋出的角度呈线性关系,当金属片全部旋出来时,收音机接收的频率是$v_0$的$n$倍,求证:电容器的电容与角度的关系为

$$C=C_0\frac{1}{[1+(n-1)\theta/\pi]^2}$$

当$n$取2,3,…整数时,画出电容器的电容随角度变化的曲线。

# 第13章

# 狭义相对论

## 13.1 基本内容

**1. 伽利略变换**

(1) 伽利略坐标变换,如 A13.1 图所示。设 $O'$ 系在 $O$ 系中的速度为 $u\boldsymbol{i}$,从坐标重合的时候开始计算时间,则伽利略坐标变换为

$$x' = x - ut,\quad y' = y,\quad z' = z,\quad t' = t$$

伽利略坐标逆变换为

$$x = x' + ut',\quad y = y',\quad z = z',\quad t = t'$$

(2) 伽利略速度变换。伽利略速度(正)变换为

$$v'_x = v_x - u,\quad v'_y = v_y,\quad v'_z = v_z$$

伽利略速度逆变换为

$$v_x = v'_x + u,\quad v_y = v'_y,\quad v_z = v'_z$$

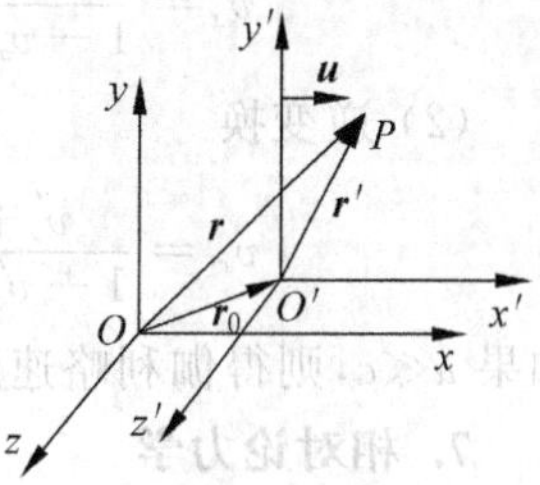


A13.1 图

**2. 狭义相对论的基本原理**

(1) 光速不变原理:对真空中任何惯性参考系,光沿任何方向的传播速度都是 $c$。

(2) 相对性原理:所有物理规律在任何不同的惯性参考系中形式都相同。

**3. 时空观**

(1) 牛顿的绝对时空观:在任何惯性参考系中测量两事件的时间间隔和空间间隔,所得的结果是完全相同的。或者说:时间和空间是不依赖于观察者运动的绝对的东西,这就是绝对时间观。

(2) 狭义相对论的时空观:时间和长度的测量是相对的,即时间和长度的测量要受到测量对象和观察者之间的相对运动的影响。空间和时间与物质的运动有不可分割的联系。

**4. 相对论效应**

(1) 动钟变慢:在某一参考系中同一地点发生的两件事,其时间间隔是本征时(或固有时)$\tau_0$;在相对某一参考系以速度 $u$ 运动的参考系中这两件事就一定不在同一地点发生,这种时间间隔是运动时 $\tau$,运动时和本征时之间的关系为

$$\tau = \frac{\tau_0}{\sqrt{1-u^2/c^2}}$$

(2) 动尺收缩：在相对静止的参考系中测量物体的长度是本征长度(或固有长度)$l_0$；在相对某一参考系以速度 $u$ 运动的参考系中测量运动物体在运动方向上的长度是运动长度 $l$，运动长度和本征长度之间的关系为

$$l = l_0\sqrt{1-u^2/c^2}$$

**5. 洛伦兹坐标变换**

(1) 正变换

$$x' = \frac{x-ut}{\sqrt{1-u^2/c^2}},\quad y'=y,\quad z'=z,\quad t'=\frac{t-xu/c^2}{\sqrt{1-u^2/c^2}}$$

(2) 逆变换

$$x = \frac{x'+ut'}{\sqrt{1-u^2/c^2}},\quad y=y',\quad z=z',\quad t=\frac{t'+x'u/c^2}{\sqrt{1-u^2/c^2}}$$

在 $u \ll c$ 的情况下，洛伦兹变换就过渡到伽利略变换。

**6. 洛伦兹速度变换**

(1) 正变换

$$v'_x = \frac{v_x-u}{1-v_xu/c^2},\quad v'_y = \frac{v_y\sqrt{1-u^2/c^2}}{1-v_xu/c^2},\quad v'_z = \frac{v_z\sqrt{1-u^2/c^2}}{1-v_xu/c^2}$$

(2) 逆变换

$$v_x = \frac{v'_x+u}{1+v'_xu/c^2},\quad v_y = \frac{v'_y\sqrt{1-u^2/c^2}}{1+v'_xu/c^2},\quad v_z = \frac{v'_z\sqrt{1-u^2/c^2}}{1+v'_xu/c^2}$$

如果 $u \ll c$，则得伽利略速度变换和逆变换。

**7. 相对论力学**

(1) 质-速关系

$$m = \frac{m_0}{\sqrt{1-v^2/c^2}}$$

(2) 质-能关系

$$E = mc^2 = \frac{m_0c^2}{\sqrt{1-v^2/c^2}}$$

(3) 相对论动能

$$T = E - E_0 = mc^2 - m_0c^2 = \frac{m_0c^2}{\sqrt{1-v^2/c^2}} - m_0c^2$$

(4) 能量和动量的关系

$$E^2 = p^2c^2 + (m_0c^2)^2$$

## 13.2 范例的解析、图示、算法和程序

### {范例 13.1} 相对论时间膨胀和长度收缩效应

(1) 根据光速不变原理说明相对论时间膨胀效应。宇宙射线中的 $\pi$ 介子进入 8000m

高空的大气层时可衰变并产生叫 $\mu$ 子的基本粒子，$\mu$ 子飞向地面的速度是 $0.998c$。实验室测得静止 $\mu$ 子的平均寿命为 $2.2\times10^{-6}$s，从时间膨胀的观点计算，$\mu$ 子能否飞到地面？

(2) 在时间膨胀的基础上进一步说明长度收缩效应。从长度收缩的观点计算，$\mu$ 子能否飞到地面？

［解析］ (1) 如 B13.1a 图所示，一车厢在地面的铁轨上以速度 $\boldsymbol{u}$ 作匀速直线运动，车厢高为 $h$，顶上装有反光镜 $M$，其正下方装有光信号的发射——接收器 $G$。

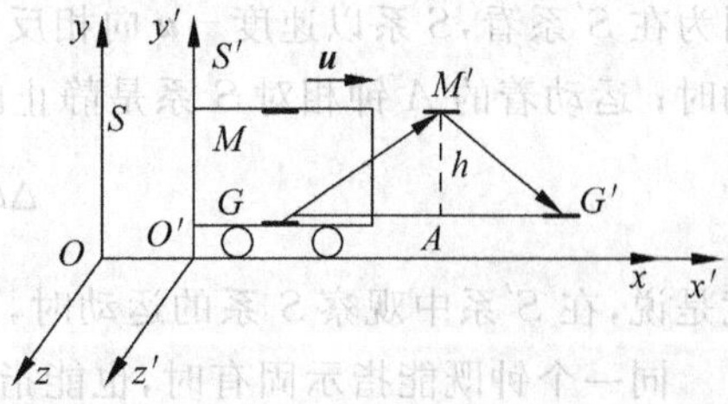

B13.1a 图

在地面上建立坐标系 $S$，$x$ 方向与车厢运动方向相同，$y$ 方向指向车厢高度的方向，$z$ 方向与两者垂直。在车厢上建立坐标系 $S'$，$S'$中的 $x'y'z'$轴与 $S$ 中的 $xyz$ 轴平行同向。

$G$ 发射光信号，然后接收光信号。在 $S'$系中观察：光沿着竖直方向传播，反射后仍沿竖直方向回到 $G$，因此 $G$ 发射和接收光信号这两件事是在同一地点发生的，时间间隔为

$$\Delta t' = 2h/c \tag{13.1.1}$$

在 $S$ 系中观察：因为 $y$ 和 $y'$之间没有相对运动，车厢高度不变。由于车厢以速度 $\boldsymbol{u}$ 沿 $x$ 轴正向运动，在 $G$ 发射和接收光信号的时间间隔里，$G$ 已经运动了一段距离，因此，发射和接收不在同一地点发生，光的传播路径是 $G\to M'\to G'$。设经过的时间间隔为 $\Delta t$，由于光速不变，所以

$$GM' = M'G' = c\Delta t/2$$

又由于

$$GA = AG' = u\Delta t/2$$

根据勾股定理可得

$$(c\Delta t/2)^2 = (u\Delta t/2)^2 + h^2$$

解得

$$\Delta t = \frac{2h}{\sqrt{c^2 - u^2}}$$

利用(13.1.1)式可得

$$\Delta t = \frac{\Delta t'}{\sqrt{1 - u^2/c^2}} \tag{13.1.2a}$$

其中，$\Delta t'$是在 $S'$系中观察到的两件事情的时间间隔，由于两件事是在同一地点发生的，这样的时间间隔称为本征时或固有时；$\Delta t$ 是 $S$ 系中观察到的两件事情的时间间隔，当两件事情发生在运动系 $S'$中的同一地点时，在 $S$ 系中就不在同一地点，$\Delta t$ 是运动时。由此可见：在所有的时间间隔中，本征时最短，其他参考系中测得的同样两件事情的时间间隔都比本征时长。

设地面和车厢中各有一个钟 $A$ 和 $B$，同时指向零点，$A$ 和 $B$ 两钟代表两个不同的时间系统。当车厢以 $u = 0.8c$ 的速度运动时，在地面上观察，$A$ 钟指示车厢运动时间，因此是运动时；在车厢上观察，$B$ 钟的位置没有发生改变，因此经过的时间是固有时。根据(13.1.2a)式可得本征时和运动时之间的关系为

$$\Delta t' = \Delta t\sqrt{1-u^2/c^2} = 0.6\Delta t$$

当$A$钟分针依次指到10分、20分和50分时,车厢中$B$钟的分针依次指到6分、12分和30分。在$S$系中观察者看到:$S'$系中的钟(相对于$S'$系静止,相对于$S$系运动)变慢了,$S'$系上一段较短的时间相当于$S$系上一段较长的时间。这种效应称为动钟变慢或时间膨胀。

注意:时间膨胀是一种相对效应,在$S'$系中的观察者看到$S$系中的钟也变慢了。这是因为在$S'$系看,$S$系以速度$-\boldsymbol{u}$向相反的方向运动。$B$钟测量$A$钟的运动时间$\Delta t'$,表示运动时;运动着的$A$钟相对$S$系是静止的,表示本征时$\Delta t$,时间间隔公式就要变成

$$\Delta t' = \frac{\Delta t}{\sqrt{1-u^2/c^2}} \tag{13.1.2b}$$

就是说,在$S'$系中观察$S$系的运动时,要用上式,其中$\Delta t$是固有时,$\Delta t'$是运动时。

同一个钟既能指示固有时,也能指示运动时,要依对象而定。当一个钟表示本系统中静止物体的时间时,就是本征时;表示运动物体的时间时,就是运动时。不论在哪个参考系中观察,运动时$\tau$和本征时$\tau_0$之间的关系为

$$\tau = \frac{\tau_0}{\sqrt{1-u^2/c^2}} \tag{13.1.3}$$

在$S$系中观察,本征时为$\tau_0=\Delta t'$,运动时为$\tau=\Delta t$;在$S'$系中观察,本征时为$\tau_0=\Delta t$,运动时为$\tau=\Delta t'$。只有在低速运动的情况下,才有

$$\tau \approx \tau_0 \tag{13.1.4}$$

说明两个系统的钟是同步的。因此,日常生活中的钟,不论运动还是静止,都是同步的。

高速运动的时间膨胀效应如同慢镜头,在$S$系中的观察者看$S'$系中发生的事件,如同看慢镜头;反之,在$S'$系中的观察者看$S$系中发生的事件,也如同看慢镜头。

如果直接用$\mu$子的平均寿命$2.2\times10^{-6}$s计算,尽管它的速度达到$0.998c$,它也只能运动658m,远远不能穿过8000m厚的大气层。可是平均寿命是本征时,在地面上看,$\mu$子由于高速运动而寿命变长了,其运动时为

$$\tau = \frac{\tau_0}{\sqrt{1-u^2/c^2}} = \frac{2.2\times10^{-6}}{\sqrt{1-0.998^2}} = 15.82\times2.2\times10^{-6} = 3.48\times10^{-5}(\text{s})$$

能通过的距离为

$$\Delta l = u\Delta t = 1.04\times10^4(\text{m}) > 8000(\text{m})$$

可见:$\mu$子因寿命延长而能够到达地面。时间膨胀效应说明:寿命在于运动。

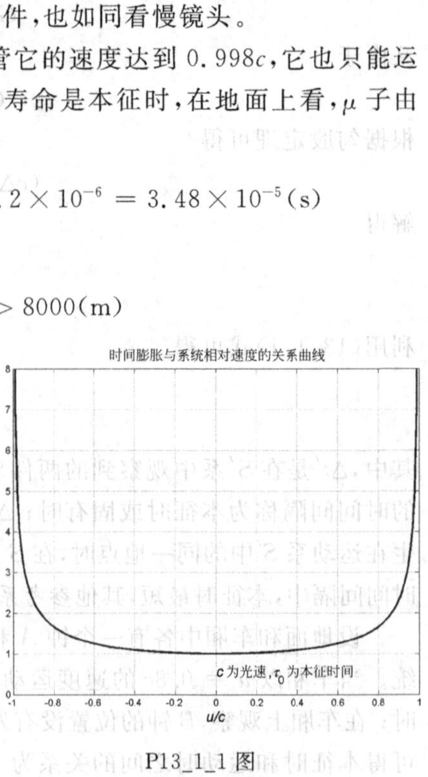

P13_1_1图

[**图示**] 如P13_1_1图所示,两系统的速度即使达到$0.5c$,时间膨胀的效应都不明显。但是,当两系统的相对速度接近光速时,时间将成倍地增加。当速度方向相反时,只要速度大小相同,时间膨胀的效应是相同的。

[**算法**] (1) 取光速$c$为速度单位,则

$$\tau = \frac{\tau_0}{\sqrt{1-u^{*2}}} \tag{13.1.3*}$$

其中$u^*=u/c$,$u^*$表示两个系统的约化速度,在公

式推导中常用$\beta$表示。

［程序］ P13_1_1.m 见网站。

［解析］（2）如 B13.1b 图所示，在 $S$ 系中，设 $x$ 轴上有一个固定点 $P$，其坐标为 $x_1$。在 $t$ 时刻物块的 $B$ 端经过 $P$ 点，经过 $\Delta t$ 时间之后，即在 $t+\Delta t$ 时刻，物块 $A$ 端也经过 $P$ 点，即

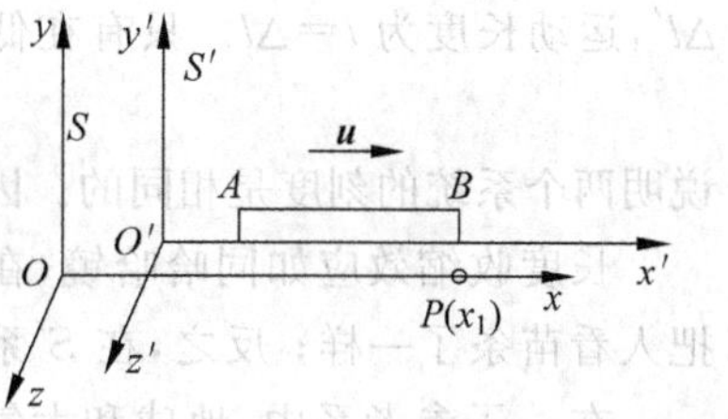

B13.1b 图

$$x_A(t+\Delta t)=x_1$$

此时 $B$ 端的坐标为

$$x_B(t+\Delta t)=x_1+u\Delta t$$

因此，在 $S$ 系中测得 $AB$ 的长度为

$$\Delta l=x_B(t+\Delta t)-x_A(t+\Delta t)=u\Delta t$$

其中，$\Delta t$ 是物块两端 $A$ 和 $B$ 相继通过 $P$ 点这两件事之间的时间间隔，由于 $P$ 点在 $S$ 系中是固定的，因此 $\Delta t$ 是固有时。

在 $S'$系中观察，物块 $AB$ 静止，而 $S$ 以速度$-\boldsymbol{u}$ 沿 $x'$轴反向运动，$P$ 点相继通过 $AB$ 两端。设这两事件的时间间隔为 $\Delta t'$，测得物块的长度为

$$\Delta l'=u\Delta t'$$

因此

$$\Delta l/\Delta l'=\Delta t/\Delta t' \tag{13.1.5}$$

$P$ 点是 $S$ 系中的固定点，在 $S'$系中，$A$ 和 $B$ 分别通过 $P$ 点这两事件不是在同一地点发生的，因此 $\Delta t'$不是固有时，而是运动时。

将时间膨胀公式(13.1.2b)代入(13.1.5)式可得长度公式

$$\Delta l=\Delta l'\sqrt{1-u^2/c^2} \tag{13.1.6a}$$

$\Delta l'$是观察者在 $S'$系中测得的 $AB$ 之长，由于 $AB$ 相对观察者静止，因此是本征长度或固有长度；$\Delta l$ 是在 $S$ 系中所测的 $AB$ 运动时的长度，称为运动长度。从公式可知：本征长度最长，其他参考系中测得的运动长度都比本征长度短，这种效应称为动尺收缩或长度收缩。

如果一根 1m 长的尺横放在车厢($S'$系)中，即 $\Delta l'=1\text{m}$，$\Delta l'$在车厢中是静止的，表示固有长度，当车厢以 $u=0.8c$ 运动时，地面($S$ 系)上测量的就是运动长度，由(13.1.6a)式算得 $\Delta l=0.6\text{m}$。

注意：由于公式中的 $u$ 是沿着长度方向的速度，因此长度收缩只发生在相对运动的方向。

长度的收缩效应也是相对的。如果物体静止于 $S$ 系中，则在 $S'$系测得的长度比在 $S$ 系中测得的长度要短，公式为

$$\Delta l'=\Delta l\sqrt{1-u^2/c^2} \tag{13.1.6b}$$

如果一根 1m 长的杆横放在地面($S$ 系)上，即 $\Delta l=1\text{m}$，$\Delta l$ 在站台上测量是固有长度，而在以 $u=0.8c$ 运动的车厢($S'$系)中测量的就是运动长度，由(13.1.6b)式算得为 $\Delta l'=0.6\text{m}$。

同一个“尺”既能测量固有长度，也能测量运动长度，要依对象而定。当“尺”测量本系统中静止物体的长度时，就是本征长度；测量运动物体的长度时，就是运动长度。不论在哪个参考系测量，运动长度和本征长度之间的关系为

$$l = l_0\sqrt{1-u^2/c^2} \tag{13.1.7}$$

在 $S$ 系中观察，本征长度为 $l_0=\Delta l$，运动长度为 $l=\Delta l'$；在 $S'$ 系中观察，本征长度为 $l_0=\Delta l'$，运动长度为 $l=\Delta l$。只有在低速运动的情况下，才有

$$l \approx l_0 \tag{13.1.8}$$

说明两个系统的刻度是相同的。因此，日常生活中的“尺”，不论运动还是静止，刻度都是相同的。

长度收缩效应如同哈哈镜，在 $S$ 系中的观察者看 $S'$ 系中物体变短了，如同通过哈哈镜把人看苗条了一样；反之，在 $S'$ 系中的观察者看 $S$ 系物体也是相同的情况。

在 $\mu$ 子参考系中，地球和大气层以 $u=0.998c$ 的速度相对 $\mu$ 子运动。由于大气层相对地球静止，所以在地球上测得的大气层厚度为本征长度 $l_0=8000\text{m}$。在 $\mu$ 子参考系中测量时，大气层的厚度为运动长度，由长度收缩公式可得

$$l = l_0\sqrt{1-u^2/c^2} = 8000\sqrt{1-0.998^2} = 506(\text{m})$$

在 $\mu$ 子看来，向它运动的大气层变薄了。地面运动到 $\mu$ 子处时所需要的运动时间为

$$\Delta t = l/u = 506/(0.998c) = 1.69\times10^{-6}\text{s} < 2.2\times10^{-6}(\text{s})$$

因此 $\mu$ 子在自己的有“生”之秒能够到达地面。

［**图示**］ 如 P13_1_2 图所示，两系统的相对速度越接近光速，长度收缩效应就越明显。长度收缩效应发生在速度方向上，只与两系统相对速度的大小有关，与速度的垂直方向无关。

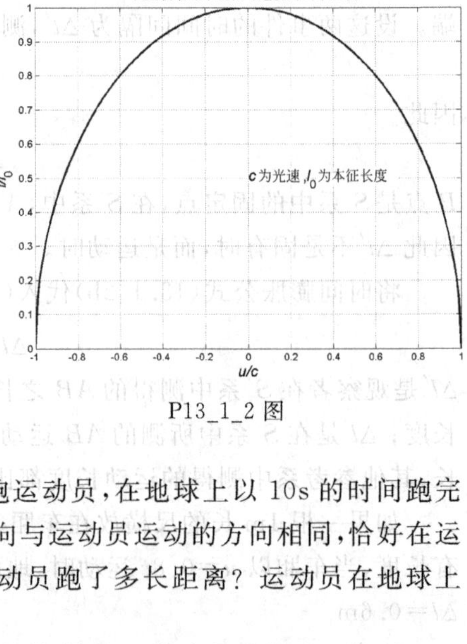

P13_1_2 图

［**算法**］ (2) 取光速 $c$ 为速度单位，则

$$l = l_0\sqrt{1-u^{*2}} \tag{13.1.7*}$$

其中 $u^*=u/c$，$u^*$ 表示两个系统的约化速度。

［**程序**］ P13_1_2.m 见网站。

## {范例 13.2} 洛伦兹坐标变换

根据光速不变原理说明洛伦兹坐标变换。一短跑运动员，在地球上以 10s 的时间跑完了 100m 的距离。有一飞船对地飞行速度为 0.8$c$，方向与运动员运动的方向相同，恰好在运动员起跑时从运动员的上空飞过。在飞船上观察，运动员跑了多长距离？运动员在地球上跑了多长距离？

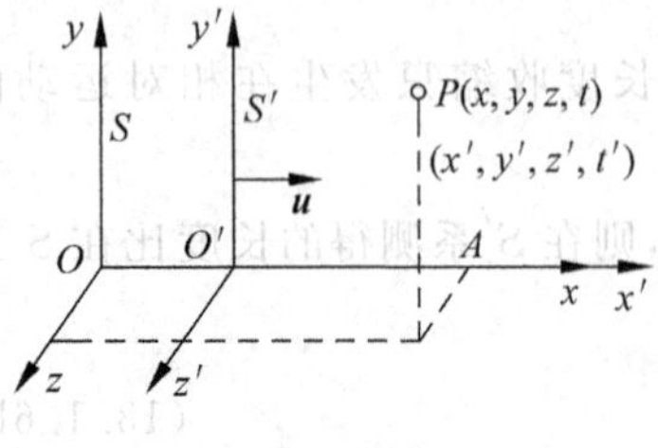

B13.2a 图

［**解析**］ 如 B13.2a 图所示，设两个不同的惯性参考系 $S$ 和 $S'$，$S'$ 系沿 $S$ 系的 $x$ 轴正向以速度 $u$ 运动，取坐标重合时为计时起点。事件 $P$(例如闪电)在 $S$ 系中的 $t$ 时刻发生在 $(x,y,z)$ 处，其时空坐标为 $(x,y,z,t)$；同一事件 $P$ 在 $S'$ 系中的 $t'$ 时刻发生在 $(x',y',z')$ 处。由于 $y$ 和 $y'$，$z$ 和 $z'$ 无相对运动，所以

$$\begin{cases} y' = y & (13.2.1\text{a}) \\ z' = z & (13.2.1\text{b}) \end{cases}$$

在 $S$ 系中观察，长度关系是

$$(OA)_S = (OO')_S + (O'A)_S \tag{13.2.2}$$

其中，$(OA)_S=x$，$(OO')_S=ut$，但$(O'A)_S\neq x'$，因为$x'$是$S'$系中的长度$O'A$，即$(O'A)_{S'}=x'$。将$O'A$当做固定在$S'$上的横杆，$x'$就是$S'$系的本征长度，$(O'A)_S$就是$S$系中的运动长度。根据长度收缩公式可得

$$(OA)_S=x'\sqrt{1-u^2/c^2}$$

上式代入(13.2.2)式可得

$$x=ut+x'\sqrt{1-u^2/c^2} \tag{13.2.3}$$

在$S'$系中观察，长度关系是

$$(O'A)_{S'}=(OA)_{S'}-(OO')_{S'} \tag{13.2.4}$$

其中$(O'A)_{S'}=x'$，$(OO')_{S'}=ut'$，但$(OA)_{S'}\neq x$，因为$x$是$S$系中的长度$OA$，即$(OA)_S=x$。将$OA$当做固定在$S$上的横杆，$x$就是$S$系的本征长度，$(OA)_{S'}$就是$S'$系中的运动长度。根据长度收缩公式可得

$$(OA)_{S'}=x\sqrt{1-u^2/c^2}$$

上式代入(13.2.4)式可得

$$x'=x\sqrt{1-u^2/c^2}-ut' \tag{13.2.5}$$

将上式代入(13.2.3)式，可得

$$x=ut+x(1-u^2/c^2)-ut'\sqrt{1-u^2/c^2}$$

解得

$$t'=\frac{t-xu/c^2}{\sqrt{1-u^2/c^2}} \tag{13.2.1c}$$

上式代入(13.2.5)式可得

$$x'=\frac{x-ut}{\sqrt{1-u^2/c^2}} \tag{13.2.1d}$$

方程组(13.2.1)就是相对论中不同惯性参考系间的时空坐标变换关系，因最先由洛伦兹得到，故称洛伦兹变换。

利用方程组(13.2.1)还可得洛伦兹逆变换为

$$x=\frac{x'+ut'}{\sqrt{1-u^2/c^2}},\quad y=y',\quad z=z',\quad t=\frac{t'+x'u/c^2}{\sqrt{1-u^2/c^2}} \tag{13.2.6}$$

将方程组(13.2.1)中的$x$和$x'$，$y$和$y'$，$z$和$z'$互换，并将$u$换成$-u$，也能得出逆变换公式。

在$u\ll c$的情况下，由方程组(13.2.1)可过渡到伽利略变换

$$x'=x-ut,\quad y'=y,\quad z'=z,\quad t'=t \tag{13.2.7}$$

由方程组(13.2.6)可过渡到伽利略逆变换

$$x=x'+ut',\quad y=y',\quad z=z',\quad t=t' \tag{13.2.8}$$

可见：伽利略变换是洛伦兹变换在低速情况下的近似。

[**讨论**] 根据洛伦兹变换可得时间膨胀和长度收缩公式。

(1) 如果在$S'$系中两事件发生在同一地点，则

$$x_1'=x_2',\quad y_1'=y_2',\quad z_1'=z_2'$$

两事件的时间间隔$\Delta t'=t_2'-t_1'$为本征时。如果根据洛伦兹时间逆变换公式，可得时间差为

$$t_2-t_1=\frac{t_2'-t_1'+u(x_2'-x_1')/c^2}{\sqrt{1-u^2/c^2}}$$

由 $\Delta x' = x_2' - x_1' = 0$，可得时间膨胀公式

$$\Delta t = \frac{\Delta t'}{\sqrt{1 - u^2/c^2}}$$

如果根据洛伦兹时间正变换公式，可得

$$\Delta x' = \frac{\Delta x - u\Delta t}{\sqrt{1 - u^2/c^2}}$$

由于 $\Delta x' = 0$，所以 $\Delta x = u\Delta t$。再由洛伦兹时间正变换公式得

$$\Delta t' = \frac{\Delta t - u\Delta x/c^2}{\sqrt{1 - u^2/c^2}} = \frac{\Delta t - u^2\Delta t/c^2}{\sqrt{1 - u^2/c^2}} = \Delta t\sqrt{1 - u^2/c^2}$$

同样可得时间膨胀公式。

(2) 如 B13.2b 图所示，设物块 $AB$ 随着 $S'$ 系运动，在 $S'$ 系测得坐标之差 $\Delta x' = x_B' - x_A'$ 就是本征长度。在 $S$ 系中同时测得坐标之差 $\Delta x = x_B - x_A$ 为运动长度，即 $t_B = t_A$。如果根据洛伦兹坐标正变换公式，坐标之差为

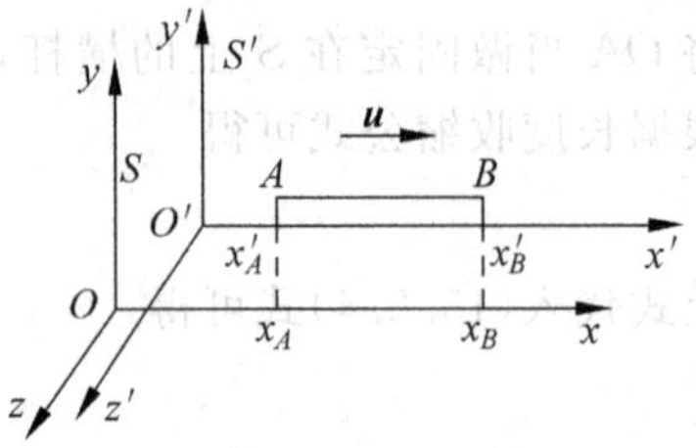

B13.2b 图

$$x_B' - x_A' = \frac{x_B - x_A - u(t_B - t_A)}{\sqrt{1 - u^2/c^2}}$$

可得长度收缩公式

$$\Delta x = \Delta x'\sqrt{1 - u^2/c^2}$$

如果根据洛伦兹时间逆变换公式，时间之差为

$$\Delta t = \frac{\Delta t' + u\Delta x'/c^2}{\sqrt{1 - u^2/c^2}}$$

由于 $\Delta t = t_B - t_A = 0$，所以 $\Delta t' = -u\Delta x'/c^2$。再根据洛伦兹空间逆变换公式，同样可得长度收缩公式

$$\Delta x = \frac{\Delta x' + u\Delta t'}{\sqrt{1 - u^2/c^2}} = \frac{\Delta x' - u^2\Delta x'/c^2}{\sqrt{1 - u^2/c^2}} = \Delta x'\sqrt{1 - u^2/c^2}$$

以地球为 $S$ 系，则 $\Delta t = 10\text{s}$，$\Delta x = 100\text{m}$。根据洛伦兹空间和时间变换公式，在飞船上观测运动员的运动距离为

$$\Delta x' = \frac{\Delta x - u\Delta t}{\sqrt{1 - (u/c)^2}} = \frac{100 - 0.8c \times 10}{\sqrt{1 - 0.8^2}} \approx -4 \times 10^9(\text{m})$$

运动员运动的时间为

$$\Delta t' = \frac{\Delta t - u\Delta x/c^2}{\sqrt{1 - (u/c)^2}} = \frac{10 - 0.8 \times 100/c}{0.6} \approx 16.67(\text{s})$$

在飞船上看，地球以 $0.8c$ 的速度后退，后退时间约为 16.67s；运动员的速度远小于地球后退的速度，所以运动员跑步的距离约为地球后退的距离，即 $4 \times 10^9\text{m}$。100m 在地球上是固有长度 $l_0$，在飞船上看到的是运动长度，因此，在飞船上看，运动员在地面上跑过的距离为

$$l = l_0\sqrt{1 - (u/c)^2} = 100\sqrt{1 - 0.8^2} = 60(\text{m})$$

在地面上看，运动员的速度为

$$v = \frac{100}{10} = 10(\text{m/s})$$

在飞船上看，运动员的速度为

$$v' = \frac{60}{100/6} = 3.6(\mathrm{m/s})$$

可知：飞船上看到的运动员的速度比地面上看到的速度要慢一些。

［图示］ (1) 如 P13_2a 图所示(见彩页)，洛伦兹坐标变换是平面。变换后的坐标随变换前的坐标直线增加，随变换前的时间直线减小。两个惯性系统的相对速度(正值)越大，直线增加(随坐标)或减小(随时间)的斜率就越大。

(2) 如 P13_2b 图所示(见彩页)，洛伦兹变换中的时间变换也是平面。变换后的时间随变换前的时间直线增加，随变换前的坐标直线减小。两个惯性系统的相对速度(正值)越大，直线增加(随时间)或减小(随坐标)的斜率就越大。

［算法］ 取光速 $c$ 为速度单位，取某段时间 $t_0$ 为时间单位，那么 $ct_0$ 就是长度单位，可得

$$x'^* = \frac{x^* - u^* t^*}{\sqrt{1-u^{*2}}},\quad y'^* = y^*,\quad z'^* = z^*,\quad t'^* = \frac{t^* - u^* x^*}{\sqrt{1-u^{*2}}} \tag{13.2.1*}$$

其中，$u^* = u/c, x^* = x/ct_0, x'^* = x'/ct_0, t^* = t/t_0, t'^* = t'/t_0$。$x^*$ 和 $x'^*$ 表示约化坐标，$t^*$ 和 $t'^*$ 表示约化时间。

取两坐标系的相对速度为参数，取 $S$ 系中坐标为横坐标向量，取 $S$ 系中时间为纵坐标向量，形成坐标和时间矩阵，画出 $S'$ 系中不同参数的洛伦兹坐标变换和时间变换平面。

［程序］ P13_2.m 见网站。

## ｛范例 13.3｝ 洛伦兹速度变换

(1) 根据洛伦兹坐标变换，推导 $x$ 方向上速度变换公式。$A$ 飞船在地面上以 $0.5c$ 的速度运动，$B$ 飞船在地面上以 $0.8c$ 的速度同向运动，那么 $B$ 飞船相对于 $A$ 飞船的速度是多少？如果 $B$ 飞船在地面上以 $0.8c$ 的速度相向运动，结果又如何？

(2) 根据洛伦兹坐标变换，推导 $y$ 方向或 $z$ 方向上速度变换公式以及合速度的变换公式。在太阳参考系中观察，一束星光垂直射向地面，速率为 $c$，而地球以速率 $u$ 垂直于光线运动。在地面上测量，这束星光速度的大小与方向如何？

［解析］ (1) 设 $S'$ 系沿 $S$ 系的 $x$ 轴正向以速度 $u$ 运动，一质点 $P$ 运动时，在 $S$ 系中的速度 $x$ 分量为

$$v_x = \mathrm{d}x/\mathrm{d}t \tag{13.3.1a}$$

在 $S'$ 系中的速度 $x$ 分量为

$$v'_x = \mathrm{d}x'/\mathrm{d}t' \tag{13.3.2a}$$

对洛伦兹坐标变换的 $x$ 分量取微分得

$$\mathrm{d}x' = \frac{\mathrm{d}x - u\mathrm{d}t}{\sqrt{1-u^2/c^2}} = \frac{(\mathrm{d}x/\mathrm{d}t - u)\mathrm{d}t}{\sqrt{1-u^2/c^2}} = \frac{(u_x - u)\mathrm{d}t}{\sqrt{1-u^2/c^2}} \tag{13.3.3a}$$

对洛伦兹变换的时间取微分得

$$\mathrm{d}t' = \frac{\mathrm{d}t - u\mathrm{d}x/c^2}{\sqrt{1-u^2/c^2}} = \frac{(1-uv_x/c^2)\mathrm{d}t}{\sqrt{1-u^2/c^2}} \tag{13.3.4}$$

由此可得洛伦兹速度 $x$ 分量的变换公式

$$v'_x = \frac{v_x - u}{1 - v_x u/c^2} \tag{13.3.5a}$$

［讨论］ (1) 如果 $v_x > u > 0$，则 $v'_x > 0$，表示质点在 $S'$ 系中沿 $x'$ 正向运动。

(2) 如果 $v_x = u$，则 $v'_x = 0$，表示质点在 $S'$ 系中是静止的。

(3) 如果 $0<v_x<u$,则 $v'_x<0$,表示质点在 $S'$系中沿 $x'$负向运动。

(4) 如果 $v_x$ 和 $u$ 的符号相反,表示质点和 $S'$系相向运动或反向运动,质点在 $S'$系中速度 $v'_x$的大小和方向由 $v_x$ 和 $u$ 的大小和方向共同决定。

(5) 当 $v_x\to\pm c$ 时,则得

$$v'_x\to\frac{\pm c-u}{1-(\pm c)u/c^2}=\pm c$$

可见:质点在一个惯性参考系中以光速运动,在另一参考系中也以光速运动。这满足光速不变原理。

以地面为 $S$ 系,以 $A$ 飞船为 $S'$系,$B$ 飞船相对 $A$ 飞船的速度就是 $B$ 飞船在 $S'$系中的速度。$A$ 飞船在 $S$ 系中速度为 $u=0.5c$,$B$ 飞船在 $S$ 系中速度为 $v_x=0.8c$,根据(13.3.5a)式可得 $B$ 飞船在 $S'$系中的速度

$$v'_x=\frac{0.8c-0.5c}{1-0.8\times 0.5}=0.5c$$

可见:在同向运动时,$B$ 飞船相对 $A$ 飞船的速度大于 $0.3c$。如果 $B$ 飞船与 $A$ 飞船相向运动,则 $v_x=-0.8c$,根据(13.3.5a)式可得 $B$ 飞船在 $S'$系中的速度

$$v'_x=\frac{-0.8c-0.5c}{1-(-0.8)\times 0.5}=-0.9286c$$

可见:在相向运动时,$B$ 飞船相对 $A$ 飞船的速度仍然小于光速。

[**图示**] 如 P13_3_1 图所示(见彩页),$|v_x-u|$越大,则$|v'_x|$越大,但$|v'_x|$不会超过光速。当 $v_x=-c$ 时,有 $v'_x=-c$;当 $v_x=c$ 时,有 $v'_x=c$。这是符合光速不变原理的。当 $u=c$ 时,有 $v'_x=-c$,说明 $S'$系相对 $S$ 系以光速前进时,$S$ 系中一切物体,不管速度多大,在 $S'$系中观察,都以光速后退。当 $u=-c$ 时,有 $v'_x=c$,也说明相同的问题。

[**算法**] (1) 取光速 $c$ 为速度单位,$x$ 方向速度变换公式可表示为

$$v'^*_x=\frac{v^*_x-u^*}{1-v^*_xu^*} \tag{13.3.5a*}$$

其中,$u^*=u/c$,$v'^*_x=v'_x/c$,$v^*_x=v_x/c$。$v^*$ 和 $v'^*$ 表示约化速度。

取 $S$ 系中 $x$ 方向速度为横坐标向量,取两坐标系的相对速度为纵坐标向量,形成矩阵,计算 $S'$系中 $x$ 方向速度,画出曲面。

[**程序**] P13_3_1.m 见网站。

[**解析**] (2) 质点 $P$ 在 $S$ 系中速度的 $y$ 分量和 $z$ 分量分别为

$$\begin{cases}v_y=\mathrm{d}y/\mathrm{d}t & (13.3.1b)\\ v_z=\mathrm{d}z/\mathrm{d}t & (13.3.1c)\end{cases}$$

在 $S'$系中速度的 $y$ 分量和 $z$ 分量分别为

$$\begin{cases}v'_y=\mathrm{d}y'/\mathrm{d}t' & (13.3.2b)\\ v'_z=\mathrm{d}z'/\mathrm{d}t' & (13.3.2c)\end{cases}$$

对洛伦兹变换的 $y$ 分量和 $z$ 分量分别取微分得

$$\begin{cases}\mathrm{d}y'=\mathrm{d}y & (13.3.3b)\\ \mathrm{d}z'=\mathrm{d}z & (13.3.3c)\end{cases}$$

利用(13.3.4)式得洛伦兹速度变换的 $y$ 分量和 $z$ 分量的公式

$$\begin{cases} v'_y = \dfrac{v_y\sqrt{1-u^2/c^2}}{1-v_x u/c^2} & (13.3.5\text{b}) \\ v'_z = \dfrac{v_z\sqrt{1-u^2/c^2}}{1-v_x u/c^2} & (13.3.5\text{c}) \end{cases}$$

方程组(13.3.5)是洛伦兹速度变换公式，洛伦兹速度逆变换公式为

$$v_x = \frac{v'_x+u}{1+v'_x u/c^2},\quad v_y = \frac{v'_y\sqrt{1-u^2/c^2}}{1+v'_x u/c^2},\quad v_z = \frac{v'_z\sqrt{1-u^2/c^2}}{1+v'_x u/c^2} \tag{13.3.6}$$

如果 $u \ll c$，则得伽利略速度变换和逆变换

$$v'_x = v_x - u,\quad v'_y = v_y,\quad v'_z = v_z$$

$$v_x = v'_x + u,\quad v_y = v'_y,\quad v_z = v'_z$$

质点合速度的平方为

$$v'^2 = v'^2_x + v'^2_y + v'^2_z = \frac{1}{(1-v_x u/c^2)^2}\left[(v_x-u)^2 + v_y^2\left(1-\frac{u^2}{c^2}\right) + v_z^2\left(1-\frac{u^2}{c^2}\right)\right]$$

利用关系 $v^2 = v_x^2 + v_y^2 + v_z^2$，可得变换后的速度大小

$$v' = c\sqrt{1-\frac{(1-v^2/c^2)(1-u^2/c^2)}{(1-v_x u/c^2)^2}} \tag{13.3.7}$$

设 $v_z = 0$，质点在 $S$ 系中速度大小为 $v$，方向角为 $\theta$，则

$$v_x = v\cos\theta,\ v_y = v\sin\theta$$

由(13.3.5)式得

$$v'_x = \frac{v\cos\theta - u}{1-uv\cos\theta/c^2},\quad v'_y = \frac{v\sin\theta\sqrt{1-u^2/c^2}}{1-uv\cos\theta/c^2} \tag{13.3.8}$$

质点在 $S'$ 系中速度大小为

$$v' = c\sqrt{1-\frac{(1-v^2/c^2)(1-u^2/c^2)}{(1-vu\cos\theta/c^2)^2}} \tag{13.3.9}$$

速度的方向角为

$$\theta' = \arctan\frac{v'_y}{v'_x} = \arctan\frac{v\sin\theta\sqrt{1-u^2/c^2}}{v\cos\theta - u} \tag{13.3.10}$$

当 $\theta=0$ 或 $\pi/2$ 时，可得一些特例。

如 B13.3 图所示，取太阳系为 $S$ 系，地球为 $S'$ 系。在 $S$ 系中看地球以速度 $u$ 运动，看星光的速度为

$$v_x = 0,\quad v_y = c$$

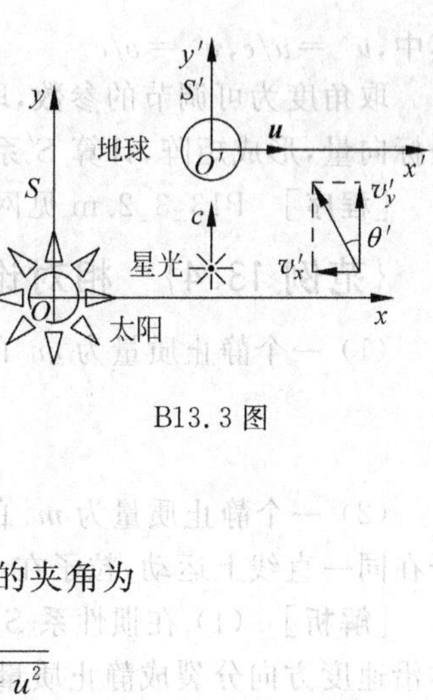

B13.3 图

星光在 $S'$ 系中的速度分量为

$$v'_x = \frac{v_x - u}{1-v_x u/c^2} = -u$$

$$v'_y = \frac{v_y\sqrt{1-u^2/c^2}}{1-v_x u/c^2} = c\sqrt{1-u^2/c^2} = \sqrt{c^2-u^2}$$

星光在 $S'$ 系中的速度为

$$v' = \sqrt{v'^2_x + v'^2_y} = c$$

即光速是不变的。星光在 $S'$ 系中与 $y'$ 轴的夹角，即垂直地面的夹角为

$$\theta' = \arctan\frac{|v'_x|}{v'_y} = \arctan\frac{u}{\sqrt{c^2-u^2}}$$

反之，根据光速不变原理，在地球的 $S'$ 系中，光速也为 $c$。当地球以速度 $u$ 沿 $x$ 轴运动时，

根据速度变换公式可得星光的速度沿 $x'$ 轴的分量为 $v'_x=-u$，所以星光速度沿 $y'$ 轴的分量为

$$v'_y=\sqrt{c^2-v'^2_x}=\sqrt{c^2-u^2}$$

从而可求出星光速度垂直地面的夹角。

［**图示**］ (1) 当 $\theta=0$ 时，$S$ 系中的速度只有 $x$ 分量，$v_y$ 和 $v'_y$ 恒为零，如 P13_3_2a 图所示(见彩页)，$v'_y$ 是一个水平面。

(2) 当 $\theta=0$ 时，如 P13_3_2b 图所示(见彩页)，变换后的速度 $v'$ 如同一个"方边扁嘴漏斗"，当 $v=u$ 时，由 (13.3.9)式可得 $v'=0$，这就是"漏斗"的"底线"。不论 $v=c$，还是 $u=c$，都可得 $v'=c$，这就是"漏斗"的"方边"。

(3) 当 $\theta=0$ 时，如 P13_3_2c 图所示(见彩页)，速度方向角形成三个台阶。当 $v>u$ 时，$\theta'=0$，$v'$ 与 $x$ 轴正向相同；当 $v<u$ 时，$\theta'=\pm\pi$，$v'$ 与 $x$ 轴正向相反。

(4) 当 $\theta=\pi/2$ 时，$S$ 系中的速度只有 $y$ 分量，$v_x$ 为零。如 P13_3_2d 图所示(见彩页)，在 $u$ 一定的情况下，$v'_y$ 随 $v_y$ 直线增加；在 $v_y$ 一定的情况下，$v'_y$ 随 $u$ 按椭圆规律变化。

(5) 当 $\theta=\pi/2$ 时，如 P13_3_2e 图所示(见彩页)，变换后的速度 $v'$ 如同一个"方边尖嘴漏斗"，当 $v=u=0$ 时，由 (13.3.9)式可得 $v'=0$，这就是"漏斗"的"底"。只要 $v=c$，或 $u=c$，都有 $v'=c$，这就是"漏斗"的"方边"。

(6) 当 $\theta=\pi/2$ 时，如 P13_3_2f 图所示(见彩页)，如果 $v>0$，随着 $u$ 从 $-c$ 向 $c$ 变化，速度的方向角 $\theta'$ 正方向增加；如果 $v<0$，表示质点做 $v>0$，$\theta=-\pi/2$ 的运动，随着 $u$ 从 $-c$ 向 $c$ 变化，速度的方向角 $\theta'$ 负方向增加。如果 $v=0$，$\theta=\pi/2$ 是没有意义的。

［**算法**］ (2) 取光速 $c$ 为速度单位，$y$ 方向速度变换公式可表示为

$$v'_y=c\frac{v^*\sin\theta\sqrt{1-u^{*2}}}{1-v^*u^*\cos\theta} \tag{13.3.8b*}$$

在 $S'$ 系中速度大小可表示为

$$v'=c\sqrt{1-\frac{(1-v^{*2})(1-u^{*2})}{(1-v^*u^*\cos\theta)^2}} \tag{13.3.9*}$$

方向可表示为

$$\theta'=\arctan\frac{v^*\sin\theta\sqrt{1-u^{*2}}}{v^*\cos\theta-u^*} \tag{13.3.10*}$$

其中，$u^*=u/c$，$v^*=v/c$。

取角度为可调节的参数，取 $S$ 系中的速度为横坐标向量，取两坐标系的相对速度为纵坐标向量，形成矩阵，计算 $S'$ 系中一定参数的 $y$ 方向速度和合速度以及方向，画出曲面。

［**程序**］ P13_3_2.m 见网站。

## {范例 13.4} 相对论质量与速度的关系

(1) 一个静止质量为 $m_0$ 的粒子，以速率 $v$ 运动时，求证：其运动质量和速度的关系为

$$m=\frac{m_0}{\sqrt{1-v^2/c^2}} \tag{13.4.1}$$

(2) 一个静止质量为 $m_0$ 的粒子，在 $S$ 系中以速度 $v$ 运动，$S'$ 系在 $S$ 系中以速度 $u$ 与粒子在同一直线上运动，粒子在 $S'$ 系中质量和速度的关系是什么？

［**解析**］ (1) 在惯性系 $S$ 中，静止质量为 $M_0$ 的物体以速度 $u$ 运动，运动质量为 $M$。物体沿速度方向分裂成静止质量相等的 $A$、$B$ 两块，静止质量为 $m_0$，速度分别为 $v_A$ 和 $v_B$，运动质量分别为 $m_A$ 和 $m_B$。根据质量守恒得方程

$$M = m_A + m_B \tag{13.4.2}$$

根据动量守恒定律得方程

$$Mu = m_A v_A + m_B v_B \tag{13.4.3}$$

如B13.4图所示，惯性参考系 $S'$ 沿 $S$ 系的 $x$ 轴正向以速度 $u$ 运动，物体分裂后 $A$ 和 $B$ 沿 $x'$ 轴的两个相反的方向运动。根据动量守恒定律，它们相对 $S'$ 系中的速度大小相等，不妨都取为 $u$，即

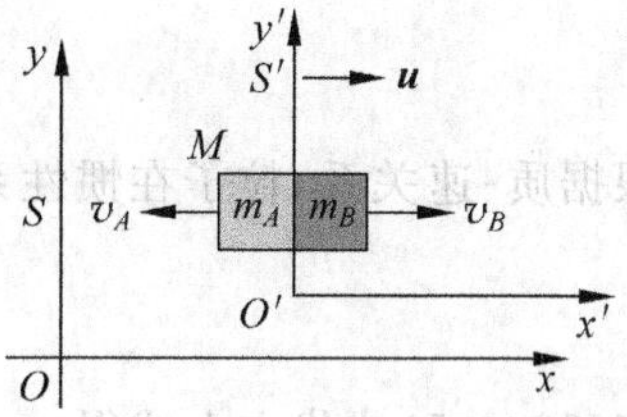

B13.4 图

$$v'_A = -u, \quad v'_B = u$$

在 $S$ 系中观察，物体 $A$ 的速度为

$$v_A = \frac{v'_A + u}{1 + v'_A u/c^2} = 0$$

即 $A$ 在 $S$ 系中静止，其质量是静止质量 $m_A = m_0$。(13.4.3)式变为

$$(m_0 + m_B)u = m_B v_B$$

可得

$$m_B = \frac{m_0}{v_B/u - 1} \tag{13.4.4}$$

在 $S$ 系中观察，物体 $B$ 的速度为

$$v_B = \frac{v'_B + u}{1 + v'_B u/c^2} = \frac{2u}{1 + u^2/c^2}$$

整理得 $(v_B/u)$ 的二次方程

$$\left(\frac{v_B}{u}\right)^2 - 2\frac{v_B}{u} + \frac{v_B^2}{c^2} = 0$$

解得

$$\frac{v_B}{u} = 1 \pm \sqrt{1 - \frac{v_B^2}{c^2}}$$

取正根，代入(13.4.4)式得

$$m_B = \frac{m_0}{\sqrt{1 - v_B^2/c^2}}$$

其中，$v_B$ 是 $B$ 物体在 $S$ 系中的速度，$m_0$ 是静止质量，$m_B$ 是运动质量。略去下标 $B$ 即可证明(13.4.1)式。这就是相对论质量和速度关系：物体的质量随运动速度的增加而增加。当速度远小于光速时，运动质量 $m$ 和静止质量 $m_0$ 相差很小，可以认为质量不变，这就是经典力学的质量。

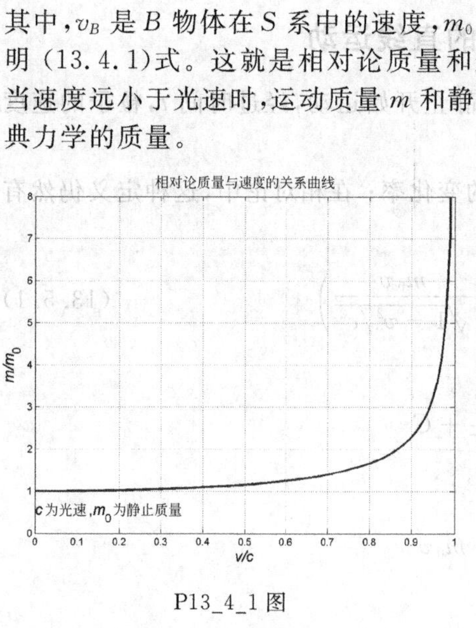

P13_4_1 图

注意：质-速关系与时间膨胀公式(13.1.3)在形式上相同，时间膨胀公式中的 $u$ 代表两个惯性参考系的相对速度；在质-速关系中，$v$ 代表物体在某惯性参考系中的运动速度。

**［图示］** 如P13_4_1图所示，物体的质量随着速度的增加而增加，当物体速度接近光速时，其质量趋于无穷大。

**［算法］** (1) 取光速 $c$ 为速度单位，质-速关系可表示为

$$m = \frac{m_0}{\sqrt{1 - v^{*2}}} \tag{13.4.1*}$$

其中 $v^* = v/c$，$v^*$ 表示物体的约化速度。

［程序］ P13_4_1.m 见网站。

［解析］ (2) 根据洛伦兹速度变换公式，粒子在惯性系 $S'$ 中的速度为

$$v' = \frac{v-u}{1-vu/c^2} \tag{13.4.5}$$

根据质-速关系，粒子在惯性系 $S'$ 中的运动质量为

$$m' = \frac{m_0}{\sqrt{1-v'^2/c^2}} \tag{13.4.6}$$

将(13.4.5)式代入上式得

$$m' = m_0 \frac{1-uv/c^2}{\sqrt{(1-u^2/c^2)(1-v^2/c^2)}} \tag{13.4.7}$$

当 $u=0$ 时，表示 $S'$ 系静止，可得(13.4.1)式。当 $u=v$ 时，表示粒子与 $S'$ 系同速同向运动，因而 $v'=0$，可得 $m'=m_0$。可见：当粒子在 $S'$ 系中相对静止时，其质量就是静止质量。

［图示］ 如 P13_4_2 图所示(见彩页)，$|v-u|$ 越大，则 $|v'|$ 越大，粒子在 $S'$ 中运动质量越大。

［算法］ (2) 取光速 $c$ 为速度单位，则速率变换公式可表示为

$$v'^* = \frac{v^*-u^*}{1-v^*u^*} \tag{13.4.5*}$$

其中，$u^*=u/c$，$v'^*=v'/c$。质-速关系可表示为

$$m' = \frac{m_0}{\sqrt{1-v'^{*2}}} \tag{13.4.6*}$$

取 $S$ 系中 $x$ 方向速度为横坐标向量，取两坐标系的相对速度为纵坐标向量，形成矩阵，计算 $S'$ 系中 $x$ 方向速度，再计算质量，画出质量与两个速度的关系曲面。

［程序］ P13_4_2.m 见网站。

## ｛范例 13.5｝ 静止粒子在恒力作用下的直线运动

一个静止质量为 $m_0$ 的粒子在恒力 $\boldsymbol{F}$ 作用下从静止开始运动，经过时间 $t$，粒子的速度和质量各是多少？粒子运动了多长的路程？

［解析］ 在牛顿力学中，力定义为动量随时间的变化率；在相对论中，这种定义仍然有效。粒子的运动方程为

$$F = \frac{dp}{dt} = \frac{d(mv)}{dt} = \frac{d}{dt}\left(\frac{m_0 v}{\sqrt{1-v^2/c^2}}\right) \tag{13.5.1}$$

积分得

$$Ft = \frac{m_0 v}{\sqrt{1-v^2/c^2}} + C$$

当 $t=0$ 时，$v=0$，因此 $C=0$。于是得

$$Ft\sqrt{1-v^2/c^2} = m_0 v$$

由此解得

$$v = c\frac{Ft/m_0c}{\sqrt{1+(Ft/m_0c)^2}} \tag{13.5.2}$$

由于 $v = \mathrm{d}x/\mathrm{d}t$，所以坐标(路程)为

$$x = \int_0^t v\mathrm{d}t = c\int_0^t \frac{Ft/m_0c}{\sqrt{1+(Ft/m_0c)^2}}\mathrm{d}t = \frac{m_0c^2}{2F}2\sqrt{1+(Ft/m_0c)^2}\Big|_0^t$$

即

$$x = \frac{m_0c^2}{F}\left[\sqrt{1+\left(\frac{Ft}{m_0c}\right)^2}-1\right] \tag{13.5.3}$$

粒子的质量为

$$m = \frac{m_0}{\sqrt{1-v^2/c^2}} = m_0\sqrt{1+\left(\frac{Ft}{m_0c}\right)^2} \tag{13.5.4}$$

［**讨论**］ (1) 当 $t \ll m_0c/F$ 时，速度可表示为

$$v = \frac{F}{m_0}t$$

其中，$F/m_0$ 是粒子的加速度，粒子作匀变速直线运动。利用公式 $(1+x)^n \approx 1+nx$，坐标可表示为

$$x = \frac{F}{2m_0}t^2$$

质量可表示为

$$m \approx m_0$$

说明粒子质量没有显著变化。

(2) 当 $t \gg m_0c/F$ 时，则得

$$v \approx c, \quad x \approx ct, \quad m = \frac{F}{c}t$$

可见：当时间很长的时候，粒子的速度接近光速，其质量直线增加。

［**图示**］ 如 P13_5 图之上图所示，当时间 $t$ 很小时，粒子速度随时间直线增加；当时间 $t$ 很大时，速度接近光速。如 P13_5 图之下图所示，当时间 $t$ 很小时，粒子的路程和质量随时间按平方规律增加；当时间 $t$ 很大时，路程和质量随时间直线增加。

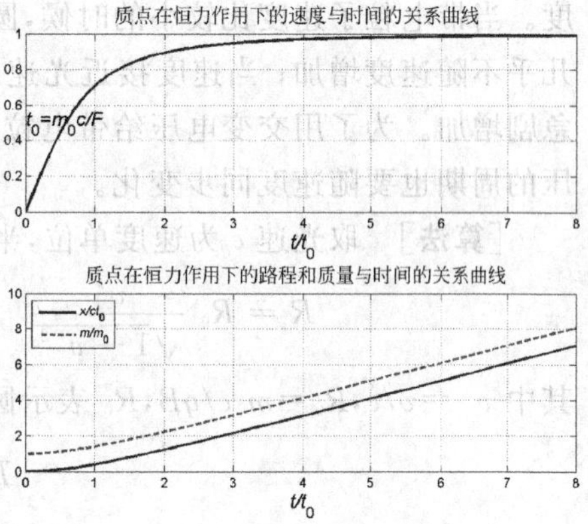


P13_5 图

［**算法**］ 取 $t_0 = m_0c/F$ 为时间单位，速度可表示为

$$v = c\frac{t^*}{\sqrt{1+t^{*2}}} \tag{13.5.2*}$$

其中 $t^* = t/t_0$，$t^*$ 表示约化时间。坐标(路程)可表示为

$$x = x_0(\sqrt{1+t^{*2}}-1) \tag{13.5.3*}$$

其中 $x_0 = ct_0$，$x_0$ 是路程单位。质量可表示为

$$m = m_0\sqrt{1+t^{*2}} \tag{13.5.4*}$$

质量和路程与时间的关系只差一个常数。

［**程序**］ P13_5.m 见网站。

## {范例 13.6} 带电粒子在磁场中的圆周运动

一个静止质量为 $m_0$、带电量为 $q$ 的粒子在磁感应强度为 $\boldsymbol{B}$ 的磁场中作匀速圆周运动，求粒子圆周运动的半径和周期。

［**解析**］ 带电粒子在磁场中作匀速圆周运动的向心力是洛伦兹力，即

$$F=\frac{mv^2}{R}=qvB \tag{13.6.1}$$

根据质-速关系可得圆周运动的半径

$$R=\frac{mv}{qB}=\frac{m_0 v}{qB\sqrt{1-v^2/c^2}} \tag{13.6.2}$$

周期为

$$T=\frac{2\pi R}{v}=\frac{2\pi m_0}{qB\sqrt{1-v^2/c^2}} \tag{13.6.3}$$

相对论半径和周期都随速度的增加而增加。

当 $v \ll c$ 时，可得非相对论半径和周期

$$R\approx\frac{m_0 v}{qB},\quad T\approx\frac{2\pi m_0}{qB}$$

非相对论半径与速度成正比，周期与速度无关。

［**图示**］ 如 P13_6 图所示，当带电粒子的速度比较小时，圆周运动的半径与速度成正比；当速度比较大时，粒子半径随速度加速增加。为了将加速的带电粒子束缚在一定的轨道上，就需要不断增加磁感应强度。当带电粒子速度比较小的时候，圆周运动的周期几乎不随速度增加；当速度接近光速时，周期随速度急剧增加。为了用交变电压给带电粒子加速，交变电压的周期也要随速度同步变化。

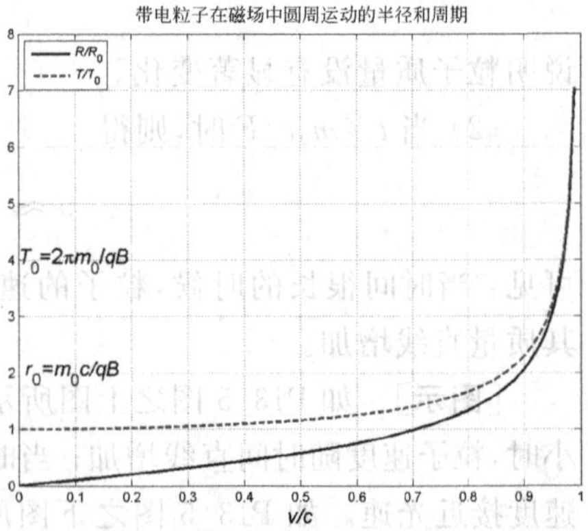


P13_6 图

［**算法**］ 取光速 $c$ 为速度单位，半径可表示为

$$R=R_0\frac{v^*}{\sqrt{1-v^{*2}}} \tag{13.6.2*}$$

其中 $v^*=v/c$，$R_0=m_0c/qB$，$R_0$ 表示圆周运动半径的单位。周期可表示为

$$T=T_0\frac{1}{\sqrt{1-v^{*2}}} \tag{13.6.3*}$$

其中 $T_0=2\pi m_0/qB$。周期随速度的变化规律与质量随速度的变化规律相同。

［**程序**］ P13_6.m 见网站。

## {范例 13.7} 相对论能量和动量的关系

试推导相对动能和能量公式以及动量公式。

［**解析**］ 在合外力 $\boldsymbol{F}$ 的作用下，静止质量为 $m_0$ 的物体，速度由零变为 $\boldsymbol{v}$，合外力做的

功为

$$A=\int_0^v \boldsymbol{F}\cdot \mathrm{d}\boldsymbol{r}=\int_0^v \frac{\mathrm{d}(m\boldsymbol{v})}{\mathrm{d}t}\cdot \mathrm{d}\boldsymbol{r}=\int_0^v \boldsymbol{v}\cdot \mathrm{d}(m\boldsymbol{v})=\int_0^v (v^2\mathrm{d}m+m\boldsymbol{v}\cdot \mathrm{d}\boldsymbol{v})$$

对质-速关系求微分得

$$\mathrm{d}m=\mathrm{d}\left[\frac{m_0}{(1-\boldsymbol{v}\cdot\boldsymbol{v}/c^2)^{1/2}}\right]=\frac{m_0\boldsymbol{v}\cdot\mathrm{d}\boldsymbol{v}}{c^2(1-v^2/c^2)^{3/2}}=\frac{m\boldsymbol{v}\cdot\mathrm{d}\boldsymbol{v}}{c^2(1-v^2/c^2)}$$

由此得

$$m\boldsymbol{v}\cdot\mathrm{d}\boldsymbol{v}=(c^2-v^2)\mathrm{d}m$$

代入功的公式得

$$A=\int_{m_0}^m [v^2\mathrm{d}m+(c^2-v^2)\mathrm{d}m]=\int_{m_0}^m c^2\mathrm{d}m=mc^2-m_0c^2$$

根据质点的动能定理：合外力所做的功等于动能的增量。物体静止时动能为零，故合外力所做的功全部转化为物体的动能。因此，在相对论中，速度为 $v$ 的物体的动能为

$$T=mc^2-m_0c^2=\frac{m_0c^2}{\sqrt{1-v^2/c^2}}-m_0c^2 \tag{13.7.1}$$

当 $v\ll c$ 时，根据公式 $(1+x)^n\approx 1+nx$，运动物体的质量为

$$m=\frac{m_0}{\sqrt{1-v^2/c^2}}=m_0\left(1-\frac{v^2}{c^2}\right)^{-1/2}\approx m_0\left(1+\frac{v^2}{2c^2}\right)$$

因此

$$T\approx\frac{1}{2}m_0v^2$$

可见：在低速情况下，相对论力学过渡到经典力学。

在相对论动能公式(13.7.1)中，$m_0$ 是物体的静止质量，$m$ 是物体的运动质量。物体的静止能量为

$$E_0=m_0c^2 \tag{13.7.2}$$

物体的总能量为

$$E=mc^2 \tag{13.7.3}$$

这就是质-能方程，是相对论独有的，没有经典项对应。由此可知：能量守恒必然导致质量守恒，反之，质量守恒也将导致能量守恒。在相对论中，质量守恒和能量守恒是统一的，能量蕴涵在质量之中。

利用(13.7.2)式和(13.7.3)式以及质-速关系可得

$$E^2-E_0^2=\frac{m_0^2c^4}{1-v^2/c^2}-m_0^2c^4=\frac{m_0^2v^2c^2}{1-v^2/c^2}=m^2v^2c^2=p^2c^2$$

即

$$E^2=p^2c^2+{m_0}^2c^4 \tag{13.7.4}$$

这就是相对论中的能量-动量关系。能量和动量是双曲线的关系。

如果某种粒子静止质量为零，即 $m_0=0$，则得

$$E=pc \tag{13.7.5}$$

比较(13.7.3)式，可得

$$p=mc \tag{13.7.6}$$

可见：该粒子速度就是光速。因此，光可当做一种静止质量为零的粒子流，对应的粒子称为光子。

［图示］ 如 P13_7 图之上图所示，物体能量随速度的变化的曲线与质量随速度的变化的曲线是相同的。如 P13_7 图之下图所示，当物体的静止质量不为零时，能量随动量按双曲线的规律变化；当物体的静止质量为零时，能量随动量直线变化。

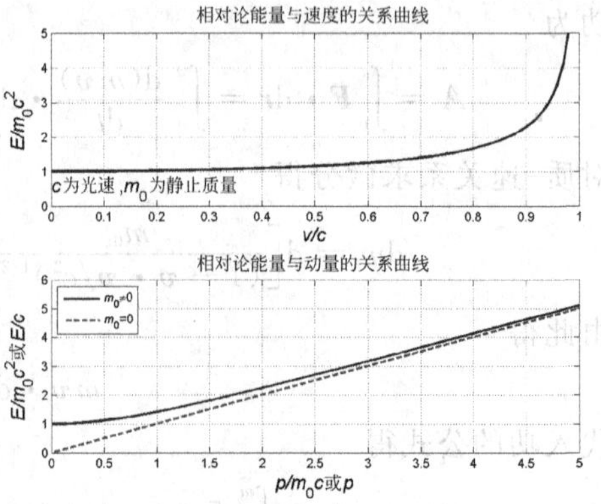


P13_7 图

［算法］ 取光速 $c$ 为速度单位，能量可表示为

$$E=\frac{m_0c^2}{\sqrt{1-(v/c)^2}}=E_0\frac{1}{\sqrt{1-v^{*2}}} \tag{13.7.3*}$$

以物体静止能量为能量的单位，物体能量随速度的变化规律与质量随速度的变化规律是相同的。当 $m_0\neq0$ 时，能量与动量的关系可表示为

$$E=m_0c^2\sqrt{\left(\frac{p}{m_0c}\right)^2+1}=E_0\sqrt{p^{*2}+1} \tag{13.7.4*}$$

其中 $p^*=p/m_0c$，$p^*$ 是约化动量。当 $m_0=0$ 时，能量与动量成正比。

［程序］ P13_7.m 见网站。

## ｛范例 13.8｝ 贝托齐极限速率实验结果的模拟

粒子运动的速度的极限是光速，1962 年，贝托齐用实验证实了这一结论。如 B13.8 图所示，电子由静电加速器加速后进入一无电场区域，然后打到铝靶上。电子通过无电场区域的时间可以由示波器测出，因而可算出电子的速率。模拟贝托齐极限速率实验的结果。

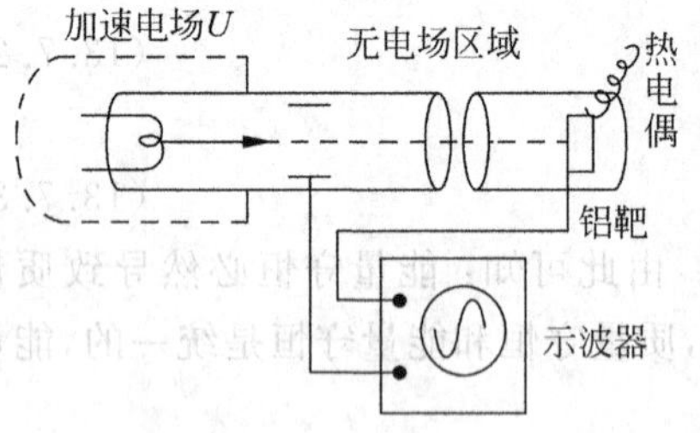


B13.8 图

［解析］ 电子的动能等于电子电量与加速电压的乘积。根据经典力学，电子的速率的平方用动能表示为

$$v^2=2T/m_0 \tag{13.8.1}$$

电子的相对论动能为

$$T=mc^2-m_0c^2 \tag{13.8.2}$$

根据质-速关系(13.4.1)式，可得方程

$$T=\frac{m_0c^2}{\sqrt{1-v^2/c^2}}-m_0c^2$$

解得

$$v^2=c^2\left[1-\frac{m_0c^2}{(T+m_0c^2)^2}\right]=c^2\frac{(T+2m_0c^2)T}{(T+m_0c^2)^2} \tag{13.8.3}$$

在 $m_0c^2\gg T$ 的情况下，由上式可得非相对论速度公式。

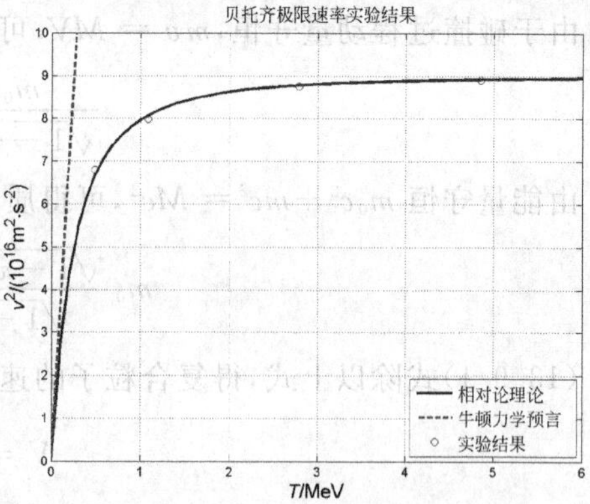


P13_8 图

［图示］ 贝托齐实验的结果如 P13_8 图所示。动能的单位取 MeV，速率平方的单位取 $10^{16}\,(\mathrm{m/s})^2$。根据牛顿公式，电子的速率将随动能的增加而无限地增加。实验表明：当电子的动能增加时，其速率将趋于极限速率，这就是光速 $c$。

［算法］ 根据相对论电子速率与动能的关系，画出理论曲线。在理论曲线附近取数值作为实验值，画出实验点模拟实验结果。

［程序］ P13_8.m 如下。

```
%贝托齐极限速率实验曲线
clear,c = 3e8;e = 1.6e - 19;m0 = 9.11e - 31;            %清除变量,光速,电子电量,电子质量
e0 = m0 * c * c;e0 = e0/e/1e6;                          %电子静止能量,单位化为兆电子伏
tm = 6;T = 0:0.1:tm;                                    %单位是兆电子伏的最大动能,相对论动能向量
vv = (1 - 1./(1 + T/e0).^2) * 9;                        %相对论速率平方
figure,plot(T,vv,'LineWidth',2)                         %创建图形窗口,画曲线(1)
grid on,axis([0,tm,0,10])                               %加网格,曲线范围
fs = 16;xlabel('\itT\rm/MeV','FontSize',fs)             %标记横坐标
ylabel('\itv\rm^2/(10^1^6m^2\cdots^ - ^2)','FontSize',fs)   %标记纵坐标
title('贝托齐极限速率实验结果','FontSize',fs)            %标题
t = 0:0.01:0.5;vv = 2 * t/e0 * 9;                       %经典动能向量,经典速率平方
hold on,plot(t,vv,'r-- ','LineWidth',2)                 %保持图像,画曲线
[x,y] = ginput(4)                                       %从键盘上取点(2)
plot(x,y,'ko')                                          %画点(3)
h = legend(['相对论理论 ';'牛顿力学预言';'实验结果 '],4);   %加图例
set(h,'FontSize',fs)                                    %放大字体
```

［说明］ (1) 画相对论理论曲线。

(2) 利用 ginput 函数在理论曲线附近取 4 个数据作为实验值。

(3) 画点模拟实验值。

## ｛范例 13.9｝ 静止质量相同的粒子的相对论完全非弹性碰撞

(1) 设有静止质量皆为 $m_0$ 的两粒子 $A$ 和 $B$，$B$ 静止不动，$A$ 以速度 $v$ 与静止的 $B$ 粒子发生完全非弹性碰撞，碰撞后组成一复合粒子，试求该复合粒子的速度和质量。粒子损失了多少动能？增加了多少静止能量？

(2) 如果两个静止质量皆为 $m_0$ 的粒子 $A$ 和 $B$ 以速度 $v_1$ 和 $v_2$ 在一条直线上运动，它们做完全非弹性碰撞后结果如何？

［解析］ (1) 碰撞前运动粒子的质量为

$$m=\frac{m_0}{\sqrt{1-v^2/c^2}}$$

设复合粒子的速度为 $V$，静止质量为 $M_0$，其运动质量为

$$M=\frac{M_0}{\sqrt{1-V^2/c^2}}$$

由于碰撞过程动量守恒，$mv = MV$，可得方程

$$\frac{m_0 v}{\sqrt{1-v^2/c^2}} = \frac{M_0 V}{\sqrt{1-V^2/c^2}} \tag{13.9.1}$$

由能量守恒 $m_0c^2 + mc^2 = Mc^2$，可得质量守恒方程

$$m_0 \frac{\sqrt{1-v^2/c^2}+1}{\sqrt{1-v^2/c^2}} = \frac{M_0}{\sqrt{1-V^2/c^2}} \tag{13.9.2}$$

(13.9.1)式除以上式，得复合粒子的速度

$$V = \frac{v}{1+\sqrt{1-v^2/c^2}} \tag{13.9.3}$$

可见：复合粒子的速度随入射粒子速度的增加而增加，但小于入射粒子的速度。

设 $\beta = v/c$，由(13.9.2)式得复合粒子的静止质量为

$$M_0 = m_0 \frac{1+\sqrt{1-\beta^2}}{\sqrt{1-\beta^2}}\sqrt{1-\frac{V^2}{c^2}} = m_0 \frac{1+\sqrt{1-\beta^2}}{\sqrt{1-\beta^2}}\sqrt{1-\frac{\beta^2}{(1+\sqrt{1-\beta^2})^2}}$$

$$= m_0\sqrt{\frac{(1+\sqrt{1-\beta^2})^2-\beta^2}{1-\beta^2}} = m_0\sqrt{\frac{2(1-\beta^2+\sqrt{1-\beta^2})}{1-\beta^2}}$$

即

$$M_0 = m_0\sqrt{2\left(1+\frac{1}{\sqrt{1-v^2/c^2}}\right)} \tag{13.9.4}$$

当 $v \ll c$ 时，由(13.9.3)式和(13.9.4)式得

$$V = v/2, \quad M_0 = 2m_0$$

这是经典力学的碰撞结果。

碰撞前后的静止质量之差是复合粒子静止质量的增量

$$\Delta M_0 = M_0 - 2m_0 = m_0\left[\sqrt{2\left(1+\frac{1}{\sqrt{1-v^2/c^2}}\right)}-2\right] \tag{13.9.5}$$

显然，碰撞后复合粒子的静止质量大于两个粒子的静止质量之和。

粒子碰撞前的动能为

$$T_m = mc^2 - m_0c^2 = m_0c^2\left(\frac{1}{\sqrt{1-v^2/c^2}}-1\right) \tag{13.9.6}$$

碰撞后的动能为

$$T_M = Mc^2 - M_0c^2 = M_0c^2\left(\frac{1}{\sqrt{1-V^2/c^2}}-1\right) \tag{13.9.7}$$

利用(13.9.1)式和(13.9.3)式可得

$$T_M = \frac{M_0c^2}{\sqrt{1-V^2/c^2}} - M_0c^2 = \frac{m_0c^2v}{V\sqrt{1-v^2/c^2}} - M_0c^2 = m_0c^2\left(\frac{1}{\sqrt{1-v^2/c^2}}+1\right) - M_0c^2$$

粒子损失的动能为

$$\Delta T = T_m - T_M = (M_0 - 2m_0)c^2 = \Delta M_0 c^2 \tag{13.9.8}$$

可见：粒子损失的动能转化为复合粒子的静止能量。这是符合能量守恒定律的。

[**图示**] (1) 如 P13_9_1a 图之上图所示，粒子碰撞前的速度越大，碰撞后复合粒子的速度也越大。当粒子碰撞前的速度不是很大的时候，碰撞后复合粒子的速度随碰撞前的速度直线增加；当粒子碰撞前的速度接近光速时，复合粒子的速度随碰撞前的速度急剧向光速增加。

(2) 如 P13_9_1a 图之下图所示，碰撞后复合粒子的静止质量大于两个粒子的静止质量之和。当粒子碰撞前的速度不是很大的时候，碰撞后复合粒子的静止质量随碰撞前的速度直线缓慢增加；当粒子碰撞前的速度接近光速时，复合粒子的静止质量随碰撞前的速度急剧地无限制地增加。

(3) 如 P13_9_1b 图所示，粒子碰撞前的动能随速度的增加而增加，碰撞后复合粒子的动能也随速度的增加而增加，粒子损失的动能仍然随速度的增加而增加。损失的动能曲线与复合粒子静止能量增加的曲线重合，说明：不论碰撞前的速度是多少，粒子损失的动能都转化成复合粒子的静止能量。

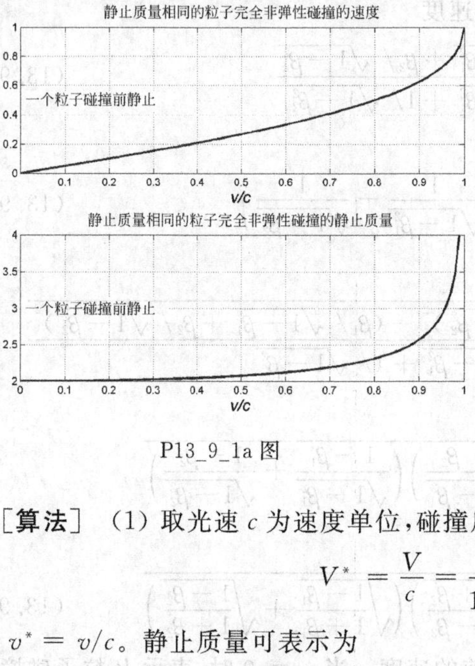


P13_9_1a 图

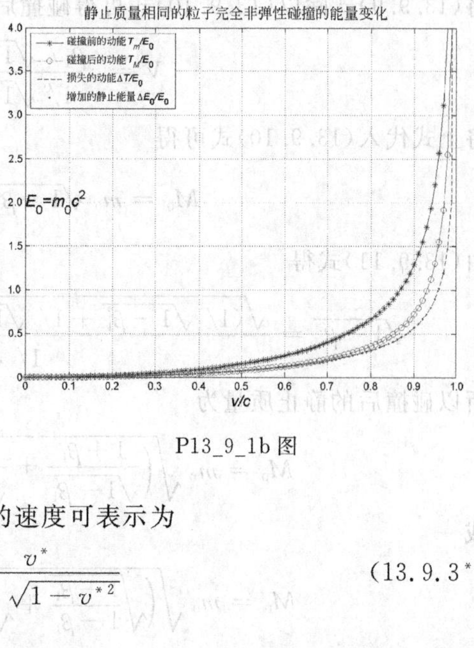


P13_9_1b 图

[**算法**] (1) 取光速 $c$ 为速度单位，碰撞后的速度可表示为

$$V^* = \frac{V}{c} = \frac{v^*}{1+\sqrt{1-v^{*2}}} \tag{13.9.3*}$$

其中 $v^* = v/c$。静止质量可表示为

$$M_0^* = \frac{M_0}{m_0} = \sqrt{2\left(1+\frac{1}{\sqrt{1-v^{*2}}}\right)} \tag{13.9.4*}$$

粒子静止能量的增量可表示为

$$\Delta E_0 = \Delta M_0 c^2 = (M_0 - 2m_0)c^2 = E_0(M_0^* - 2) \tag{13.9.5*}$$

其中 $E_0 = m_0 c^2$。粒子碰撞前的动能可表示为

$$T_m = E_0\left(\frac{1}{\sqrt{1-v^{*2}}} - 1\right) \tag{13.9.6*}$$

粒子碰撞后的动能可表示为

$$T_M = E_0 M_0^*\left(\frac{1}{\sqrt{1-V^{*2}}} - 1\right) \tag{13.9.7*}$$

动能之差就是动能的增量。

[**程序**] P13_9_1.m 见网站。

[**解析**] (2) 如 B13.9 图所示，如果 $v_1>v_2>0$，表示 $B$ 在前、$A$ 在后，$A$ 与 $B$ 碰撞；如果 $0<v_1<v_2$，表示 $A$ 在前、$B$ 在后，$B$ 与 $A$ 碰撞；如果 $v_1=v_2$，表示 $B$ 与 $A$ 不碰撞，这时 $M_0=2m_0$，因而可以当做无碰撞粘合。当 $v_1<0$ 或 $v_2<0$ 时，表示 $A$ 或 $B$ 反向运动。当 $v_1$ 和 $v_2$ 符号相反时，表示对碰。

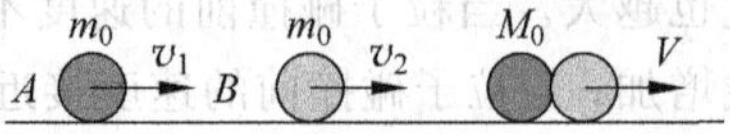

B13.9 图

设 $\beta_1=v_1/c,\beta_2=v_2/c,\beta=V/c$，根据碰撞过程动量守恒可得方程

$$\frac{m_0v_1}{\sqrt{1-\beta_1^2}}+\frac{m_0v_2}{\sqrt{1-\beta_2^2}}=\frac{M_0V}{\sqrt{1-\beta^2}} \tag{13.9.9}$$

由质量(能量)守恒可得方程

$$\frac{m_0}{\sqrt{1-\beta_1^2}}+\frac{m_0}{\sqrt{1-\beta_2^2}}=\frac{M_0}{\sqrt{1-\beta^2}} \tag{13.9.10}$$

将(13.9.9)式除以(13.9.10)式可得碰撞后的速度

$$V=c\frac{\beta_1/\sqrt{1-\beta_1^2}+\beta_2/\sqrt{1-\beta_2^2}}{1/\sqrt{1-\beta_1^2}+1/\sqrt{1-\beta_2^2}} \tag{13.9.11}$$

将上式代入(13.9.10)式可得

$$M_0=m_0\sqrt{1-\beta^2}\left(\frac{1}{\sqrt{1-\beta_1^2}}+\frac{1}{\sqrt{1-\beta_2^2}}\right) \tag{13.9.12}$$

由(13.9.11)式得

$$\sqrt{1-\beta^2}=\frac{\sqrt{(1/\sqrt{1-\beta_1^2}+1/\sqrt{1-\beta_2^2})^2-(\beta_1/\sqrt{1-\beta_1^2}+\beta_2/\sqrt{1-\beta_2^2})^2}}{1/\sqrt{1-\beta_1^2}+1/\sqrt{1-\beta_2^2}}$$

所以碰撞后的静止质量为

$$M_0=m_0\sqrt{\left(\frac{1+\beta_1}{\sqrt{1-\beta_1^2}}+\frac{1+\beta_2}{\sqrt{1-\beta_2^2}}\right)\left(\frac{1-\beta_1}{\sqrt{1-\beta_1^2}}+\frac{1-\beta_2}{\sqrt{1-\beta_2^2}}\right)}$$

或

$$M_0=m_0\sqrt{\left(\sqrt{\frac{1+\beta_1}{1-\beta_1}}+\sqrt{\frac{1+\beta_2}{1-\beta_2}}\right)\left(\sqrt{\frac{1-\beta_1}{1+\beta_1}}+\sqrt{\frac{1-\beta_2}{1+\beta_2}}\right)} \tag{13.9.13}$$

碰撞后的速度和静止质量取决于两粒子碰撞前的速度。当 $v_2=0$ 时，表示 $B$ 粒子碰撞前是静止的，$A$ 粒子与 $B$ 粒子碰撞后的速度和静止质量就是(13.9.3)式和(13.9.4)式。当 $v_2=-v_1$ 时，两个粒子对碰，碰撞后的速度为零，静止质量为

$$M_0=\frac{2m_0}{\sqrt{1-\beta_1^2}} \tag{13.9.14}$$

可见：对碰粒子的静止质量要大于两个粒子的静止质量之和。

[**图示**] (1) 如 P13_9_2a 图所示，取 $B$ 粒子碰撞前的速度 $v_2$ 为参数，取 $A$ 粒子碰撞前的速度 $v_1$ 为自变量，碰撞后复合粒子的速度 $V$ 随 $v_1$ 是单调增加的。当参数 $v_2=0$ 时，表示 $A$ 与静止的 $B$ 碰撞，由于碰撞后的速度在等速线和零线之间，说明碰撞后速度减小。参数 $v_2$ 的数值越大，曲线位置越高。参数 $v_2$ 也表示粘合速度，当 $v_1=v_2$ 时，在曲线上用"×"表示。例如，当粘合速度 $v_2=0.9c$ 时，$v_1>v_2$ 表示 $A$ 碰撞 $B$，碰撞后的速度在等速线和零线之间，复合粒子的速度小于 $A$ 碰撞前的速度；$0<v_1<v_2$ 表示 $B$ 碰撞 $A$，碰撞后的速度在等

速线之上，复合粒子的速度大于 $A$ 碰撞前的速度。$v_1$ 和 $v_2$ 符号相反时表示 $A$ 和 $B$ 对碰，曲线的零点表示等速对碰的结果，即：复合粒子的速度为零。

(2) 如 P13_9_2b 图所示，粒子做完全非弹性碰撞后，静止质量 $M_0$ 都会随碰撞前的速度 $v_1$ 的增加(包括符号)先减小再增加。当 $v_1 = v_2$ 时，两个粒子不碰撞，静止质量最小，即 $2m_0$。粒子碰撞前的速度越大，碰撞后的静止质量也越大。曲线上的"×"表示等速对碰的静止质量。例如，当等速对碰速度为 $v_1 = \pm 0.6c$ 时，静止质量为 $M_0 = m_0 \dfrac{2}{\sqrt{1-(v_1/c)^2}} = 2.5m_0$。

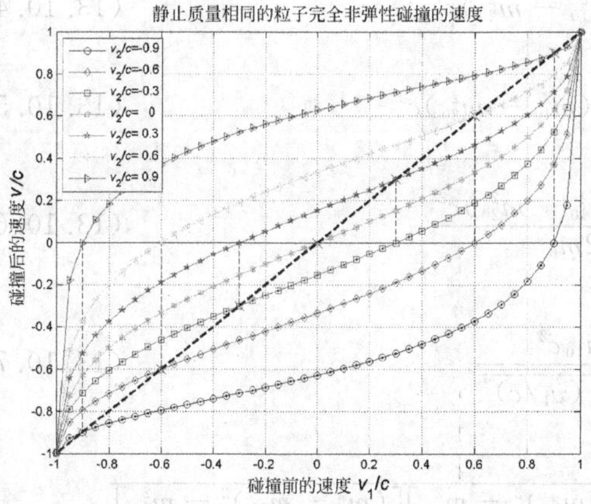


P13_9_2a 图

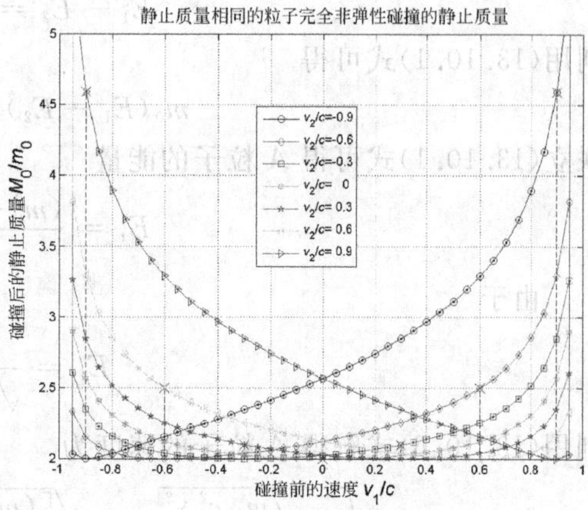


P13_9_2b 图

［算法］ (2) 令 $\beta_1 = v_1^*$，$\beta_2 = v_2^*$，取 $p_0 = m_0 c$ 为动量单位，则系统的总动量可表示为

$$p = p_0 p^* = p_0\left(\frac{v_1^*}{\sqrt{1-v_1^{*2}}} + \frac{v_2^*}{\sqrt{1-v_2^{*2}}}\right) \qquad (13.9.9^*)$$

取 $m_0$ 为质量单位，则系统的总质量可表示为

$$M = m_0 M^* = m_0\left(\frac{1}{\sqrt{1-v_1^{*2}}} + \frac{1}{\sqrt{1-v_2^{*2}}}\right) \qquad (13.9.10^*)$$

取光速 $c$ 为速度单位，碰撞后的速度可表示为

$$V = c\frac{p^*}{M^*} \qquad (13.9.11^*)$$

令 $\beta = V^*$，碰撞后的静止质量可表示为

$$M_0 = m_0 M^* \sqrt{1-V^{*2}} \qquad (13.9.12^*)$$

取 $v_2^*$ 为参数向量，取 $v_1^*$ 为自变量向量，化为矩阵即可计算碰撞后的速度和静止质量，根据矩阵画线法画出速度和静止质量曲线族。另外，利用符号计算可推导公式，替换数值后同样可画出曲线。

［程序］ P13_9_2.m 见网站。

## ｛范例 13.10｝ 静止粒子的衰变

静止质量为 $m_0$ 的粒子衰变成静止质量分别为 $m_{10}$ 和 $m_{20}$ 的两个粒子 $A$ 和 $B$，求衰变后粒子的速度、动量和能量。

［解析］ 设衰变后 $A$ 粒子和 $B$ 粒子的能量分别为 $E_1$ 和 $E_2$，动量分别为 $p_1$ 和 $p_2$，根据

能量守恒可得方程

$$m_0c^2 = E_1 + E_2 \tag{13.10.1}$$

根据动量守恒可得方程

$$p_1 + p_2 = 0 \tag{13.10.2}$$

根据能量和动量的关系可得方程

$$E_1^2 = (p_1c)^2 + (m_{10}c^2)^2, \quad E_2^2 = (p_2c)^2 + (m_{20}c^2)^2 \tag{13.10.3}$$

两式相减并利用(13.10.2)式可得

$$E_1^2 - E_2^2 = (m_{10}^2 - m_{20}^2)c^4 \tag{13.10.4}$$

利用(13.10.1)式可得

$$m_0(E_1 - E_2) = (m_{10}^2 - m_{20}^2)c^2 \tag{13.10.5}$$

联立(13.10.1)式可得 $A$ 粒子的能量

$$E_1 = \frac{(m_0^2 + m_{10}^2 - m_{20}^2)c^2}{2m_0} \tag{13.10.6}$$

由于

$$E_1 = \frac{m_{10}c^2}{\sqrt{1-(v_1/c)^2}} \tag{13.10.7}$$

利用(13.10.6)式解得 $A$ 粒子的速度为

$$v_1 = c\sqrt{1-\left(\frac{m_{10}c^2}{E_1}\right)^2} = c\frac{\sqrt{[(m_0+m_{10})^2 - m_{20}^2][(m_0-m_{10})^2 - m_{20}^2]}}{m_0^2 + m_{10}^2 - m_{20}^2} \tag{13.10.8}$$

由此可知

$$m_0 \geqslant m_{10} + m_{20} \tag{13.10.9}$$

即：衰变后两个粒子的静止质量之和不得大于衰变前粒子的静止质量。

$A$ 粒子的动量为

$$p_1 = m_1v_1 = \frac{m_{10}v_1}{\sqrt{1-(v_1/c)^2}} = \frac{E_1v_1}{c^2}$$

利用(13.10.6)式和(13.10.8)式可得

$$p_1 = c\frac{\sqrt{[(m_0+m_{10})^2 - m_{20}^2][(m_0-m_{10})^2 - m_{20}^2]}}{2m_0} \tag{13.10.10}$$

用同样的方法可求 $B$ 粒子的 $E_2$，$v_2$ 和 $p_2$。由于物理量是对称的，只要将相应公式的下标 1 和下标 2 对换就可得到 $B$ 粒子的能量、速度和动量。

**[讨论]** (1) 如果 $m_{10} = 0$，表示衰变的 $A$ 粒子是光子，则其能量、速度和动量分别为

$$E_1 = \frac{(m_0^2 - m_{20}^2)c^2}{2m_0}, \quad v_1 = c, \quad p_1 = c\frac{m_0^2 - m_{20}^2}{2m_0} \tag{13.10.11}$$

可见：$A$ 粒子的速度就是光速，其能量和动量满足关系 $E_1 = p_1c$。

(2) 如果 $m_{20} = 0$，表示 $B$ 粒子是光子，则 $A$ 粒子的能量、速度和动量分别为

$$E_1 = \frac{(m_0^2 + m_{10}^2)c^2}{2m_0}, \quad v_1 = c\frac{m_0^2 - m_{10}^2}{m_0^2 + m_{10}^2}, \quad p_1 = c\frac{m_0^2 - m_{10}^2}{2m_0} \tag{13.10.12}$$

当 $m_{10} \to m_0$ 时，则 $E_1 \to m_0c^2$，$E_2 \to 0$，$v_1 \to 0$，$p_1 \to 0$，表示静止粒子没有衰变的情况，也没有光子发出。

(3) 如果 $m_{20}=m_0-m_{10}$，则 $A$ 粒子的能量、速度和动量分别为

$$E_1=m_{10}c^2,\quad v_1=p_1=0 \tag{13.10.13a}$$

同理可得

$$E_2=m_{20}c^2,\quad v_2=p_2=0 \tag{13.10.13b}$$

在 $m_{20}=m_0-m_{10}$ 条件下，一个粒子可分成两部分，但不会发生衰变。在 $m_{20}$ 一定的情况下，$E_1$ 表示最大能量。

(4) 如果 $m_{10}=m_{20}$，表示 $A$ 和 $B$ 两粒子静止质量相等，则它们的能量、速度和动量分别为

$$E_1=E_2=\frac{1}{2}m_0c^2,\quad v_1=v_2=c\frac{\sqrt{m_0^2-4m_{10}^2}}{m_0},\quad p_1=p_2=\frac{1}{2}c\sqrt{m_0^2-4m_{10}^2} \tag{13.10.14}$$

两粒子的能量各为衰变前静止粒子能量的一半。如果 $m_{10}=m_{20}=0$，表示 $A$ 和 $B$ 两粒子都是光子，速度和动量分别为

$$v_1=v_2=c,\quad p_1=p_2=\frac{1}{2}m_0c \tag{13.10.15}$$

如果 $m_{10}=m_{20}=m_0/2$，则两粒子的速度和动量都为零。说明：一个静止粒子分成静止质量各一半的粒子时，不会发生衰变。

［图示］ (1) 如 P13_10a 图所示，$A$ 粒子的能量随其静止质量 $m_{10}$ 的增加而增加，直到最大能量为止。参数 $m_{20}$ 不同时，$A$ 粒子的能量随其静止质量的变化都是平行的曲线。当 $m_{20}=0$ 时，如果 $m_{10}$ 也为零，则 $A$ 粒子和 $B$ 粒子是能量相等的两个光子；如果 $m_{10}\to m_0$，则 $E_1\to m_0c^2$，表示粒子没有衰变。当 $m_{20}=m_0$ 时，$E_1$ 恒为零。在 $m_{10}$ 一定的情况下，$A$ 粒子的能量随 $B$ 粒子的静止质量的增加而减小，直到最小值为止。

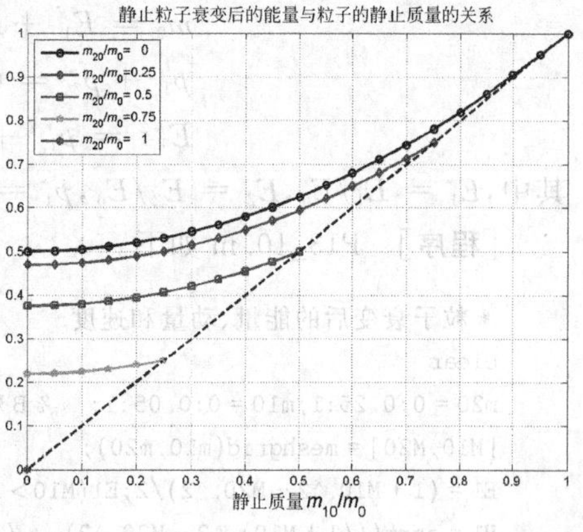


P13_10a 图

(2) 如 P13_10b 图所示，$A$ 粒子的动量随静止质量的增加而减小。当 $m_{20}=0$ 时，如果 $m_{10}$ 也为零，则 $A$ 粒子的动量最大。$m_{20}$ 越大，则 $A$ 粒子的动量变化范围就越小。当 $m_{20}=m_0$ 时，$p_1$ 恒为零。

(3) 如 P13_10c 图所示，静止粒子衰变后，如果 $A$ 的静止质量为零，其速度就是光速。当 $m_{20}=0$ 时，如果 $m_{10}\to m_0$，则 $v_1\to 0$，表示粒子没有发生衰变。当 $m_{20}>0$ 时，$A$ 粒子衰变后的速度与其静止质量有关，静止质量越大，其速度越小。当 $v_1=0$ 时，则有关系 $m_{10}+m_{20}=m_0$，因此，$m_{20}$ 越大，$m_{10}$ 的范围就越小。当 $m_{20}=m_0$ 时，$v_1$ 恒为零，表示没有衰变。

［算法］ 取 $m_0$ 作为质量的单位，取 $E_0=m_0c^2$ 作为能量的单位，取 $p_0=m_0c$ 作为动量的单位，则得

$$E_1=E_0\frac{1+m_{10}^{*2}-m_{20}^{*2}}{2} \tag{13.10.6*}$$

$$v_1=c\frac{\sqrt{[(1+m_{10}^*)^2-m_{20}^{*2}][(1-m_{10}^*)^2-m_{20}^{*2}]}}{1+m_{10}^{*2}-m_{20}^{*2}} \tag{13.10.8*}$$

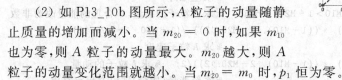

$$p_1=p_0\frac{\sqrt{[(1+m_{10}^*)^2-m_{20}^{*2}][(1-m_{10}^*)^2-m_{20}^{*2}]}}{2} \tag{13.10.10*}$$

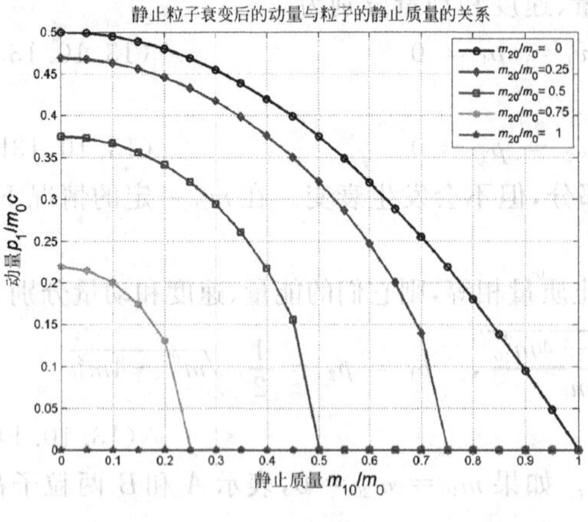


P13_10b 图

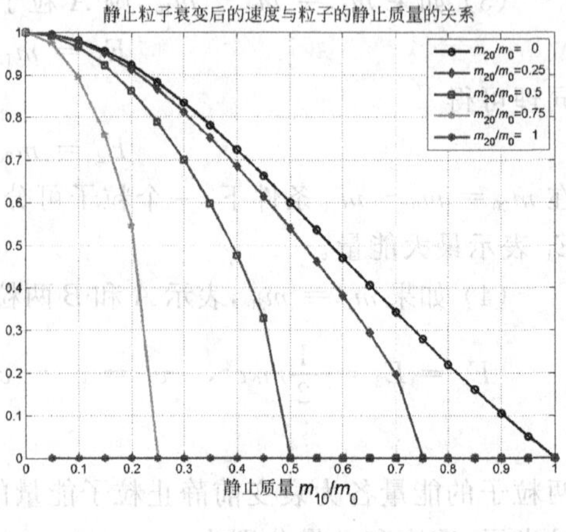


P13_10c 图

其中，$m_{10}^*=m_{10}/m_0$，$m_{20}^*=m_{20}/m_0$。取 $m_{20}^*$ 为参数向量，取 $m_{10}^*$ 为自变量向量，化为矩阵即可计算衰变后 A 粒子的能量、速度和动量，根据矩阵画线法画出三种曲线族。

如果用基本方程求符号解，可将公式化为

$$m_0 = E_1^* + E_2^* \tag{13.10.1*}$$

$$p_1^* + p_2^* = 0 \tag{13.10.2*}$$

$$E_1^{*2} = p_1^{*2} + m_{10}^{*2}, \quad E_2^{*2} = p_2^{*2} + m_{20}^{*2} \tag{13.10.3*}$$

其中，$E_1^*=E_1/E_0$，$E_2^*=E_2/E_0$，$p_1^*=p_1/p_0$，$p_2^*=p_2/p_0$。

**[程序]** P13_10.m 如下。

```
%粒子衰变后的能量、动量和速度
clear                                              %清除变量
m20 = 0:0.25:1;m10 = 0:0.05:1;    %B粒子的静止质量(参数),A粒子的静止质量(自变量)
[M10,M20] = meshgrid(m10,m20);                     %质量矩阵
E1 = (1 + M10.^2 - M20.^2)/2;E1(M10 > 1 - M20) = nan;  %求A粒子的能量,不合理的能量改为非数
V1 = sqrt(((1 + M10).^2 - M20.^2). * ((1 - M10).^2 - M20.^2))./(1 + M10.^2 - M20.^2);
                                                   %求A粒子速度
P1 = sqrt(((1 + M10).^2 - M20.^2). * ((1 - M10).^2 - M20.^2))/2;  %求A粒子的动量
s1 = '1 - e1 - e2';                                %系统能量(质量)守恒方程字符串
s2 = 'p1 + p2';                                    %系统动量守恒方程字符串
s3 = 'e1^2 - p1^2 - m10^2';                        %A粒子的能量 - 动量关系字符串
s4 = 'e2^2 - p2^2 - m20^2';                        %B粒子的能量 - 动量关系字符串
[e1,e2,p1,p2] = solve(s1,s2,s3,s4,'e1,e2,p1,p2')   %求解两粒子的能量和动量(1)
figure,plot(m10,E1(1,:),'o - ',m10,E1(2,:),'d - ',m10,E1(3,:),'s - ',...
    m10,E1(4,:),'p - ',m10,E1(5,:),'h - ','LineWidth',2)  %画能量曲线族
grid on,axis tight                                 %加网格,贴轴
fs = 16;title('静止粒子衰变后的能量与粒子的静止质量的关系','FontSize',fs)  %标题
xlabel('静止质量\itm\rm_1_0/\itm\rm_0','FontSize',fs)  %横坐标
ylabel('能量\itE\rm_1/\itm\rm_0\itc\rm^2','FontSize',fs)  %纵坐标
legend([repmat('\itm\rm_2_0/\itm\rm_0 = ',length(m20),1),num2str(m20')],2)  %图例
hold on,plot(m10,m10,'--','LineWidth',2)           %保持图像,画最高能量线
E1 = subs(e1(2),{'m10','m20'},{M10,M20});          %求A粒子的能量值
```

```
E1(M10 > 1 - M20) = nan;plot(m10,E1,'.')                    %不合理的能量改为非数,再画能量曲线(2)
figure,plot(m10,P1(1,:),'o-',m10,P1(2,:),'d-',m10,P1(3,:),'s-',...
    m10,P1(4,:),'h-',m10,P1(5,:),'p-','LineWidth',2)   %画动量曲线族
title('静止粒子衰变后的动量与粒子的静止质量的关系','FontSize',fs)   %标题
xlabel('静止质量\itm\rm_1_0/\itm\rm_0','FontSize',fs)   %横坐标
ylabel('动量\itp\rm_1/\itm\rm_0\itc','FontSize',fs) %纵坐标
legend([repmat('\itm\rm_2_0/\itm\rm_0 = ',length(m20),1),num2str(m20')])  %图例
P1 = subs(p1(2),{'m10','m20'},{M10,M20});                   %求A粒子的动量值
hold on,plot(m10,P1,'.'),grid on,axis tight                %保持图像,再画动量曲线,加网格,贴轴(2)
figure,plot(m10,V1(1,:),'o-',m10,V1(2,:),'d-',m10,V1(3,:),'s-',...
    m10,V1(4,:),'p-',m10,V1(5,:),'h-','LineWidth',2)   %画速度曲线族
title('静止粒子衰变后的速度与粒子的静止质量的关系','FontSize',fs)   %标题
xlabel('静止质量\itm\rm_1_0/\itm\rm_0','FontSize',fs)   %横坐标
ylabel('速度\itv\rm_1/\itc','FontSize',fs)  %纵坐标
legend([repmat('\itm\rm_2_0/\itm\rm_0 = ',length(m20),1),num2str(m20')])  %图例
V1 = sqrt(1 - (M10./E1).^2);                                %求A粒子的速度值
hold on,plot(m10,V1,'.'),grid on,axis tight                %保持图像,再画速度曲线,加网格,贴轴(2)
```

［说明］ (1) 符号运算的结果为

```
e1 =
 1/2 - 1/2 * m20^2 + 1/2 * m10^2
 1/2 - 1/2 * m20^2 + 1/2 * m10^2
e2 =
 1/2 + 1/2 * m20^2 - 1/2 * m10^2
 1/2 + 1/2 * m20^2 - 1/2 * m10^2
p1 =
-1/2 * (1 - 2 * m20^2 - 2 * m10^2 + m20^4 - 2 * m20^2 * m10^2 + m10^4)^(1/2)
  1/2 * (1 - 2 * m20^2 - 2 * m10^2 + m20^4 - 2 * m20^2 * m10^2 + m10^4)^(1/2)
p2 =
  1/2 * (1 - 2 * m20^2 - 2 * m10^2 + m20^4 - 2 * m20^2 * m10^2 + m10^4)^(1/2)
-1/2 * (1 - 2 * m20^2 - 2 * m10^2 + m20^4 - 2 * m20^2 * m10^2 + m10^4)^(1/2)
```

可见：e1 的两个解是相同的，这就是(13.10.6*)式；e2 的两个解也是相同的；p1 和 p2 的两个解相差一个符号。利用指令

```
syms m10 m20
```

对变量 p1 或 p2 中被开方的符号表达式分解因式

```
factor(1 - 2 * m20^2 - 2 * m10^2 + m20^4 - 2 * m20^2 * m10^2 + m10^4)
```

可得

```
(m20 + 1 - m10) * (m20 + 1 + m10) * ( - 1 + m20 - m10) * (m20 - 1 + m10)
```

可知：(13.10.10*)式和(13.10.10)式是正确的。

(2) 符号运算所画的曲线(点)和公式计算所画的曲线(空心符号)正好重叠，也说明推导的公式是正确的。

# 练 习 题

13.1 运动杆的长度和角度

一根直杆的静止长度为 $l$,与 $x$ 轴的夹角为 $\alpha$。当 $S'$ 系以速度 $u$ 沿 $x$ 方向运动时,求证:在 $S'$ 系中观察其运动长度为

$$l' = l\sqrt{1-\frac{u^2}{c^2}\cos^2\alpha}$$

杆与 $x'$ 方向的夹角为

$$\alpha = \arctan\left(\frac{\tan\alpha}{\sqrt{1-u^2/c^2}}\right)$$

当 $u$ 取 $0.1c, 0.4c, 0.7c, c$ 时,画出运动长度和运动角度与夹角 $\alpha$ 的曲线。

13.2 物体在各个参考系的速度

一物体在第 1 个参考系中以 $0.5c$ 沿 $x$ 方向运动,如果第 1 个参考系在第 2 个参考系中以 $0.5c$ 沿 $x$ 方向运动,物体在第 2 个参考系中的速度是多少?如果第 2 个参考系在第 3 个参考系中以 $0.5c$ 沿 $x$ 方向运动,物体在第 3 个参考系中的速度是多少?物体速度会越过光速吗?在第几个参考系,物体在相邻两个参考系中的速度之差不超过千分之一。画出物体在各个参考系的速度折线,标记速度值。

13.3 洛伦兹坐标逆变换平面

当两个参考系的速度一定时,根据洛伦兹坐标逆变换公式,画出坐标逆变换平面。

13.4 洛伦兹速度变换和尺缩效应

一个静止长度为 $l_0$ 的物体,在 $S$ 系中以速度 $v$ 运动,其长度方向沿着速度方向。$S'$ 系在 $S$ 系中以速度 $u$ 与速度 $v$ 在同一直线上运动,物体在 $S'$ 系中的长度的表达式是什么?画出 $S'$ 系中的长度与速度 $v$ 和 $u$ 的关系曲面。

13.5 加速电子的经典速度和相对论速度

如 C13.5 图所示电子光学器件的电子枪。在灯丝 F 和极板 P 之间的电势差为加速电压 $U$。从灯丝发射出来的电子受电场加速,在穿过极板的小孔时具有相当大的速度,形成很窄的快速电子束。电子离开灯丝时初速往往很小,可视为零。电子获得的速度是多少?当电子相对动能与经典动能的相对误差不超过 0.01 时,电子的速度是多大?加速电压是多大?

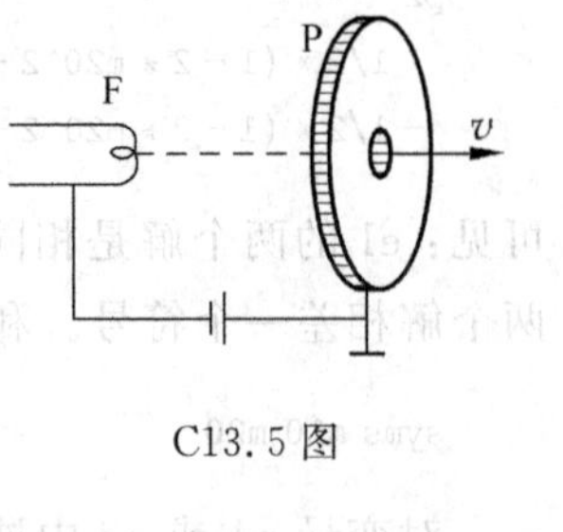

C13.5 图

13.6 粒子相对论动能或动量是非相对论动能或动量倍数时的速度

如果一个粒子的动能等于其非相对论动能的 $n$ 倍,求证:其速度为

$$v = c\sqrt{\frac{1}{2n}\left[n-4+\sqrt{n(n+8)}\right]}$$

如果一个粒子的动量是其非相对论动量的 $n$ 倍,求证:其速度为

$$v = c\frac{1}{n}\sqrt{n^2-1}$$

画出两种情况下,速度与倍数 $n$ 的关系曲线。

13.7 相对论完全对心非弹性碰撞

(1) $A$ 和 $B$ 粒子的静止质量分别为 $m_{10}$ 和 $m_{20}$，$B$ 静止不动，$A$ 以速度 $v_1$ 与静止的 $B$ 发生完全非弹性碰撞，碰撞后组成一复合粒子，求证：该复合粒子的速度和静止质量分别为

$$V=\frac{m_{10}v_1}{m_{20}\sqrt{1-(v_1/c)^2}+m_{10}}$$

$$M_0=\sqrt{m_{10}^2+m_{20}^2+\frac{2m_{10}m_{20}}{\sqrt{1-(v_1/c)^2}}}$$

取光速 $c$ 为速度单位，取 $m_{20}$ 为质量单位，取 $m_{10}/m_{20}$ 为参数，画出碰撞后的速度 $V$ 和静止质量 $M_0$ 与碰撞前的速度 $v_1$ 的关系曲线。

(2) 静止质量分别为 $m_{10}$ 和 $m_{20}$ 的两粒子 $A$ 和 $B$，速度分别为 $\boldsymbol{v}_1$ 和 $\boldsymbol{v}_2$，它们发生完全非弹性碰撞后组成一个复合粒子，求证：该复合粒子的静止质量为

$$M_0=\sqrt{m_{10}^2+m_{20}^2+2m_{10}m_{20}\gamma_1\gamma_2(1-\boldsymbol{v}_1\cdot\boldsymbol{v}_2/c^2)}$$

其中

$$\gamma_1=\frac{1}{\sqrt{1-(v_1/c)^2}},\quad \gamma_2=\frac{1}{\sqrt{1-(v_2/c)^2}}$$

速度为

$$\mathbf{V}=\frac{m_{10}\boldsymbol{v}_1\gamma_1+m_{20}\boldsymbol{v}_2\gamma_2}{m_{10}\gamma_1+m_{20}\gamma_2}$$

粒子质量取原子质量单位 $\mu$ 为单位，速度取光速为单位，画出粒子碰撞前后的动量和速度的矢量图，标记碰撞后速度的大小和方向以及静止质量。

# 第14章

# 量子论基础

## 14.1 基本内容

**1. 黑体辐射的规律**

(1) 辐射能量

① 单色辐射本领(能力)：物体表面在单位时间内单位面积上所发射的波长在 $\lambda$ 到 $\lambda+d\lambda$ 范围内的辐射能量 $dP(\lambda,T)$ 与波长间隔 $d\lambda$ 之比

$$M(\lambda,T)=\frac{dP(\lambda,T)}{d\lambda}$$

$M(\lambda,T)$ 的单位是 $W/m^3$。

② 辐射本领(能力)：物体表面在单位时间内单位面积上所发射的各种波长辐射能量

$$P(T)=\int_0^{\infty}M(\lambda,T)d\lambda$$

(2) 黑体：在任何温度下对任何波长的辐射只吸收不反射的物体。黑体是理想的模型。黑体辐射有两个重要的实验定律。

① 斯特藩-玻耳兹曼定律：黑体的总辐射本领(能力)与温度的4次方成正比

$$P(T)=\sigma T^4$$

其中，$\sigma=5.67\times10^{-8}\,W/(m^2\cdot K^4)$，$\sigma$ 称为斯特藩常数。

② 维恩位移定律：黑体的单色辐射本领(能力)的峰值波长与温度成反比

$$T\lambda_m=b$$

其中，$b=2.897\times10^{-3}\,m\cdot K$ 称为维恩常数。

(3) 普朗克的黑体辐射公式

① 单色辐射本领与波长的关系

$$M(\lambda,T)=\frac{2\pi hc^2}{\lambda^5\left[\exp\left(\frac{hc}{kT\lambda}\right)-1\right]}$$

其中，$k=1.38\times10^{-23}\,J/K$ 为玻耳兹曼常数，$h=6.626\times10^{-34}\,J\cdot s$ 为普朗克常数，$c=2.998\times10^8\,m/s$ 为真空中的光速。

② 单色辐射本领与频率的关系

$$M(\nu,T)=\frac{2\pi h}{c^2}\frac{\nu^3}{\exp(h\nu/kT)-1}$$

(4) 普朗克能量子假说：物体中带电谐振子的能量 $E$ 是某一最小能量 $\varepsilon=h\nu$ 的整数倍

$$E=n\varepsilon$$

其中，$\varepsilon$ 称为能量子，$n$ 称为量子数($n=1,2,\cdots$)，即：能量是量子化的。谐振子在某一状态既不辐射能量，也不吸收能量。当谐振子从某一状态跃迁到另一状态时辐射或吸收的能量为

$$\Delta E=\Delta n\varepsilon,\quad \Delta n=1,2,\cdots$$

**2. 爱因斯坦的光量子理论**

光不仅在发射和吸收过程中具有粒子性，在空间传播时同样具有粒子性。光束是由以光速 $c$ 运动的粒子流组成的，这些粒子称为光量子(光子)。频率为 $\nu$ 的光子的能量为$\varepsilon=h\nu$。

光电效应方程

$$h\nu=\frac{1}{2}mv_{\mathrm{m}}^2+A$$

式中，$h\nu$ 是光子的能量；$mv_{\mathrm{m}}^2/2$ 是电子的最大初动能；$A$ 是逸出功。

刚好不产生光电流的截止电势差 $U_{\mathrm{s}}$ 与最大初动能的关系为

$$eU_{\mathrm{s}}=\frac{1}{2}mv_{\mathrm{m}}^2$$

红限频率为

$$\nu_0=\frac{A}{h}$$

爱因斯坦光量子理论成功地解释了光电效应。光同时具有波动和粒子的性质称为光的波粒二象性，有

$$\varepsilon=h\nu,\quad p=h/\lambda$$

**3. 康普顿效应**

X 射线通过金属和石墨等后，在散射的 X 射线中除波长不变的部分之外，还有波长变长的成分。这种波长变长的散射称为康普顿效应。波长改变遵守的规律为

$$\Delta\lambda=\lambda-\lambda_0=2\lambda_{\mathrm{C}}\sin^2\frac{\varphi}{2}$$

其中，$\lambda_{\mathrm{C}}$ 称为康普顿波长，测得 $\lambda_{\mathrm{C}}=2.41\times10^{-12}\mathrm{m}$；$\lambda_0$ 是入射的 X 射线波长，$\lambda$ 是散射的波长，$\varphi$ 为散射角。应用爱因斯坦光量子理论可解释康普顿效应。

**4. 氢原子光谱的规律**

氢原子光谱是一根根分离的谱线，谱线的波数，即波长的倒数都满足公式

$$\tilde{\lambda}=\frac{1}{\lambda}=R_{\mathrm{H}}\left(\frac{1}{m^2}-\frac{1}{n^2}\right)$$

其中，$R_{\mathrm{H}}=1.096776\times10^7\mathrm{m}^{-1}$ 是一个实验常数，称为里德伯恒量；$m$ 和 $n$ 都是正整数，且 $n>m$。当 $n$ 取遍大于 $m$ 的一切正整数时，公式给出一族谱线，称为谱线系。

**5. 玻尔的氢原子理论**

(1) 定态假设：原子系统只能处于一系列不连续的稳定状态(简称定态)，在这些稳定

状态上具有能量 $E_1, E_2, E_3, \cdots$，原子不辐射能量。

(2) 量子跃迁假设：当原子从一个稳定态 $E_n$ 跃迁到另一稳定态 $E_m$ 时才发射或吸收辐射，发射和吸收光子的频率为

$$\nu = \frac{E_n - E_m}{h}$$

(3) 轨道角动量量子化假设：电子轨道的角动量 $L$ 是 $h/2\pi$ 的整数倍

$$L = n\frac{h}{2\pi}, \quad n = 1,2,3,\cdots$$

$n$ 称为量子数，角动量是量子化的。

**6. 德布罗意波**

德布罗意认为：微观粒子除了粒子性之外也同样具有波动性。一个具有能量 $E$ 和动量 $p$ 运动粒子的频率和波长分别为

$$\nu = \frac{E}{h}, \quad \lambda = \frac{h}{p}$$

这种和实物粒子相联系的波称为德布罗意波或物质波，相应的波长称为德布罗意波长。

**7. 不确定量关系**

(1) 用描述经典粒子运动状态的坐标($x$)和动量($p$)来描述微观粒子是不精确的，或者说是不确定的，其关系为

$$\Delta x \cdot \Delta p_x \geqslant \hbar/2, \quad \Delta y \cdot \Delta p_y \geqslant \hbar/2, \quad \Delta z \cdot \Delta p_z \geqslant \hbar/2$$

其中，$\hbar = h/2\pi$ 也是普朗克常数，称为约化普朗克常数。

(2) 在能量和时间的关系中则有

$$\Delta E \cdot \Delta t \geqslant \hbar/2$$

**8. 波函数和薛定谔方程**

(1) 描述微观粒子运动状态的物理量是波函数 $\Psi(\boldsymbol{r},t)$，其物理意义是：波函数 $\Psi(\boldsymbol{r},t)$ 的模方 $|\Psi(\boldsymbol{r},t)|^2$ 与 $t$ 时刻在空间 $(x,y,z)$ 处单位体积内出现粒子的概率成正比。波函数 $\Psi(\boldsymbol{r},t)$ 的标准条件是单值、有限和连续，另外还必须是归一化的。

(2) 薛定谔方程是波函数所满足的方程，即微观粒子的运动方程。在低速情况下，在势场 $V(r)$ 中，微观粒子运动的定态薛定谔方程是

$$\nabla^2\psi + \frac{2m}{\hbar^2}(E - V)\psi = 0$$

量子力学的根本问题归结为求解各种条件下的薛定谔方程。

**9. 氢原子的量子力学处理**

用量子力学处理氢原子，可得出一些重要结果。

(1) 能量量子化

$$E_n = E_1\frac{1}{n^2}, \quad n = 1,2,3,\cdots$$

其中，$n$ 称为主量子数，$E_1 = -13.6\text{eV}$ 称为基态能量。

(2) 角动量量子化

$$L = \sqrt{l(l+1)}\hbar, \quad l = 0,1,2,\cdots,n-1$$

其中，$l$ 称为角量子数或副量子数。

(3) 角动量空间量子化

$$L_z = m_l \hbar, \quad m_l = 0, \pm 1, \pm 2, \cdots, \pm l$$

其中，$m_l$ 称为磁量子数。

氢原子中的电子还有自旋

$$S = \sqrt{s(s+1)}\hbar = \frac{\sqrt{3}}{2}\hbar$$

自旋量子数 $s$ 只能取一个值 1/2。根据实验结果分析，自旋角动量在外磁场方向的投影为

$$S_z = m_s \hbar, \quad m_s = \pm 1/2$$

其中，$m_s$ 称为自旋磁量子数。

**10. 原子核外电子的排列规律**

(1) 泡利不相容原理：一个原子内的任何两个电子不可能具有完全相同的四个量子数。

(2) 能量最小原理：原子中的电子在正常状态下都趋于首先占据能量最低的能级，使整个原子处于稳定状态。

## 14.2 范例的解析、图示、算法和程序

### {范例 14.1} 黑体辐射随波长的变化规律

根据实验得出两个黑体辐射的实验规律。黑体的总辐射本领(能力)为

$$P(T) = \sigma T^4$$

这就是斯特藩-玻耳兹曼定律，其中，$\sigma = 5.67 \times 10^{-8}\,\mathrm{W/(m^2 \cdot K^4)}$，$\sigma$ 称为斯特藩常数。黑体的单色辐射本领(能力)的峰值波长与温度的关系为

$$T\lambda_m = b$$

这就是维恩位移定律，其中，$b$ 称为维恩常数，$b = 2.897 \times 10^{-3}\,\mathrm{m \cdot K}$。

根据普朗克提出的黑体辐射公式，计算斯特藩常数和维恩常数。以温度为参数，单色辐射本领如何随波长变化？

[解析] 在任何温度下对任意波长的电磁波只吸收不反射的物体称为绝对黑体，简称黑体。黑体的单色辐射本领是在单位时间内从物体表面单位面积上所发射的波长在 $\lambda$ 到 $\lambda + \mathrm{d}\lambda$ 范围内的辐射能量 $\mathrm{d}P(\lambda, T)$ 与波长间隔 $\mathrm{d}\lambda$ 之比

$$M(\lambda, T) = \frac{\mathrm{d}P(\lambda, T)}{\mathrm{d}\lambda} \tag{14.1.1}$$

$M(\lambda, T)$ 表示在单位时间内从物体表面单位面积发射的波长在附近单位波长间隔内的辐射本领，是波长和温度的函数，其单位是 $\mathrm{W/m^3}$。普朗克提出的黑体单色辐射本领的公式为

$$M(\lambda, T) = \frac{2\pi hc^2}{\lambda^5 \left[\exp\left(\frac{hc}{kT\lambda}\right) - 1\right]} \tag{14.1.2}$$

其中，$k$ 为玻耳兹曼常数，$h$ 为普朗克常数，$c$ 为真空中的光速。

对波长从零到无穷大积分就得总辐射本领，即：黑体单位面积辐射能量的功率

$$P(T) = \int_0^\infty M(\lambda, T)\mathrm{d}\lambda \tag{14.1.3}$$

设

$$x=\frac{hc}{kT\lambda} \tag{14.1.4}$$

(14.1.2)式可化为

$$M(x,T)=\frac{2\pi k^4T^4x^5}{h^3c^2(\mathrm{e}^x-1)} \tag{14.1.5}$$

由(14.1.4)式得 $\mathrm{d}x=-\frac{hc}{kT\lambda^2}\mathrm{d}\lambda$,所以(14.1.3)式可化为

$$P(T)=-\frac{2\pi k^4T^4}{h^3c^2}\int_{\infty}^{0}\frac{x^3}{\mathrm{e}^x-1}\mathrm{d}x=CIT^4 \tag{14.1.6}$$

其中,$C=\frac{2\pi k^4}{h^3c^2}$为常数,$I$ 为积分

$$I=\int_0^{\infty}\frac{x^3}{\mathrm{e}^x-1}\mathrm{d}x \tag{14.1.7}$$

手工计算积分 $I$ 有些麻烦,其步骤如下:

$$I=\int_0^{\infty}\frac{x^3\mathrm{e}^{-x}}{1-\mathrm{e}^{-x}}\mathrm{d}x=\int_0^{\infty}x^3\mathrm{e}^{-x}\sum_{n=0}^{\infty}\mathrm{e}^{-nx}\mathrm{d}x=\sum_{n=1}^{\infty}\int_0^{\infty}x^3\mathrm{e}^{-nx}\mathrm{d}x$$

设 $y=nx$,可得

$$I=\sum_{n=1}^{\infty}\frac{1}{n^4}\int_0^{\infty}y^3\mathrm{e}^{-y}\mathrm{d}y=\sum_{n=1}^{\infty}\frac{1}{n^4}3!=6\sum_{n=1}^{\infty}\frac{1}{n^4}=\frac{\pi^4}{15}$$

其中用了分部积分或 $\Gamma$ 函数,还用到公式 $\sum_{n=1}^{\infty}\frac{1}{n^4}=\frac{\pi^4}{90}$。由此可得

$$CI=5.6688\times10^{-8} \tag{14.1.8}$$

这就是斯特藩常数。理论值与实验值符合得很好。

当波长 $\lambda$ 趋于零时,$x$ 趋于无穷大,单色辐射本领 $M(\lambda,T)$ 趋于零;当波长 $\lambda$ 趋于无穷大时,$x$ 趋于零,单色辐射本领 $M(\lambda,T)$ 也趋于零。因此单色辐射本领随波长的变化有极值。令 $\mathrm{d}M(x,T)/\mathrm{d}x=0$,可得方程

$$x_{\mathrm{m}}=5[1-\exp(-x_{\mathrm{m}})] \tag{14.1.9}$$

一般用迭代算法计算上式之值,除了零解之外,可得 $x_{\mathrm{m}}$ 的值为 4.965。由(14.1.4)式可得

$$T\lambda_{\mathrm{m}}=\frac{hc}{kx_{\mathrm{m}}}=0.0029 \tag{14.1.10}$$

这就是维恩常数。理论值与实验值也符合得很好。

[图示] 取温度为参数,黑体的单色辐射本领与波长的关系如 P14_1 图所示。不论温度是多少,单色辐射本领随波长的增加先增加再减小。峰值波长与温度的关系遵守维恩位移定律:峰值波长与温度成反比。温度升高时,峰值波长变短,峰变高。曲线下的面积表示总辐射本领,温度越高,曲线下的面积越大,总辐射本领越强。

[算法] 用 MATLAB 的符号积分可直接计算 $I$ 的值,从而计算斯特藩常数。设

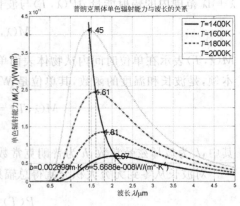

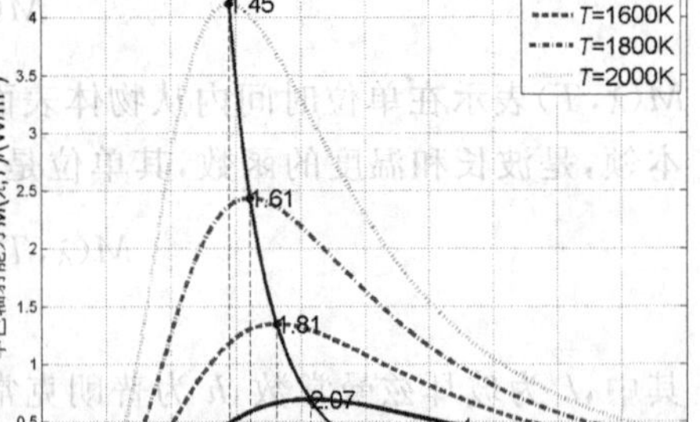


P14_1 图

$$y=\frac{x^5}{e^x-1} \tag{14.1.5*}$$

用 MATLAB 的符号导数先求 $y$ 的导数，求导数的零解而得 $x_m$ 之值，从而计算维恩常数。

取温度为参数向量，取波长为自变量向量，形成温度和波长矩阵，根据普朗克黑体辐射公式可直接计算单色辐射本领，用矩阵画线法画以波长为自变量的单色辐射本领曲线族。每条曲线的峰值坐标可用最大值函数获得，至于峰值曲线则根据维恩定律计算。

［程序］ P14_1.m 如下。

```
%温度不同的普朗克黑体单色辐射能力与波长的曲线
clear,k=1.38054e-23;h=6.626e-34;c=2.997925e8;   %清除变量,玻耳兹曼常数,普朗克常数,光速
syms x,y=x^3/(exp(x)-1);                          %定义符号变量,被积函数(1)
i=int(y,0,inf)                                    %求积分(2)
sigma=double(2*pi*k^4/h^3/c^2*i)                  %求斯特藩常数(3)
y=x^5/(exp(x)-1);                                 %普朗克约化公式(4)
d=diff(y)                                         %求符号导数(5)
s=solve(d)                                        %求符号零解(6)
e=double(s)                                       %求零解的数值(6)
b=h*c/e/k                                         %求维恩常数(7)
t=1400:200:2000;n=length(t);                      %热力学温度向量,向量长度
lambda=[0:0.01:5]*1e-6;lambda(1)=eps;             %波长向量(单位由微米化为米),零改小量
[T,L]=meshgrid(t,lambda);                         %波长和温度矩阵
M=2*pi*h*c^2./(exp(h*c./(k*T.*L))-1)./L.^5;      %单色辐射能力
l=lambda*1e6;figure                               %取微米为单位,创建图形窗口
plot(l,M(:,1),l,M(:,2),'--',l,M(:,3),'-.',l,M(:,4),':','LineWidth',3)  %画曲线族
figure,plot(lambda*1e6,M,'LineWidth',2)           %创建图形窗口,画曲线族(波长的单位为微米)
hl=legend([repmat('\itT\rm=',n,1),num2str(t'),repmat('K',n,1)]);  %标记图例
fs=16;set(hl,'FontSize',fs),grid on               %设置图例大小,加网格
title('普朗克黑体单色辐射能力与波长的关系','FontSize',fs)  %标题
xlabel('波长\it\lambda\rm/\mum','FontSize',fs)    %横坐标
yl='单色辐射能力\itM\rm(\it\lambda\rm,\itT\rm)/(W\cdotm^-^3)';  %纵坐标字符串
ylabel(yl,'FontSize',fs)                          %纵坐标
txt=['\itb\rm=',num2str(b),'m\cdotK'];            %维恩常数文本
txt=[txt,',\it\sigma\rm=',num2str(sigma),'W/(m^2\cdotK^4)'];  %斯特藩常数文本
text(0,max(M(:))/10,txt,'FontSize',fs)            %显示常数
[mx,ix]=max(M);lm=lambda(ix)*1e6;   %找最大值和下标,各条曲线的峰值波长(单位微米)
hold on,stem(lm,mx,'--','filled')                 %保持图像,画直杆图
text(lm,mx,num2str(lm'),'FontSize',fs)            %显示峰值波长
t=1300:2020;lm=b./t;                              %较密的温度向量,峰值波长向量(单位米)
m=2*pi*h*c^2./(exp(h*c./(k*t.*lm))-1)./lm.^5;    %单色辐射能力向量
plot(lm*1e6,m,'.')                                %画峰值曲线
```

［说明］ (1) 定义符号变量之后即可形成被积函数。

(2) 通过符号积分求得积分之值

```
i =
1/15*pi^4
```

(3) 在计算斯特藩常数时，需要用 double 函数将数值符号化为数值

```
sigma =
  5.6688e-008
```

(4) 直接用普朗克公式也能求导,而将普朗克公式化简后更好。

(5) 用 diff 函数求符号函数的一阶导数

```
d =
5 * x^4/(exp(x) - 1) - x^5/(exp(x) - 1)^2 * exp(x)
```

(6) 用 solve 函数求零解

```
s =
lambertw( - 5 * exp( - 5)) + 5
```

这个解是用符号函数表示的,其值为 4.9651。

(7) 最后计算维恩系数

```
b =
    0.0029
```

## {范例 14.2} 光电效应测定普朗克常数

在光电效应实验中,测得某金属截止电势差 $U_s$ 和入射光频率 $\nu$ 的数据如下表所示,求该金属的光电效应红限频率和电子的逸出功以及普朗克常数。

| $U_s$/V | 1.46 | 1.88 | 2.25 | 2.70 |
|---|---|---|---|---|
| $\nu/10^{14}$ Hz | 9.00 | 10.00 | 11.00 | 12.00 |

**[解析]** 设有 $n$ 对数 $x_1, x_2, \cdots, x_n$ 和 $y_1, y_2, \cdots, y_n$ 分布在直线附近,直线方程设为

$$y = kx + b \tag{14.2.1}$$

则误差的平方为

$$\Delta y = \sum_{i=1}^{n} (kx_i + b - y_i)^2 \tag{14.2.2}$$

$\Delta y$ 是 $k$ 和 $b$ 的函数。欲使 $\Delta y$ 最小,则有

$$\frac{\partial(\Delta y)}{\partial k} = \sum_{i=1}^{n} 2(kx_i + b - y_i)x_i = 0, \quad \frac{\partial(\Delta y)}{\partial b} = \sum_{i=1}^{n} 2(kx_i + b - y_i) = 0 \tag{14.2.3}$$

即

$$k\overline{x^2} + b\overline{x} - \overline{xy} = 0, \quad k\overline{x} + b - \overline{y} = 0 \tag{14.2.4}$$

其中

$$\overline{x} = \frac{1}{n}\sum_{i=1}^{n} x_i, \quad \overline{y} = \frac{1}{n}\sum_{i=1}^{n} y_i, \quad \overline{x^2} = \frac{1}{n}\sum_{i=1}^{n} x_i^2, \quad \overline{xy} = \frac{1}{n}\sum_{i=1}^{n} x_i y_i \tag{14.2.5}$$

解方程组(14.2.4)可得

$$k = \frac{\overline{xy} - \overline{x}\,\overline{y}}{\overline{x^2} - \overline{x}^2}, \quad b = \overline{y} - k\overline{x} = \frac{\overline{x^2}\,\overline{y} - \overline{xy}\,\overline{x}}{\overline{x^2} - \overline{x}^2} \tag{14.2.6}$$

这就是最小二乘法。这里,$x$ 表示入射光频率 $\nu$,$y$ 表示截止电势差 $U_s$。

在爱因斯坦光电效应公式中

$$h\nu = \frac{1}{2}mv_m^2 + A \tag{14.2.7}$$

$h\nu$ 是光子的能量，$mv_m^2/2$ 是电子的最大初动能，$A$ 是逸出功。不产生光电流的截止电势差与最大初动能的关系为

$$eU_s = \frac{1}{2}mv_m^2 \tag{14.2.8}$$

因此

$$U_s = \frac{h}{e}\nu - \frac{A}{e} \tag{14.2.9}$$

比较(14.2.1)式，普朗克常数为

$$h = ke \tag{14.2.10a}$$

逸出功为

$$A = -be \tag{14.2.10b}$$

令 $U_s=0$，红限频率为

$$\nu_0 = \frac{A}{h} = -\frac{b}{k} \tag{14.2.10c}$$

［图示］ 如 P14_2 图所示，入射光频率和截止电势差基本分布在一条直线上，光电效应的红限频率约为 $5.4\times10^{14}$ Hz，逸出功约为 $3.56\times10^{-19}$ J，测得普朗克常数约为 $6.54\times10^{-34}$ J·s，与公认值 $6.62\times10^{-34}$ J·s 相差不大。

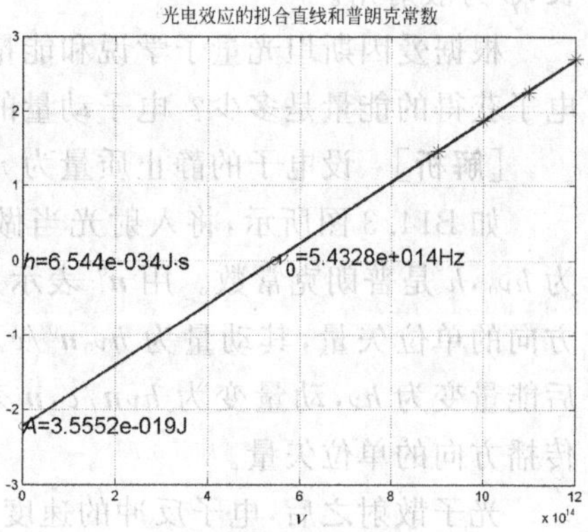


P14_2 图

［算法］ MATLAB 有多项式系数的拟合函数 polyfit 和求值函数 polyval，用推导的公式和多项式系数拟合函数和求值函数，可相互验证结果的正确性。

［程序］ P14_2.m 如下。

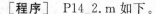

```
%用光电效应计算普朗克常数
clear,nu=(9:12)*1e14;                                   %清除变量,入射光频率
us=[1.46,1.88,2.25,2.7];n=length(us);                   %截止电压实验值,数据个数
x=sum(nu)/n;xx=sum(nu.^2)/n;                            %x平均值和x*x的平均值
y=sum(us)/n;xy=sum(nu.*us)/n;                           %y平均值,x*y平均值
k=(xy-x*y)/(xx-x^2);b=(xx*y-xy*x)/(xx-x^2);             %直线斜率和截距
p=polyfit(nu,us,1)                                      %计算拟合多项式系数(1)
figure,plot(nu,us,'*','MarkerSize',12),grid on          %创建图形窗口,画原数据,加网格
hold on,plot([0,nu],[b,k*nu+b],'--','LineWidth',2)      %保持图像,画二项式拟合直线
plot([0,nu],[p(2),polyval(p,nu)],'LineWidth',2)         %画多项式拟合直线(两线重叠)(2)
fs=18;title('光电效应的拟合直线和普朗克常数','FontSize',fs)  %显示标题
xlabel('\it\nu','FontSize',fs)                          %标记横坐标
ylabel('\itU\rm_s','FontSize',fs)                       %标记纵坐标
e=1.6e-19;nu0=-p(2)/p(1);a=-e*p(2);                     %电子的电量,红限频率,逸出功(3)
h=e*p(1);plot(nu0,0,'o',0,p(2),'o')                     %测量的普朗克常数,画点
text(nu0,0,['\it\nu\rm_0=',sprintf('%0.5g',nu0),'Hz'],'FontSize',fs)  %标记红限频率
text(0,p(2),['\itA\rm=',num2str(a) 'J'],'FontSize',fs)  %标记逸出功
text(0,0,['\ith\rm=',num2str(h),'J\cdots'],'FontSize',fs)  %标记普朗克常数
```

［说明］ (1) 多项式拟合函数 polyfit 中的第一个参数是自变量，第二个参数是函数，

第三个参数是阶次。对于线性拟合来说，阶次为1。

(2) 用手工计算的结果和用多项式拟合公式计算的结果所画的两线重叠，说明两种方法都是正确的。

(3) 多项式系数是降序排列的，根据系数可计算红限频率等。

## ｛范例 14.3｝　康普顿散射

光通过不均匀物质时向空间各个方向散射出去的现象称为光的散射。1922 年到 1923 年，美国物理学家康普顿和我国物理学家吴有训研究了 X 射线通过金属和石墨等物质时的散射现象。结果发现：在散射的 X 射线中除波长不变的部分之外，还有波长变长的成分。这种波长变长的散射称为康普顿散射。波长的改变与散射物质无关，遵守的实验规律为

$$\Delta\lambda = \lambda - \lambda_0 = 2\lambda_C \sin^2 \frac{\varphi}{2}$$

其中，$\lambda_C$ 称为康普顿波长，测得 $\lambda_C = 2.41\times10^{-12}$ m；$\lambda_0$ 是入射的 X 射线波长，$\lambda$ 是散射的波长，$\varphi$ 为散射角。

根据爱因斯坦光量子学说和能量、动量守恒定律推导康普顿散射公式，求康普顿波长。电子获得的能量是多少？电子动量的大小是多少？

**[解析]**　设电子的静止质量为 $m_0$，碰撞之前是静止的，静止能量为 $m_0c^2$。

如 B14.3 图所示，将入射光当做粒子，其能量为 $h\nu_0$，$h$ 是普朗克常数。用 $\boldsymbol{n}^0$ 表示入射光在传播方向的单位矢量，其动量为 $h\nu_0\boldsymbol{n}^0/c$。光子散射之后能量变为 $h\nu$，动量变为 $h\nu\boldsymbol{n}/c$，$\boldsymbol{n}$ 表示散射光在传播方向的单位矢量。

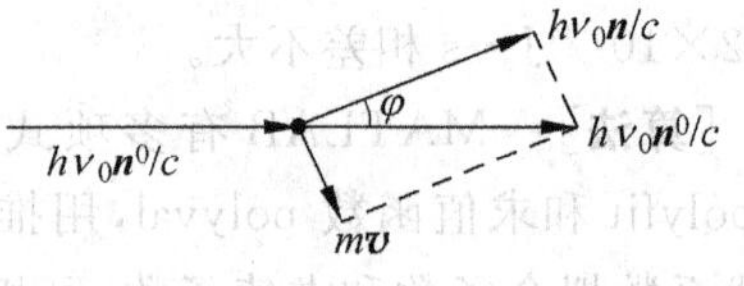


B14.3 图

光子散射之后，电子反冲的速度为 $\boldsymbol{v}$，能量为

$$E = mc^2 = \frac{m_0c^2}{\sqrt{1-\beta^2}} \tag{14.3.1}$$

其中 $\beta = v/c$。电子的动量为

$$\boldsymbol{p} = m\boldsymbol{v} = \frac{m_0\boldsymbol{v}}{\sqrt{1-\beta^2}} \tag{14.3.2}$$

根据能量和动量守恒定律得方程组

$$h\nu_0 + m_0c^2 = h\nu + \frac{m_0c^2}{\sqrt{1-\beta^2}} \tag{14.3.3}$$

$$\frac{h\nu_0}{c}\boldsymbol{n}^0 = \frac{h\nu}{c}\boldsymbol{n} + \frac{m_0\boldsymbol{v}}{\sqrt{1-\beta^2}} \tag{14.3.4}$$

将(14.3.3)式移项后平方得

$$h^2\nu_0^2 + h^2\nu^2 + m_0^2c^4 - 2h^2\nu_0\nu + 2h\nu_0m_0c^2 - 2h\nu m_0c^2 = \frac{m_0^2c^4}{1-\beta^2}$$

将(14.3.4)式移项后平方得

$$h^2\nu_0^2 + h^2\nu^2 - 2h^2\nu_0\nu\boldsymbol{n}\cdot\boldsymbol{n}^0 = \frac{m_0^2c^2v^2}{1-\beta^2} \tag{14.3.5}$$

其中 $\boldsymbol{n}\cdot\boldsymbol{n}^0 = \cos\varphi$。将上式减下式，可得

$$m_0^2c^4 - 2h^2\nu_0\nu(1-\cos\varphi) + 2h(\nu_0-\nu)m_0c^2 = \frac{m_0^2c^2(c^2-v^2)}{1-\beta^2}$$

上式右边等于 $m_0^2c^4$，因此可化简为

$$(\nu_0-\nu)m_0c^2 = h\nu_0\nu(1-\cos\varphi)$$

由于 $\lambda=c/\nu$，所以

$$\Delta\lambda = \lambda-\lambda_0 = \frac{h}{m_0c}(1-\cos\varphi) = 2\frac{h}{m_0c}\sin^2\frac{\varphi}{2} \tag{14.3.6}$$

康普顿波长为

$$\lambda_C = \frac{h}{m_0c} = \frac{6.626\times10^{-34}}{9.106\times10^{-31}\times2.998\times10^8} = 2.426\times10^{-12}\,\mathrm{m} \tag{14.3.7}$$

理论值与实验值符合得如此之好，一方面说明了光量子理论的正确性，另一方面也证实了能量和动量守恒与转换定律在微观粒子的相互作用过程中也同样严格成立。康普顿波长十分短，因此，入射光的波长也要比较短，散射后的波长才有比较显著的变化。这就是实验中采用X射线的原因。

电子获得的能量是光子损失的能量

$$\Delta E = h\nu_0 - h\nu = \frac{hc}{\lambda_0} - \frac{hc}{\lambda} = \frac{hc\Delta\lambda}{\lambda_0\lambda} = \frac{hc\,2\lambda_C\sin^2\varphi/2}{\lambda_0(\lambda_0+2\lambda_C\sin^2\varphi/2)} \tag{14.3.8}$$

显然，入射光的波长越短，散射角越大，电子获得的能量越多。

电子动量的大小为

$$p = \sqrt{\left(\frac{h}{\lambda_0}\right)^2 + \left(\frac{h}{\lambda}\right)^2 - 2\left(\frac{h}{\lambda_0}\right)\left(\frac{h}{\lambda}\right)\cos\varphi} \tag{14.3.9}$$

上式可化为

$$p = \frac{h}{\lambda_0\lambda}\sqrt{\lambda^2+\lambda_0^2-2\lambda\lambda_0\cos\varphi} = \frac{h}{\lambda_0\lambda}\sqrt{(\lambda-\lambda_0)^2+2\lambda\lambda_0(1-\cos\varphi)}$$

利用康普顿公式可得

$$p = \frac{2h\sin\varphi/2}{\lambda_0(\lambda_0+2\lambda_C\sin^2\varphi/2)}\sqrt{\lambda_0^2+\lambda_C(2\lambda_0+\lambda_C)\sin^2\frac{\varphi}{2}} \tag{14.3.10}$$

［图示］ (1) 如P14_3a图所示，康普顿散射时波长的改变量随散射角的增加而增加。在康普顿散射中光子波长变长的原因是：光子与自由电子或者束缚较弱的电子发生碰撞时要损失一部分能量，光子的能量变小，频率降低，波长增大。如果光子与原子中的内层电子碰撞，由于内层电子被原子束缚得很紧，光子将与整个原子发生相互作用，由于原子质量较大，碰撞后光子能量损失较少，波长不会有显著的改变，所以散射中有原入射波长的光。对于原子量大的物质，内层电子较多，康普顿散射较弱，原子量小的物质，康普顿散射较强。

(2) 如P14_3b图之上图所示，反冲电子获得的能量随散射角的增加而增加；在散射角一定的情况下，能量则随入射光波长的减小而增加。这是因为入射光波长越短，其能量越高，散射后传递给电子的能量越多。如P14_3b图之下图所示，反冲电子的动量随散射角的增加而增加；在散射角一定的情况下，动量则随入射光波长的减小而增加。

［算法］ 取康普顿波长为波长的单位，可直接计算波长随散射角度的改变量。取 $E_0 = m_0c^2$ 为能量的单位，电子获得的能量可表示为

$$\Delta E = E_0\frac{2\sin^2\varphi/2}{\lambda_0^*(\lambda_0^*+2\sin^2\varphi/2)} \tag{14.3.8*}$$

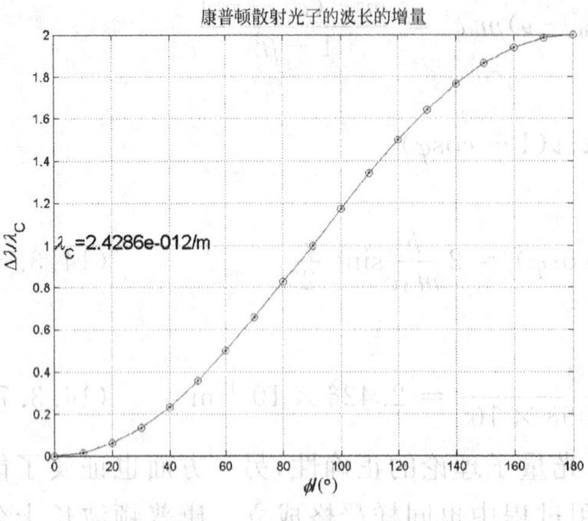


P14_3a 图

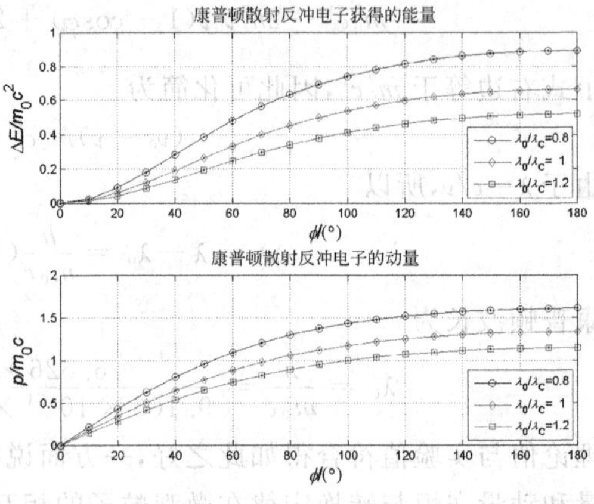


P14_3b 图

其中，$\lambda_0^* = \lambda_0/\lambda_C$ 是入射光的波长与康普顿波长的比值。取 $p_0 = m_0 c$ 为动量的单位，电子动量的大小可表示为

$$p = p_0 \sqrt{\frac{1}{\lambda_0^{*2}} + \frac{1}{\lambda^{*2}} - 2\frac{1}{\lambda_0^*}\frac{1}{\lambda^*}\cos\varphi} \tag{14.3.9*}$$

其中，$\lambda^* = \lambda/\lambda_C$ 是散入光的波长与康普顿波长的比值。电子动量的大小也可以表示为

$$p = p_0 \frac{2\sin\varphi/2}{\lambda_0^*(\lambda_0^* + 2\sin^2\varphi/2)} \sqrt{\lambda_0^{*2} + (2\lambda_0^* + 1)\sin^2\frac{\varphi}{2}} \tag{14.3.10*}$$

根据散射角可直接计算光子的波长改变量。取入射光的波长为参数向量，取散射角为自变量向量，化为矩阵，计算电子获得的能量和电子的动量，根据矩阵画线法画曲线族。

为了便于求符号解，能量守恒方程可表示为

$$\frac{1}{\lambda_0^*} + 1 = \frac{1}{\lambda^*} + \frac{1}{\sqrt{1 - v^{*2}}} \tag{14.3.3*}$$

动量守恒方程可表示为

$$\frac{1}{\lambda_0^{*2}} + \frac{1}{\lambda^{*2}} - \frac{2}{\lambda_0^*\lambda^*}\cos\varphi = \frac{v^{*2}}{1 - v^{*2}} \tag{14.3.5*}$$

其中，$v^* = v/c$。取 $\lambda^* = \lambda_0^* + \Delta\lambda^*$，两方程中 $\Delta\lambda^*$ 和 $v^*$ 是未知数。利用 $v^*$，反冲电子获得的能量可表示为

$$\Delta E = mc^2 - m_0 c^2 = E_0\left(\frac{1}{\sqrt{1 - v^{*2}}} - 1\right)$$

反冲电子的动量可表示为

$$p = mv = p_0 \frac{v^*}{\sqrt{1 - v^{*2}}}$$

**[程序]** P14_3.m 如下。

```
%康普顿散射
clear,phi = 0:10:180;p = phi * pi/180;              %清除变量,散射角向量,化为弧度
dl = 2 * sin(p/2).^2;                               %波长的变化量
f = figure,plot(phi,dl,'-o'),grid on                %创建图形窗口,画波长的增量曲线(细线),加网格
fs = 16;title('康普顿散射光子的波长的增量','FontSize',fs)   %标题
```

```
xlabel('\it\phi\rm/(\circ)','FontSize',fs)                    %横坐标
ylabel('\Delta\it\lambda/\lambda\rm_C','FontSize',fs)   %纵坐标
m0 = 9.1e - 31;h = 6.63e - 34;c = 3e8;lc = h/m0/c;  %电子质量,普朗克常数,光速,电子的康普顿波长
text(0,1,['\it\lambda\rm_C = ',num2str(lc),'/m'],'FontSize',fs)   %显示波长文本
l0 = 0.8:0.2:1.2;n = length(l0);                        %入射X射线的波长与康普顿波长的倍数,波长个数
[L0,PHI] = meshgrid(l0,p);                              %倍数和角度矩阵
E = 2 * sin(PHI/2).^2./L0./(L0 + 2 * sin(PHI/2).^2);  %电子获得的能量
figure,subplot(2,1,1)                                   %创建图形窗口,选子图
plot(phi,E(:,1),'o-',phi,E(:,2),'d-',phi,E(:,3),'s-')  %画曲线族
grid on,title('康普顿散射反冲电子获得的能量','FontSize',fs)   %加网格,标题
xlabel('\it\phi\rm/(\circ)','FontSize',fs)              %横坐标
ylabel('\Delta\itE/m\rm_0\itc\rm^2','FontSize',fs)   %纵坐标
legend([repmat('\it\lambda\rm_0/\it\lambda\rm_C = ',n,1),num2str(l0')], - 1)   %图例
L = L0 + 2 * sin(PHI/2).^2;                             %散射后的波长
P = sqrt(1./L0.^2 + 1./L.^2 - 2./L./L0. * cos(PHI));   %电子的动量
subplot(2,1,2)                                          %选子图
plot(phi,P(:,1),'o-',phi,P(:,2),'d-',phi,P(:,3),'s-'), grid on   %画曲线族,加网格
title('康普顿散射反冲电子的动量','FontSize',fs)   %标题
xlabel('\it\phi\rm/(\circ)','FontSize',fs)              %横坐标
ylabel('\itp/m\rm_0\itc','FontSize',fs)                 %纵坐标
legend([repmat('\it\lambda\rm_0/\it\lambda\rm_C = ',n,1),num2str(l0')], - 1)   %图例
s1 = '1/l0 - 1/(dl + l0) + 1 - 1/sqrt(1 - v^2)';      %第1个方程
s2 = '1/l0^2 + 1/(dl + l0)^2 - 2/l0/(dl + l0) * cos(phi) - v^2/(1 - v^2)';   %第2个方程
s = solve(s1,s2,'dl','v')                               %求方程的符号解
dl = subs(s.dl(1),'phi',p);                             %数值替换符号
V = abs(subs(s.v(1),{'phi','l0'},{PHI,L0}));          %数值替换符号
E = 1./sqrt(1 - V.^2) - 1;P = V./sqrt(1 - V.^2);      %电子获得的能量,电子的动量
hold on,plot(phi,P,'.')                                 %保持图像,重画动量曲线(点)
subplot(2,1,1),hold on,plot(phi,E,'.')                  %选子图,保持图像,重画能量曲线(点)
figure(f),hold on,plot(phi,dl,'.')   %重开图形窗口,保持图像,重画波长的增量曲线(点)
```

[说明] 公式和符号计算的结果相同,说明手工推导的公式是正确的。

## {范例 14.4} 氢原子光谱的规律

人们研究氢原子光谱,总结出两条规律：一是氢原子光谱是一根根分离的谱线,谱线的波数,即波长的倒数不能连续变化；二是任意一根谱线的波数都可用公式

$$\tilde{\lambda}=\frac{1}{\lambda}=R_{\mathrm{H}}\left(\frac{1}{m^2}-\frac{1}{n^2}\right)$$

计算,其中 $R_{\mathrm{H}}=1.096776\times10^7\,\mathrm{m}^{-1}$,是一个实验常数,称为里德伯恒量,$m$ 和 $n$ 都是正整数,且 $n>m$。当 $n$ 取遍大于 $m$ 的一切正整数时,公式给出一族谱线,称为谱线系。根据玻尔氢原子理论,讨论氢原子轨道的能级,说明氢原子光谱的规律。

[解析] 经典理论在解释氢原子光谱的规律时遇到不可克服的困难。为了克服经典物理学的困难,丹麦物理学家玻尔以实验事实为基础,将普朗克的能量子概念用于氢原子系统,建立了氢原子的玻尔理论,成功地解释了氢原子光谱的实验规律。

① 定态假设。原子系统只能有一系列能量不连续的状态,相应的能量值为

$$E_1,E_2,E_3,\cdots \tag{14.4.1}$$

在这些定态上原子不向外辐射能量。这些状态称为定态。

② 量子跃迁假设。只有当原子从一个定态 $E_m$ 跃迁到另一个定态 $E_n$ 时才发射和吸收辐射，其吸收或辐射光子的频率为

$$\nu = (E_n - E_m)/h \tag{14.4.2}$$

③ 轨道角动量量子化假设。电子的轨道角动量 $L$ 等于 $h/2\pi$ 的整数倍

$$L_n = m_e v_n r_n = nh/2\pi, \quad n = 1,2,3,\cdots \tag{14.4.3}$$

其中，$h$ 为普朗克常数，$n$ 称为量子数。此公式称为量子化条件。

玻尔以三大基本假设为基础，计算了氢原子的轨道半径和定态能量等。

① 氢原子的轨道。氢原子的核外电子在原子核的库仑力的作用下作圆周运动，可得

$$m_e \frac{v_n^2}{r_n} = \frac{e^2}{4\pi\varepsilon_0 r_n^2} \tag{14.4.4}$$

整理得

$$(m_e v_n r_n)^2 = \frac{m_e e^2}{4\pi\varepsilon_0} r_n$$

利用(14.4.3)式得

$$\frac{m_e e^2}{4\pi\varepsilon_0} r_n = \left(\frac{nh}{2\pi}\right)^2$$

所以

$$r_n = \frac{\varepsilon_0 h^2}{\pi m_e e^2} n^2, \quad n = 1,2,3,\cdots \tag{14.4.5}$$

可见：氢原子轨道是量子化的。当 $n=1$ 时，$r_1$ 是最靠近原子核的轨道半径，称为第一玻尔半径，常用 $a_0$ 表示

$$a_0 = r_1 = \frac{\varepsilon_0 h^2}{\pi m_e e^2} = 0.529 \times 10^{-10}\,\mathrm{m}$$

② 氢原子的能量。电子在轨道上的势能为

$$V_n = -\frac{e^2}{4\pi\varepsilon_0 r_n}$$

动能为

$$T_n = \frac{1}{2} m_e v_n^2 = \frac{e^2}{8\pi\varepsilon_0 r_n}$$

上面利用了(14.4.4)式。总能量为

$$E_n = T_n + V_n = -\frac{e^2}{8\pi\varepsilon_0 r_n}$$

即

$$E_n = -\frac{m_e e^4}{8\varepsilon_0^2 h^2} \frac{1}{n^2}, \quad n = 1,2,3,\cdots \tag{14.4.6}$$

可见：氢原子能量是量子化的，称为原子能级。当 $n=1$ 时，$E_1$ 是最低能级

$$E_1 = -\frac{m_e e^4}{8\varepsilon_0^2 h^2} = -2.18 \times 10^{-18}\,\mathrm{J} = -13.6\,\mathrm{eV}$$

在正常情况下，原子处于最低能级，此态称为基态，其他态称为激发态。

玻尔氢原子理论可解释氢原子光谱。

氢原子中电子从 $m$ 态跃迁到 $n$ 态时放出或吸收光子的频率为

$$v=\frac{E_n-E_m}{h}=\frac{m_e e^4}{8\varepsilon_0^2 h^3}\left(\frac{1}{m^2}-\frac{1}{n^2}\right)$$

用波数表示为

$$\tilde{\lambda}=\frac{1}{\lambda}=\frac{\nu}{c}=\frac{m_e e^4}{8\varepsilon_0^2 h^3 c}\left(\frac{1}{m^2}-\frac{1}{n^2}\right) \tag{14.4.7}$$

里德伯常数为

$$R_{\mathrm{H}}=\frac{m_e e^4}{8\varepsilon_0^2 h^3 c}=1.097373\times 10^7\,\mathrm{m}^{-1} \tag{14.4.8}$$

可见：里德伯常数由一些常数组成。计算值与实验值的吻合有力地证明了玻尔理论的正确性。

氢原子光谱的规律是

$$\tilde{\lambda}=R_{\mathrm{H}}\left(\frac{1}{m^2}-\frac{1}{n^2}\right) \tag{14.4.9}$$

当氢原子的核外电子从 $n>2$ 的能态向 $m=2$ 的能态跃迁时，所发出的单色光属于巴耳末系。当 $n\to\infty$ 时，波数的极限为

$$\tilde{\lambda}\to R_{\mathrm{H}}\frac{1}{m^2} \tag{14.4.10}$$

这个波数称为线系限。

当 $m=1, n>1$ 时对应紫外部分的拉曼线系；

当 $m=2, n>2$ 时对应可见光部分的巴尔末线系；

当 $m=3, n>3$ 时对应近红外部分的帕邢线系；

当 $m=4, n>4$ 时对应红外部分的布喇菲线系；

当 $m=5, n>5$ 时对应远红外部分的普芳德线系。

玻尔于 1913 年预言了拉曼线系、布喇菲线系和普芳德线系，这些光谱于 1915—1924 年被陆续发现。可见：玻尔理论成功地解释了氢原子光谱的实验规律。玻尔理论对类氢原子的光谱也能给出很好的说明。

注意：在某一瞬间，一个氢原子只能发出一条谱线，大量氢原子从各种激发态发出的一系列谱线组成氢原子光谱。

玻尔理论虽然取得了很大的成功，但是该理论不能解释光谱线的强度、光的偏振及光谱的精细结构等问题，甚至对于稍为复杂一点的原子(如氦原子)光谱也不能解释。

但是玻尔理论是原子领域内的开拓性理论，他所提出的定态假设和量子跃迁假设以及能量和角动量量子化等概念仍然是量子力学中的重要概念。

玻尔的工作是人类探索原子世界过程中的一个重要的里程碑。玻尔理论是经典理论加上量子化条件的混合物，史称旧量子论。

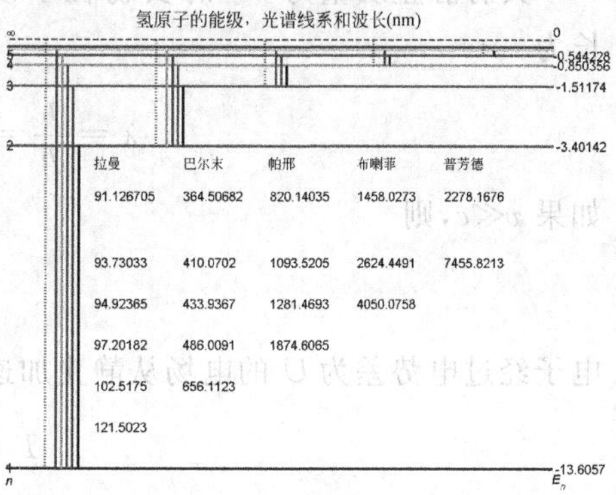


P14_4 图

［**图示**］　(1) 如 P14_4 图所示，第 1 个和第 2 个能级相差最大，随着量子数的增加，能级之差越来越小。当电子从高能级跃到低能级时，能级差越大，发出光子的频率就越大，波长越短。

(2) 对于拉曼线系，最长波长是 121.5nm，线

系限为 91.1nm,全部谱线都在紫外区。

(3) 对于巴尔末线系,最长波长是 656.1nm,线系限为 364.5nm,有几条在可见光区,其他谱线都在紫外区。

(4) 对于帕邢线系,最长波长是 1874.6nm,线系限为 820.1nm,全部谱线都在红外区。

(5) 布喇菲线系的波长更长,有一部分与帕邢线系重叠,有一部分与普芳德线系重叠。

［**算法**］ 通过循环计算每个谱线系的波长,画出跃迁线。极限波长和跃迁线在循环之外计算和绘制。

［**程序**］ P14_4.m 见网站。

## {范例 14.5} 电子的德布罗意波长和双缝干涉图样的模拟(图形动画)

(1) 不计电子的初速度,电子经过电势差 $U$ 加速后,用经典理论和相对论分别推导德布罗意波长的公式。如果电子经过 150V 的电势差加速,其德布罗意波长是多少? 如果电子经过 10000V 的电势差加速,其德布罗意波长又是多少? 在什么情况下,两种理论的相对误差不超过 10%。

(2) 当电子成群或一个一个地通过双缝时,分别演示电子的干涉图样。

［**解析**］ (1) 光具有波动性,也具有粒子性,即:频率为 $\nu$ 和波长为 $\lambda$ 的光波对应一个粒子,其能量为

$$\varepsilon = h\nu \tag{14.5.1}$$

动量为

$$p = h/\lambda \tag{14.5.2}$$

德布罗意采用类比的方法大胆假设:实物粒子也应当具有波动性。一个质量为 $m$ 的实物粒子,以速度 $v$ 匀速运动时,具有能量 $E$ 和动量 $p$;从波动观点来看则有频率 $\nu$ 和波长 $\lambda$,有

$$\nu = E/h \tag{14.5.3}$$

$$\lambda = h/p \tag{14.5.4}$$

这种和实物粒子相联系的波称为德布罗意波或物质波,相应的波长称为德布罗意波长。这两个公式称为德布罗意公式。

具有静止质量为 $m_0$ 的实物粒子以速度 $v$ 运动时,和粒子相联系的平面单色波的波长为

$$\lambda = \frac{h}{p} = \frac{h}{mv} = \frac{h}{m_0 v}\sqrt{1-\frac{v^2}{c^2}} \tag{14.5.5}$$

如果 $v \ll c$,则

$$\lambda = \frac{h}{m_0 v} \tag{14.5.6}$$

电子经过电势差为 $U$ 的电场从静止加速后获得动能为

$$T = \frac{1}{2}m_0 v^2 = eU \tag{14.5.7}$$

速率为

$$v = \sqrt{\frac{2eU}{m_0}} \tag{14.5.8}$$

电子在低速运动的情况下，波长为

$$\lambda = \frac{h}{\sqrt{2em_0}} \frac{1}{\sqrt{U}} \tag{14.5.9}$$

电子在高速运动的情况下，考虑到相对论效应，动能为

$$T = \frac{m_0 c^2}{\sqrt{1 - v^2/c^2}} - m_0 c^2 = eU \tag{14.5.10}$$

由此可得

$$\sqrt{1 - \frac{v^2}{c^2}} = \frac{1}{eU/m_0 c^2 + 1} \tag{14.5.11}$$

解得

$$v = c\sqrt{1 - \left(\frac{1}{eU/m_0 c^2 + 1}\right)^2} \tag{14.5.12}$$

将(14.5.11)式和(14.5.12)式代入(14.5.5)式得

$$\lambda = \frac{h}{m_0 c} \frac{1}{\sqrt{(eU/m_0 c^2 + 1)^2 - 1}} = \frac{h}{m_0 c} \frac{1}{\sqrt{(2eU/m_0 c^2)(eU/2m_0 c^2 + 1)}} \tag{14.5.13}$$

当 $eU \ll 2m_0 c^2$ 时，由上式可得(14.5.9)式。

［**图示**］ (1) 如 P14_5_1a 图所示，当电势差不太大的时候，经典理论和相对论的电子的德布罗意波长曲线完全重合。当电势差为 150V 时，电子的德布罗意波长约为 0.1nm，与 X 射线的波长同数量级。

(2) 如 P14_5_1b 图所示，当电势差为 10000V 时，电子的德布罗意波长约为 0.012nm，这时，经典理论和相对论的电子的德布罗意波长相差很小。由于电子的德布罗意波长太短，需要用晶体光栅才能观察到。随着电势差的增加，两种理论的电子的德布罗意波长曲线才分开，高速运动的公式计算的波长更短。在 20 万 V 以内，两种理论的电子的德布罗意波长的相对误差不超过 10%。

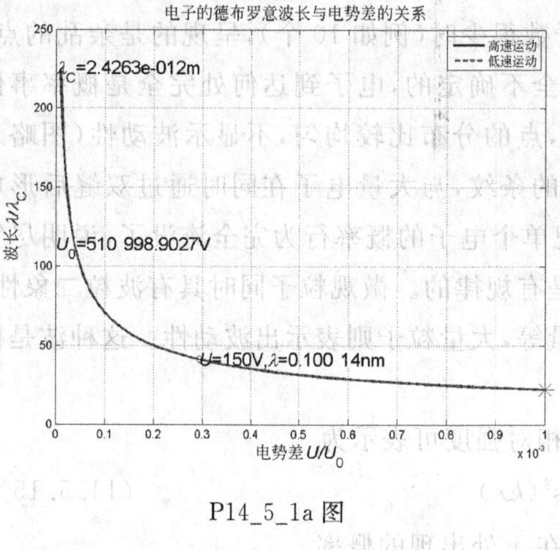


P14_5_1a 图

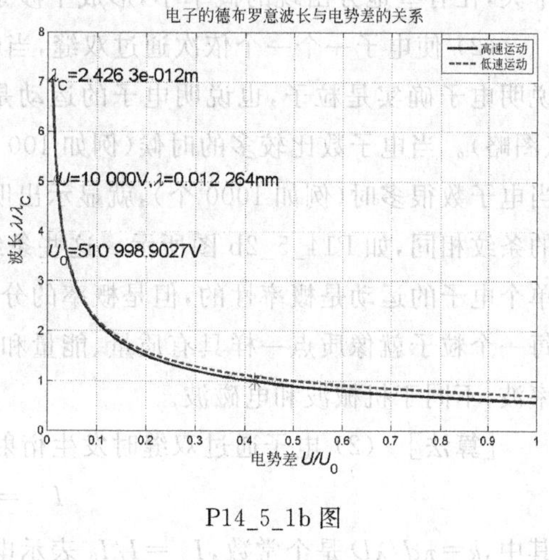


P14_5_1b 图

［算法］ (1) 取 $U_0=m_0c^2/e$ 为电势单位，则电子低速运动的德布罗意波长可表示为

$$\lambda=\lambda_C\frac{1}{\sqrt{2U^*}} \tag{14.5.9*}$$

其中，$U^*=U/U_0$，$\lambda_C=h/m_0c=2.426\times10^{-12}\text{m}$ 是电子的康普顿波长。电子高速运动的德布罗意波长可表示为

$$\lambda=\lambda_C\frac{1}{\sqrt{2U^*(U^*/2+1)}} \tag{14.5.13*}$$

波长的单位是康普顿波长。

［程序］ P14_5_1.m 见网站。

［解析］ (2) 电子的双缝衍射图案与光的双缝衍射图样完全相同，并不显示粒子性，更没有概率的不确定特征。不过，那是用大量的电子或光子做出的实验结果。如果减弱入射电子束的强度，使电子一个一个依次通过双缝，则随着电子的积累，将逐渐显示衍射图样。

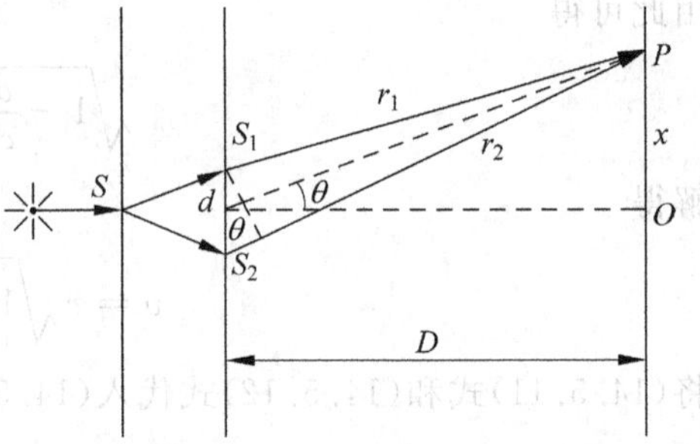

B14.5 图

如 B14.5 图所示，在光的双缝衍射实验中，设光通过一条缝到达 $P$ 点的强度为 $I_1$，则 $P$ 点总强度为

$$I=4I_1\cos^2\frac{\Delta\varphi}{2}=4I_1\cos^2\left(\pi\frac{d}{\lambda}\sin\theta\right) \tag{14.5.14}$$

利用近似关系 $\sin\theta=\tan\theta=\dfrac{x}{D}$，可得

$$I\approx I_0\cos^2\left(\pi\frac{dx}{\lambda D}\right) \tag{14.5.15}$$

其中 $I_0=4I_1$。强度大的地方，表示电子出现的概率大，反之就小。

［图示］ (1) 如 P14_5_2a 图所示，当大量电子一起通过双缝时，在有些地方出现的概率大，在有些地方出现的概率小，形成干涉条纹。

(2) 使电子一个一个依次通过双缝，当电子数很少时(例如 10 个)，呈现的是杂乱的点，说明电子确实是粒子，也说明电子的运动是完全不确定的，电子到达何处完全是概率事件(图略)。当电子数比较多的时候(例如 100 个)，点的分布比较均匀，不显示波动性(图略)。当电子数很多时(例如 1000 个)，就显示出明晰的条纹，与大量电子在同时通过双缝后形成的条纹相同，如 P14_5_2b 图所示。这些条纹把单个电子的概率行为完全淹没了，说明尽管单个电子的运动是概率性的，但是概率的分布是有规律的。微观粒子同时具有波粒二象性，每一个粒子就像质点一样具有质量、能量和动量等，大量粒子则表示出波动性。这种波是概率波，不同于机械波和电磁波。

［算法］ (2) 电子通过双缝时发生衍射的相对强度可表示为

$$I^*=\cos^2(kx) \tag{14.5.15*}$$

其中，$k=\pi d/\lambda D$ 是个常数，$I^*=I/I_0$ 表示电子在 $x$ 处出现的概率。

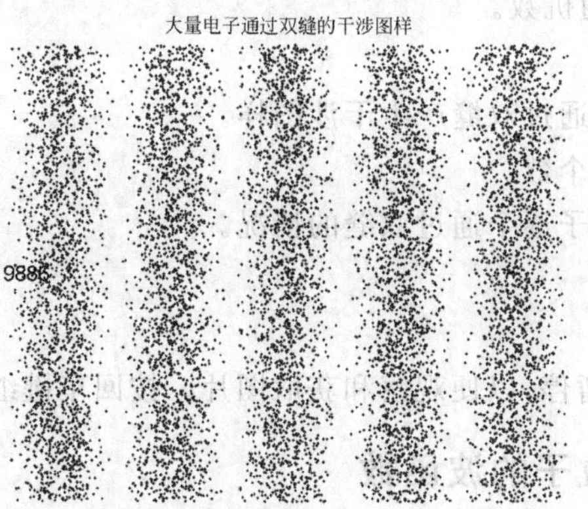


P14_5_2a 图

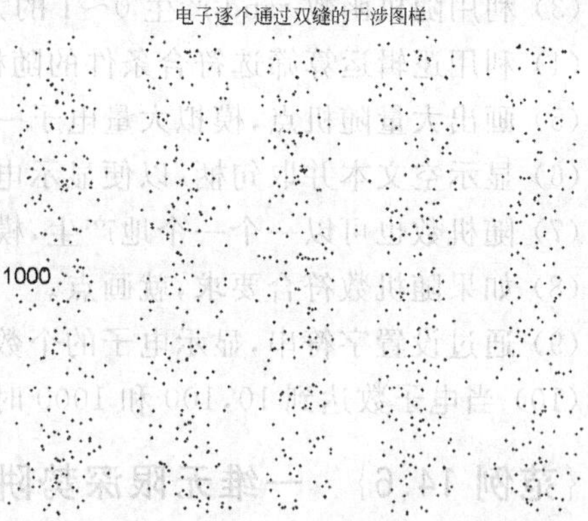


P14_5_2b 图

假设某点电子出现的概率是 0.4,对于 100 个机会来说,只有 40 次机会出现。对于从 0 到 1 的均匀分布的随机数来说,只有小于 0.4 的数才表示能够出现。对于大量从 0 到 1 均匀分布的随机数 $R$,当 $R\leqslant I^*$ 时,表示有电子通过双缝而出现在屏幕上的某点,将这些点显示出来就形成干涉图样。

[**程序**] P14_5_2.m 如下。

```
%电子通过双缝的干涉图样的演示
clear,k = 0.5;xm = 5 * pi;n = 20000;                      %清除变量,常数,宽度最大值,随机数个数
rand('state',0),x = 2 * xm * (rand(1,n) - 0.5);           %随机种子清零,随机产生横坐标(1)
y = rand(1,n);                                             %电子随机纵坐标(1)
i = cos(k * x).^2;                                         %根据横坐标计算电子出现的概率(2)
r = rand(1,n);                                             %均匀分布的随机数(3)
l = r <= i;                                                %随机数在概率之内时为逻辑真(4)
figure,plot(x(l),y(l),'.')                                 %创建图形窗口,画点(5)
title('大量电子通过双缝的干涉图样','FontSize',16)           %标题
text( - xm,0.5,num2str(sum(l)),'FontSize',16)              %显示电子数
axis([ - xm,xm,0,1]),axis off,pause                        %曲线范围,隐去坐标,暂停
figure,axis([ - xm,xm,0,1]),axis off                       %创建图形窗口,曲线范围,隐去坐标
title('电子逐个通过双缝的干涉图样','FontSize',16)           %标题
n = 0;h = text( - xm,0.5,'','FontSize',16);                %计数器清零,文本句柄(6)
a = [10,100,1000];hold on                                  %暂停所用的电子数向量,保持图像
while 1,x = 2 * xm * (rand - 0.5);                         %无限循环,电子的随机横坐标
    i = cos(k * x)^2;r = rand;                             %电子出现的概率,均匀分布的随机数(7)
    if r <= i                                              %如果随机数在概率之内
        y = rand;plot(x,y,'.')                             %电子随机纵坐标,则画点(8)
        n = n + 1;set(h,'string',num2str(n))               %计数,设置数据(9)
        drawnow                                            %刷新屏幕
        if any(n == a) pause,end                           %判断暂停(10)
    end                                                    %结束条件
    if get(gcf,'CurrentCharacter') == char(27) break,end   %按 Esc 键则中断循环
end                                                        %结束循环
```

[**说明**] (1) 利用随机函数 rand 产生随机横坐标和纵坐标。

(2) 根据横坐标计算电子出现的概率,概率的大小只与横坐标有关,与纵坐标无关。

(3) 利用随机函数 rand 产生 0～1 的大量随机数。

(4) 利用逻辑运算筛选符合条件的随机数。

(5) 画出大量随机点，模拟大量电子一次性通过双缝产生干涉图样。

(6) 显示空文本并取句柄，以便显示电子的个数。

(7) 随机数也可以一个一个地产生，模拟电子逐个通过双缝的情况。

(8) 如果随机数符合要求，就画点。

(9) 通过设置字符串，显示电子的个数。

(10) 当电子数达到 10,100 和 1000 时，就暂停，以便观察和获取图片。按回车键继续。

## {范例 14.6} 一维无限深势阱中粒子的波函数

如 B14.6 图所示，有一质量为 $m$ 的粒子在一维势阱中运动，势函数为

$$V(x)=\begin{cases}0, & 0<x<a\\ \infty, & x\leqslant 0 \text{ 或 } x\geqslant a\end{cases}$$

由于曲线像“井”且深度无限，因而形象地称为一维无限深势阱。求粒子的能量、波函数和概率密度。

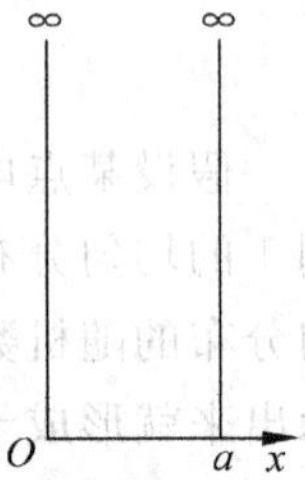

B14.6 图

[解析] 由于势能曲线与时间无关，所以属于定态问题。由于势阱无限高，粒子不能运动到势阱之外，所以定态波函数

$$\psi(x)=0,\quad x>a,x<0 \tag{14.6.1}$$

粒子在阱内定态波函数的薛定谔方程为

$$\frac{\hbar^2}{2m}\frac{\mathrm{d}^2\psi}{\mathrm{d}x^2}+E\psi=0,\quad 0\leqslant x\leqslant a \tag{14.6.2}$$

设

$$k=\sqrt{2mE}/\hbar \tag{14.6.3}$$

方程(14.6.2)可简化为

$$\frac{\mathrm{d}^2\psi}{\mathrm{d}x^2}+k^2\psi=0 \tag{14.6.4}$$

其通解为

$$\psi(x)=A\sin kx+B\cos kx$$

由于波函数是连续的，在 $x=0$ 处有 $\psi(0)=0$，所以 $B=0$。波函数为

$$\psi(x)=A\sin kx \tag{14.6.5}$$

在 $x=a$ 处也有 $\psi(a)=0$，所以

$$A\sin ka=0$$

由于 $A$ 不恒为零，所以

$$ka=n\pi \tag{14.6.6}$$

$k$ 只能取不连续的值，用 $k_n$ 表示，则

$$k_n=n\pi/a,\quad n=1,2,3,\cdots \tag{14.6.7}$$

上式代入(14.6.3)式得

$$E_n=\frac{k_n^2\hbar^2}{2m}=\frac{\pi^2\hbar^2}{2ma^2}n^2,\quad n=1,2,3,\cdots \tag{14.6.8}$$

式中，$n$ 称为量子数。要使方程(14.6.2)有解，粒子的能量只能取分立的值，或者说能量是量子化的，$E_n$ 称为能量的本征值。$n=1$ 状态称为基态，也就是粒子能量最低的状态，最低能量为

$$E_1 = \frac{\pi^2 \hbar^2}{2ma^2} = \frac{h^2}{8ma^2} \tag{14.6.9}$$

其他态称为激发态，$E_2$，$E_3$，…分别称为第一激发态，第二激发态，…。

能量 $E_n$ 对应的波函数为

$$\psi_n(x) = A\sin k_n x = A\sin\frac{n\pi}{a}x,\quad 0 \leqslant x \leqslant a \tag{14.6.10}$$

可见：不同的能级具有不同的波函数。根据归一化条件

$$\int_{-\infty}^{+\infty} |\psi_n|^2 \mathrm{d}x = 1 \tag{14.6.11}$$

可得

$$A^2\int_0^a \sin^2\frac{n\pi}{a}x\,\mathrm{d}x = A^2\int_0^a \frac{1}{2}\left(1-\cos\frac{2n\pi}{a}x\right)\mathrm{d}x = A^2\frac{a}{2} = 1$$

因此

$$A = \sqrt{2/a} \tag{14.6.12}$$

可见：波函数的归一化常数与能级的级次无关，与势阱宽度的平方根成反比。波函数为

$$\psi_n(x) = \sqrt{\frac{2}{a}}\sin\frac{n\pi}{a}x,\quad 0 \leqslant x \leqslant a; n = 1,2,3,\cdots \tag{14.6.13}$$

概率密度为

$$|\psi_n(x)|^2 = \frac{2}{a}\sin^2\frac{n\pi}{a}x,\quad 0 \leqslant x \leqslant a; n = 1,2,3,\cdots \tag{14.6.14}$$

可见：粒子在势阱中出现的概率因地而异，有些地方出现的概率大，有些地方出现的概率小，在阱壁处的概率为零；概率密度分布还随量子数改变。这些结果与经典力学根本不同，按照经典力学的观点，粒子在势阱内各处出现的概率应该相等。

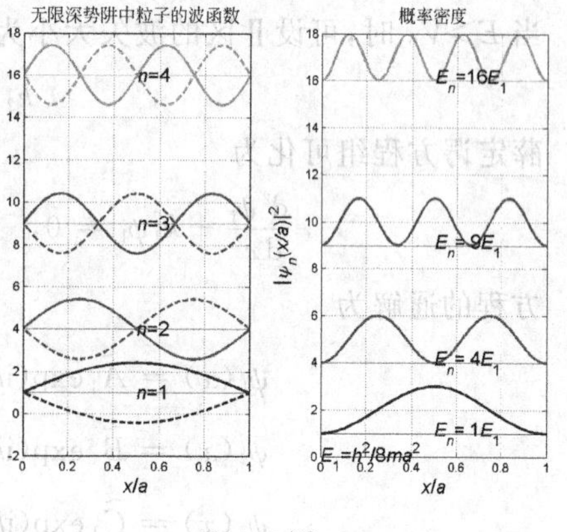

P14_6 图

［图示］ (1) 能级个数不妨取4。如 P14_6 图之左图所示，一维无限深势阱中粒子的波函数是正弦函数；在两壁处，波函数恒为零；量子数 $n$ 也是波腹的个数，波腹之间有 $n-1$ 个波节。

(2) 如 P14_6 图之右图所示，粒子的波函数的模方就是概率密度，其高度表示能级。在两壁处，概率密度恒为零，表示此处不会出现粒子。当量子数 $n=1$ 时，中间出现粒子的概率密度最大；当量子数 $n=2$ 时，有两个地方出现粒子的概率密度最大。

［算法］ 取 $E_1$ 为能量单位，粒子能量可表示为

$$E_n = n^2 E_1,\quad n = 1,2,3,\cdots \tag{14.6.8*}$$

取 $a$ 为宽度单位，归一化条件(14.6.11)中的积分变量就要改为 $x/a$，其微分为 $\mathrm{d}(x/a)$，因此归一化常数为 $A^* = \sqrt{2}$，波函数可表示为无量纲的形式

$$\psi_n(x^*) = \sqrt{2}\sin n\pi x^*, \quad 0 \leqslant x^* \leqslant 1; n = 1,2,3,\cdots \tag{14.6.13*}$$

其中，$x^* = x/a$。概率密度可表示为

$$|\psi_n(x^*)|^2 = 2\sin^2 n\pi x^*, \quad 0 \leqslant x^* \leqslant 1; n = 1,2,3,\cdots \tag{14.6.14*}$$

取能级为参数向量，可计算能量。再取坐标为自变量向量，形成整数和坐标矩阵，计算波函数和概率密度，用矩阵画线法画曲线族。能级个数是可调节的参数。

[程序] P14_6.m 见网站。

## *{范例 14.7} 势垒和隧道效应(图形动画)

如 B14.7 图所示，一质量为 $m$ 的粒子，能量为 $E$，在力场中沿 $x$ 轴方向运动。力场势能分布为

$$V(x) = \begin{cases} 0, & x < 0, x > a \\ V_0, & 0 < x < a \end{cases}$$

这种势能分布称为一维势垒。粒子从势垒左边向右运动，求粒子的波函数，演示波的传播。

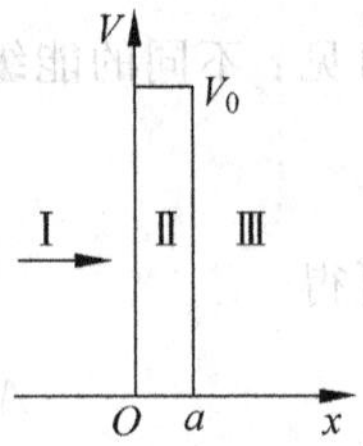


B14.7 图

[解析] 由于粒子势能 $V_0$ 与时间无关，因此这是一个定态问题。粒子在三个区域的薛定谔方程组为

$$-\frac{\hbar^2}{2m}\frac{d^2\psi_1}{dx^2} = E\psi_1, \quad x < 0 \tag{14.7.1a}$$

$$-\frac{\hbar^2}{2m}\frac{d^2\psi_2}{dx^2} + V_0\psi_2 = E\psi_2, \quad 0 < x < a \tag{14.7.1b}$$

$$-\frac{\hbar^2}{2m}\frac{d^2\psi_3}{dx^2} = E\psi_3, \quad x > a \tag{14.7.1c}$$

设Ⅰ区和Ⅲ区的波矢大小为

$$k_1 = \sqrt{2mE}/\hbar \tag{14.7.2a}$$

当 $E > V_0$ 时，可设Ⅱ区的波矢大小为

$$k_2 = \sqrt{2m(E - V_0)}/\hbar \tag{14.7.2b}$$

薛定谔方程组可化为

$$\frac{d^2\psi_1}{dx^2} + k_1^2\psi_1 = 0, \quad \frac{d^2\psi_2}{dx^2} + k_2^2\psi_2 = 0, \quad \frac{d^2\psi_3}{dx^2} + k_1^2\psi_3 = 0 \tag{14.7.3}$$

方程的通解为

$$\psi_1(x) = \widetilde{A}_1\exp(ik_1x) + \widetilde{A}_2\exp(-ik_1x), \quad x < 0 \tag{14.7.4a}$$

$$\psi_2(x) = \widetilde{B}_1\exp(ik_2x) + \widetilde{B}_2\exp(-ik_2x), \quad 0 < x < a \tag{14.7.4b}$$

$$\psi_3(x) = \widetilde{C}_1\exp(ik_1x) + \widetilde{C}_2\exp(-ik_1x), \quad x > a \tag{14.7.4c}$$

将 $\psi_1(x)$ 乘以 $\exp(-i\omega t)$，然后取函数的实部。由于 $\cos(k_1x - \omega t) = \cos(\omega t - k_1x)$，可知：$\psi_1(x)$ 的第一项表示Ⅰ区向 $x$ 正方向传播的波，即入射波，$\widetilde{A}_1$ 是入射波的复振幅，其模表示入射波的振幅，其幅角表示初相。同理可知：$\psi_1(x)$ 的第二项表示向 $x$ 负方向传播的波，即反射波，$\widetilde{A}_2$ 是反射波的复振幅。$\psi_2(x)$ 中的两项表示势垒Ⅱ区中右行波和左行波，$\widetilde{B}_1$ 和 $\widetilde{B}_2$ 是

复振幅。$\psi_3(x)$中第一项是势垒Ⅲ区中右行波，由于在Ⅲ区没有反射波，所以$\widetilde{C}_2=0$。

根据波函数的单值和连续的条件，在 $x=0$ 处有

$$\psi_1(0)=\psi_2(0),\quad \frac{\mathrm{d}\psi_1(0)}{\mathrm{d}x}=\frac{\mathrm{d}\psi_2(0)}{\mathrm{d}x}$$

可得两个方程

$$\widetilde{A}_1+\widetilde{A}_2=\widetilde{B}_1+\widetilde{B}_2 \tag{14.7.5a}$$

$$\widetilde{A}_1k_1-\widetilde{A}_2k_1=\widetilde{B}_1k_2-\widetilde{B}_2k_2 \tag{14.7.5b}$$

在 $x=a$ 处有

$$\psi_2(a)=\psi_3(a),\quad \frac{\mathrm{d}\psi_2(a)}{\mathrm{d}x}=\frac{\mathrm{d}\psi_3(a)}{\mathrm{d}x}$$

再得两个方程

$$\widetilde{B}_1\exp(\mathrm{i}k_2a)+\widetilde{B}_2\exp(-\mathrm{i}k_2a)=\widetilde{C}_1\exp(\mathrm{i}k_1a) \tag{14.7.5c}$$

$$\widetilde{B}_1k_2\exp(\mathrm{i}k_2a)-\widetilde{B}_2k_2\exp(-\mathrm{i}k_2a)=\widetilde{C}_1k_1\exp(\mathrm{i}k_1a) \tag{14.7.5d}$$

手工求解这四个方程比较麻烦，用 MATLAB 比较容易求解。求得两个复振幅是

$$\widetilde{A}_2=\widetilde{A}_1\frac{-\mathrm{i}(k_1^2-k_2^2)\sin k_2a}{2k_1k_2\cos k_2a-\mathrm{i}(k_1^2+k_2^2)\sin k_2a} \tag{14.7.6a}$$

$$\widetilde{C}_1=\widetilde{A}_1\frac{2k_1k_2\exp(-\mathrm{i}k_1a)}{2k_1k_2\cos k_2a-\mathrm{i}(k_1^2+k_2^2)\sin k_2a} \tag{14.7.6d}$$

另外两个复振幅可表示为

$$\widetilde{B}_1=\frac{(k_2+k_1)\widetilde{A}_1+(k_2-k_1)\widetilde{A}_2}{2k_2}=\frac{1}{2}\left[\widetilde{A}_2+\widetilde{A}_1-\frac{k_1}{k_2}(\widetilde{A}_2-\widetilde{A}_1)\right] \tag{14.7.6b}$$

$$\widetilde{B}_2=\frac{(k_2-k_1)\widetilde{A}_1+(k_2+k_1)\widetilde{A}_2}{2k_2}=\frac{1}{2}\left[\widetilde{A}_2+\widetilde{A}_1+\frac{k_1}{k_2}(\widetilde{A}_2-\widetilde{A}_1)\right] \tag{14.7.6c}$$

可见：其他波的复振幅由入射波的复振幅决定。当入射波函数取实部时，其他波函数也取实部；当入射波函数取虚部时，其他波函数也取虚部。虚部和实部只差一个相位因子，因此两者中的任何一个都可以表示波函数。

当粒子能量趋于势垒高度时，$k_2$ 趋于零，可得

$$\widetilde{A}_2\to\widetilde{A}_1\frac{-\mathrm{i}k_1a}{2-\mathrm{i}k_1a} \tag{14.7.7a}$$

$$\widetilde{C}_1\to\widetilde{A}_1\frac{2\exp(-\mathrm{i}k_1a)}{2-\mathrm{i}k_1a} \tag{14.7.7b}$$

势垒内的波函数为

$$\psi_2(x)\to\widetilde{B}_1(1+\mathrm{i}k_2x)+\widetilde{B}_2(1-\mathrm{i}k_2x)=\widetilde{B}_1+\widetilde{B}_2+(\widetilde{B}_1-\widetilde{B}_2)\mathrm{i}k_2x$$

$$=\widetilde{A}_2+\widetilde{A}_1-(\widetilde{A}_2-\widetilde{A}_1)\mathrm{i}k_1x\to\widetilde{A}_1\frac{2-\mathrm{i}2k_1a}{2-\mathrm{i}k_1a}+\widetilde{A}_1\frac{\mathrm{i}2k_1x}{2-\mathrm{i}k_1a}$$

即

$$\psi_2(x)\to\widetilde{A}_1\frac{2[1+\mathrm{i}k_1(x-a)]}{2-\mathrm{i}k_1a} \tag{14.7.8}$$

可见：当粒子能量等于势垒高度时，势垒中仍然有波函数存在。

当粒子能量小于势垒高度时，$k_2$ 是复数，势垒中的波函数按指数规律衰减。

设一无量纲的常数

$$k_0 = a\sqrt{2mV_0}/\hbar \tag{14.7.9}$$

常数由粒子质量、势阱高度和宽度决定，不妨称为势垒常数。势垒常数将影响波长。

［**图示**］ (1) 入射波的振幅取实数，初始时各区域的波函数的实部和虚部(对应的点虚线)如 P14_7a 图所示。可见：不论是右行波是左行波，波函数的实部和虚部的幅度是相同的。随着时间的推移，入射波的波函数向右移，反射波的波函数向左移，合成波函数向右移，其幅度不断发生改变。在某时刻，波函数的实部与虚部重叠，如 P14_7b 图所示，说明波函数的虚部和实部都能描述粒子的状态。

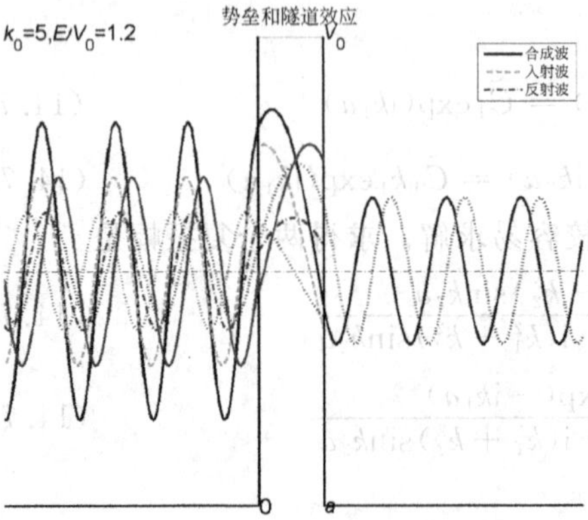


P14_7a 图

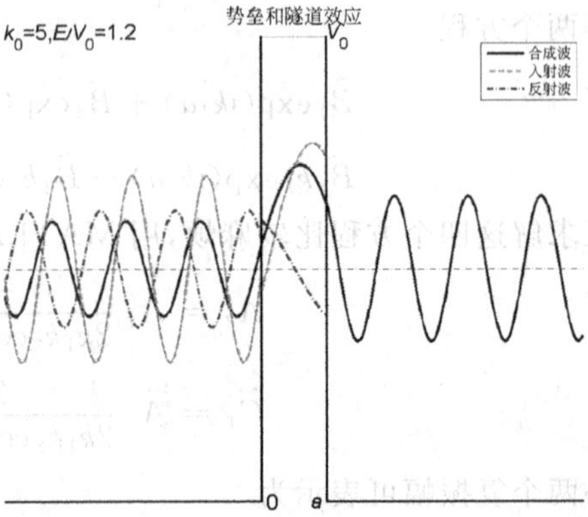


P14_7b 图

(2) 当粒子能量大于势垒高度时，粒子虽然能够越过势垒，还会发生反射。在势垒左边界，入射波和反射波都不连续，但叠加的波是连续的。在势垒右边界，叠加的波与透射波是连续的。当粒子能量一定时，势垒常数越大，波长就越短，如 P14_7c 图所示。

(3) 当粒子能量等于势垒高度时，势垒中的入射波和反射波合并为一个波函数，波函数随距离线性变化，如 P14_7d 图所示。

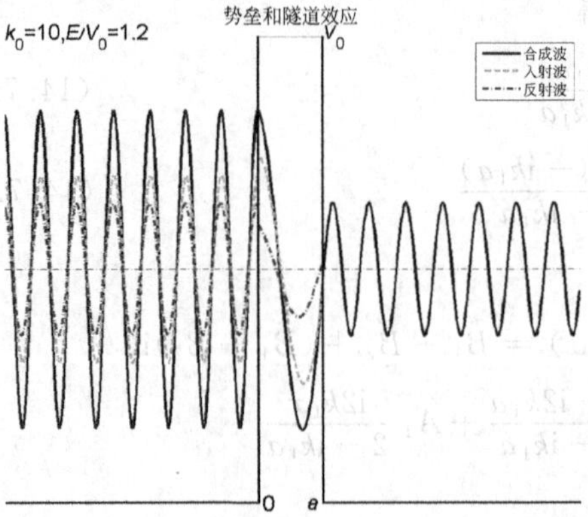


P14_7c 图

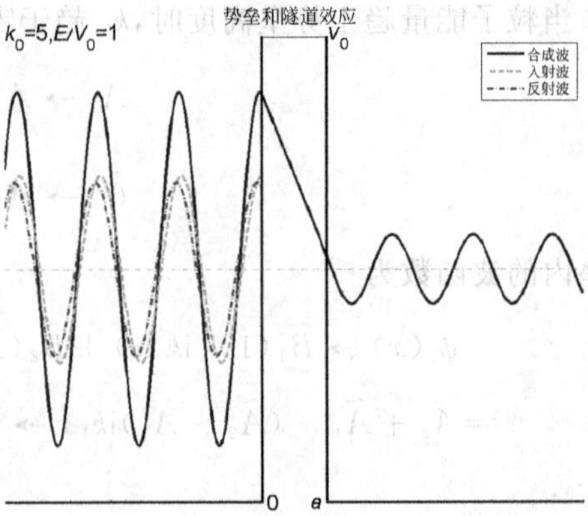


P14_7d 图

(4) 如 P14_7e 图所示，当粒子能量小于势垒高度时，粒子虽然会发生反射，还能够穿过势垒产生透射，如同势垒中有一条隧道，这种现象称为隧道效应。隧道效应已经被大量实验所证实，例如冷电子发射(电子在强电场作用下从金属表面逸出)，α 粒子从原子核中释放，等等。隧道效应也得到广泛的应用，例如半导体器件，超导和扫描隧道显微镜，等等。

(5) 当粒子能量小于势垒高度时，在势垒中，反射波很小，主要是入射波。当粒子能量一定时，势垒常数越大，透射波越小，如 P14_7f 图所示。势垒常数较大时，对于一定质量和能量的粒子来说，势垒的宽度较大，波函数在势垒中衰减得较厉害，透射波较小。

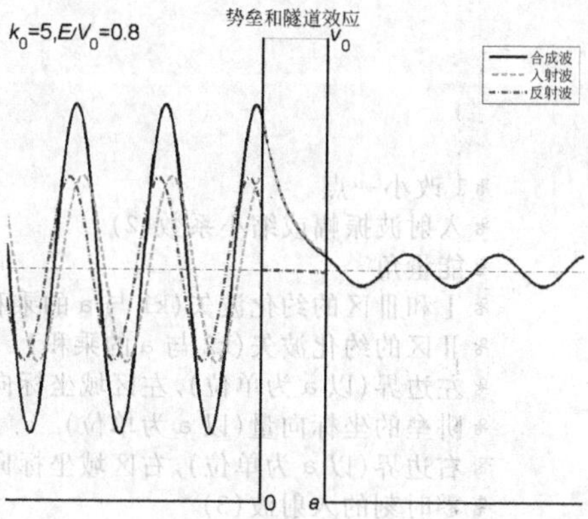


P14_7e 图

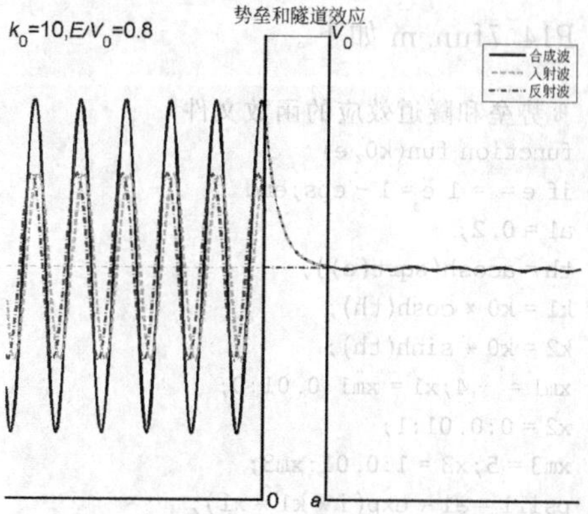


P14_7f 图

［算法］ 设 $E/V_0=\cosh^2\theta$，$\theta$ 称为能量角。波矢大小可表示为

$$k_1=\frac{\sqrt{2mV_0}}{\hbar}\sqrt{\frac{E}{V_0}}=\frac{k_0}{a}\cosh\theta,\quad k_2=\frac{\sqrt{2mV_0}}{\hbar}\sqrt{\frac{E}{V_0}-1}=\frac{k_0}{a}\sinh\theta \tag{14.7.2*}$$

复振幅为

$$\tilde{A}_2=\tilde{A}_1\frac{-\mathrm{i}(k_1^{*2}-k_2^{*2})\sin k_2^*}{2k_1^*k_2^*\cos k_2^*-\mathrm{i}(k_1^{*2}+k_2^{*2})\sin k_2^*} \tag{14.7.6a*}$$

$$\tilde{B}_1=\frac{(k_2^*+k_1^*)\tilde{A}_1+(k_2^*-k_1^*)\tilde{A}_2}{2k_2^*} \tag{14.7.6b*}$$

$$\tilde{B}_2=\frac{(k_2^*-k_1^*)\tilde{A}_1+(k_2^*+k_1^*)\tilde{A}_2}{2k_2^*} \tag{14.7.6c*}$$

$$\tilde{C}_1=\tilde{A}_1\frac{2k_1^*k_2^*\exp(-\mathrm{i}k_1^*)}{2k_1^*k_2^*\cos k_2^*-\mathrm{i}(k_1^{*2}+k_2^{*2})\sin k_2^*} \tag{14.7.6d*}$$

其中，$k_1^*=k_1a=k_0\cosh\theta$，$k_2^*=k_2a=k_0\sinh\theta$。$k_1^*$ 和 $k_2^*$ 是约化波矢。

取 $a$ 为长度单位，波函数为

$$\psi_1(x^*)=\tilde{A}_1\exp(\mathrm{i}k_1^*x^*)+\tilde{A}_2\exp(-\mathrm{i}k_1^*x^*),\quad x^*<0 \tag{14.7.4a*}$$

$$\psi_2(x^*)=\tilde{B}_1\exp(\mathrm{i}k_2^*x^*)+\tilde{B}_2\exp(-\mathrm{i}k_2^*x^*),\quad 0<x^*<1 \tag{14.7.4b*}$$

$$\psi_3(x^*)=\tilde{C}_1\exp(\mathrm{i}k_1^*x^*),\quad x^*>1 \tag{14.7.4c*}$$

其中 $x^*=x/a$。

MATLAB可做复数运算，不论粒子能量是大于、等于或小于势垒高度，用(14.7.6*)中的四个公式都能直接计算复振幅，用(14.7.4)式计算波函数。粒子的能量是可调节的参数。

**[程序]** P14_7main.m 如下。

```
%势垒和隧道效应的主程序
clear,k0 = 5;e = 1.2;          %清除变量,势垒常数,粒子能量与势垒高度的比(1)
P14_7fun(k0,e)                 %调用函数文件演示隧道效应(粒子能量大于势垒高度)
P14_7fun(10,e)                 %调用函数文件演示隧道效应(粒子能量大于势垒高度,势垒常数较大)
P14_7fun(k0,1)                 %调用函数文件演示隧道效应(粒子能量等于势垒高度)
P14_7fun(10,0.8)               %调用函数文件演示隧道效应(粒子能量小于势垒高度,势垒常数较大)
```

P14_7fun.m 如下。

```
%势垒和隧道效应的函数文件
function fun(k0,e)
if e = = 1 e = 1 - eps;end                                   %1改小一点
a1 = 0.2;                                                    %入射波振幅或缩小系数(2)
th = acosh(sqrt(e));                                         %能量角
k1 = k0 * cosh(th);                                          %Ⅰ和Ⅲ区的约化波矢(k1与a的乘积)
k2 = k0 * sinh(th);                                          %Ⅱ区的约化波矢(k2与a的乘积)
xm1 = - 4;x1 = xm1:0.01:0;                                   %左边界(以a为单位),左区域坐标向量
x2 = 0:0.01:1;                                               %阱垒的坐标向量(以a为单位)
xm3 = 5;x3 = 1:0.01:xm3;                                     %右边界(以a为单位),右区域坐标向量
psi11 = a1 * exp(i * k1 * x1);                               %零时刻的入射波(3)
d = 2 * k1 * k2 * cos(k2) - i * (k1^2 + k2^2) * sin(k2);     %分母
a2 = - i * (k1^2 - k2^2) * sin(k2) * a1/d;                   %反射波的振幅
psi12 = a2 * exp( - i * k1 * x1);                            %零时刻的反射波(3)
b1 = ((k2 + k1) * a1 + (k2 - k1) * a2)/2/k2;                 %势垒入射波振幅
psi21 = b1 * exp(i * k2 * x2);                               %势垒入射波(3)
b2 = ((k2 - k1) * a1 + (k2 + k1) * a2)/2/k2;                 %势垒反射波振幅
psi22 = b2 * exp( - i * k2 * x2);                            %零时刻的势垒反射波(3)
c1 = 2 * k1 * k2 * exp( - i * k1) * a1/d;                    %透射波振幅
psi31 = c1 * exp(i * k1 * x3);                               %零时刻的透射波(3)
fs = 16;y0 = 0.5;                                            %中线高度
figure                                                       %创建图形窗口
h1 = plot(x1,real(psi11 + psi12) + y0,'LineWidth',2);        %画Ⅰ区的波(取实部)(4)
hold on                                                      %保持图像
h11 = plot(x1,real(psi11) + y0,'g-- ','LineWidth',2);        %画Ⅰ区的入射波(取实部)(4)
h12 = plot(x1,real(psi12 + y0),'r - .','LineWidth',2);       %画Ⅰ区的反射波(取实部)(4)
legend('合成波','入射波','反射波')                               %图例
h2 = plot(x2,real(psi21 + psi22) + y0,'LineWidth',2);        %画势垒Ⅱ区的波(4)
h21 = plot(x2,real(psi21) + y0,'g-- ','LineWidth',2);        %画势垒Ⅱ区的入射波(4)
h22 = plot(x2,real(psi22 + y0),'r - .','LineWidth',2);       %画势垒Ⅱ区的反射波(4)
h31 = plot(x3,real(psi31) + y0,'LineWidth',2);               %画Ⅲ区的波(4)
xx0 = [xm1;0;0;1;1;xm3];yy0 = [0  ;0;1;1;0;0  ];             %势垒的坐标
plot(xx0,yy0,'k','LineWidth',2)                              %画势垒
plot([xm1,xm3],[y0,y0],'-.')                                 %画中线
title('势垒和隧道效应','FontSize',fs)                            %波函数标题
xlabel('\itx\rm/\ita','FontSize',fs)                         %x标签
ylabel('\it\psi','FontSize',fs)                              %y标签
axis([xm1,xm3,0,1]),axis off                                 %曲线范围,隐轴
text(0,0,'0','FontSize',fs)                                  %显示原点文本
text(1,0,'\ita','FontSize',fs)                               %显示势垒宽度文本
```

```
text(1,1,'\itV\rm_0','FontSize',fs)                          %显示势垒高度文本
txt = ['\itk\rm_0 = ',num2str(k0)];                          %参数文本
txt = [txt ',\itE/\itV\rm_0 = ',num2str(e)];                 %能量文本
text(xm1,1,txt,'FontSize',fs)                                %显示文本
plot(x1,imag(psi11 + psi12) + y0,':',…
    x1,imag(psi11) + y0,x1,imag(psi12) + y0,':','LineWidth',2)   %画Ⅰ区的波(虚部)
plot(x2,imag(psi21 + psi22) + y0,':',…
    x2,imag(psi21) + y0,x2,imag(psi22) + y0,':','LineWidth',2)   %画势垒区域的波(虚部)
plot(x3,imag(psi31) + y0,':','LineWidth',2)                  %画Ⅲ区的波(虚部)
t = 0;pause                                                  %暂停
while 1,t = t + 0.1;                                         %无限循环,下一时刻(5)
    if get(gcf,'CurrentCharacter') == char(27) break,end     %按Esc键退出循环
    psi11 = a1 * exp(i * (k1 * x1 - t));                     %入射波
    psi12 = a2 * exp( - i * (k1 * x1 + t));                  %反射波
    psi21 = b1 * exp(i * (k2 * x2 - t));                     %势垒入射波
    psi22 = b2 * exp( - i * (k2 * x2 + t));                  %势垒反射波
    psi31 = c1 * exp(i * (k1 * x3 - t));                     %透射波
    set(h1,'YData',psi11 + psi12 + y0)                       %设置Ⅰ区波
    set(h11,'YData',psi11 + y0)                              %设置Ⅰ区入射波
    set(h12,'YData',psi12 + y0)                              %设置Ⅰ区反射波
    set(h2,'YData',psi21 + psi22 + y0)                       %设置Ⅱ区波
    set(h21,'YData',psi21 + y0)                              %设置Ⅱ区入射波
    set(h22,'YData',psi22 + y0)                              %设置Ⅱ区反射波
    set(h31,'YData',psi31 + y0)                              %设置Ⅲ区波
    drawnow                                                  %刷新屏幕
end                                                          %结束循环
```

［说明］ (1) 粒子能量可以高于、等于或低于势垒高度。

(2) 将入射波振幅适当缩小一些,以免振幅太大。

(3) 先计算零时刻的波函数。

(4) 在画波函数的曲线时取句柄。

(5) 设置一个无限循环,随着时间的变化,可根据常数计算波函数,设置波函数的坐标即可演示波的传播。

## {范例 14.8} 角动量空间量子化模型

根据氢原子薛定谔方程的结论,说明角动量空间量子化模型,求出角动量与特定方向(例如 $B_z$ 方向)的夹角。

［解析］ 氢原子是由质子和电子组成的系统,质子组成带正电的原子核,其质量是核外电子质量的 1836 倍,因此在电子绕核运动时可认为原子核是静止的。电子和原子核之间的电势能为

$$V(r)=-\frac{e^2}{4\pi\varepsilon_0 r} \tag{14.8.1}$$

其中,$e$ 为电子电量,$r$ 为电子到核的距离。由于 $V(r)$ 不随时间改变,所以是一个定态问题。电子绕核运动的薛定谔方程为

$$\nabla^2\psi+\frac{2m_e}{\hbar^2}\left(E+\frac{e^2}{4\pi\varepsilon_0 r}\right)\psi=0 \tag{14.8.2}$$

势能是球对称的。直角坐标和球坐标变换如下

$$x = r\sin\theta\cos\varphi,\quad y = r\sin\theta\sin\varphi,\quad z = r\cos\theta$$

电子在球坐标系中的薛定谔方程为

$$\frac{1}{r^2}\frac{\partial}{\partial r}\left(r^2\frac{\partial\psi}{\partial r}\right)+\frac{1}{r^2\sin\theta}\frac{\partial}{\partial\theta}\left(\sin\theta\frac{\partial\psi}{\partial\theta}\right)+\frac{1}{r^2\sin^2\theta}\frac{\partial^2\psi}{\partial\varphi^2}+\frac{2m_e}{\hbar^2}\left(E+\frac{e^2}{4\pi\varepsilon_0 r}\right)\psi=0 \quad (14.8.3)$$

其中 $\psi=\psi(r,\theta,\varphi)$ 是球坐标系中的波函数。设

$$\psi(r,\theta,\varphi)=R(r)\Theta(\theta)\Phi(\varphi) \quad (14.8.4)$$

其中 $R(r)$,$\Theta(\theta)$ 和 $\Phi(\varphi)$ 分别是 $r$,$\theta$ 和 $\varphi$ 的函数。经过严密数学运算,可得三个函数所满足的三个常微分方程

$$\frac{d^2\Phi}{d\varphi^2}+m_l^2\Phi=0 \quad (14.8.5)$$

$$\frac{1}{\sin\theta}\frac{d}{d\theta}\left(\sin\theta\frac{d\Theta}{d\theta}\right)+\left(\lambda-\frac{m_l^2}{\sin^2\theta}\right)\Theta=0 \quad (14.8.6)$$

$$\frac{1}{r^2}\frac{d}{dr}\left(r^2\frac{dR}{dr}\right)+\left[\frac{2m_e}{\hbar^2}\left(E+\frac{e^2}{4\pi\varepsilon_0 r}\right)-\frac{\lambda}{r^2}\right]R=0 \quad (14.8.7)$$

其中 $m_l$ 和 $\lambda$ 是常数。解这些微分方程并利用波函数标准条件(单值、连续和有限)和归一化条件,可得出一些重要的结论。

(1) 氢原子的能量是不连续的,处在第 $n$ 个定态的总能量为

$$E_n=-\frac{m_e e^4}{8\varepsilon_0^2 h^2}\frac{1}{n^2} \quad (14.8.8)$$

其中 $n$ 是主量子数。根据氢原子的定态薛定谔方程解得的能级公式与玻尔氢原子理论所得结果完全相同,但是不需要像玻尔理论那样人为地加上量子化条件。

(2) 氢原子中电子的角动量也只能取分立的值,其大小为

$$L=\sqrt{l(l+1)}\hbar,\quad l=0,1,2,\cdots,n-1 \quad (14.8.9)$$

其中 $l$ 为角量子数或副量子数。对于同一个 $n$ 值,$l$ 可以取从 0 到 $n-1$ 共 $n$ 个不同的值。$l=0,1,2,3,4,5$ 的状态通常用字母 s,p,d,f,g,h 表示。

(3) 在量子力学中,氢原子核外电子的角动量 $\boldsymbol{L}$ 在空间任意方向(如外磁场方向)的投影也是不连续的,只能取一些特殊的不连续的值

$$L_z=m_l\hbar,\quad m_l=0,\pm1,\pm2,\cdots,\pm l \quad (14.8.10)$$

即:角动量在空间任一方向的投影也是量子化的,这种现象称为角动量空间量子化。对于确定的 $l$,$m_l$ 只能取 $0,\pm1,\pm2,\cdots,\pm l$ 共 $2l+1$ 个值,$m_l$ 称为轨道磁量子数。$\boldsymbol{L}$ 在 $L_xL_y$ 平面的投影用 $L_r$ 表示。

如 B14.8 图所示,角动量与某一方向的夹角为

$$\theta=\arccos\frac{L_z}{L}=\arccos\frac{m_l}{\sqrt{l(l+1)}} \quad (14.8.11)$$

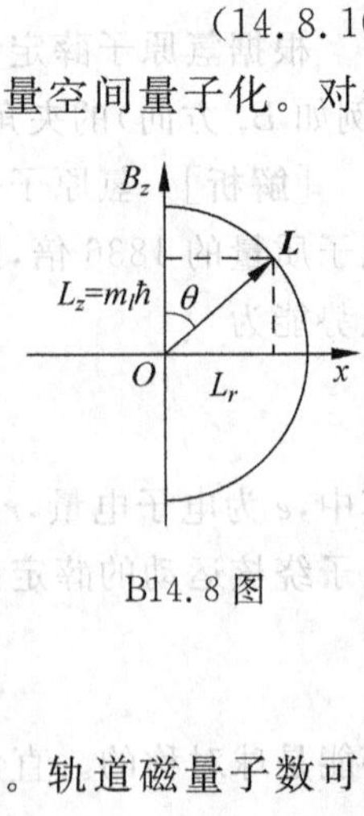

B14.8 图

由于 $m_l$ 是整数,所以角动量只能取一些特定的方向。

[图示] (1) 如 P14_8a 图所示,当氢原子中电子的角量子数为 1 时,轨道角动量为 $1.414\hbar$。轨道磁量子数可取 $-1,0,1$,这时,轨道角动量与竖直方向的夹角分别为 45°,90°和 135°。

(2) 如 P14_8b 图所示,当角量子数为 5 时,轨道角动量为 $\sqrt{30}\hbar$。轨道磁量子数可取

－5，－4，…，4，5，共有 11 个值，因而轨道角动量与竖直方向的夹角有 11 个不同值。

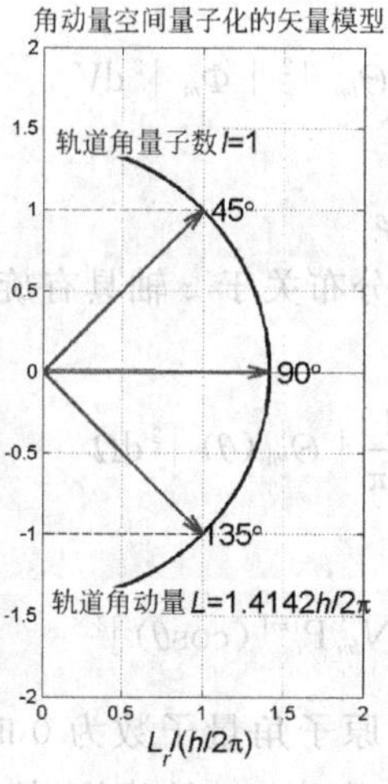


P14_8a 图

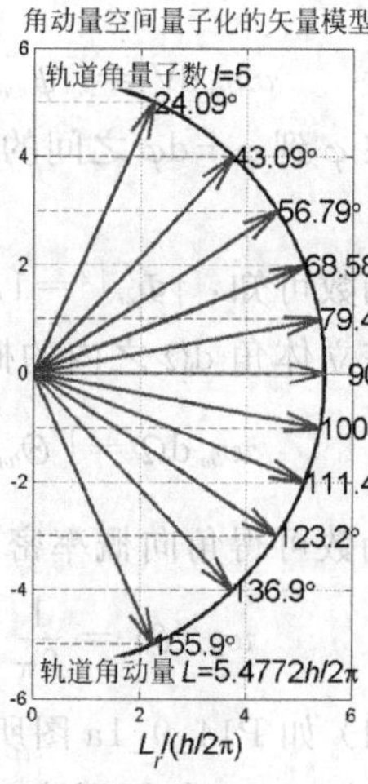


P14_8b 图

(3) 当角量子数为 0 时，轨道磁量子数只能取 0，这种情况不能图示。

［**算法**］ 取普朗克常数 $\hbar$ 为角动量空间的单位，根据角量子数可求角动量，再根据磁量子数可确定角动量的方向。角量子数是可调节的参数。

［**程序**］ P14_8.m 见网站。

## *｛范例 14.9｝ 氢原子的角向概率密度和径向概率密度

(1)求氢原子角向概率密度，说明角向概率密度的变化规律。

(2) 当氢原子主量子数 $n$ 一定时，说明各种角量子数的径向概率密度的分布规律。

［**解析**］ (1) 为了简单起见，用 $m$ 表示轨道磁量子数 $m_l$。求氢原子薛定谔方程可得到电子的波函数 $\psi_{nlm}(r,\theta,\varphi)$。每一组量子数$(n,l,m)$都有一组波函数描述一个确定的状态

$$\psi_{nlm}(r,\theta,\varphi)=R_{nl}(r)\Theta_{lm}(\theta)\Phi_m(\varphi) \tag{14.9.1}$$

这里，$\Phi_m(\varphi)$是氢原子的经度分布函数，$\Theta_{lm}(\theta)$是纬度分布函数，$R_{nl}(r)$是径向分布函数。

氢原子的经度分布函数为

$$\Phi_m(\varphi)=\frac{1}{\sqrt{2\pi}}\exp(\mathrm{i}m\varphi) \tag{14.9.2}$$

其中 $1/\sqrt{2\pi}$是归一化常数。纬度分布函数为

$$\Theta_{lm}(\theta)=N_{lm}\mathrm{P}_l^{|m|}(\cos\theta) \tag{14.9.3}$$

其中，$\mathrm{P}_l^m(x)$是缔合(连带)勒让德多项式，$N_{lm}$是归一化常数

$$N_{lm}=\sqrt{\frac{(2l+1)(l-|m|)!}{2(l+|m|)!}} \tag{14.9.4}$$

在氢原子中取一个体积元

$$\mathrm{d}V=r^2\sin\theta\mathrm{d}r\mathrm{d}\theta\mathrm{d}\varphi=r^2\mathrm{d}r\mathrm{d}\Omega \tag{14.9.5}$$

其中，$d\Omega=\sin\theta d\theta d\varphi$ 是立体角。电子出现在距核为 $r$、纬度为 $\theta$、经度为 $\varphi$ 处的体积元 $dV$ 中的概率为

$$w_{nlm}dV=|\psi_{nlm}|^2dV=|R_{nl}|^2|\Theta_{lm}|^2|\Phi_m|^2dV \tag{14.9.6}$$

电子出现在 $\varphi$ 到 $\varphi+d\varphi$ 之间的概率为

$$w_m d\varphi=|\Phi_m|^2 d\varphi \tag{14.9.7}$$

根据经度分布函数可知：$|\Phi_m|^2=1/2\pi$，因此概率的角分布关于 $z$ 轴具有旋转对称性。

电子出现在立体角 $d\Omega$ 之内的概率为

$$w_{lm}d\Omega=|\Theta_{lm}|^2|\Phi_m|^2d\Omega=\frac{1}{2\pi}|\Theta_{lm}(\theta)|^2d\Omega \tag{14.9.8}$$

根据纬度分布函数可得角向概率密度

$$w_{lm}(\theta)=\frac{1}{2\pi}|\Theta_{lm}(\theta)|^2=\frac{1}{2\pi}[N_{lm}P_l^{|m|}(\cos\theta)]^2 \tag{14.9.9}$$

［**图示**］ (1) 如 P14_9_1a 图所示(见彩页)，当氢原子角量子数为 0 时($l=0$)，轨道磁量子数只能取 0($m=0$)，氢原子中 s 态电子的角向概率密度 $w_{lm}$ 呈球状，其剖面是圆。

(2) 如 P14_9_1b 图所示，当 $l=1,m=0$ 时，氢原子中 p 态电子的角向概率密度 $w_{lm}$ 之一呈纺锤状，其剖面是直立的双纽线。

(3) 如 P14_9_1c 图所示，当 $l=1,m=\pm1$ 时，氢原子中 p 态电子的角向概率密度 $w_{lm}$ 之一呈轮胎状，其剖面是横置的双纽线。

(4) 如 P14_9_1d 图所示，当 $l=2,m=0$ 时，氢原子中 d 态电子的角向概率密度 $w_{lm}$ 之一呈带盘的纺锤状，其剖面是带叶的双纽线。

(5) 如 P14_9_1e 图所示，当 $l=2,m=\pm1$ 时，氢原子中 d 态电子的角向概率密度 $w_{lm}$ 之一呈双钵状，其剖面是四叶玫瑰线。

(6) 如 P14_9_1f 图所示，当 $l=2,m=\pm2$ 时，氢原子中 d 态电子的角向概率密度 $w_{lm}$ 之一呈轮胎状。与 $l=1,m=\pm1$ 的图形相比，这种轮胎形状更扁。

(7) 当氢原子角量子数 $l=3$ 时，磁量子数 $m$ 可取 0，±1，±2，±3，角向概率密度如 P14_9_1g～j 图所示。当 $m=0$ 时，角向概率密度呈带盘的纺锤状；当 $m=l$ 时，角向概率密度呈轮胎状；当 $m$ 是其他整数时，角向概率密度呈双钵状和带盘的双钵状。

(8) 当氢原子角量子数 $l$ 为其他整数时($l>3$)，磁量子数可取 $0,\pm1,\cdots,\pm l$(图略)。

［**算法**］ (1) MATLAB 中有一函数 lengendre，可求连带勒让德函数，其格式是

```
L = legendre(n,x)
```

其中，变量 n 是阶数，变量 x 是数值或向量，这里表示 $\cos\theta$ 的值。如果 n 的值是 0，则形成全 1 的向量；如果 n 的值大于零，则形成 n+1 行的矩阵，第 1 行表示 $P_n^0$，第 2 行表示 $P_n^1$，……结合归一化系数，很容易计算角向概率密度。角量子数是可调节的参数。

［**程序**］ P14_9_1.m 如下。

```
%氢原子中电子概率角分布立体图
clear,l = input('请输入角量子数:');          %清除变量,键盘输入角量子数(1)
th = linspace( - pi/2,pi/2);                %仰角向量(th 为矢径与 x - y 平面的夹角)
m0 = 50;                                    %方位角的分点数
phi = linspace(0,2 * pi,m0);                %方位角向量(phi 为矢径与 x - z 平面的夹角)
```

```
x = sin(th);                                        % 自变量(cos(pi/2 - th)的结果)(2)
Y = legendre(l,x);                                  % 连带勒让德函数
fs = 16;tit = '氢原子电子概率密度角分布剖面图';     % 标题
for m = 0:l                                         % 按级循环
    n2 = (2 * l + 1) * factorial(l - m)/factorial(l + m)/4/pi;  % 归一化系数的平方
    w = n2 * Y(m + 1,:).^2;wm = max(w);             % 概率密度和极大值
    [wr,wz] = pol2cart(th,w);                       % 将概率密度的极坐标化为直角坐标
    figure,subplot(1,2,1)                           % 创建图形窗口,取子图
    plot(wr,wz,'r', - wr,wz,'r','LineWidth',2)      % 画曲线
    title(tit,'FontSize',fs - 4),axis equal off     % 显示标题,使坐标间隔相等并隐轴
    text(0,0,['最大概率密度:',num2str(wm)])         % 显示最大概率密度
    WX = cos(phi)' * wr;                            % x 坐标网格(3)
    WY = sin(phi)' * wr;                            % y 坐标网格(3)
    WZ = ones(1,m0)' * wz;                          % 概率网格(3)
    WW = sqrt(WX. * WX + WY. * WY + WZ. * WZ);      % 求各点的概率密度(4)
    subplot(1,2,2),surf(WX,WY,WZ,WW)                % 取子图,画曲面(4)
    shading flat,axis equal tight,box on            % 染色,使坐标间隔相等,框紧靠图,加框
    ss = ['立体图(\itl\rm = ',num2str(l)];          % 连接角量子数
    if m == 0                                       % 如果磁量子数为零
        ss = [ss,',\itm\rm = 0'];                   % 连接零磁量子数
    else                                            % 否则
        ss = [ss,',\itm\rm = \pm',num2str(m)];      % 连接正负磁量子数
    end,ss = [ss,')'];                              % 结束条件,连接右括号
    title(ss,'FontSize',fs)                         % 显示标题
    xlabel('\itx','FontSize',fs)                    % 显示 x 轴标签 x
    ylabel('\ity','FontSize',fs)                    % 显示 y 轴标签 y
    zlabel('\itz','FontSize',fs)                    % 显示 z 轴标签 z
end                                                 % 结束循环
```

［说明］ (1) 程序执行时,从键盘输入角量子数,磁量子数则在循环中自动选取。

(2) 球坐标中 $\theta$ 是极径与 $z$ 轴的夹角,MATLAB 中的 $\theta$ 表示纬度,因此,$\cos\theta$ 在程序中要改为 $\sin\theta$。

(3) 由于角向概率密度是绕 $z$ 轴对称的,因此将角向概率密度曲线绕 $z$ 轴旋转,即形成三维角向概率密度曲面,这可帮助我们理解角向概率密度的空间分布规律。

(4) 在画曲面时,根据概率密度分配颜色。概率密度越大,颜色就越红,否则颜色越蓝。

［解析］ (2) 氢原子薛定谔方程的径向分布函数为

$$R_{nl}(r) = M_{nl}\exp\left(-\frac{Z}{na_0}r\right)\left(\frac{2Z}{na_0}r\right)^l \mathrm{L}_{n+l}^{2l+1}\left(\frac{2Z}{na_0}r\right) \tag{14.9.10}$$

其中,$Z$ 为原子序数(氢原子 $Z=1$);$a_0$ 是第一玻尔半径;$M_{nl}$ 是归一化常数(以区别 $N_{lm}$):

$$M_{nl} = -\sqrt{\left(\frac{2Z}{na_0}\right)^3 \frac{(n-l-1)!}{2n[(n+l)!]^3}} \tag{14.9.11}$$

设 $x=\frac{2Z}{na_0}r$,$\mathrm{L}_{n+l}^{2l+1}(x)$是缔合(连带)拉盖尔多项式,下标 $n+l$ 表示拉盖尔多项式阶数,即 $n+l$ 阶拉盖尔多项式 $\mathrm{L}_{n+l}(x)$;上标 $2l+1$ 表示对 $\mathrm{L}_{n+l}(x)$求 $2l+1$ 阶导数。$n$ 阶拉盖尔多项式为

$$\mathrm{L}_n(x) = \sum_{k=0}^{n}\frac{(-1)^k(n!)^2}{(k!)^2(n-k)!}x^k \tag{14.9.12}$$

$n+l$ 阶拉盖尔多项式为

$$\mathrm{L}_{n+l}(x)=\sum_{k=0}^{n+l}\frac{(-1)^k[(n+l)!]^2}{(k!)^2(n+l-k)!}x^k \tag{14.9.13}$$

对于幂函数 $y=x^k$,其 $n$ 阶导数为

$$y^{(n)}=k(k-1)\cdots(k-n+1)x^{k-n}=\frac{k!}{(k-n)!}x^{k-n}$$

因此缔合拉盖尔多项式为

$$\mathrm{L}_{n+l}^{2l+1}(x)=\frac{\mathrm{d}^{2l+1}}{\mathrm{d}x^{2l+1}}\mathrm{L}_{n+l}(x)=\sum_{k=2l-1}^{n+l}\frac{(-1)^k[(n+l)!]^2}{k!(n+l-k)!}\frac{x^{k-2l-1}}{(k-2l-1)!}$$

设 $k-2l-1=i$,即 $k=i+2l+1$,可得

$$\mathrm{L}_{n+l}^{2l+1}(x)=\sum_{i=0}^{n-l-1}\frac{(-1)^{i+1}[(n+l)!]^2}{(n-l-1-i)!(2l+1+i)!i!}x^i \tag{14.9.14}$$

氢原子中的电子出现在 $r$ 到 $r+\mathrm{d}r$ 之间的概率为

$$w_{nl}\mathrm{d}r=|R_{nl}|^2r^2\mathrm{d}r \tag{14.9.15}$$

径向概率密度为

$$w_{nl}(r)=|R_{nl}(r)r|^2=M_{nl}^2\left[\exp\left(-\frac{Z}{na_0}r\right)\left(\frac{2Z}{na_0}r\right)^l\mathrm{L}_{n+l}^{2l+1}\left(\frac{2Z}{na_0}r\right)r\right]^2 \tag{14.9.16}$$

[**图示**] (1) 如 P14_9_2a 图所示,当氢原子主量子数 $n$ 为 1 时,角量子数只能取 0,径向概率密度 $w_{nl}$ 随距离的增加先增后减,其峰值出现在 $r=a_0$ 处。

(2) 如 P14_9_2b 图所示,当主量子数 $n$ 为 2 时,如果 $l$ 为 0,径向概率密度有两个峰,两峰之间有一个节点;如果 $l$ 为 1,径向概率密度只有一个峰,峰值出现在 $r=4a_0$ 处。

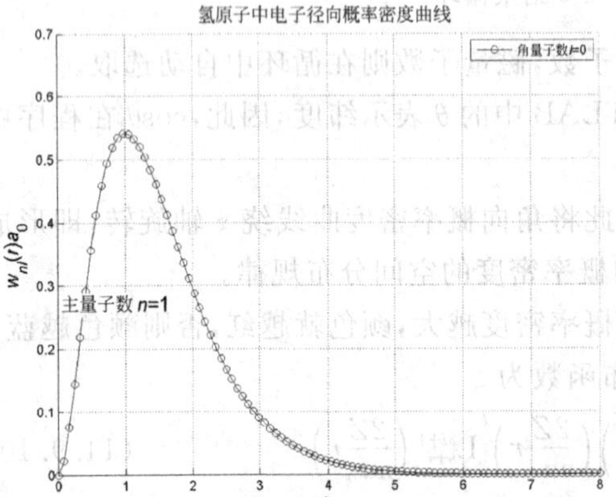

P14_9_2a 图

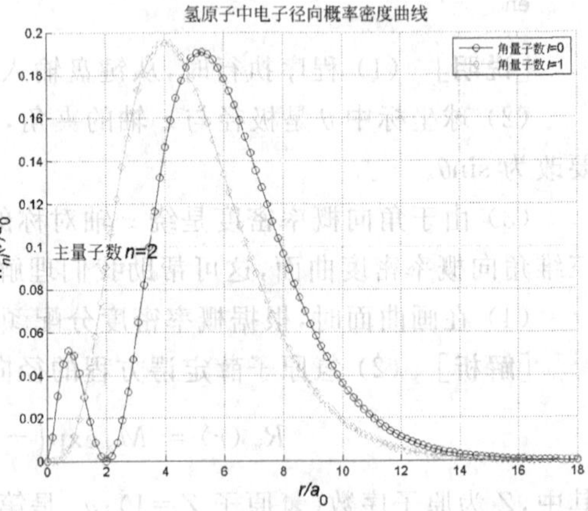

P14_9_2b 图

(3) 如 P14_9_2c 图所示,当主量子数 $n$ 为 3 时,如果 $l$ 为 0,曲线有 3 个峰,随着距离增加,一个峰比一个峰高,曲线共有两个节点;如果 $l$ 为 1,曲线有两个峰,1 个节点;如果 $l$ 为 2,曲线只有 1 个峰,峰值出现在 $r=9a_0$ 处。

(4) 当 $n=4$ 时,曲线如 P14_9_2d 图所示。比较这些图可知:对于主量子数 $n$ 来说,角量子数 $l$ 可取 $0,1,\cdots,n-1$,共 $n$ 个值,每条曲线有 $n-l$ 个峰。当 $l=n-1$ 时,峰值出现在 $r=n^2a_0$ 处,这个峰比其他曲线的最高峰还要高一些。

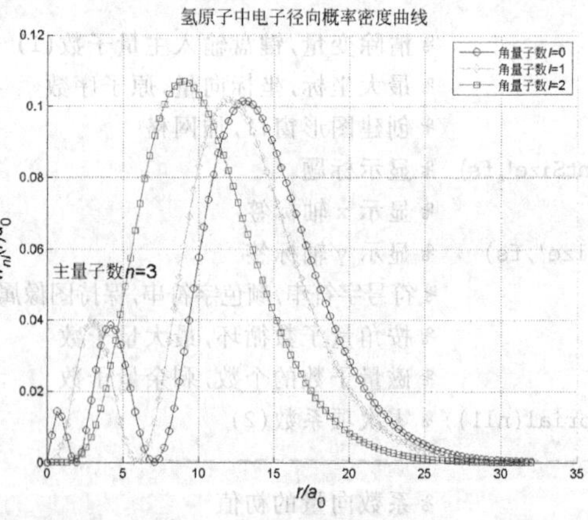


P14_9_2c 图

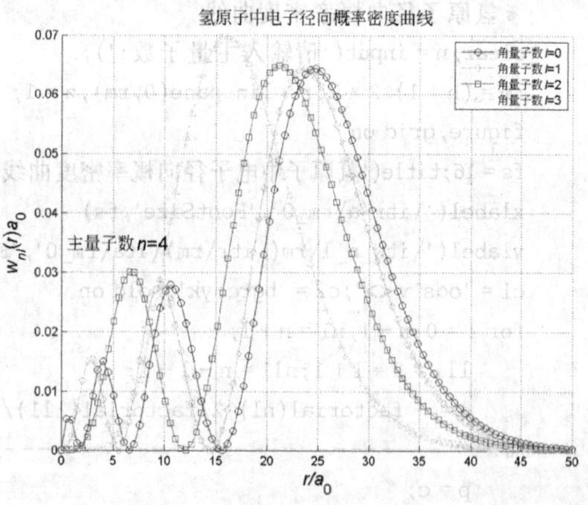


P14_9_2d 图

［**算法**］（2）设

$$c_i = (-1)^{i+1} \frac{[(n+l)!]^2}{(n-l-1-i)!(2l+1+i)!i!}$$

则缔合拉盖尔多项式可表示为

$$\mathrm{L}_{n+l}^{2l+1}(x) = \sum_{i=0}^{n-l-1} c_i x^i \tag{14.9.14*}$$

当 $i=0$ 时，可得第 1 项的系数

$$c_0 = -\frac{[(n+l)!]^2}{(n-l-1)!(2l+1)!}$$

由于

$$c_{i-1} = (-1)^i \frac{[(n+l)!]^2}{(n-l-i)!(2l+i)!(i-1)!}$$

系数的递推关系为

$$c_i = -\frac{n-l-i}{(2l+1+i)i} c_{i-1}$$

根据递推算法可求多项式的系数，利用 polyval 函数可计算缔合拉盖尔多项式之值。

取第一玻尔半径 $a_0$ 为距离单位，径向概率密度为

$$w_{nl}(r)\mathrm{d}r = |R_{nl}|^2 r^2 \mathrm{d}r = a_0^3 |R_{nl}|^2 r^{*2} \mathrm{d}r^* \tag{14.9.15*}$$

其中 $r^* = r/a_0$，无量纲的径向概率密度为

$$w_{nl}^*(r^*) = a_0^3 |R_{nl}|^2 r^{*2} = a_0 w_{nl}(r)$$

即

$$w_{nl}^*(r^*) = \left[M_{nl}^* \exp\left(-\frac{Z}{n}r^*\right)\left(\frac{2Z}{n}r^*\right)^{l+1} \mathrm{L}_{n+l}^{2l+1}\left(\frac{2Z}{n}r^*\right)\right]^2 \tag{14.9.16*}$$

其中，归一化常数变为无量纲的常数

$$M_{nl}^* = -\sqrt{\frac{Z(n-l-1)!}{n^2[(n+l)!]^3}} \tag{14.9.11*}$$

径向概率密度 $w_{nl}(r)$ 的单位是 $1/a_0$。主量子数是可调节的参数。

［**程序**］P14_9_2.m 如下。

```
%氢原子径向概率密度曲线
clear,n = input('请输入主量子数:');                      %清除变量,键盘输入主量子数(1)
rm = (n + 1)^2 * 2;r = linspace(0,rm);z = 1;              %最大坐标,坐标向量,原子序数
figure,grid on                                            %创建图形窗口,加网格
fs = 16;title('氢原子中电子径向概率密度曲线','FontSize',fs) %显示标题
xlabel('\itr/a\rm_0','FontSize',fs)                       %显示 x 轴标签
ylabel('\itw_n_l\rm(\itr\rm)\ita\rm_0','FontSize',fs)     %显示 y 轴标签
c1 = 'ods^v<>';c2 = 'bgrcmyk';hold on                     %符号字符串,颜色字符串,保持图像属性
for l = 0:n - 1,nl = n + l;                               %按角量子数循环,最大量子数
    ll1 = 2 * l + 1;nl1 = n - l - 1;                      %磁量子数的个数,剩余量子数
    c = - factorial(nl)^2/factorial(ll1)/factorial(nl1);  %零次项系数(2)
% ------------------------------------------------------------
    p = c;                                                %系数向量的初值
    for i = 1:nl1                                         %从 1 开始循环
        c = - c * (nl1 + 1 - i)/(ll1 + i)/i;              %计算拉盖尔多项式系数(3)
        p = [c,p];                                        %按降序排列连接系数向量(4)
    end,la = polyval(p,2 * z * r/n);                  %结束循环,连带拉盖尔多项式函数值(5)
% ------------------------------------------------------------
    s = la. * exp( - z * r/n). * (2 * z * r/n).^(l + 1);  %计算径向波函数的变量部分(6)
    mm = z * factorial(nl1)/n^2/factorial(nl)^3;          %归一化常量的平方
    w = mm * s.^2;plot(r,w,[c1(l + 1),c2(l + 1),'-'])     %计算概率密度,画概率密度曲线(7)
end                                                       %结束循环
legend([repmat('角量子数\itl\rm = ',n,1),num2str((0:n - 1)')])   %图例
text(0,max(w)/2,['主量子数\itn\rm = ',num2str(n)],'FontSize',fs)  %显示主量子数
```

[**说明**] (1) 程序执行时,从键盘输入主量子数,角量子数则在循环中依次选取。

(2) 首先计算拉盖尔多项式的零次项系数。

(3) 根据递推公式计算多项式的其他系数。

(4) 将多项式的系数按降序连接到向量中。

(5) 利用多项式值的函数 polyval 计算拉盖尔多项式的值。如果不用多项式系数和多项式求值函数,这一段指令可用下一段指令代替。

```
la = c;                                          %初值
for i = 1:nl1                                    %从 1 开始循环
    c = - c * (nl1 + 1 - i)/(ll1 + i)/i;         %计算拉盖尔多项式系数
    la = la + c * (2 * z * r/n).^i;              %累加拉盖尔多项式之值
end                                              %结束循环
```

两种方法都能计算多项式的值。

(6) 根据公式计算径向波函数。

(7) 用不同的颜色和符号画径向概率密度。

## *{范例 14.10} 氢原子的电子云图和概率密度等值面图

根据氢原子的薛定谔方程的解,求概率密度。

(1) 为什么将用点的疏密表示的概率密度称为电子云图?

(2) 氢原子的概率密度曲面是什么形状?彩色电子云图是如何分布的?通过氢原子最

大概率密度的百分之一的等值曲面，说明概率密度的三维形状。

［解析］ (1) 玻尔理论认为电子具有确定的轨道。量子力学得出电子出现在某处的概率。为了形象地表示电子的空间分布规律，通常将概率大的区域用较多的点，将概率小的区域用较少的点表示出来，如同天空中的星云一样，称为电子云图。注意：电子云并不表示电子真的像一团云雾罩在原子核周围，而是电子概率密度分布的一种形象化的描述。

氢原子中的电子在体积元 $\mathrm{d}V$ 之中出现的概率为

$$w_{nlm}\,\mathrm{d}V = |\psi_{nlm}|^2\mathrm{d}V = |R_{nl}|^2|\Theta_{lm}|^2|\Phi_m|^2\mathrm{d}V \tag{14.10.1}$$

由于 $|\Phi_m(\varphi)|^2 = 1/2\pi$，所以电子出现在原子核周围的概率密度为

$$w_{nlm}(r,\theta,\varphi) = |R_{nl}(r)|^2\frac{1}{2\pi}|\Theta_{lm}(\theta)|^2 = \frac{1}{r^2}w_{nl}(r)w_{lm}(\theta) \tag{14.10.2}$$

其中，$w_{lm}(\theta) = |\Theta_{lm}(\theta)|^2/2\pi$ 是角向概率密度，$w_{nl} = |R_{nl}(r)r|^2$ 是径向概率密度。当主量子数和角量子数确定之后，径向概率密度就确定了，磁量子数不同，概率密度的分布就不同。

［图示］ (1) 如 P14_10_1a 图所示，1s 态电子云是球对称分布的，点数表示概率密度。中间点数多，周围点数少。

(2) 如 P14_10_1b 图所示，2s 态电子云也是球对称分布的，中间点数最多，随着距离的增加，点数先减小再增加，达到最大值之后再减小。对于 $l=0$ 的 s 态电子，电子云转动的角动量为零，表示电子云不转动，所以电子云的分布具有球对称性。

P14_10_1a 图

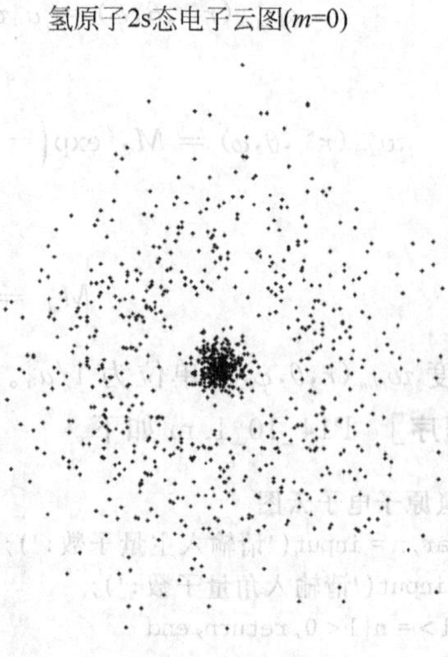


P14_10_1b 图

(3) 如 P14_10_1c 图所示，对于 2p 态电子，当 $m=0$ 时，电子云分为上下两片，每一片都有一个中心，点数最多，随着到中心距离的增加，点数不断减小。

(4) 如 P14_10_1d 图所示，对于 2p 态电子，当 $m=\pm1$ 时，概率密度分为左右两片，每一片都有一个中心，随着到中心距离的增加，点数不断减小。

(5) 电子的角动量不同，电子云图就不同(图略)。

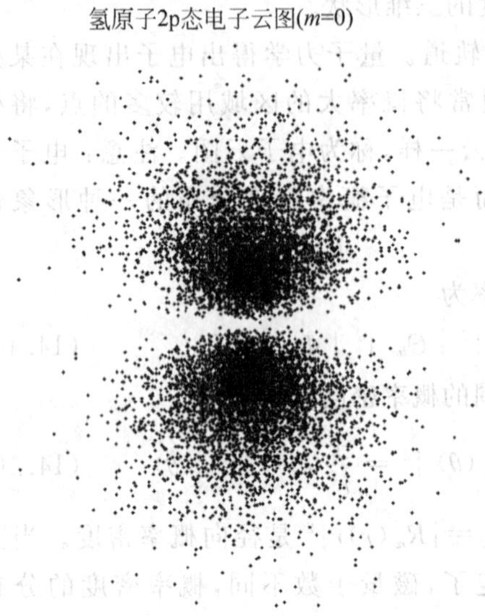


P14_10_1c 图

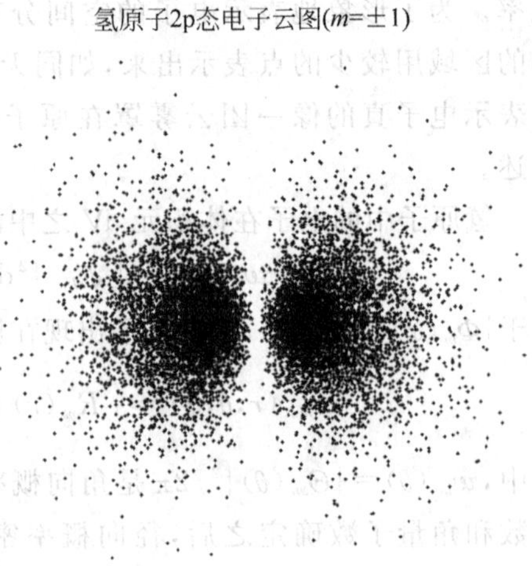


P14_10_1d 图

［算法］ (1) 取第一玻尔半径 $a_0$ 为距离单位，概率密度可表示为

$$w_{nlm}(r,\theta,\varphi)\mathrm{d}V = w_{nlm}(r,\theta,\varphi)r^2\sin\theta\mathrm{d}r\mathrm{d}\theta\mathrm{d}\varphi$$

$$= a_0^3 w_{nlm}(r,\theta,\varphi)r^{*2}\sin\theta\mathrm{d}r^*\mathrm{d}\theta\mathrm{d}\varphi = a_0^3 w_{nlm}(r,\theta,\varphi)\mathrm{d}V^*$$

其中 $r^* = r/a_0$，无量纲的概率密度为

$$w_{nlm}^*(r^*,\theta,\varphi) = a_0^3 w_{nlm}(r,\theta,\varphi) = a_0^3 \mid R_{nl}(r) \mid^2 w_{lm}(\theta)$$

即

$$w_{nlm}^*(r^*,\theta,\varphi) = M_{nl}^{*2}\exp\left(-\frac{2Z}{n}r^*\right)\left(\frac{2Z}{n}r^*\right)^{2l}\left[\mathrm{L}_{n+l}^{2l+1}\left(\frac{2Z}{n}r^*\right)\right]^2 w_{lm}(\theta) \quad (14.10.2^*)$$

其中

$$M_{nl}^* = -\sqrt{\frac{4Z^3(n-l-1)!}{n^4[(n+l)!]^3}}$$

概率密度 $w_{nlm}(r,\theta,\varphi)$ 的单位为 $1/a_0^3$。主量子数和角量子数是可调节的参数。

［程序］ P14_10_1.m 如下。

```
%氢原子电子云图
clear,n = input('请输入主量子数:');                % 清除变量,键盘输入主量子数(1)
l = input('请输入角量子数:');                     % 键盘输入角量子数
if l >= n|l < 0,return,end                        % 不符合条件则退出
rm = (n + 1) * (n + 2);r = linspace( - rm,rm,400); % 最大坐标和坐标向量
[X,Z] = meshgrid(r);                              % 坐标网格
[TH,R] = cart2pol(X,Z);                           % 化为极坐标(取 z 轴为极轴,pi/2 - TH 为极角)
z = 1;Wr = P14_10_1fun(n,l,z,2 * z/n * R);        % 原子序数,与径向有关的概率密度(2)
Y = legendre(l,sin(TH));                          % 连带勒让德函数(3)
fs = 16;cs = 'spdfghijklmno';                     % 电子状态符号
for m = 0:l                                       % 按级循环
    n2 = (2 * l + 1) * factorial(l - m)/ factorial(l + m)/4/pi;   % 归一化系数的平方
    if l == 0                                     % 当角量子数为 0 时
```

```
        Wth = n2 * Y.^2;                            %求角向概率密度(4)
    else                                            %否则
        Wth = n2 * Y(m + 1,:,:).^2;                 %求角向概率密度
        Wth = squeeze(Wth);                         %压缩弧维(5)
    end                                             %结束条件
    W = Wr.* Wth;wm = max(W(:));                    %求概率密度和极大值(6)
    R = rand(size(X)).* wm;                         %随机数
    L = R< = W;                                     %逻辑值(7)
    figure,plot(X(L),Z(L),'.')                      %创建图形窗口,画点(8)
    axis([-rm,rm,-rm,rm]),axis equal off            %坐标范围,使坐标间隔相等并隐轴
    ss = (['氢原子',num2str(n),cs(l+1),'态电子云图(']);   %标题
    if m == 0,ss = [ss,'\itm\rm = 0)'];             %如果磁量子数为零,连接零磁量子数
    else,ss = [ss,'\itm\rm = \pm',num2str(m),')']; %否则,连接正负磁量子数
    end,title(ss,'FontSize',fs)                     %结束条件,显示标题
end                                                 %结束循环
```

程序调用下面函数文件计算概率密度的径向部分,程序名为 P14_10_1fun.m。

```
%氢原子概率密度由径向决定的函数文件
function Wr = fun(n,l,z,x)
nl = n + l;ll1 = 2 * l + 1;nl1 = n - l - 1;        %最大量子数,磁量子数的个数,剩余量子数
c = -factorial(nl)^2/factorial(ll1)/factorial(nl1);    %零次项系数
p = c;                                              %系数向量的初值
for i = 1:nl1                                       %从1开始循环
    c = -c * (nl1 + 1 - i)/(ll1 + i)/i;p = [c,p];   %计算并按降序排列连接拉盖尔多项式系数
end,la = polyval(p,x);                              %结束循环,连带拉盖尔多项式函数值
mm = 4 * z^3 * factorial(n - l - 1)/n^4/factorial(n + l)^3;   %归一化系数的平方
Wr = mm * exp(-x).* x.^(2 * l).* la.^2;             %与径向有关的概率密度
```

[说明] (1) 程序执行时,从键盘输入主量子数和角量子数,磁量子数则在循环中自动取。

(2) 将与径向有关的概率密度设计为一个函数文件,以便于调用。

(3) 求连带勒让德函数仍然用格式 legendre(l,x),这里,变量 x 是矩阵,表示 $\sin\theta$ 的值,变量 l 是阶数。

(4) 如果阶数 l 的值是零,则形成全 1 的二维矩阵。

(5) 如果阶数 l 的值大于零,则形成 l+1 行的三维矩阵,所有页的第 1 行表示 $P_l^0$,所有页的第 2 行表示 $P_l^1$,……取出所有页的某一行,例如第 1 行,就形成多页的列向量。当行数为 1 时,这一维称为弧维,经过"压榨"后可将三维矩阵变为二维矩阵,就能计算角向概率密度。

(6) 求概率密度的极大值,以便于形成最大值范围内的均匀分布的随机数。

(7) 根据平面内各点的概率密度,再利用逻辑运算可筛选符合条件的随机数。

(8) 凡是逻辑真的点才画出来,从而显示电子云图。

[解析] (2) 由于概率密度是轴对称的,可取一个截面,例如 $Oxz$ 截面,求出每一点的概率密度。

在概率密度的 $Oxz$ 截面上取一条等值曲线,例如最大值的 1%,由于概率密度是轴对称的,将曲线绕 $z$ 轴旋转,就形成概率密度的三维曲面。三维概率密度曲面反映了概率密度的空间分布形状。

[图示] (1) 1s 态电子的概率密度曲面如 P14_10_2a100 图所示(见彩页,下同),曲面

关于中心轴对称，尖峰是概率密度最大处；随着距离的增加，概率密度单调减小。曲面的投影就是用颜色表示的概率密度，不妨称为彩色电子云图，如 P14_10_2b100 图所示，概率密度等值线是圆。如 P14_10_2c100 图所示，取最大概率密度的 1%，1s 态电子的概率密度的等值面是球面。其实，不论取多大的概率密度，其等值面都是单一球面。

(2) 2s 态电子的概率密度曲面如 P14_10_2a200 图所示，曲面关于中心轴对称，尖峰的概率密度最大，但是只有 1s 态的最大概率密度的 1/8；随着距离的增加，概率密度先减小再增加，达到次级最大值之后再减小。次级最大值相对中心峰值是很小的，所以次级峰附近圆环呈浅蓝色。2s 态电子的彩色电子云如 P14_10_2b200 图所示，概率密度等值线也是圆，最外面三条等值线的值是相等的，都只有最大值的 1%。如 P14_10_2c200 图所示，取最大概率密度的 1%，2s 态电子的概率密度的等值面是三个球面。如果概率密度取大一些，只能显示一个球面。因此，最大概率密度的 1%的等值曲面可基本反映概率密度的立体形状。

(3) 如 P14_10_2a210 图所示，对于 2p 态电子，当磁量子数 $m=0$ 时，概率密度曲面形成上下双峰，峰顶比较圆。彩色电子云如 P14_10_2b210 图所示，上下两片电子云是双峰的投影，等值线分别围绕着两个峰。如 P14_10_2c210 图所示，概率密度的等值面是两个分立的闭合曲面。由此可知：上下两片电子云是分立的。

(4) 如 P14_10_2a211 图所示，对于 2p 态电子，当 $m=\pm1$ 时，概率密度曲面分为左右双峰。彩色电子云如 P14_10_2b211 图所示，左右两片电子云是双峰的投影。如 P14_10_2c211 图所示，概率密度的等值面是中间空心的环面。由此可知：左右两片电子云是绕 z 轴联成一体的。

(5) 3s 态电子的概率密度曲面如 P14_10_2a300 图所示，曲面关于中心轴对称，尖峰的概率密度最大，但是比 2s 态的最大概率密度小。尖峰外面有两个峰环，但是外面峰环的高度太小，无法用不同颜色显示。如 P14_10_2b300 图所示，彩色电子云图除了中间彩色部分外，只能显示一个淡蓝色的环。如 P14_10_2c300 图所示，取最大概率密度的 1%，3s 态电子的概率密度的等值面是三个球面。如果取最大概率密度的 0.1%，3s 态电子的概率密度的等值面是五个球面(图略)。

(6) 如 P14_10_2a310 图所示，对于 3p 态电子，当 $m=0$ 时，概率密度除了上下双峰之外，还有两个波包。由于波包的概率密度相对于波峰较小，所以颜色较暗。彩色电子云如 P14_10_2b310 图所示，相邻的波峰和波包是分开的，等值线分别围绕着各自的波峰和波包。如 P14_10_2c310 图所示，概率密度的等值面是上下四个分立的闭合曲面。

(7) 如 P14_10_2a311 图所示，对于 3p 态电子，当 $m=\pm1$ 时，概率密度分为左右双峰和双包。如 P14_10_2b311 图所示，彩色电子云图分为左右对称的四片。如 P14_10_2c311 图所示，概率密度的等值面是两个空心的环面，并且外环面套着内环面，两个环面是相似的。

(8) 如 P14_10_2a320 图所示，对于 3d 态电子，当 $m=0$ 时，概率密度分为上下双峰和左右双包。如 P14_10_2b320 图所示，彩色电子云图分为上下左右四片，上下两片比较鲜艳。如 P14_10_2c320 图所示，概率密度的等值面是三个曲面，上下两个是封闭曲面，中间是环面。

(9) 如 P14_10_2a321 图所示，对于 3d 态电子，当 $m=\pm1$ 时，概率密度分为对称的四峰。如 P14_10_2b321 图所示，彩色电子云图分为四角对称的四片。如 P14_10_2c321 图所示，概率密度的等值面是上下两个分立的环面。

(10) 如 P14_10_2a322 图所示，对于 3d 态电子，当 $m=\pm2$ 时，概率密度分为左右双峰。如 P14_10_2b322 图所示，彩色电子云图分为左右两片。如 P14_10_2c322 图所示，概率密度的等值面是一个环面，其形状与 2p 态($m=\pm1$)电子的概率密度形状相似。

(11) 当主量子数大于 3 的时候，对于不同的轨道量子数和磁量子数，概率密度可呈现更多的波峰和波包(图略)；概率密度的等值面可呈现更多的形式，而基本形状是闭合面(包括球面)和环面(图略)。

[**算法**] (2) 新版本的 MATLAB 不能调用 maple 指令，拉盖尔多项式计算只能用递推算法。

[**程序**] P14_10_2ab.m 如下。

```
%氢原子概率密度强度曲面(1)
clear,n = input('请输入主量子数:');                    %清除变量,键盘输入主量子数,
l = input('请输入角量子数:');                          %键盘输入角量子数
if l >= n|l < 0,return,end                           %不符合条件则退出
rm = (n+1) * (n+2);                                  %最大极坐标
if l == 0,rm = n * (n+1);                            %当角量子数为零时,修改最大极坐标
    if n == 1                                        %如果主量子数也为零
        rm = (n+1) * (n+2);                          %再修改最大极坐标(以便比较 1s 和 2s 态)
    end                                              %结束条件
end,r = 0:0.1:rm;                                    %结束条件,坐标向量
[X,Z] = meshgrid(r);                                 %坐标网格
[TH,R] = cart2pol(X,Z);                              %化为极坐标(取 z 轴为极轴,pi/2 - TH 为极角)
z = 1;Wr = P14_10_1fun(n,l,z,2 * z/n * R);           %原子序数,与径向有关的概率密度(2)
Y = legendre(l,sin(TH));                             %连带勒让德函数
fs = 16;cs = 'spdfghijklmno';                        %电子状态符号
zl = '\itw_{nlm}\rm(\itr\rm,\it\theta\rm,\it\phi\rm)\ita\rm_0^3';   %z 轴标签
for m = 0:l                                          %按级循环
    n2 = (2 * l + 1) * factorial(l - m)/ factorial(l + m)/4/pi;   %归一化系数的平方
    if l == 0                                        %当角量子数为 0 时
        Wth = n2 * Y.^2;                             %求角向概率密度
    else                                             %否则
        Wth = n2 * Y(m + 1,:,:).^2;Wth = squeeze(Wth);   %求角向概率密度,压缩弧维
    end                                              %结束条件
    W = Wr. * Wth;wm = max(W(:));                    %求概率密度和极大值
    wc = (0.01:0.1:0.91) * wm;                       %等值线的概率密度
    figure,contour3(X,Z,W,wc,'r'),hold on            %创建图形窗口,画第一象限三维等值线,保持图像
    contour3( - X,Z,W,wc,'r'),contour3(X, - Z,W,wc,'r'),contour3( - X, - Z,W,wc,'r')   %(3)
    surf(X,Z,W),surf( - X,Z,W),surf(X, - Z,W),surf( - X, - Z,W)   %画曲面(4)
    shading interp,colorbar                          %用插值法染色,画色棒(5)
    axis tight,box on                                %在数据范围内设置轴限,加框
    text( - rm,rm,wm,['最大概率密度:',num2str(wm)],'FontSize',fs)   %显示最大概率密度
    ss = (['氢原子',num2str(n),cs(l + 1),'态电子概率密度']);   %标题的主要部分
    if m == 0,ss = [ss,'(\itm\rm = 0)'];             %如果磁量子数为零,连接零磁量子数
    else,ss = [ss,'(\itm\rm = \pm',num2str(m),')'];   %否则,连接正负磁量子数
    end,title(ss,'FontSize',fs)                      %结束条件,显示标题
    xlabel('\itx/a\rm_0','FontSize',fs)              %显示 x 轴标签
    ylabel('\itz/a\rm_0','FontSize',fs)              %显示 y 轴标签
    zlabel(zl,'FontSize',fs)                         %显示 z 轴标签
end                                                  %结束循环
```

[**说明**] (1) 此程序绘制概率密度的强度曲面，在命令窗口使用指令 view(2)，设置从

上到下的视角，就形成用彩色表示的概率密度平面，不妨称为彩色电子云图。

(2) 在不允许使用正交多项式的情况下，就调用 P14_10_1fun.m 函数文件计算与径向有关的概率密度。

(3) 先画三维概率密度等值线。

(4) 再画概率密度曲面，三维概率密度等值线套在曲面上。俯视时，三维等值线也投影在一个平面上。

(5) 加上色棒可说明各种颜色所代表的概率密度的大小。

［程序］ P14_10_2c.m 如下。

```
%氢原子概率密度等值面
clear,maple('with(orthopoly)');                      %清除变量,调用正交多项式功能(只要启动一次)
n = input('请输入主量子数:');l = input('请输入角量子数:');   %键盘输入主量子数,角量子数
rm = (n + 2)^2;r = linspace(0,rm,50);                %最大极坐标,极径向量
if l == 0,r = linspace(0,rm,200);end                  %当角量子数为零时极径向量分得多些
th = linspace(0,pi/2,20);phi = linspace(0,pi,20);     %仰角向量,方位角向量
[R,TH] = meshgrid(r,th);                              %极径和极角矩阵
[X,Z] = pol2cart(TH,R);                               %化为直角坐标(取 z 轴为极轴,pi/2 - PHI 为极角)
z = 1;k = 0.01;                                       %原子序数,等概率面系数(1)
Wr = P14_10_1fun(n,l,z,2 * z/n * R);                  %与径向有关的概率密度
Y = legendre(l,sin(TH));                              %连带勒让德函数
fs = 16;cs = 'spdfghijklmno';                         %电子状态符号
for m = 0:l                                           %按级循环
    n2 = (2 * l + 1) * factorial(l - m)/ factorial(l + m)/4/pi;   %归一化系数的平方
    if l == 0                                         %当角量子数为 0 时
        Wth = n2 * Y.^2;                              %求角向概率密度
    else                                              %否则
        Wth = n2 * Y(m + 1,:,:).^2;Wth = squeeze(Wth);   %求角向概率密度,压缩弧维
    end                                               %结束条件
    W = Wr. * Wth;wm = max(W(:));w = k * wm;          %求概率密度,取极大值,取概率密度
    figure,C = contour(X,Z,W,[w,w]);                  %创建图形窗口,取概率密度等值线的二维坐标等(2)
    plot3(0,0,0),hold on                              %画一点删除等值线,保持图像(2)
    s = length(C);i1 = 1;                             %等值线总长度,第 1 列
    while 1,i2 = C(2,i1);                             %无限循环,取一条等概率密度线的数据个数(3)
        rr = C(1,i1 + 1:i1 + i2);zz = C(2,i1 + 1:i1 + i2);   %取坐标(4)
        XX = cos(phi)' * rr;YY = sin(phi)' * rr;      %等概率密度面 x 坐标网格,y 坐标网格(5)
        ZZ = ones(size(phi))' * zz;                   %等概率密度面 z 坐标网格(5)
        surf(XX,YY,ZZ,XX),surf(XX,YY, - ZZ,XX)        %画上半前曲面,画下半前曲面(6)
        surf(XX, - YY, - ZZ,XX)                       %画下半后曲面(6)
        i1 = i1 + i2 + 1;                             %下一条等值线数据个数的列数
        if i1 > s,break,end                           %如果数据取完则退出循环(7)
    end                                               %结束循环
    xlabel('\itx/a\rm_0','FontSize',fs)               %显示 x 轴标签 x
    ylabel('\ity/a\rm_0','FontSize',fs)               %显示 y 轴标签 y
    zlabel('\itz/a\rm_0','FontSize',fs)               %显示 z 轴标签 z
    ss = (['氢原子',num2str(n),cs(l + 1),'态 1   %峰值概率密度曲面']);   %标题的主要部分
    if m == 0,ss = [ss,'(\itm\rm = 0)'];              %如果磁量子数为零,连接零磁量子数
    else,ss = [ss,'(\itm\rm = \pm',num2str(m),')'];   %否则,连接正负磁量子数
    end,title(ss,'FontSize',fs)                       %结束条件,显示标题
    grid on,box on,axis equal                         %加网格,加方框,使纵横间隔相等
end                                                   %结束循环
```

[说明] (1) 在一般情况下,等值面的系数取1%就行了。如果系数太大,有的等值面就可能画不出来。

(2) 用等值线指令 contour 获得曲线的坐标,而等值线本身并不需要,因此通过画一个点来删除。

(3) 曲线可能不只一条,因此需要设置无限循环。

(4) 矩阵 C 有两行若干列,第 1 行的第 1 个数值表示等值面的值,第 2 个数值表示坐标的个数。如果只有一条曲线,那么第 1 行的其他数值表示横坐标,第 2 行的其他数值表示纵坐标。如果有两条曲线,第二条曲线的值和坐标个数以及坐标在矩阵 C 中按同样的规律排列。其他曲线的数据依此类推。

(5) 通过旋转形成三维曲面的坐标,以便画出概率密度曲面。

(6) 由于对称的缘故,一条曲线画三个等值面,以更观察等值面内部的结构。

(7) 如果矩阵 C 中的数据取完了,就退出循环。

# 练 习 题

14.1 黑体辐射随频率的变化规律

根据普朗克的能量子的思想,推导单色辐射本领与频率的关系式。以温度为参数,单色辐射本领与频率有什么关系?峰值频率与温度有什么关系?

14.2 宇宙背景辐射

宇宙背景辐射与 $T=(2.735\pm0.060)$K 黑体的辐射谱完全吻合,证实了大爆炸宇宙论的预言。根据普朗克黑体辐射用频率表示的公式,画出宇宙背景单色辐射本领曲线。

14.3 光电效应测定普朗克常数

在光电效应实验中,测得某金属截止电势差 $U_s$ 和入射光波长 $\lambda$ 的数据如下表所示,求该金属的光电效应红限频率和电子的逸出功以及普朗克常数。

| $U_s$/V | 1.40 | 2.00 | 3.10 |
|---|---|---|---|
| $\lambda/10^{-7}$m | 3.60 | 3.00 | 2.40 |

14.4 氢原子定态轨道和能量跃迁

根据玻尔理论,按比例画出氢原子定态轨道和能量跃迁图。

14.5 电子驻波

德布罗意曾设想用物质波的概念分析玻尔氢原子的量子化条件,认为电子的物质波绕圆轨道传播,当满足驻波条件时,物质波才能在圆轨道上持续传播,这种轨道才是稳定的。画出电子驻波图。

14.6 电子的德布罗意波长与动能的关系

求证:电子的德布罗意波长与动能的关系为

$$\lambda=\frac{hc}{\sqrt{T^2+2Tm_0c^2}}$$

当 $T\ll m_0c^2$ 时,波长公式是什么?当 $T\gg m_0c^2$ 时,波长公式是什么?画出波长与动能关系曲线。在什么情况下,近似公式与精确公式的相对误差不超过10%?(提示:波长以康普顿波长为单位,能量以电子的静止能量为单位。)

14.7 粒子的波函数和概率密度

一维运动的粒子处于如下波函数所描述的状态

$$\psi(x)=\begin{cases}Ax\exp(-kx), & x>0\\ 0, & x<0\end{cases}$$

其中,$k>0$。将此波函数归一化,求粒子的概率分布函数,粒子在何处出现的概率最大?画出波函数与概率密度曲线。(提示:取 $k$ 的倒数为坐标的单位。)

*14.8 势台

如 C14.8 图所示,势场形如垒台:

$$V(x)=\begin{cases}V_0, & x>0\\ 0, & x<0\end{cases}$$

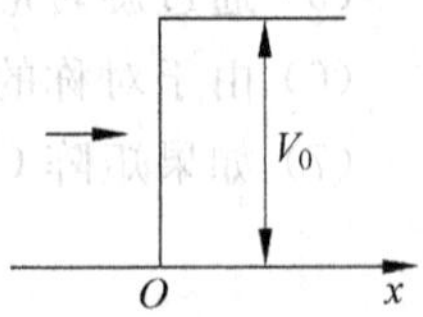

C14.8 图

设粒子的质量为 $m$,能量为 $E$,求粒子的波函数。当粒子的能量 $E$ 大于、等于和小于势台高度 $V_0$ 时,画出波函数曲线,演示波传播的动画。

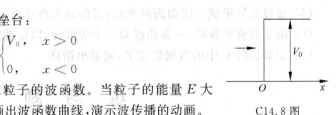

*14.9 氢原子纬度角向概率密度

电子出现在 $\theta$ 到 $\theta+\mathrm{d}\theta$ 的概率为

$$w_{lm}\mathrm{d}\theta=|\Theta_{lm}|^2\sin\theta\mathrm{d}\theta$$

其中,$\Theta_{lm}$ 是角向波函数

$$\Theta_{lm}(\theta)=N_{lm}\mathrm{P}_l^{|m|}(\cos\theta)$$

因此纬度角向概率密度为

$$w_{lm}=|\Theta_{lm}|^2\sin\theta$$

画 $\theta$ 到 $\theta+\mathrm{d}\theta$ 纬度角向概率密度的曲线和曲面。

*14.10 氢原子的径向概率密度

当角量子数 $l=n-1$ 时,对于 1 到 5 的主量子数,最大角量子数的径向概率密度随距离分布的规律是什么?在一张图中画出 $l=n-1$ 态的径向概率密度曲线。

*14.11 氢原子中 s 态的径向概率密度

在一张图中画出前 4 个主量子数的 s 态的径向概率密度曲线。

14.12 自旋角动量量子化模型

电子在原子中不但有轨道角动量,还有自旋角动量,简称自旋。求自旋角动量与特定方向(例如 $B_z$ 方向)的夹角。

# 参考文献


[1] 张三慧.大学基础物理学[M].北京：清华大学出版社，2003.

[2] 程守洙，等.普通物理学[M].5版.北京：高等教育出版社，2005.

[3] 陈曙光，等.大学物理学[M].长沙：湖南大学出版社，2006.

[4] Serway，Jewell. Principles of Physics[M]. 3th ed.北京：清华大学出版社，2003.

[5] 周世勋.量子力学教程[M].北京：人民教育出版社，1979.

[6] 梁昆淼.数学物理方法[M].北京：人民教育出版社，1979.

[7] 张志涌，等.精通MATLAB[M].北京：北京航空航天大学出版社，2000.

[8] 彭芳麟，等.理论力学计算机模拟[M].北京：清华大学出版社，2002.